W0250607

Wolfgang Demtröder

Laser-spektroskopie

Grundlagen und Techniken

Zweite, überarbeitete und erweiterte Auflage
Mit 489 Abbildungen

Springer-Verlag
Berlin Heidelberg New York
London Paris Tokyo
Hong Kong Barcelona
Budapest

Professor Dr. Wolfgang Demtröder
Universität Kaiserslautern
Fachbereich Physik
D-6750 Kaiserslautern

ISBN 3-540-52601-3 2. Auflage Springer-Verlag Berlin Heidelberg New York

ISBN 3-540-08331-6 1. Auflage Springer-Verlag Berlin Heidelberg New York

CIP-Titelaufnahme der Deutschen Bibliothek
Demtröder, Wolfgang:
Laserspektroskopie: Grundlagen und Techniken / Wolfgang Demtröder. – 2., überarb. und erw. Aufl. – Berlin; Heidelberg; New York; London; Paris; Tokyo; Hong Kong; Barcelona: Springer, 1991
ISBN 3-540-52601-3 (Berlin ...)

Dieses Werk ist urheberrechtlich geschützt. Die dadurch begründeten Rechte, insbesondere die der Übersetzung, des Nachdrucks, des Vortrags, der Entnahme von Abbildungen und Tabellen, der Funksendung, der Mikroverfilmung oder der Vervielfältigung auf anderen Wegen und der Speicherung in Datenverarbeitungsanlagen, bleiben, auch bei nur auszugsweiser Verwertung, vorbehalten. Eine Vervielfältigung dieses Werkes oder von Teilen dieses Werkes ist auch im Einzelfall nur in den Grenzen der gesetzlichen Bestimmungen des Urheberrechtsgesetzes der Bundesrepublik Deutschland vom 9 September 1965 in der jeweils geltenden Fassung zulässig. Sie ist grundsätzlich vergütungspflichtig. Zuwiderhandlungen unterliegen den Strafbestimmungen des Urheberrechtsgesetzes.

© Springer-Verlag Berlin Heidelberg 1977, 1991
Printed in Germany

Die Wiedergabe von Gebrauchsnamen, Handelsnamen, Warenbezeichnungen usw. in diesem Werk berechtigt auch ohne besondere Kennzeichnung nicht zu der Annahme, daß solche Namen im Sinne der Warenzeichen- und Markenschutz-Gesetzgebung als frei zu betrachten wären und daher von jedermann benutzt werden dürften.

Der Inhalt wurde mit Hilfe des PS™ Technical Word Processors erfaßt.

Einbandgestaltung: W. Eisenschink, D-6805 Heddesheim
Druck und Einband: Konrad Triltsch, Graphischer Betrieb, D-8700 Würzburg
54/3140-543210 – Gedruckt auf säurefreiem Papier

Vorwort

Seit dem Erscheinen der 1. deutschen Auflage dieses Buches im Jahre 1977 hat sich die Laserspektroskopie in eindrucksvoller Weise weiterentwickelt und ist inzwischen in vielen Bereichen der Grundlagenforschung und ihren Anwendungen zu einer unentbehrlichen Untersuchungsmethode geworden. In dieser Zeit wurden eine Reihe neuer Lasertypen entwickelt und die Technik der Frequenzmischung und nichtlinearen Optik auf einen größeren Spektralbereich vom Vakuum-Ultravioletten bis ins ferne Infrarot ausgedehnt. Auch eine Vielzahl neuer empfindlicher Nachweistechniken wurden verbessert oder neu erfunden. Insbesondere auf dem Gebiet der Untersuchungen einzelner Atome und Ionen, die optisch gekühlt und in Fallen gespeichert werden können, sind aufsehenerregende Erfolge erzielt worden.

Deshalb erschien es notwendig, dieses als Lehrbuch der Laserspektroskopie konzipierte Buch, das schon in seiner 1. Auflage eine sehr freundliche Aufnahme gefunden hatte, völlig neu zu überarbeiten. Dabei haben viele Leser der deutschen und englischen Ausgabe durch ihre Zuschriften, Hinweise auf Fehler und Verbesserungsvorschläge geholfen. Ihnen allen sei dafür herzlich gedankt.

Auch wenn in dieser 2. Auflage viele solcher Hinweise zur sachlichen und didaktischen Verbesserung der Darstellung genutzt wurden, lebt ein Lehrbuch immer von der Mitarbeit kritischer Leser. Der Autor möchte deshalb auch weiterhin um Kommentare und Verbesserungsvorschläge seiner Leser bitten. Er würde sich sehr freuen, wenn dieses Buch dazu mithilft, das interessante Gebiet der Laserspektroskopie einem größeren Kreis von Studenten und jungen Wissenschaftlern leichter zugänglich zu machen. Die Laserspektroskopie hat den Verfasser während der 25 Jahre, die er auf diesem Gebiet gearbeitet hat, immer sehr fasziniert. Dieses Buch möchte etwas von dieser Faszination auf den Leser übertragen.

Viele Leute haben bei diesem Buch mitgeholfen.

Allen Kollegen, die Abbildungen aus ihren Forschungsarbeiten zur Verfügung gestellt oder ihre Erlaubnis zur Nachzeichnung gegeben haben, sei herzlich gedankt. Viele Beispiele sind aus Arbeiten meiner Mitarbeiter in Kaiserslautern entnommen, denen dafür ebenfalls Dank gebührt. Mein Dank gilt Frau Weyland, die einen Teil des Manuskriptes geschrieben hat und Frau Wollscheid, die viele Bilder gezeichnet hat. Besonderer Dank gebührt Dr. H. Lotsch, Frau Ilona Kaiser und den anderen Mitarbeitern des Springer Verlages für ihre aktive Mitarbeit bei der Fertigstellung des Buches und ihre Geduld, wenn Termine vom Autor nicht eingehalten wurden.

Zum Schluß möchte ich meiner Frau ganz besonders danken, die viel Geduld und Verständnis aufgebracht hat für die vielen Arbeitswochenenden, welche für das Schreiben eines solchen Buches gebraucht wurden.

Kaiserslautern
Januar 1991

W. Demtröder

Inhaltsverzeichnis

1. Einleitung

Den überwiegenden Teil unserer heutigen Kenntnis über die Struktur der Atome und Moleküle verdanken wir spektroskopischen Untersuchungen. Die Absorptions- oder Emissionsspektren, die man bei der Wechselwirkung von elektromagnetischer Strahlung mit Materie beobachten kann, liefern dabei in vielerlei Hinsicht Informationen über die Molekularstruktur und die Wechselwirkung der Moleküle mit ihrer Umgebung.

Die Messung der *Wellenlängen* der Spektrallinien erlaubt die Bestimmung der möglichen Energiezustände des atomaren oder molekularen Systems. Die *Intensität* der Linien gibt Hinweise auf die Kopplung (d.h. die Übergangswahrscheinlichkeiten) zwischen verschiedenen Niveaus. Da die Übergangswahrscheinlichkeiten von den Wellenfunktionen der am Übergang beteiligten Atomzustände abhängen, können aus Intensitätsmessungen Rückschlüsse auf die räumliche Aufenthaltswahrscheinlichkeit der äußeren Elektronen, d.h. auf die Struktur der Atomhülle gezogen werden. Durch Absorption von polarisiertem Licht läßt sich die räumliche Orientierung von Atomen und Molekülen beeinflussen, während der Polarisationsgrad der von angeregten Molekülen emittierten Fluoreszenz Information über die Orientierung angeregter Atome gibt.

Die *natürliche Linienbreite* kann mit geeigneten Methoden aufgelöst werden und gestattet die Messung der Lebensdauer angeregter Zustände. Die Doppler-Verbreitung erlaubt die Bestimmung von Gastemperaturen in der Lichtquelle. *Druckverbreiterung* und *Verschiebung* von Spektrallinien sind wichtige spektroskopische Hilfsmittel, um Stoßprozesse und Wechselwirkungspotentiale zwischen Atomen bzw. Molekülen zu ermitteln. Die *Aufspaltung* von Spektrallinien in elektrischen oder magnetischen Feldern (Stark-Effekt und Zeeman-Effekt) dient zur Bestimmung von elektrischen und magnetischen Momenten, und gibt damit ebenfalls Hinweise auf die Struktur der Elektronenhülle. Aus der Messung der Hyperfeinstrukturaufspaltung kann man Informationen über die Wechselwirkung zwischen Atomkern und -hülle sowie über magnetische Dipolmomente oder elektrische Quadrupolmomente der Atomkerne erhalten.

Die Menge an Information, die man solchen Spektren entnehmen kann, hängt nun ganz entscheidend davon ab, welche *spektrale Auflösung* man erzielt und welche *Nachweisempfindlichkeit* man bei der Messung erreichen kann. Die Anwendung neuer Geräte und Technologien in der Optik, wie z.B. bessere und größere Beugungsgitter in Monochromatoren, hochreflektierende dielektrische Spiegel in Interferometern, Fourier-Spektrometer, empfindlichere Nachweisgeräte wie Photomultiplier und Bildverstärker, haben dazu beigetragen, die Grenzen des Auflösungsvermögens und der Empfindlichkeit immer weiter herabzudrücken. Einen bedeutenden Forschritt brachte die Entwicklung neuer physikalischer Techniken zur Erweiterung der klassischen Spektroskopie, wie optisches Pumpen, „Level-Crossing"-Verfahren, Doppelresonanzmethoden oder Molekularstrahlspektroskopie.

Der entscheidende Aufschwung wurde der Spektroskopie und damit der gesamten Atom- und Molekülphysik allerdings erst durch den Einsatz von durchstimmbaren Lasern beschert. Diese neue Lichtquelle des Spektroskopikers ermöglicht in vielen Anwendungen eine um mehrere Grössenordnungen verbesserte Auflösung und Empfindlichkeit. Sie ist ideal geeignet, die oben erwähnten spektroskopischen Techniken zu verwenden und kann dadurch in manchen Fällen die der klassischen Spektroskopie prinzipiell gesetzten Grenzen unterlaufen. Solche Verfahren, sowie ihre physikalischen und technischen Grundlagen sollen in diesem Buch u.a. behandelt werden.

Zu Anfang müssen einige Grundbegriffe der klassischen Spektroskopie und der Atomphysik geklärt werden, wie z.B. die thermische Strahlung, die induzierte und spontane Emission, die Übergangswahrscheinlichkeiten und Oszillatorenstärken, die Absorption und Dispersion, die kohärente Strahlung sowie die kohärente Anregung atomarer Zustände. Um die prinzipiellen Grenzen des spektralen Auflösungsvermögens in der klassischen Spektroskopie diskutieren zu können, werden dann im nächsten Kapitel sowohl die Grundlagen der Frequenzbreiten von Spektrallinien als auch die verschiedenen Ursachen für die Linienverbreiterung behandelt.

Linienbreiten werden in der klassischen Spektroskopie mit Spektralapparaten, wie z.B. Gitterspektrographen oder Interferometern, gemessen. Auch in der Laserspektroskopie werden Prismen, Gitter und Interferometer in den verschiedensten Modifikationen benützt, sowohl für die Messung von Laserlinienbreiten als auch zur Wellenlängenselektion im Laserresonator. Deshalb sollen im Kapitel 4 die wichtigsten Grundlagen der experimentellen Hilfsmittel des Spektroskopikers behandelt werden. Dazu gehören neben Spektrographen und Interferometern auch Lichtdetektoren und empfindliche Nachweistechniken, wie Photonenzählverfahren oder elektronische Bildverstärker sowie moderne Geräte zur Wellenlängenmessung.

Das fünfte Kapitel ist den für den Spektroskopiker wichtigsten Eigenschaften des Laser gewidmet. Es beginnt mit einem kurzen Exkurs über Laserresonatoren, Schwellwertbedingung und Lasermoden. Etwas ausführlicher werden dann das Frequenzspektrum von Vielmoden- und Einmodenlaser sowie die wichtige Eigenschaft der Wellenlängen-Durchstimmbarkeit behandelt. Techniken zur Frequenz- und Intensitätsstabilisierung sowie zur kontinuierlichen Wellenlängendurchstimmung eines stabilisierten Lasers werden diskutiert, weil sie notwendig sind beim Einsatz des Lasers in der hochauflösenden Spektroskopie. Beispiele für durchstimmbare kohärente Lichtquellen in den verschiedenen Spektralgebieten beschließen dieses Kapitel und den ersten Teil dieser Einführung in die Laser-Spektroskopie.

Der zweite und ausführlichste Teil enthält in den Kapiteln 6-14 den eigentlichen Schwerpunkt dieses Buches: die verschiedenen Verfahren der Laser-Spektroskopie. Die Darstellung beginnt im 6. Kapitel mit einer Ge-

genüberstellung von klassischer und Laser-Spektroskopie. Sodann werden eine Reihe empfindlicher Nachweistechniken erläutert, die sowohl in der linearen „Doppler-limitierten" Absorptions-Spektroskopie, bei der die Doppler-Breite der Absorptionslinien der begrenzende Faktor für die spektrale Auflösung ist, als auch für die Doppler-freie Spektroskopie von großer Bedeutung sind. In den nächsten zwei Kapiteln werden dann ausführlich die verschiedenen Techniken der Doppler-freien Laser-Spektroskopie behandelt, die eigentlich erst den revolutionierenden Forschritt in der hochauflösenden Spektroskopie ermöglicht haben. Von besonderer Bedeutung für die Molekülphysik ist dabei die Kombination der Laser-Spektroskopie mit Methoden zur Erzeugung extrem kalter Überschallstrahlen, die in Kapitel 9 diskutiert werden.

Eine Reihe interessanter spektroskopischer Methoden basiert auf optischem Pumpen. Hier hat der Laser eine Fülle von Anwendungsmöglichkeiten, die von verschiedenen Doppelresonanzverfahren bis zur Mehrstufenanregung von Atomen und Molekülen reichen und z.B. die detaillierte Untersuchung von hohen Rydberg-Zuständen erlauben. Dieser Problemkreis wird in Kapitel 10 behandelt.

Auch in der Zeitauflösung bescherte die Anwendung von Lasern Rekorde, die zur Zeit im Femtosekundenbereich (Auflösung 10^{-14}s) liegen und eine große Zahl bisher nicht zugänglicher, extrem schneller Relaxationsphänomene in Flüssigkeiten und Festkörpern meßbar machte. Kapitel 11 führt in einige Techniken zur Erzeugung, Messung und Anwendung kurzer Laserpulse ein.

Besonders reizvolle Gebiete sind die im Kapitel 12 vorgestellte kohärente Spektroskopie sowie die Korrelations-Spektroskopie, die es erlaubt, optische Linienverbreiterungen und Linienverschiebungen im Bereich von einigen Megahertz bis zu wenigen Hertz zu messen. Man kann mit der Korrelations-Spektroskopie Doppler-Verschiebungen noch messen, die durch Teilchengeschwindigkeiten von wenigen μm/s verursacht werden.

Die Anwendung der Laserspektroskopie auf die Untersuchung atomarer und molekularer Stoßprozesse, die in Kap.13 behandelt wird, hat unser Verständnis inelastischer und reaktiver Stöße wesentlich vertieft und uns dem Ziel, chemische Reaktionen wirklich zu verstehen, näher gebracht.

Natürlich entwickelt sich ein so aktives Gebiet wie die Laser-Spektroskopie ständig weiter. Um dies zu verdeutlichen, werden im Kapitel 14 an Hand ausgewählter Beispiele einige neuere Entwicklungen aufgezeigt, die sich noch im Fluß befinden und vielleicht prinzipielle Grenzen von Meßgenauigkeit und Empfindlichkeit erreichen.

Zum Schluß werden einige Anwendungsbeispiele der Laser-Spektroskopie vorgestellt, um dem Leser ein Gefühl für die praktischen Möglichkeiten dieses Gebietes zu geben und ihm zu zeigen, daß sich hier noch ein weites und keineswegs abgeschlossenes Betätigungsfeld für eigene Ideen und Initiativen eröffnet. Diese Beispiele sollen auch demonstrieren, wie wichtig Grundlagenforschung ist, um neue Anwendungsgebiete zu erschließen, und daß die Zeitspanne zwischen Grundlagenforschung im Labor und praktischer Anwendung immer kürzer wird.

Dieses Buch möchte in die Grundlagen der Techniken der Laser-Spektroskopie *einführen*. Die angegebenen Beispiele und Literaturzitate sollen die Anwendungsmöglichkeiten illustrieren und sind daher weder vollständig, noch sind sie nach Prioritäten der Erstveröffentlichungen ausgesucht. Am Ende jedes Kapitels sind einige Aufgaben zusammengestellt, an denen der Leser prüfen kann, wie weit ihm der Stoff vertraut ist. Die Literatur zu jedem Kapitel soll zur Vertiefung und zur Detailinformation für die hier angeschnittenen Problemkreise dienen.

Für einen weitergehenden Überblick über die neuesten Forschungsarbeiten auf diesem Gebiet wird der Leser auf die in den letzten Jahren erschienenen Konferenzberichte [1.1,2] und Monographien über spezielle Gebiete der Laserspektroskopie [1.3-24] verwiesen.

2. Emission und Absorption von Licht

In diesem Kapitel werden die Grundlagen der Emission, Absorption und Dispersion von Licht zusammenfassend behandelt, soweit sie für die Laserspektroskopie von Bedeutung sind. Der Ausdruck „Licht" wird dabei als Kurzbezeichnung für elektromagnetische Wellen aller Spektralbereiche verwendet. Ebenso soll die Bezeichnung „Molekül" auch Atome einschließen. Um den Zusammenhang und die Unterschiede zwischen spontaner und induzierter Emission deutlich zu machen, werden zu Anfang das thermische Strahlungsfeld und die Moden eines Hohlraumes behandelt. Auf den hier eingeführten Begriffen aufbauend, können dann die Einstein-Koeffizienten, Oszillatorenstärken und Übergangswahrscheinlichkeiten definiert und ihre gegenseitigen Relationen gezeigt werden.

Man kann sich in der Optik eine ganze Reihe von Phänomenen mit Hilfe klassischer Modelle verdeutlichen, die auf Vorstellungen und Begriffen der klassischen Elektrodynamik basieren. Diese Modelle sollen hier ihrer Anschaulichkeit wegen ab und zu verwendet werden. Ihre Übertragung auf quantenmechanische Formulierungen ist in den meisten Fällen relativ leicht möglich und wird an den entsprechenden Stellen kurz angedeutet. Ausführlichere und zum Teil auch weitergehende Darstellungen des in diesem Kapitel behandelten Stoffes findet man in der Literatur [2.1-8].

2.1 Die Moden des elektromagnetischen Feldes in einem Hohlraum

Wir betrachten einen kubischen Hohlraum mit der Kantenlänge L, der sich auf der Temperatur T befindet. Die Wände des Hohlraumes seien ideale Leiter. Sie absorbieren und emittieren elektromagnetische Strahlung. Im thermischen Gleichgewicht müssen absorbierte Leistung $P_a(\omega)$ und emittierte Leistung $P_e(\omega)$ für alle Frequenzen ω gleich sein, und im Inneren des Hohlraums existiert ein stationäres Strahlungsfeld. Wir beschreiben dieses Feld durch eine Überlagerung von ebenen Wellen (z.B. mit der komplexen Amplitude A_i und der Kreisfrequenz ω_i) in der beliebigen Ausbreitungsrichtungen $\mathbf{k}_i$

$$\mathbf{E} = \sum_i A_i \exp[i(\omega_i t - \mathbf{k}_i \cdot \mathbf{r})] + \text{konj. komplex} . \tag{2.1}$$

Durch Reflexion an den Wänden entstehen aus jeder Welle mit dem Wellenvektor $\mathbf{k} = (k_x, k_y, k_z)$ die 8 möglichen Kombinationen mit $\mathbf{k} = (\pm k_x, \pm k_y, \pm k_z)$, deren Überlagerung bei Erfüllen bestimmter Randbedingungen zu stationären Feldverteilungen in Form von stehenden Wellen führt.

Die Randbedingungen ergeben sich aus der Forderung, daß die Tangentialkomponente der elektrischen Feldstärke **E** an den Wänden (die ideale Leiter sein sollen) Null sein muß. Setzt man diese Bedingungen in (2.1) ein, so erhält man für die möglichen **k**-Vektoren die Auswahl

$$\mathbf{k} = \frac{\pi}{L}(n_1, n_2, n_3) \quad \text{mit den positiv ganzzahligen } n_1, n_2, n_3 \,. \tag{2.2}$$

Die Beträge $K = |\mathbf{k}|$ der erlaubten Wellenzahlen sind dann

$$K = \frac{\pi}{L}\sqrt{n_1^2 + n_2^2 + n_3^2}\,, \quad \text{d.h.} \quad L = \frac{\lambda}{2}\sqrt{n_1^2 + n_2^2 + n_3^2} \tag{2.3}$$

und für die Kreisfrequenzen ω der stehenden Wellen folgt aus (2.3), da $K = \omega/c$ ist,

$$\omega = \frac{\pi c}{L}\sqrt{n_1^2 + n_2^2 + n_3^2}\,. \tag{2.4}$$

Man nennt diese stehenden Wellen auch *Eigenschwingungen* oder *Moden* des Hohlraums (Fig.2.1a).

Da der Amplitudenvektor $\mathbf{A}_i$ der transversalen Wellen $\mathbf{E}_i$ senkrecht auf $\mathbf{k}_i$ steht, läßt er sich immer aus den zwei Komponenten a_{i1} und a_{i2} (komplexe Zahlen) aufbauen, d.h.

$$\mathbf{A}_i = a_{i1}\hat{\mathbf{e}}_1 + a_{i2}\hat{\mathbf{e}}_2 \,, \tag{2.5}$$

wobei $\hat{\mathbf{e}}_1$ und $\hat{\mathbf{e}}_2$ zwei Einheitsvektoren sind, die senkrecht aufeinander, und beide senkrecht auf $\mathbf{k}_i$ stehen. Zu jeder durch den Wellenvektor $\mathbf{k}_i$ definierten Eigenschwingung gehören also zwei mögliche Polarisationsrichtungen, d.h. zu jedem Zahlentripel (n_1, n_2, n_3) gibt es genau zwei mögliche Moden.

Jede beliebige stationäre Feldverteilung im Hohlraum läßt sich wegen (2.1) als Linearkombination, d.h. als Überlagerung dieser Moden darstellen.

Um zu untersuchen, wieviele Moden mit den Frequenzen $\omega \leq \omega_{max}$ möglich sind, braucht man also nur abzuzählen, wieviele mögliche Zahlentripel (n_1, n_2, n_3) mit der Nebenbedingung $c^2K^2 = \omega^2 \leq (\omega_{max})^2$ existieren (Abb. 2.1c).

In einem System mit den Koordinaten (n_1, n_2, n_3) entspricht jeder Kombination von (n_1, n_2, n_3) ein Gitterpunkt in einem räumlichen Gitter mit der Konstanten π/L, und (2.4) stellt die Gleichung einer Kugel mit dem Radius $R = \omega/c$ dar. Ist der Kugelradius sehr viel größer als die Gitterkonstante, d.h. gilt

$$\frac{L\omega}{\pi c} >> 1 \rightarrow 2L >> \lambda \quad (\text{mit} \quad \lambda = c/\nu \quad \text{und} \quad \nu = \omega/2\pi)\,,$$

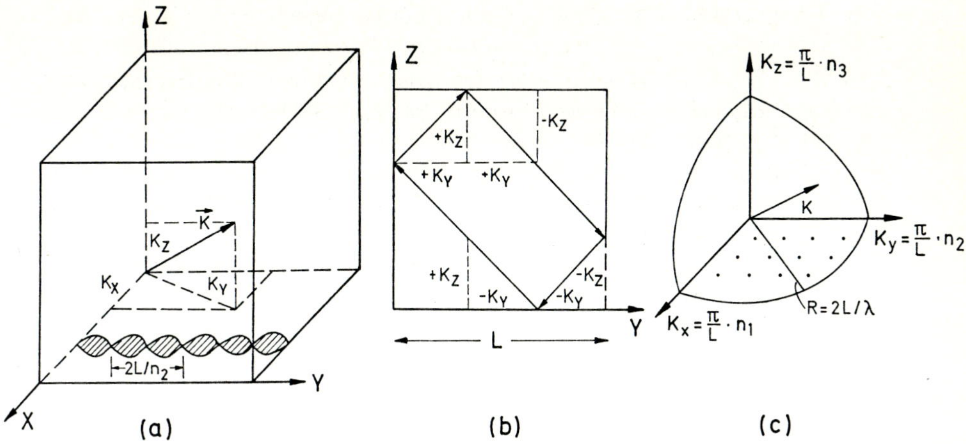

Abb.2.1a–c. Moden des elektromagnetischen Feldes in einem Hohlraum: (**a**) Stehende Wellen in einem kubischen Hohlraum, (**b**) Resonanzbedingung für die **k**-Vektoren, (**c**) Darstellung der maximalen Zahl möglicher **k**-Vektoren mit $K \le K_{max}$ im Impulsraum

so ist die Zahl $N(\omega_{max})$ der Gitterpunkte (n_1, n_2, n_3), die Moden mit $\omega \le \omega_{max}$ beschreiben, gleich dem Volumen eines Kugeloktanden. Berücksichtigt man die zwei Polarisationsmöglichkeiten jeder Eigenschwingung, so ergibt sich daher die Modenzahl

$$N(\omega_{max}) = 2\,\frac{1}{8}\,\frac{4\pi}{3}\left(\frac{L\omega}{\pi c}\right)^3 = \frac{8\pi\nu^3 L^3}{3c^3}\,. \tag{2.6}$$

Dividiert man durch das Volumen L^3 des Hohlraums, so erhält man die Zahl aller möglichen Moden pro Volumeneinheit, mit den Frequenzen $\omega \le \omega_{max}$. In der Spektroskopie wird statt der Kreisfrequenz $\omega = 2\pi\nu$ meistens die Frequenz ν verwendet.

Oft interessiert die Zahl der Moden in einem bestimmten Frequenzintervall ν bis ν+dν, z.B. innerhalb der Frequenzbreite einer Spektrallinie. Man erhält die spektrale Modendichte $n(\nu)$ durch Differentiation von (2.6) nach ν. Die Zahl der Moden pro Volumeneinheit im Frequenzintervall ν bis ν+dν ist dann

$$\boxed{n(\nu)d\nu = \frac{8\pi\nu^2}{c^3}\,d\nu}\,. \tag{2.7}$$

Beispiel 2.1

a) Im sichtbaren Spektralbereich ($\lambda = 500\,\mathrm{nm} \rightarrow \nu = 6\cdot 10^{14}\,\mathrm{s^{-1}}$) erhält man aus (2.7) innerhalb der Doppler-Breite ($d\nu = 10^9\,\mathrm{s^{-1}}$) einer Spektrallinie $n(\nu)d\nu = 3\cdot 10^{14}\,\mathrm{m^{-3}}$.

b) Im Mikrowellengebiet ($\lambda = 1\,\mathrm{cm} \rightarrow \nu = 3\cdot 10^{10}\,\mathrm{s^{-1}}$) ergibt sich im Frequenzbereich einer Doppler-Breite mit $d\nu = 10^5\,\mathrm{s^{-1}}$: $n(\nu)d\nu = 10^2\,\mathrm{m^{-3}}$.

2.2 Thermische Strahlung; Planck'sches Gesetz

Um die experimentell gefundene Intensitätsverteilung $I(\nu)$ der Strahlung eines Hohlraumes zu erklären, forderte Planck, daß jede Eigenschwingung des elektromagnetischen Feldes Energie nur in ganzzahligen Vielfachen von $h\cdot\nu$ aufnehmen oder abgeben kann. Man nennt diese Energiequanten $h\nu$ auch *Photonen*. Eine Eigenschwingung, die q Photonen enthält, hat also die Energie $W = q\cdot h\nu$ mit $q = 0,1,2,3,\ldots$.

Im thermischen Gleichgewicht folgt die Verteilung der Gesamtenergie auf die einzelnen Eigenschwingungen einer Maxwell-Boltzmann-Verteilung. Die Zahl $p(q)$ der Eigenschwingungen pro Volumeneinheit mit der Energie $q\cdot h\nu$ ist dann

$$p(q) = \frac{n}{Z}\, e^{-qh\nu/kT} , \tag{2.8a}$$

wobei n die Gesamtdichte aller Eigenschwingungen, k die Boltzmann-Konstante und

$$Z = \sum_{q=0}^{\infty} e^{-qh\nu/kT} \tag{2.8b}$$

die *Zustandssumme* über alle Eigenschwingungen ist. Z ist ein Normierungsfaktor, der dafür sorgt, daß $\Sigma p(q) = n$, wie man durch Ausführen der Summation sofort sieht.

Die mittlere Energiedichte pro Eigenschwingung mit der Frequenz ν ist also

$$\overline{W} = \frac{1}{n} \sum_{q=0}^{\infty} p(q)\, q\, h\nu = \frac{1}{Z} \sum_{q=0}^{\infty} q\, h\nu\, e^{-qh\nu/kT} . \tag{2.9}$$

Die Ausrechnung der Reihe (2.9) ergibt [2.9]

$$\overline{W} = \frac{h\nu}{e^{h\nu/kT} - 1} . \tag{2.10}$$

Die spektrale Energieverteilung $\rho(\nu)d\nu$ der Hohlraumstrahlung, d.h. die Energie pro Volumeneinheit im Frequenzintervall $d\nu$ ist dann gleich der Zahl der Moden im Intervall $d\nu$ mal der mittleren Energie $\overline{W}$ jeder Mode. Aus (2.7, 10) erhält man damit für die spektrale Energiedichte $\rho(\nu)$

$$\boxed{\rho(\nu) = \frac{8\pi\nu^2}{c^3} \frac{h\nu}{e^{h\nu/kT} - 1}} . \tag{2.11}$$

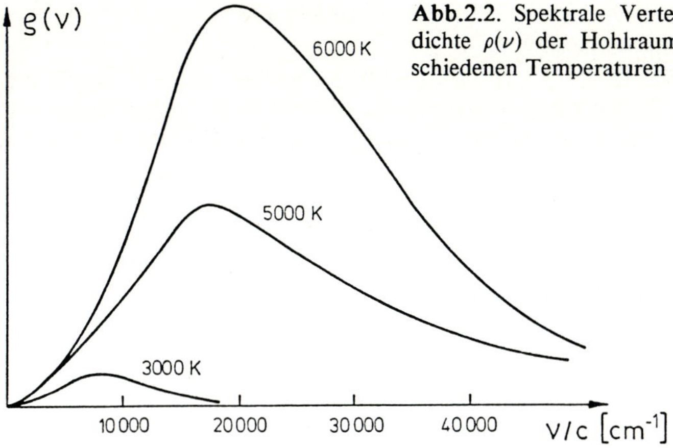

Abb.2.2. Spektrale Verteilung der Energiedichte $\rho(\nu)$ der Hohlraumstrahlung bei verschiedenen Temperaturen

Dies ist die berühmte *Plancksche Strahlungsformel* für die spektrale Energiedichte $\rho(\nu)$ der Hohlraumstrahlung. Man nennt diese Strahlung auch *thermische Strahlung*, weil sich die spektrale Verteilung $\rho(\nu)$ bei thermischem Gleichgewicht zwischen Strahlungsfeld und Materie (hier Wände des Hohlraums) einstellt (Fig.2.2).

Diese als Funktion von ν kontinuierliche Strahlung des Hohlraums ist *isotrop*, d.h. in allen Raumrichtungen gleichmäßig verteilt. Durch jedes durchlässige Flächenelement df einer Kugelfläche, die ein solches isotropes Strahlungsfeld mit der spektralen Energiedichte $\rho(\nu)$ einschließt, geht in den Raumwinkel $d\Omega$ unter dem Winkel θ gegen die Flächennormale dieselbe Strahlungsleistung dP im Frequenzintervall $d\nu$

$$dP = \left(\frac{c}{4\pi}\right)\rho(\nu)\, d\nu\, df \cos\theta\, d\Omega\ . \tag{2.12}$$

Man kann $\rho(\nu)$ dadurch bestimmen, daß man die spektrale Verteilung der aus einem kleinen Loch in einer Hohlraumwand austretenden Strahlungsleistung mißt. Das Loch muß so klein sein, daß der Leistungsverlust durch die austretende Strahlung das thermische Gleichgewicht im Inneren des Hohlraums nicht stört.

Reale Strahlungsquellen, deren spektrale Energieverteilung der Planck-Verteilung (2.11) sehr nahe kommt, sind z.B. die Sonne, der Glühfaden einer Glühbirne, Blitzlampen oder Höchstdruckgasentladungslampen.

Lichtquellen, die *Linienspektren* aussenden, sind Beispiele für nichtthermische Strahlungsquellen. Hier können die lichtemittierenden Atome oder Moleküle untereinander durchaus im thermischen Gleichgewicht sein hinsichtlich ihrer Translationsenergie, d.h. die Geschwindigkeitsverteilung der Moleküle folgt einer Maxwell-Verteilung. Die Anregungsenergie der Moleküle braucht jedoch nicht nach einer Boltzmann-Verteilung auf die einzelnen Energieniveaus verteilt zu sein; es besteht auch kein Gleichgewicht zwischen der Strahlung und den Molekülen. *Trotzdem kann die*

Strahlung räumlich isotrop verteilt sein. Beispiele für solche Lichtquellen sind Niederdruckgasentladungen.

Ein extremes Beispiel für eine nichtthermische und nichtisotrope Strahlungsquelle ist der Laser (Kap.5), bei dem die Strahlungsenergie auf wenige Moden konzentriert ist. Der Laser emittiert daher den größten Teil seiner Strahlungsenergie in einen kleinen Raumwinkelbereich, d.h. *die Strahlung ist extrem anisotrop.*

2.3 Absorption, induzierte und spontane Emission, Einstein-Koeffizienten

Bringen wir in das thermische Strahlungsfeld (Abschn.2.2) Moleküle mit den Energieniveaus E_1 und E_2, so kann Licht der Frequenz ν absorbiert werden, wenn die Bedingung

$$h\nu = E_1 - E_2$$

erfüllt ist (Abb.2.3). Jedes absorbierte Photon $h\nu$ regt ein Molekül vom Zustand E_1 in den energetisch höheren Zustand E_2 an. Dieser Prozeß heißt *induzierte Absorption.* Die Wahrscheinlichkeit P_{12}, daß ein Molekül pro Sekunde ein Photon absorbiert, ist proportional zur Zahl der Photonen $h\nu$ am Ort des Moleküls, also proportional zur spektralen Energiedichte $\rho(\nu)$ des Strahlungsfelds:

$$P_{12} = B_{12}\rho(\nu) \ . \qquad (2.13)$$

Der Proportionalitätsfaktor B_{12} heißt *Einstein-Koeffizient der induzierten Absorption.* Jeder Absorptionsakt vermindert die Photonenbesetzungszahl in einer Eigenschwingung des Strahlungsfelds um 1.

Analog kann das Strahlungsfeld Moleküle im angeregten Zustand E_2 „veranlassen" (induzieren), unter Emission eines Photons $h\nu$ in den tieferen Zustand E_1 überzugehen. Dieser Prozeß heißt *induzierte Emission.* Er erhöht die Photonenzahl derjenigen Eigenschwingung um 1, durch die er induziert wurde, d.h. das induziert emittierte Photon gehört zu derselben Mode wie das induzierende Photon. Die Wahrscheinlichkeit P_{21}, daß ein Molekül pro Sekunde ein Photon induziert emittiert, ist analog zu (2.13)

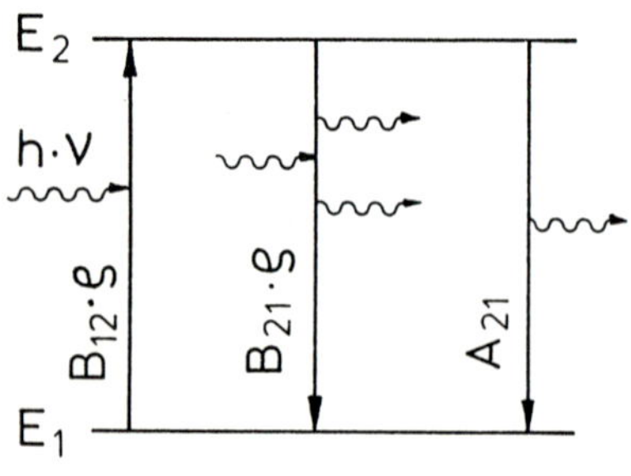

Abb.2.3. Wechselwirkung eines Zwei-Niveau-Systems mit einem Strahlungsfeld

$$P_{21} = B_{21}\rho(\nu) . \tag{2.14}$$

B_{21} ist der *Einstein-Koeffizient der induzierten Emission.*

Ein angeregtes Molekül kann seine Anregungsenergie auch spontan, d.h. ohne äußeres, induzierendes Feld durch Lichtemission abgeben. Das spontan emittierte Photon kann die Besetzungszahl irgend einer Mode mit passender Frequenz $\nu = (E_2 - E_1)/h$ aber beliebiger Richtung des **k**-Vektors um eins erhöhen. Bei isotroper Emission ist die Wahrscheinlichkeit für alle diese Moden gleich groß. Die Wahrscheinlichkeit P_{21}(spontan) pro Sekunde, daß ein Photon $h\nu$ von einem Molekül spontan emittiert wird, ist unabhängig vom äußeren Feld und hängt nur von der Struktur des Moleküls und dem betrachteten Übergang $E_2 \rightarrow E_1$ ab; d.h.

$$P_{21}(\text{spontan}) = A_{21} . \tag{2.15}$$

A_{21} heißt *Einstein-Koeffizient der spontanen Emission* oder auch spontane Übergangswahrscheinlichkeit für den Übergang $|2\rangle \rightarrow |1\rangle$.

Von der Gesamtzahl N der Moleküle pro Volumeneinheit unseres Hohlraums seien N_i im Zustand E_i. Im stationären Fall muß die gesamte Absorptionsrate (= Zahl der pro Volumeneinheit und Sekunde absorbierten Photonen) $N_1 B_{12}\rho(\nu)$ gleich der gesamten Emissionsrate $N_2 B_{21}\rho(\nu) + N_2 A_{21}$ sein, da sich sonst die Energiedichte $\rho(\nu)$ unseres Strahlungsfeldes ändern müßte. Wir haben also

$$A_{21}N_2 + B_{21}\rho(\nu)N_2 = B_{12}N_1\rho(\nu) . \tag{2.16}$$

Im thermischen Gleichgewicht gilt für die Besetzungszahlen N_i der Energieniveaus E_i die Boltzmannverteilung

$$\boxed{N_i = (Ng_i/Z)\, e^{-E_i/kT}} , \tag{2.17}$$

wobei g_i das statistische Gewicht des Zustandes E_1 (für einen Zustand E_i eines freien Atoms mit dem Drehimpuls J ist $g_i = 2J+1$) und Z die Zustandssumme (2.8b) ist.

Für das Verhältnis N_2/N_1 erhält man aus (2.17)

$$N_2/N_1 = (g_2/g_1)e^{-(E_2-E_1)/kT} = (g_2/g_1)e^{-h\nu/kT} . \tag{2.18}$$

Setzt man (2.18) in (2.16) ein und löst nach $\rho(\nu)$ auf, so erhält man

$$\rho(\nu) = \frac{A_{21}/B_{21}}{(g_1/g_2)(B_{12}/B_{21})(e^{h\nu/kT} - 1)} . \tag{2.19}$$

Andererseits wird die spektrale Energiedichte $\rho(\nu)$ der Hohlraumstrahlung durch die Planck'sche Formel (2.11) beschrieben. Da beide Gleichungen für alle Frequenzen ν und beliebige Temperaturen gelten müssen, liefert der Koeffizientenvergleich für die Einstein-Koeffizienten die Relationen

$$\boxed{B_{12} = \frac{g_2}{g_1} B_{21}} \quad \text{und} \quad \boxed{A_{21} = \frac{8\pi \cdot h\nu^3}{c^3} B_{21}} \; . \tag{2.20,21}$$

Gleichung (2.20) besagt, daß bei gleichen statistischen Gewichten der beiden Zustände E_1 und E_2 *die Einstein-Koeffizienten für induzierte Emission und Absorption gleich sind*!

Man kann (2.21) folgendes wichtige Ergebnis entnehmen: Die induzierte Emissionswahrscheinlichkeit $B_{21}\rho(\nu)$ ist immer dann größer als die spontane Emissionswahrscheinlichkeit A_{21}, wenn

$$\rho(\nu) > \frac{8\pi h\nu^3}{c^3} = \frac{8\pi\nu^2}{c^3} h\nu \; . \tag{2.21a}$$

Da nach (2.7) $8\pi\nu^2/c^3$ die spektrale Modendichte ist (Zahl der Moden pro Volumeneinheit und Frequenzintervall $d\nu = 1\,s^{-1}$), erhält man damit $\rho(\nu)\times[h\nu(8\pi\nu^2)/c^3]^{-1} > 1$ Photon/Mode, oder in Worten:

Die induzierte Emissionsrate in einer Mode ist immer dann größer als die spontane Rate, wenn das induzierende Strahlungsfeld in dieser Mode mehr als ein Photon enthält.

In Abb.2.4 ist die mittlere Photonenzahl pro Mode für ein thermisches Strahlungsfeld bei verschiedenen Temperaturen aufgetragen. Man sieht, daß bei einem thermischen Strahlungsfeld im sichtbaren Gebiet diese Zahl bei praktisch erreichbaren Temperaturen klein gegen eins ist, d.h. die spontane Emission überwiegt die induzierte bei weitem. Konzentriert man jedoch die Strahlungsenergie auf wenige Moden, so kann man in diesen Moden eine

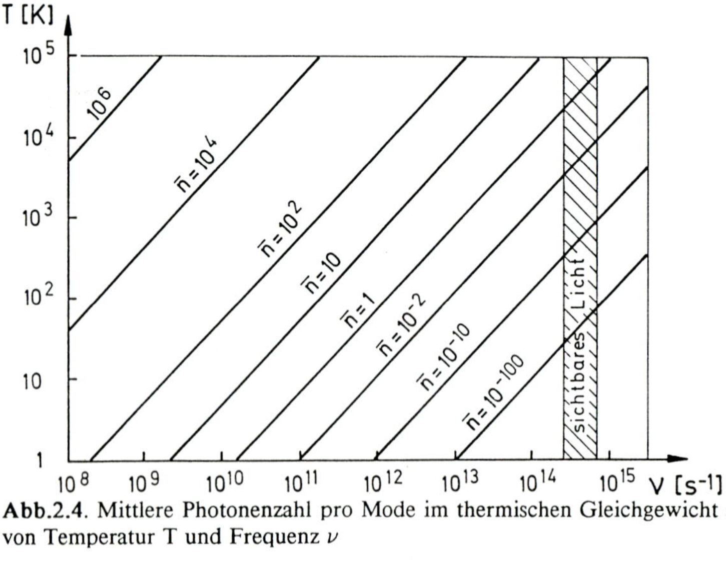

Abb.2.4. Mittlere Photonenzahl pro Mode im thermischen Gleichgewicht als Funktion von Temperatur T und Frequenz ν

große Photonenzahl erreichen und die induzierte Emission wird in diesen Moden dann wesentlich stärker als die spontane. Dieses Prinzip der Selektion weniger Moden wird beim Laser angewandt (Kap.5).

Anmerkung

Die Gleichungen (2.20,21) sind für den Fall der thermischen Strahlung hergeleitet worden. Da die Einstein-Koeffizienten jedoch Konstante sind, die nur von dem entsprechenden molekularen Übergang, nicht jedoch vom Strahlungsfeld abhängen, sind die Beziehungen universell gültig, d.h. für beliebige $\rho(\nu)$.

Beispiel 2.2

a) In 10 cm Entfernung vom Glühfaden einer 100 W Glühlampe ist die Photonenbesetzungszahl pro Mode bei λ = 500 nm etwa 10^{-8}, d.h. bei Molekülen in diesem Strahlungsfeld überwiegt die spontane Emission bei weitem.

b) Im Brennfleck einer Quecksilberhochdrucklampe ist im Maximum der starken Linie λ = 253,7 nm die Photonenzahl pro Mode etwa 10^{-2}. Auch hier spielt also die induzierte Emission noch keine wesentliche Rolle.

c) Im Resonator eines HeNe-Lasers (Ausgangsleistung: 1 mW bei 1% Spiegeltransmission), der auf einer Resonatoreigenschwingung oszilliert, ist in dieser Mode die Photonenzahl etwa 10^7. Hier ist also die spontane Emission in dieser Mode vernachlässigbar. Man beachte jedoch, daß die gesamte spontane Emission innerhalb der Doppler-Breite des Überganges bei λ = 632,3 nm, die sich bei einem Volumen des angeregten Gases von etwa 1 cm^3 auf $3 \cdot 10^8$ Moden in allen Raumrichtungen verteilt (Beispiel 2.1a), durchaus größer ist als die induzierte Emission.

2.4 Grundbegriffe der Strahlungsmessung

Um verschiedene Lichtquellen hinsichtlich ihrer Verwendbarkeit für spektroskopische Untersuchungen vergleichen zu können, ist es nützlich, einige Begriffe einzuführen, die die ausgestrahlte Leistung sowie ihre räumliche und spektrale Verteilung angeben.

In Abb.2.5 betrachten wir ein Oberflächenelement df der Strahlungsquelle. Die von df in den Raum ausgestrahlte Leistung hängt im allgemeinen von der Frequenz ν und vom Winkel θ gegen die Flächennormale ab. Wir bezeichnen als *spektrale Strahlungsstärke* $J_\nu(\nu,\theta)$ die von df unter dem Winkel θ in den Raumwinkel $d\Omega = 1$ sr bei der Frequenz ν im Intervall $d\nu = 1\ s^{-1}$ ausgestrahlte Leistung. Die im gesamten Spektralbereich ausgestrahlte Leistung [W/Sterad] erhält man dann aus

$$J(\theta) = \int_0^\infty J_\nu(\nu,\theta)\, d\nu \ .$$

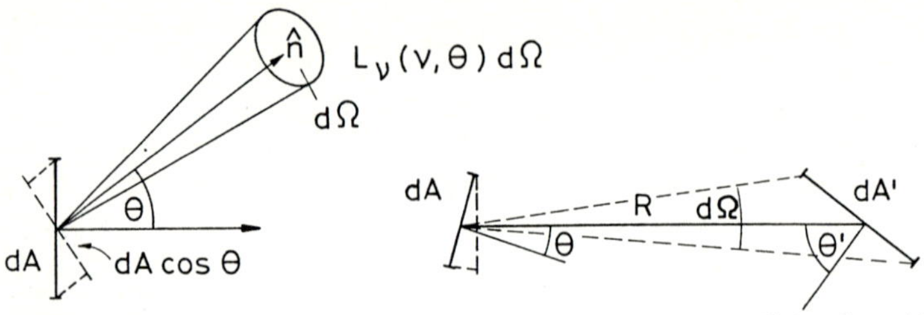

Abb.2.5. Zur Definition von Strahlungsstärke J, Strahlungsdichte S und Bestrahlungsstärke I

Die gesamte von dem Flächenelement df in alle Raumrichtungen ausgestrahlte Leistung heißt *Strahlungsstrom* ϕ. Sie ergibt sich durch Integration von $J(\theta)$ über alle Raumwinkelelemente $d\Omega$.

Die vom Senderelement df auf ein Empfängerelement df′ im Abstand R auffallende Strahlungsleistung ist für df, df′<< R^2

$$dW/dt = J(\theta)d\Omega = J(\theta)df'\cos\theta'/R^2 \ . \tag{2.22a}$$

Der Raumwinkel $d\Omega$, unter dem df′ von df aus erscheint, ist nämlich gleich $df'\cos\theta'/R^2$ ist. Der Empfänger „sieht" von df nur die scheinbare Sendefläche $df_s = df\cos\theta$. Die Größe $S = J/(df\cos\theta)$ gibt also die pro Flächeneinheit in die Raumwinkeleinheit um den Winkel θ gegen die Flächennormale abgestrahlte Leistung an und heißt *Strahlungsdichte* der Strahlungsquelle. Genau wie bei J ergibt sich die Strahlungsdichte S im gesamten Spektralbereich aus der spektralen Strahlungsdichte S_ν durch $S = \int S_\nu d\nu$.

Mit Hilfe der Strahlungsdichte S läßt sich (2.22a) in der symmetrischen Schreibweise ausdrücken

$$dW/dt = S df\cos\theta df'\cos\theta'/R^2 \ . \tag{2.22b}$$

Man kann natürlich auch df′ als Sender mit der Strahlungsdichte S′ ansehen, der unter dem Raumwinkel $d\Omega' = df\cos\theta/R^2$ dem Empfänger die Energie dW/dt zustrahlt (Abb.2.5b).

Bei isotropen Strahlungsquellen, z.B. der Hohlraumstrahlung, ist S unabhängig von θ. Da sich hier die Strahlungsenergie mit der Lichtgeschwindigkeit c gleichmäßig in alle Richtungen, d.h. in den Raumwinkel 4π ausbreitet, erhält man für die spektrale Strahlungsdichte der Hohlraumstrahlung

$$\boxed{S_\nu = \rho(\nu)\frac{c}{4\pi} = \frac{2h\nu^3}{c^2}\frac{1}{e^{h\nu/kT} - 1}} \ . \tag{2.23a}$$

und für den spektralen Strahlungsstrom im Frequenzintervall $d\nu$

$$\phi_\nu = 4\pi S_\nu d\nu \ , \tag{2.23b}$$

während der totale Strahlungsstrom durch

$$\phi = \int \phi_\nu d\nu \qquad (2.23c)$$

gegeben ist.

Für isotrope Strahlungsquellen besagt also (2.22a, b), daß die in den Raumwinkel $d\Omega$ abgestrahlte Leistung proportional zu $\cos\theta$ ist (*Lambert'sches Gesetz*). Man beachte jedoch, daß bei nichtisotropen Quellen $S(\theta)$ eine Funktion von θ ist. So ist z.B. bei einem strahlenden Dipol $S \propto \sin^2\theta$, wenn θ der Winkel gegen die Dipolachse ist. Extrem anisotrope Strahlungsquellen sind die Laser, bei denen $S(\theta)$ nur in einem engen Winkelbereich $d\theta$ große Werte annimmt.

Die auf die Flächeneinheit des Empfängers im Frequenzintervall $d\nu$ auffallende spektrale Strahlungsleistung ist

$$I_\nu d\nu = \frac{1}{df'} \frac{dW_\nu}{dt} d\nu = S_\nu d\nu df \cos\theta \cos\theta' / R^2 \,. \qquad (2.24)$$

I_ν heißt spektrale *Bestrahlungsstärke*, aus der man die integrale Bestrahlungsstärke $I = \int I_\nu d\nu$ durch Integration über den gesamten Spektralbereich der Strahlungsquelle erhält. I heißt auch oft *Leistungsdichte* oder *Intensität* $[W/m^2]$.

Beispiel 2.3

Die Intensität einer ebenen Welle $\mathbf{E} = \mathbf{E}_0 \cos(\omega t - kz)$, die sich in der z-Richtung ausbreitet, ist $I = c\int \rho(\omega) d\omega = c\epsilon_0 E_0^2 \cos^2(\omega t - kz)$, so daß der vom Detektor gemessene Mittelwert

$$\langle I \rangle = \frac{1}{2} c\epsilon_0 E_0^2$$

wird. Häufig findet man die komplexe Schreibweise

$$\mathbf{E} = \mathbf{A}_0 e^{i(\omega t - kz)} + \mathbf{A}_0^* e^{-i(\omega t - kz)} \quad \text{mit} \quad A_0 = \mathrm{Re}\{A_0\} = E_0/2 \,,$$

mit der die gemittelte Intensität $\langle I \rangle = 2c\epsilon_0 A_0^2$ wird.

Bei ausgedehnter Empfängerfläche F' erhält man die gesamte, dem Empfänger zugestrahlte Leistung durch Integration über alle Flächenelemente df'. Wir wollen uns dies an Hand von Abb.2.6 klarmachen [2.10]. Alle Strahlung, die auf F' trifft, geht im Winkelbereich von $-u < \theta < +u$ durch eine vor F' gedachte Kugelfläche, die wir in Flächenelemente in Form von Kreisringen $df' = 2\pi r dr = 2\pi R \sin\theta R d\theta$ zerlegen. Die gesamte auf F' treffende Strahlungsleistung ist dann nach (2.22a) mit $\cos\theta' = 1$

$$P = \int_0^u S \cos\theta \, df \, 2\pi \sin\theta \, d\theta \,. \qquad (2.25a)$$

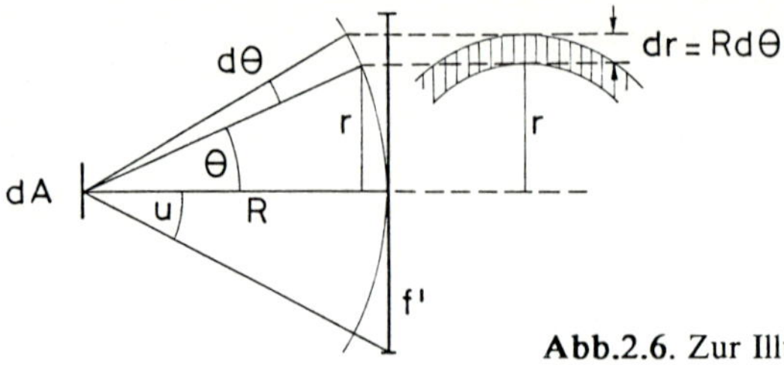

Abb.2.6. Zur Illustration von (2.25)

Bei isotroper Strahlungsdichte hängt S nicht von θ ab, und man erhält (Abb.2.6)

$$P = \pi S \sin^2 u \,. \tag{2.25b}$$

Anmerkung

a) Man beachte, daß man durch keine noch so raffinierte Abbildung die Strahlungsdichte S einer Strahlungsquelle erhöhen kann, d.h. das Bild df′ der Strahlungsquelle df kann keine größere Strahlungsdichte als die Quelle selbst haben. Man kann zwar, wie in Abb.2.7 durch eine verkleinernde Abbildung die Bestrahlungsstärke I erhöhen, aber man vergrößert im gleichen Verhältnis den Raumwinkel dΩ, in den die Strahlung abgebildet wird, so daß die Strahlungsdichte S′ des Bildes df′ von df nicht größer als S werden kann. Wegen der unvermeidlichen Verluste durch Reflexion, Absorption und Streuung bei der Abbildung ist S′ in Wirklichkeit sogar immer kleiner als S. Siehe z.B. [2.10].

b) Ein streng paralleles Lichtbündel würde in den Raumwinkel $d\Omega = 0$ ausgestrahlt und hätte daher bei endlicher Strahlungsstärke J eine unendlich hohe Strahlungsdichte S. Man sieht daraus, daß es streng paralleles Licht nicht gibt.

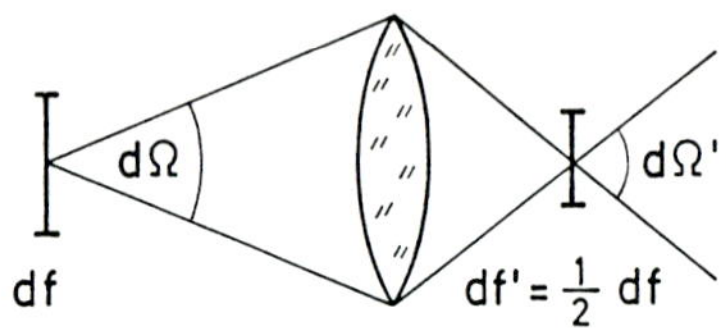

Abb.2.7. Konstanz der Strahlungsdichte bei einer optischen Abbildung

---

Der Amplitudenvektor $\mathbf{A}_0$ der ebenen Welle im Beispiel 2.3 läßt sich in Komponenten schreiben als

$$\mathbf{A}_0 = \begin{Bmatrix} A_{0x} e^{i(\phi_x)} \\ A_{0y} e^{i\phi_y} \end{Bmatrix}. \tag{2.26}$$

Für linear polarisiertes Licht mit dem **E**-Vektor in x-Richtung ist $A_{0y} = 0$. Für zirkular polarisiertes Licht ist $A_{0x} = A_{0y}$ und $\phi_x = \phi_y \pm \pi/2$. Mit Hilfe der Jones-Vektoren (Tabelle 2.1) lassen sich die Polarisationszustände des Lichtes übersichtlich schreiben:

Tabelle 2.1. Jones Vektoren: Der **E**-Vektor der Welle ist

$$\begin{Bmatrix} E_x \\ E_y \end{Bmatrix} = |E| \begin{pmatrix} a \\ b \end{pmatrix}.$$

Jones Matrizen: Der **E**-Vektor $\mathbf{E}_i$ der einfallenden Welle ist nach Durchlaufen des Polarisators, dessen Durchlaßrichtung durch den Pfeil angezeigt wird (x-Richtung ist horizontal), ist

$$\mathbf{E} = \mathbf{E}_i \begin{pmatrix} ab \\ cd \end{pmatrix}.$$

Jones Vektoren für in z-Richtung laufende Wellen			Jones Matrizen für Polarisatoren			
Lineare Polarisation		Zirkulare Pol.	↔	↕	↗↙	↖↘
x-Richtung:	$\begin{pmatrix} 1 \\ 0 \end{pmatrix}$	σ^+: $\frac{1}{\sqrt{2}}\begin{pmatrix} 1 \\ 1 \end{pmatrix}$	$\begin{pmatrix} 1 & 0 \\ 0 & 0 \end{pmatrix}$	$\begin{pmatrix} 0 & 0 \\ 0 & 1 \end{pmatrix}$	$\frac{1}{2}\begin{pmatrix} 1 & 1 \\ 1 & 1 \end{pmatrix}$	$\frac{1}{2}\begin{pmatrix} 1 & -1 \\ -1 & 1 \end{pmatrix}$
y-Richtung:	$\begin{pmatrix} 0 \\ 1 \end{pmatrix}$					
			↻	↺		λ/4
45°:	$\frac{1}{2}\begin{pmatrix} 1 \\ 1 \end{pmatrix}$	σ^-: $\frac{1}{\sqrt{2}}\begin{pmatrix} 1 \\ -i \end{pmatrix}$	$\frac{1}{2}\begin{pmatrix} 1 & i \\ -1 & i \end{pmatrix}$	$\frac{1}{2}\begin{pmatrix} 1 & -i \\ 2 & 1 \end{pmatrix}$		$e^{-\frac{1}{4}\pi}\begin{pmatrix} 1 & 0 \\ 0 & \pm i \end{pmatrix}$

Für linear polarisiertes Licht, dessen **E**-Vektor 45° gegen die x-Achse geneigt ist, gilt

$$\mathbf{A}_0 = \sqrt{A_{0x}^2 + A_{0y}^2}\; e^{i\phi} \frac{1}{\sqrt{2}} \begin{Bmatrix} 1 \\ 1 \end{Bmatrix} = |A_0| e^{i\phi} \frac{1}{\sqrt{2}} \begin{Bmatrix} 1 \\ 1 \end{Bmatrix}, \tag{2.27a}$$

und für zirkular polarisiertes Licht haben wir wegen $\exp(-i\pi/2) = -i$

$$\mathbf{A}_0 = |A_0| e^{i\phi} \frac{1}{\sqrt{2}} \begin{Bmatrix} 1 \\ -i \end{Bmatrix}. \tag{2.27b}$$

Beispiel 2.4

a) **Strahlungsdichte der Sonnenoberfläche.** Auf 1 m^2 der Erdoberfläche würde bei senkrechtem Einfall ohne Reflexion und Absorption in der Atmosphäre I = 1,35 kW/m^2 Sonnenleistung fallen (Solarkonstante). Der halbe Öffnungswinkel, unter dem wir die Sonnenscheibe sehen, ist u = 16 Bogenminuten, so daß $\sin(u) = 4{,}7 \cdot 10^{-3}$. Setzt man diesen Wert in (2.25b) ein, so erhält man für die Strahlungsdichte S der Sonnenoberfläche $S = 2 \cdot 10^4$ $kW/(m^2 \cdot sr)$.

b) **Strahlungsdichte eines HeNe-Lasers.** Die Laserausgangsleistung von 1 mW werde von 1 mm^2 der Laserspiegeloberfläche mit einem vollen Öffnungswinkel von 3 Bogenminuten, d.h. in einen Raumwinkel von $\simeq 1\cdot 10^{-6}$ sr ausgesandt. Die maximale Strahlungsdichte in Richtung des Laserstrahls ist dann $S = 10^{-3}/(10^{-6}\cdot 10^{-6}) = 1\cdot 10^{9}$ W/(m^2·sr), also etwa 50 mal so groß wie die der Sonnenoberfläche. Für die spektrale Strahlungsdichte S fällt der Vergleich für den Laser noch wesentlich günstiger aus, da die Laseremission auf etwa 10^7 Hz beschränkt ist, die der Sonne jedoch über das gesamte Frequenzspektrum verteilt ist.

c) Schaut man direkt in die Sonne, so empfängt die Netzhaut des Auges bei einem Pupillendurchmesser von 1 mm eine Leistung von etwa 1 mW; also soviel, als wenn man direkt in den Laserstrahl des Beispiels 2.4b schaut. Das Bild der Sonnenscheibe auf der Netzhaut ist jedoch etwa 100 mal größer als der Fokus der Laserstrahlung, so daß die Bestrahlungsstärke einzelner Bereiche der Netzhaut beim Laser etwa 100 mal höher ist, und daher die bestrahlten Zellen zerstört werden.

2.5 Linienspektren und kontinuierliche Spektren

Die Intensität der thermischen Strahlung (Abschn.2.2) hatte eine kontinuierliche Spektralverteilung $I(\nu)$. Diskrete Spektren, deren spektrale Intensitätsverteilung $I(\nu)$ bei bestimmten Frequenzen ν_{ik} Maxima zeigen, werden erzeugt durch Übergänge zwischen verschiedenen gebundenen Energieniveaus E_i und E_k freier Moleküle, wobei $h\nu_{ik} = E_i - E_k$ gilt. Da in einem Spektralapparat bei der Abbildung des Eintrittsspalts S auf die Beobachtungsebene B für jede dieser Wellenlängen $\lambda_{ik} = c/\nu_{ik}$ als Spaltbild eine räumlich getrennte Linie erscheint (Abb.2.8), nennt man diese diskreten Spektren auch Linienspektren zum Unterschied von den kontinuierlichen Spektren, bei denen in der Ebene B eine räumlich kontinuierliche Intensitätsverteilung erscheint (siehe auch Abschn. 4.1)

Läßt man Licht mit kontinuierlichem Frequenzspektrum auf freie Moleküle im Zustand E_i fallen, so können die Moleküle durch Absorption von Licht in energetisch höhere Zustände E_k angeregt werden. Sind die Niveaus E_k gebundene Zustände, so erhält man ein diskretes Absorptionsspektrum, d.h. Absorption ist nur in schmalen Frequenzbereichen um die Frequenzen ν_{ik} möglich (Absorptionslinien). Im transmittierten Licht fehlt diese Energie, und man erhält ein Spektrum, wie es schematisch in Abb.2.9 angedeutet ist.

Beispiele für solche Absorptionslinien sind die Fraunhofer-Linien im Sonnenspektrum, wo die Atome der Sonnenhülle die kontinuierliche Strahlung aus der Photosphäre bei ihren Eigenfrequenzen absorbieren. Liegt die Energie E_k oberhalb der Ionisations- oder Dissoziationsenergie, so treten kontinuierliche Absorptionsbereiche auf (Abb.2.9).

Die absorbierte Energie ist proportional zur Besetzungsdichte N_i der Moleküle im Zustand E_i. Die Intensität der Absorptionslinien ist also nur dann merklich, wenn die Besetzungszahl N_i groß genug ist. Bei einem Gas im thermischen Gleichgewicht treten daher wegen $N_i \propto g_i \exp(-E_i/kT)$ Ab-

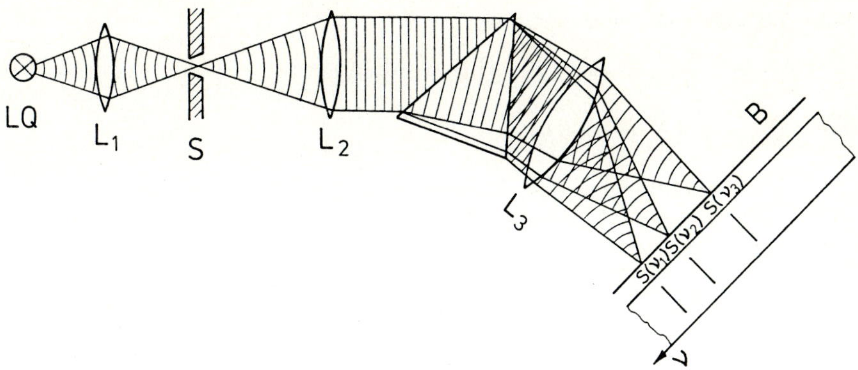

Abb.2.8. Spektrallinien eines diskreten Spektrums als Abbildung des Eintrittsspaltes eines Spektrographen auf die Beobachtungsebene

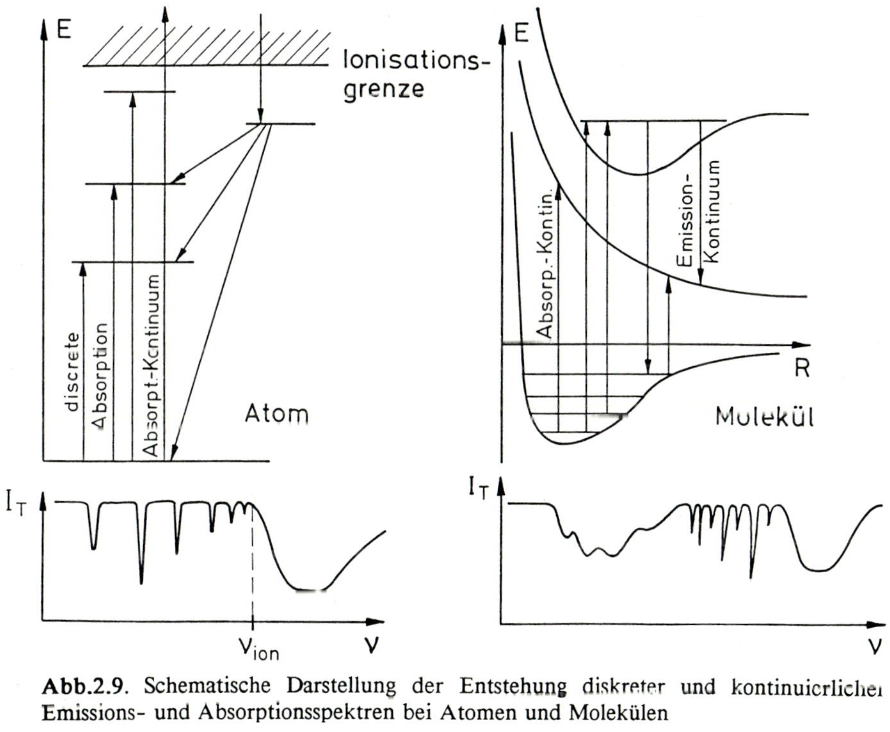

Abb.2.9. Schematische Darstellung der Entstehung diskreter und kontinuierlicher Emissions- und Absorptionsspektren bei Atomen und Molekülen

sorptionslinien hauptsächlich für energetisch tief liegende Zustände E_i auf, für die E_i nicht wesentlich größer als kT ist. Man kann jedoch energetisch höher liegende Zustände durch verschiedene Anregungsmechanismen über ihre Gleichgewichtsbesetzung hinaus bevölkern.

Beispiele für solche „Pumpprozesse" sind die Lichtabsorption

$$A + h\nu \rightarrow A^* \quad \text{(optisches Pumpen)} . \tag{2.28a}$$

oder die Elektronenstoßanregung

$$A + e^- + E_{kin} \rightarrow A^* + e^- + (E_{kin} - \Delta E_{kin}) \qquad (2.28b)$$

mit $\Delta E_{kin} = E(A^*) - E(A)$,

die in Gasentladungen den Hauptanregungsmechanismus darstellt, oder Stöße mit anderen Molekülen oder Atomen, die eventuell auch angeregt sein können, d.h.

$$A + B + E_{kin} \rightarrow A^* + B - \Delta E_{kin} + E_{kin} \, ,$$

$$A + B^* \rightarrow A^* + B + \Delta E \qquad (2.28c)$$

mit $\Delta E = E(B^*) - E(A^*)$.

Der letzte Prozeß ist dann besonders wahrscheinlich, wenn die beiden Stoßpartner A und B energetisch nahe benachbarte Energieniveaus E_k besitzen, d.h. wenn $\Delta E \ll kT$ gilt. Er ist z.B. in der Gasentladung eines HeNe-Lasers hauptsächlich für die Besetzung des oberen Laserniveaus verantwortlich.

Die angeregten Moleküle geben ihre Energie nach kurzer Zeit wieder ab, entweder durch Lichtausstrahlung (spontane oder induzierte Emission) oder durch stoßinduzierte Übergänge zu tieferen Niveaus (Abb.2.10). Die räumliche Verteilung der spontanen Emission (auch Fluoreszenz genannt) hängt von der räumlichen Orientierung der angeregten Moleküle und vom angeregten Niveau ab. Bei isotroper Orientierungsverteilung ist die Fluoreszenz auch isotrop. Bei diskretem angeregtem Zustand E_k erhält man ein Linien-Emissionsspektrum für Übergänge in gebundene Zustände E_i, hingegen ein Emissionskontinuum, wenn E_i ein dissoziativer Zustand ist. Ein Beispiel für den letzteren Fall ist die Emission von einem Rotationsschwingungsniveau E_k im elektronisch angeregten, gebundenen Zustand des He_2-Moleküls in den nichtstabilen Grundzustand, der in zwei He-Atome dissoziiert. Ein Beispiel für einen solchen "gebunden-freien" Übergang, der zu einem Emissionskontinuum führt, ist im Termschema von Abb.2.9 rechts gezeigt.

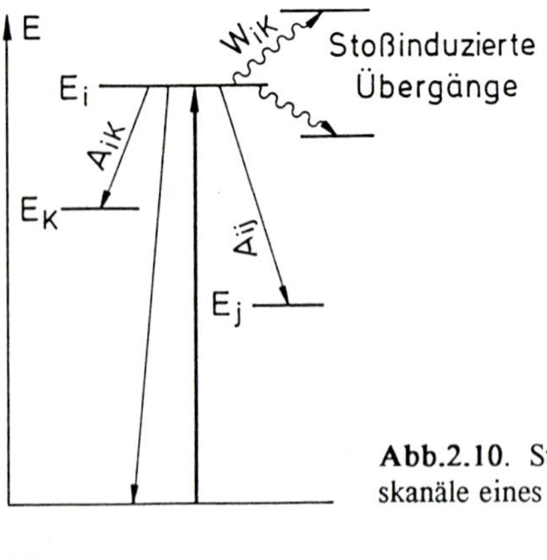

Abb.2.10. Strahlende und strahlungslose Entvölkerungskanäle eines angeregten Niveaus

2.6 Absorption und Dispersion

Wenn eine elektromagnetische Welle durch ein Medium mit dem Brechungsindex n läuft, tritt außer einer Abnahme der Amplitude (Absorption) auch eine Änderung der Phasengeschwindigkeit $c = c_{vak}/n$ auf (Dispersion), wobei $n = n(\omega)$ von der Frequenz ω der Welle abhängt. Ein klassisches Modell, das die Atomelektronen durch gedämpfte harmonische Oszillatoren beschreibt, die unter dem Einfluß der elektromagnetischen Welle zu erzwungenen Schwingungen angeregt werden, vermag eine sehr anschauliche Beziehung zwischen Absorption und Dispersion herzustellen (Dispersionsrelationen). Dadurch kann der makroskopisch eingeführte Begriff des Brechungsindexes auf Eigenschaften der Elektronenhüllen der Atome bzw. Moleküle zurückgeführt werden. Die klassischen Ergebnisse über den harmonischen Oszillator können dann relativ einfach an die wirklichen Verhältnisse bei realen Molekülen angepaßt werden. Wir wollen dieses Modell und seine quantenmechanische Formulierung jetzt behandeln.

2.6.1 Klassisches Modell

Die Bewegungsgleichung für die erzwungene Schwingung des gedämpften Oszillators mit der Ladung q unter dem Einfluß des elektrischen Feldes $\mathbf{E}_0 \exp(i\omega t)$ der elektromagnetischen Welle lautet mit $\mathbf{E}_0 = \{E_0, 0, 0\}$ in komplexer Schreibweise

$$m\ddot{x} + b\dot{x} + Dx = qE_0 e^{i\omega t} \,. \tag{2.29}$$

Geht man mit dem Lösungsansatz $x = x_0 \exp(i\omega t)$ in (2.29) ein, so erhält man mit den Abkürzungen $\gamma = b/m$ und $\omega_0{}^2 = D/m$ für die Amplitude x_0 den Ausdruck

$$x_0 = \frac{qE_0}{m(\omega_0{}^2 - \omega^2 + i\gamma\omega)} \,. \tag{2.30}$$

Durch diese erzwungene Schwingung der Ladungen q entsteht ein induziertes elektrisches Dipolmoment

$$P = qx = \frac{q^2 E_0 e^{i\omega t}}{m(\omega_0{}^2 - \omega^2 + i\gamma\omega)} \,. \tag{2.31}$$

Hat man N Oszillatoren pro Volumeneinheit, so ist die durch die Lichtwelle induzierte makroskopische Polarisation P (= Summe der Dipolmomente p pro Volumeneinheit)

$$P = Nqx \,. \tag{2.32}$$

Andererseits wird in der Elektrodynamik gezeigt, daß die makroskopische Polarisation mit der induzierenden Feldstärke E verknüpft ist durch

$$P = \epsilon_0(\epsilon - 1)E \,. \tag{2.33}$$

Die relative Dielektrizitätskonstante ϵ hängt mit dem Brechungsindex n über

$$n = \sqrt{\epsilon}\,. \tag{2.34}$$

zusammen, wie man sofort sieht, wenn man für die Phasengeschwindigkeit elektromagnetischer Wellen in $n = c_{vak}/c$ die Relation $c = (\epsilon\epsilon_0 \cdot \mu\mu_0)^{-1/2}$ verwendet und beachtet, daß für nichtferromagnetische Materialien $\mu \simeq 1$.

Aus (2.31-33) erhält man dann für den Brechungsindex n die Beziehung

$$n^2 = 1 + \frac{Nq^2}{\epsilon_0 m(\omega_0{}^2 - \omega^2 + i\gamma\omega)}\,. \tag{2.35}$$

Um uns die physikalische Bedeutung dieses komplexen Brechungsindexes $n(\omega)$ klar zu machen, schreiben wir ihn in der Form

$$n = n' - i\kappa n' \quad (\kappa \text{ reell})\,. \tag{2.35a}$$

und betrachten eine elektromagnetische Welle, die durch das Medium mit dem Brechungsindex n in z-Richtung läuft.

$$E = E_0 e^{i(\omega t - Kz)}\,. \tag{2.36}$$

Die Wellenzahl K ist im Vakuum $K = K_0$ und in Materie (wegen $K = \omega/c$ und $\omega_m = \omega_0$) $K_m = nK_0$. Setzt man dies zusammen mit (2.35a) in (2.36) ein, so erhält man

$$E = E_0 e^{-K_0 \kappa z} e^{i(\omega t - n' K_0 z)} = E_0 e^{-2\pi\kappa z/\lambda} e^{iK_0(c_0 t - n'z)}\,. \tag{2.36a}$$

Man sieht also, daß der Imaginärteil $\kappa(\omega)$ des komplex geschriebenen Brechungsindexes die Absorption der elektromagnetischen Welle angibt. Nach einer Strecke $\Delta z = \lambda/(2\pi\kappa)$ ist die Wellenamplitude auf $1/e$ ihres Anfangswertes gesunken. Der Realteil $n'(\omega)$ gibt die Dispersion an, d.h. die Abhängigkeit der Phasengeschwindigkeit $c = c_0/n'$ von der Frequenz ω.

Wir wollen uns im folgenden auf gasförmige Medien beschränken, für die der Brechungsindex n bei nicht zu hohem Druck nur wenig von 1 verschieden ist. (Für Luft bei 1 Atm ist z.B. n = 1,0003). Man kann dann

$$n^2 - 1 = (n+1)(n-1) \simeq 2(n-1)$$

setzen und erhält statt (2.35)

$$n = 1 + \frac{1}{2}\,\frac{Nq^2}{\epsilon_0 m(\omega_0{}^2 - \omega^2 + i\gamma\omega)}\,. \tag{2.35b}$$

Setzt man hier (2.35a) ein, so kann man Real- und Imaginärteil des Brechungsindexes trennen und erhält

$$\kappa = \frac{Nq^2}{2\epsilon_0 m} \frac{\gamma\omega}{(\omega_0{}^2-\omega^2)^2 + \gamma^2\omega^2}, \tag{2.37a}$$

$$n' = 1 + \frac{Nq^2}{2\epsilon_0 m} \frac{\omega_0{}^2 - \omega^2}{(\omega_0{}^2-\omega^2)^2 + \gamma^2\omega^2}. \tag{2.38a}$$

Die Gleichungen (2.37a und 38a) heißen auch *Dispersionsrelationen.* Sie verknüpfen Absorption und Dispersion miteinander über den komplexen Brechungsindex $n = n' - i\kappa$ und gelten gemäß ihrer Herleitung für ruhende Oszillatoren bei genügend kleinen Dichten, so daß $(n-1) \ll 1$ gilt. Durch die thermische Bewegung der absorbierenden Moleküle wird eine zusätzliche Doppler-Verbreiterung erzeugt, die im Abschnitt 3.2 behandelt wird.

In der Umgebung der Eigenfrequenz ω_0 gilt $|\omega-\omega_0| \ll \omega_0$ und die beiden Gleichungen vereinfachen sich zu

$$\kappa = \frac{Nq^2}{8\epsilon_0 m\omega_0} \frac{\gamma}{(\omega_0-\omega)^2 + (\gamma/2)^2}, \tag{2.37b}$$

$$n' = 1 + \frac{Nq^2}{4\epsilon_0 m\omega_0} \frac{\omega_0 - \omega}{(\omega_0-\omega)^2 + (\gamma/2)^2}. \tag{2.38b}$$

In Abb.2.11 sind der Verlauf von κ und n' in der Nähe der Eigenfrequenz ω_0 aufgetragen. Man sieht aus (2.37b), daß γ die volle Halbwertsbreite der Absorptionslinie ist (Abschn.3.1).

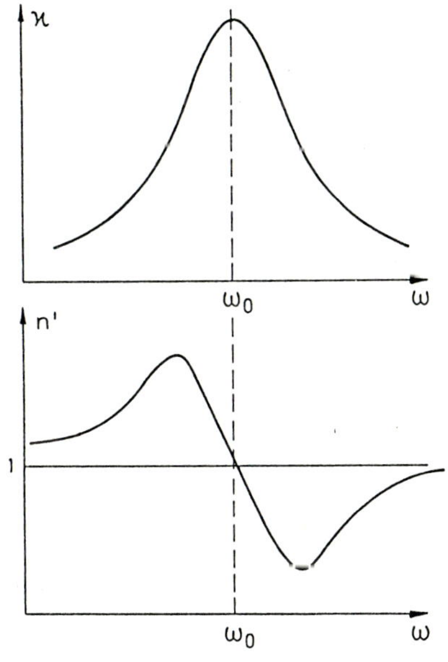

Abb.2.11. Verlauf von Absorption und Dispersion in der Umgebung der Resonanzfrequenz ω_0 eines atomaren Überganges

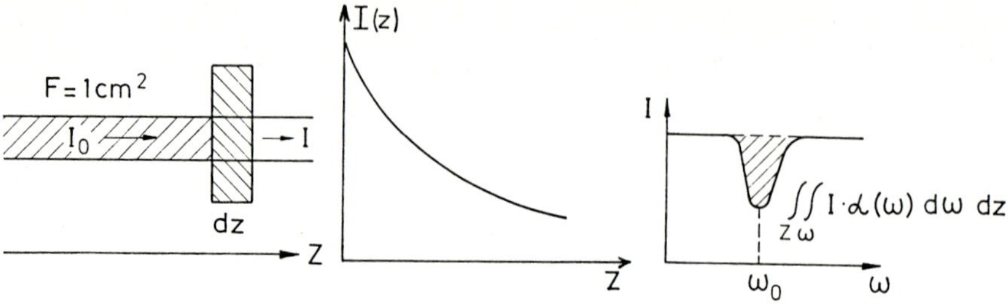

Abb.2.12. Zur Definition von absorbierter Intensität und dem spektralem Absorptionsprofil bei Einfall einer kontinuierlichen Strahlung

Üblicherweise beschreibt man die Absorption von Licht beim Durchgang durch Materie nicht als Amplituden- sondern als Intensitätsabnahme, da man nur Intensitäten, nicht Amplituden direkt messen kann. Läuft eine ebene Welle mit der Intensität $I(\omega)$ in z-Richtung durch ein homogenes Medium (Abb.2.12), so wird auf der Strecke dz die Intensität

$$dI = -\alpha I dz . \qquad (2.39)$$

absorbiert. Der Absorptionskoeffizient α gibt dabei den auf der Strecke dz = 1 absorbierten Bruchteil dI/I an. Integration von (2.39) liefert bei konstantem α (lineare Absorption) das *Beer'sche Absorptionsgesetz* mit $I(z=0) = I_0$

$$\boxed{I = I_0 e^{-\alpha z}} . \qquad (2.40)$$

Da die Intensität proportional zum Quadrat der Amplitude ist, ergibt ein Vergleich von (2.40) mit (2.36a)

$$\alpha = 4\pi\kappa/\lambda = 2K\kappa \quad \text{mit} \quad K = 2\pi/\lambda . \qquad (2.41)$$

Der Absorptionskoeffizient α ist also proportional zum Imaginärteil des Brechungsindexes und hat in der Umgebung der Oszillatoreigenfrequenz eine Frequenzabhängigkeit, die für $n-1 \ll 1$ durch das Lorentz-Profil (2.37b) beschrieben wird.

Wir wollen nun prüfen, wie unser klassisches Modell der harmonischen Oszillatoren auf reale Moleküle angewendet werden kann.

2.6.2 Oszillatorenstärken und Einstein-Koeffizienten

Atome oder Moleküle haben wegen der Vielzahl ihrer möglichen Energiezustände nicht nur eine, sondern viele "Eigenfrequenzen", bei denen Absorption auftreten kann. Die Größe des Absorptionskoeffizienten hängt dabei ab von der Art des Moleküls und der Struktur und Symmetrie der Zustände, zwischen denen bei der Absorption ein Übergang stattfindet. Wir wollen jetzt den im vorigen Abschnitt aus dem Modell des klassischen Oszillators hergeleiteten Absorptionskoeffizienten α mit den speziellen

Atom- bzw. Molekül-Übergängen verknüpfen. Dazu muß man im Prinzip die Übergangswahrscheinlichkeit zwischen zwei Energiezuständen E_i und E_k ausrechnen, was nur mit Hilfe der Quantenmechanik möglich ist (Abschn.2.7). Man kann jedoch diese Übergangswahrscheinlichkeit summarisch ausdrücken durch die sogenannte Oszillatorenstärke f, die aus Experimenten bestimmbar ist und folgende Bedeutung hat: Ein Atom mit einem "Leuchtelektron" d.h. mit einem im betrachteten Spektralbereich anregbaren Elektron, kann hinsichtlich seiner Gesamtabsorption wie ein klassischer Oszillator mit der oszillierenden Ladung $q = -e$ beschrieben werden. Die Gesamtabsorption vom Niveau E_i aus verteilt sich jedoch auf alle möglichen Übergänge $E_i \rightarrow E_k$, die von diesem Niveau E_i aus zu anderen Niveaus E_k möglich sind, so daß auf jeden einzelnen Übergang nur ein Bruchteil f_{ik} der Gesamtabsorption entfällt. Diese Zahl f_{ik} heißt *Oszillatorenstärke* des Übergangs $E_i \rightarrow E_k$. Mit anderen Worten: *N Atome absorbieren auf dem Übergang $E_i \rightarrow E_k$ genau so stark wie Nf_{ik} klassische Oszillatoren.*

Da die Gesamtabsorption eines Atoms mit einem Leuchtelektron gleich der eines klassischen Oszillators ist, muß

$$\sum_k f_{ik} = 1$$

sein.

Ganz allgemein besagt der Summensatz von W. Thomas, S. Reiche und W. Kuhn, daß bei Atomen bzw. Molekülen mit p anregbaren Elektronen

$$\sum_k f_{ik} = p \,. \tag{2.42}$$

Die Summation geht dabei über alle Energieniveaus k (einschließlich des Kontinuums) die vom Zustand E_i aus erreichbar sind. Ist E_i ein angeregtes Niveau, so kann auch induzierte Emission auftreten, die zu einer Verminderung der effektiven Absorption führt. Die entsprechende Oszillatorenstärken f_{ik} mit $E_k < E_i$ werden deshalb negativ.

Unter Berücksichtigung der Oszillatorenstärken f_{ik} gehen (2.37 und 38) für Real- und Imaginärteil des komplexen Brechungsindexes über in

$$\kappa_i = \frac{N_i e^2}{2\epsilon_0 m} \sum_k \frac{\omega f_{ik} \gamma_{ik}}{({\omega_{ik}}^2 - \omega^2)^2 + \gamma_{ik}^2 \omega^2} \tag{2.43}$$

und

$$n_i' = 1 + \frac{N_i e^2}{2\epsilon_0 m} \sum_k \frac{({\omega_{ik}}^2 - \omega^2) f_{ik}}{({\omega_{ik}}^2 - \omega^2)^2 + \gamma_{ik}^2 \omega^2} \,, \tag{2.44}$$

wobei γ_{ik} die volle Halbwertsbreite des Absorptionsüberganges $i \rightarrow k$ bedeutet. In der Nähe einer Absorptionsfrequenz ω_{ik} ist ein Summand groß

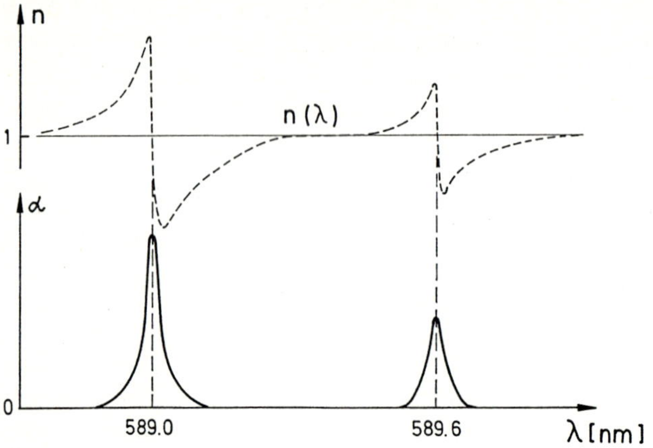

Abb.2.13. Spektraler Verlauf von Brechungsindex n und Absorptionskoeffizient α in der Umgebung der beiden D-Linien (ohne Auflösung der Hyperfeinstruktur)

gegen alle anderen, und (2.43,44) reduzieren sich auf einfache Ausdrücke analog zu (2.37b und 38b). Absorptionskoeffizient $\alpha_i = 2K\kappa_i$ bzw. Brechungsindex n_i' wird dabei durch ruhende Moleküle im Zustand E_i mit der Dichte N_i verursacht.

In Abb.2.13 sind κ und n' als Funktion von ω am Beispiel des Na-Atoms aufgetragen. Die Oszillatorenstärken können gemäß (2.43,44) aus der Messung von Absorption oder Dispersion experimentell bestimmt werden. Am häufigsten werden sie jedoch aus Lebensdauermessungen angeregter Zustände ermittelt, da alle f_{ik} proportional zu den Übergangswahrscheinlichkeiten A_{ik} sind. Diesen Zusammenhang wollen wir uns jetzt klarmachen.

Da die Intensität einer Welle die pro Sekunde durch die Flächeneinheit gehende Energie ist, folgt aus (2.39) für die in der Volumeneinheit im Frequenzintervall $d\nu$ absorbierte Leistung

$$dP_\nu d\nu = \alpha(\nu)I(\nu)d\nu \,. \tag{2.45}$$

Die durch den Übergang $E_i \rightarrow E_k$ pro Volumeneinheit absorbierte Leistung erhält man durch Integration über alle Frequenzen, die zu dem Übergang beitragen, d.h.

$$P_{ik} = \int \alpha_{ik}(\nu)I(\nu)d\nu \,. \tag{2.45a}$$

Falls sich die einfallende Intensität $I(\nu)$ innerhalb des Frequenzbereiches, in dem $\alpha_{ik}(\nu)$ groß ist (d.h. innerhalb der Absorptionslinienbreite) nicht wesentlich ändert, kann man $I(\nu) = I(\nu_{ik})$ setzen und vor das Integral ziehen, d.h.

$$P_{ik} = I(\nu_{ik})\int_{\nu=0}^{\infty} \alpha_{ik}(\nu)d\nu \,. \tag{2.45b}$$

Die absorbierte Leistung P_{ik} ist in Abb.2.12b durch die schraffierte Fläche angegeben. Nach (2.13) ist die Wahrscheinlichkeit, daß ein Molekül pro Sekunde einen solchen Absorptionsübergang macht, durch den Einsteinkoeffizienten B_{ik} bestimmt.

Bei einer Dichte von N_i Molekülen im Zustand E_i erhält man aus (2.20) die absorbierte Leistung

$$dW_{ik}/dt = N_i B_{ik} \rho(\nu) h\nu \ , \tag{2.45c}$$

wenn die Besetzungsdichte N_k im oberen Zustand vernachlässigbar ist. Der Vergleich von (2.45b) mit (2.45c) liefert mit $I = c\rho$ bei einer ebenen Lichtwelle die Relation

$$N_i B_{ik} \cdot h\nu_{ik} = c \int_0^\infty \alpha_{ik}(\nu) d\nu \ . \tag{2.46a}$$

Setzt man für $\alpha = (2\omega/c)\kappa$ den Ausdruck (2.43) ein in der Näherung $|\omega_{ik} - \omega| << \omega_{ik}$ - siehe (2.37a) - so erhält man wegen

$$\int_0^\infty \alpha(\nu) d(\nu) = \int_0^\infty \alpha(\omega) d\omega$$

für den Einstein-Koeffizienten

$$B_{ik} = \frac{e^2 f_{ik}}{4\hbar\omega_{ik}^2 \epsilon_0 m} \int_0^\infty \frac{\omega\gamma_{ik} d\omega}{(\omega_{ik} - \omega)^2 + (\gamma_{ik}/2)^2} \ .$$

Das Integral läßt sich elementar lösen und ergibt den Wert $2\pi\omega_{ik}$. Damit erhält man schließlich

$$\boxed{B_{ik}{}^{\omega} = \frac{\pi e^2}{2m\epsilon_0 \hbar\omega} f_{ik}} \ . \tag{2.47}$$

Man beachte, daß $\rho(\nu)$ die Energiedichte im Frequenzintervall $d\nu = 1 \to d\omega = 2\pi$ ist. Daher ist $\rho(\nu) = 2\pi\rho(\omega)$. Da aber die Übergangswahrscheinlichkeit $B_{ik}\rho$ unabhängig davon sein muß, ob man sie durch ν oder ω beschreibt, gilt: $B_{ik}{}^{\nu}\rho(\nu) = B_{ik}{}^{\omega}\rho(\omega) \to B_{ik}{}^{\nu} = (1/2\pi)B_{ik}{}^{\omega}$. Man muß diesen Unterschied beachten, wenn man Formeln vergleicht, die in ν bzw. in ω ausgedrückt sind.

Kennt man den Einstein-Koeffizienten, so kann man die Oszillatorenstärke und daraus Absorptionskoeffizient und Dispersionsanteil des komplexen Brechungsindexes nach (2.43 und 41) bestimmen. Umgekehrt läßt sich nach (2.46) aus der Messung des integrierten Absorptionskoeffizienten $\int \alpha(\nu) d(\nu)$ Einstein-Koeffizient B_{ik} und Oszillatorenstärke f_{ik} bestimmen.

Man beachte jedoch, daß bei der Herleitung angenommen wurde, daß $I(\nu)$ über den Bereich der Absorptionslinie konstant ist. Dies gilt nur bei schwacher Absorption (optisch dünne Absorptionsschicht) und ist bei starker Absorption nicht mehr erfüllt.

Führt man statt α_{ik} den optischen Absorptionsquerschnitt pro Molekül σ_{ik} ein durch die Definition

$$\alpha_{ik} = \sigma_{ik}[N_i - (g_i/g_k)N_k] = \sigma_{ik}\Delta N_{ik} , \tag{2.48}$$

so geht (2.46) über in

$$\int \sigma_{ik} d\nu = (h\nu/c)B_{ik}{}^{\nu} = (\hbar\omega/2\pi c)B_{ik}{}^{\omega} . \tag{2.46b}$$

Für die Oszillatorenstärke erhält man damit aus (2.47) mit $\sigma_{total} = \int \sigma_{ik} d\nu$

$$\boxed{f_{ik} = \frac{4 m_e \epsilon_0 c}{e^2}\sigma_{total}} . \tag{2.49}$$

Beim Einstrahlen von breitbandigem Licht (d.h. $I(\nu)$ soll sich über die Linienbreite nicht wesentlich ändern) ist die Oszillatorenstärke also ein Maß für den totalen Absorptionsquerschnitt eines Moleküls auf diesem Übergang. Ist die Linienbreite $\Delta\nu_L$ der einfallenden Strahlung $I(\nu_L)$ kleiner als die des absorbierenden Überganges, so kann in (2.45a) $I(\nu_L)$ nicht mehr vor das Integral gezogen werden und man muß die Faltung $\int \alpha(\nu)\cdot I(\nu)\cdot d\nu$ ausrechnen. Ist jedoch die Strahlung monochromatisch, wie z.B. bei einem Einmodenlaser, so ergibt das Integral den Integranden an der Stelle ν_L und die pro Volumeneinheit absorbierte Leistung ist bei einer Laserleistung P_L und einem Strahlquerschnitt F

$$dW_{ik}/dt = \alpha_{ik}(\nu_L)I(\nu_L)\Delta\nu_L = \alpha_{ik}(\nu_L)P_L/F = \alpha_{ik}(\nu_L)I_L . \tag{2.45d}$$

Pro Molekül wird daher im Mittel die Leistung $\sigma_{ik}(\nu_L)I_L$ absorbiert!

Man beachte, daß die bisherigen Überlegungen für ruhende Moleküle gelten. Der Einfluß der Molekülbewegung auf das Absorptionsprofil wird im nächsten Kapitel behandelt.

2.7 Übergangswahrscheinlichkeiten

In diesem Abschnitt wollen wir kurz den Begriff der Übergangswahrscheinlichkeiten und ihren Zusammenhang mit den Lebensdauern atomarer Zustände einführen. Nach der Diskussion spontaner Lebensdauern folgt eine anschauliche Erklärung für die quantenmechanische Definition der „Matrixelemente". Eine ausführliche Darstellung der semiklassischen Berechnung mit Hilfe der Störungsrechnung findet man in [2.4, 8, 13].

2.7.1 Lebensdauer angeregter Zustände

Die Wahrscheinlichkeit, daß ein angeregtes Molekül im Zustand E_i seine Anregungsenergie pro Sekunde durch spontane Emission abgibt und dabei in den energetisch tieferen Zustand E_k übergeht, ist nach (2.15) gegeben durch

$$P_{ik}(\text{spontan}) = A_{ik} \ .$$

Sind mehrere Übergänge zu verschiedenen tieferen Niveaus E_k möglich, so ist die gesamte spontane Übergangswahrscheinlichkeit

$$A_i = \sum_k A_{ik} \ .$$

Die Abnahme dN_i der Besetzungsdichte N_i im Zustand E_i ist deshalb im Zeitintervall dt

$$dN_i = - A_i N_i dt \ .$$

Die Integration liefert mit der Anfangsbedingung $N_i(t=0) = N_{i0}$

$$\boxed{N_i = N_{i0} e^{-tA_i}} \ . \tag{2.50}$$

Nach der Zeit $t = \tau_i = 1/A_i$ ist die Besetzungsdichte auf 1/e ihres Anfangswertes abgesunken (Abb.2.14). τ_i ist die mittlere spontane Lebensdauer des Zustands E_1, wie man sofort aus der Definition der mittleren Lebensdauer $\langle t_i \rangle$ sieht

$$\langle t_i \rangle = \int_0^\infty t\, P_i(t) dt = \int_0^\infty t\, A_i e^{-tA_i} dt = \frac{1}{A_i} = \tau_i \ ,$$

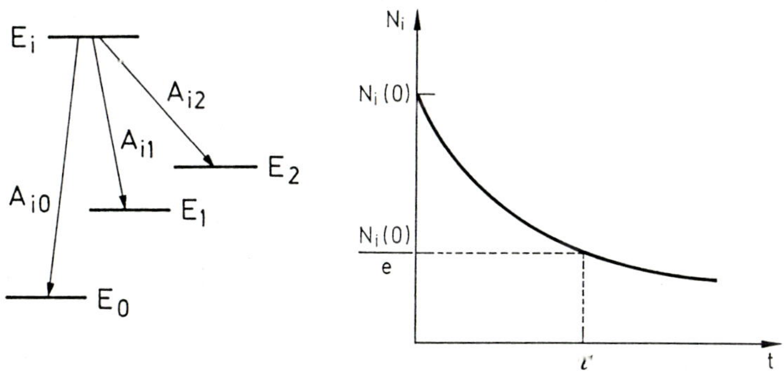

Abb.2.14. Zeitliche Abklingkurve eines angeregten Niveaus

wobei $P_i(t)dt$ die Wahrscheinlichkeit für ein Atom ist, daß es im Zeitintervall von t bis t+dt spontan emittiert. Man beachte, daß A_{ik} bzw. A_i größer als 1 sein können. Für $\tau_i = 10^{-8}$ s ist z.B. $A_i = 10^8$!

Die von N_i Molekülen im Zustand E_i auf dem Übergang $E_i \rightarrow E_k$ emittierte Leistung ist $N_i A_{ik} h\nu_{ik}$. Sind vom Niveau E_i mehrere spontane Übergänge $E_i \rightarrow E_k$ möglich, so sind die Intensitäten der entsprechenden Spektrallinien proportional zu den Koeffizienten A_{ik}. Man kann also aus der Messung der mittleren spontanen Lebensdauer τ_i und der *relativen* Intensitäten der emittierten Spektrallinien die Absolutwerte aller A_{ik} bestimmen. Wegen (2.21) kennt man dann auch die Einstein-Koeffizienten B_{ik}.

2.7.2 Semiklassische Behandlung der Übergangswahrscheinlichkeit

In der Elektrodynamik wird gezeigt [2.11], daß die von einem klassischen Oszillator mit dem elektrischen Dipolmoment $p = ex = p_0 \cos\omega t$ emittierte mittlere Leistung gegeben ist durch

$$\langle dW/dt \rangle = \frac{2}{3} \frac{\omega_0{}^4}{4\pi\epsilon_0 c^3} \langle p^2 \rangle \tag{2.51}$$

mit

$$\langle p^2 \rangle = p_0{}^2 \langle \cos^2 \omega t \rangle = \frac{1}{2} p_0{}^2 .$$

In der quantenmechanischen Behandlung der Emission eines Moleküls tritt in der sogenannten Dipolnäherung an die Stelle des klassischen Dipolmomentes p = ex der Erwartungswert des Übergangsdipolmoments (auch Matrixelement genannt)

$$(M_{ik})_x = e \cdot \int \psi_i^* \, x \psi_k \, d\tau , \tag{2.52a}$$

wobei ψ_i und ψ_k die Eigenfunktionen der Zustände E_i bzw. E_k sind und das Integral über alle Volumenelemente $d\tau$ den quantenmechanischen Mittelwert der Koordinate x des Leuchtelektrons beim Übergang $E_i \rightarrow E_k$ angibt. Entsprechende Definitionen gelten für die y- und z-Komponente von M_{ik}. Die drei Komponenten kann man zusammenfassen mit $\mathbf{r} = (x, y, z)$, und wir erhalten

$$\mathbf{M}_{ik} = e \int \psi_i^* \, \mathbf{r} \psi_k \, d\tau . \tag{2.52b}$$

Ersetzt man in (2.51) $\langle p^2 \rangle$ durch $M_{ik}{}^2 + M_{ki}{}^2 = 2M_{ik}{}^2$, so erhält man die quantenmechanische Formel für die von einem Molekül auf dem Übergang $E_i \rightarrow E_k$ abgestrahlte mittlere Leistung:

$$\left\langle \frac{dW_{ik}}{dt} \right\rangle = \frac{4}{3} \frac{\omega_{ik}^4}{4\pi\epsilon_0 c^3} |M_{ik}|^2 . \tag{2.53}$$

Andererseits ist $\langle (dW_{ik})/dt \rangle = A_{ik} h\nu_{ik}$. Für den Einstein-Koeffizienten A_{ik} erhält man deshalb die Relation

$$\boxed{A_{ik} = \frac{16\pi^3 \nu^3}{3\epsilon_0 hc^3} |M_{ik}|^2} \,. \tag{2.54}$$

Die entsprechende Beziehung zwischen B_{ik} und M_{ik} ergibt sich aus (2.21)

$$\boxed{B_{ik}^{\nu} = \frac{2\pi^2}{3\epsilon_0 h^2} |M_{ik}|^2} \quad \text{bzw.} \quad \boxed{B_{ik}^{\omega} = \frac{\pi}{3\epsilon_0 \hbar^2} |M_{ik}|^2} \,, \tag{2.55}$$

je nachdem, ob die Strahlungsdichte ρ in ν oder in ω ausgedrückt wird.

In dieser semiklassischen Behandlung der Absorption und Emission von Licht durch Atome bzw. Moleküle wird die Lichtwelle

$$\mathbf{E} = \mathbf{E}_0 \cos(\omega t - kz) \tag{2.56}$$

klassisch beschrieben, das Atom jedoch *quantenmechanisch*. Die Energiezustände E_i des „ungestörten" Atoms (d.h. bei Abwesenheit der Lichtwelle) sind durch die Wellenfunktionen ψ_i bestimmt, die man als Lösungen der „ungestörten" Schrödinger-Gleichung

$$H_0 \psi_i = E_i \psi_i \tag{2.57}$$

erhält. Die „Störung" durch die Lichtwelle verursacht eine zeitliche Veränderung der Besetzungsdichten N_i. Die hier verwendete „Dipolnäherung" gilt, wenn die Wellenlänge λ des Lichtes groß ist gegen die Dimensionen des Atoms.

2.8 Kohärenz

Kohärenzeigenschaften von Strahlungsfeldern oder auch von besonders präparierten atomaren Systemen werden in der Laser-Spektroskopie bei einer Reihe von experimentellen Methoden ausgenutzt. Wir wollen daher in diesem Abschnitt kurz den Begriff der Kohärenz definieren und anhand einiger Beispiele verdeutlichen.

Man spricht von der Kohärenz eines Strahlungsfeldes, wenn definierte Phasenbeziehungen zwischen sich überlagernden Teilwellen einer Lichtquelle bestehen, so daß Interferenzphänomene beobachtet werden können. Ein atomares oder molekulares System kann kohärent angeregt werden, wenn in den durch Absorption von Strahlung oder durch Stoßprozesse präparierten Zuständen definierte Phasenbeziehungen zwischen den Wellenfunktionen der angeregten Zustände erzeugt werden, so daß in der anschließend emittierten Fluoreszenz Interferenzeffekte nachweisbar werden.

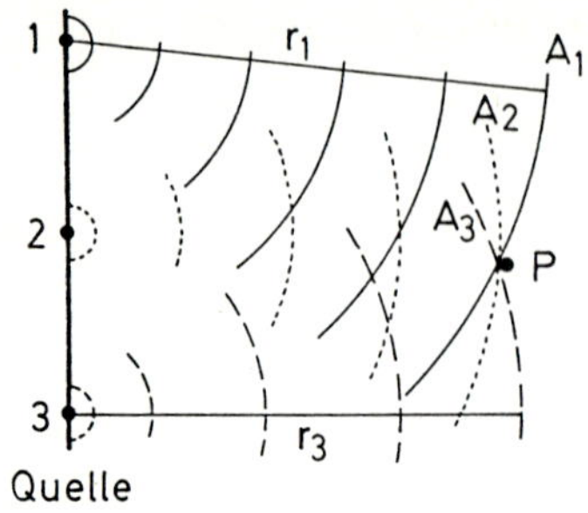

Abb.2.15. Die Feldamplitude A im Punkt P kann als Überlagerung unendlich vieler Teilamplituden A_n mit Phasen ϕ_n aufgefaßt werden, die von den einzelnen Punkten der Lichtquelle emittiert werden

2.8.1 Kohärenz eines Strahlungsfeldes

Bei einer ausgedehnten Strahlungsquelle überlagern sich in einem Raumpunkt P die Amplituden $A_\nu = A_{0\nu}\cos(\omega t+\phi_\nu)$ der von den einzelnen Flächenelementen der Quelle emittierten Teilwellen (Abb.2.15). Die Gesamtamplitude P hängt ab von den Amplituden der einzelnen Teilwellen und von ihrer gegenseitigen Phasendifferenz: Schwankt diese Phasendifferenz statistisch zwischen 0 und 2π, so heißt das Strahlungsfeld inkohärent. Ist die Phasendifferenz $\Delta\phi$ zwischen den Teilamplituden in P während eines Zeitintervalls

$$\Delta t >> 2\pi/\omega$$

konstant, so nennt man das Wellenfeld im Punkt P *zeitlich kohärent*. Das maximale Zeitintervall Δt, innerhalb dessen $\Delta\phi$ um weniger als π schwankt, heißt auch Kohärenzzeit der Strahlungsquelle. Der Weg, den das Licht während der *Kohärenzzeit* in der Ausbreitungsrichtung zurücklegt, heißt *Kohärenzlänge.*

Besteht für ein Wellenfeld zu jedem Zeitpunkt eine feste Phasendifferenz $\Delta\phi$ zwischen den Gesamtamplituden in verschiedenen Raumpunkten, die den gleichen optischen Abstand vom Mittelpunkt der Quelle haben, so heißt das Wellenfeld *räumlich kohärent.* Die Menge aller Punkte P_m, P_n, für die zu jedem Zeitpunkt t_k die Bedingung $|\phi(P_m,t_k)-\phi(P_n,t_k)| < \pi$ gilt, bilden die *Kohärenzfläche.* Das Raumgebiet, das dem Produkt aus Kohärenzfläche und Kohärenzlänge entspricht, heißt *Kohärenzvolumen.*

Beispiel 2.5

Eine ebene Welle ist im gesamten Raumgebiet räumlich kohärent. Die Kohärenzflächen sind Ebenen senkrecht zur Ausbreitungsrichtung. Ist die Welle streng monochromatisch, so ist sie auch zeitlich vollkommen kohärent. Die Kohärenzlänge wäre dann unendlich groß, d.h. das Kohärenzvolumen umfaßt in diesem idealisierten Fall das gesamte Raumgebiet.

Die Überlagerung kohärenter Wellen führt zu Interferenzerscheinungen, die aber nur im Kohärenzvolumen unmittelbar beobachtbar sind. Wir wollen uns diese Begriffe an einigen Beispielen klarmachen [2.3, 18].

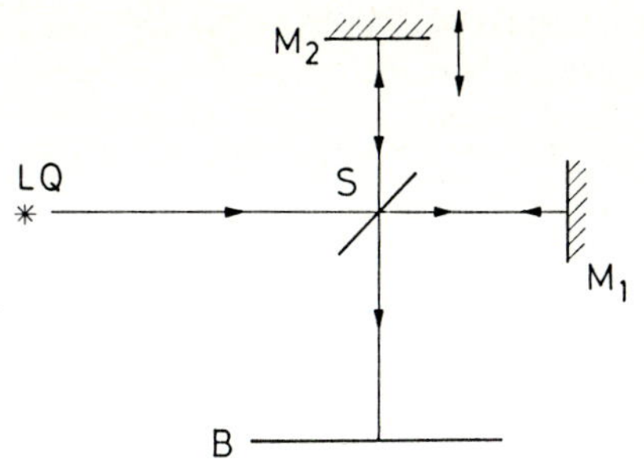

Abb.2.16. Messung der zeitlichen Kohärenz mit dem Michelson-Interferometer

2.8.2 Zeitliche Kohärenz

Wir betrachten ein paralleles Lichtbündel, das durch einen Strahlteiler S in zwei Teilbündel aufgespalten wird (Abb.2.16), die nach Reflexion an den Spiegeln M_1 bzw. M_2 in der Beobachtungsebene B überlagert werden (Michelson-Interferometer). Die beiden Teilbündel haben unterschiedliche optische Wege $\overline{SM_1}$ bzw. $\overline{SM_2}$ zurückgelegt und in der Ebene B ist deshalb ihr Gangunterschied $\Delta s = 2(\overline{SM_1}-\overline{SM_2})$. Durch Verschieben des Spiegels M_2 kann dieser Gangunterschied kontinuierlich variiert werden und man erhält in der Ebene B maximale Helligkeit, wenn beide Teilamplituden in Phase sind, wenn also $\Delta s = m\cdot\lambda$, und minimale Helligkeit für $\Delta s = (2m+1)\lambda/2$. Der Kontrastunterschied zwischen Hell und Dunkel nimmt mit wachsendem Δs ab und verschwindet, wenn Δs größer als die Kohärenzlänge Δs_c wird. Man stellt fest, daß $\Delta s_c \simeq c\pi\Delta\nu$ ist, wenn $\Delta\nu$ die spektrale Frequenzbreite der einfallenden Lichtwelle ist. Man kann diese Beobachtung folgendermaßen verstehen:

Die einfallende Welle ist eine Überlagerung der Emission vieler Atome der Lichtquelle. Da die Emission der einzelnen Atome statistisch und unabhängig voneinander erfolgt, sind die Phasen der atomaren Teilwellen statistisch verteilt. Die Phase der Gesamtwelle wird daher im allgemeinen zeitlich nicht konstant sein. Wenn alle Atome auf der gleichen Frequenz emittieren würden, d.h. wenn die Welle monochromatisch wäre, würde jedoch die Phasendifferenz $\Delta\phi = 2\pi\nu\Delta s/c$ zwischen den beiden interferierenden Teilbündeln bei festem Wegunterschied Δs für alle Teilwellen dieselbe sein, unabhängig von der ursprünglichen Phase jeder Teilwelle.

Dies ändert sich, wenn die Emission der Atome eine Frequenzverteilung mit der Halbwertsbreite $\Delta\nu$ aufweist. Man kann sich in diesem Fall die einfallende Welle zusammengesetzt denken aus vielen quasimonochromatischen Teilwellen mit Mittenfrequenzen ν_m innerhalb des Spektralbereiches $\Delta\nu$ der Gesamtwelle. Die Phasendifferenzen zwischen den beiden miteinander interferierenden Teilbündeln

$$\Delta\phi_m = 2\pi\nu_m\Delta s/c$$

sind jetzt für die einzelnen Teilwellen mit den unterschiedlichen Frequenzen ν_m etwas verschieden. Für $\Delta s > c/\Delta\nu$ sind diese Phasendifferenzen $\Delta\phi_m$ über den gesamten Bereich von $(\Delta\phi_0-\pi)$ bis $(\Delta\phi_0+\pi)$ verteilt, wobei $\Delta\phi_0$ die Phasendifferenz für die Mittenfrequenz ν_0 ist. Die Gesamtamplitude $A = \Sigma A_m$ am Interferenzort hängt dann praktisch nicht mehr von $\Delta\phi_0$, d. h. von Δs ab. Es gibt keine Interferenzstruktur mehr.

Anmerkung

Man beachte, daß bei ruhenden, emittierenden Atomen in der Gasphase bei niedrigem Druck die Linienbreite $\Delta\nu$ durch die natürliche Linienbreite $\Delta\nu \simeq 1/(2\pi\tau)$ bestimmt ist, die von der mittleren Lebensdauer τ der angeregten Atome abhängt (Abschn. 3.1). Im Modell des klassischen gedämpften Oszillators senden die Atome gedämpfte Wellenzüge mit einer 1/e-Länge von $L = c\tau$ aus. Da die Phasen der von den einzelnen Atomen emittierten Wellenzüge statistisch verteilt sind, interferieren jeweils nur die beiden Teilbündel jedes Wellenzuges miteinander. Interferenz kann also nur beobachtet werden, wenn der Wegunterschied $\Delta s \leq c{\cdot}\tau$, d. h. die Kohärenzlänge ist $L_c = c{\cdot}\tau$. Bei bewegten Atomen sind die Mittenfrequenzen der einzelnen Wellenzüge wegen der unterschiedlichen Doppler-Verschiebung (Abschn. 3.2) voneinander verschieden und die zusätzliche Linienverbreiterung der einfallenden Welle führt zu einer Verkürzung der Kohärenzlänge auf $L_c = c/\Delta\nu$ (siehe oben).

Die Kohärenzlänge $\Delta s_c \simeq c/\Delta\nu$ der Strahlung einer Lichtquelle wird also um so größer, je kleiner die spektrale Halbwertsbreite $\Delta\nu$ der emittierten Strahlung ist.

Beispiel 2.6

a) Eine Quecksilberniederdrucklampe, von der man durch ein Filter nur die grüne Linie ($\lambda = 546$ nm) durchläßt, hat wegen der Dopplerbreite ($\Delta\nu \simeq 10^9$ Hz) eine Kohärenzlänge von $\Delta s_c \simeq 10$ cm

b) Ein schmalbandiger HeNe-Laser (single mode, $\Delta\nu = 1$ MHz) hat eine Kohärenzlänge von 100 m.

2.8.3 Räumliche Kohärenz

Die Strahlung einer ausgedehnten Lichtquelle (Längsdimension b) beleuchte in der Ebene A zwei Spalte S_1 und S_2 mit dem Abstand d (Young'sches Doppelspaltexperiment, Abb. 2.17). Die Gesamtamplitude und Phase in jedem der beiden Spalte erhält man durch Überlagerung aller Teilamplituden von den einzelnen Flächenelementen df der Quelle unter Berücksichtigung der verschieden langen Wege $\overline{dfS_1}$ bzw. $\overline{dfS_2}$.

Die Intensität im Punkte P in der Beobachtungsebene B hängt ab von der Wegdifferenz $\overline{PS_1}-\overline{PS_2}$ und von der Phasendifferenz $\Delta\phi$ der Gesamtamplituden in S_1 bzw. S_2. Wenn die einzelnen Flächenelemente der Quelle voneinander unabhängig mit statistisch verteilten Phasen emittieren (thermische Quelle) werden die Phasen der Gesamtamplituden in S_1 bzw. S_2 entsprechend statistisch schwanken. Dies würde jedoch nicht die Intensität in P beeinflussen, solange die Schwankungen in beiden Spalten synchron verlaufen, d.h. die Phasendifferenz $\Delta\phi$ konstant bleibt. Die beiden Spalte

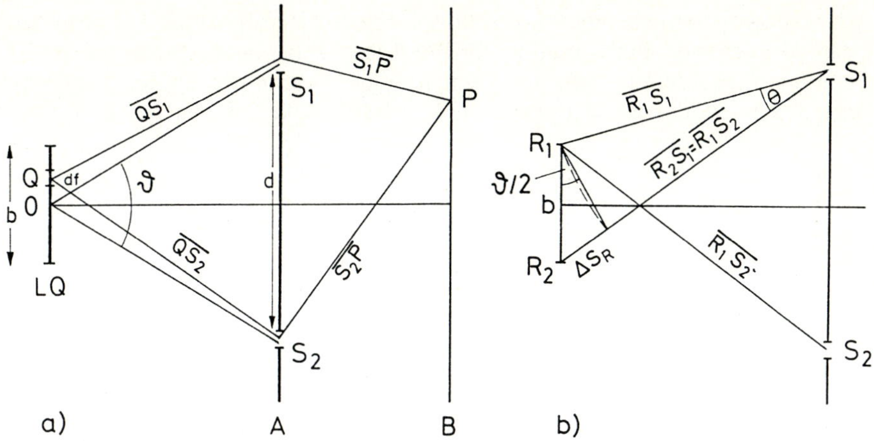

Abb.2.17a,b. Young'sches Doppelspalt-Experiment zur Messung der räumlichen Kohärenz

bilden dann zwei kohärente Lichtquellen, die in der Beobachtungsebene B eine Interferenz-Struktur erzeugen.

Für Licht aus der Mitte 0 der Quelle trifft dies zu, da die Wege $\overline{OS_1}$ und $\overline{OS_2}$ gleich groß sind und deshalb Phasenschwankungen in 0 gleichzeitig in S_1 und S_2 eintreffen. Für alle anderen Punkte Q treten jedoch Wegdifferenzen $\Delta s = \overline{QS_1} - \overline{QS_2}$ auf, die für die Randpunkte R am größten werden. Man entnimmt der Abb.2.17b, daß für $b << d$ gilt: $\Delta s_R = \overline{RS_2} - \overline{RS_1} = 2(\overline{RS_2} - \overline{OS_2}) = b \cdot \sin(\theta/2)$. Wird diese Wegdifferenz größer als $\lambda/2$, so kann die Phasendifferenz $\Delta\phi$ zwischen den Gesamtamplituden in S_1 bzw. S_2 bei statistischer Emission der verschiedenen Quellenpunkte Q um mehr als π schwanken und damit wird sich die Interferenzstruktur in der Ebene B zeitlich wegmitteln. Die Bedingung für eine kohärente Beleuchtung beider Spalte durch eine Lichtquelle mit der Querdimension b lautet daher

$$\Delta s = b \sin\theta/2 < \lambda/2 \,. \tag{2.58}$$

Wegen $\sin\theta/2 = d/(2R)$ kann man diese Bedingung auch als $bd/R < \lambda$ schreiben und erhält dann für eine Lichtquelle mit der Fläche $F = b \cdot b$ durch Verallgemeinerung auf zwei Dimensionen die Kohärenzbedingung für die kohärent beleuchtete Fläche $d \cdot d$

$$\boxed{b^2 d^2/R^2 \leq \lambda^2} \,. \tag{2.59}$$

Da d^2/R^2 der vom Empfänger ausgenutzte Raumwinkel $d\Omega$ ist, besagt (2.59) mit der Senderfläche $F = b^2$:

$$F d\Omega \leq \lambda^2 \,. \tag{2.60}$$

Je größer die Fläche der Lichtquelle ist, desto kleiner wird der Raumwinkel $d\Omega$, innerhalb dessen die ausgesandte Strahlung räumlich kohärent ist. Man sieht also, daß die Strahlung von punktförmigen Lichtquellen (Kugelwellen) im ganzen Raum räumlich kohärent ist. Ebenso ist ein ebenes Lichtbündel, das ja auch von einer punktförmigen Lichtquelle im Fokus einer abbildenden Linse stammt, im gesamten Bündelquerschnitt räumlich kohärent. Bei fester Senderfläche nimmt die Kohärenzfläche mit wachsendem Abstand vom Sender zu. Das Licht von Sternen ist deshalb räumlich kohärent, obwohl die emittierende Fläche sehr groß ist. Man kann durch Messung des Kohärenzgrades das Produkt $F \cdot d\Omega$ messen und daraus bei bekannter Entfernung R und Spaltabstand d den Durchmesser der benachbarten Fixsterne bestimmen. (Michelson'sches Stellar-Interferometer [2.3]).

2.8.4 Kohärenzvolumen

Aus der in Abschnitt 2.8.2 behandelten Kohärenzlänge $\Delta s_c = c/(\Delta\nu\pi)$ in Ausbreitungsrichtung der Strahlung und aus der in Abschnitt 2.8.3 diskutierten Kohärenzfläche $d^2 = \lambda^2 R^2/b^2$ erhält man für das Kohärenzvolumen

$$V_c = d^2 \Delta s_c = \lambda^2 R^2 c/(\pi \Delta\nu F) . \tag{2.61}$$

Hat die Lichtquelle die spektrale Strahlungsdichte S_ν (Abschn.2.3), so werden im Zeitmittel $S_\nu/(h\nu)$ Photonen pro Sekunde von der Flächeneinheit der Quelle im Frequenzintervall $d\nu = 1\ s^{-1}$ in die Raumwinkeleinheit $d\Omega = 1$ ausgesandt. Die mittlere Zahl n der Photonen im Kohärenzvolumen ist deshalb

$$n = (S_\nu/h\nu) F \Delta\nu\pi\Delta\Omega\Delta s_c/c . \tag{2.62}$$

Setzt man für $\Delta\Omega = \lambda^2/F$ - siehe (2.104) - und für $\Delta s_c = c(\pi\Delta\nu)$ ein, so reduziert sich (2.62) auf

$$n = (S_\nu/h\nu)\lambda^2 . \tag{2.63}$$

Beispiel 2.7

Für eine thermische Strahlungsquelle ist die Strahlungsdichte für Licht einer Polarisationsrichtung [(2.11a) durch 2 dividiert]

$$S_\nu = \frac{c}{4\pi}\rho(\nu) = \frac{h\nu^3}{c^2}\frac{1}{e^{h\nu/kT} - 1} .$$

Aus (2.62) erhält man für die Zahl der Photonen im Kohärenzvolumen (auch Entartungs-parameter genannt) mit $\lambda = c/\nu$

$$n = \frac{1}{e^{h\nu/kT} - 1} . \tag{2.64}$$

Dies ist die bereits im Abschnitt 2.2 hergeleitete mittlere Photonenbesetzungszahl pro Mode der Hohlraumstrahlung.

Das Kohärenzvolumen ist mit den Moden der Strahlung einer Lichtquelle unmittelbar verknüpft, wie man sich folgendermaßen klarmachen kann: Jede Mode der Hohlraumstrahlung wird durch eine ebene Welle repräsentiert, deren Ausbreitungsrichtung durch den Wellenvektor **k**, deren Frequenz durch den Betrag K von **k** und deren Intensität durch die Zahl n der Photonen in dieser Mode bestimmt wird (Abschn.2.2). Lassen wir die Strahlung aller Moden mit derselben Richtung des Wellenvektors **k** durch ein Loch mit der Fläche $F = b \cdot b$ aus der Hohlraumwand austreten, so wird die austretende Welle infolge der Beugung nicht streng parallel sein, sondern in jeder der beiden Querdimensionen in einen Öffnungswinkel $\theta = \pm\lambda/b$ um die Richtung von **k** ausgestrahlt, also in einen Raumwinkel $d\Omega = \lambda^2/F$. Das ist aber genau der Raumwinkel in (2.60), innerhalb dessen räumliche Kohärenz auftritt. Die Moden können sich noch durch den Betrag von **k** unterscheiden, d.h. in ihrer Frequenz ν. Die Kohärenzlänge ist dann vom Frequenzintervall $d\nu$ der emittierten Strahlung abhängig. Bekannterweise kann man die Beugung einer Lichtquelle an einem Spalt der Breite Δx mit Hilfe der Unschärferelationen auf die Unschärfe Δp_x des Querimpulses der durch den Spalt gehenden Photonen zurückführen, so daß $\Delta p_x \cdot \Delta x \geq \hbar$. Allgemein gilt, daß Ort und Impuls eines Photons nicht gleichzeitig genauer bestimmbar sind, als es dem Volumen V_{PH} der Elementarzelle im Phasenraum entspricht, das durch

$$V_{PH} = \Delta p_x \cdot \Delta p_y \cdot \Delta p_z \cdot \Delta x \cdot \Delta y \cdot \Delta z = h^3 . \tag{2.65}$$

gegeben ist. Photonen innerhalb einer Phasenzelle sind ununterscheidbar und daher identisch.

Man kann sich folgendermaßen klarmachen, daß das Kohärenzvolumen V_c gerade dem räumlichen Anteil $\Delta x \cdot \Delta y \cdot \Delta z$ einer Phasenzelle entspricht: Photonen, die innerhalb des Beugungswinkels $\theta = \lambda/b$ gegen die Normale ausgesandt werden, haben die Querimpulsunschärfe (Abb.2.18)

$$\Delta p_x = \Delta p_y = p \cdot \lambda/b = (h\nu/c) \cdot \lambda/b = (h\nu/c)(d/R) .$$

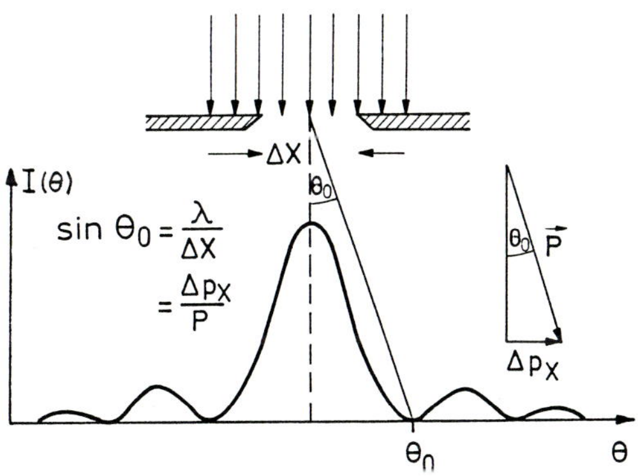

Abb.2.18. Beugung am Spalt und Unschärferelation

Die Unschärfe der Komponente p_z in Ausbreitungsrichtung rührt im wesentlichen von der Frequenzunschärfe $\Delta\nu$ her und ist wegen $p = h\nu/c$

$$\Delta p_z = (h/c)\Delta\nu \; .$$

Setzt man Δp_x, Δp_y und Δp_z in (2.109) ein, so erhält man für den räumlichen Teil der Phasenzelle

$$\Delta x \cdot \Delta y \cdot \Delta z = \lambda^2 R^2 c/(\Delta\nu \cdot F)$$

und sieht durch Vergleich mit (2.61), daß er mit dem Kohärenzvolumen identisch ist [2.18].

Anmerkung

Wir haben hier die Kohärenz in einer anschaulichen Darstellung behandelt. Eine quantitative Beschreibung geht von der Korrelation zwischen den Amplituden des Wellenfeldes an verschiedenen Orten und zu verschiedenen Zeiten aus. Die Korrelationsfunktion wird so normiert, daß ihr Wert γ für vollständig kohärente Wellenfelder (z.B. eine mo- nochromatische ebene Welle) eins und für vollständig inkohärente Wellenfelder null ist. In allen Interferenzanordnungen benutzt man teilweise kohärentes Licht mit $0 \leq \gamma \leq 1$ [2.1, 18-22].

2.8.5 Kohärenz atomarer Zustände

Man spricht von Kohärenz atomarer Zustände, wenn in einem Ensemble von Atomen definierte Phasenbeziehungen bestehen zwischen den zeitabhängigen Wellenfunktionen der atomaren Zustände. Wir wollen solche kohärenten Anregungen atomarer Zustände an einigen Beispielen veranschaulichen.

a) Wenn wir ein Ensemble von identischen paramagnetischen Atomen mit magnetischem Moment $\boldsymbol{\mu}$ und mechanischem Drehimpuls **J** in ein äusseres Magnetfeld bringen, so werden die Drehimpulse **J** mit der Lamor-Frequenz $\omega_L = \gamma \cdot B_0$ um die Feldrichtung präzedieren, wobei $\gamma = \mu/J$ das gyromagnetische Verhältnis ist. Die Phase ϕ_i dieser Präzessionsbewegung wird für die einzelnen Atome statistisch verteilt sein, d.h. die Präzession ist inkohärent (Abb.2.19a). N Atome haben daher zwar ein „longitudinales" makroskopisches Moment

$$M_z = \sum_{i=1}^{N} \mu\cos\theta \; ,$$

aber das mittlere „transversale" makroskopische Moment ist im Mittel Null. Wenn man jetzt zusätzlich ein Hochfrequenzfeld $\mathbf{B}_1 = \mathbf{B}_{10}\cos\omega t$ einstrahlt, dessen Feldstärke $\mathbf{B}_1$ senkrecht zum statischen Feld $\mathbf{B}_0$ orientiert ist, so

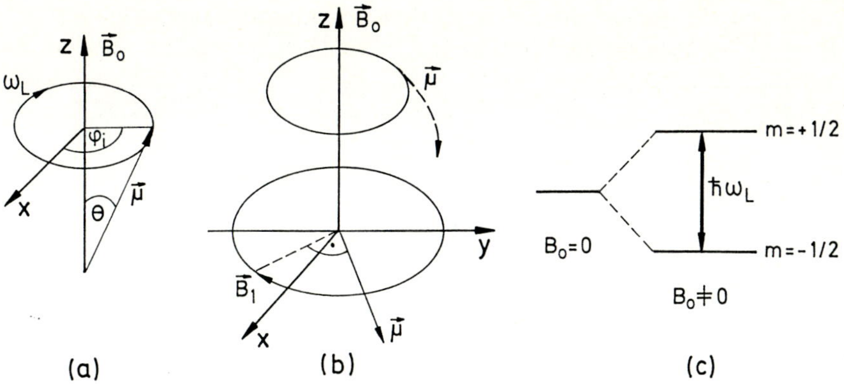

Abb.2.19. Inkohärente Präzession magnetischer Dipole $\boldsymbol{\mu}$ im stationären Feld B_0 (**a**) und kohärente Präzession beim Einschalten eines resonanten Hochfrequenzfeldes $B_1(\omega_L)$, das eine Synchronisation aller Phasen ϕ_i erzwingt (**b**), was im quantenmechanischen Bild einer kohärenten Überlagerung beider Zeeman-Niveaus entspricht

wird für $\omega = \omega_L$ die Präzession aller Atome an dieses HF-Feld gekoppelt, so daß die Phasen aller atomaren Präzessionsbewegungen synchronisiert werden. Daraus resultiert ein in der xy-Ebene rotierendes makroskopisches magnetisches Moment $\mathbf{M} = N\boldsymbol{\mu}$, das im Resonanzfall den Winkel $\pi/2$ mit dem rotierenden Feld B_1 bildet. Die Präzession aller Atome wird kohärent durch die Wechselwirkung mit dem resonanten Hochfrequenzfeld (Abb. 2.19b). Im quantenmechanischen Bild induziert das HF-Feld Übergänge zwischen den Zeeman-Niveaus des atomaren Zustandes. Wenn die HF-Feldstärke genügend groß ist, befinden sich die Atome in einer kohärenten Überlagerung beider Zeeman-Zustände, d.h. ihre Wellenfunktion ist eine Linearkombination der Eigenfunktionen beider Zustände (Abb.2.19c).

b) Auch im optischen Spektralbereich kann man durch geeignete Anregung mit polarisiertem Licht eine kohärente Überlagerung von Zeeman-Zuständen erreichen. Wir betrachten als Beispiel den Übergang $6^1S_0 \rightarrow 6^3P_1$ des Hg-Atoms bei $\lambda = 253{,}7$ nm (Abb.2.20). In einem äußeren Magnetfeld $\mathbf{B} = \{0, 0, B_z\}$ spaltet das obere Niveau mit der Drehimpulsquantenzahl $J = 1$ auf in drei Zeeman-Komponenten mit $m_J = 0, \pm 1$. Bei Anregung mit in z-Richtung linear polarisiertem Licht wird nur das Niveau $m = 0$ angeregt und die emittierte Fluoreszenz ist linear polarisiert.

Regt man jedoch mit Licht an, das in x- oder y-Richtung - also senkrecht zum angelegten Feld - linear polarisiert ist, so kann das Anregungslicht in einem Koordinatensystem mit der z-Achse als Quantisierungsachse als Überlagerung von rechts- und links-zirkular polarisiertem Licht angesehen werden, das Übergänge mit $\Delta m = \pm 1$ induziert. Solange die Zeeman-Aufspaltung kleiner als die natürliche Linienbreite des optischen Überganges ist, werden beide Zeeman-Niveaus $m = +1$ und $m = -1$ kohärent angeregt, da der angeregte Zustand durch eine Linearkombination der Wellenfunktionen beider Zeeman-Niveaus beschrieben werden muß. Die emittierte Fluoreszenz ist nicht isotrop und zeigt eine Winkelverteilung, die von den Mischungskoeffizienten der beiden Wellenfunktionen abhängt (Abschn. 12.1).

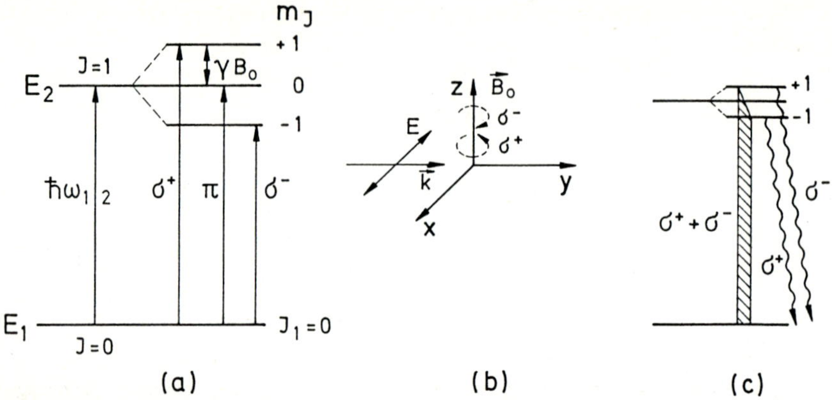

Abb.2.20. Kohärente Anregung der Zeemann Komponenten m = ±1 eines atomaren Niveaus mit linear polarisiertem Licht, dessen E-Vektor senkrecht zum Magnetfeld in z-Richtung zeigt. Die Fluoreszenz besteht daher aus einer Überlagerung von σ^+ und σ^--Komponenten

c) Hat ein Molekül zwei benachbarte Zustände b und c, die beide von einem Zustand a aus optisch anregbar sind, so können beide Zustände kohärent von einem Lichtpuls der Dauer T und der Mittenfrequenz $\omega = [(E_b+E_c)/2-E_a]/\hbar$ angeregt werden, wenn $(E_b-E_c) < h/T$ ist. Diese kohärente Anregung macht sich bemerkbar in der Fluoreszenz von beiden Zuständen, deren Überlagerung außer dem exponentiellen Abklingen Schwebungen mit der Frequenz $\nu_s = (E_b-E_c)/h$ zeigt (Quanten-Beats, Abschn. 12.2).

3. Linienbreiten und Profile von Spektrallinien

Bei der Absorption oder Emission elektromagnetischer Strahlung, die zu einem Übergang zwischen zwei Energieniveaus des atomaren Systems führen, ist die Frequenz der entsprechenden Spektrallinien nicht streng monochromatisch. Man beobachtet - auch bei beliebig guter Auflösung des Spektralapparates - eine Frequenzverteilung $I(\nu)$ der emittierten bzw. absorbierten Intensität um eine Mittenfrequenz ν_0 (Abb.3.1). Das Frequenzintervall $\delta\nu = |\nu_2 - \nu_1|$ zwischen den beiden Frequenzen ν_1 und ν_2, bei denen die Intensität $I(\nu)$ auf $I(\nu_0)/2$ abgesunken ist, heißt die volle Halbwertsbreite (im engl. FWHM). Häufig wird die Halbwertsbreite auch im Kreisfrequenzmaß $\delta\omega = 2\pi\delta\nu$ ausgedrückt oder als Wellenlängenintervall $\delta\lambda = |\lambda_2 - \lambda_1|$ angegeben. Wegen $\lambda = c/\nu$ gilt

$$\delta\lambda = -\frac{c}{\nu^2}\delta\nu = -\frac{\lambda}{\nu}\delta\nu\,. \tag{3.1}$$

Die relativen Halbwertsbreiten sind in allen Schreibweisen gleich, denn aus (3.1) folgt

$$\left|\frac{\delta\nu}{\lambda}\right| = \left|\frac{\delta\nu}{\nu}\right| = \left|\frac{\delta\omega}{\omega}\right|\,. \tag{3.2}$$

Man nennt den Spektralbereich innerhalb der Halbwertsbreite den *Linienkern*, die Bereiche außerhalb die *Linienflügel* [3.1].

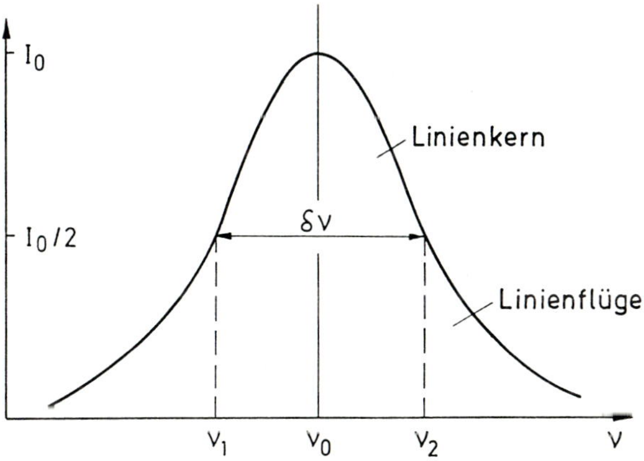

Abb.3.1. Linienprofil und Halbwertsbreite einer Spektrallinie

3.1 Natürliche Linienbreite

Ein angeregtes Atom kann seine Anregungsenergie in Form von elektromagnetischer Strahlung wieder abgeben (spontane Emission). Beschreiben wir das angeregte Atomelektron durch das klassische Modell des harmonischen Oszillators mit der Masse m und der Rückstellkonstanten D, so führt die Energieabstrahlung zu einer Dämpfung der harmonischen Schwingung. Diese Dämpfung ist jedoch in allen praktisch vorkommenden Fällen äußerst gering (Beispiel 3.1). Den zeitlichen Verlauf der Schwingungsamplitude erhält man aus der Differentialgleichung

$$\ddot{x} + \gamma\dot{x} + \omega_0{}^2 x = 0\,. \tag{3.3}$$

mit $\omega_0{}^2 = D/m$ (γ: Dämpfungskonstante). Die reelle Lösung mit den Anfangsbedingungen $x(0) = x_0$ und $\dot{x}(0) = 0$ lautet

$$x(t) = x_0 e^{-(\gamma/2)t}[\cos\omega t + (\gamma/2\omega)\sin\omega t] \quad \text{mit} \quad \omega = \sqrt{\omega_0{}^2 - \gamma^2/4}\,. \tag{3.4}$$

Für kleine Dämpfungen ist $\gamma << \omega_0$. Wir können dann $\omega \simeq \omega_0$ setzen und den zweiten Term in (3.4) vernachlässigen. $\omega_0 = 2\pi\nu_0$ ist eine Eigenfrequenz des Oszillators und entspricht im atomaren Bild einem Übergang $E_i \rightarrow E_k$ zwischen zwei Energieniveaus mit $\hbar\omega_0 = \hbar\omega_{ik} = E_i - E_k$.

Wegen der zeitlich abklingenden Schwingungsamplitude ist die Frequenz der abgestrahlten elektromagnetischen Welle nicht mehr monochromatisch, wie bei einer zeitlich unbegrenzten, ungedämpften Schwingung, sondern zeigt ein Frequenzspektrum, das man durch eine Fourier-Transformation der Funktion x(t) in (3.4) erhält (Abb.3.2): Man kann x(t) beschreiben als Überlagerung der verschiedenen Frequenzanteile mit den Amplituden $A(\omega)$

$$x(t) = \frac{1}{\sqrt{2\pi}} \int_0^\infty A(\omega) e^{i\omega t} d\omega\,. \tag{3.5}$$

und erhält dann $A(\omega)$ durch die Fourier-Transformation

$$A(\omega) = \frac{1}{\sqrt{2\pi}} \int_{-\infty}^{+\infty} x(t) e^{-i\omega t} dt = \frac{1}{\sqrt{2\pi}} \int_0^\infty x_0 e^{-(\gamma/2)t} \cos(\omega_0 t) e^{-i\omega t} dt\,, \tag{3.6}$$

wobei $x(t) = 0$ für $t < 0$ gesetzt wurde.

Die Integration ist elementar ausführbar, und man erhält die komplexen Amplituden $A(\omega)$. Die reelle Intensitätsverteilung $I(\omega)$ ist proportional zu $A(\omega)\cdot A^*(\omega)$. Die einfache Rechnung ergibt in der Umgebung von ω_0, wo $(\omega-\omega_0)^2 << \omega_0{}^2$ ist,

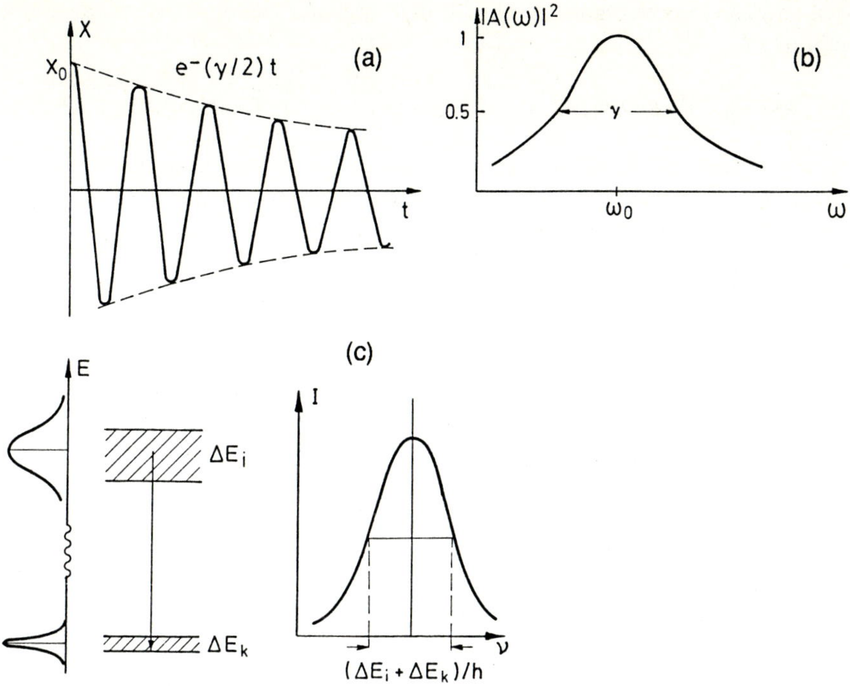

Abb.3.2. Linienprofil als Fourier-Transformation einer gedämpften Schwingung (**a** und **b**). Zusammenhang zwischen Linienbreite und Energiebreite der beteiligten Niveaus (**c**)

$$I(\omega-\omega_0) = \frac{C}{(\omega-\omega_0)^2 + (\gamma/2)^2}\,. \tag{3.7a}$$

Die Konstante C wird so gewählt, daß die Gesamtintensität

$$\int_{-\infty}^{+\infty} I(\omega-\omega_0)\,d(\omega-\omega_0) \simeq \int_0^{\infty} I(\omega-\omega_0)\,d\omega = I_0$$

wird. Dies ergibt für die Konstante $C = I_0\gamma/2\pi$. Man nennt das normierte Intensitätsprofil

$$\boxed{g(\omega-\omega_0) = \frac{\gamma/2\pi}{(\omega-\omega_0)^2 + (\gamma/2)^2}} \quad \text{mit} \quad \int_0^{\infty} g(\omega-\omega_0)\,d\omega = 1 \tag{3.8}$$

ein *Lorentz-Profil*. Die volle Halbwertsbreite heißt natürliche *Linienbreite* und ergibt sich aus (3.8) zu

$$\delta\omega_n = \gamma \quad \text{bzw.} \quad \delta\nu_n = \gamma/2\pi\,. \tag{3.9}$$

Mit diesem normierten Lorentz-Profil $g(\omega-\omega_0)$ kann man (3.7a) dann schreiben

$$I(\omega-\omega_0) = I_0 g(\omega-\omega_0) . \tag{3.7b}$$

Man beachte, daß in der Literatur $g(\omega-\omega_0)$ manchmal so normiert wird, daß $g(\omega=\omega_0) = 1$ wird. Bei einer solchen Normierung wird in (3.7b) I_0 die Intensität $I(\omega_0)$ in der Linienmitte.

Um die natürliche Linienbreite $\delta\omega$ mit der Lebensdauer τ der am Übergang beteiligten Niveaus zu verknüpfen, dient die folgende, klassische Überlegung: Multipliziert man (3.3) mit $m\dot{x}$, so erhält man

$$m\ddot{x}\dot{x} + m\omega_0{}^2 x\dot{x} = -\gamma m\dot{x}^2 . \tag{3.10}$$

Die linke Seite läßt sich als zeitliche Ableitung der Gesamtenergie W [kinetische Energie $(m/2)\dot{x}^2$ und potentielle Energie $(D/2)x^2 = (m/2)\omega_0{}^2 x^2$] schreiben als

$$\frac{d}{dt}\left(\frac{m}{2}\dot{x}^2 + \frac{m}{2}\omega_0{}^2 x^2\right) = \frac{dW}{dt} = -\gamma m\dot{x}^2 . \tag{3.11}$$

Setzt man x aus (3.4) ein, so erhält man für den zeitlichen Verlauf der ausgestrahlten Leistung, wenn man $\gamma << \omega_0$ berücksichtigt,

$$dW/dt = -\gamma m x_0{}^2 \omega_0{}^2 e^{-\gamma t} \sin^2 \omega_0 t . \tag{3.12}$$

Der Mittelwert über eine Periode ist wegen $\langle \sin^2 \omega t \rangle = 1/2$

$$\overline{\frac{dW}{dt}} = -\tfrac{1}{2}\gamma m x_0{}^2 \omega_0{}^2 e^{-\gamma t} . \tag{3.13}$$

Man kann aus (3.13) ableiten, daß die emittierte Intensität $I(t) \propto dW/dt$ nach der Zeit $\tau = 1/\gamma$ auf 1/e des Anfangswertes I(0) abgeklungen ist.

Im Abschnitt 2.7 hatten wir gesehen, daß die mittlere Lebensdauer eines Atomzustandes E_i durch $\tau_i = 1/A_i$ mit dem Einstein-Koeffizienten A_i verknüpft ist. Ersetzen wir also die klassische Dämpfungskonstante γ durch die spontane Übergangswahrscheinlichkeit A_i, so können die klassisch abgeleiteten Formeln direkt übernommen werden, wenn der Übergang zwischen einem angeregten Zustand E_i und dem Grundzustand des Atoms erfolgt. Die Halbwertsbreite des Lorentz-Profils ist gemäß (3.8)

$$\delta\nu_n = A_i/2\pi = 1/(2\pi\tau_i) \quad \text{bzw.} \quad \delta\omega_n = A_i = 1/\tau_i . \tag{3.14a}$$

Gleichung (3.14a) kann man übrigens auch aus der Heisenberg'schen Unbestimmtheitsrelation herleiten. Bei einer Lebensdauer τ_i des angeregten Zustandes ist seine Energie E_i nur bis auf $\Delta E_i = \hbar/\tau_i$ bestimmbar. Die Frequenz ν der entsprechenden Spektrallinie hat daher die Unschärfe [3.2]

$$\delta\nu = \frac{\Delta E}{h} = \frac{1}{2\pi\tau_i} . \tag{3.14b}$$

Betrachtet man den Übergang $E_i \rightarrow E_k$ zwischen den zwei *angeregten* Niveaus E_i und E_k, so tragen die Lebensdauern beider Niveaus zur natürlichen Linienbreite bei, da die entsprechenden Energieunschärfen sich addieren (Abb.3.2c)

$$\Delta E = \Delta E_i + \Delta E_k \rightarrow \delta\nu_n = \frac{1}{2\pi}\left(\frac{1}{\tau_i} + \frac{1}{\tau_k}\right) . \tag{3.15}$$

Ist $N_i \Delta V$ die Zahl der angeregten Atome in einer Lichtquelle mit dem Anregungsvolumen ΔV, so ist die auf dem Übergang $E_i \rightarrow E_k$ spontan emittierte Leistung

$$dW_{ik}/dt = N_i A_{ik} h\nu_{ik} \Delta V . \tag{3.16}$$

Bei isotroper Ausstrahlung erhält man im Abstand R von der Quelle die spektralintegrierte Intensität (=Leistung pro Flächeneinheit)

$$\int I d\nu = I_0 = N_i \Delta V A_{ik} h\nu_{ik}/(4\pi R^2) \tag{3.17}$$

und kann damit bei bekannter Übergangswahrscheinlichkeit A_{ik} die Dichte N_i der emittierenden Atome bestimmen.

Beispiele 3.1

a) Die natürliche Linienbreite der Natrium-D-Linie, die einen Übergang vom angeregten $3^2P_{1/2}$-Zustand (τ=16 ns) zum Grundzustand $3^2S_{1/2}$ entspricht, ist:

$$\delta\nu_n = 10^9/(16 \cdot 2\pi) \simeq 10^7 \text{ s}^{-1} = 10 \text{ MHz} .$$

Beachtet man, daß die Frequenz der Linienmitte $\nu_0 = 5.10^{14}$ s^{-1} ist, so sieht man, daß die Dämpfung des entsprechenden klassischen Oszillators äußerst klein ist. Die Amplitude klingt erst nach $8 \cdot 10^6$ Schwingungsperioden auf 1/e ihres Ausgangswertes ab.

b) Die natürliche Linienbreite eines molekularen Überganges zwischen zwei Schwingungsniveaus des elektronischen Grundzustandes, dessen Wellenlänge im infraroten Spektralbereich liegt, ist wegen der langen Lebensdauer der Schwingungsniveaus ($\simeq 10^{-4}$-10^{-3}s) sehr klein. Bei $\tau = 10^{-3}$ s erhält man $\delta\nu_n$ = 160 Hz!

c) Auch im sichtbaren oder ultravioletten Bereich kann man auf sogenannten „verbotenen" atomaren Übergängen sehr kleine natürliche Linienbreiten erhalten. So ist z.B. im Wasserstoffatom der Übergang 2S → 1S für elektrische Dipolübergänge verboten, aber für Zweiphotonen-Übergänge (Abschn. 7.5) möglich. Wegen der langen Lebensdauer $\tau \simeq 1$ s für den angeregten 2S-Zustand wird die natürliche Linienbreite $\delta\nu_n \simeq 0.15$ s^{-1}.

3.2 Doppler-Verbreiterung

Das im vorigen Abschnitt behandelte Lorentz-Profil mit der natürlichen Linienbreite läßt sich in den meisten Fällen nicht direkt beobachten, da es durch andere Verbreiterungseffekte, die zu wesentlich größeren Linienbreiten führen, völlig überdeckt wird. Bei Gasen unter niedrigem Druck ist die Doppler-Verbreiterung im sichtbaren Gebiet die dominierende Ursache für die beobachtete Linienbreite. Bewegt sich ein angeregtes Molekül mit der Geschwindigkeit $\mathbf{v} = (v_x, v_y, v_z)$, so wird die Mittenfrequenz ω_0 des vom Molekül in Richtung $\mathbf{K}$ emittierten Lichtes für einen ruhenden Beobachter infolge des Doppler-Effektes verschoben (Abb.3.3a). Für Geschwindigkeiten $v \ll c$ (nicht-relativistischer Fall) mißt der ruhende Beobachter die Emissionsfrequenz

$$\omega = \omega_0 + \mathbf{K}\cdot\mathbf{v} \quad \text{mit} \quad |K| = 2\pi/\lambda \,. \tag{3.18a}$$

Auch die *Absorptionsfrequenz* ω eines Moleküls, das sich mit der Geschwindigkeit $\mathbf{v}$ gegen eine ebene Lichtwelle mit dem Wellenvektor $\mathbf{K}$ und der Kreisfrequenz ω_L bewegt, ist verschoben (Abb.3.3b). Die Frequenz ω_L im Laborsystem erscheint als $\omega' = \omega_L - \mathbf{K}\cdot\mathbf{v}$ im System des bewegten Moleküls. Das Molekül absorbiert genau dann auf seiner Eigenfrequenz ω_0, wenn $\omega' = \omega_0$, d.h. wenn die im Laborsystem gemessene Lichtfrequenz ω_L die Bedingung

$$\omega_L = \omega_0 + \mathbf{K}\cdot\mathbf{v} \,. \tag{3.18b}$$

erfüllt. Fällt die Lichtwelle in z-Richtung ein ($\mathbf{K} = \{0,0,K_z\}$), so verschiebt sich die Absorptionsfrequenz ω_0 des ruhenden Moleküls zu

$$\omega = \omega_0 + K_z v_z = \omega_0(1 + v_z/c) \,. \tag{3.19}$$

Im thermischen Gleichgewicht haben die Moleküle eines Gases eine Maxwell'sche Geschwindigkeitsverteilung. Bei der absoluten Temperatur T ist dann die Dichte $n_i(v_z)$ der Licht emittierenden bzw. absorbierenden Moleküle im Zustand $\langle i|$ mit einer Geschwindigkeitskomponente v_z innerhalb des Intervalls v_z bis v_z+dv_z

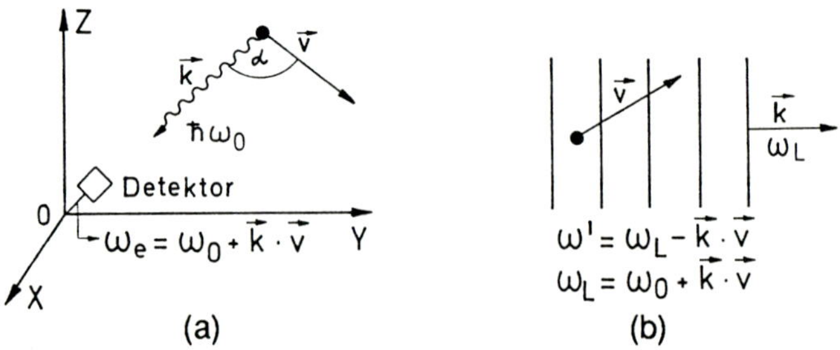

Abb.3.3. Doppler-Verschiebung von Emissionsfrequenzen (**a**) und Absorptionsfrequenzen (**b**)

$$n_i(v_z)dv_z = \frac{N_i}{v_w\sqrt{\pi}} e^{-(v_z/v_w)^2} dv_z , \qquad (3.20)$$

wobei $v_w = (2kT/m)^{1/2}$ die *wahrscheinlichste* Geschwindigkeit ist, N_i die Gesamtzahl aller Moleküle im Zustand E_i pro Volumeneinheit, m die Molekülmasse und k die Boltzmann-Konstante.

Drückt man in (3.20) v_z und dv_z mit Hilfe der Beziehung (3.19) durch ω und $d\omega$ aus, so erhält man die Anzahl der Moleküle, deren Emission (bzw. Absorption) in das Frequenzintervall zwischen ω und $\omega+d\omega$ fällt, d.h.

$$n_i(\omega)d\omega = N_i \frac{c}{v_w} \omega_0 \sqrt{\pi} \exp[-c(\omega-\omega_0)/(\omega_0 v_w)]^2 d\omega . \qquad (3.21)$$

Da die emittierte bzw. absorbierte Intensität $I(\omega)$ proportional zu $n_i(\omega)$ ist, wird das Intensitätsprofil der Doppler-verbreiterten Spektrallinie

$$\boxed{I(\omega) = I(\omega_0)\exp[-c(\omega-\omega_0)/(\omega_0 v_w)]^2} . \qquad (3.22a)$$

Dies ist eine Gauß-Funktion, deren Habwertsbreite $\delta\omega_D = |\omega_1 - \omega_2|$ man aus der Bedingung $I(\omega_1) = I(\omega_2) = I(\omega_0)/2$ erhält:

$$\delta\omega_D = 2\sqrt{\ln 2}\,\omega_0 v_w/c . \qquad (3.23a)$$

oder mit $v_w = \sqrt{2kT/m}$

$$\boxed{\delta\omega_D = (\omega_0/c)\sqrt{8kT\ln 2/m}} , \qquad (3.23b)$$

so daß man für das Linienprofil wegen $(4\ln 2)^{-1/2} \simeq 0.6$ erhält

$$I(\omega) = I(\omega_0)\exp\left[-\left(\frac{\omega-\omega_0}{0.6\delta\omega_D}\right)^2\right] . \qquad (3.22b)$$

Man sieht, daß die Doppler-Breite linear mit der Frequenz ω_0 ansteigt und bei gegebener Temperatur T für Moleküle mit kleiner Masse m besonders groß wird.

Erweitert man den Radikanden in (3.23b) mit der Avogadro-Zahl N_A (= Zahl der Moleküle pro Mol) so kann man die Wurzel durch die Molmasse $M = N_a m$ und die allgemeine Gaskonstante $R = N_A k$ ausdrücken und erhält im Frequenzmaß

$$\delta\nu_D = (2\nu_0/c)\sqrt{2R\ln 2/M} = 7{,}16\cdot 10^{-7}\nu_0\sqrt{T/M} \quad [s^{-1}] . \qquad (3.23c)$$

Beispiele 3.2

a) Im Vakuum-Ultraviolett: Wasserstoff Lyman-α-Linie:
λ = 121,6 nm, ν_0 = $2{,}47\cdot 10^{15}$ s^{-1}; T = 1000 K, M = 1; $\delta\nu_D$ = $5{,}6\cdot 10^{10}$ s^{-1} $\simeq$ $\delta\lambda_D$ = $2.8\cdot 10^{-3}$ nm.

b) Im Sichtbaren: Na-Linie
λ = 589,1 nm, ν_0 = $5{,}1\cdot 10^{14}$ s^{-1}, T = 500 K, M = 23; $\delta\nu_D$ = $1{,}7\cdot 10^{9}$ s^{-1} $\simeq$ $\delta\lambda_0$ = $2\cdot 10^{-3}$ nm.

c) Im Infraroten: Schwingungs-Rotations-Übergang des CO_2
λ = 10 μm; ν_0 = $3\cdot 10^{13}$ s^{-1}, T = 300 K, M = 44; $\delta\nu_D$ = $5{,}6\cdot 10^{7}$ s^{-1} $\simeq$ $\delta\lambda$ = 0,019 nm.

Man sieht aus den angeführten Beispielen, *daß im sichtbaren Gebiet die Doppler-Verbreiterung die natürliche Linienbreite um etwa 2 Größenordnungen übertrifft.* Man beachte *jedoch*, daß die Intensität bei einem Gauß-Profil für grosse $(\nu-\nu_0)$ viel schneller gegen Null geht als bei einem Lorentz-Profil (Abb.3.4). Deshalb kann man oft aus den extremen Linienflügeln noch Informationen über das Lorentz-Profil erhalten, auch wenn die Doppler-Breite wesentlich größer als die natürliche Linienbreite ist.

Eine genauere Betrachtung zeigt, daß eine Doppler-verbreiterte Spektrallinie eigentlich kein reines Gauß-Profil hat. Diejenigen Atome, deren Geschwindigkeitskomponente in der Beobachtungsrichtung v_z ist, emittieren oder absorbieren nicht alle auf derselben Frequenz $\omega' = \omega_0(1+v_z/c)$ sondern zeigen auf Grund der endlichen Lebensdauern ihrer Niveaus eine Lorentz-Verteilung - Gl.(3.8) -

$$g(\omega-\omega') = \frac{\gamma/2\pi}{(\omega-\omega')^2 + (\gamma/2)^2} \tag{3.24}$$

um die Frequenz ω'. Es sei $n(v_z)dv_z$ die Moleküldichte mit Geschwindigkeitskomponenten im Intervall v_z bis v_z+dv_z. Dann erhält man die spektrale

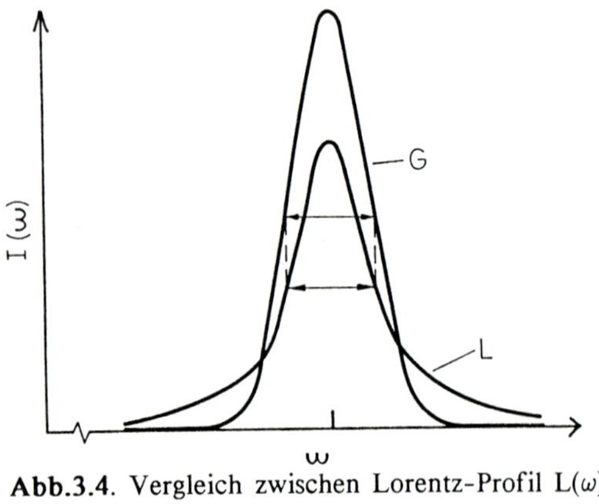

Abb.3.4. Vergleich zwischen Lorentz-Profil L(ω) und Gauß-Profil G(ω) bei gleicher Halbwertsbreite

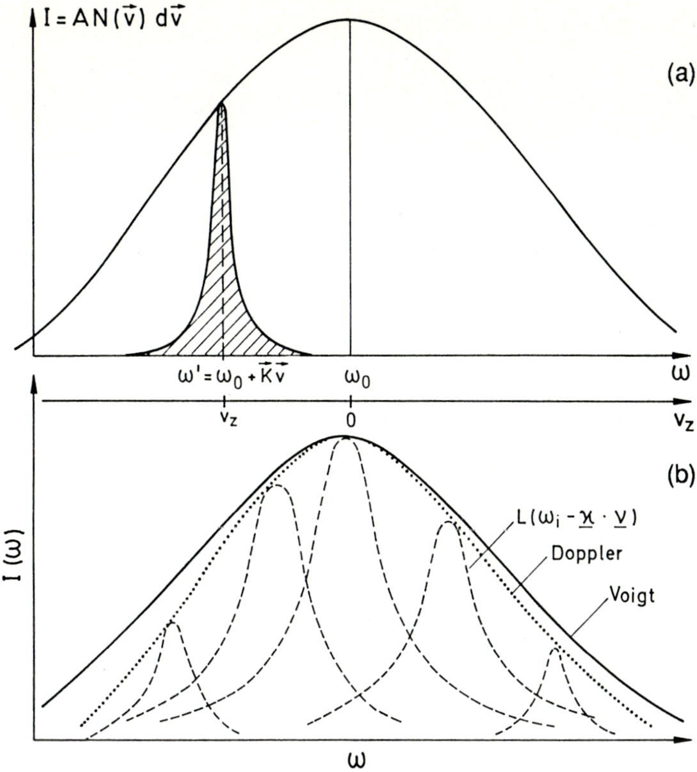

Abb.3.5. Lorentz-Profil einer Molekülklasse mit festem Wert von $K = (\omega-\omega_0)/v$ innerhalb des Doppler-verbreiterten Gauß-Profils (**a**) und Voigt-Profile als Einhüllende aller Doppler-verschobenen Lorentz-Profile (**b**)

Intensitätsverteilung der Gesamtabsorption bzw. Emission aller Moleküle auf einem Übergang (Abb.3.5)

$$I(\omega) = I_0 \int g(\omega-\omega')n(v_z)dv_z \,. \tag{3.25}$$

Setzt man für $g(\omega-\omega')$ Gl.(3.8) und für $n(\omega')$ Gl.(3.21) ein, so ergibt dies

$$I(\omega) = C \int_{-\infty}^{+\infty} \frac{e^{-c^2(\omega-\omega')^2/(\omega'^2 v_w^2)}}{(\omega-\omega')^2 + (\gamma/2)^2} d\omega' \tag{3.26}$$

mit $C = \gamma I_0 N_i c/(2\pi\sqrt{\pi}\omega_0 v_w)$.

Man nennt diese Faltung aus Lorentz-Profil und Gauß-Profil ein *Voigt-Profil* [3.3].

3.3 Stoßverbreiterung von Spektrallinien

Nähert sich einem Atom A mit den Energieniveaus E_i und E_f ein anderes Atom bzw. Molekül B, so werden infolge der Wechselwirkung zwischen A und B die Energieniveaus von A verschoben. Diese Energieverschiebung hängt ab von der Struktur der Elektronenhüllen von A und B und vom gegenseitigen Abstand R(A,B), den wir hier als Abstand zwischen den Schwerpunkten von A und B definieren wollen. Die Energieverschiebung ist im allgemeinen für die einzelnen Energieniveaus E_i verschieden groß und kann positiv sein (bei abstoßendem Potential zwischen $A(E_i)$ und B) oder negativ (bei anziehender Wechselwirkung). Trägt man die Energie $E_i(R)$ der Niveaus von A als Funktion von R auf, so erhält man die in Abb.3.6 schematisch gezeichneten Potentialkurven. Da man die Annäherung zweier Teilchen bis auf einen Abstand R, bei dem sie sich merklich gegenseitig beeinflussen, auch *Stoß* nennt, heißt das System AB(R) auch *Stoßpaar*. Nähern sich A und B einander auf einer Potentialkurve, die ein Minimum hat, so kann sich beim Stoß ein stabiles Molekül bilden, wenn während der Stoßzeit Energie durch Strahlung oder durch Stoß mit einem dritten Partner abgeführt wird.

Bei einem strahlenden Übergang zwischen den Niveaus E_i und E_f während des Stoßes hängt die Frequenz ν_{if} des emittierten bzw. absorbier-

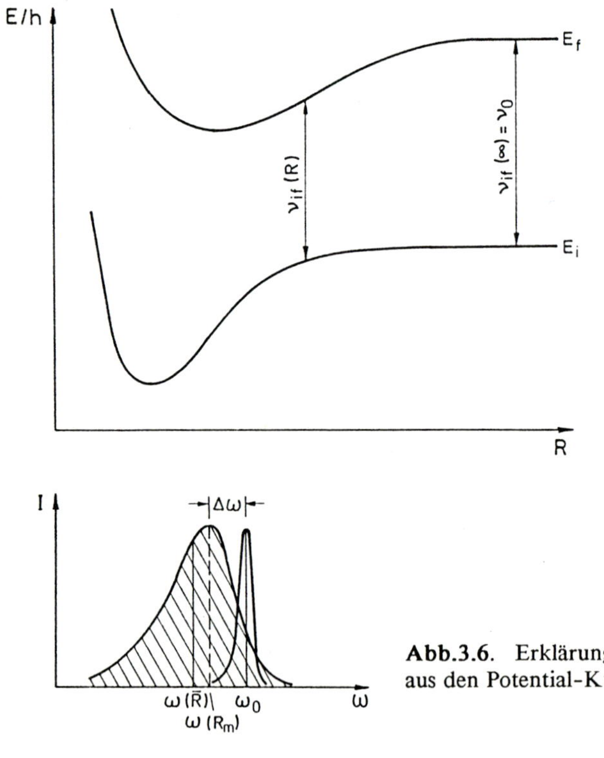

Abb.3.6. Erklärung der Stoßverbreiterung aus den Potential-Kurven des Stoßpaares

ten Lichtes gemäß $h\nu_{if} = |E_f(R)-E_i(R)|$ vom Abstand R zwischen A und B während der Lichtemission ab. In einem Gasgemisch von Atomen der Sorten A und B sind die Abstände R statistisch verteilt um einen Mittelwert $\bar{R}$, der von Druck und Temperatur des Gases abhängt. Entsprechend sind die Frequenzen ν_{if} statistisch verteilt um einen Mittelwert $\bar{\nu}$, der im allgemeinen gegenüber der Frequenz ν_0 des ungestörten Atoms verschoben ist. Die Verschiebung $\Delta\nu = \nu_0 - \bar{\nu}$ ist ein Maß für die Differenz der Energieverschiebung der beiden Niveaus E_i und E_f bei einem Abstand R_m, bei dem das Maximum der Lichtemission liegt. Das Profil der stoßverbreiterten Spektrallinie gibt Informationen über die R-Abhängigkeit der Potentialkurvendifferenz $E_f(R)-E_i(R)$ und damit über die Differenz der Wechselwirkungspotentiale $V[A(E_f)B]-V[A(E_i)B]$.

Bei dem oben betrachteten Prozeß erfolgte die Lichtemission (bzw. Absorption) von dem ursprünglich besetzten Niveau E des Atoms A, das nur während der Wechselwirkungszeit (geringfügig) verschoben war, aber nach der Wechselwirkung wieder seinen ursprünglichen Energiewert hatte. Man spricht deshalb von einer durch *elastische* Stöße verursachten Linienverbreiterung $\delta\nu$ und Linienverschiebung $\Delta\nu$. Die Energiedifferenz $h\cdot\Delta\nu = E_f-E_i-h\nu$ wird bei positivem $\Delta\nu$ durch die kinetische Energie der Stoßpartner, nicht durch innere Energie eines der Stoßpartner geliefert. Bei negativem $\Delta\nu$ wird die Überschußenergie in kinetische Energie umgewandelt.

Außer diesen elastischen Stößen können auch inelastische Stöße vorkommen, bei denen z. B. die Anregungsenergie E_i ganz oder teilweise in innere Energie des Stoßpartners B umgewandelt wird oder in Translationsenergie beider Stoßpartner. Man nennt solche Stöße auch löschende Stöße, weil sie die Besetzungszahl von E_i und damit die Fluoreszenz von E_i vermindern (in engl. quenching collisions).

Die Wahrscheinlichkeit für eine Übertragung der Anregungsenergie E_i auf den Stoßpartner B ist besonders groß, wenn B ein Molekül ist, das wegen seiner vielen Schwingungs-Rotations-Niveaus in den verschiedenen elektronischen Zuständen häufig einen resonanten erlaubten Übergang $E_e \to E_m$ mit $|E_e-E_m| \simeq |E_i-E_f|$ hat. Bezeichnen wir mit S_{ik} die Wahrscheinlichkeit, daß ein angeregtes Atomniveau E_i durch Stoß mit B ohne Lichtemission in den Zustand E_k übergeht, so ist die gesamte Übergangswahrscheinlichkeit vom Niveau E_i in andere Zustände E_k des Atoms A

$$A_i = \sum_k A_{ik}(\text{spontan}) + \sum_k S_{ik} \,. \tag{3.27a}$$

Die Wahrscheinlichkeit S_{ik} für einen solchen stoßinduzierten Übergangsprozeß hängt ab von der Dichte N_B der Moleküle B, von der mittleren Relativgeschwindigkeit $\bar{v}$ beider Stoßpartner und vom Stoßquerschnitt σ_{ik}, d.h.

$$S_{ik} = N_B \bar{v} \sigma_{ik} \,. \tag{3.27b}$$

Im thermischen Gleichgewicht ist die mittlere Relativgeschwindigkeit bei der Temperatur T gegeben durch

$$\bar{v} = \sqrt{\frac{8kT}{\pi}\left(\frac{1}{M_A} + \frac{1}{M_B}\right)}\,, \tag{3.27c}$$

so daß die stoßinduzierte Übergangswahrscheinlichkeit pro Sekunde für den Übergang $E_i \to E_k$

$$S_{ik} = N_B \sigma_{ik} \sqrt{8kT/\pi\mu}\,. \tag{3.27d}$$

ist, wobei $\mu = M_A M_B/(M_A+B_B)$ die reduzierte Masse der Stoßpartner ist.

Die effektive Lebensdauer $\tau_{eff} = 1/A_i$ des Niveaus E_i wird also durch die Stöße verkürzt. Dadurch wird die Linienbreite der Strahlung von E_i ebenfalls größer (Abschn.3.1). Da die Linienbreite $\delta\nu_{if} = A_i/2\pi$ ist (3.14), sieht man aus (3.27a, b), daß $\delta\nu$ linear mit der Dichte N, d.h. mit dem Druck der Komponente B ansteigt. Man nennt die durch Stöße verursachte Linienverbreiterung daher auch *Druckverbreiterung*. Sind die Stoßpartner A und B Moleküle derselben Sorte (A = B) so spricht man von *Eigendruckverbreiterung*.

Wir haben gesehen, daß sowohl elastische als auch inelastische Stöße zu einer Verbreiterung der Spektrallinien führen, wobei die elastischen Stöße noch zusätzlich eine Linienverschiebung bewirken. Man kann beide Prozesse im Rahmen eines klassischen Modells des gedämpften, harmonischen Oszillators behandeln, wie dies von V. Weißkopf durchgeführt wurde. Die *inelastischen* Stöße ändern dabei die Amplitude der Oszillatorschwingung. Dies kann man pauschal durch eine zusätzliche Dämpfungskonstante $\gamma_{Stoß}$ (außer der durch Abstrahlung bewirkten Dämpfung γ_n) beschreiben, und erhält dann aus den Überlegungen vom Abschnitt 3.1 ein Lorentz-Profil mit der Linienbreite $\delta\omega = \gamma_n + \gamma_{Stoß}$ [3.4].

Die *elastischen Stöße* ändern in diesem Modell nicht die Schwingungsamplitude sondern (durch die Frequenzverstimmung während des Vorbeiflugs) nur die Phase der Oszillatorschwingung. Man nennt sie deshalb auch *Phasenstörungsstöße* (Abb.3.7). Ist der Phasensprung $\Delta\phi$ während eines Stoßes groß genug, so besteht keine Korrelation mehr zwischen der Schwingung vor und nach dem Stoß, und man erhält voneinander unabhängige Wellenzüge, deren mittlere Länge von der mittleren Zeit zwischen zwei Stößen bestimmt wird. Eine Fourier-Analyse dieser Wellenlänge liefert (analog zur Behandlung im Absch.3.1) das Frequenzspektrum und damit das Linienprofil.

Als Ergebnis der elastischen und der inelastischen Stöße erhält man nach längerer Rechnung [3.4] für das Linienprofil den Ausdruck

$$I(\omega) = I_0 \frac{[(\gamma+\gamma_{in})/2 + N\cdot\bar{v}\sigma_b]^2}{(\omega-\omega_0-N\bar{v}\sigma_s)^2 + [(\gamma+\gamma_{in})/2 + N\bar{v}\sigma_b]^2}\,, \tag{3.28}$$

wobei N die Dichte der stoßenden Moleküle B, $\bar{v}$ die mittlere Relativgeschwindigkeit und $I_0 = I(\omega'_0)$ die Intensität im Linienmaximum bei der verschobenen Frequenz $\omega'_0 = \omega_0 + N\bar{v}\sigma_s$ ist.

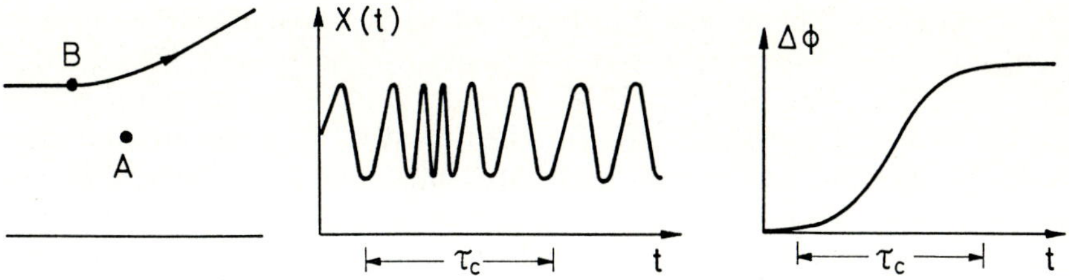

Abb.3.7. Klassisches Modell der Phasenstörung beim Stoß zwischen angeregtem Atom A (Oszillator) und Stoßpartnern B. Die gesamte Phasenänderung $\Delta\phi$ ist das Integral über $\Delta\omega(t)dt$

$$\sigma_b = 2\pi \int_0^\infty [1 - \cos\phi(R)]R\,dR \quad \text{und} \quad \sigma_s = 2\pi \int_0^\infty [\sin\phi(R)]R\,dR$$

sind ein Maß für die Linienverbreiterung bzw. Verschiebung durch die elastischen Phasenstörungsstöße. Während $\sigma_b > 0$, kann $\sigma_s <$ oder > 0 sein.

Die Frequenzverstimmung des Oszillators A während des Vorbeiflugs von B und damit die Phasenänderung $\Delta\phi$ durch den Stoß hängt vom Wechselwirkungspotential V(R) zwischen den Stoßpartnern ab. V(R) bestimmt somit das Linienprofil. In unserem Potentialkurvenbild Abb.3.6 gehört zu jedem Abstandsintervall R bis R+dR ein entsprechendes Frequenzintervall ν bis ν+dν. Wir wollen uns die Intensitätsverteilung der stoßverbreiterten Spektrallinie und ihre Abhängigkeit von V(R) ein wenig genauer klarmachen: Im thermischen Gleichgewicht ist die Wahrscheinlichkeit, daß ein Stoßpartner B den Abstand R bis R+dR vom Atom A hat, proportional zum Volumen $4\pi R^2 dR$ der Kugelschale um A und außerdem proportional zum Boltzmann-Faktor $e^{-V(R)/kT}$.

Die Dichte der Stoßpaare AB mit Abstand R ist deshalb

$$n_{AB}(R)dR = CR^2 e^{-V(R)/kT} dR\ .$$

Da die Intensität einer Spektrallinie proportional zur Dichte der absorbierenden bzw. emittierenden Atome ist, entspricht dieser Dichteverteilung wegen

$$\nu = [V_i(R) - V_k(R)]/h \rightarrow d\nu = [d(V_i - V_k)/dR]dR/h$$

eine spektrale Intensitätsverteilung z. B. einer Absorptionslinie

$$I(\nu)d\nu = C^* R^2 \exp[-V_i(R)/kT] \frac{d}{dR}[V_i(R) - V_k(R)]dR\ . \tag{3.29}$$

Man setzt nun verschiedene Modellpotentiale V(R) in (3.29) ein und vergleicht das Ergebnis der Rechnung mit den gemessenen Linienprofilen. Viele Rechnungen wurden mit einem Lenard-Jones-Potentialansatz

$$V(R) = a/R^{12} - b/R^6 \tag{3.30}$$

gemacht, dessen Koeffizienten so bestimmt wurden, daß die Übereinstimmung zwischen Experiment und Rechnung optimal wurde [3.5,6]. Man sieht aus (3.29), daß man durch Messung der Temperaturabhängigkeit des Linienprofils das Potential $V_i(R)$ für einen Zustand E_i getrennt bestimmen kann, während man bei einer Temperatur allein aus dem Linienprofil nur die Differenzpotentiale $V_i(E_i,R)-V_f(E_f,R)$ ermitteln kann.

Man kann die klassischen Modelle auf quantenmechanischer Basis erweitern. Dies führt aber über den Rahmen dieser Darstellung hinaus [3.4-7].

Wegen der langreichweitigen Coulomb-Kräfte zwischen geladenen Teilchen (Elektronen und Ionen) sind Druckverbreiterung und Verschiebung besonders groß in Gasentladungen und Plasmen. Man kann beide Effekte beschreiben durch den linearen und quadratischen Stark-Effekt bei der Wechselwirkung zwischen den geladenen Teilchen, wobei der *lineare Stark-Effekt nur zu einer Linienverbreiterung, der quadratische auch zu einer Linienverschiebung* führt. Aus der Messung von Linienprofilen in Plasmen kann man sehr detaillierte Informationen über die Plasmaeigenschaften, wie Elektronen- und Ionendichte sowie die zugehörigen Temperaturen gewinnen [3.8]. Ein Beispiel für solche Untersuchungen in Gasentladungen ist die Messung des Verstärkungsprofiles von Gaslaser-Übergängen [3.9].

Beispiele 3.3

a) Die Druckverbreiterung der Na-D-Linie λ = 589 nm durch Argon beträgt $3 \cdot 10^{-5}$ nm/Torr $\hat{=}$ 30 MHz/Torr; ihre Verschiebung -8 MHz/Torr. Die Eigenverbreiterung ist 150 MHz/Torr. Bei Drucken von einigen Torr ist die Druckverbreiterung daher klein gegen die Doppler-Breite.

b) Die Druckverbreiterung molekularer Schwingungs-Rotations-Übergänge mit Wellenlängen im Bereich um 5 μm ist in Luft von Atmosphärendruck im allgemeinen größer als ihre Doppler-Breite. Z.B. zeigen Rotationslinien in der ν_2-Bande des H_2O bei Atmosphärendruck eine Druckverbreiterung von 930 MHz bei einer Doppler-Breite von etwa 150 MHz.

c) Die Druckverbreiterung des Neon-Überganges λ = 633 nm in der Niederdruck-Gasentladung des HeNe-Lasers beträgt $\delta\nu$ = 150 MHz/Torr, die Druckverschiebung 20 MHz/Torr. In Hochstromentladungen, wie z.B. beim Argon-Ionen-Laser ist der Ionisierungsgrad wesentlich höher und die Wechselwirkungen zwischen Ionen und Elektronen spielen eine wesentliche Rolle. Die Druckverbreiterung ist entsprechend groß, nämlich etwa 1500 MHz/Torr, bei einer Doppler-Breite von etwa 5000 MHz (wegen der hohen Temperatur in der Hochstromentladung).

Anmerkung

Im Infrarot- bzw. im Mikrowellenbereich können Stöße unter Umständen auch zu einer *Einengung* der Linienbreite führen, die nach ihrem Entdecker „Dicke Narrowing" genannt wird. Ist die Lebensdauer eines Molekülzustandes (z.B. eines angeregten Schwingungsniveaus im elektronischen

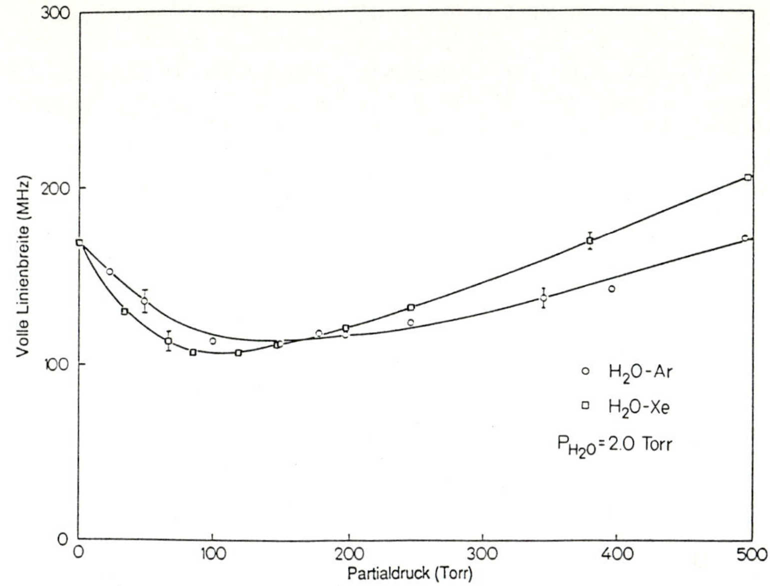

Abb.3.8. Linienbreite eines Rotationsüberganges im H_2O-Molekül bei 1871 cm^{-1} als Funktion des Argon- bzw. Xe-Druckes. Bis 100 Torr *sinkt* die Linienbreite infolge des Dicke-Effektes [3.10]

Grundzustand) groß gegen die Zeit zwischen elastischen Stößen, so wird die Geschwindigkeit des Oszillators durch solche elastischen Stöße dauernd geändert. Für die entsprechende Doppler-Verschiebung erhält man dadurch einen (kleineren) Mittelwert. Ist die Doppler-Breite größer als die Druckverbreiterung, so führt dies zu einer effektiven Einengung der Linienform. Damit diese Dicke-Einengung wirksam wird, muß die mittlere freie Weglänge kleiner als die Wellenlänge des betrachteten Überganges sein (Abb. 3.8) [3.10].

3.4 Homogene und Inhomogene Linienverbreiterung

Ist die Wahrscheinlichkeit für die Emission bzw. Absorption von Licht der Frequenz ω, die den Übergang $E_i \to E_k$ bewirken möge, für *alle* Moleküle im Zustand E_i gleich groß, so nennt man das Spektralprofil dieses Überganges homogen. Die entsprechende Emissions- bzw. Absorptionslinie heißt dann *homogen verbreitert*. Die natürliche Linienbreite (Abschn.3.1) ist ein Beispiel für ein homogen verbreitertes Linienprofil. In diesem Fall ist die Wahrscheinlichkeit z.B. für die Emission von Licht der Frequenz ω für alle Atome im Zustand E_i gegeben durch

$$P_{ik}(\omega) = A_{ik}\, g(\omega-\omega_0) \ ,$$

wenn $g(\omega-\omega_0)$ das normierte Lorentz-Profil und ω_0 seine Mittenfrequenz ist.

Das Standardbeispiel für *inhomogene* Linienverbreiterung ist die Doppler-Verbreiterung. Hier ist die Wahrscheinlichkeit für die Emission bzw. Absorption von Licht der Frequenz ω *nicht* für alle Moleküle gleich groß, sondern hängt ab von ihrer Geschwindigkeit (Abschn.3.2). Man kann alle Moleküle im Zustand E_i in Untergruppen einteilen, wobei alle Moleküle mit einer Geschwindigkeitskomponente v_z in einem Intervall $v_z \pm \Delta v_z$ zu einer solchen Gruppe gehören. Entspricht das Intervall $\Delta v_z = \Delta\omega_n/K$ einer Frequenzbreite $\Delta\omega_n$, die gleich der natürlichen Linienbreite ist, so daß also $K\Delta v_z = \Delta\omega_n$ gilt, so kann man diesen Frequenzabschnitt $\Delta\omega_n$ innerhalb der inhomogenen Dopplerbreite als homogen verbreitet ansehen. Alle Moleküle in dieser Untergruppe können nämlich Licht mit dem Wellenvektor $\mathbf{K}$ und der Frequenz $\omega = \omega_0 - v_z K$ absorbieren, bzw. emittieren (Abb.3.5), da diese Frequenz im Koordinatensystem des bewegten Moleküls innerhalb seiner natürlichen Linienbreite liegt.

Wir haben im Abschnitt 3.3 gesehen, daß durch Stöße die Spektrallinienprofile in zweierlei Hinsicht beeinflußt werden: Inelastische Stöße führen zu einer Linienverbreiterung, während elastische Stöße (Phasenstörungsstöße) sowohl zu einer Verbreiterung als auch zu einer Linienverschiebung beitragen. *Die Stoßverbreiterung bewirkt eine homogene Linienbreite.* Bei den inelastischen Stößen sieht man dies sofort ein, da sie zu einer Verkürzung der Lebensdauer des entsprechenden Molekülniveaus führen und damit zu einem verbreiterten Lorentz-Profil mit der Halbwertsbreite $\delta = \delta_n + \delta_{\text{Stoß}}$. Eine Fourier-Transformation der Überlagerung von Schwingungen mit statistisch verteilten Phasensprüngen, wie sie durch Phasenstörungsstöße bewirkt werden, führt ebenfalls auf ein Lorentz-Profil und damit zu einer homogen verbreiterten Linie [3.4].

Elastische Stöße können auch die Geschwindigkeit des angeregten Partners A^* ändern. Solche geschwindigkeitsändernden Stöße bringen ein Molekül aus einer Untergruppe $v_z \pm \Delta v_z$ des Doppler-Profils in eine andere Untergruppe $v_z + \Delta v_{\text{Stoß}} \pm \Delta v_z$ und bewirken damit eine Verschiebung ihrer Absorption- bzw. Emissionsfrequenz. Ist die Zeit zwischen zwei Stößen größer als die Wechselwirkungszeit der Moleküle mit dem Licht, so führt diese Umverteilung der Untergruppen nicht zu einer Vergrößerung der *homogenen* Linienbreite, sondern nur zu einer Umverteilung der Besetzungszahlen in den einzelnen Untergruppen. (Dies hat eine Konsequenz für die hochauflösende Sättigungsspektroskopie, Abschn.7.2). Ist die Stoßzeit klein gegen die Wechselwirkungszeit, so werden die einzelnen Untergruppen gleichmäßig vermischt. Dies führt zu einer *homogenen* Verbreiterung und unter Umständen auch zu einer Einengung der inhomogenen Doppler-Breite (Dicke narrowing, Abschn.3.3).

3.5 Sättigungsverbreiterung

Bedingt durch die mit Lasern erreichbare große Intensität spielt in der Laserspektroskopie ein weiterer Linienverbreiterungsmechanismus eine große

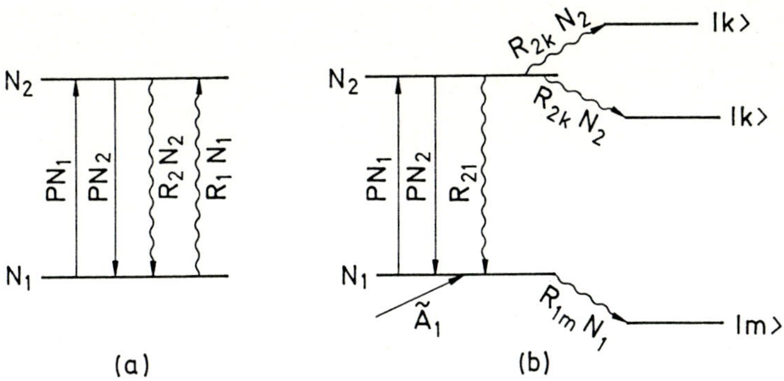

Abb.3.9. Echtes Zweiniveausystem (**a**) und Zweiniveausystem bezüglich der Strahlung, bei dem Relaxationsprozesse jedoch in andere Niveaus führen (**b**)

Rolle, der auf der teilweisen Entleerung der Besetzungsdichten absorbierender Niveaus durch optisches Pumpen beruht. Da dieser Verbreiterungseffekt oft unterschätzt wird, soll die Sättigung atomarer und molekularer Übergänge hier etwas ausführlicher dargestellt werden. Wir wollen zuerst die Besetzungsänderung durch optisches Pumpen behandeln, dann die daraus resultierende Sättigungsverbreiterung von Absorptionslinien.

3.5.1 Änderung der Besetzungsdichten durch optisches Pumpen

Wir wollen uns den Effekt des optischen Pumpens auf die Besetzung atomarer oder molekularer Niveaus an zwei Beispielen klarmachen. Zuerst wählen wir ein Zwei-Niveau-System mit den Besetzungsdichten N_1 und N_2. Beide Niveaus sollen durch Relaxationsprozesse (z.B. spontane Emission oder Stoßpro- zesse) nur miteinander aber nicht mit anderen Niveaus verknüpft sein (Abb. 3.9a). Ein solches "echtes" Zweiniveausystem ist bei atomaren Resonanzübergängen ohne Hyperfeinstruktur häufig realisiert. Bedeutet $P = B_{12}\rho(\omega)$ die Wahrscheinlichkeit für den Pumpprozeß $1 \rightarrow 2$ durch Absorption eines Photons aus der einfallenden Welle, und R_i die Relaxationswahrscheinlichkeit des Niveaus i, so heißt die Bilanzgleichung

$$\frac{dN_1}{dt} = - \frac{dN_2}{dt} = - PN_1 - R_1N_1 + PN_2 + R_2N_2 \, , \tag{3.31}$$

wobei wir angenommen haben, daß beide Niveaus nicht entartet sind, also $g_1 = g_2 = 1$ ist. Im stationären Fall ($dN_i/dt = 0$) erhalten wir wegen $N_1+N_2 = N = \text{const}$

$$(P + R_1)N_1 = (P + R_2)N_2 = (P + R_2)(N - N_1) \, ,$$

d.h.

$$N_1 = \frac{N(P + R_2)}{2P + R_1 + R_2} \, . \tag{3.32}$$

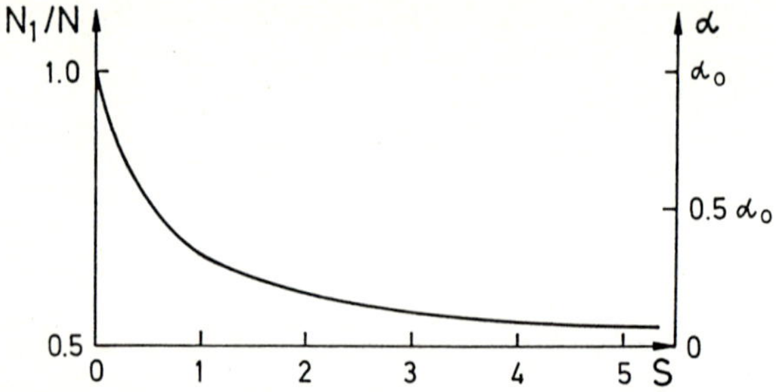

Abb.3.10. Besetzungsverhältnis N_1/N und Absorptionskoeffizient α als Funktion des Sättigungsparameters S

Wenn die Pumprate P sehr viel größer wird als die Relaxationsraten, strebt die Besetzung N_1 gegen den Wert

$$N_1(P \to \infty) \to N/2 \ ,$$

d.h. $N_1 = N_2$ (Abb.3.10). In diesem Fall wird der Absorptionskoeffizient $\alpha_{12} = \sigma_{12}(N_1 - N_2) = 0$; das Medium wird völlig transparent!

Ohne Strahlungsfeld (P = O) sind die Besetzungdichten im thermischen Gleichgewicht

$$N_{10} = N \frac{R_2}{R_1 + R_2} \ , \quad N_{20} = \frac{R_1}{R_1 + R_2} \tag{3.33}$$

wegen $N_{20}/N_{10} = \exp[-(E_2 - E_1)/kT] \to R_{10}/R_{20} = \exp(-\Delta E/kT)$.

Führt man die Besetzungsdifferenzen

$$\Delta N_0 = N_{10} - N_{20} \quad \text{und} \quad \Delta N = N_1 - N_2$$

ein, so erhält man aus (3.32, 33)

$$\Delta N = \frac{\Delta N_0}{1 + 2P/(R_1 + R_2)} = \frac{\Delta N_0}{1 + S} \ . \tag{3.34}$$

Der *Sättigungsparameter*

$$S = \frac{2P}{R_1 + R_2} = P/\overline{R}$$

gibt dabei das Verhältnis von Pumprate P zu mittlerer Relaxationsrate $\overline{R} = (R_1 + R_2)/2$ an. Für den Absorptionskoeffizienten erhält man daher die analoge Beziehung

$$\boxed{\alpha = \frac{\alpha_0}{1 + S}} \ . \tag{3.35}$$

Wenn die spontane Emission des oberen Niveaus der einzige Relaxationsmechanismus ist, wird $R_1 = 0$ und $R_2 = A_{21}$. Da die Pumpwahrscheinlichkeit P bei Einstrahlen einer monochromatischen Welle mit der Intensität $I(\omega)$ durch $P = \sigma_{12}(\omega)I(\omega)/\hbar\omega$ gegeben ist - siehe (2.45d) - wird der Sättigungsparameter

$$S = 2\sigma_{12}(\omega)I(\omega)/(\hbar\omega A_{12}).$$

Unser zweites Beispiel betrifft zwei Niveaus 1 und 2, die durch Relaxationsprozesse auch mit anderen Niveaus verbunden sind (Abb.3.9b). Dies trifft z.B. zu auf Moleküle, deren selektiv angeregtes Niveau nicht nur in das Ausgangsniveau, von dem aus die Anregung geschieht, zerfällt, sondern in viele andere Niveaus (Abb.2.10). Wir haben also im strengen Sinne kein echtes Zwei-Niveau-System mehr. Nehmen wir an, daß das obere Niveau 2 in viele andere Niveaus k zerfallen kann, selbst aber nur durch optisches Pumpen aus dem Niveau 1 besetzt werden kann, dann lauten die Bilanzgleichungen mit den Abkürzungen $R_1 = \Sigma_m R_{1m}$, $R_2 = \Sigma_k R_{2k}$

$$\frac{dN_1}{dt} = 0 = - R_1 N_1 - PN_1 + PN_2 + R_{21} N_2 + \tilde{A}_1 \,. \tag{3.36a}$$

$$\frac{dN_2}{dt} = 0 = P(N_1 - N_2) - R_2 N_2 \,, \tag{3.36b}$$

wobei $\tilde{A}_1$ die gesamte „Auffüllrate" des Niveaus $|1\rangle$ ist, die durch Stoßübergänge aus unteren Niveaus oder auch durch Diffusion von Molekülen im Niveau $|1\rangle$ in das Anregungsvolumen bewirkt werden kann. Hier gilt natürlich nicht mehr $N_1 + N_2 =$ konst.

Aus (3.36b) erhält man

$$N_2 = N_1 \frac{P}{P + R_2} \,. \tag{3.36c}$$

Dies zeigt, daß für große Pumpleistungen $P \gg R_2$ die beiden Niveaus - genau wie beim echten Zweiniveausystem - gleiche Besetzungen haben. Setzt man (3.36c) in (3.36a) ein, so ergibt sich (Abb.3.11)

$$N_1 = \frac{\tilde{A}_1(P + R_2)}{(R_1 + R_2 - R_{21})P + R_1 R_2} \,. \tag{3.37a}$$

Ohne optisches Pumpen (P = 0) wird die Gleichgewichtsbesetzung

$$N_1(P{=}0) = \tilde{A}_1 / R_1 \tag{3.37b}$$

durch das Verhältnis von Auffüllrate $\tilde{A}_1$ zu Entleerungsrate R_1 in andere Niveaus gegeben. Für große Pumpleistungen $P \gg R_2$ sinkt N_1 auf den Wert

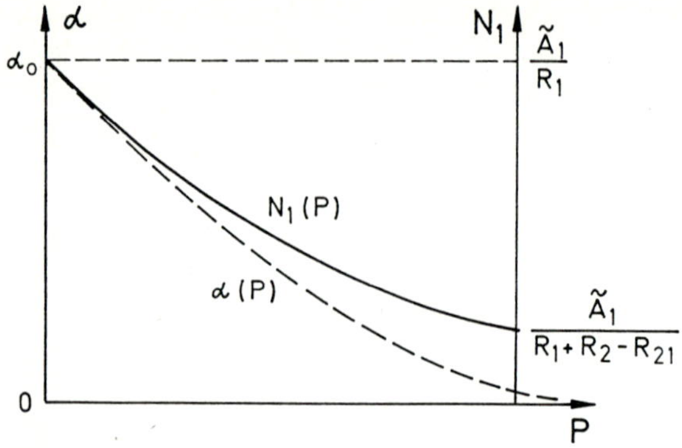

Abb.3.11. Besetzungsdichte N_1 und Absorptionskoeffizient α als Funktion des Sättigungssparameters bei einem Zweiniveausystem mit Relaxationskanälen in andere Niveaus

$$N_1 = \frac{\tilde{A}_1}{R_1 + R_2 - R_{21}} . \tag{3.37c}$$

Ist $\tilde{A}_1 \ll (R_1+R_2-R_{21})$, so wird das Niveau N_1 praktisch leergepumpt. Bei Molekülen ist $R_2 \gg R_1$ und $R_2 \gg R_{21}$, so daß $N_1(P \gg R_2) \ll N_1(P=0)$.

3.5.2 Sättigungsverbreiterung von Absorptionslinien

Das Linienprofil eines molekularen Überganges wird infolge einer Besetzungszahl-Änderung für die am Übergang beteiligten Niveaus durch induzierte Emission bzw. Absorption verändert. Die Pumpwelle bewirkt eine teilweise oder vollständige Sättigung dieser Besetzungsdichten und führt dadurch zu einer zusätzlichen Verbreiterung des Linienprofils. Wir wollen uns die Sättigungsverbreiterung am Beispiel eines homogenen Linienprofiles klar machen (Abb.3.12a). Bei inhomogenen Übergängen tritt spektral selektive Sättigung auf (hole burning), die im Abschnitt 7.1 genauer behandelt wird (Abb.3.12b).

Der Sättigungsparameter S ist als das Verhältnis von Pumprate P zu mittlerer Relaxationsrate $\overline{R}$ definiert. Bei einem homogen verbreiterten Übergang ist bei Anregung durch eine monochromatische Pumpwelle die Pumprate $P(\omega)$ und damit auch der Sättigungsparameter $S_\omega = S(\omega) = P(\omega)/\overline{R}$ durch ein Lorentz-Profil gegeben:

$$S(\omega) = S_0 \frac{(\gamma/2)^2}{(\omega-\omega_0)^2 + (\gamma/2)^2} \quad \text{mit} \quad S_0 = S(\omega_0) . \tag{3.38}$$

Die bei der Frequenz ω absorbierte Leistung dW_{12}/dt auf dem Übergang $1 \to 2$ ist mit $\Delta N = N_2 - N_1 = \Delta N_0/(1+S)$ - siehe (3.34) -

$$\frac{d}{dt}[W_{12}(\omega)] = \hbar\omega P \Delta N = \hbar\omega \Delta N_0 \overline{R} \frac{S(\omega)}{1 + S(\omega)} . \tag{3.39}$$

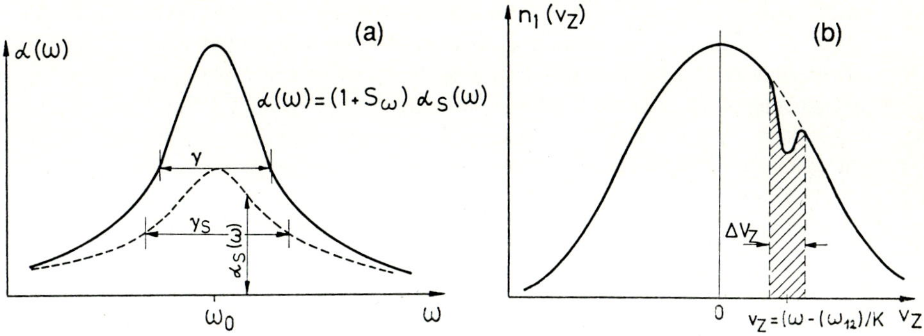

Abb.3.12. Sättigung eines homogen verbreiterten Übergangs (**a**) und „Lochbrennen" bei einem inhomogen verbreiterten Übergang (**b**)

Setzt man für S(ω) (3.38) ein, so erhält man

$$\frac{d}{dt}[W_{12}(\omega)] = \frac{\hbar\omega\Delta N_0 \overline{R} S_0(\gamma/2)^2}{(\omega-\omega_0)^2 + (\gamma/2)^2(1+S_0)} = \frac{C}{(\omega-\omega_0)^2 + (\gamma_s/2)^2} \tag{3.40}$$

mit $C = \hbar\omega\overline{R}S_0\Delta N_0(\gamma/2)^2$ und $\gamma_s = \gamma(1+S_0)^{1/2}$. Für den Absorptionskoeffizienten $\alpha_s(\omega)$ des gesättigten Überganges ergibt sich damit

$$\alpha_s(\omega) = \alpha_0(\omega_0)\,\frac{(\gamma/2)^2}{(\omega-\omega_0)^2 + (\gamma_s/2)^2}\,. \tag{3.41}$$

Dies ist wieder ein Lorentz-Profil, jedoch mit einer größeren Linienbreite $\gamma_S = \Delta\omega_S$ (Abb.3.11a)

$$\boxed{\Delta\omega_s = \Delta\omega_0\sqrt{1+S_0}}\,. \tag{3.42}$$

Die Sättigungsverbreiterung ist also vom Sättigungswert S_0 in der Linienmitte $\omega = \omega_0$ abhängig. Ist $S_0 = P_0/R = 1$, d.h. die Absorptionsrate in der Linienmitte gleich der gesamten Relaxationsrate R, so wird die Linienbreite um den Faktor $\sqrt{2}$ größer [3.11].

Die Absorption sinkt durch die Sättigung in der Linienmitte um den Faktor $(\gamma/\gamma_s)^2 = (1+S_0)^{-1}$, bei anderen Frequenzen um $[1+S(\omega)]^{-1}$.

3.6 Flugzeit-Linienbreiten

Bei Übergängen zwischen molekularen Niveaus mit relativ langen spontanen Lebensdauern kann die Wechselwirkungszeit der Moleküle mit der Lichtwelle oft kürzer sein als diese Lebensdauern. Beispiele dafür bieten die begrenzten Flugzeiten $T = d/\bar{v}$ von Molekülen mit der mittleren Geschwindigkeit $\bar{v}$ durch einen Laserstrahl mit dem Durchmesser d. Für Moleküle in einer Zelle bei Zimmertemperatur erhält man als typische Werte: $\bar{v} = 5 \cdot 10^4$ cm/s, d = 0,2 cm und damit T = 4 μs. Solche Flugzeiten können bereits wesentlich kürzer sein als die spontanen Lebensdauern molekularer Schwingungsniveaus im elektronischen Grundzustand, die häufig im Millisekundenbereich liegen. Bei der Laserspektroskopie in schnellen Ionenstrahlen betragen die Flugzeiten der Ionen bei Geschwindigkeiten von $3 \cdot 10^8$ cm/s durch einen senkrecht kreuzenden Laserstrahl weniger als 10^{-9} s, was bereits kürzer als die meisten Lebensdauern elektronisch angeregter atomarer bzw. molekularer Niveaus ist.

Die Linienbreite eines Überganges ist in solchen Fällen nicht durch die Lebensdauern, sondern durch die Flugzeit bestimmt. Man kann sich dies folgendermaßen klarmachen. Betrachten wir einen ungedämpften Oszillator $E = E_0 \cos(\omega_0 t)$, der während der Zeit T mit konstanter Amplitude schwingt und danach abrupt aufhört zu oszillieren. Sein Frequenzspektrum wird durch die Fourier-Transformation

$$A(\omega) = \int_0^T E_0 \cos(\omega_0 t) e^{-i\omega t} dt . \tag{3.43}$$

bestimmt. Für die Intensität $I = A \cdot A^*$ erhält man daraus für $(\omega - \omega_0) << \omega_0$ (Abschn.3.1)

$$I(\omega) = C \frac{\sin^2[(\omega-\omega_0)T/2]}{(\omega-\omega_0)^2} . \tag{3.44}$$

Dies ist eine Kurve der Form $(\sin^2 x)/x^2$ (Abb.3.13a) deren Halbwertsbreite für das zentrale Maximum $\delta\omega = 5{,}6/T$ ergibt. In Frequenzeinheiten erhält man mit $T = d/\bar{v}$ die Halbwertsbreite $\delta\nu \simeq \bar{v}/d$.

Die Schwingungsamplitude E_0 ist nur dann konstant, wenn das Feld der Lichtwelle räumlich konstant ist. Die Feldverteilung in einem Laserstrahl eines Einmodenlasers entspricht einer Gauß-Verteilung

$$E = E_0 e^{-(2r/d)^2} \cos\omega_0 t , \tag{3.45}$$

wobei r der Abstand von der Laserstrahlachse ist und d den Durchmesser des Laserstrahls zwischen den Punkten $E(r=d/2) = E_0/e$ angibt (Abschn.5.2).

Setzt man (3.45) in (3.43) ein, so erhält man statt (3.44) für das Linienprofil einer Absorptionslinie eines Atoms, das mit der Geschwindigkeit v senkrecht durch den Laserstrahl fliegt, die Gauß-Verteilung

$$I(\omega) = C^* \exp[-(\omega-\omega_0) d/(2v\sqrt{2})^2] \tag{3.46}$$

mit einer vollen Halbwertsbreite

$$\delta\omega_{FZ} = (4\bar{v}/d)\sqrt{2\ln 2} \simeq 4{,}7\bar{v}/d . \tag{3.47}$$

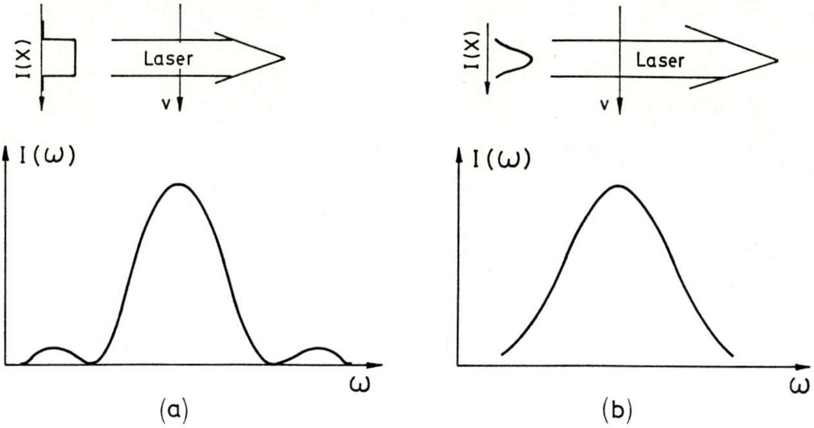

Abb.3.13a,b. Flugzeitlinienverbreiterung einer Absorptionslinie. Frequenzprofil der Absorptionswahrscheinlichkeit für ein Atom, das den Laserstrahl senkrecht durchquert: (**a**) Bei rechteckigem Intensitätsprofil des Laserstrahls (**b**) bei einem Gauß-Profil

---

Beispiel 3.4

$\bar{v} = 10^5$ cm/s, d = 0,1 cm $\rightarrow \delta\omega_{FZ} \simeq 4{,}7 \cdot 10^6 \rightarrow \delta\nu_{FZ} \simeq 800$ kHz.

Eine genauere Berechnung des flugzeitbedingten Linienprofils für den Fall, daß ein Laserstrahl senkrecht mit einem Molekülstrahl gekreuzt wird, muß berücksichtigen, daß die Moleküle nicht alle die gleiche Geschwindigkeit haben, sondern im allgemeinen eine Maxwell'sche Geschwindigkeitsverteilung

$$N(v) = Cv^2 \exp(-mv^2/2kT)$$

zeigen. Man muß daher in (3.43) für die einzelnen Moleküle verschiedene obere Grenzen $T_i = d/v_i$ einsetzen und erhält dann das Linienprofil durch die Überlagerung der Beiträge der einzelnen Moleküle. Hinsichtlich der Halbwertsbreite unterscheidet sich das Ergebnis jedoch nicht wesentlich von (3.47), wenn man dort für $\bar{v}$ die Wurzel aus dem mittleren Geschwindigkeitsquadrat $\sqrt{\langle v^2 \rangle} = \sqrt{3kT/m}$ einsetzt.

Es gibt noch einen weiteren Effekt, der zur Linienbreite beiträgt und der von der Krümmung der Phasenflächen in einem Gauß-Strahl herrührt. Wenn ein Molekül auf einer geraden Bahn in x-Richtung durch den Laserstrahl fliegt, der sich in z-Richtung ausbreitet (Abb.3.14), wechselwirkt es an verschiedenen Orten x mit einem Feld verschiedener Phase. Die genauere Berechnung [3.12] ergibt, daß man auch hier wieder ein Gauß-Profil für die Flugzeitverbreiterung erhält, jedoch mit einer größeren Halbwertsbreite

$$\delta\omega_{FZ} = 4v\sqrt{2\ln 2[d^2 + (R\lambda/\pi d)^{-2}]}\,, \tag{3.48}$$

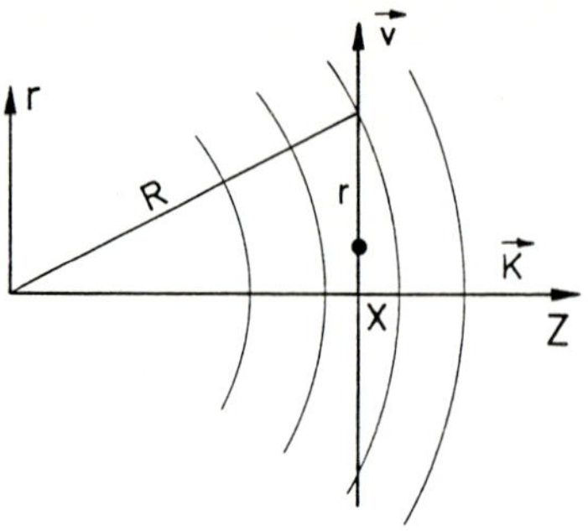

Abb.3.14. Linienverbreiterung bei den geraden Flugbahnen eines Atoms durch gekrümmte Wellenfronten

wobei R der Krümmungsradius der Phasenflächen und λ die Wellenlänge des Lasers ist. Für ebene Wellenfronten ($R \to \infty$) geht (3.48) wieder in (3.47) über.

3.7 Linienbreiten in Flüssigkeiten und Festkörpern

Viele Lasertypen verwenden als verstärkende Medien optisch gepumpte Atome bzw. Moleküle in Flüssigkeiten und Festkörpern. Um das spektrale Verhalten solcher Laser zu verstehen, wollen wir kurz die Linienbreiten optischer Übergänge in solchen Medien behandeln. Wegen der großen Dichte sind die mittleren relativen Abstände $r_j(A, B_j)$ zwischen den Atomen klein und die Wechselwirkung eines Atomes A mit den Nachbaratomen B_j entsprechend groß. Die daraus resultierende Energieverbreiterung der Atomniveaus von A hängt davon ab, wie groß die von allen Nachbaratomen am Ort von A erzeugte Gesamtfeldstärke E ist, und wie groß das Dipolmoment bzw. die Polarisierbarkeit von A ist. Die Linienbreite $\Delta\nu_{ik}$ eines Überganges $i \to k$ wird durch die Differenz der Energieverschiebungen $(\Delta E_i - \Delta E_k)$ bestimmt.

In Flüssigkeiten schwanken die Abstände $r_j(A, B_j)$ statistisch verteilt und die Linienbreite wird deshalb durch die Verteilungsfunktion $f(r_j)$ während der Lebensdauer der Niveaus E_i, E_k festgelegt (Abschn.3.3). Durch inelastische Stöße von A^* mit den Flüssigkeitsmolekülen treten ausserdem strahlungslose Übergänge zu Nachbarniveaus auf, die zu einer Verkürzung der spontanen Lebensdauer eines angeregten Zustandes führen. Da die Zeit zwischen zwei aufeinanderfolgenden Stößen in der Grössenordnung von 10^{-12} s liegt, sind die strahlenden Übergänge $i \to k$ stark stoßverbreitert und zeigen eine *homogene* Linienbreite. Im Falle von angeregten *Molekülen* kann diese Linienbreite grösser werden als der Abstand zwischen benachbarten Schwingungs-Rotationslinien, so daß ein breites, kontinuierliches Emissions- bzw. Absorptionsspektrum entsteht. Ein Beispiel für solche Spektren mit großen homogenen Linienbreiten bieten Farbstoffmoleküle in einer Flüssigkeit (Abb.5.61).

Beim Einbau von Atomen bzw. Molekülen in kristalline Festkörper hat das elektrische Feld E am Ort des Atoms eine Symmetrie, die von derjenigen des Wirtsgitters abhängt. Da die Gitteratome bei der Temperatur T

Schwingungen ausführen, erfährt die Feldstärke E(T, t) zeitliche Variationen, die zu einer Verbreiterung der Energieniveaus E_i, E_k führen, die abhängt von der Symmetrie dieser Zustände [3.13]. Für jedes Atom führt dies zu einer Linienverbreiterung, da die Gitterschwingungen schnell sind verglichen mit den Lebensdauern dieser angeregten Zustände. Sitzen alle Atome an völlig äquivalenten Gitterplätzen, so ist die Gesamtemission bzw. Absorption eines solchen Festkörpers homogen verbreitert.

Häufig kommt es jedoch vor, daß die einzelnen Atome an etwas verschiedenen Gitterplätzen sitzen, an denen das lokale elektrische Feld verschieden groß ist. Besonders stark ist dies bei amorphen Festkörpern (z.B. Glas) ausgeprägt, weil hier keine regelmäßige Kristallstruktur vorliegt. In diesem Fall liegen die Mitten der von den einzelnen Atomen erzeugten Linien bei verschiedenen Frequenzen. Die Gesamtemission besteht dann - völlig analog zur Doppler-Breite eines Gases - aus einer inhomogenen Linienform, die aus einer Überlagerung vieler homogener Anteile entsteht. Ein Beispiel ist die Emission angeregter Neodynium-Ionen in Glas, die im Nd-Laser ausgenutzt wird.

Man kann die homogene Linienbreite durch Abkühlen des Festkörpers verringern und mit speziellen Methoden der Sub-Doppler-Spektroskopie, z.B. der Sättigungs-Spektroskopie (Kap. 7) diese schmalen homogenen Breiten trotz der im allgemeinen viel größeren inhomogenen Linienbreite auflösen [3.14].

4. Experimentelle Hilfsmittel des Spektroskopikers

In diesem Kapitel soll die wichtigste Ausrüstung eines spektroskopischen Labors sowie einige neuere Techniken zur Messung von Wellenlängen und zum Nachweis geringer Strahlungsintensitäten erläutert werden. Da der Erfolg eines Experimentes oft von der Wahl geeigneter Meß- und Nachweisgeräte abhängt, ist die genaue Kenntnis moderner Techniken für den Spektroskopiker von besonderer Bedeutung.

Der Einsatz von kontinuierlich durchstimmbaren Lasern (Kap.5) macht in vielen Fällen Monochromatoren oder Spektrographen überflüssig. Trotzdem gibt es immer noch genügend Anwendungsgebiete für diese Geräte, z.B. bei der Messung der spektral zerlegten laserinduzierten Fluoreszenz. Wir wollen daher zu Anfang die beiden wichtigsten Typen, nämlich Prismen- und Gittermonochromatoren behandeln und ihr spektrales Auflösungsvermögen bei optimalem Einsatz diskutieren.

Die bei weitem größte Bedeutung in der Laserspektroskopie haben jedoch die Interferometer in ihren verschiedenen Modifikationen. Sie sollen daher eingehend behandelt werden. Interferometer werden nicht nur zur genauen Messung von Wellenlängen und Profilen von Spektrallinien gebraucht, sondern finden auch Verwendung als Laserresonatoren oder als Wellenlängenfilter zur Einengung der spektralen Bandbreite innerhalb des Laserresonators. In Form von "Lambdametern" sind verschiedene Interferometertypen - oft in Kombination mit Computern - als kompakte, sehr präzise Instrumente zur Messung von Laserwellenlängen entwickelt worden, die sich in der täglichen Praxis als äußerst nützlich erwiesen haben. Sie werden in Abschnitt 4.4 vorgestellt.

Ein wichtiges Problem der Spektroskopie ist der empfindliche Nachweis geringer Strahlungsleistungen. Hier sind seit einigen Jahren neue Detektoren erhältlich, wie z.B. Photomultiplier mit ausgedehntem Spektralbereich, Bildverstärker, optische Diodenanordnungen und Vielkanalanalysatoren (OMA), die, in Verbindung mit entsprechender elektronischer Ausrüstung (rauscharme Verstärker, Diskriminatoren, Computer), neue Nachweistechniken ermöglichen, wie z.B. Photonenzählverfahren, Signalintegration und Speicherung mit Verarbeitung im Computer.

Diese modernen Techniken werden in Abschnitt 4.5 diskutiert. Die mehr technologisch orientierten Fragen moderner Elektronik sollen jedoch nur kurz gestreift werden. Für weitergehende Informationen wird auf die an den entsprechenden Stellen angegebene Spezialliteratur verwiesen. Teilaspekte dieses Kapitels findet man ausführlicher dargestellt in einigen Lehrbüchern [4.1-5].

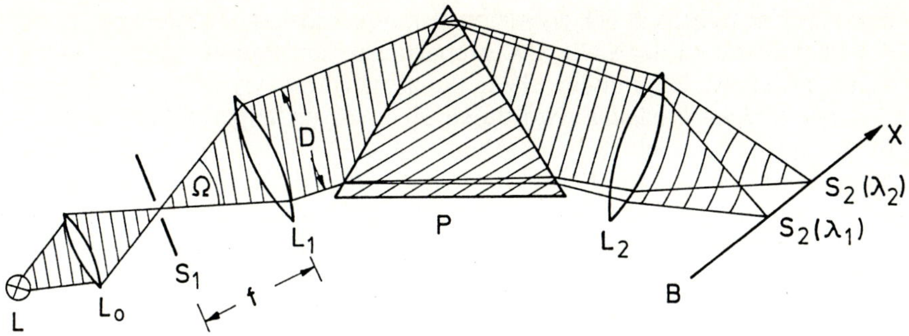

Abb.4.1. Prismen Spektrograph

4.1 Spektrographen und Monochromatoren

Zur Wellenlängendispersion verwendet man entweder Prismen oder Reflexionsgitter. In Abb.4.1 ist der Aufbau eines Prismen-Spektrographen schematisch dargestellt. Die Lichtquelle L, deren Spektrum untersucht werden soll, beleuchtet den Eintrittsspalt S_1, der durch die Linsen L_1 und L_2 in die Beobachtungsebene B abgebildet wird.

Durch ein Prisma P im parallelen Strahlenbündel zwischen L_1 und L_2 wird Licht mit unterschiedlichen Wellenlängen verschieden stark abgelenkt, so daß die räumliche Lage $x(\lambda)$ des Spaltbilds S_2 in der Ebene B von der Wellenlänge abhängt. Die Größe $dx/d\lambda$ nennt man die *lineare Dispersion* des Spektrographen.

Verwendet man zur räumlichen Trennung der verschiedenen Wellenlängen ein reflektierendes Beugungsgitter, so werden die Linsen L_1 und L_2 zweckmäßig durch zwei Hohlspiegel Sp_1 und Sp_2 ersetzt, die wieder den Eintrittsspalt S_1 abbilden auf die Beobachtungsebene, in der sich bei photoelektrischer Registrierung der Austrittsspalt S_2 befindet (Abb.4.2).

Der Unterschied zwischen Spektrograph und Monochromator besteht im Wesentlichen nur in der Art des Nachweises: Beim *Spektrographen* setzt man in die Beobachtungsebene B eine Photoplatte oder einen Bildverstärker. Der gesamte von der Quelle emittierte Spektralbereich, der von der Photoplatte erfaßt wird, kann dabei gleichzeitig registriert werden. Solange

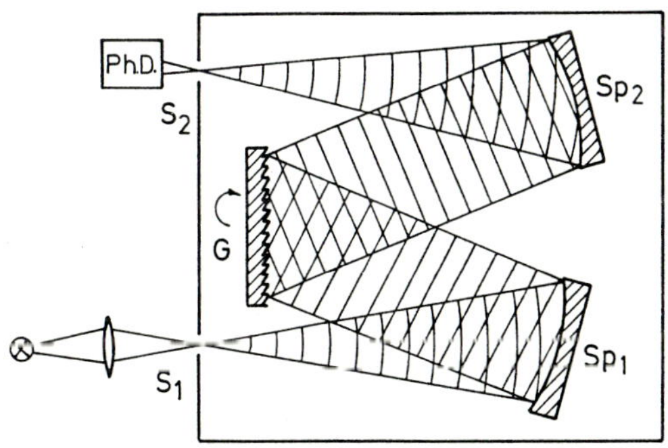

Abb.4.2. Gitterspektrograph

man im linearen Teil der Schwärzungskurve arbeitet, ist die Schwärzung der Photoplatte an der Stelle $x(\lambda)$ proportional zum Produkt $I(\lambda)\cdot t$ aus spektraler Intensitätsdichte in der Ebene B mal Belichtungszeit t.

Beim *Monochromator* wird durch einen Austrittsspalt S_2 in der Ebene B ein Spektralbereich $\Delta\lambda$ ausgeblendet und das durch S_2 gehende Licht photoelektrisch registriert. Durch Drehen von Prisma oder Gitter können die verschiedenen Wellenlängen über den Spalt S_2 abgestimmt und *zeitlich nacheinander* registriert werden. Das am Photodetektor gemessene Signal ist proportional zum Produkt aus Intensität in der Ebene B mal der beleuchteten Spaltfläche von S_2.

In der Literatur findet man häufig den Sammelbegriff *Spektrometer* für beide Typen.

Statt der Photoplatte wird heutzutage oft ein Bildverstärker in Kombination mit einer Vidiconkamera oder einem "Diodenarray" verwendet. Dieses System vereinigt die Vorzüge der Photoplatte (gleichzeitige Messung eines ausgedehnten Spektralbereiches und Integration der einfallenden Strahlungsintensität über die Belichtungszeit) mit denen der photoelektrischen Registrierung (Abschn.4.5).

4.1.1 Grundbegriffe

Für die Auswahl eines Spektrometers zur Lösung eines speziellen Problems sind folgende charakteristischen Größen des Gerätes ausschlaggebend:

1) Seine „Lichtstärke".
2) Das Transmissionsvermögen.
3) Das spektrale Auflösungsvermögen.
4) Die eindeutige Wellenlängen-Zuordnung.

Sendet die Lichtquelle in die Raumwinkeleinheit $d\Omega = 1$ sterad die spektrale Strahlungsstärke J_ν [W·s/sterad] aus, so ist die vom Spektralapparat durchgelassene Strahlungsleistung P_ν pro Frequenzintervall $d\nu = 1\ s^{-1}$ bei optimaler Abbildung der Strahlungsquelle und einem vom Spektrometer noch akzeptierten Raumwinkel Ω (Abb.4.3)

$$P_\nu = J_\nu A\Omega T(\nu)/A_s\ , \tag{4.1}$$

wobei $A_s \geq A$ die Bildfläche der Strahlungsquelle auf dem Eintrittsspalt mit der Fläche A ist. Als *Lichtstärke* des Spektrometers bezeichnet man das

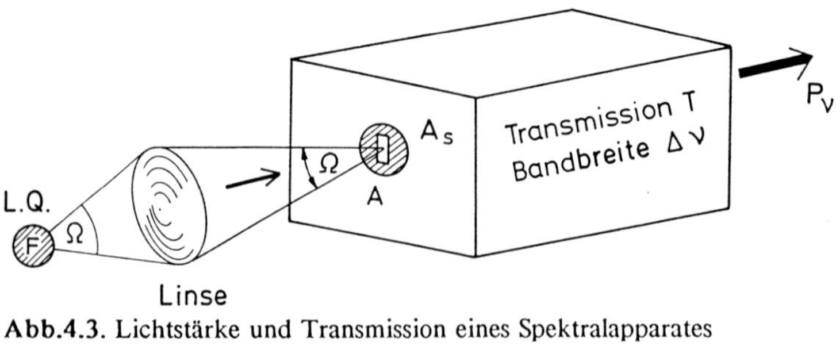

Abb.4.3. Lichtstärke und Transmission eines Spektralapparates

Produkt A·Ω. Beim Prismenspektrograph ist z.B. der maximal ausnutzbare Raumwinkel Ω durch den maximalen Bündelquerschnitt F am Prisma und durch die Brennweite f der Kollimator-Linse L_1 zu $\Omega = F/f^2$ begrenzt. Häufig wird auch das *Öffnungsverhältnis* D/f von maximalem Bündeldurchmesser D und Brennweite f als Maß für die Lichtstärke angegeben.

Die *Transmission* $T(\nu)$ ist durch die optischen Komponenten im Spektrometer festgelegt, z.B. durch das Transmissionsvermögen der Linsen und des Prismas oder das Reflexionsvermögen von Spiegeln und Gitter. $T(\nu)$ *bestimmt den ausnutzbaren Wellenlängenbereich*, der bei Gitterspektrographen vom Vakuum-UV bis ins ferne Infrarot gehen kann, während die Quarzoptik der Prismenspektrographen unterhalb 180 nm und oberhalb 3 μm so stark absorbiert, daß man nur mit speziellen Materialien (MgF und CaF) in diesen Bereichen Prismengeräte benutzen kann.

Das *spektrale Auflösungsvermögen* ist definiert als

$$R = |\lambda/\Delta\lambda| = |\nu/\Delta\nu| \, , \tag{4.2}$$

wobei $\Delta\lambda$ den minimalen Wellenlängenabstand zweier monochromatischer einfallender Wellen angibt, den das Instrument noch auflösen kann. Zwei Wellenlängen gelten dabei als aufgelöst, wenn in der Überlagerung ihrer beiden durch das Spektrometer erzeugten Linienprofile am Ausgang zwei deutlich getrennte Maxima auftreten (Abb.4.4) (Abschn.4.1.3).

Das erzielbare spektrale Auflösungsvermögen wird durch die verwendeten Spaltbreiten und durch die *Winkeldispersion* $d\theta/d\lambda$ bestimmt. Ein Parallelbündel mit den beiden Wellenlängen λ und $\lambda+\Delta\lambda$ wird durch das dispergierende Element in zwei Teilbündel aufgespalten, die einen Winkel

$$\Delta\theta = \frac{d\theta}{d\lambda}\Delta\lambda \tag{4.3a}$$

miteinander bilden (Abb.4.5). Werden die beiden Teilbündel durch eine Linse (bzw. einen Hohlspiegel) mit der Brennweite f_2 in die Ebene B abgebildet, so ist der Abstand zwischen den beiden Spaltbildern $S_2(\lambda)$ und $S_3(\lambda+\Delta\lambda)$

$$\Delta x_2 = f_2 \frac{d\theta}{d\lambda}\Delta\lambda = \frac{dx}{d\lambda}\Delta\lambda \, . \tag{4.3b}$$

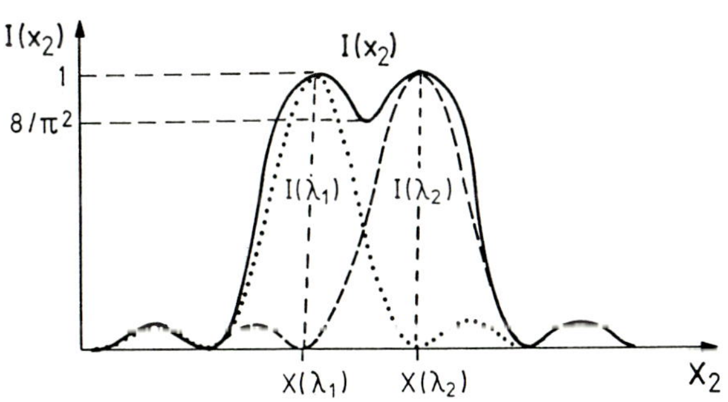

Abb.4.4. Zwei gerade noch getrennte Spektrallinien

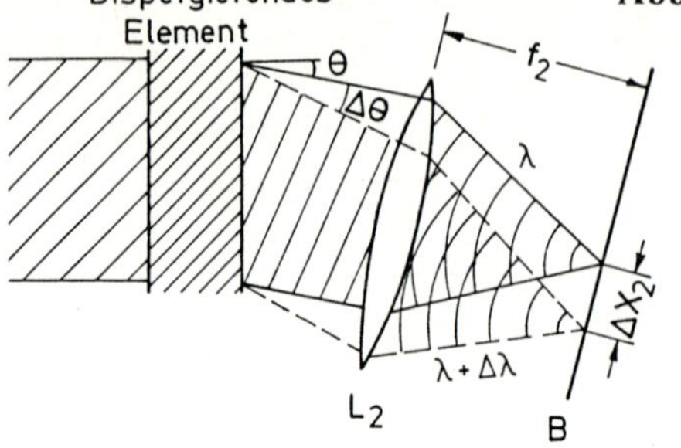

Abb.4.5. Zur Definition der Winkeldispersion

Man nennt $dx/d\lambda$ die *lineare Dispersion* und gibt sie in cm/nm (≙mm/Å) an.

Da das Bild des Eintrittsspaltes der Breite δx_1 in der Ebene B eine Breite $\delta x_2 = \delta x_1 \cdot f_2/f_1$ hat, kann man durch Verkleinern von δx_1 das Auflösungsvermögen erhöhen. Dies geht jedoch leider nur bis zu einer gewissen Grenze, die durch die Beugung bestimmt wird:

Bildet man einen beleuchteten Spalt mit vernachlässigbar kleiner Breite δx_1 durch ein optisches System ab, dessen begrenzende Apertur die Breite a hat (dies kann z.B. die Linsenfassung, der Gitterrand usw. sein), so erhält man in der Beobachtungsebene (Abb.4.6) ein Fraunhofer'sches Beugungsbild mit der Intensitätsverteilung

$$I = I_0(\sin\Phi/\Phi)^2 \,. \tag{4.4}$$

mit $\Phi = \pi a \sin\phi/\lambda \simeq \pi a\phi/\lambda$ und $\phi = \theta\text{-}\theta_0$. Die ersten Minima zu beiden Seiten des zentralen Maximums bei θ_0 (d.h. $\phi = 0$) liegen bei $\phi = \pm\lambda/a$.

Auch ein unendlich schmaler Spalt erzeugt also in der Beobachtungsebene wegen der Beugung durch die endliche Apertur a des Spektrometers ein Spaltbild mit der Fußpunktsbreite $\delta x_2 = 2f_2\lambda/a$ (=Abstand der beiden Minima). Nach dem *Rayleigh-Kriterium* sollen zwei gleich-intensive Spektrallinien mit den Wellenlängen λ und $\lambda+\Delta\lambda$ dann noch als aufgelöst gelten, wenn das zentrale Beugungsmaximum des Spaltbildes $S_2(\lambda)$ gerade in das erste Minimum von $S_2(\lambda+\Delta\lambda)$ fällt. Der Abstand beider Spaltbilder ist dann

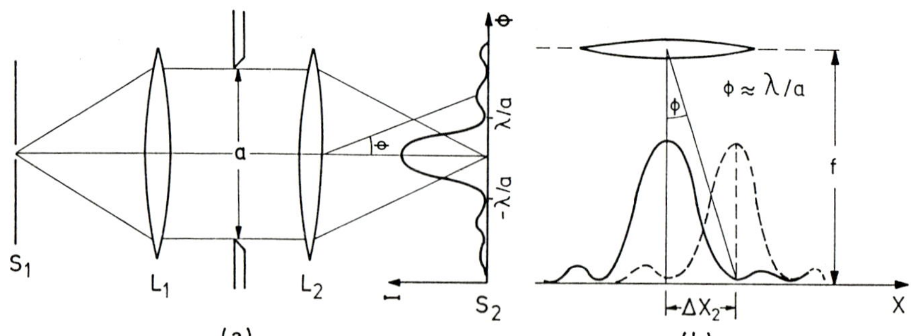

Abb.4.6. Begrenzung der spektralen Auflösung durch Beugung an der bündelbegrenzenden Apertur im Spektrometer

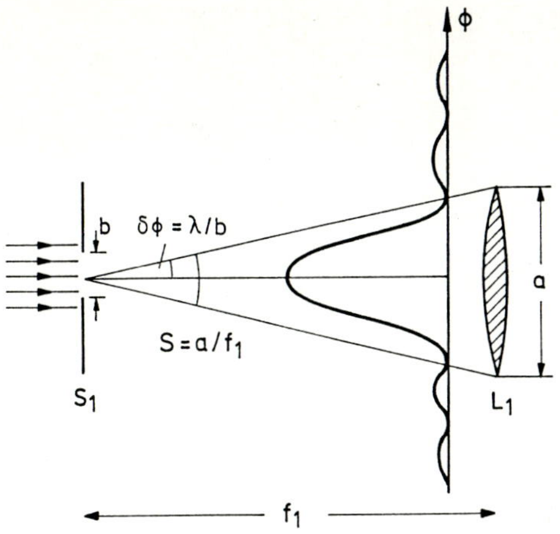

Abb.4.7. Beugung am Eintrittsspalt

$f_2 \cdot \lambda/a$. Nach (4.3) erhält man deshalb mit $\Delta x_2 = f_2\lambda/a$ als beugungsbedingte obere Grenze für das spektrale Auflösungsvermögen

$$\lambda/\Delta\lambda \leq a d\theta/d\lambda \, , \tag{4.5}$$

woraus man sieht, daß diese Grenze nur von der Apertur a und der Winkeldispersion $d\theta/d\lambda$ abhängt!

In der Praxis kann man die Spaltbreite $\delta x_1 = b$ nicht beliebig klein machen, da die in der Beobachtungsebene B gemessene Intensität aus zwei verschiedenen Gründen mit abnehmender Spaltbreite kleiner wird:

a) Der beleuchtete Spalt S_1 erzeugt als bündelbegrenzende Apertur ein Beugungsbild, dessen zentrales Maximum bei paralleler Beleuchtung eine Winkeldivergenz $\delta\phi = \pm\lambda/b$ hat. Ist diese größer als das Öffnungsverhältnis $S = a/f_1$ des Spektrometers, so kann selbst bei parallelem Lichteinfall nicht alles Licht der zentralen Ordnung (die etwa 90% der gesamten Lichtintensität enthält) durch das Spektrometer gelangen (Abb.4.7). Für divergenten Lichteinfall muß die Spaltbreite noch größer sein, damit man durch die Beugung den nutzbaren Öffnungswinkel des Spektrometers nicht noch mehr übersteigt, so daß man zu einer beugungsbedingten unteren Spaltbreite von

$$b_{min} \simeq 2\lambda f_1/a \, . \tag{4.6}$$

gelangt. Bei photographischer Registrierung ist es vorteilhaft, diesen Grenzwert auch wirklich zu benutzen, da die Schwärzung nur von der spektralen *Intensitätsdichte* und damit nicht von der Breite des Eingangsspalts abhängt (sofern er größer als b_{min} ist).

b) Die vom Spektrometer durchgelassene Strahlungsleistung hängt nach (4.1) vom Produkt aus Spaltfläche A und Raumwinkel $\Omega = (a/f_1)^2$ ab. Zweckmäßigerweise bildet man die Lichtquelle durch eine verkleinernde optische Anordnung so auf den Eintrittsspalt S_1 ab, daß dieser Raumwinkel Ω voll ausgenutzt wird (Abb.4.1). Sobald die Spaltfläche kleiner wird als das Bild der Lichtquelle, sinkt die transmittierte Strahlungsleistung. Bei einer

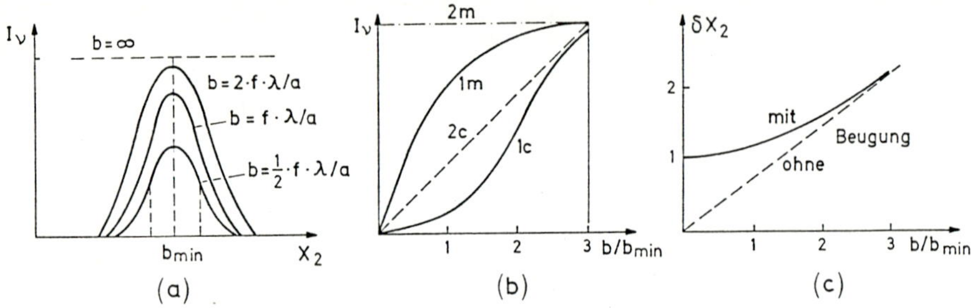

Abb.4.8. (**a**) Intensitätsverteilung $I(x_2)$ in der Beobachtungsebene bei verschiedenen Breiten b des gleichmäßig beleuchteten Eintrittsspaltes. (**b**) Intensität I_{max} im Maximum von $I(x_2)$ als Funktion der Eintrittsspaltbreite *b* ohne Berücksichtigung der Beugung (Kurve *2c* für spektrales Kontinuum, *2m* für monochomatische Strahlung) und mit Beugungskorrektur (*1c* und *1m*). (**c**) Breite δx_2 des Bildes des Eintrittsspaltes mit und ohne Beugung

photoelektrischen Registrierung, bei der das Signal proportional zur *Leistung* (Intensität mal Fläche) ist, steigt das Signal-Rausch-Verhältnis mit wachsender Spaltfläche, allerdings sinkt die spektrale Auflösung. Der naheliegende Gedanke, zur Optimierung von Signal und Auflösung die Spaltbreite klein zu halten, aber die Höhe dafür größer zu machen, scheitert bei den meisten Spektrometern an optischen Abbildungsfehlern, die bewirken, daß ein gerader Spalt ein gekrümmtes Bild hat (Astigmatismus). Es gibt allerdings einige Fabrikate, bei denen dieser Astigmatismus teilweise kompensiert wird durch eine asymetrische Anordnung der Abbildungsspiegel, so daß das Licht nicht mehr parallel aufs Gitter fällt [4.6].

Abbildung 4.8a zeigt zur Illustration die Intensitätsverteilung I(x) für monochromatisches Licht in der Beobachtungsebene B für verschiedene Spaltbreiten b. Die Intensität im Maximum dieser Kurven ist in Abb. 4.8b als Funktion von b aufgetragen. Man beachte den steilen Abfall für $b < b_{min}$. Außerdem ist in Abb.4.8c die Breite δx_2 des Spaltbildes S_2 als Funktion von b dargestellt (ausgezogene Kurve). Ohne Beugung würde man $\delta x_2 = (f_2/f_1)b$ erhalten (gestrichelte Gerade). Man sieht, daß für $b < b_{min}$ das Auflösungsvermögen praktisch nicht mehr erhöht wird.

Das kleinste noch auflösbare Wellenlängenintervall $\Delta\lambda$ ist bei einer Spaltbreite b und mit $f_1 = f_2 = f$

$$\Delta\lambda = \left(b + \frac{f\lambda}{a}\right)\frac{d\lambda}{dx} . \tag{4.7}$$

Setzt man für $b_{min} = 2f\lambda/a$, so erhält man für die aus Intensitätsgründen praktisch erreichbare Grenze

$$\Delta\lambda \geq \frac{3f\lambda}{a}\frac{d\lambda}{dx}$$

und für das Auflösungsvermögen

$$\boxed{\frac{\lambda}{\Delta\lambda} = \frac{1}{3} a \frac{d\theta}{d\lambda}} . \qquad (4.8)$$

Beispiel 4.1

Wir nehmen an a = 10 cm, $\lambda = 5 \cdot 10^{-5}$ cm, f = 100 cm, $d\lambda/dx$ = 10 nm/cm. Für b = 10 μm erhält man $\Delta\lambda$ = 0.015 nm, für b = 5 μm ergibt sich $\Delta\lambda$ = 0.010 nm, aber nach Abb.4.8b bereits eine vierfach geringere durchgelassene Leistung.

Die *eindeutige Wellenlängenzuordnung* ist dann gegeben, wenn zu jedem Ort x in der Beobachtungsebene nur genau eine Wellenlänge gehört. Dies ist bei Prismenspektrographen der Fall, jedoch bei Gitterspektrographen nur noch in gewissen Grenzen, da sich hier die verschiedenen Beugungsordnungen in der Beobachtungsebene überlagern können. Bei Interferometern ist die eindeutige Wellenlängenzuordnung nur noch innerhalb eines freien Spektralbereichs möglich (Abschn.4.2), d.h. mit zunehmendem Auflösungsvermögen wird die Eindeutigkeit der Zuordnung auf ein immer kleiner werdendes Wellenlängenintervall beschränkt.

Man sieht aus den obigen Ausführungen, daß die drei Größen: Lichtstärke, Auflösungsvermögen und Eindeutigkeit der Zuordnung bis zu einem gewissen Grade miteinander verknüpft sind. Wir wollen anhand des Prismen- und des Gitter-Spektrographen die Zusammenhänge etwas näher illustrieren. Für eine ausführliche Darstellung siehe [4.1,2].

4.1.2 Prismen Spektrograph

Ein Lichtstrahl wird beim Durchgang durch ein gleichschenkliges Prisma um einen Winkel θ abgelenkt, der vom Prismenwinkel ϵ, dem Einfallswinkel α_1 und dem Brechungsindex n abhängt (Abb.4.9). Bei symmetrischem Strahlengang ($\alpha_1 = \alpha_2$) läuft der Strahl im Prisma parallel zur Basiskante, der Ablenkwinkel θ wird minimal, und man erhält die Beziehung [4.7]

$$\sin\frac{\theta+\epsilon}{2} = n \sin\frac{\epsilon}{2} . \qquad (4.9)$$

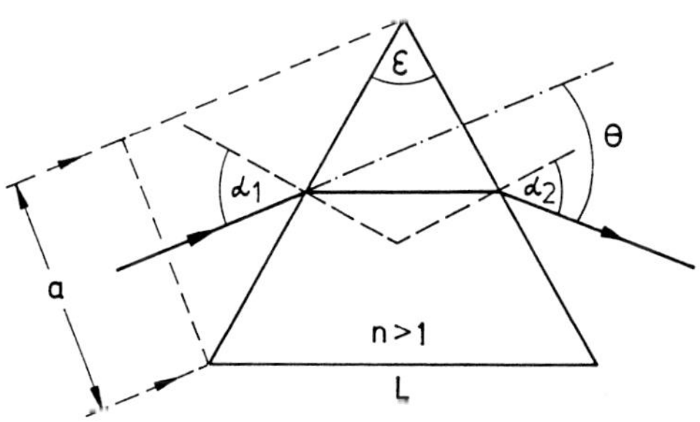

Abb.4.9. Symmetrischer Durchgang eines Lichtstrahles durch ein Prisma

Die Abhängigkeit des Ablenkwinkels θ vom Brechungsindex n erhält man aus (4.9) wegen $d\theta/dn = (dn/d\theta)^{-1}$

$$\frac{d\theta}{dn} = \frac{2\sin\epsilon/2}{\cos(\theta+\epsilon)/2} = \frac{2\sin\epsilon/2}{\sqrt{1 - n^2\sin^2\epsilon/2}}. \tag{4.10}$$

Die Winkeldispersion $d\theta/d\lambda = (d\theta/dn)\cdot(dn/d\lambda)$ ergibt sich damit zu

$$\frac{d\theta}{d\lambda} = \frac{2\sin\epsilon/2}{\sqrt{1 - n^2\sin^2\epsilon/2}}\frac{dn}{d\lambda}. \tag{4.11}$$

Man sieht, daß die Winkeldispersion mit dem Prismenwinkel anwächst, aber nicht von der Prismengröße abhängt.

Zum Ablenken von Laserstrahlen kann man daher sehr kleine Prismen verwenden (z.B. im Farbstoff-Laser zur Wellenlängeneinengung). In einem Prismenspektrographen jedoch muß die Apertur a groß sein, um ein hohes spektrales Auflösungsvermögen zu erhalten - siehe (4.8). Die geringste Materialmenge bei maximaler Dispersion braucht man bei gleichseitigen Prismen mit $\epsilon = 60°$. Damit geht (4.11) wegen $\sin 30° = \frac{1}{2}$ über in

$$\frac{d\theta}{d\lambda} = \frac{1}{\sqrt{1 - (n/2)^2}}\frac{dn}{d\lambda}. \tag{4.12}$$

Die spektrale Dispersion $dn/d\lambda$ hängt vom Material und der Wellenlänge ab. Abbildung 4.10 zeigt Dispersionskurven für einige Prismenmaterialien. Da in der Nähe von Absorptionsbändern der Brechungsindex steil ansteigt, erhält man für Glas im Sichtbaren und nahen UV eine größere Dispersion als für Quartz.

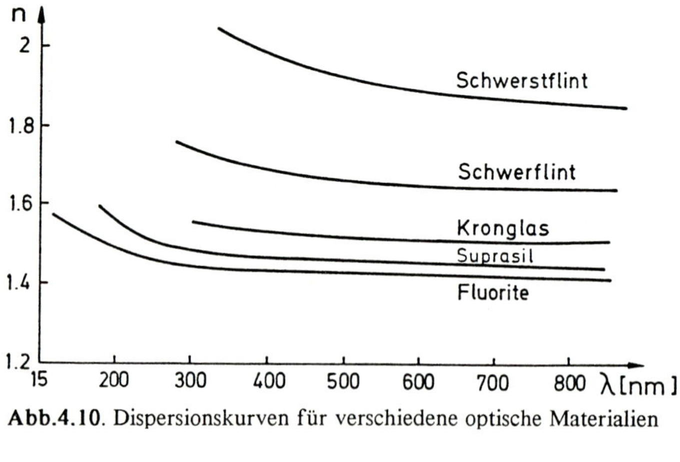

Abb.4.10. Dispersionskurven für verschiedene optische Materialien

Beispiel 4.2

Bei λ = 400 nm hat Suprasil (synthetischer Quartz) n = 1,47 und $dn/d\lambda$ = 1100 cm^{-1}, woraus sich $d\theta/d\lambda = 1{,}6\cdot10^{-4}$ Rad·nm^{-1} ergibt. Für Flint-Glas erhält man: n = 1,81, $dn/d\lambda$ = 4400 cm^{-1} und $d\theta/d\lambda = 1{,}2\cdot10^{-3}$ Rad·nm^{-1}. Mit f = 100 cm erhält man daher mit einem Glasprisma eine lineare Dispersion von 0.12 cm/nm, während man mit dem Suprasilprisma nur 0.015 cm/nm erreicht.

Die beugungsbedingte Grenze für das Auflösungsvermögen ist nach (4.8) $\lambda/\Delta\lambda = \mathcal{S}a\cdot d\theta/d\lambda$. Der maximale Bündelquerschnitt a ist beim Prismenspektrographen durch die Prismengröße begrenzt. Nach Abb.4.9 gilt

$$a = L\cos\alpha/(2\sin\epsilon/2)\ .$$

Setzt man für $d\theta/d\lambda$ den Wert (4.11) ein, so ergibt sich bei symmetrischem Strahlengang wegen $\alpha_1+\alpha_2 = 2\alpha = \theta+\epsilon$

$$\boxed{\frac{\lambda}{\Delta\lambda} \leq \frac{L}{3}\frac{dn}{d\lambda}}\ . \tag{4.13}$$

Benutzt man keine achromatischen Linsen (die für den UV-Bereich sehr teuer sind), so muß man berücksichtigen, daß die Brennweite f mit abnehmendem λ abnimmt. Man neigt die Beobachtungsebene B daher gegen die Strahlachse, so daß sie wenigstens annähernd in der Fokusfläche der Linse L_2 bleibt (Abb.4.1).

4.1.3 Gitter-Spektrograph

In einem Gitterspektrographen (Abb.4.2) wird das vom Eintrittspalt kommende Licht durch einen Hohlspiegel SP_1 zu einem parallelen Lichtbündel geformt, das auf ein Reflexionsgitter fällt. Dieses besteht aus sehr vielen (etwa 10^5) geraden Furchen, die parallel zum Eintrittsspalt in eine Glasunterlage geritzt sind und das einfallende Licht reflektieren. Man kann diese einzelnen Furchen als kohärente Lichtquellen ansehen, deren reflektierte Anteile sich kohärent überlagern und je nach Richtung und Wellenlänge zu konstruktiver oder destruktiver Interferenz führen.

Ist α der Einfallswinkel der ebenen Welle gegen die Gitternormale (Abb.4.11) so erhält man konstruktive Interferenz für alle Richtungen β, für die gilt

$$d(\sin\alpha \pm \sin\beta) = m\cdot\lambda\ , \tag{4.14}$$

wobei das Pluszeichen gilt, wenn β auf derselben Seite der Gitternormalen liegt wie α, während das Minuszeichen genommen wird, wenn α und β auf verschiedenen Seiten liegen.

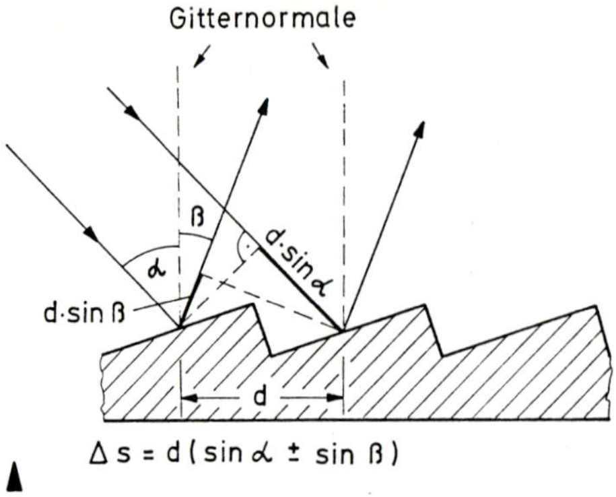

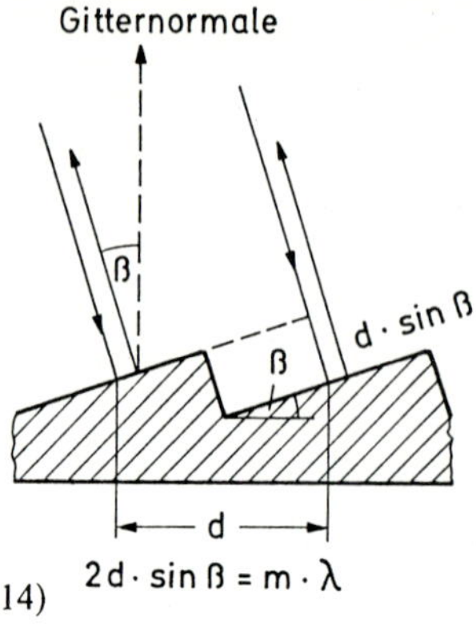

Abb.4.11. Zur Illustration der Gittergleichung (Abb.4.14)

Abb.4.12. Littrow-Gitter

In dem in der Laserspektroskopie häufig realisierten Fall, daß $\alpha = \beta$ ist, d.h. Licht in sich reflektiert wird (Littrow-Anordnung, Abb.4.12), vereinfacht sich (4.14) zu

$$2d \cdot \sin\beta = m\lambda \,. \tag{4.14a}$$

Um die Intensitätsverteilung als Funktion von β zu finden und damit das vom Spektrographen erzeugte Linienprofil einer monochromatischen Welle, wollen wir die Überlagerung der von den einzelnen Furchen reflektierten Teilwellen ausrechnen:

Bei Einfall einer ebenen Welle $A_e = A_0 \exp[-i(\omega t + Kx)]$ ist der Gangunterschied zwischen zwei benachbarten reflektierten Teilwellen $\Delta s = d(\sin\alpha \pm \sin\beta)$ und die entsprechende Phasendifferenz

$$\phi = \frac{2\pi d}{\lambda}(\sin\alpha \pm \sin\beta) \,. \tag{4.15}$$

Durch Aufsummieren aller Anteile von N Furchen erhält man für die Amplitude A der in die Richtung β reflektierten Gesamtwelle

$$A_R = \sqrt{R} \sum_{m=0}^{N-1} A_e e^{-im\phi} = \sqrt{R} A_e \frac{1 - e^{-iN\phi}}{1 - e^{-i\phi}} \,, \tag{4.16}$$

wobei $R = R(\beta)$ das vom Reflexionswinkel β abhängige Reflexionsvermögen des Gitters ist. Da die Intensität $I = 2c\epsilon_0 AA^*$ nach (2.23) proportional zu $A \cdot A^*$ ist, ergibt sich aus (4.16) die reflektierte Intensitätsverteilung

$$I_R = RI_E \frac{\sin^2(N\phi/2)}{\sin^2(\phi/2)} \,. \tag{4.17}$$

die in Abb.4.13 für N = 5 und N = 20 dargestellt ist. Bei einem in der Praxis verwendeten Gitter ist $N \simeq 10^5$, und man sieht, daß bei festem Ein-

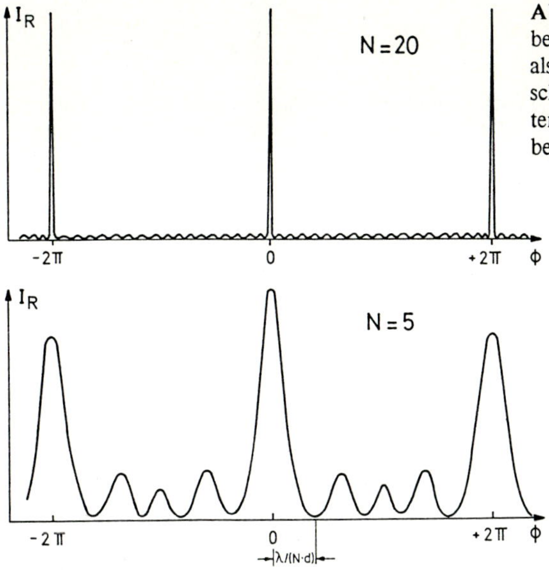

Abb.4.13. Intensitätsverteilung bei der Reflexion eines Gitters als Funktion des Phasenunterschiedes ϕ zwischen benachbarten Teilbündeln, für 5 bzw. 20 beleuchtete Gitterfurchen

fallswinkel α nur in sehr scharf begrenzten Richtungen β, nämlich für $\sin\phi/2 = 0$, d.h. $\phi(\beta) = m \cdot 2\pi$ oder $d(\sin\alpha \pm \sin\beta) = m \cdot \lambda$ nennenswerte reflektierte Strahlung erscheint. Diese Bedingung ist die Gittergleichung (4.14). Man nennt die Zahl m die *Ordnung* der Interferenz.

Das Linienprofil $I(\beta)$ eines solchen Maximums m-ter Ordnung bei dem Winkel β kann man aus (4.17) ermitteln, indem man $\phi(\beta_0) = 2m\pi$ und in (4.15) $\beta = \beta_0 + \epsilon$ setzt, wobei $\epsilon \ll \beta_0$. Wegen $\sin(\beta_0+\epsilon) = \sin\beta_0 \cos\epsilon + \cos\beta_0 \sin\epsilon \simeq \sin\beta_0 + \epsilon\cos\beta_0$ wird $\phi = 2m\pi + (2\pi d/\lambda)\epsilon \cdot \cos\beta_0$, und (4.17) geht über in

$$I_R \simeq RI_E \frac{\sin^2(N\phi/2)}{(\phi/2)^2} = N^2 I_E R \frac{\sin^2(N\phi/2)}{(N\phi/2)^2} \tag{4.18}$$

mit $N\phi/2 = (\pi Nd/\lambda)\epsilon\cos\beta_0$. Diese Verteilung hat eine halbe Fußpunktbreite $\Delta\beta = \lambda/Nd$ und entspricht der Beugungsstruktur, die durch eine Apertur der Größe $a = Nd$ (Größe des Gitters) erzeugt wird.

Durch Differentiation von (4.14) nach λ erhält man (für einen festen Einfallswinkel α) die *Winkeldispersion.* Aus $d \cdot \cos\beta \cdot d\beta = m \cdot d\lambda$ folgt

$$\frac{d\beta}{d\lambda} = \frac{m}{d\cos\beta} \,. \tag{4.19}$$

Setzt man für m/d nach (4.14) den Ausdruck $(\sin\alpha \pm \sin\beta)/\lambda$ ein, so wird

$$\frac{d\beta}{d\lambda} = \frac{1}{\lambda} \frac{\sin\alpha \pm \sin\beta}{\cos\beta} \,. \tag{4.20}$$

Man sieht also, daß die Winkeldispersion nur durch den Einfallswinkel α und den Beugungswinkel β bestimmt wird! Für den speziellen Fall der Littrow-Anordnung ($\alpha = \beta$) erhält man

$$\frac{d\beta}{d\lambda} = \frac{2}{\lambda}\tan\beta \,. \qquad (4.20a)$$

Die beugungsbedingte Grenze für das spektrale Auflösungsvermögen kann aus (4.20) und der halben Fußpunktbreite $\Delta\beta = \lambda/Nd$ bestimmt werden zu

$$\frac{\lambda}{\Delta\lambda} \leq \frac{Nd(\sin\alpha \pm \sin\beta)}{\lambda} \,, \qquad (4.21)$$

woraus man wegen (4.14) erhält

$$\boxed{\frac{\lambda}{\Delta\lambda} = mN} \,. \qquad (4.22)$$

Das optimale spektrale Auflösungsvermögen ist also proportional zur Gesamtzahl N der beleuchteten Furchen und zur Interferenzordnung m.

Man beachte, daß dieses maximale Auflösungsvermögen nur erreicht wird, wenn das Gitter voll ausgeleuchtet wird, d.h. wenn die Lichtquelle so auf den Eintrittsspalt abgebildet wird, daß der Öffnungswinkel des Spektrometers voll ausgenützt wird. Dies wird gerade bei Verwendung von Lasern häufig falsch gemacht.

Zur Reflexionserhöhung wird das Gitter mit Aluminium (mit Schutzschicht) bedampft. Das Reflexionsvermögen $R(\theta)$ ist maximal, wenn der Furchenwinkel θ so gewählt wird, daß die gewünschte Interferenzordnung (meistens wird $m = 1$ benutzt) unter einem Winkel β auftritt, der dem Reflexionswinkel der geometrischen Optik entspricht. Man entnimmt der Abb. 4.14, daß dann wegen $i = \alpha - \theta$ und $r = \theta + \beta$ aus $i = r$ folgt

$$\theta = \frac{\alpha - \beta}{2} \,. \qquad (4.23)$$

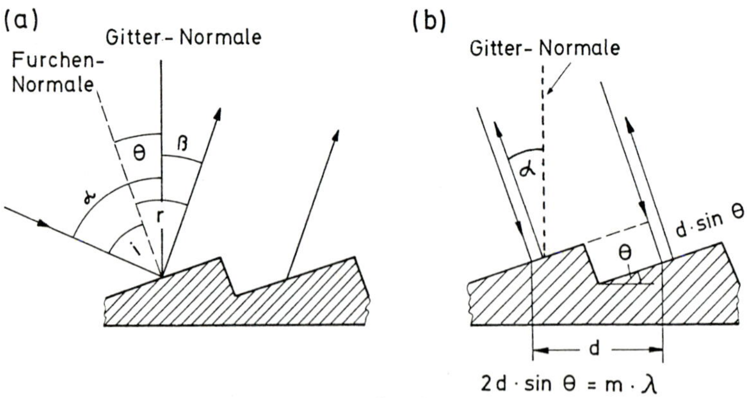

Abb.4.14. Zur Illustration des Blazewinkels

θ heißt *Blaze-Winkel*. Wegen der Beugung der von jeder Facette reflektierten Teilwelle wird R(ß) kein scharfes Maximum bei (r-θ) sondern eine breitere Verteilung um ß = r-θ haben. Da der Winkel ß nach (4.14) durch Einfallswinkel α und Wellenlänge λ bestimmt wird, hängt der Blaze-Winkel von dem gewünschten Wellenlängenbereich, der verwendeten Ordnung m und der speziellen Spektrometerkonstruktion (durch die α festgelegt wird) ab. Häufig ist es vorteilhaft, den Blaze-Winkel für die doppelte Wellenlänge 2λ zu wählen und die 2. Interferenzordnung für λ zu benutzen. Dadurch steigt die spektrale Auflösung um einen Faktor 2, ohne daß das Reflexionsvermögen wesentlich kleiner wird.

Bei einem idealen Gitter ist der Abstand d zwischen allen Furchen genau gleich, und (4.14) gilt für eine bestimmte Wellenlänge λ_S für die gesamte Gitteroberfläche. Ändert sich dieser Abstand jedoch infolge geringfügiger Ungenauigkeiten bei der Herstellung nur um winzige Beträge (z.B. wenn der Furchenabstand d = D/N für einen Teil der Gitteroberfläche um $\lambda_S/N \simeq 10^{-5}\lambda_s$ von seinem korrekten Wert abweicht) so ist die Interferenzbedingung (4.14) für diesen Teil des Gitters für eine andere Wellenlänge erfüllt.

Bei Einstrahlen eines Wellenlängenkontinuums treten dann neben der hauptsächlich reflektierten Sollwellenlänge λ_S auch andere Wellenlängen mit verringerter Intensität auf, die man *Gitter-Geister* nennt. Sie sind besonders störend, wenn man im einfallenden Licht z.B. schwache Intensitäten des Fluoreszenzlichtes mit Wellenlängen λ_k und sehr starkes Streulicht von der anregenden Laserwellenlänge λ_L hat, da sich dann die Geister von λ_L den Fluoreszenzlinien überlagern.

Durch eine *holographische Herstellungstechnik* (Abb.4.15) lassen sich solche Ungenauigkeiten beseitigen. Zwei ebene kohärente Lichtwellen, die durch Aufweitung und Strahlteilung eines Laserstrahles erzeugt worden sind, werden unter dem Winkel α bzw. β auf eine Photoplatte geschickt. Das Streifenmuster der Interferenzstruktur, dessen Abstand d von α, β und λ abhängt, erzeugt die gewünschte Gitterstruktur. Holographisch hergestellte Gitter sind daher geisterfrei. Sie haben jedoch ein etwas kleineres Reflexionsvermögen als geritzte Gitter, das außerdem wegen der $\cos^2$-förmigen Oberflächenstruktur stark von der Polarisation der einfallenden Welle abhängt [4.11].

Eine ausführliche Darstellung über Gitterspektrographen findet man in [4.8], über Einsatz von Gitterspektrographen sowie über Abbildungsfehler in [4.9-11].

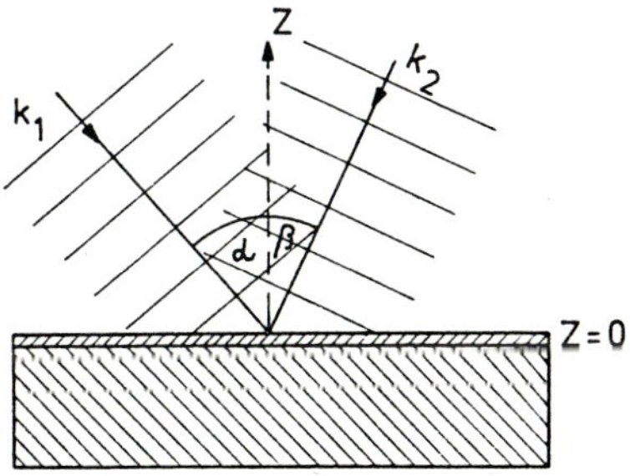

Abb.4.15. Prinzip der Herstellung eines holographischen Gitters

4.2 Interferometer

Das Grundprinzip aller Interferometer läßt sich wie folgt zusammenfassen (Abb.4.16): Eine einfallende Lichtwelle wird aufgespalten in zwei oder mehrere Teilbündel S_i, die im Interferometer verschieden lange optische Wege $n \cdot S_i$ (n: Brechungsindex) zurücklegen und dann wieder einander überlagert werden. Die Gesamtamplitude der Ausgangswellen hängt ab von den Amplituden A_i und den Phasen $\phi_i = \phi_0 + 2\pi n \cdot S_i/\lambda$ der Teilwellen *und damit von der Wellenlänge* λ. Für bestimmte Wellenlängen λ_m ist der optische Wegunterschied zwischen benachbarten Teilbündeln ein ganzzahliges Vielfaches der Wellenlänge

$$n \cdot \Delta S_i = m\lambda_m \, . \tag{4.24}$$

Der entsprechende Phasenunterschied ist dann $\Delta\phi = m \cdot 2\pi$. Die einzelnen Teilbündel überlagern sich *konstruktiv* und man erhält ein Maximum der Ausgangsamplitude. Man nennt den Wellenlängenbereich $\Delta\lambda = (\lambda_m - \lambda_{m+1})$ zwischen zwei solchen Maxima den *freien Spektralbereich* des Interferometers.

Im allgemeinen wird die mathematische Behandlung der Interferometer am Beispiel ebener Wellen durchgeführt. Für die elektrische Feldstärke **E** der in x-Richtung einfallenden Welle kann man dann setzen

$$\mathbf{E} = \mathbf{E}_0 \cos(\omega t - Kx) \, . \tag{4.25a}$$

oder in der komplexen Schreibweise

$$E = A_0 e^{i(\omega t - Kx)} + A_0^* e^{-i(\omega t - Kx)} \, . \tag{4.25b}$$

Die Intensität der Welle ist (Abschn.2.4)

$$I = c\epsilon_0 E^2 \, , \tag{4.26}$$

und ihr zeitlicher Mittelwert (wegen $\cos^2 \omega t = 1/2$)

$$\bar{I} = \frac{1}{2} c\epsilon_0 E_0^2 = 2c\epsilon_0 A_0 A_0^* \, . \tag{4.27}$$

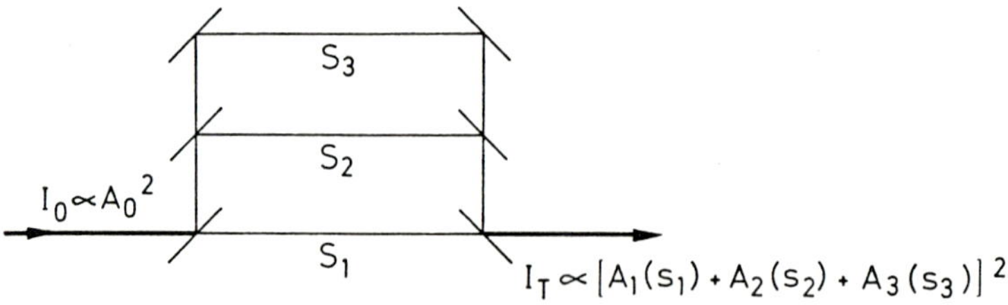

Abb.4.16. Schematische Darstellung des Interferometer-Prinzips

In der Laserspektroskopie kann man ein fast paralleles Laserlichtbündel oft in guter Näherung durch eine ebene Welle beschreiben, solange der Bündeldurchmesser groß gegen die Wellenlänge ist. Dabei darf jedoch bei der Diskussion der Interferometereigenschaften ein wichtiger Aspekt nicht außer Acht gelassen werden: Wegen des begrenzten Durchmessers eines solchen Lichtbündels überlappen sich die einzelnen Teilbündel am Ausgang des Interferometers nicht mehr vollständig, wenn sie im Interferometer gegeneinander seitlich versetzt wurden. Dies hat zur Folge, daß sie nicht mehr vollständig miteinander interferieren können, wodurch z.B. die transmittierte Intensität geändert wird. Außerdem bewirkt die endliche Bündelbegrenzung Beugungseffekte, die häufig nicht vernachlässigbar sind.

Als Beispiel für die Zweistrahl-Interferenz soll das Michelson-Interferometer behandelt werden, während *Vielstrahl-Interferenz* an Hand des Fabry-Perot-Interferometers illustriert wird. In diesen beiden Interferometertypen werden die Teilbündel durch Strahlteiler aufgespalten und zwischen den Teilbündeln wird ein *geometrischer* Wegunterschied erzeugt. Man kann auch durch optische Doppelbrechung zwei Teilbündel mit verschiedener Polarisation erzeugen, wobei die Phasenverschiebung zwischen beiden Teilwellen durch einen unterschiedlichen Brechungsindex für beide Polarisationsrichtungen bewirkt wird. Dieses Prinzip wird z.B. im Lyot-Filter ausgenutzt, das man auch als Polarisations-Interferometer bezeichnen könnte.

Ausführliche Darstellungen über Interferometer findet man außer in Lehrbüchern der Optik [4.1-5,7,12,13] in einigen Monographien [4.14-16] oder in Übersichtsartikeln [4.17,18], die auch neuere Entwicklungen einbeziehen.

4.2.1 Michelson-Interferometer

Das Prinzip des Michelson-Interferometers ist in Abb.4.17 dargestellt: Fällt eine ebene Welle $E = A_0 \exp[i(\omega t - Kx)]$ auf einen ebenen Strahlteiler S, so spaltet sie sich in zwei Teilwellen $E_1 = A_1 \exp[i(\omega t - Kx)]$ und $E_2 = A_2 \times \exp[i(\omega t - Ky + \phi)]$ auf, wobei für reelle A_i gilt: $A_0^2 = A_1^2 + A_2^2$, falls die Absorption im Strahlteiler vernachlässigbar ist. Nach Reflexion an den ebenen Spiegeln M_1 und M_2 überlagern sich beide Teilwellen in der Beobachtungsebene B mit einer Phasendifferenz

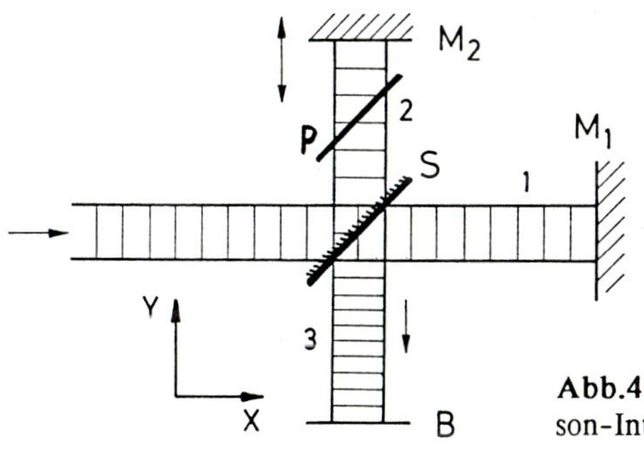

Abb.4.17. Zweistrahlinterferenz im Michelson-Interferometer

$$\delta = (2\pi/\lambda)2(\overline{SM}_1 - \overline{SM}_2) + \Delta\phi\,, \tag{4.28}$$

wobei $\Delta\phi$ die durch Reflexion an der Grenzfläche von S auftretende zusätzliche Phasendifferenz ist.

In der Ebene B erhält man für $A_1 = A_2 = A_0/\sqrt{2}$ die komplexe Gesamtamplitude

$$A = \frac{1}{\sqrt{2}} A_0 (1 + e^{i\delta}) \exp[i(\omega t - K y_B)]\,. \tag{4.29}$$

und damit nach (4.27) die über eine Lichtquelle gemittelte Intensität

$$\bar{I} = 2c\epsilon_0 AA^* = c\epsilon_0 A_0^2 (1 + \cos\delta) = \frac{1}{2} I_0 (1 + \cos\delta)\,. \tag{4.30}$$

Verschiebt man den Spiegel M_2 um die Wegstrecke Δy, so verändert sich der optische Gangunterschied um $\Delta s = 2n\cdot\Delta y$ (n: Brechungsindex des Mediums zwischen den Spiegeln) und die Phasendifferenz δ um $2\pi\cdot\Delta s/\lambda$. Abb.4.18 zeigt I als Funktion von δ. In den Maxima, also für $\delta = 2m\pi$, ist die Intensität in B gleich der einfallenden Intensität I_0. Die Transmission des Interferometers ist dann $T = 1$.

In den Minima ist $I = 0$, d.h. in B kommt überhaupt kein Licht an. *Alles Licht wird in die Quelle zurückreflektiert.* Das ganze Michelson-Interferometer wirkt also wie ein Spiegel mit wellenlängenabhängigem Reflexionsvermögen $R = 1-T$ (bei absorptionsfreien Spiegeln), und wird als solches zur Modenselektion in Lasern benutzt (Fox-Smith-Cavity, Abschn. 5.4.2).

Ist das einfallende Licht nicht streng parallel, sondern divergent oder konvergent, so hängt der Wegunterschied Δs in der Ebene B vom Neigungswinkel der einzelnen Teilstrahlen gegen die Interferometerachse ab, man erhält ein konzentrisches Ringsystem von hellen und dunklen Ringen in der Ebene B, deren Radien sich mit Δs ändern. Bei parallelem Einfallsbündel, aber leicht verkippten Spiegeln M_1 bzw. M_2 entsteht in B ein System von parallelen Interferenzstreifen.

In der Infrarotspektroskopie hat das Michelson-Interferometer große Bedeutung erlangt durch seine Verwendung als *Fourier-Spektrometer*, des-

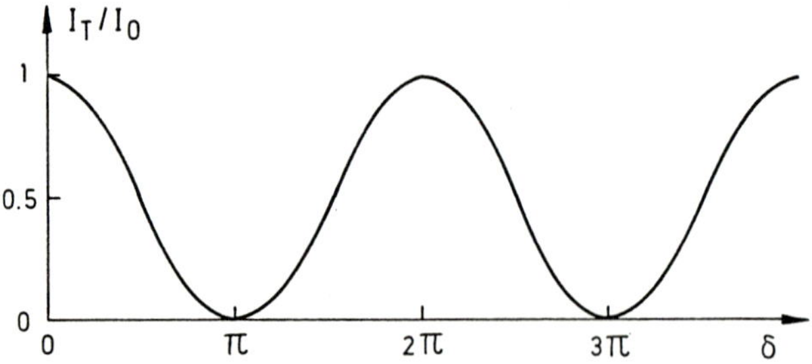

Abb.4.18. Transmission des Michelson-Interferometers als Funktion der Phasendifferenz beider Teilbündel

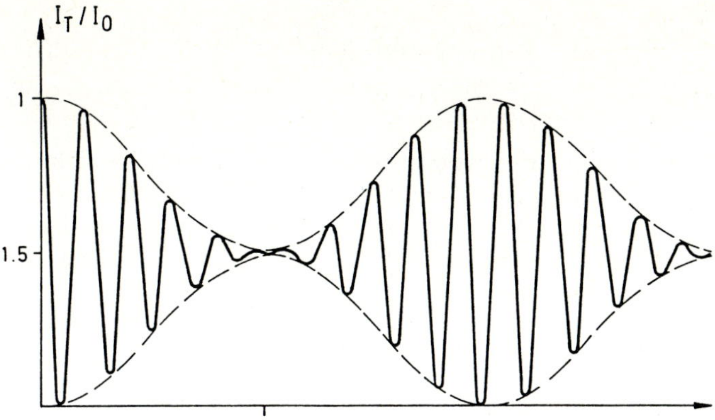

Abb.4.19. Ausgangsintensität als Funktion des Gangunterschiedes bei Einfall zweier monochromatischer Wellen mit den Wellenlängen λ_1 und λ_2

sen Funktionsweise man kurz folgendermaßen beschreiben kann: Fällt auf das Interferometer in x-Richtung eine ebene polychromatische Lichtwelle mit der Gesamtamplitude

$$E = \sum_k A_k \exp[i(\omega_k t - K_k x + \phi_k)] ,$$

so ist die durch Überlagerung der beiden Teilbündel entstehende Amplitude in der Ebene B

$$A = \sum_k \frac{1}{\sqrt{2}} A_k e^{i(\omega_k t + K_k y_B)} (1 + e^{i(2\pi \cdot \Delta s/\lambda_k)}) , \qquad (4.31)$$

wobei $K_k y_B$ die Phase einer in y-Richtung laufenden Teilwelle in der Beobachtungsebene B angibt.

Wird der Spiegel M_2 mit der Geschwindigkeit v bewegt, so ist $\Delta s = 2vt$ eine Funktion der Zeit, und damit wird die in B gemessene Intensität $I = 2c\epsilon_0 AA^*$ zeitabhängig. Abbildung 4.19 zeigt den Intensitätsverlauf I(t) bei konstantem v am Beispiel einer einfallenden Welle, die eine Überlagerung von zwei monochromatischen Wellenlängen λ_1 und λ_2, bzw. den Frequenzen ω_1 und ω_2 darstellt. Aus diesem zeitlichen Intensitätsverlauf

$$I(t) = \frac{1}{2} \sum_k \bar{I}_k(\omega_k) \left[1 + \cos\left(\omega_k \frac{2v}{c} t\right)\right] \qquad (4.32)$$

können die Koeffizienten $\bar{I}_k(\omega_k)$ und damit das Freqenzspektrum $I(\omega)$ der einfallenden Welle durch eine Fourier-Transformation erhalten werden, die mit $\Delta s = 2vt$ lautet [4.19]

$$I(\omega) = C \int_{-\Delta S_{max}}^{+\Delta S_{max}} [I(\Delta s) - \tfrac{1}{2}\bar{I}(0)] e^{-i(\omega/c)\Delta s} 2v dt . \tag{4.33}$$

Man kann das Prinzip der Fourier-Spektroskopie auch sehr anschaulich mit Hilfe des Doppler-Effektes erklären: Durch die Reflexion an dem mit der Geschwindigkeit v bewegten Spiegel wird die Frequenz der reflektierten Welle von ω_k zu $\omega_k(1 \pm 2v/c)$ verschoben, je nachdem, ob der Spiegel der Welle entgegenläuft oder ob $\mathbf{v} \| \mathbf{k}$.

Am Strahlteiler überlagern daher in y-Richtung zwei Wellen, deren Frequenzen sich um $(2v/c)\omega_k$ unterscheiden, so daß die Interferenzintensität eine Schwebung der Frequenz $(2v/c)\omega_k$ erfährt. In der Fourier-Spektroskopie werden daher die optischen Frequenzen ω_k in den leichter meßbaren Bereich $(2v/c)\omega_k$ transformiert.

Beispiel 4.3

$v = 3$ cm/s $\rightarrow (v/c) = 10^{-10}$. Eine optische Frequenz $\omega = 3 \cdot 10^{15}$ s^{-1} ($\lambda = 0{,}6 \mu$m) führt zu einer Schwebungsfrequenz $\Delta\omega = 6 \cdot 10^5$ s^{-1} $\rightarrow \Delta\nu \simeq 100$ kHz.

Einer der Vorteile der Fourier-Spektroskopie rührt daher, daß *zu jedem Zeitpunkt das Licht aller Wellenlängen* gemessen wird. Man benötigt daher zur Messung eines Spektrums wesentlich kürzere Zeiten als mit anderen Spektrometern bei gleicher spektraler Auflösung und gleichem Signal-zu-Rausch-Verhältnis [4.20].

Die einzelnen Wellenlängen im Spektrum der einfallenden Welle werden beim Michelson-Interferometer also nicht wie bei den meisten anderen Spektralapparaten *räumlich* getrennt, sondern können erst aufgelöst werden durch Messung der transmittierten Intensität $I(\Delta s)$ als Funktion des Wegunterschiedes $\Delta s(t)$, der durch die Verschiebung des Spiegels M_2 verändert wird. *Das spektrale Auflösungsvermögen* $\lambda/\Delta\lambda$ *(bzw.* $\nu/\Delta\nu$*) ist dabei durch die Größe der Verschiebung* $\Delta = \Delta s(t_1) - \Delta s(t_2)$ *bestimmt.*

Für $\Delta s = 0$ hat die Intensität in B für alle Wellenlängen ein Maximum. Um zwei Wellenlängen λ_1 und λ_2 noch auflösen zu können, muß die Verschiebung Δ mindestens so groß sein, bis das Interferenzmaximum m-ter Ordnung für $\lambda_1(\Delta s = m \cdot \lambda_1)$ mit dem Minimum für $\lambda_2(\Delta s = (m+1/2)\lambda_2)$ zusammenfällt. Dann erhält man nämlich gerade eine volle Schwebungsperiode (Abb.4.19) und daraus die Differenzfrequenz $\Delta\nu = \nu_1 - \nu_2$. Dies ergibt die Bedingung

$$\frac{\lambda}{\Delta\lambda} \leq 2\,m \;, \quad \text{bzw.} \quad \Delta s_{min} = m\lambda \geq \frac{\lambda^2}{2\Delta\lambda} . \tag{4.34}$$

Beispiel 4.4

$\lambda = 1\,\mu$m, $\Delta\lambda = 0.001$ nm $\rightarrow \Delta s_{min} = 50$ cm.

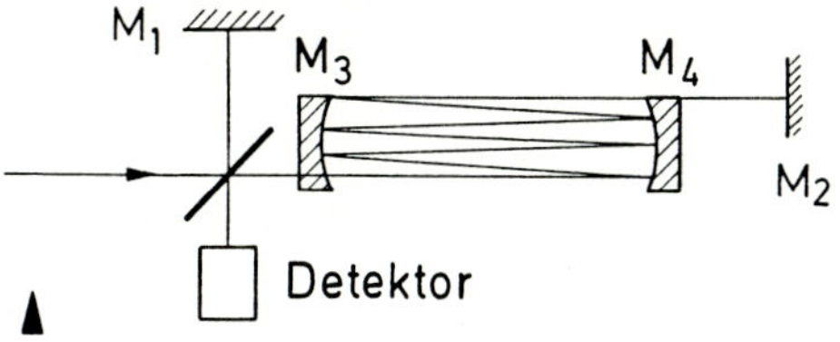

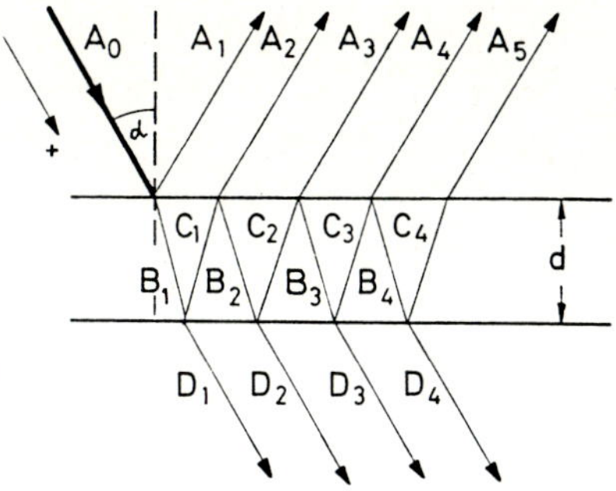

Abb.4.20. Michelson-Interferometer mit sehr großem Gangunterschied

Abb.4.21. Vielstrahlinterferenz an zwei planparallelen Grenzschichten

Die maximal mögliche Verschiebung ist bei Spektrallampen als Lichtquellen durch die *Kohärenzlänge* der einfallenden Strahlung begrenzt (Abschn.2.8), bei Verwendung von Lasern mit großer Kohärenzlänge jedoch im allgemeinen nur durch technische Grenzen (Abschn.4.4).

Man kann den Wegunterschied Δs sehr groß machen, wenn man in einen Arm des Interferometers eine optische Verzögerungsleitung einbringt, die aus einem Spiegelpaar M_3, M_4 besteht, zwischen denen das Licht sehr oft hin- und her reflektiert wird (Abb.4.20). Um Beugungsverluste klein zu halten, wählt man zweckmäßig sphärische Spiegel M_3, M_4. Mit einem sehr stabilen Aufbau des ganzen Interferometers konnten Wegunterschiede bis $\Delta s = 350$ m realisiert werden [4.21], was einem spektralen Auflösungsvermögen $\nu/\Delta\nu - 10^{12}$ entspricht! Wegen äußerer Störungen (z.B. akustische Vibrationen der Spiegel) wurde dieser theoretische Wert nicht ganz erreicht, aber immerhin fast 10^{11}, womit z.B. die Linienbreite einer Laserlinie mit $\nu = 5 \cdot 10^{14}\ s^{-1}$ bis auf 5 KHz genau vermessen werden konnte. Als Gravitationswellen-Detektor wurden Michelson-Interferometer mit Vielfachreflexionen benützt, die zu einer effektiven Armlänge von mehreren km führen [4.22].

In der Laserspektroskopie werden Michelson-Interferometer häufig zur genauen Wellenlängenbestimmung verwendet. Dies wird im Abschnitt 4.4 genau erläutert.

4.2.2 Vielstrahlinterferenz

Eine ebene Welle $E = A_0 \exp[i(\omega t - Kx)]$ möge unter dem Winkel α auf eine planparallele, durchsichtige Platte mit zwei teilweise reflektierenden Grenzflächen fallen. An jeder der beiden Grenzflächen wird eine Welle mit der Amplitude A_i in zwei Teilbündel aufgespalten, wobei der reflektierte Anteil die Amplitude $A_i\sqrt{R}$, der gebrochene die Amplitude $A_i\sqrt{1-R}$ hat, solange man die Absorption vernachlässigen kann. Das Reflexionsvermögen $R = I_R/I_i$ hängt ab vom Einfallswinkel α und von der Polarisation der einfallenden Wellen und kann bei bekanntem Brechungsindex n mit Hilfe der Fresnel-Formeln bestimmt werden [4.23]. Man entnimmt der Abb.4.21 die folgenden Beziehungen für die Beträge der Amplituden A_i der an der oberen Grenzfläche reflektierten Wellen sowie für die Amplituden B_i der

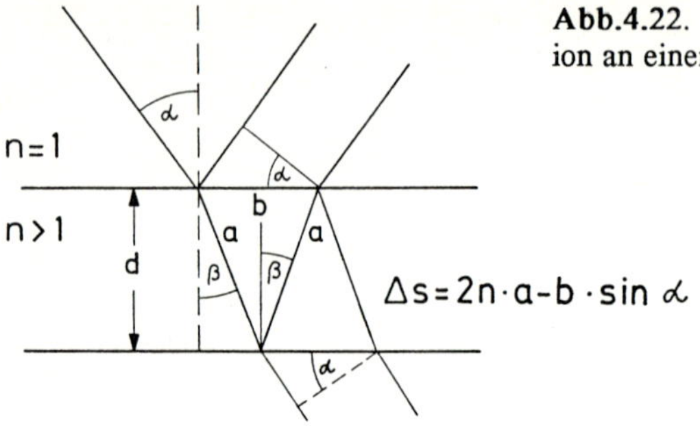

Abb.4.22. Gangunterschied bei der Reflexion an einer planparallelen Platte

gebrochenen, C_i der an der unteren Grenzfläche reflektierten und D_i der durchgelassenen Teilwellen

$$|A_1|=\sqrt{R}|A_0|,\ |B_1|=\sqrt{1-R}|A_0|,\ |C_1|=\sqrt{R(1-R)}|A_0|,\ |D_1|=(1-R)|A_0|\ ;$$
$$|A_2| = \sqrt{1-R}|C_1| = (1-R)\sqrt{R}|A_0|\ ,\quad |B_2| = \sqrt{R}|C_1| = R\sqrt{1-R}|A_0|\ ;$$
$$|A_3| = \sqrt{1-R}|C_2| = R^{3/2}(1-R)|A_0|\ ;\quad \text{usw.}$$

Allgemein gilt für die Amplituden A_i der reflektierten Anteile mit $i \geq 2$

$$|A_{i+1}| = R|A_i| \tag{4.35a}$$

und für die durchgelassenen Anteile für $i \geq 1$

$$|D_{i+1}| = R|D_i|\ . \tag{4.35b}$$

Zwischen zwei benachbarten Teilwellen besteht sowohl im reflektierten als auch im transmittierten Anteil der optische Wegunterschied (Abb.4.22)

$$\Delta s = \frac{2nd}{\cos\beta} - 2d\tan\beta\sin\alpha\ . \tag{4.36a}$$

Dies geht wegen $\sin\alpha = n\cdot\sin\beta$ über in

$$\Delta s = 2nd\cos\beta = 2d\sqrt{n^2 - \sin^2\alpha}\ , \tag{4.36b}$$

wenn der Brechungsindex innerhalb der Platte $n > 1$ und außerhalb $n = 1$ ist. Dies führt zu einer entsprechenden Phasendifferenz

$$\delta = 2\pi\cdot\Delta s/\lambda + \Delta\phi\ , \tag{4.36c}$$

wobei $\Delta\phi$ wieder etwaige Phasensprünge bei der Reflexion berücksichtigen soll. So erfährt z.B. die erste reflektierte Teilwelle A_1 wegen ihrer Reflexion am optisch dichten Medium einen Phasensprung $\Delta\phi = \pi$, so daß

$$A_1 = \sqrt{R}A_0e^{i\pi} = -\sqrt{R}A_0 \tag{4.37}$$

ist. Die Gesamtamplitude A der reflektierten Welle erhält man durch phasenrichtige Summation aller p Teilwellen

$$A = \sum_{m=1}^{p} A_m e^{i(m-1)\delta} = - A_0 \sqrt{R} \left[1 - (1-R) e^{i\delta} \sum_{m-1}^{p-2} R^m e^{im\delta} \right] . \qquad (4.38)$$

Ist die Platte unendlich groß oder ist $\alpha = 0$, so erhält man unendlich viele reflektierte Teilwellen. Für $p \to \infty$ hat die geometrische Reihe (4.38) den Grenzwert

$$A = - A_0 \sqrt{R} \frac{1 - e^{i\delta}}{1 - Re^{i\delta}} . \qquad (4.39)$$

Für die Intensität der reflektierten Welle erhält man daher

$$I_R = 2c\epsilon_0 AA^* = I_0 R \frac{2 - 2\cos\delta}{1 + R^2 - 2R\cos\delta} . \qquad (4.40)$$

Dies kann man wegen $1-\cos\delta = 2\sin^2(\delta/2)$ umformen in

$$\boxed{I_R = I_0 R \frac{4\sin^2(\delta/2)}{(1-R)^2 + 4R\sin^2(\delta/2)}} . \qquad (4.41a)$$

Analog findet man für die Gesamtamplitude des durchgelassenen Lichtes

$$D = \sum_{m-1}^{\infty} D_m e^{i(m-1)\delta} = (1-R) A_0 \sum_{0}^{\infty} R^m e^{im\delta} \qquad (4.42)$$

und für die Intensität

$$\boxed{I_D = I_0 \frac{(1-R)^2}{(1-R)^2 + 4R\sin^2(\delta/2)}} . \qquad (4.43a)$$

Man sieht aus (4.41,43), daß $I_R + I_D = 1$, da wir Absorption vernachlässigt hatten.

Mit der Abkürzung $F = 4R(1-R)^{-2}$ erhält man aus (4.41,43)

$$\boxed{I_R = I_0 \frac{F\sin^2(\delta/2)}{1 + F\sin^2(\delta/2)}} , \qquad (4.41b)$$

Airy-Formeln

$$\boxed{I_D = I_0 \frac{1}{1 + F\sin^2(\delta/2)}} . \qquad (4.43b)$$

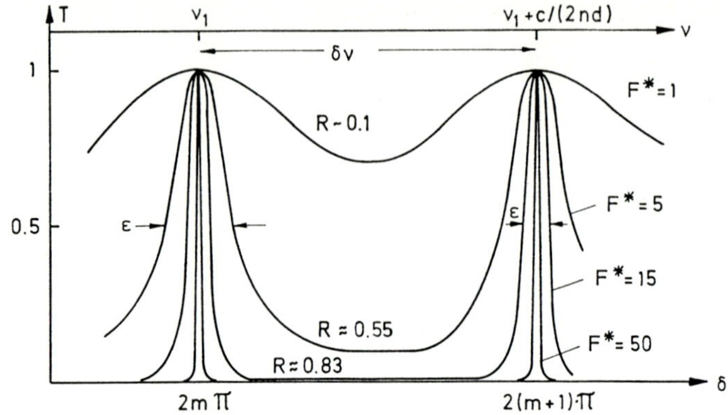

Abb.4.23. Transmissionskurven eines Fabry-Perot-Interferometers bei verschiedenen Werten der Finesse F^*

Abb.4.23 zeigt die Transmission $T = I_D/I_0$ als Funktion von $\delta = 2\pi\cdot\Delta s/\lambda + \Delta\phi$ für verschiedene Werte von F. Man sieht, daß für $\delta = m\cdot 2\pi$ die durchgelassene Intensität $I_D = I_0$ wird. Die Platte hat dann die Transmission T = 1, und der reflektierte Anteil ist Null. Für $\delta = (m+1/2)2\pi$ wird die Transmission minimal. Das Verhältnis

$$K^* = \frac{I_{D(max)}}{I_{D(min)}} = 1 + F = \left(\frac{1+R}{1-R}\right)^2$$

wird der *Kontrast* des Interferometers genannt.

Der Wellenlängenbereich zwischen zwei aufeinanderfolgenden Maxima heißt der *freie Spektralbereich*. Aus der Definition

$$\delta_1 - \delta_2 = \frac{2\pi\Delta s}{\lambda_1} - \frac{2\pi\Delta s}{\lambda_2} = 2(m+1)\pi - 2m\pi = 2\pi$$

erhält man mit $\nu = c/\lambda$ für den freien Spektralbereich $\delta\nu$

$$\delta\nu = \nu_{1max} - \nu_{2max} = \frac{c}{\Delta s} = \frac{c}{2d\sqrt{n^2 - \sin^2\alpha}}; \qquad (4.44)$$

d.h. bei senkrechtem Einfall ($\alpha = 0$)

$$\boxed{\delta\nu = \frac{c}{2nd}}\,. \qquad (4.45)$$

Die Phasenhalbwertsbreite $\epsilon = |\delta_1 - \delta_2|$ der Transmissionsmaxima mit $I_D(\delta_1) = I_D(\delta_2) = I_0/2$ erhält man aus (4.43) zu

$$\epsilon = 4\arcsin\left(\frac{1-R}{2}\sqrt{R}\right), \qquad (4.46a)$$

was für (1-R) << R - d.h. F >> 1 - übergeht in

$$\epsilon = \frac{2(1-R)}{2\sqrt{R}} = \frac{4}{\sqrt{F}}. \tag{4.46b}$$

Weil dem freien Spektralbereich $\delta\nu$ eine Phasenänderung von $\delta = 2\pi$ entspricht, erhält man für die Halbwertsbreite in Frequenzeinheiten

$$\Delta\nu = \frac{\epsilon}{2\pi}\,\delta\nu = \frac{2\delta\nu}{\pi\sqrt{F}}. \tag{4.46c}$$

Das Verhältnis von freiem Spektralbereich $\delta\nu$ zu Halbwertsbreite $\Delta\nu$ nennt man Finesse F^*. Für F >> 1 gilt:

$$F^* = \frac{\delta\nu}{\Delta\nu} = \frac{2\pi}{\epsilon} = \frac{\pi\sqrt{F}}{2} = \frac{\pi\sqrt{R}}{1-R}. \tag{4.47}$$

In dem hier angenommenen Fall einer idealen, ebenen, planparallelen Platte ist die Finesse nur durch das Reflexionsvermögen R der Grenzflächen bestimmt (Reflexionsfinesse). Abweichungen der Oberflächen von einer Ebene und von der Parallelität bewirken zusätzliche Verbreiterungen der Transmissionsmaxima. Man definiert daher eine Gesamtfinesse F_g^* durch

$$\frac{1}{F_g^*} = \sum_i \frac{1}{F_i^*}, \tag{4.48}$$

wobei die einzelnen Anteile F_i^* den Einfluß von Oberflächenungenauigkeiten, Dejustierung, Beugungseffekten etc. beschreiben. Weichen z.B. die Oberflächen um λ/m von einer idealen Ebene ab, so ist die Oberflächenfinesse etwa $F^* = m/2$. Es hat dann keinen Sinn, die Reflexionsfinesse wesentlich größer als m zu machen.

Das spektrale Auflösungsvermögen $\lambda/\Delta\lambda$ bzw. $\nu/\Delta\nu$ ist durch die Halbwertsbreite $\Delta\nu$ der Transmissionskurve bestimmt. Zwei Wellen mit den Frequenzen ν und $\nu+d\nu$ im einfallenden Licht können in der transmittierten Intensität noch getrennt werden, wenn $d\nu \geq \Delta\nu$ ist. Bei gleicher Intensität der beiden Anteile $I_0(\nu)$ und $I_0(\nu+d\nu)$ erhält man bei einem Frequenzabstand $d\nu = \Delta\nu$ für die gesamte transmittierte Intensität (Überlagerung beider Frequenzanteile) aus (4.43b) eine Kurve, die zwei Maxima der Intensität $1{,}2I_0$ und ein Minimum der Intensität I_0 bei $\nu+\Delta\nu/2$ hat (Abb. 4.24).

Bei einem durch (4.43) gegebenen Transmissionsprofil gelten demnach zwei Linien noch als "aufgelöst" wenn die Einbuchtung zwischen den Maxima tiefer als $0{,}8I_{max}$ ist. Man kann das Auflösungsvermögen durch den freien Spektralbereich $\delta\nu = c/2nd$ und die Finesse (4.47) ausdrücken

$$\boxed{\frac{\nu}{\Delta\nu} = \frac{2\pi\nu}{\epsilon\delta\nu} = F^*\frac{\nu}{\delta\nu}} \tag{4.49a}$$

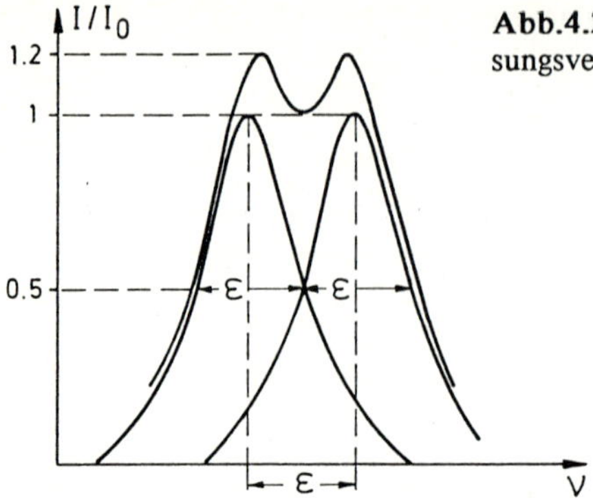

Abb.4.24. Zur Definition des spektralen Auflösungsvermögens

oder durch den maximalen Gangunterschied $\Delta s_m = 2ndF^*$ zwischen interferierenden Strahlen in Einheiten der Wellenlänge λ

$$\left|\frac{\lambda}{\Delta\lambda}\right| = \left|\frac{\nu}{\Delta\nu}\right| = \frac{\Delta s_m}{\lambda} = \frac{2nd}{\lambda}F^* . \tag{4.49b}$$

Beispiel 4.5

Für d = 1 cm, n = 1,5, R = 0,98 und λ = 500 nm, erhält man $\lambda/\Delta\lambda = 10^7$. Das bedeutet, daß die instrumentelle Linienbreite etwa $5\cdot 10^{-5}$ nm beträgt, und man daher Profile von Spektrallinien, deren Doppler-Breite z.B. etwa 10^{-3} nm ist, genau vermessen kann.

Berücksichtigt man das Absorptionsvermögen A = 1-R-T jeder Reflexionsschicht, so geht (4.43b) über in

$$I_D = I_0 \frac{T^2}{(1-R)^2} \frac{1}{[1 + F\sin^2(\delta/2)]} . \tag{4.43c}$$

Die Absorption bewirkt zweierlei: Einmal vermindert sie die Transmission um den Faktor $T^2/(1-R)^2 < 1$. Zum zweiten erzeugt sie eine Änderung von δ durch eine Phasenänderung $\Delta\phi$ bei der Reflexion, die von der Wellenlänge, von der Polarisation und vom Einfallswinkel der Wellen abhängt [4.23].

4.2.3 Ebenes Fabry-Perot Interferometer

Man kann die oben beschriebene Vielstrahlinterferenz zwischen zwei parallelen Grenzflächen realisieren entweder durch *eine* planparallele Glas- bzw. Quarzplatte, auf deren Grenzflächen Reflexionsschichten aufgedampft werden (Fabry-Perot-Etalon) oder durch zwei Platten mit je einer Reflexionsschicht, die so gegeneinander planparallel justiert werden, daß eine Luftschicht der optischen Dicke $n_L d$ oder Vakuum zwischen den Schichten ist (ebenes Fabry-Perot Interferometer, FPI) (Abb.4.25).

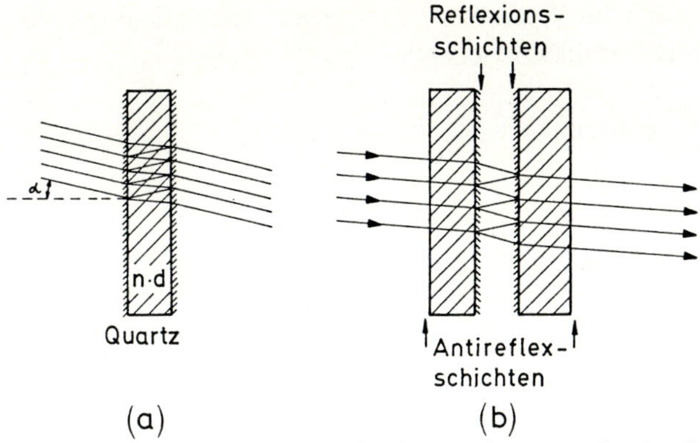

Abb.4.25. (a) Planparallele auf beiden Seiten verspiegelte Glasplatte als FPI-Etalon. (b) Luftspalt-FPI

Fabry-Perot-Etalons werden in der Laserspektroskopie vor allem als wellenlängenabhängige Transmissionsfilter zur Einengung der Laserbandbreite verwendet. Die Wellenlänge λ_m des Transmissionsmaximums m-ter Ordnung für eine unter dem Winkel α einfallende ebene Welle erhält man aus (4.36b) zu

$$\lambda_m = \frac{2d}{m}\sqrt{n^2 - \sin^2\alpha} = \frac{2nd}{m}\cos\beta\,. \tag{4.50}$$

Für λ_m wird die Phasenverschiebung δ zwischen den *transmittierten* Teilwellen $\delta_T = 2m\pi$, und die transmittierte Intensität $I_T = TI_0 = (1-A)I_0$, wenn A das Absorptionsvermögen der Platte (einschließlich Reflexionsschichten) ist. *Die reflektierten Teilwellen interferieren destruktiv und I_R wird praktisch Null*, wenn $A \ll 1$ ist.

Dies gilt jedoch nur für den Fall unendlich ausgedehnter ebener Wellen, wo sich die reflektierten Teilbündel völlig überlappen. Hat das einfallende Lichtbündel (z.B. im Laserstrahl) den endlichen Durchmesser D, so überlappt sich wegen der seitlichen Versetzung $b = 2d\tan\beta$ zwischen benachbarten Teilbündeln der Bruchteil $b\cdot\cos\alpha/D$ der reflektierten Teilwellen nicht mehr (Abb.4.26) und kann deshalb auch nicht destruktiv interferieren. Bei einem Lichtbündel mit konstanter Intensität über dem Bündelquer-

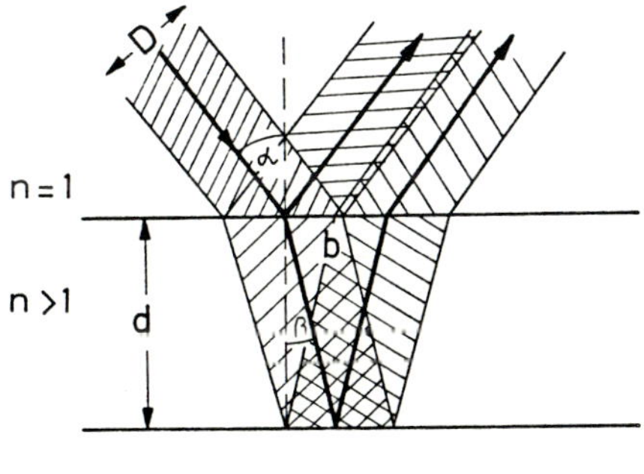

Abb.4.26. Unvollständige Überlappung bei endlichem Durchmesser der interferierenden Teilbündel

schnitt D wird daher auch im Transmissionsmaximum die reflektierte Intensität nicht Null, sondern es bleibt für kleine Winkel ein Rest

$$I_R \simeq I_0 R(1 - r^2) \frac{2d}{D} \cos\alpha \tan\beta \,, \tag{4.51}$$

der im transmittierten Licht fehlt.

Für ein paralleles Lichtbündel mit dem Durchmesser D hat ein schräg durchstrahltes Etalon der Dicke d also, außer eventuellen Absorptionsverlusten, einen Transmissionsverlust, der von der restlichen Reflexion herrührt und mit steigendem Einfallswinkel zunimmt. Für ein praktisches Beispiel kann man d = 1 cm, D = 0,1 cm, R = 0,3, $\tan\beta = 10^{-2}$ setzen und erhält als Transmissionsverlust (*walk-off losses*) $I_R/I_0 = 6$ % [4.24] (Abschn. 5.4.2).

Beim ebenen Fabry-Perot Interferometer werden statt der *einen*, beidseitig verspiegelten planparallelen Platte *zwei* Quarzplatten verwendet, deren parallel zueinander im Abstand d justierte Innenflächen verspiegelt sind, während die Außenflächen mit Antireflexschichten bedampft oder leicht keilförmig geschliffen sind, um Interferenzeffekte durch Reflexion an diesen Außenflächen zu vermeiden. Als „Interferenzplatte" wirkt hier die planparallele Luftschicht mit dem Brechungsindex n_L und der optischen Dicke $n_L d$ zwischen den Innenflächen mit dem Reflexionsvermögen R. Die Finesse hängt, außer von R und der Qualität der Innenflächen ganz entscheidend von der Planparallelität, also von der Justierung beider Platten gegeneinander ab.

Das FPI wird in der hochauflösenden Spektroskopie zur Absolutbestimmung von Wellenlängen und zur Vermessung der Linienprofile von Spektrallinien benutzt. Bei einer monochromatischen flächenhaft ausgedehnten Lichtquelle in der Brennebene einer Linse L_1 (Abb.4.27) werden alle Lichtstrahlen von einem Punkt P der Lichtquelle durch die Linse zu einem parallelen Strahlenbündel gesammelt, das unter dem Winkel β das FPI durchsetzt, und durch eine 2. Linse L_2 in die Ebene E hinter dem FPI abgebildet wird. Die transmittierte Intensität wird durch (4.43b) beschrieben. Sie wird maximal für solche Winkel $\beta = \beta_p$, für die $\delta = 2\pi m$ wird, d.h. der Gangunterschied zwischen den interferierenden Teilstrahlen ist dann $\Delta s = m\lambda$. Man erhält also bei einer ausgedehnten monochromatischen Lichtquelle in der Beobachtungsebene hinter dem FPI ein konzentrisches System heller Interferenzringe, wobei Strahlen unter dem Winkel β_p den p-ten Ring bilden, für den die Interferenzbedingung

$$(m_0 - p)\lambda = 2n_1 d \cos\beta_p \quad (p = 0, 1, 2, ...) \tag{4.52a}$$

mit $m = m_0 - p$ gilt. Der Wegunterschied für den innersten Ring ist $m_0\lambda$. Das FPI wirkt wie ein Filter, das Licht der Wellenlänge λ nur unter den Winkeln β_p gegen die Interferometerachse durchläßt.

Licht vom Punkt P_0 im Brennpunkt der Linse L_1 durchläuft als paralleles Lichtbündel das FPI in Richtung der Achse. Man erhält dann aus (4.52a) für p = 0 und $\epsilon = (2n_1 d/\lambda)(1 - \cos\beta_0)$

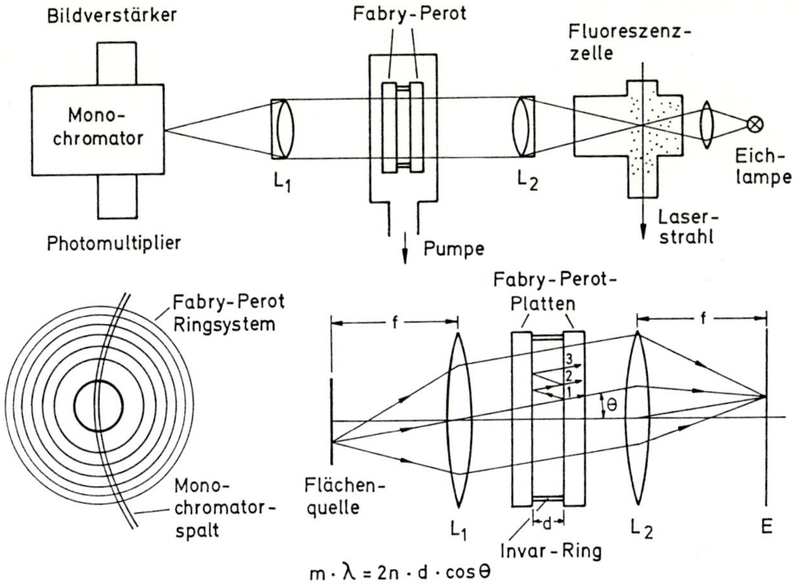

Abb.4.27. Abbildung des FPI-Ringsystems einer ausgedehnten Lichtquelle auf die Eintrittsspaltebene eines Monochromators

$$(m_0 + \epsilon)\lambda = 2n_1 d \quad (0 \le \epsilon < 1) , \tag{4.52b}$$

wobei der "Exzeß" ϵ angibt, daß für Strahlen parallel zur Achse ein im allgemeinen nichtganzzahliges Vielfaches der Wellenlänge zwischen die reflektierenden Flächen "paßt". Die ganze Zahl m_0 gibt die größte vorkommende ganzzahlige Interferenzordnung an. Der Exzeß ϵ ist in der Näherung $\cos\beta_0 \simeq 1 - \beta_0^2/2$ durch Vergleich von (4.52a und b)

$$\epsilon = n_1 d\beta_0^2/\lambda . \tag{4.53}$$

Ist n_2 der Brechungsindex außerhalb des FPI, so gilt für Strahlen, die im Interferometer den Winkel β_p gegen die Achse haben, aber außerhalb den Winkel α_p: $\sin\alpha_p/\sin\beta_p \simeq \alpha_p/\beta_p = n_1/n_2$, da die in der Praxis vorkommenden Winkel i.A. klein sind. Für den Durchmesser des p-ten Interferenzringes ergibt sich daher

$$D_p = 2f_2 \tan\alpha_p \simeq 2f_2\alpha_p \simeq 2f_2(n_1/n_2)\beta_p . \tag{4.54}$$

Aus den beiden Gleichungen

$$(m_0 - p)\lambda = 2n_1 d(1 - \beta_p^2/2) ,$$
$$m_0\lambda = 2n_1 d(1 - \beta_0^2/2) ,$$

die man aus (4.52) für den 0-ten und p-ten Interferenzring mit der Näherung $\cos\beta \simeq 1 - \beta^2/2$ erhält, kann man durch Subtraktion unter Verwendung von (4.53) den Zusammenhang

$$D_p^2 = \frac{4f_2^2 n_1 \lambda}{d n_2^2}(p + \epsilon) \tag{4.55}$$

zwischen Durchmesser des p-ten Ringes und Exzeß ϵ herleiten.

Mißt man daher die Durchmesser D_p der Interferenzringe, so kann man bei bekannten Interferometerdaten (f_2, d, n_1, n_2) den Exzeß ϵ ermitteln, und daraus nach (4.52a) die Wellenlänge, wenn man die integrale Ordnung m_0 kennt.

Die *Dispersion des FPI*, also die Abhängigkeit des Transmissionswinkels β von der Wellenlänge, erhält man aus (4.50) durch Differenzieren

$$d\lambda/d\beta = - 2nd\sin\beta/m = - \lambda_m \sin\beta \,, \tag{4.56}$$

wenn $\lambda_m = 2nd/m$ die für $\beta = 0$ transmittierte Wellenlänge ist. Man sieht aus (4.56), daß die Winkeldisperion $d\beta/d\lambda$ für $\beta \to 0$ gegen unendlich geht. Hat die abbildende Linse die Brennweite f, so ist die lineare Dispersion auf der Photoplatte

$$\frac{dD}{d\lambda} = f\,\frac{d\beta}{d\lambda} = \frac{f}{\lambda_m \sin\beta}\,. \tag{4.57}$$

Beispiel 4.6

Mit Werten von $f = 50$ cm, und $\lambda = 500$ nm erhält man 1 mm entfernt vom Ringzentrum (d.h. $\beta = 0.1/f$ [cm]) eine reziproke lineare Disperion $d\lambda/dD$ = 0.02 nm/cm. Dies ist mindestens eine Größenordnung besser als bei einem großen Gitterspektrographen. Kann man den Ringdurchmesser auf der Photoplatte bis auf 10 μm genau vermessen, so bedeutet dies mit den obigen Zahlenwerten eine Genauigkeit von $\Delta\lambda = 2\cdot 10^{-5}$ nm!

Hat man ein Spektrum mit vielen Wellenlängen, deren Abstand den freien Spektralbereich übersteigt, so muß man einen zusätzlichen Wellenlängen-Selektor benützen. Eine übliche Anordnung verwendet eine Kombination von FPI und Spektrograph (Abb.4.27b). Das Ringsystem wird auf den Eintrittsspalt des Spektrographen abgebildet, so daß für jede Wellenlänge nur ein spaltförmiger Ausschnitt aus dem Ringsystem durch den Spektrographen gelangt und, nach Wellenlängen getrennt, auf der Photoplatte am Ausgang des Spektrographen abgebildet wird (Abb.4.28). Bei einem solchen kombinierten System von Spektrograph und FPI nutzt man die Dispersion des Spektrographen in x-Richtung zur *Trennung* der Linien aus, zur *Wellenlängenmessung* jedoch die viel größere Dispersion des FPI in y-Richtung.

Bei der Vermessung eines größeren Wellenlängenbereiches sind die Wellenlängen-abhängigen Phasensprünge $\Delta\phi(\lambda)$ - siehe (4.36c) - nicht mehr zu vernachlässigen. Besonders bei dielektrischen Vielfachschichten ändert sich $\Delta\phi(\lambda)$ stark mit der Wellenlänge. Man muß dann mit Hilfe bekannter

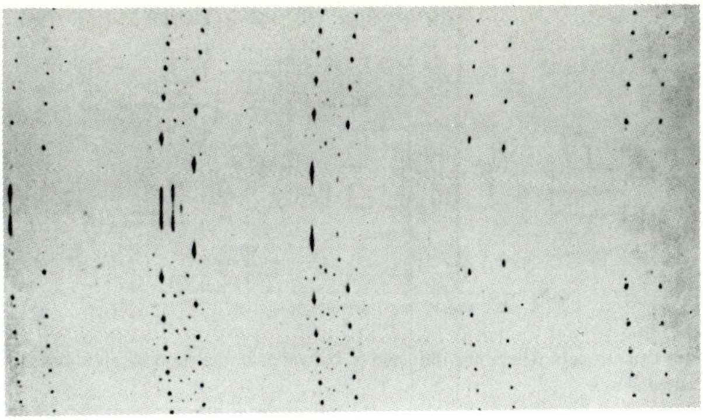

Abb.4.28. Fotoplattenaufnahme eines Ausschnittes aus einem laserangeregten Fluoreszenzspektrum des Na_2-Moleküls. Die Ordinate entspricht der FPI-Dispersion, die Abszisse der Monochromator-Dispersion (Abb.4.27)

Eichlinien λ_R (z.B. den Linien einer Thorium-Hohlkathodenlampe oder mit einem Farbstofflaser, dessen Wellenlängen mit einem Michelson-Lambdameter genau vermessen werden (Abschn.4.4)) die Wellenlängenabhängigkeit des Gangunterschiedes

$$\delta(\lambda) = (4\pi/\lambda) nd \cos\beta + \Delta\phi(\lambda)$$

bestimmen und die so geeichte Funktion $\delta(\lambda)$ in (4.43b) benutzen zur Messung der unbekannten Wellenlängen [4.25]. Bei Verwendung von Silberspiegeln wird die Wellenlängenabhängigkeit von $\Delta\phi(\lambda)$ wesentlich geringer und kann für viele Anwendungen vernachlässigt werden.

4.2.4 Dielektrische Vielfachschichten

Man kann die konstruktive Interferenz bei der Reflexion von Licht an planparallelen Grenzflächen ausnutzen, um hochreflektierende, weitgehend absorptionsfreie Spiegel herzustellen. Solche dielektrischen Spiegel haben ganz wesentlich zur Entwicklung der Lasertechnologie beigetragen [4.26-29].

Das Reflexionsvermögen einer Grenzschicht zwischen zwei Medien mit den Brechungszahlen n_1 und n_2 ergibt sich bei senkrechtem Einfall aus der Fresnel-Formel zu [4.23]

$$R = \left(\frac{n_1 - n_2}{n_1 + n_2}\right)^2 . \tag{4.58}$$

Um R möglichst groß zu machen, muß die Differenz $|n_1 - n_2|$, und damit n_2 möglichst groß sein, wenn n_1 den kleinstmöglichen Wert $n_1 = 1$ hat. Leider ist bei großem n auch der Absorptionskoeffizient groß (Abschn. 2.6), so daß z.B. mit Metallschichten zwar ein Reflexionsvermögen von typisch $R = 0.9$ im Sichtbaren erreichbar ist, die restlichen 10% der einfallenden Intensität jedoch *nicht transmittiert, sondern absorbiert* werden. Nur

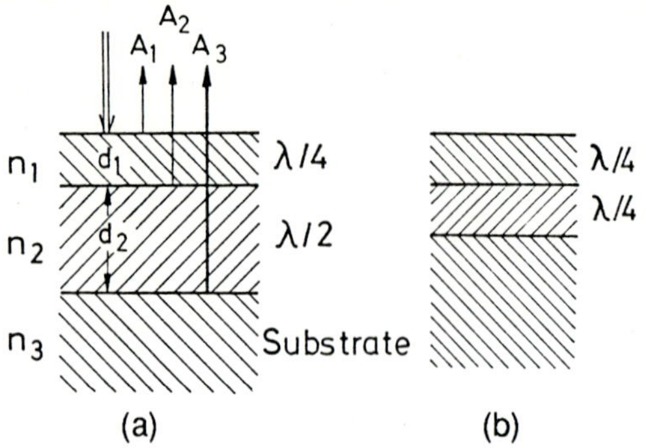

Abb.4.29a,b. Erhöhung des Reflexionsvermögens durch konstruktive Interferenz bei einem dielektrischen Spiegel aus zwei Schichten. (**a**) $n_1 > n_2 > n_3$, (**b**) $n_1 > n_2 < n_3$

mit frisch aufgedampften, im Vakuum konservierten Silberschichten erreicht man bis zu R = 0,95 [4.30]. Um die Absorption zu vermeiden, wählt man absorptionsarme Schichten, die dann natürlich auch ein kleineres n, und damit ein kleineres Reflexionsvermögen haben. Durch die Verwendung vieler Schichten mit abwechselnd kleinerem und größerem n kann man jedoch durch geeignete Wahl der Schichtdicken d_i und deren Brechungsindizes n_i konstruktive Interferenz zwischen den einzelnen reflektierten Teilbündeln erzielen und damit Reflexionswerte bis R = 0.999 erreichen [4.31]!

Wir wollen uns dies am Beispiel zweier dünner Schichten mit den Dicken d_1, bzw. d_2, die auf einer Glasplatte mit Brechungsindex n_3 aufgedampft wurden, klarmachen (Abb.4.29). Um konstruktive Interferenz zwischen allen Teilbündeln zu erreichen, muß der Phasenunterschied zwischen benachbarten Teilwellen 2π sein. Dies ergibt bei Berücksichtigung des Phasenspunges von π bei der Reflexion am optisch dichteren Medium für den Fall $n_1 > n_2 > n_3$

$$n_1 d_1 = \lambda/4 \quad \text{und} \quad n_2 d_2 = \lambda/2 \; . \tag{4.59}$$

Der Reflexionsgrad jeder der beiden Schichten läßt sich analog zu (4.41) berechnen, wobei allerdings das Reflexionsvermögen (4.58) der beiden Grenzflächen jeder Schicht verschieden groß sein kann. Die Gesamtreflexion erhält man durch phasenrichtiges Aufsummieren der verschiedenen Teilamplituden, wobei die Brechungsindizes der Schichten so gewählt werden müssen, daß gilt:

$$|\Sigma_i \, A_{ir}|^2 = \text{maximum} \; .$$

Die Berechung und Optimierung von Mehrschichtenspiegeln (Abb.4.30) mit bis zu 20 Schichten ist sehr mühsam und wird heute ausschließlich durch Computer bewerkstelligt [4.27, 32].

Durch geeignete Wahl der verschiedenen Schichtdicken d_i kann man auch Breitbandspiegel herstellen, die über einen größeren Wellenlängenbereich (z.B. $\lambda \pm 0.1\lambda$) ein Reflexionsvermögen R > 0.99 haben. Als Laserspiegel werden heute dielektrische Spiegel hergestellt, die eine Absorption von <0.1% bei einem Reflexionsvermögen von 0.999 haben [4.31].

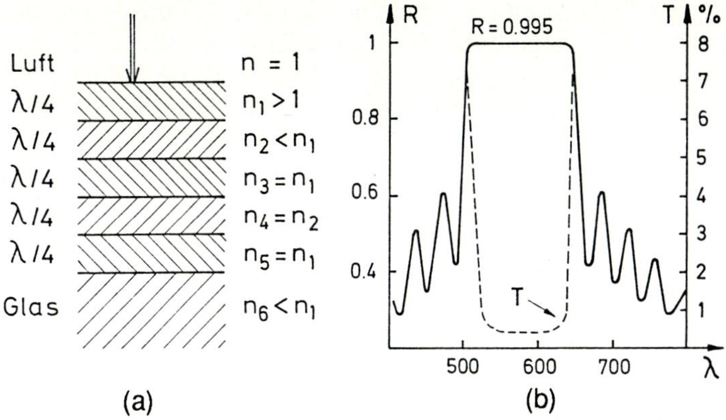

Abb.4.30a,b. Dielektrische Mehrschichtenspiegel. (**a**) Schematischer Aufbau, (**b**) Reflexionskurve $R(\lambda)$ eines hochreflektierenden Spiegels

Anstatt das Reflexionsvermögen einer dielektrischen Mehrfachschicht durch konstruktive Interferenz zu erhöhen, kann man es bei geeigneter Schichtdickenwahl durch *destruktive* Interferenz minimalisieren. Solche *Antireflex*beläge haben für die Herstellung reflexionsarmer, "vergüteter" Fotoobjektive eine große Bedeutung. In der Laserspektroskopie sind sie vor allem wichtig zur Vermeidung von Reflexionsverlusten optischer Komponenten im Laserresonator und zur Entspiegelung der Rückflächen von durchlässigen Laserspiegeln.

Mit einer Einfachschicht läßt sich immer nur für eine Wellenlänge λ die Relexion völlig zu Null machen. Aus Abb.4.31 erhält man unter

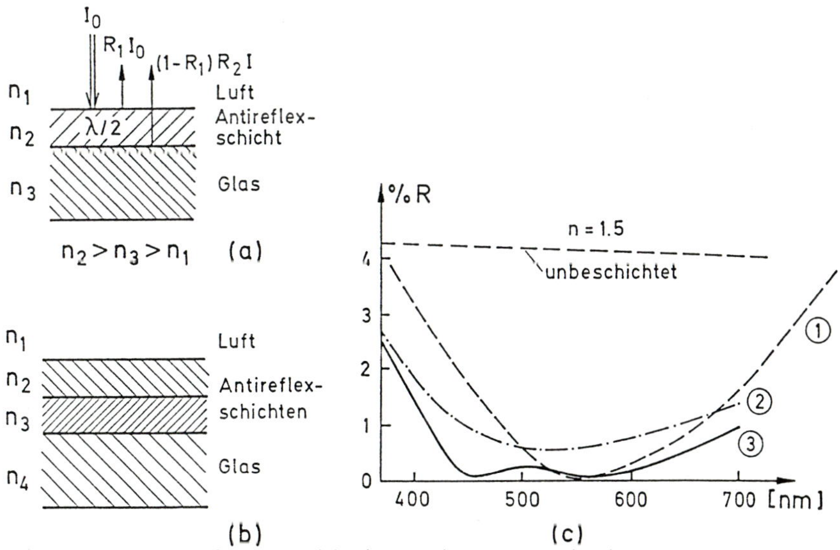

Abb.4.31a-c. Antireflexbelag: (**a**) Einzelschicht. (**b**) Zweischichtenbelag mit $n_1 < n_2 < n_3 > n_4$. (**c**). Spektraler Verlauf der Restreflexion für eine Einzelschicht (*1*), eine Zweifachschicht (*2*) und eine Mehrfachschicht (*3*)

Berücksichtigung des Phasensprunges von π an der Grenzfläche $n_1|n_2$ die Gesamtreflexion R = 0 für eine optische Schichtdicke von nd = $\lambda/2$, falls das Reflexionsvermögen beider Grenzflächen gleich ist. Dies ergibt wegen $R_1 = [(n_1-n_2)/(n_1+n_2)]^2 = R_2 = [(n_2-n_3)/(n_2+n_3)]^2$ bei senkrechtem Einfall

$$n_2 = \sqrt{n_1 n_3} \,. \tag{4.60}$$

Durch Verwendung von Mehrfachschichten kann man für einen größeren Wellenlängenbereich Rest-Reflexionswerte unter 0.2% erreichen (Breitbandentspiegelung) [4.32,33].

4.2.5 Interferenzfilter

Interferenzfilter werden zur selektiven Transmission eines schmalen Spektralbereiches benutzt, wobei die zu beiden Seiten angrenzenden Wellenlängenbereiche entweder reflektiert oder teilweise absorbiert werden. Man unterscheidet Interferenz-*Linienfilter* und *Bandfilter*.

Die Linienfilter stellen ein Fabry-Perot-Etalon mit sehr kleinem optischen Abstand nd zwischen den beiden reflektierenden Flächen dar. Zu ihrer technischen Realisierung werden auf eine Glasunterlage zwei hochreflektierende dünne Schichten aufgedampft, zwischen denen eine Schicht mit kleinem Brechungsindex n liegt (Abb.4.32a). Für nd = 0.5 μm z.B. liegen die Transmissionsmaxima nach (4.50) für senkrechten Lichteinfall bei λ = 1 μm, 0,5 μm, 0,33 μm, usw. Im Sichtbaren gibt es bei diesem Wert von nd also nur einen Spektralbereich um λ = 500 nm, der vom Filter durchgelassen wird. Seine Halbwertsbreite hängt von der Finesse F^*, d.h. vom Reflexionsvermögen R der reflektierenden Fläche ab (Abb.4.23). Mit Silber- oder Aluminium-Schichten erreicht man R = 90% für die Einzelschicht und damit eine Finesse von etwa 30. Für unser Beispiel bedeutet dies bei einem freien Spektralbereich von $\delta\bar{\nu} = 1/(2nd) = 10^4\ \mathrm{cm}^{-1}$ eine Halbwertsbreite von 330 cm^{-1}, was bei λ = 500 nm etwa 8 nm entspricht.

Wegen der relativ großen Absorption hoch reflektierender Metallschichten beträgt die maximale Transmission solcher Filter allerdings höchstens 30%, häufig weniger. Die nicht erwünschten Transmissionsordnungen werden durch absorbierende Filter, die mit dem Interferenzfilter verkittet werden, oder durch ein zweites Interferenzfilter (Doppelfilter) unterdrückt.

Für viele Anwendungen in der Laserspektroskopie ist die hohe Absorption der Metallschichten nicht tragbar. Man ersetzt diese Einfach-

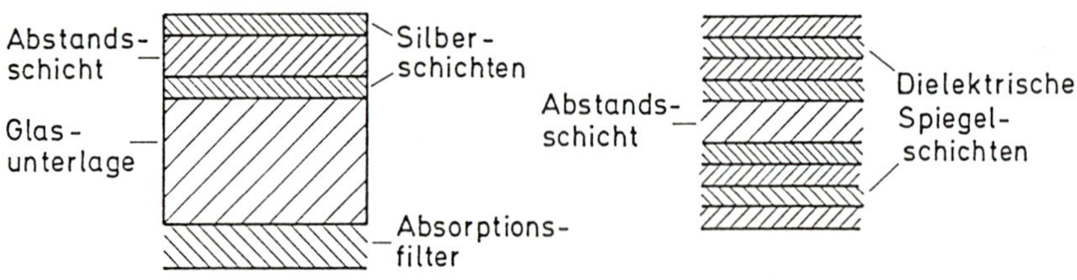

Abb.4.32a,b. Fabry-Perot-Interferenzfilter: (**a**) Mit zwei Silberschichten, (**b**) Mit dielektrischen Mehrfachschichten

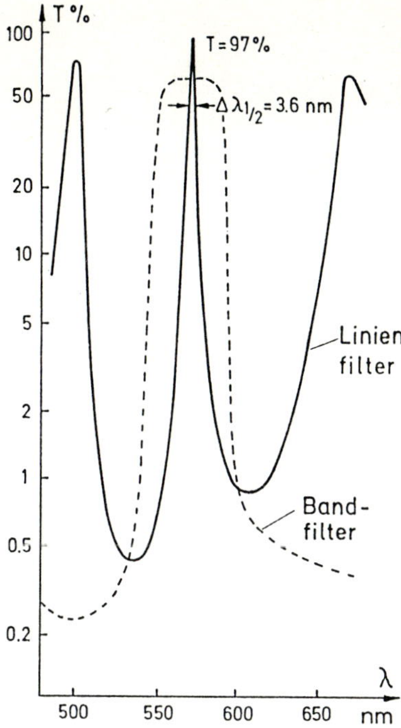

Abb.4.33. Spektraler Verlauf der Transmission eines Interferenzfilters. Die durchgezogene Linie repräsentiert ein typisches Linienfilter, die gestrichelte ein Bandfilter

schichten dann durch absorptionsfreie dielektrische Vielfachschichten (Abb. 4.32b), deren höheres Reflexionsvermögen eine größere Finesse und damit eine schmalere Halbwertsbreite des Transmissionsbereiches ermöglichen. Ein weiterer Vorteil ist die geringere Resttransmission zwischen den Maxima (Abb.4.33). Man erhält heute Filter mit Halbwertsbreiten von weniger als 2 nm bei einer maximalen Transmission von etwa 90% [4.34]. Die Wellenlänge λ_{max} im Transmissionsmaximum kann nach (4.50) durch Verkippen des Interferenzfilters zu kleineren Werten hin verschoben werden.

Durch Verwendung dreier Reflexionsflächen mit dazwischen liegenden dielektrischen Abstandsschichten kann man Transmissionskurven mit steileren Flanken und breiterem Maximum erreichen. Man nennt solche Filter, in Analogie zu den Bandfiltern aus 2 gekoppelten Schwingkreisen in der Nachrichtentechnik, optische Bandfilter (Abb.4.33).

Statt der Transmission kann man natürlich auch die wellenlängenselektive Reflexion von Interferenzfiltern nach (4.41) ausnutzen. Solche Reflexions-Interferenzfilter sind vor allem im UV vorteilhaft, weil hier die meisten Stoffe, die für dielektrische Schichten verwendet werden, absorbieren und daher der Transmissionsgrad sehr klein wird.

Eine ausführliche Diskussion der einzelnen Filtertypen findet man in [4.32 und 34].

4.2.6 Konfokales Interferometer

Ein konfokales Interferometer (KI) [4.35,36] besteht aus zwei sphärischen Spiegeln mit gleichem Krümmungsradius r, die sich in einem Abstand d = r

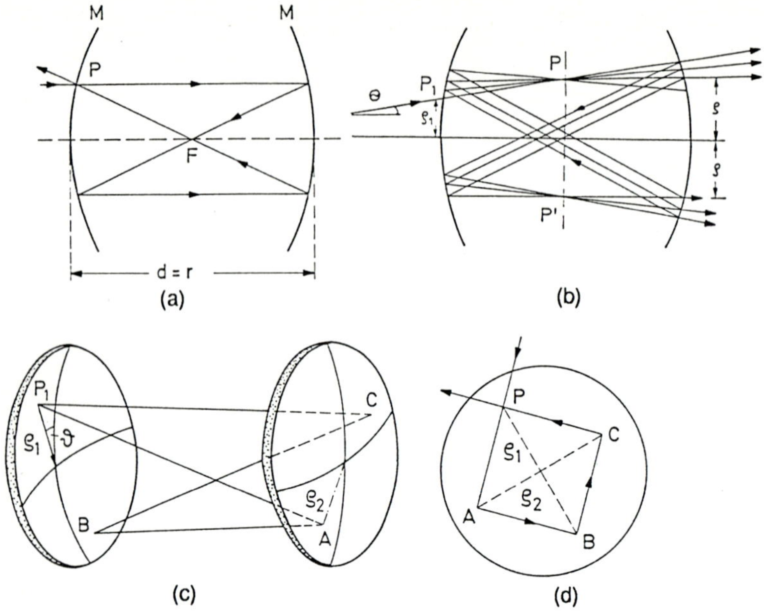

Abb.4.34a-d. Konfokales Interferometer. (**a**) Strahlengang für achsenparallele Strahlen ohne Aberration, (**b**) geneigte Eingangsstrahlen, (**c**) perspektivische Ansicht, (**d**) Projektion der Strahlen in (**c**) auf eine Spiegelfläche

gegenüberstehen. Ohne sphärische Aberration würde ein Lichtstrahl, der unter einem kleinen Winkel gegen die Achse in das Interferometer eintritt, nach vier Durchgängen wieder auf seinen Eintrittspunkt P_1 abgebildet werden (Abb.4.34a). Berücksichtigt man die Aberration, so wird der Eintrittspunkt nicht genau wieder erreicht, sondern der Strahlenverlauf ist etwa wie in Abb.4.34b gezeichnet. Alle Strahlen schneiden sich jedoch in der Mittelebene des Interferometers in den zwei Punkten P und P′, deren Abstand ρ von der Interferometerachse vom Achsenabstand ρ_1 des Eintrittspunktes und vom Eintrittswinkel θ abhängt.

Der optische Wegunterschied Δs zwischen einem direkt durch P gehenden Lichtstrahl und dem nach 4 Reflexionen wieder in P ankommenden Teilstrahl wäre für $\delta = 0$: $\Delta s = 4r$. Unter Berücksichtigung der Aberration gilt für achsennahe Eintrittsstrahlen ($\rho_1 << r$) mit $\theta << 1$ [4.35]

$$\Delta s = 4r + \rho_1{}^2 \rho_2{}^2 \cos 2\theta / r^3 + \dots \tag{4.61}$$

In der Mittenebene entsteht daher bei Einstrahlung eines Lichtbündels ein Interferenzmuster aus Kreisringen, wobei sich die Intensität durch phasenrichtige Überlagerung der Teilamplituden analog zu (4.43) ergibt zu

$$I(\rho,\lambda) = \frac{I_0 T}{(1-R)^2 + 4R\sin^2(\delta/2)} \tag{4.62}$$

und der Phasenunterschied $\delta = (2\pi/\lambda)\Delta s$ ist. Maxima der Intensität treten auf für $\delta = 2m\pi$, was für $\theta << 1$, d.h. $\cos 2\theta \simeq 1$ die Bedingung ergibt

$$4r + \rho^4/r^3 = m\lambda \quad \text{mit} \quad \rho^2 = \rho_1 \rho_2 \,. \tag{4.63}$$

Der freie Spektralbereich $\delta\nu$, d.h. der Frequenzstand zwischen zwei benachbarten Interferenz-maxima, ist daher für $\rho << r = d$

$$\boxed{\delta\nu = \frac{c}{4r + \rho^4/r^3} \simeq \frac{c}{4d}} \tag{4.64}$$

im Gegensatz zu $\delta\nu = c/2d$ beim ebenen FPI.

Für den Radius ρ_m des Interferenzringes m-ter Ordnung erhält man aus (4.63)

$$\rho_m = [(m\lambda - 4r)r^3]^{1/4} \,. \tag{4.65}$$

Ist $4r = m_0\lambda$ (m_0: ganzzahlig), so wird der Radius ρ_p des p-ten Interferenzringes mit der Ordnung $m = m_0 + p$

$$\rho_p = (p\lambda r^3)^{1/4} \,. \tag{4.66}$$

Aus (4.65) ergibt sich die *radiale Dispersion* $d\rho/d\lambda$ des Ringes m-ter Ordnung

$$\frac{d\rho}{d\lambda} = \frac{m}{4} r^3 [(m\lambda - 4r)r^3]^{-3/4} \tag{4.67}$$

die unendlich groß wird für $m\lambda = 4r$, d.h. für $p = 0$, also $\rho = 0$ [4.36]. Die radiale Dispersion ist also *nichtlinear*. Sie ändert sich, wenn der Abstand $d = r + \epsilon$ von dem des genau konfokalen Interferometers um $\epsilon << r$ abweicht. Für die Ringradien erhält man

$$\rho_p = (-2\epsilon \pm \sqrt{4\epsilon^2 r^2 + p\lambda r^3})^{1/2} \,. \tag{4.68}$$

Dies zeigt, daß für $\epsilon < 0$ zwei Interferenzringe mit verschiedenem Radius ρ_p aber gleicher Interferenzordnung $m = m_0 + p$ mit $p < 0$ auftreten können. Die Interpretation des Ringsystems wird dann nicht immer eindeutig. Man muß daher die Abweichung ϵ vom konfokalen Fall so wählen, daß $\epsilon > 0$ ist.

Die Gesamtfinesse F^* des KI ist bei gleichem Reflexionsvermögen der Spiegel im allgemeinen größer als die des ebenen FPI. Dies hat folgende Gründe:

a) Die Justierung sphärischer Spiegel ist wesentlich unkritischer als die ebener Spiegel, da eine Verkippung der Spiegel in erster Näherung die Richtung des reflektierten Strahls kaum ändert (Abb.4.35).
b) Abweichungen der Spiegeloberfläche von einer idealen Kugelfläche bewirken nicht, wie beim ebenen FPI ein Auswaschen der Interferenz-

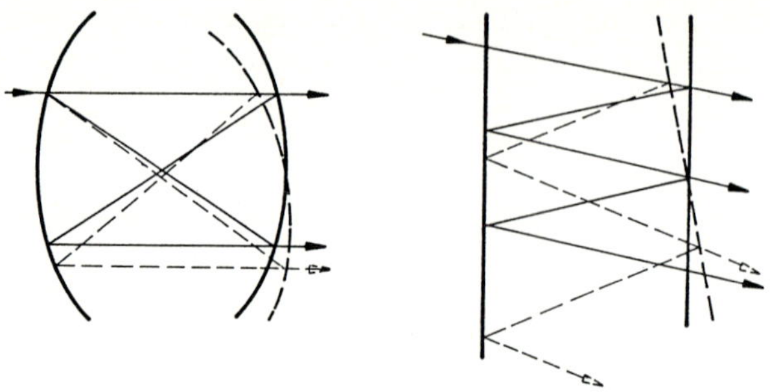

Abb.4.35. Illustration der geringeren Verkippungsempfindlichkeit von Resonatoren mit sphärischen Spiegeln gegenüber ebenen FPI-Resonatoren

struktur, sondern nur eine Verzerrung der Interferenzringe, da nach (4.61) für eine Änderung von r dasselbe Δs für andere Werte von ρ auftritt. Hinzu kommt, daß sich sphärische Spiegel genauer schleifen lassen als ebene Spiegel. Die Gesamtfinesse wird daher hauptsächlich durch die Reflexionsfinesse $F_R^* = \pi R^{1/2}/(1-R)$ bestimmt.

c) Beugungsverluste sind wesentlich geringer als beim ebenen FPI (Abb. 5.2)

Beispiel 4.7

Mit R = 0.99 erhält man bereits eine Gesamtfinesse von $F^* > 250$, also wesentlich höher als beim ebenen FPI. Bei einem Spiegelabstand von d = 3 cm ist $\delta\nu = 2.5$ GHz und das spektrale Auflösungsvermögen würde bei $F^* = 250$ damit $\Delta\nu = 10$ MHz - also hoch genug, um die natürliche Linienbreite der meisten optischen Übergänge zu messen.

Eine detaillierte Darstellung des konfokalen Interferometer findet man in [4.35, 36].

4.2.7 Durchstimmbare Interferometer

Für viele Anwendungen in der Laserspektroskopie ist es notwendig, das Transmissionsmaximum eines Interferometers über das Profil einer Spektrallinie oder einer Laserlinie durchzustimmen. Bei photoelektrischer Registrierung kann dieses Profil dann auf einem Schreiber registriert oder direkt auf dem Oszillographenschirm sichtbar gemacht werden. Wir wollen uns daher in diesem Abschnitt mit der Realisierung durchstimmbarer Interferometer befassen.

Zur Wellenlängendurchstimmung des Transmissionsmaximums eines Interferometers können nach (4.50) folgende Methoden benutzt werden:

a) Änderung des optischen Weges n·d zwischen den Platten des FPI durch Druckänderung.
b) Änderung des Plattenabstandes mit Hilfe piezokeramischer [4.37] oder magnetostriktiver Abstandshalter.
c) Verkippung von Etalons mit festem Abstand.

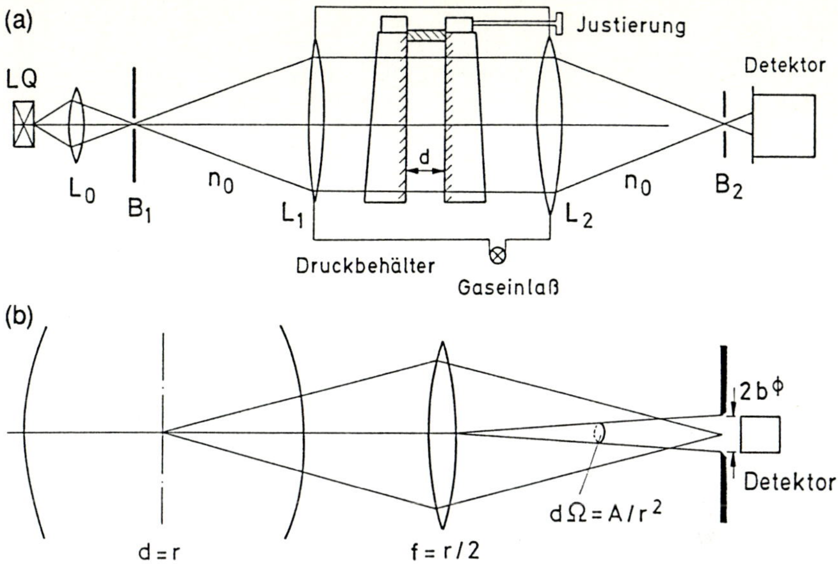

Abb.4.36. Photoelektrische Registrierung der von einem FPI transmittierten Intensität: (**a**) ebenes FPI, (**b**) konfokales Interferometer

d) Änderung des optischen Wegunterschiedes in doppelbrechenden Kristallen durch Verdrehen des Kristalles oder durch äußere elektrische Felder.

Bei photoelektrischer Registrierung wird nur die zentrale Interferenzordnung registriert, da der Detektor sonst mehrere Interferenzordnungen gleichzeitig messen würde und dadurch die spektrale Auflösung vermindert würde. Man muß also entweder eine nahezu punktförmige Lichtquelle verwenden, deren Licht man durch die Linse L_1 genügend gut parallel machen kann (Abb.4.36a) oder man muß eine entsprechende Blende in den Brennpunkt der Linse L_2 vor den Detektor setzen, so daß dieser nur ein kleines Flächenelement der Lichtquelle sieht. Der Detektor mißt die transmittierte Intensität $I(\Delta s)$ als Funktion des optischen Gangunterschiedes

$$\Delta s = 2n_L d\cos\beta \simeq 2n_L d \, .$$

Abbildung 4.37 zeigt als Beispiel die Messung des Profils einer Doppler-verbreiterten Fluoreszenzlinie des Na_2-Moleküls durch Druckvariation in einem ebenen FPI. Als Referenzwellenlänge wurde das Streulicht der schmalbandigen („single mode") Argonlaserlinie $\lambda = 487.989$ nm benützt.

Beim konfokalen Interferometer ist die photoelektrische Registrierung von besonderem Vorteil. Wegen der großen radialen Dispersion für kleine Abstände von der Achse erhält man eine besonders hohe spektrale Auflösung. Bildet man die Mittenebene des KI, in der die Interferenzringe entstehen (Abb.4.34b), mit Hilfe einer Linse auf eine Ebene außerhalb des KI ab (Abb.4.36b), so kann man durch eine kreisförmige Blende mit Radius b in dieser Ebene das zentral Interferenzmaximum mit $p = 0$ durch-

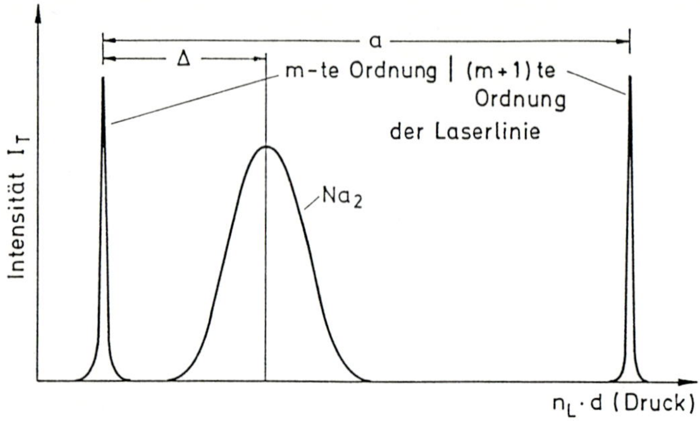

Abb.4.37. Photoelektrischer Nachweis einer Doppler-verbreiterten Laser-induzierten Fluoreszenzlinie und des Streulichtes vom schmalbandigen Laser hinter einem durchstimmbaren ebenen FPI

lassen und alle anderen Ordnungen unterdrücken. Die spektrale Auflösung hängt vom Radius b der Blende ab. Mit dieser Anordnung läßt sich das instrumentelle Linienprofil bei Einstrahlen einer monochromatischen Welle messen, indem man den Spiegelabstand $d = 4r+\epsilon$ um einen kleinen Betrag ϵ variiert und die durch die Blende durchgelassene Intensität $I(\lambda,\epsilon)$ als Funktion von ϵ mißt, d.h.

$$I(\lambda,\epsilon,b) = 2\pi \int_{\rho=0}^{b} I(\rho,\lambda,\delta)\,d\rho\ . \tag{4.69}$$

Dabei erhält man $I(\rho,\lambda,\delta)$ aus (4.62) und ϵ ist mit der Phasendifferenz $\delta = (2\pi/\lambda)\Delta s$ verknüpft durch $\Delta s = 4(r+\epsilon)+\rho^4/(r+\epsilon)^3$. Für $b = (r^3\lambda/F^*)^{1/4}$ wird das spektrale Auflösungsvermögen auf etwa 70% seines maximal möglichen Wertes bei $b = 0$ reduziert, wie man durch Einsetzen in (4.69) und Bestimmung der Halbwertsbreite $\delta\nu/F^*$ verifizieren kann. Die Finesse F^* ist dabei wie in (4.47) definiert.

Das spektrale Auflösungsvermögen des KI

$$\frac{\nu}{\Delta\nu} = F^* \frac{\nu}{\delta\nu} = F^* \frac{4\nu r}{c} \tag{4.70}$$

nimmt mit dem Spiegelabstand $d = r$ zu.

Die Lichtstärke $U = A\Omega$ (oft auch Etendu genannt) ist bestimmt durch das Produkt aus der die Strahlung durchlassenden Fläche $A = \pi b^2$ und dem Raumwinkel $\Omega = A/r^2 = \pi b^2/r^2$ (Abb.4.36b). Mit $b = (r^3\lambda/F^*)^{1/4}$ erhält man daher für die Lichtstärke des KI

$$U = \pi^2 r\lambda/F^*\ . \tag{4.71}$$

Mit (4.66) ergibt dies

$$U = \frac{4\pi^2 r^2}{\nu/\Delta\nu} \quad \text{(konfokales Interferometer)} . \tag{4.72}$$

Lichtstärke und Auflösungsvermögen sind also einander umgekehrt proportional, beide nehmen jedoch mit dem Spiegelabstand d = r zu.

Wir wollen uns zum Vergleich die entsprechenden Daten beim *ebenen* FPI ansehen, wenn wir dieses, wie in Abb.4.36a, zur photoelektrischen Detektion der zentralen Ordnung benutzen. Aus (4.56) ergibt sich durch Integration über β

$$\frac{\Delta\lambda}{\lambda} = \beta^2/2 . \tag{4.73}$$

Bei vorgegebener Auflösung $\lambda/\Delta\lambda$ erhält man für die nutzbare Fläche der Blende mit Radius b vor dem Detektor

$$A = \pi b^2 = \pi f^2 \beta^2 = 2\pi f^2 \Delta\lambda/\lambda . \tag{4.74}$$

Der Raumwinkel Ω ist bei einem ausnutzbaren Durchmesser D der FPI-Platten

$$\Omega = \pi D^2 (4f^2)^{-1} . \tag{4.75}$$

Damit wird die Lichtstärke $U = A\Omega$ wegen $|\lambda/\Delta\lambda| = |\nu/\Delta\nu|$

$$U = \frac{\pi^2 D^2}{2|\nu/\Delta\nu|} \quad \text{(planparalleles FPI)} . \tag{4.76}$$

Ein Vergleich mit (4.72) zeigt, daß bei gleicher spektraler Auflösung die Lichtstärke beim KI für $r^2 > D^2/8$ größer wird als beim ebenen FPI. Anders ausgedrückt: *Bei vergleichbarer Lichtstärke hat das KI für $r > D\sqrt{8}$ eine höhere spektrale Auflösung als das FPI.*

Wegen dieses großen spektralen Auflösungsvermögens werden KI oft zur Messung des Linienprofils der Emission schmalbandiger Laser verwendet. Ein weiterer Vorteil ist die relativ unkritische Einkopplung des Laserstrahls in das konfokale Interferometer, wenn dieses bereits in sich justiert ist und am Eingang eine Einkoppelblende hat sowie eine Linse, die dafür sorgt, daß der durch den als Zerstreuungslinse wirkenden sphärischen Spiegel divergent einfallende Laserstrahl an das KI mit dem Fokus im Zentrum angepaßt wird. Die Wellenlängendurchstimmung geschieht mit einem Sägezahngenerator, dessen Ausgangsspannung auf den Piezozylinder gegeben wird, der als Abstandshalter der beiden Interferometer-Spiegel dient. Gibt man diese Sägezahnspannung auf die x-Ablenkung eines Oszillographen und die Ausgangsspannung einer Diode, die die transmittierte Intensität mißt, auf die y-Achse, so kann man auf dem Oszillographenschirm direkt das gemessene Linienprofil beobachten [3.38, 39].

4.2.8 Das Auflösungsvermögen von Spektrometern und Interferometern

Man kann die verschiedenen Ausdrücke, die wir bisher für das spektrale Auflösungsvermögen erhalten haben, für alle Spektralapparate, deren Wellenlängenselektion auf Interferenz beruht, auf einen gemeinsamen einfachen physikalischen Zusammenhang zurückführen:

Sei Δs_m die maximale in einem Spektralapparat auftretende Wegdifferenz (Abb.4.38). Dies ist z.B. die Wegdifferenz zwischen den Teilstrahlen in einem Gittermonochromator, die von der ersten bzw. letzten Furche des Beugungsgitters reflektiert werden, oder zwischen dem direkt durchgehenden Teilstrahl in einem Interferometer und dem, der m-mal hin und her reflektiert wurde. Nach dem Rayleigh-Kriterium können zwei Wellenlängen λ_1 und $\lambda_2 = \lambda_1 + \Delta\lambda$ gerade noch aufgelöst werden, wenn das Interferenzmaximum für die Wellenlänge λ_1 mit dem nächsten Interferenzminimum für λ_2 zusammenfält. Dies ist aber der Fall, wenn für die maximale Wegdifferenz gilt

$$\Delta s_m = 2q\lambda_1 = (2q - 1)\lambda_2 \quad \text{q ganzzahlig}\,, \tag{4.77}$$

weil dann z.B. alle q Teilwellen für λ_1 konstruktiv interferieren, für λ_2 jedoch die erste Hälfte aller Teilwellen mit der 2. Hälfte destruktiv interferiert. Aus (4.77) erhält man mit $\lambda^2 = \lambda_1 \lambda_2$

$$\boxed{\frac{\lambda}{\Delta\lambda} \leq \frac{\Delta s_m}{\lambda}}\,. \tag{4.78}$$

Das spektrale Auflösungsvermögen eines Spektralapparates ist also gleich der maximalen Wegdifferenz der interferierenden Teilstrahlen, gemessen in Einheiten der Wellenlänge.

Führt man statt der maximalen Wegdifferenz Δs_m die entsprechende Laufzeitdifferenz $\Delta T_m = \Delta s_m / c$ zwischen den interferierenden Teilwellen ein, so erhält man mit $\nu = c/\lambda$ für die höchstens noch auflösbare Frequenzdifferenz $\Delta\nu = -(c/\nu^2)\Delta\lambda$ aus (4.78)

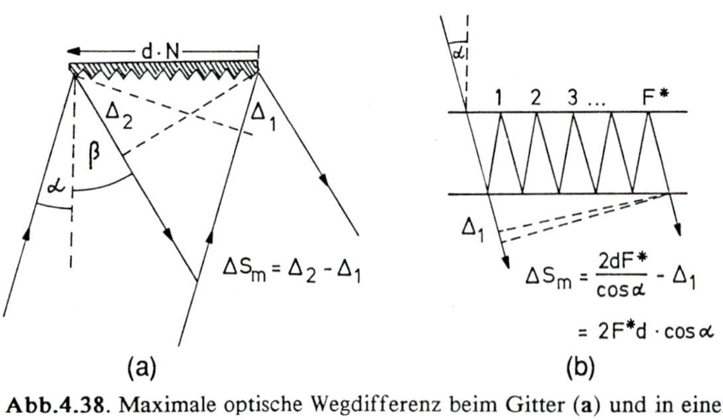

Abb.4.38. Maximale optische Wegdifferenz beim Gitter (**a**) und in einem FPI-Etalon

$$\boxed{\Delta\nu \geq \frac{1}{\Delta T_{max}}} \quad \text{oder} \quad \boxed{\Delta\nu_{min}\Delta T_{max} = 1}\,. \tag{4.79}$$

Das Produkt aus dem kleinsten noch auflösbarem Frequenzinterval $\Delta\nu_{min}$ und der maximalen Laufzeitdifferenz ΔT_{max} eines Spektralapparates ist eins!

Beispiele 4.8

a) **Gitterspektrograph.** Die maximale Wegdifferenz ist nach (4.14), Abb.4.11 und 38a: $\Delta s_m = nd(\sin\alpha \pm \sin\beta) = mN\lambda$, wenn N die Zahl der beleuchteten Gitterfurchen ist. Das spektrale Auflösungsvermögen kann daher höchstens sein

$$\frac{\lambda}{\Delta\lambda} \leq \frac{\Delta s_m}{\lambda} = mN \tag{4.78a}$$

also gleich dem Produkt aus Beugungsordnung m und Gesamtzahl N der zur Interferenz gelangenden Teilstrahlen. Für $m = 2$ und $N = 10^5$ ergibt dies $\Delta\lambda = 5\cdot10^{-6}\,\lambda$. Wegen der Beugungseffekte (Abschn.4.1.1) ist das tatsächlich erreichte Auflösungsvermögen kleiner.

b) **Michelson-Interferometer.** Während die Wegdifferenz Δs zwischen den beiden interferierenden Teilstrahlen von $\Delta s = 0$ bis $\Delta s = \Delta s_m$ variiert, werden die Interferenzmaxima gezählt. Sind im einfallenden Licht zwei Komponenten mit den Wellenlängen λ_1 und $\lambda_2 = \lambda_1 + \Delta\lambda$, so kann man die beiden Komponenten unterscheiden, wenn die Zählrate $m_1 = \Delta s_m/\lambda_1$ sich mindestens um 1 von $m_2 = \Delta s_m/\lambda_2$ unterscheidet. Dies führt wieder zu $\lambda/\Delta\lambda = \Delta s_m/\lambda$. Für $\lambda = 500$ nm und $\Delta s_m = 1$m ergibt sich $\lambda/\Delta\lambda = 2\cdot10^6$, also eine Größenordnung höher als beim Gitterspektrometer (siehe jedoch Abschn.4.4).

c) **Fabry-Perot-Interferometer.** Die maximale Wegdifferenz Δs_m ist hier für senkrechten Einfall gegeben durch die Wegdifferenz 2nd zwischen benachbarten Teilstrahlen (4.36b) mal der effektiven Zahl der interferierenden Teilstrahlen, die gleich der Finesse F^* ist. Also ist

$$\left|\frac{\lambda}{\Delta\lambda}\right| = \frac{2ndF^*}{\lambda} = \frac{\nu F^*}{\delta\nu} = \left|\frac{\nu}{\Delta\nu}\right|, \tag{4.78b}$$

wobei $\delta\nu = c/(2nd)$ der freie Spektralbereich ist. Für $nd = 1$ cm, $\lambda = 500$ nm und $F^* = 50$ erhält man $\lambda/\Delta\lambda = 2\cdot10^6$, also vergleichbar mit der Auflösung eines Michelson-Interferometers mit $\Delta s_m = 100$ cm.

Bei einem konfokalen FPI kann man eine Finesse $F^* = 300$ erreichen. Damit wird für $nd = 5$ cm $|\nu/\Delta\nu| \simeq F^* 4nd/\lambda = 1{,}2\cdot10^8$. Man kann also bei $\nu = 6\cdot10^{14}$ Hz eine Frequenzauflösung von 5 MHz erreichen [4.38, 39]!

4.3 Lyot-Filter

Das Prinzip des Lyot-Filters [4.40,41] beruht auf der Interferenz von *polarisiertem* Licht, das durch doppelbrechende Kristalle geschickt wird. Beim Eintritt in den Kristall spaltet sich eine Lichtwelle

$$E = E_0 \cos(\omega t - Kx)$$

auf in eine *ordentliche* Teilwelle mit der Wellenzahl $K_o = K/n_0$ bzw. der Phasengeschwindigkeit $v_0 = c/n_0$ und in eine *außerordentliche* Teilwelle mit $K_a = K/n_a$ bzw. $v_a = c/n_a$. Beide Teilwellen sind senkrecht zueinander polarisiert. Bildet der elektrische Vektor **E** der einfallenden Welle den Winkel α mit der optischen Achse des Kristalls, die in die z-Richtung zeigen soll, so sind die beiden Komponenten von $\mathbf{E}_0 = (0, E_{0y}, E_{0z})$ gegeben durch (Abb.4.39)

$$E_{0y} = E_0 \sin\alpha ,$$

$$E_{0z} = E_0 \cos\alpha .$$

Liegt die Eintrittsfläche bei x = 0 und hat der Kristall die Länge L, so sind die beiden Teilwellen am Ausgang

$$E_y(L) = E_{0y} \cos(\omega t - K_a \cdot L) ,$$

$$E_z(L) = E_{0z} \cos(\omega t - K_0 \cdot L)$$

und zwischen ihnen besteht die Phasendifferenz

$$\delta = (2\pi/\lambda)\, \Delta n\, L = K\, (n_0 - n_a)\, L . \qquad (4.80)$$

Die Überlagerung beider polarisierter Teilwellen ergibt im allgemeinen elliptisch polarisiertes Licht, wobei die große Halbachse um den Winkel ϕ =

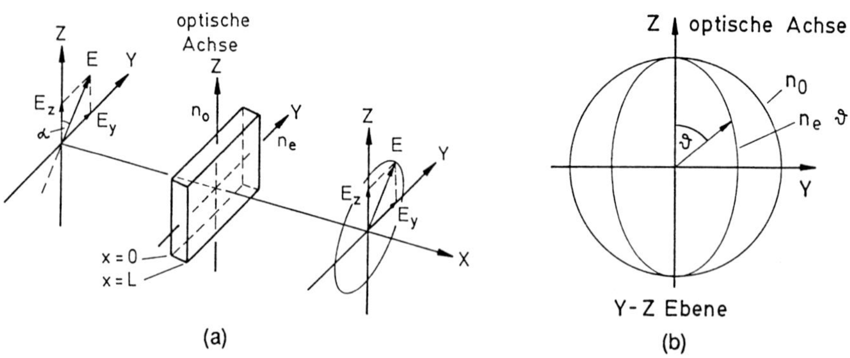

Abb.4.39a,b. Lyot-Filter: (**a**) Schematische Anordnung, (**b**) Brechungsindex von ordentlichem und außerordentlichem Strahl als Funktion des Winkels δ der Ausbreitungsrichtung $\mathbf{K}$ gegen die optische Achse (Index-Ellipsoid)

$\delta/2$ gegen die ursprüngliche Richtung gedreht ist. Nur für $\delta = 2m\pi$ erhält man linear polarisiertes Licht mit derselben Polarisationsrichtung wie die der einfallenden Welle. Für $\delta = (2m+1)\pi$ und $\alpha = 45°$ ist die Ausgangswelle linear, aber senkrecht zur Eingangswelle polarisiert.

Das einfachste Lyot-Filter besteht aus einem doppelbrechenden Kristall, der zwischen zwei parallel gestellte Linearpolarisatoren gesetzt wird. Lassen die Polarisatoren die Polarisations-Richtung **E** optimal durch, so wird bei einer Drehung von **E** um den Winkel ϕ nur die Komponente $E \cdot \cos\phi$, also die Intensität $I = I_0 \cos^2\phi$ durchgelassen. Schickt man weißes Licht durch das Lyotfilter, so erhält man daher eine wellenlängenabhängige Transmission, d.h.

$$T(\lambda) = T_0 \cos^2(\pi \Delta n L/\lambda) \ . \tag{4.81}$$

Der freie Spektralbereich $\delta\nu$ ist mit $\nu = c/\lambda$

$$\delta\nu = \frac{c}{(n_0 - n_a)L} \ . \tag{4.82}$$

Schaltet man mehrere Lyot-Filter mit verschiedenen Längen L_m und Transmission $T_m(\lambda)$ hintereinander, so ist die Gesamttransmission

$$T = \prod_m T_m \ .$$

In Abb.4.40 ist die Transmission für drei Filter mit $L_m = 2^m L_0$ aufgetragen ($m = 0,1,2$). Der freie Spektralbereich ist gleich dem des kürzesten Filters, während die Halbwertsbreite der transmittierten Strahlung im wesentlichen durch die des längsten Filters bestimmt wird. Definiert man wie beim Fabry Perot als Finesse F^* das Verhältnis von freiem Spektralbereich zur Halbwertsbreite, so erhält man aus (4.81 und 82)

$$F^* \simeq 2^{m+1} \ , \tag{4.83}$$

wenn das längste Filter 2^m mal so lang wie das kürzeste ist.

Man kann die Wellenlänge $\lambda_m = \Delta n \cdot L/m$ des Transmissionsmaximums eines Lyot-Filters auf verschiedene Weise kontinuierlich durchstimmen. Eine Methode verwendet die Variation von $\Delta n = n_0 - n_a$ durch mechanisches Verdrehen der optischen Achse gegen den Ausbreitungsvektor K der Lichtwelle [4.42]. Zur Wellenlängendurchstimmung von Farbstofflasern werden z.B. 2-3 planparallele doppelbrechende Platten verschiedener Dicke innerhalb des Laserresonators verwendet, auf die der linear polarisierte Laserstrahl unter dem Brewster-Winkel α_B auftrifft (Abb.4.41). Beim Eintritt in einen doppelbrechenden Kristall spaltet das linear polarisierte Licht auf in einen ordentlichen Strahl, dessen Brechungsindex n_o unabhängig vom Winkel zwischen K und der optischen Achse ist (Abb.4.41b) und einen außerordentlichen Strahl mit Brechungsindex $n_a(\phi)$, der vom Winkel ϕ abhängt.

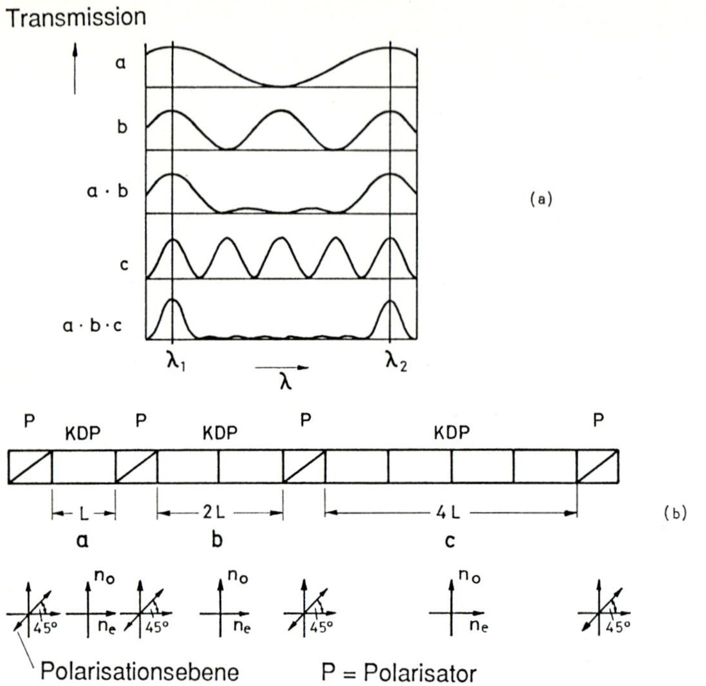

Abb.4.40. Transmissionsspektrum eines Lyot-Filters aus 3 Komponenten der Dicke d = md$_0$ mit m = 1,2,4

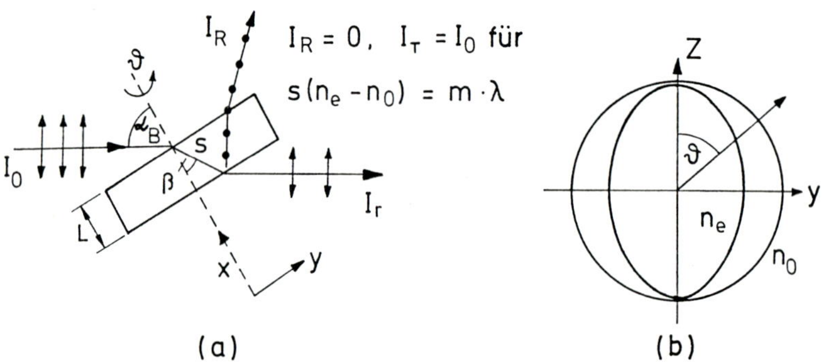

Abb.4.41a,b. Mechanische Wellenlängendurchstimmung eines Lyot-Filters. (**a**) Unter dem Brewsterwinkel geneigte doppelbrechende planparallele Platte mit der z-Richtung als optische Achse, die um die x-Achse gedreht wird. (**b**) Zugehöriges Brechungsindex-Ellipsoid

In Abb.4.41a liegt die optische Achse in z-Richtung und der Kristall wird um die x-Achse gedreht. Für Wellenlängen, die der Bedingung

$$(n_0 - n_a)L/\cos\beta = m\lambda \quad \text{(m: ganzzahlig)} . \tag{4.84}$$

genügen, ist die austretende Welle wieder in der Zeichenebene linear polarisiert und erleidet daher keine Reflexionsverluste.

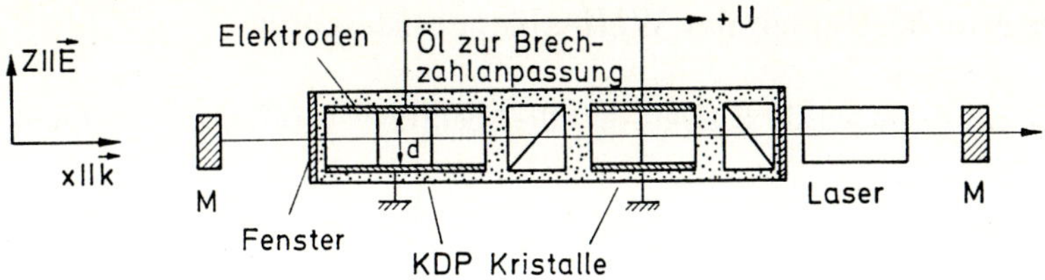

Abb.4.42. Elektrisches Wellenlängendurchstimmen eines Lasers durch ein elektro-optisches Lyot-Filter im Laser-Resonator (Abb.4.45)

Eine zweite Methode zur Wellenlängendurchstimmung benutzt ein äußeres elektrisches Feld, das entweder senkrecht oder parallel zur Ausbreitungsrichtung der durch den Kristall laufenden Lichtwelle angelegt wird (Abb.4.42). Dieses elektrische Feld erzeugt in optisch einachsigen "elektro-optischen" Kristallen, wie z.B. KDP (=Kalium-Dihydrogen-Phosphat) eine zusätzliche Doppelbrechung, die von der Orientierung der optischen Achse gegen die Feldrichtung abhängt (transversaler bzw. longitudinaler elektro-optischer Effekt) [4.43.44]. Wenn z.B. in KDP die optische Achse (z-Richtung) parallel zur Feldrichtung gewählt wird und der Ausbreitungsvektor K der Lichtwelle senkrecht zu $E = \{0, 0, E_z\}$ ist, dann erhält man für in z-Richtung polarisiertes Licht eine feldabhängige Änderung des Brechungsindex n

$$\Delta n_{el}(E_z) = \tfrac{1}{2} d n^3 E_z \ , \tag{4.85}$$

die proportional zur Feldstärke E_z ist. Für KDP ist der elektro-optische Koeffizient $d = -10{,}7 \cdot 10^{-12}$ m/V [4.43]. Maximale Transmission erhält man für die Wellenlängen

$$\lambda_m = (n_0 - n_a + \tfrac{1}{2} d n_a{}^3 E_z) L/m \ . \tag{4.86}$$

Der Vorteil der elektro-optischen Lyot-Filter liegt in der Möglichkeit, die Wellenlänge sehr schnell durchzustimmen, wenn man auch nur kleine Abstimmbereiche erreicht [4.45].

Beispiel 4.9

Für einen KDP-Kristall mit L = 2 cm, $n_0 = 1{,}47$, $n_a = 1{,}51$ ist für $E_z = 0$ und $\lambda = 600$ nm nach (4.86) $m = 1{,}33 \cdot 10^3$.

Der freie Spektralbereich ist gemäß (4.73) $\delta\nu = 375$ GHz $\hat{=}$ 12,5 cm^{-1} $\hat{=}$ $\delta\lambda = 0{,}45$ nm.

Bei Variationen der Feldstärke von 0 auf 10^4 V/cm verschiebt sich λ_m um 0,277 nm, also um etwas mehr als einen halben freien Spektralbereich. Um bei fester Wellenlänge vom Transmissionsmaximum des Lyot-Filters (Abb.4.40) ins Minimum zu schalten, d.h. die transmittierte Intensität vollständig zu modulieren, braucht man also für unser Beispiel eine Feldstärke von etwa 8 kV/cm.

4.4 Moderne Methoden der Wellenlängen-Messung

Im Abschnitt 4.2.8 wurde gezeigt, daß die spektrale Auflösung eines Interferometers

$$\frac{\lambda}{\Delta\lambda} = \frac{\Delta s_m}{\lambda}$$

durch die maximale Wegdifferenz Δs_m der miteinander interferierenden Teilstrahlen in Einheiten der Wellenlänge λ gegeben ist. Um überhaupt noch deutliche Interferenz zu erhalten, kann jedoch Δs_m nicht größer als die Kohärenzlänge Δs_c der einfallenden Strahlung gemacht werden (Abschn.2.11). Da z.B. die Doppler-Breite von Spektrallinien im sichtbaren Gebiet von der Größenordnung 10^9 Hz ist (was einer Kohärenzlänge von etwa 10 cm entspricht), ist die maximale Wegdifferenz und damit das Auflösungsvermögen der Interferometer in der Doppler-limitierten klassischen Spektroskopie prinzipiell beschränkt.

Die Situation ändert sich bei der Messung von Laserwellenlängen, da man mit genügend schmalbandigen und frequenzstabilen Lasern (Kap.6) Kohärenzlängen von vielen Metern erreichen kann. Deshalb sind in den letzten Jahren eine Reihe verschiedener Geräte zur genauen Messung von Laserwellenlängen entwickelt worden, die in der Literatur je nach Autor als „Lambda-Meter", „Wavemeter" oder „Sigmameter" (weil $\sigma=1/\lambda$ in der Spektroskopie die Wellenzahl angibt) bezeichnet werden [4.46]. Die wichtigsten Typen sollen hier kurz behandelt werden.

4.4.1 Das Michelson-Lambdameter

Bei der Wellenlängen-Messung im Michelson-Interferometer [4.47,48] wird die unbekannte Wellenlänge λ_x eines monochromatischen („single mode") Lasers bestimmt, indem sie gleichzeitig mit der bekannten Wellenlänge λ_R eines Referenzlasers gemessen und verglichen wird. Als Referenz kann z.B. ein HeNe-Laser verwendet werden, dessen Wellenlänge auf eine Hyperfein-Komponente eines Überganges bei $\lambda = 632.9$ nm im I_2-Molekül stabilisiert ist (Abschn.7.3) und die durch unabhängige Messungen mit einer relativen Genauigkeit von 10^{-10} bekannt ist [4.49].

Das Prinzip der Messung wird in Abb.4.43 verdeutlicht: Der HeNe-Laserstrahl wird aufgeweitet, damit die Beugungsdivergenz verkleinert wird und die Wellenfronten durch ebene Wellen angenähert beschrieben werden können. Der Strahlteiler ST1 erzeugt zwei Teilstrahlen mit etwa gleicher Intensität, von denen der eine den festen Weg ST1-P1-P2-P1-ST2 durchläuft, der andere den zeitlich variablen Weg ST1-P3-M3-M4-P4-ST2. Am Strahlteiler ST2 werden beide Teilstrahlen wieder überlagert und die Photodiode PD1 mißt die Interferenz-Intensität. Die beiden Retroreflexionsprismen P_3 und P_4 sind auf einem Wagen befestigt, der mit der konstanten Geschwindigkeit v über polierte Schienen oder auf einer Luftkissenfahrbahn gezogen wird.

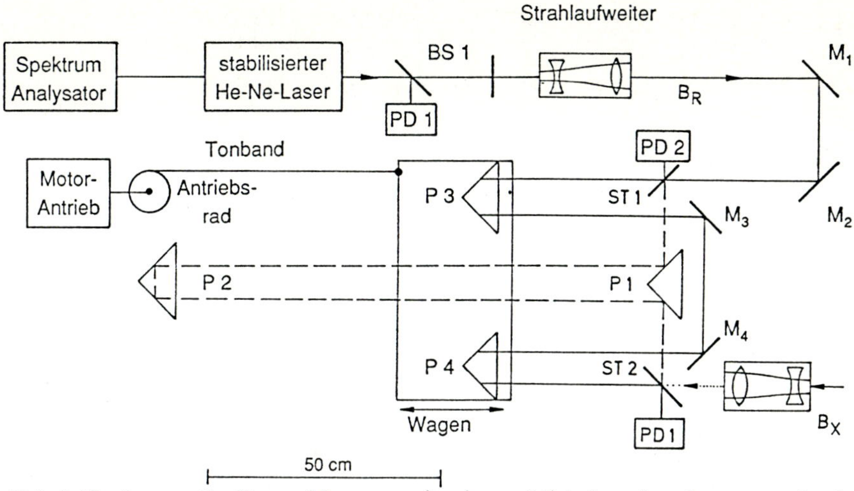

Abb.4.43. Laserwellenlängen-Messung mit einem Michelson-Interferometer durch Vergleich mit einem stabilisierten HeNe-Laser

Mit der optischen Wegdifferenz

$$\Delta s = n_L(\Delta s_0 + 4vt)$$

zwischen den beiden Teilstrahlen in Luft mit dem Brechungsindex n_L erhält man nach (4.30) für die Interferenz-Intensität am Ort des Detektors

$$I(t) = \frac{1}{2}(1 + \cos\delta) = I_0 \cos^2\frac{\delta}{2} \tag{4.87}$$

mit der Phasendifferenz

$$\delta = (2\pi/\lambda)\Delta s = (n_L 2\pi/\lambda_R)(\Delta s_0 + 4vt) = (n_L 2\pi/\lambda_R)4vt + \delta_0 \,. \tag{4.88}$$

Die Ausgangsspannung $U(t) = aI(t)$ des Detektors PD1 triggert jedesmal beim steilsten Anstieg, also zu den Zeiten

$$t_m = \frac{(m + 3/4)\lambda_R}{4n_L V} - t_0 \quad \text{mit} \quad t_0 = \frac{\Delta s_0}{4v} \,. \tag{4.89}$$

einen Pulsformer, dessen Normpulse mit der Zählrate $4n_L v/\lambda_R$ von einem Zähler Z1 gezählt und gespeichert werden.

Der Ausgangsstrahl des Lasers mit der zu messenden Wellenlänge λ_x wird nun genau antiparallel zum Referenzlaserstrahl durch das Interferometer geschickt. Die Photodiode PD2 mißt die zeitabhängige Interferenzintensität (4.87) mit λ_x statt λ_R und der Zähler Z2 registriert die Zählrate $4n_L v/\lambda_x$. Durch einen Startpuls werden die Signalwege zu beiden Zählern zu einem Zeitpunkt freigegeben, an dem von PD1 gerade ein Normpuls ge-

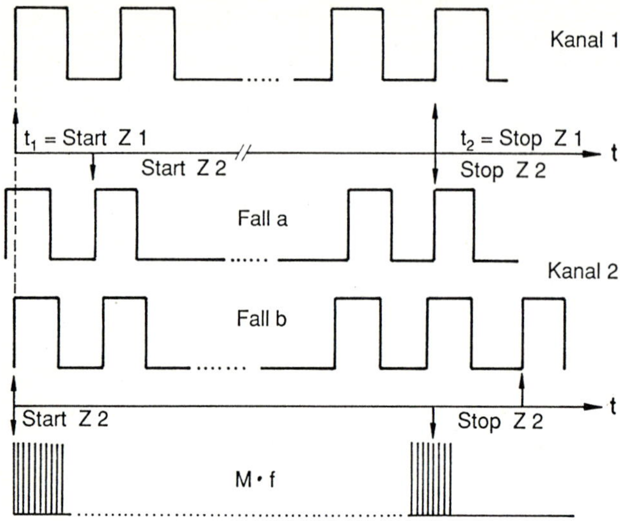

Abb.4.44. Zeitliche Folge von Signalpulsen im Meßkanal und im Referenzkanal

triggert wird und wieder gesperrt, so bald Z1 eine vorwählbare ganze Zahl m_1 erreicht hat.

Die unbekannte Wellenlänge λ_x erhält man dann aus dem Verhältnis der Zählraten m_R und m_x

$$\lambda_x = \frac{m_R}{m_x + \epsilon} \frac{n_L(\lambda_x, p_{Luft}, p_{H_2O}, T)}{n_L(\lambda_R, p_{Luft}, p_{H_2O}, T)} \lambda_R . \tag{4.90}$$

Die unbekannte Größe $\epsilon < 2$ berücksichtigt, daß beim Start und Stop der beiden Zähler zwar für den Referenzkanal die Phase der Interferenzintensität bekannt ist, aber nicht für den Signalkanal (Abb.4.44). Im ungünstigsten Fall würde ein Signalpuls geformt gerade kurz vor dem Startzeitpunkt t_1 beider Zähler oder kurz nach dem Stopzeitpunkt t_2, so daß das gemessene Zeitintervall $\Delta T = t_2 - t_1$ um fast zwei Schwebungsperioden von $I_x(t)$ variieren kann. Bei einer Zählrate von $m_x = 10^7$ kann dadurch ein relativer Fehler von bis zu $2 \cdot 10^{-7}$ entstehen.

Es gibt verschiedene Möglichkeiten, diese Fehlerquelle zu beseitigen: Eine Methode basiert auf einer Koinzidenzschaltung: In beiden Kanälen werden aus dem Interferenzsignal kurze Normpulse ($\simeq$50ns Dauer) geformt, die, bevor sie die beiden Zähler erreichen, durch einen Schalter laufen, der von einer Koinzidenzstufe geöffnet, bzw. geschlossen wird. Die Koinzidenzstufe öffnet beide Schalter, sobald nach einem Startsignal die Normpulse in beiden Kanälen gleichzeitig an der Koinzidenzstufe ankommen. Sie schließt die Schalter, sobald diese Gleichzeitigkeit nach einem Stopsignal wieder auftritt. Dadurch ist gesichert, daß sowohl zum Start- als auch zum Stop-Zeitpunkt beide Signale dieselbe Phase (innerhalb der Auflösungszeit) haben. Dies gibt bei einer Zeitauflösung von 50 ns und einer Zählrate von 200 kHz einen maximalen Phasenfehler von etwa $\pi/50$.

Eine andere Methode benutzt eine phasengekoppelte Multiplikation der Eingangsfrequenz f_x im Signalkanal mit Hilfe eines "phase-locked loops" [4.50], der eine Ausgangsfrequenz $M \cdot f_x$ erzeugt, deren Phase synchron mit der des Eingangssignals durch Null geht. Im Signalkanal entsteht dadurch eine Pulsrate Mf_x und die Unsicherheit ϵ wird um den Faktor M verkleinert.

Aus (4.90) erhält man für den maximalen relativen Fehler der Wellenlängenbestimmung mit der Abkürzung $V = n_L(\lambda_x)/n_L(\lambda_R)$

$$\left|\frac{\Delta\lambda_x}{\lambda_x}\right| \leq \left|\frac{\Delta\lambda_R}{\lambda_R}\right| + \left|\frac{\Delta m_x}{m_x}\right| + \left|\frac{\Delta V}{V}\right| + \left|\frac{\delta s}{\Delta s}\right| . \tag{4.91}$$

Der letzte Term, der in (4.90) nicht enthalten ist, berücksichtigt, daß, z.B. durch ungenaue Justierung, die Wegdifferenzen Δs im Interferometer sich um den Betrag δs für die beiden nicht exakt antiparallel laufenden Strahlen des Referenzlasers und des zu messenden Lasers unterscheiden. Wir wollen kurz die Größenordnung der vier Terme abschätzen:

a) Die Referenzwellenlänge λ_R ist in mehreren Labors mit einer Reproduzierbarkeit von besser als 10^{-10} gemessen worden [4.51]. Ihren Absolutwert erhält man z.B. durch Wellenlängenvergleich des I_2-stabilisierten HeNe-Lasers mit einem CH_4-stabilisierten HeNe-Laser bei $\lambda = 3{,}39\ \mu m$, dessen Frequenz $\nu = c/\lambda_{CH_4}$ absolut gemessen wurde. Man beachte, daß seit 1983 die Lichtgeschwindigkeit c definiert ist und die Wellenlänge $\lambda = c/\nu$ allein durch Messung der Frequenz ν bestimmbar ist [4.52]! Die relative Frequenzstabilität eines Jod-stabilisierten HeNe-Lasers ist bei sorgfältigem experimentellem Aufbau (Abschn.5.4 und 7.3) besser als 10^{-10}. Der Beitrag des 1. Terms in (4.91) ist daher kleiner als $3 \cdot 10^{-10}$ und vernachlässigbar gegenüber den anderen Termen [4.53].

b) Der 2. Term in (4.91) berücksichtigt, daß, wie oben bereits diskutiert wurde, die Zahl m_R der Referenz-Interferenzperioden zwischen Start- und Stop-Zeitpunkt ganzzahlig ist, die der Signal-Interferenzperioden $m_x + \epsilon$ jedoch nicht notwendigerweise. Der durch die unbekannte Größe ϵ verursachte relative Fehler ist bei der Koinzidenzmethode $< 2 f_x \Delta\tau / m_x$, wenn $\Delta\tau$ die Zeitauflösung ist. Bei der Verwendung eines "phase-locked loops" mit einem Multiplikationsfaktor M ist der relative Fehler $< 2/(M m_x)$. Für $f_x = 2 \cdot 10^5$, $m_x = 10^7$, $\Delta\tau = 50$ ns und $M = 100$ erhält man für den 2.Term in (4.91) bei beiden Methoden den Wert $2 \cdot 10^{-9}$.

c) Der 3. Term $\Delta V/V$ ist durch die Genauigkeit begrenzt, mit der man das Verhältnis der Brechungszahlen $n_L(\lambda_x)/n_L(\lambda_R)$ in Luft beim Druck p_L, der Temperatur T und dem Wasser-Partialdruck p_{H_2O} bestimmen kann. Man mißt den Totaldruck p (auf etwa 0.5 bar genau) die Temperatur T (auf 0.1° genau) und die relative Luftfeuchtigkeit (auf 5% genau) und kann dann mit Hilfe von Formeln, die von *Edlen* [4.54] und *Owens* [4.55] angegeben wurden, die Brechzahlen $n(\lambda_x, p_L, p_{H_2O}, T)$ und $n(\lambda_R, p_L, p_{H_2O}, T)$ berechnen. Mit den oben angegebenen Meßgenauigkeiten für p_L, p_{H_2O} und T wird der Beitrag des 3. Terms in (4.91)

$$\frac{\Delta V}{V} \simeq 1\cdot 10^{-3} \left| n_0(\lambda_x) - n_0(\lambda_R) \right| , \tag{4.92}$$

wobei n_0 die Brechzahl für trockene Luft bei Normalbedingungen (T_0 = 15° C, p_0 = 760 torr) ist. Der relative Fehler hängt von der Wellenlängendifferenz $\Delta\lambda = |\lambda_x - \lambda_R|$ ab und ist für $\Delta\lambda$ = 1nm < 10^{-11}, steigt aber für $\Delta\lambda$ = 200 nm (λ_x = 430nm bei $\lambda_R \simeq$ 630nm) auf $5\cdot 10^{-9}$ an.

d) Der Beitrag des letzten Terms in (4.91) hängt von der erreichbaren Justiergenauigkeit ab, mit der die beiden Laserstrahlen im Interferometer parallel gemacht werden können. Wenn zwischen beiden Strahlen ein Neigungswinkel α auftritt, unterscheiden sich die beiden optischen Wegdifferenzen um

$$\Delta s(\lambda_R) - \Delta s(\lambda_x) = \Delta s_R(1 - \cos\alpha) \simeq \Delta s\alpha^2/2 , \tag{4.93}$$

sodaß ein systematischer Fehler $\Delta\lambda/\lambda \simeq \alpha^2/2$ bei der Wellenlängenbestimmung auftritt. Um diesen Fehler unter $5\cdot 10^{-9}$ zu halten, muß also $\alpha < 10^{-4}$ Rad = 20" sein. Man muß daher die Parallelität beider Strahlen sehr sorgfältig prüfen.

Die obige Diskussion hat gezeigt, daß ein solches Michelson-Lambdameter Wellenlängen mit einer relativen Genauigkeit von besser als 10^{-8} zu messen gestattet. Im Frequenzmaß bedeutet dies bei einer Frequenz ν = $5\cdot 10^{14}$ s^{-1} eine Absolutgenauigkeit von besser als 5 MHz. Dies ist in der Tat erreichbar [4.56-59].

4.4.2 Sigmameter

Ein Nachteil des im Abschnitt 4.4.1 beschriebenen Michelson-Interferometers mit zeitlich variablem Wegunterschied ist seine Beschränkung auf kontinuierliche (cw) Laser. Mit dem, am Aimé Cotton in Orsay entwickelten Sigmameter [4.60], das aus vier Zwei-Kanal-Michelson-Interferometern mit unterschiedlichen, aber festen Wegdifferenzen besteht, können die Wellenlängen von cw und auch von gepulsten Lasern mit einer Genauigkeit von 10^{-8} gemessen werden.

Das Funktionsprinzip ist in Abb.4.45 erläutert: Ein Teil des eintretenden Laserstrahls wird zur Grobmessung der Wellenlängen in einen Monochromator geschickt. Der Hauptstrahl läuft durch eine achromatische Strahlteilerfläche zwischen zwei Platten. Der durchgehende Strahl wird an einem Spiegel M_n reflektiert. Der an der Strahlteilerfläche reflektierte Strahl läuft in das untere Prisma, wird an dessen unterer Fläche totalreflektiert und vom Spiegel M_0 wieder in sich zurückreflektiert. Bei der Totalreflexion tritt ein Phasensprung auf, der von der Polarisationsrichtung der Lichtwelle abhängt; die zwei Polarisationsrichtungen senkrecht bzw. parallel zur Einfallsebene pro Totalreflexion unterscheiden sich um $\pi/4$ [4.23]. Nach der Überlagerung der beiden an M_n bzw. an M_0 reflektierten Teilstrahlen erhält man daher für die beiden Polarisationsrichtungen eine Phasendifferenz $(2\pi\sigma\delta+\phi_0)$ bzw. $(2\pi\sigma\delta+\pi/2+\phi_0)$, wobei $\sigma = 1/\lambda$ und δ ist der optische Wegunterschied zwischen den beiden Teilstrahlen. Trennt man die beiden

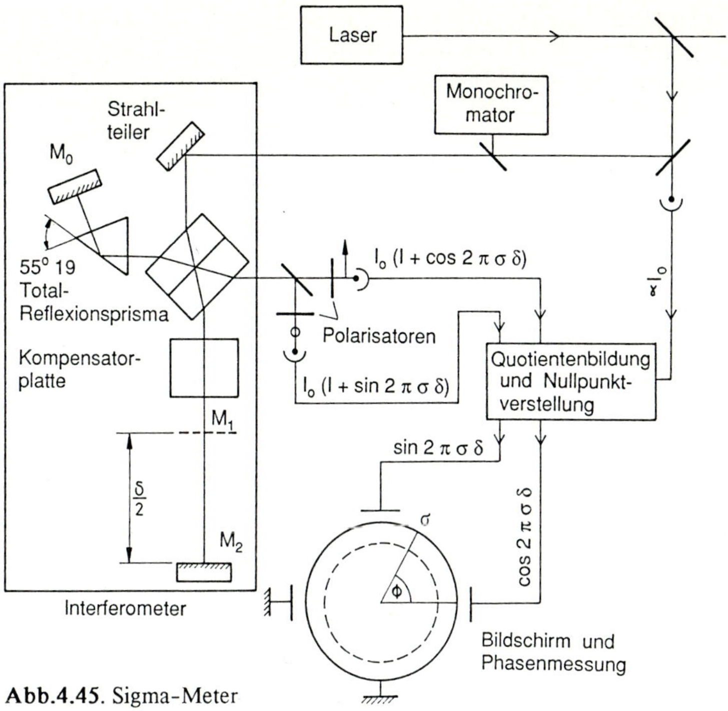

Abb.4.45. Sigma-Meter

Polarisationskomponenten durch zwei gekreuzte Polarisatoren vor den Detektoren, so registrieren diese die Interferenzintensitäten

$$I_1 = I_0 \cos(2\pi\sigma\delta + \phi_0) \quad \text{und} \quad I_2 = I_0 \sin(2\pi\sigma\delta + \phi_0) ,$$

wobei ϕ_0 die Summe aller Phasensprünge angibt bei der Reflexion im Strahlteiler.

Gibt man die Ausgangssignale der beiden Detektoren auf die x- und y-Ablenkplatten eines Oszillographen, so erscheint auf dem Schirm ein heller Punkt, der mit sich ändernder Wegdifferenz δ auf einem Kreis umläuft. Aus der Position dieses Punktes kann die Interferenzphase $(2\pi\sigma\delta+\phi_0)$ abgelesen werden. Die Wellenzahl $\sigma = 1/\lambda$ kann daraus allerdings nur modulo $1/\delta$ bestimmt werden, da alle Wellenzahlen $\sigma_K = \sigma_0 + k/\delta$ eine äquivalente Phase ergeben.

Um die Vieldeutigkeit von σ zu beseitigen, werden 4 solcher Interferometer verwendet mit Wegdifferenzen von 0.1 cm, 1 cm, 10 cm und 100 cm. Das Interferometer mit der kürzesten Wegdifferenz erlaubt bei einer Genauigkeit der Phasenmessung von $2\pi/100$ die eindeutige Bestimmung der Wellenzahl mit einer Genauigkeit von 0.1 cm^{-1}, falls die Wellenzahl schon auf ± 10 cm^{-1} bekannt ist. Deshalb wird zur Vormessung ein kleiner Monochromator verwendet. Die endgültige Genauigkeit des Sigmameters wird durch das Interferometer mit der längsten Wegdifferenz bestimmt und beträgt dann etwa 10^{-4} cm^{-1}, d.h. 3 MHz im Frequenzmaß.

Natürlich müssen alle Wegdifferenzen entsprechend gut zeitlich konstant sein. Sie werden mit Hilfe eines Jod-stabilisierten HeNe-Lasers über die Position der Endspiegel M_n ($n = 1,2,3,4$), die auf Piezoelementen montiert sind, stabilisiert.

Man sieht, daß der experimentelle Aufwand recht groß und die Anforderungen an die Präzision der optischen Elemente sehr hoch sind. Dafür hat man allerdings ein sehr genaues, schnelles und für alle schmalbandigen Laser geeignetes Wellenzahlmeßgerät.

4.4.3 Computergesteuertes Fabry-Perot-Wellenlängenmeßgerät

Wir haben im Abschnitt 4.2.2 gesehen (Abb.4.23), daß alle Wellenlängen $\lambda_m = \lambda_i + m_0 \cdot \delta\lambda$, die sich um m_0 freie Spektralbereiche $\delta\lambda$ unterscheiden ($m_0 = 1,2,3,...$), das gleiche Interferenzbild hinter dem Fabry-Perot Interferometer zeigen, also mit dem FPI allein nicht unterscheidbar sind. Man muß deshalb durch zusätzliche Messungen die ganze Zahl m bestimmen, d.h. die größte Zahl von ganzen Wellenlängen λ, die bei senkrechtem Einfall zwischen die beiden Spiegelflächen des FPI mit Abstand d passen. Diese Zusatzmessungen geschehen wie beim Sigmameter auch beim Fabry-Perot-Lambdameter, das zuerst von *Byer* [4.61] vorgeschlagen wurde, gleichzeitig. Das Meßprinzip ist in Abb.4.46 schematisch dargestellt:

Der durch die Aperturblende A1 in das Gerät eintretende Laserstrahl wird am Strahlteiler St1 aufgespalten in einen Anteil (≃2%), der auf den Eintrittsspalt eines kleinen Monochromators abgebildet wird, und in den Hauptanteil (≃98%), der dann nochmals in drei Teilstrahlen aufgeteilt wird, die divergent durch drei unterschiedlich dicke FPI geschickt werden.

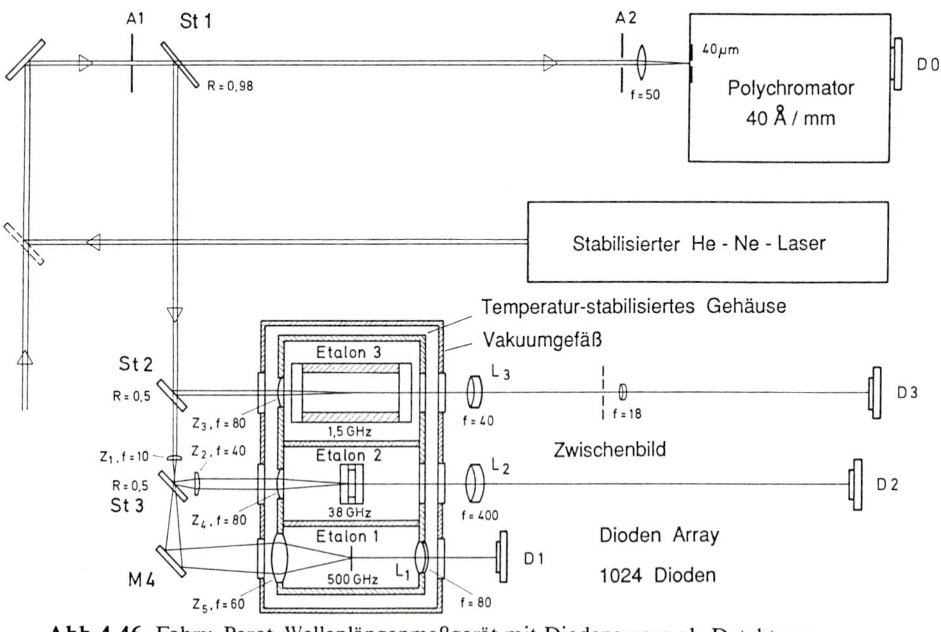

Abb.4.46. Fabry-Perot-Wellenlängenmeßgerät mit Diodenarrays als Detektoren

Der Austrittsspalt des Monochromators ist durch eine Diodenanordnung (Diodenarray) D4 ersetzt, das aus 1024 Siliziumdioden mit je 15 μm Breite und 26 μm Höhe mit einem Diodenabstand von 25 μm besteht, so daß aus dem Monochromator ein Polychromator wird. Fällt monochromatisches Licht auf den 40 μm breiten Eintrittsspalt, so werden höchstens zwei der 1024 Dioden beleuchtet. Aus der „Kanal-Nummer" der beleuchteten Dioden dieses „Vielkanaldetektors" kann die Wellenlänge λ mit einer Unsicherheit $\Delta\lambda_p = (d\lambda/dx)\cdot\Delta x$ bestimmt werden, wenn Δx die Unsicherheit angibt, mit der die Lage der Linienmitte bestimmbar ist (Δx entspricht etwa der halben Breite einer Diode) und $d\lambda/dx$ die reziproke lineare Dispersion des Monochromators ist (Abschn.4.4.1).

Beispiel 4.10

Mit $d\lambda/dx = 5$ nm/mm und $\Delta x = 20$ μm erhält man $\Delta\lambda_p \simeq 0.1$ nm.

Die Interferenz-Ringsysteme hinter den drei FPI werden durch drei Linsen auf drei weitere Diodenarrays D1-D3 abgebildet, die so justiert werden, daß sie das Ringsystem zentral schneiden (Abb.4.47). Wenn der freie Spektralbereich $\delta\lambda_1$ des dünnsten FPI größer ist als $2\cdot\Delta\lambda_p$, kann aus der Monochromatormessung die integrale Ordnung m_0 in (4.52a) eindeutig bestimmt werden. Erfaßt das Diodenarray D1 etwa 4-5 Ringdurchmesser, so kann durch einen "least-squares-fit" der Durchmesserquadrate $D_p{}^2$ an (4.55) der Exzeß ϵ_1 auf etwa 0.01 genau ermittelt werden werden. Mit Hilfe von (4.52a) erhält man dann die Wellenlänge λ mit einer gegenüber der Monochromatormessung um den Faktor $100(\Delta\lambda_p/\delta\lambda_1)$ höheren Genauigkeit. Dadurch ist es nun möglich, die wesentlich größere integrale Ordnung m_{02} des dickeren zweiten FPI eindeutig zu bestimmen. Aus dem durch D2 gemessenen Ringsystem des FPI2 läßt sich der Exzeß ϵ_2 wieder auf etwa 0.01 ermitteln und die Genauigkeit der Wellenlängenmessung steigt weiter um den Faktor $\delta\lambda_1/\delta\lambda_2$, so daß die integrale Ordnung m_{03} des dritten FPI mit dem kleinsten freien Spektralbereich bestimmt werden kann.

Das Auslesen des Diodenarrays wird von einem Microprozessor gesteuert, der auch die Berechnung der Ringdurchmesser, der Exzesse ϵ_i und schließlich der Wellenlänge λ durchführt.

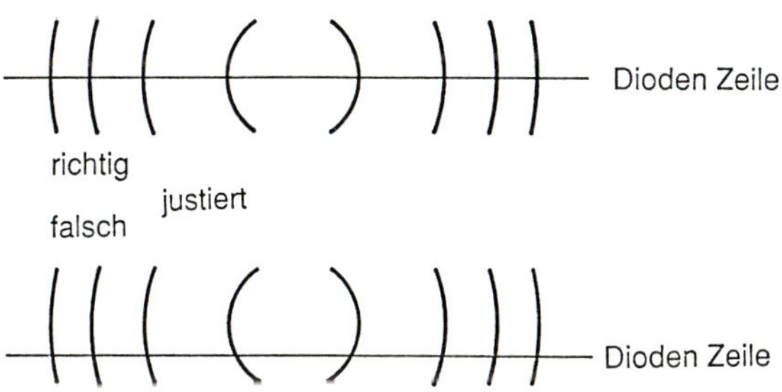

Abb.4.47. Messung des FPI-Ringsystems mit einem Diodenarray

Die endgültig erreichte Genauigkeit des FPI Lambdameters ist

$$\Delta\lambda = \Delta\epsilon_3\, \delta\lambda_3 + \Delta\lambda_{\text{Eichung}} + (d\lambda/dT)\Delta T\,, \tag{4.94}$$

wobei $\Delta\epsilon_3 \simeq 0.01$ die Unsicherheit bei der Bestimmung des Exzesses ϵ_3 ist und $\delta\lambda_3$ der freie Spektralbereich des dritten FPI. Das ganze System muß natürlich einmal für den zu verwendenden Spektralbereich geeicht werden, um die unbekannten optischen Abstände $n_i d_i$ zwischen den Spiegelflächen der einzelnen FPI zu bestimmen. Dies geschieht z.B. mit Farbstofflaserwellenlängen, die gleichzeitig mit dem Michelson-Lambdameter gemessen werden. Der zweite Term in (4.94) berücksichtigt die bei dieser Eichung auftretenden Fehler.

Da die Abstände $n_i d_i$ der FPI von der Temperatur T und vom Luftdruck p abhängen, muß das System der drei FPI temperaturstabilisiert und druckdicht sein. Bei einer Temperaturabweichung ΔT wird der optische Abstand nd sich um

$$\Delta(nd) = d\,\frac{\partial n}{dT}\Delta T + n\,\frac{\partial d}{\partial T}\Delta T \tag{4.95}$$

ändern und damit nach (4.52a) der Meßwert für die Wellenlänge λ. Bei Quarz-Etalons ist der erste Term in (4.95) bei weitem dominant, während bei evakuierten FPI die Längenänderung der Abstandshalter, d.h. der zweite Term, den Hauptbeitrag liefert. Man kann die Stabilität des Systems kontrollieren und regeln, indem das Ringsystem eines stabilisierten HeNe-Lasers hinter dem letzten FPI gemessen wird.

Der Vorteil des FPI-Lambdameters ist seine Verwendbarkeit für gepulste und für Dauerstrich (cw) Laser. Während das Michelson-Lambdameter "single-mode" cw Laser verlangt, kann hier die Bandbreite des Lasers beliebig sein. Man kann z.B. die von den Diodenarrays gemessenen Schnitte durch die Ringsysteme direkt auf einen Oszillographen geben und damit das Linienprofil des Lasers beobachten. Zur Illustration sind in Abb.4.48 die von den Diodenarrays aufgenommenen Signale für einen in zwei Moden oszillierenden HeNe-Laser hinter D1-D3 gezeigt und im unteren Teil das von D3 aufgenommene Linienprofil eines gepulsten Ein-Moden-Farbstofflasers ($\Delta T \simeq 12$ ns), dessen Fourier-Breite $\Delta\nu \simeq (1/\pi\cdot\Delta T)$ hier sichtbar wird [4.56]. Die notwendige Eingangslaserenergie beträgt einige μW. Man kann einzelne Pulse beobachten oder über viele Pulse mitteln. Während die Oszillographenanzeige des Linienprofils unmittelbar erfolgt, braucht der Rechner einige Sekunden, um die Wellenlänge zu bestimmen.

Für nähere Einzelheiten über dieses für die Praxis des Laserspektroskopikers überaus nützliche Instrument wird auf die Spezialliteratur [4.56, 62,63] verwiesen.

4.4.4 Fizeau-Lambdameter

Analog zu den beiden vorherigen Lambdameter-Typen ist das "Fizeau wavemeter" [4.64-66] sowohl für gepulste als auch für cw Laser zu ver-

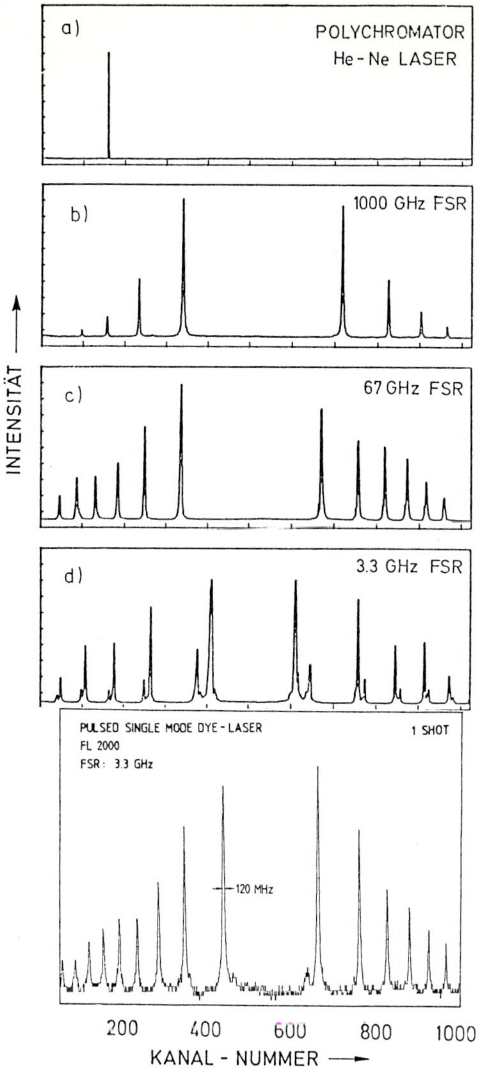

Abb.4.48. Ausgangssignale der 4 Diodenarrays D1-D4 bei Beleuchtung mit einem HeNe-Laser, der auf 2 axialen Moden mit $\delta\nu$ = 500 MHz oszilliert (**a**–**d**). Das untere Bild **e** zeigt die Intensitätsverteilung des Ringsystems eines Exzimer-Laser gepumpten Farbstofflasers, gemessen mit D4

wenden. Der optische Aufbau (Abb.4.49) ist relativ einfach. Der Laserstrahl wird durch ein Mikroskop-Objektiv auf eine Lochblende fokussiert und der divergente Strahl wird dann durch einen Parabolspiegel in ein paralleles, stark aufgeweitetes Lichtbündel transformiert, das schräg auf ein Fizeau-Interferometer [4.61] trifft. Dieses besteht aus zwei Quarzplatten, die einen leicht keilförmigen Luftspalt von etwa 1 mm Dicke und einem Keilwinkel $\phi \simeq 1/20°$ einschließen. Im reflektierten Lichtbündel entsteht dann durch Interferenz ein Muster von parallelen Streifen, deren Abstand

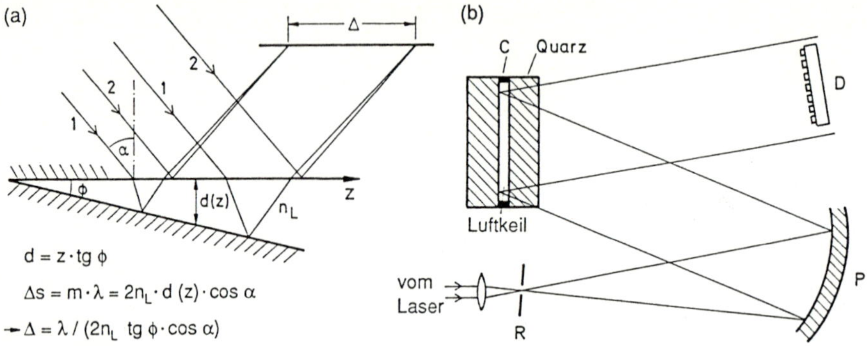

Abb.4.49a,b. Fizeau-Interferometer. (**a**) Grundprinzip der Interferenz, (**b**) schematischer Aufbau (R: Raumfilter, P: Parabolspiegel, D: Diodenarray, C: Cerodurabstandshalter)

Δ vom Einfallswinkel α, vom Brechungsindex n_L im Luftspalt, dem Keilwinkel ϕ und der Wellenlänge λ abhängt. Man erhält [4.14]

$$\Delta = \lambda(2n_L \sin\phi \tan\alpha)^{-1} . \tag{4.96}$$

Verändert man λ, so verschiebt sich das Streifensystem und der Abstand Δ ändert sich. Nach dem freien Spektralbereich $\delta\lambda = \lambda^2/(2n_L d\cos\alpha)$ ist die Verschiebung gerade gleich dem Streifenabstand, und daher ist das Streifensystem für die beiden Wellenlängen λ und $\lambda+\delta\lambda$ fast identisch - abgesehen von dem nach (4.96) nur geringfügig abweichendem Abstand Δ. Man muß also die Wellenlänge λ besser als bis auf $\pm\delta\lambda/2$ kennen. Diese Vorkenntnis kann man aus der Messung von Δ gewinnen. Mißt man das Streifensystem mit einer Anordnung von 1024 Dioden, so kann man Δ und damit λ auf etwa 10^{-4} genau bestimmen durch einen "least-squares-fit" an die gemessene Interferenzstreifenstruktur [4.65].

Bei einem Plattenabstand von 1 mm ist die Interferenzordnung m etwa 3000 für sichtbares Licht. Die Messung von Δ ist daher genau genug, um die Interferenzordnung eindeutig festzulegen. Aus der Lage der Interferenzstreifen läßt sich dann nach Eichung des Systems mit bekannten Wellenlängen die gesuchte Wellenlänge auf etwa $1\cdot10^{-7}$ bestimmen.

Der Vorteil des Fizeau-Lambdameters ist seine kompakte Bauweise [4.66] und sein gegenüber den anderen Typen von Wellenlängenmeßgeräten einfacherer Aufbau, der auch einen geringeren Preis bedingt. Seine Genauigkeit ist allerdings nicht so hoch wie die des FPI-Gerätes. Eine besonders elegante technische Lösung, die in Abb.4.50 gezeigt ist, wurde von *Gardner* entwickelt [4.67]. Der Luftkeil wird durch ein Zerodurabstandsstück zwischen zwei Quarzplatten gebildet, die optisch aufgesprengt sind, so daß das Keilvolumen luftdicht abgeschlossen ist. Das reflektierte Licht wird über ein totalreflektierendes Prisma auf das Diodenarray umgelenkt. Auch hier wird, wie beim FPI-System, die Auswertung des Diodenarraysignals mit einem kleinen Computer durchgeführt.

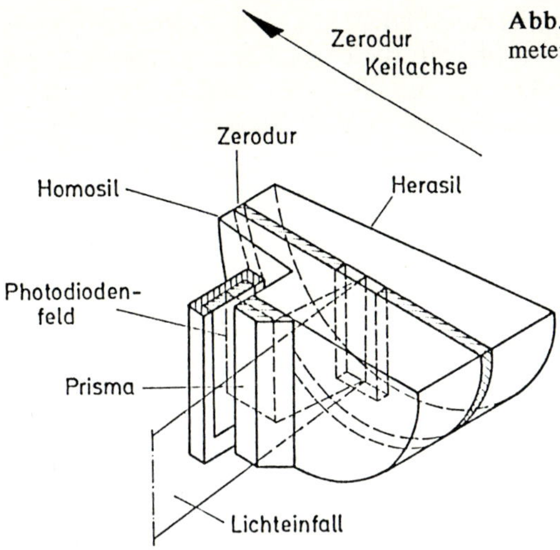

Abb.4.50. Kompaktes Fizeau-Wavemeter [4.66]

4.5 Detektoren

Für viele spektroskopische Probleme ist der empfindliche Nachweis von Licht und die genaue Messung seiner Intensität von entscheidender Bedeutung. Die richtige Auswahl des geeigneten Detektors muß folgende charakteristische Eigenschaften von Strahlungsdetektoren berücksichtigen:

1) Die spektrale Empfindlichkeitskurve $\eta(\lambda)$, die den Wellenlängenbereich festlegt, in dem der Detektor benutzt werden kann und die man kennen muß, um aus zwei gemessenen Ausgangssignalen $S_1(\lambda_1)$ und $S_2(\lambda_2)$ die entsprechenden auf den Detektor fallenden Strahlungsleistungen $P_1(\lambda_1) = S_1/\eta(\lambda_1)$ bzw. $P_2(\lambda_2) = S_2/\eta(\lambda_2)$ bestimmen zu können. Wird das Signal am Ausgang als Spannung V_s abgenommen, so wird die Empfindlichkeit

$$\eta(\lambda) = \frac{V_s}{P} = \frac{V_s}{AI} \quad \left[\frac{V}{W}\right] \tag{4.97a}$$

in Einheiten von Volt pro Watt auf die Detektorfläche A auffallende Strahlungsleistung P mit der Intensität I = P/A angegeben. Ist das Ausgangssignal eine Stromänderung Δi (z.B. bei Photowiderständen oder Photomultipliern), so gilt für die Empfindlichkeit entsprechend

$$\eta(\lambda) = \frac{\Delta i}{P} \quad \left[\frac{A}{W}\right]. \tag{4.97b}$$

2) Das erreichbare Signal/Rausch-Verhältnis V_S/V_R ist prinzipiell begrenzt durch das Rauschen der einfallenden Strahlung. In der Praxis ist jedoch häufig das Eigenrauschen des Detektors (z.B. Dunkelstrom des Photomultipliers) die limitierende Größe. Man gibt das Detektorrauschen

als "rauschäquivalente Strahlungsleistung" NEP (vom engl. "noise equivalent input power") an. Darunter versteht man diejenige Eingangsstrahlungsleistung P, die am Ausgang des Detektors ein Signal V_S erzeugt, das genauso groß ist wie das ohne Strahlung gemessene mittlere Rausch-Ausgangssignal V_R

$$\mathrm{NEP} = \frac{P}{V_S/V_R} = \frac{V_R}{\eta} . \tag{4.97c}$$

Oft wird die *spezifische Detektivität*

$$D^* = \frac{\sqrt{A\ \Delta f}}{P} \frac{V_S}{V_r} = \frac{\sqrt{A\ \Delta f}}{\mathrm{NEP}} \tag{4.98}$$

als Maß für die Güte eines Detektors angegeben. Sie entspricht bei einer Detektorfläche $A = 1\ cm^2$ und einer Bandbreite von $\Delta f = 1$ Hz im Nachweissystem der inversen rauschäquivalenten Strahlungsleistung NEP und ist daher ein Maß für das mit dem Detektor erreichbare Signal/Rausch-Verhältnis bei gegebener Eingangsleistung P.

3) Beim Vergleich stark unterschiedlicher Strahlungsleistungen P muß man sicher sein, daß der Detektor im verwendeten Leistungsbereich linear bleibt, d.h. daß die Empfindlichkeit η *nicht* von P abhängt und daher immer $S \propto P$ gilt.

4) Das Zeitverhalten des Detektors, insbesondere seine Ansprechzeit, ist für die Messung gepulster Signale von entscheidender Bedeutung. Fällt Strahlung, die mit der Frequenz f periodisch moduliert ist, auf einen Detektor, so zeigen viele Detektoren ein Frequenzverhalten, das man durch das Ersatzschaltbild (Abb.4.51) beschreiben kann, in dem eine Wechselspannungsquelle einen Kondensator C über einen Widerstand R_1 auflädt, der über R_2 wieder entladen wird. Das Ausgangssignal S(f) bei der Frequenz f wird dann

$$S(f) = \frac{S(0)}{\sqrt{1 + (2\pi f \tau)^2}} , \tag{4.99}$$

wobei $\tau = CR_1R_2/(R_1+R_2)$ die sogenannte "Zeitkonstante" des Detektors ist, die für $R_1 >> R_2$ in $\tau \simeq CR_2$ übergeht. Wir werden bei den einzelnen

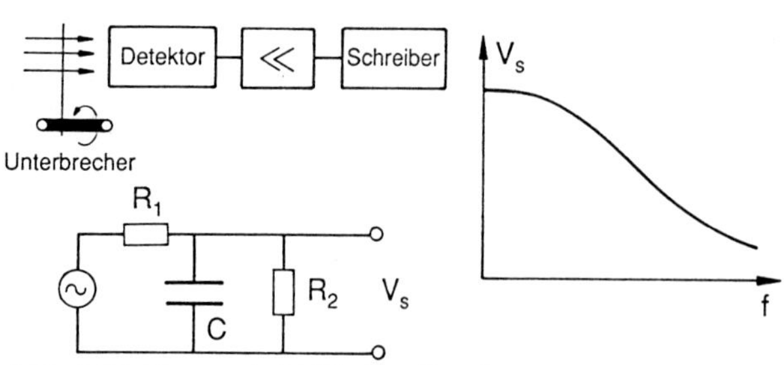

Abb.4.51. Ersatzschaltbild eines Detektors

Detektortypen erläutern, welche Detektorgrößen den Ersatzgrößen R_1, R_2 und C entsprechen.

5) Natürlich ist der Preis eines Detektors eine wichtige Größe, die oft die Auswahl des optimalen Detektors begrenzt.

Wir wollen in den folgenden Abschnitten kurz die wichtigsten Detektortypen behandeln, die man grob in zwei Klassen einteilen kann:

a) Thermische Detektoren.

b) Direkte Photodetektoren.

Beim ersten Typ wird die Temperaturerhöhung durch die Absorption der einfallenden Strahlung direkt oder indirekt als Meßgröße benutzt. Die direkten Photodetektoren beruhen entweder auf der Photoemission von Elektronen aus Festkörperoberflächen (äußerer Photoeffekt), auf der Änderung der Leitfähigkeit von Halbleitern bei Lichteinfall (innerer Photoeffekt) oder auf der Erzeugung einer Photospannung an der Grenzfläche zwischen unterschiedlich dotierten Halbleitern (photovoltaischer Effekt).

Während die Empfindlichkeit thermischer Detektoren *unabhängig* von der Wellenlänge ist, haben Photodetektoren eine spektrale Empfindlichkeit $\eta(\lambda)$, die bei der Photoemission von der Austrittsarbeit des Photokathodenmaterials abhängt, bei Photoleitern vom Bandabstand des Halbleiters und seiner Dotierung.

In den letzten Jahren hat die Entwicklung sehr empfindlicher Detektoren große Fortschritte gemacht, die nicht zuletzt durch militärische Anwendungen vorangetrieben wurden. Als Beispiele werden neue Photokathoden, Bildverstärker und sogenannte "optische Vielkanalanalysatoren (OMA'S) kurz behandelt.

Für ausführlichere Darstellungen des in diesem Abschnitt behandelten Themas wird auf spezielle Monographien [4.68-70] und auf die an den entsprechenden Stellen angegebene Literatur verwiesen.

4.5.1 Thermische Detektoren

Die charakteristischen Größen eines thermischen Detektors (Abb.4.52) sind seine Wärmekapazität H und seine thermischen Verluste $G \cdot \Delta T$, die bei einer Temperaturdifferenz $\Delta T = T - T_0$ gegenüber der Umgebungstemperatur T_0 durch Wärmeleitung oder Strahlung auftreten. Wird der Bruchteil β der zu messenden Strahlungsleistung P vom Detektor absorbiert, so steigt dessen Temperatur auf einen Wert T, der durch die Leistungsbilanz

$$\beta P = H \frac{dT}{dt} + G(T - T_0) \tag{4.100}$$

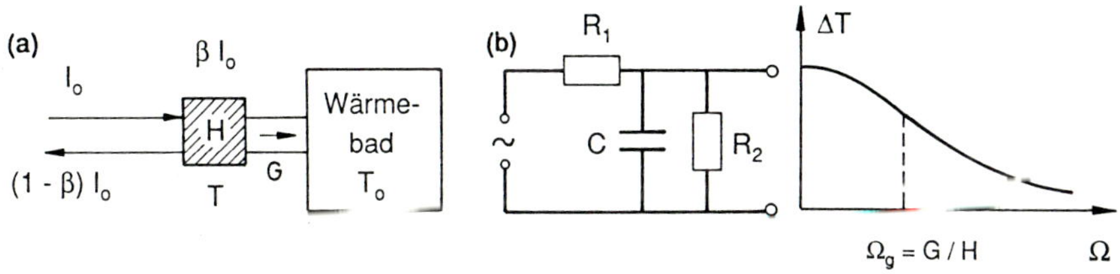

Abb.4.52. Grundprinzip eines thermischen Detektors (**a**) und Ersatzschaltbild (**b**)

bestimmt wird. Bei zeitlich konstanter Strahlungsleistung P_0 wird dT/dt = 0, und man erhält eine stationäre Temperaturerhöhung

$$\Delta T = T - T_0 = \beta P_0/G \,, \tag{4.101}$$

die nur von den Wärmeverlusten des Detektors, nicht von seiner Wärmekapazität abhängt.

Schaltet man zur Zeit t = 0 eine konstante Strahlungsleistung P_0 ein, so ergibt die Lösung von (4.100)

$$T = T_0 + \frac{\beta P_0}{G}(1 - e^{-tG/H}) \,. \tag{4.102}$$

Der Detektor erreicht exponentiell seinen asymptotischen Endwert $T(\infty)$ mit der "Zeitkonstanten" $\tau = H/G$. Man sieht daraus, daß kleine Wärmeverluste G den Detektor zwar empfindlich, aber auch langsam machen.

Läßt man eine periodisch modulierte Strahlungsleistung

$$P = P_0(1 + a\cos\Omega t)$$

auf den Detektor fallen, so erhält man aus (4.100) einen Temperaturverlauf

$$T = T_0 + \frac{\beta P_0 a\cos(\Omega t+\phi)}{(G^2 + \Omega^2 H^2)^{1/2}} = T_0 + \Delta T\cdot\cos(\Omega t+\phi) \,. \tag{4.103}$$

Die Phasenverschiebung ϕ der Temperaturmodulation ist durch

$$\tan\phi = \Omega H/G \tag{4.104}$$

bestimmt. Bei der Grenzfrequenz $\Omega_g = G/H$ wird $\phi = 45^0$ und die Amplitude ΔT sinkt auf $1/\sqrt{2}$ ihres Wertes bei $\Omega = 0$. In dem Ersatzschaltbild der Abb.4.52 für den thermischen Detektor entsprechen sich folgende Größen: $C \leftrightarrow H$; $R_2 \leftrightarrow 1/G$ für $R_1 >> R_2$; Ladestrom i $\leftrightarrow$ Strahlungsleistung P.

Thermische Detektoren, bei denen die Temperaturerhöhung ΔT in ein elektrisches Ausgangssignal umgewandelt wird, heißen *Bolometer*. Wir wollen zwei Typen kurz besprechen. Die erste verwendet den thermoelektrischen Effekt in Thermoelementen. In solchen thermoelektrischen Bolometern sind auf der Rückseite eines dünnen, auf der Frontseite geschwärzten Bleches, das die Strahlung absorbiert, N Thermoelemente in Reihe gelötet (Abb.4.53a). Man erhält dann eine Thermospannung

$$V_{th} = Na(T-T_0) + Nb(T-T_0)^2 + \dots \,,$$

wobei die thermoelektrischen Koeffizienten a und b von den beiden Materialien abhängen.

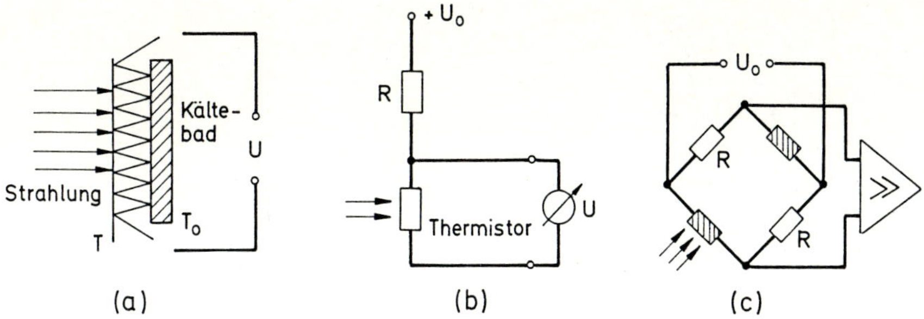

Abb.4.53. (**a**) Thermosäule. (**b**) Thermistor als temperaturabhängiger Widerstand. (**c**) Brückenschaltung mit Differenzverstärker

---

Beispiel 4.11

Für Eisen-Konstantan z.B. ist $a = 5 \cdot 10^{-2}$ mV/° C und $b \simeq 3 \cdot 10^{-5}$ mV/(° C)^2, was bei N = 20 eine Thermospannung von 1 mV/° C ergibt.

Empfindlicher ist die Ausnutzung der Abhängigkeit des elektrischen Wiederstandes R von der Temperatur. Bei einer Temperaturänderung ΔT ändert sich R um

$$\Delta R = \frac{dR}{dT} \Delta T \,. \tag{4.105}$$

Der Faktor dR/dT wird besonders groß bei Halbleitern, bei denen die Ladungsträgerkonzentration n_e im Leitungsband durch

$$n_e = C\exp(-\Delta E_g/2kT)$$

beschrieben werden kann, wenn ΔE_g der Bandabstand ist. Bei einer Temperaturänderung ΔT ändert sich n_e gemäß

$$\frac{n_e(T)}{n_e(T + \Delta T)} = \exp\left(-\frac{\Delta E_g \Delta T}{2kT^2}\right) . \tag{4.106}$$

Die Leitfähigkeit und damit 1/R ist proportional zu n_e. Die relative Widerstandsänderung wird daher bei tiefen Temperaturen größer. Solche Halbleiter-Photowiderstände werden in einer Schaltung nach Abb.4.53b oder noch empfindlicher in einer Brückenschaltung nach Abb.4.53c verwendet.

Der Faktor dR/dT in (4.105) wird besonders groß bei der Sprungtemperatur T_c eines Supraleiters im Bereich zwischen Normal- und Supraleitung. Sorgt man durch eine Temperatur-Regelung dafür, daß das Bolometer immer bei der Temperatur T_c gehalten wird, so ist die Größe des Regelsignals ein Maß für die vom Bolometer absorbierte Leistung [4.71,72]. Durch die Entwicklung der neuen Hochtemperatur-Supraleiter [4.73] werden die technischen Anforderungen an ein so betriebenes Bolometer wesentlich vereinfacht.

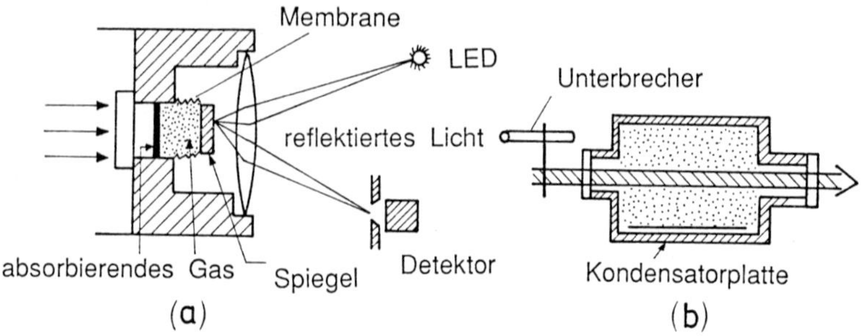

Abb.4.54. Golay-Zelle mit optischem Nachweis durch Reflexion eines Lichtstrahles an der Zellenmembran (**a**) und mit Drucknachweis durch ein Mikrophon (Spectraphon) (**b**)

Tiefe Temperaturen erhöhen auch aus folgendem Grund die Empfindlichkeit eines Bolometers:

Selbst bei perfekter Isolierung lassen sich Strahlungsverluste nicht vermeiden. Nach dem Stefan Boltzmann-Gesetz strahlt ein Detektor mit der Fläche A und der Emissivität ϵ einen Netto-Strahlungsfluß

$$\Delta\phi = 4\epsilon\sigma A T^3 \Delta T = G\Delta T \qquad (4.107)$$

an seine Umgebung, wenn seine Temperatur T um ΔT höher als die der Umgebung ist. Dies begrenzt die Empfindlichkeit $\eta \propto 1/\sigma \propto (1/T^3 + 1/G_{WL})$ bei Zimmertemperatur auf etwa 10^{-10} W. Durch Kühlen des Detektors auf 4K kann man jedoch Strahlungsleistungen von 10^{-12} W noch messen.

Außer den Bolometern können Golayzellen [4.74] verwendet werden, bei denen die absorbierte Strahlung zur Erwärmung und daher zur Druckerhöhung eines kleinen abgeschlossenen Gasvolumens führt. Diese Druckerhöhung kann entweder optisch über entsprechende Verkippung eines Spiegels nachgewiesen werden (Abb.4.54a) oder, bei periodischer Druckänderung, über ein empfindliches Mikrophon (Abb.4.54b) (siehe auch Abschn. 6.2.3).

In den letzten Jahren sind thermische Detektoren technisch weiter entwickelt worden, die auf dem bereits seit langem bekannten pyroelektrischen Effekt beruhen [4.75]. Pyroelektrische Materialien besitzen in bestimmten Kristallrichtungen ein makroskopisches elektrisches Dipolmoment, das vom Gitterabstand im Kristall und daher von der Temperatur abhängt. Das von dieser dielektrischen Polarisation erzeugte elektrische Feld im Innern des Kristalls wird kompensiert durch eine entsprechende Verteilung von Oberflächenladung, die bei einem guten elektrischen Isolator stabil bleibt und nicht abfließen kann. Eine Änderung der dielektrischen Polarisation durch Änderung der Temperatur bewirkt eine Änderung der Oberflächenladung, die über aufgebrachte Elektroden durch kapazitive Kopplung eine Ausgangsspannung erzeugt (Abb.4.55).

Im Gegensatz zu den bisher besprochenen thermischen Detektoren sprechen die pyroelektrischen Detektoren auf die Größe dT/dt der zeitlichen Änderung der Temperatur an, nicht auf die Temperatur selbst. Man

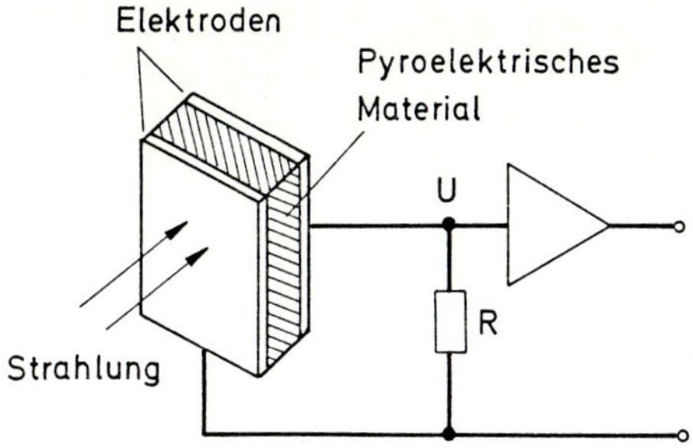

Abb.4.55. Pyroelektrischer Detektor

muß daher eine zeitlich konstante Strahlung modulieren, um sie mit pyroelektrischen Detektoren nachweisen zu können. Die Ausgangsspannung V_s wird bei einer Unterbrecherfrequenz Ω, einer Detektorfläche A, einem elektrischen Widerstand R des pyroelektrischen Materials zwischen den Elektroden und einem pyroelektrischen Koeffizienten p

$$V_s = \Omega p A R \Delta T (1 + \Omega^2 \tau^2)^{-1/2} , \tag{4.108}$$

wobei die Zeitkonstante $\tau = RC$ des Detektors durch die Kapazität C des Elektrodenpaares und den Widerstand R bestimmt wird. Die Unterbrecherfrequenz sollte daher $\Omega \simeq 1/\tau$ sein, um das Signal groß zu machen. Die Zeitkonstanten τ liegen im Bereich von 10^{-3} - 10^{-4} s, obwohl mit speziellen Anordnungen schon Zeitauflösungen unter 1 ns erreicht wurden [4.76] .

Die Nachweisgrenzen moderner pyroelektrischer Detektoren erreichen $\Delta T \leq 10^{-6}$ °C. Ihre Detektivität ist etwa $D \simeq 10^8$ - 10^9 [cm $s^{-1/2} W^{-1}$] und kann mit Bolometern konkurrieren. Ihr Vorteil ist ihre robuste Bauweise und ihre relativ einfach Handhabung.

Zur *Absoluteichung* eines thermischen Detektors kann man eine bekannte Leistung P (z.B. durch elektrische Heizung) zuführen (Abb. 4.56). Fällt die zu messende Strahlung mit der Leistung P_s auf den Detektor, so verringert man die elektrische Heizleistung um einen solchen Betrag ΔP_{el}, daß die Temperatur T des Detektors konstant bleibt,so daß gilt: $P_s = \Delta P_{el}$.

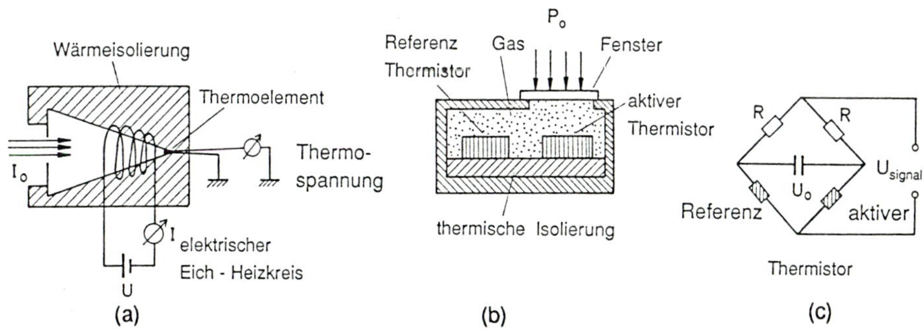

Abb.4.56a-c. Absoluteichung eines thermischen Detektors. (**a**) Kalorimeter mit externer Referenzheizung, (**b**) bestrahlter Thermistor mit unbestrahltem Referenzthermistor in einer Brückenschaltung (**c**)

Bei dieser Eichmethode ist sichergestellt, daß die Wärmeverluste $G(T-T_0)$ sich nicht ändern.

Soll bei gepulsten Lasern die Energie eines Laserpulses gemessen werden, so läßt sich bei gleichmäßiger Pulsfolgenfrequenz f die *mittlere* Leistung $\overline{P}$ wie bei kontinuierlichen Lasern messen, solange die Zeitkonstante τ des Bolometers groß ist gegen den zeitlichen Abstand $\Delta t = 1/f$ zwischen zwei Pulsen. Die Pulsenergie W eines Pulses ist dann $W = \overline{P}/f$. Für die Messung eines einzigen Pulses wirkt der thermische Detektor als Integrator. Es gilt nach (4.100)

$$\int_0^{t_0} \beta P dt = H\Delta T + \int_0^{t_0} G(T-T_0)dt . \tag{4.109}$$

Ist die Pulsdauer t_0 klein gegen die Zeitkonstante τ des Detektors, so kann man bei thermisch gut isoliertem Detektor den zweiten Term vernachlässigen und erhält

$$\Delta T = \frac{1}{H} \int \beta P dt = \beta W/H . \tag{4.110}$$

Wegen ihrer wellenlängenunabhängigen Empfindlichkeit (wenn $\beta \simeq 1$ nicht von λ abhängt), kann man thermische Detektoren benutzen, um die spektrale Empfindlichkeit $\eta(\lambda)$ anderer Detektoren zu eichen.

4.5.2 Photodioden

Photodioden sind Halbleiterelemente, die bei Bestrahlung entweder ihre Leitfähigkeit ändern und damit als Photowiderstände verwendet werden können oder eine Photospannung erzeugen und daher als lichtabhängige Spannungsquellen eingesetzt werden können [4.77].

a) Photoleiter

Die Photoleitung eines reinen Halbleiters (z.B. Si) läßt sich im Bändermodell vereinfacht wie in Abb.4.57 darstellen. Durch Absorption eines Photons mit $h\nu > E_G$ kann ein Elektron aus dem Valenzband in das Leitungsband mit dem Bandabstand E_G gebracht werden. Sowohl das dadurch entstehende "Loch" im Valenzband als auch das bewegliche Elektron im Leitungsband können zur Leitfähigkeit beitragen. Die Wahrscheinlichkeit für eine solche Absorption und damit der Absorptionskoeffizient α hängt von der Zustandsdichte im Leitungsband ab. In der Nähe der unteren Bandkante erhält man für einen idealen Halbleiter [4.78]

$$\alpha(\nu) = \begin{cases} C\sqrt{h\nu - E_G} & \text{für} \quad h\nu > E_G \\ 0 & \text{für} \quad h\nu < E_G \end{cases}$$

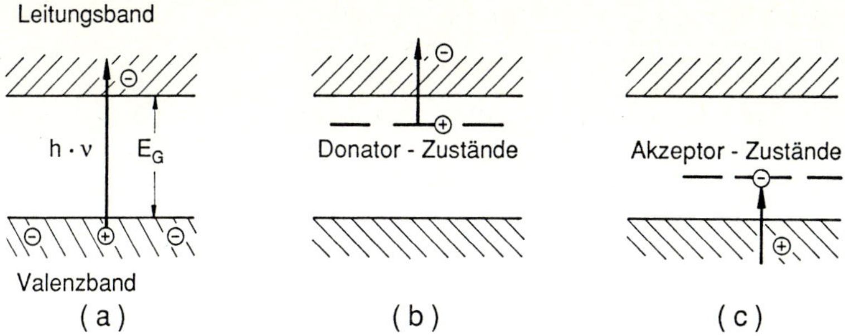

Abb.4.57. Direkte Bandabsorption in einem undotierten Halbleiter (**a**) und Übergänge durch Photoabsorption zwischen Störstellen (Donatoren (**b**) oder Akzeptoren (**c**) und Leitungs- bzw. Valenzband

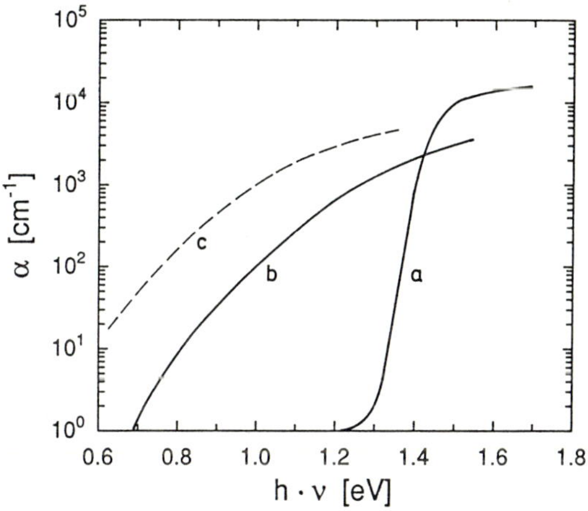

Abb.4.58. Absorptionskoeffizient $\alpha(\nu)$ für GaAs (**a**), kristallines Silizium (**b**) und amorphes Silizium (**c**)

in Abb.4.58 ist $\alpha(\nu)$ für Silizium (indirekter Bandübergang) und GaAs (direkter Bandübergang) aufgetragen. Man beachte, daß die Eindringtiefe von Licht für $\alpha = 10^4\ \text{cm}^{-1}$ nur etwa 10^{-4} cm = 1 μm ist!

Durch Dotierung von Halbleitern mit Atomen, deren Wertigkeit größer (Donatoren) bzw. kleiner (Akzeptoren) als die der Wirtsgitteratome ist, werden neue Elektronenzustände innerhalb der Bandlücke geschaffen, so daß die Lichtabsorption bereits bei kleineren Photonenenergien einsetzen kann. Solche dotierten Halbleiter können zur Detektion langwelliger Strahlung bis etwa $\lambda \leq 200\ \mu$m noch verwendet werden. Sie müssen allerdings auf Temperaturen von 70 K bzw. 4 K gekühlt werden, damit die thermische Ionisation der Donator- bzw. Akzeptorzustände unwahrscheinlich bleibt. Für längere Wellenlängen kann man Indium-Antimonid bei 4 K verwenden, wo die Absorption der Strahlung Elektronen von tiefen Zuständen des Leitungsbandes in höhere Zustände anregt. Diese "Intraband"-Übergänge innerhalb des Leitungsbandes verändern die Beweglichkeit der Leitungselektronen und damit die Leitfähigkeit.

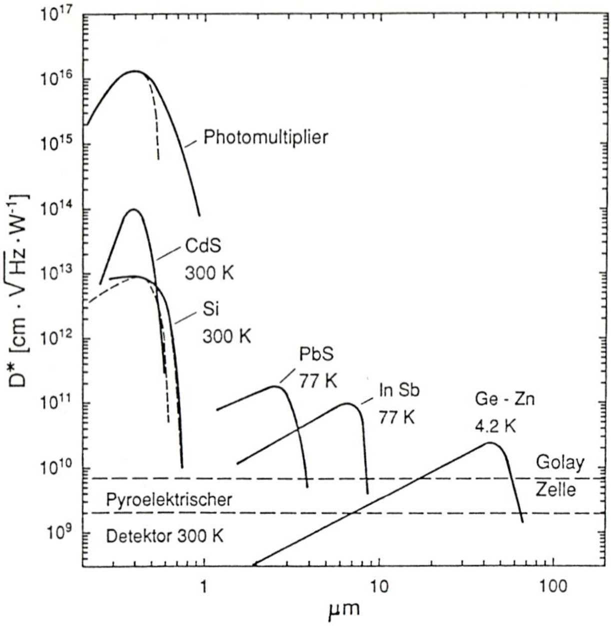

Abb.4.59. Spektraler Verlauf der Detektivität D* für verschiedene photoleitende Infrarotdetektoren

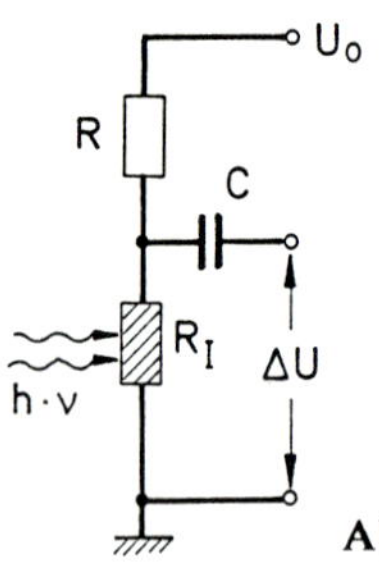

Abb.4.60. Schaltung eines Photoleiters

In Abb.4.59 ist der spektrale Verlauf der Detektivität D* einiger Photodetektoren dargestellt.

Abbildung 4.60a zeigt eine typische Schaltung für den Einsatz eines Photoleiters,dessen Widerstand vom Dunkelwert R_D auf den Wert R_I bei Bestrahlung mit Licht sinkt. Bei einer Versorgungsspannung U_0 wird die Änderung ΔU der Ausgangsspannung

$$\Delta U = \frac{U_0 R_D}{R_D + R} - \frac{U_0 R_I}{R_I + R} = \frac{R \Delta R}{(R + R_D)(R + R_I)} U_0 \tag{4.111}$$

maximal für

$$R = R_D \sqrt{1 - \Delta R / R_D} = \sqrt{R_D R_I}\,. \tag{4.112}$$

Wenn $\Delta R \ll R_D \Rightarrow R \simeq R_D$.

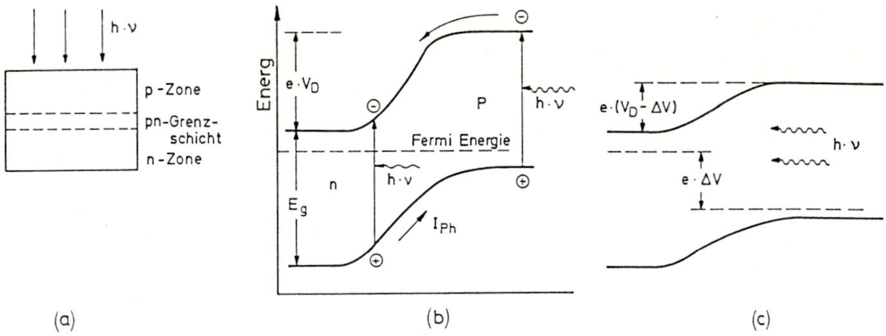

Abb.4.61a-c. Photovoltaisches Element. (**a**) Schematischer Aufbau. (**b**) Erzeugung eines Elektron-Loch-Paares durch Absorption eines Photons in der p-n-Grenzschicht. (**c**) Reduktion der Diffusionsspannung V_D bei offenem Schaltkreis

Die Zeitkonstante eines Photoleiters ist durch die mittlere Lebensdauer der Ladungsträger bestimmt, die durch Elektron-Loch-Rekombination und durch die Diffusionszeit der Träger durch das Material bedingt ist. PbS-Detektoren haben z.B. typische Zeitkonstanten zwischen 0.1-1 ms, während InSb Detektoren bis etwa 1 μs hinuntergehen. Zur Messung sehr schneller Signale sind photovoltaische Dioden besser geeignet.

b) Photovoltaische Detektoren

Während Photoleiter passive Elemente darstellen, die eine äußere Spannungsquelle brauchen, sind die photovoltaischen Detektoren aktive Elemente, die bei Beleuchtung ihre eigene Photospannung erzeugen. Ihr Grundprinzip wird aus Abbildung 4.61 deutlich: In der Grenzschicht zwischen p-dotiertem und n-dotiertem Teil eines unbeleuchteten p-n-Halbleiters ohne äußere Spannung baut sich durch Diffusion der Elektronen in die p-Region, bzw. der Löcher in die n-Region, eine Raumladung soweit auf, daß die dadurch entstehende Potentialdifferenz V_D (Diffusionsspannung) einen Feldstrom erzeugt, der entgegengesetzt zum Diffusionsstrom ist und diesen gerade kompensiert. Bei Anlegen einer äußeren Spannung U wird der Feldstrom beeinflußt und man erhält die in Abbildung 4.62 gezeigte typische Strom-Spannungscharakteristik (u) der unbeleuchteten Diode.

Wird der Detektor beleuchtet, so entstehen durch Photonenabsorption in der Grenzschicht Elektron-Loch-Paare (für $h\nu > \Delta E_G$). Die Diffusionsspannung treibt die Elektronen in die n-Zone, die Löcher in die p-Zone. Dies vermindert die Raumladung und damit die Spannung V_D um einen Betrag ΔV, der als Photospannung $U_{Ph} = \Delta V_0$ an den offenen Elektroden des Halbleiters gemessen wird (Leerlaufspannung). Sind diese kurzgeschlossen, so entsteht der Kurzschluß-Photostrom

$$i_{Ph} = -\eta e A \phi \,, \qquad (4.113)$$

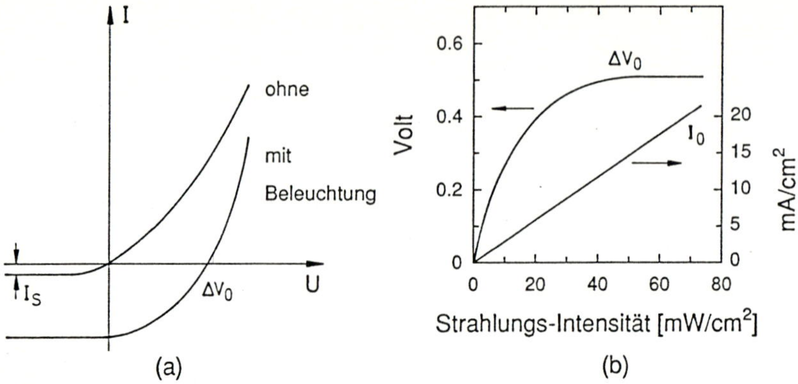

Abb.4.62. Strom-Spannungs-Charakteristik einer unbeleuchteten (**a**) und einer beleuchteten (**b**) Photodiode

wenn η die Quantenausbeute des Detektors, e die Elementarladung, A die photoempfindliche Fläche des Detektors und $\phi = I/h\nu$ die Flußdichte der einfallenden Photonen ist.

Legt man eine äußere Spannung U an, so wird der Gesamtstrom

$$i = CT^2 e^{-eV_D/kT}(e^{eU/kT} - 1) - i_{Ph} , \tag{4.114}$$

der durch die Kurve (b) in Abbildung 4.62 dargestellt ist [4.77]. Bei offenem Schaltkreis wird i = 0 und man erhält aus (4.114) die Leerlaufspannung

$$U_{Ph}(i{=}0) = \frac{kT}{e} \ln(i_{Ph}/i_s) + 1 , \tag{4.115}$$

wobei $i_s = CT^2 \exp(-eV_D/kT)$ der Sättigungsdunkelstrom in Sperr-Richtung ist.

Man beachte, daß die Photospannung $U_{Ph} < \Delta E_G/e$ immer kleiner als der Bandabstand $\Delta E_G/e$ ist. Die Leerlaufspannung wird im allgemeinen schon bei kleinen Beleuchtungstärken erreicht (Abb.4.63). Man muß deshalb die Photodiode mit einem geeigneten Widerstand R abschließen, so daß die Ausgangsspannung U = iR immer kleiner als die Sättigungsspannung U_s bleibt.

c) Lawinendioden

Größere Ausgangsspannungen und Ströme lassen sich in Lawinendioden [4.69] durch einen internen Verstärkungsmechanismus erreichen. Eine Lawinendiode wird mit einer so großen Gegenspannung betrieben, daß die durch Photoabsorption erzeugten Ladungsträger in der Grenzschicht durch das elektrische Feld genügend beschleunigt werden, um durch Stöße mit den Gitteratomen weitere Ladungsträger zu erzeugen. Der Ausgangsstrom wird dadurch um den Faktor M größer. Man erreicht Multiplikationsfaktoren $M \leq 10^6$.

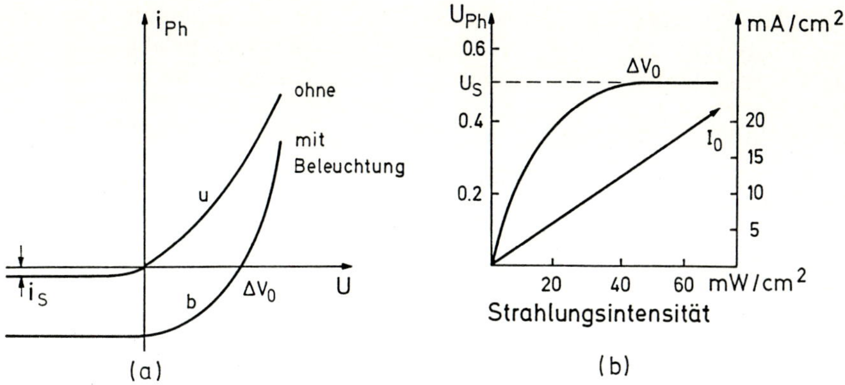

Abb.4.63. Leerlaufspannung und Kurzschlußstrom einer Photodiode als Funktion der Beleuchtungsstärke

Um Elektronenlawinen durch die in entgegengesetzte Richtung beschleunigten Löcher zu vermeiden, die zu zusätzlichem Rauschen führen würden, muß die Verstärkung für die Löcher wesentlich kleiner gemacht werden als für die Elektronen. Dies erreicht man durch eine Schichtenstruktur mit einem in Feldrichtung sägezahnförmigen variablen Bandabstand (Abb.4.64). In einem äußeren Feld wird der Verstärkungsfaktor für Elektronen etwa 50-100 mal größer als für Löcher [4.79b].

Solche modernen Lawinendioden sind praktisch das Festkörper-Analogon zu Photomultipliern (Abschn.4.5.4), brauchen aber eine wesentlich geringere Spannung (etwa 10-20V). Die Quantenausbeute kann bis zu 40% betragen und das Produkt aus Verstärkung mal Bandbreite bis zu 10^{12} Hz.

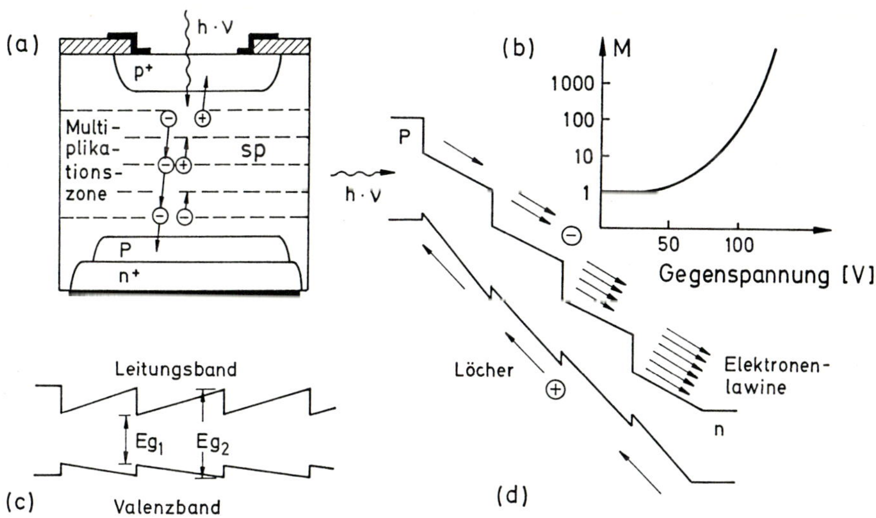

Abb.4.64a-d. Lawinendiode. (**a**) Prinzip der Lawinenbildung (n^+, p^+: starkdotierte Bereiche). (**b**) Verstärkungsfaktor M als Funktion der Gegenspannung einer Si-Avalanche-Diode. (**c**) Ortsabhängigkeit des Bandabstandes ohne äußeres Feld, (**d**) im äußeren Feld

Der Nachteil gegenüber Photomultipliern ist eine kleine empfindliche Fläche, die bei der Detektion von Fluoreszenzlicht ausgedehnter Lichtquellen wesentlich weniger Photonen empfängt als eine Photokathode.

d) Schnelle Photodioden

Um den zeitlichen Verlauf kurzer Laserpulse im Bereich 10^{-6}-10^{-10} s direkt messen zu können, muß der Photodetektor eine entsprechend große Zeitauflösung haben. Da diese durch die Diffusionszeit der Ladungsträger im Halbleiter und durch äußere Schaltelemente, wie Kapazitäten und Widerstände, bestimmt wird, muß man den Schaltkreis optimieren und die Diffusionszeit minimieren. Das letztere läßt sich erreichen durch eine große Gegenspannung U an der Diode, weil dann die Beschleunigung der Ladungsträger groß wird und ihre Diffusionszeit klein. Aus (4.114, 4.115) und Abb.4.62 sieht man, daß für große negative Werte von U, wo $\exp(eU/kT) \ll 1$ wird, der Gesamtstrom

$$i = -i_s - i_{Ph}$$

unabhängig von der äußeren Gegenspannung U wird. Der Photostrom i_{Ph} erzeugt an einem äußeren Widerstand R_L (Abb.4.65) eine Signalspannung $V_s = R_L \cdot i_{Ph}$, die über viele Größenordnungen hinweg proportional zur absorbierten Lichtleistung ist. (Man beachte, daß für diesen Fall $-U \gg E_G/e$ die Photospannung *größer* als der Bandabstand E_G werden kann!) Berücksichtigt man die Eigenkapazität C_s der Diode und ihren Widerstand R_i, so erhält man aus dem Ersatzschaltbild in Abb.4.65 die Grenzfrequenz

$$f_g = \frac{1}{2\pi C_s(R_i + R_L)} . \tag{4.116}$$

Um die Reflexion bei der Übertragung des Signals von der Photodiode zum Oszillographen durch ein 50 Ω Kabel zu vermeiden, wird im allgemeinen $R_L = 50 \Omega$ gewählt. Man muß für hohe Grenzfrequenzen, d.h. kurze Signalanstiegzeiten deshalb C_s klein machen. Dies bedingt z.B., daß die Fläche der Diode klein ist. Besonders schnelle Photodioden sind die PIN-Dioden (Abb.4.65b), dei denen die p- und n-Zonen durch eine undotierte Zone I

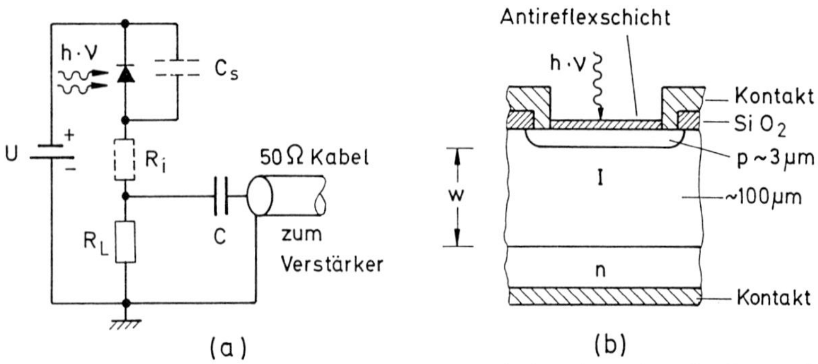

Abb.4.65. Ersatzschaltbild einer Photodiode mit Streukapazität C_s, Innenwiderstand R_i und Lastwiderstand R_L (**a**) und schematischer Aufbau einer PIN-Diode (**b**)

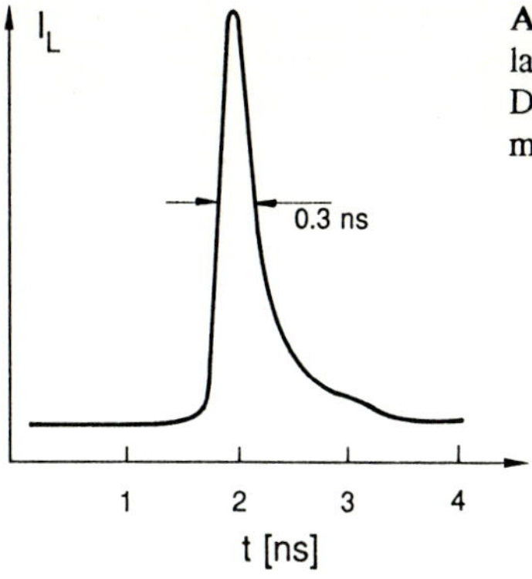

Abb.4.66. Puls eines modengekoppelten Farbstofflasers, aufgenommen mit einer schnellen Photodiode. Die kleinen Oszillationen in der Abfallflanke kommen von nicht völlig unterdrückten Kabelreflexionen

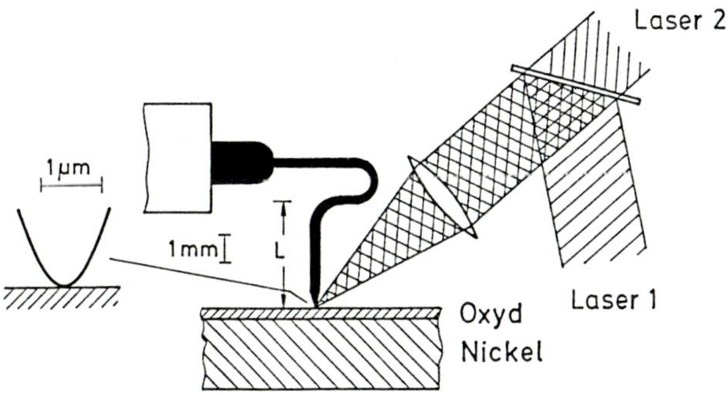

Abb.4.67. Aufbau einer Metall-Oxyd-Metall Schottky-Diode und Frequenzmischung zweier Laserfrequenzen an dieser Diode

getrennt sind. Weil die Raumladung in dieser Zone sehr klein ist, herrscht infolge der von außen angelegten Sperrspannung in dieser Zone ein konstantes elektrisches Feld, das die durch Absorption von Photonen erzeugten Ladungsträger beschleunigt und dadurch ihre Sammelzeiten verkürzt. Ausserdem wird durch diese Trennschicht die Kapazität der Diode verkleinert. Man erreicht heute Anstiegzeiten von etwa 50 ps, die man mit entsprechend schnellen Speicheroszillographen auch sichtbar machen kann (Abb.4.66). Auch bei Verwendung von Lawinendioden können Ausgangsimpulse im Voltbereich mit Pulsbreiten unter 100 ps erhalten werden [4.80].

Sehr hohe Grenzfrequenzen bis in den Terrahertz-Bereich lassen sich mit Schottky-Dioden realisieren [4.81]. Fokussiert man die Strahlung zweier Laser mit den Frequenzen f_1 und f_2 auf die Kontaktstelle zwischen einer Nickelfläche und einer scharfen Wolframspitze (Abb.4.67), so wirkt die Schottky-Diode als Antenne und Gleichrichter und erzeugt im Nachweisschaltkreis ein Signal der Differenzfrequenz f_1-f_2. So wurden z.B. Differenzfrequenzen bis zu 900GHz zwischen zwei Farbstofflasern im sichtbaren Spektralbereich gemessen, indem diese Frequenzen mit den Oberwellen einer 90GHz Mikrowellenstrahlung gemischt wurde [4.82].

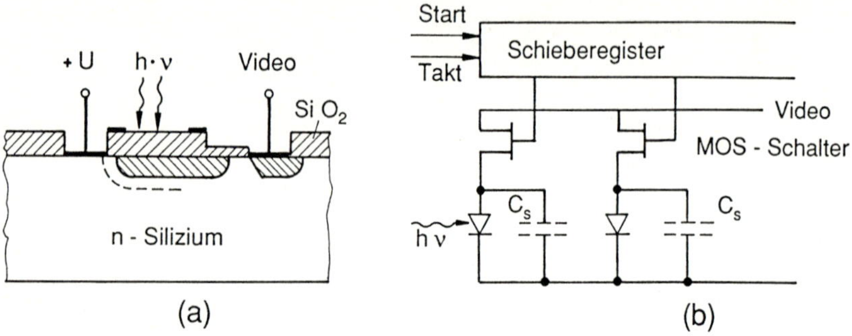

Abb.4.68. Schematischer Aufbau und Schaltung eines eindimensionalen Diodenarrays. (**a**) Technische Ausführung einer Einzelzelle. (**b**) Prinzipschaltbild [4.69b]

4.5.3 Diodenarrays

Durch einen integrierten Aufbau vieler Halbleiterphotodioden und der entsprechenden elektronischen Schaltelemente auf einer gemeinsamen Unterlage ist es möglich, eindimensionale Diodenreihen oder auch zweidimensionale Anordnungen vieler Reihen herzustellen, die eine räumliche Auflösung der einfallenden Lichtintensität gestatten. Man nennt solche Anordnungen "Dioden-Arrays".

In Abb.4.68 sind Aufbau und Schaltung eines eindimensionalen Dioden-Arrays schematisch dargestellt. Die p-n-Dioden mit der Fläche A und der Kapazität C_s werden auf eine Sperrspannung U aufgeladen. Bei Beleuchtung mit der Intensität I fließt ein Photostrom $i_{Ph} = \eta AI$, der sich dem Dunkelstrom i_D überlagert (Abb.4.62). Während der Zeit ΔT fließt daher die Ladung

$$Q = \int_t^{t+\Delta T} [i_D + A\eta I(t)]dt \qquad (4.117)$$

aus der Kapazität C_s ab. Durch ein Schieberegister werden MOS-Feldeffekt-Transistoren periodisch im Zeitabstand ΔT geöffnet, so daß die Kapazität C_s wieder auf ihre ursprüngliche Spannung aufgeladen wird. Der dabei entstehende Aufladungspuls $\Delta U = Q/C_s$ erscheint als Spannungspuls auf einer allen Dioden gemeinsamen Videoleitung und dient nach (4.117) als Signal für die auf die entsprechende Diode eingefallene, über die Zeit ΔT integrierte Lichtleistung $A\eta I(t)$, wenn man den Dunkelstrom i_D kennt.

Die maximale Integrationszeit ΔT ist durch den Dunkelstrom i_D begrenzt, dessen Rauschen das erreichbare Signal-Rausch-Verhältnis bestimmt. Typische Integrationszeiten liegen bei Zimmertemperatur bei einigen ms, können aber durch Kühlung des Diodenarrays auf mehrere Sekunden gesteigert werden. Die minimal noch nachweisbare Lichtleistung ist durch den kleinsten noch über dem Rauschen meßbaren Spannungsimpuls ΔU bestimmt. Die Nachweisempfindlichkeit wächst daher mit sinkender Temperatur wegen der längeren möglichen Integrationszeit. Bei ungekühlten Diodenarrays liegt die Nachweisgrenze bei etwa 5000 Photonen pro Sekunde und Kanal.

Typische Abmessungen eines aus 1024 Dioden bestehenden eindimensionalen Arrays sind: Höhe der Dioden: $h = 20\ \mu m$, Abstand zwischen benachbarten Dioden: $b = 25\ \mu m$, Fläche des ganzen Arrays: $h \cdot D = 20\mu m \times 25 mm$.

Ersetzt man den Austrittsspalt eines Monochromators durch ein solches Diodenarray, so kann das Spektralintervall

$$\delta\lambda = \frac{d\lambda}{dx} D,$$

das durch die reziproke lineare Dispersion $dx/d\lambda$ des Spektrometers bestimmt ist, gleichzeitig gemessen werden (Abschn.4.1). Der kleinste noch auflösbare Wellenabstand zweier Spektrallinien ist

$$\Delta\lambda = (d\lambda/dx) b$$

und wird durch den Diodenabstand b begrenzt.

Während bei den Photodioden-Arrays das "Auslesen" der beleuchteten Dioden über MOS-Feldeffekt-Transistoren erfolgt, werden bei den CCD-Arrays [4.69b] (charge-coupled devices), die aus einer Reihe dicht benachbarter MOS-Kapazitäten bestehen, die durch Belichtung in der Verarmungszone entstehenden Ladungsträger gesammelt. Durch Anlegen geeigneter Potentiale werden diese Ladungen dann von einer Kapazität zur nächsten taktweise verschoben, bis sie an einer Ausgangsdiode in Form eines Strompulses als Videosignal erscheinen (Abb.4.69).

Die Quantenausbeuten der CCD-Arrays hängen vom Material ab, erreichen aber für Silizium z.B. Werte über 60% und sind im ganzen Spektralgebiet von 350-900nm überall größer als 10%. Sie sind größer als bei Photokathoden! Der nutzbare Spektralbereich vieler CCDs reicht von 0.1-1000nm. Sie sind daher auch im VUV-Bereich und im Röntgenbereich verwendbar. Der Dunkelstrom gekühlter CCD-Arrays liegt bei 10^{-2} Elektronen pro Sekunde und Detektorelement. Auch das „Ausleserauschen" ist kleiner als bei anderen Siliziumdetektoren. Deshalb ist die Empfindlichkeit sehr hoch. Die minimale Photonenrate pro Detektorelement, die man

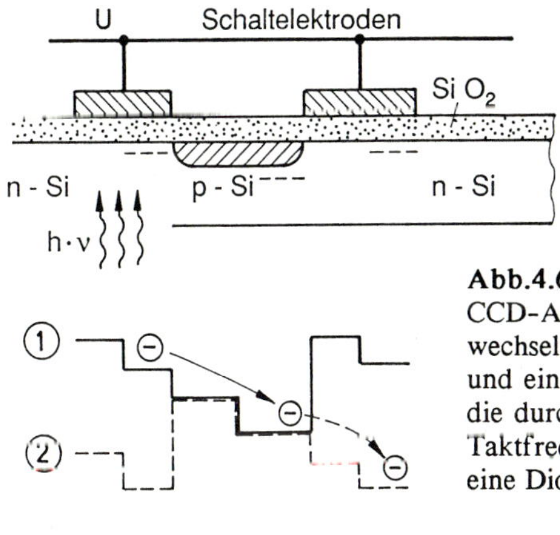

Abb.4.69. Aufbau und Funktionsprinzip eines CCD-Arrays. An die Metallelektroden wird abwechselnd eine positive (Potentialdiagramm *1*) und eine negative (*2*) Spannung gegeben, so daß die durch Photonen erzeugten Ladungen mit der Taktfrequenz der Schaltelektroden jeweils um eine Diode nach rechts verschoben werden.

braucht, um ein Signal-Rausch-Verhältnis von 2 zu erreichen, übertrifft z.B. im sichtbaren Spektralbereich bei gekühlten CCD-Arrays in ihrer Empfindlichkeit sogar noch den Photomultiplier! Ein besonderer Vorteil der CCD-Detektoren ist ihr großer dynamischer Bereich, der mehr als 5 Größenordnungen umfassen kann [4.83].

4.5.4 Photomultiplier

In einem Photomultiplier (Sekundärelektronenvervielfacher) lösen die auf die Photokathode treffenden Photonen mit der Wahrscheinlichkeit $\eta < 1$ Photoelektronen aus, die durch ein elektrisches Feld auf eine Elektrode (1. Dynode) hin beschleunigt werden. Dort erzeugt jedes Elektron im Mittel $\delta > 1$ Sekundärelektronen, die auf die nächste Dynode beschleunigt werden, dort δ^2 Sekundärelektronen freisetzen, usw., bis an der Anode eine Elektrolawine ankommt (Abb.4.70), deren Ladung bei p Dynoden, einem mittleren Verstärkungsfaktor $\bar{\delta}$, einer Sammelwahrscheinlichkeit g der Photoelektronen auf der 1. Dynode

$$Q = g\delta^p e = Ge \tag{4.118}$$

ist. Der Multiplikationsfaktor δ steigt mit zunehmender Beschleunigungsspannung. Mit typischen Werten von $g = 0.9$, $\bar{\delta} = 3.5$ und $p = 12$ wird der gesamte Verstärkungsfaktor des Multipliers $G = 3 \cdot 10^6$.

An der Anode erzeugt dieser Laserpuls einen Spannungspuls

$$U(t) = \frac{Q(t)}{C_a}(1 - e^{-t/RC_a}) , \tag{4.119}$$

dessen Größe durch die Streukapazität C_a (Kapazität der Multiplieranode, der Leitungen und der Eingangskapazität des nachfolgenden Verstärkers gegen Erde) bestimmt wird und dessen Anstiegzeit durch die Laufzeitverschmierung Δt der Elektronen im Multiplier begrenzt ist. Die Abklingzeit des Spannungspulses ist durch den Abschlußwiderstand R in weiten Grenzen variierbar (Abb.4.70b).

Der überwiegende Teil der Laufzeitverschmierung kommt durch die unterschiedlichen Wege der Photoelektronen von verschiedenen Teilen der Photokathode bis zur ersten Dynode [4.84]. Um diese Laufzeitunterschiede klein zu halten, muß die beleuchtete Kathodenoberfläche klein und die

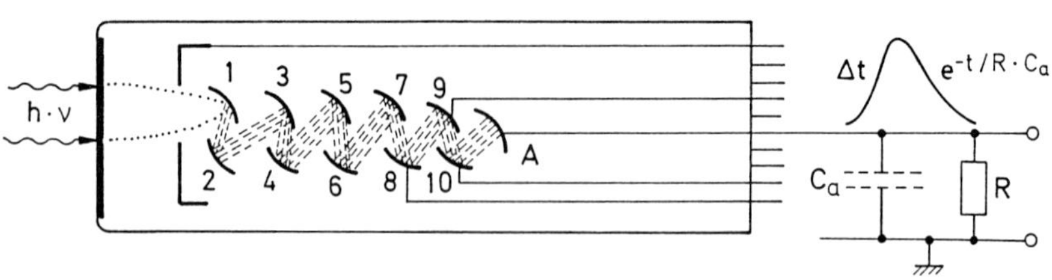

Abb.4.70. Schematischer Aufbau eines Photomultipliers und zeitlicher Verlauf eines durch 1 Photon ausgelösten Ausgangspulses

Beschleunigungsspannung zwischen Kathode und 1. Dynode so groß wie möglich sein. Typische Pulsanstiegzeiten liegen zwischen 0.4-10 ns.

Beispiel 4.12

Type 1P28: p = 9, $\delta \simeq 5{,}1$, $G = 2{,}5 \cdot 10^6$ bei einer Gesamtspannung von 1250 V; Ausgangskapazität bei sorgfältiger Schaltung: C_a = 15 pf, Pulshöhe: 27 mV, Anstiegzeit des Ausgangspulses: 2ns

---

Beim Einsatz des PM in der Spektroskopie kann man bei zeitlich kontinuierlich einfallender Lichtleistung P, bei der im Mittel also $N = P/h\nu$ Photonen der Wellenlänge $\lambda = c/\nu$ auf die Kathode fallen, den mittleren Anodenstrom

$$i_A = N\eta(\lambda)Ge = P\eta(\nu)Ge/h\nu \tag{4.120}$$

messen. Das Verhältnis $\eta(\lambda) = N_{PE}/N$ von Zahl der erzeugten Photoelektronen pro sec zu Zahl N der einfallenden Photonen pro sec heißt die „Quantenausbeute" der Photomultiplierkathode, deren Größe und Spektralverlauf vom Kathodenmaterial abhängt. Nach dem Spektralverlauf von $\eta(\lambda)$ werden die verschiedenen Kathodentypen mit speziellen Abkürzungen (S1-S20) gekennzeichnet. Die Abbildung 4.71 zeigt die spektrale Empfindlichkeit $S(\lambda)$ [mA/W] einiger Kathodentypen [4.85].

Vor mehreren Jahren wurde ein neues Kathodenmaterial aus Halbleiterverbindungen entwickelt, um einen Zustand negativer Elektronenaffini-

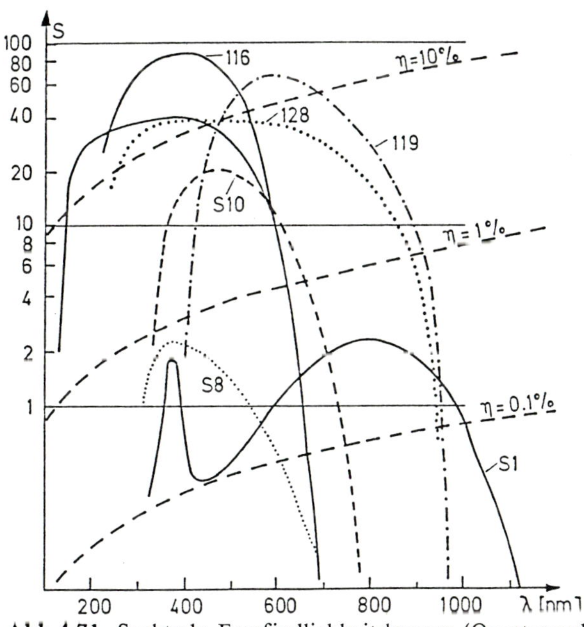

Abb.4.71. Spektrale Empfindlichkeitskurven (Quantenausbeute) $\eta(\lambda)$ einiger Kathodentypen

tät zu erreichen: In diesem Zustand liegt die tiefste Energie des Leitungsbandes oberhalb der Energie E=0 eines freien Elektrons im Vakuum. Wird daher ein Elektron durch Absorption eines Photons ins Leitungsband angehoben, so kann es zur Oberfläche diffundieren und dort die Photokathode verlassen, auch wenn es auf dem Wege dahin innerhalb des Leitungsbandes relaxiert ist [4.86].

Diese NEA (negative electron affinity) Kathoden haben eine große Quantenausbeute $\eta(\lambda)$, die sich über einen weiten Spektralbereich (von 0.3-0.9 μm) nicht stark ändert. Spezielle Kathoden sind sogar bis λ = 1,2 μm empfindlich (Abb.4.71).

Beim Nachweis sehr kleiner Lichtleistungen setzt das Rauschen des Ausgangssignals eine Grenze für die Nachweisempfindlichkeit. Um diese Grenze möglichst weit herabzudrücken, muß man die Ursachen für das Signalrauschen kennen [4.87]. Es gibt im wesentlichen vier Rauschquellen:

a) Zeitliche Schwankungen der einfallenden Lichtleistung

Hier lassen sich durch geeignete Stabilisierungsmaßnahmen an der Lichtquelle (z.B. Intensitätsstabilisierung des Lasers, Abschn.5.4.3) Intensitätsschwankungen bis auf das Photonenrauschen herabdrücken. Da die Photonenemission ein statistischer Prozess ist, ist die mittlere Schwankungsbreite der pro Sekunde emittierten N Photonen $N \pm \sqrt{N}$. Es gibt Vorschläge, auch dieses Photonenrauschen noch zu verringern (squeezing, Abschn.14.8), deren praktische Realisierung aber noch in den Anfängen steckt.

b) Dunkelstrom des Photomultipliers

Auch wenn kein Licht auf die Kathode fällt, werden einige Elektronen aus der Kathode emittiert, sowohl durch thermische Emission als auch durch Höhenstrahlung oder durch Strahlung radioaktiver Isotope, die als Spurenelemente im Multipliermaterial enthalten sind. Der thermische Emissionsstrom wächst gemäß der Richardson-Gleichung

$$i_{th} = C_1 T^2 \exp(-C_2 \phi/kT) \tag{4.121}$$

stark mit steigender Temperatur an. Kühlung der Kathode auf -15 bis -50°C reduziert den thermischen Dunkelstrom erheblich. Für infrarotempfindliche Kathoden (z.B. S1) ist die Austrittsarbeit ϕ der Photoelektronen klein. Deshalb werden solche Kathoden zur Verringerung des Dunkelstroms bis auf Flüssig-Stickstoff-Temperaturen ($\simeq$70K) gekühlt. Zu starkes Kühlen hat jedoch unerwünschte Nebeneffekte, wie z.B. eine Verringerung der Kathodenleitfähigkeit, so daß die Kathodenfläche keine Äquipotentialfläche mehr ist [4.88].

Für Photomultiplier hinter Monochromatoren sind inzwischen spezielle Typen erhältlich, deren Kathodenfläche sehr klein ist (z.B. $1 \cdot 10\,mm^2$ zur Anpassung an den Austrittspalt des Monochromators), und die deshalb einen kleinen Dunkelstrom haben.

c) Statistische Schwankungen des Multiplikationsfaktors δ und daher auch des Verstärkungsfaktors G

Das statistische Rauschen der Photoelektronen wird im Multiplier verstärkt. Bei einem Kathodenstrom i_K ist das mittlere Rauschen der Ausgangsspannung am Widerstand R innerhalb der Bandbreite Δf

$$\langle \Delta U_s \rangle = \sqrt{\overline{(\Delta U_s)^2}} = GR\sqrt{2ei_K \Delta f} + R\bar{i}_K \Delta G \tag{4.122}$$

Der Verstärkungsfaktor multipliziert das Rauschen des Kathodenstromes und fügt durch seine eigene Schwankung noch einen weiteren Anteil zum Rauschen des Kathodenstromes bei.

d) Widerstandsrauschen

Wenn der Anodenstrom i_A durch einen Widerstand R fließt, entsteht eine Spannung $U = Ri_A$, deren mittleres Schwankungsquadrat im Frequenzintervall Δf

$$\langle \Delta U^2 \rangle = 4kTR\Delta f \tag{4.123}$$

beträgt (thermisches oder Nyquist-Rauschen genannt).

Man kann einige dieser Rauschquellen eliminieren, wenn man statt der Messung des zeitlich gemittelten Anodenstromes die von den einzelnen Photoelektronen initiierten Spannungspulse an der Anode direkt zählt. Die Zahlrate $N_p = \eta \cdot N$ der Pulse ist gleich dem Produkt aus Quantenausbeute η und Photonenrate N, die auf die Kathode trifft. In Abbildung 4.72 ist schematisch der elektronische Aufbau für das Photonenzählverfahren gezeigt, wobei parallel über einen Digital-Analog-Wandler auch das analoge Signal $\langle i_A \rangle = \eta N_p G$ aufgezeichnet werden kann. Mit schnellen Pulsverstärkern und Diskriminatoren lassen sich regelmäßige Pulsfolgen von 100MHz verarbeiten, so daß bei statistischer Pulsfolge mindestens 10^7 Pulse/s noch sicher gezählt werden können, ohne daß zwei Pulse mit kleinem zeitlichen Abstand nicht mehr aufgelöst werden.

Das Photonenzählverfahren [4.90] hat gegenüber der analogen Messung des Photostromes die folgenden Vorteile:

1. Schwankungen des Multiplier-Verstärkungsfaktors G spielen hier keine Rolle, solange die Pulshöhe die Diskriminatorschwelle übersteigt.

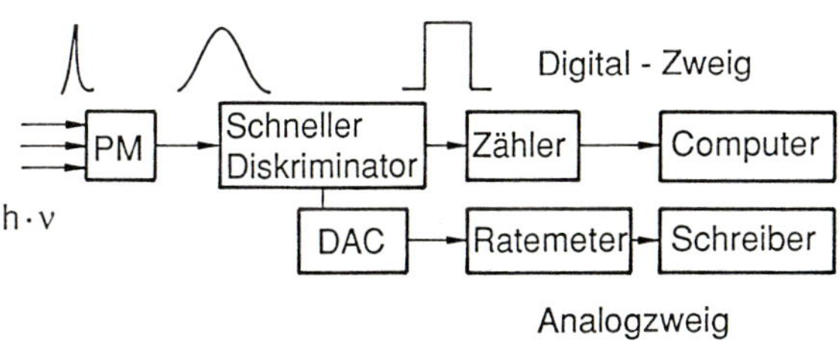

Abb.4.72. Blockdiagramm der Elektronik zum Photonenzählen mit parallelem Analog-Nachweis

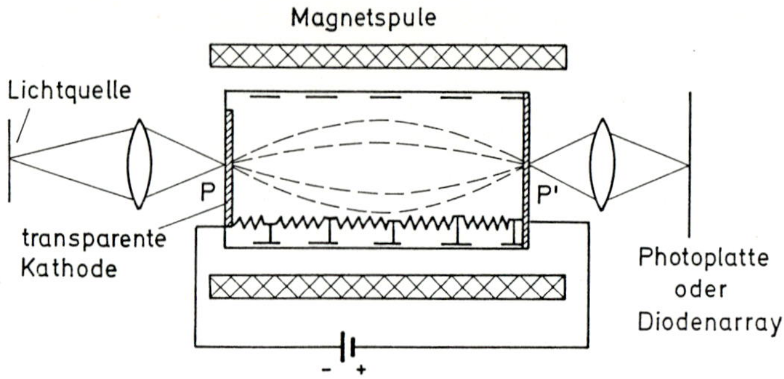

Abb.4.73. Bildverstärker mit magnetischer Fokussierung

2. Der Teil des Dunkelstroms, der durch Höhenstrahlung oder Partikelemission radioaktiver Isotope im Kathodenmaterial entsteht und der jeweils zur Emission von n·e Photoelektronen mit n >> 1 führt, kann durch Fensterdiskriminatoren fast völlig unterdrückt werden. Ebenso lassen sich Pulse, die durch thermische Emission von den Dynoden erzeugt werden, unterdrücken, weil ihre Pulshöhe geringer ist.

3. Da die Signale in Digitalform vorliegen, können sie unmittelbar von einem Computer weiter verarbeitet werden. Dies ist für die Computeranalyse von Spektren sehr vorteilhaft.

Für nähere Informationen über Photon-Counting siehe [4.87-89].

4.5.5 Bildverstärker und optische Vielkanal-Analysatoren

Ein entscheidender Nachteil der Photodiodenarrays gegenüber Photomultipliern und CCD-Detektoren ist ihre geringere Empfindlichkeit. Während man mit gekühlten PM und CCD-Detektoren bei Integrationszeiten von 1s noch Lichtleistungen von wenigen Photonen/s nachweisen kann, liegt die Nachweisgrenze bei Photodioden bei etwa 2000-5000 Photonen/s.

Die Empfindlichkeit läßt sich steigern durch vorgeschaltete Bildverstärker, die auf verschiedene Weise realisiert werden können [4.92]. Beim Bildverstärker mit magnetischer Fokussierung wird das Licht auf eine Photokathode fokussiert (Abb.4.73). Die Photoelektronen, die von einem Punkt

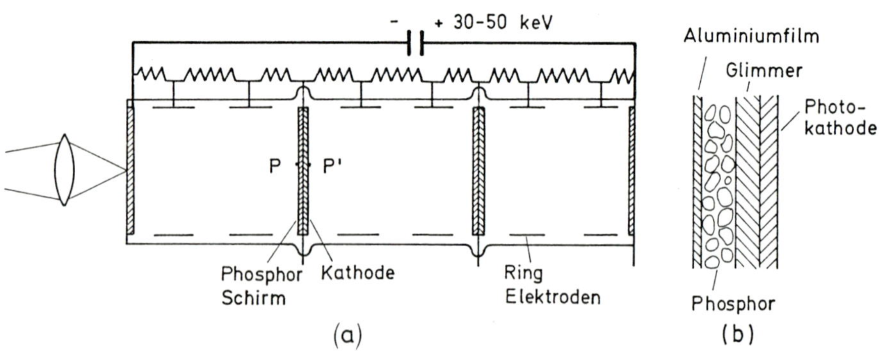

Abb.4.74. Dreistufiger Bildverstärker

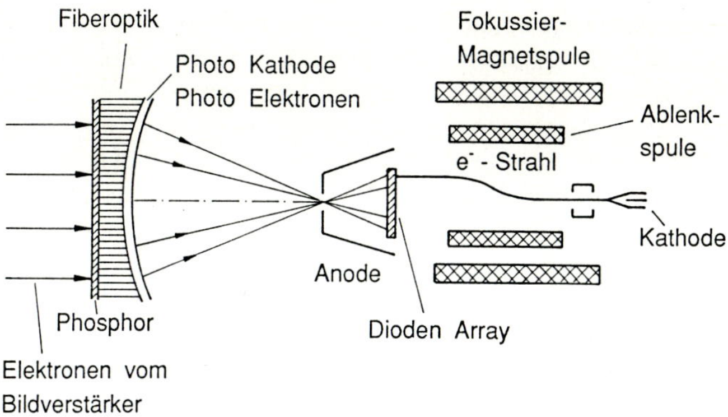

Abb.4.75. Prinzip des Vidikons

der Photokathode ausgehen, werden durch ein elektrisches Feld beschleunigt und durch ein magnetisches Längsfeld auf einen Schirm fokussiert. Dort erzeugt jedes Elektron sehr viele Photonen, die entweder durch eine Linse oder durch ein System vieler paralleler dünner Lichtleiter auf ein Diodenarray abgebildet werden. Der Verstärkungsfaktor des Bildverstärkers, definiert als das Verhältnis der im Leuchtschirm erzeugten Photonenzahl zur Zahl der auf die Kathode treffenden Photonen, erreicht in einer Stufe Werte von 100-500. Für höhere Verstärkungen kann man mehrere solcher Stufen hintereinanderschalten, d.h. der Leuchtschirm der 1. Stufe dient als Kathode der zweiten Stufe (Abb.4.74).

In einer anderen Version (Vidicons) [4.93] werden die Photoelektronen aus der beleuchteten Kathode durch ein elektrisches Feld beschleunigt und auf die Siliziumdioden eines Arrays abgebildet. Dort erzeugen sie Elektron-

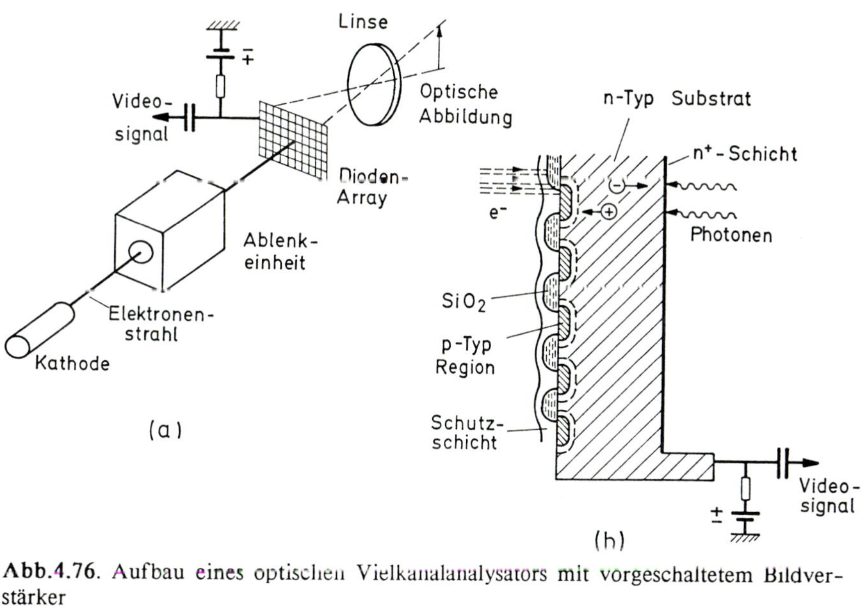

Abb.4.76. Aufbau eines optischen Vielkanalanalysators mit vorgeschaltetem Bildverstärker

Loch-Paare, die wegen der angelegten Spannung zu den Elektroden driften und damit die Kapazität der Diode entladen. Durch einen mit Hilfe einer Elektronenoptik schwenkbaren Elektronenstrahl werden die einzelnen Elemente des Arrays abgetastet und ihr Ladungszustand wird abgefragt (Abb.4.75). Der resultierende Ladungsstrom wird genau wie bei den Photodiodenarrays als Spannungspuls auf der gemeinsamen Videoleitung als Signal ausgewertet.

Man kann vor das Vidicon noch einen weiteren Bildverstärker setzen (Abb.4.76) und erreicht damit eine Empfindlichkeit, die nur durch die Quantenausbeute der Bildverstärkerkathode begrenzt wird und diejenige guter Photomultiplier erreicht.

Solche Geräte, welche Information, die im einfallenden Licht enthalten ist, gleichzeitig in vielen Kanälen speichern und verarbeiten können, heißen *optische Vielkanalanalysatoren* und werden, je nach Hersteller als OMA (optical multichannel analyser) oder OSA (optical spectrum analyser) bezeichnet [4.94,95].

5. Der Laser als spektroskopische Lichtquelle

In diesem Kapitel sollen diejenigen Eigenschaften von Lasern, die für ihre Anwendung in der Spektroskopie von Bedeutung sind, eingehender behandelt werden. Die allgemeinen physikalischen Grundlagen des Lasers werden nur kurz im Abschnitt 5.1 zusammengefaßt, da es hierüber eine Reihe guter Monographien gibt [5.1-7], in denen auch die verschiedenen Lasertypen, ihre Eigenschaften und technischen Realisierungsmöglichkeiten erläutert werden [5.6, 7]. Weiterführende Darstellungen, in denen die Physik des Lasers auf quantentheoretischer Basis entwickelt wird, findet man in [5.8-10].

Der Hauptteil dieses Kapitels befaßt sich mit Laserresonatoren, dem optischen Frequenzspektrum des Lasers, den technischen Möglichkeiten, schmalbandige Laser zu realisieren, und den Methoden, ihre Wellenlänge kontrolliert durchzustimmen. Ein solcher, praktisch monochromatischer, intensiver, intensitätsstabiler Laser, dessen Wellenlänge kontinuierlich durchstimmbar ist, stellt für Spektroskopiker eine ideale Lichtquelle dar. Es lohnt sich daher, sich mit deren Eigenschaften und ihrer praktischen Realisierung vertraut zu machen.

5.1 Elementare Grundlagen des Lasers

Das Grundprinzip des Lasers läßt sich kurz folgendermaßen zusammenfassen (Abb. 5.1a): Ein Laser besteht im wesentlichen aus drei Komponenten: Dem *verstärkenden Medium*, in das von einer *Energiepumpe* selektiv Ener-

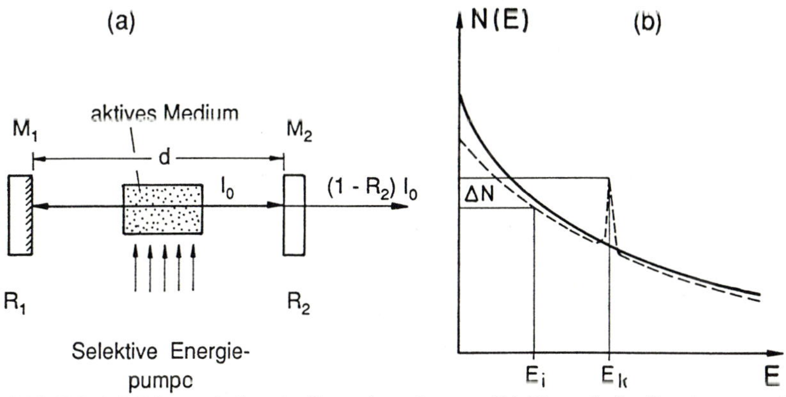

Abb. 5.1. (**a**) Schematischer Aufbau eines Lasers. (**b**) Thermische Besetzungsverteilung (*durchgezogene Kurve*) und Inversion (*gestrichelte Linie*)

gie hineingepumpt wird, und einem *Resonator*, der einen Teil dieser Energie in Form elektromagnetischer Wellen in wenigen Resonatormoden speichert. Die Energiepumpe (z.B. Blitzlampe, Gasentladung, oder auch ein anderer Laser) erzeugt im Lasermedium eine vom thermischen Gleichgewicht extrem abweichende Besetzung eines oder mehrerer Energieniveaus (Abb. 5.1b). Bei genügend großer Pumpleistung wird zumindest für ein Niveau $|k\rangle$ mit der Energie E_k die Besetzungsdichte N_k größer als die Besetzungsdichte N_i für ein energetisch tiefer liegendes Niveau $|i\rangle$, das mit $|k\rangle$ durch einen erlaubten Übergang verbunden ist (Inversion). Da in einem solchen Fall die induzierte Emissionsrate $N_k B_{ki} \rho(\nu)$ mit $\nu = (E_k - E_i)/h$ auf dem Übergang $|k\rangle \rightarrow |i\rangle$ größer wird als die Absorptionsrate $N_i B_{ik} \rho(\nu)$ - siehe (2.16) - kann Licht beim Durchgang durch das aktive Medium verstärkt werden.

Die Aufgabe des Resonators ist es nun, Licht, das von den durch die Pumpe aktivierten Atomen des Lasermediums emittiert wird, durch selektive optische Rückkopplung wieder durch das verstärkende Medium zu schicken und dadurch aus dem Laserverstärker einen selbstschwingenden Oszillator zu machen. Mit anderen Worten: Der Resonator speichert das Licht in wenigen Resonatormoden, so daß in diesen Moden die Strahlungsdichte $\rho(\nu)$ so hoch wird, daß die induzierte Emission wesentlich größer als die spontane Emission werden kann - siehe (2.21a).

5.1.1 Schwellwertbedingung

Wir wollen dies nun quantitativ untersuchen: Läuft eine elektromagnetische Welle der Frequenz $\nu = (E_k - E_i)/h$ durch ein Medium, dessen Energieniveaus $|i\rangle$, $|k\rangle$ ($E_k > E_i$) die Besetzungsdichten N_i, N_k haben, so werden zwischen beiden Niveaus durch induzierte Absorption und Emission Übergänge $|i\rangle \leftrightarrow |k\rangle$ induziert. Für die Intensität der in z-Richtung laufenden Welle hatten wir in (2.40) die Beziehung erhalten

$$I(\nu, z) = I(\nu, z=0) e^{-\alpha(\nu) z} , \tag{5.1}$$

wobei der frequenzabhängige Absorptionskoeffizient

$$\alpha(\nu) = [N_i - (g_i/g_k) N_k] \sigma(\nu) \tag{5.2}$$

durch den optischen Wirkungsquerschnitt $\sigma(\nu)$ für den Übergang $E_i \rightarrow E_k$, die Besetzungsdichten N_i, N_k und die statistischen Gewichte g_i, g_k bestimmt wird.

Für $N_i < (g_i/g_k) N_k$ wird der Absorptionskoeffizient α negativ und die Welle wird beim Durchgang durch das Medium verstärkt. Als *Verstärkungsfaktor* bezeichnet man das Verhältnis

$$G_0(\nu, z) = \frac{I(\nu, z)}{I(\nu, 0)} = e^{-\alpha(\nu) z} . \tag{5.3}$$

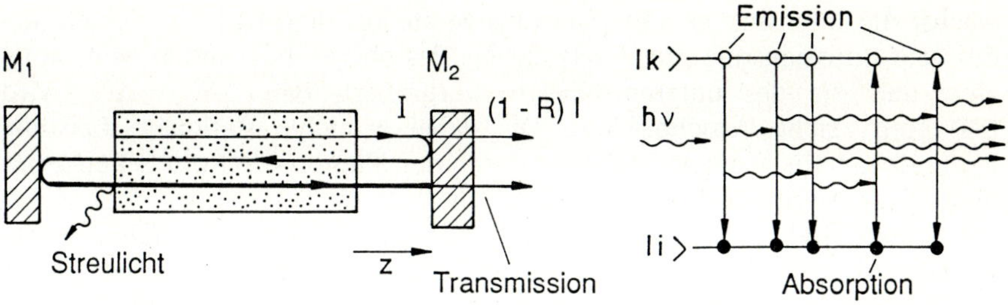

Abb.5.2. Schematische Darstellung der Verstärkung und der Verluste pro Resonatordurchgang für eine Welle, die in Richtung der Resonatorachse z durch das aktive Medium läuft

Wird das aktive Medium in einen optischen Resonator gebracht, so kann die Welle infolge der Reflexion an den Spiegeln mehrmals durch das Medium laufen, so daß der Gesamtweg z und damit die Gesamtverstärkung G erhöht werden (Abb.5.2). Nun treten aber beim Hin- und Herlaufen der Welle Verluste auf: Hat ein Spiegel das Reflexionsvermögen R, so wird nur der Bruchteil R·I der Intensität reflektiert. Außerdem tragen geringe Absorptionsverluste in den Fenstern der Zelle, Beugungsverluste (Abschn.5.2) und Streuverluste durch Unebenheiten, wie z.B. Staub auf den Fenstern oder Spiegelflächen zur Verringerung der Intensität bei. Wir wollen die Gesamtverluste *pro Durchgang* (Hin- und Herweg zwischen den Spiegeln) in dem Faktor $\exp(-\gamma)$ zusammenfassen, so daß ohne Verstärkung im aktiven Medium die Intensität pro Durchgang um den Faktor

$$I/I_0 = e^{-\gamma}$$

kleiner werden würde. Hat das verstärkende Medium die Länge L, so wird die Nettoverstärkung pro Umlauf

$$G = I/I_0 = \exp[-2\alpha(\nu)L - \gamma] \tag{5.4}$$

nur dann größer als 1, wenn $-2\alpha(\nu)L > \gamma$ ist. Mit (5.2) erhält man daraus die *Schwellwertbedingung*

$$\boxed{\Delta N = N_k(g_i/g_k) - N_i > \Delta N_s = \frac{\gamma}{2\sigma(\nu)L}} \tag{5.5}$$

für die minimale Besetzungsinversionsdichte ΔN_s (Schwellwert-Inversion).

Die Laseremission wird initiiert durch die spontane Emission vom oberen Laserniveau $|k\rangle$. Die Fluoreszenz-Photonen, die in Richtung der Resonatorachse emittiert werden, laufen am längsten durch das verstärkende Medium, erfahren die größte Verstärkung und erreichen daher zuerst die Schwelle. Da $\sigma(\nu)$ maximal wird für die Mittenfrequenz ν_0 des verstärkenden Überganges, wird die Laseremission bei der Frequenz ν in der Nähe von ν_0 einsetzen, für die γ/σ minimal wird (Abschn.5.3.1). Für $\Delta N > \Delta N_s$

wächst die Intensität gemäß (5.1) solange an, bis die mit I ansteigende induzierte Emissionsrate die Besetzung N_k des oberen Niveaus so weit reduziert und die des unteren Niveaus vergrößert, daß $\Delta N = \Delta N_s$ wird (Sättigung, siehe Abschn. 5.3.3). Die dabei erreichte stationäre Leistung hängt davon ab, wieviele Moleküle durch den Pumpprozeß pro Sekunde ins obere Laserniveau gebracht werden.

Unabhängig davon, wie hoch die Pumpleistung über der Schwellwertleistung liegt, stellt sich jedoch im stationären Betrieb eines Lasers immer die Schwellwertinversion ΔN_S ein, bei der die Verstärkung des aktiven Mediums gerade durch die Verluste kompensiert wird. Nach (5.5) hängt ΔN_s *nicht* von der Pumpleistung ab. Um niedrige Schwellwertinversion zu erreichen, muß der Verlustfaktor γ minimal gemacht werden, und der optische Wirkungsquerschnitt σ für den Laserübergang sollte möglichst groß sein.

5.1.2 Bilanzgleichungen

Man kann sich die Zusammenhänge im stationären Betrieb eines Lasers an Hand der Bilanzgleichungen für die Besetzungsdichten N_2, N_1 und der Dichte n von Photonen der Energie $h\nu$ innerhalb des Resonators klarmachen (Abb. 5.3). Mit der Pumprate P (= Zahl der pro Sekunde in das obere Niveau $|2\rangle$ gepumpten Atome pro cm^3), den Relaxationsraten $R_i N_i$ (= Zahl der pro Sekunde durch Stöße oder spontane Emission aus den Niveaus $|i\rangle$ in andere Niveaus führenden Übergänge) und der spontanen Emissionswahrscheinlichkeit A_{21} pro Sekunde erhält man gemäß (2.15, 20), wenn wir für die statistischen Gewichte $g_1 = g_2$ annehmen,

$$\frac{dN_1}{dt} = (N_2 - N_1)B_{21} n h\nu + N_2 A_{21} - N_1 R_1 , \tag{5.6a}$$

$$\frac{dN_2}{dt} = P - (N_2 - N_1)B_{21} n h\nu - N_2 A_{21} - N_2 R_2 , \tag{5.6b}$$

$$\frac{dn}{dt} = -\beta n + (N_2 - N_1)B_{21} n h\nu . \tag{5.6c}$$

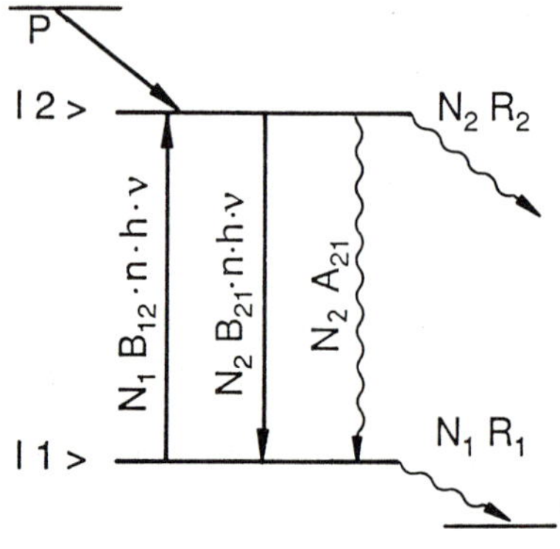

Abb. 5.3. Pumprozess P, Relaxationsraten $N_i R_i$, induzierte und spontane Emission in einem Vierniveau-Lasersystem

Der Verlustfaktor β für die Photonen gibt an, wie schnell die in einer Resonatormode gespeicherte Energie ohne aktives Medium abklingen würde. Aus (5.6c) erhält man für $N_2 = N_1$

$$n = n_0 e^{-\beta t} \tag{5.7}$$

und ein Vergleich mit der Definition des Verlustfaktors γ pro Resonatorumlaufszeit T in (5.4) zeigt, daß bei einer Resonatorlänge d

$$\gamma = \beta T = \beta(2d/c) . \tag{5.8}$$

Im *stationären Betrieb* gilt: $dN_1/dt = dN_2/dt = dn/dt = 0$. Durch Addition von (5.6a und b) erhält man dann

$$P = N_1 R_1 + N_2 R_2 . \tag{5.9a}$$

Die Pumprate sorgt also im stationären Betrieb für den Ersatz der Atome in den beiden Niveaus $|1\rangle$ und $|2\rangle$, die durch Relaxationsprozesse dem Laserübergang verlorengehen.

Eine andere Betrachtungsweise ergibt sich durch Addition von (5.6b und c):

$$P = \beta n + N_2(A_{21} + R_2) . \tag{5.9b}$$

Die Pumprate ersetzt daher die Verlustphotonen und die durch spontane Emission und Relaxation abnehmende Besetzungszahl N_2 des oberen Niveaus. Ein Vergleich von (5.9a und b) zeigt, daß die Relaxationsrate für die Entleerung des unteren Niveaus

$$N_1 R_1 = N_2 A_{21} + \beta n$$

im stationären Laserbetrieb ($n > 0$) gerade die spontane Emission plus die Verlustrate der induzierten Photonen kompensiert, also immer größer ist als seine Auffüllung durch spontane Emission aus $|2\rangle$.

Für die stationäre Besetzungsinversion ΔN_{stat} erhalten wir durch Multiplikation von (5.6a) mit R_2, von (5.6b) mit R_1 und nachfolgender Addition unter Verwendung von (5.9) die Relation

$$\Delta N_{stat} = \frac{(R_1 - A_{21})P}{Bnh\nu(R_1 + R_2) + AR_1 + R_1 R_2} . \tag{5.10}$$

Hieraus folgt wieder, daß man die Bedingung $\Delta N_{stat} > 0$ nur in Medien erfüllen kann, für die $R_1 > A_{21}$ gilt, bei denen also die Entleerung des unteren Niveaus schneller ist als seine Bevölkerung durch spontane Emission. Beim wirklichen Laserbetrieb trägt auch die induzierte Emission zur Bevölkerung des Niveaus $|1\rangle$ bei, so daß dann die schärfere Bedingung $R_1 > A_{21}+B_{21}\rho$ gelten muß. Kontinuierliche Laser können daher nur auf solchen

Übergängen $|2\rangle \rightarrow |1\rangle$ realisiert werden, bei denen die effektive Lebensdauer des unteren Niveaus kleiner ist als $1/(A_{21}+B_{21}\rho)$.

Wir hatten weiter oben diskutiert, daß die Photonendichte n solange anwächst, bis ΔN auf den Schwellwert ΔN_s reduziert ist. Aus (5.6c) erhalten wir für $dn/dt = 0$ mit (5.8) und (2.46b) genau die Schwellwertbedingung 5.5).

5.2 Optische Resonatoren

Im Abschnitt 2.1 wurde gezeigt, daß im Inneren eines „Hohlraum-Resonators" bei der Temperatur T ein Strahlungsfeld existiert, dessen spektrale Verteilung der Energiedichte $\rho(\nu)$ im thermischen Gleichgewicht durch die Temperatur T und die möglichen Eigenfrequenzen der Hohlraum-Moden bestimmt wird. Für denjenigen Teil des Spektrums, für den die Wellenlängen sehr klein gegen die Resonatordimensionen sind, ergab sich für $\rho(\nu)$ eine Planck-Verteilung (2.11). Die Zahl der Moden $n(\nu) = 8\pi\nu^2/c^3$ pro Volumeneinheit und Frequenzintervall $d\nu = 1$ Hz ist in diesem Fall sehr groß [Gl.(2.7) und Beispiel 2.1]. Bringt man eine Lichtquelle in den Hohlraum, so wird sich deren Strahlungsenergie so auf alle Moden verteilen, daß das System (bei entsprechend höherer Temperatur) wieder im thermischen Gleichgewicht ist. Wegen der großen Zahl der verfügbaren Moden wird aber die Zahl der Photonen, die auf eine Mode entfallen, im optischen Bereich sehr klein sein (Abb.2.4). Ein solcher Resonator ist daher als Laserresonator nicht geeignet.

Um zu erreichen, daß sich das Strahlungsfeld im Inneren des Resonators nicht auf alle Moden verteilt, sondern auf wenige Moden konzentriert bleibt, muß der Resonator so beschaffen sein, daß er für wenige Moden eine starke Rückkopplung hat, während er die von der Strahlungsquelle (das ist das aktivierte Medium) in andere Moden emittierte Energie nicht reflektiert, sondern gleich nach außen abgibt. Man kann dies auch folgendermaßen beschreiben: Hat der Resonator für die k-te Mode den Verlustfaktor β_k, so gibt er auf dieser Mode, in der die Energie W_k gespeichert sein möge, im Zeitintervall dt die Energie

$$dW_k = -\beta_k W_k dt \tag{5.11}$$

ab. Nach Abschalten der Energiezufuhr wird daher die Strahlungsenergie in dieser Resonatormode exponentiell abnehmen, da aus (5.11) folgt

$$W_k(t) = W_k(0)e^{-\beta_k t} . \tag{5.12}$$

Man definiert die *Resonatorgüte* Q_k für die k-te Resonatormode

$$Q_k = -\,2\pi\nu \,\frac{W_K}{dW_k/dt} \tag{5.13}$$

als 2π mal dem Quotienten aus gespeicherter Energie W_k und dem pro Schwingungsperiode $1/\nu$ auftretenden Energieverlust. Aus (5.12) ergibt sich

$$Q_k = + 2\pi\nu/\beta_k \, . \tag{5.14}$$

Durch $\tau_k = 1/\beta_k$ kann man eine mittlere Verweilzeit der Photonen im Resonator definieren. Hat der Resonator für wenige Moden kleine Verlustfaktoren β, für alle anderen aber große Verluste, so wird - auch bei gleicher Energiezufuhr in alle Moden - die Photonenzahl in den verlustarmen Moden größer als in den anderen Moden werden. Dadurch wird die Wahrscheinlichkeit für induzierte Emission größer, so daß die Pumpenergie bevorzugt in Strahlungsenergie dieser Moden umgesetzt werden kann. *Ein solcher Resonator konzentriert also die Strahlungsenergie des aktiven Mediums auf wenige Moden!*

Der Verlustfaktor β pro Sekunde bzw. $\gamma = (2d/c)\beta$ pro Resonatorumlauf kann in mehrere Summanden zerlegt werden

$$\gamma = \gamma_B + \gamma_R + \gamma_A + \gamma_S \, ,$$

wobei γ_b die Verluste durch Beugung, γ_R die Verluste durch Reflexion, γ_A die Verluste durch Absorption und γ_S die Verluste durch Lichtstreuung beschreiben.

5.2.1 Offene Resonatoren

Optische Resonatoren, die aus zwei sich gegenüberstehenden planparallelen Spiegeln bestehen und in den beiden anderen Richtungen keine Wände haben sondern völlig offen sind (Abb.5.2), können bei geeigneter Dimensionierung die oben geforderten modenselektiven Eigenschaften haben: Licht, das parallel zur Resonatorachse auf die Spiegel trifft, wird in sich reflektiert und durchläuft daher das aktive Medium öfter als Licht, das schräg auftrifft und bereits nach wenigen Reflexionen aus dem Resonator entweicht. Ist das Reflexionsvermögen der Spiegel R_1 bzw. R_2, so geht auch für Licht, daß sich parallel zur Resonatorachse ausbreitet, bei jeder Reflexion der Bruchteil $(1-R_i)$ der auf den Spiegel fallenden Intensität verloren. Nach einem Resonatorumlauf ist daher die Intensität aufgrund der Reflexionsverluste auf den Wert

$$I = I_0 R_1 R_2 = I_0 e^{-\gamma_R} \quad \text{mit} \quad \gamma_R = -\ln(R_1 R_2) \tag{5.15}$$

abgesunken. Da die Umlaufzeit $T = 2d/c$ ist, ergibt sich für die Abklingkonstante in (5.12): $\beta_R = \gamma_R/T = \gamma_R \cdot c/2d$ und die mittlere Verweilzeit τ der Photonen im Resonator ist

$$\tau = \frac{2d}{c \cdot \ln(R_1 R_2)} \, , \tag{5.16}$$

wenn nicht noch andere Verluste auftreten.

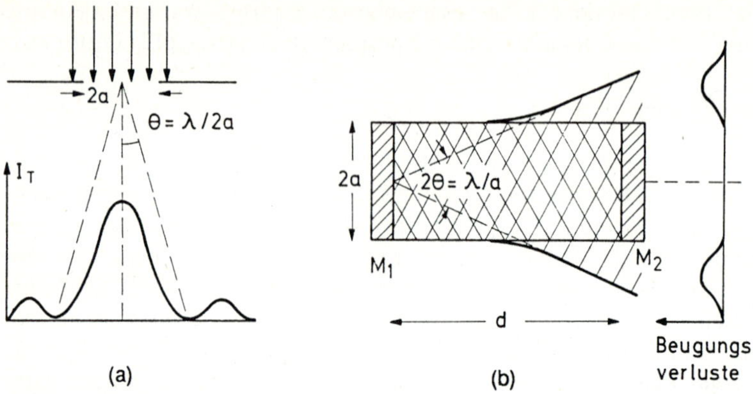

Abb.5.4. (**a**) Beugung einer ebenen Welle an einer Blende. (**b**) Beugung an einem Spiegel

Solche offenen Resonatoren sind im Prinzip nichts anderes als die im vorigen Kapitel behandelten Fabry-Perot-Interferometer, und wir können verschiedene der dort hergeleiteten Beziehungen hier verwenden. Es besteht jedoch ein wesentlicher Unterschied hinsichtlich der geometrischen Dimensionen: Während bei einem üblichen FPI der Abstand der beiden Spiegel kleiner ist als ihr Durchmesser, so daß Beugungseffekte im allgemeinen *vernachlässigbar* sind, liegen die Verhältnisse bei den meisten Laserresonatoren gerade umgekehrt: Der Spiegelabstand d ist oft groß gegen den nutzbaren Durchmesser der Spiegel, so daß Beugungserscheinungen eine *wesentliche* Rolle spielen und zu Beugungsverlusten der zwischen den Spiegeln hin- und herreflektierten Welle führen, die in geschlossenen Resonatoren nicht auftreten und auch bei üblichen FPI bedeutungslos sind.

Die Größe dieser Beugungsverluste kann man an Hand eines einfachen Beispiels abschätzen (Abb.5.4). Eine ebene Welle, die senkrecht auf einen Spiegel mit dem Durchmesser 2a fällt, zeigt nach der Reflexion eine räumliche Intensitätsverteilung, die durch die Beugung beeinflußt wird und völlig äquivalent zur Intensitätsverteilung ist, die man beim Durchgang der Welle durch eine Blende mit dem Durchmesser 2a erhält. Das zentrale Beugungsmaximum liegt zwischen den beiden ersten Minima bei $\sin\theta = \pm\lambda/(2a)$ (Abb.5.4a). Ein Teil des vom Spiegel M_1 reflektierten Lichtes geht infolge der Beugung am Spiegel M_2 vorbei und damit dem Resonator verloren. Die Beugungsverluste hängen von den Größen a, d und der Wellenlänge λ ab, sowie von der Amplitudenverteilung der elektromagnetischen Welle auf der Spiegelfläche. Bei den meisten Lasern wird die Größe a nicht durch die Spiegelgröße festgelegt, sondern durch andere Begrenzungen im Resonator, wie z.B. dem Durchmesser des Laserrohres bei Gaslasern. Man kann den Einfluß der Beugung charakterisieren durch die Fresnel-Zahl N

$$N = a^2/(d\lambda) \, , \tag{5.17}$$

die angibt, wieviele Fresnel-Zonen auf einem Resonatorspiegel entstehen, wenn man um die Mitte A des gegenüberliegenden Spiegels Kreise mit dem

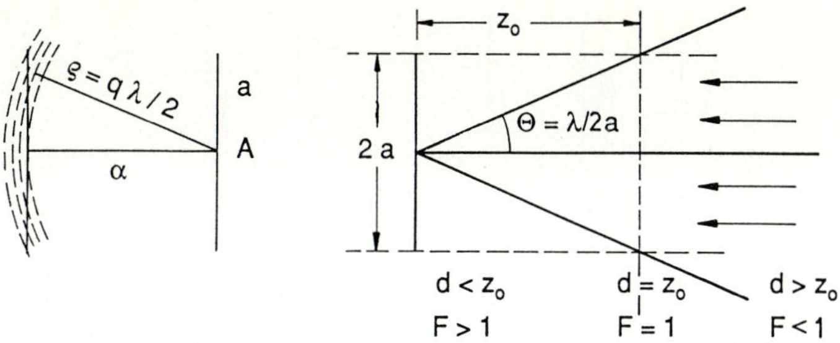

Abb.5.5. Anschauliche Bedeutung der Fresnelzahl F (siehe Text)

Radius $\rho = q \cdot \lambda/2$ (q = ganzzahlig) konstruiert (Abb.5.5a). Läßt man eine ebene Welle in Abb.5.5b von rechts auf den Spiegel fallen, so schneidet der Beugungskegel mit dem Öffnungswinkel $2\theta = \lambda/d$ der reflektierten Welle die gestrichelt eingezeichnete geometrische Schattengrenze in einer Entfernung z_0. Ist der Spiegelabstand $d < z_0$, so ist die Fresnel-Zahl $f > 1$, für $d = z_0$ ist $F = 1$, und für $d > z_0$ ist $F < 1$.

Wenn ein Photon m Umläufe im Resonator macht, muß der maximale Beugungswinkel 2θ kleiner sein als a/(md), damit die Beugungsverluste klein bleiben. Mit $2\theta = \lambda/a$ ergibt dies die Bedingung

$$N > m$$

für die Fresnel-Zahl.

Resonatoren mit großer Fresnel-Zahl haben kleine Beugungsverluste. Man kann zeigen [5.11], daß *alle ebenen Resonatoren mit gleicher Fresnel-Zahl N die gleichen Beugungsverluste haben, unabhängig von der speziellen Wahl für a, λ, und L!*

Beispiele 5.1

a) Ebenes FPI: d = 1 cm, a = 3 cm, λ = 500 nm $\Rightarrow N = 1{,}8 \cdot 10^5$, $\gamma_B \simeq 5{,}6 \cdot 10^{-6}$

b) Gaslaser-Resonator mit ebenen Spiegeln: d = 50 cm, a = 0,1 cm, λ = 500 nm $\Rightarrow N = 4$, $\gamma_b = 25\%$!

Im Beispiel 5.1a sind die Beugungsverlsute also völlig vernachlässigbar, und eine einfallende ebene Welle bleibt praktisch eben, während im zweiten Beispiel 5.1b die Beugung einen so großen Einfluß hat, daß die Abweichung von der ebenen Welle beträchtlich wird, und die Verluste für viele Laserübergänge bereits zu groß wären.

5.2.2 Räumliche Modenstrukturen im offenen Resonator

Wegen der Beugungseffekte können ebene Wellen in offenen Resonatoren nicht zu stationären Feldverteilungen führen, da ihre Beugungsverluste am Rande der Spiegel größer als in der Mitte sind und sich daher die räumliche Feldstärkeverteilung bei jeder Reflexion ändern würde. Außerdem weichen

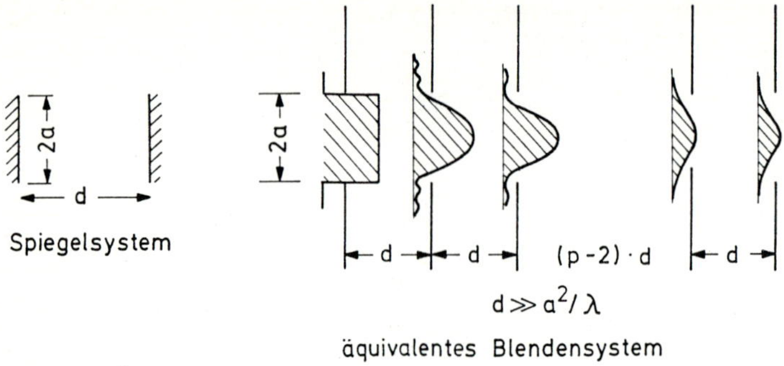

Abb.5.6. Äquivalenz eines ebenen Spiegelresonators und einer äquidistanten Folge von Blenden für die Behandlung der Beugung

wegen der Beugung die Flächen gleicher Phase von Ebenen ab. Die wirkliche Feldverteilung im Resonator entsteht durch eine Überlagerung aller beim Hin- und Herlaufen der Welle von den beiden Spiegeln reflektierten Beugungsordnungen. Eine stationäre Feldverteilung stellt sich dann ein, wenn sich bei der Reflexion die Feldstärkeverteilung über den Resonatorquerschnitt nicht mehr ändert, wobei die absolute Feldenergie natürlich wegen der auftretenden Verluste im Laufe der Zeit abnimmt, falls die Verlustenergie nicht wieder nachgeliefert wird. *Solche stationären Feldverteilungen sind die Moden des offenen Resonators*, analog zu den Moden des geschlossenen Resonators, die durch ebene Wellen dargestellt werden konnten.

Man kann die Modenstrukturen eines offenen Resonators durch ein iteratives Verfahren mit Hilfe der Kirchhoff-Fresnel'schen Beugungstheorie [5.12] berechnen. Dazu ersetzt man den Resonator mit zwei ebenen Spiegeln durch eine äquivalente Anordnung von Lochblenden mit dem Durchmesser 2a im Abstand d voneinander (Abb.5.6). Fällt von links eine Lichtwelle in z-Richtung ein, so ändert sich infolge der Beugung ihre Feldverteilung beim Durchgang durch die Blenden sukzessiv. Die räumliche Amplitudenverteilung $A_p(x,y)$ in der Ebene der p-ten Blende ist durch die Verteilung $A_{p-1}(x',y')$ über die (p-1)te Blende bestimmt (Abb.5.7).

Die Amplitude im Punkt P(x, y) ist dann [5.12]

$$A_p(x,y) = -\frac{i}{2\lambda}\int_{x'}\int_{y'} A_{p-1}(x',y')\,\frac{1}{\rho}\,e^{-ik\rho}(1+\cos\vartheta)\,dx'dy'\,. \tag{5.18}$$

Für die stationäre Feldverteilung muß gelten

$$A_p(x,y) = C A_{p-1}(x,y) \quad \text{mit} \quad C = e^{i\phi}\sqrt{1-\gamma_B}\,, \tag{5.19}$$

wobei das Betragsquadrat $|C|^2 = 1-\gamma_B$ des *ortsunabhängigen* Faktors C den Intensitätsverlust durch Beugung angibt und ϕ die Phasenverschiebung der Welle infolge der Beugung.

Setzt man (5.19) in (5.18) ein, so erhält man eine Integralgleichung für die Amplitude $A(x',y')$, deren Lösung mit den entsprechenden Randbedin-

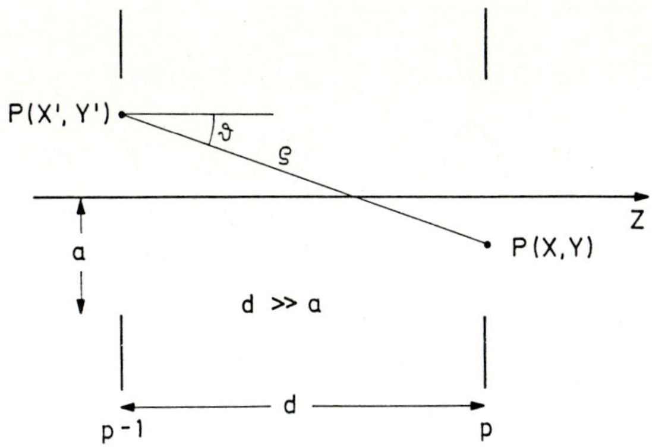

Abb.5.7. Zur Bestimmung der Feldamplitude im Punkte P(x, y) aus der Feldverteilung auf einer Fläche F′(x′, y′)

gungen die stationären Feldverteilungen der Blendenanordnung und damit auch die Moden des äquivalenten Resonators beschreiben.

Solche Rechnungen wurden von *Fox* und *Li* [5.13] für Resonatoren mit ebenen Spiegeln durchgeführt und später von *Boyd* and *Kogelnik* [5.14] auf Resonatoren mit sphärisch gekrümmten Spiegeln mit beliebigem Krümmungsradius erweitert. Es zeigte sich, daß die Integralgleichung im allgemeinen nicht exakt, sondern nur numerisch lösbar ist. Nur für den Fall des konfokalen Resonators, bei dem der Abstand d der Spiegel gleich ihrem Krümmungsradius b ist, gibt es in erster Näherung [5.15] eine analytische Lösung, die von *Boyd* und *Gordon* [5.16] zuerst angegeben wurde für den Fall, daß $a \ll d = b$ (Abb.5.7), so daß in (5.18) $\cos\vartheta \simeq 1$ und $1/\rho \simeq 1/d$ gesetzt werden kann.

Legen wir den Koordinatenursprung in das Zentrum des Resonators, so läßt sich die stationäre Amplitudenverteilung in einer beliebigen Ebene z=const. innerhalb des Resonators für den konfokalen Resonator (d=b) in dieser Näherung darstellen als ein Produkt von Funktionen nur einer Variablen [5.15]

$$A_{m,n}(x,y,z) = C\, H_m(x^*)\cdot H_n(y^*)\cdot e^{-(x^{*2}+y^{*2})/2}\cdot e^{-i\phi(x,y,z)}\,, \qquad (5.20)$$

wobei C ein Normierungsfaktor ist, H_m und H_n sind die Hermitischen Polynome m-ter bzw. n-ter Ordnung; $x^* = \sqrt{2}\cdot x/w$ und $y^* = \sqrt{2}\cdot y/w$ sind normierte Koordinaten und

$$w^2(z) = \frac{\lambda\cdot d}{2\pi}\left[1 + \left(\frac{2z}{d}\right)^2\right] \qquad (5.21)$$

ist ein Maß für die radiale Amplitudenverteilung. Für die Phase $\phi(x,y,z)$ ergibt sich mit der Abkürzung $\xi = 2z/d$

$$\phi(x,y,z) = \frac{2\pi}{\lambda}\left[\frac{b}{2}(1+\xi^2) + \frac{(x^2+y^2)\xi}{b(1+\xi^2)}\right] - (1+m+n)\left(\frac{\pi}{2} - \arctan\frac{1-\xi}{1+\xi}\right). \qquad (5.22)$$

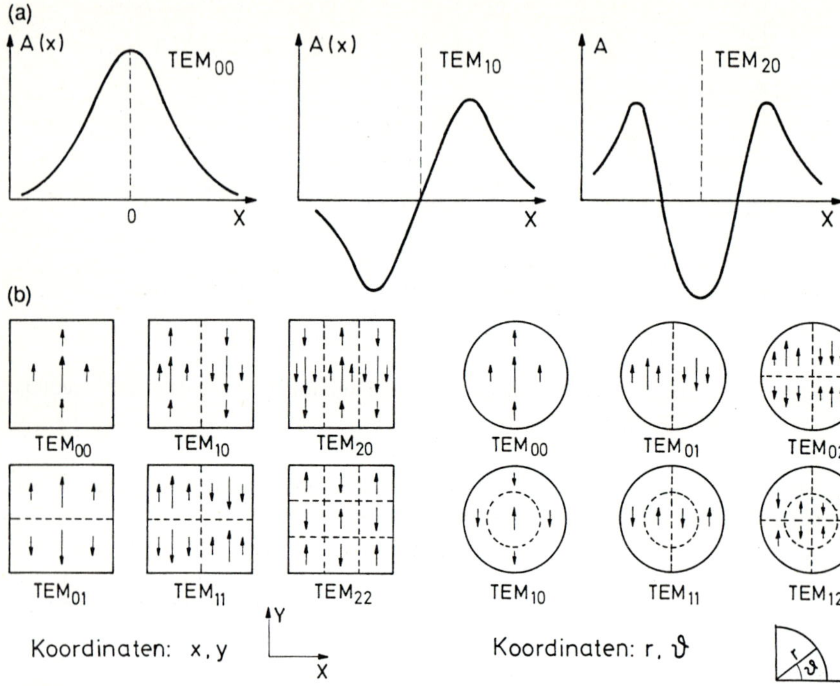

Abb.5.8. (a) Eindimensionale Amplituden-Verteilung einiger $TEM_{m,n}$-Moden. (b) Zweidimensionale Amplituden-Verteilung einiger $TEM_{m,n}$-Moden in Kartesischen und in Zylinderkoordinaten

Abbildung 5.8 zeigt als Beispiele einige stationäre Feldverteilungen, die man TEM_{mn}-Moden nennt, da sie trotz der Beugungseffekte in guter Näherung transversale elektromagnetische Wellen darstellen. Aus der Definition der Hermitischen Polynome folgt, daß die ganzen Zahlen m und n die Zahl der Feldstärke-Knoten in der x- bzw. y-Richtung angeben. Moden mit m = n = 0 heißen *Fundamentalmoden* oder auch *axiale Moden*. Ihre Intensitätsverteilung I(x, y) ergibt sich aus (5.20) wegen $H_0(x) = 1$ zu

$$I_{00}(x,y) = I_0 e^{[-2(x^2+y^2)]/w^2} \ . \tag{5.23}$$

Die Fundamentalmoden haben ein radial-symmetrisches Gauß'sches Intensitätsprofil. Senkrecht zur Resonatorachse sinkt die Intensität I(x, y, z) für $r = (x^2+y^2)^{1/2} = w$ auf $1/e^2$ ihres Wertes I_0 auf der Achse. Man nennt w den Radius der TEM_{00}-Mode. Der minimale Radius w_0 liegt gemäß (5.21) bei z = 0, d.h. in der Mitte des konfokalen Resonators (Abb.5.9).

$$w_0 = \sqrt{\lambda d/2\pi} \tag{5.24}$$

heißt die *Strahltaille* der Resonatormode. Die Größe der Strahltaille hängt vom Abstand d der Spiegel und von der Wellenlänge λ ab.

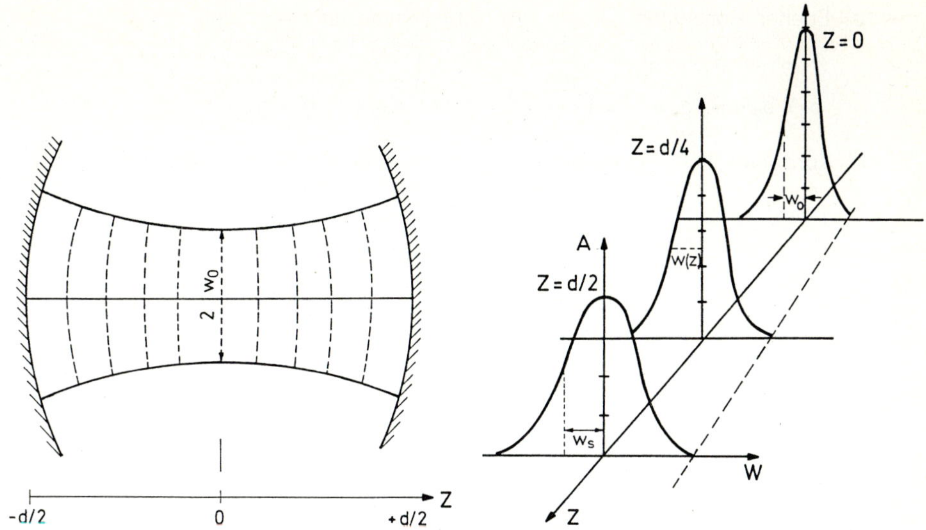

Abb.5.9. Radial Amplitudenverteilung und Strahltaille im konfokalen Resonator

---

Beispiele 5.2

a) Für einen He-Ne-Laser (λ = 633nm) mit konfokalem Resonator (b = d = 30cm) ist die Strahltaille w_0 = 0.17 mm.

b) Bei einem CO_2-Laser (λ = 10μm) mit b = 2 m ist w_0 = 1,8 mm.

Um die Feldverteilung in einem beliebigen Resonator zu bestimmen, kann man folgendermaßen verfahren:
Der konfokale Resonator kann durch Resonatoren mit anderer Spiegelkonfiguration ersetzt werden, ohne daß sich die Feldverteilung ändert, wenn die Spiegel bei $z = z_1$ und $z = z_2$ genau dieselben Krümmungsradien b_1', b_2' haben wie die Wellenfronten eines konfokalen Resonators an diesen Stellen. Solche Resonatoren nennt man *äquivalent*. So erhält man z.B. den zum konfokalen Resonator äquivalenten semikonfokalen Resontor in Abb.5.11a, wenn man in die Mitte des konfokalen Resonators bei z=0 einen ebenen Spiegel stellt.

Für *nicht-konfokale* Resonatoren mit zwei gleichen Spiegeln mit Krümmungsradien b > d/2 hat der äquivalente konfokale Resonator Krümmungsradien b′ und Spiegelabstand [5.17, 18]

$$d' = b' = \sqrt{2bd - d^2}\ . \tag{5.25}$$

Die Abbildungen 5.10a-d zeigen einige Beispiele für mögliche Laserresonatoren mit ihren äquivalenten konfokalen Resonatoren.

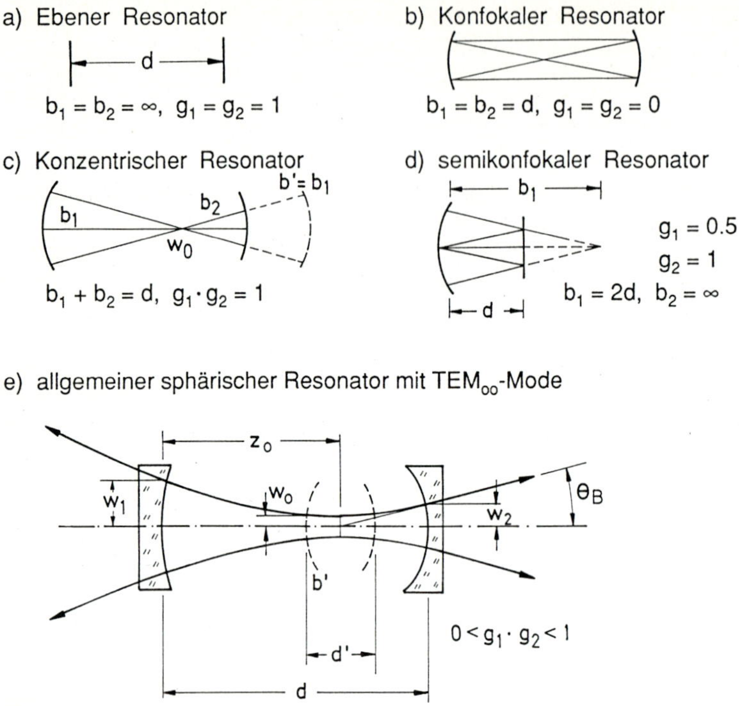

Abb.5.10. Beispiele für stabile Resonator-Konfigurationen mit ihren äquivalenten konfokalen Resonatoren (*gestrichelt*)

5.2.3 Beugungsverluste offener Resonatoren

Da bei allen stationären Feldverteilungen des offenen Resonators (Abb.5.8) die Intensität am Rande der begrenzenden Apertur (Spiegel oder auch Blenden im Resonator) nicht Null ist, wird ein Teil der Intensität durch Beugung bei der Hin- und Her-Reflexion aus dem Resonator entfernt. Die Beugungsverluste hängen außer von der Fresnel-Zahl N stark von der Feldverteilung A(x, y) ab und sind deshalb für die einzelnen $TEM_{m,n}$-Moden verschieden groß. Abbildung 5.11 zeigt die Größe der Beugungsverluste γ_B als Funktion der Fresnel-Zahl für verschiedene $TEM_{m,n}$-Moden. Die Kurven illustrieren, daß γ_B für Moden des konfokalen Resonators wesentlich kleiner ist als für entsprechende Moden des ebenen Resonators. Das liegt daran, daß die sphärischen Spiegel das infolge der Beugung divergierende Licht bei jedem Resonatordurchgang wieder refokussieren, so daß die Beugungsverluste reduziert werden.

Man sieht aus Abb.5.11 auch, daß durch geeignete Wahl der Fresnel-Zahl $N = a^2/d\lambda$ (entweder durch Reduzierung von a durch Blenden im Resonator oder durch Vergrößern des Spiegelabstandes d) die Beugungsverluste für höhere $TEM_{m,n}$-Moden so groß gemacht werden können, daß diese die Schwelle zur Laseroszillation nicht erreichen (Abschn.5.4.2).

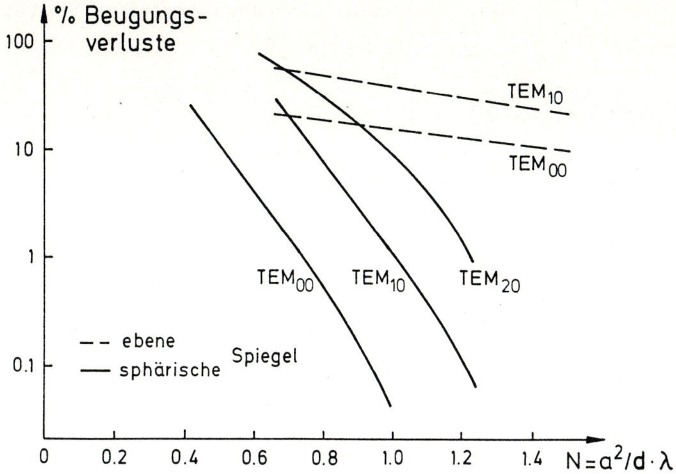

Abb.5.11. Beugungsverluste einiger $TEM_{m,n}$-Moden des konfokalen Resonators, verglichen mit denen des Resonators mit ebenen Spiegeln

5.2.4 Stabile und instabile Resonatoren

In einem stabilen Resonator muß sich die Feldverteilung A(x, y) nach jedem Umlauf der Welle reproduzieren, abgesehen von einem von x und y unabhängigen Faktor C, der die Gesamtverluste des Resonators angibt - siehe (5.19). Die Frage ist nun, in welchen Grenzen man Spiegelradien b_1, b_2 und Resonatorlänge d stabiler Resonatoren variieren kann und wie die räumliche Modenstruktur des Resonators - insbesondere die Intensitätsverteilung des Gauß'schen Fundamentalmodes von diesen Größen abhängt.

Dazu betrachten wir, wie sich ein Gauß-Strahl verändert, wenn er zwischen zwei Spiegeln (Abstand d, Krümmungsradien b_1, b_2) hin- und herreflektiert wird. Ein Gauß-Strahl, der sich in z-Richtung ausbreiten möge, wird beschrieben durch die Amplitudenverteilung [5.17]

$$A(x,y,z) = A_0 \exp\left[-i\frac{Kr^2}{2q(z)} + i\phi(z)\right], \tag{5.26}$$

wobei $r^2 = x^2 + y^2$, $K = 2\pi/\lambda$, $\phi(z)$ die z-abhängige Phase und q(z) der komplexe Strahlparameter ist, der sich mit

$$\frac{1}{q} = \frac{1}{R} - i\frac{\lambda}{\pi w^2} \tag{5.27}$$

ausdrücken läßt durch den Krümmungsradius R(z) der Phasenfläche und den Gauß-Radius w, der durch (5.21) definiert ist (Abb.5.12).

Verlangt man für eine stationäre Modenverteilung, daß sich der Gauß-Strahl bei dem Resonatorumlauf (also bei der Abbildung durch die zwei Spiegel) nicht ändert, so erhält man nach einiger Rechnung [5.19] mit den Abkürzungen

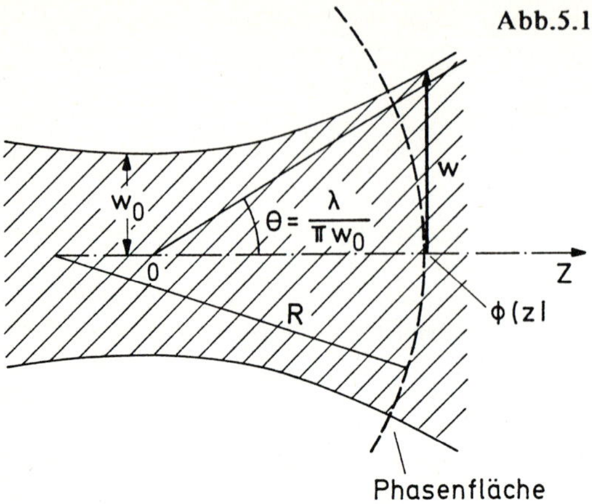

Abb.5.12. Ausbreitung eines Gauß-Strahles

$$g_i = 1 - \frac{b_i}{d} \tag{5.28}$$

für die in (5.21) definierten Grundmode-Radien w_i bzw. Fleckgrößen πw_i^2 auf den Spiegeln S_1 und S_2 die Beziehungen

$$\pi w_1^2 = \lambda d \left[\frac{g_2}{g_1(1 - g_1 g_2)}\right]^2, \quad \pi w_2^2 = \lambda d \left[\frac{g_1}{g_2(1 - g_1 g_2)}\right]^2 . \tag{5.29}$$

Man sieht hieraus, daß für $g_1 g_2 = 1$ und für $g_1 = 0$ oder $g_2 = 0$ die Fleckgröße auf einem oder auf beiden Spiegeln unendlich groß wird, d.h. der Gauß-Strahl divergiert für diese Fälle beim Umlauf durch den Resonator. Aus (5.29) folgt also die Stabilitätsbedingung

$$\boxed{0 < g_1 g_2 < 1} . \tag{5.30}$$

Resonatoren, die (5.30) erfüllen, heißen *stabil.* Tabelle 5.1 gibt einige spezielle stabile Resonatoren mit ihren Stabilitätsparametern g_i an und Abb. 5.13 zeigt ein entsprechendes Stabilitätsdiagramm.

In stabilen Resonatoren ist das Modenvolumen der Grundmode durch den Spiegelabstand d und die Krümmungsradien b_1, b_2 festgelegt - siehe (5.21,26). Dies kann bei Lasern mit großem Querschnitt des aktiven Volumens (z.B. Festkörperlaser oder Excimerlaser) dazu führen, daß die Grundmode das aktive Volumen nur zum Teil ausfüllt. Im Betrieb auf der Fundamentalmode TEM_{00} kann dann die Laserleistung nicht ihren größtmöglichen Wert erreichen, weil nur ein Teil der invertierten Atome zur Laserleistung beiträgt. Für solche Fälle ist die Verwendung *instabiler* Resonatoren vorteilhaft, bei denen $g_1 g_2 > 1$ oder $g_1 g_2 < 0$ gilt.

In instabilen Resonatoren treten stark divergierende Strahlenbündel auf, deren Durchmesser nur durch die Spiegelabmessungen gegeben sind

Tabelle 5.1. Stabile Resonatortypen mit ihren Stabilitätsparametern

Typ	Spiegelradien	Stab. Parameter
konfokal	$b_1+b_2=2d$	$g_1+g_2=2g_1g_2$
konzentrisch	$b_1+b_2=d$	$g_1\cdot{}_2=1$
symmetrisch	$b_1=b_2$	$g_1=g_2=g$
symmetrisch konfokal	$b_1=b_2=d$	$g_1=g_2=0$
symmetrisch konzentrisch	$b_1=b_2=\frac{1}{2}d$	$g_1=g_2=-1$
semikonfokal	$b_1=\infty$, $b_2=2d$	$g_1=1$, $g_2=\frac{1}{2}$
eben	$b_1=b_2=\infty$	$g_1=g_2=+1$

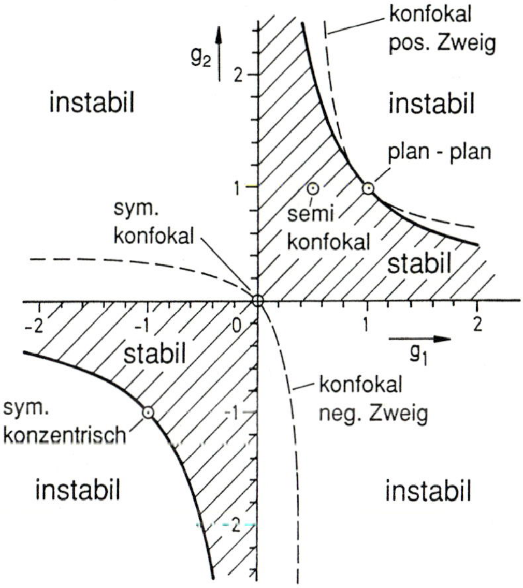

Abb.5.13. Stabilitätsdiagramm optischer Resonatoren (*die schraffierten Bereiche*)

(Abb.5.14). Natürlich sind die Verluste entsprechend hoch, da eine Welle nur wenige Umläufe im Resonator machen kann. Instabile Resonatoren sind daher nur für Laser mit großer Verstärkung möglich. Um an einer Seite

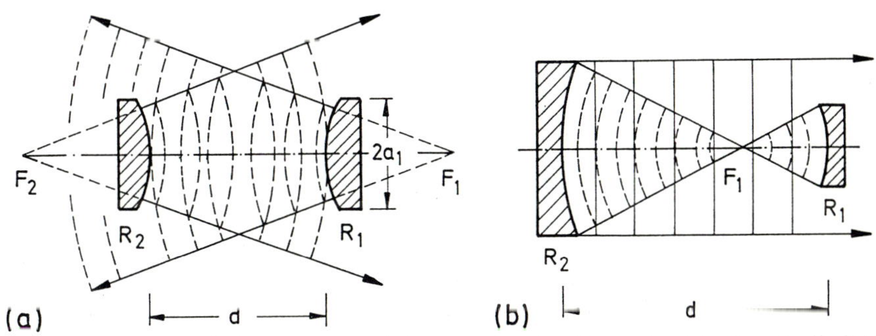

Abb.5.14a,b. Instabile Resonatoren: (**a**) Symmetrischer Typ mit virtuellen Focii. (**b**) Asymmetrischer Typ mit reellem Focus

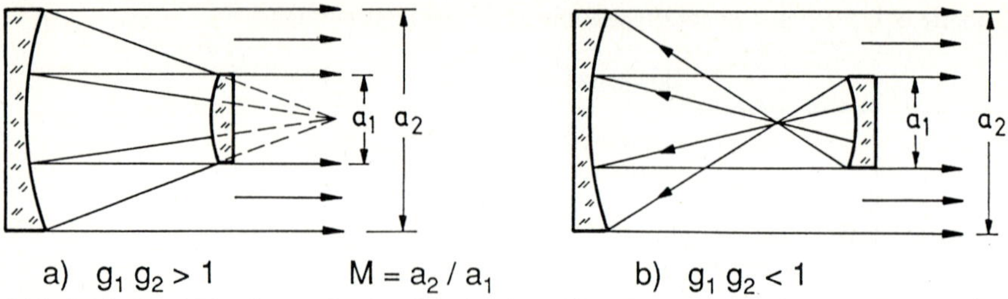

Abb.5.15. Zwei Versionen des konfokalen instabilen Resonators mit (**a**) $g_1g_2 > 1$ und (**b**) $g_1g_2 < 0$

auszukoppeln, wählt man den Durchmesser eines Spiegels groß gegen den des anderen. Zwei spezielle konfokale instabile Resonatoren, für die $g_1+g_2 = 2g_1g_2$ gilt, sind in Abb.5.15 gezeigt. Für $g_1g_2 > 1$ gibt es nur einen virtuellen Fokus außerhalb des Resonators (Abb.5.15a), während für $g_1g_2 < 0$ ein reeller Fokus im Resonator auftritt.

Das Verhältnis von Strahldurchmesser auf dem Spiegel nach einem Resonatorumlauf zum ursprünglichen Strahldurchmesser heißt Vergrößerung

$$M = M_{12}M_{21} = 2g_1g_2 + 2\sqrt{g_1g_2(g_1g_2 - 1)} - 1 .$$

Der Verlustfaktor des instabilen Resonators

$$V = M^{-2}$$

ist gleich dem Verhältnis der Strahlquerschnitte pro Umlauf.

Die Nahfeldverteilung der ausgekoppelten Welle ist ein Kreisring. Die Fernfeldverteilung erhält man aus der numerischen Lösung der entsprechenden Kirchhoff'schen Integralgleichung analog zu (5.18). Ein Beispiel für das Fernfeld eines instabilen Resonators mit $a_2 = 0.66$ cm, $g_1 = 1.21$, $g_2 = 0.85$ $g_1g_2 = 1.03$ ist in Abb. 5.16 gezeigt. Man sieht aus dem Vergleich mit dem Beugungsbild einer Welle, die durch eine Kreisblende mit gleicher Fläche wie der Kreisring geht, und M = 1,42, daß das zentrale Beugungsmaximum des Kreisringes eine sehr schmale Winkelverteilung hat, d.h. daß im Fernfeld die Winkeldivergenz des Ausgangsstrahls eines instabilen Resonators bei geeigneter Wahl der Resonatorparameter kleiner sein kann als bei stabilen Resonatoren, allerdings ist die Intensität in den höheren Ordnungen größer als bei der Beugung an einer Kreisblende.

5.2.5 Frequenzspektrum passiver optischer Resonatoren

Die Eigenfrequenzen der verschiedenen Resonatormoden erhält man aus der Bedingung, daß für die stationären Lösungen (5.20), die ja stehenden Wellen des Resonators entsprechen, der Phasenfaktor $\exp(-i\phi)$ auf den Spiegeloberflächen gleich 1 sein muß, da diese Knotenflächen der stehenden Wellen sein müssen. Setzt man die daraus folgende Bedingung $\phi =$

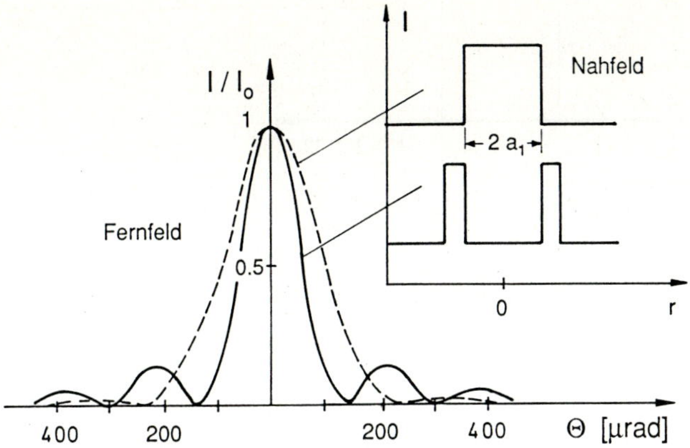

Abb.5.16. Beugungsbedingte Intensitätsverteilung im Nah-und Fernfeld eines Lasers mit instabilem Resonator mit a = 0.66cm, g_1 = 1.21, g_2 = 0.85 (*durchgezogene Kurve*) im Vergleich mit der einer Kreisblende (*gestrichelte Linie*)

$q\pi$ (q ganzzahlig) in (5.22) ein, so erhält man für die Eigenfrequenzen $\nu = c/\lambda$ des *konfokalen Resonators*

$$\nu = \frac{c}{2d}\left[q + \frac{1}{2}(m+n+1)\right] . \tag{5.31}$$

Dies ist äquivalent zur Bedingung für den Spiegelabstand

$$d = p\cdot\lambda/2 \quad \text{mit} \quad p = q + \frac{1}{2}(m+n+1) .$$

Man sieht, daß die Frequenzen der transversalen Moden mit $q = q_1$ und $m+n = 2q_2$ mit denen der axialen Moden ($m+n = 0$, $q = q_1+q_2$) zusammenfallen. Das Frequenzspektrum des konfokalen Resonators ist daher entartet. Der Frequenzabstand zweier benachbarter transversaler Moden mit $m_1+n_1 = q_2$ und $m_2+n_2 = q_2+1$ ist

$$\delta\nu_{\text{konfokal}} = \frac{c}{4d} , \tag{5.32a}$$

während für den Abstand zweier longitudinaler Moden mit $q=q_1$ bzw. $q=q_1+1$ gilt

$$\delta\nu = c/2d . \tag{5.32b}$$

Weicht der Spiegelabstand d vom Krümmungsradius b der Spiegel ab, so wird die Entartung aufgehoben. Man erhält dann für das Frequenzspektrum [5.14]

$$\nu = \frac{c}{2d}\left[q + \frac{1}{2}(m+n+1)\left(1 + \frac{4}{\pi}\arctan\frac{d-b}{d+b}\right)\right] . \tag{5.33}$$

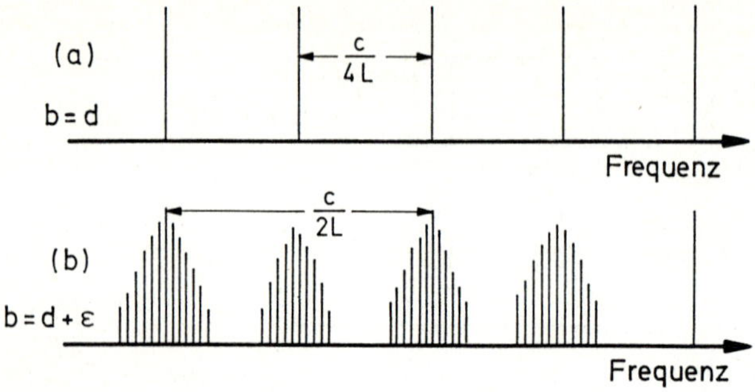

Abb.5.17 Frequenzspektrum eines konfokalen (**a**) und eines nicht-konfokalen Resonators (**b**)

Man sieht aus (5.33), daß die höheren transversalen Moden mit m,n > 0 wegen des arctan Terms nicht mehr länger mit den longitudinalen Moden entartet sind. Dies ist in Abb.5.17 für die beiden Fälle b = d und d = b+ϵ (ϵ<<1) illustriert.

Wegen der endlichen Güte Q des Resonators sind die Resonatorresonanzen nicht beliebig scharf. Nach einer Zeit $\tau = Q/2\pi\nu$ ist die Intensität im Resonator auf 1/e ihres Wertes für t=0 abgesunken. Daraus resultiert eine Frequenzunschärfe

$$\Delta\nu = \frac{1}{2\pi\tau} = \frac{\nu}{Q} \quad \text{oder} \quad \frac{\Delta\nu}{\nu} = \frac{1}{Q}. \tag{5.34a}$$

Sind die Verluste überwiegend durch die Transmission der Resonatorspiegel bedingt, so erhält man, genau wie beim FPI - siehe (4.34b) - für die transmittierte Intensität I_T einer einfallenden Welle der Intensität I_0

$$I_T = I_0 \frac{T^2}{(1-R)^2(1+F\sin^2\delta/2)} \quad \text{mit} \quad F = \frac{4R}{(1-R)^2} \tag{5.34b}$$

und daraus die Intensität *im* Resonator: $I_{int} = I_T/(1-R)$ mit den Resonatorresonanzen bei $\delta = 2m\pi$. Hieraus ergibt sich die Halbwertsbreite - siehe (4.49)

$$\Delta\nu = \frac{c}{2d}\,\frac{1-R}{\pi\sqrt{R}} = \frac{\delta\nu}{F^*}. \tag{5.35}$$

Beispiele 5.3

a) Ein Resonator mit d = 100 cm hat einen Abstand der longitudinalen Moden von $\delta\nu$ = 150 MHz.

b) Mit R_1=1 und R_2=0.98 ergibt sich wegen $R = (R_1R_2)^{1/2} = 0.99$ eine Reflexionsfinesse von F^* = 300 und eine Halbwertsbreite der Eigenresonanzen des passiven Resonators: $\Delta\nu$ = 0.5 MHz. Dasselbe Ergebnis hätte man auch aus (5.16) mit $\Delta\nu = (2\pi\tau)^{-1}$ erhalten.

c) Wenn die Gesamtverluste inklusive Beugung und Streuung 5% pro Resonatorumlauf sind, wird die mittlere Verweilzeit der Photonen im Resonator $\tau \simeq 20\ T = 40\ d/c \simeq 130$ ns und die Resonanzbreite $\Delta\nu \simeq (2\pi\tau)^{-1} \simeq 1{,}25$ MHz.

Man beachte, daß wir hier die Eigenfrequenzen des *passiven* Resonators behandelt haben. Durch das aktive Medium in einem Laserresonator werden die Verluste des Resonators kompensiert, der Resonator wird „entdämpft", so daß für die Moden, für welche die Schwellwertgrenze überschritten wird und auf denen dann Laseroszillation einsetzt, die „aktive" Linienbreite wesentlich geringer werden kann (Abschn.5.5).

5.3 Laser-Moden

Erhöht man die Pumpleistung im aktiven Medium kontinuierlich, so wird die Schwellwertinversion zuerst für diejenigen Frequenzen ν_k erreicht, für welche die Nettoverstärkung pro Resonatorumlauf

$$G(\nu) = \exp[-2\alpha(\nu)L - \gamma(\nu)]$$

gemäß (5.4) maximal wird. Da die Verluste $\gamma(\nu)$ wesentlich durch die Eigenschaften des Resonators bestimmt werden, muß das Frequenzspektrum des Lasers mit dem Modenspektrum des Resonators verknüpft sein. Wir wollen uns diesen Zusammenhang klarmachen

5.3.1 Frequenzspektrum des aktiven Resonators

Fällt eine ebene Welle mit der spektralen Intensitätsverteilung $I_0(\nu)$ auf den Laserresonator von außen ein, so erhält man, genau wie in Abschnitt 4.2 durch phasenrichtiges Aufsummieren aller Teilamplituden analog zu (4.34b) die transmittierte Intensität

$$I_T = I_0 \frac{T^2 G(\nu)}{[1 - G(\nu)]^2 + 4G(\nu)\sin^2\delta/2} . \tag{5.36}$$

Die Gesamtverstärkung I_T/I_0 hat Maxima für $\delta = q \cdot 2\pi$. Dies entspricht gerade der Bedingung (5.31) für die Eigenfrequenzen des passiven Resonators, wenn wir die Resonatorlänge d ersetzen durch

$$d^* = (d-L) + n(\nu)L = d + (n-1)L , \tag{5.37}$$

wobei L die Länge des aktiven Mediums mit dem Brechungsindex n ist.

Für $G(\nu) \to 1$ wird die Gesamtverstärkung $I_T/I_0 \to \infty$ für $\delta = q \cdot 2\pi$, d.h. schon ein beliebig kleines Eingangsignal, wie es z.B. durch die spontane Emission der Atome des aktiven Mediums geliefert wird, führt zu einer endlichen Ausgangsleistung, die dann wegen der Rückkopplung solange anwächst, bis der Abbau der Inversion durch induzierte Emission gerade die Pumprate kompensiert. Der Laserverstärker wird zum Oszillator, dessen Ausgangsleistung durch die Pumpleistung und nicht mehr durch die Eingangsleistung des Startsignals bestimmt wird. Im stationären Betrieb stellt sich eine „gesättigte Verstärkung" ein, die gerade so groß ist, daß alle Verluste kompensiert werden. Die Bedingung $G(\nu) \to 1$ ist wegen (5.4) äquivalent zur Schwellwertbedingung (5.5).

Aus (5.36) erhält man für die Halbwertsbreite $\Delta\nu$ einer Resonanz des aktiven Resonators mit dem freien Spektralbereich $\delta\nu$ den Ausdruck

$$\Delta\nu = \delta\nu \frac{1 - G(\nu)}{2\pi\sqrt{G(\nu)}} = \delta\nu / F_\alpha^* \, . \tag{5.38}$$

Die Finesse $F\alpha^* = 2\pi\sqrt{G(\nu)}/[1-G(\nu)]$ des aktiven Resonators erreicht einen unendlich großen Wert für $G(\nu) \to 1$. Obwohl die wirklich beobachtbare Laserlinienbreite in der Tat wesentlich schmaler wird als die Halbwertsbreite des passiven Resonators, wird sie jedoch nicht Null! Die Gründe dafür werden im Abschnitt 5.5 diskutiert.

Die Verstärkung $\exp[2\alpha(\nu)L]$ pro Resonatorumlauf hängt vom Linienprofil $g(\nu-\nu_0)$ des Laserüberganges ab. Man nennt die spektrale Verteilung des Verstärkungskoeffizienten

$$-\alpha(\nu) = \Delta N(h\nu/c) g(\nu-\nu_0) B_{iK} \tag{5.39}$$

das *Verstärkungsprofil* des Laserüberganges. Bei gasförmigen Lasermedien im sichtbaren Bereich ist dies ein Doppler-Profil (Abschn.3.2)

$$\alpha(\nu) = \alpha(\nu_0) \exp[-1{,}66(\nu-\nu_0)/\Delta\nu_D]^2 \, , \tag{5.40}$$

während im infraroten Spektralgebiet (z.B. CO_2-Laser) die Druckverbreiterung oft die Größenordnung der Doppler-Breite erreicht und das Verstärkungsprofil deshalb durch ein Voigt-Profil beschrieben werden kann. Festkörperlaser oder Flüssigkeitslaser (z.B. Farbstofflaser) zeigen im allgemeinen ein wesentlich breiteres Verstärkungsprofil wegen zusätzlicher Verbreiterungsmechanismen (Abschn.3.7).

Abbildung 5.18 illustriert schematisch das Verstärkungsprofil eines Laserüberganges mit den Frequenzen der longitudinalen Lasermoden im Abstand $\delta\nu = c/2d$. Trägt man als Ordinate die Nettoverstärkung $2\alpha(\nu)L-\gamma$ pro Umlauf auf und berücksichtigt die endliche Breite der Resonator-Resonanzen, so ergibt sich die Darstellung in Abb.5.19. Die Schwelle $2\alpha L-\gamma \geq 0$ zur Laseroszillation wird nur erreicht für Resonatormoden zwischen den Grenzen ν_{min} und ν_{max}. Die maximale Zahl p der longitudinalen Moden, auf denen der Laser oszillieren kann,

$$p = \frac{\nu_{max} - \nu_{min}}{\delta\nu} = \frac{2d}{c}(\nu_{max} - \nu_{min}) \tag{5.41}$$

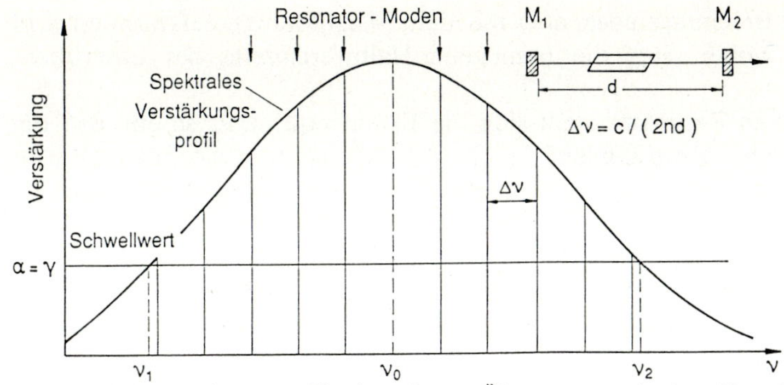

Abb.5.18 Verstärkungsprofil eines Laser-Überganges mit den Eigenfrequenzen der longitudinalen Lasermoden

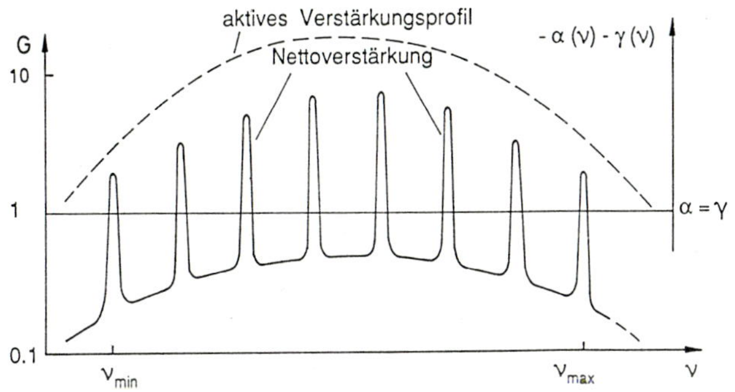

Abb.5.19. Ungesättigte Nettoverstärkung $G = \exp[-2\alpha(\nu)L-\gamma]$ mit Verstärkungsprofil $\alpha(\nu)$ des aktiven Mediums und Schnellwertgerade $\alpha = \gamma$

hängt ab von der Resonatorlänge d und von der maximalen Breite des Verstärkungsprofils oberhalb der Schwelle. Mit zunehmender Pumpleistung wird im allgemeinen das Intervall $(\nu_{max}-\nu_{min})$ größer und damit steigt die Zahl der oszillierenden Moden.

5.3.2 Beeinflussung der Modenfrequenz durch das aktive Medium

Das aktive Medium im Resonator ändert über den Brechungsindex n ein wenig die effektive Resonatorlänge d^* - siehe (5.37) - und deshalb sind die Frequenzen der Lasermoden im allgemeinen etwas verschoben gegenüber denen der passiven Resonatorresonanzen („mode pulling"). Der Brechungsindex $n(\nu)$ hängt vom Frequenzabstand $(\nu-\nu_0)$ von der Linienmitte ν_0 des Laserüberganges ab. Mit Hilfe der Kramers-Kronig-Relation (Abschn.2.6) für homogen verbreiterte Linien

$$n(\nu) = 1 + \frac{\nu_0 - \nu}{\Delta\nu_m}\frac{c}{2\pi\nu}\alpha(\nu) \qquad (5.42)$$

läßt sich der Brechungsindex $n(\nu)$ mit dem Verstärkungskoeffizienten $\alpha(\nu)$ verknüpfen, wobei $\Delta\nu_m$ die homogene Halbwertsbreite des Laserüberganges ist.

Im passiven Resonator stellt sich die Eigenfrequenz ν_p so ein, daß die Phasenverschiebung pro Umlauf

$$\phi_p = 2\pi\nu_p d/c \tag{5.43}$$

wird. Durch das verstärkende Medium tritt eine Phasenverschiebung $\Delta\phi_a(\nu_a)$ pro Umlauf auf (Abb.5.20), und die Frequenz ν_a der aktiven Lasermode stellt sich so ein, daß

$$\frac{\partial\phi}{\partial\nu}(\nu_a - \nu_p) + \Delta\phi_a(\nu_a) = 0 . \tag{5.44}$$

Aus (5.42-44) erhält man für die Frequenz ν_a der Lasermode

$$\nu_a = \frac{\nu_p \Delta\nu_m + \nu_0 \Delta\nu_p}{n(\nu)\Delta\nu_m + \Delta\nu_p} , \tag{5.45}$$

wobei n der Brechungsindex (5.42), $\Delta\nu_p = \nu/Q$ die Halbwertsbreite der passiven Resonatorresonanzen und $\Delta\nu_m$ die homogene Linienbreite des Laserüberganges ist. Mit typischen Zahlenwerten $\Delta\nu_p \simeq 1$ MHz und $\Delta\nu_m \simeq$ 100 MHz wird $\Delta\nu_p << \Delta\nu_m$ und (5.45) vereinfacht sich zu

$$\nu_a = \frac{1}{n}\left[\nu_p + \frac{\Delta\nu_p}{\Delta\nu_m}\left(\nu_0 - \frac{\nu_p}{n}\right)\right] . \tag{5.46}$$

Man sieht aus (5.42), daß für die Mitte ν_0 des Verstärkungsprofils $n(\nu) = 1$ gilt, so daß aus (5.46) folgt: $\nu_a = \nu_p$. Die Differenz $(\nu_a - \nu_p/n)$ wächst proportional zum Abstand $(\nu_0 - \nu_p/n)$ von der Linienmitte. Das aktive

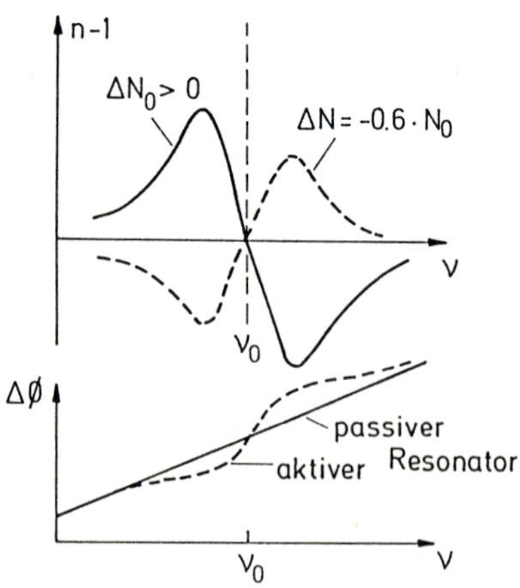

Abb.5.20. Dispersionskurven für positive ($\Delta N \leq 0$) und negative ($\Delta N \geq 0$) Absorptionskoeffizienten $\alpha \propto -\Delta N$

Medium „zieht" die passive Eigenfrequenz zur Linienmitte hin (Abb.5.19). Eine ausführliche Diskussion findet man in [5.20].

5.3.3 Verstärkungssättigung und Modenwechselwirkung

Ohne das Strahlungsfeld des Lasers würde sich im aktiven Medium eine Inversionsdichte ΔN_0 aufbauen, die von der Pumprate P und den Relaxationsraten R_1 und R_2 der beiden Laserniveaus abhängt (Abschn.5.1.2). Diese Inversion führt zur sogenannten „Leerlaufverstärkung" (Kleinsignalverstärkung)

$$G_0(\nu) = \exp[-\alpha(\nu)2L - \gamma] \quad \text{mit} \quad \alpha(\nu) = \Delta N_0(h\nu/c)B_{ik}g(\nu-\nu_0)\,. \tag{5.47}$$

Durch das sich aufbauende Strahlungsfeld des Lasers mit der Intensität I_L wird ΔN_0 für die Frequenz ν reduziert auf seinen Sättigungswert ΔN_s, der gerade so groß ist, daß die zugehörige Verstärkung $2\alpha_s(\nu)L$ die vorhandenen Verluste γ kompensiert. Erhöht man die Verluste bei konstanter Pumpleistung P, so sinkt I_L und ΔN_s steigt an bis maximal ΔN_0. Steigt γ weiter, so geht der Laser aus. Man kann also bei konstanter Pumpleistung die Verstärkung erhöhen, indem man die Verluste erhöht und damit die Laserleistung erniedrigt!

Das spektrale Verhalten des gesättigten Verstärkungsfaktors $\alpha_s(\nu)$ hängt davon ab, ob das Verstärkungsprofil des Laserüberganges homogen oder inhomogen verbreitert ist (Abschn.3.4 und 5).

Bei einem *homogenen* Verstärkungsprofil können alle Atome im angeregten Zustand $|i\rangle$ zur Verstärkung beitragen. Es beginnt diejenige Lasermode zu oszillieren, deren Nettoverstärkung am größten ist. Sie baut dann durch induzierte Emission die gesamte Inversion bis auf den Schwellwert ab, so daß keine Verstärkung mehr übrigbleibt für andere Moden (Abb.5.21). Laser mit vollständig homogenem Verstärkungsprofil (z.B. Farbstoff- oder Farbzentrenlaser) sollten daher eigentlich immer nur auf einer Mode schwingen. Gründe, warum dies in der Praxis im allgemeinen nicht beobachtet wird, sind:

a) Die oszillierende Mode füllt das aktive Medium räumlich nicht vollständig aus, so daß noch genügend invertierte Atome übrigbleiben, um andere Moden anschwingen zu lassen.

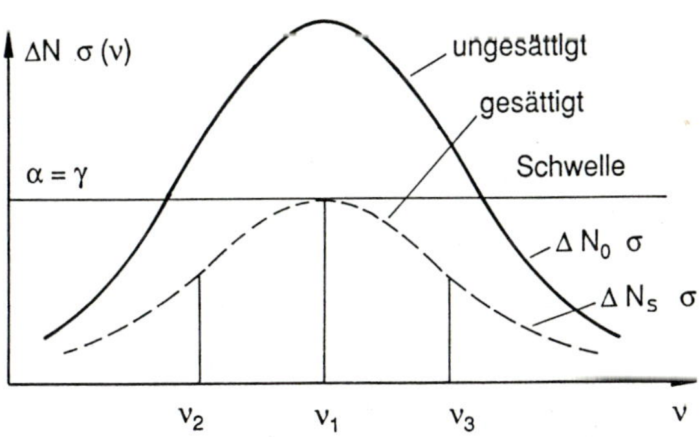

Abb.5.21. Sättigung eines homogenen Verstärkungsprofils

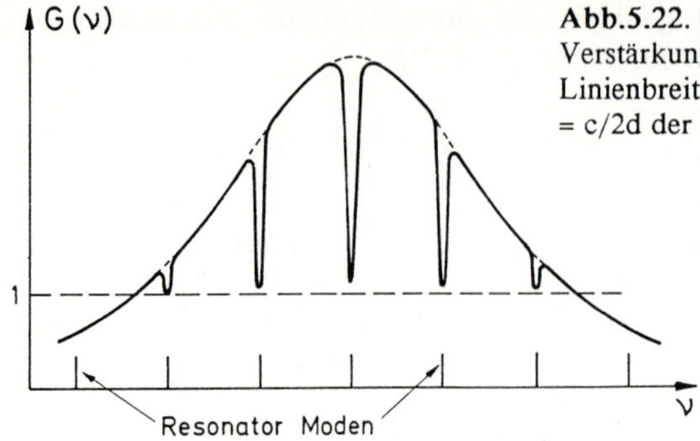

Abb.5.22. Sättigung eines inhomogenen Verstärkungsprofils, wenn die homogene Linienbreite γ kleiner als der Abstand $\delta\nu_R = c/2d$ der Resonatormoden ist

b) Durch Resonatorinstabilitäten (z.B. akustische Vibrationen der Resonatorspiegel) variiert die Frequenz für die maximale Verstärkung. Dies kann zu Modensprüngen führen, so daß der Laser im zeitlichen Mittel auf mehreren Moden schwingt, obwohl er zu jedem Zeitpunkt durchaus nur auf einer Mode oszilliert.

Bei einem vollständig *inhomogenen* Verstärkungsprofil (z.B. Doppler-Profil) tragen zu jeder Mode mit der Frequenz ω_q nur diejenigen Atome bei, deren Übergangsfrequenz ω_a im Koordinatensystem des mit der Geschwindigkeit $\mathbf{v}$ fliegenden Atoms die Bedingung $\omega_a = \omega_q + \mathbf{v}\cdot\mathbf{k}$ erfüllt (Abschn.3.2). Ist die homogene Breite des atomaren Überganges klein gegen den Abstand zwischen den Resonatormoden, so stören sich die verschiedenen Moden nicht, da jede nur mit „ihrem" Atomensemble wechselwirkt und der Laser oszilliert auf allen Resonatormoden innerhalb des Verstärkungsprofils. Jede Mode sättigt ihren Übergang bis auf die Schwellwertgerade (Abb.5.22).

Für die Modenwechselwirkung spielt ein weiterer Effekt eine große Rolle, der im Englischen „spatial hole burning" genannt wird und auf der räumlich nicht homogen verteilten Sättigung des aktiven Mediums durch stehende Lichtwellen beruht.

Eine Lasermode in einem Laserresonator mit Spiegelabstand d stellt eine praktisch ebene, stehende Welle

$$E_q = E_0 \cos(k_q z)\cos(\omega_q t)$$

dar, mit $k_q = 2\pi/\lambda_q = \pi q/d$ (Abb.5.23a). Die Inversion im aktiven Medium wird an den Stellen maximaler Feldstärke E_0 stärker gesättigt als in den Knoten der stehenden Welle („spatial hole burning") (Abb.5.23c). Dies kann bei geringer Länge L des aktiven Mediums dazu führen, daß für eine andere Resonatormode mit dem Wellenvektor k_p, die ihre Maxima an den Stellen der Minima von E_q hat (Abb.5.23b), genügend Inversion übrigbleibt, um die Laserschwelle zu erreichen.

Wenn die Verstärkung groß genug ist, können im allgemeinen sogar mehrere Moden aufgrund dieses „spatial hole burning"-Effektes gleichzeitig oszillieren. Jede Fluktuation der Laserwellenlänge - verursacht durch äussere Störungen (Brechungsindexfluktuationen im Flüssigkeitsstrahl eines

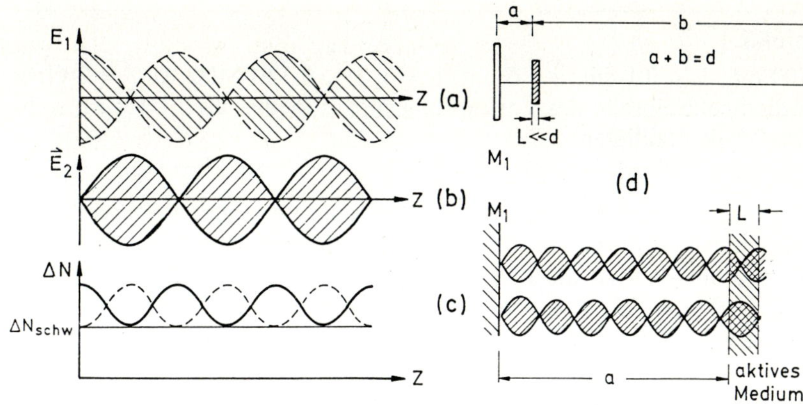

Abb.5.23a,b. Räumliche Intensitätsverteilung zweier stehender Laserwellen mit etwas verschiedenen Wellenlängen. (**c**) Räumliche Verteilung des Inversions-Abbaus. (**d**) „Spatial hole-burning" in einem aktiven Medium kleiner Länge L, das sich dicht an einem Resonator-Endspiegel befindet

Farbstofflasers, akustische und thermische Schwankungen) - führt zu einer entsprechenden Veränderung des räumlichen Inversionsprofils und damit zu einer Fluktuation von Intensität und Wellenlänge der gleichzeitig oszillierenden Moden. Die mit einem Spektrumanalysator gemessene zeitlich aufgelöste Intensitätsverteilung eines realen Lasers stellt daher oft ein zeitlich statistisch fluktuierendes, kompliziertes Modenspektrum dar.

Man kann den Einfluß des „spatial hole burning"-Effektes minimieren, wenn man das aktive Medium dicht an einen Resonator-Endspiegel setzt (Abb.5.23d). Dazu betrachten wir zwei stehende Wellen mit den Wellenlängen λ_1 und λ_2, deren Feldstärkenmaxima im dünnen aktiven Medium um λ/p ($p = 2,3,...$) verschoben sind. Da alle stehenden Wellen auf der Spiegeloberfläche eine Nullstelle der Feldstärke haben müssen, ergibt sich

$$q\lambda_1 = a = (q + 1/p)\lambda_2 \; . \tag{5.48}$$

Daraus folgt für den minimalen Frequenzabstand $\delta\nu_{sp} = \nu_2 - \nu_1$ zweier gleichzeitig oszillierender Moden

$$\delta\nu_{sp} = \frac{c}{ap} \; . \tag{5.49}$$

Da der Frequenzabstand $\delta\nu_R$ zweier Resonatormoden $\delta\nu_R = c/2d$ ist, wird aus (5.49)

$$\delta\nu_{sp} = \frac{2d}{ap}\,\delta\nu_R \; . \tag{5.50}$$

Auch wenn die Inversionsdichte groß genug wäre, um z.B. drei „spatial hole burning"-Moden mit $p = 1,2,3$ gleichzeitig oszillieren zu lassen, kann doch nur eine Mode anschwingen, wenn die Linienbreite des Laserüberganges kleiner als $(2/3)(d/a)\delta\nu_R$ ist [5.21].

Beispiel 5.4

d = 100 cm, L = 0.1 cm, a = 5 cm, p = 3, $\delta\nu_R$ = 150 MHz, $\delta\nu_{sp}$ = 2 GHz. Wenn die Spektralbreite des Verstärkungsprofils kleiner als 2 GHz ist, sollte nur *eine* Mode oszillieren.

Bei Gaslasern wird die räumlich periodische Verteilung der Inversionssättigung teilweise durch die thermische Geschwindigkeit der Atome ausgemittelt. Außerdem ist die Länge L des aktiven Mediums im allgemeinen groß ($L \simeq d$), so daß zwei benachbarte Moden nur über einen Teil der Länge L gegenphasig sein können. Hier tritt daher kein „spatial hole burning" auf.

Man kann diese räumlich verteilte Sättigung vollständig vermeiden bei Verwendung von Ringlasern, wenn man durch eine optische Diode dafür sorgt, daß sich keine stehenden, sondern nur in einer Richtung umlaufende Wellen ausbilden können (Abschn.5.4).

5.3.4 Das Frequenzspektrum realer Mehrmoden-Laser

Die für das Verständnis des Frequenzspektrums realer Laser sehr wichtigen Überlegungen im vorhergehenden Unterabschnitt sollen durch einige Beispiele illustriert werden:

Beispiel 5.5

HeNe-Laserübergang bei λ = 632.8 nm. Die Doppler-Breite des Neonüberganges ist etwa 1500 MHz, die Breite des Verstärkungsprofils oberhalb der Schwelle möge 1000 MHz sein. Bei einer Resonatorlänge von d = 100 cm ist der Abstand longitudinaler Moden $\delta\nu_R = c/2d$ = 150 MHz. Wenn die höheren transversalen Moden durch Blenden im Resonator unterdrückt werden (Abschn.5.4.2), können 7 longitudinale Moden die Laserschwelle erreichen. Die homogene Breite $\Delta\nu_{hom}$ wird bedingt: a) durch die natürliche Linienbreite $\Delta\nu_n$ = 20 MHz, b) durch Druckverbreiterung, die etwa die gleiche Größe erreicht, c) durch Sättigungsverbreiterung, die von der Intensität der einzelnen Moden abhängt (Abschn.3.5). Für $I/I_s = 10$ erhält man z.B. eine Linienbreite von etwa 100 MHz. Dies ist immer noch kleiner als der Abstand $\delta\nu_R$ benachbarter Resonatormoden. Die Moden beeinflussen sich daher nicht wesentlich und stabiler Mehrmodenbetrieb auf allen 7 Resonatormoden ist möglich. Dies wird durch Abb.5.24 bestätigt, wo das mit einem Spektrumanalysator gemessene Modenspektrum eines solchen HeNe-Lasers mit d = 1 m Resonatorlänge gezeigt wird.

Beispiel 5.6

Argon-Ionen-Laser. Wegen der höheren Temperatur in der Hochstromentladung (etwa 10^3 A/cm^2), ist die Doppler-Breite der Ar^+-Übergänge mit 8-10 GHz sehr groß. Die homogene Breite ist auch wesentlich größer als beim HeNe-Laser, weil die Sättigungsverbreiterung wegen der höheren Laserleistung (1-100W pro Mode innerhalb des Resonators) viel größer ist,

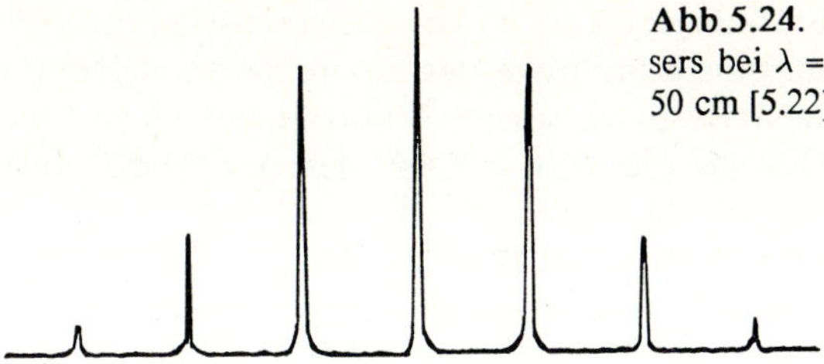

Abb.5.24. Modenspektrum des HeNe-Lasers bei λ = 633 nm mit Resonatorlänge d = 50 cm [5.22]

und weil die Stoßverbreiterung wegen der Elektron-Ion-Stöße beträchtlich wird. Beide Effekte zusammen führen zu einer homogenen Breite von bis zu 800 MHz, die groß ist gegen den Modenabstand $\delta\nu_R$ = 125 MHz bei einer Resonatorlänge d = 120 cm.

Die benachbarten Moden „fressen sich daher gegenseitig die Verstärkung weg", so daß nur die anfänglich intensivste Mode innerhalb der homogenen Breite überlebt. Diese starke Modenwechselwirkung in Kombination mit den bereits früher erwähnten Frequenzstörungen führen zu dem statistisch fluktuierenden Modenspektrum eines Mehrmoden-Argonlasers (Abb.5.25).

Beispiel 5.7

Farbstofflaser. Die spektral sehr breiten Übergänge von Farbstoffmolekülen in einer Lösungsflüssigkeit sind überwiegend homogen verbreitert (Abschn.3.4 und 5.6.5). Wegen der kleinen Länge L $\simeq$ 1 mm des aktiven Mediums in kontinuierlichen Farbstoffstrahl-Lasern spielt das „spatial hole burning" hier eine wichtige Rolle. Ohne frequenzselektierende Elemente wird daher ein Farbstofflaser in mehreren „spatial hole burning-Moden" gleichzeitig schwingen. Durch Fluktuation des Brechungsindex im Farbstoffstrahl schwanken Frequenzen und Kopplungen der Moden, so daß auch hier ohne frequenz-selektive Elemente im Laser-Resonator ein statistisch fluktuierendes Spektrum innerhalb eines Spektralbereiches von etwa

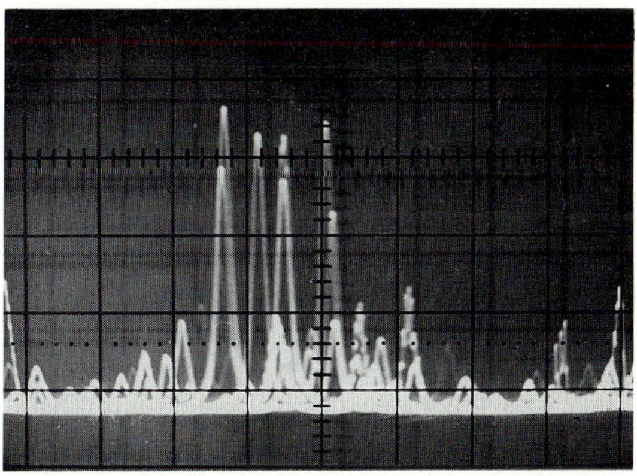

Abb.5.25. Zwei Kurzzeitaufnahmen des Modenspektrums eines freilaufenden Argon-Lasers. Beide Aufnahmen wurden übereinander kopiert, um das statistisch fluktuierende Spektrum zu demonstrieren

1 nm im Maximum des Verstärkungsprofiles in der Laseremission auftritt. Damit die Moden im Zeitmittel die Bandbreite der Laseremision gleichmäßig ausfüllen, sollte man einen Resonatorspiegel wobbeln mit einer Frequenz f, so daß 1/f kleiner ist als die Zeit, die bei der Aufnahme eines Spektrums für das Überfahren einer Spektrallinie gebraucht wird.

In Ringresonatoren lassen sich die „spatial-hole-burning"-Effekte ausschalten, und man würde ohne äußere Störungen Laseroszillation auf nur einer Resonatormode im Zentrum des Verstärkungsprofils initieren. Infolge von Dichtefluktuationen wird ohne zusätzliche Maßnahmen zur Modenselektion die Laseremission jedoch statistisch zwischen verschiedenen Resonatormoden springen.

5.4 Experimentelle Realisierung von stabilen Einmoden-Lasern

In den vergangenen Abschnitten haben wir gesehen, daß ohne weitere Maßnahmen ein Laser im allgemeinen auf allen Moden $TEM_{m,n,q}$ innerhalb eines Verstärkungsprofils oszillieren kann, für welche die Verstärkung die Gesamtverluste übersteigt. Um aus diesen vielen gleichzeitig oszillierenden Moden eine einzige zu selektieren, muß man alle anderen Moden unterdrücken, indem man ihre Verluste soweit erhöht, daß sie die Oszillations-Schwelle nicht erreichen können. Die Unterdrückung höherer *transversaler* Moden ($m,n \neq 0$) erfordert andere Maßnahmen als die Selektion einer longitudinalen aus vielen $TEM_{0,0,q}$-Moden.

Bei vielen Lasertypen, insbesondere den Gaslasern, gibt es oft mehrere atomare bzw. molekulare Übergänge, für die genügend große Inversion erreicht wird, um die Laserschwelle zu überschreiten. In solchen Fällen muß man zuerst dafür sorgen, daß der Laser nur auf einem einzigen Übergang oszilliert.

5.4.1 Linien-Selektion

Für Laser, welche die Laserschwelle für mehrere Übergänge erreichen, muß man wellenlängen-selektierende optische Elemente im Resonator verwenden. Wenn der Wellenlängenabstand zwischen den verschiedenen Linien groß genug ist, genügt eine selektive dielektrische Beschichtung der Resonatorspiegel, die für die gewünschte Linie großes, für alle anderen kleines Reflexionsvermögen hat, um Laseroszillatoren auf nur einer Linie zu gewährleisten. ein Beispiel ist der HeNe-Laser, dessen stärkste Übergänge bei $\lambda_1 = 0{,}633\ \mu m$, $\lambda_2 = 1.15\ \mu m$ und $\lambda_3 = 3.39\ \mu m$ liegen und damit genügend weit getrennt sind. Bei enger benachbarten Linien kann ein Prisma im Resonator als Wellenlängenselektor dienen. In Abb.5.26 sind zwei verschiedene Versionen gezeigt, die z.B. zur Trennung der 10 starken Übergänge des Argonlasers zwischen 451 und 515 nm geeignet sind. Bei der 1. Version (Abb.5.26a) wird ein gleichschenkliges Prisma mit Brechungsindex n und dem Prismenwinkel 2φ verwendet, der so gewählt wird, daß der eintretende und austretende Strahl jeweils den Brewster-Winkel $\alpha_B = 90° - \varphi$

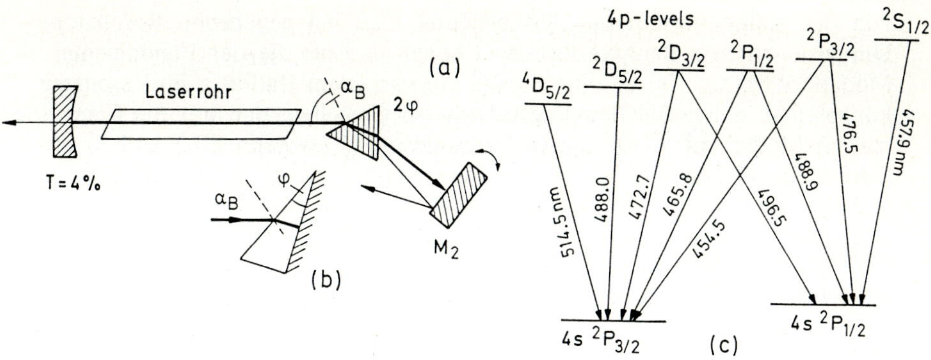

Abb.5.26. Linienselektion in einem Gaslaser mit einem Brewsterprisma (**a**) oder einem Littrowprisma (**b**) mit $\tan\varphi = 1/n$ und (**c**) Termschema der Argonlaser-Übergänge

($\tan\alpha_B = n$, bzw. $\tan\varphi = 1/n$) mit den Prismenflächen-Normalen bildet und daher keine Reflexionsverluste auftreten. Durch Drehen des Endspiegels M_2 läßt sich die gewünschte Wellenlänge einstellen. Bei der zweiten Ausführung (Abb.5.26b) ist das Brewster-Prisma entlang seiner Symmetrieebene aufgeschnitten und die Rückseite ist hochreflektierend verspiegelt. Diese "Sparversion" des "Littrow-Prismas" vereinigt also Prisma und Endspiegel.

Im infraroten Spektralgebiet (z.B. für den CO_2-Laser bei $10\mu m$) absorbieren Glas oder synthetischer Quarz bereits zu stark. Hier verwendet man deshalb besser Littrowgitter (Abschn.4.1) zur Linienselektion. Abbildung 5.27 zeigt eine mögliche Anordnung beim CO_2-Laser, mit der einer von mehr als hundert möglichen Rotations-Schwingungs-Übergängen ausgesucht wird, auf denen der CO_2-Laser oszillieren kann. Es ist oft zweckmäßig, den Laserstrahl aufzuweiten, damit die Leistungsdichte auf dem Gitter nicht zu hoch wird. Außerdem steigt das spektrale Auflösungsvermögen mit der Zahl der beleuchteten Gitterstriche (Abschn.4.1.3).

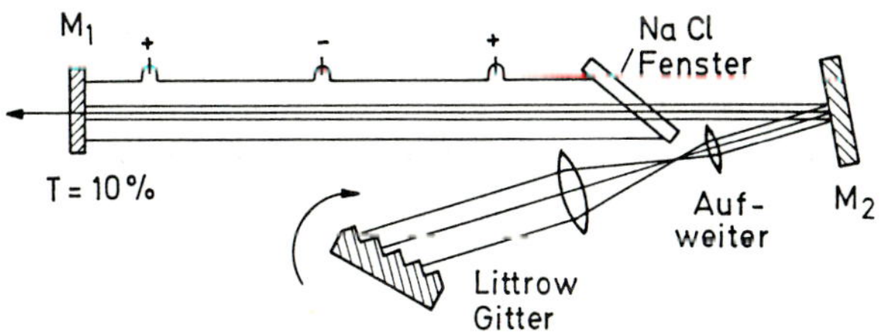

Abb.5.27. Selektion einzelner Rotations-Schwingungsübergänge beim CO_2-Laser durch ein Littrow-Gitter

5.4.2 Moden-Selektion

Wir wollen zuerst die Selektion transversaler Moden behandeln. Im Abschn. 5.2.2 wurde gezeigt, daß die $TEM_{m,n,q}$-Moden mit wachsendem Index m oder n immer weniger auf die Resonatorachse konzentriert sind und daß sich ihre Intensitätsverteilung in radialer Richtung zu größeren Abständen von der Achse verschiebt. Dies bedeutet, daß bei gegebenen Resonator-Dimensionen ihre Beugsverluste viel höher sind als die der Fundamental-Moden $TEM_{0,0,q}$. Durch eine Blende mit variablem Radius a im Resonator könnte man daher die Beugungsverluste so einstellen, daß nur die Fundamental-Moden mit Gauß'schem Intensitätsprofil (Abschn.5.2.2 und 3) die Schwelle erreichen.

Beispiel 5.8

Bei einem Laser mit der Nettoverstärkung (ohne Beugungsverluste) von 1.05/m und einer Länge L = 50 cm des aktiven Mediums müssen die Beugungsverluste pro Umlauf für die unerwünschten Moden mindestens 5% sein, um diese zu unterdrücken. Wenn die TEM_{00}-Mode Beugungsverluste von 1%/Umlauf hat, muß man im konfokalen Resonator gemäß Abb.5.11 die Fresnel-Zahl $N = a^2/d\lambda < 0{,}5$ wählen, damit $\gamma_{10}/\gamma_{00} > 5$ wird. Das bedeutet für d = 1 m und λ = 500 nm einen Blendenradius a < 0,5 mm.

Bei kleinen Blendenradien nutzt man im allgemeinen nicht mehr das gesamte aktive Volumen des Lasermediums aus. Dadurch sinkt die Leistung für die Grundmode. Es ist daher zweckmäßig, die Resonatorparameter (Spiegelabstand d, Spiegelradius b) so zu wählen, daß der Durchmesser des aktiven Mediums selbst die begrenzende Blende darstellt. Bei Gaslasern ist dies der Kapillardurchmesser der Entladungsröhre, bei cw-Farbstofflasern der Fokusdurchmesser des Pumpstrahles. In Abb.5.28 ist das Verhältnis der Beugungsverluste $\gamma(TEM_{10})/\gamma(TEM_{00})$ für verschiedene Werte des Stabilitätsparameters $g = (1-d/b)$ aufgetragen für Resonatoren mit gleichen Spiegelradien $b_1 = b_2 = b$.

Da sich verschiedene *longitudinale* Moden TEM_{00q} nicht durch ihre räumliche Feldverteilung, sondern nur durch ihre Frequenz - (5.33) - unterscheiden, braucht man zur Selektion einer einzigen longitudinalen Mode frequenz-selektive Elemente im Resonator. Dies können Interferometer, Prismen, Gitter, Transmissionsfilter oder Loyt-Filter, oder auch eine Kombination dieser Elemente sein.

Die optimale Wahl hängt von der spektralen Breite des Verstärkungsprofils, vom absoluten Verstärkungsfaktor und vom Spektralbereich des La-

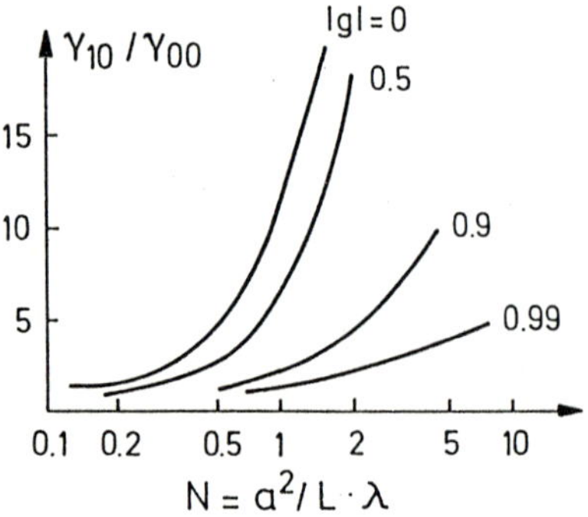

Abb.5.28. Verhältnis γ_{10}/γ_{00} der Beugungsverluste der TEM_{10} bzw. TEM_{00}-Moden eines Resonators mit gleichen Spiegeln für verschiedene Werte des Stabilitätsparameters

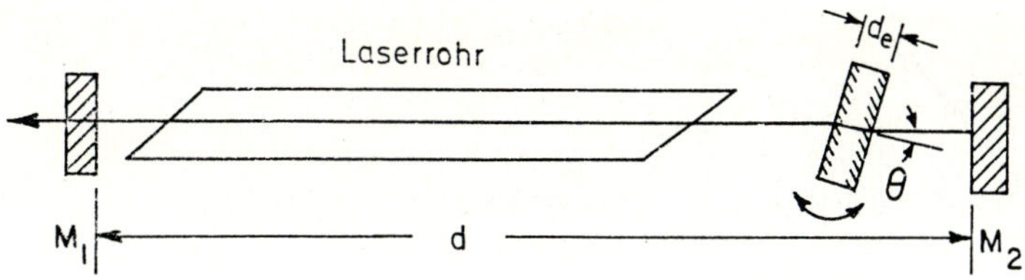

Abb.5.29. Modenselektion durch ein Etalon im Laser-Resonator

sers ab. Wir wollen das Verfahren der longitudinalen Moden-Selektion an einigen Beispielen erläutern.

Bei Lasern mit genügend schmalem spektralen Verstärungsprofil (z.B. bei Gaslasern, bei denen die Doppler-Breite des atomaren Überganges von einigen GHz das Verstärkungsprofil bestimmt), genügt im allgemeinen ein FPI-Etalon (Dicke d_e, Brechungsindex n, Finesse F^*), im Laser-Resonator, um eine einzelne Resonatormode zu selektieren (Abb.5.29). Wird die Etalon-Normale um den Winkel θ gegen die Resonatorachse verkippt, so liegen seine Transmissionsmaxima nach (4.50) bei den Wellenlängen

$$\lambda_m = \frac{2d_e}{m}\sqrt{n^2 - \sin^2\nu} = \frac{2nd_e}{m}\cos\beta \tag{5.51}$$

bzw. bei den Frequenzen $\nu_m = c/\lambda_m$. Die ganze Zahl m gibt die Interferenzordnung an. Der Winkel β, den der Laserstrahl im Etalon gegen die Etalonnormale bildet, ist durch $\sin\theta/\sin\beta = n$ gegeben.

Wählt man die Etalondicke d_e so klein, daß der Abstand

$$\Delta\nu = \nu_{m+1} - \nu_m = \frac{c}{2nd_e\cos\beta}\,. \tag{5.51a}$$

größer wird als die Breite $\nu_1 - \nu_2$ des Verstärkungsprofils (Abb.5.30), so liegt nur ein Transmissionsmaximum im möglichen Spektralintervall des Lasers, das bei geeigneter Wahl des Kippwinkels θ mit einer Resonatormode in der Nähe des Maximums des Verstärkungsprofils zusammenfällt. Die Finesse F^* des Etalons muß so groß sein, daß die Gesamtverluste der Nachbar-Resonatormoden ihre Verstärkung übersteigen.

Beispiel 5.9

Beim Argonlaser ist die Fußbreite des Verstärkungsprofils etwa 8GHz. Mit einem Etalon der Dicke d_e = 1 cm und n = 1,5 wird für $\theta = 0°$ der freie Spektralbereich $\Delta\nu_e$ = 10 GHz unbd damit genügend groß. Die homogene Breite des aktiven Mediums ist etwa 800 MHz. Man braucht eine Finesse $F^* \geq 7$, um mögliche Nachbarmoden außerhalb der homogenen Breite zu unterdrücken. Dies bedeutet ein Reflexionsvermögen von R = 65% der Etalonspiegel.

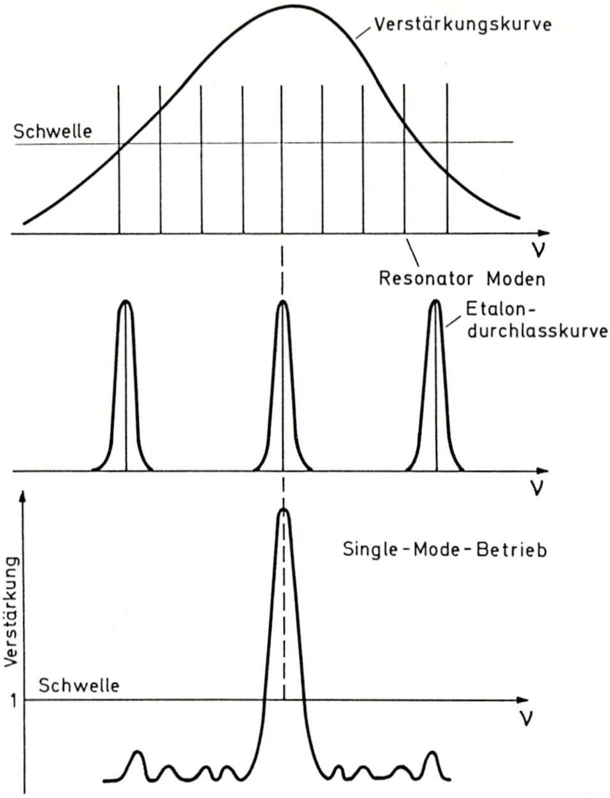

Abb.5.30. Verstärkungsprofil mit Resonatormoden, Transmissionskurve des modenselektiven Etalons und Gesamt-Nettoverstärkung.

Oft wird zur Modenselektion ein Michelson-Interferometer verwendet (Abb. 5.31), das durch einen Strahlteiler St an den Laser-Resonator gekoppelt ist (Fox-Smith-Cavity, [5.22] und Abschn.4.2). Sein freier Spektralbereich $\delta\nu = c/[2(L_2+L_3)]$ muß größer sein als die Breite des Verstärkungsprofils. Durch ein Piezoelement PE kann der Spiegel M_3 um einige μm verschoben werden, so daß man zwischen den gekoppelten Resonatoren M_1M_2 und M_2M_3 Resonanz erreicht. Dazu muß gelten

$$(L_1 + L_2)/m = (L_2 + L_3)/q\,; \quad m, q \in N\,. \tag{5.52}$$

Im Resonanzfall löschen sich die an der Strahlteilerfläche nach oben reflektierte Welle $M_1 \rightarrow$ St und die transmittierte Welle $M_3 \rightarrow$ St durch destruktive Interferenz gerade aus, so daß die durch St eingeführten Verluste in diesem Fall klein sind. Für alle anderen Wellenlängen sind diese Verluste groß und unterdrücken die Laseroszillation [5.23].

Bei Anwendung als Modenselektor kann man im allgemeinen das Absorptionsvermögen A_s des Strahlteilers nicht mehr vernachlässigen. Es bewirkt, daß die maximale Reflexion der Fox-Smith-Cavity kleiner als 1

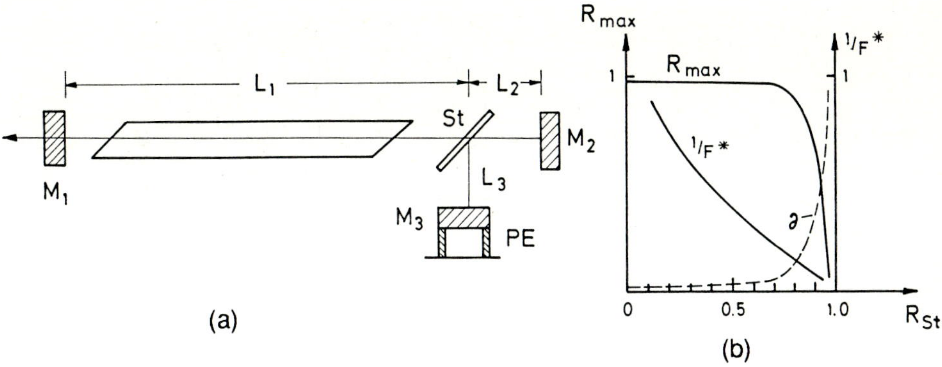

Abb.5.31a,b. Modenselektion mit dem Fox-Smith Michelson-Selektor. (**a**) Experimentelle Anordnung; (**b**) Maximale Reflexion R_{max}, reziproke Finesse $1/F$ des Resonators M_3M_2 und Verluste γ des Laser-Resonators als Funktion des Strahlteiler-Reflexionsvermögens R_{st}

wird. Analog zu (4.41) läßt sich das Reflexionsvermögen $R = I_R/I_{einf}$ der Anordnung berechnen [5.24] zu

$$R = \frac{T_s{}^2 R_2 (1 - A_s)^2}{(1 - R_s\sqrt{R_2}R_3)^2 + 4R_s\sqrt{R_2 \cdot R_3}\sin^2\delta/2} \tag{5.53}$$

Abbildung 5.31b zeigt das maximale Reflexionsvermögen R_{max} für $\delta = m\pi$ und die für den Laser auftretenden Verluste $\gamma = 1 - R_{max}$ des Fox-Smith-Selektors als Funktion des Reflexionsvermögens R_s des Strahlteilers für $R_2 = R_3 = 0.99$ und $A_s = 0.5\%$. Die Breite $\Delta\nu$ der Reflexionsmaxima, die für die Selektion maßgeblich ist, wird durch die Finesse $F^* = \delta\nu/\Delta\nu$ des Resonators M_3M_2 bestimmt ($\delta\nu$ = freier Spektralbereich).

Man kann die Anordung in Abb.5.31 auch als zwei gekoppelte Resonatoren ansehen. Eine solche Kopplung kann auf verschiedene Weise erfolgen. Sind die freien Spektralbereiche der beiden Resonatoren $\delta\nu_1 = c/2L_1$ bzw. $\delta\nu_2 = c/2L_2$, so heißt die Bedingung für Laseroszillation bei Kopplung der beiden Resonatoren:

$$m_1\delta\nu_1 - m_2\delta\nu_2 \ ,$$

wobei m_1, m_2 ganze Zahlen sind. In Abb.5.32 sind einige Kopplungsmöglichkeiten angegeben mit dem schematischen Verlauf der entsprechenden Gesamtverluste γ, wenn die beiden Spiegel M_2 und M_3 hochreflektierend sind. Laseroszillation erhält man bei den Minima von γ. Um Einmoden-Betrieb zu erreichen, muß der Abstand der Minima größer als die Breite des Verstärkungsprofils sein.

Für Laser, die gleichzeitig auf mehreren Linien schwingen (z.B. Argonlaser) kann die Selektion der gewünschten Linie und die Modenselektion gleichzeitig durch eine Kombination von Prisma und Michelson-Inter-

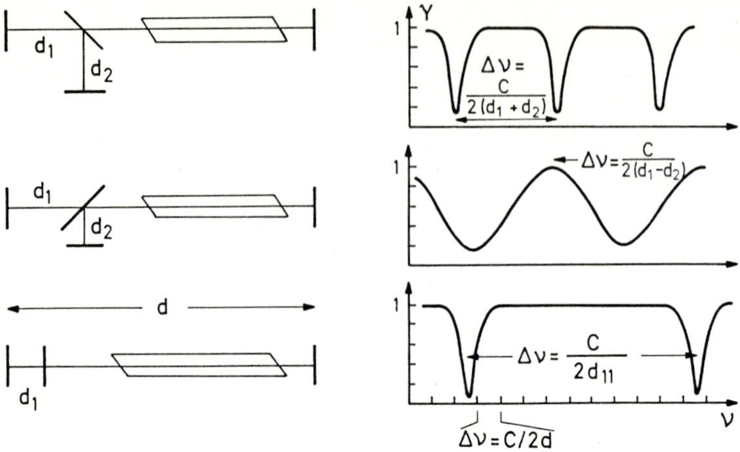

Abb.5.32. Verschiedene Möglichkeiten für die Kopplung zweier Resonatoren , und der entsprechende Frequenzverlauf der Gesamtverluste

ferometer erreicht werden. Abbildung 5.33 zeigt zwei mögliche Ausführungsformen. In Abb.5.33b wirkt die Vorderseite des Prismas als Strahlteiler St, die beiden verspiegelten Rückseiten als die Spiegel M_2, M_3. Die ankommende Welle wird aufgespalten in die Teilbündel 4 und 2. Nach jeder Reflexion wird 2 aufgespalten in 3 und 1. Ist der optische Wegunterschied $2n(S_2+S_3) = m\lambda$, so interferieren das Teilbündel 4 und der von M_3 reflektierte Anteil, der in Richtung 4 gebrochen wird, destruktiv und löschen sich bei gleicher Amplitude aus. Das bedeutet, daß dann alles Licht in Richtung 1 reflektiert wird. - Siehe auch (4.30) für $\delta = (2m+1)\pi/2$).

Bei Lasern mit breiterem Verstärkungsprofil reicht ein einziges wellenlängenselektierendes Element nicht aus, und man muß eine geeignete Kombination verschiedener Elemente verwenden. Abbildung 5.34 zeigt als Beispiel eine leicht selbst zu bauende Version für den Einmoden-Betrieb beim Argonlaser-gepumpten Farbstofflaser. Die kommerziellen Systeme verwenden im allgemeinen ein anderes Prinzip (Abb.5.35). Durch ein dreistufiges Loyt-Filter (Abschn.4.3), im Laser-Resonator, dessen 3 Platten

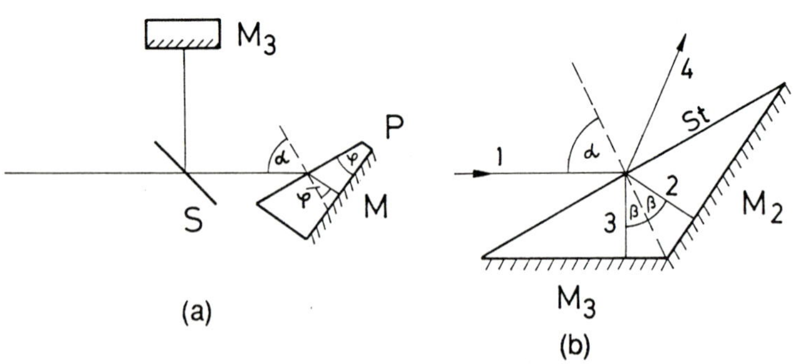

Abb.5.33a,b. Kombination von Linien- und Modenselektion durch ein Prismen-Michelson-Interferometer

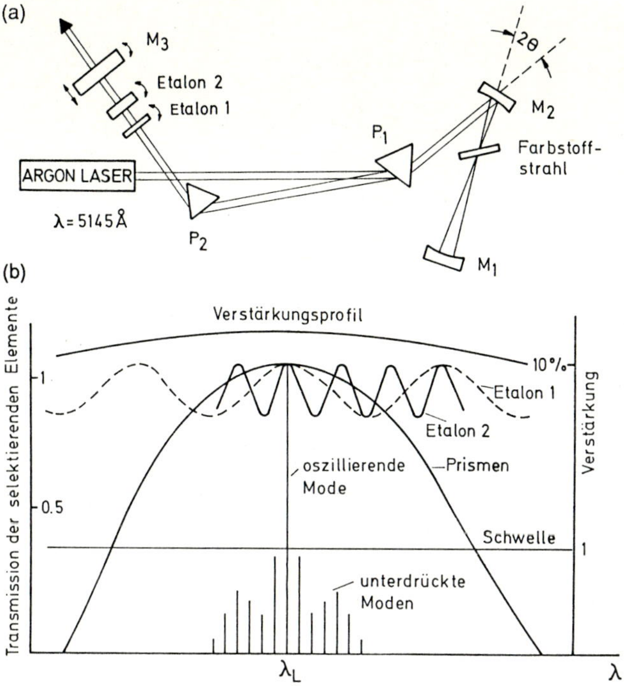

Abb.5.34a,b. Einengung des Verstärkungsprofils eines Farbstofflasers durch zwei Brewsterprismen aus Schwerflint und Modenselektion durch zwei Etalons. (**a**) Experimenteller Aufbau; (**b**) Erklärung der Modenselektion durch Überlagerung von Verstärkungsprofil und Verlusten der selektierenden Elemente

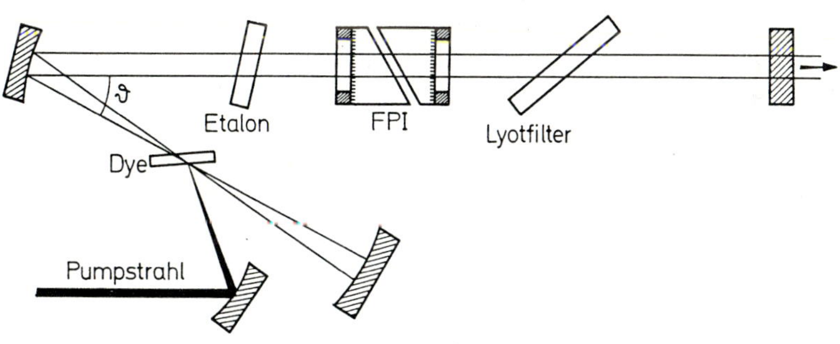

Abb.5.35. Modenselektion beim linearen cw Farbstofflaser mit Lyot-Filter, einem Etalon und einem Prismen-FPI (Coherent Modell). Der Faltungswinkel ϑ wird so gewählt, daß der Astigmatismus durch den Farbstoffstrahl gerade kompensiert wird.

unter dem Brewster-Winkel geneigt sind [5.25], wird die effektive Spektralbreite des Verstärkungsprofils bereits von etwa 80 nm ohne Filter auf 0,5 nm reduziert (Abschn.5.6.5). Durch ein dünnes, verkippbares Etalon mit einem freien Spektralbereich von $\Delta\nu_1 = 100$ GHz ($\hat{=}\ \Delta\lambda \sim 1$ nm bei $\lambda = 600$ nm) und ein Prismen-FPI (Abb.5.36) mit durchstimmbarem Abstand und $\Delta\nu_2 \sim 10$ GHz erreicht man stabilen Einmoden-Betrieb des Farbstofflasers [5.26].

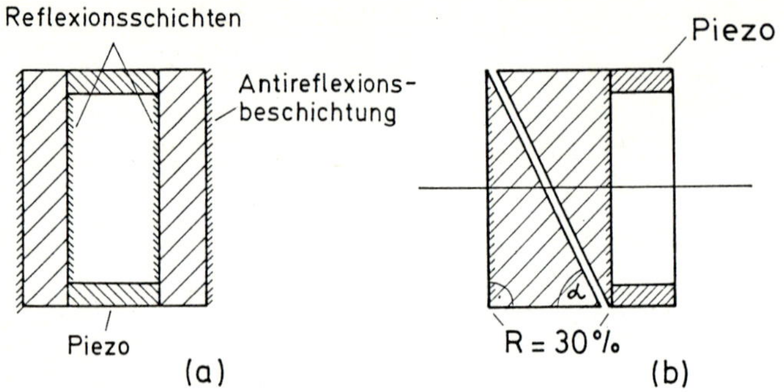

Abb.5.36. Durch Piezozylinder durchstimmbares ebenes FPI (**a**) und Prismen-Fabry-Perot (**b**)

Die Transmissionsmaxima aller Elemente müssen natürlich so abgestimmt sein, daß sie alle mit derselben Resonatormode zusammenfallen. Beim Durchstimmen des Lasers müssen deshalb Resonatorlänge und alle Transmissionsmaxima synchron verändert werden (Abschn5.4.5).

Es gibt eine große Zahl anderer Möglichkeiten, Einmoden-Betrieb zu realisieren, und der Leser wird für Einzelheiten auf die umfangreiche Spezialliteratur verwiesen [5.22-27].

5.4.3 Intensitätsstabilisierung

Der zeitliche Verlauf I(t) der Intensität eines zeitlich kontinuierlichen Lasers ist ohne besondere Maßnahmen nicht völlig konstant, sondern zeigt Schwankungen und Langzeitveränderungen. Eine Ursache für solche Schwankungen ist z.B. eine nicht genügend gefilterte Gleichrichtung der Versorgungsspannung für die Gasentladung, so daß die Laserintensität mit der Netzfrequenz oder ihren Oberwellen moduliert ist. Andere Gründe für Intensitätsrauschen sind Instabilitäten der Gasentladung, Vibration der Spiegel oder auch Staubteilchen, die durch den Laserstrahl im Resonator fliegen. Bei Farbstofflasern bilden Dichteschwankungen und Luftblasen im Farbstoff-Düsenstrahl eine Hauptquelle für Intensitätsschwankungen. Ursachen für Langzeitdrifts der Laserintensität sind Temperatur- und Druckänderung im Entladungsrohr oder Verschmutzung von Endfenstern und Spiegeln. Da solche Intensitätsänderungen für viele Experimente sehr störend sind, muß man Maßnahmen ergreifen, um die Intensität zu stabilisieren.

Hier sollen zwei Verfahren angegeben werden, die häufig verwendet werden und die in Abb.5.37a und b schematisch dargestellt sind: ein kleiner Teil der Ausgangsleistung wird durch den Strahlteiler St aus dem Hauptstrahl abgezweigt und mit einer Photodiode gemessen. Deren Ausgangssignal wird verstärkt und zur Steuerung von Transistoren in der Hauptstromversorgung für die Gasentladung benutzt. Bei einem Abfall der Laserintensität wird über den Regelkreis die Stromzufuhr erhöht. Die Regelung arbeitet in einem Bereich, in dem die Laserintensität noch mit wachsendem Strom ansteigt.

Bei cw-Farbstofflasern wird die Leistung des Pumplasers (Argonlasers) so geregelt, daß die Farbstofflaser-Leistung auf dem Sollwert ge-

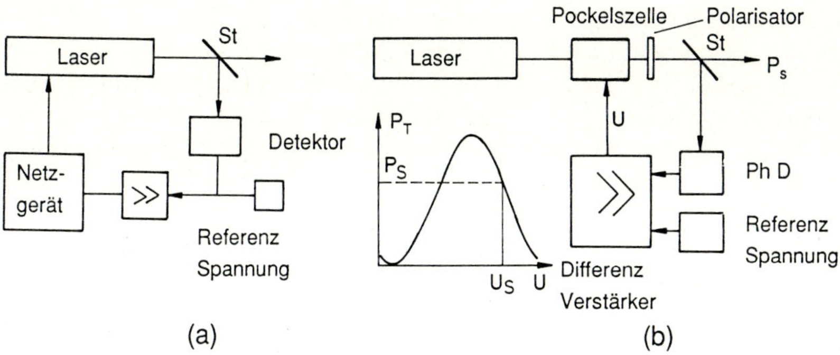

Abb.5.37a,b. Intensitäts-Stabilisierung von Lasern. (**a**) Über die Regelung der Pumpleistung; (**b**) Durch Regelung der Transmission einer Pockelszelle

halten wird. Die obere Grenzfrequenz des Regelkreises ist bei Gaslasern durch die Verzögerungszeit zwischen der Änderung des Gasentladungsstroms und der daraus resultierenden Änderung der Laserleistung bestimmt. Sie ist, außer durch Kapazitäten und Induktivitäten im Regelkreis, prinzipiell begrenzt durch die Zeit, die die Gasentladung braucht, um sich bei einer Stromänderung auf einen neuen stationären Gleichgewichtszustand einzustellen. Man kann daher hochfrequente Intensitätsschwankungen, wie sie z.B. durch Fluktuationen der Gasentladung selbst entstehen, mit dieser Regelungsmethode nicht beseitigen. Für die meisten Anwendungen genügt jedoch dieses Verfahren, und man erreicht eine Stabilität, bei der die Intensität um weniger als 0,1% schwankt.

Um auch schnelle Fluktuationen wegregeln zu können, ist das 2. Verfahren geeignet (Abb.5.37b). Der Ausgangsstrahl des Lasers wird durch eine Pockels-Zelle geschickt, deren Transmission durch eine äußere Spannung variiert werden kann. Die Pockels-Zelle ist eine Kombination aus zwei Linearpolarisatoren, zwischen denen sich ein optisch anisotroper Kristall befindet, der die Polarisationsebene des Lichtes um einen von der angelegten Spannung abhängigen Winkel dreht. Man mißt jetzt die Laserleistung hinter der Pockels-Zelle und benutzt die Ausgangsspannung der Photodiode PhD zur Regelung der Pockels-Zellen-Spannung und damit der transmittierten Leistung. Diese Regelung arbeitet bis zu Frequenzen im Megahertz-Gebiet, hat jedoch den Nachteil, daß die nutzbare Laserleistung P_s auf etwa 50-70% herabgesetzt wird, da man auf der Flanke der Transmissionskurve der Pockels-Zelle arbeiten muß.

5.4.4 Wellenlängenstabilisierung von Lasern

Für viele Anwendungen in der hochauflösenden Spektroskopie ist es wesentlich, daß die Wellenlänge des Lasers möglichst stabil ist und ihre Schwankungen klein bleiben gegenüber den aufzulösenden Linienbreiten. Für solche Aufgaben kommen also im Allgemeinen nur Laser in Frage, die auf nur einer Resonator-Eigenschwingung oszillieren (Single-Mode-Laser). Die Wellenlängenstabilität ist sowohl bei Festfrequenz Lasern wichtig, wenn die Wellenlänge stabil auf einem zeitlich konstanten Wert gehalten werden soll, als auch bei durchstimmbaren Lasern, bei denen die Schwankungen um einen zeitlich veränderlichen Sollwert $\lambda(t)$ möglichst klein sein sollen. Wir wollen in diesem Abschnitt einige Methoden der Wellenlängenstabilisierung sowie ihre Vor- und Nachteile besprechen. Da die Laserfrequenz $\nu = c/\lambda$ mit der Wellenlänge λ über die Lichtgeschwindigkeit c direkt zusammenhängt, spricht man häufig auch von Frequenz-Stabilisierung des Lasers, obwohl man, zumindest im sichtbaren Gebiet, die Wellenlänge und nicht die Frequenz, direkt mißt.

Im Abschnitt 5.3 wurde gezeigt, daß die Wellenlänge bzw. Frequenz einer longitudinalen Mode durch die Resonatorlänge d und den Brechungsindex im Resonator festgelegt sind gemäß

$$m\lambda = 2nd \quad \text{oder} \quad \nu = \frac{mc}{2nd} . \tag{5.54}$$

Verändern sich d oder n, so werden Wellenlänge und Laserfrequenz gemäß

$$\frac{\Delta\lambda}{\lambda} = - \frac{\Delta\nu}{\nu} = \frac{\Delta d}{d} + \frac{\Delta n}{n} \tag{5.55}$$

variieren.

Beispiel 5.10

Will man z.B. die Frequenz eines Argonlasers, die bei $\nu = 6 \cdot 10^{14}$ s^{-1} liegt, auf 1 MHz konstant halten, so verlangt dies eine relative Frequenzkonstanz $\Delta\nu/\nu = 1{,}5 \cdot 10^{-9}$. Man muß daher bei einer Resonatorlänge von 1 m den Spiegelabstand auf 15 Å konstant halten!

Es ist offensichtlich, daß die Erfüllung dieser Forderung keineswegs trivial ist. Bevor wir Methoden zur Lösung dieses Problems angeben, müssen wir nach den Ursachen für die Änderungen von Resonatorlänge und Brechungsindex fragen, um zu untersuchen, inwieweit man diese Ursachen verringern oder sogar völlig ausschalten kann. Wir unterscheiden zwischen einer Langzeitdrift der zu stabilisierenden Größen, die hauptsächlich durch langsame Temperatur- und Druck-Änderungen hervorgerufen wird, und kurzzeitigen Schwankungen, die z.B. durch akustische Vibrationen der Spiegel und der Atmosphärenluft im Resonator, oder durch Fluktuationen der Gasentladung im Laserrohr verursacht werden.

Wir wollen zur Illustration eine Abschätzung der Langzeiteffekte vornehmen: Sei α der thermische Ausdehnungskoeffizient des Materials, das den Abstand d zwischen den Resonatorspiegeln bestimmt (z.B. Quarz- oder Invarstäbe). Bei einer Temperaturänderung ΔT ist die relative Längenänderung bei Annahme einer linearen Längenausdehnung $d = d_0(1+\alpha T)$

$$\frac{\Delta d}{d_0} = \alpha \Delta T . \tag{5.56}$$

Beispiel 5.11

Verwendet man z.B. Invar als Material für die Abstandhalter, mit $\alpha = 1 \cdot 10^{-6}$/grad, so ergibt (5.56) bei einer Temperaturänderung von nur 0.1°C bereits eine relative Längenänderung von 10^{-7}, was in unserem obigen Beispiel 5.10 schon zu einer Frequenzänderung von 60 MHz führt.

In (5.54) war angenommen worden, daß zwischen den Spiegeln überall der gleiche Brechungsindex vorliegt. In den meisten Laserausführungen nimmt das aktive Medium nur einen Teil L des Spiegelabstandes d ein, der Rest ist oft Atmosphärendruck ausgesetzt.

Läuft die Laserwelle im Resonator über eine Strecke (d-L) in Luft bei Atmosphärendruck, so ändert sich bei Luftdrucksschwankungen Δp der optische Weg nd zwischen den Spiegeln um den Betrag

$$\Delta(nd) = (d-L)(n-1)\Delta p/p\ . \tag{5.57}$$

Beispiel 5.12

Setzt man den Brechungsindex von Luft bei Atmosphärendruck ein (n = 1,00027) und nimmt z.B. für (d-L) den bei Gaslasern häufig realisierten Wert von (d-L) = 0.2d an, so erhält man bei täglich leicht auftretenden Luftschwankungen von 2 mbar bereits relative Frequenzänderungen

$$\Delta\nu/\nu = 0{,}2\Delta n/n > 10^{-7}\ .$$

Bei cw-Farbstofflasern ist d-L $\simeq$ d, da das aktive Medium nur etwa 1% des Resonators ausfüllt und die durch Luftdruckschwankungen verursachten Frequenzänderungen sind entsprechend größer.

Um diese Langzeiteffekte möglichst klein zu halten, muß man Abstandsstäbe für die Resonatorspiegel aus einem Material mit möglichst kleinen Ausdehnungskoeffizienten nehmen. Ideal wäre z.B. ein quarzähnliches Material, das unter dem Namen Cerodur von Schott erhältlich ist und dessen Zusammensetzung man so wählen kann, daß der an sich schon sehr kleine, aber temperaturabhängige Ausdehnungskoeffizient $\alpha(T)$ bei einer vorgegebenen Temperatur T_0 durch Null geht. Leider zeigt Cerodur Lang zeit-Schrumpfeffekte, die das Idealverhalten beeinträchtigen. Oft benutzt man auch schwere Granitplatten, auf denen die Spiegel montiert sind, und deren Wärmekapazität so groß ist, daß Temperaturschwankungen im Stundenbereich weitgehend ausgeglichen werden. Um den Druckeffekt zu minimalisieren, müßte man die gesamte Länge im Resonator entweder druckdicht machen oder (d-L) sehr klein wählen. Wir werden jedoch weiter unten sehen, daß die Langzeitdrifts weitgehend durch elektronische Regelung eliminiert werden können, solange man ein zeitlich konstantes Wellenlängenstandard hat, an das man die Laserwellenlänge ankoppeln kann.

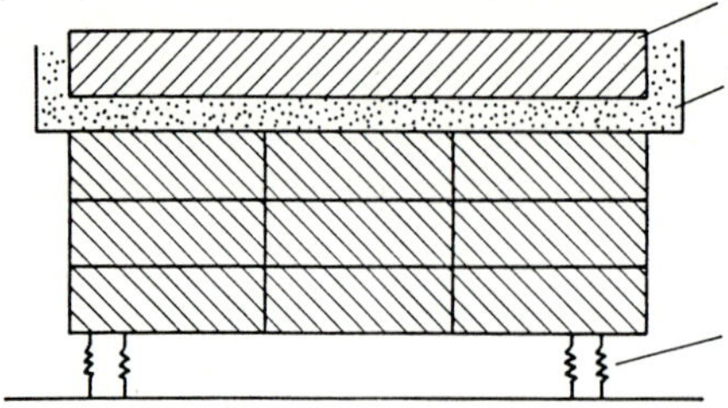

Abb.5.38. Erschütterungsfreier Aufbau eines Lasertisches

Ein ernsteres Problem stellen die Kurzzeitschwankungen dar, da sie, je nach ihrer Ursache, ein breites Frequenzspektrum zeigen. Den größten Einfluß haben akustische Vibrationen der Spiegel. Man muß daher den gesamten Aufbau eines wellenlängenstabilisierten Lasers möglichst erschütterungsfrei gestalten. Abbildung 5.38 zeigt eine mögliche Ausführung: Der optische Aufbau steht auf einer großen Granitplatte, die in einer Sandwanne liegt, um die Eigenresonanzen der Platte zu dämpfen. Die Sandwanne selbst liegt auf Styroporblöcken auf einem Gestell, das durch Schwingungsdämpfer getragen wird. Durch diesen Aufbau wird weitgehend verhindert, daß die Gebäudeschwingungen auf den optischen Aufbau übertragen werden. Damit nicht Schallwellen durch die Luft auf die Spiegel treffen können, ist das optische System durch eine Haube abgedeckt, die gleichzeitig als Staubschutz für die verschiedenen optischen Komponenten dient. Man kann speziell schwingungs-isolierte Lasertische inzwischen kommerziell erhalten. Als Staubschutz haben sich großflächige Strömungsfilter sehr bewährt, die über den Lasertisch aufgehängt werden und einen gefilterten, laminaren Luftstrom über dem gesamten Lasertisch erzeugen.

Zum hochfrequenten Störspektrum tragen vor allem Fluktuationen des Brechungsindex in der Gasentladung bei. Diese Störungen kann man nur in seltenen Fällen beseitigen durch geeignete Wahl der Entladungsbedingungen. Meistens muß man versuchen, sie durch elektronische Regelung zu kompensieren. Bei Farbstofflasern mit freitragenden Flüssigkeitsstrahlen (jet stream) sind Dichteschwankungen im Strahl, hervorgerufen durch thermische Effekte, und Oberflächenwellen, verursacht durch turbulente Anteile in der laminaren Strömung, die Hauptursachen für Fluktuationen von nd.

All diese Störungen bewirken Schwankungen der optischen Weglänge im Resonator, die im Nanometerbereich liegen. Um die Laserfrequenz stabil zu halten, muß man diese Schwankungen durch entsprechende geeignete Änderungen der Resonatorlänge kompensieren. Man muß also gegensinnige schnelle Längenänderungen um wenige Nanometer kontrolliert durchführen können. Dazu bedient man sich heute im Frequenzbereich bis 100 kHz fast ausschließlich piezokeramischer Elemente [5.28]. Sie bestehen aus einem Material, das im elektrischen Feld seine Längsdimension ändert infolge des inversen piezoeletrischen Effekts. Praktische Ausführungen benutzen zylindrische Platten, auf deren Endflächen dünne Metallschichten zum Anlegen der Spannung angebracht sind, oder Hohlzylinder, deren In-

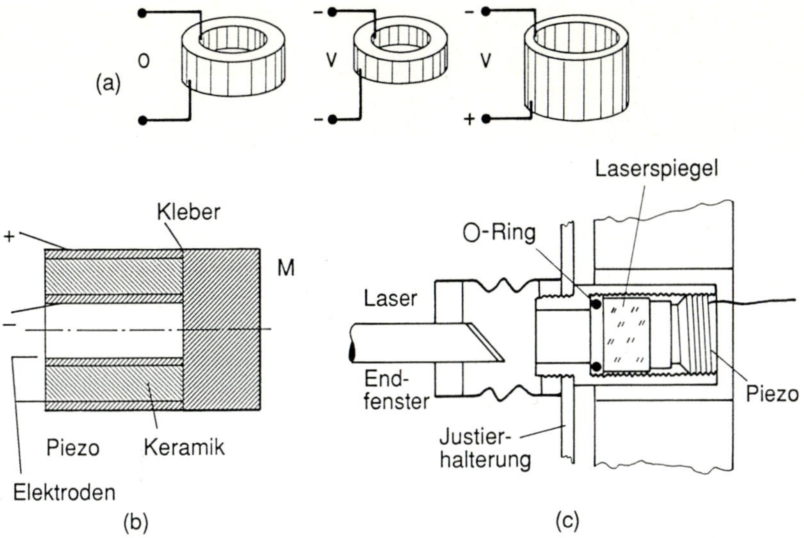

Abb.5.39. Längenänderung piezokeramischer Hohlzylinder bei angelegter Spannung (übertrieben dargestellt) (**a**) und Montage von Resonatorspiegeln auf solche Zylinder durch Kleben (**b**) oder durch Anpressen über einen Gummiring (**c**)

nen- und Außenwand beschichtet sind und als Elektroden dienen (Abb. 5.39). Typische Längenänderungen solcher Piezoelemente (etwa 0.2-1cm Länge) liegen bei 1-5 nm/V. Mit Paketen aus vielen Piezoscheiben kann man bis 100 nm/V erreichen. Befestigt man einen der Endspiegel des Laserresonators auf einem Piezoelement (Abb.5.39b), so kann man die Resonatorlänge d durch eine elektrische Spannung kontrolliert um kleine Beträge Δd ändern.

Zur Kompensation hochfrequenter Schwankungen von nd ($f > 100$ kHz) benutzt man einen optisch anisotropen Kristall (wie z.B. KDP) im Laserresonator, der so orientiert ist, daß sein Brechungsindex n für die linear polarisierte Laserwelle durch Anlegen einer Spannung variiert wird, ohne daß sich die Polarisationsebene dreht.

Das Regelsystem zur Wellenlängenstabilisierung besteht aus drei Elementen:

1) Einem Vergleichsnormal, mit dem die zu stabilisierende Wellenlänge verglichen wird. Man kann entweder die Wellenlänge λ_0 im Transmissionsmaximum eines unter stabilen äußeren Bedingungen gehaltenen Fabry-Perot-Interferometers benutzen, oder die Wellenlänge eines atomaren bzw. molekularen Überganges, oder die eines anderen stabilisierten Lasers.
2) Dem geregelten Sytem, das in unserem Falle der Resonatorabstand ist, der die Laserwellenlänge bestimmt.
3) Dem Regelkreis, der die Abweichung der Laserwellenlänge λ vom Sollwert λ_0 mißt und diese Abweichung möglichst weitgehend rückgängig macht.

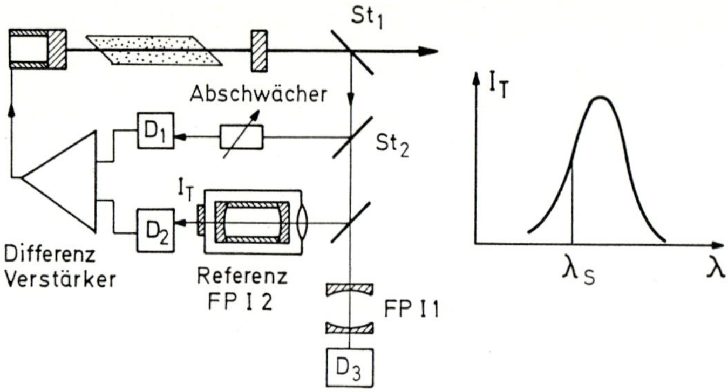

Abb.5.40. Wellenlängen-Stabilisierung auf ein externes FPI mit Hilfe des Differenz-Verfahrens

Die Stabilität der Laserwellenlänge kann natürlich nie besser als die des Vergleichsnormals sein. Sie ist im allgemeinen sogar schlechter, weil der Regelkreis in der Praxis nie ideal arbeiten kann und daher auftretende Abweichungen λ-λ_0 nicht sofort und völlig beseitigen kann, sondern mit einer endlichen Verzögerung auf diese Abweichungen reagiert. Wir wollen uns die Arbeitsweise der Regelung an zwei Beispielen verdeutlichen:

Abbildung 5.40 zeigt ein Prinzipschaltbild einer häufig verwendeten Regelung. Einige % der Laserausgangsleistung werden über die Strahlteiler St1 und St2 auf zwei Interferometer geschickt. Das erste wird als optischer Spektrumanalysator zur Kontrolle der Modenqualität des Lasers benutzt. Das zweite Interferometer FPI2 dient als Wellenlängen-Referenz und befindet sich darum in einem druckdichten und temperaturstabilisierten Gehäuse, um den optischen Weg zwischen den Interferometerspiegeln und damit die Durchlaßwellenlänge möglichst stabil zu halten (Abschn.4.2). einer der Spiegel ist auf einem Piezoelement montiert, an dem eine Gleichspannung U_0 liegt, die so eingestellt ist, daß die Sollwellenlänge λ_s des Lasers auf der Flanke der Transmissionskurve $I_T(\lambda)$ liegt. Man vergleicht die durchgelassene Laserintensität $I_T(\lambda)$ mit der Intensität I_R eines Referenzstrahls vom selben Laser und gibt die Gleichspannungssignale von den beiden Photodioden D1 und D2 auf die zwei Eingänge eines Differenzverstärkers, den man so abgleicht, daß für $\lambda_L = \lambda_S$ die Ausgangsspannung Null wird. Sobald die Laserfrequenz von λ_S abweicht, entsteht eine Ausgangsspannung, die proportional zu $(\lambda_L$-$\lambda_S)$ ist und deren Vorzeichen davon abhängt, ob λ_L größer oder kleiner als λ_S geworden ist. Diese Spannung wird nach weiterer Verstärkung wieder auf das Piezoelement des Laserresonators gegeben.

Stabilisierungsmethoden, bei denen als Referenznormal ein stabiles Interferometer benutzt wird, haben den Vorteil, daß man die Sollwellenlänge durch Anlegen einer Gleichspannung an das Piezoelement dieses Interferometers oder durch Drehen einer planparallelen Glasscheibe im Interferometer beliebig verschieben kann. Das bedeutet, daß man den Laser auf jede Wellenlänge, die innerhalb seines Verstärkungsprofils liegt, stabilisieren kann. Zur Korrektur von Kurzzeitschwankungen sind die Methoden auch

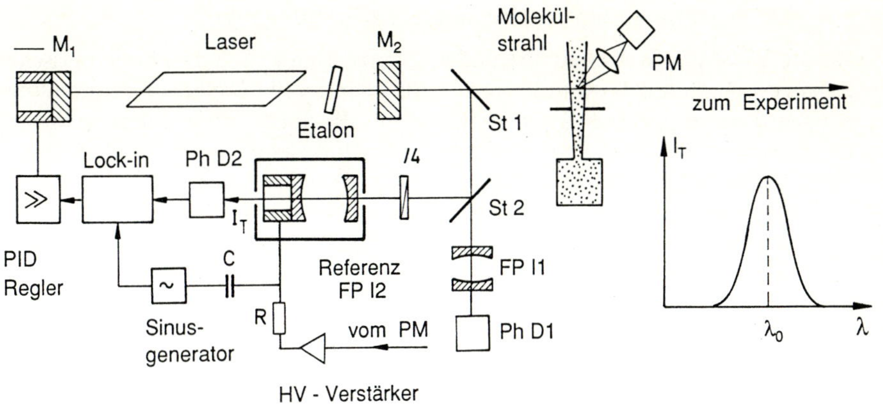

Abb.5.41. Wellenlängen-Stabilisierung auf einen molekularen Übergang

gut geeignet, weil das Regelsignal der Photodioden eine große Amplitude hat und daher ein gutes Signal/Rausch-Verhältnis gewährleistet. Trotz der Temperaturstabiliserung kann man jedoch Langzeitdrifts der Sollwellenlänge nicht völlig vermeiden, da bereits Temperaturänderungen von 0.01°C nach (5.36) zu relativen Abstandsänderungen von 10^{-8} führen. Deshalb wählt man zur Langzeitstabilisierung häufig einen atomaren oder molekularen Übergang als Wellenlängennormal.

Abbildung 5.41 zeigt eine mögliche Realisierung: Der Laserstrahl wird senkrecht mit einem Molekularstrahl gekreuzt und die Laserwellenlänge auf die Mitte einer Absorptionslinie der Moleküle abgestimmt, wobei die Intensität der von den absorbierenden Molekülen emittierten Fluoreszenz als Monitor benutzt wird. Weicht die Laserwellenlänge von der Linienmitte ab, so wird das Fluoreszenzsignal kleiner. Das Ausgangssignal des Fluoreszenzdetektors kann nun benutzt werden, um entweder direkt den Abstand des Laserresonators zu korrigieren oder um das Referenz-Interferometer, auf das der Laser stabilisiert wird, langzeitig konstant zu halten. Um zu unterscheiden, ob λ_L kleiner oder größer als die Linienmitte λ_0 wurde, muß entweder die Laserfrequenz moduliert oder ein digitaler Regelkreis verwendet werden, der die Laserwellenlänge in kleinen Schritten verstimmt und verwertet, ob die Fluoreszenzintensität kleiner oder größer wurde.

Die Genauigkeit bei der Stabilisierung auf molekulare Übergänge ist natürlich um so größer, je schmaler die Linienbreite der Absorptionslinie ist und je unabhängiger ihre Wellenlänge von äußeren Einflüssen, wie elektrische oder magnetische Felder, Temperatur oder Druck, ist. Deshalb wählt man für eine sehr gute Stabilisierung Moleküle bei niedrigem Druck in kollimierten Molekülstrahlen, um die Doppler-Breite zu reduzieren (Kap.9) oder man benutzt nichtlineare Techniken, um die Doppler-Breite zu eliminieren (Lamb-dip-Stabilisierung, siehe Abschn.7.3). Weitere Verfahren findet man in dem Übersichtsartikel [5.29].

5.4.5 Kontrollierte Wellenlängendurchstimmung

Da die Wellenlänge λ eines Einmoden-Lasers nach (5.54) durch die optische Resonatorlänge $n \cdot d$ bestimmt wird, muß man zur Wellenlängenabstimmung n oder d kontinuierlich ändern, was man z.B. durch einen linearen Spannungsanstieg am Piezoelement eines Resonatorspiegels oder durch Drehen einer planparallelen Gasplatte im Resonator erreichen kann.

Nun haben wir im Abschnitt 5.4.2 diskutiert, daß man bei den meisten Lasern zusätzlich wellenlängenselektierende Elemente im Resonator benötigt, um Einmoden-Betrieb zu erreichen. Bei einer Änderung der Resonatorlänge wandert die oszillierende Lasermode vom Transmissionsmaximum dieser Elemente weg (Abb.5.30). Sobald die benachbarte Resonatormode diesem Transmissionsmaximum genügend nahe kommt, werden für sie die Verluste kleiner als für die oszillierende Mode, und es beginnt die Laseroszillation auf dieser Mode. Infolge der Kopplung zwischen den Moden (Abschn.5.3) wird die Verstärkung auf der ursprünglich schwingenden Mode kleiner, ihre Oszillation wird unterdrückt, d.h. der Laser „springt" zurück auf die Wellenlänge in der Nähe des Transmissionsmaximums. Man kann also auf diese Weise nur Durchstimmbereiche realisieren, die etwa dem Abstand zwischen benachbarten Resonatormoden entsprechen. Um über weitere Bereiche durchstimmen zu können, muß man die Transmissionsmaxima der Wellenlängenselektoren synchron mit der Resonatorlänge verändern.

Verwendet man als selektierende Elemente z.B. Etalons der Dicke d mit dem Brechungsindex n, und dem Winkel θ gegen die Resonatorachse, so kann man deren Transmissionsmaxima, die nach (4.50) gegeben sind durch

$$m\lambda = 2nd\cos\theta$$

dadurch verschieben, daß man den Kippwinkel θ kontinuierlich verändert. Da θ in allen praktischen Fällen sehr klein ist, kann man $\cos\theta \simeq 1-\theta^2/2$ setzen und erhält für die Wellenlängenverschiebung $\Delta\lambda = \lambda_0 - \lambda$ gebenüber $\lambda_0 = \lambda(\theta{=}0)$

$$\Delta\lambda = -\,2nd\cdot\theta^2/(2m) = -\,\lambda_0\theta^2/2\,. \tag{5.58}$$

Gleichung (5.58) zeigt, daß die Wellenlängenverschiebung unabhängig von der Dicke d des Etalons ist! Zwei verschieden dicke Etalons können daher auf derselben Kippeinrichtung gleichzeitig verkippt werden, wenn man sie für $\theta = 0$ richtig justiert hat. Diese Verkippung kann über eine Mikrometerschraube durch einen Motor geschehen, der gleichzeitig ein Potentiometer antreibt, an dessen Abgriff man eine Spannung erhält, die proportional zum Kippwinkel ist. Diese Spannung wird quadriert, verstärkt und auf das Piezoelement des Laserendspiegels gegeben. Bei geeignet gewählter Verstärkung kann man damit errreichen, daß die Wellenlängenverschiebungen $\Delta\lambda_R = \lambda\Delta L/L$ der Resonatormode und $\Delta\lambda_E = \lambda_0\theta^2/2$ der Transmissionsmaxima der Etalons genau synchronisiert sind. Dies läßt sich relativ leicht mit Hilfe eines Mikrocomputers steuern.

Leider steigen die Reflexionsverluste eines Etalons mit steigendem Kippwinkel θ stark an. Dies liegt an dem endlichen Durchmesser des Laserstrahls, der bewirkt, daß sich die an Vorder- und Rückseite reflektierten Teilbündel räumlich nicht mehr vollständig überdecken und daher auch nicht mehr völlig zu Null weginterferieren können. Das bedeutet, daß auch im Transmissionsmaximum die Transmission $T < 1$ ist, ein Teil des Lichtes wird schräg aus dem Laserstrahl herausreflektiert und geht verloren. Diese Verluste wachsen proportional zu $d \cdot \theta$ und beschränken den Durchstimmbereich dieser Kippmethode. (Abschn.4.2)

Beispiel 5.13

Bei einem Durchmesser des Laserstrahls $D = 1$ mm und einer Etalondicke $d = 1$cm ergeben sich bei $R = 0.5$ z.B. für $\theta = 0.01$ bereits Verluste von 13%. Die Frequenzverschiebung des Transmissionsmaximums ist dabei $\Delta\nu = \nu_0 \cdot \theta^2/2 \simeq 30$ GHz. Für einen Farbstofflaser mit einer Verstärkung < 13% wäre damit der Durchstimmbereich durch Verkippung auf < 30 GHz beschränkt.

Um größere Durchstimmbereiche zu realisieren, kann man z.B. Interferometer mit Luftspalt verwenden, die bei festem Kippwinkel θ durch Variation des Abstandes d zwischen den beiden reflektierenden Flächen durchgestimmt werden. Dadurch bleiben die Reflektionsverluste beim Durchstimmen konstant. Da man jetzt vier Oberflächen hat, muß man die Rückseiten entspiegeln, um unnötige Reflexionsverluste zu vermeiden (Abb.5.36a). Nachteilig ist ferner, daß man die beiden reflektierenden Flächen des Interferometers sorgfältig parallel zueinander justieren muß, was bei festen Etalons bereits bei der Herstellung geschehen ist.

Um Schwankungen des Transmissionsmaximums durch Luftdruckschwankungen minimal zu halten, macht man den Luftspalt so klein wie möglich. Abbildung 5.36b zeigt eine elegante Realisierung, die auch gleich die Reflexionsverluste an den Rückseiten dadurch vermeidet, daß diese unter einem Brewster-Winkel gegen die Resonatorachse angeschliffen sind.

Um auch während des Durchstimmens die Schwankungen der Laserwellenlänge λ_L um den vorprogrammierten Sollwert $\lambda_s(t)$ möglichst klein zu halten, kann man die Laserwellenlänge auf eine Referenzwellenlänge eines stabilen, äußeren Interferometers stabilisieren. (Abschn.5.4.4) und diese Referenzwellenlänge synchron mit den Transmissionsmaxima der Interferometer im Laserresonator durchstimmen. Dazu wird z.B. die oben erwähnte Potentiometerspannung nicht direkt auf den Laserspiegel, sondern auf ein Piezoelement gegeben, das den Abstand der Spiegel im Referenz-Interferometer verändert (Abb.5.40).

Größere Durchstimmbereiche erzielt man durch Verkippen einer planparallelen Glasplatte im Resonator. Um einen Strahlversatz beim Verkippen zu vermeiden, kann man zwei gegensinnig verkippbare Platten benutzen, die über Galvanometerantriebe gedreht werden (Abb.5.42). Die optische

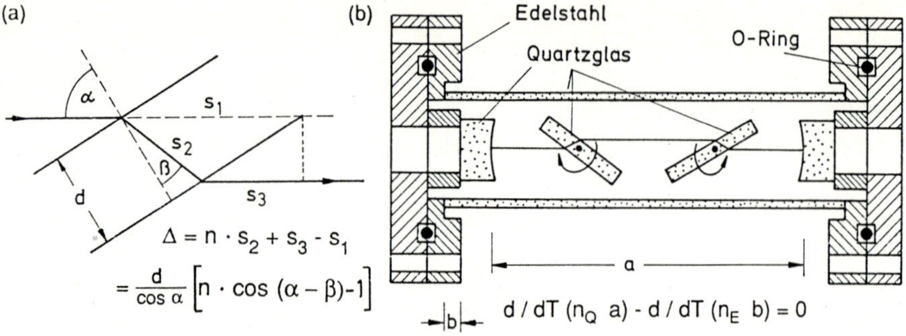

Abb.5.42a,b. Durchstimmen eines Interferometers durch gegensinnige Drehung zweier Brewsterplatten. (**a**) Wegunterschied Δs; (**b**) Mechanische Ausführung

Wegverlängerung Δs, die durch die beiden Gasplatten erzeugt wird, ist nach Abb.5.42a

$$\Delta s = 2(n \cdot \overline{AB} - \overline{AC}) = \frac{2d}{\cos\beta}[n - \cos(\alpha - \beta)] \,. \tag{5.59a}$$

Dies geht, wegen $\sin\alpha = n \cdot \sin\beta$ über in

$$\Delta s = 2d \left(\sqrt{n^2 - \sin^2\alpha} - \cos\alpha\right) \tag{5.59b}$$

Durch Verkippen beider Platten um den Winkel Δα ändert sich der optische Weg s also um

$$\delta s = \frac{ds}{d\alpha}\Delta\alpha = 2d\sin\alpha(1 - \cos\alpha/\sqrt{n^2 - \sin^2\alpha})\Delta\alpha \tag{5.60}$$

Beispiel 5.14

Mit d = 3 mm, n = 1,5 und einer Verkippung $\Delta\alpha = \pm 1°$ um den Brewster-Winkel $\alpha_B = 52°$ (d.h. von 51° bis 53°) ändert sich nach (5.60) mit $\Delta\alpha = 3 \cdot 10^{-2}$ die optische Weglänge um

$$\frac{ds}{d\alpha}\Delta\alpha \simeq 70\ \mu m \,.$$

Die Reflexionsverluste pro Fläche betragen dabei durch die Abweichung vom Brewster-Winkel maximal 0.01%, sind also vernachlässigbar!

In einem Resonator mit freiem Spektralbereich $\delta\nu$ ist die Frequenzverschiebung

$$\Delta\nu = 2(\delta s/\lambda)\delta\nu \simeq 233\delta\nu \quad \text{bei} \quad \lambda = 600\ \text{nm} \,.$$

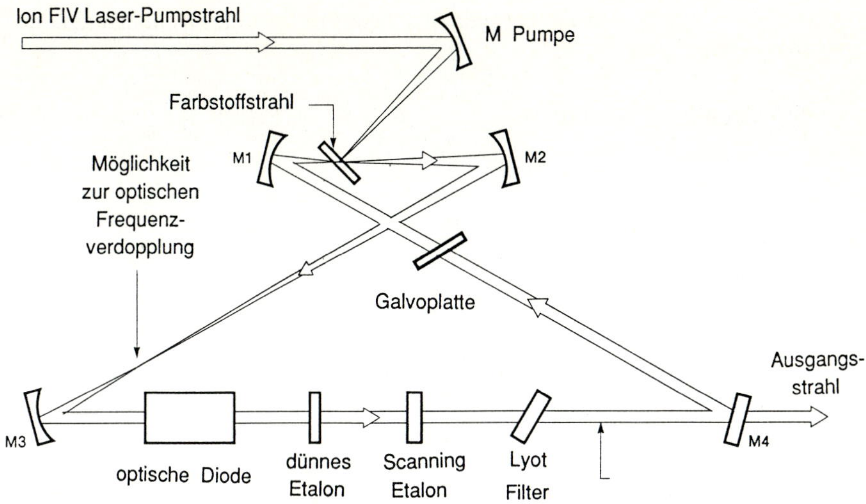

Abb.5.43. Stabilisiert durchstimmbarer Ein-Moden cw-Ring-Farbstofflaser (Spectra Physics)

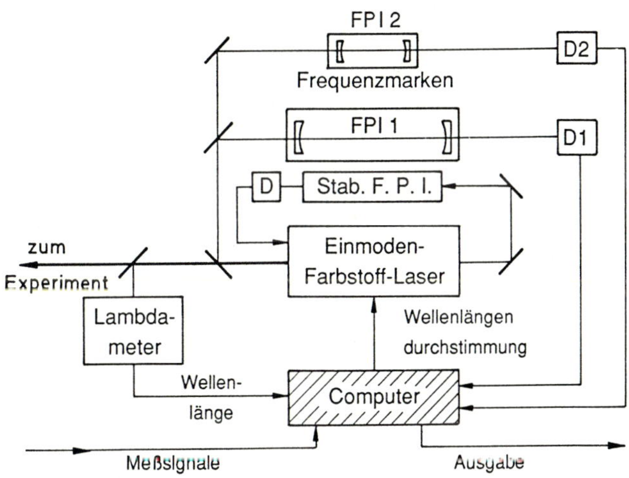

Abb.5.44. Computergesteuertes Laserspektrometer mit Frequenzmarken zweier verschieden langer Interferometer, Absolutmessung der Wellenlängen durch ein „Lambda-Meter" und Digitalaufnahme des Spektrums

Mit einem Piezozylinder erreicht man dagegen bei einer spezifischen Wellenlängenänderung $dL/dU = 3$ nm/V mit $U = 500$ V nur eine Verschiebung von $\Delta\nu = 5\delta\nu$.

Die Abbildungen 5.35 und 43 zeigen als Beispiele den vollständigen Aufbau zweier kommerziell erhältlicher stabilisiert durchstimmbarer Einmoden-Farbstofflaser, und Abb.5.44 illustriert eine experimentelle Anordnung für die hochauflösende Spektroskopie mit einem solchen, durch einen Computer kontrolliert durchstimmbaren Laser, bei der neben einer Aufnahme der Spektren auch Frequenzmarken und absolte Wellenlängen gemessen werden.

5.4.6 Wellenlängeneichung

Ein wesentliches Ziel der Laserspektroskopie ist die genaue Bestimmung der Energie atomarer und molekularer Zustände und deren Aufspaltung durch äußere Felder. Dazu muß man beim Durchstimmen eines Einmoden-Lasers die Wellenlängen und die Abstände zwischen verschiedenen Absorptionslinien mit großer Genauigkeit absolut messen können. Es gibt mehrere Methoden zur Lösung dieses Problems:

Zur Messung von Linienabständen in Spektren wird häufig ein möglichst langes, temperatur- und druckstabiles Interferometer mit festem Spiegelabstand d verwendet, durch das ein Teil des Laserausgangsstrahls geschickt wird. Die äquidistanten Transmissionsmaxima des Interferometers $T(\lambda)$ werden von der Photodiode PhD3 in Abb.5.44 aufgenommen. Diese „Wellenlängenmarken" haben für ein konfokales FPI im Frequenzmaß den Abstand $\delta\nu = c/4nd$!) unf werden zusammen mit den Absorptionslinien registriert.

Zur *Absolutmessung* der Wellenlänge atomarer und molekularer Übergänge kann man den Laser auf die Mitte λ_0 der zu messenden Linie stabilisieren und dann seine Wellenlänge $\lambda_L = \lambda_0$ mit einem der in Abschn.4.4 beschriebenen „Lambdameter" messen. Ein Computer, der den Laser kontrolliert durchstimmt, kann gleichzeitig die Frequenzmarken des Referenz-Interferometers aufnehmen, die Absolutmessung speichern, das zu messende Spektrum registrieren und dadurch jeder Linie im Spektrum ihre Wellenlänge zuordnen. Bei „Doppler-freien" Spektren (Kap.7 und 9) erreicht man dadurch Genauigkeiten der absoluten Wellenzahlbestimmung von besser als $10^{-3}\,\mathrm{cm}^{-1}$ ($\hat{=}\,2\cdot10^{-5}\,$nm bei $\lambda = 500\,$nm).

Benutzt man gleichzeitig zwei stabilisierte Interferometer mit verschiedenen Längen d_1 und d_2, deren Verhältnis $d_1/d_2 = p/q$ ein rationaler Bruch mit möglichst großen teilerfremden ganzen Zahlen p, q sein soll, so läßt sich aus der relativen Verschiebung der Wellenlängenmarken beider Interferometer die Absolutwellenlänge λ genau bestimmen, wenn man sie bereits mit einer Unsicherheit $\Delta\lambda$ kennt. Die Größe von $\Delta\lambda$ hängt ab von der Wahl der Längen d_1, d_2. Sind z.B. für eine Wellenlänge λ_1 die beiden Wellenlängenmarken koinzident, d.h.

$$\left.\begin{aligned} m_1\lambda_1 &= d_1 \\ m_2\lambda_1 &= d_2 \end{aligned}\right\} \text{ mit } \frac{m_1}{m_2} = \frac{p}{q} \tag{5.60a}$$

so tritt die nächste Koinzidenz bei $\lambda_2 = \lambda_1 + \Delta\lambda$ auf, wenn gilt

$$(m_1 - p)\lambda_2 = d_1 \quad (m_2 - q)\lambda_2 = d_2\,. \tag{5.60b}$$

Aus (5.60a, b) folgt

$$\frac{\Delta\lambda}{\lambda} = \frac{p}{m_1 - p} \simeq \frac{p}{m_1} = \frac{q}{m_2}\,.$$

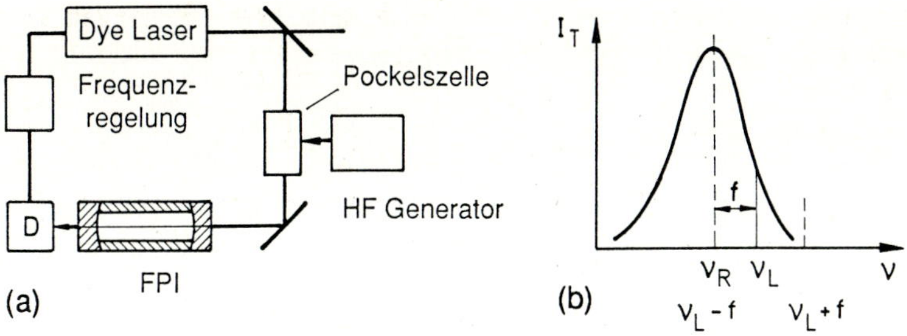

Abb.5.45. (**a**) Sehr genau kontrollierte Durchstimmung der Laserfrequenz durch Amplitudenmodulation mit durchstimmbarer Modulationsfrequenz und Stabilisierung auf einem Seitenband (**b**) Frequenz-Offset-Verfahren, bei der ein durchstimmbarer Laser einen elektronisch einstellbaren „Frequenz-Offset" gegenüber einem frequenzstabilen Laser hat.

Mißt man bei einer Wellenlänge λ_x eine Verschiebung zwischen den beiden Wellenlängenmarken, die den Bruchteil ϵ des Abstandes $\Delta\lambda$ zwischen zwei aufeinanderfolgenden Marken eines Interferometers beträgt, so ist

$$\lambda_x = \lambda_1 + \epsilon\Delta\lambda \; .$$

Mit Hilfe eines Computerprogramms, in das die Werte für λ_1, p, q, d_1, d_2 eingespeichert sind, läßt sich so die unbekannte Wellenlänge λ_x sofort ermitteln.

Bei dem obigen Verfahren wird die Laserwellenlänge und damit auch die Wellenlängen von Spektrallinien durch eine lineare Interpolation zwischen den Wellenlängenmarken der Interferometer bestimmt. Häufig hängt die Laserwellenlänge jedoch nichtlinear von der Piezospannung ab, die den Laser durchstimmt, so daß die lineare Interpolation zu Ungenauigkeiten führt, die aber durch das folgende Verfahren vermieden werden können (Abb.5.45).

Der Teil der Laserausgangsintensität, der für die Stabilisierung abgezweigt ist, wird (z.B. durch eine Pockels-Zelle) mit der Frequenz f moduliert. Dadurch entstehen neben der Trägerwelle mit der Frequenz ν_L zwei Seitenbänder $\nu_L \pm f$. Das stabilisierende Referenz-Interferometer wird nun auf eines dieser Seitenbänder, z.B. auf n_L-f eingestellt und stabilisiert die Laserfrequenz so, daß sie immer um f gegenüber seiner Sollfrequenz verschoben ist. Durch Variation der Modulationsfrequenz f kann man daher bei *festem* Referenz-Interferometer die Laserfrequenz durchstimmen. Die Meßgenauigkeit ist durch die Genauigkeit von f bestimmt und darum sehr hoch. Der Durchstimmbereich ist begrenzt durch die maximal mögliche Modulationsfrequenz, die bei einigen hundert Megahertz liegt.

Diese kontrollierbare Frequenzversetzung des Lasers gegenüber einer Sollfrequenz kann man auch durch elektronische Elemente im Regelkreis erzeugen. Man spart dadurch die Modulation im vorigen Verfahrens. Ein solcher Aufbau („frequency offset locking"), bei dem ein durchstimmbarer Laser an einen hochstabilen HeNe-Laser mit variabler Frequenzversetzung gekoppelt ist, wurde zuerst von *Hall* beschrieben [5.30] und wird inzwischen in vielen Labors verwendet (Abb.5.45b).

Die genausten Absolutmessungen basieren auf direkten Messungen optischer *Frequenzen*. Hierzu wird die Differenzfrequenz

$$\Delta\nu = \nu_x - m\nu_R$$

zwischen der unbekannten Frequenz $\nu_x = c/\lambda_x$ des zu messsenden Lasers und der m-ten Oberwelle eines Referenzlasers der Frequenz ν_R direkt gezählt. Die Genauigkeit der Bestimmung von ν_x erreicht dabei in günstigen Fällen Werte von $\Delta\nu/\nu \leq 10^{-10}$! Für nähere Einzelheiten dieses Verfahrens und die Details des Aufbaus einer Frequenzkette vom Mikrowellengebiet bis in den optischen Spektralbereich wird auf Abschn. 14.6 und auf die umfangreiche Spezialliteratur [5.31-33] verwiesen.

5.5 Linienbreiten von Einmoden-Lasern

In den vorhergehenden Abschnitten wurde gezeigt, wie man durch geeignete Stabilisierungsmaßnahmen die „technischen" Fluktuationen der Laserfrequenz, die durch Schwankungen von Brechungsindex oder Resonatorlänge verursacht werden, weitgehend beseitigen kann. Die Ausgangswelle eines so stabilisierten Lasers, der in einer TEM_{00q}-Mode schwingt, läßt sich in guter Näherung beschreiben als monochromatischer Gauß-Strahl, dessen elektrische Feldstärke im Abstand r von der z-Achse als Strahlachse durch

$$\mathbf{E}(r,z) = \mathbf{E}_0 \exp\left[-r^2\left(\frac{1}{w^2} - \frac{iK}{R(z)}\right)\right] e^{i[\omega t - \phi(z,t)]} \tag{5.61}$$

gegeben ist. Die Frage ist nun, ob man wirklich streng monochromatische Laser realisieren kann oder ob es selbst bei Ausschalten aller „technischen" Fluktuationen prinzipielle, physikalisch bedingte, untere Grenzen für die Laser-Linienbreite gibt.

In Kapitel 3 haben wir gesehen, daß jede Fluktuation von Amplitude E_0 oder Phase ϕ zu einer Linienverbreiterung führt, deren Profil sich aus einer Fourier-Transformation des zeitlichen Verhaltens von $E_0(t)$ und $\phi(t)$ ergibt. Beim Laser gibt es im wesentlichen drei „physikalische" Ursachen für solche Fluktuationen:

Der erste Anteil ist die vom oberen Laserniveau $|i\rangle$ emittierte spontane Emission. Ihre Gesamtleistung auf dem Laserübergang $|i\rangle \rightarrow |k\rangle$ pro cm^3 aktives Volumen ist

$$P_{Fl} = N_i A_{ik} h\nu_{ik} .$$

Diese Fluoreszenz wird in alle Richtungen emittiert, d.h. in alle Moden des elektromagnetischen Feldes innerhalb der Fluoreszenzlinienbreite. Im Falle einer Doppler-Breite von 1 GHz bei $\lambda = 500$ nm sind dies gemäß Beispiel 2.2 etwa $3\cdot 10^8$ Moden/cm^3. In den kleinen Raumwinkel $d\Omega \sim 10^{-7}$, in den

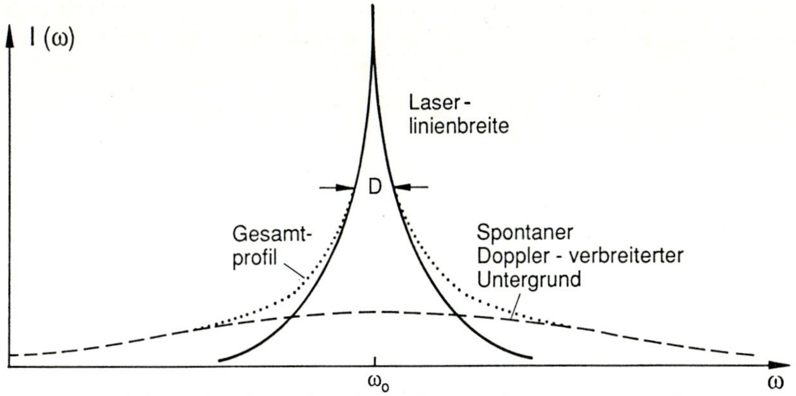

Abb.5.46. Linienbreite eines Ein-Moden-Lasers mit Doppler-verbreitertem spontanen Untergrund

die Laserstrahlung emittiert wird, gelangt daher nur etwa 10^{-7} der gesamten Fluoreszenz, die sich außerdem hinsichtlich ihrer Frequenz über die ganze Dopplerbreite verteilt.

Wenn der Laser die Oszillationsschwelle erreicht, nimmt die Zahl der induzierten Photonen in einer Mode schnell zu, und aus dem schwachen Doppler-verbreiterten Untergrund wächst die schmale Laserlinie (Abb. 5.46). Weit über der Schwelle ist die Laserleistung in dieser Mode um viele Größenordnungen höher als der spontane Untergrund, und wir können daher diesen Anteil zum Rauschen des Lasers vernachlässigen.

Beispiel 5.15

Beim HeNe-Laser ist die stationäre Besetzungsdichte $N_i \simeq 10^{10}$ cm^{-3}. Mit $A_{ik} = 10^8$ s^{-1} werden dann 10^{18} Fluoeszenzphotonen pro Sekunde und cm^3 emittiert. Diese verteilen sich auf $3 \cdot 10^8$ Moden/cm^3, so daß in jede Mode etwa $3 \cdot 10^9$ Photonen/s emittiert werden, was einer mittleren Photonendichte $n \leq 10^{-1}$ entspricht. Dies ist bei 1 mW Laserausgangsleistung zu vergleichen mit einer induzierten Photonendichte von 10^7/Mode (Beispiel 2.2).

Der zweite Anteil, der zum Laser-Rauschen und damit zu einer Linienverbreiterung beitragen kann, rührt her von Amplitudenschwankungen δE_0 der Laserwelle, verursacht durch statistische Fluktuationen der induzierten Photonenzahl in der Lasermode um einen Mittelwert $\bar{n}$. Genügend weit oberhalb der Laserschwelle ist die Wahrscheinlichkeit p(n), daß n Photonen/s in die Lasermode emittiert werden, durch die Poisson-Verteilung

$$p(n) = \frac{e^{-\bar{n}}(\bar{n})^n}{n!} \tag{5.62}$$

gegeben [5.34].

Bei einer Laserausgangsleistung von 1 mW bei $\lambda = 633$ nm wird $\bar{n} \simeq 8 \cdot 10^{15}$. Da bei konstanter Pumpleistung mit größerer Photonenzahl n die

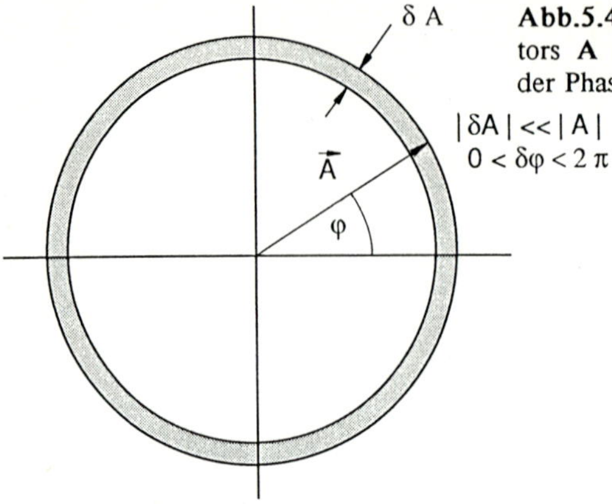

Abb.5.47. Polardiagramm des Zustandsvektors **A** der Laseramplitude zur Illustration der Phasendiffusion

Verstärkung infolge Sättigung sinkt (Abschn.5.3.3), stabilisiert sich die emittierte Leistung auf einen Wert $\bar{n}h\nu$, der von der Pumprate abhängt und die Amplitude fluktuiert um den Wert $E_0 \sim \sqrt{\bar{n}}$.

Der größte Beitrag zur restlichen Laserlinienbreite stammt von Phasenfluktuationen. Jedes Photon, das spontan in die Lasermode emittiert wird, kann durch induzierte Emission verstärkt werden und führt dann zu einer Photonenlawine, die sich der Laserwelle überlagert. Dies ändert die Gesamtamplitude der Welle wegen der oben erwähnten Verstärkungs-Sättigung nur wenig, aber die Phasen dieser spontan erzeugten Photonenlawinen sind statistisch verteilt und deshalb zeigt auch die Phase der Gesamtwelle statistische Fluktuationen. Da es für diese Phasenfluktuationen keinen stabilisierenden Mechanismus gibt wie für die Amplitudenfluktuationen, „diffundiert" die Phase der Laserwelle. In einem thermodynamischen Modell läßt sich diese „Phasendiffusion" durch einen Diffusionskoeffizienten D beschreiben (Abb.5.47) [5.7,35], und man erhält für das spektrale Profil der Laserintensität im Idealfall, daß alle technischen Fluktuationen völlig eliminiert wurden, das Lorentz-Profil

$$|E(\nu)|^2 = E_0{}^2 \frac{(D/2)^2}{(\nu-\nu_0)^2 + (D/2)^2} \quad \text{mit} \quad E_0 = E(\nu_0) \,. \tag{5.63}$$

genau wie für einen klassischen Oszillator, dessen Linienbreite durch phasenstörende Stöße verursacht wird (Abschn.3.3). Die Linienbreite $\Delta\nu = D$ in (5.63) nimmt mit zunehmender Laserleistung ab, weil die relativen Beiträge der spontan emittierten Photonenlawinen zur Gesamtwelle mit wachsender Gesamtamplitude immer unbedeutender werden.

Auch die Halbwertsbreite $\Delta\nu_c$ der Resonator-Resonanzen muß die Linienbreite $\Delta\nu$ beeinflussen, weil sie das spektrale Intervall bestimmt, in dem positive Nettoverstärkung auftritt. Je kleiner $\Delta\nu_c$ ist, umso kleiner wird der Bruchteil aller spontan innerhalb der Doppler-Breite emittierten Photonen, die genügend Nettoverstärkung finden, um eine Photonenlawine aufzubauen. Wenn man alle diese Überlegungen berücksichtigt, erhält man als unteren möglichen Grenzwert für die Laserlinienbreite

$$\Delta\nu_L = \frac{\pi h\nu_L(\Delta\nu_c)^2(N_{sp} + N_{th} + 1)}{2P_L}, \tag{5.64}$$

wobei N_{sp} und N_{th} die Dichte der spontanen Photonen bzw. der Photonen des thermischen Strahlungsfeldes in der Lasermode bedeutet und P_L die Laserausgangsleistung. Im sichtbaren Spektralbereich ist bei Zimmertemperatur $N_{th} << 1$ (Abb.2.4). Wegen $N_{sp} << 1$ erhält man aus (5.64) die berühmte Schawlow-Townes Beziehung [5.36]

$$\boxed{\Delta\nu_L \geq \frac{\pi\cdot h\nu_L \Delta\nu_C{}^2}{P_L}}\,. \tag{5.65}$$

Beispiel 5.16

a) Für einen HeNe-Laser mit $\nu_L = 5\cdot10^{14}\ s^{-1}$, $\Delta\nu_c = 1$ MHz, p = 1 mW folgt: $\Delta\nu_L \sim 3\cdot10^{-4}$ Hz!

b) Für einen Einmoden-Argonlaser mit $\nu_L = 6\cdot10^{14}\ s^{-1}$, $\Delta\nu_c = 3$ MHz, P = 1 W würde die theoretische untere Grenze für die Linienbreite $\Delta\nu_L = 3\cdot10^{-6}$ Hz sein.

Diese Grenzen sind bisher in der Praxis jedoch bei weitem nicht erreicht worden, weil die „technischen" Fluktuationen nicht völlig eliminierbar sind. Mit mäßigem experimentellen Aufwand lassen sich Linienbreiten $\Delta\nu_L = 10^4 - 10^6\ s^{-1}$ erreichen. Nur in speziell ausgerüsteten Labors wurden mit erheblichem Aufwand Linienbreiten von einigen Hz erzielt [5.37-39] mit Freqenzschwankungen von unter 1 Hz [5.40].

5.6 Durchstimmbare Laser

Wegen ihrer besonderen Bedeutung für die Spektroskopie sollen in diesem Abschnitt verschiedene Realisierungsmöglichkeiten für durchstimmbare Laser kurz besprochen und anhand einiger Beispiele illustriert werden [5.41].

Kohärente Lichtquellen mit durchstimmbarer Wellenlänge lassen sich auf verschiedene Weise realisieren:

Wenn das Verstärkungsprofil des aktiven Mediums einen breiten Spektralbereich überdeckt, kann die Laseremission durch wellenlängenselektierende Elemente im Laserresonator auf ein schmales Intervall $\Delta\lambda$ oder sogar auf eine einzige Resonatormode eingeengt werden (Abschn. 5.4.2). Durch synchrones Verändern der Transmissionsmaxima aller dieser Elemente kann dann die Laserwellenlänge kontinuierlich innerhalb des Verstärkungsprofils durchgestimmt werden. Farbstofflaser, Farbzentrenlaser und vibronische Festkörperlaser sind Beispiele, bei denen dieses Durchstimmverfahren angewandt wird.

Eine andere Möglichkeit der Wellenlängendurchstimmung beruht auf der Verschiebung von Energieniveaus im aktiven Medium, die eine entsprechende spektrale Verschiebung des Verstärkungsprofils und damit der Laserwellenlänge bewirkt. Diese Niveauverschiebung kann durch ein äusseres Magnetfeld, wie beim Spin-Flip-Raman-Laser, oder durch Temperatur- oder Druckänderung im aktiven Medium, wie beim Halbleiterlaser erfolgen. Die Durchstimmgrenzen für die Laserwellenlänge sind durch die maximal erreichbare Differenz der Energieverschiebung für oberes und unteres Laserniveau bedingt.

Eine dritte Möglichkeit, monochromatische Strahlung mit durchstimmbarer Wellenlänge in ausgedehnten Spektralbereichen zu erzeugen, basiert auf dem Prinzip der optischen Frequenzmischung. Überlagert man die Ausgangswellen zweier Laser mit den Frequenzen ν_1 und ν_2 in einem Medium mit nichtlinearer Polarisation, so entstehen am Ort jedes Atoms Wellen mit der Summen- und Differenzfrequenz, die man bei geeigneter Brechungsindexanpassung phasenrichtig überlagern und damit verstärken kann. Ist die Frequenz einer der beiden Laser durchstimmbar, so lassen sich damit auch Summen- bzw. Differenzfrequenz entsprechend durchstimmen.

Die technische Realisierung durchstimmbarer Lichtquellen hängt natürlich von dem Spektralbereich ab, in dem sie eingesetzt werden sollen. Man muß für das zu untersuchende spektroskopische Problem entscheiden, welche der oben aufgezählten Möglichkeiten optimal ist. Der experimentelle Aufwand hängt dabei von der gewünschten Bandbreite, Ausgangsleistung und den Grenzen des erforderlichen Durchstimmbereiches ab. Kohärente Lichtquellen mit Bandbreiten von 1-0.01 cm^{-1}, die quasi-kontinuierlich über weite Bereiche durchgestimmt werden können, sind heute bereits kommerziell erhältlich. Einmoden-Laser lassen sich jedoch bisher echt kontinuierlich, d.h. ohne Modensprünge, nur über begrenzte Bereiche durchstimmen. Durch den Einsatz von Computern zur sychronen Durchstimmung aller für die Wellenlänge relevanten Resonatorparameter ist es möglich, viele solcher begrenzten „Scans" nahtlos aneinanderzufügen, so daß mit solchen „Autoscan"-Farbstofflasern weite Spektralbereiche im Sichtbaren auch im Eimoden-Betrieb durchfahren werden können. Wir wollen im folgenden die in der Paxis wichtigsten durchstimmbaren Laser vorstellen. Dies sind Halbleiterlaser und Spin-Flip-Raman-Laser und Farbzentrenlaser für das mittlere Infrarot, Farbstofflaser für den sichtbaren und ultravioletten Spektralbereich und Excimerlaser für begrenzte Bereiche im kurzwelligen UV. Die Erweiterung des Durchstimmbereiches auf das ferne Infrarot und das Vakuum-UV durch Anwendung nichtlinearer Techniken wird in Abschn. 5.7 behandelt. Die Übersicht in Abb.5.48 zeigt die Spektralbereiche der verschiedenen Lasertypen. Für nähere Einzelheiten wird auf die jeweils angegebene Literatur verwiesen.

5.6.1 Halbleiterlaser

Der bisher wichtigste durchstimmbare Infrarotlaser ist der Halbleiterlaser. Er arbeitet nach dem folgenden Prinzip. (eine detallierte Darstellung findet man in Monographien über Halbleiterlaser [5.42]): Wenn man durch einen

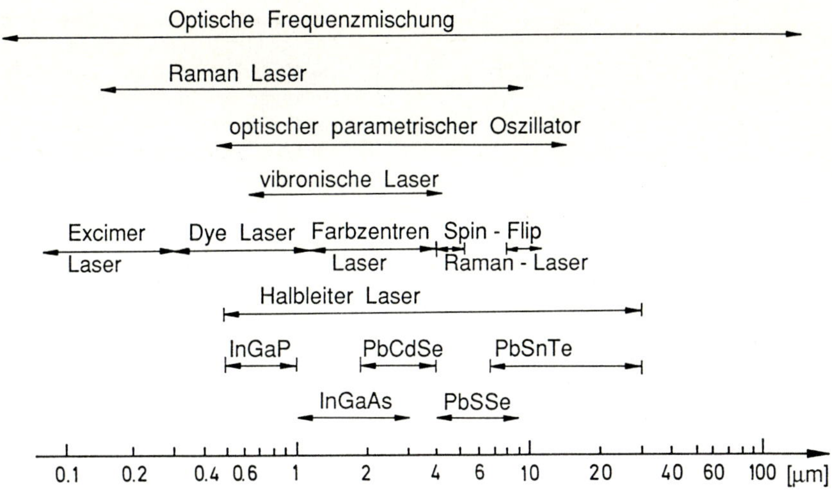

Abb.5.48. Spektralbereiche verschiedener Lasertypen

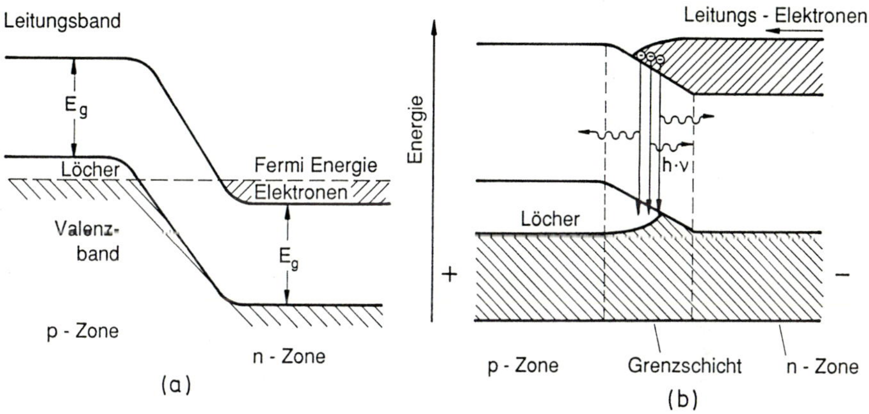

Abb.5.49. Trennschema zur Illustration des Grundprinzip eines Halbleiterlasers (**a**) pn-Grenzschicht ohne äußere Spannung (**b**) In Durchlaßrichtung angelegte äußere Spannung

dotierten pn-Halbleiter in Durchlaßrichtung einen Strom schickt, können Elektronen und Löcher in der pn-Grenzschicht rekombinieren und die Rekombinationsenergie in Form von Licht ausstrahlen (Abb.5.49). Die Linienbreite dieser spontanen Emission beträgt einige hundert cm^{-1} und ihre Wellenlänge ist bestimmt durch die Energiedifferenz zwischen den an der Emission beteiligten Halbleiterniveaus. Der Spektralbereich der spontanen Emission kann daher durch geeignete Wahl der Halbleiter und ihrer Dotierung (Abb.5.50) in weiten Grenzen (etwa zwischen 0.55 und 60μm) variiert werden.

Oberhalb einer durch den Halbleiter bestimmten Schwellwertstromstärke kann das Strahlungsfeld in der Grenzschicht, verstärkt durch Vielfachreflexion zwischen den ebenen Endflächen des Kristalls, so stark

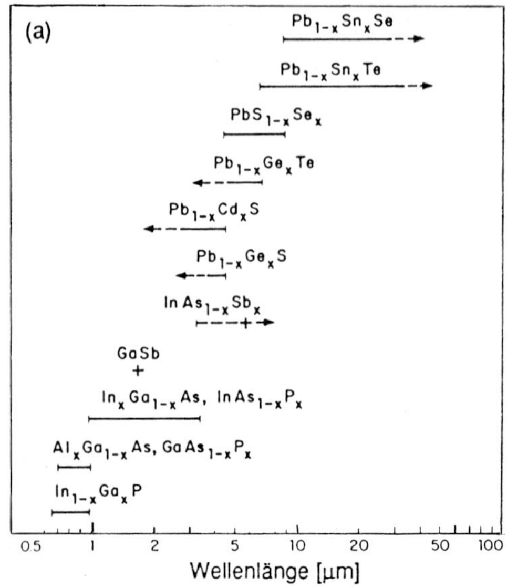

Abb.5.50. Übersichtsdarstellung der Spektralbereiche verschiedener Halbleiterlaser (**a**) und ihrer Wellenlängenverschiebung bei Änderung der Zusammensetzung (**b**) oder der Temperatur (**c**) des Halbleiters

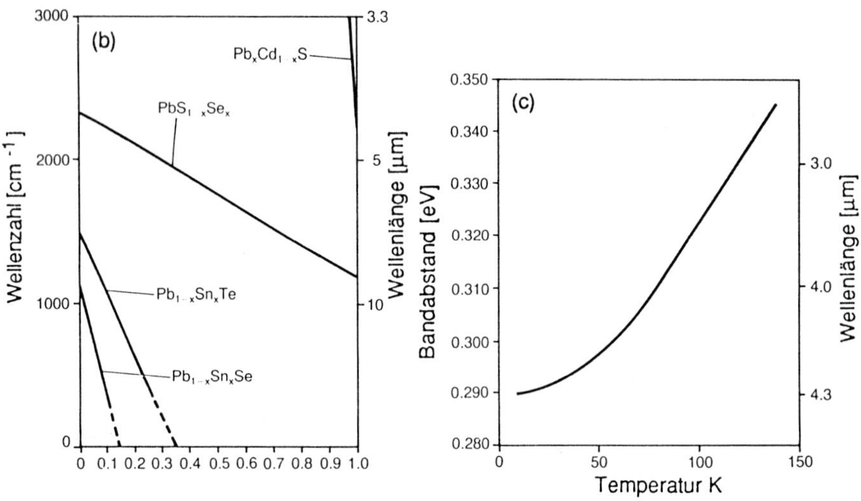

werden, daß die Rekombination überwiegend durch induzierte Emission geschieht, bevor spontane oder strahlungslose Prozesse wirksam werden können.

Die Wellenlängen der Laseremission sind durch den Spektralbereich des Verstärkungsprofils und durch die Eigenresonanzen des Resonators bestimmt. Werden die polierten Endflächen des Halbleiter-Kristalls als Resonatorspiegel verwendet, so ist der freie Spektralbereich $\delta\nu \simeq c/(2nL)$ wegen der kurzen Resonatorlänge L sehr groß. Für L = 1 mm ergibt sich bei einem Brechungsindex n = 3; $\delta\nu \simeq 6\cdot 10^{10}\ s^{-1}$. Innerhalb des Verstärkungsprofils liegen daher nur wenige Moden.

Zur Wellenlängendurchstimmung kann man alle Parameter ausnutzen, die den Energieabstand zwischen den Laserniveaus ändern. Meistens wird

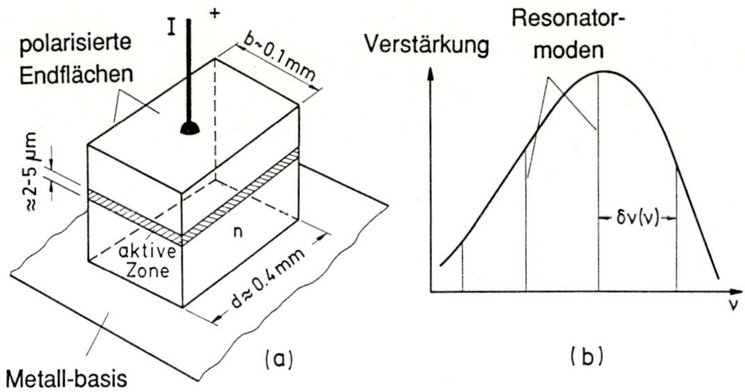

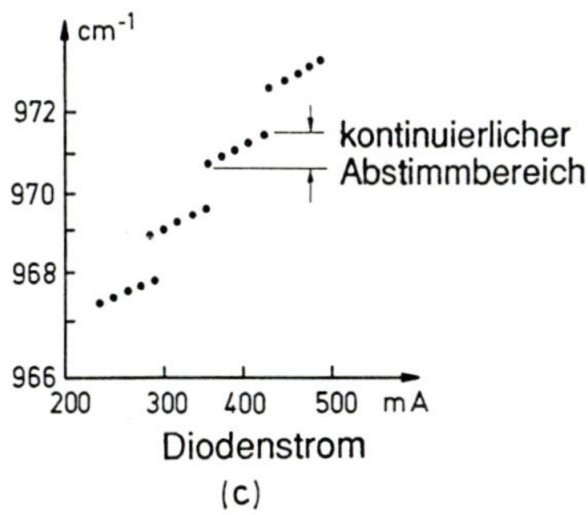

Abb.5.51. (a) Schematischer Aufbau eines Halbleiterlasers (b) Verstärkungsprofil und Resonanzmoden (c) Modensprünge beim Durchstimmen eines cw PbSnTe-Halbleiterlasers [5.45]

eine Temperaturänderung (Abb.5.50c) eine Variation des Diodenstromes, ein äußeres Magnetfeld oder die Anwendung von mechanischem Druck auf den Halbleiter benutzt, um eine Wellenlängenverschiebung zu bewirken. Im allgemeinen erreicht man aber damit keine echt kontinuierliche Wellenlängendurchstimmung über den gesamten, im Prinzip möglichen Bereich. Nach einer kontinuierlichen Verstimmung von wenigen Wellenzahlen treten diskontinuierlich Modensprünge auf, die daher rühren, daß die Resonatormoden nicht synchron mit dem Verstärkungsprofil verschoben werden (Abb.5.51). Dies hat folgende Ursache:

Bei der Wellenlängendurchstimmung durch Variation des Diodenstromes beeinflußt die resultierende Temperaturänderung ΔT sowohl den Brechungsindes n als auch den Energieniveau-Abstand ΔE. Die Resonatoreigenfrequenz $\nu = c/2nL$ verschiebt sich um

$$\Delta\nu = \frac{\partial\nu}{\partial n}\cdot\frac{dn}{dT}\,\Delta T + \frac{\partial\nu}{\partial L}\cdot\frac{dL}{dT}\,\Delta T = -\,\nu\left(\frac{1}{n}\frac{dn}{dT} + \frac{1}{L}\frac{dL}{dT}\right)\Delta T\,,$$

wobei der 1. Term im allgemeinen viel größer als der zweite ist. Das Maximum des Verstärkungsprofils verschiebt sich aber (durch die Veränderung des Bandabstandes und der Fermi-Energie mit der Temperatur) wesentlich stärker als die Resonatorfrequenz ν. Sobald dieses Maximum während der Temperaturänderung die nächste, ursprünglich nicht oszillierende Resonatormode „eingeholt" hat, ist die Verstärkung für diese Mode stärker geworden, und die Laseremission „springt" auf diese Mode über.

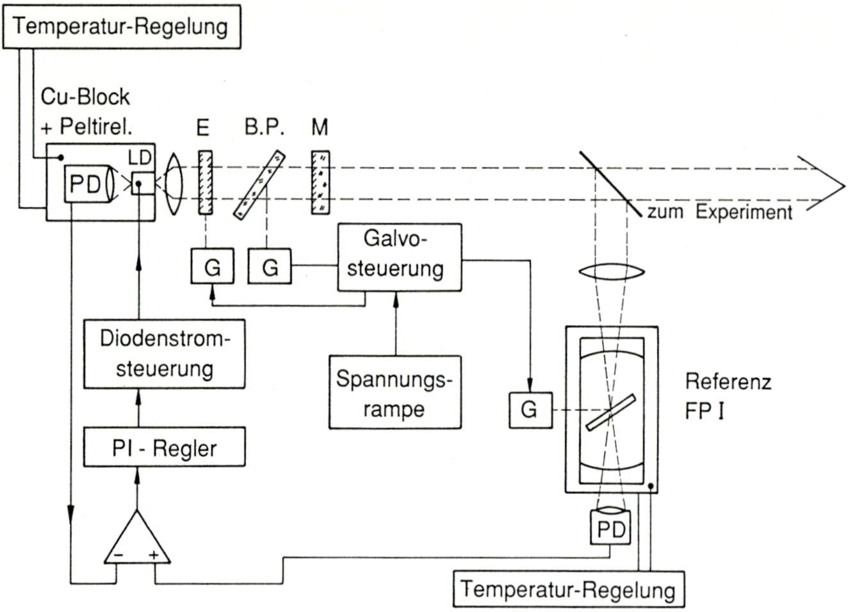

Abb.5.52. Durchstimmbarer Ein-Moden-Halbleiterlaser mit externem Resonator und Etalon

Um eine echt kontinuierliche Durchstimmung über größere Bereiche zu erreichen, muß man daher äußere Resonatorspiegel verwenden, deren Abstand man kontrolliert verändern kann. Wegen der dadurch bedingten größeren Resonatorlänge L wird der Modenabstand kleiner, und man braucht ein zusätzliches Etalon, um Einmoden-Betrieb zu erreichen. Außerdem muß eine Endfläche der Laserdiode entspiegelt werden, um zu große Reflexionsverluste zu vermeiden und um zu verhindern, daß die Diodenendflächen als zweiter Resonator wirken. Solche Einmoden-Halbleiterlaser sind inzwischen realisierbar [5.43]. Durch eine kombinierte Temperatur- und Diodenstrom-Variation kann der echt kontinuierliche Durchstimmbereich stark erweitert werden. Abbildung 5.52 zeigt als Beispiel den Aufbau eines solchen stabilisiert durchstimmbaren Einmoden-Halbleiterlasers [5.44].

Der Nachteil der Temperaturänderung durch den Strom ist die mit einer Stromvariation verbundene Änderung der Laserleistung. Deshalb verwendet man oft Halbleiterlaser, die mit einer Kühlmaschine mit geschlossenem Kühlkreislauf verbunden sind, so daß man die Temperatur über einen weiten Bereich variieren kann. Bei Verwendung von Mehrschichtendioden (heterostructure semiconductors) kann man im nahen Infrarot auch bei Zimmertemperatur Dauerstrich-Betrieb des Halbleiterlasers erreichen [5.44].

Durch die Verwendung solcher fortgeschrittener Halbleiterlaser-Technologien hat der Spektroskopiker ein kompaktes IR-Laser-Spektrometer, das trotz Kühlmaschine hinsichtlich Größe, Leistung, spektralem Auflösungsvermögen und auch Preis vorteilhaft konkurrieren kann mit konventionellen Systemen, die eine Lichtquelle und einen Monochromator verwenden müssen. Die Dauerstrichleistungen der Halbleiterlaser liegen im Milliwattbereich und ihr Auflösungsvermögen im Einmodenbetrieb ist, abhängig vom Aufwand bei der Frequenzstabilisierung, im Kilohertz- bis Magahertzgebiet, also um mehrere Größenordnungen über demjenigen konventioneller Geräte. Es gibt inzwischen zahlreiche Anwendungsbeispiele für hochauflösende Infrarotspektroskopie mit Halbleiterlasern (Kap.6 und [5.45, 46]).

5.6.2 Spin-Flip-Raman-Laser

Ein ganz anderes Prinzip der Wellenlängendurchstimmung wird beim Spin-Flip-Raman-Laser (SFRL) [5.47] angewendet, der die stimulierte Ramanstreuung von Pumplicht an Leitungselektronen in gekühlten Halbleitern im Magnetfeld ausnutzt. Analog zum Zeeman-Effekt freier Atome spalten die möglichen Energieniveaus E_0 der Leitungselektronen in einem äußeren Magnetfeld auf in sogenannte Landau-Niveaus

$$E_{\pm} = E_0 \pm g\mu_B B \, . \tag{5.66}$$

Diese Aufspaltung entspricht der Wechselwirkungsenergie des Magnetfeldes mit dem magnetischen Moment des Elektronenspins, der sich parallel oder antiparallel zum Magnetfeld einstellen kann. Die Größe der Aufspaltung hängt vom Landé-Faktor g, dem Bohr'schen Magneton μ_B und der Magnetfeldstärke B ab [5.48].

Wenn der Halbleiterkristall mit einem Pumplaser der Frequenz ω_P bestrahlt wird, entsteht durch stimulierte Raman-Streuung (Abschn.8.3) Stokes-Strahlung oder Anti-Stokes-Strahlung mit den Frequenzen

$$\omega = \omega_P \pm g\mu_B B/\hbar \, , \tag{5.67}$$

die durch Variation des Magnetfeldes B durchgestimmt werden kann. Der Durchstimmbereich hängt vom Landé-Faktor g und dem erreichbaren Magnetfeld ab und beträgt z.B. für InSb in Wellenzahlen etwa 23 cm^{-1}/Tesla, für HgCdTe sogar 35 cm^{-1}/Tesla. Häufig verwendet man supraleitende Magnete, mit denen Feldstärken bis zu 10 Tesla möglich sind. Dies erlaubt Abstimmbereiche von mehreren hundert cm^{-1}. Als Pumpquellen werden hauptsächlich CO-Laser bei 5μm oder CO_2-Laser um 10μm verwendet, gelegentlich auch chemische Laser, wie z.B. der HF-Laser. Mit einem CO-Laser als Pumpe wurde in günstigen Fällen bereits bei Pumpleistungen von 5 mW die Schwelle für Laseroszillationen erreicht [5.49].

Vorteile des SFRL sind seine große Ausgangsleistung (etwa 1W im kontinuierlichen Betrieb) und sein relativ großer Durchstimmbereich sowie eine gute Modenqualität im Einmoden-Betrieb. Nachteilig ist der relativ große experimentelle Aufwand für den SFRL, da man einen Pumplaser, ein Kühlsystem für flüssig-He Temperaturen sowie einen starken Magneten braucht (Abb.5.53). Um Einmoden-Betrieb mit kontinuierlicher Durchstimmung zu erreichen, muß man hier, analog zum Halbleiterlaser, externe Spiegel und ein zusätzliches Etalon verwenden [5.50].

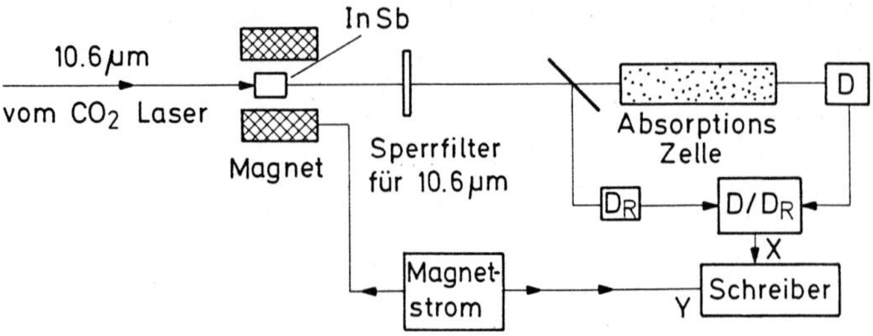

Abb.5.53. Infrarot-Spektroskopie mit einem Spin-Flip Raman-Laser

Frequenzschwankungen des SFRL werden hauptsächlich durch Frequenzfluktuationen und Intensitätsschwankungen des Pumplasers verursacht. Die letzteren führen zu Temperaturfluktuationen im Kristall und damit zu Schwankungen des Brechungsindex, eine weitere Quelle für Frequenzdrifts sind Magnetfeldänderungen. Man muß sich klarmachen, daß bei 2 Tesla und einer Durchstimmempfindlichkeit von 20 cm^{-1}/Tesla bereits eine relative Änderung $\Delta I/I = 10^{-6}$ des Magnetstromes zu einer Schwankung der Laserfrequenz um mehr als 1 MHz führt! Mit geeigneten Stabilisierungsmaßnahmen wurden jedoch bereits Linienbreiten von 100 kHz erreicht, so daß der SFRL für höchstauflösende Spektroskopie im Infraroten sehr geeignet ist. Es gibt eine Reihe von Anwendungsbeispielen (Kap.6 und [5.51]), die sehr eindrucksvoll die extreme Auflösung bei gutem Signal- zu Rauschverhältnis demonstrieren.

5.6.3 Durchstimmbare Festkörperlaser

Durch geeignete Dotierung kristalliner und glasförmiger Festkörper mit atomaren oder molekularen Ionen kann man das Absorptionsverhalten dieser Festkörper in weiten Grenzen variieren. Wegen der starken Wechselwirkung der dotierten Ionen mit dem Wirtsgitter sind die Energieniveaus der Ionen häufig stark verbreitert und man erhält bei optischem Pumpen ein kontinuierliches Fluoreszenspektrum, das sich über einen ausgedehnten Spektralbereich erstreckt. Dieser Bereich kann noch breiter werden, wenn vom oberen, emittierenden Zustand aus sich spektral überlappende Fluoreszenzübergänge in viele, eng benachbarte verbreiterte tiefere Niveaus möglich sind.

Ein typisches Niveau-Schema eines solchen „Vierniveau-Festkörperlasers" und das zugehörige Absorptions- und Emissionsspektrum ist in Abb.5.54 gezeigt. Durch optisches Pumpen mit Lampen oder Lasern wird ein angeregtes Niveau $\langle 2|$ der Ionen bevölkert, das durch strahlungslose Übergänge infolge seiner Wechselwirkung mit dem Wirtskristall (Phononenkopplung) in das obere Laserniveau $\langle 3|$ relaxiert. Durch induzierte und spontane Emission wird das Niveau $\langle 4|$ erreicht, das schließlich durch Wechselwirkung mit dem Gitter wieder in das Ausgangsniveau $\langle 1|$ relaxiert.

Beispiele für Materialien, mit denen bisher durchstimmbare Festkörperlaser realisert wurden, sind *Alexandrit* ($BeAl_2O_4$ mit Cr^{3+}-Ionen dotiert), *Titan-Sapphir* ($Ti{:}Al_2O_3$), *Fluorid-Kristalle* mit Übergangsmetallen dotiert (z.B. MgF_2: Co^{2+} oder $CsCaF_3$: V^{2+}) [5.52].

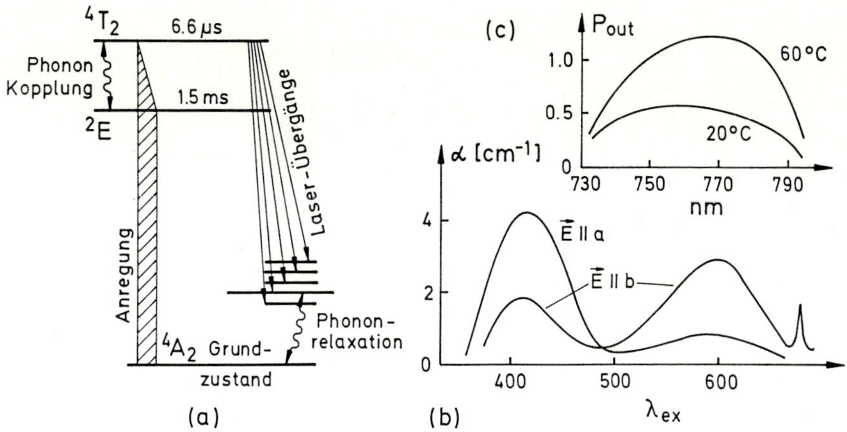

Abb.5.54. Niveau-Schema eines durchstimmbaren „Vierniveau"-Festkörperlasers (**a**) und das zugehörige Absorptionsspektrum für verschiedene Polarisationen des Pumplichtes (**b**) und Laserausgangsleistung P_{out} am Beispiel des Alexandritlasers

Der Wellenlängenbereich, über den vibronische Festkörperlaser durchstimmbar sind, kann durch Wahl der eingebauten Ionen und durch Modifikation der Wirtsgitter variiert werden. In Abb.5.55 wird am Beispiel der Cr^{3+}-Ionen der Einfluß des Wirtsgitters auf den Durchstimmbereich gezeigt, während Abb.5.56 die Spektralbereiche illustriert, in denen die verschiedenen Übergangsmetall-Ionen emittieren [5.53, 54].

Als besonders leistungsstarker cw-Laser sei der Smaragd-Laser ($Be_3Al_2Si_6O_{18}:Cr^{3+}$) erwähnt, mit dem bei 3,6 W Pumpleistung (Kryptonlaser bei 641 nm) eine Ausgangsleistung von 1,6 W erreicht wurde und der von 720-842 nm durchgestimmt werden kann [5.55]. Der differentielle Wirkungsgrad dP_{out}/dP_{in} (slope efficiency) erreicht dabei 64%!

Von besonderer Bedeutung für die Entwicklung kompakter und handlicher durchstimmbarer Festkörperlaser ist die Möglichkeit, einige dieser Lasertypen mit Halbleiterlaser-Arrays zu pumpen. Dies wurde mit Nd: YAG und Alexandrit-Lasern bereits realisiert, wobei sehr hohe Wirkungsgrade (>20% Energiekonversion Steckdose-Laserlicht!) erreicht wurden

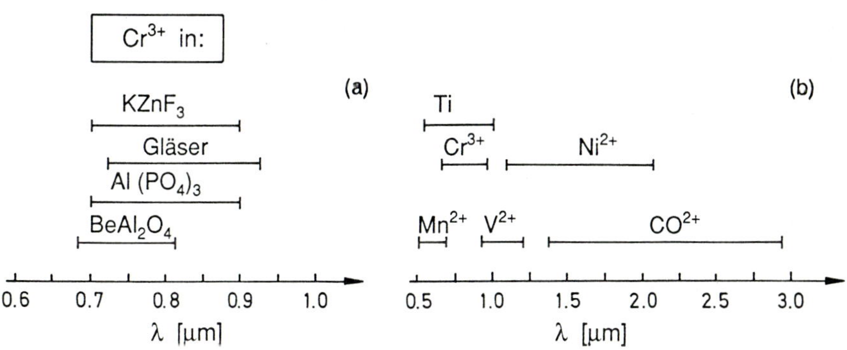

Abb.5.55. Emissionsbereiche (**a**) von Cr^{3+} Ionen in verschiedenen Wirtsgittern (**b**) verschiedener Metall-Ionen in Ionenkristallen

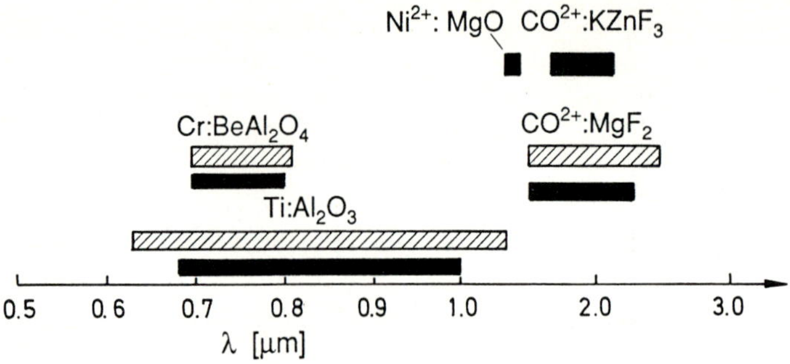

Abb.5.56. Durchstimmbereiche einiger vibronischer Laser

[5.56]. Durch Frequenzverdopplung innerhalb des Laserresonators [5.57] kann man auch den sichtbaren Spektralbereich überdecken, so daß die durchstimmbaren Festkörperlaser beginnen, den Farbstofflasern Konkurrenz zu machen.

Für mehr Details über dieses für den Laserspektroskopiker interessante Gebiet wird auf [5.52-59] verwiesen.

5.6.4 Farbzentrenlaser

Der wichtigste durchstimmbare Festkörperlaser ist bisher der Farbzentrenlaser. Farbzentren sind Fehlstellen in einem kristallinen Nichtleiter, die eine Elektron (bzw. ein „Loch") eingefangen haben. Die möglichen Energiezustände eines solchen, im negativen Potentialtopf der umgebenden Gitterionen gebundenen Elektronen können durch Absorption optischer Strahlung angeregt werden und führen zu neuen Absorptions- und Emissionslinien, die durch Wechselwirkung mit dem Gitter (Phonon-Wechselwirkung) zu Banden verbreitert werden. Dadurch erscheint der sonst farblose Kristall gefärbt.

Die bisher am eingehendsten untersuchten Farbzentrenkristalle sind die Alkalihalogenide mit den folgenden Typen von Farbzentren ([5.60] und [Ref.5.41, Chap.6]): Das einfachste Zentrum ist eine Fehlstelle im reinen Alkalihalogenid-Kristall, in der ein Elektron eingefangen ist (Abb.5.57a). Solche F-Zentren haben jedoch sehr geringe Oszillatorenstärken (Abschn. 2.6) für Übergänge zwischen den elektronischen Niveaus und sind daher als Lasermaterial nicht geeignet.

Wenn eines der sechs positiven Metallionen, die als nächste Nachbarn die Fehlstelle umgeben, durch ein Fremdion ersetzt wird (z.B. ein Na^+-Ion in einem K^+Cl^--Kristall), erhält man ein F_A-Zentrum (Abb.5.57b), während F_B-Zentren von zwei Fremdatomen umgeben sind (Abb.5.57c). ein Paar von zwei benachbarten F-Zentren entlang der (110)-Richtung nennt man ein F_2-Zentrum; ist dieses einfach ionisiert, d.h. fehlt ihm ein Elektron, so erhält man ein $F_2{}^+$-Zentrum (Abb.5.57e).

Die F_A- und F_B-Zentren können in zwei Kategorien eingeordnet werde, je nach ihrem Relaxationsverhalten nach einer optischen Anregung: Während die Zentren vom Typ I beim Anregungs-Fluoreszenz-Zyklus die Struktur ihrer Fehlstelle beibehalten, relaxieren die Typ II-Zentren gemäß

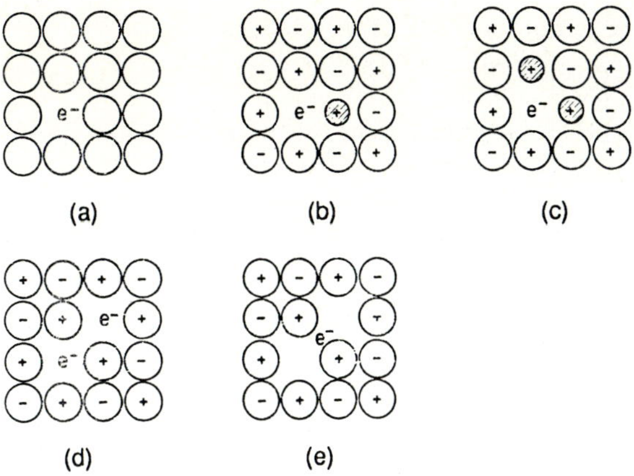

Abb.5.57a-e. Verschiedene Typen von Farbzentren: (**a**) F-Zentrum; (**b**) F_A-Zentrum; (**c**) F_B-Zentrum; (**d**) F_2-Zentrum; (**e**) F_2^+-Zentrum

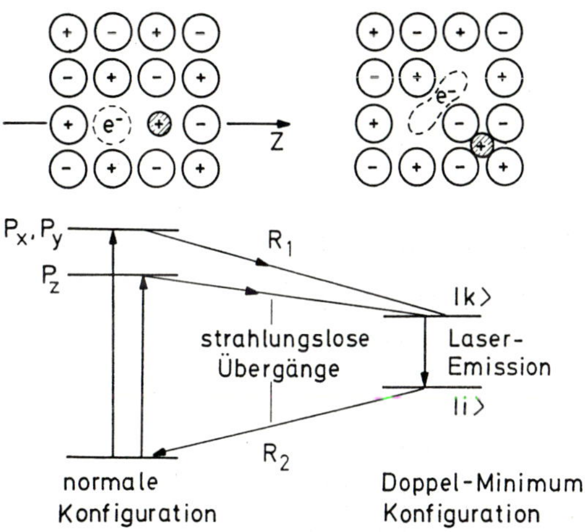

Abb.5.58 Strukturänderung und Zustandsdiagramm eines F_A(II)-Zentrums

Abb.5.58 nach optischer Anregung in einen neuen Zustand, der nach Emission eines Photons wieder zurück in in den Ausgangszustand relaxiert. Die Oszillatorenstärke für Übergänge zwischen $|k\rangle \leftrightarrow |i\rangle$ ist sehr groß und garantiert daher eine hohe Verstärkung für den Laserübergang. Da dic Relaxationswahrscheinlichkeiten R_1 und R_2 sehr viel größer als die strahlende Übergangswahrscheinlichkeit A_{ik} ist, bleibt das untere Laserniveau praktisch leer und Inversion kann auch im Dauerbetrieb aufrechterhalten werden.

Die Quantenausbeute η = Zahl der emittierten Fluoreszenzphotonen dividiert durch die Zahl der absorbierten Pumplichtphotonen sinkt mit steigender Temperatur, weil die Wahrscheinlichkeit für strahlungslose Deaktivierung des oberen Niveaus $|k\rangle$ steigt. Beim KCl:Li-Kristall mit F_A(II)-Zentren ist z.B. $\eta = 40\%$ bci $T = 77$ K und geht gegen Null bei Zimmertemperatur. Dies zeigt, daß Farbzentrenlaser bei tieferen Temperaturen

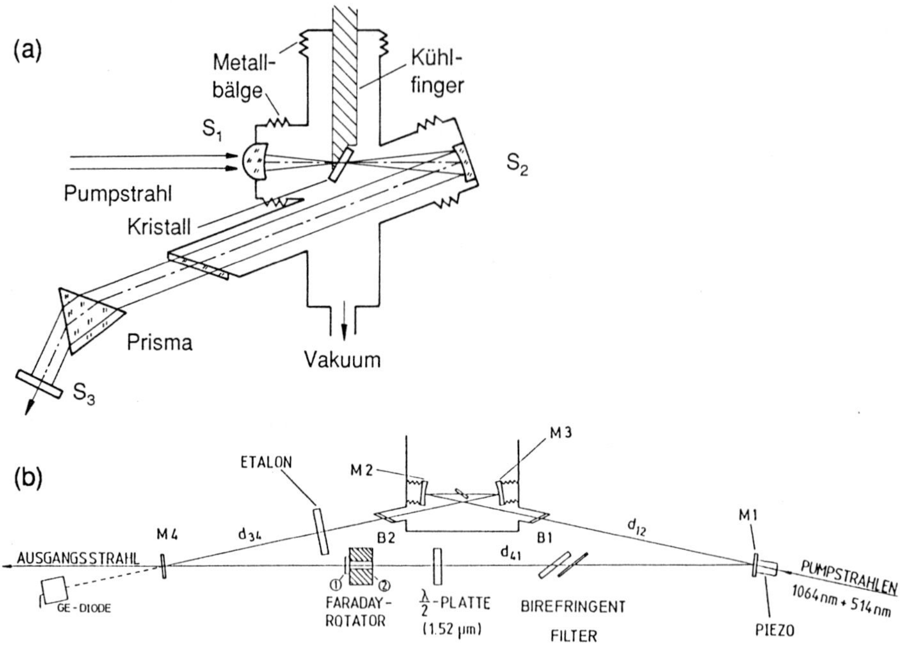

Abb.5.59a,b Schematischer Aufbau eines durchstimmbaren Farbzentrenlasers: (**a**) gefalteter linearer Laser und (**b**) Ringlaser

- im allgemeinen gekühlt mit flüssigem Stickstoff - betrieben werden müssen.

In Abb.5.59 ist schematisch der Aufbau eines Farbzentrenlasers gezeigt [5.61]. Der gefaltete 3 Spiegel-Resonator kompensiert bei richtig gewähltem Faltungswinkel den Astigmatismus, der durch den in der Resonatortaille unter dem Brewster-Winkel geneigten Kristall verursacht wird [5.62]. Der Pumplaserstrahl wird kollinear durch den dichroitischen Spiegel S_1 eingekoppelt, der hohe Transmission für die Pumpwellenlänge aber hohes Reflexionsvermögen für die Farbzentrenlaser-Wellenlänge hat. Der Einkoppelspiegel wirkt gleichzeitig als Linse zur Fokussierung des Pumpstrahls in den Kristall. Um die Strahltaille des Farbzentrenlasers an den Fokusdurchmesser des Pumpstrahles richtig anzupassen, müssen die Krümmungsradien der Spiegel S_1, S_2 geeignet gewählt werden. Die Laserwellenlänge wird durch Drehen des Spiegels S_3 durchgestimmt. Der Kristall sitzt auf einem Kühlfinger, der durch Wärmeleitung von einer Flüssig-Stickstoff-Kühlfalle gekühlt wird, und muß deshalb im Vakuum sein, um Kondensation von Wasserdampf zu vermeiden.

Um „spatial hole burning" zu vermeiden, wird oft statt des einfach gefalteten Resonators der Abb.5.59a ein doppelt gefalteter Ring-Resonator benutzt Abb.5.59b). Dadurch läßt sich leichter Einmoden-Betrieb erreichen, und auch die Ausgangsleistung ist wesentlich höher. So wurde z.B in unserem Labor mit einem NaCl:OH Farbzentrenlaser bei $\lambda = 1{,}55\ \mu m$ (6W Pumpleistung bei $1{,}05 \mu m$) eine Ausgangsleistung von 1,6 W erzielt [5.65].

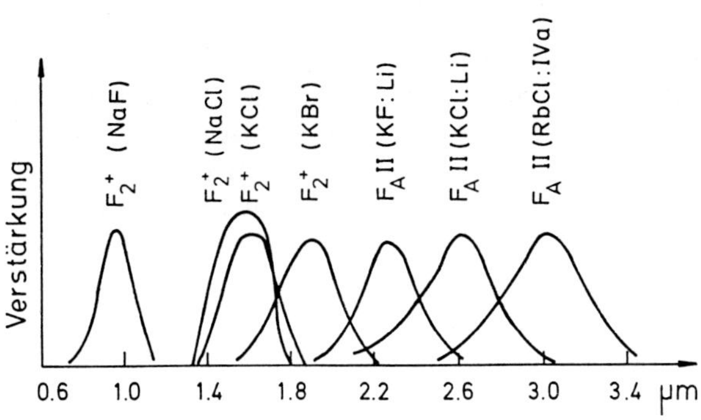

Abb.5.60. Emissionsbereiche verschiedener Farbzentren-Kristalle

Pumpt man einen Farbzentrenlaser vom F_A(II)- oder F_2^+-Typ mit einem cw Pumplaser, so stellt man fest, daß die Laserausgangsleistung im Verlauf weniger Minuten stetig abnimmt. Dies hat folgende Ursache: Viele der laseraktiven Farbzentren besitzen eine Symmetrieachse, z.B. die [110]-Richtung. Durch optisches Pumpen in einen oberen Zustand mit anderen Konfigurationen kann diese Symmetrieachse umkippen, und das System kann dann durch Fluoreszenz in einen Grundzustand zurückkehren, der anders orientiert ist als der Ausgangszustand. Dieses „orientierungsändernde" optische Pumpen führt daher zu einer Ausbleichung des absorbierenden Zustandes und damit zu einer Verminderung der Pumpabsorption. Man kann dies verhindern, indem man eine UV-Lampe oder einen schwachen Argonlaser geeigneter Polarisationsrichtung gleichzeitig mit einstrahlt, der die „falsch orientierten" Zentren wieder zurückpumpt [5.63].

Bei Verwendung verschiedener Kristalle erstreckt sich der gesamte Durchstimmbereich der bis heute realisierten Farbzentrenlaser von 0.65-3.4 μm. Abbildung 5.60 zeigt die Emissionsbereiche verschiedener Farbzentren-Kristalle [5.63]. In Tabelle 5.2 sind charakteristische Daten für einige

Tabelle 5.2. Characteristische Daten einiger durschtimmbarer Festkörperlaser

Laser-medium	Formel	Abstimm-bereich [nm]	Betriebs temperatur	Pumpquelle
Ti:Saphir	$Al_2O_3:Ti^{3+}$	660-986	RT	Ar±Laser
Alexandrit	$BeAl{\pm}2O_4:Cr^{3+}$	710-820	22-300°C	Blitzlampe
		720-842	RT	Kr±Laser
	$SrAlF_5:Cr^{3+}$	825-1010	RT	Kr±Laser
	$KznF_3:Co^{2+}$	1650-2070	77K	cw Nd:Y Laser
F_2^+ F-zentren	$NaCl/F_2^+$	1400-1750	77K	cw ND:YAG-Laser
F_AII "	RbCl:Li	2,6-3,3μm	77K	Kr^+-Laser
F_2^+A "	KI:Li	2,38-3,99μm	77K	Er:YLF-Laser
F_3^+ "	LiF	500-640nm	77K	Farbstofflaser

Farbzentrenlaser und für mit Übergangsmetallionen dotierte Festkörperlaser zusammengestellt. Die Farbzentrenlaser zusammen mit den Übergangsmetall-Festkörperlasern stellen daher in idealer Weise die Erweiterung des durch Farbstofflaser überdeckten Spektralbereichs ins Infrarote dar. Ihr Vorteil gegenüber den letzteren beruht auf der Tatsache, daß ihr aktives Medium ein statischer Festkörper ist, der gegenüber dem Flüssigkeitsstrahl der Farbstofflaser (Abschn.5.6.5.) eine bessere Frequenzstabilität ermöglicht. Eine Abschätzung zeigte, daß die Linienbreite eines Einmoden-Farbzentrenlasers unter 25 kHz liegt [5.64].

Gute Übersichten über das Gebiet der Farbzentrenlaser findet man in [5.41,61,63].

5.6.5 Farbstoff-Laser

Im sichtbaren und nahen ultravioletten Spektralbereich sind Farbstoff-Laser die bisher bei weitem dominierenden Vertreter durchstimmbarer Laser. Unter Verwendung verschiedener Farbstoffe kann im gesamten Spektralgebiet zwischen etwa 300 und 1200 nm Laseroszillation erreicht werden. Das Grundprinzip des Farbstoff-Lasers (dye laser) läßt sich anhand eines vereinfachten Termschemas (Abb.5.61) kurz folgendermaßen skizzieren: (Für eine ausführlichere Darstellung wird auf die Laser-Literatur, z.B. [5.66] verwiesen).

Durch Absorption des Pumplichtes werden die in einer Flüssigkeit gelösten Farbstoffmoleküle von thermisch besetzten Rotations-Schwingungsniveaus des elektronischen Grundzustandes S_0 in höhere Schwingungsniveaus des ersten angeregten Singulett-Zustandes S_1 gebracht. Von dort gelangen sie durch inelastische Stöße mit den Lösungsmittel-Molekülen in sehr kurzer Zeit (19^{-10} - 10^{-11}s) strahlungslos in das tiefste Schwingungsniveau $|i\rangle$ von S_1. Von hier können sie entweder durch spontane Emission in die verschiedenen Rotationsschwingungs-Niveaus von S_0 übergehen oder durch strahlungslose Übergänge in den tiefer liegenden Triplett-Zustand T_1 (intersystem crossing).

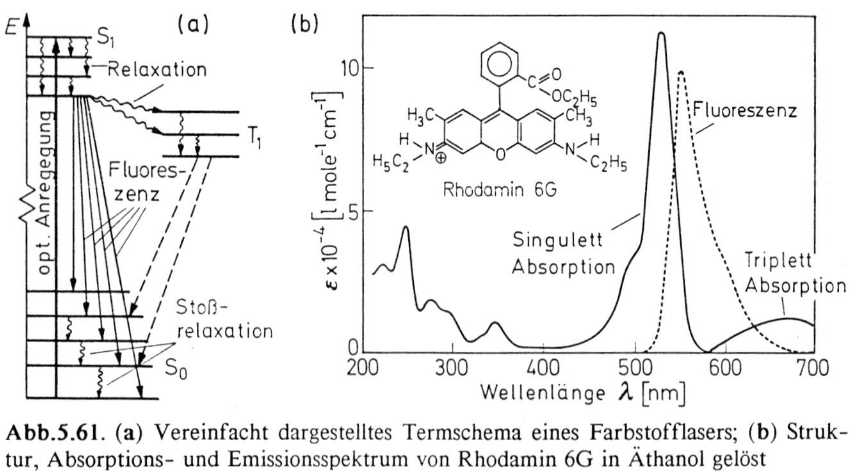

Abb.5.61. (**a**) Vereinfacht dargestelltes Termschema eines Farbstofflasers; (**b**) Struktur, Absorptions- und Emissionsspektrum von Rhodamin 6G in Äthanol gelöst

Bei genügend großer Pumpintensität kann Besetzungsinversion zwischen den Niveaus $|i\rangle$ und höheren thermisch kaum besetzten Rotationsschwingungs-Niveaus $|k\rangle$ im elektronischen Grundzustand S_0 erreicht werden. Sobald die Verstärkung des aktiven Mediums auf einem Übergang $|i\rangle \rightarrow |k\rangle$ größer wird als die Resonatorverluste, beginnt Laseroszillation auf diesem Übergang. Das untere Niveau $|k\rangle$ wird dabei wieder durch inelastische Stöße mit den Lösungsmittelmolekülen schnell entvölkert. Wegen dieser starken Wechselwirkung der Fabstoffmoleküle mit dem Lösungsmittel sind die Energiebreiten der einzelnen, dicht liegenden Rotationsschwingungs-Niveaus größer als ihr mittlerer Abstand (Druckverbreiterung), so daß statt einzelner Fluoreszenzlinien $|i\rangle \rightarrow |k\rangle$ ein breites, kontinuierliches Fluoreszenzspektrum entsteht (Abb.5.61).

Das spektrale Profil für die Netto-Verstärkung hängt dabei von folgenden Parametern ab:

1) Von der Besetzungsinversion $\Delta N = N_i - N_k$ und der Länge des aktiven Mediums.
2) Vom spektralen Verlauf der Übergangswahrscheinlichkeit A_{ik}, der im wesentlichen durch die Franck-Condon-Faktoren für die Übergänge von $|i\rangle$ zu den verschiedenen unteren Niveaus $|k\rangle$ bestimmt wird.
3) Von den wellenlängenabhängigen Verlusten. Durch die strahlungslosen Übergänge vom angeregten Niveau $|i\rangle$ in den langlebigen Triplettzustand T_1 kann sich in T_1 eine relativ große Besetzungsdichte aufbauen. Da sich das Absorptionsspektrum des Triplettsystems mit dem Fluoreszenzspektrum des Singulettsystems teilweise überlappt (Abb.5.61), können die Moleküle in T_1 das auf dem Übergang $i \rightarrow k$ emittierte Licht absorbieren und damit die Verluste erhöhen. Man muß also dafür sorgen, daß die Triplett-Moleküle möglichst schnell aus dem aktiven Volumen entfernt werden. Dies geschieht entweder durch Zugabe von „Triplett-Quenchern", d.h. Molekülen, die durch inelastische Stöße mit Spinaustausch die Triplettkonzentration abbauen, oder durch eine schnelle Flüssigkeitsströmung, die Triplettmoleküle aus dem aktiven Volumen wegtransportiert („mechanisches Quenchen").

Als optische Pumpquellen werden entweder Blitzlampen, gepulste Laser oder Dauerstrichlaser verwendet. In Tabelle 5.3 sind einige charakteristische Daten für die in der Spektroskopie am häufigsten eingesetzten Farbstoff-Lasertypen, die inzwischen alle kommerziell erhältlich sind, aufgeführt.

Die durch Blitzlampen gepumpten Farbstoff-Laser [5.67] (Abb.5.62) haben den Vorteil, daß sie keinen Laser als Pumpe benötigen und daher billiger sind. Nachteilig wirkt sich der durch die Absorption des Pumplichtes in der Farbstoffflüssigkeit verursachte Temperaturgradient aus, der zu optischen Inhomogenitäten führt, die von Puls zu Puls variieren können und damit zuverlässigen Eimoden-Betrieb erschweren. Die meisten, in der Spektroskopie und analytischen Chemie benutzten blitzlampengepumpten Farbstofflaser werden daher im Mehrmodenbetrieb verwendet. Die Wellenlängendurchstimmung geschieht meistens mit Gittern, Prismen oder Interferenzfiltern. Eine schnelle Durchstimmung ist mit elektrooptischen Lyot-Filtern möglich (Kap.4 und [5.68]). Eine Bandbreiteneinengung auf

Tabelle 5.3. Farbstofflaserdaten bei verschiedenen Pumpquellen

Pumpe	Abstimmbereich [nm]	Pulsdauer [ns]	Spitzenleistung [W]	Pulsenergie [mJ]	Pulsfolgefrequenz [s^{-1}]	Mittlere Ausgangsleistung [W]
Exzimer-Laser	370-985	10-200	$\leq 10^7$	≤ 100	20-200	0.1-10
N_2-Laser	370-1020	1-10	$<10^5$	<1	$<10^3$	0.01-0.1
Blitzlampen	300-800	300-10000	10^2-10^4	<5000	1-100	0.1-200
Ar^+ Laser Kr^+ Laser	400-1100	cw	cw	-	cw	0.1-5
Nd:YAG-Laser $\lambda/2$: 530nm $\lambda/3$: 355nm	400-920	10-20	10^5-10^7	10-100	10-30	0.1-1
Kupferdampflaser	530-890	30-50	$\simeq 10^4$-10^5	$\simeq 1$ mJ	$\leq 10^4$	≤ 10

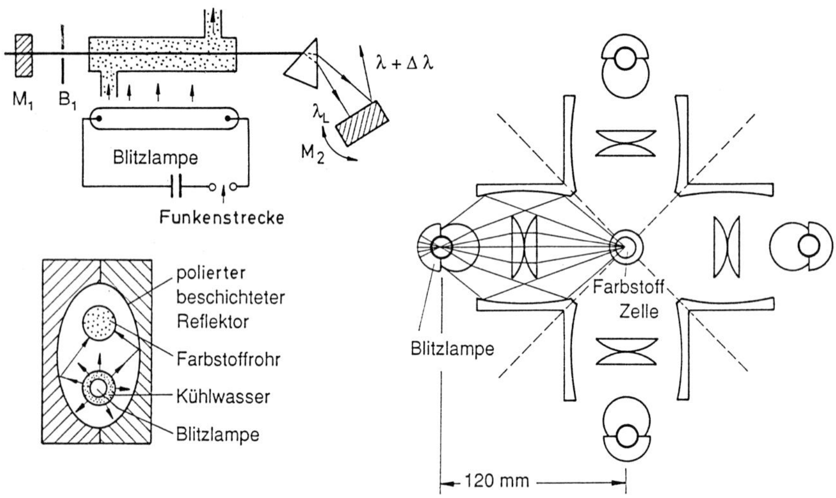

Abb.5.62. Zwei mögliche Anordnungen für mit Blitzlampen gepumpte Farbstofflaser

etwa 10^{-3} nm mit einem zusätzlichen Etalon im Resonator ist für viele Experimente ausreichend. Solange die Bandbreite größer als der Abstand der Resonatormoden ist, spielen Modensprünge keine Rolle und die Durchstimmung über weite Bereiche wird problemloser.

Stickstofflaser, Excimerlaser oder frequenzverdoppelte Neodymium-Laser als optische Pumpen können wegen ihrer hohen Ausgangsleistung

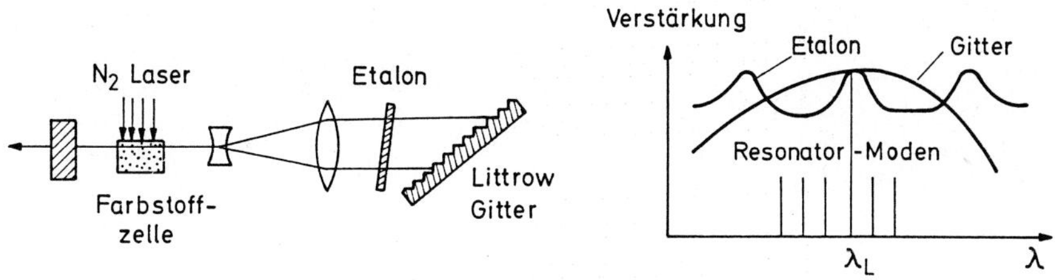

Abb.5.63. Hänsch-Anordnung eines Farbstofflasers, der durch einen N_2 Laser oder einen Excimer-Laser gepumpt wird

(10^5-10^6W) auch Farbstoffe mit kleinerer Quantenausbeute und damit höherer Schwellwertinversion zur Laseroszillation anregen. Wegen der kurzen Pumpzeit (wenige ns) kann sich keine nennenswerte Triplettkonzentration aufbauen, so daß auch Farbstoffe, die wegen ihrer größeren S→T Übergangsrate für blitzlampengepumpte Laser ungeeignet sind, hier verwendet werden können. Die kurze Wellenlänge des Pumplasers (λ= 337nm beim N_2-Laser, bzw. 193-357nm bei Excimerlasern) erlaubt die Anregung von Farbstoffen, deren Emission vom nahen Ultraviolett bis ins sichtbare Gebiet reicht. Die kürzeste bisher berichtete Farbstoff-Laserwellenlänge liegt bei etwa 310 nm. Die größten Spitzenleistungen erreicht man mit Nd-Pumplasern und Excimerlasern. Etwas geringere Spitzenleistungen, dafür aber wesentlich höhere Repetitionsraten und auch längere Pulse bis zu 50 ns lassen sich mit Kupferdampf-Pumplasern erzielen [5.69].

Für Laser-gepumpte schmalbandige Farbstofflaser wurden eine Reihe verschiedener Pumpgeometrien vorgeschlagen, von denen am häufigsten der in Abb.5.63 gezeigte Aufbau von Hänsch [5.70] und die in Abb.5.64 dargestellte Konfiguration von Littman [5.71] benutzt werden. In beiden Fällen wird der Laserstrahl aufgeweitet, bevor er auf das zur Wellenlängenselektion dienende Gitter trifft. Dies hat den Vorteil, daß die Leistungsdichte auf dem Gitter kleiner wird, während die Zahl der beleuchteten Gitterfurchen und damit das spektrale Auflösungsvermögen gemäß (4.78a) größer wird.

Bei der „Hänsch-Anordnung" wird ein Teleskop zur Aufweitung verwendet, Beim „Littman Typ ein weiteres Gitter, auf das der Laserstrahl streifend einfällt. Da bei Einfallswinkeln von 89° die Gitterreflexion nur etwa 1% beträgt und damit der Verlustfaktor pro Resonatorumlauf 10^{-4}, ist

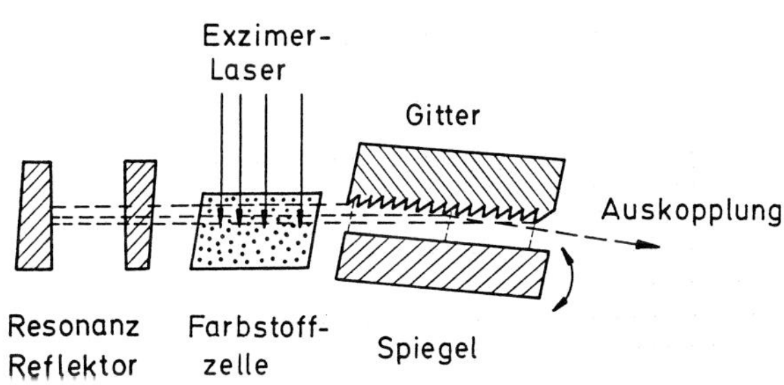

Abb.5.64. Littman-Resonator-Konfiguration eines Farbstofflasers

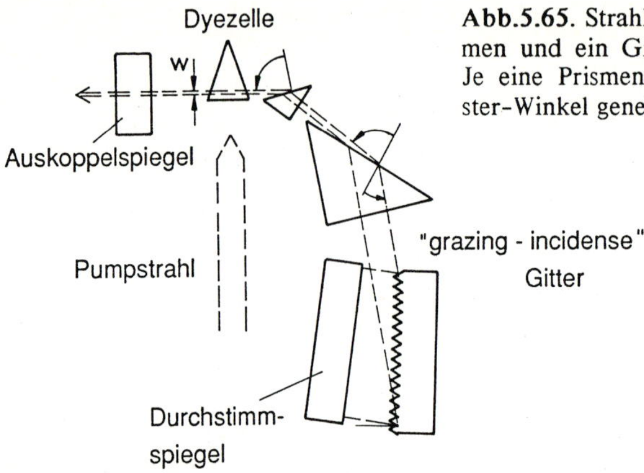

Abb.5.65. Strahlaufweitung durch zwei Prismen und ein Gitter bei streifendem Einfall. Je eine Prismenfläche ist unter dem Brewster-Winkel geneigt, die andere ist entspiegelt

es vorteilhaft, eine Voraufweitung mit zwei Prismen [5.72] auszunutzen (Abb.5.65). Durch eine spezielle Anordnung von vier Prismen läßt sich die störende Strahlablenkung beim Durchstimmen infolge der Prismen-Dispersion kompensieren [5.73].

Zur Erhöhung der Ausgangsleistung wird im Allgemeinen der Ausgangsstrahl des Laseroszillators durch eine oder mehrere Verstärker-Farbstoffzellen geschickt, die vom gleichen Pumplaser gepumpt werden.

Bei allen durch Laser gepumpten Farbstoff-Lasern stellt die spontane Emission ein großes Problem dar. In der Oszillatorzelle, in der die Farbstoflaserleistung noch nicht so groß ist, kann die spontane Emission einen merklichen Teil der Inversion abbauen. Dadurch wird sie verstärkt und überlagert sich als spektral breiter störender Untergrund der schmalen Laseremission. Man kann durch Prismen und Blenden im Strahlengang zwischen Oszillator und Verstärker einen Teil dieser ASE (amplified spontaneous emission) unterdrücken. Eine elegante Lösung ist in Abb.5.66 gezeigt [5.74]. Der Oszillatorstrahl 3 wird durch das Prisma 5 gebrochen und aufgeweitet und trifft auf das Littrow-Gitter 7 (Abschn.4.2). Durch das

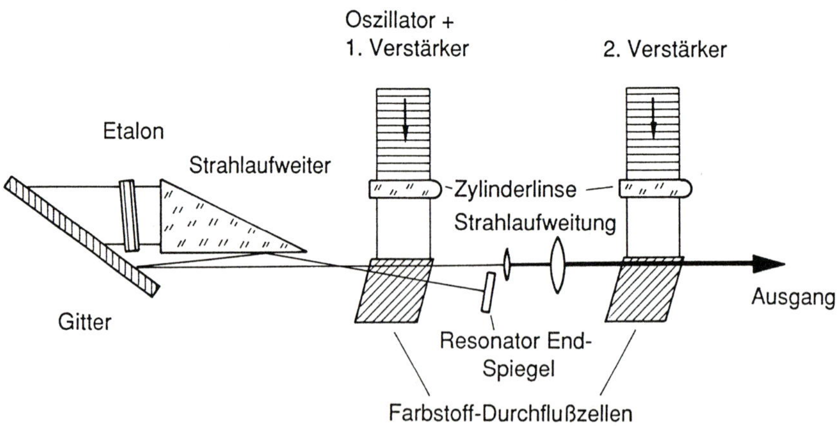

Abb.5.66. Aufbau eines Excimer-Laser-gepumpten Oszillator-Verstärker Farbstofflasersystems, bei dem die ASE wirksam unterdrückt wird (Lambda-Physik FL 3002)

Gitter und ein zusätzliches Etalon 6 wird die Bandbreite des Laseroszillators stark eingeengt. Ein Teil der im Resonator umlaufenden Leistung wird durch Reflexion an der Prismenfläche ausgekoppelt und trifft erneut auf das Gitter, das die Sollwellenlänge in die Fokallinie des Pumpstrahls an einer anderen Stelle der Oszillatorzelle reflektiert. Das spektrale Kontinuum der ASE wird durch das Gitter dispergiert, und daher trifft nur ein schmales Wellenlängenintervall $\Delta\lambda$ die Fokallinie. Ein solches System [5.75] hat außer einer effektiven ASE-Unterdrückung auch den Vorteil, daß die Oszillatorzelle gleichzeitig als Verstärker benutzt wird.

Für die hochauflösende Spektroskopie sollte die Bandbreite des Lasers so schmal wie möglich sein. Durch zwei Etalons im Laserresonator des Hänsch-type-Lasers (Abb.5.63) läßt sich Einmoden-Betrieb erreichen. Beim Durchstimmen eines solchen Einmodenlasers müssen beide Etalons synchron mit dem Gitter durchgestimmt werden, und außerdem muß die Resonatorlänge entsprechend nachgefahren werden (Abschn.5.4.5). Dies läßt sich mit Hilfe eines Computers bewerkstelligen.

Eine einfache mechanische Lösung für das Durchstimmen ohne Modensprünge wurde für einen Resonator mit kleiner Länge L, d.h. großem Modenabstand $\delta\nu = c/2L$ von Littman angegeben [5.76]. Wenn man den Drehpunkt P des Spiegels M_2 in Abb.5.67 genau in den Schnittpunkt der drei Ebenen von Spiegel M_1, Spiegel M_2 und Gitter G legt, dann wird die Resonatorlänge L beim Drehen des Spiegels um den Winkel ϕ so verändert, daß die Wellenlänge λ immer die beiden Bedingungen

$$\lambda = 2L/N \quad \text{und} \quad \lambda = \frac{d}{m}(\sin\alpha + \sin\beta) \qquad (5.68)$$

für Resonatorresonanz und Gittergleichung - siehe (4.14) - erfüllt. Durch eine longitudinale Pumpgeometrie (im Gegensatz zu der transversalen in

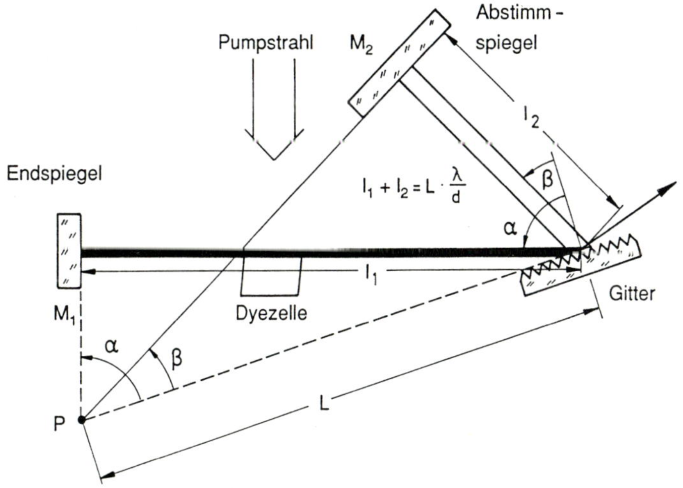

Abb.5.67. Zur Wahl des Drehpunktes P für modensprungfreies Durchstimmen eines Littman-Farbstofflasers mit longitudinaler Pumpgeometrie durch Drehen des Spiegels M_2

Abb.5.64) kann die Farbstoffzelle sehr kurz werden, so daß die Beeinträchtigung der Strahlqualität durch optische Inhomogenitäten innerhalb des gepumpten Volumens wesentlich geringer ist. Mit einem solchen System wurden ohne Etalon im Resonator Durchstimmbereiche von bis zu 100 cm^{-1} im Einmoden-Betrieb erreicht, und die spektrale Bandbreite war nur unwesentlich breiter als die Fourier-limitierte Breite $\Delta\nu = 1/\Delta T$ [5.77].

Die schmalsten Linienbreiten erzielt man natürlich mit *kontinuierlichen* (cw) Farbstofflasern. Diese werden überwiegend mit Argon- oder Krypton-Ionenlasern gepumpt, obwohl zuweilen auch frequenzverdoppelte cw-YAG-Laser als Pumpe eingesetzt werden. Fast alle kommerziell erhältlichen Ausführungen verwenden als aktives Medium einen Flüssigkeitsdüsenstrahl aus einer viskosen Flüssigkeit (z.B. Äthylen-Glykol), in der der gewünschte Farstoff in Konzentrationen von 10^{-3}-10^{-4} Mol/Liter gelöst ist. Um einen glatten, optisch homogenen Düsenstrahl ohne Turbulenz zu erzeugen, müssen Durchflußgeschwindigkeit (etwa 10m/s) und Düsendimensionen optimiert werden. Der Düsenstrahl, in den der Pumpstrahl fokussiert wird, befindet sich in der Taille des Farbstofflaserresonators, und die Fundamentalmode des Resonators durchsetzt die Strahlfächen unter dem Brewster-Winkel. Der dadurch erzeugte Astigmatismus wird genau wie beim Farbzentrenlaser durch einen entsprechend gewählen Faltungswinkel des gefalteten Resonators kompensiert [5.62]. Die Durchmesser vom Pumpfokus und Resonatortaille müssen aneinander angepaßt sein (mode matching). Ist der Pumpfokus zu klein, wird die Ausgangsleistung des Farbstofflasers nicht optimal, ist er zu groß, so können höhere transversale Moden die Oszillationsschwelle erreichen.

Mehrmoden-Farbstofflaser mit Prismen als Wellenlängenselektoren können einfach durch Drehen des Endspiegels durchgestimmt werden (Abb. 5.68). Häufiger wird ein dreistufiges Lyot-Filter (im englischen birefringent filter) als durchstimmbarer Wellenlängenselektor benutzt [5.25]. Dieses besteht aus 3 Platten mit den Dicken d, $m_1 d$, $m_2 d$ (m_1, m_2 = ganzzahlig), die unter dem Brewster-Winkel im Laserresonator stehen (Abb. 5.69). Im Gegensatz zu den im Abschn.4.3 besprochenen Lyotfiltern werden hier keine Polarisatoren verwendet. Die Polarisationsrichtung des Laserstrahls wird durch die vielen Brewster-Flächen im Resonator sowieso schon festgelegt und muß in Abb.5.69 in der Zeichenebene liegen, weil dann die Reflexionsverluste mimimal sind.

Nur solche Wellenlängen λ_i können die Oszillationsschwelle erreichen, für welche die Polarisationsrichtung nach Durchlaufen *aller drei Platten* um Winkel $p\pi$ (p = ganzzahlig) gedreht wird, weil sich der Polarisationszustand nach jedem Resonatorumlauf reproduzieren muß. Die Verluste sind jedoch nur dann minimal, wenn der Drehwinkel nach Durchlaufen *jeder einzelnen Platte* um ein ganzzahliges Vielfaches von π gedreht wurde, weil sonst an den Grenzflächen der einzelnen Platten Reflexionsverluste auftreten. Die Transmissionskurve $T(\lambda)$ für ein solches dreifstufiges Lyot-Filter mit d = 0,2 mm, $m_1 = 4$, $m_2 = 16$ ist in Abb.5.70 gezeigt. Man sieht daraus, daß die Laserwellenlänge λ_L, die sich immer so einstellt, daß die Nettoverstärkung maximal wird, in ein Nebenmaximum des Lyot-Filters springen kann,

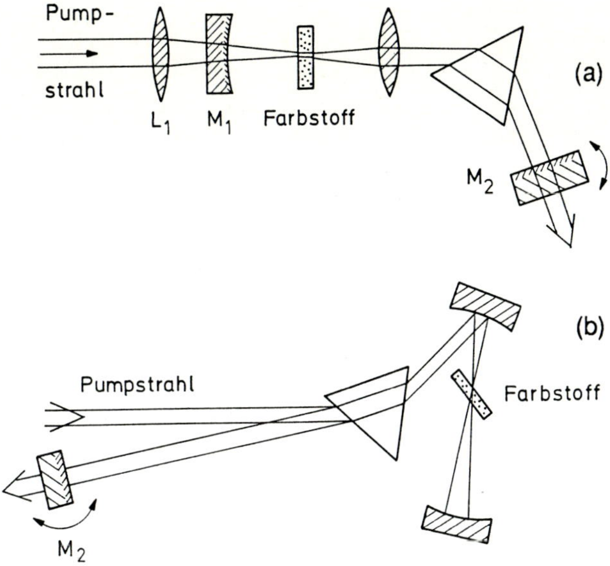

Abb.5.68a,b. Zwei mögliche Resonatorgeometrien für Mehrmoden-Farbstofflaser mit Prismen als Wellenlängenselektor. (**a**) Kollineare Pumpstrahleinkoppelung durch einen dichroitischen Spiegel; (**b**) Gefalteter Resonator von Kogelnik [5.72] mit Pumpstrahleinkopplung über das Prisma

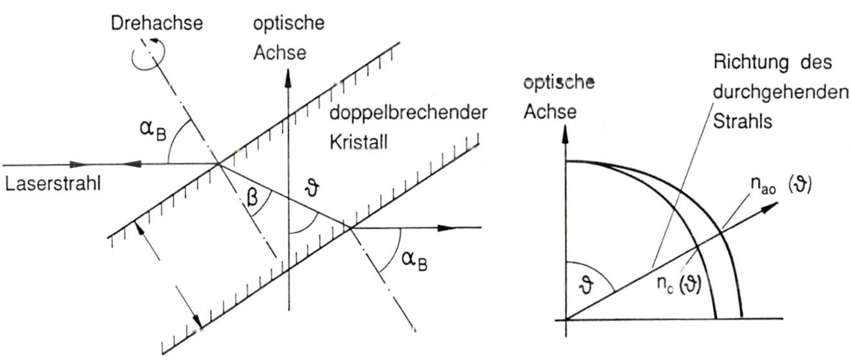

Abb.5.69. Lyotfilter im Laserresonator. Zur Wellenlängendurchstimmung wird das Filter um die Flächennormale gedreht

wenn das Hauptmaximum beim Durchstimmen des Lasers an den Rand des Verstärkungsprofils des Farbstoffes kommt.

Um stabilen Einmoden-Betrieb eines cw-Farbstofflasers zu erreichen, muß man einen höheren Aufwand treiben. Außer dem Lyot-Filter zur Voreinengung des Spektralbereiches müssen Fabry-Perot-Etalons zur Selektion *einer* Resonatomode verwendet werden. Die Abb.5.34,35 zeigen zwei Beispiele.

Ein Nachteil der Resonatoren mit stehenden Lichtwellen ist der „spatial hole burning"-Effekt (Abschn.5.3.), der Einmodenbetrieb erschwert und

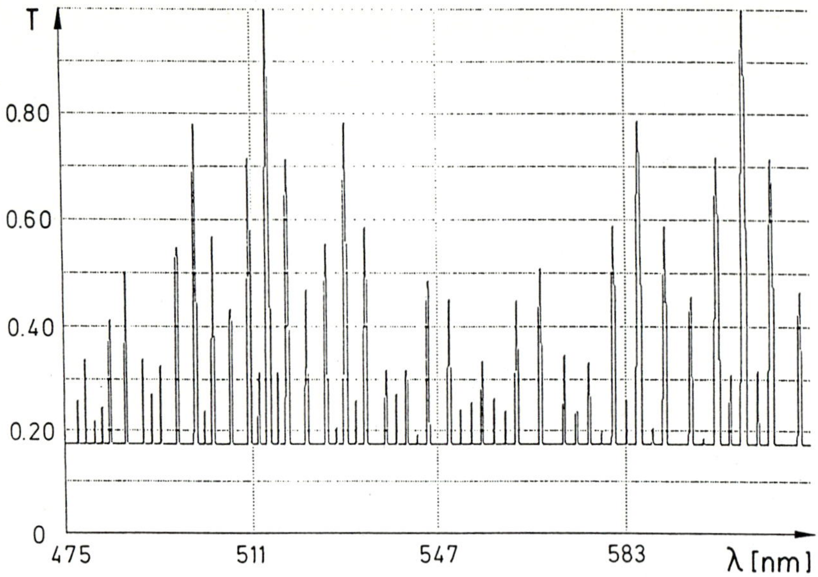

Abb.5.70. Transmissionskurven T(λ) für ein dreistufiges Lyotfilter im Laserresonator (Plattendicken $d_1 = 0,34$mm, $d_2 = 4d_1$, $d_3 = 16d_1$) [5.87]

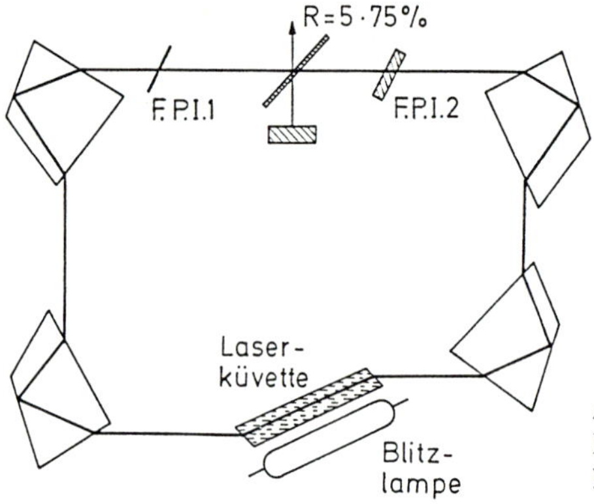

Abb.5.71. Ringresonator mit 4 Abbé-Prismen für einen schmalbandigen blitzlampengepumpten Farbstofflaser [5.88]

außerdem verhindert, daß alle Moleküle im Fokus des Pumplasers zur Verstärkung des Farbstofflasers beitragen. *Ringresonatoren*, in denen die Lichtwelle nur in einer Richtung umläuft, vermeiden diesen Effekt. Sie erlauben deshalb bei gleicher Pumpleistung im Prinzip höhere Ausgangsleistungen und einen stabileren Einmoden-Betrieb. Allerdings sind Aufbau und Justierung komplizierter als beim Resonator für stehende Wellen [5.79].

Um zu vermeiden, daß im Ringresonator Wellen in beide Richtungen laufen, muß die Nettoverstärkung in der gewünschten Richtung größer sein als in der anderen. Dies läßt sich z.B. wie in dem aus 4 Abbé-Prismen bestehenden Ringresonator der Abb.5.71 dadurch erreichen, daß durch Strahlteiler St und Spiegel M Licht, das in der „falschen" Richtung umläuft, wieder zurückreflektiert wird [5.80]. Die kommerziellen Systeme benutzen eine optische Diode [5.81], die aus einem Faraday Polarisationsdreher und einem doppelbrechenden Kristall besteht. Für die gewünschte Umlaufrichtung kompensieren sich die Polarisationsdrehwinkel der beiden Elemente (die nur wenige Grad betragen), für die entgegenlaufende Welle addieren sie sich. Dadurch werden wegen der vielen Brewster-Flächen im Resonator die Verluste für die falsche Richtung so groß, daß eine Welle in dieser Richtung die Schwelle zur Laseroszillation nicht erreicht.

In Abb.5.72 ist der optische Aufbau eines kommerziellen, stabilisiert durchstimmbaren einmoden-Ringfarbstofflasers schematisch dargestellt. Die Laserwellenlänge wird auf die Transmissionsflanken zweier verschieden langer FPI stabilisiert (Abb.5.40). Das Regelsignal treibt einen Piezokristall, der dafür sorgt, daß der Laserresonator immer die richtige optische Länge $L = m \cdot \lambda_s$ für die Sollwellenlänge λ_s hat. Die Verwendung von zwei verschiedenen Stabilisierungsetalons erleichtert der Stabilisierungselektronik nach einer kurzzeitigen Störung des Resonators (z.B. durch akustische Vibration oder durch Luftblasen im Farbstoffstrahl) die richtige Sollwellenlänge λ_s wieder einzustellen.

Zum Durchstimmen wird die Transmissionskurve $T(\lambda)$ der Referenz-FPI und damit die Sollwellenlänge λ_s durch planparallele über einen Galvoantrieb drehbare Glasplatten in den Referenz-FPI verschoben (Beispiel 5.13). Gleichzeitig wird die Resonatorlänge durch Galvoplatten im Laserresonator synchron mitverändert. Um auch die Transmission $T(\lambda)$ des dicken Etalons im Laserresonator synchron mit zu verstimmen, wird dessen Abstand d mit Hilfe eines Piezozylinders periodisch moduliert, und sein Transmissionsmaximum entsprechend nachgeregelt.

Wegen der vielen Elemente im Ringresonator sind die Gesamtverluste im allgemeinen etwas größer als beim stehenden Wellen-Resonator, so daß seine Schwelle höher liegt. Da mehr Moleküle zur Verstärkung beitragen, ist sein differentieller Wirkungsgrad dP_{out}/dP_{in} aber größer, so daß bei höheren Pumpleistungen der Ringresonator höhere Ausgangsleistung bringt (Abb. 5.73).

Bei Verwendung verschiedener Farbstoffe lassen sich Farbstofflaser über den gesamten Bereich von etwa 310 bis 1250 nm durchstimmen. Die Durchstimmkurven hängen vom Lösungsmittel und der Konzentration des Farbstoffes ab. Da bei Verwendung von Excimerlasern als Pumplaser die optimale Konzentration verschieden ist von der bei Argonlasern, unterscheiden sich die Durchstimmkurven für beide Pumpquellen voneinander (Abb.5.74). Die wichtigsten Daten aller Farbstofflaser sind in Tabelle 5.3 für „typische" Betriebsbedingungen zusammengefaßt, um den Leser ein Gefühl für die Größenordnungen zu geben.

5.6.6 Excimer-Laser

Excimere (eine Abkürzung für „excited dimers") sind zweiatomige Moleküle, die nur in elektronisch angeregten Zuständen gebunden sind, während ihr elektronischer Grundzustand durch eine abstoßende Potentialkurve charakterisiert wird (Abb.5.75), die höchstens ein sehr flaches van-der-Waals Minimum haben kann. Dessen Topftiefe ist dann aber klein gegen die ther-

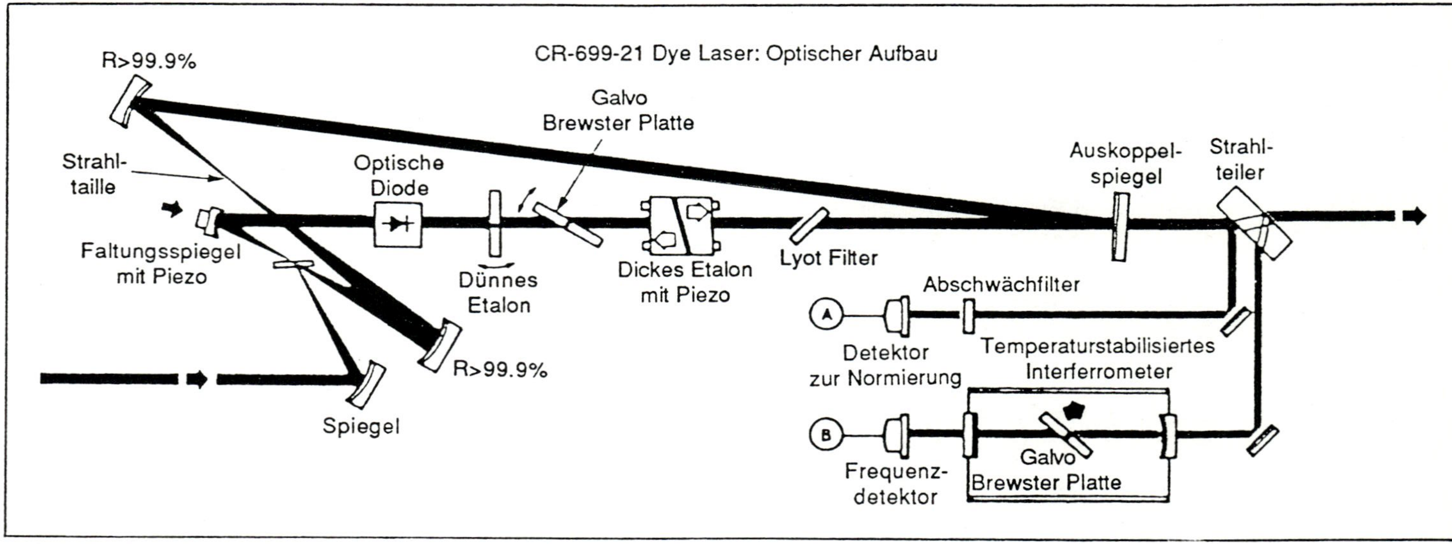

Abb.5.72. Ring-Farbstofflaser (Coherent Modell CR699-21), 1W single mode, bei 6W-514nm Pumpleistung

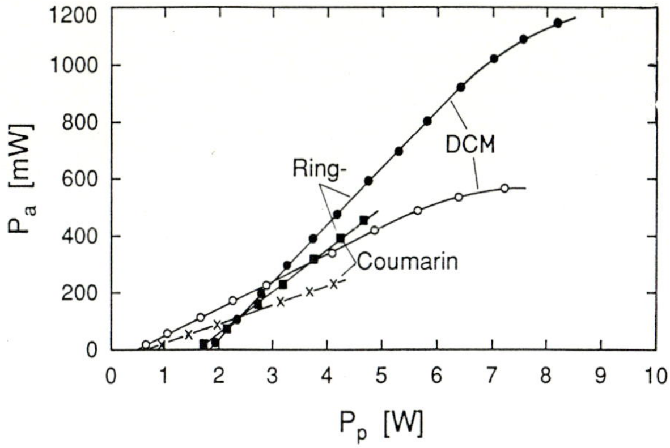

Abb.5.73. Ausgangsleistungen eines Einmoden-cw-Farbstofflasers mit gefaltetem Resonator mit stehenden Wellen (*offene Kreise bzw. Kreuze*) und mit Ringresonator (*Punkte bzw. Quadrate*) als Funktion der Argonlaser-Pumpleistung für zwei verschiedene Farbstoffe

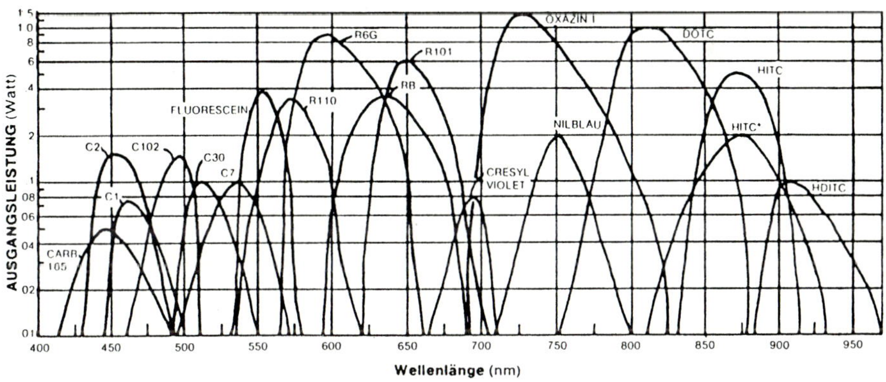

Abb.5.74. Durchstimmkurven von cw Farbstofflasern für verschiedene Farbstoffe, die mit Ar- oder Kr-Lasern gepumpt wurden

mische Energie kT bei Zimmertemperatur, so daß das Excimer im Grundzustand nicht stabil ist.

Excimere stellen ideale Kandidaten für durchstimmbare Laserübergänge vom gebundenen angeregten Zustand in den dissoziierenden Grundzustand dar, weil diese „gebunden-frei-Übergänge" ein kontinuierliches Spektrum haben und weil das untere Laserniveau automatisch durch Dissoziation schnell (in etwa 10^{-13}s) entleert wird. Man erreicht also immer Inversion, wenn man den oberen Zustand durch optische Anregung oder durch Stoßprozesse bevölkern kann.

Beispiele für homonukleare Excimere sind die Edelgas-Dimere, wie He_2^*, Ar_2^* etc., die wegen der geschlossenen $^1S_0$ Schale der beiden Atome im Grundzustand keine chemische Bindung eingehen können. Heteronukleare Excimere können durch Kombination von Atomen mit abgeschlossener Schale und solchen mit offenen Schalen gebildet werden, wie z.B. ArF, XeCl, etc.

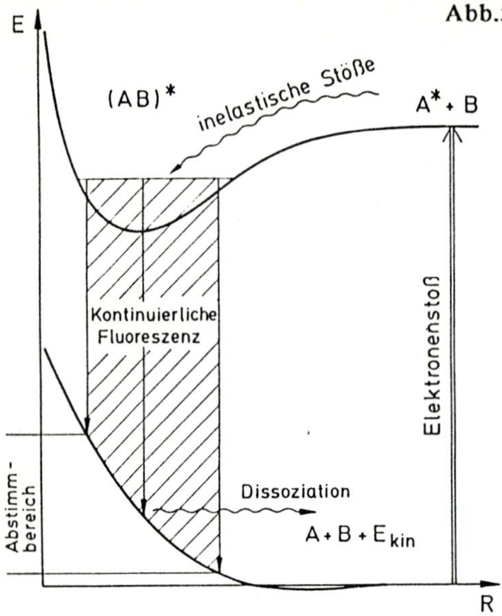

Abb.5.75. Termschema eines Excimerlasers

Excimerlaser werden bisher entweder durch stromstarke Elektronenstrahlen mit hoher Leistung gepumpt, wie sie z.B. durch Febatrons [5.82] erzeugt werden können, oder durch schnelle gepulste transversale Gasentladungen [5.83] wie in den kommerziellen Excimerlasern. Um eine über den gesamten Entladungskanal gleichmäßigen Entladung zu erreichen, werden speziell geformte Elektroden und eine Vorionisation verwendet [5.84]. Ausserdem müssen die Schalter optimiert und die Induktivitäten im Entladungskreis genau angepaßt werden. [5.85]. Neuerdings gibt es auch erfolgreiche Bemühungen, Excimerlaser durch longitudinale Gasentladungen zu realisieren.

Die Inversion wird durch einen genügend schnellen und ausreichend großen Bevölkerungsanstieg des oberen Laserniveaus über eine Kette verschiedenen Stoßprozesse erreicht, die bisher noch nicht für alle Excimerlaser im Detail geklärt sind. Als Beispiel seien mögliche Bevölkerungsmechanismen beim XeCl-Laser genannt, die auf folgenden Stoßprozessen beruhen:

$$\mathrm{Xe} + e^- \quad \begin{array}{l} \mathrm{Xe}^* + e^- \\ \mathrm{Xe}^+ + 2e^- \,, \end{array}$$

$$\mathrm{Xe}^* + \mathrm{Cl}_2 \rightarrow \mathrm{XeCl}^* + \mathrm{Cl} \,,$$

$$\mathrm{Xe}^* + \mathrm{HCl} \rightarrow \mathrm{XeCl}^* + \mathrm{H} \,,$$

$$\mathrm{Xe}^+ + \mathrm{Cl}^- + \mathrm{M} \rightarrow \mathrm{XeCl}^* + \mathrm{M} \,,$$

wobei M = Argon oder Neon der für die Rekombination notwendige Stoßpartner ist.

Tabelle 5.4. Charakteristische Daten einiger Exzimerlaser

Lasermedium	F_2	ArF	KrCl	KrF	XeCl	XeF
Wellenlänge [nm]	157	193	222	248	308	357
Pulsenergie [mJ]	15	$\leq$500	$\leq$60	$\leq$1000	$\leq$500	200

Pulsbreiten: 10-200ns
Repetitionsraten: 1-200 Hz je nach Ausstattung
Strahldivergenz: 1×3 mrad
Schwankung der Pulsenergie von Pulse zu Puls: 3-10%
Zeitjitter: $\simeq$2ns

Tabelle 5.4 gibt eine Zusammenstellung typischer Daten der wichtigsten Excimerlaser. Als Pumplaser für Farbstofflaser hat der XeCl-Laser die größte Bedeutung, da seine Wellenlänge (λ = 308nm) mit den Absorptionsbanden vieler Farbstoffe überlagert.

Die Pulsdauer der meisten Excimerlaser liegt bei 10-20 ns. Seit kurzem sind XeCl-Laser mit Pulsdauern $T \geq 300$ ns erhältlich [5.86], so daß z.B. bei der gepulsten Nachverstärkung von kontinuierlichen einmoden-Farbstofflasern Fourier-limitierte Bandbreiten von $\Delta\nu < 2$ MHz bei Spitzenleistungen von $P > 10^5$ W realisierbar sind.

Für nähere Einzelheiten über Theorie und experimentelle Ausführungen von Excimerlasern siehe [5.87, 88].

5.7 Kohärente Strahlungsquellen durch nichtlineare Frequenzverdoppelung und Mischung

Außer den verschiedenen Lasertypen, die in den vorhergehenden Abschnitten beschrieben wurden, lassen sich durchstimmbare kohärente Strahlungsquellen realisieren, die auf der Mischung optischer Frequenzen in optisch nichtlinearen Kristallen oder in Gasgemischen beruhen. Sie haben große Bedeutung gewonnen vor allem in Spektralbereichen wie dem VUV oder dem fernen Infrarot, wo noch keine echt durchstimmbaren Laser zur Verfügung stehen. Wir wollen deshalb kurz die physikalischen Grundlagen der optischen Frequenzmischung besprechen und dann anhand einiger Beispiele ihre Realisierungsmöglichkeiten erläutern.

5.7.1 Grundlagen

Eine elektromagnetische Welle $\mathbf{E} = \mathbf{E}_0 \cdot \cos(\omega t - kz)$, die auf ein dielektrisches Medium fällt, erzeugt dort in den Atomen bzw. Molekülen durch Ladungsverschiebung induzierte elektrische Dipolmomente $\mathbf{p}(\mathbf{E})$, deren Vektor-Summe pro Volumeneinheit als *dielektrische Polarisation* $\mathbf{P}(\mathbf{E})$ bezeichnet wird. Ihre Abhängigkeit von **E** beschreiben wir durch die Potenzreihenentwicklung

$$\mathbf{P}(E) = \epsilon_0[\chi^{(1)}\mathbf{E} + \chi^{(2)}\mathbf{E}^2 + \chi^{(3)}\mathbf{E}^2 + ...] , \qquad (5.69)$$

wobei $\chi^{(n)}$ die Suzeptibilität n-ter Ordnung ist. Die Größe der nichtlinearen Suszeptibilitäten hängt von der Art und der Symmetrie des nichtlinearen Mediums ab und ist ein Maß für die Größe der nichtlinearen Rückstellkräfte bei der Verformung der Elektronenhülle durch die einfallende Lichtwelle. Obwohl immer gilt: $\chi^{(n)} << \chi^{(n-1)}$, können die höheren Terme in (5.69) bei genügend großen Feldstärken **E** durchaus wesentliche Beiträge zu **P**(**E**) liefern.

Die unter dem Einfluß der einfallenden Welle **E**(ω) oszillierenden induzierten atomaren Dipolmomente wirken als Quellen neuer elektromagnetischer Wellen, deren Frequenzspektrum durch dasjenige von **P**(**E**) bestimmt wird. Wir wollen uns dies an einem Beispiel klarmachen:

Die einfallende Welle

$$\mathbf{E} = \mathbf{E}_1\cos(\omega_1 t + k_1 z) + \mathbf{E}_2\cos(\omega_2 t + k_2 z) \qquad (5.70)$$

möge eine Überlagerung zweier ebener Wellen mit den Frequenzen ω_1, ω_2 sein. Der quadratische Term in (5.69) enthält dann die Frequenzanteile

$$\begin{aligned} P^{(2)}(\omega) &= \epsilon_0\chi^{(2)}[E_1{}^2 \cos^2 \omega_1 t + E_2{}^2\cos^2 \omega_2 t + 2E_1 E_2\cos\omega_1 t \cos\omega_2 t] \\ &= \frac{1}{2}\epsilon_0\chi^{(2)}[(E_1{}^2 + E_2{}^2) + E_1{}^2 \cos 2\omega_1 t + E_2{}^2 \cos 2\omega_2 t \\ &\quad + 2E_1 E_2\cos(\omega_1 + \omega_2 t) + 2E_1 E_2\cos(\omega_1 - \omega_2)t] \end{aligned} \qquad (5.71)$$

Man sieht aus (5.71), daß die nichtlineare Polarisation $P^{(2)}(\omega)$ einen konstanten, frequenzunabhängigen Term enthält (optische Gleichrichtung), Anteile mit $2\omega_1$ und $2\omega_2$, deren Amplituden proportional zum Quadrat der Feldstärke E_1 bzw. E_2 sind, und Terme, die auf der Summen, bzw. Differnzfrequenz oszillieren. Da die Intensität $I(2\omega)$ der von den oszillierenden inuduzierten Dipolen abgestrahlten Oberwellen proportional zum Quadrat ihrer Schwingungsamplitude ist, gilt

$$\begin{aligned} &I(2\omega) \propto I^2(\omega) , \\ &I(\omega_1 \pm \omega_2) \propto I(\omega_1)\cdot I(\omega_2) . \end{aligned} \qquad (5.72)$$

Deshalb werden in der nichtlinearen Optik meistens gepulste Laser mit hohen Spitzenleistungen zur optischen Frequenzverdopplung bzw. Frequenzmischung verwendet. Nur bei Experimenten, wo die schmale Bandbreite von Einmoden-cw-Lasern wichtig ist, sind kontinuierliche Laser notwendig. Hier wird das nichtlineare Medium dann oft in den Laserresonator gesetzt, um die größere Intensität z.B. in der zweiten Strahltaille eines Ringresonators auszunutzen.

Die Suszeptibilität n-ter Ordnung $\chi^{(n)}$ wird mathematisch durch einen (n+1)stufigen Tensor beschrieben [5.89], so daß (5.69) in Komponentenschreibweise lautet

$$P_i = \epsilon_0 \left[\sum_{k=1}^{3} \chi_{ik}{}^{(1)} E_k + \sum_j \sum_k \chi_{i,j,k}{}^{(2)} E_j E_k + \ldots \right] \tag{5.73}$$

Die Komponenten $P_i (i=x,y,z)$ der induzierten Polarisation werden also durch die Polarisationseigenschaften der einfallenden Welle bestimmt (d.h. welche Komponenten E_x, E_y, E_z von Null verschieden sind) und durch die Komponenten des Suszeptibilitätstensors, die wiederum durch die Art und Symmetrie des nichtlinearen Mediums festgelegt sind.

Beispiele 5.16

In einem KPD-Kristall (Kalium-Dihydrogen-Phosphat KH_2PO_4) sind nur die drei Komponenten

$$\chi_{xyz}{}^{(2)} = d_{14} = \chi_{yxz}{}^{(2)} = d_{25} \quad \text{und} \quad \chi_{xyz}{}^{(2)} = d_{36}$$

des Tensors $\chi^{(2)}$ von Null verschieden, die man oft in der kontrahierten Voigt-Notation schreibt: Für den 1. Index wird x = 1, y = 2, z = 3 gesetzt, für die beiden anderen xx = 1, yy = 2, zz = 3; yz = zy = 4, xz = zx = 5 und xy = yx = 6, wobei die Symmetriebedingung $\chi_{ijk} = \chi_{ikj}$ ausgenutzt wurde [5.90].

Wir erhalten daher für die drei Komponenten der nichtlinearen Polarisation $P^{((2))}$:

$$P_x = 2\epsilon_0 d_{14} E_y E_z \,, \quad P_y = 2\epsilon_0 d_{14} E_x E_z \,; \quad P_z = 2\epsilon_0 d_{36} E_x E_y$$

Fällt nur *eine* ebene Welle $\mathbf{E} = \mathbf{E}_0 \cdot \cos(\omega t - \mathbf{k} \cdot z)$ mit $\mathbf{E}_0 = \{E_x, E_y, 0\}$ auf den Kristall, so ist $\omega_1 = \omega_2 = \omega$ und $E_z = 0$. Als einzige von Null verschiedene Komponente der nichtlinearen Polarisation bleibt

$$P_z{}^{(2)}(2\omega) = 2\epsilon_0 d_{36} E_x(\omega) \cdot E_y(\omega) \,. \tag{5.74}$$

Die abgestrahlte Oberwelle $E_z(2\omega)$ ist senkrecht zur Polarisationsebene der einfallenden Welle linear polarisiert.

Die von den induzierten atomaren Dipolen abgestrahlten Wellen mit der Frequenz ω laufen mit der Phasengeschwindigkeit

$$v_{Ph} = \omega / k = c_0 / n(\omega) \tag{5.75}$$

durch das nichtlineare Medium. Die von den verschiedenen Atomen an den Orten $\mathbf{P}(x,y,z)$ ausgehenden Wellen können sich jedoch nur dann zu einer

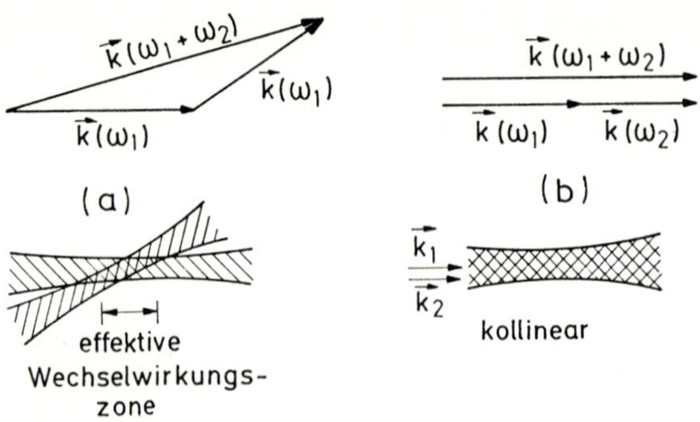

Abb.5.76. Phasenanpassungsbedingung als Impulssatz der beteiligten Photonen

makroskopischen Welle addieren, wenn alle mikroskopischen Anteile „in Phase" sind, d.h. wenn die erzeugende Grundwelle dieselbe Phasengeschwindigkeit hat wie die erzeugten Oberwellen. Dies ist genau dann der Fall, wenn die sogenannte „Phasenanpassungs-Bedingung"

$$\mathbf{k}(\omega_1 \pm \omega_2) = \mathbf{k}(\omega_1) \pm \mathbf{k}(\omega_2) \qquad (5.76a)$$

erfüllt ist, welche die Impulserhaltung für die drei an der Frequenzmischung beteiligten Photonen ausdrückt (Abb.5.76)

Wenn der Winkel zwischen den drei Wellenvektoren $\mathbf{k}_i$ groß ist, wird bei fokussierten einfallenden Laserstrahlen das Überlappvolumen sehr klein, weil die einzelnen Wellen auseinanderlaufen und die Effizienz der Summen- bzw. Differenzmischung oder der Frequenzverdopplung sinkt. ein optimaler Überlapp wird für kollineare Ausbreitung der beiden Wellen erreicht. Für diesen Fall folgt wegen $\omega/k = c/n$ aus (5.76a) die Bedingung

$$n_3\omega_3 = n_1\omega_1 \pm n_2\omega_2 \qquad (5.76b)$$

für die Brechzahlen $n_i = n(\omega_i)$ mit $\omega_3 = \omega_1 \pm \omega_2$. Die Bedingung (5.76b) für kollineare Frequenzmischung läßt sich entweder in Gasen bzw. Gas-Metallgemischen erreichen oder mit größerem Wirkungsgrad in doppelbrechenden Kristallen. Wir wollen dies zuerst am Beispiel der optischen Frequenzverdopplung in optisch einachsigen Kristallen erläutern.

5.7.2 Optische Frequenzverdopplung

Für den Fall $\omega_1 = \omega_2 = \omega$ können beide Photonen aus einer Welle kommen, so daß dann $\mathbf{E}_1 = \mathbf{E}_2 = \mathbf{E}_0\cos(\omega t\text{-}\mathbf{k}\cdot\mathbf{r})$. Die Phasenbedingung (5.76) vereinfacht sich dann zu

$$k(2\omega) = 2k(\omega) \rightarrow v_{Ph}(2\omega) = v_{Ph}(\omega) \; . \qquad (5.77)$$

Die Phasengeschwindigkeiten von einfallender Grundwelle und erzeugter Oberwelle müssen also gleich sein.

In optisch anisotropen Medien sind dielektrische Erregung $\mathbf{D} = \epsilon_0(1+\chi)\mathbf{E}$ und die elektrische Feldstärke $\mathbf{E}$ im allgemeinen nicht mehr parallel. In einem geeignet gewählten Koordinatensystem x,y,z (Hauptachsensystem) wird der Zusammenhang zwischen $\mathbf{D}$ und $\mathbf{E}$ durch

$$\begin{pmatrix} D_x \\ D_y \\ D_z \end{pmatrix} = \epsilon_0 \begin{pmatrix} 1+\chi_1 & 0 & 0 \\ 0 & 1+\chi_2 & 0 \\ 0 & 0 & 1+\chi_3 \end{pmatrix} \begin{pmatrix} E_x \\ E_y \\ E_z \end{pmatrix} = \epsilon_0 \begin{pmatrix} \epsilon_1 & 0 & 0 \\ 0 & \epsilon_2 & 0 \\ 0 & 0 & \epsilon_3 \end{pmatrix} \begin{pmatrix} E_x \\ E_y \\ E_z \end{pmatrix} \tag{5.78}$$

gegeben. Der Brechungsindex n ist mit der Dielektrizitätskonstanten ϵ durch

$$n = \sqrt{\epsilon_0 \epsilon} \tag{5.79}$$

verknüpft. Zieht man nun von einem Punkt aus Radiusvektoren $\mathbf{r}$ der Länge $n = \sqrt{(\epsilon_0 \epsilon)}$ in alle Richtungen, so bilden ihre Endpunkte eine Ellipsoidfläche, das sogenannte Index-Ellipsoid, dessen Gleichung

$$\left(\frac{1}{\epsilon_0}\right)\left(\frac{x^2}{\epsilon_1} + \frac{y^2}{\epsilon_2} + \frac{z^2}{\epsilon_3}\right) = 1 \tag{5.80}$$

lautet.

Für optisch einachsige Kristalle mit der optischen Achse in z-Richtung ist $\epsilon_1 = \epsilon_2$ und (5.80) wird ein Rotationsellipsoid mit der z-Achse als Symmetrieachse. Für eine beliebige Ausbreitungsrichtung $\mathbf{k}$ einer Welle $\mathbf{E} = \mathbf{E}_0 \cdot \cos(\omega t - \mathbf{k} \cdot \mathbf{r}))$ schneidet die Ebene senkrecht zu $\mathbf{k}$ durch einen Mittelpunkt des Indexellipsoides dieses in einer Ellipse (Abb.5.77). Ihre beiden Hauptachsen geben die beiden Brechzahlen $n_0 = n_3$ und $n_a = n_1 = n_2$ für ordentlichen bzw. außerordentlichen Strahl im doppelbrechenden Kristall

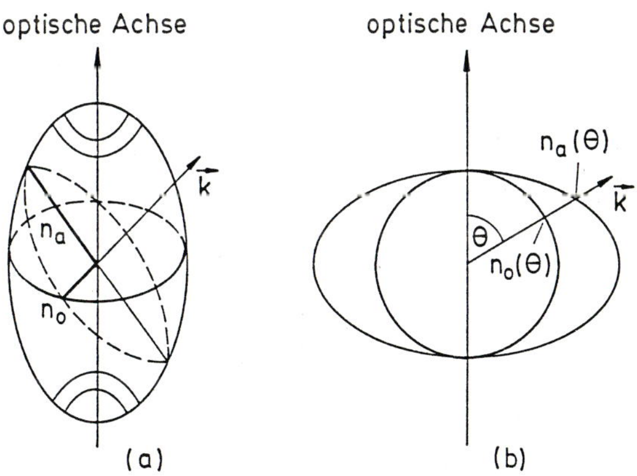

Abb.5.77. Index-Ellipsoid (a) und Brechungsindizes n_0 und $n_a(\theta)$ für einen einachsig positiv doppelbrechenden Kristall (b)

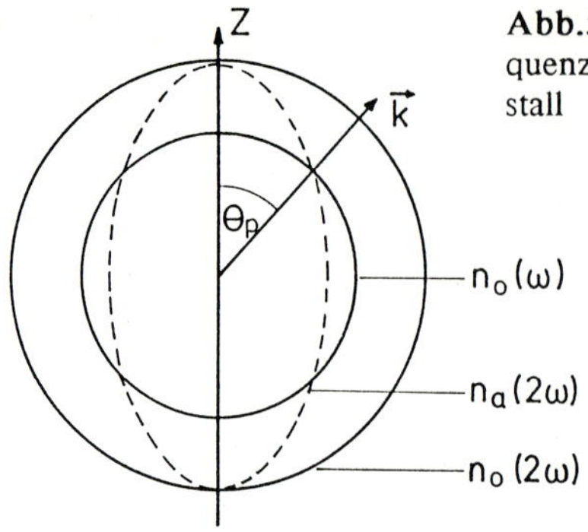

Abb.5.78. Phasenanpassung für die optische Frequenzverdopplung in einem optisch einachsigen Kristall

an. Während n_0 für alle Richtungen gleich ist, hängt n_a von den Richtungen von **k** und von **E** ab. Man kann diese Abhängigkeit aus der Ellipsengleichung

$$\frac{1}{n^2} = \frac{\cos^2\theta}{n_0^2} + \frac{\sin^2\theta}{n_a^2} \tag{5.81}$$

entnehmen, wobei θ der Winkel zwischen der Ausbreitungsrichtung **k** und der optischen Achse ist (Abb.5.77b). Man beachte, daß sowohl n_o als auch n_a von der Frequenz ω abhängen. Wichtig für die optische Frequenzverdopplung ist nun, daß es optisch einachsige Kristalle gibt (z.B. KDP), bei denen bei einer Wellenlänge λ für eine bestimmte Richtung θ der außerordentliche Brechungsindex $n_a(2\omega)$ für die Oberwelle gleich dem ordentlichen Brechungsindex $n_o(\omega)$ für die Grundwelle ist (Abb.5.78). Strahlt man die Grundwelle in dieser Richtung ein, so wird für die optische Frequenzverdopplung die Phasenanpassungsbedingung (5.77) erfüllt und eine makroskopische Welle der Frequenz 2ω kann sich aufbauen.

Beispiel 5.17

KDP ist ein optisch einachsiger, negativ doppelbrechender Kristall mit $n_a < n_o$. In Abb.5.79 sind die Dispersionskurven $n_o(\omega)$ und $n_a(\omega)$ für $\theta = 48°$ dargestellt. Fällt die Fundamentalwelle als ordentlicher Strahl unter $\theta = 48°$ gegen die optische Achse (z-Richtung) auf den Kristall, so erkennt man, daß für $\lambda = 650$ nm $n_0(\omega) = n_2(2\omega)$ wird. Unter dem Winkel θ erreicht man daher Phasenanpassung für die Frequenzverdopplung. Durch Variation von θ (Drehen des Kristalls) ändert sich die phasenangepaßte Wellenlänge entsprechend (Winkeldurchstimmung der optimalen Phasenanpassung). Die Polarisation der Oberwelle bei 2ω ($\lambda/2$) steht senkrecht auf der Grundwelle (Beispiel 5.16).

Im allgemeinen bilden in doppelbrechenden Kristallen Wellenausbreitung **k** und Energieflußrichtung, repräsentiert durch den Poynting-Vektor **S**, einen Winkel $\alpha(\theta)$, miteinander, der vom Winkel θ gegen die opti-

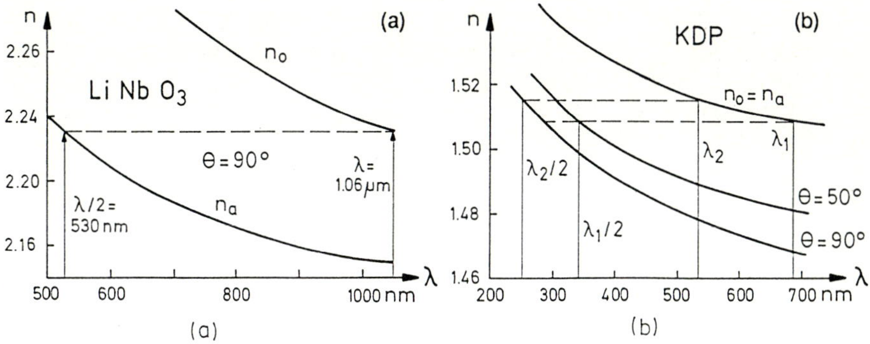

Abb.5.79a,b. Dispersionskurven für $n_a(\lambda)$ und $n_0(\lambda)$ **(a)** für $LiNbO_3$(θ=90°) [5.96] **(b)** für KDP (θ=90° und 50°) [5.95]. Phasenanpassung kann erreicht werden für $LiNbO_3$ bei λ = 1.06μm, bei KDP für λ = 0.5145μm (Argonlaser) bei 90° und für 0.694μm (Rubinlaser) bei θ = 50°

sche Achse und wegen der Dispersion auch von der Frequenz abhängt. Dadurch ist bei fokussierten Laserstrahlen das maximale Überlappvolumen zwischen Grundwelle und erzeugter Oberwelle beschränkt, weil beide Wellen sich in etwas anderer Richtung ausbreiten. Dies ist *nicht so* für $\theta = 90°$, weil dann zwar $n_0 \neq n_a$, aber die Ausbreitungsrichtungen für beide Wellen gleich sind. Deshalb sucht man nach Materialien, bei denen eine kollineare Phasenanpassung bei $\theta = 90°$ möglich ist. Da $\Delta n(T) = n_a(\lambda_1, T) - n_0(\lambda_2, T)$ von der Kristalltemperatur abhängt, läßt sich die Wellenlänge λ, für die $n_0(\lambda) = n_a(\lambda/2)$ ist, in gewissen Grenzen durch Temperaturvariation einstellen („temperature tuning")

Beispiel 5.18

In Abb.5.80 sind für ADP (Ammonium-Dihydrogen-Phosphat) die Brechungsindices $n_0(T)$ und $n_a(T)$ für $\theta = 90°$ aufgetragen. Man sieht, daß bei $T = -13°C$ $n_o(\lambda{=}514,5\text{nm}) = n_e$ (257,25nm) ist und damit 90° Phasenan-

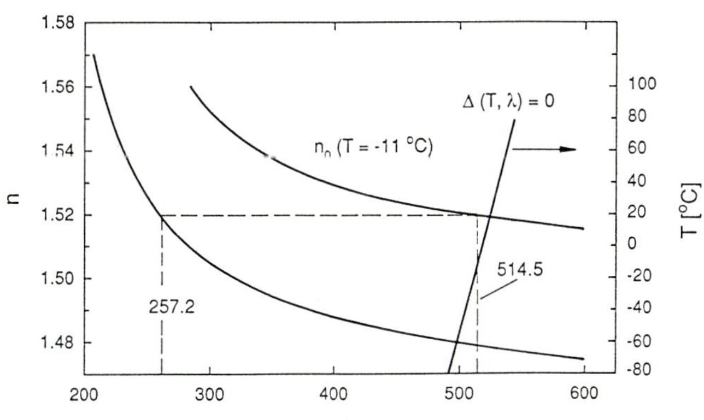

Abb.5.80. Wellenlängenabhängigkeit der Brechungsindizes n_0 und n_a für ADP und Phasenanpassung für λ = 514,5nm. Temperaturkurve für $\Delta = n_0(\lambda) - n_e(\lambda/2)$

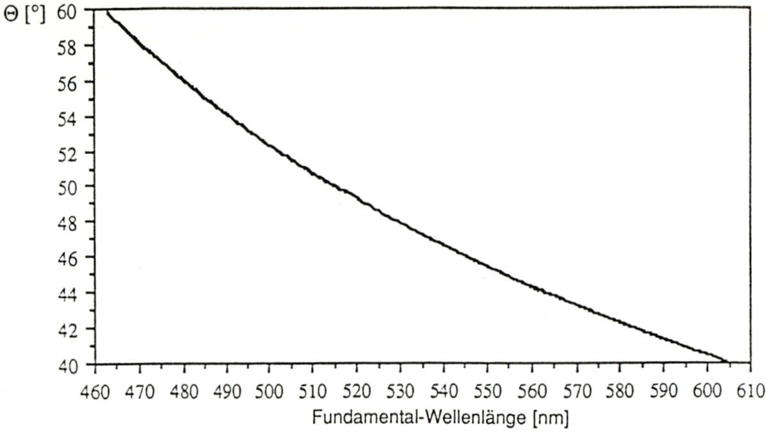

Abb.5.81. Phasenanpassungswinkel $\theta(\lambda)$ für ß-BaB_2O_4

passung für die Frequenzverdopplung der starken grünen Argonlaserlinie erreicht wird.

Beispiel 5.19

Ein besonders vielversprechender nichtlinearer Kristall ist Beta-Bariumborat ß-BaB_2O_4 [5.91-93], mit dem effiziente Frequenzverdopplung im Bereich 205-320 nm möglich ist (Abb.5.81) und der eine besonders hohe Zerstörungsschwelle aufweist.

Mit kontinuierlichen Farbstofflasern im Sichtbaren (Leistungen < 1W) erreicht man im allgemeinen UV-Leistungen von wenigen mW. Um die Effizienz $\eta = I(2\omega)/I(\omega)$ der Frequenzverdopplung (die proportional zu $I(\omega)$ ansteigt) zu erhöhen, kann man den Verdoppler-Kristall in den Resonator des Farbstofflasers setzen und damit die wesentlich höhere Grundwellenleistung im Laserresonator ausnutzen [5.94]. Damit lassen sich z.B. mit $LiJO_3$ bei $\lambda = 600$ nm UV-Leistungen von 20-50 mW erzielen [5.95].

Soll der Farbstofflaser sowohl für Spektroskopie im Sichtbaren als auch im UV benutzt werden, ist es vorteilhaft, einen eigenen „externen" Resonator für die Verdopplung zu benutzen, der dann auf die Laserwellenlänge λ stabilisiert werden muß, damit er auch beim Durchstimmen von λ immer in Resonanz bleibt [5.96a].

5.7.3 Frequenzmischung

Oft ist es zur Erzeugung durchstimmbarer UV-Strahlung günstiger, statt der Frequenzverdopplung eines Farbstofflasers im sichtbaren Spektralbereich die Summenfrequenzerzeugung mit einem Farbstofflaser und einem leistungsstarken Festfrequenzlaser (z.B. Argonlaser, Nd-YAG-Laser) auszunutzen. Dies hat drei Vorteile:

a) Da $I(\omega_1+\omega_2) \propto I(\omega_1)\cdot I(\omega_2)$ ist, gibt die größere Intensität $I(\omega_2)$ des Festfrequenzlasers eine größere Intensität auf der Summenfrequenz.

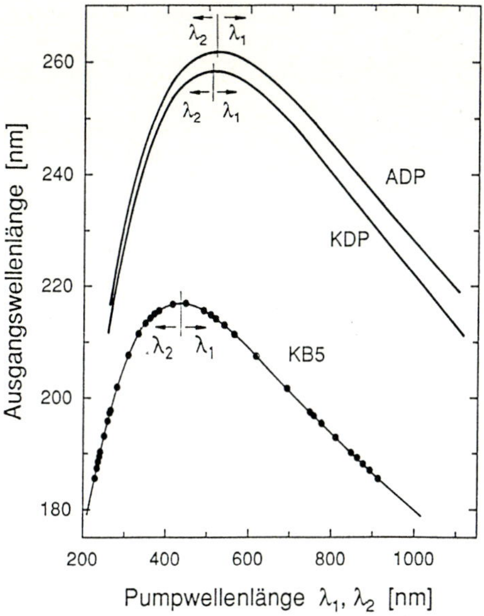

Abb.5.82. Mögliche Kombinationen (λ_1, λ_2) für die Phasenanpassung bei der Summenfrequenzbildung in KDP, ADP und KB_5O_8 erreicht werden kann [5.96b]

b) Oft lassen sich zur Erzeugung einer gewünschten Frequenz $\omega_s = \omega_1+\omega_2$ die beiden Frequenzen ω_1 und ω_2 so wählen, daß man 90° Phasenanpassung und damit einen größeren Wirkungsgrad für die Summenfrequenzbildung erreichen kann.

c) Der Spektralbereich $(\omega_1+\omega_2)$, der bei der Summenfrequenzerzeugung mit einem Kristall überdeckt werden kann, ist im allgemeinen breiter als bei der Frequenzverdopplung. In Abb.5.82 sind Kurven für die beiden Wellenlängen λ_1 und λ_2 angegeben, mit denen Summenfrequenzerzeugung $(1/\lambda = 1/\eta_1+1/\lambda_2)$ bei 90° Phasenanpassung in ADP, KDP und KB_5O_8 bei Zimmertemperatur erzielt werden kann.

Um zu tieferen Wellenlängen weiter ins UV zu gelangen, kann man die Summenfrequenz eines frequenzverdoppelten Lasers und eines Lasers auf der Grundwelle bilden. So wurden z.B. mit einem Nd:YAG-Laser bei λ_1 = 1,05 μm und einem frequenzverdoppelten Farbstofflaser, der von 518 bis 602 nm durchgestimmt wurde, Wellenlängen $\lambda = (1/\lambda_1+2/\lambda_2)^{-1}$ zwischen 208 und 234 nm erzeugt [5.97].

Tabelle 5.5 zeigt die Daten für einige Kristalle, die zur Frequenzverdopplung bzw. zur Summen- oder Differenzfrequenzerzeugung geeignet sind.

Alle bisher bekannten doppelbrechenden Kristalle lassen sich nur bis zu einer Grenzwellenlänge von etwa $\lambda_g \geq 190$ nm verwenden [5.98], da für $\lambda < \lambda_g$ die Absorption so groß wird, daß die Transmission für die erzeugte Summenfrequenz gegen Null geht.

Im Vakuum UV kommen nur noch Mischungen verschiedener Edelgase oder Metalldampf-Gasgemische als nichtlineares Medium in Frage. Weil in solchen gasförmigen homogenen Medien Zentralsymmetrie $(\mathbf{r} \to -\mathbf{r})$ besteht, muß die Suzeptibilität zweiter Ordnung $\chi^{(2)}$ Null sein, d.h. optische

Tabelle 5.5. Einige Daten von Kristallen, die für die optische Frquenzverdopplung verwendet werden [5.93a]

Material	Spektralbereich der Phasenanpassung [nm]	Zerstörungs-schwelle [GW/cm²]	Relative Verdopplungs-effizienz
KDP	517-1500 (I)	0.2	1.0
Urea	473-1400 (I)	1.50	6.1
$LiJO_3$	570-5500 (I)	0.50	50.0
BBO	400-3300 (I)	5.00	26.0
KTP	1000-2500 (II)	1.00	215.0

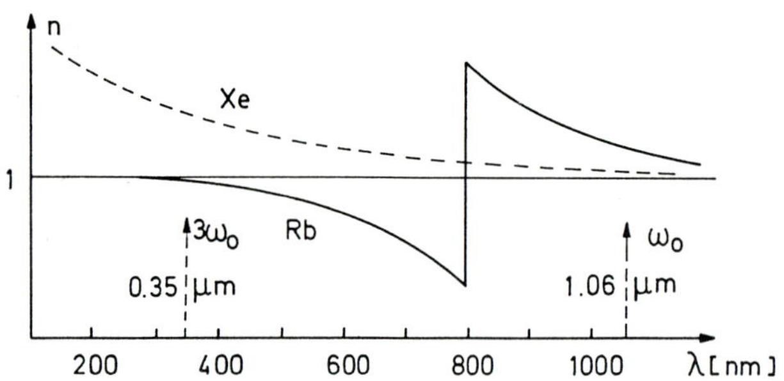

Abb.5.83. Dispersionskurven für ein Rubidiumdampf-Xenon-Gemisch. Bei geeignetem Mischungsverhältnis kann Phasenanpassung für Frequenzverdreifachung von λ = 1,06μm erreicht werden

Frequenzverdopplung oder Summenfrequenzbildung aus 2 Photonen ist nicht möglich. Wenn jedoch $\chi^{(3)}$ von Null verschieden ist, können Prozesse 3. Ordnung, sowie Frequenzverdreifachung $\omega \rightarrow 3\omega$ oder Summenfrequenzbildung $\omega = \omega_1 + \omega_2 + \omega_+$ aus drei Photonen $\hbar\omega_i$ ausgenutzt werden.

Die Phasenanpassung kann durch geeignete Wahl des Mischungsverhältnisses von Metalldampf- zu Edelgasdruck erreicht werden, wie in Abb.5.83 am Beispiel eines Gemisches aus Xenon und Rubidiumdampf illustriert wird. Auf der kurzwelligen Seite des Resonanzüberganges von Rb bei λ = 780 nm wird der Brechungsindex n kleiner als eins. Bei geeignetem Mischungsverhältnis kann man für den Gesamtbrechungsindex $n = n_1(p_{Xe}) + n_2(p_{Rb})$ bei Partialdrucken p_{Xe} und p_{Rb} erreichen, daß $n(\omega) = n(3\omega)$ wird [5.99].

Ein zweites Beispiel ist die Erzeugung durchstimmbarer VUV-Strahlung zwischen 110-130 nm durch phasenangepaßte Summenfrequenzerzeugung in Xenon-Kryptongemischen [5.100], wo ein frequenzverdoppelter Farbstofflaser mit der Frequenz $\omega_{uv} = 2\omega_1$ und ein zweiter sichtbarer, durchstimmbarer Farbstofflaser mit der Frequenz ω_1 in einer Zelle mit geeignetem Kr/Xe-Mischungsverhältnis fokussiert werden, in der dann die Summenfrequenz $\omega = 2\omega_{uv} + \omega_2$ erzeugt wird. Natürlich wird die Effizienz dieser nichtlinearen Prozesse wegen der im Vergleich zu Festkörpern viel geringeren Dichte wesentlich kleiner sein, d.h. man braucht größere Eingangsleistungen, um genügend intensive UV-Strahlung zu erzeugen.

Die UV-Ausbeute kann aber drastisch erhöht werden, wenn man *resonante* Prozesse ausnutzt. Dazu stimmt man z.B, einen Farbstofflaser so ab, daß seine Frequnz ω_1 einem erlaubten resonanten Zweiphotonen-Übergänge im Metalldampfatom entspricht ($2\hbar\omega_1 = E_i - E_k$). Mit einem dritten Photon $\hbar\omega_2$ aus einem zweiten durchstimmbaren Farbstofflaser läßt sich dann die Summenfrequenz $\omega = 2\omega_1 + \omega_2$ effektiv erzeugen. Wenn ω_1 und ω_2 im sichtbaren Spektralbereich liegen, wird mit ω bereits das VUV-Gebiet erreicht.

Man nennt solche Prozesse, an denen insgesamt vier Photonen ($\omega + \omega_1 + \omega_2 \rightarrow \omega$) beteiligt sind, auch Vierwellenmischung [5.101]. Um zu noch tieferen Wellenlängen zu kommen, startet man den Prozess bereits mit frequenzverdoppelten Photonen, die aus Farbstofflasern im Sichtbaren durch effiziente Verdopplung oder Mischung in nichtlinearen Kristallen gewonnen werden.

Beispiel 5.21

Durch optische Frequenzverdopplung eines gepulsten Farbstofflasers in einem KDP oder BBO Kristall wird UV-Strahlung der Frequenz ω_R (λ_R = 216.6nm) erzeugt, die resonant ist mit dem Zweiphotonen-Übergang 4p → 5p in Krypton. Die frequenzverdoppelte Strahlung ω_T eines zweiten Farbstofflasers wird im Bereich λ_T = 219-364 nm durchgestimmt. Die frequenzverdoppelten Ausgangsstrahlen beider Laser werden in eine Krypton-Zelle fokussiert, in der bei geeignetem Druck die Summenfrequenz

$$\omega^+_{vuv} = 2\omega_R + \omega_T \quad \text{mit} \quad \lambda^+_{vuv} = 72.5 - 83.5 \text{ nm}$$

oder die Differenzfrequenz

$$\omega^-_{vuv} = 2\omega_R - \omega_T \quad \text{mit} \quad \lambda^-_{vuv} = 127 - 180 \text{ nm}$$

erzeugt wird [5.102]. Mit Eingangsleistungen von P_R = 14 kW, P_T = 400 kW wurden Leistungen von P_{vuv} > 20 W bei der Summenfrequenz erreicht.

Man sieht aus diesen Beispielen, daß der experimentelle Aufwand für die VUV-Erzeugung beträchtlich ist (Abb.5.84). Allerdings erreicht man schon jetzt für Wellenlängen λ > 70 nm spektrale Leistungsdichten, die erheblich über denen der Synchrotronstrahlung aus Speicherringen (DORIS, Hamburg; BESSY, Berlin) liegen.

Von besonderem Interesse ist die Entwicklung von „Röntgen-Lasern", die in den letzten Jahren große Fortschritte gemacht hat [5.105c,d]. Die kürzeste, bisher erreichte Wellenlänge ist etwa 6 nm. Für nähere Einzelheiten wird auf einige neuere Literatur verwiesen [5.101,103-105].

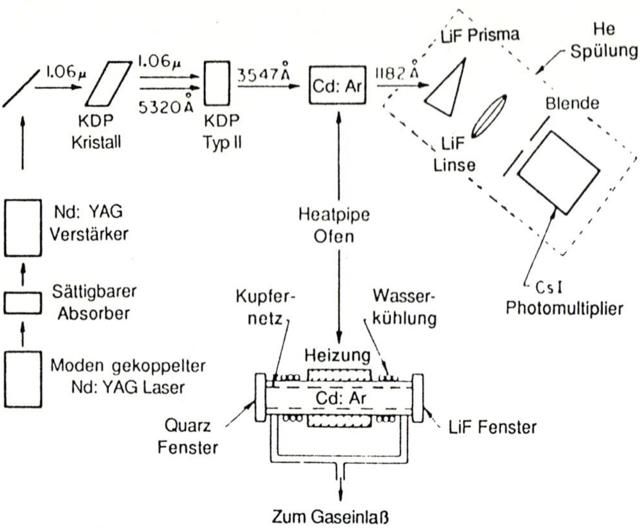

Abb.5.84. Experimentelle Anordnung zur Erzeugung von durchstimmbarer VUV Strahlung durch Frequenzmischung in nichtlinearen Kristallen und Gasen

5.7.4 Differenz-Frequenz-Spektrometer

Vor der Entwicklung durchstimmbarer Farbzentrenlaser und vibronischer Festkörperlaser (Abschn.5.6.3) mangelte es im nahen Infrarot, dem für die Molekülphysik besonders wichtigen Spektralbereich der Schwingungs-Rotations-Übergänge, an geeigneten, schmalbandigen durchstimmbaren Strahlungsquellen.

Die Erzeugung der Differenzfrequenz $\omega_D = \omega_1 - \omega_2$ durch die Mischung der Ausgangsstrahlung zweier sichtbarer Laser in geeigneten optisch nichtlinearen Kristallen, konnte diesen Mangel beheben.

Wird z.B. die Ausgangswelle eines Argonlasers bei $\lambda_1 = 514.5$ nm mit der Strahlung eines Farbstofflasers gemischt, der von 550 bis 600 nm durchstimmbar ist, so kann die kohärente Strahlung mit der Differenzfrequenz

$$\omega_D = \omega_1 - \omega_2 = 2\pi c(1/\lambda_1 - 1/\lambda_2) \tag{5.82}$$

im Prinzip den gesamten Wellenlängenbereich von 3 bis 8 μm überdekken, wenn man geeignete Mischkristalle findet, welche die Phasenanpassungsbedingung $\mathbf{k}_D = \mathbf{k}_1 - \mathbf{k}_2$ erfüllen.

Von *Pine* [5.110] wurde ein Differenzspektrometer gebaut, das schematisch in Abb.5.85 gezeigt ist: Die Ausgangsstrahlen eines cw-Argonlasers und eines durchstimmbaren cw-Farbstofflasers werden kollinear überlagert und in einen $LiNbO_3$-Kristall fokussiert. Die Leistung der dabei entstehenden Differenzfrequenzwelle ist proportional zum Produkt der beiden Laserintensitäten und zum Quadrat der Kohärenzlänge. Es ist daher wichtig, daß beide Laserstrahlen kollinear überlagert werden und daß 90° Phasenanpassung erzielt wird, damit sich beide Strahlen im Kristall über eine

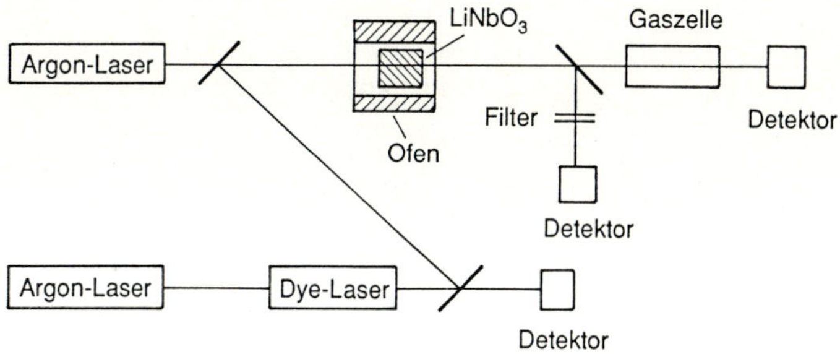

Abb.5.85. Differenzfrequenzspektrometer

möglichst lange Strecke überlappen (Abschn.5.7.1). Für 90° Phasenanpassung ($\mathbf{k}_1 \| \mathbf{k}_2$) folgt aus der Phasenanpassungsbedingung $\mathbf{k}_3 = \mathbf{k}_1 - \mathbf{k}_2$ für die Brechungsindizes $n(\omega_1)$

$$n(\omega_1 - \omega_2) = \frac{\omega_1 n(\omega_1) - \omega_2 n(\omega_2)}{\omega_1 - \omega_2} . \tag{5.83}$$

Dies läßt sich für die verschiedenen Wellenlängen innerhalb eines durch den Kristall bestimmten Spektralbereich durch Wahl der richtigen Kristalltemperatur erreichen (Temperatur-Durchstimmung). Für den $LiNbO_3$-Kristall z.B. beträgt die Temperaturabhängigkeit der Bedingung (5.83) 240 GHz/°C, und die Wellenlänge der Differenzwelle läßt sich im Bereich $2{,}2\mu m \le \lambda_D \le 4{,}2\mu m$ durch Temperaturvariation durchstimmen.

Bei typischen Ausgangsleistungen von 300 mW des Argonlasers und 100 mW des Farbstofflasers konnte eine Differenzfrequenzleistung von 10^{-4} - 10^{-3} W gemessen werden. Dies ist für lineare Absorptionsspektroskopie im Infraroten völlig ausreichend, da die Detektoren eine äquivalente Rauschleistung von $\le 10^{-8}$ - 10^{-10} W haben (Abschn.4.5).

Die Frequenzstabilität des Differenzfrequenzspektrometers hängt ab von der Stabilität beider Laser. Für Anwendungen in der hochauflösenden Spektroskopie [5.111] müssen beide Laser im stabilisierten Einmoden-Betrieb laufen, so daß Linienbreiten von wenigen MHz realisiert werden können.

Von besonderem Interesse für die Spektroskopie molekularer Rotationsübergänge und Hyperfeinaufspaltungen oder hochangeregter atomarer Rydberg-Zustände ist der ferne Infrarotbereich im Submillimetergebiet bei Frequenzen oberhalb 10^{12} Hz, der hisher von Mikrowellengeneratoren nicht direkt erreichbar ist. Durch Differenzfrequenz-Mischung eines Festfrequenzlasers mit einem durchstimmbaren Infrarot-Laser (z.B. CO_2-Laser mit einem Spin-Flip Raman-Laser) in nichtlinearen Kristallen (z.B. $LiNbO_3$ oder GaAs) lassen sich durchstimmbarere kohärente Strahlungsquellen im FIR realiseren [5.107].

Mit Hilfe der Frequenzmischung von Lasern an einer Metall-Isolator-Metall-Punktkontakt Schottky-Diode (Abb.5.86, Abschn.4.5) kann man kontinuierlich durchstimmbare FIR-Strahlng mit Frequenzen vom Mikrowellengebiet (GHz) bis herauf zu 6 THz erzeugen [5.105a]. Wenn auf

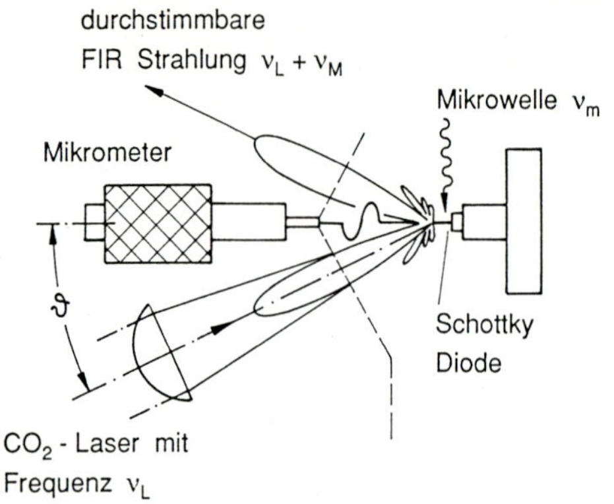

Abb.5.86. Erzeugung durchstimmbarer FIR Strahlung durch Frequenzmischung an einer Schottky-Diode

diese Nickel-Diode die Strahlung zweier Laser fokussiert wird, so werden wegen der nichtlinearen Strom-Spannungscharakteristik der Diode Oberwellen und Mischfrequenzen erzeugt. Die Diode selbst wirkt wie eine Antenne, die (wie ein erzwungener Oszillator) Wellen mit diesen Frequenzen abstrahlt, solange sie unterhalb der durch die Diodendaten gegebenen oberen Grenzfrequenz liegen. Diese abgestrahlten Wellen im FIR werden durch eine Parabolantenne, in deren Brennpunkt die Diode steht, gebündelt und durch die Absorptionszelle geschickt, in der die FIR-Spektren aufgenommen werden.

Mit zwei CO_2-Lasern mit verschiedenen Isotopenfüllungen, die auf einigen hundert Übergängen zwischen 9-10 μm oszillieren und die über ihre druckverbreiterten Verstärkungsprofile durchstimmbar sind, läßt sich durch Differenzfrequenzerzeugung das ganze FIR-Gebiet überdecken in schmalen Bereichen mit Lücken. Diese Lücken lassen sich schließen durch Verwendung eines durchstimmbaren Mikrowellengenerators, dessen Strahlung zusätzlich auf die Schottky-Diode fokussiert wird [5.109].

5.7.5 Optische Parametrische Oszillatoren

Der optische parametrische Oszillator [5.110] basiert auf der nichtlinearen Wechselwirkung von drei elektromagnetischen Wellen in einem optisch nichtlinearen Kristall, die man im allgemeinen als Pumpwelle, Signalwelle und „Idler"-Welle bezeichnet. Man kann diese parametrische Wechselwirkung im Photonenbild als inelastische Streuung eines Pumpphotons $\hbar\omega_p$ an den Atomen bzw. Molekülen des Kristalls auffassen, bei der das Pumpphoton absorbiert wird und zwei neue Photonen $\hbar\omega_s$ (Signal) und $\hbar\omega_i$ (Idler) entstehen. Energie- und Impulssatz ergeben die Relationen

$$\omega_p = \omega_i + \omega_s \, , \tag{5.84}$$

$$\mathbf{k}_p = \mathbf{k}_i + \mathbf{k}_s \, . \tag{5.85}$$

Die parametrische Wechselwirkung wandelt also ein Pumpphoton in zwei Photonen geringerer Energie um unter Wahrung von Energie- und Impulssatz. Legt man bei vorgegebenen optischen Konstanten des nichtlinearen Kristalls eine Richtung $\mathbf{k}_p$ der Pumpwelle fest, so wird aus den nach (5.84) möglichen unendlich vielen Kombinationen ω_i, ω_s ein einziges Paar $(\omega_i,\mathbf{k}_1)$ und $(\boldsymbol{\omega}_s,\mathbf{k}_s)$ ausgewählt, für das die Phasenanpassungsbedingung (5.85) erfüllt wird. Für dieses Paar können sich die an den einzelnen Kristallmolekülen erzeugten Photonen $\hbar\omega_s$ und $\hbar\omega_i$ völlig analog zu den Prozessen der Summen- und Differenzfrequenz-Erzeugung wieder zu makroskopischen Wellen aufsummieren, weil sich die mikroskopischen Anteile phasenrichtig überlagern. Für alle anderen Kombinationen (ω_s,ω_i) ist die Phasenanpassungsbedingung nicht erfüllt, so daß diese Frequenzen nur als schwacher Untergrund („parametrische Fluoreszenz") auftauchen.

Der größte Wirkungsgrad wird bei der kollinearen Phasenanpassung erreicht, weil dann alle Wellenvektoren $\mathbf{k}_p$, $\mathbf{k}_i$ und $\mathbf{k}_s$ parallel sind und das Überlapp-Gebiet maximal wird. Für diesen Fall erhält man aus (5.84, 85) genau wie im vorigen Abschnitt die Bedingung:

$$n_p\omega_p = n_s\omega_s + n_i\omega_i \, .$$

Kollineare Phasenanpassung kann z.B. realisiert werden, wenn die Pumpwelle als außerordentliche Welle unter einem geeigneten Winkel θ gegen die optische Achse in den Kristall eintritt. In Abb.(5.87) ist schematisch der Aufbau eines kollinearen parametrischen Oszillators gezeigt. Der Kristall befindet sich in einem optischen Resonator, der entweder für Signalwelle oder Idlerwelle, oder auch gleichzeitig für beide resonant sein kann. Der parametrische Verstärkungsfaktor

$$\Gamma = \frac{I_s}{I_p} = \frac{2\omega_i\omega_s|d|^2 I_p}{n_i n_s n_p \epsilon_0 c^3} \tag{5.86}$$

ist proportional zur Pumpintensität I_p und zum Quadrat der effektiven nichtlinearen Suszeptibilität $|d| = \chi_{eff}^{(2)}$. Für $\omega_i = \omega_s$ geht die kollineare

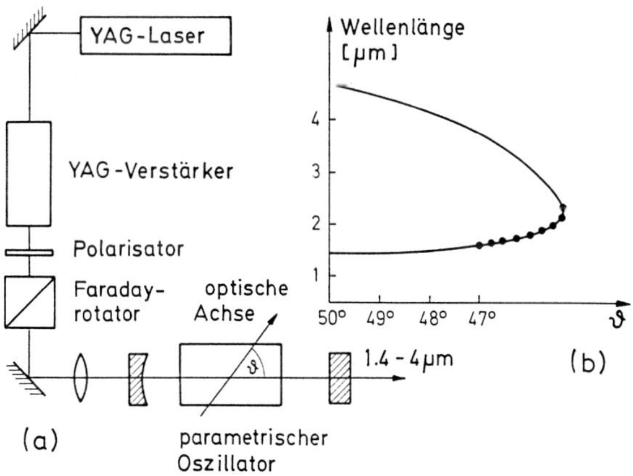

Abb.5.87. Schematischer Aufbau eines optischen parametrischen Oszillators (**a**) und Wellenlängen von Signal- bzw. Idler-Wellen bei Phasenanpassung als Funktion des Winkels θ zwischen optischer Achse und Einfallsrichtung der Pumpwelle (**b**) [5.110]

parametrische Frequenzerzeugung in die optische Frequenzhalbierung über.

Für parametrische Oszillatoren im nahen Infrarot wird als Pumpquelle im allgemeinen ein Nd-YAG-Laaser bei λ = 1,06 μm verwendet. Mit $LiNbO_3$ als nichtlinearem Kristall erreicht man dann einen Durchstimmbereich zwischen 1,4-4,2 μm [5.111]. Mit einem frequenzverdoppelten Nd-YAG Laser (λ=0.5 μm) kann die Signalwelle zwischen 0,6-0,85 μm und die Idlerwelle entsprechend von 1,6-3.6 μm durchgestimmt werden. Die Durchstimmung mit Hilfe der Kristalldrehung hat den Vorteil der schnelleren Wellenlängenänderung als bei der Temperaturdurchstimmung. So kann bei einer Pumpwelle von 1,06 μm z.B durch eine Drehung von 4° bereits eine Wellenlängenverstimmung der Signalwelle von 1,4 bis 4,4 μm erreicht werden (Abb.5.87). Der Nachteil der Winkeldurchstimmung ist, daß man beim Durchstimmen aus der kollinearen Phasenanpassung herausdrehen muß und damit die Wechselwirkungslänge verkürzt,, d.h. die Effizienz der parametrischen Wechselwirkung verringert. Deshalb ist es oft vorteilhaft, durch Wahl der geeigneten Kristalltemperatur den gewünschten Wellenlängenbereich einzustellen, und dann durch Winkeländerung nur kleine Bereiche um die Wellenlänge λ, bei der 90°-Phasenanpassung möglich ist, durchzustimmen.

In Abb.5.88 sind für verschiedene Pumpwellenlängen die Durchstimmkurven $\lambda(T)$ für Signal- und Idler-Welle bei Variation der Temperatur des $LiNbO_3$-Kristalls angegeben [5.110].

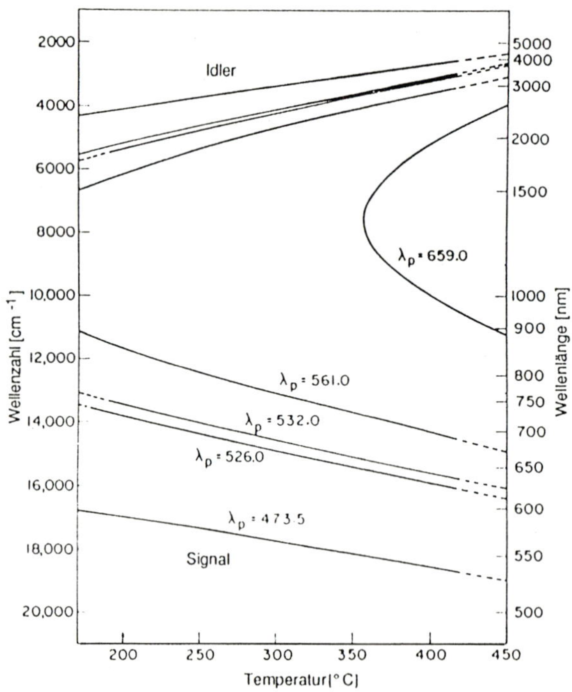

Abb.5.88. Phasenanpassung durch Temperaturvariation in $LiNbO_3$ für verschiedene Pumpwellenlängen [5.110]

Die Frequenzstabilität von Idler und Signal werden bestimmt durch die der Pumpwelle und durch Brechungsindexvariationen, hervorgerufen durch Temperaturänderungen. Die Bandbreite ist durch die Dispersion $dn/d\omega$ des Kristalls und die Bandbreite der Pumpwelle gegeben. Mit einem wellenlängenselektierenden Etalon in einem auf die Signalwelle abgestimmten Resonator konnte Einmoden-Betrieb mit einer Frequenzstabilität von wenigen MHz erreicht werden [5.112].

5.7.6 Raman-Frequenz-Konversion

Mit Hilfe der stimulierten Raman-Streuung (Abschn.8.2) in molekularen Gasen bei hohem Druck oder auch in Flüssigkeiten läßt sich kohärente Strahlung erzeugen, deren Frequenz

$$\nu_R = \nu_p \pm m\nu_{vib}$$

um ein ganzzahliges Vielfaches der Raman-aktiven molekularen Schwingungsfrequenzen ν_{vib} gegenüber der Pumpfrequenz verschoben ist.

Man kann solche, oft „Raman-Laser" genannte Systeme, als spezielle parametrische Oszillatoren ansehen, bei der ein Pumpphoton $h\nu_p$ aufgespalten wird in ein „Stokes-Photon" $h\nu_R$ und ein optisches Phonon $h\nu_{vib}$, das eine Molekülschwingung repräsentiert (Abb.5.89). Bei genügend hoher Pumpleistung kann sich eine intensive kohärente Welle auf der Stokes-Frequenz $\nu_s = \nu_p - m\nu_{vib}$ oder der Anti-Stokes-Frequenz $\nu_{as} = \nu_p + m\nu_{vib}$ aufbauen in einer Richtung, für welche der Impulssatz $\mathbf{k}_p = \mathbf{k}_s + m\cdot\mathbf{k}_{vib}$ bzw. $\mathbf{k}_p = \mathbf{k}_{as} - m\cdot\mathbf{k}_{vib}$ erfüllt ist.

Die experimentelle Realisierung ist einfach (Abb.5.90). Der Ausgangsstrahl eines gepulsten durchstimmbaren Farbstofflasers wird in eine Hochdruckzelle (Länge 40-80cm), die mit 30-50 bar Wasserstoff gefüllt ist, langbrennweitig fokussiert. Energiekonversion von der Pumpwelle in die 1. Anti-Stokes-Welle erreicht 20% bei Eingangsleistungen von 500 kW. Die verschiedenen Stokes- und Anti-Stokes-Anteile überstreichen beim Durchstimmen des Farbstofflasers wegen der großen Raman-Verschiebung $\nu_{vib} = 4160\ cm^{-1}$ beim Wasserstoff lückenlos den gesamten Spektralbereich von 185-880 nm [5.113]!

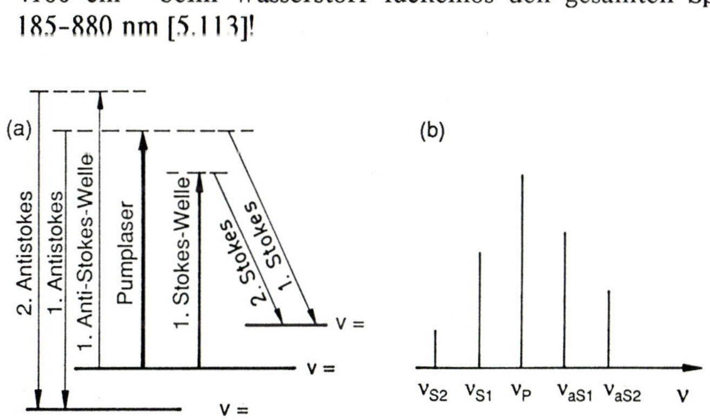

Abb.5.89a,b. Termschema des Ramanprozesses. (**a**) Stokes-Streuung; (**b**) Anti-Stokes-Streuung

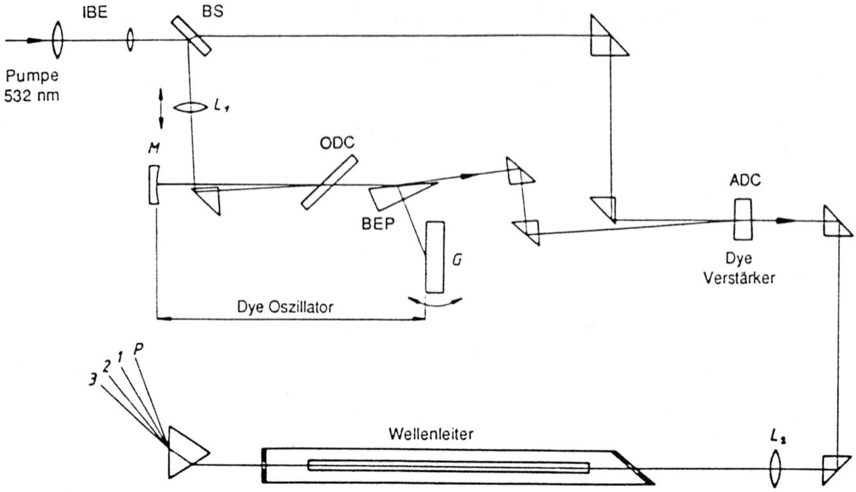

Abb.5.90. Raman-Wellenleiter-Laser in einer schmalen H_2-Hochdruckzelle. Die frequenzverdoppelte Strahlung eines Nd:YAG-Lasers pumpt Oszillator und Verstärker eines Farbstofflasers, dessen Ausgangsstrahl in den Wellenleiter mit 30bar H_2 fokussiert wird [5.114]

Für die Infrarot-Spektroskopie sind außer den Stokes-verschobenen Farbstofflasern [5.114] „Raman-Laser" von Interesse, die von den zahlreichen intensiven Linien des CO_2-Lasers zwischen 9-11 μm, des CO-Lasers bei 5 μm oder der HF- und DF-Laser bei λ = 2,5-4 μm gepumpt werden. So läßt sich z. B. der Spektralbereich von 1000-2000 cm^{-1} fast lückenlos überdecken, wenn man flüssigen Stickstoff oder Sauerstoff als Raman-aktives Medium verwendet und die verschiedenen HF- bzw. DF-Linien als Pumpe benutzt, deren Übergänge stark druckverbreitert sind, so daß sie über ihre Linienbreite durchstimmbar sind. Ausführliche Darstellung der verschiedenen Realisierungen von „Raman-Lasern" findet man in [5.115, 116].

6. Doppler-begrenzte Absorptions- und Fluoreszenz-Spektroskopie mit Lasern

Im vorigen Kapitel wurden durchstimmbare Laser für die verschiedenen Spektralgebiete vorgestellt. Nun wollen wir uns der Anwendung dieser Laser in der Spektroskopie zuwenden. Dabei sollen zuerst solche Methoden behandelt werden, bei denen die spektrale Auflösung prinzipiell begrenzt ist durch die Linienbreiten der molekularen Übergänge. Diese Auflösungsgrenze wird auch tatsächlich erreicht, wenn die Frequenzbreite der Lichtquelle schmal ist gegenüber der Halbwertsbreite der Absorptionslinien. Da im allgemeinen im gasförmigen Zustand das Linienprofil molekularer Übergänge durch die Doppler-Breite bestimmt wird, spricht man bei diesen Methoden auch von *Doppler-begrenzter Laserspektroskopie*.

Ein wesentliches Kriterium jeder spektroskopischen Methode ist ihre Nachweisempfindlichkeit. So ist z.B. für die analytische Spektroskopie die Frage: „Wie wenige Atome bzw. Moleküle einer bestimmten Sorte lassen sich in einer Probenmenge noch nachweisen?" von großer Bedeutung. Anwendungsbeispiele sind der Nachweis seltener Isotope, oder die Identifizierung von Reaktionsprodukten kleinster Substanzmengen.

In der Absorptionsspektroskopie ist die Grenzempfindlichkeit bestimmt durch die minimale noch nachweisbare absorbierte Strahlungsleistung. Es ist also das Ziel, diese untere Grenze so klein wie möglich zu machen und alle Einflüsse, wie Schwankungen der Strahlungsquellenleistung oder das Detektorrauschen, die die Empfindlichkeit begrenzen, so weit wie möglich zu eliminieren.

In diesem Kapitel sollen die wichtigsten Nachweisverfahren vorgestellt werden, die in den letzten Jahren entwickelt wurden und sich in der Praxis bewährt haben.

6.1 Vorteile des Lasers für die Spektroskopie

Wir beginnen mit der konventionellen Absorptionsspektroskopie, die bei Verwendung von durchstimmbaren Lasern als Strahlungsquellen in vieler Hinsicht der Mikrowellenspektroskopie gleicht, jedoch den Spektralbereich vom fernen Infrarot bis ins Vakuum-UV ausdehnt. Manche Nachweistechniken, die in der Laser-Absorptionsspektroskopie heute verwendet werden, sind aus der Mikrowellenspektroskopie übernommen.

Um die Vorteile der Laseranwendung gegenüber konventioneller Absorptionsspektroskopie mit inkohärenten Strahlungsquellen deutlich zu machen, werden beide Verfahren in Abb.6.1 schematisch miteinander verglichen. In der klassischen Absorptionsspektroskopie benutzt man Lichtquellen

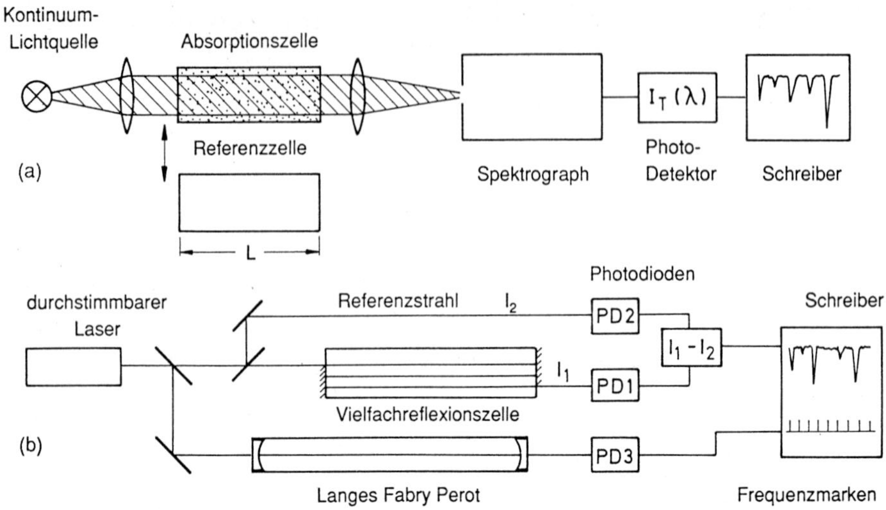

Abb.6.1. Vergleich zwischen Absorptionsspektroskopie mit inkohärenter Kontinuumslichtquelle (**a**) und mit einem schmalbandigen durchstimmbaren Laser (**b**)

mit einem breitem Emissionskontinuum (z.B. Hg-Hochdrucklampen, Xe-Blitzlampen usw.), deren Strahlung durch die Linse L_1 gesammelt und als paralleles Bündel durch die Absorptionszelle geschickt wird. Hinter einem Wellenlängenselektor (z.B. Spektrograph oder Interferometer) wird die Intensität $I_T(\lambda)$ des transmittierten Lichtes als Funktion der Wellenlänge gemessen (Abb.6.1a). Durch Vergleich mit einem Referenzbündel $I_R(\lambda)$ kann das Absorptionsspektrum durch Differenzbildung ermittelt werden. Die *spektrale Auflösung* ist begrenzt durch das Auflösungsvermögen des verwendeten Spektrographen, bzw. Interferometers, das nur bei sehr aufwendigen Instrumenten die Doppler-Breite erreicht (Abschn.4.1,2). Die *Nachweisempfindlichkeit* der Anordnung ist definiert als die kleinste noch nachweisbare Absorption. Sie ist begrenzt durch Detektorrauschen und durch Intensitätsschwankungen der Lichtquelle. Die Nachweisgrenze liegt typischerweise bei einer relativen Absorption $\Delta I/I \geq 10^{-4} - 10^{-5}$.

Durch Vertauschen von Absorptions- und Referenzzelle kann abwechselnd die transmittierte Intensität $I_T(\omega)$ und die Referenzintensität $I_R = I_0(\omega)$ bei leerer Zelle gemessen werden. Ist das spektral noch aufgelöste Intervall $\Delta\omega$, die Linienbreite des Absorptionsüberganges $\Delta\omega_D$, so erhält man für kleine Absorption $\alpha L << 1$

$$I_T(\omega) = \int_{\omega-\Delta\omega/2}^{\omega+\Delta\omega/2} I_0(\omega') e^{-\alpha(\omega')L} d\omega' \simeq \int I_0(1-\alpha L) d\omega' , \qquad (6.1a)$$

$$I_R(\omega) = \int_{\omega-\Delta\omega/2}^{\omega+\Delta\omega/2} I_0(\omega') d\omega' . \qquad (6.1b)$$

Bildet man den Quotienten $(I_R - I_T)/I_R$, so ergibt sich mit $\int I_0(\omega')d\omega' \simeq \bar{I}_0(\omega)\cdot\Delta\omega$ und $\int \alpha d\omega' \simeq \bar{\alpha}\cdot\Delta\omega_D$ für $\Delta\omega \geq \Delta\omega_D$

$$\frac{I_R - I_T}{I_R} = \bar{\alpha}(\omega) L \frac{\Delta\omega_D}{\Delta\omega} . \tag{6.2}$$

Mit einer intensitätsstabilisierten Lichtquelle kann man bei phasenempfindlichem Nachweis bestenfalls Werte von $(I_R - I_T)/I_R \geq 10^{-6}$ noch sicher messen. Man sieht aus (6.2), daß dann der kleinste noch meßbare Wert für den Absorptionskoeffizienten

$$\alpha \geq \frac{1}{L} \cdot 10^{-6} \cdot \frac{\Delta\omega}{\Delta\omega_D} \quad [\mathrm{cm}^{-1}]$$

vom Verhältnis des spektral noch auflösbaren Intervalls $\Delta\omega$ zur Linienbreite $\Delta\omega_D$ des Absorptionsüberganges abhängt.

Beispiel 6.1

Setze $L = 10$ cm und $\Delta\omega = 100\Delta\omega_D$, dann wird für $(I_R - I_T)/I_R \geq 10^{-6}$ der kleinste noch meßbare Wert $\alpha_{min} = 10^{-5}$ cm^{-1}.

Höhere spektrale Auflösung bringt also größere Empfindlichkeit, solange $\Delta\omega \geq \Delta\omega_D$ und die transmittierte Intensität groß genug ist, um das Detektorrauschen gegenüber Schwankungen von I_T vernachlässigen zu können!

Im Gegensatz zur breitbandigen Lichtquelle in der konventionellen Absorptionsspektroskopie vom UV bis zum IR steht dem Laserspektroskopiker eine extrem schmalbandige, durchstimmbare Lichtquelle zur Verfügung, deren spektrale Leistungsdichte oft um Größenordnungen höher ist. Dies bringt folgende Vorteile mit sich:

1) Man benötigt keinen Monochromator, da der monochromatische, durchstimmbare Laser der absorbierenden Probe zu einem Zeitpunkt jeweils immer nur Licht einer Frequenz anbietet. Die spektrale Auflösung ist wesentlich höher und in vielen Fällen nicht durch die instrumentelle Anordnung, sondern durch die Doppler-Breite $\Delta\omega_D$ der Absorptionslinien begrenzt.

2) Infolge der höheren spektralen Auflösung wird in (6.2) der Faktor $\Delta\omega_D/\Delta\omega$ größer, und damit steigt die Empfindlichkeit. Bei genügend schmalbandigen Lasern wird $\Delta\omega < \Delta\omega_D$, und man gewinnt gegenüber dem Beispiel 6.1 einen Faktor 100 in Empfindlichkeit.

3) Wegen der hohen spektralen Leistungsdichte der Lichtquelle spielen Rauschprobleme des Detektors im allgemeinen keine Rolle. Intensitätsschwankungen des Lasers können durch Amplitudenstabilisierung stark reduziert werden (Abschn. 5.6.2).

4) Wegen der guten räumlichen Bündelung der Laserstrahlung kann man lange Absorptionswege realisieren, z.B. durch Mehrfachreflexion in der Absorptionszelle. Unerwünschte Reflexionen an Zellwänden, die bei

inkohärenten Lichtquellen oft die Messung beeinflussen, können hier weitgehend vermieden werden (z.B. durch Verwendung von Brewster-Endfenstern). Durch die langen Absorptionswege kann man auch kleine Absorptionskoeffizienten noch messen, d.h. man kann z.B. gasförmige Proben bei niedrigem Druck untersuchen und dadurch die Druckverbreiterung reduzieren. Dies ist besonders im infraroten Spektralbereich wichtig, wo die Doppler-Breite kleiner wird und die Druckverbreiterung bei hohem Druck dominieren kann.

5) Schickt man einen Teil des Laserstrahls durch ein langes Interferometer (Spiegelabstand d, Abb.6.1b), so registriert ein Detektor hinter dem Interferometer beim Durchstimmen der Laserfrequenz die Transmissionsmaxima, deren Frequenzabstand gleich dem freien Spektralbereich $\delta\nu = c/2d$ ist. Auf diese Weise erhält man genaue Frequenzmarken, mit deren Hilfe man die Abstände zwischen verschiedenen Absorptionslinien absolut eichen kann. Zur Absolutmessung der Wellenlängen selbst braucht man allerdings Eichlinien, die man entweder von einem Wellenlängenstandard erhält (z.B. einer Thorium-Hohlkathodenlampe [6.1]) oder durch eine Referenz-Absorptionszelle, die Moleküle mit bekannten Absorptionslinien enthält (z.B. Jodmoleküle J_2 [6.2]). Mit Hilfe der verschiedenen Lambdameter (Abschn.4.4) kann man Wellenlängen von gepulsten und cw Lasern auf besser als 10^{-5} nm bestimmen.

6) Man kann die Laserfrequenz sehr schnell durchstimmen. Mit elektrooptischen Komponenten sind definierte Durchstimmbereiche über einige Wellenzahlen z.B. mit gepulsten Farbstofflasern oder mit Diodenlasern im Mikrosekundenbereich möglich. Dies eröffnet neue Wege für spektroskopische Untersuchungen von kurzlebigen Zwischenprodukten bei chemischen Reaktionen und erweitert die Möglichkeiten der klassischen Blitzlichtphotolyse beträchtlich.

6.2 Empfindliche Nachweisverfahren

Bei sehr kleinen Absorptionen ist diese Methode der Absorptionsmessung, bei der $\alpha(\omega)$ als kleine Differenz $I_R - I_T$ zweier Größen bestimmt wird, nicht genau genug. Daher sind verschiedene Verfahren entwickelt worden, die oft eine Steigerung der Nachweisempfindlichkeit um viele Größenordnungen erlauben. Mit einigen dieser Verfahren lassen sich inzwischen einzelne Atome nachweisen! Wir wollen jetzt die gebräuchlichsten Nachweismethoden kurz vorstellen.

6.2.1 Frequenzmodulation des Lasers

Bei der ersten Methode wird - wie in der Mikrowellenspektroskopie seit langem üblich - die Frequenz ω des Lasers während des Durchstimmens um einen Betrag $\Delta\omega$ moduliert, der klein gegen die Linienbreite der Absorption ist. Die Differenz $I_T(\omega_L) - I_T(\omega_L + \Delta\omega)$ wird dann mit einem phasenempfindlichen Verstärker nachgewiesen. Wird die Laserfrequenz $\omega_L = \omega_0 +$

$a\sin\Omega t$ sinusförmig mit der Modulationsfrequenz Ω verändert, so läßt sich die transmittierte Laserintensität in eine Taylor-Reihe

$$I_T(\omega_L) = I_T(\omega_0) + \sum_n \frac{a^n}{n!}\sin^n\Omega t\left(\frac{d^n I_T}{d\omega^n}\right)_{\omega_0} \tag{6.3}$$

um die Mittenfrequenz ω_0 entwickeln.

Hängt die Laserintensität I_0 nicht von ω ab, so folgt für $\alpha L << 1$ aus

$$I_T(\omega) = I_0 e^{-\alpha(\omega)L} \simeq I_0[1 - \alpha(\omega)L] \tag{6.4}$$

die Beziehung

$$\left(\frac{d^n I_T}{d\omega}\right)_{\omega_0} = - I_0 L\left(\frac{d^n\alpha(\omega)}{d\omega}\right)_{\omega_0} . \tag{6.5}$$

Durch Anwenden trigonometrischer Relationen kann man in (6.3) die Potenzen $\sin^n\Omega t$ umwandeln in Funktionen von $\sin(n\Omega t)$ und $\cos(n\Omega t)$. Man erhält nach Umordnen der Reihenglieder:

$$\begin{aligned}\frac{I_T(\omega_L) - I_T(\omega_0)}{I_0} = - aL\Bigg\{&\left[\frac{a}{4}\left(\frac{d^2\alpha}{d\omega^2}\right)_{\omega_0} + \frac{a^3}{64}\left(\frac{d^4\alpha}{d\omega^4}\right)_{\omega_0} + \ldots\right]\\ &+\left[\left(\frac{d\alpha}{d\omega}\right)_{\omega_0} + \frac{a^2}{8}\left(\frac{d^3\alpha}{d\omega^3}\right)_{\omega_0} + \ldots\right]\sin(\Omega t)\\ &+\left[-\frac{a}{4}\left(\frac{d^2\alpha}{d\omega^2}\right)_{\omega_0} + \frac{a^3}{48}\left(\frac{d^4\alpha}{d\omega^4}\right)_{\omega_0} + \ldots\right]\cos(2\Omega t)\\ &+\left[-\frac{a^2}{24}\left(\frac{d^3\alpha}{d\omega^3}\right)_{\omega_0} + \frac{a^4}{384}\left(\frac{d^5\alpha}{d\omega^5}\right)_{\omega_0} + \ldots\right]\sin(3\Omega t) + \ldots\Bigg\} .\end{aligned} \tag{6.6}$$

Bei genügend kleinem Modulationshub ($a/\omega_0 << 1$) kann man in jeder der Klammern die höheren Potenzen von a^n vernachlässigen und erhält für das Signal

$$S(n\Omega) = \frac{I_T(\omega) - I_T(\omega_0)}{I_0}$$

den Ausdruck

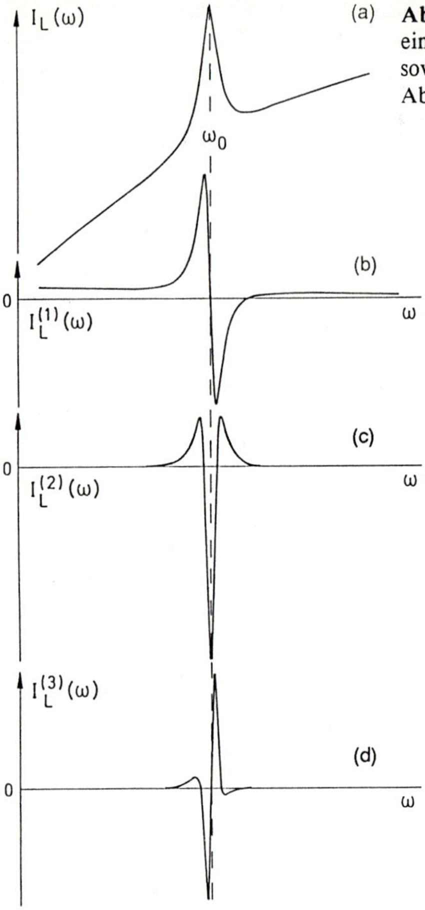

Abb.6.2. Doppler-freies Linienprofil über einem Doppler-verbreiterten Untergrund (**a**) sowie erste (**b**), zweite (**c**) und dritte (**d**) Ableitung

$$S(n\Omega) = aL\left[\frac{a}{4}\frac{d^2\alpha}{d\omega^2} + \frac{d\alpha}{d\omega}\sin(\Omega t) - \frac{a}{4}\frac{d^2\alpha}{d\omega^2}\cos(2\Omega t) - \frac{a^2}{24}\frac{d^3\alpha}{d\omega^3}\sin(3\Omega t) + \dots\right]. \tag{6.7}$$

Stellt man den phasenempfindlichen Verstärker auf die Harmonische $n\Omega$ der Modulationsfrequenz Ω ein, so mißt man im wesentlichen die n-te Ableitung des Absorptionskoeffizienten $\alpha(\omega)$.

Dies kann ausgenutzt werden, wenn Linien mit kleiner Linienbreite in Anwesenheit eines breiten Untergrundes detektiert werden sollen. Dieses Problem tritt z.B. in der nichtlinearen Laserspektroskopie auf, wenn Doppler-freie Signale ($\Delta\omega \simeq 0.001\,\Delta\omega_D$) bei einem Doppler-verbreitertem Untergrund mit der Breite $\Delta\omega_D$ gemessen werden (Kap.7). Die höheren Ableitungen $d^n\alpha/d\omega^n$ sind dann für das Doppler-freie Signal groß, für den Untergrund dagegen klein. Wie Abb.6.2 zeigt, wird z.B. bei der 3. Ableitung eines Absorptionsprofils, das aus einer schmalen Struktur bei ω_0 und einem breiten Untergrund besteht, der Untergrund vollständig unterdrückt.

Durch den phasenempfindlichen Nachweis bei einer geeignet gewählten Frequenz $n\Omega$ läßt sich das „technische Rauschen", das im allgemeinen mit wachsender Frequenz abnimmt, stark vermindern, so daß die Nachweisempfindlichkeit steigt [6.3,4].

6.2.2 Anregungsspektroskopie

Die größte Nachweisempfindlichkeit erreicht man, wenn man nicht die Änderung der Laserintensität durch die Absorption der Probe als Nachweis benutzt, sondern direkt die absorbierte Energie mißt. Dies kann z.B. mit Hilfe der von den absorbierenden Molekülen emittierten Fluoreszenz geschehen.

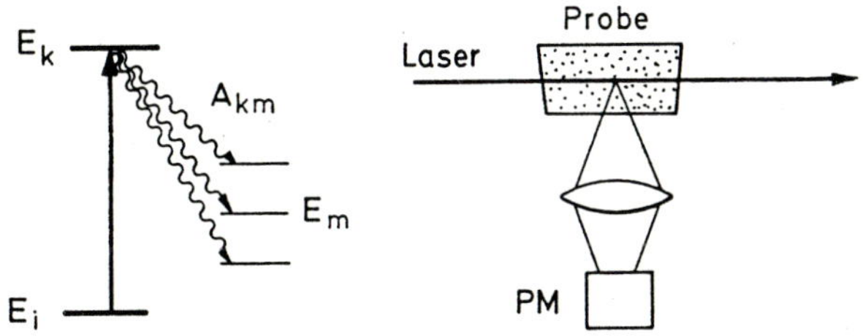

Abb.6.3. Niveauschema für die Anregungsspektroskopie

Die Laserfrequenz möge auf den absorbierenden Übergang $E_i \rightarrow E_k$ abgestimmt sein (Abb.6.3). Bei einer Dichte von N_i absorbierenden Molekülen im Zustand E_i werden auf der Strecke Δx von den auftreffenden n_L Laserphotonen die Anzahl

$$n_a = N_i n_L \sigma_{ik} \Delta x \tag{6.8}$$

pro Sekunde absorbiert, wenn σ_{ik} der Absorptionsquerschnitt pro Molekül für den Übergang $i \rightarrow k$ ist. Die Zahl der pro Sekunde von N_k Molekülen pro cm^3 im angeregten Zustand E_k emittierten Fluoreszenzquanten ist

$$n_{Fl} = N_k A_k = n_a \eta_k \ ,$$

wobei A_k die gesamte spontane Übergangswahrscheinlichkeit pro Sekunde

$$A_k = \sum_m A_{km}$$

für alle möglichen Fluoreszenzübergänge zu Zuständen $E_m < E_k$ ist. Wenn die Quantenausbeute $\eta_k = A_k/(A_k+S_k)$, die das Verhältnis von spontaner zu totaler (einschließlich strahlungsloser) Übergangswahrscheinlichkeit angibt, gleich eins ist, wenn also keine strahlungslose Deaktivierung des Zustandes E_k erfolgt, ist $n_{Fl} = n_a$. *Jedem absorbierten Laserphoton entspricht dann ein Fluoreszenzphoton.*

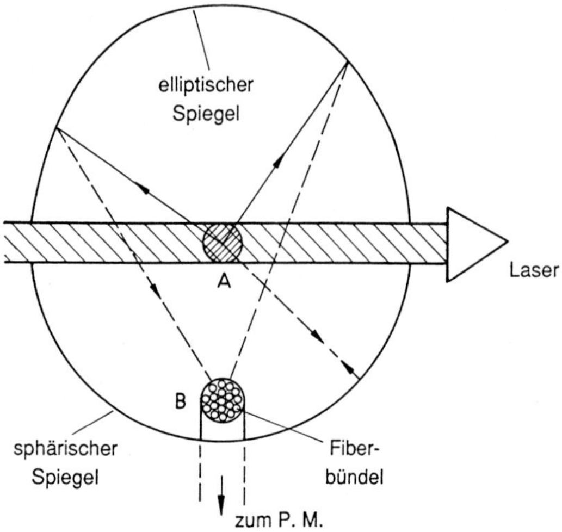

Abb.6.4. Optisches System zur effektiven Sammlung der laserinduzierten Fluoreszenz: Aus dem Anregungsvolumen A (z.B. Kreuzung von Laser- und Molekularstaub), das in einem Brennpunkt des elliptischen Spiegels steht, wird fast alles Licht entweder direkt oder nach Reflexion am spärischen Spiegel in den zweiten Brennpunkt B abgebildet

Detektiert man von den in alle Richtungen ausgesandten Fluoreszenzphotonen den Bruchteil δ mit der Photomultiplier-Kathode, deren Quantenausbeute η_{Ph} sei, so ist die Zahl n_{Ph} der gemessenen Photoelektronen

$$n_{Ph} = n_a \eta_k \eta_{Ph} \delta = N_i n_L \sigma_{ik} \Delta x \eta_k \eta_{Ph} \delta \,. \tag{6.9}$$

Moderne Photomultiplier erreichen eine Quantenausbeute $\eta_{Ph} = 0.2$. Mit einer gut ausgelegten Optik kann man $\delta \geq 0.1$ erzielen. In Abb.6.4 ist ein besonders effektives Abbildungssystem gezeigt [6.5], das ein kleines Anregungsvolumen über einen elliptischen und einen sphärischen Spiegel auf die Eintrittsfläche eines Lichtleiters abbildet. Man erreicht damit Sammelwahrscheinlichkeiten von $\delta > 0.7$. Benutzt man zum Nachweis Photonenzählverfahren (Abschn.4.5.3), so kann man bei Zählraten von 100 Pulsen/s mit gekühlten Multipliern (Dunkelstrom $\leq$ 10 Pulse/s) bereits ein ausreichendes Signal-zu-Rausch-Verhältnis erhalten. Einsetzen dieser Zahlenwerte in (6.9) ergibt, daß man mit Quantenausbeuten von $\eta_k = 1$ bereits Absorptionsraten von 10^3 Laserphotonen quantitativ messen kann. Da einer Laserleistung von 0.3 W bei $\lambda = 500$ nm ein Photonenstrom von $n_L = 10^{18}$ Photonen/s entspricht, bedeutet dies, daß man bereits eine relative Absorption von $\Delta I/I \leq 10^{-15}$ nachweisen kann! Die Empfindlichkeit läßt sich weiter steigern, wenn man die Probe in den Laserresonator stellt und damit N_i um den Faktor $q \simeq 10$ bis 100 erhöht (Abschn.6.2.7).

Stimmt man die Laserfrequenz ω_L durch den interessierenden spektralen Absorptionsbereich und mißt dabei die Fluoreszenzintensität $I_{Fl}(\omega_L)$, so erhält man ein sogenanntes „Anregungsspektrum", das ein Spiegelbild des Absorptionsspektrums ist. Die relativen Intensitäten der einzelnen Spektrallinien in einem solchen Anregungsspektrum entsprechen genau denen der Absorptionslinien, wenn die Nachweisempfindlichkeit η_{Ph} des Fluoreszenzdetektors im Spektralbereich der emittierten Fluoreszenz konstant ist und die Quantenausbeute η_k aller angeregten Zustände die gleiche ist.

Dieses Nachweisverfahren hat sich bei der Messung sehr kleiner Absorptionen im sichtbaren und ultravioletten Spektralbereich sehr bewährt. Es wurde z.B. bei Messungen der Absorptionspektren in Molekularstrahlen erfolgreich verwendet, wo sowohl der Druck der absorbierenden Moleküle ($p \simeq 10^{-4}$-10^{-6}Torr) als auch die Absorptionsweglänge ($\Delta x \simeq 0.1$cm) sehr klein sind (Abschn.9.1). Auch beim Nachweis geringer Konzentrationen von Radikalen und kurzlebigen Zwischenprodukten bei chemischen Reaktionen zeigt sich seine große Empfindlichkeit [6.6]. Dies wurde besonders eindrucksvoll demonstriert durch ein Experiment von *Fairbanks* et al. [6.7] bei dem mit Hilfe eines cw-Farbstofflasers Na-Atom-Konzentrationen bis herunter zu 10^2 Atomen/cm^3 gemessen werden konnten. Aus der Abhängigkeit der Fluoreszenzintensität von der Temperatur der Na-Zelle erhält man wegen des einfachen Zusammenhanges zwischen Atom-Dichte und Fluoreszenzintensität sehr genaue Dampfdruck-Kurven.

Mit abnehmenden η_k und η_{Ph} steigt die noch meßbare Minimalzahl der absorbierten Photonen. Daher sinkt die Empfindlichkeit der Anregungsspektroskopie im infraroten Spektralbereich stark ab. Dafür sind folgende Ursachen verantwortlich: einmal ist die Empfindlichkeit der Photodetektoren im IR wesentlich kleiner als im sichtbaren Gebiet. Zum anderen sind bei Anregung mit Infrarotstrahlung die angeregten Zustände im allgemeinen Schwingungs-Rotations-Niveaus im elektronischen Grundzustand, deren spontane Lebensdauer häufig um Größenordnungen länger ist als die der elektronisch angeregten Zustände. Bei niedrigem Druck diffundieren daher viele Moleküle aus dem Gesichtsfeld des Detektors an die Wände der Absorptionszelle, bevor sie spontan emittieren. Bei höherem Druck kann die Anregungsenergie durch Stoßprozesse in Translationsenergie der Stoßpartner umgewandelt werden. Beide Effekte vermindern drastisch die Quantenausbeute.

Glücklicherweise wurde für diesen IR-Bereich ein Nachweisverfahren entwickelt, das gerade die strahlungslose Energieübertragung von den laserangeregten Molekülen ausnutzt, nämlich die photoakustische Spektroskopie, die auf der Umwandlung von Photonenenergie in akustische Energie basiert.

6.2.3 Photoakustische Spektroskopie

Die photoakustische Spektroskopie ist ein empfindliches Verfahren zur Messung kleiner Absorptionen und wird vor allem angewendet, wenn man geringe Konzentrationen einer Molekülsorte in Gegenwart von anderen Gasen bei relativ hohem Druck (bis zu 1atm) nachweisen oder ihr Absorptionsspektrum messen will. Es basiert auf folgendem Prinzip:

Wird der Laser auf eine Absorptionsfrequenz der zu untersuchenden Moleküle abgestimmt, so wird ein Teil dieser Moleküle durch Absorption des Laserlichtes in einen energetisch angeregten Zustand gebracht. Durch

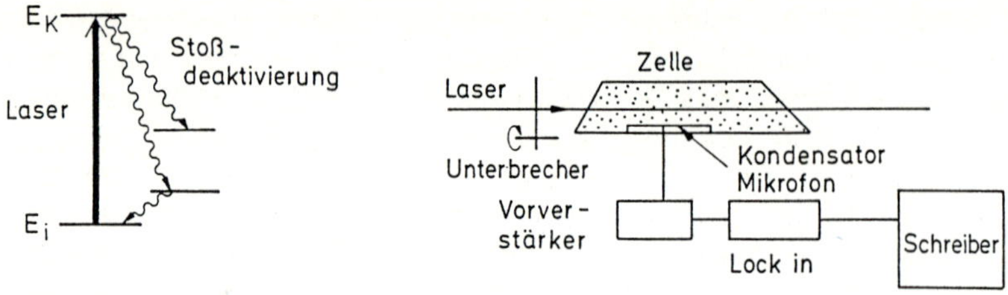

Abb.6.5. Termschema und experimentelle Anordnung für die photo-akustische Spektroskopie

Stöße mit anderen Gasmolekülen in der Absorptionszelle können die angeregten Moleküle ihre Anregungsenergie ganz oder teilweise abgeben und in Translations-, Rotations- oder Schwingungs-Energie der Stoßpartner umwandeln. Im thermischen Gleichgewicht wird sich die Energie gleichmäßig auf alle Freiheitsgrade verteilen. Die Erhöhung der Translationsenergie bedeutet aber eine Temperaturerhöhung des Gases und damit - bei konstanter Dichte in der Zelle - einen Druckanstieg.

Bei Relaxationsquerschnitten in der Größenordung von $\sigma \simeq 10^{-18}$ - 10^{-19} cm^2 für die Stoßdeaktivierung angeregter Schwingungsniveaus geschieht diese Gleichverteilung bei einem Druck von 1 Torr bereits in etwa 10^{-5} s. Unterbricht man den Laserstrahl periodisch mit Frequenzen unterhalb 10 kHz, so erhält man periodische Druckschwankungen in der Absorptionszelle, die von einem empfindlichen Mikrophon an der Innenwand der Zelle nachgewiesen werden können (Abb.6.5). Wird die Laserwellenlänge über eine Absorptionslinie der Moleküle in der Zelle durchgestimmt, so ist das Ausgangssignal des Mikrophons proportional zur absorbierten Laserenergie und damit zum Absorptions-Koeffizienten. Da bei diesem Meßverfahren die Energie der absorbierten Laserphotonen in periodische Druckschwankugen, d.h. akustische Signale umgewandelt wird, nennt man es photoakustische Spektroskopie und die Meßzelle selbst Spektraphon.

Die Meßmethode an sich ist sehr alt und wurde bereits 1880 von A.G. Bell und J. Tyndal - siehe [6.8] - angegeben. Ihre große Nachweisempfindlichkeit erlangte sie allerdings erst durch die Verwendung leistungsstarker Laser, empfindlicher Kondensatormikrophone und rauscharmer Verstärker. Konzentrationen absorbierender Moleküle im ppb-Bereich (1ppb entspricht einer Konzentration von 10^{-9}) bei einem Gesamtdruck von 1 Torr bis 1 atm sind mit einem modernen Spektraphon sicher nachzuweisen.

Solange man Sättigungseffekte vernachlässigen kann, ist das gemessene akustische Signal S

$$S = CN_i \sigma_{ik} \bar{P}_L R/\eta_k \tag{6.10}$$

proportional zur Teilchendichte N_i der absorbierenden Moleküle im Zustand E_i, zum Absorptionsquerschnitt σ_{ik} des molekularen Überganges $E_i \rightarrow E_k$, zur mittleren Laserleistung $\bar{P}_L$ und zur Empfindlichkeit R des Mikrophons, aber umgekehrt proportional zur Quantenausbeute η_k des angeregten

Molekül-Niveaus. Der Proportionalitätsfaktor C hängt von der Geometrie der Zelle und vom Gesamtdruck des Gases ab. Moderne Kondensatormikrophone mit rauscharmen FET-Vorverstärkern und phasenempfindlichen Verstärkern erreichen Signale von mindestens 1 V pro Torr Druckschwankung bei einem Rauschen von $3 \cdot 10^{-8}$ V mit 1 s Integrationszeit.

Die Nachweisempfindlichkeit liegt daher bei Druckamplituden unterhalb 10^{-7} mb. Sie ist im allgemeinen jedoch nicht begrenzt durch das elektronische Rauschen des Nachweissystems, sondern durch einen anderen Störeffekt: Laserlicht, das von den Zellfenstern teilweise reflektiert wird, oder von Aerosolen in der Zelle gestreut wird, kann teilweise von den Zellwänden absorbiert werden und trägt daher zur Erwärmung der Zelle bei. Der daraus resultierende Druckanstieg ist natürlich auch mit der Unterbrecherfrequenz moduliert und wird vom Detektor als Untergrundsignal registriert.

Es gibt mehrere Möglichkeiten, diesen Störeffekt zu vermeiden: einmal benutzt man Fenster mit Antireflexbelägen, oder - bei linear polarisiertem Laserlicht - Brewster-Fenster. Außerdem kann man die Unterbrecherfrequenz so wählen, daß sie einer akustischen Eigenresonanz der Zelle entspricht. Man erhält dadurch eine Verstärkung der Druckamplitude, die zwei Größenordnungen betragen kann. Dieser experimentelle Trick hat den zusätzlichen Vorteil, daß man Eigenschwingungen, die stehenden Wellen in der Zelle entsprechen, so wählen kann, daß sie an den Orten des Laserstrahls optimal, an den Zellwänden aber weniger angeregt werden. Dies reduziert das oben erwähnte Untergrundsignal und erhöht die Empfindlichkeit [6.9]. Eine weitere Methode benutzt frequenzmodulierte Laser und zeichnet daher die 1. Ableitung des Absorptionsspektrums auf (Abschn.8.2). Bei allen diesen Verfahren kann die Absorptionszelle auch in den Laserresonator gestellt werden, so daß man wegen der höheren Laserintensität die Nachweisempfindlichkeit noch weiter steigern kann (Abschn.6.2.7).

Das optoakustische Signal wird umso kleiner, je größer die Quantenausbeute η_k des angeregten Molekülzustandes wird - siehe (6.10) - weil die Fluoreszenz, solange sie nicht innerhalb der Zelle wieder absorbiert wird, Anregungsenergie wegtransportiert, ohne das Gas aufzuheizen. Diese optoakustische Methode ist daher bei höherem Druck besonders gut im infraroten Spektralgebiet zum Nachweis kleinerer Molekülkonzentrationen in Gegenwart anderer Gase geeignet, weil hier die Anregungsenergie durch Stoßdeaktivierung besonders effektiv in Wärmeenergie umgewandelt wird.

Die Empfindlichkeit des Spektraphons wurde von *Kreutzer* [6.10] demonstriert: Er konnte z.B. Konzentrationen von Ethylen bis 0.2 ppb bei einem Luftdruck von 500 Torr in der Absorptionszelle nachweisen; NO-Verunreinigungen bis zu 10 ppb, NH_3 bis zu 0.4 ppb.

Besonders erfolgreich wurde die optoakustische Methode zur hochauflösenden Absorptionsspektroskopie im Bereich der Schwingungs-Rotationsbanden zahlreicher Moleküle verwendet. Abbildung 6.6 zeigt als Beispiel einen Ausschnitt aus dem Q-Zweig des NO-Spektrums bei 1875 cm^{-1}, an dem man die erreichbare hohe Auflösung bei gleichzeitigem guten Signal-zu Rausch-Verhältnis erkennt [6.11].

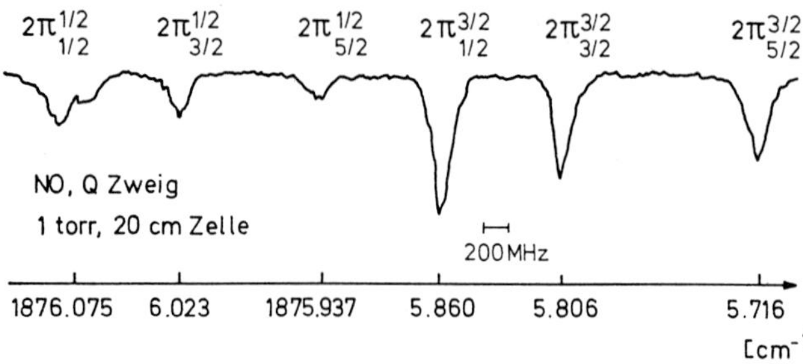

Abb.6.6. Photo-akustisches Infrarotspektrum von NO bei ν = 1875 cm^{-1} [6.11]

Außer zur Schwingungsanregung von Molekülen kann das Spektraphon - wenn auch mit verringerter Empfindlichkeit - zur Messung von reinen Rotationsspektren [6.12] oder im sichtbaren Spektralgebiet [6.13] verwendet werden. Eine interessante Anwendung liegt in der Messung der Dissoziationsgrenze größerer Moleküle, die bestimmt werden kann, auch wenn das Spektrum in der Nähe dieser Grenze nicht auflösbar ist. Wenn man die Laserwellenlänge über die Dissoziationsgrenze hinweg durchstimmt, sinkt plötzlich das optoakustische Signal drastisch, weil die absorbierte Laserenergie zur Dissoziation gebraucht wird - d.h. in potentielle Energie umgewandelt wird - und nicht mehr für die kinetische Energie - d.h. Temperaturerhöhung, zur Verfügung steht [6.14].

Eine ausführliche Darstellung der photoakustischen Technik findet man in [6.15-17].

6.2.4 Ionisationsspektroskopie

Während bei der Anregungsspektroskopie (Abschn.6.2.2) die Absorption auf dem Übergang $|i\rangle \rightarrow |k\rangle$ durch die vom angeregten Zustand $|k\rangle$ emittierende Fluoreszenz nachgewiesen wird, benutzt die Ionisationsspektroskopie die Photoionisation der Moleküle im Zustand $|k\rangle$ durch einen zweiten Laser L2 zum Nachweis (Abb.6.7). Die dabei entstehenden Photoionen oder Elektronen werden durch ein elektrisches Feld abgezogen und auf die Kathode eines Teilchen-Multipliers beschleunigt. Jedes Ion oder Elektron erzeugt dort eine Elektronenlawine und am Ausgang des Multipliers einen elektrischen Impuls, der gezählt wird. Wenn man jedes Ion bzw. Elektron sammelt, läßt sich auf diese Weise jeder einzelne Übergang von $|k\rangle$ ins Ionisationskontinuum nachweisen. Die Empfindlichkeit der Methode kann man folgendermaßen abschätzen:

Bei einer Intensität I des ionisierenden Lasers ist die Photonenflußdichte $n_{L2} = I/h\nu_2$ [cm^{-2}/s]. Ist σ_{kI} [cm^2] der Wirkungsquerschnitt für die Photoionisation des Zustandes $|k\rangle$, so wird die Ionenrate S [Zahl der Photoionen pro Sekunde]

$$S_I = N_k \sigma_{kI} n_{L2} \, . \tag{6.11}$$

Die Besetzungsdichte des angeregten Zustandes ergibt sich im stationären Fall aus der Besetzungsdichte N_i des unteren Zustandes und dem Photonenfluß n_{L1} des 1. Lasers:

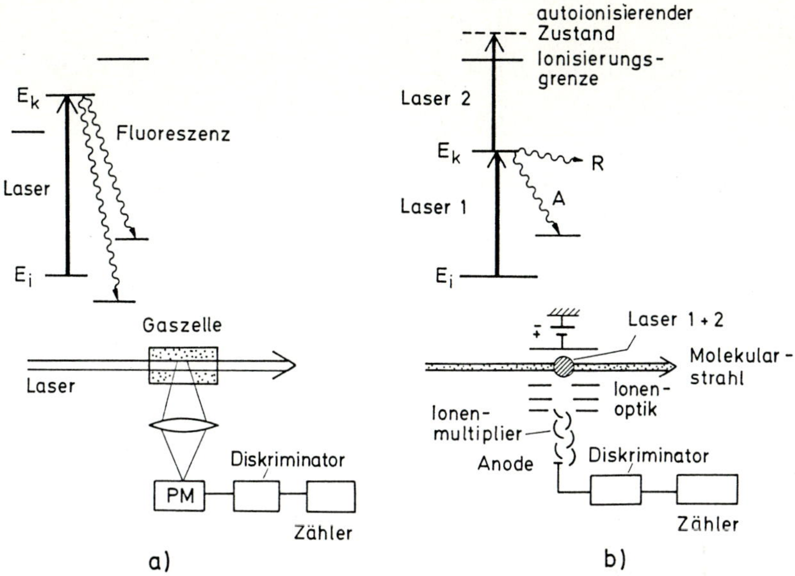

Abb.6.7. Termschema und experimentelle Anordnung für Anregungsspektroskopie (**a**) und Ionisationsspektroskopie (**b**)

$$\frac{dN_k}{dt} = 0 = N_i \sigma_{ik} n_{L1} - N_k(A_k + \sigma_{kI} n_{L2}) \, ,$$

$$N_k = N_i \left(\frac{\sigma_{ik} n_{L2}}{A_k + \sigma_{kI} n_{L2}} \right) .$$

Setzt man N_k in (6.11) ein, so erhält man für die Ionenrate

$$S_I = N_i \left(\frac{\sigma_{ik} n_{L1}}{1 + A_k/(\sigma_{kI} n_{L2})} \right) . \tag{6.12}$$

Man sieht daraus, daß die Ionenrate gleich der Rate $N_i \sigma_{ik} n_{L1}$ der auf dem Übergang $|i\rangle \rightarrow |k\rangle$ absorbierten Photonen $h\nu_1$ wird, wenn

$$\sigma_{kI} n_{L2} >> A_k \tag{6.13}$$

ist. *In diesem Fall kann also jedes absorbierte Photon nachgewiesen werden.*

Wir wollen uns an einem Beispiel klarmachen, ob dieses Ziel erreichbar ist:

Typische Wirkungsquerschnitte für Photoionisation liegen bei $\sigma_{kI} = 10^{-17}$ cm^2, während die spontanen Lebensdauern etwa bei $\tau = 10^{-8}$ s liegen, also $A_k \simeq 10^8$ ist. Um daher $\sigma_{kI} n_{L2} = A_k$ zu machen (dies würde bedeuten, daß $S_I = \frac{1}{2} \sigma_{ik} N_{L1}$; d.h. jedes 2. Photon $h\nu_1$ würde nachgewiesen werden), muß $n_{L2} = 10^{25}$ cm^{-2}/s sein. Mit gepulsten Lasern ist dies ohne Fokussieren zu realisieren.

Beispiel 6.2

Excimerlaser: 100 mJ/Puls, $\Delta T = 10$ ns, Laserstrahl-Querschnitt 1 cm^2: $\Rightarrow$ $n_{L2} = 2 \cdot 10^{25}$ $cm^{-2}s^{-1}$.

Mit einem cw Laser muß man den ionisierenden Laser in einen kleinen Bündelquerschnitt fokussieren, um die obige Bedingung zu erreichen.

Beispiel 6.3

CW Argonlaser mit 10 W Leistung bei $\lambda = 488$ nm ($\hat{=} 2,5 \cdot 10^{19}$ Photonen/s). Um einen Photonenfluß von $n_{L2} = 10^{25}$ $cm^{-2}s^{-1}$ zu erreichen, muß man daher auf eine Fläche von $2,5 \cdot 10^{-6}$ cm^{-2} fokussieren, d.h. auf einen Durchmesser von etwa 10 μm.

Oft läßt sich der Laser L2 auf Übergänge von $|k\rangle$ in autoionisierende Rydberg-Zustände oberhalb der Ionisierungsgrenze abstimmen. Für solche Übergänge ist σ_{kI} um bis zu drei Größenordnungen höher, so daß man die Bedingung (6.13) bereits mit kleineren Intensitäten erfüllen kann.

Bei der resonanten Zweistufen-Ionisation von Molekülen mit 2 kontinuierlichen Lasern tritt folgendes Problem auf. Die angeregten Moleküle fliegen während ihrer spontanen Lebensdauer von $\tau \simeq 10$ ns bei thermischen Geschwindigkeiten von $v \simeq 500$ m/s im Mittel nur eine Strecke von $\Delta s \simeq 5$ μm, bevor sie durch Fluoreszenz in tiefere Zustände übergehen. Da diese tieferen Zustände im allgemeinen vom Ausgangszustand $|i\rangle$ verschieden sind, können sie nach der Fluoreszenzemission nicht mehr durch den Laser L1 hochgepumpt werden und gehen damit für den Nachweis durch den ionisierenden Laser L2 verloren. Der Laser L1 muß daher, genau wie L2 fokussiert werden (muß aber wegen $\sigma_{ik} >> \sigma_{kI}$ viel schwächer sein) und beide Fokii müssen innerhalb von ≤ 10 μm übereinanderliegen.

Eine technische Lösung dieses Problems für die Ionisationsspektroskopie in Molekularstrahlen wird in Abb.6.8 gezeigt [6.5]. Die beiden Laser werden durch zwei optische Glasfaser eingekoppelt, deren Enden dicht beieinander liegen. Das aus den Glasfasern austretende divergente Licht wird durch eine Kombination aus sphärischer und zylindrischer Linse zu einem schmalen „Lichtteppich" mit etwa 2×0.01 mm^2 fokussiert, durch den alle Moleküle des Molekularstrahls fliegen. Durch Drehen der beiden Fasern lassen sich die beiden Fokallinien von L1 und L2 genau übereinander legen. Es zeigt sich, daß man ein maximales Ionensignal erhält, wenn die Fokallinie von L2 in Flugrichtung der Moleküle gesehen etwas vor der von L1 liegt, weil bereits alle Moleküle in der Flanke des Gauß-Profils von L1 von $|i\rangle$ nach $|k\rangle$ gepumpt werden und deshalb dort das Intensitätsmaximum von L2 liegen sollte (Abb. 6.8, links).

Bei echten Zweiniveau-Systemen mit dem Übergang $|i\rangle \rightarrow |k\rangle$, wie sie z.B. mit Atomen realisiert werden können, tritt dieses Problem des optischen Pumpens in verlorene Zustände nicht auf. So kann man z.B. beim Na-Atom mit der Wahl des richtigen Hyperfeinstruktur-Überganges ein

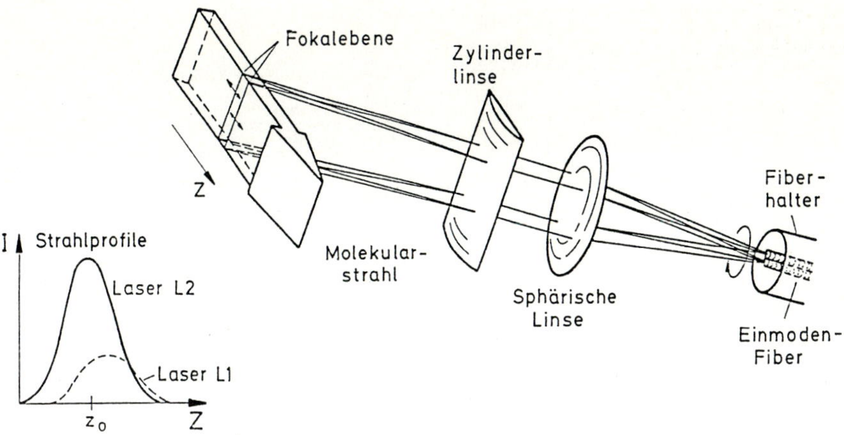

Abb.6.8. Glasfasereinkopplung für die Zweiphotonen-Ionisation in einem Molekularstrahl. Der Einschub zeigt die optimale Lage der beiden Strahlprofile, wenn der Molekularstrahl in z-Richtung läuft

Atom nach seinem Fluoreszenzübergang immer wieder von $|i\rangle$ nach $|k\rangle$ pumpen. Hier braucht man daher die beiden Laser nicht unbedingt zu fokusieren.

Die resonante Zweistufen-Ionisation stellt die bisher empfindlichste Nachweismethode dar. Wenn der anregende Laser L1 alle Atome bzw. Moleküle, die durch den Laserstrahl fliegen, anregt, dann lassen sich bei Erfüllung der Bedingung (6.13) *einzelne* Atome bzw. Moleküle detektieren [6.18, 19], wobei dies, wie oben erläutert, für Atome leichter zu realisieren ist als für Moleküle.

Es gibt eine Anzahl von Varianten dieser Methode, die darauf basieren, daß L2 nicht direkt photoionisiert, sondern hochliegende gebundene Zustände dicht unterhalb der Ionisierungsgrenze anregt. Diese Zustände werden dann entweder durch ein drittes Laserphoton [6.20], ein elektrisches Feld [6.21] oder durch Stöße mit Elektronen, Ionen oder Atomen ionisiert [6.22]. Die Feldionisation eines Elektrons in einem hochliegenden Rydberg-Zustand wird in Abb.6.9 illustriert. Durch die Überlagerung des Coulomb-Feldes mit dem äußeren Feld (z.B. in einem Plattenkondensator) wird die Ionisierungsgrenze in einer Raumrichtung abgesenkt. Selbst Zustände, die unterhalb des Potentialwalls liegen, können durch den Tunneleffekt ionisieren.

Die Stoßionisation von Rydberg-Zuständen wird in der „thermionischen Heatpipe" [6.23] ausgenutzt (Abb.6.10). Zwischen dem geheizten Kathodendraht und der Anode (Wand der „Heatpipe") wird nur eine so kleine Spannung (wenige Volt) angelegt, daß das System, welches die zu untersuchenden Atome bzw. Moleküle als Gas oder Dampf enthält, wie eine Diode im raumladungsbegrenzten Bereich arbeitet. Werden nun durch zwei übereinanderliegende Laserstrahlen, die parallel zum Kathodendraht durch das Raumladungsgebiet laufen, durch Zweistufen-Anregung Rydberg-Zustände bevölkert, so werden diese durch Stöße mit den Elektronen der Raumladungswolke ionisiert. Wegen seiner viel kleineren Beweglichkeit hält

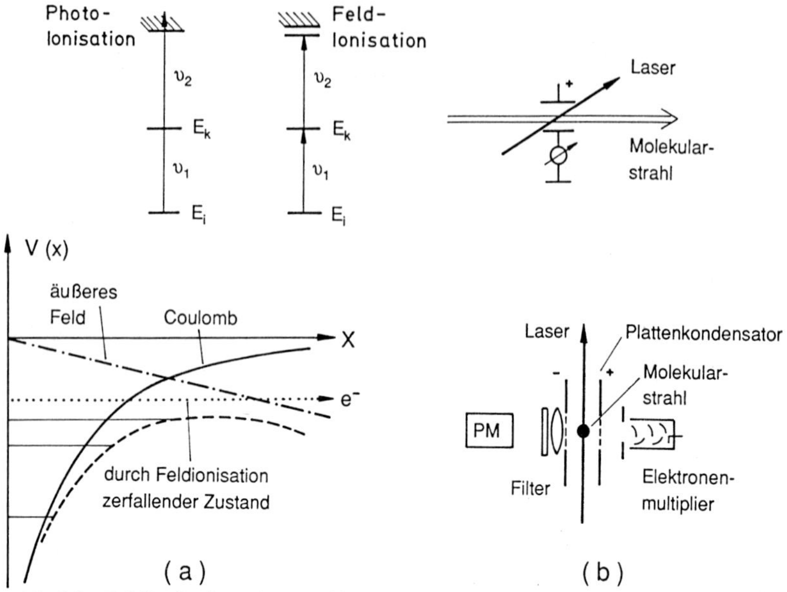

Abb.6.9. Feldionisation des Rydbergzustandes (**a**) und schematische experimentelle Anordnung zur Feldionisation in einem Molekularstrahl (**b**)

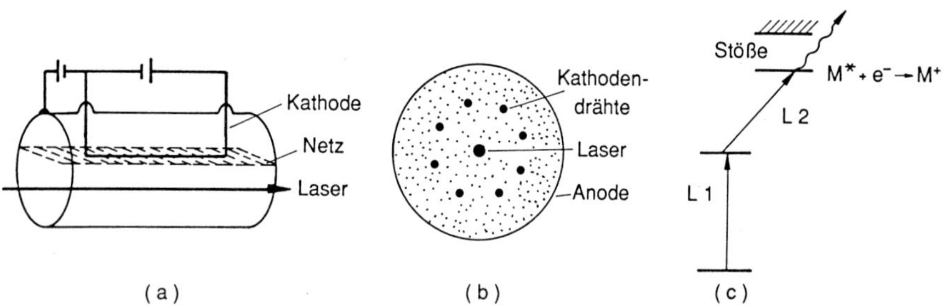

Abb.6.10. Zwei Ausführungsformen (**a**) und (**b**) einer „thermionischen Headpipe" mit praktisch feldfreier Anregungszone. In (**a**) wird die feldfreie Anregungszone von der Nachweiszone durch ein Gitter, durch das die Ionen diffundieren, abgeschirmt. In (**b**) ist die Anregungsachse durch die Symmetrie der Kathodenanordnung feldfrei. Termschema der Stoßionisation in der Raumladungszone (**c**)

sich ein Ion wesentlich länger im Raumladungsgebiet auf als ein Elektron. Seine positive Ladung kompensiert daher im Mittel viele Elektronenladungen, und der Diodenstrom steigt um

$$\Delta I = eN\Delta t_{ion}/\Delta t_{el} = eMN\ , \qquad (6.14)$$

wobei N die Zahl der pro Sekunde erzeugten Ionen und Δt die Verweilzeit für Ionen bzw. Elektronen in der Raumladungszone ist. Der „Verstärkungsfaktor" M kann Werte bis $M = 10^5$ annehmen.

Mit der „thermionischen Heatpipe" sind sehr empfindliche und genaue Messungen atomarer Rydbergzustände durchgeführt worden [6.24, 25].

Durch besondere Anordnung der Elektroden kann man eine praktisch feldfreie Anregungszone realisieren, so daß Rydberg-Zustände bis zur Hauptquantenzahl N = 300 ohne Stark-Verschiebung untersucht werden konnten [6.26].

Eine ausführliche Darstellung der Resonanz-Ionisationsspektroskopie und ihrer Anwendungen findet man in [6.18,27].

6.2.5 Optogalvanische Spektroskopie

Die optogalvanische Spektroskopie nutzt als Meßgröße die Stromänderung ΔI aus, die in einer Gasentladung auftritt, wenn sich die Besetzungsdichten N_k eines oder mehrerer Niveaus $|k\rangle$ von Atomen, Molekülen oder Ionen ändert. Das Prinzip dieser Technik [6.28] ist in Abb.6.11 dargestellt.

Der Strahl eines durchstimmbaren Lasers (z.B. Farbstofflasers) wird durch die Gasentladung geschickt. Wird die Frequenz ν_L des Lasers auf einen Übergang $|i\rangle \rightarrow |k\rangle$ des Entladungsgases abgestimmt, so ändern sich durch die Absorption der Laserphotonen die Besetzungsdichten N_i um ΔN_i und N_k um ΔN_k. Da die Ionisierungswahrscheinlichkeit $P_I(E)$ für die einzelnen Niveaus im allgemeinen unterschiedlich ist, ändern sich Ionen- und Elektronendichte in der Gasentladung und damit der Strom I bei vorgegebener Spannung U. Wird die Gasentladung über einen Vorwiderstand R von einem Netzgerät konstanter Spannung U betrieben, so kann man am Widerstand R ein Spannungssignal der Frequenz f und der Amplitude

$$\Delta U = R\Delta I = a\left[\Delta N_i P_I(E_i) + \Delta N_k P_I(E_k)\right] \tag{6.15}$$

abgreifen, wenn der Laser mit der Frequenz f periodisch unterbrochen wird.

Eine genauere Betrachtung des optogalvanischen Effektes [6.29] muß auch die Änderung der Elektronen-Energieverteilung durch die Besetzungsänderung (ΔN_k, ΔN_i) berücksichtigen, sowie Stoßprozesse in der Gasentladung, welche diese Besetzungsänderung auch auf andere Niveaus teilweise übertragen können.

In dem einfachen Zweizustandsmodell, das (6.15) zugrunde liegt, ist $\Delta N_i = -\Delta N_k$, und man sieht, daß die Spannungsänderungen ΔU sowohl positiv $[P_I(E_i) > P_I(E_k)]$ als auch negativ sein können. Am Ausgang des Lock-in-Verstärkers erhält man daher beim Durchfahren eines optogalvanischen Spektrums sowohl positive als auch negative Signale (Abb.6.12).

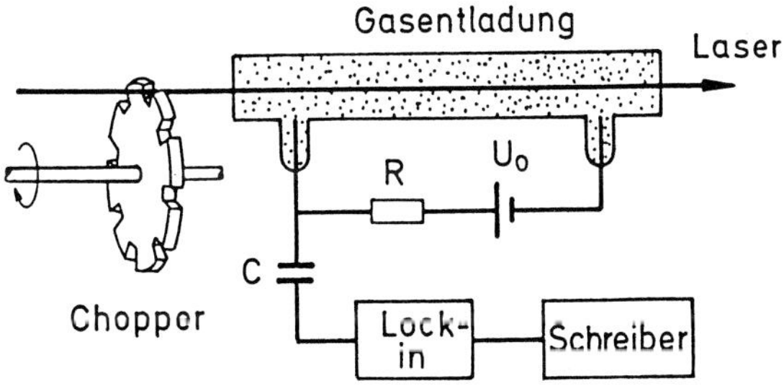

Abb.6.11. Experimentelle Anordnung bei der optogalvanischen Spektroskopie

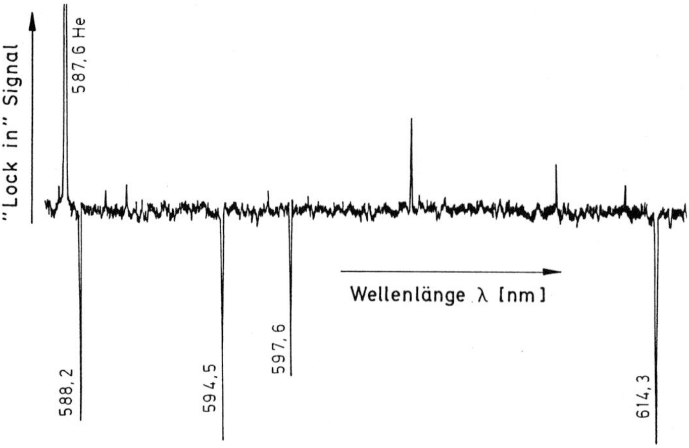

Abb.6.12. Optogalvanisches Spektrum einer Neon-Entladung, aufgenommen mit einem breitbandigen Farbstofflaser

Die optogalvanische Spektroskopie ist eine experimentell recht einfache Technik, die aber hervorragend geeignet ist, hochliegende Zustände von Atomen, Ionen und Molekülen mit sichbaren Laserstrahlen spektroskopisch zu erfassen. Auch Materialien wie Wolfram, Thorium, Uran usw., die schwer thermisch zu verdampfen sind, lassen sich durch Sputtern in einer Hohlkathodenentladung, bei der die Innenwand der Hohlkathode mit dem zu untersuchenden Material ausgekleidet ist, in genügender Dichte erzeugen (Abb.6.13), um mit dieser Methode spektroskopisch untersucht werden zu können [6.30, 31].

Inzwischen sind auch eine große Zahl stabiler Moleküle, die zu einem Trägergas gemischt werden, mit Hilfe der optogalvanischen Spektroskopie untersucht worden [6.32]. Von besonderem Interesse ist die Spektroskopie von Molekülradikalen und instabilen Zwischenprodukten, die durch Fragmentation in der Gasentladung entstehen und die in den extrem dünnen Plasmen in Molekülwolken sich bildender Sterne eine Rolle spielen.

Auch für die Untersuchung der Anregungs- und Ionisationsprozesse in Flammen sowie für die Spurenanalyse hat sich die optogalvanische Spektroskopie bewährt [6.33].

6.2.6 Optothermische Spektroskopie

Für die Spektroskopie von Schwingungs-Rotations-Übergängen in Molekülen ist die Anregungsspektroskopie nicht optimal geeignet, wie am Ende von Abschnitt 6.2.2 diskutiert wurde. Auch die Ionisationsspektroskopie ist hier nur begrenzt einsetzbar, weil die vom 1. Laser angeregten Niveaus energetisch tief liegen und der 2. Laser daher oft nicht nur die vom infraroten angeregten, sondern auch unspezifisch alle thermisch besetzten Nachbarniveaus ionisieren kann. Die optoakustische Spektroskopie ist auf Stöße angewiesen und daher nur für Gase bei bestimmtem Mindestdruck oder bei Zusatz von Fremdgas anwendbar.

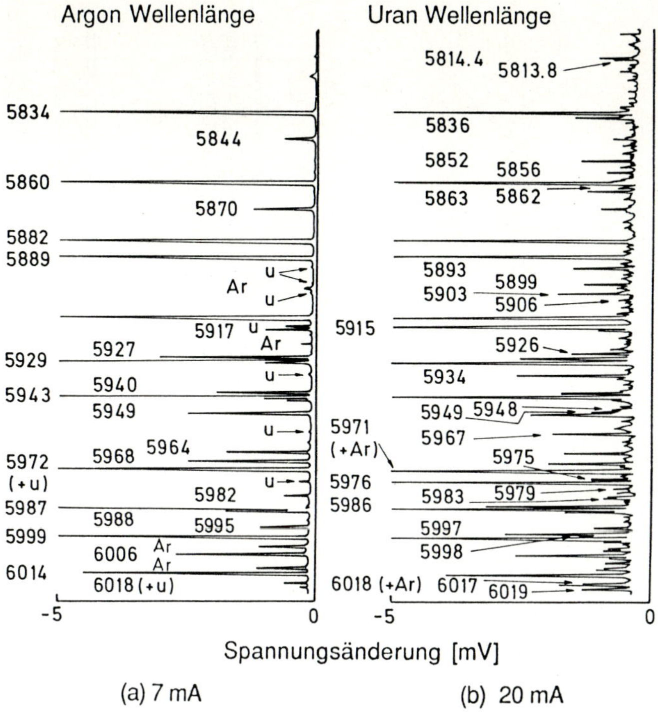

Abb.6.13. Optogalvanisches Spektrum einer Uran-Hohlkathode. Bei 7 mA Entladungsstrom (*oberes Spektrum*) sieht man überwiegend die Argonlinien des Trägergases, während bei 10 mA auch die Uranlinien durch die erhöhte Sputterausbeute (*unteres Spektrum*) auftreten [6.30]

Für die Infrarotspektroskopie von Molekülen in einem Molekularstrahl wurde deshalb eine Methode entwickelt, welche die lange Lebensdauer von Schwingungs-Rotationsniveaus im elektronischen Grundzustand und die Bedingung der Stoßfreiheit in einem Molekularstrahl ausnutzt [6.34]. Bei dieser „optothermischen Spektroskopie" treffen die Moleküle in einem Molekularstrahl nach Durchlaufen der Wechselwirkungszone auf ein gekühltes Bolometer (Abb.6.14). Dort geben sie ihre Energie (Translations-Energie und Schwingungs-Rotations-Energie) ab und erwärmen dadurch das Bolometer auf die Temperatur T.

Werden die Moleküle von einem durchstimmbaren Infrarotlaser (z.B. Diodenlaser oder Farbzentrenlaser) angeregt, so erhöht sich ihre Schwingungs-Rotations-Energie um $\Delta E = h\nu$. Dies führt zu einer Temperaturerhöhung ΔT des Bolometers, die über eine entsprechende Widerstandsänderung ΔR gemessen wird. Die Methode setzt voraus, daß die Lebensdauer der angeregten Niveaus größer ist als die Flugzeit vom Anregungsort bis zum Bolometer.

Um die Nachweisempfindlichkeit zu steigern, wendet man folgende experimentelle Tricks an: Die dem Bolometer pro Sekunde durch die angeregten Moleküle zusätzlich zugeführte Wärmemenge ist

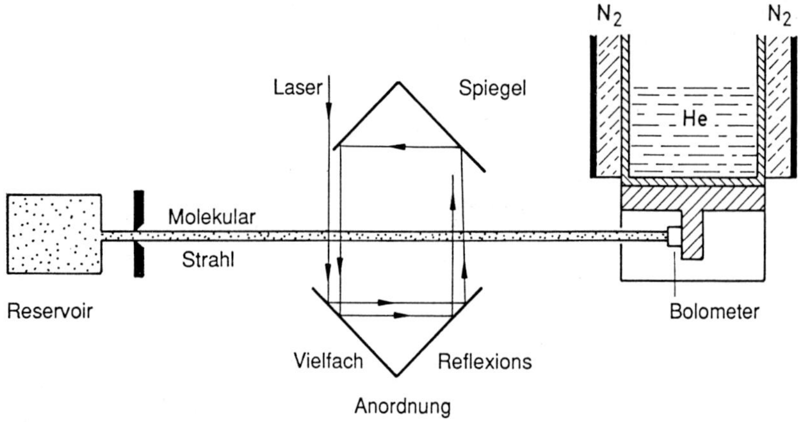

Abb.6.14. Opto-thermische Spektroskopie. Experimentelle Anordnung mit He-gekühltem Bolometer

$$\frac{dQ}{dt} = n\Delta E = nh\nu ,$$

wenn n die Zahl der pro Sekunde auf das Bolometer auftreffenden angeregten Moleküle ist. Die Temperatur T des Detektors wird dann durch die Gleichung

$$nh\nu = C\,\frac{dT}{dt} + G(T-T_0) \tag{6.16}$$

bestimmt (Abschn.4.5.1), wobei C die Wärmekapazität, G die Wärmeverlust-Rate des Bolometers an die Umgebung und T_0 die Temperatur für n = 0 ist. Im stationären Betrieb wird dT/dt = 0 und wir erhalten aus (6.16)

$$\Delta T = T - T_0 = \frac{nh\nu}{G} . \tag{6.17}$$

Die Zeitkonstante des Bolometers ist durch den Quotienten $\tau = C/G$ bestimmt. Man muß daher C und G klein machen, um große Empfindlichkeit bei genügend kleiner Zeitkonstante zu erreichen.

Die Widerstandsänderung

$$\Delta R = \frac{dR}{dT}\Delta T$$

wird umso größer, je größer die Temperaturabhängigkeit dR/dT des Bolometers wird. Dies erreicht man für Halbleiter bei tiefen Temperaturen, z.B. bei wenigen Kelvin. Einen noch steileren Anstieg vom dR/dT erhält man für Supraleiter bei der Sprungtemperatur T_c, also im Übergangsgebiet zwischen Normal- und Supraleitung. Wählt man supraleitende Materialien für das Bolometer, so muß man jedoch die Temperatur immer bei der Übergangstemperatur T_c halten. Dies geschieht durch einen Temperaturregel-

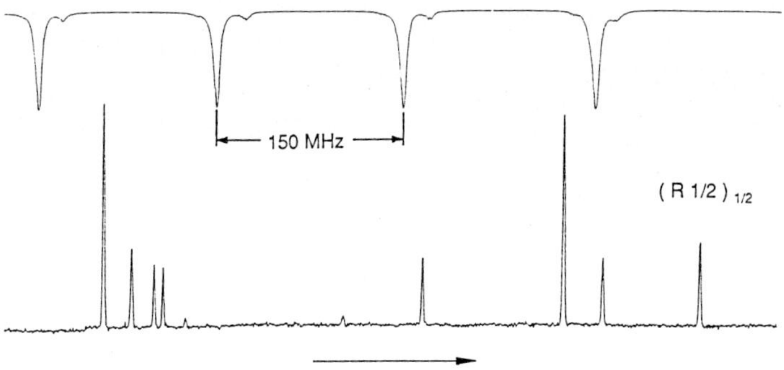

Abb.6.15. Schwingungs-Rotations-Übergang v = 0→2; J = 1/2→3/2 des NO-Moleküls mit aufgelöster HFS, aufgenommen mit Hilfe der optothermischen Spektroskopie in einem Molekularstrahl [6.35]

kreis, der bei Änderung von dQ/dt ein Regelsignal erzeugt, das die Temperatur konstant hält. Die Größe dieses Signals, die proportional zu dQ/dt ist, dient als Detektorsignal.

Mit einem solchen Detektor lassen sich bei Temperaturen um 4 K noch Leistungen $dQ/dt \simeq 10^{-12}$ W nachweisen. Um die Empfindlichkeit der Methoden zu demonstrieren, ist in Abb.6.15 das Infrarot-Spektrum eines Schwingungs-Rotations-Überganges des NO Moleküls mit aufgelöster Hyperfeinstruktur gezeigt, das in einem kollimierten NO-Strahl mit einem Farbzentrenlaser aufgenommen wurde [6.35].

6.2.7 Absorptionsspektroskopie innerhalb des Laserresonators

Bringt man die absorbierende Probe in den Laserresonator, so kann die Nachweisempfindlichkeit in günstigen Fällen um viele Größenordnungen höher sein als bei der in Abschnitt 6.1 beschriebenen Einwegabsorption. Man kann dabei drei verschiedene Effekte ausnutzen:

1) Innerhalb eines Laserresonators, dessen einer Endspiegel das Reflexionsvermögen $R_1 \simeq 1$ und der andere das Transmissionsvermögen T_2 haben möge, ist die Laserleistung um den Faktor $q = 1/T_2$ größer als ausserhalb des Resonators. Bringt man eine Absorptionszelle der Länge L in den Resonator, so ist die von dieser Probe bei der Frequenz ω absorbierte Leistung bei der Laserausgangsleistung P

$$P(\omega) = qP\alpha(\omega)L\ . \tag{6.18}$$

Mißt man diese absorbierte Leistung direkt, z.B. über die von den absorbierenden Molekülen emittierte Fluoreszenz (Abschn.6.2.2) oder über die Druckerhöhung in der Absorptionszelle (Abschn.6.2.3) so erhält man dabei ein q mal so großes Signal wie bei der Einwegabsorption (Abb.6.16). Mit einem praktisch realisierbaren Wert $T_2 = 0.01$ wird $q = 100$, und die absorbierte Leistung steigt auf das Hundertfache der Einwegabsorption an, solange Sättigungseffekte vernachlässigt werden können (Abb.6.16).

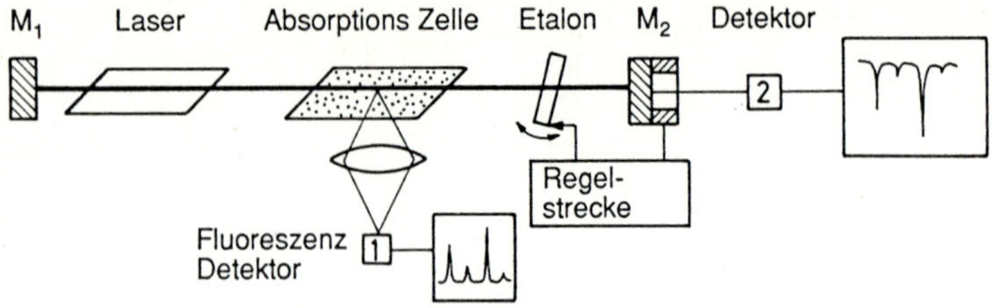

Abb.6.16. Spektroskopie innerhalb des Laserresonators

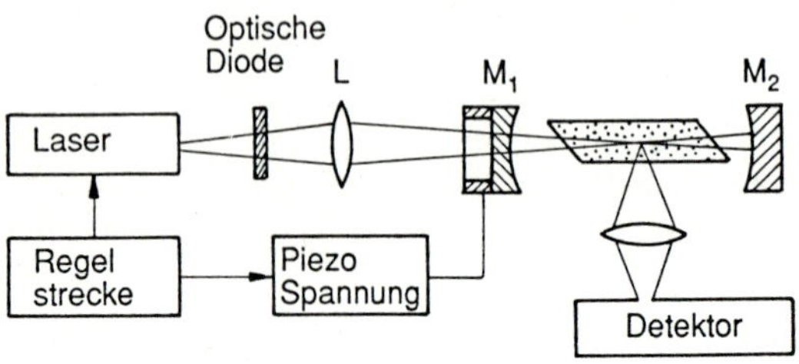

Abb.6.17. Spektroskopie in einem externen Resonator, der synchron mit der Laserwellenlänge mit Hilfe eines Piezoelementes durchgestimmt wird

Eine andere Betrachtungsweise für dieselbe Tatsache geht davon aus, daß jedes Laserphoton im Mittel $q = 1/T_2$ mal im Resonator hin- und herläuft, und deshalb die Absorptionslänge q mal höher als bei der Einwegabsorption ist.

Man kann statt des Laserresonators auch einen eigenen, passiven Resonator für die absorbierende Probe verwenden (Abb.6.17). Paßt man die Ausgangswelle des Lasers durch eine entsprechende optische Abbildung an die Resonatorparameter an, so lassen sich wegen der geringeren Verluste des passiven Resonators große Intensitäten im Resonator, d.h. große Werte für q erreichen. Die Verwendung eines solchen passiven Resonators ist dann vorzuziehen, wenn man aus technischen Gründen die Probe nicht in den Laserresonator bringen kann. Man muß allerdings dann den äußeren Resonator beim Durchstimmen der Laserfrequenz synchron mit durchstimmen.

2) Eine andere Nachweismöglichkeit für kleine Absorptionen benutzt die Abhängigkeit der Laserausgangsleistung von den Verlusten im Resonator bei vorgegebener Pumpleistung. Dicht oberhalb der Oszillationsschwelle können bereits geringe Änderungen dieser Verluste zu drastischen Änderungen der Ausgangsleistung führen. Dies hat folgenden Grund:

Bei fester Pumpleistung nimmt die Verstärkung G(I) des aktiven Mediums mit zunehmender Laserintensität I im Resonator ab (Sättigung), weil die Inversion durch die induzierte Emission abgebaut wird. Im stationären Betrieb stellt sich I so ein, daß die Gesamtverstärkung G(I) genau die Gesamtverluste γ des Resonators kompensiert (Abschn. 5.4). Bringt man in den Resonator eine Probe mit dem Absorptionskoeffizienten $\alpha(\omega)$ und der Länge L, so sinkt I infolge der zusätzlichen Verluste $\Delta\gamma = 2\alpha L$ auf den Wert $I-\Delta I$. Dabei ist ΔI dadurch festgelegt, daß die größere Verstärkung $G(I-\Delta I)$ gerade wieder die größeren Verluste $\gamma+\Delta\gamma$ kompensiert. Wie man

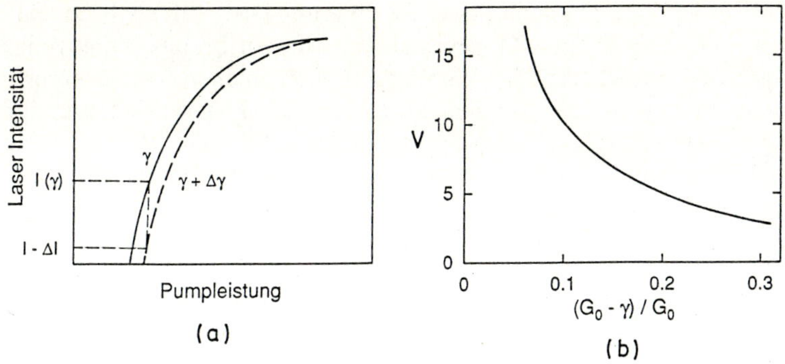

Abb.6.18. Laserausgangsleistung und ihre Änderung bei zusätzlichen Verlusten $\Delta\gamma$ als Funktion der Pumpleistung (**a**) und Verstärkungsfaktor V gegenüber der Einwegabsorption als Funktion der Pumpleistung oberhalb der Schwelle (**b**)

aus Abb.6.18 sieht, ist die relative Intensitätsänderung $\Delta I/I$ bei kleinem I, d.h. dicht oberhalb der Schwelle, besonders groß, so daß dort eine vorgegebene Absorptionsänderung $\Delta\gamma = \Delta G(I)$ bei konstanter Pumpleistung zu großen relativen Intensitätsänderungen führt.

Aus (5.34) ergibt sich für die relative Intensitätsänderung $\Delta I/I = [I(\gamma)-I(\gamma+\Delta\gamma)]/I$ bei einer ungesättigten Verstärkung $G_0 = G(I=0)$

$$\frac{\Delta I}{I} = \frac{G_0}{G_0 - \gamma}\,\frac{\Delta\gamma}{\gamma + \Delta\gamma}\,. \tag{6.19}$$

Gegenüber der Einwegabsorption ($\Delta I/I - \Delta\gamma$) erhält man also eine Verstärkung der relativen Intensitätsänderung um den Faktor

$$V = \frac{G_0}{G_0 - \gamma}\,\frac{1}{\gamma + \Delta\gamma} \simeq \frac{G_0/\gamma}{G_0 - \gamma}\,, \quad \text{wenn} \quad \Delta\gamma << \gamma\,. \tag{6.20}$$

Bei Pumpleistungen weit oberhalb der Laserschwelle ist die ungesättigte Verstärkung $G_0 >> \gamma$, und (6.20) geht über in $V = 1/\gamma$. Sind die Resonatorverluste hauptsächlich durch die Transmission $T_2 - 1/q$ des Auskoppelspiegels bestimmt, so wird $V = 1/\gamma = q$. Die relative Intensitätsänderung ist dann q mal größer als bei der Einwegabsorption, genau wie die Signalverstärkung beim Effekt *1* oben.

Dicht oberhalb der Schwelle ist G_0 jedoch nur wenig größer als γ, d.h. $G_0-\gamma << G_0$. Der Verstärkungsfaktor V kann dann sehr große Werte annehmen. Die praktisch erreichbare Verstärkung des Absorptionssignals ist im wesentlichen begrenzt durch die zunehmende Instabilität der Laserintensität gegen die Schwelle hin und durch die Tatsache, daß bei sehr kleiner Laserintensität die spontane Emission in Richtung der Laseremission nicht mehr vernachlässigbar ist und die Messung stört.

3) Wir hatten bei Punkt *2* angenommen, daß der Laser nur in einer Mode schwingt. Die größte Nachweisempfindlichkeit für geringe Absorptionen im Laserresonator erreicht man jedoch mit Lasern, die gleichzeitig in

vielen, miteinander gekoppelten Moden oszillieren. Dies trifft z.B. zu auf Farbstofflaser ohne zusätzliche Modenselektion, die ein breites, homogenes Verstärkungsprofil haben (Abschn.5.3.5). Bei einem solchen Verstärkungsprofil können im Prinzip die gleichen Moleküle des aktiven Mediums zur Verstärkung aller Frequenzen ω_i der verschiedenen Moden innerhalb der homogenen Linienbreite beitragen. Dies führt zu einer Kopplung zwischen den Moden, wodurch die Empfindlichkeit für die selektive Absorption einer Mode erheblich größer werden kann. Dies läßt sich folgendermaßen einsehen:

Der Laser möge gleichzeitig auf M Moden schwingen, von denen aber nur eine Mode mit einer Absorptionslinie der absorbierenden Probe innerhalb des Resonators überlappt. Diese Mode erfährt daher einen zusätzlichen Verlust $\Delta\gamma = \alpha(\omega_k)2L$, wodurch ihre Intensität abnimmt, und die Inversion des aktiven Mediums von dieser Mode weniger stark abgebaut wird. Bei homogenem Verstärkungsprofil werden die anderen Moden durch die gleichen Moleküle des aktiven Mediums verstärkt, und deren Verstärkung nimmt daher durch die Intensitätsabnahme der einen Mode zu. Ihre Intensität steigt, so daß die Inversion weiter abgebaut wird. Dies vermindert aber wiederum die Verstärkung der einen Mode; ihre Intensität nimmt weiter ab. bei genügend starker Kopplung führt dieses Wechselspiel dazu, daß die durch die zusätzliche Absorption benachteiligte Mode vollständig unterdrückt wird. Nun ist im allgemeinen die Kopplung zwischen den Moden begrenzt, weil die entsprechenden stehenden Wellen im Resonator wegen ihrer etwas unterschiedlichen Wellenlänge ihre Bäuche und Knoten an verschiedenen Orten im aktiven Medium haben, so daß sich die Volumina des aktiven Mediums für die verschiedenen Moden nur teilweise überlappen („spatial hole-burning", Abschn.5.3.3). Man kann dadurch bei geeigneter Pumpleistung erreichen, daß die absorbierende Mode nicht vollständig unterdrückt wird, sondern nur eine starke Intensitätsabnahme erfährt.

Eine genauere Rechnung [6.36] ergibt für die Verstärkung V der Nachweisempfindlichkeit gegenüber derjenigen bei Einwegabsorption ausserhalb des Resonators

$$V = \frac{G_0}{G_0 - \gamma} \frac{1}{\gamma + \Delta\gamma}(1 + MK) , \tag{6.21}$$

wobei K ein Maß für die Kopplung zwischen der absorbierenden Mode und allen anderen Moden ist. Bei fehlender Kopplung (K=0) erhält man dasselbe Ergebnis wie (6.20) beim Einmodenlaser. Für K = 1 wird der Verstärkungsfaktor V proportional zur Zahl der Moden M. Haben die absorbierenden Moleküle mehrere Absorptionslinien innerhalb der Bandbreite des Laser-Verstärkungsprofils, so sind die Lasermoden, die mit Absorptionslinien zusammenfallen, geschwächt oder ganz ausgelöscht. Im Ausgangsspektrum des Lasers erscheinen also bei den entsprechenden Wellenlängen Minima, deren Tiefe um den Faktor V größer ist als bei der Einwegabsorption. Der Faktor M in (6.21) gibt jetzt das Verhältnis der Zahl aller Moden zur Zahl der unterdrückten Moden an. Dies ist bei gleichmäßiger Modendichte gleich dem Verhältnis der Spektralbreite des homogenen Verstärkungsprofiles zu dem der Absorptionslinien.

Wird die Ausgangsstrahlung des Lasers durch einen Spektrographen dispergiert, so kann man den Intensitätseinbruch bei allen Laserfrequenzen ω_k, bei denen Absorptionslinien im Laserresonator liegen, gleichzeitig nachweisen.

Bei gepulsten Lasern spielt die Dauer des Laserpulses eine begrenzende Rolle, solange sie kürzer ist als die Einschwingzeit bei den durch die Kopplung bewirkten Energieaustauschvorgängen zwischen den Moden [6.37, 38]. Die Empfindlichkeitsverstärkung V ist daher im allgemeinen kleiner als bei kontinuierlicher Laserstrahlung. Man kann jedoch durch Messung der Stärke der „Intracavity"-Absorption als Funktion der Unterbrecherfrequenz eines periodisch unterbrochenen Farbstofflasers den Absorptionskoeffizienten $\alpha(\omega)$ quantitativ bestimmen [6.38].

Die Nachweisempfindlichkeit dieser „Intracavity"-Absorption soll durch einige Anwendungsbeispiele illustriert werden:

1) *Childs* et al. [6.39] konnten mit dieser Methode und einem Blitzlampen-gepumpten Farbstofflaser Konzentrationen von $9\cdot 10^7$ Cs-Atomen/cm^3 in der Dampfphase nachweisen. Die Nachweisempfindlichkeit war dabei $2\cdot 10^3$ mal höher als bei der Einwegabsorption.

2) Die selektive Absorption einiger Moden eines cw Farbstofflasers durch Jodmoleküle im Laserresonator wurde dadurch nachgewiesen, daß die Änderung der laserinduzierten Fluoreszenz einer zweiten Jodzelle ausserhalb des Resonators als Monitor benutzt wurde [6.40]. Die Empfindlichkeitsverstärkung V erreichte bei dieser Anordnung Werte bis $V = 10^5$ und erlaubte den Nachweis von J_2-Molekülen noch bei Konzentrationen von $n < 10^8$ cm^{-3}.

3) Wie von *Atkinson* et al. [6.41] am Beispiel von NH_2 und HCO Radikalen gezeigt wurde, deren Konzentration nach der Photolyse von NH_3 zeitlich aufgelöst mit Hilfe eines Blitzlampen-gepumpten Farbstofflasers gemessen wurde, lassen sich auch kurzlebige Radikale in geringen Konzentrationen nachweisen.

4) Sehr schwache Obertonbanden $3 \leftarrow 0$ des verbotenen Überganges $^1\Sigma^+_g \leftarrow {}^3\Sigma^-_g$ im O_2 Molekül konnten bei einer Empfindlichkeit von $\alpha > 10^{-8}$ cm^{-1} im Resonator eines cw Farbstofflasers noch vermessen werden [6.42].

5) Die Kopplung der Lasermoden durch eine absorbierende Probe im Resonator wurde experimentell von *Baev* et al. [6.43] genauer untersucht. Die Autoren erreichten mit einem cw Farbstofflaser eine Empfindlichkeit von $\alpha < 10^{-9}$ cm^{-1}.

Für eine ausführliche Behandlung der Empfindlichkeit und Dynamik der „Intracavity"-Absorption wird auf die Literatur [6.38, 44] verwiesen.

6.3 Magnetische Resonanz- und Stark-Spektroskopie mit Lasern

Anstatt die Laserfrequenz über die Absorptionslinien von Molekülen durchzustimmen, kann man auch in vielen Fällen die Absorptionslinien mit Hilfe von magnetischen oder elektrischen Feldern über die zeitlich konstante Frequenz eines Festfrequenzlasers hinwegstimmen. Dies ist vor allem dann ein Vorteil, wenn in dem interessierenden Spektralbereich keine intensiven durchstimmbaren Laser, wohl aber starke Linien von Festfrequenzlasern zur Verfügung stehen. Als solche Spektralgebiete kommen vor allem die Bereiche um 5 und 10 μm in Frage, wo intensive Linien von CO-, N_2O- und CO_2-Lasern liegen, und im fernen Infrarot die Gebiete um 125 μm (H_2O-Laser) und 330 μm (HCN-Laser). Im ersten Bereich liegen viele Schwingungsübergänge, im zweiten Rotationsübergänge polarer Moleküle. Durch die Entwicklung optisch gepumpter Moleküllaser im fernen Infrarot hat sich die Zahl der verfügbaren Laserlinien stark erhöht [6.45, 46].

Die Methode der „Laser magnetischen-Resonanz (LMR) Spektroskopie" und der Stark-Spektroskopie ist bei Festfrequenzlasern beschränkt auf Moleküle mit genügend großem magnetischen bzw. elektrischen Dipolmoment, damit bei technisch realisierbaren äußeren Feldern eine hinreichend große Zeeman- bzw. Stark-Aufspaltung und damit Verschiebung der Absorptionslinien erzielt werden kann. Zum Nachweis der Absorption wird die Probe in den Laserresonator gebracht und die Änderung der Laserintensität gemessen als Funktion des äußeren Magnetfeldes bzw. elektrischen Feldes, in dem sich die Probe befindet (Abb.6.19). Durch diese „Intracavity"-Methode ist die Empfindlichkeit sehr hoch. Sie kann noch zusätzlich erhöht werden durch Modulation des Magnetfeldes während des Durchstimmens, so daß man die 1. Ableitung der Spektren erhält (Abschn. 6.1). Konzentrationen von $2 \cdot 10^8$ Moleküle/cm^3 konnten nachgewiesen werden bei Zeitkonstanten des Nachweissystems von 1 s [6.47, 48]

Wegen ihrer großen Empfindlichkeit eignet sich die LMR-Spektroskopie besonders gut zum Nachweis von Radikalen, die häufig nur in kleinen Konzentrationen vorliegen. So wurden z.B. alle bisher von Radioastronomen im interstellaren Raum nachgewiesenen Radikale mit Hilfe der LMR-Methode im Labor untersucht. Die Messungen erlaubten die präzise Bestimmung der Rotationskonstanten, Feinstrukturparameter und der magnetischen Momente. Die Identifizierung der gemessenen Spektren und die Zuordnung der Linien ist in vielen Fällen sogar möglich, wenn über die Molekülkonstanten noch nichts bekannt ist [6.49].

Statt die Absorption im Laserresonator durch die einzelnen Zeemann-Übergänge auszunutzen, kann man auch die Probe *außerhalb* des Laserresonators zwischen zwei gekreuzte Polarisatoren stellen (Abb.6.20). In einem longitudinalen Magnetfeld wird aufgrund des Faraday-Effektes die Polarisationsebene des transmittierten Lichtes gedreht, wenn seine Frequenz mit einem der Zeemann-Übergänge übereinstimmt. Dadurch empfängt der Detektor nur im Resonanzfall ein Signal, während der nichtresonante Untergrund durch die gekreuzten Polarisatoren unterdrückt wird [6.50]. Bei Modulation des Magnetfeldes kann die Empfindlichkeit durch phasenempfindlichen Nachweis weiter gesteigert werden (Abschn.6.1).

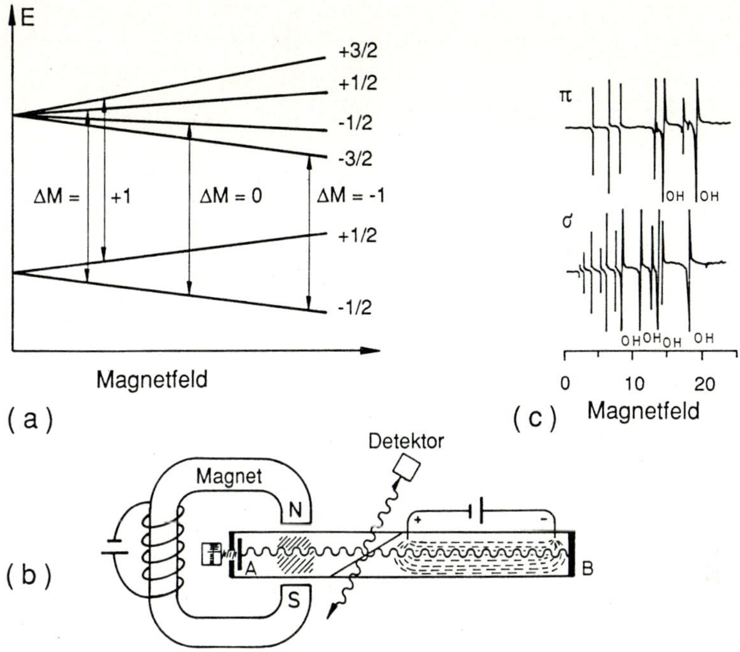

Abb.6.19. Lasermagnetische Resonanzspektroskopie (**a**) Termschema, (**b**) experimentelle Anordnung, (**c**) LMR-Spektrum von CH ($X^2\pi$) mit mehreren OH-Linien, gemessen in einer Sauerstoff-Azethylen-Flamme mit einem H_2O-Laser [6.47]

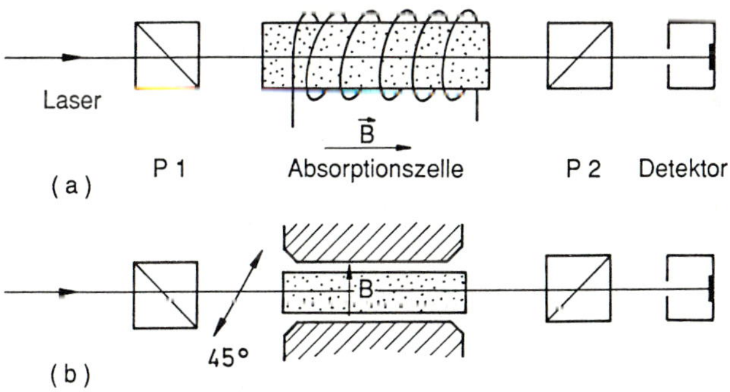

Abb.6.20. Schematische Anordnung für die LMR-Spektroskopie bei Ausnutzung des Faraday- (**a**) oder des Voigt-Effektes (**b**) [6.50]

Analog zur LMR-Technik benutzt die Stark-Spektroskopie die Verschiebung des Molekülniveaus durch *elektrische* Felder, so daß die Absorptionslinien in Resonanz mit einer Linie eines Festfrequenzlasers gebracht werden können. Mit dieser Methode wurden bisher vor allem kleinere Moleküle mit genügend großer Stark-Verschiebung untersucht, deren Rotationsspektren außerhalb des der Mikrowellenspektroskopie zugänglichen Bereiches liegen [6.51]. Um möglichst große elektrische Feldstärken zu erreichen, wählt man den Abstand zwischen den beiden Elektroden so klein wie möglich (typisch etwa 1 mm). Dadurch ist es im allgemeinen nicht mehr

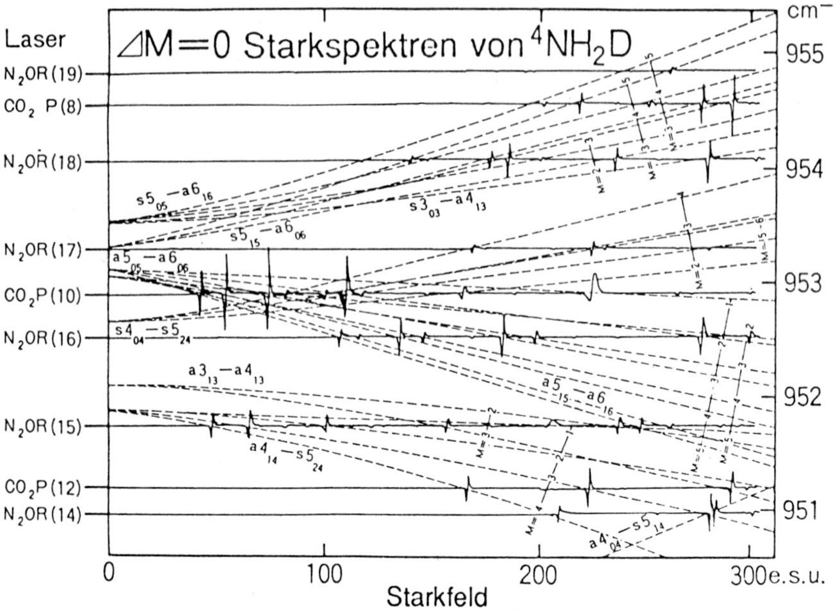

Abb.6.21. Stark-Spektren von $^{14}NH_2D$ mit $\Delta M = 0$, aufgenommen mit verschiedenen Laserlinien [6.51]

sinnvoll, die Absorptionszelle innerhalb des Resonators aufzustellen, weil durch die Begrenzung des Strahldurchmessers die Beugungsverluste zu groß werden. Man benutzt daher - wie bei der Faraday-Spektroskopie - die Absorption außerhalb des Resonators. Zur Erhöhung der Empfindlichkeit wird auch hier das elektrische Feld während des Durchstimmens moduliert und das differenzierte Spektrum hinter einem Lock-in-Verstärker aufgezeichnet, wie dies auch in der Mikrowellenspektroskopie üblich ist. Abbildung 6.21 zeigt als Beispiel das Stark-Spektrum von NH_3 bei Anregung mit mehreren CO_2- bzw. N_2O-Laserlinien.

Die bisher in der Stark-Spektroskopie am meisten verwendeten Laser sind der He-Ne-Laser bei $\lambda = 3{,}39\ \mu m$, der Xe-Laser bei $\lambda = 2\text{-}5\ \mu m$ und die vielen Linien der CO-, CO_2- und N_2O-Laser im Bereich von 5-10 μm. Da der Absolutwert vieler Laserfrequenzen mit einer Genauigkeit von 25-40 kHz bekannt sind, erreicht man in der Stark-Spektroskopie eine sehr hohe Genauigkeit in der Absolutmessung der Absorptionsfrequenzen. Man benutzt die verschiedenen Laserlinien oder ihre Summen- bzw. Differenzfrequenzen als Eichmarken und mißt die elektrische Feldstärke, bei der eine Moleküllinie in Resonanz mit einer Laserlinie kommt.

Bei Verwendung durchstimmbarer Laser kann man die Laserfrequenz in die Nähe einer molekularen Absorptionslinie abstimmen und braucht dann für die magnetische und elektrische Feinabstimmung kleinere Zeemann- bzw. Stark-Verschiebungen. Dadurch erhöht sich die Zahl der für diese Techniken zugänglichen Moleküle erheblich. Eine elegante Methode, durchstimmbare kohärente Strahlung im fernen Infrarot zu erzeugen, basiert auf der Frequenzmischung von Festfrequenz-CO_2-Laserlinien mit durchstimmbaren Wellenleiter-CO_2-Lasern in Schottky-Dioden (Abschn. 5.7). Mit dieser Technik wurden z.B. Stark-Spektren von $^{13}CH_3OH$ über einen weiteren Spektralbereich aufgenommen [6.52].

Eine Übersicht über neuere Arbeiten der LMR- und Stark-Spektroskopie, die auch das sichtbare und UV-Spektralgebiet einschließt, findet man in [6.53-55].

6.4 Geschwindigkeits-Modulations-Spektroskopie

Die Analyse von Absorptionsspektren in molekularen Gasentladungen wird dadurch erschwert, daß neben den neutralen „Muttermolekülen" viele neutrale Fragmente und ionisierte Spezies vorhanden sind, deren Spektren sich überlagern können, so daß eine eindeutige Zuordnung gemessener Absorptionslinien zu einer spezifischen Molekülsorte oft nicht möglich ist, wenn die Spektren nicht bekannt sind. Hier hilft eine elegante Methode, die von *Saykally* und Mitarbeitern entwickelt wurde und zur Trennung von Ionenspektren und Neutralgasspektren führt [6.56].

Durch die von außen angelegte Spannung werden die Ionen in der Gasentladung in Richtung auf eine Elektrode hin beschleunigt und erfahren aufgrund ihrer Driftgeschwindigkeit $\mathbf{v}$ eine Dopplerverschiebung $\Delta\omega = \omega_0 - \mathbf{k}\cdot\mathbf{v}$ ihrer Absorptionsfrequenz ω_0, wenn eine Laserwelle mit dem Wellenvektor $\mathbf{k}$ eingestrahlt wird (Abschn.2.3). Legt man eine Wechselspannung der Frequenz f an, so wird die Driftgeschwingigkeit $\mathbf{v}$ periodisch mit f ihre Richtung ändern und die Absorptionsfrequenz $\omega = \omega_0 - \mathbf{k}\cdot\mathbf{v}$ wird periodisch moduliert, während die Geschwindigkeit der Neutralgasteilchen zeitlich stationär bleibt, wenn die Modulationsfrequenz hoch genug ist.

Beim Nachweis der Absorption mit einem phasenempfindlichen Detektor lassen sich dadurch die Absorptionslinien der Ionen von denen der neutralen Spezies trennen. Positive Ionen haben eine um π verschobene Phase der Geschwindigkeitsmodulation gegenüber negativen Ionen, so daß diese beiden Ionensorten durch das Vorzeichen der Ausgangssignale des Lock-in-Verstärkers unterschieden werden können. Mit speziellen elektronischen Schaltern läßt sich z.B. eine Gasentladung von 500V und 3A bei Frequenzen bis zu 50 kHz in ihrer Polarität umschalten [6.57].

Die Abbildung 6.22 zeigt eine experimentelle Anordnung zur Anwendung der Geschwindigkeits-Modulations-Spektroskopie. Im nahen infraroten Spektralbereich sind inzwischen mit Farbzentrenlasern und Diodenlasern (Abschn.5.6) die Schwingungs-Rotations-Übergänge vieler positiver und negativer Ionen gemessen worden [6.58], aber auch elektronische Übergänge sind mit Farbstofflasern untersucht worden. Abbildung 6.23 zeigt zur Illustration des erreichbaren Signal-zu-Rausch-Verhältnisses den Bandenkopf einer Schwingungsbande im elektronischen Übergang $A^2\Pi_{1/2} \leftarrow X^2\Sigma_g^+$ des CO^+-Ions.

Eine Modifikation dieser Geschwindigkeits-Modulationstechnik, angewandt auf die Spektroskopie in schnellen Ionenstrahlen wird im Abschn. 9.3 behandelt.

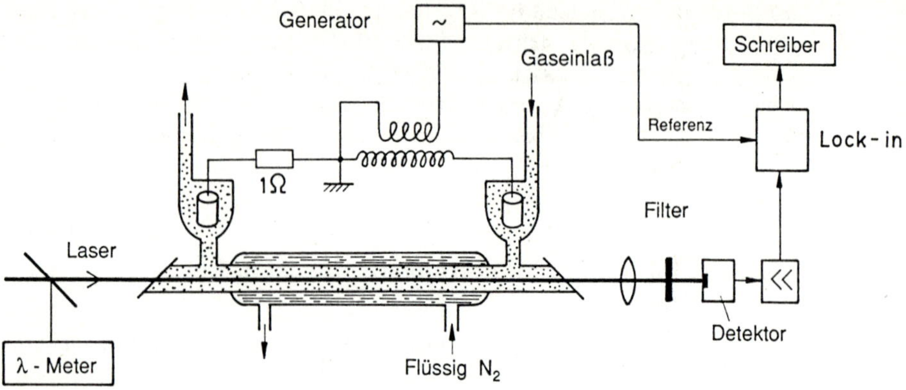

Abb.6.22. Experimentelle Anordnung für die Geschwindigkeits-Modulationsspektroskopie

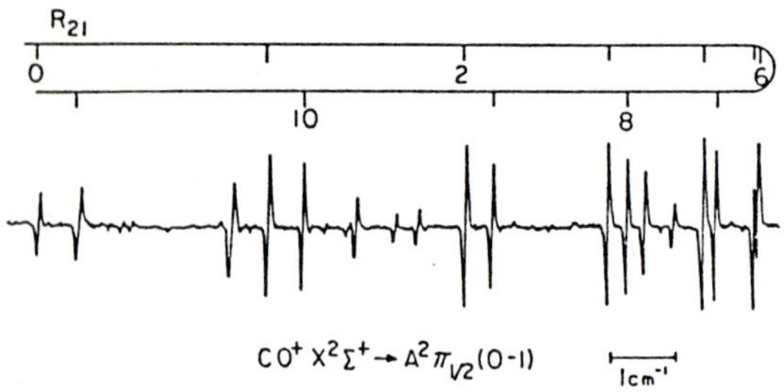

Abb.6.23. Rotationslinien mit N = = bis 11 im Bandenkopf des R_{21}-Zweiges der Schwingungsbande $A^2\pi_{1/2}(v'=1) \leftarrow X^2\Sigma^+(v''=0)$ des Co^+-Ions (aus [6.56])

6.5 Laserinduzierte Fluoreszenz

Während bei der bisher behandelten Absorptionsspektroskopie und ihren verschiedenen Varianten die Laserwellenlänge über den Spektralbereich der verschiedenen Absoptionsübergänge durchgestimmt wurde, hält man bei der Fluoreszenzspektroskopie den Laser auf einem ausgesuchten Übergang $|i\rangle \rightarrow |k\rangle$ fest. Die vom angeregten Zustand $|k\rangle$ emittierte Fluoreszenz wird hinter einem Spektrographen spektral zerlegt gemessen (Abb.6.24). Durch die selektive Bevölkerung nur eines Niveaus $|k\rangle$ wird das Fluoreszenzspektrum sehr einfach - verglichen mit den Emissionsspektren aus Gasentladungen oder heißen Plasmen - bei denen viele angeregte Niveaus bevölkert sind, deren Fluoreszenzspektren sich überlagern.

In der Atomphysik wurde die selektive Anregung einzelner atomarer Niveaus bereits vor Erfindung des Lasers mit Hilfe atomarer Resonanzlinien aus Hohlkathoden oder HF-angeregten Resonanzlampen erreicht. In der Molekülphysik hingegen war man auf zufällige Koinzidenzen zwischen atomaren Resonanzlinien und molekularen Übergängen angewiesen, da molekulare Lichtquellen im allgemeinen sehr viele Linien aussenden und daher zur selektiven Anregung eines Molekülniveaus ungeeignet sind.

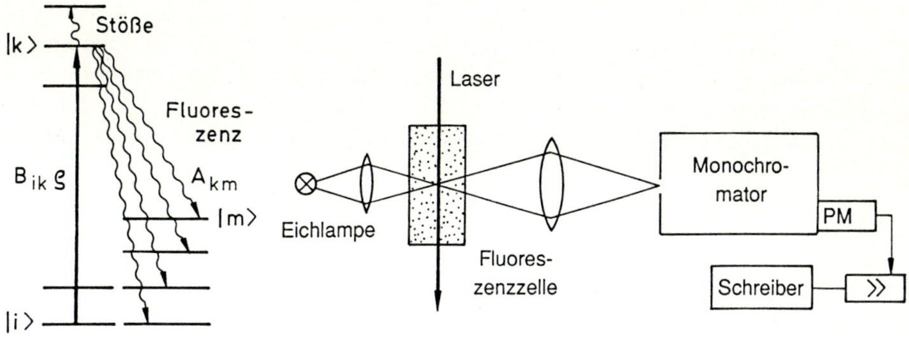

Abb.6.24. Laserinduzierte Fluoreszenz. Termschema und schematische experimentelle Anordnung mit einer Eichlampe zur Wellenlängen-Kalibrierung

Durchstimmbare schmalbandige Laser können auf jeden gewünschten Übergang $|i\rangle \rightarrow |k\rangle$ innerhalb des Durchstimmbereiches eingestellt werden.

Selbst bei Verwendung schmalbandiger Laser als Anregungsquelle läßt sich die selektive Bevölkerung eines einzigen Niveaus in einer Gaszelle nur erreichen, wenn die benachbarten Absorptionslinien sich nicht innerhalb ihrer Doppler-Breite überlappen (Abb.6.25). Dies ist bei Atomen im allgemeinen gewährleistet, nicht aber bei Molekülen mit komplexen Absorptionsspektren, wo häufig viele Absorptionslinien innerhalb einer Doppler-Breite liegen. In diesem Fall regt der Laser die entsprechenden Übergänge gleichzeitig an und bevölkert dann mehrere (nicht notwendigerweise benachbarte!) Niveaus (Abb.6.25a), deren Fluoreszenzspektren sich aber häufig relativ leicht durch den Spektrographen trennen lassen. Will man auch in solchen Fällen die selektive Anregung nur eines Niveaus erreichen, so muß man einen kolliminierten Molekularstrahl verwenden, in dem die Doppler-Breite der Anregungsübergänge stark reduziert werden kann (Kap.9).

Nehmen wir an, ein Schwingungs-Rotationsniveau (v_k', J_k') eines angeregten Molekülzustandes sei durch Absorption von Laserlicht durch den Übergang $(v_i'', J_i'' \rightarrow v_k', J_k')$ selektiv bevölkert worden und habe die Besetzungsdichte N_k. Die angeregten Moleküle geben ihre Anregungsenergie

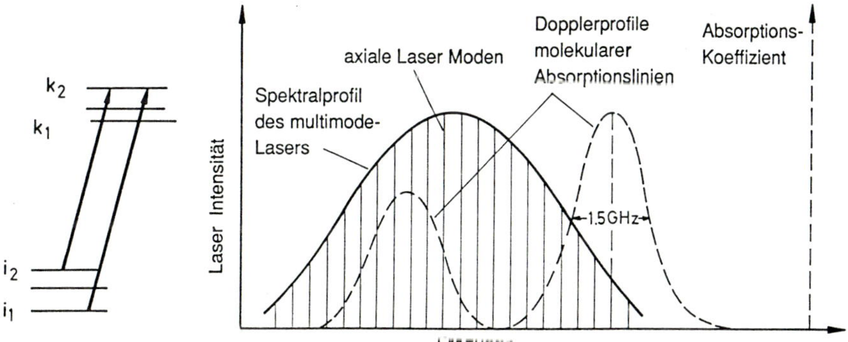

Abb.6.25. Überlapp benachbarter Doppler-verbreiterter Absorptionslinien

nach einer mittleren Lebensdauer τ durch spontane Emissionen wieder ab. Die Fluoreszenzübergänge gehen dabei zu allen energetisch tiefer liegenden Niveaus (v_j'', J_j''), die mit dem Niveau $|k\rangle$ durch optisch erlaubte Übergänge verbunden sind.

Die Intensität I_{kj} einer Fluoreszenzlinie $|k\rangle \rightarrow |j\rangle$

$$I_{kj} \propto N_k A_{kj} h\nu_{kj} \tag{6.22}$$

ist dabei proportional zur entsprechenden Übergangswahrscheinlichkeit A_{kj}. Nach (2.54) ist A_{kj} wiederum proportional zum Quadrat des Matrixelementes $\langle k|\mathbf{r}|j\rangle$

$$A_{kj} \propto \left|\int \psi_k^* \mathbf{r} \psi_j d\tau\right|^2 . \tag{6.23}$$

Für zweiatomige Moleküle läßt sich im Rahmen der für die meisten Molekülzustände gültigen Born-Oppenheimer-Näherung [6.59] die Gesamtwellenfunktion ψ eines Zustandes

$$\psi = \psi_{el} \psi_{vib} \psi_{rot} \tag{6.24}$$

als Produkt von elektronischem, Schwingungs- und Rotations-Anteil schreiben. Geht man mit (6.24) in (6.23) ein, so spaltet A_{kj} (falls k und j verschiedene elektronische Zustände beschreiben) in drei Faktoren auf

$$A_{kj} \propto |R_{el}|^2 |R_{vib}|^2 |R_{rot}|^2 . \tag{6.25}$$

Das elektronische Matrixelement R_e beschreibt dabei die Kopplung zwischen den beiden am Fluoreszenzübergang beteiligten elektronischen Zuständen und ist ein Maß für die gesamte Übergangswahrscheinlichkeit $\Sigma_j A_{kj}$ summiert über alle erreichbaren Niveaus j im unteren Zustand. Der Schwingungsanteil

$$|R_{vib}|_{kj}^2 = \left|\int \psi_{vibk}^* \psi_{vibj} R^2 dR\right|^2 \tag{6.25a}$$

heißt *Franck-Condon-Faktor*. Er gibt als Integral über den Kernabstand die relative Übergangswahrscheinlichkeit für den Übergang $v_k' \rightarrow v_j''$ in ein unteres Schwingungsniveau v_j'' an. Der Rotationsanteil

$$|R_{rot}|_{kj}^2 = \left|\int \psi_{rotk}^* \psi_{rotj} d\phi d\chi \sin\theta d\theta\right| \tag{6.25b}$$

heißt *Hönl-London-Faktor* und gibt die relative Übergangswahrscheinlichkeit für den Übergang zwischen den Rotationsniveaus mit den Quantenzahlen J_k' und J_j'' an, wobei die Orientierung des Moleküls im Raum durch die drei Euler-Winkel ϕ, χ und θ gegeben ist.

Im Fluoreszenzspektrum treten nach (6.22-25) nur solche Linien auf, für die alle drei Faktoren von Null verschieden sind. Der Hönl-London-Faktor ist fast immer Null, außer wenn $\Delta J = 0$ oder ± 1. Vom angeregten Niveau (v_k', J_k') gibt es also zu jedem v_j'' höchstens drei Fluoreszenzlinien

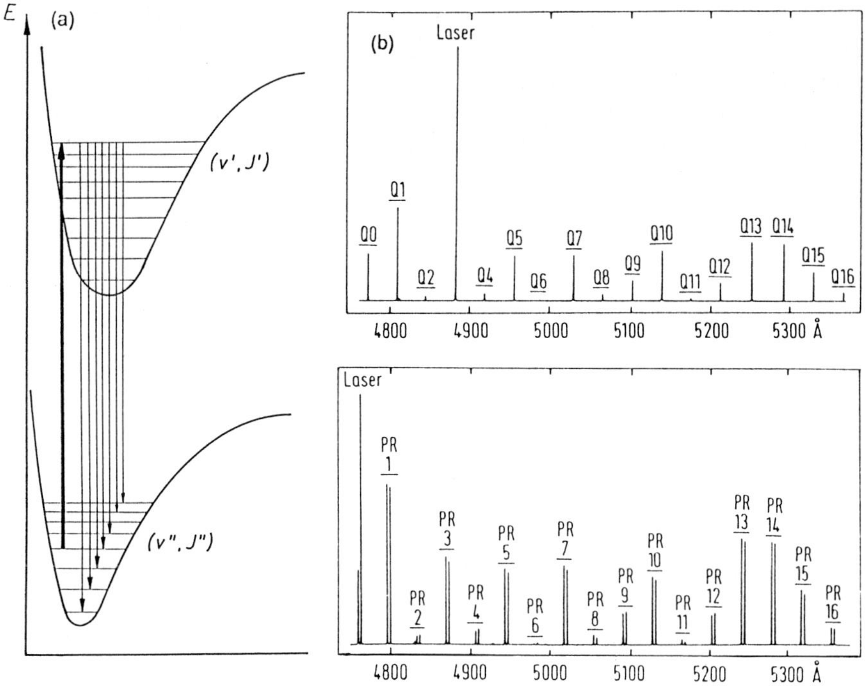

Abb.6.26a,b. Laserinduzierte Fuloreszenzspektren des Na_2-Moleküls bei Anregung mit Linien des Argonlasers. (**a**) λ_{exc}= 488nm, absorbierender Übergang (v'=6,J'=43 ← v'=3,j'=43), (**b**) λ_{exc} =476,5nm (v'=6,J'=27 ← v'=0,J'=28) [6.60]

(J' → J'' = J'+1 (P-Linie); J' → J'' = J' (Q-Linie) und J' → J'' = J'-1 (R-Linie)). Bei zweiatomigen, homonuklearen Molekülen kommen zu dieser Auswahlregel $\Delta J = 0, \pm 1$ noch zusätzliche Symmetriebedingungen, die die Zahl der möglichen Übergänge noch weiter einschränken können. So gibt es z.B. bei einem $\Pi \rightarrow \Sigma$-Übergang nur Linien, wenn entweder $\Delta J = 0$ *oder* $\Delta J = \pm 1$ ist [6.59]. Das von einem selektiv angeregten Molekülniveau emittierte Fluoreszenzspektrum ist daher sehr einfach, verglichen mit dem Emissionsspektrum bei breitbandiger Anregung. Abbildung 6.26 zeigt als Beispiel zwei laserinduzierte Fluoreszenzspektren des Na_2-Moleküls, wo einmal nur Q-Linien ($\Delta J = 0$) oder nur P- und R-Linien ($\Delta J = \pm 1$) auftreten [6.60].

Eine besonders interessante Anwendungsmöglichkeit der laserinduzierten Fluoreszenz liegt in der Messung der relativen Besetzungsdichten $N_i(v_i,J_i)$ und ihrer Verteilung auf die einzelnen Molekülzustände. Entstehen die Moleküle z.B. durch eine chemische Reaktion, so ist ihre anfängliche Zustandsverteilung im allgemeinen weit von einer thermischen Gleichgewichtsverteilung entfernt. Bei einigen chemischen Reaktionen wird sogar eine Besetzungsinversion beobachtet, die den Betrieb chemischer Laser ermöglicht [6.61]. Die Untersuchung solcher Besetzungsverteilungen gibt wichtige Aufschlüsse über die Reaktionswege und ermöglichen unter Umständen eine gezielte Steuerung und Optimierung von Reaktionen.

Die Besetzungsverteilung N_k in angeregten Zuständen $|k\rangle$ läßt sich aus der Fluoreszenz-Rate $n_{Fl} = N_K A_K V_R$ bestimmen, die aus dem Reaktionsvolumen V_R emittiert werden.

Zur Messung der Besetzungsverteilung im elektronischen Grundzustand stimmt man den Laser nacheinander auf verschiedene Übergänge $|i\rangle \rightarrow |k\rangle$ der zu untersuchenden Reaktionsprodukte ab und vergleicht die totale Fluoreszenzleistung, die von den entsprechenden oberen Niveaus emittiert wird. Die Zahl n_{Fl} der pro Sekunde vom oberen Niveau $|k\rangle$ emittierten Fluoreszenzphotonen ist bei einer Dichte N_i von Molekülen im Zustand $|i\rangle$ im Anregungsvolumen V nach (3.36,37)

$$n_{Fl} = N_k A_k V = N_i A_k V \frac{B_{ik}\rho}{B_{ik}\rho + R_k}, \tag{6.26}$$

wobei R_k die totale Deaktivierungs-Wahrscheinlichkeit des Niveaus $|k\rangle$ ist. Wenn seine Stoßaktivierung vernachlässigbar ist gegen die Fluoreszenzemission, so gilt $R_k \simeq A_k$, und (6.26) wird zu

$$n_{Fl} = N_i V \frac{B_{ik}\rho}{1 + B_{ik}\rho/A_k}. \tag{6.27}$$

Wir unterscheiden jetzt zwei Grenzfälle:

a) Die Laserleistung ist so klein, daß $B_{ik}\rho << A_k$. Dann erhält man für das Verhältnis der Fluoreszenzraten bei Anregung auf den Übergängen $|1\rangle \rightarrow |k\rangle$ und $|2\rangle \rightarrow |m\rangle$

$$\frac{n_{Fl}(k)}{n_{Fl}(m)} = \frac{N_1}{N_2}\frac{B_{1k}}{B_{2m}} = \frac{N_1\sigma_{1k}}{N_2\sigma_{2m}}; \tag{6.28a}$$

man kann also aus dem gemessenen Verhältnis $n_{Fl}(k)/n_{Fl}(m)$ das Besetzungsverhältnis N_1/N_2 bestimmen, wenn man das Verhältnis der optischen Absorptionsquerschnitte σ_{1k}/σ_{2m} kennt. Man erhält dann das Verhältnis der *Moleküldichten* N_1/N_2 im stationären Gleichgewicht.

b) Die Leistung des anregenden Lasers ist so groß, daß der absorbierende Übergang gesättigt ist, d.h. $B_{ik}\rho >> A_K$ gilt. Man erhält dann aus (6.27 und 3.37c)

$$\frac{n_{Fl}(k)}{n_{Fl}(m)} = \frac{N_1}{N_2}\frac{A_k}{A_m} = \frac{\tilde{A}_1}{\tilde{A}_2}\frac{R_2 + R_m - R_{m2}}{R_1 + R_k - R_{k1}}\frac{A_K}{A_m}. \tag{6.28b}$$

wobei $\tilde{A}$ and $\tilde{A}$ die Auffüllraten (Diffusion oder Stöße) der Niveaus $|1\rangle$ bzw. $|2\rangle$ sind.

Wenn Stoßrelaxationen vernachlässigt werden können, wird $R_m = A_m$; $R_k = A_k$; $R_1, R_2 << A_m, A_k$. Für Moleküle gilt ferner: $A_{k1} << A_k$, $A_{m2} << A_m$. Dann ergibt sich

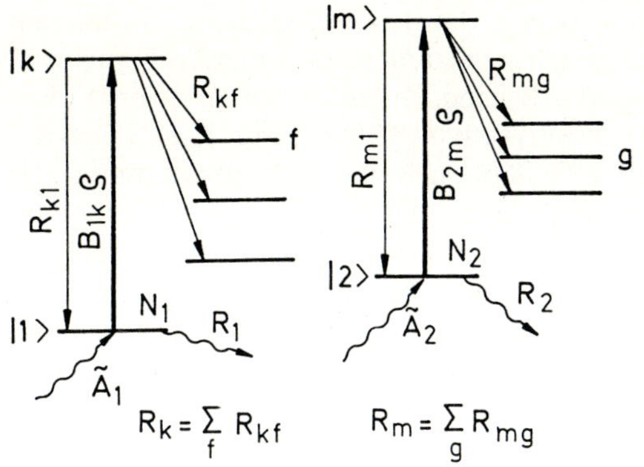

Abb.6.27. Termschema zur Messung der Zustandsverteilung von Reaktionsprodukten im elektronischen Grundzustand

$$\frac{n_{Fl}(k)}{n_{Fl}(m)} \simeq \tilde{A}/\tilde{A} \ . \tag{6.28c}$$

Das Verhältnis der Fluoreszenzraten gibt dann direkt das Verhältnis der Auffüllraten für die beiden Niveaus $|1\rangle$ und $|2\rangle$. Sind die Diffusionsraten klein gegen die Bildungsraten aus der zu untersuchenden Reaktion, so lassen sich die gesuchten Bildungsraten bei gesättigter Absorption also direkt bestimmen, ohne Kenntnis der Übergangswahrscheinlichkeiten (Abb.6.27).

Die Bestimmung der Zustandsverteilung in Reaktionsprodukten mit Hilfe der laserinduzierten Fluoreszenz wurde zuerst von *Zare* und Mitarbeitern [6.62] angewandt auf Reaktionen von Barium mit Sauerstoff oder mit Halogenwasserstoffen [6.63]

$$\mathrm{Ba} + \mathrm{HF}(v{=}0,1) \rightarrow \mathrm{BaF}(v{=}0\text{-}12) + \mathrm{H} \ . \tag{6.29}$$

Ein weiteres Beispiel ist die Bestimmung der Zustandsverteilung in molekularen Überschallstrahlen [6.64], in denen die Moleküle durch adiabatische Expansion einen großen Teil ihrer inneren Energie verlieren und daher nur noch die tiefsten Energieniveaus besetzt sind (Abschn.9.2). Im thermischen Gleichgewicht würde diese Besetzungsverteilung einer Temperatur von wenigen Grad Kelvin entsprechen.

Wir wollen noch einmal die Vorteile der LIF-Methode bei selektiver Anregung mit schmalbandigen Lasern zusammenfassen:

1) Die einfache Struktur des Fluoreszenzspektrums erlaubt eine schnelle Identifizierung. Die Fluoreszenzlinien lassen sich schon mit Spektrographen mittlerer Größer völlig auflösen und stellen daher an die experimentelle Ausrüstung erheblich geringere Anforderungen als z.B. die Analyse des Absorptionsspektrums desselben Moleküls. Dies gilt meistens auch dann noch, wenn wenige Niveaus gleichzeitig durch den Laser angeregt werden.

2) Wegen der zur Verfügung stehenden großen Laserintensität lassen sich hohe Besetzungsdichten N_k im oberen Zustand erzielen, und die Fluo-

reszenzlinien sind entsprechend intensiv. Man kann daher auch bei kleinen Franck-Condon-Faktoren noch Fluoreszenzlinien mit gutem Signal-zu-Rausch-Verhältnis nachweisen und z.B. eine Fluoreszenzprogression $V_k' \rightarrow v_j''$ bis zu sehr hohen Schwingungsniveaus v_j'' vermessen. Die Potentialkurve eines zweiatomigen Moleküls läßt sich aus der Bestimmung der Energiewerte der Schwingungs-Rotations-Niveaus (v_i'', J_i'') nach dem Rydberg-Klein-Rees (RKR)-Verfahren mit großer Genauigkeit berechnen [6.65]. Da diese Energieniveaus unmittelbar aus den Wellenlängen λ_{kj} der Fluoreszenzlinien bestimmbar sind, kann die Potentialkurve des unteren Molekülzustandes bis zu den höchsten, noch vermessenen Fluoreszenzzuständen v_j'' verfolgt werden. Reichen diese bis dicht unter die Dissoziationsgrenze, so läßt sich durch eine Extrapolation der mit wachsendem v'' abnehmenden Schwingungsniveauabstände $\Delta v_j'' = E(v_{j+1}'') - E(v_j'')$ die Dissoziationsenergie des Moleküls spektroskopisch bestimmen [6.66].

3) Die relativen Intensitäten der Fluoreszenzlinien von dem selektiv angeregten Niveau v_k' zu den verschiedenen Niveaus v_j'' sind proportional zu den Franck-Condon-Faktoren. Zusammen mit einer Lebensdauerbestimmung des oberen Niveaus erlaubt die Messung der relativen Intensitäten der Fluoreszenzlinien eine absolute Bestimmung der Franck-Condon-Faktoren (6.25a), aus der die Schwingungswellenfunktionen erhalten werden könnnen. Ein Vergleich der so erhaltenen Funktionen ψ_{vib} mit denen, die man aus der Schrödinger-Gleichung mit dem RKR-Potential berechnen kann, liefert einen empfindlichen Test für die Güte des Potentials.

4) Mit Hilfe der LIF lassen sich die Besetzungsdichten der absorbierenden Moleküle in spezifischen Quantenzuständen messen. Damit kann z.B. die Verteilung der inneren Energie molekularer Reaktionsprodukte bei chemischen Reaktionen bestimmt werden.

Für weitere Aspekte der LIF siehe [6.67, 68].

6.6 Vergleich zwischen den verschiedenen Verfahren

Die in den vorhergehenden Abschnitten behandelten Verfahren für die Doppler-begrenzte Laser-Absorptionsspektroskopie ergänzen sich in idealer Weise. Im sichtbaren und ultravioletten Spektralbereich, in dem durch Absorption von Laserphotonen elektronisch angeregte Zustände von Molekülen bevölkert werden, ist nach der resonanten Zweiphotonen-Ionisation die Anregungsspektroskopie (oft auch Fluoreszenzmethode genannt) die empfindlichste Meßmethode. Wegen der kurzen, spontanen Lebensdauer dieser Zustände ist die Quantenausbeute in den meisten Fällen nahe bei 100% und zum Nachweis der laserinduzierten Fluoreszenz stehen empfindliche Photodetektoren zur Verfügung.

Auch im infraroten Spektralbereich kann bei niedrigem Gesamtdruck in der Absorptionszelle die von den angeregten Schwingungs-Rotationszuständen emittierte Fluoreszenz als Detektor verwendet werden. Jedoch ist die Empfindlichkeit wegen der geringen Quantenausbeute der Infrarotdetektoren kleiner. Hinzu kommt die wesentlich längere spontane Lebensdauer der Schwingungsniveaus, die entweder zu einer Diffusion der schwingungsangeregten Moleküle aus dem Beobachtungsvolumen oder, bei höherem Druck, zu stoßinduzierter, strahlungsloser Deaktivierung der angeregten Zustände führt. Die Quantenausbeute wird daher bei großem Druck sehr klein.

Hier beginnt die Überlegenheit der photoakustischen Methode, die gerade diese strahlungslose Umwandlung von Anregungsenergie in Wärme ausnutzt. Ihr Anwendungsgebiet liegt vor allem in der quantitativen Bestimmung kleiner Konzentrationen absorbierender Moleküle in Gasen bei höherem Druck. Beispiele sind die Messungen molekularer Luftverunreinigungen, wie Schadstoffkonzentrationen in Auto-Abgasen, bei denen Nachweisempfindlichkeiten im ppb-Bereich erfolgreich demonstriert wurden.

Beide Methoden können Absorptionszellen im Laserresonator verwenden und durch Frequenzmodulation des Lasers die Empfindlichkeit zusätzlich steigern. In der hochauflösenden Spektroskopie mit schmalbandigen Lasern ist die Linienbreite bei der Anregungsspektroskopie im Sichtbaren im Allgemeinen durch die Doppler-Breite begrenzt, bei der photoakustischen Spektroskopie häufig durch die Druckverbreiterung der Absorptionslinien.

Die LMR-Spektroskopie kann hinsichtlich ihrer Nachweis-Empfindlichkeit mit den beiden ersten Verfahren durchaus konkurrieren. Sie ist jedoch beschränkt auf Moleküle mit genügend großem magnetischem Dipolmoment, um einen ausreichenden Abstimmbereich durch Zeeman-Verschiebung der Absorptionslinien über eine Linie eines Festfrequenzlasers zu gewährleisten. Sie wird daher vor allem angewandt zur Spektroskopie von Radikalen oder Molekülen mit einem ungepaarten Elektron, deren magnetische Momente durch den Elektronenspin um Größenordnungen höher sind als diejenigen stabiler Moleküle in $^1\Sigma$-Grundzuständen. LMR-Spektroskopie und Stark-Spektroskopie geben darüber hinaus Informationen über die Größe von Zeeman- bzw. Stark-Aufspaltungen und erlauben daher die Bestimmung von Landé-Faktoren und Kopplungsverhältnissen der verschiedenen Drehimpulse im Molekül. Der Vorteil beider Verfahren ist die größere Genauigkeit bei der Absolutbestimmung der Mitten-Frequenzen von Absorptionslinien, da die Frequenzen der verwendeten Festfrequenzlaser mit größerer Genauigkeit bekannt und reproduzierbarer sind, als dies bei durchstimmbaren Lasern möglich ist.

Während alle absorptionsspektroskopischen Techniken im wesentlichen Informationen über die Energieniveaus im *angeregten* Zustand liefern und den elektronischen Grundzustand nur bis zu thermisch besetzten Niveaus „abtasten" können, erlaubt die Messung der spektral zerlegten LIF die Bestimmung auch höherer Schwingungs-Rotations-Niveaus im *elektronischen Grundzustand*. Die Analyse der LIF-Spektren ist im allgemeinen einfacher als die von Absorptionsspektren, weil bei selektiver Anregung nur eines der oberen Niveaus das Spektrum aus regelmäßigen Progressionen von Fluoreszenzlinien besteht. Bei der Absorptionsspektroskopie braucht man im allgemeinen zusätzliche Informationen zur eindeutigen Analyse des Spektrums, die man bei der LMR- oder Stark-Spektroskopie aus den Zeeman-

bzw. Stark-Aufspaltungen erhält, allgemein aber auch z.B. durch Doppel-Resonanztechniken gewinnen kann (Abschn. 10.3).

Außer ihrer Bedeutung für die Molekülspektroskopie haben die in diesem Kapitel besprochenen empfindlichen Verfahren großen praktischen Nutzen für analytische Nachweisverfahren geringer Spurenkonzentrationen [6.69] in Gasen, Flammen [6.70-72] und Plasmen [6.73]. Einige Beispiele werden in Abschn. 14.2 gegeben.

7. Nichtlineare Spektroskopie

Einer der wesentlichen Vorteile schmalbandiger Laser für die Spektroskopie gasförmiger Medien liegt in der Möglichkeit, die Begrenzung der spektralen Auflösung infolge der Doppler-Breite der Spektrallinien durch Anwendung verschiedener Techniken zu überwinden. Die meisten dieser Techniken basieren auf der selektiven Sättigung atomarer bzw. molekularer Übergänge. Die Besetzungsdichte der absorbierenden Niveaus wird durch die Absorption der einfallenden Laserstrahlung verringert, so daß die absorbierte Leistung selbst in nichtlinearer Weise von der einfallenden Laserintensität abhängt. Man spricht daher auch von *nichtlinearer Laserspektroskopie*. Wir wollen im Folgenden die wichtigsten nichtlinearen Techniken behandeln.

7.1 Lineare und nichtlineare Absorption

Durchläuft eine Lichtwelle

$$\mathbf{E} = \mathbf{E}_0 \cos(\omega t - kz)$$

mit einem Lichtbündelquerschnitt A und einer mittleren Intensität

$$I = \tfrac{1}{2} c \epsilon_0 E_0^2$$

eine Probe, deren Moleküle auf dem Übergang $E_i \rightarrow E_k$ ($E_k - E_i = \hbar\omega$) absorbieren, so ist die auf der Strecke dz absorbierte Leistung

$$dP = A I \sigma_{ik} (N_i - N_k) dz \,. \tag{7.1}$$

Die zeitliche Änderung der Besetzungsdichte N_i der absorbierenden Niveaus mit statistischen Gewichten $g_i = 1$ ist bei homogener Linienverbreiterung und breitbandiger Einstrahlung mit der spektralen Energiedichte ρ

$$\frac{dN_i}{dt} = B_{ik} \rho (N_k - N_i) - N_i \gamma_i + \widetilde{A}_i \,, \tag{7.2}$$

wobei $B_{ik}\rho = B_{ik} I(\omega)/c$ die Absorptionswahrscheinlichkeit pro Molekül und Sekunde angibt, $I(\omega)$ die spektrale Intensitätsdichte [W/(m^{2}s)], $N_i \gamma_i$ die gesamte Entleerungsrate des Niveaus $|i\rangle$ (z.B. durch Fluoreszenz, Stöße oder auch durch Diffusion der Moleküle *aus* dem Anregungsvolumen) und $\widetilde{A}_i$

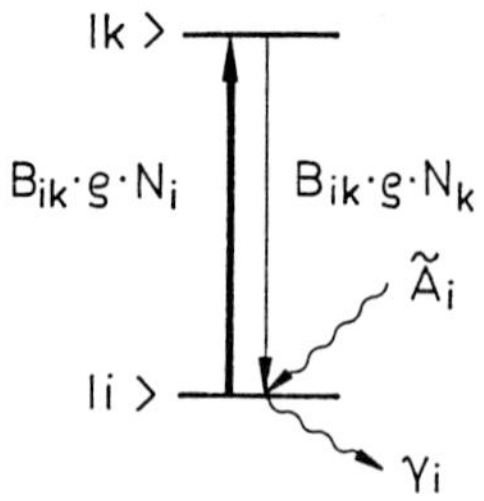

Abb.7.1. Termschema zur Erläuterung der Pump- und Relaxationsraten bei der nichtlinearen Absorption

die gesamte Auffüllrate des Niveaus $|i\rangle$ (z.B. durch Fluoreszenz aus anderen Niveaus $|m\rangle$ oder durch Diffusion ungepumpter Moleküle *in* das Anregungsvolumen) (Abb.7.1).

Im stationären Gleichgewicht wird $dN_i/dt = 0$, und wir erhalten aus (7.2) die stationäre Besetzungsdichte

$$N_i = \frac{\tilde{A}_i}{B_{ik}\rho + \gamma_i} + N_k \frac{B_{ik}\rho}{B_{ik}\rho + \gamma_i} . \tag{7.3}$$

Solange die einfallende Lichtintensität I so klein ist, daß $B_{ik}I/c \ll \gamma_i$ gilt, können wir $B_{ik}\rho$ im Nenner vernachlässigen und erhalten für $N_k \ll N_i$ die thermische Besetzungsdichte im Grenzfall $I \to 0$

$$N_i^0 = \tilde{A}_i/\gamma_i , \tag{7.4}$$

die durch die Absorption praktisch nicht verändert wird, und gleich dem Verhältnis von Auffüllrate $\tilde{A}_i$ zu Entleerungsrate γ_i ist (Abschn.3.5.1). In diesem Fall, der bei Verwendung inkohärenter Lichtquellen fast immer vorliegt, wird $(N_i - N_k)$ unabhängig von I, und die Integration von (7.1) ergibt das Beer'sche Gesetz der linearen Absorption

$$I = I_0 e^{-(N_i - N_k)\sigma_{ik} z} . \tag{7.5}$$

Für größere Intensitäten, wie sie mit Lasern leicht erreichbar sind, kann der 1. Term in (7.2) nicht mehr gegenüber den Relaxationsraten vernachlässigt werden. Ist $B_{ik}\rho$ immer noch kleiner als γ_i, so läßt sich (7.3) unter Berücksichtigung von $N_k \ll N_i$ für $E_k - E_i \gg kT$ näherungsweise schreiben als

$$N_i = \frac{N_i^0}{1 + aI} \simeq N_i^0(1 - aI) \quad \text{mit} \quad a = B_{ik}/c\gamma_i . \tag{7.6a}$$

Die Besetzungsdichte $N_i(I)$ nimmt mit wachsender Intensität I ab, so daß die absorbierte Leistung in (7.1)

$$dP \simeq A\sigma_{ik} N_i^0 (I - aI^2) \tag{7.7}$$

als Funktion von I einen linearen und einen quadratischen Anteil enthält.

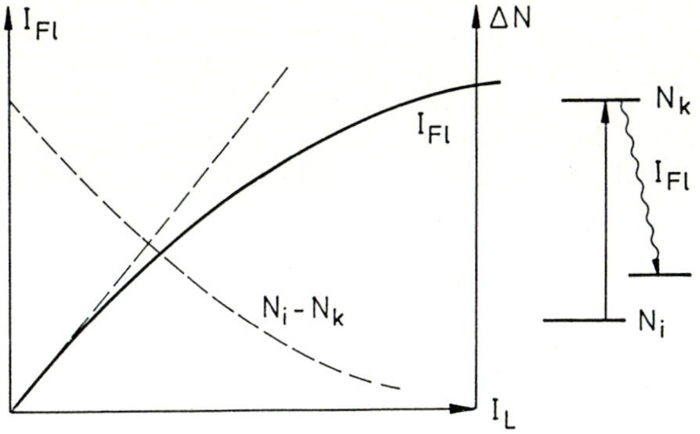

Abb.7.2. Nachweis der Sättigung des absorbierenden Niveaus durch Messung der Fluoreszenzrate als Funktion der einfallenden Laserintensität. Gestrichelt ist der lineare, ungesättigte Fall eingezeichnet

Man kann dies experimentell verifizieren, wenn man z.B. die vom Niveau $|k\rangle$ emittierte Fluoreszenzrate als Maß für die Absorptionsrate verwendet (Abschn.6.2) und sie als Funktion der einfallenden Laserintensität mißt (Abb.7.2).

Für $B_{ik}\rho >> \gamma_i$ wird aus (7.3)

$$N_i \simeq \frac{\widetilde{A}_i}{B_{ik} I/c} + N_k \,. \tag{7.8}$$

Mit wachsender Intensität I wird der 1. Term kleiner, d.h. die Besetzungsdichten N_i und N_k nähern sich immer mehr an, und für $I \to \infty$ geht die Nettoabsorption gegen Null, d.h. die Probe wird völlig transparent.

Man nennt die Abweichung der Funktion dP(I) in (7.7) von der Geraden $dP = A\sigma_{ik} N_i^0 I$ auch *Sättigung* des Überganges $|i\rangle \to |k\rangle$ infolge der Entleerung des absorbierenden Niveaus $|i\rangle$ durch optisches Pumpen.

Quantitativ läßt sich die Sättigung des Niveaus $|i\rangle$ durch den Sättigungsparameter

$$S_i = \frac{B_{ik} I/c}{\gamma_i}$$

beschreiben, der das Verhältnis von induzierter Absorptionsrate $B_{ik} I/c$ zur Relaxationsrate γ_i des Niveaus' $|i\rangle$ angibt. Mit dem Sättigungsparameter S_i läßt sich (7.6a) schreiben als

$$N_i = \frac{N_i^0}{1 + S_i} \,. \tag{7.6b}$$

Die Sättigung des Überganges $|i\rangle \to |k\rangle$ hängt sowohl von der Entleerung des Niveaus $|i\rangle$ als auch der Bevölkerung von $|k\rangle$ ab und damit von den beiden Relaxationswahrscheinlichkeiten γ_i und γ_k. Der Sättigungsparameter

$$S_{ik} = \frac{2B_{ik} I/c}{(\gamma_i + \gamma_k)} = \frac{\Omega_R{}^2}{\gamma_i \gamma_k} \tag{7.6c}$$

ist dann gleich dem Quadrat des Verhältnisses von Rabi-Frequenz $\Omega_R = \mu_{ik} E_0/\hbar$ zu geometrischem Mittel $(\gamma_i \gamma_k)^{1/2}$ der beiden Relaxationsraten. Dabei ist μ_{ik} das Dipolmatrixelement und E_0 die Amplitude der Lichtwelle.

Definiert man als „Sättigungsintensität I_s" diejenige Intensität I, bei der S = 1 wird, so erhält man aus (7.6c)

$$I_s = \frac{(\gamma_i + \gamma_k)c}{2B_{ik}} \tag{7.6d}$$

Bei einer monochromatischen Lichtwelle mit der Frequenz ω muß die Frequenzabhängigkeit des Sättigungsparameters $S(\omega)$ berücksichtigt werden (Abschn.3.5). Bei homogener Linienverbreiterung erhalten wir dann für die gesättigten Besetzungszahlen - siehe z.B. Abschn.3.5 und [7.1]:

$$\begin{aligned} N_i(\omega) &= N_i^0 - \frac{\Delta N^0}{\gamma_i \tau} \frac{S_0(\gamma/2)^2}{(\omega - \omega_0)^2 + (\gamma/2)^2(1+S_0)}, \\ N_k(\omega) &= N_k^0 + \frac{\Delta N^0}{\gamma_k \tau} \frac{S_0(\gamma/2)^2}{(\omega - \omega_0)^2 + (\gamma/2)^2(1 + S_0)}, \end{aligned} \tag{7.9}$$

wobei $S_0 = S(\omega_0)$ ist und $\Delta N^0 = N_i^0 - N_k^0$ die thermische Besetzungsdifferenz für S = 0. Die Größe $\gamma = (\gamma_i + \gamma_k)$ ist die homogene Linienbreite des Überganges $|i\rangle \rightarrow |k\rangle$ und

$$\tau = \frac{1}{\gamma_i} + \frac{1}{\gamma_k} = \frac{\gamma}{\gamma_i \gamma_k}$$

wird longitudinale Relaxationszeit genannt, während $T = 1/\gamma$ auch transversale Relaxationszeit heißt.

Man sieht aus (7.9), daß die gesättigten Besetzungsdichten und damit auch der Absorptionskoeffizient $\alpha_s(I,\omega)$ des homogen verbreiterten Überganges von der Intensität und der Frequenz des Lasers und außerdem von den Relaxationsraten der beteiligten Niveaus abhängt.

7.2 Sättigung inhomogen verbreiterter Absorptionsübergänge

Im Abschnitt 3.5.2 wurde gezeigt, daß die Sättigung *homogen* verbreiterter Übergänge wieder zu einem Lorentz-Profil führt, dessen Halbwertsbreite

$$\Delta\omega_s = \Delta\omega_0 \sqrt{1+S_0}\,; \quad S_0 = S(\omega_0)$$

um den Faktor $(1+S_0)^{1/2}$ größer ist als die der ungesättigten Linie. Der homogene Übergang wird verbreitert, weil die Übergangswahrscheinlichkeit und damit der Sättigungsparameter $S(\omega)$ selbst ein Lorentz-Profil hat und deshalb die Sättigung in der Linienmitte stärker als in den Linienflügeln ist. Dies führt zu einer „Stauchung" des Absorptionsprofils (Abb.3.11a) und damit zu einer Linienverbreiterung.

Wir wollen uns nun die Sättigung von *inhomogen* verbreiterten Linienprofilen ansehen und verwenden als Beispiel die in der Laserspektroskopie wichtige Sättigung Doppler-verbreiterter Absorptionslinien.

Wenn eine monochromatische Lichtwelle

$$\mathbf{E} = \mathbf{E}_0 \cos(\omega t - kz) \quad \text{mit} \quad k = \mathbf{k}_z$$

eine gasförmige Probe durchläuft, deren Moleküle eine Maxwell-Boltzmann-Geschwindigkeitsverteilung haben, so hängt die Wahrscheinlichkeit, daß ein Molekül ein Photon absorbiert, von seiner Geschwindigkeitskomponente v_z ab. Im System des bewegten Moleküls erscheint die Lichtfrequenz ω Doppler-verschoben zu

$$\omega' = \omega - \mathbf{v}\cdot\mathbf{k} = \omega - v_z k \ .$$

Eine signifikante Absorptionswahrscheinlichkeit tritt nur auf, wenn

$$\omega' - \omega_0 < \Delta\omega_h \ ,$$

d.h. wenn ω' innerhalb der homogenen Linienbreite $\Delta\omega_h$ (bedingt durch natürliche Linienbreite und Stoßverbreiterung) mit der Resonanzfrequenz ω_0 übereinstimmt. Der optische Absorptionsquerschnitt dieses Moleküls für den Übergang $|i\rangle \rightarrow |k\rangle$ ist

$$\sigma_{ik}(\omega, v_z) = \sigma_0 \frac{(\gamma/2)^2}{(\omega - \omega_0 - kv_z)^2 + (\gamma/2)^2} \ , \tag{7.10}$$

wobei $\sigma_0 = \sigma(\omega = \omega_0 + kv_z)$ der maximale Querschnitt in der Linienmitte ist. Man sieht hieraus, daß nur Moleküle in einem schmalen Geschwindigkeitsintervall $\Delta v_z = \pm\gamma/k$ um den Wert

$$v_z = (\omega - \omega_0)/k$$

merklich zur Absorption beitragen.

Durch die Absorption wird die Besetzungsdichte $N_i(v_z)$ des absorbierenden Niveaus in diesem Intervall Δv_z verringert und die des oberen Niveaus $N_k(v_z)$ entsprechend vergrößert (Abb.7.3). Aus (7.6) und (2.46) erhalten wir bei schwacher Sättigung ($S_0 << 1$) die gesättigte Besetzungsdifferenz

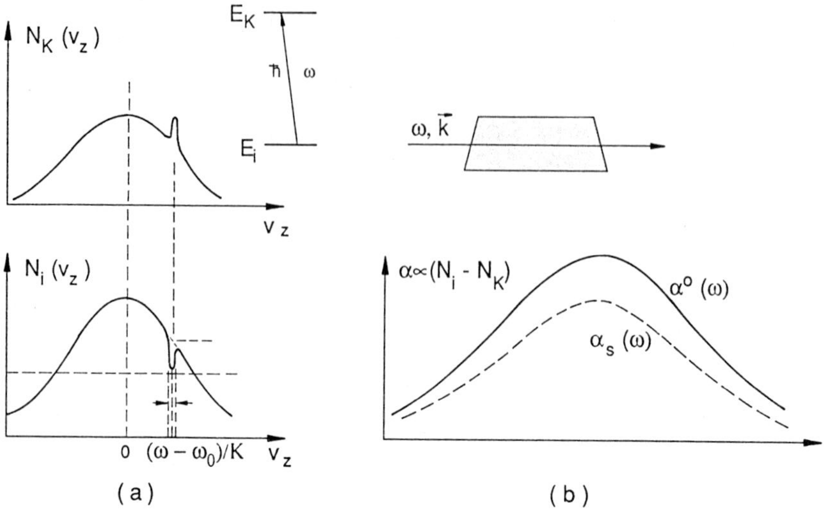

Abb.7.3. Selektive Verringerung der Besetzungsdichte $N_i(v_z)dv_z$ und entsprechende Vergrößerung von $N_k(v_z)\,dv_z$ bei Absorption von Licht der Frequenz $\omega = \omega_0 - kv_z$ (**a**) und (**b**) Sättigung eines inhomogenen verbreiterten Absorptionsprofils $\alpha(\omega)$ beim Durchstimmen eines monochromatischen Lasers über das Doppler-Profil eines molekularen Überganges (*gestrichelte Kurve*)

$$\Delta N(v_z) = \frac{\Delta N^0(v_z)}{1 + S(\omega, v_z)}$$

$$= \Delta N^0(v_z)\left[1 + \frac{S_0(\gamma/2)^2}{(\omega - \omega_0 - kv_z)^2 + (\gamma/2)^2}\right]^{-1}$$

$$= \Delta N^0\,(v_z)\left[1 - \frac{S_0(\gamma/2)^2}{(\omega - \omega_0 - kv_z)^2 + (\gamma_s/2)^2}\right]. \tag{7.11}$$

Das lokale Minimum in der Besetzungsverteilung bei $v_z = (\omega - \omega_0)/k$, das auch „Bennet-Loch" genannt wird [7.2], hat eine homogene Breite

$$\gamma_s = \gamma\sqrt{1 + S_0}$$

und eine Tiefe

$$\Delta N^0(v_z)S_0/(1 + S_0)\,.$$

Die Moleküle im Zustand $|i\rangle$ mit einer Geschwindigkeitskomponente v_z geben den Beitrag zum Absorptionskoeffizienten

$$\alpha(\omega, v_z) = \Delta N(v_z)\sigma(\omega, v_z)\,. \tag{7.12}$$

Alle Moleküle innerhalb der gesamten Geschwindigkeitsverteilung bewirken dann den gesamten Absorptionskoeffizienten

$$\alpha(\omega) = \pm\int \Delta N(v_z)\sigma(\omega, v_z)dv_z \ . \tag{7.13}$$

Mit $\Delta N(\omega, v_z)$ aus (7.11) und $\sigma(\omega, v_z)$ aus (7.10) ergibt dies, wenn für $\Delta N^0(v_z)$ die Geschwindigkeitsverteilung (3.20) eingesetzt wird:

$$\alpha(\omega) = \frac{\Delta N^0 \sigma_0}{v_w \sqrt{\pi}} \int \frac{\exp[-(v_z/v_w)^2]}{(\omega - \omega_0 - kv_z)^2 + (\gamma_s/2)^2} dv_z \ , \tag{7.14}$$

wobei $\Delta N^0 = \int \Delta N^0(v_z)dv_z$ ist. Man erhält also trotz Sättigung für $\alpha(\omega)$ wieder ein Voigt-Profil. Der einzige Unterschied zwischen (7.14) und (3.24) ist die sättigungsverbreiterte homogene Linienbreite γ_s im Nenner von (7.14) anstelle von γ in (3.24). Da die Doppler-Breite im allgemeinen sehr groß gegen die homogene Breite γ_s ist, ändert sich der Zähler in (7.14) bei einer vorgegebenen Frequenz ω nicht wesentlich über das Intervall $\Delta v_z = \gamma_s/k$, in dem der Integrand merklich zur Absorption beiträgt. Man kann deshalb den Faktor $\exp[-(v_z/v_w)^2]$ vor das Integral ziehen. Das restliche Integral ist analytisch lösbar, und man erhält mit (3.19 und 22b):

$$\alpha(\omega) = \frac{\alpha^0(\omega_0)}{\sqrt{1+S_0}} e^{-[(\omega-\omega_0)/0.6\delta\omega_D]} \ , \tag{7.15}$$

wobei

$$\alpha^0(\omega_0) = \Delta N^0 \frac{\sqrt{\pi}|\mu|^2}{\epsilon_0 h v_w} \ , \quad \delta\omega_D = \frac{\omega_0}{c} \sqrt{\frac{8kT\ln 2}{m}}$$

und μ das Dipolmatrixelement für den Übergang ist.

Gleichung (7.15) zeigt ein bemerkenswertes Ergebnis: obwohl durch die Absorption des Laserlichtes bei jeder Frequenz ω ein „Loch" in die Besetzungsverteilung „gebrannt" wird (7.11), läßt sich dies nur durch die Absorption des sättigenden Lasers, dessen Frequenz ω über das Doppler-verbreiterte Absorptionsprofil durchgestimmt wird, *nicht* nachweisen. Der Absorptionskoeffizient

$$\alpha(\omega) = \frac{\alpha^0(\omega)}{\sqrt{1 + S_0}} \tag{7.16}$$

sinkt im Fall des inhomogenen Absorptionsprofils bei jeder Frequenz ω um denselben Faktor $(1+S_0)^{1/2}$ (Abb.7.3b), während er bei einem *homogenen* Absorptionsprofil um den frequenzabhängigen Faktor $[1+S(\omega)]$ abnimmt - siehe (3.38) und Abb.7.4.

Das Bennet-Loch läßt sich jedoch nachweisen, wenn man *zwei* Laser verwendet:

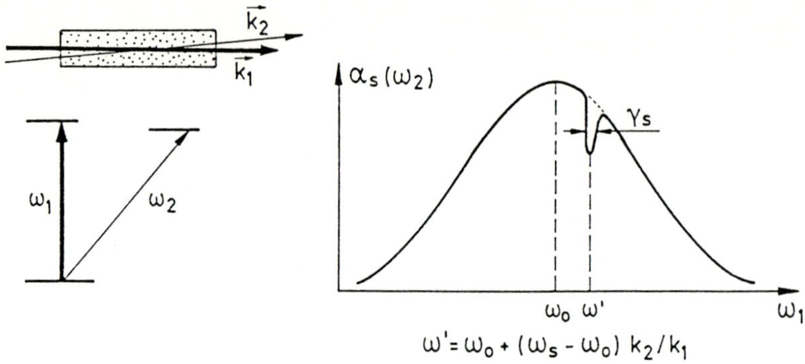

Abb.7.4. Nachweis der durch einen Pumplaser bei $\omega = \omega_s$ erzeugten selektiven Sättigung mit Hilfe eines kollinearen durchstimmbaren Probenlasers

a) *Einen* Pumplaser, der auf der Frequenz ω_s festgehalten wird und dort gemäß (7.11) in der Besetzungsverteilung $N(v_z)$ im Geschwindigkeitsintervall $\Delta v_z = \gamma_s/k$ um $v_z = (\omega_0 - \omega_s)/k$ ein Bennet-Loch erzeugt.

b) Einen schwachen Probenlaser mit Wellenzahl k_p, dessen Frequenz ω über das Doppler-Profil durchgestimmt wird und dessen Absorptionsprofil

$$\alpha(\omega,\omega_s) = \frac{\sigma_0 \Delta N}{\sqrt{\pi} v_w} \int \frac{e^{-(v_z/v_w)^2}}{(\omega_0 - \omega - k_p v_z)^2 + (\gamma/2)^2} \times \left[1 - \frac{S_0 (g/2)^2}{(\omega_0 - \omega - k_s v_z)^2 + (\gamma_s/2)^2}\right] dv_z \tag{7.17a}$$

ein Voigt-Profil ist mit einem „Loch" bei $\omega = \omega_s$ (Abb.7.5). Ausführung der Integration ergibt [7.3]:

$$\alpha_s(\omega) = \alpha^0(\omega) \left[1 - \frac{S_0}{\sqrt{1+S_0}} \frac{(\gamma/2)^2}{(\omega - \omega_s - k_s v_z)^2 + (\Gamma_s/2)^2}\right]. \tag{7.17b}$$

Halbwertsbreite $\Gamma_s = \gamma(1+(1+S_0)^{1/2}) = \gamma + \gamma_s$ und Tiefe $S_0/(1+S_0)$ des Loches hängen wegen $S_0 \simeq I_p$ von der Intensität I_p des Pumplasers ab.

Pump- und Probenstrahl können auch dadurch realisiert werden, daß man den einfallenden Laserstrahl in sich reflektiert. Diese Situation ist z.B. verwirklicht, wenn die absorbierende Substanz in den Laser-Resonantor gestellt wird (Abb.7.5b). Die gesättigte Besetzungsdifferenz in einer solchen stehenden Laser-Welle ist dann bei gleicher Intensität beider Strahlen:

$$\Delta N(v_z) = \Delta N^0(v_z)\left[1 - \frac{S_0(\gamma/2)^2}{(\omega_0 - \omega - kv_z)^2 + (\gamma_s/2)^2} + \frac{S_0(\gamma/2)^2}{(\omega_0 - \omega + kv_z)^2 + (\gamma_s/2)^2}\right] \tag{7.18}$$

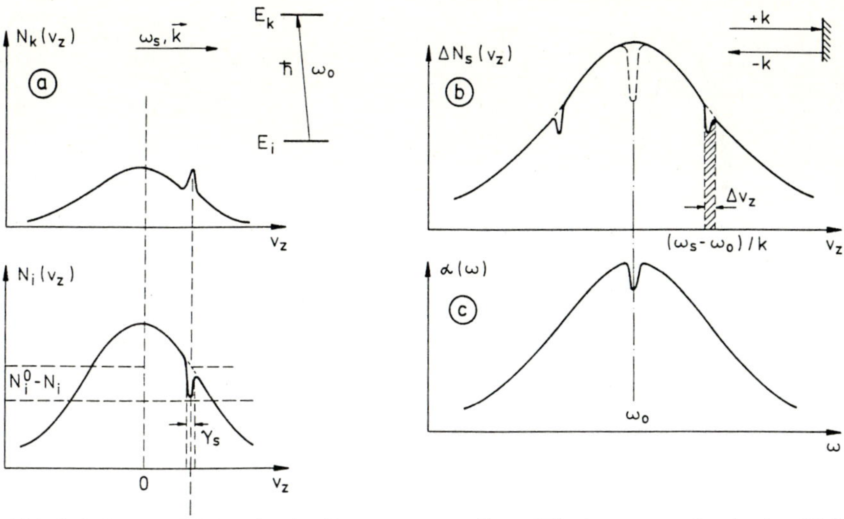

Abb.7.5. Bennet-Löcher in der Besetzungsverteilung $N(v_z)$, erzeugt durch eine Welle (**a**) und durch die einfallende und die reflektierende Welle für $\omega \neq \omega_0$, (**b**) und für $\omega = \omega_0$,(*gestrichelt*), (**c**) Lamb-Dip im Absorptionsprofil $\alpha(\omega)$

und der Absorptionskoeffizient

$$\alpha_{s(\omega)} = \int \Delta N(v_z)\left[\sigma(\omega_0 - \omega - kv_z) + \sigma(\omega_0 - \omega + kv_z)\right] dv_z \, . \tag{7.19}$$

Nach einiger Rechnung [7.5] erhält man durch Einsetzen von $\Delta N(v_z)$ aus (7.18) für $S_0 << 1$ analog zur Berechnung von (7.17b)das Ergebnis für den Absorptionskoeffizienten einer *stehenden Welle*:

$$\alpha_s(\omega) = \alpha^0(\omega)\left[1 - \frac{S_0}{2}\left(1 + \frac{(\gamma_s/2)^2}{(\omega-\omega_0)^2 + (\gamma_s/2)^2}\right)\right] , \tag{7.20}$$

wobei anstelle von Γ_s jetzt die gesättigte Linienbreite $\gamma_s = \gamma(1+S_0)^{1/2} = (\gamma_i+\gamma_k)(1+S_0)^{1/2}$ auftritt, die durch die Summe der Intensitäten beider Teilwellen gesättigt wird.

Dies ist wegen $\alpha^0(\omega) = \alpha^0 \exp[-(\omega-\omega_0)^2/(0.6\Delta\omega_D)^2]$ ein Doppler-Profil mit einer Einbuchtung in der Linienmitte bei $\omega = \omega_0$ (Abb.7.5c), die nach W. *Lamb*, der dieses Phänomen zuerst theoretisch gedeutet hat, „Lamb-Dip" genannt wird [7.5].

Anschaulich kann man diesen Lamb-Dip folgendermaßen verstehen: Für $\omega \neq \omega_0$ trägt die Geschwindigkeitsklasse $v_z = +(\omega-\omega_0)/k \pm \gamma_s/2$ zur Absorption der einfallenden Welle und die Klasse $v_z = -(\omega-\omega_0)/k \pm \gamma_s/2$ zur Absorption der reflektierten Welle bei. Für $\omega = \omega_0$ werden beide Wellen von derselben Klasse im Intervall $v_z = 0 \pm \gamma_s/2$ absorbiert. Die absorbierte Intensität ist für diese Klasse dann doppelt so hoch und die Sättigung entsprechend größer.

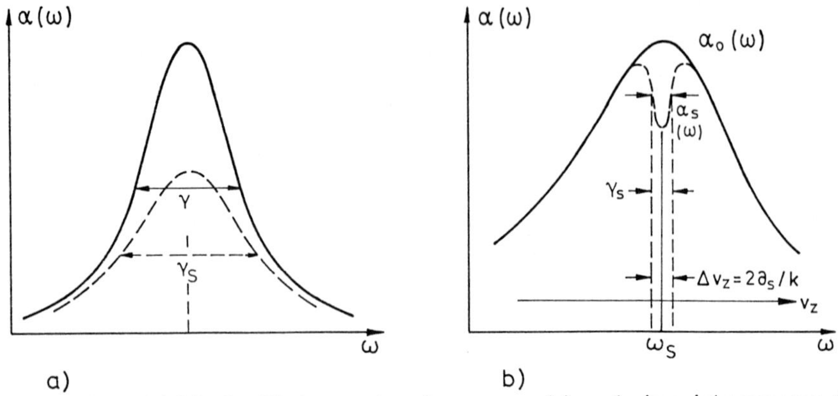

Abb.7.6. Vergleich der Sättigung eines homogenen (**a**) und eines inhomogenen (**b**) Absorptionsprofils durch einen monochromatischen Pumplaser der Frequenz ω_s, die nachgewiesen wird mit einem durchstimmbaren Probenlaser der Frquenz ω

Die Tiefe des Lamb-Dips ist $S_0 = B_{ik} I/\gamma_s$, wobei I die gesamte Intensität der stehenden Welle ist. Für $\omega_0 - \omega >> \gamma_s$ wird $\alpha_s = (1-\frac{1}{2}S_0)\alpha^0$, was gerade der Sättigung durch eine der beiden Teilwellen entspricht. In Abb.7.6 ist der Unterschied bei der Sättigung eines homogenen und eines inhomogenen Absorpionsprofile illustriert.

Anmerkung

Die Breite des Lamb-Dips (LD) erscheint beim Durchstimmen des Lasers als $\delta\omega_{LD} = \gamma_s$, entspricht aber in der Besetzungsverteilung $N(v_z)$ einem Geschwindigkeitsintervall $\Delta v_z = 2\gamma_s/k$, weil sich beim Durchstimmen der Laserfrequenz ω die entgegengesetzten Doppler-Verschiebungen $\Delta\omega = (\omega_0 - \omega) = \pm k v_z$ der beiden Wellen addieren.

7.3 Sättigungsspektroskopie

Die Sättigungsspektroskopie beruht auf der im vorigen Abschnitt behandelten selektiven Sättigung Doppler-verbreiterter Molekülübergänge, bei der die spektrale Auflösung nicht mehr durch die Doppler-Breite, sondern durch die viel schmalere Breite der erzeugten Lamb-Dips bestimmt wird [7.6]. Der Vorteil dieser Technik gegenüber der Doppler-begrenzten Spektroskopie soll am Beispiel zweier Übergänge von einem gemeinsamen Niveau a zu zwei energetisch dicht liegenden Niveaus b und c illustriert werden (Abb.7.7). Auch wenn sich die Doppler-Profile der beiden Linien völlig überlappen, sind die Lamb-Dips deutlich zu trennen, solange ihr Abstand $\Delta\omega > 2\gamma_s$ ist.

Eine mögliche experimentelle Anordnung für die Sättigungsspektroskopie ist in Abb.7.8 gezeigt. Der Ausgangsstrahl eines durchstimmbaren Lasers wird durch den Strahlteiler St in einen schwachen Probenstrahl und

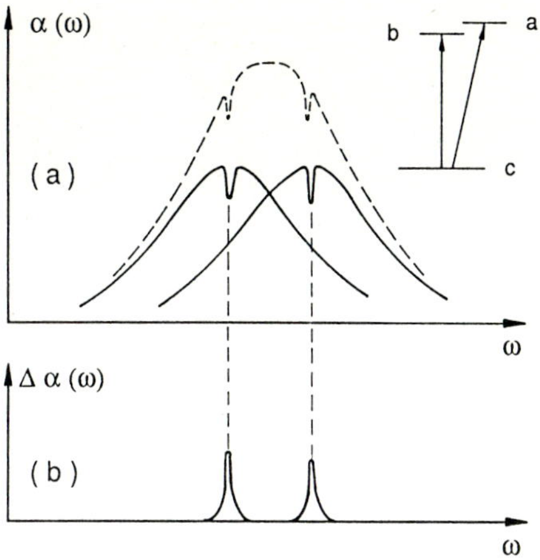

Abb.7.7. Spektral getrennte Lamb-Dips zweier sich überlappender Doppler-Profile (**a**) und (**b**) mit Amplitudenmodulation des Pumplasers und Lock-in Nachweis

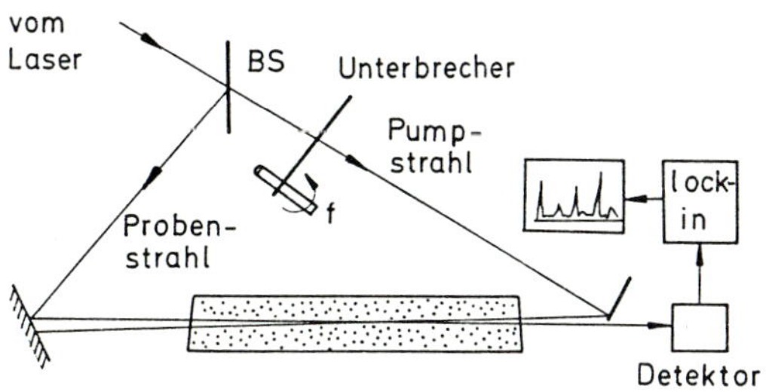

Abb.7.8. Experimentelle Anordnung für die Sättigungsspektroskopie, bei der die Absorption der Probenwelle nachgewiesen wird

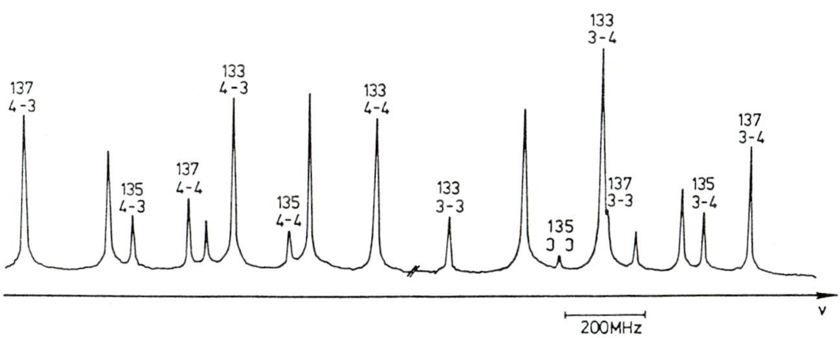

Abb.7.9. Sättigungsspektrum aller HFS-Komponenten des $6^2S_{1/2} \rightarrow 7^2P$ Überganges bei λ=459.3 μm in einem Gemisch von ^{133}Cs, ^{135}Cs und ^{137}Cs [7.9]

einen stärkeren Pumpstrahl aufgeteilt, die beide die Absorptionszelle fast antikollinear durchlaufen. Stimmt man die Laserfrequenz ω über die Absorptionslinien der Moleküle in der Zelle ab, so zeigt die transmittierte Probenlaserleistung $I_t(\omega)$ die Doppler-verbreiterten Absorptionslinien mit ihren Lamb-Dips in der Linienmitte (Abb.7.7a).

Wird der Pumpstrahl periodisch unterbrochen, so wird abwechselnd die Probenstrahl-Absorption mit bzw. ohne Pumplaser gemessen. Mit einem phasenempfindlichen Verstärker (Lock-in) läßt sich daher gemäß (7.19b) die Differenz

$$\Delta\alpha = \alpha^0(\omega) - \alpha_s(\omega) = \alpha^0(\omega)\,\frac{(S_0/2)(\gamma^*/2)^2}{(\omega-\omega_0)^2 + (\gamma^*/2)^2} \tag{7.21}$$

messen und damit der Doppler-Untergrund eliminieren (Abb.7.7b und 7.9).

Bei geringen Dichten der absorbierenden Moleküle wird die Absorption des Probenlasers sehr klein. In solchen Fällen ist der Nachweis der laserinduzierten Fluoreszenz oft günstiger (Abb.7.10). Das Fluoreszenzlicht, das aus einer Absorptionsstrecke Δz emittiert wird, ist proportional zur Zahl der auf der Strecke Δz absorbierten Photonen beider Laserstrahlen:

$$I_{FL} = C\sigma_{ik} N_i (I_1 + I_2)\Delta z\,. \tag{7.22}$$

Wird die Intensität $I = \frac{1}{2} I_0(1-\cos\Omega t)$ des Pumpstrahls mit der Frequenz $f_1 = \Omega_1/2\pi$ und die des Probenstrahls mit f_2 moduliert, so ist der zeitliche Verlauf der Besetzungsdichte im absorbierenden Niveau gemäß (7.6)

$$N_i(v_z=0) \simeq N_i^0\{1 - a[I_1(t)+I_2(t)]\}\,,$$

wenn die Laserfrequenz auf die Mitte der Absorptionslinie abgestimmt ist. Die gemessene Fluoreszenzintensität (7.22) wird damit

$$I_{FI} = C\,\sigma_{ik} N_{i0}\Delta z[I_1 + I_2 - a(I_1+I_2)^2]\,. \tag{7.23}$$

Der letzte Term beschreibt den nichtlinearen Anteil der Fluoreszenzintensität, der von den beiden entgegenlaufenden Laserstrahlen erzeugt wird, während der erste Term den linearen Doppler-verbreiterten Untergrund des Signals angibt. Da das Produkt $(I_1+I_2)^2$ einen Term

$$I_{10} I_{20} \cos\Omega_1 t \cdot \cos\Omega_2 t = \tfrac{1}{2}\, I_{10} I_{20}[\cos(\Omega_1 + \Omega_2)\, t + \cos(\Omega_1 - \Omega_2) t] \tag{7.23a}$$

mit Modulationsanteilen auf der Summen- bzw. Differenz-Frequenz enthält, kann durch Lock-in Nachweis auf einer dieser beiden Frequenzen der nichtlineare Anteil selektiv nachgewiesen und damit der Doppler-verbreiterte Untergrund eliminiert werden [7.7].

Setzt man die absorbierende Probe in den Resonator eines durchstimmbaren Lasers, so erscheint an der Stelle des Lamb-Dips eine entsprechende Spitze in der Ausgangsleistung $P(\omega)$ des Lasers, weil für $\omega = \omega_0$ seine Absorptionsverluste ein relatives Minimum haben (Abb.7.11). Durch Modulation der Laserfrequenz ω (z.B. durch Modulation der Resonatorlänge mit Hilfe eines Piezokristalls, auf den einer der Resonatorspiegel geklebt ist) und Nachweis der Laserausgangsleistung $P(\omega, 3f)$ hinter einem Lock-in Verstärker, der auf die dreifache Modulationsfrequenz abgestimmt ist, läßt sich der lineare Doppler-Untergrund im Ausgangssignal praktisch vollständig unterdrücken. Dies kann man wie folgt einsehen:

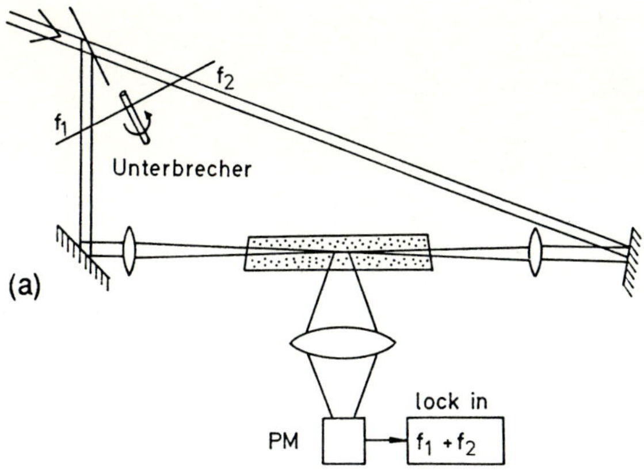

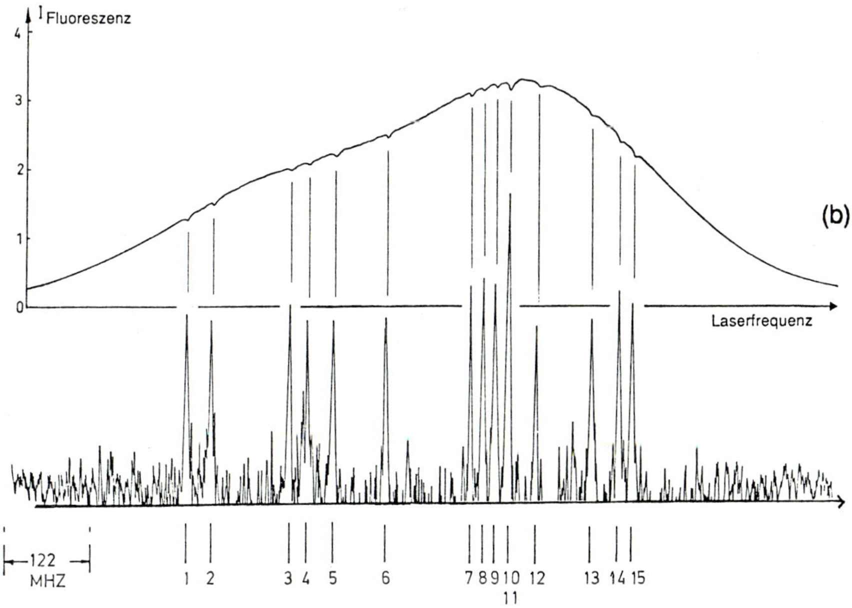

Abb.7.10a,b. Nachweis der Lamb-Dips über die laser-induzierte Fluoreszenz. (**a**) Experimentelle Anordnung mit Unterbrechung von Pump- und Probenstrahl bei verschiedenen Frequenzen f_1 bzw. f_2. (**b**) Lamb-Dips der HFS-Komponenten des Überganges ${}^1\Sigma_g(v''=1,J''=98) \rightarrow {}^3\Pi_{ou}$ $(v'=58,J'=99)$ im J_2-Modell bei $\lambda = 514.5$ μm, wenn der Lock-in auf die Unterbrecherfrequenz f_1 der Pumpe abgestimmt ist (*oberes Spektrum*) oder auf die Summenfrequenz f_1+f_2 (*unteres Spektrum*) [7.8]

Wird die Laserfrequenz ω_0 mit der Frequenz $\Omega = 2\pi f$ moduliert, so kann die Laserintensität

$$I_L(\omega) = I_L(\omega_0 + a\sin\Omega t)$$

in eine Taylor-Reihe um ω_0 entwickelt werden:

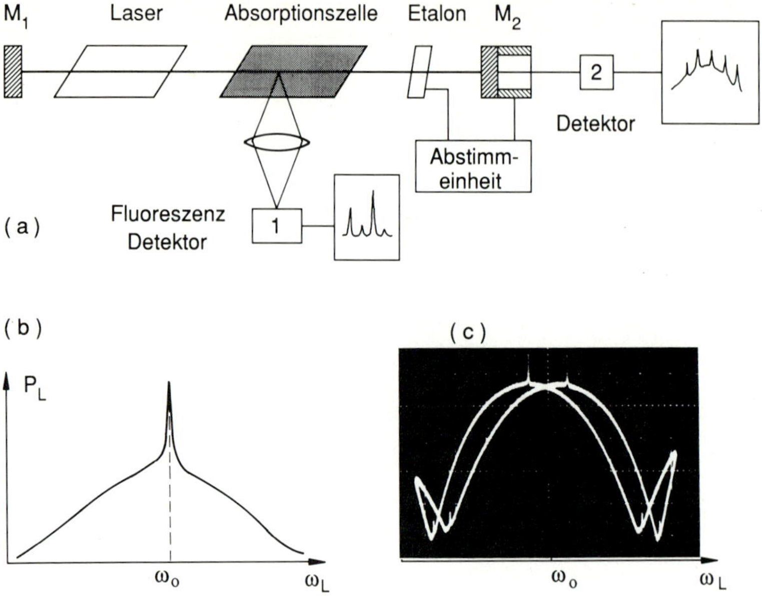

Abb.7.11a-c. Sättigungsspektroskopie im Resonator eines Lasers. (**a**) Experimentelle Anordnung, (**b**) Ausgangsleistung $P_L(\omega)$ des Lasers, (**c**) Experimenteller Nachweis des „Lamb-Peaks" in der Ausgangsleistung des HeNe-Lasers bei $\lambda = 3{,}39\ \mu$m, verursacht durch den Lamb-Dip von CH_4 im Laser Resonator [7.13]

$$I_L(\omega) = I_L(\omega_0) + \sum \frac{a^n}{n!} \sin^n \Omega t \left(\frac{d^n I_L}{d\omega^n}\right)_{\omega_0} . \qquad (7.24)$$

Die Laserintensität ist proportional zur Nettoverstärkung und wird daher in der Nähe eines Lamb-Dips

$$I_L(\omega) \propto \left[G(\omega-\omega_m) - \alpha_0(\omega) \left(1 - \frac{\gamma^2 S_0}{(\omega-\omega_0)^2 + (\gamma/2)^2}\right)\right] . \qquad (7.25)$$

In dem kleinen Frequenzintervall um den Lamp-Dip kann man das Verstärkungsprofil $G(\omega-\omega_m)$ mit der Maximum bei ω_m durch eine quadratische Funktion approximieren und erhält

$$I_L(\omega) = A\omega^2 + B\omega + C + \frac{D}{(\omega-\omega_0)^2 + (\gamma/2)^2} ,$$

wobei die Konstanten A, B, C und D von ω_0, ω_m, γ and S abhängen. Die Ableitungen $I_L{}^n(\omega) = d^n I_L / d\omega^n$ werden dann

$$I_L^{(1)}(\omega) = 2A\omega + B - \frac{2D(\omega-\omega_0)}{[(\omega-\omega_0)^2 + (\gamma/2)^2]^2},$$

$$I_L^{(2)}(\omega) = 2A + \frac{6D(\omega-\omega_0)^2 - D\gamma^2/2}{[(\omega-\omega_0)^2 + (\gamma/2)^2]^3}, \tag{7.26}$$

$$I_L^{(3)}(\omega) = \frac{4D\gamma^2(\omega-\omega_0)}{[(\omega-\omega_0)^2 + (\gamma/2)^2]^4}.$$

Diese Ableitungen sind in Abb.7.12 gezeigt. Man sieht, daß der Untergrund, der von dem Doppler-verbreiterten Absorptionsprofil der absorbierenden Probe und dem gegenüber dem Lamb-Dip breiten Verstärkungsprofil $G(\omega-\omega_m)$ mit seinem Maximum bei ω_m herrührt, für die höheren Ableitungen praktisch völlig unterdrückt wird. Setzt man (7.26) in (6.7) ein, so sieht man, daß das Signal auf 3Ω bestimmt ist durch die dritte Ableitung $I_L{}^3(\omega_0)$, weil bei kleiner Modulationsamplitude $a \ll 1$ der zweite Term in der Klammer vernachlässigbar wird.

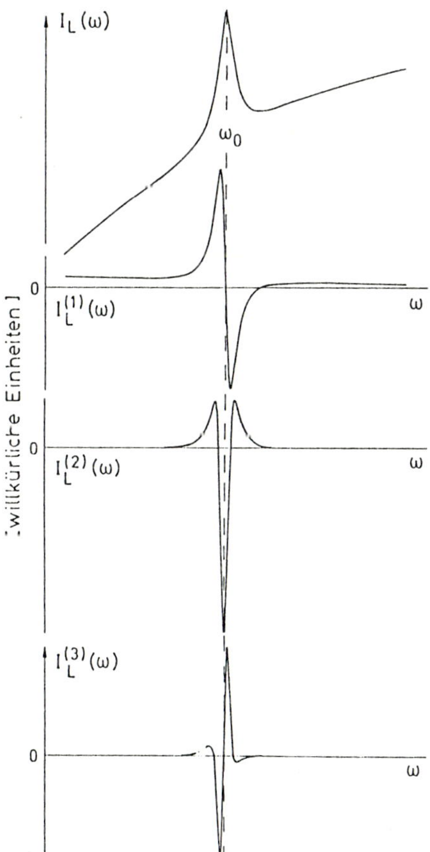

Abb.7.12. Die Laserintensität $I_L(\omega)$ und ihre drei ersten Ableitungen in der Umgebung eines Lamb-Dips

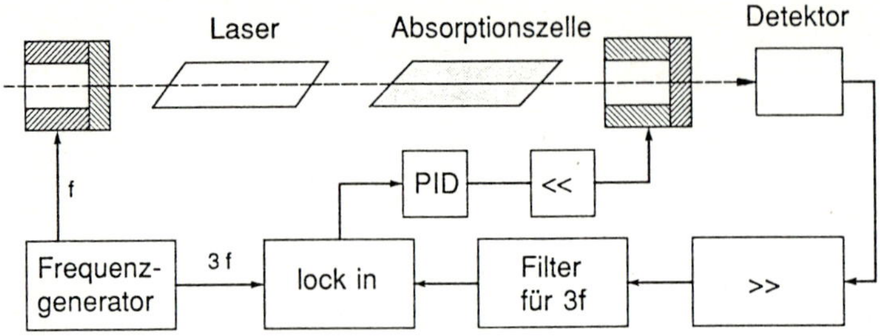

Abb.7.13. Experimentelle Anordnung zur Messung der dritten Ableitung der Lamb-Dips bei der Sättigungsspektroskopie im Laser Resonator

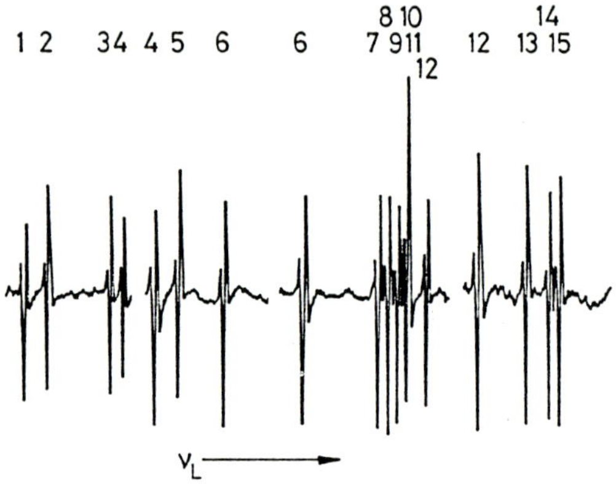

Abb.7.14. Dritte Ableitung des Jodspektrums der Abb.7.10 [7.10]

Die experimentelle Anordnung ist in Abb.7.13 gezeigt. Die Modulationsfrequenz wird verdreifacht, indem die Sinusspannung $\sin\Omega t$ verstärkt, abgeschnitten und zu Rechteck-Pulsen geformt wird. Nur deren dritte Oberwelle $\sin(3\Omega t)$ wird durch ein Frequenzfilter gelassen und als Referenzsignal in den Lock-in Verstärker gegeben, der auf die Frequenz 3f abgestimmt ist. Die Abb.7.14 zeigt zur Illustration das Sättigungsspektrum derselben Iodlinie wie in Abb.7.10.

Diese Technik der Ableitung von Sättigungs-Signalen einer absorbierenden Probe im Laser-Resonator eignet sich sehr gut zur Wellenlängen-Stabilisierung von Lasern, weil das Regelsignal nicht nur die Größe, sondern auch die Richtung der Abweichung enthält. Mit einem doppelten Regelkreis für die schnelle Wellenlängen-Stabilisierung auf ein Referenz-FPI und die Langzeit-Stabilisierung des FPI auf die erste Ableitung eines schmalen Absorptionsprofils eines verbotenen Überganges im Ca-Atom konnten *Barger* und Mitarbeiter [7.11] einen ultrastabilen cw Farbstofflaser realisieren; er hatte eine Kurzzeit-Stabilität von 800 Hz und eine Langzeit-Drift von weniger als 2 kHz. Inzwischen erreicht man mit elektro-optischen Kristallen im Farbstofflaser-Resonator eine Frequenz-Stabilität von besser als 1 Hz [7.12].

Bei solch extrem schmalen Linienbreiten muß der Laserstrahl für die Spektroskopie im Resonator aufgeweitet werden, damit die Flugzeit-Verbreiterung (Abschn.3.5) nicht zu groß wird. In Abb.7.15 ist das Sättigungsspektrum einer Rotationslinie des CH_3Cl-Moleküls gezeigt, das mit aufgeweitetem Strahl im Resonator eines HeNe-Lasers aufgenommen wurde.

Die extrem hohe Frequenz-Stabilität eines auf eine molekulare Linie stabilisierten Lasers läßt sich auch auf die Spektroskopie mit durchstimmbaren Lasern übertragen durch eine Technik, die von *Hall* [7.13] in Boulder entwickelt wurde und im Englischen „frequency-offset locking" heißt. Ihr Prinzip ist in Abb.7.16 erläutert. Ein Referenzlaser ist auf dem Lamb-Dip einer molekularen Line bei der Frequenz ω_0 stabilisiert. Der Ausgang eines zweiten durchstimmbaren Lasers mit der Frequenz ω wird dem des stabilen Lasers auf einem nichtlinearen Detektor überlagert, dessen Signal auf der

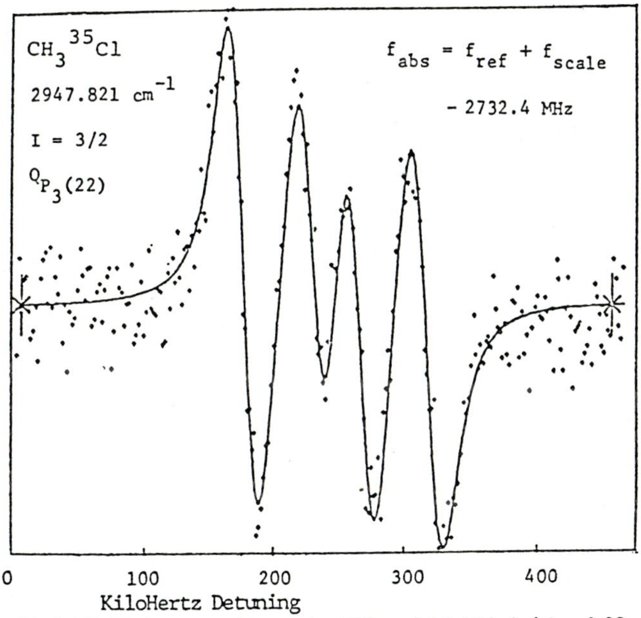

Abb.7.15. Sättigungsspektrum des CH_{3Cl}-Moleküls bei λ = 3,39 μm, aufgenommen im Resonator eines durchstimmbaren HeNe-Lasers mit aufgeweitetem Strahl. Das Spektrum zeigt die 1. Ableitung der 4 HFS-Komponenten der Q_{p3} (22) Rotationslinie [7.13]

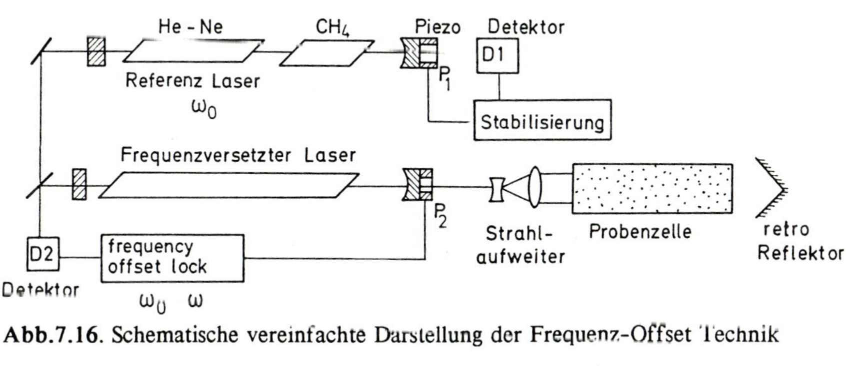

Abb.7.16. Schematische vereinfachte Darstellung der Frequenz-Offset Technik

Differenzfrequenz $\Delta\omega = \omega_0 - \omega$ verstärkt und mit der Frequenz Ω eines stabilen HF-Generators verglichen wird. Ein Regelkreis stabilisiert den zweiten Laser auf die Frequenz ω, für die $\Delta\omega = \Omega$ ist. Durchstimmen des HF-Generators stimmt dann auch den Laser entsprechend durch. Das Spektrum in Abb.7.15 wurde mit dieser Technik aufgenommen.

Zum Schluß dieses Abschnittes soll noch kurz auf ein spezielles Problem der Sättigungs-Spektroskopie eingegangen werden, das immer auftritt, wenn für zwei Übergänge mit den Frequenzen ω_1 and ω_2, die ein gemeinsames, unteres oder oberes Niveau haben, der Frequenzabstand $\omega_2 - \omega_1$ kleiner als die Doppler-Breite $\Delta\omega_D$ wird. In diesem Fall kann bei einer Laserfrequenz $\omega = \frac{1}{2}(\omega_1 + \omega_2)$ die einfallende Welle die Geschwindigkeitsklasse $v_z dv_z = \frac{1}{2}(\omega_2 - \omega_1)/k \pm \gamma/k$ auf dem Übergang ω_1 sättigen und die reflektierte Welle dieselbe Klasse auf dem Übergang ω_2 (Abb.7.17). Man erhält deshalb, zusätzlich zu den Sättigungs-Signalen bei ω_1 und ω_2 (bei denen die Geschwindigkeitsklasse $v_z = 0$ gesättigt wird), ein „Überkreuzungs-Signal" (im Engl. cross over), das daher rührt, daß die eine Welle eine Abnahme ΔN_i der Besetzungsdichte N_i im gemeinsamen unteren Niveau, bzw. eine Zunahme ΔN_k im gemeinsamen oberen Niveau für eine Geschwindigkeitsklasse von Molekülen erzeugt, mit der die andere Welle gleichzeitig auf einem anderen Übergang vom oder zum gleichen Niveau wechselwirken kann. Diese „cross-over-Signale", deren Halbwertsbreite $\gamma = \frac{1}{2}(\gamma_1 + \gamma_2)$ ist, machen zwar das Sättigungs-Spektrum linienreicher und damit leicht un-

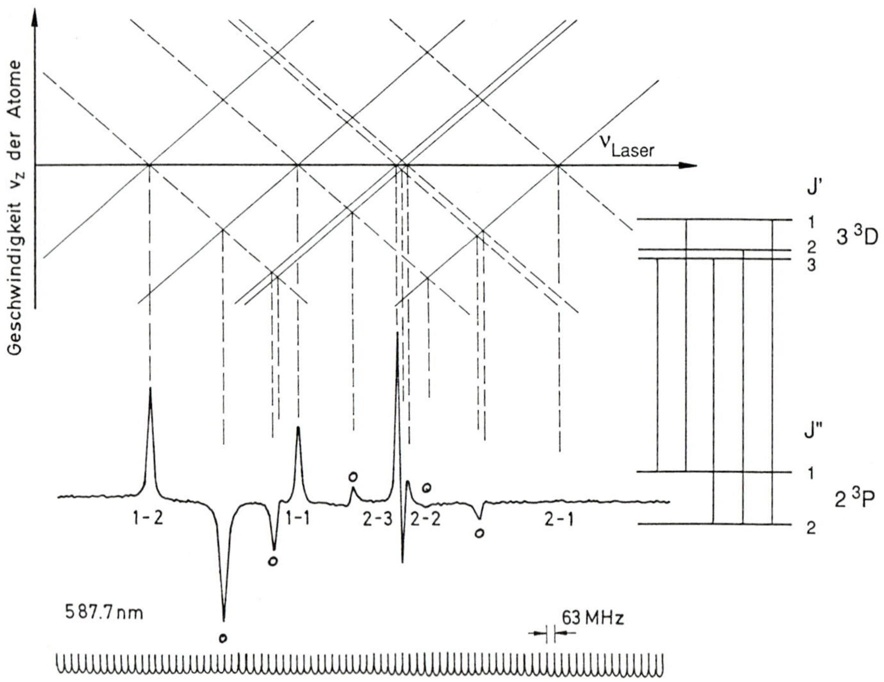

Abb.7.17. Entstehung von "Cross-over" Sättingungs-Signalen, illustriert am Beispiel des Helium-Überganges $3\,^3D \leftarrow 2\,^3P$. Die Cross-over-Signale sind mit o markiert [7.14]

übersichtlicher, haben aber auf der anderen Seite den Vorteil, daß man aus ihnen den Energieabstand der beiden nicht gemeinsamen Niveaus sofort bestimmen kann (Abb.7.17b und die Beispiele im Abschn.7.6).

7.4 Polarisations-Spektroskopie

Während bei der Sättigungs-Spektroskopie die Änderung der *Absorption* einer Probenwelle infolge der Sättigung des absorbierenden Überganges durch eine intensive Pumpwelle ausgenutzt wird, verwendet die Polarisationsspektroskopie die Veränderung des *Polarisationszustandes* der Probenwelle infolge einer Änderung von *Brechungsindex n und Absorptionskoeffizient* α durch die Pumpwelle zum Nachweis der Absorption [7.15].

7.4.1 Anschauliche Darstellung

Das Grundprinzip der Polarisations-Spektroskopie läßt sich anschaulich an Hand von Abb.7.18 erläutern: Der Ausgangsstrahl eines durchstimmbaren Einmoden-Lasers wird aufgespalten in einen schwachen, linear polarisierten Probenstrahl und einen zirkular polarisierten Pumpstrahl, die beide die Absorptionszelle in entgegengesetzter Richtung durchlaufen. Die Zelle befindet sich zwischen zwei gekreuzten Polarisatoren, so daß der Detektor hinter P_2 ohne den Pumplaser nur einen kleinen Lichtuntergrund sieht, der von der Resttransmission der gekreuzten Polarisatoren herrührt.

Wird der zirkular polarisierte Pumplaser von den Molekülen der Probe absorbiert, so induziert er optische Übergänge mit $\Delta M = 1$ zwischen den entarteten M-Niveaus der beiden beteiligten Zustände, wobei M die Quantenzahl der Projektion des Gesamtdrehimpulses auf die Richtung des

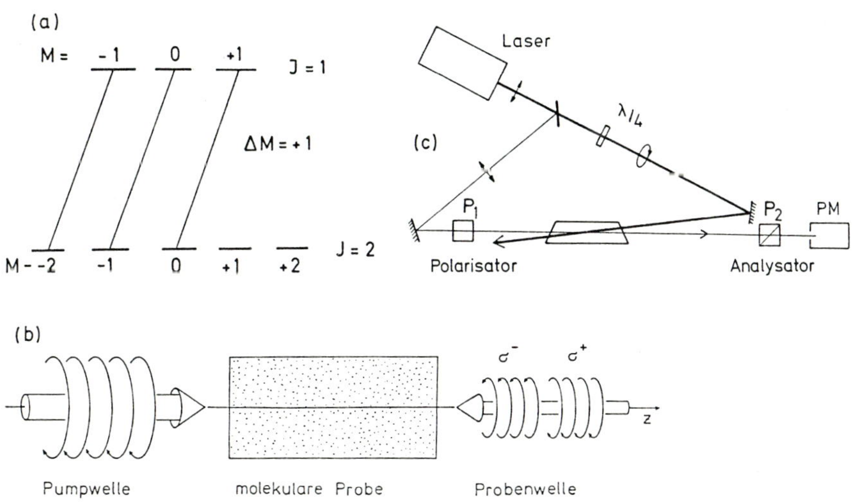

Abb.7.18. Polarisations-Spektroskopie. (**a**) Termschema für einen Übergang $J = 2 \rightarrow J_1 - 1$. (**b**) Linearpolarisierte Probenwelle als Überlagerung von σ^+ und σ^- Anteilen. (**c**) Experimentelle Anordnung

Pumpstrahls ist, die als Quantisierungsachse gewählt wird. Wie man aus Abb. 7.18a sieht, werden nicht alle M-Niveaus durch optisches Pumpen gleichmäßig entleert, bzw. im oberen Zustand bevölkert. Dadurch entsteht eine vom thermischen Gleichgewicht abweichende Besetzung der M-Niveaus, d.h. die Moleküle werden räumlich orientiert. Beim Durchgang durch diese, nun nicht mehr isotrope Probe wird die Polarisationsebene der linear polarisierten Probenwelle etwas gedreht (dies ist völlig analog zur Drehung der Polarisationsebene durch optisch aktive Kristalle, die bereits von Natur aus anisotrop sind, während hier das an sich isotrope Gas erst durch optisches Pumpen anisotrop wird). Der Analysator P_2 transmittiert die Polarisations-Komponente in seiner Durchlaßrichtung, und der Detektor empfängt ein Signal.

Der wesentliche Punkt dabei ist nun, daß dieses Signal - genau wie bei der Sättigungs-Spektroskopie - Doppler-frei ist, d.h. seine Linienbreite ist nur durch die homogene Linienbreite γ des absorbierenden Überganges bestimmt und nicht durch seine Doppler-Breite. Solange nämlich die Frequenz ω des Lasers um mehr als γ von der Mittenfrequenz ω_0 des molekularen Überganges abweicht, d.h., wenn $\omega-\omega_0 > \gamma$ gilt, sind die entgegengesetzten Doppler-Verschiebungen für Pump- und Probenwelle größer als γ, und damit werden beide Wellen von zwei *verschiedenen* Geschwindigkeitsklassen von Molekülen mit den Geschwindigkeits-Komponenten

$$v_z = \pm\,[(\omega - \omega_0)/k \pm \gamma/2] \tag{7.27}$$

absorbiert. Dies bedeutet, daß die Probenwelle garnicht von den durch die Pumpwelle orientierten Molekülen absorbiert und deshalb auch ihre Polarisationsebene nicht gedreht wird. Der Detektor empfängt daher nur ein Signal, wenn die Laserfrequenz ω auf die Mitte der Doppler-verbreiterten Absorptionslinie abgestimmt wird, d.h., wenn $\omega = (\omega_0 \pm \gamma)$. Wir wollen uns dies jetzt quantitativ ansehen.

7.4.2 Die Frequenzabhängigkeit des Polarisations-Signals

Die in z-Richtung durch das Medium laufende, in x-Richtung linear polarisierte Probenwelle läßt sich zusammensetzen aus einer links-zirkular (σ^+) polarisierten Welle

$$\mathbf{E}^+ = \mathbf{E}_0^+ e^{i[\omega t - k^+ z + i(\alpha^+/2)z]}\,, \quad \mathbf{E}_0^+ = \tfrac{1}{2}\,E_0(\hat{x} + i\hat{y}) \tag{7.28a}$$

und einer rechts-zirkular (σ^-) polarisierten Welle

$$\mathbf{E}^- = \mathbf{E}_0^- e^{i[\omega t - k^- z + i(\alpha^-/2)z]}\,, \quad \mathbf{E}_0^- = \tfrac{1}{2}\,E_0(\hat{x} - i\hat{y})\,. \tag{7.28b}$$

In dem durch das optische Pumpen anisotropen Medium haben beide Wellen unterschiedliche Brechungsindizes n^+ bzw. n^- und Absorptionskoeffizienten α^+ bzw. α^-. Nach einem Weg L durch das anisotrope Medium hat sich dadurch eine Phasendifferenz

$$\Delta\phi = (k^+ - k^-)L = (\omega/c)(n^+ - n^-)L$$

und eine Amplitudendifferenz

$$\Delta E = \tfrac{1}{2} E_0 (e^{-\frac{1}{2}\alpha^+ L} - e^{-\frac{1}{2}\alpha^- L})$$

zwischen der σ^+- und der σ^--Welle entwickelt.

Auch die Fenster der Absorptionszelle bewirken wegen ihrer Verspannung durch den äußeren Luftdruck einen für die σ^+- bzw. σ^--Welle unterschiedlichen Brechungsindex $n_F^\pm = b_r^\pm + ib_i^\pm$. Hinter dem Austrittsfenster ergibt die Überlagerung beider Wellenanteile, wenn wir die gemittelten Größen

$$n = \tfrac{1}{2}(n^+ + n^-)\,; \quad \alpha = \tfrac{1}{2}(\alpha^+ + \alpha^-)\,; \quad b = \tfrac{1}{2}(b^+ + b^-)$$

vor die Summe ziehen:

$$\begin{aligned} \mathbf{E}(z{=}L) &= E^+ + E^- \qquad (7.29)\\ &= \tfrac{1}{2} E_0 e^{i\omega t} e^{[-i\omega(nL+b_r)/c - \frac{1}{2}\alpha L - b_i]} [(\hat{x}+iy)e^{-i\Delta} + (\hat{x}-i\hat{y})e^{+i\Delta}] \end{aligned}$$

mit

$$\Delta = \omega(\Delta nL + \Delta b_r)/2c - i(\Delta\alpha L/4 + \Delta b_i/2)$$

und

$$\Delta n = n^+ - n^-\,; \quad \Delta\alpha = \alpha^+ - \alpha^-\,, \quad \Delta b = b^+ - b^-\,.$$

Ist die Durchlaßrichtung des Polarisators P_2 um den kleinen Winkel θ gegen die y-Achse gedreht (Abb.7.19), so wird die transmittierte Amplitude

$$E_t = E_x \sin\theta + E_y \cos\theta\,.$$

In der Praxis sind die Differenzen $\Delta\alpha$ und Δn, die durch die Pumpwelle erzeugt werden, und auch die Doppelbrechung Δb der Fenster sehr klein, so daß gilt:

$$\Delta\alpha L \ll 1 \quad \text{und} \quad \Delta kL \ll 1\,.$$

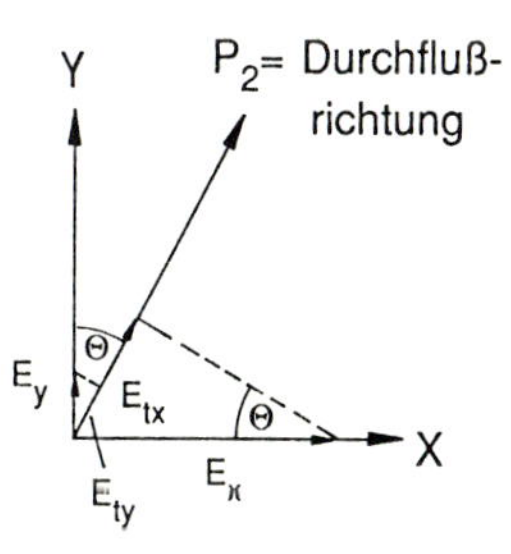

Abb.7.19. Transmission der elliptisch polarisierten Probenwelle am Ausgang der anisotropen Zelle durch den um den Winkel θ entkreuzten Analysator

Man kann dann die Exponentialfunktion exp(iΔ) in (7.29) entwickeln und erhält für kleine Drehwinkel θ (d.h. $\cos\theta \simeq 1$ und $\sin\theta \simeq \theta$) die transmittierte Amplitude

$$E_t = E_0 e^{i\omega t} e^{[i\omega(nL+b_r)/c - \frac{1}{2}\alpha L - b_i]}(\theta + \Delta) . \tag{7.30}$$

Das vom Detektor nachgewiesene Polarisations-Signal ist proportional zur transmittierten Intensität:

$$S(\omega) \sim I_t(\omega) = c\epsilon_0 E_t E_t^* .$$

Auch völlig gekreuzte Polarisationen (θ=0) haben noch eine kleine Resttransmission $I_t = \zeta I_0$ ($\zeta \ll 1$). Wir erhalten dann bei einer Eingangsintensität I_0 die insgesamt transmittierte Intensität

$$\begin{aligned} I_t &= I_0 e^{-\alpha L - 2b_i}(\xi + |\theta+\Delta|^2) \qquad (7.30a)\\ &= I_0 \ell^{-\alpha L - 2b_i}\Big[\xi + \theta'^2 + (\tfrac{1}{4}\Delta b_i)^2 + \tfrac{1}{4}\Delta b_i L \Delta\alpha - \frac{\omega}{c}\theta' L \Delta n \\ &\quad + \left(\frac{\omega}{2c} L \Delta n\right)^2 + \left(\frac{L\Delta\alpha}{4}\right)^2\Big] \end{aligned}$$

mit der Abkürzung:

$$\theta' = \theta + \frac{\omega}{2c}\Delta b_r .$$

Um die Frequenzabhängigkeit des Signals $S(\omega)$ zu bestimmen, müssen wir beachten, daß die Absorptionsänderung $\Delta\alpha$ von denjenigen Molekülen im Geschwindigkeitsintervalll $v_z = 0 \pm \omega_0/k$ bewirkt wird, die gleichzeitig mit Pump- und Proben-Welle wechselwirken. Deshalb muß $\Delta\alpha(\omega)$ - genau wie in der Sättigungs-Spektroskopie (Abschn.7.3) - ein Lorentz-Profil

$$\Delta\alpha(\omega) = \frac{\Delta\alpha(\omega_0)}{1 + x^2} \quad \text{mit} \quad x = (\omega_0 - \omega)/\gamma_s \tag{7.31}$$

mit der Halbwertsbreite γ_s haben, die der gesättigten homogenen Breite des molekularen Überganges entspricht.

Absorptionskoeffizient α und Brechungsindex n (und damit auch $\Delta\alpha$ und Δn) sind durch die Kramers-Kronig-Relationen miteinander verknüpft (Abschn.2.6). Wir erhalten deshalb für $\Delta n(\omega)$ ein Dispersionsprofil

$$\Delta n(\omega) = \frac{c}{2\omega_0}\frac{\Delta\alpha(\omega_0)x}{1 + x^2} . \tag{7.32}$$

Aus (7.29 bis 32) ergibt sich schließlich für das vom Detektor registrierte Polarisations-Signal:

$$S(\omega) = I_0 e^{-\alpha L - 2b_i} \left\{ \xi + \theta'^2 + \tfrac{1}{4}\Delta b_i^2 + \tfrac{1}{2}\theta' \Delta\alpha_0 L \frac{x}{1+x^2} + \left[\tfrac{1}{4}\Delta\alpha_0 L \Delta b_i + \left(\frac{\Delta\alpha_0 L}{4} \right)^2 \right] \frac{1}{1+x^2} \right\} \tag{7.33}$$

mit $\theta' = \theta + (\omega/2c)\Delta b_r$ und $x = (\omega_0 - \omega)/\gamma_s$. Das Signal enthält einen *frequenzunabhängigen* Untergrund $\xi + \theta'^2$, der auch ohne Pumpwelle vorhanden ist und durch folgende Effekte verursacht wird: Die Größe $\xi = I_t(\theta'=0, \Delta\alpha = \Delta n = 0)/I_0$ gibt die Resttransmission der völlig gekreuzten Polarisatoren an. Für gute Glan-Thomson-Polarisatoren erreicht man $\xi < 10^{-6}$.

Der zweite Term $I_0 \theta'^2$ gibt die transmittierte Intensität an, wenn die Polarisatoren um den kleinen Winkel $\theta = \theta' - (\omega/2c)\Delta b_\nu$ „entkreuzt" werden.

Macht man $\theta' = 0$, so wird der Dispersionsterm in (7.33) Null, und man erhält reine Lorentz-Profile. Dazu darf man die Polarisatoren nicht völlig kreuzen ($\theta = 0$), sondern muß einen Winkel $\theta = -(\omega/2c)\Delta b_\nu$ einstellen, der von der Doppelbrechung der Fenster abhängt. Man kann durch mechanischen Druck auf die Zellenfenster ihren Dichroismus (d.h. den Faktor Δb_i) und damit die Signalhöhe des Lorentz-Terms vergrößern. Allerdings steigt dabei auch der Untergrund, und es gibt eine optimale Größe von Δb, bei der das Signal/Rausch-Verhältnis maximal wird (Abschn.7.4.4). Auf der anderen Seite kann man praktisch reine Dispersions-Signale erhalten, wenn man den Entkreuzungswinkel θ optimal wählt, die Fenster-Doppelbrechung minimiert und die Zellenbedingungen so einstellt, daß $\Delta\alpha_0 L << 1$ gilt.

Zur Illustration der erreichbaren Empfindlichkeit zeigt Abb.7.20 ein Polarisations-Spektrum des J_2-Moleküls, aufgenommen unter vergleichbaren Bedingungen wie das Sättigungsspektrum des gleichen J_2-Überganges in Abb.7.10.

Bei linear polarisierter Pumpwelle mit einer Polarisations-Richtung unter 45° gegen die x-Richtung erhält man in analoger Weise eine Gleichung wie (7.30) aber statt $(\theta + \Delta)$ den Term $(\theta - i\Delta)$. Daraus berechnet sich das Polarisationssignal

$$S^{LP}(\omega) = I_0 e^{\alpha L - 2b_i} \left\{ \xi + \theta^{*2} + \left(\frac{\omega}{2c}\Delta b_r \right)^2 + \frac{1}{4}\Delta b_r \frac{\omega}{c} \Delta\alpha_0 L \frac{x}{1+x^2} + \left[-\frac{1}{2}\theta^* \Delta\alpha_0 L + \left(\frac{\Delta\alpha_0 L}{4} \right)^2 \right] \frac{1}{1+x^2} \right\}. \tag{7.34}$$

Hierbei ist $\theta^* = \theta \frac{1}{2}\Delta b_i$ und die Differenz $\Delta\alpha = \alpha_\parallel - \alpha_\perp$, $\Delta b = b_\parallel - b_\perp$ gelten jetzt für die Kompenenten der Probenwelle parallel bzw. senkrecht zur Pumpwelle.

Dispersions- und Lorentz-Terme sind gegenüber dem Signal (7.33) bei zirkular polarisierter Pumpwelle gerade vertauscht.

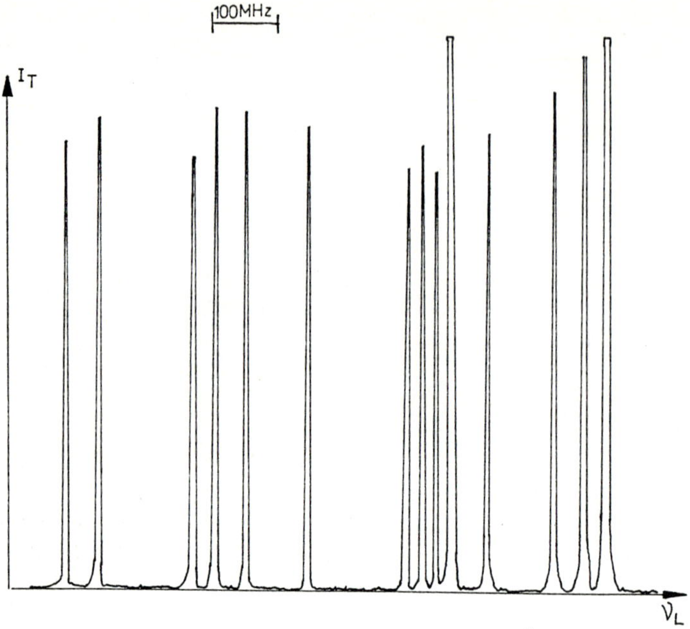

Abb.7.20. Polarisations-Spektrum des gleichen Jod-Überganges wie in Abb.7.10, aufgenommen unter gleichen Bedingungen in der Jodzelle

7.4.3 Größe der Polarisations-Signale

Wir wollen jetzt die Größe der Differenz $\Delta\alpha_0 = \alpha^+(\omega_0) - \alpha^-(\omega_0)$ und ihren Zusammenhang mit dem Wirkungsquerschnitt für den entsprechenden molekularen Übergang bestimmen.

Wenn $\sigma^{\pm}_{J,J_1,M}$ der optische Absorptionsquerschnitt für den Übergang $(J,M) \to (J_1, M\pm 1)$ ist und N_M die Besetzungsdichte in einem der $(2J+1)$ entarteten M-Niveaus eines Rotations-Niveaus mit der Quantenzahl J, so gilt

$$\Delta\alpha_0 = \sum_M N_M \left(\sigma^+_{JJ_1M} - \sigma^-_{JJ_1M}\right) . \tag{7.35}$$

Ist $N^0_M = N^0_J/(2J+1)$ die ungesättigte Besetzungsdichte eines M-Niveaus, so sinkt diese durch die Absorption der Pumpwelle auf

$$N^s_M = N^0_m/(1+S_M) \simeq N^0_M(1-S_M) ,$$

wobei der Sättigungsparameter

$$S_M = \frac{2}{\epsilon_0 c} \frac{|\mu_{12}|^2 \gamma}{h^2 \gamma_1 \gamma_2} I_1 \tag{7.36}$$

durch das Matrixelement μ_{12} des molekularen Überganges, die Pumpintensität I_1 und die homogenen Breiten γ_1, γ_2 der beiden Niveaus bestimmt wird [7.15].

Der Absorptions-Wirkungsquerschnitt σ_{JJ_1M} kann aufgespalten werden in ein Produkt

$$\sigma_{JJ_1M} = \sigma_{JJ_1} C(J, J_1, M, M_1) \tag{7.37}$$

aus einem orientierungsunabhängigen Faktor σ_{JJ_1}, der nur von dem speziellen Rotationsübergang des Moleküls abhängt, und in einen Clebsch-Gordan-Koeffizienten $C(J, J_1, M, M_1)$, der von der Orientierung des Moleküls relativ zur Quantisierungsachse abhängt [7.16, 17].

Faßt man die Relationen (7.35-37) zusammen, so läßt sich

$$\Delta\alpha_0 = \alpha^0 S(\omega_0) \Delta C^*_{JJ_1} \tag{7.38}$$

ausdrücken durch den ungesättigten Absorptionskoeffizienten

$$\alpha^0 = N_J^0 \sigma_{JJ_1}$$

der Probenwelle, den Sättigungsparameter $S(\omega_0)$ der Pumpwelle und einen numerischen Faktor $\Delta C^+_{JJ_1}$, der die Summe über die Differenzen der Wirkungsquerschnitte $\Delta\sigma = \sigma^+ - \sigma^-$ mit den entsprechenden Clebsch-Gordan-Koeffizienten abkürzt und der in Tab.7.1 für P-, Q- und R-Übergänge angegeben ist [7.18].

Tabelle 7.1. Werte von $2/3\Delta C_{J_1}$ bei linear polarisierter (a) und zirkular polarisierter (b) Pumpe. Im Zweiniveausystem ist $J_1 = J_2$ und $r = J_J - J_{J_2})/(J_J + J_{J_2})$. Im Dreiniveau-System ist J die Quantenzahl des gemeinsamen Niveaus und $r = -1$

(a)	$J_2 = J + 1$	$J_2 = J$	$J_2 = J - 1$
$J_1 = J + 1$	$\frac{2J^2+J(4+5r)+5+5r}{5(J+1)(2J+3)}$	$-\frac{2J-1}{5(J+1)}$	$\frac{1}{5}$
$J_1 = J + 1$	$-\frac{2J-1}{5(J+1)}$	$\frac{(2J-3)(2J-1)}{5J(J+1)}$	$-\frac{2J+3}{5J}$
$J_1 = J - 1$	$\frac{1}{5}$	$-2J+\frac{3}{5J}$	$\frac{2J^2-5rJ+3}{5J(2J-1)}$

(b)			
$J_1 = J + 1$	$\frac{2J^2+J\cdot(4+r)+r+1}{(2J+3)\cdot(J+1)}$	$-\frac{1}{J+1}$	-1
$J_1 = J$	$-\frac{1}{J+1}$	$\frac{1}{J(J+1)}$	$\frac{1}{J}$
$J_1 = J-1$	-1	$\frac{1}{J}$	$\frac{2J^2-rJ\ 1}{J(2J-1)}$

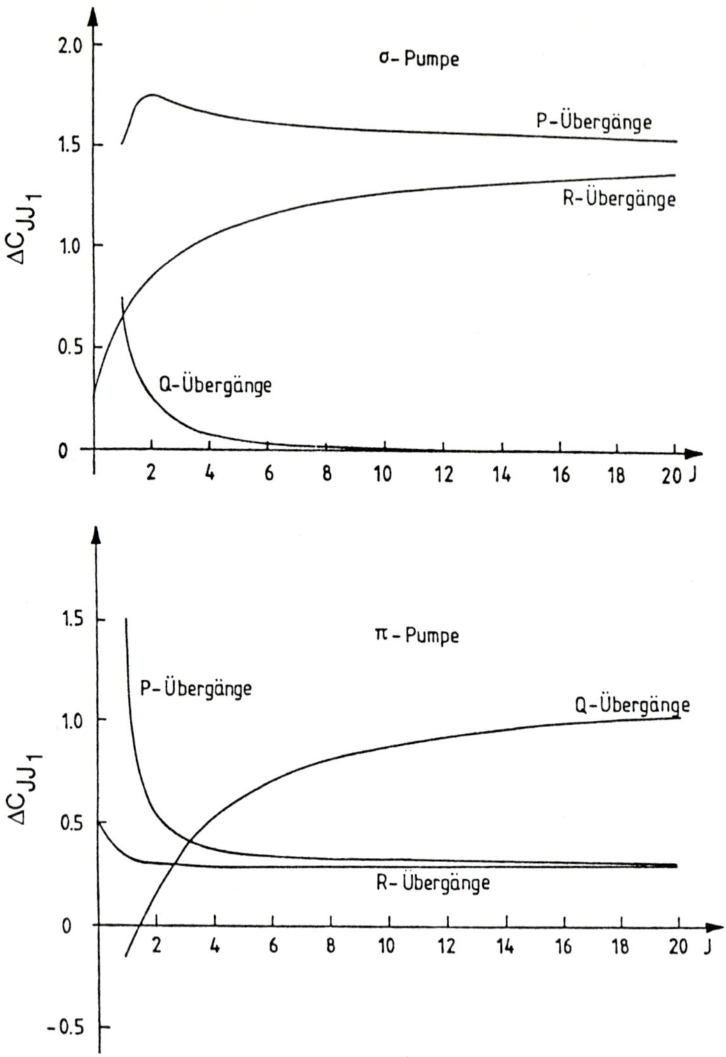

Abb.7.21. Nachweisempfindlichkeit ΔC^*_{jj1} als Funktion der Rotationsquantenzahl J

In Abb.7.21 wird die J-Abhängigkeit des Absorptionsquerschnittes für die Rotationsübergänge mit $\Delta J = 0, \pm 1$ angegeben, und in Abb.7.22a ist die M-Abhängigkeit von σ_{JJ_1M} für eine links- bzw. rechts-zirkular polarisierte Probenwelle bei zirkular- bzw. linear-polarisierter Pumpwelle illustriert.

Ein besonderer Vorteil der Polarisations-Spektroskopie für die Molekülphysik ist die direkte Unterscheidungsmöglichkeit zwischen Q-Übergängen mit $\Delta J = 0$ und P,R-Übergängen mit $\Delta J = \pm 1$. Wie man aus Tabelle 7.1 sieht, erhält man bei zirkular polarisierter Pumpwelle und gekreuzten Polarisatoren Lorentz-Profile für die P- und R-Übergänge, aber nur schwache Signale mit einem Dispersionsprofil für Q-Übergänge. Bei linear polarisierter Pumpwelle ergeben Q-Übergänge starke Lorentz-förmige Sig-

(a)

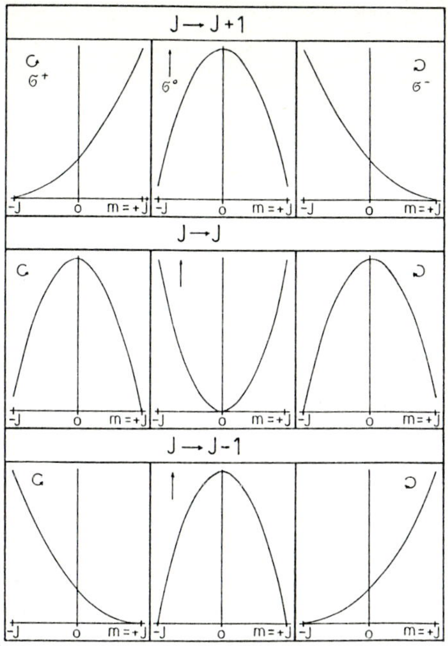

(b)

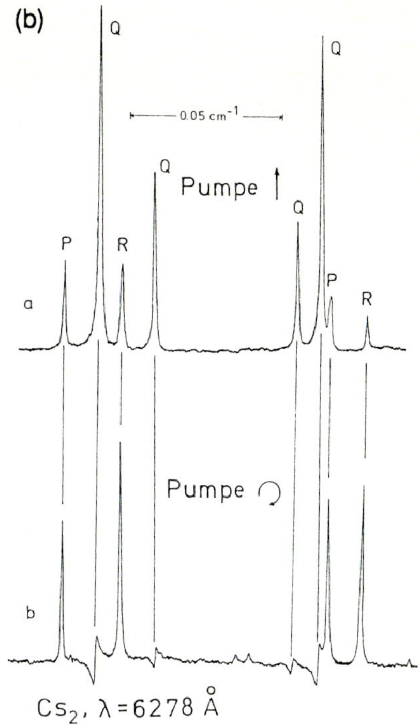

Abb.7.22a. Abhängigkeit der Absorptionsquerschnitte σ_{JJ_1} M von der Projektionsquantenzahl M für R-, Q- und P-Übergänge jeweils für σ^+, Π und σ^- Licht

Abb.7.22b. Ausschnitt aus dem Polarisationsspektrum des Cs_2-Moleküls (*a*) mit linear polarisierter (*b*) mit zirkular polarisierter Pumpwelle. Man beachte die großen Intensitätsunterschiede zwischen P-, R- bzw. Q-Linien in beiden Fällen

nale, während P- und R-Linien stark unterdrückt werden. Die Analyse eines molekularen Polarisations-Spektrums wird durch diese Unterschiede wesentlich vereinfacht. In Abb.7.22 sind zur Illustration Polarisations-Signale für P,Q und R-Übergänge im Cs_2 Molekül bei Verwendung einer linear bzw. zirkular polarisierter Pumpwelle gezeigt [7.18].

7.4.4 Empfindlichkeit der Polarisations-Spektroskopie

Das maximale Signal/Rausch-Verhältnis, das mit der Polarisations-Spektroskopie erreichbar ist, läßt sich folgendermaßen abschätzen: Die Amplitude des Lorentz-Terms im Polarisationssignal (7.33) ist für x = 0

$$S(\omega_0) \simeq \tfrac{1}{4} I_0 e^{-\alpha L} \Delta\alpha_0 \Delta b_i L \;.$$

Der Hauptanteil zum Rauschen im Polarisations-Spektrum kommt im allgemeinen von Intensitätsschwankungen des Probenlasers und ist daher proportional zur transmittierten Probenintensität. Wir schreiben daher $R = \Delta I = aI_0$. Der Proportionalitätsfaktor $a \ll 1$ gibt die mittlere relative Intensitätsschwankung $\Delta I/I_0$ des Probenlaserstrahls an. Weil die gekreuzten Polarisatoren den frequenzunabhängigen Untergrund stark reduzieren, kann man ein besseres Signal/Rausch-Verhältnis erwarten als bei der Sättigungs-Spektroskopie. Bei völlig gekreuzten Polarisatoren ist $\theta = 0$, und wir erhalten aus (7.33 und 38)

$$\frac{S}{R} = \frac{\frac{1}{4}\Delta\alpha_0 L(\Delta b_i + \frac{1}{4}\Delta\alpha_0 L)}{a[\zeta + (\omega/2c\Delta b_r)^2]} . \tag{7.39}$$

Das Signal/Rausch (S/R)-Verhältnis ist proportional zu $\Delta\alpha_0 = \alpha^0 S(\alpha_0)\Delta C$ und damit proportional zur Pumpintensität und zum Produkt $\alpha^0 \Delta C$ aus ungesättigtem Absorptionskoeffizient und Orientierung des Moleküls durch die Pumpwelle.

Man kann die Fenster-Doppelbrechung so wählen, daß S/R maximal wird. Setzt man $\Delta b_i = \epsilon\Delta b_r$, differenziert (7.39) nach Δb_r und setzt die Ableitung Null, so erhält man mit der Abkürzung $\beta = (\omega/2c)\Delta b_r$ die optimale Doppelbrechung:

$$\beta^{\text{opt}} = \frac{2\epsilon\zeta}{\Delta\alpha_0 L} . \tag{7.39a}$$

Man kann deshalb durch Optimierung der Fenster-Doppelbrechung (z.B. durch Verspannen der Fenster mit Schrauben) das S/R-Verhältnis optimieren. Möchte man den Dispersions-Term in (7.33) maximal machen, so sollte Δb_i möglichst klein und der Entkreuzungswinkel $\theta = \sqrt{\xi}$ gemacht werden.

Ein zusätzlicher Beitrag zum Untergrund kann durch das sogenannte „Interferenz-Rauschen" entstehen. Wenn sich an den Fenstern der Absorptionszelle gestreutes Pumplicht dem Probenstrahl überlagert, so ist die gesamte detektierte Intensität

$$I \propto [E_{str} + E_{probe}(\Delta s)]^2$$

wegen der kohärenten Überlagerung der beiden Anteile durch die Quadratsumme der Amplituden gegeben. Da das Streulicht unpolarisiert ist, wird es vom Analysator nicht wesentlich unterdrückt, und es ist $E_{str} \gg E_{probe}$. Der Mischterm $2E_{str}E_{probe}$ hängt von der optischen Wegdifferenz Δs zwischen beiden Strahlen ab und fluktuiert deshalb bei typischen Wegdifferenzen von 1 m selbst bei kleinen Luftdruck-Schwankungen bereits um seinen doppelten Betrag. Man kann dieses Interferenz-Rauschen unterdrücken entweder durch eine sorgfältige Blendenanordnung, die kein Streulicht auf den Detektor fallen läßt, oder dadurch, daß man den Pumpstrahl über einen Spiegel schickt, der auf einem Lautsprecher periodisch mit einer Frequenz f_2 schwingt, die groß ist gegen die Nachweisfrequenz, so daß die Schwankungen der optischen Wegdifferenz ausgemittelt werden.

Die Empfindlichkeit der Polarisations-Spektroskopie wurde durch eine große Zahl verschiedener Experimente bei geringen Dichten der zu untersuchten Moleküle demonstriert [7.20]. Ein Beispiel ist die Spektroskopie an den schwer verdampfbaren Molekülen BaO und CaCl, die in einer exothermen Gasphasenreaktion

$$Ba + N_2O \rightarrow BaO + N_2$$

gebildet wurden, wobei eine BaO-Dichte von etwa 10^{-4} mb erreicht wurde. Obwohl sich die Zustandsverteilung über viele Schwingungs-Rotations-Niveaus erstreckt, die Dichte in einem absorbierenden Niveau (v'',J'') also wesentlich geringer ist, konnten Polarisationssignale mit gutem S/R-Verhältnis erzielt werden [7.21]. Für mehr Einzelheiten über die Polarisationsspektroskopie siehe [7.15, 18, 21].

7.5 Mehr-Photonen-Spektroskopie

In diesem Abschnitt wollen wir die gleichzeitige Absorption von zwei oder mehr Photonen durch ein Molekül betrachten, die zu einem Übergang $E_i \rightarrow E_f$ führt, wobei $(E_f - E_i) = \Sigma\hbar\omega_n$. Die absorbierten Photonen können entweder aus nur einem Laserstrahl kommen, der durch die Absorptionszelle läuft, oder auch von verschiedenen Lasern.

Die erste detaillierte theoretische Beschreibung der Zwei-Photonen-Absorption wurde 1931 von Frau *Göppert-Mayer* [7.20a] gegeben, während die experimentelle Demonstration dieses Effektes erst 1961 mit einem gepulsten Laser gelang [7.20b].

7.5.1 Grundlagen der Zweiphotonen-Absorption

Die Wahrscheinlichkeit W_{if}, daß ein Molekül mit der Geschwindigkeit **v** im Zustand E_i gleichzeitig zwei Photonen $h\omega_1$ und $h\omega_2$, aus zwei Lichtwellen mit den Wellenvektoren $\mathbf{k}_1$ und $\mathbf{k}_2$, Polarisations-Vektoren $\hat{\mathbf{e}}_1$ und $\hat{\mathbf{e}}_2$ und Intensitäten I_1 und I_2 absorbiert und dadurch in den Zustand E_f angeregt wird, kann als ein Produkt aus zwei Faktoren geschrieben werden [7.23, 24]:

$$W_{if} \sim \frac{\gamma_{if} I_1 I_2}{[\omega_{if} - \omega_i - \omega_2 - \mathbf{v}\cdot(\mathbf{k}_1 + \mathbf{k}_2)]^2 + (\gamma_{if}/2)^2} \times \left| \sum_k \frac{(\mathbf{R}_{ik}\cdot\hat{\mathbf{e}}_1)(\mathbf{R}_{kf}\cdot\hat{\mathbf{e}}_2)}{(\omega_{ki} - \omega_1 - \mathbf{k}_1\cdot\mathbf{v})} + \frac{(\mathbf{R}_{ik}\cdot\hat{\mathbf{e}}_2)(\mathbf{R}_{kf}\cdot\hat{\mathbf{e}}_1)}{(\omega_{ki} - \omega_2 - \mathbf{k}_2\cdot\mathbf{v})} \right|^2 . \tag{7.40}$$

Da gleichzeitig zwei Photonen vom Molekül absorbiert werden müssen, ist die Übergangswahrscheinlichkeit pro Molekül proportional zum Produkt der beiden Intensitäten $I_1 I_2$, wobei vorausgesetzt ist, daß aus jeder der beiden Wellen ein Photon zum Übergang beiträgt.

Der erste Faktor in (7.40) gibt das spektrale Linienprofil des Überganges $E_i \rightarrow E_f$ und entspricht genau dem Linienprofil (7.10) eines Einphotonen-Überganges mit der Doppler-verschobenen Mittenfrequenz $\omega_{if} - \omega_1 +$

$\omega_2+\mathbf{v}\cdot(\mathbf{k}_1+\mathbf{k}_2)$ und der homogenen Linienbreite γ_{if}. Die Integration über die molekulare Geschwindigkeitsverteilung $N_i(v_z)$ ergibt ein Voigt-Profil, dessen Breite von der relativen Orientierung der beiden Wellenvektoren $\mathbf{k}_1$ und $\mathbf{k}_2$ abhängt. Für kollineare Laserstrahlen ist $\mathbf{k}_1 || \mathbf{k}_2$, und die Doppler-Breite wird maximal, während für anti-kollineare Strahlen mit $\mathbf{k}_1 = -\mathbf{k}_2$ die Doppler-Verbreiterung des Zweiphotonen-Überganges verschwindet, und man ein rein homogen verbreitertes Signal mit der Breite γ_{if} erhält. Diese „Doppler-freie Zweiphotonen-Spektroskopie" wird im nächsten Abschnitt behandelt.

Der zweite Faktor in (7.40), der quantenmechanisch durch eine Störungsrechnung zweiter Ordnung berechnet wird, gibt die Wahrscheinlichkeit für den Zweiphotonen-Übergang als Quadrat einer Summe über die Produkte von Einphotonen-Matrixelementen an. Er läßt sich folgendermaßen anschaulich verstehen: Man kann den Zweiphotonen-Übergang als einen (nicht unbedingt resonanten) Zweistufenprozeß $|i\rangle \rightarrow |k\rangle \rightarrow |f\rangle$ auffassen, wobei die Summe über alle von $|i\rangle$ aus erreichbaren Zwischenzustände $|k\rangle$ des Moleküls geht. Der Nenner der Summanden wird allerdings nur dann genügend klein, wenn $\omega_1 - \mathbf{k}_1 \cdot \mathbf{v}$ in der Nähe einer Einphotonen-Resonanz ω_{ik} des Moleküls liegt, so daß im allgemeinen nur wenige Zwischenzustände merklich zur Gesamtübergangswahrscheinlichkeit beitragen.

Dieser Zweistufenprozeß wird oft symbolisch durch einen resonanten „virtuellen Zustand" $|v\rangle$ des Moleküls beschrieben. Die beiden Summanden in (7.40) entsprechen dann den beiden Zweistufen-Prozessen

$$E_i + h\omega_1 \rightarrow E_v \; ; \quad E_v + h\omega_2 \rightarrow E_f \, , \tag{7.41a}$$
$$E_i + h\omega_2 \rightarrow E_v \; ; \quad E_v + h\omega_1 \rightarrow E_f \, . \tag{7.41b}$$

Weil die beiden nicht unterscheidbaren Möglichkeiten zum gleichen beobachtbaren Ergebnis - nämlich der Anregung des realen Endzustandes E_f - führen, ist die Gesamtwahrscheinlichkeit für den Zweiphotonen-Übergang gleich dem Quadrat der Summe beider Teilamplituden.

Der zweite Faktor in (7.40) beschreibt ganz allgemein die Wahrscheinlichkeit für Zwei-Photonen-Übergänge, wie z.B. die resonante Zweistufen-Anregung (Abb.7.23a), Zweiphotonen-Absorption bzw. Emission (Abb. 7.23b) oder Raman-Streuung (Abb.7.23c). Für alle diese Prozesse gelten dieselben Auswahlregeln:

Beide Matrixelemente R_{ik} für den Übergang $|i\rangle \rightarrow |k\rangle$ und R_{kf} für den Übergang $|k\rangle \rightarrow |f\rangle$ müssen von Null verschieden sein, wenn der Zweiphotonenprozeß erlaubt sein soll. Daraus folgt z.B., daß Zweiphotonen-Übergänge immer zwischen Zuständen gleicher Parität stattfinden. Die Bahndrehimpuls-Quantenzahl L zweier durch einen Zweiphotonen-Übergang verbundenen atomaren Zustände ist deshalb entweder gleich oder unterscheidet sich um $\Delta L = \pm 2$, d.h. Übergänge S→S oder S→D sind erlaubt, S→P aber nicht. Man kann den gewünschten Übergang $\Delta L = 0$ oder ± 2 durch geeignete Wahl des Polarisations-Zustandes der beiden Wellen auswählen. Ebenso lassen sich in homonuklearen zweiatomigen Molekülen g→g-Übergänge zwischen zwei geraden (g) Zuständen oder u→u-Übergänge zwischen zwei

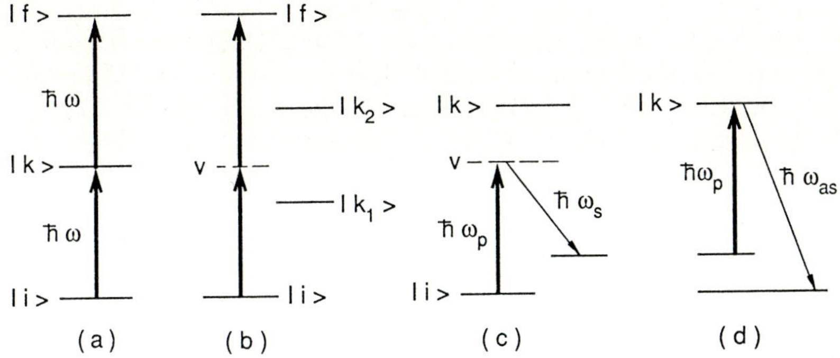

Abb.7.23a-d. Termschemata verschiedener Zweiphotonen-Prozesse: (**a**) Zweiphotonenanregung mit resonantem Zwischenniveau. (**b**) Zweiphotonen-Absorption mit virtuellem Zwischenniveau. (**c**) Raman-Prozess. (**d**) Resonante Antistokes Raman-Streuung

ungeraden (u) Zuständen anregen, die aus Paritätsgründen bei Einphotonenabsorption verboten sind.

Man sieht hieraus, daß atomare oder molekulare Zustände durch Zweiphotonen-Absorption vom thermisch besetzten Grundzustand aus erreicht werden können, die man durch Einphotonen-Absorption nicht bevölkern kann, und man hat in der Tat mit dieser Technik eine Reihe von Zuständen entdeckt, die vorher unbekannt waren. Es kommt oft vor, daß durch Einphotonen-Absorption erreichbare Zustände durch andere Zustände entgegengesetzter Parität „gestört" werden, weil eine Kopplung mit $\Delta L = \pm 1$ (z.B. durch Spin-Bahn-Wechselwirkung oder Coriolis-Kopplung) zwischen Störer und gestörtem Zustand existiert. Dieser störende Zustand kann mit Hilfe der Einphotonen-Absorption nur indirekt erschlossen werden, während er mit Hilfe der Zweiphotonen-Absorption direkt spektroskopiert werden kann. Die beiden Methoden geben daher komplementäre Informationen über angeregte Zustände.

Die Besonderheiten und Vorteile der Zweiphotonen-Spektroskopie lassen sich wie folgt zusammenfassen:

1) Durch Zwei-Photonen-Absorption können angeregte Atom- und Molekülzustände erreicht werden, die aus Symmetriegründen nicht durch Einphoton-Dipol-Übergänge mit dem absorbierenden Anfangszustand verbunden sind.

2) Mit sichtbaren Lasern können durch Mehrphotonen-Absorption hochliegende Energieniveaus von Molekülen mit Energien

$$\hbar\omega = \Sigma\hbar\omega_n$$

angeregt werden, die bei Einphotonen-Absorption energetisch nur durch Vakuum-UV-Photonen zugänglich wären.

3) Oft kann man auto-ionisierende Zustände (z.B. Rydberg-Zustände, die oberhalb der Ionisierungsenergie des Moleküls liegen, durch Mehrphotonen-Absorption anregen. Diese Anregung hat im Allgemeinen einen Wir-

kungsquerschnitt, der um mehrere Größenordnungen über dem der direkten Photionisation liegt. Die Messung der Ionen erlaubt dann einen sehr empfindlichen Nachweis geringer Molekül-Konzentrationen. Die Mehrphotonen-Ionisation ist daher in vielen Fällen als sehr empfindliches Analyse-Verfahren geeignet und wird als solches auch bereits eingesetzt [7.25].

4) Durch Multiphotonen-Absorption von infraroter Strahlung (z.B. von einem CO_2-Laser) lassen sich Moleküle dissoziieren, wobei die Hoffnung besteht, daß unter geeigneten Bedingungen die Dissoziation in gewünschte Fragmente erfolgt. Dies würde Möglichkeiten zu gezielten laserinduzierten chemischen Reaktionen eröffnen (Abschn. 15.1.2).

5) Bei geeigneter Wahl der Geometrien der verschiedenen Laserstrahlen läßt sich erreichen, daß die Impuls-Summen der von einem Molekül absorbierten Photonen

$$\mathbf{p} = \Sigma\hbar\mathbf{k} = 0$$

wird. Für eine solche Anordnung wird die Absorption eines Moleküls unabhängig von seiner Geschwindigkeit, und man erhält „Doppler-freie" Absorptionsprofile (Abschn. 7.5.2, 4).

7.5.2 Doppler-freie Zweiphotonen-Spektroskopie

Für ein ruhendes Molekül lautet die Resonanzbedingung für einen Zweiphotonen-Übergang $|i\rangle \rightarrow |f\rangle$

$$E_f - E_i = \hbar(\omega_1 + \omega_2) \; . \tag{7.42a}$$

Wenn sich das Molekül mit der Geschwindigkeit $\mathbf{v}$ bewegt, wird die Frequenz ω im bewegten System des Moleküls Doppler-verschoben zu

$$\omega = \omega - \mathbf{k}\cdot\mathbf{v} \; .$$

Die Resonanzbedingung (7.42a) wird dann

$$E_f - E_i = \hbar(\omega_1 + \omega_2) - \hbar\mathbf{v}\cdot(\mathbf{k}_1 + \mathbf{k}_2) \; . \tag{7.42b}$$

Stammen die beiden Photonen aus zwei Lichtwellen mit der gleichen Frequenz, die anti-kollinear laufen, so wird $\mathbf{k}_1 = -\mathbf{k}_2$, und (7.42b) zeigt, daß die Doppler-Verschiebung des Zweiphotonen-Überganges Null wird! Dies bedeutet, daß in diesem Fall alle Moleküle unabhängig von ihrer Geschwindigkeit zur Zweiphotonen-Absorption bei der gleichen Lichtfrequenz beitragen!

Eine mögliche experimentelle Realisierung der Doppler-freien Zweiphotonen-Spektroskopie ist in Abb. 7.24 gezeigt. Der Ausgangsstrahl eines durchstimmbaren Einmoden-Farbstofflasers wird in die Absorptionszelle fokussiert und hinter der Zelle durch einen sphärischen Spiegel wieder in sich zurückreflektiert. Die Zweiphotonen-Absorption wird nachgewiesen durch Messung der Fluoreszenzintensität $I_{Fl}\,(\omega_L)$ als Funktion der Laserfre-

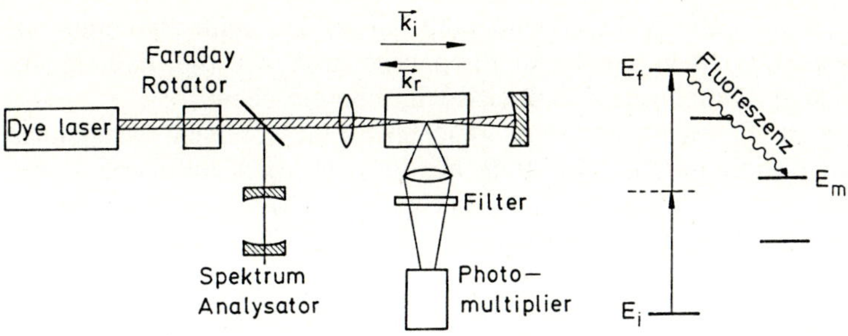

Abb.7.24. Experimentelle Anordnung zur Doppler-freien Zweiphotonen-Spektroskopie mit Fluoreszenz-Nachweis

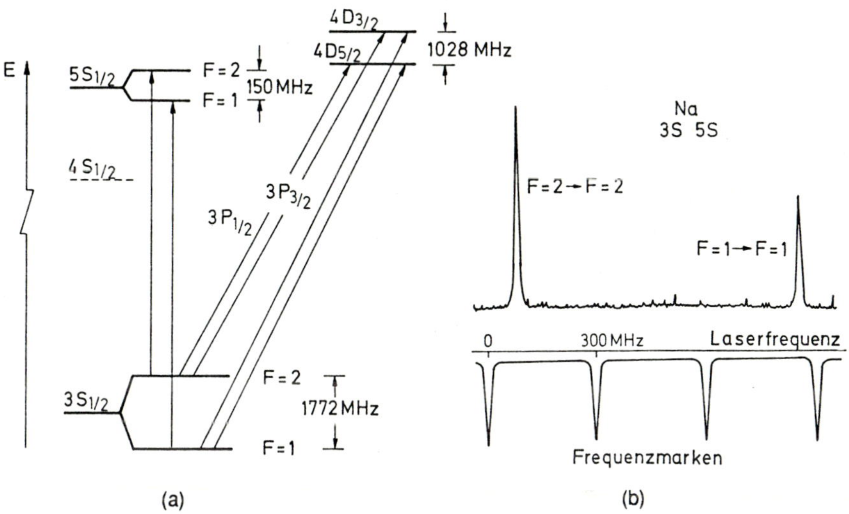

Abb.7.25. Doppler-freies Zweiphotonen-Spektrum für Übergänge im Na-Atom. (**a**) Termschema (**b**) 3S→5S-Übergang mit aufgelöster Hyperfeinstruktur [7.26]

quenz ω_L. Durch ein geeignetes Spektralfilter kann das Laser-Streulicht gegen die, im allgemeinen kurzwelligere Fluoreszenz unterdrückt werden. Der Faraday-Rotator verhindert die störende Rückkopplung des reflektierten Strahls in den Laser.

Zur Illustration sind in Abb.7.25 die Doppler-freien Messungen von Hyperfein-Aufspaltungen der Übergänge 3S→5S und 3S→4D im Na-Atom dargestellt [7.26].

Wir wollen uns noch kurz das Linienprofil eines „Doppler-freien" Zweiphotonen-Signals ansehen:

Wenn der reflektierte Strahl in Abb.7.24 dieselbe Intensität und dieselbe Polarisationsrichtung $\hat{e}$ hat wie der einfallende Strahl, dann werden die beiden Summanden im zweiten Faktor von (7.40) identisch, während der erste Faktor, der das spektrale Linienprofil angibt, davon abhängt, ob beide Photonen aus verschiedenen oder gleichen Strahlen kommen. Im ersten Fall erhält man ein Doppler-freies Signal, im zweiten Fall ein Dopplerverbreitertes Signal. Die Wahrscheinlichkeit dafür, daß beide Photonen aus verschiedenen Strahlen kommen, ist doppelt so groß wie die, daß sie aus gleichen Strahlen kommen. Dies läßt sich wie folgt einsehen:

Wenn beide Photonen aus dem gleichen Strahl kommen, bezeichnen wir die Wahrscheinlichkeits-Amplitude mit (a, a) für den einfallenden und mit (b, b) für den reflektierten Strahl. Die gesamte Wahrscheinlichkeit für diesen Fall ist dann die Quadratsumme $(a,a)^2+(b,b)^2$ für zwei unabhängige Ereignisse.

Für das Doppler-freie Signal hingegen sind die beiden Möglichkeiten (a, b) und (b, a) ununterscheidbar. Die Gesamtwahrscheinlichkeit ist deshalb das Quadrat der Amplitudensumme $[(a,b)+(b,a)]^2$. Bei gleicher Intensität beider Strahlen ist daher diese Wahrscheinlichkeit viermal so groß wie die der Zweiphotonen-Absorption aus nur einem Strahl. Wir erhalten also aus (7.40) für die Zweiphotonen-Absorptions-Wahrscheinlichkeit

$$W_{if} \propto \left| \sum_m \frac{(\mathbf{R}_{im}\cdot\hat{\mathbf{e}}_1)(\mathbf{R}_{mf}\cdot\hat{\mathbf{e}}_2)}{\omega-\omega_{im}-\mathbf{k}_1\cdot\mathbf{v}} + \sum_m \frac{(\mathbf{R}_{im}\cdot\hat{\mathbf{e}}_2)(\mathbf{R}_{mf}\cdot\hat{\mathbf{e}}_1)}{\omega-\omega_{im}-\mathbf{k}_2\cdot\mathbf{v}} \right|^2 I^2$$
$$\times\left\{\frac{4\gamma_{if}}{(\omega_{if}-2\omega)^2+(\frac{1}{2}\gamma_{if})^2} + \frac{\gamma_{if}}{(\omega_{if}-2\omega-2kv)^2+(\frac{1}{2}\gamma_{if})^2}\right.$$
$$\left. + \frac{\gamma_{if}}{(\omega_{if}-2\omega+2kv)^2+(\frac{1}{2}\gamma_{if})^2}\right\}, \tag{7.43}$$

was bei Integration über alle Geschwindigkeiten zu dem Linienprofil

$$\alpha(\omega) \propto \Delta N^0 I^2 \left| \sum \frac{(\mathbf{R}_{im}\cdot\hat{\mathbf{e}})(\mathbf{R}_{mf}\cdot\hat{\mathbf{e}})}{\omega-\omega_{im}} \right|^2$$
$$\times\left\{\exp\left[-\left(\frac{\omega_{if}-2\omega}{2kv_w}\right)^2\right] + \frac{kv_w}{\sqrt{\pi}}\frac{\gamma_{if}}{(\omega_{if}-2\omega)^2+(\frac{1}{2}\gamma_{if})^2}\right\} \tag{7.44}$$

führt, wobei $v_w = \sqrt{2kT/m}$ die wahrscheinlichste Geschwindigkeit und $\Delta N^0 = N_i^0 - N_f^0$ die ungesättigte Besetzungsdifferenz ist. Das Absorptionsprofil besteht aus einem schmalen Lorentz-Profil mit der homogenen Linienbreite $\gamma_{if} = \gamma_i+\gamma_f$ (Abb.7.26) und einem flachen Doppler-verbreiterten Untergrund, dessen Fläche halb so groß ist wie die unter dem Lorentz-Profil, und die deshalb im allgemeinen garnicht sichtbar ist, weil ihre Höhe ja nur $\gamma\sqrt{\pi}(kv_w)^{-1} \simeq \frac{1}{2}\gamma/\Delta\omega_D$ der Signalhöhe $S(\omega_0)$ ist. Bei typischen Werten γ_{if} = 20 MHz und $\Delta\omega_D$ = 2 GHz wird das Doppler-freie Signal etwa 200 mal höher als der Doppler-verbreiterte Untergrund! In Abb.7.26 ist dieser Untergrund stark überhöht dargestellt.

Bei geeigneter Wahl der Polarisation der beiden Wellen läßt sich der Untergrund oft vollständig unterdrücken. Wenn z.B. die einfallende Welle σ^+-Polarisation hat, ist die reflektierte Welle σ^--polarisiert. Zweiphotonen-Übergänge S→S sind dann z.B. nur möglich, wenn ein Photon aus dem ein-

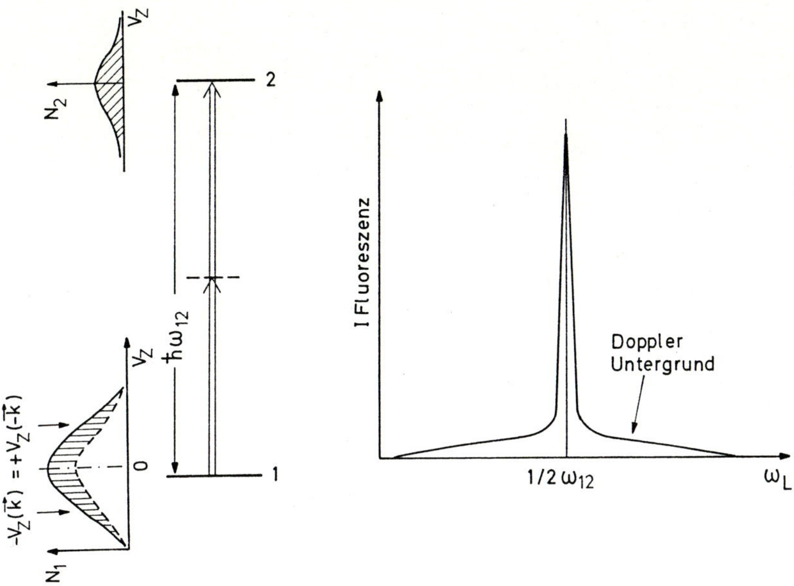

Abb.7.26. Linienprofil eines Doppler-freien Zweiphotonen-Signals mit (übertrieben dargestelltem) Doppler-Untergrund

fallenden und das zweite aus dem reflektierten Strahl kommt, während zwei Photonen aus dem gleichen Strahl Übergänge mit $\Delta M = \pm 2$ induzieren würden.

Für $2\omega = \omega_{if}$ wird der zweite Term in (7.44) $4kv_w/\sqrt{\pi}\alpha_{if} >> 1$, so daß der Untergrund vernachlässigt werden kann. Wir erhalten dann für die maximale Zweiphotonen-Absorption

$$\alpha(\tfrac{1}{2}\omega_{if}) \propto I^2 \frac{\Delta N^0 k v_w}{\sqrt{\pi}\gamma_{if}} \left| \sum_m \frac{(\mathbf{R}_{im}\cdot\hat{e})(\mathbf{R}_{mf}\cdot\hat{e})}{\omega - \omega_{im}} \right|^2 . \tag{7.45}$$

Bei molekularen Übergängen setzen sich die Matrixelemente R_{im}, R_{mf} aus drei Faktoren zusammen, die den elektronischen Anteil, den Franck-Condon-Faktor und den Hönl-London-Faktor für die Rotations-Linienstärke angeben. Die Berechnung dieser Linienstärken für Zwei- und Drei-Photonen-Übergänge in zwei-atomigen Molekülen findet man in [7.27-29].

Man beachte: Obwohl das Matrixelement (7.45) wesentlich kleiner ist als das für Einphotonenübergänge, kann die Höhe des Doppler-freien Zweiphotonen-Signals diejenige vergleichbarer Doppler-freier Einphoton-Sättigungs-Signale übertreffen, weil *alle* Moleküle im Zustand $|i\rangle$ unabhängig von ihrer Geschwindigkeit zum Zweiphotonen-Signal beitragen, während beim Sättigungs-Signal nur die Geschwindigkeitsklasse $v_z = 0 \pm \gamma/k$ beiträgt, die z.B. bei $\gamma = \Delta\omega_D/100$ nur 1% aller Moleküle ausmacht.

Die ersten Doppler-freien Zweiphotonen-Übergänge wurden an Alkali-Atomen gemessen, bei denen die Rydberg-Zustände nS oder nD vom $^2S_{1/2}$-Zustand aus angeregt wurden [7.30,31]. Die hohe spektrale Auflö-

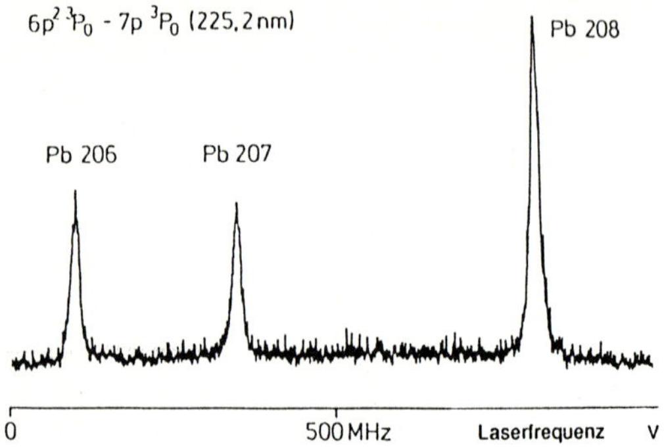

Abb.7.27. Isotopieverschiebung der stabilien Blei-Isotope, gemessen mit Hilfe der Doppler-freien Zweiphotonen Absorption bei $\lambda = 450{,}4\ \mu m$ und Fluoreszenznachweis [7.32]

sung kann genutzt werden, um die mit größerer Hauptquantenzahl abnehmende Feinstruktur-Aufspaltung zu bestimmen. Auch Hyperfein-Aufspaltung und Isotopie-Verschiebung lassen sich mit großer Genauigkeit messen.

Als Anwendungsbeispiel ist in Abb.7.27 das Doppler-freie Zweiphotonen-Spektrum des Überganges $6p^2(^3P_0) \rightarrow 7p(^3P_0)$ der verschiedenen Blei-Isotope Pb 206-208 gezeigt [7.32], das mit einem cw-Farbstofflaser mit einer Ausgangsleistung von 200 mW bei $\lambda = 450$ nm aufgenommen wurde.

Die hohe spektrale Auflösung der Doppler-freien Zweiphotonen-Spektroskopie ist von besonderer Bedeutung für die Untersuchung der Struktur von Molekülen in angregten Zuständen. Dies wurde durch Messung der Zweiphotonen-Spektren von Benzol C_6H_6 mit einem Einmoden-Farbstofflaser sehr eindrucksvoll demonstriert [7.33,34]. Diese Messungen bewiesen, daß selbst bei einem großen Molekül einzelne Rotationslinien in elektronischen Übergängen aufgelöst werden konnten. Bereiche, die früher als ein Absorptionskontinuum angesehen worden waren, erwiesen sich als völlig auflösbare, diskrete Übergänge zu angeregten Niveaus, deren Lebensdauern aus der gemessenen Linienbreite bestimmt werden konnten. Vor allem konnte die Abnahme der Lebensdauer mit steigender Energie bestimmt werden, die durch den zunehmenden Einfluß strahlungsloser Übergänge bewirkt wird [7.35].

Da die Signalgröße der Zweiphotonen-Signale proportional zum Quadrat der Laserintesität ist - siehe (7.43) - wurde die Absorptions-Zelle in die Strahltaille eines externen Resonator gestellt, dessen Spiegelabstand durch eine elektronische Regelung beim Durchstimmmen der Laserwellenlänge immer in Resonanz bleibt.

7.5.3 Abhängigkeit des Zweiphotonen-Signals von der Fokussierung

Da die Höhe des Zweiphotonen-Signals bei Verwendung nur eines Lasers vom Quadrat der Intensität und von der Zahl der Moleküle im durchstrahlten Volumen abhängt, gewinnt man im allgemeinen an S/R-Verhältnis durch Fokussieren in die Absorptionszelle. Bei Verwendung schmalbandiger, gepulster Laser mit hohen Spitzenleistungen darf man allerdings den

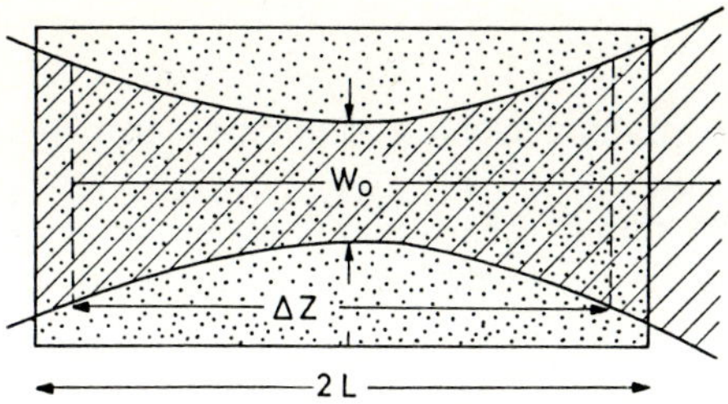

Abb.7.28. Zur optimalen Fokussierung bei der Zweiphotonen-Spektroskopie

Fokus-Durchmesser nicht zu klein machen, da man den Zweiphotonen-Übergang oft bereits sättigen kann und dann wegen der mit sinkendem Fokusdurchmesser abnehmenden Zahl absorbierender Moleküle wieder an Signal verliert. Wir wollen im Folgenden eine Abschätzung der Signal-Abhängigkeit vom Fokus-Durchmesser geben:

Wir nehmen an, daß die Laserstrahlen in ±z-Richtung laufen und daß die Fluoreszenz vom oberen Zustand $|f\rangle$, die als Monitor für die Zweiphotonen-Absorption dient, aus einem durchstrahlten Volumen mit der Länge Δz gesammelt werden kann (Abb.7.28). Das Zweiphotonen-Signal wird dann

$$S_{if} \sim \iint W_{if} N_i 2\pi r\,dr\,dz$$

$$\sim \left| \sum_m \frac{(\mathbf{R}_{im}\cdot\hat{e})(\mathbf{R}_{mf}\cdot\hat{e})}{\omega - \omega_{im}} \right|^2 N_i \iint r I^2(r,z)\,dr\,dz\,, \tag{7.46}$$

wobei N_i die Dichte der absobierenden Moleküle,

$$I(r,z) = \frac{2P_0}{\pi w^2}\exp(-2r^2/w^2)$$

die Intensitätsverteilung des Gauß'schen Laserstrahls und

$$w(z) = w_0\sqrt{1 + (\lambda z/\pi w_0{}^2)}$$

der Radius des Gauß-Strahles in der Nähe des Fokus ist.

Setzt man dies in (7.46) ein und integriert über r, so ergibt sich, daß das Integral in (7.46) maximal wird, wenn

$$\int_{-\Delta z/2}^{+\Delta z/2} \frac{dz}{1 + (\lambda z/\pi w_0{}^2)^2} = \int_{-\Delta z/2}^{+\Delta z/2} \frac{dz}{1 + (z/\delta z)^2} = 2\delta z \arctan\frac{\Delta z}{2\delta z} \tag{7.47}$$

ein Maximum hat, wobei

$$\delta z = \pi w_0{}^2/\lambda$$

die Rayleigh-Länge ist, bei der der Strahlquerschnitt doppelt so groß wie im Fokus geworden ist.

Man sieht aus (7.46), daß man durch schärfere Fokussierung dann nicht mehr an Signal gewinnt, wenn die Rayleigh-Länge δz kürzer als das beobachtbare Intervall Δz wird.

7.5.4 Mehrphotonen-Spektroskopie

Bei genügend großen Intensitäten kann ein Molekül gleichzeitig mehrere Photonen absorbieren. Die Wahrscheinlichkeit für einen Übergang $|i\rangle \to |f\rangle$ durch Absorption von n Photonen $\hbar\omega_k$ mit $E_f - E_i = \hbar\Sigma\omega_k$ wird durch einen, gegenüber (7.40) entsprechend verallgemeinerten Ausdruck gegeben [7.23, 36, 37], wobei in den Zählern des zweiten Faktors Produkte von Einphotonen-Matrixelementen stehen und der dritte Faktor bei Verwendung von n verschiedenen Lasern das Produkt ΠI_k der Intensitäten der einzelnen Strahlen enthält, während bei n-Photonen-Übergängen, die durch einen Laser induziert werden, dort I^n steht.

Bei der Doppler-freien Mehrphotonen-Spektroskopie muß außer dem Energiesatz $E_f - E_i = \hbar\Sigma\omega_k$ auch die Impulsbedingung

$$\Sigma \mathbf{p}_k = \hbar\Sigma\mathbf{k}_k = 0$$

erfüllt sein. Man kann dies auch als Impulserhaltung für das absorbierende Molekül interpretieren: Jedes der n absorbierten Photonen überträgt durch Rückstoß den Impuls $\mathbf{p} = \hbar\mathbf{k} = \hbar(\omega/c)\mathbf{k}_0$ auf das Molekül. Wenn sich dessen Impuls nicht ändert, bleibt seine Geschwindigkeit und damit seine kinetische Energie während der Absorption erhalten, d.h. die absorbierte Energie geht vollständig in Anregungsenergie über, unabhängig von der Geschwindigkeit des Moleküls, so daß der n-Photonen-Übergang Doppler-frei ist.

Eine mögliche Anordnung für die Doppler-freie Dreiphotonen-Spektroskopie ist in Abb.7.29 gezeigt. Die drei Laserstrahlen, die durch Strahlteilung von einem Farbstofflaser erzeugt weden, kreuzen sich unter 120° in der absorbierenden Probe.

Die Dreiphotonen-Spektroskopie kann entweder zur Anregung hochliegender Zustände mit sichtbaren Lasern verwendet werden (Abb.7.30a),

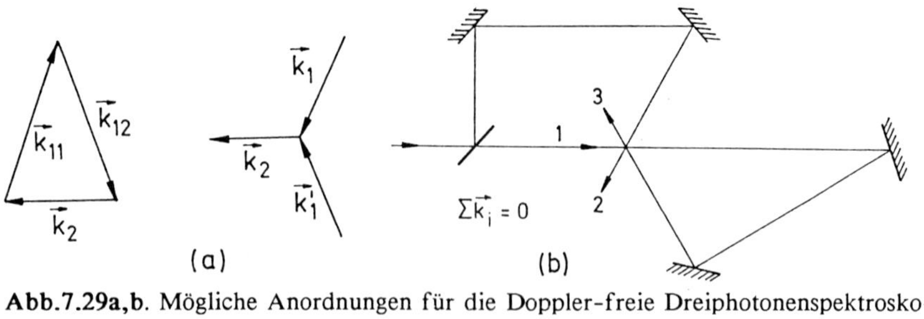

Abb.7.29a,b. Mögliche Anordnungen für die Doppler-freie Dreiphotonenspektroskopie: (**a**) Photonenimpuls-Diagramm. (**b**) Experimentelle Realisierung

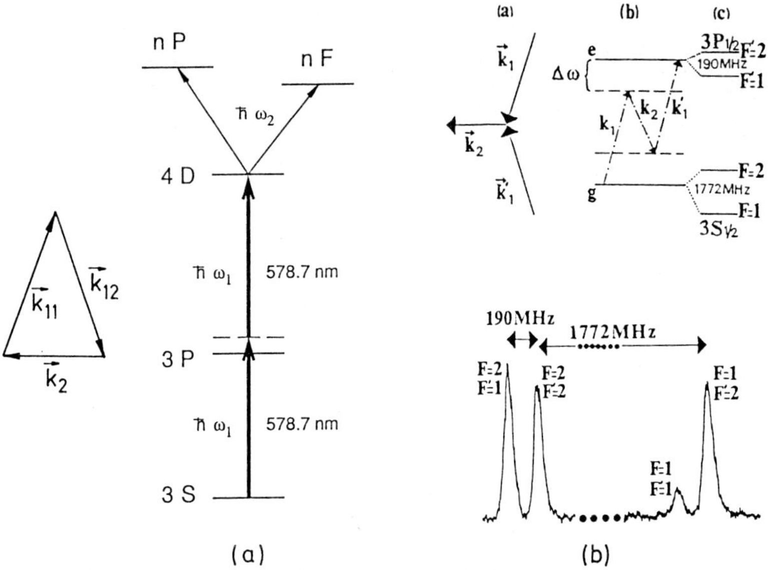

Abb.7.30a,b. Dreiphotonen-Spektroskopie. (**a**) Stufenweise Anregung (**b**) Raman-Prozeß am Beispiel der 3S → 3P-Anregung im Na-Atom [7.37]

oder sie kann auch in Form eines Raman-Prozesses als weitere Doppler-freie Technik im Sichtbaren eingesetzt werden (Abb.7.30b). Der letztere Fall wurde am Beispiel des Na-Überganges 3S → 3P demonstriert (Abb. 7.30b). In beiden Fällen läuft die Dreiphotonen-Anregung über zwei virtuelle Niveaus ab.

Ein Anwendungsbeispiel für die Doppler-limitierte kollineare Drei-Photonen-Spektroskopie ist die Anregung hochliegender Zustände von Xenon und von CO, die mit einem schmalbandigen gepulsten Farbstofflaser bei λ = 440 nm durchgeführt wurde [7.38]. Für Einphotonen-Übergänge wären dafür Lichtquellen in VUV bei λ = 146.7 nm nötig. Bei einer Spitzenleistung von 62 kW und einem Gasdruck von unter 1 mb konnte ein ausgezeichnetes Signal/Rausch-Verhältnis erreicht werden.

7.6 Anwendungs-Beispiele und spezielle Techniken der nichtlinearen Spektroskopie

Ein interessantes Beispiel für die Anwendung aller in diesem Kapitel besprochenen nichtlinearen Techniken bieten die Präzisionsmessungen der Feinstruktur, der Hyperfeinstruktur und des Lamb-Shifts im Wasserstoff-Atom, die von mehreren Arbeitsgruppen [7.38-40] durchgeführt wurden. Die experimentelle Anordnung ist in Abb.7.31 schematisch gezeigt. Der atomare Wasserstoff wird in einer Gasentladung erzeugt, in der neben dem 1S-Grundzustand auch metastabile H-Atome im 2S-Zustand existieren. Die Ausgangstrahlung eines gepulsten Farbstofflasers mit der Wellenlänge λ = 486 nm wird in einem nichtlinearen Kristall frequenz-verdoppelt. Während

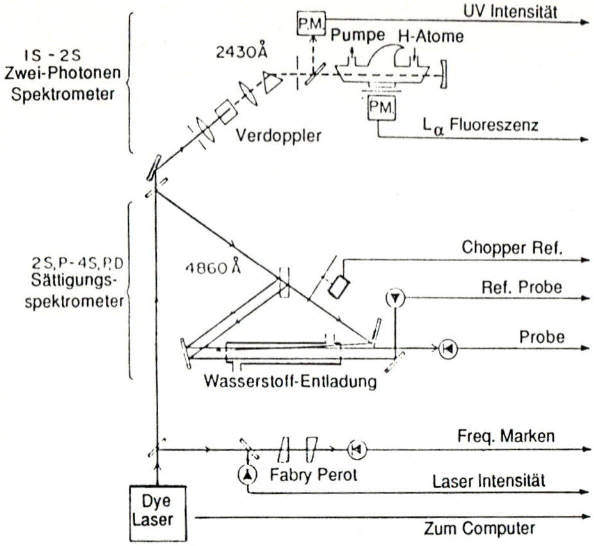

Abb.7.31. Experimentelle Anordnung zur Messung des Lamb-shifts im 1S-Zustand des H-Atoms [7.30]

die Grundwelle bei 486 nm zur Doppler-freien Sättigungsspektroskopie des Balmer-Überganges $2S_{\frac{1}{2}} \rightarrow 4P_{\frac{1}{2}}$ verwendet wird, erzeugt die Oberwelle bei $\lambda = 243$ nm Doppler-freie Zweiphotonen-Übergänge $1S_{1/2} \rightarrow 2S_{1/2}$. Aus dem Frequenzunterschied $\Delta\nu$ der beiden Signale kann die Lamb-Shift des $1S_{\frac{1}{2}}$ -Grundzustandes bestimmt werden (Abb.7.32). Ein Vergleich der Zweiphotonen-Übergänge in den Isotopen von H und D ergibt eine sehr genaue Messung der Isotopie-Verschiebung.

Durch das elektrische Feld innerhalb der Gasentladung werden die atomaren Niveaus in ihre Stark-Komponenten aufgespalten, die auch mit Hilfe der Sättigungsspektroskopie nur teilweise aufgelöst werden können, weil die elektrischen Felder räumlich variieren. Außerdem bewirken die Felder eine Verschiebung der Niveaus. Deshalb werden zur Zeit in mehreren Labors Anstrengungen unternommen, diese Experimente in kollimierten Molekularstrahlen durchzuführen, wo ein Teil dieser Schwierigkeiten vermieden wird, aber durch die kleinen Dichten und kurzen Absorptionswege die Signale entsprechend kleiner werden (Abschn.10.1).

Eine Kombination der Doppler-freien Zweiphotonen- und der Polarisationsspektroskopie wurde von *Grützmacher* u.a. [7.41] verwendet, um das Linienprofil der Lyman-α Linie in einem Wasserstoff-Plasma bei niedrigen Drucken zu messen. Dies erlaubt die genaue Bestimmung von Stark-Verbreiterungen und Verschiebungen unterhalb der Doppler-Breite und kann daher als berührungsfreie Sonde für die Plasma-Diagnostik benutzt werden.

Man kann den Rausch-Untergrund in all den Fällen, bei denen das Rausch-Spektrum mit steigender Frequenz abfällt, dadurch verringern, daß man den Signal-Nachweis (z.B. hinter einem Lock-in) zu möglichst hohen Frequenzen verschiebt. Dies ist insbesondere von Vorteil, wenn der Hauptanteil zum Rauschen von Intensitäts-Fluktuationen des Lasers verursacht

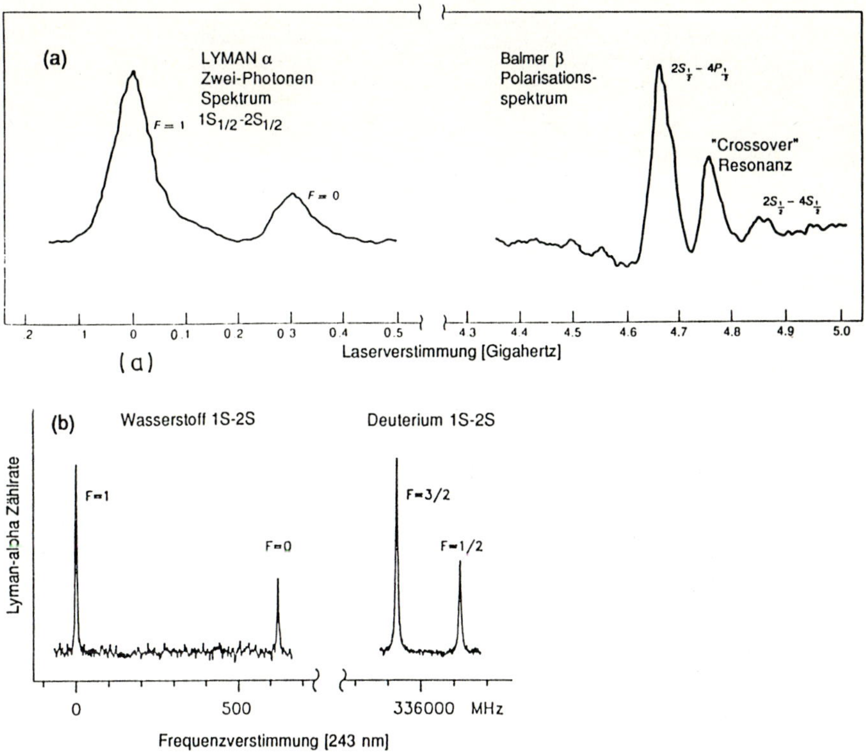

Abb.7.32. Bestimmung der 1S-Lamb-shift des H-Atoms aus den Doppler-freien Zweiphotonen-Signalen (mit HFS) 1S→2S (*links oben*) und dem Sättigungsspektrum des Balmer-Übergangs $2S_{1/2} \rightarrow 4P_{1/2}$, (*rechts oben*) sowie die Messung der Isotopie-Verschiebung des 1S→2S Übergangs (*unten*) [7.38]. Die Messungen in (**a**) wurden mit einem gepulst nachverstärkten Laser, die in (**b**) mit einem stabilisierten cw Laser durchgeführt

wird, die bei höheren Frequenzen sehr rasch abnehmen. Dies wird in der Heterodyne-Polarisations-Spektroskopie ausgenutzt [7.42,43], bei der die Pumpwelle durch einen akusto-optischen Modulator läuft und nur das um die Frequenz f versetzte Seitenband als Pumpstrahl durch die Absorptionszelle geschickt wird. Die vom Analysator P_2 in Abb.7.18 transmittierte Intensität wird dann wieder durch (7.33) angegeben, aber die Größe $x = (\omega - \omega_0 - 2\pi f)/\gamma$ enthält jetzt die Frequenzverschiebung f des Pumpstrahls. Das im Abschn.7.4.3 erwähnte Interferenzrauschen wird dadurch in einen Frequenzbereich verschoben, der vom Lock-in nicht durchgelassen wird.

Eine weitere nichtlineare Technik zur Erzielung höherer Empfindlichkeiten ist die Sättigungs-Interferenz-Spektroskopie [7.44,45], wo die Interferenz zwischen zwei Probenstrahlen ausgenutzt wird (Abb.7.34), von denen einer durch den vom Pumpstrahl gesättigten Teil der Absorptionszelle läuft, der andere durch einen ungesättigten Bereich.

Hinter der Absorptionszelle werden beide Probenstrahlen durch Reflexion der Vorder- bzw. Rückseite eines mit einem Piezo justierbaren Spiegels wieder überlagert. Macht man die Intensitäten der beiden Proben-

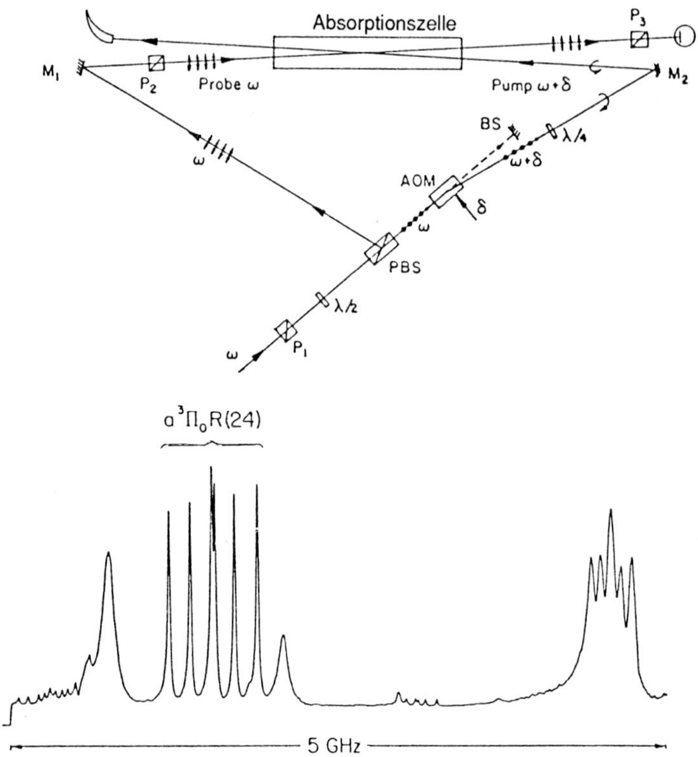

Abb.7.33. Experimenteller Aufbau der Heterodyn-Polarisations-Spektroskopie und Ausschnitt aus dem Na_2-Spektrum, der die $^3\Pi$ R(24) Linie mit HFS enthält [7.43]

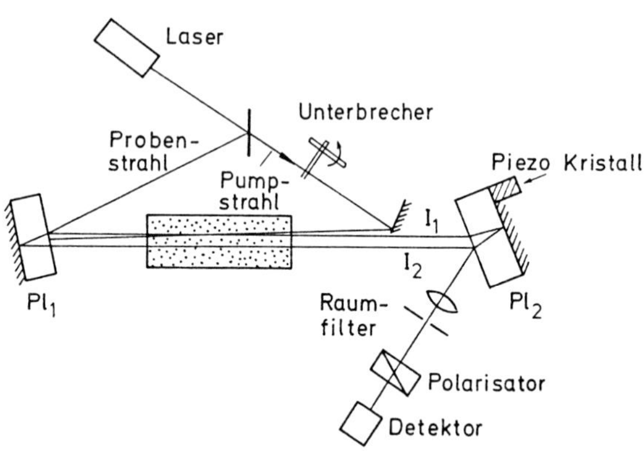

Abb.7.34. Sättigungs-Interferenz-Spektroskopie

strahlen ohne Pumpstrahl gleich ($I_1 = I_2$) und stellt über den Piezo eine Phasenverschiebung von π ein, so löschen sich die beiden Strahlen aus; d.h. ohne Pumpstrahl erhält man kein Signal.

Durch die Sättigung wird der 1. Probenstrahl etwas weniger absorbiert, d.h. es gilt:

$$I_1 = I_2(1 + \delta) \quad \text{mit} \quad \delta << 1 \,,$$

und er erfährt eine kleine zusätzliche Phasenverschiebung ϕ. Für die Überlagerung erhalten wir dann unter Berücksichtigung der eingestellten relativen Phase π die Gesamtintensität

$$I = c\epsilon_0(E_1 - E_2)^2 = c\epsilon_0 E_2{}^2[1 - (1+\delta/2)e^{i\phi}]^2 \simeq (\tfrac{1}{4}\delta^2 + \phi^2)I_2 \,. \tag{7.48}$$

Sowohl Amplituden - als auch Phasendifferenz zwischen beiden Probenstrahlen werden, genau wie bei der Polarisations-Spektroskopie, verursacht durch die monochromatische Pumpwelle, die in entgegengesetzter Richtung durch die Zelle läuft. Wir erhalten daher auch hier ein Lorentz-Profil für die Änderung der Absorption und ein Dispersions-Profil für die Änderung der Phase:

$$\delta(\omega) = \frac{\delta_0}{1 + x^2} \,; \quad \phi(\omega) = \tfrac{1}{2}\delta_0 \frac{x}{1 + x^2} \tag{7.49}$$

mit $x = (\omega - \omega_0)/\gamma$ und $\delta_0 = \delta(\omega_0)$.

Die Phasenverschiebung kann mit Hilfe eines Regelkreises immer auf $\phi = 0$ stabilisiert werden. Dazu gibt man auf das Piezo-Stell-Element eine Wechselspannung der Frequenz f_1, die über die entsprechende Verschiebung des Spiegels zu einer Phasenmodulation

$$\phi(\omega) = \phi_0(\omega) + a\sin(2\pi f_1 t)$$

führt. Das Detektor-Signal wird über einen phasenempfindlichen Verstärker einem Regelkreis zugeführt, der eine entsprechende Gleichspannung

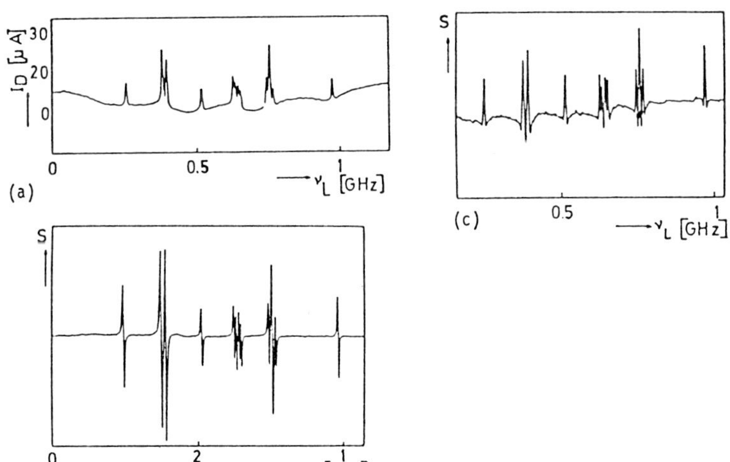

Abb.7.35a-c. Sättigungs-Interferenz-Spektren des Jod-Moleküls I_2 bei $\lambda = 600\ \mu m$. (**a**) gesättigte Absorption. (**b**) 1. Ableitung von (**a**). (**c**) 1.Ableitung des gesättigten Dispersions-Signals [7.45]

auf den Piezo gibt und damit je nach eingestelltem Vorzeichen die Gesamtphase immer auf 0 oder π hält. Setzt man (7.49) in (7.48) ein, so erhält man für die Gesamtintensität der Probenwellen im Minimum der Interferenz bei $\phi = 0$

$$I = \frac{1}{4} \frac{\delta_0^2}{(1 + x^2)^2} I_2 \,. \tag{7.50}$$

Die Halbwertsbreite dieses Lorentz-Profils ist reduziert von γ auf $\gamma(\sqrt{2} - 1)^{1/2} \simeq 0.64\gamma$.

Die Empfindlichkeit der Sättigungs-Interferenz-Methode ist vergleichbar mit der der Polarisations-Spektroskopie, sie ist aber nicht wie diese auf Übergänge zwischen Niveaus mit $J \geq 1$ beschränkt, sondern ist auch - genau wie die Sättigungsspektroskopie - auf Niveaus mit $J = 0$ anwendbar. Die ganze Anordnung ist im wesentlichen ein Jamin-Interferometer, und ein experimenteller Nachteil ist die kritische Justierung aller Komponenten.

8. Laser-Raman Spektroskopie

Die Raman-Spektroskopie ist seit vielen Jahren eine wichtige Methode zur Untersuchung molekularer Schwingungen. Da die Wirkungsquerschnitte für die nichtresonante Raman-Streuung jedoch im allgemeinen um mehrere Größenordnungen kleiner sind als die für Resonanzfluoreszenz, war vor dem Einsatz von Lasern die geringe Intensität der Streustrahlung oft der begrenzende Faktor für ihre Anwendung. Dies hat sich gründlich geändert, seitdem leistungsstarke Laser als intensive Lichtquellen zur Verfügung stehen, die nicht nur die spontane, lineare Raman-Spektroskopie sehr intensiviert, sondern auch ganz neue Techniken ermöglicht haben, die auf der nichtlinearen Wechselwirkung der Moleküle mit der einfallenden Lichtwelle beruhen, wie z.B. die stimulierte Raman-Streuung, die Entwicklung von Raman-Lasern (Abschn.5.7.6), die kohärente Anti-Stokes Raman-Streuung (CARS), oder die Hyper-Raman-Spektroskopie.

In diesem Kapitel wollen wir kurz die Grundlagen der Raman-Spektroskopie, ihre experimentelle Durchführung mit Lasern und einige Anwendungsbeispiele vorstellen. Für eine detailliertere Darstellung dieses interessanten Gebietes wird auf die Fachliterature [8.1-5] verwiesen.

8.1 Grundlagen

Man kann die Raman-Streuung als die inelastische Streuung eines Photons $\hbar\omega_i$ an einem Molekül im Anfangszustand $|i\rangle$ mit der Energie E_i auffassen, bei der das Molekül in den höheren Energiezustand E_k übergeht und das gestreute Photon mit der Frequenz ω_s die Energie $\Delta E = E_k - E_i = \hbar(\omega_i - \omega_s)$ verloren hat (Abb.8.1a):

$$\hbar\omega_i + M(E_i) \rightarrow M^*(E_k) + \hbar\omega_s \,. \tag{8.1}$$

Die Energiedifferenz ΔE kann in Rotations-, Schwingungs,- oder elektronische Energie des Moleküls umgewandelt werden. Der Energiezustand

$$E_v = E_i + \hbar\omega_i \,,$$

in dem sich das System (Molekül + Photon) während des Streuvorganges befindet, wird formal als *„virtueller Zustand"* bezeichnet, der aber nur im speziellen Fall der *resonanten Raman-Streuung* mit einem möglichen, realen Energie-Niveau des Moleküls zusammenfällt (Abb.8.1b).

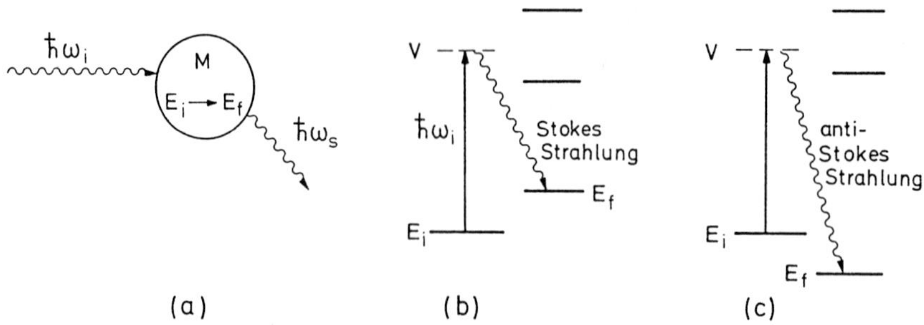

Abb.8.1. Raman-Streuung als inelastische Photonenstreuuung (**a**). Termschema für die Stokes (**b**) und Anti-Stokes-Streuung (**c**)

Die klassische Beschreibung des Raman-Effektes [8.1] geht davon aus, daß eine einfallende Lichtwelle $\mathbf{E} = \mathbf{E}_0 \cos\omega t$ im Molekül ein oszillierendes Dipolmoment

$$\mathbf{p}_{\text{ind}} = \tilde{\alpha}\mathbf{E}$$

induziert, das sich einem eventuell bereits vorhandenen permanenten Dipolmoment $\boldsymbol{\mu}$ überlagert, so daß das gesamte Dipolmoment

$$\mathbf{p} = \boldsymbol{\mu} + \tilde{\alpha}\mathbf{E} \tag{8.2}$$

wird. Die Polarisierbarkeit $\tilde{\alpha}$ kann durch einen zweistufigen Tensor (α_{ij}) beschrieben werden, dessen Komponenten von der Molekülsymmetrie abhängen. Dipolmoment und Polarisierbarkeit sind daher Funktionen der Elektronen- und der Kern-Koordinaten. Ist die Frequenz ω weit genug entfernt von elektronischen Resonanzen oder Schwingungs-Resonanzen des Moleküls, so werden die Verschiebungen der Kernkoordinaten, die infolge der Polarisation der Elektronenhülle durch die Lichtwelle induziert werden, genügend klein bleiben. Wir können deshalb das elektrische Dipolmoment $\mathbf{p}$ und die Polarisierbarkeit $\tilde{\alpha}$ (man beachte, daß die Elektronen sich praktisch „momentan" auf die geänderte Kernkonfiguration einstellen!) in eine Taylor-Reihe mit den Normalkoordinaten q_n des Moleküls um seine Gleichgewichtslage entwickeln und erhalten

$$\boldsymbol{\mu} = \boldsymbol{\mu}(0) + \sum_{n=1}^{3Q-f} \left(\frac{\partial\boldsymbol{\mu}}{\partial q_n}\right)_0 q_n \; ; \quad \alpha_{ij}(q) = \alpha_{ij}(0) + \sum_{n=1}^{3Q-f} \left(\frac{\partial\alpha_{ij}}{\partial q_n}\right)_0 q_n \, , \tag{8.3}$$

wobei Q die Zahl der Kerne, 3Q-f die Zahl der Normalschwingungen (f=5 für lineare bzw. f=6 für nichtlineare Moleküle) ist, und $\boldsymbol{\mu}(0)$, $\tilde{\alpha}(0)$ Dipolmoment bzw. Polarisierbarkeit in der Gleichgewichtslage $q_n = 0$ angeben. Für kleine Schwingungsamplituden können die Normalkoordinaten q_n des schwingenden Moleküls durch harmonische Schwingungen

$$q_n(t) = q_{n0} \cos\omega_n t \tag{8.4}$$

beschrieben werden, wobei q_{n0} die Amplitude und ω_n die Frequenz der n-ten Normalschwingung angibt. Setzt man (8.4 und 3) in (8.2) ein, so erhält man das gesamte zeitabhängige Dipolmoment

$$\mathbf{p}(t) = \boldsymbol{\mu}_0 + \sum_n \left(\frac{\partial \boldsymbol{\mu}}{\partial q_n}\right)_0 q_{n0} \cos\omega_n t + \tilde{\alpha}_{ij}(0)\mathbf{E}_0 \cos\omega t$$

$$+ \frac{E_0}{2} \sum_n \left(\frac{\partial \alpha_{ij}}{\partial q_n}\right)_0 q_{n0} \cos(\omega \pm \omega_n)t \,. \tag{8.5}$$

Der erste Term beschreibt das permanente Dipolmoment des Moleküls, der zweite den mit der Molekülschwingung oszillierenden Anteil, der für das Infrarot-Spektrum des Moleküls verantwortlich ist. Die weiteren Terme geben die durch die einfallende Welle induzierten Anteile des molekularen Dipolmomentes an. Da ein oszillierendes Dipolmoment neue el. magn. Wellen erzeugt, zeigt (8.5), daß jedes Molekül einen mikroskopischen Anteil zur elastischen Streuung (*Rayleigh-Streuung*) auf der einfallenden Frequenz ω und zur inelastischen Streuung (*Raman-Streuung*), auf den Frequenzen $(\omega - \omega_n)$ beiträgt (Stokes-Wellen). Befindet sich das Molekül vor der Streuung in einem angeregten Zustand, so kann auch superelastische Streuung auftreten, wobei die gestreute Welle Frequenzen $(\omega + \omega_n)$ hat, die *Anti-Stokes-Komponenten* heißen.

Diese mikroskopischen Anteile der einzelnen Moleküle zur Streustrahlung setzen sich zu makroskopischen Wellen zusammen, deren Intensität von der einfallenden Intensität I_L, der Besetzungsdichte N_i der streuenden Moleküle, den Phasendifferenzen der einzelnen Streuwellen und von den Koeffizienten $(\partial \alpha_{ij} / \partial qn)$ abhängen.

Man sieht aus (8.5), daß die Infrarot-Absorption von der Änderung des molekularen *Dipolmomentes* mit den Kernkoordinaten $(\partial \mu / \partial q_n)$ abhängt, während die Intensität der Raman-Streuung durch die Änderung der molekularen *Polarisierbarkeit* $(\partial \alpha_{ij} / \partial q_n)$ bestimmt wird. Homonukleare zweiatomige Moleküle haben deshalb kein Infrarot-Spektrum (weil $\partial \boldsymbol{\mu} / \partial q = 0$), aber ein Raman-Spektrum.

Obwohl die oben skizzierte klassische Beschreibung der Raman-Streuung die *Frequenzen* der Streustrahlung richtig beschreibt, können ihre *Intensitäten* nur mit Hilfe der Quantentheorie korekt berechnet werden. Dafür muß der Erwartungswert

$$\langle \alpha_{ij} \rangle_{ab} = \int u_b^*(q)\, \alpha_{ij}\, u_a(q)\, dq \tag{8.6}$$

für die Komponente α_{ij} des Polarisierbarkeitstensors $\tilde{\alpha}$ mit Hilfe der molekularen Eigenfunktionen u_a und u_b im Anfangszustand $|a\rangle$ und Endzustand $|b\rangle$ berechnet werden. Die Integration erstreckt sich über alle Raman-aktiven Schwingungskoordinaten q. Für die Berechnung der Schwingungs-Rotations-Raman-Streuung muß man daher die entsprechenden Eigenfunktionen des Moleküls im elektronischen Grundzustand kennen. Für kleine Schwingungs-Amplituden läßt sich das Potential durch ein harmonisches Potential annähern, in dem keine Kopplung zwischen den einzelnen Normalschwingungen des Moleküls auftritt. Die Schwingungsfunktionen u(q) sind dann in ein Produkt

$$u(q) = \Pi\, w_n(q_{n,v_n}) \tag{8.7}$$

von Eigenfunktionen $w_n(q_{n,v_n})$ der einzelnen Normalschwingungen q_n mit den Schwingungsquantenzahlen v_n separierbar, die durch Hermitische Polynome beschrieben werden. Wegen der Orthogonalität dieser Polynome gilt

$$\int w_n w_m dq = \delta_{nm}\,, \tag{8.8}$$

und man erhält für den Erwartungswert $\langle\alpha_{ij}\rangle$ aus (8.6):

$$\langle\alpha_{ij}\rangle = (\alpha_{ij})_0 + \sum_{n=1}^{3Q-f} \left\{ \left(\frac{\partial\alpha_{ij}}{\partial q}\right)_0 \int w_n(q_n, v_a) q_n w_n(q_n, v_b) dq_n \right\}. \tag{8.9}$$

Die Intensität I_s einer Raman-Linie mit der Polarisationsrichtung $\hat{e}_s$ bei der Frequenz $\omega_s = \omega \pm \omega_n$ wird bestimmt durch die Besetzungsdichte $N_i(E_i)$ im Anfangszustand, durch die Intensität I_L des verwendeten Lasers mit der Polarisationsrichtung $\hat{e}_L$ und durch den Raman-Streuquerschnitt

$$\sigma_R(i \to f) = \frac{8\pi\omega_s^4}{9\hbar c^4} \left[\sum_j \frac{\langle\alpha_{ij}\rangle\hat{e}_L \langle\alpha_{jf}\rangle\hat{e}_s}{\omega_{ij} - \omega_L - i\Gamma_j/2} + \frac{\langle\alpha_{ji}\rangle\hat{e}_L \langle\alpha_{jf}\rangle\hat{e}_s}{\omega_{jf} - \omega_L - i\Gamma_j/2} \right]^2 , \tag{8.10}$$

der völlig analog zum Querschnitt für Zweiphotonen-Übergänge im Abschn.7.7 gebildet wird, da die Raman-Streuung ja ein spezieller Zweiphotonen-Prozeß ist (Abb.7.23). Man sieht hieraus auch, daß durch die Raman-Streuung das Molekül in einen Zustand gleicher Parität wie der Anfangszustand gehen muß, während bei Infrarot-Übergängen immer Zustände ungleicher Parität ineinander übergehen. Infrarot- und Raman-Spektroskopie ergänzen sich also.

Es gibt „Raman-aktive" und „infrarot-aktive" Schwingungen mehratomiger Moleküle, wobei es auch vorkommt, daß eine Molekülschwingung für eine bestimmte Polarisationsrichtung des einfallenden Lichtes Raman-aktiv ist, für eine andere Richtung jedoch infrarot-aktiv [8.6].

Während man zur genauen Berechnung der Streuintensitäten die Kenntnis der Wellenfunktionen $u(q_n)$ braucht, kann man bereits aus Symmetriebetrachtungen erkennen, für welche Molekül-Schwingungen ein Raman-Prozeß bzw. eine Infrarot-Absorption möglich ist. Dazu muß man die Symmetriegruppe des Moleküls kennen und kann dann mit Methoden der Gruppentheorie unmittelbar sehen, ob die entsprechenden Matrixelemente $\langle\alpha_{ij}\rangle$ in (8.10) Null werden oder nicht. In der einschlägigen Literatur sind für die einzelnen Symmetriegruppen der Moleküle die Raman- bzw. infrarot-aktiven Normalschwingungen in Tabellen zusammengefaßt [8.6, 7].

Im thermischen Gleichgewicht folgt die Besetzungsdichte $N_i(E_i)$ einer Boltzmann-Verteilung

$$N_i(E_i) = g_v(2J + 1)\,\frac{N}{Z} e^{-E_i/kT} , \tag{8.11}$$

wobei g_v das statistische Gewicht der betrachteten Schwingung, $N = \Sigma N_i(v, J)$ die gesamte Moleküldichte im elektronischen Grundzustand und $Z = \Sigma g_v N_i$ die Zustandsdichte (Abschn.2.3) ist.

Da die Besetzungsdichte vibronisch angeregter Zustände $|k\rangle$ um den Faktor $\exp(-E_k/kT)$ kleiner ist als im Grundzustand, ist die Intensität der Anti-Stokes-Strahlung im allgemeinen kleiner als die der Stokes-Strahlung.

Eine Reihe von Beispielen, die das oben Gesagte verdeutlichen, findet man in den Abschnitten (8.2, 7) und in den einschlägigen Monographien [8.1-7].

8.2 Neuere Techniken der Linearen Raman-Spektroskopie

Um die Empfindlichkeit der Raman-Spektroskopie zu optimieren, kann man sowohl die eingestrahlte Lichtintensität erhöhen, als auch die Nachweisempfindlichkeit für die Raman-Streustrahlung verbessern. Da die Streuintensität bei der linearen Raman-Spektroskopie von der über die Meßzeit integrierten, eingestrahlten Lichtleistung abhängt, ist es im allgemeinen günstiger, kontinuierliche Laser zu verwenden, zumal man mit gepulsten Lasern leicht in den Bereich der nichtlinearen Effekte kommt.

Häufig wird die Probe *in den Resonator* eines Argonlasers gebracht, dessen beide Endspiegel hochreflektierend sind, um die resonatorinterne Leistung zu erhöhen (Abschn.6.2.7). Durch Mehrfachreflexion zwischen zwei Spiegeln (Abb.8.2) kann der Weg durch die Probe verlängert und damit die Empfindlichkeit weiter gesteigert werden. Durch eine geeignete Anordnung von Spiegeln und Linsen kann auch die Sammelwahrscheinlichkeit für die Streustrahlung erhöht werden. Zur Illustration der erreichbaren Empfindlichkeit und spektralen Auflösung ist in Abb.8.2b das Rotations-Raman-Spektrum von gasförmigen $C_3H_3N_3$ gezeigt, das bei einem Druck von 5 mb mit einem Argonlaser bei $\lambda = 488$ nm angeregt und photographisch aufgenommen wurde.

Neben der photographischen Registrierung des Raman-Spektrums hat sich die wesentlich empfindlichere Aufnahme mit optischen Vielkanal-Analysatoren (z.B. CCD-Arrays, Abschn.4.5) und Bildverstärkern bewährt. Neben ihrer größeren Empfindlichkeit bei gleichzeitiger Erfassung eines ausgedehnten Spektralbereiches hat diese elektronische Signalaufnahme den weiteren Vorteil, daß die Daten in digitaler Form zur Verfügung stehen und deshalb von Computern weiter verarbeitet werden können [8.9].

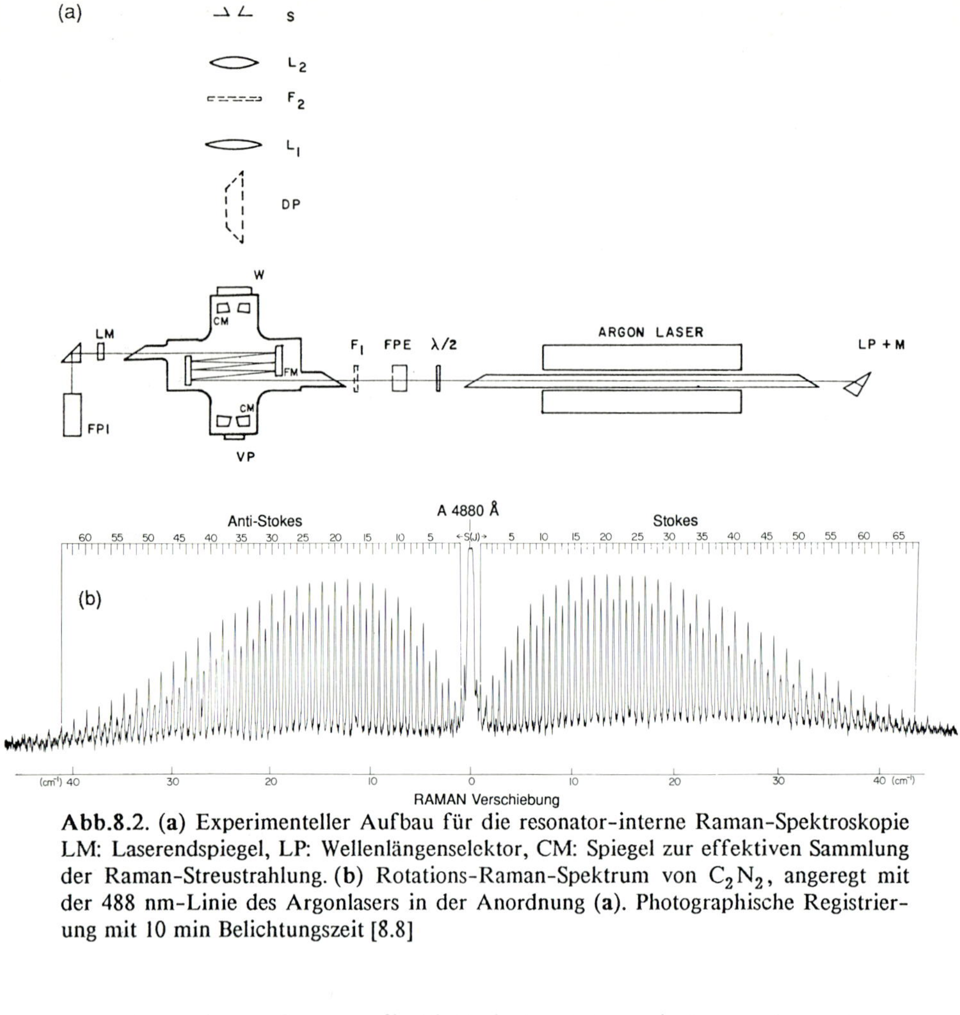

Abb.8.2. (**a**) Experimenteller Aufbau für die resonator-interne Raman-Spektroskopie LM: Laserendspiegel, LP: Wellenlängenselektor, CM: Spiegel zur effektiven Sammlung der Raman-Streustrahlung. (**b**) Rotations-Raman-Spektrum von C_2N_2, angeregt mit der 488 nm-Linie des Argonlasers in der Anordnung (**a**). Photographische Registrierung mit 10 min Belichtungszeit [8.8]

Wegen der großen Empfindlichkeit der „Intracavity"-Anordnung lassen sich sogar Schwingungsobertonbanden rotationsaufgelöst messen. Abbildung 8.3 zeigt zur Illustration den Q-Zweig des Raman-Spektrums von D_2 für die Übergänge ($v'=1,\ 2 \leftarrow v''=0$) [8.10]. Die Zählrate für die Oberton-Übergänge war etwa 5000 mal kleiner als die für die Grundschwingung. Diese Oberton-Raman-Spektroskpie kann auch auf größere Moleküle angewendet werden, wie z.B. durch Messung des Oberton-Spektrums der Torsionsschwingung von CH_3CD_3 gezeigt wurde [8.11].

Genau wie bei der Absorptions-Spektroskopie (Abschn.6.1) kann man auch bei der Raman-Spektroskopie ein Differenzverfahren anwenden, um die Empfindlichkeit weiter zu steigern. Der Pumplaserstrahl wird abwechselnd durch zwei äquivalente Zellen, die Probenzelle mit und die Referenzzelle ohne die Probe geschickt. Dieses Differenzverfahren erweist sich vor allem bei der Raman-Spektroskopie von Proben, die in flüssigen Lösungs-

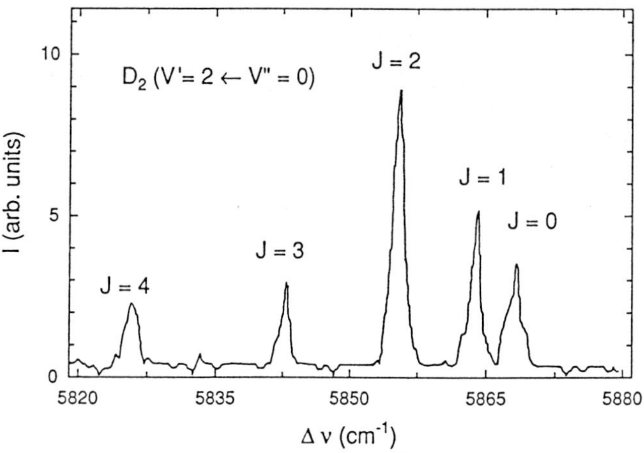

Abb.8.3. Rotationsaufgelöster Q-Zweig im Oberton-Raman-Spektrum von D_2, aufgenommen im Resonator eines Argonlasers bei λ = 488 nm bei einer resonatorinternen Leistung von 250 W [8.10]

mitteln verdünnt sind, als sehr vorteilhaft, weil die störenden Raman-Linien des Lösungsmittels kompensiert werden.

Da man den Laserstrahl (auch im Resonator) auf wenige μm fokussieren kann, lassen sich sehr kleine Probenvolumina noch untersuchen [8.12]. Besonders große Raman-Querschnitte und damit große Nachweisempfindlichkeit erreicht man für die resonante Raman-Streuung, wenn die Wellenlänge des Pumplasers mit einem Absorptionsübergang des Moleküls zusammenfällt. In diesem Fall wird allerdings auch die absorbierte Leistung erhöht, was vor allem bei biologischen Proben zu unzulässig hohen Temperaturen und zur Zerstörung der Zellen führen kann. Um die thermische Belastung durch das fokussierte Laserlicht klein zu halten, wurden rotierende Raman-Zellen entwickelt [8.13, 14]. In Abb.8.4 ist ein solches rotierendes System gezeigt. Wenn der Fokalpunkt des Laserstrahls R cm von der Rotationsachse der Zelle entfernt ist, wird bei einer Winkelgeschwindigkeit Ω und einem Fokusdurchmesser d die Wechselwirkungszeit der Moleküle mit dem Laserstrahl pro Umlauf auf $T = d/(R\Omega)$ reduziert.

Diese Technik der rotierenden Zelle kann mit dem Differenzverfahren kombiniert werden, indem eine zylindrische Zelle, die um ihre Achse rotiert, in zwei Hälften unterteilt wird, von denen eine nur das Lösungsmittel und die andere auch noch die Probe enthält.

Eine große Verbesserung der Empfindlichkeit der linearen Raman-Spektroskopie von Flüssigkeiten wurde dadurch erreicht, daß die flüssige Probe in eine dünne Kapillare gefüllt wurde (Abb.8.5). Wenn der Brechungsindex n_{Fl} der Flüssigkeit größer ist als der der Kapillare, wird sowohl das Laserlicht, das in die Kapillare fokussiert wird, als auch das in der Flüssigkeit erzeugte Raman-Streulicht durch Totalreflexion in der Kapillare gehalten. Wenn die Flüssigkeit das Pumplicht genügend wenig absorbiert, kann man sehr lange Kapillaren verwenden (10-50m) und erreicht damit eine Empfindlichkeit, die um mehrere Goßenordnungen höher ist als bei Verwendung von Flüssigkeitszellen [8.13].

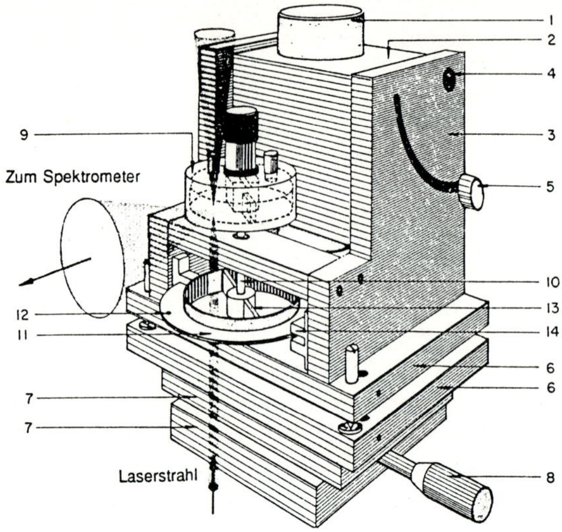

Abb.8.4. Rotierende Zelle für die Differenz-Raman-Spektroskopie [8.11]

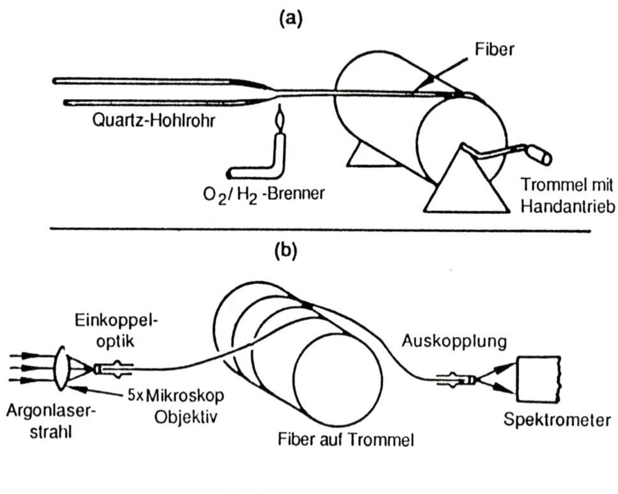

Abb.8.5. Raman-Spektroskopie flüssiger Proben in einer dünnen Kapillare, in die das Laserlicht mit einem Mikroskop-Objektiv eingekoppelt wird. (**a**) Herstellung der Fiber. (**b**) Ein- und Auskopplung [8.13]

Die Meßgrößen der linearen Raman-Spektroskopie sind:

a) Die Linienbreiten der Streustrahlung, die bei gasförmigen Proben durch eine Faltung von Doppler-Breite, Stoßverbreiterung, Laser-Spektralprofil und Lebensdauern der am Raman-Übergang beteiligten Molekülniveaus bestimmt sind und daher ein Voigt-Profil ergeben (Abschn.3.2).

b) Das Polarisationsverhältnis der Streustrahlung, definiert als

$$\rho = \frac{I_{\|} - I_{\perp}}{I_{\|} + I_{\perp}},$$

wobei $I_{\|}$ und $I_{\perp}$ die Intensität der Streustrahlung mit einer Polarisation parallel bzw. senkrecht zur Polarisationsrichtung des Pumplasers ist.

c) Der Raman-Streuquerschnitt σ_R, der gemäß (8.10) von den Matrixelementen $\langle \alpha_{ij} \rangle$ des Polarisierbarkeitstensors abhängt. Die Intensität I_R der Streustrahlung ist dann durch das Produkt $I_R \sim I_P N_i \sigma_R$ aus einfallender Pumplaserintensität I_P, Besetzungsdichte N_i im molekularen Ausgangsniveau und Streuquerschnitt σ_R gegeben. Bei bekannten Werten für σ_R kann daher aus der gemessenen Intensität I_R auf die Besetzungsdichten N_i geschlossen werden. Dies wird z.B. angewandt zur Messung des Temperaturprofils in Flammen [8.15] und von Dichteprofilen in Strömungen [8.16].

Für eine ausführlichere Darstellung der linearen Laser-Raman-Spektroskopie, ihrer verschiedenen experimentellen Techniken und ihrer Anwendungen wird auf die entsprechende Literatur [8.13-17] verwiesen.

8.3 Nichtlineare Raman-Spektroskopie

Wenn die Intensität der einfallenden Lichtwelle genügend groß wird, überschreitet die durch sie bewirkte Auslenkung der Elektronenhülle den linearen Bereich. Dies bedeutet, daß die induzierten Dipolmomente $\mathbf{p}$ der Moleküle nicht mehr länger proportional zur elektrischen Feldstärke $\mathbf{E}$ sind und (8.2) erweitert werden muß. Man kann die Abhängigkeit $\mathbf{p}(\mathbf{E})$ durch eine Potenzreihe darstellen

$$\mathbf{p}(\mathbf{E}) = \mu + \tilde{\alpha}\mathbf{E} + \tilde{\beta}\mathbf{E}\mathbf{E} + \tilde{\gamma}\mathbf{E}\mathbf{E}\mathbf{E} + \dots , \tag{8.12}$$

wobei $\tilde{\alpha}$ die Polarisierbarkeit, $\tilde{\beta}$ die Hyperpolarisierbarkeit und $\tilde{\gamma}$ die zweite Hyperpolarisierbarkeit heißen. Die Größen $\tilde{\alpha}$, $\tilde{\beta}$, $\tilde{\gamma}$ sind zwei-, drei-, bzw. vierstufige Tensoren. Bei genügend kleiner Feldstärke $\mathbf{E}$ sind die nichtlinearen Terme vernachlässigbar; wir haben den im vorigen Abschnitt behandelten Fall der linearen Raman-Spektroskopie.

8.3.1 Induzierte Raman-Streuung

Bei großer Laser-Intensität kann die Raman-Streustrahlung so stark werden, daß wir ihren Einfluß auf die Moleküle nicht mehr vernachlässigen können. Die Moleküle wechselwirken dann gleichzeitig mit zwei Lichtwellen: Der Laserwelle auf der Frequenz ω_L und der Stokes-Welle auf der Frequenz $\omega_s = \omega_L - \omega_v$. Beide Wellen sind durch die auf der Frequenz ω_v schwingenden Moleküle miteinander gekoppelt. Diese parametrische Wechselwirkung ermöglicht einen Energieaustausch zwischen der Laserwelle als Pumpwelle und der Stokes- bzw. Anti-Stokes-Welle und kann zur Ausbildung einer intensiven, gerichteten Strahlung auf den Frequenzen $\omega = \omega_L \pm \omega_v$ führen. Dieses Phänomen der induzierten (stimulierten) Raman-Streuung wurde zuerst von *Woodbury* et al. [8.18] beobachtet und von *Eckhardt* et al. [8.19] erklärt; es kann klassisch folgendermaßen verstanden werden:

Man beschreibt das Raman-Medium durch N harmonische Oszillatoren pro Volumeneinheit, die unter dem Einfluß der beiden Wellen mit der Gesamtfeldstärke

$$\mathbf{E}(z,t) = \tfrac{1}{2}\,[\mathbf{E}_L e^{i(\omega_L t - k_L z)} + \mathbf{E}_s e^{i(\omega_s t - k_s z)} + \text{k.k.}]\,. \tag{8.13}$$

eine Auslenkung q erfahren, die zu einer potentiellen Energie

$$W_{pot} = -\,\mathbf{pE} = -\,\alpha(q)E^2 \tag{8.14}$$

führt. Die Kraft auf ein Molekül ist nach (8.3)

$$\mathbf{F}(z,t) = -\,\text{grad}\,W_{pot} = \frac{\partial}{\partial q}[\alpha(q)E^2] = \left(\frac{\partial\alpha}{\partial q}\right)_0 E^2(z,t)\,. \tag{8.15}$$

Die Bewegungsgleichung für die erzwungene Schwingung des Oszillators mit Masse m und Eigenfrequenz ω_v ist dann

$$\frac{\partial^2 q}{\partial t^2} + \gamma\frac{\partial q}{\partial t} + \omega_v^2 q = \left(\frac{\partial\alpha}{\partial q}\right)_0 E^2/m\,, \tag{8.16}$$

wobei γ die Dämpfungskonstante ist, die für die Linienbreite $\Delta\omega = \gamma$ der spontanen Raman-Streuung verantwortlich ist.

Mit dem Lösungsansatz

$$q = \tfrac{1}{2}\,(q_v e^{i\omega t} + \text{k.k.}) \tag{8.17}$$

erhalten wir aus (8.16 und 13)

$$(\omega_v{}^2 - \omega^2 + i\gamma\omega)q_v e^{i\omega t} = \frac{1}{2m}\left(\frac{\partial\alpha}{\partial q}\right)_0 E_L E_s{}^* e^{i[(\omega_L - \omega_s)t - (k_L - k_s)z]}\,. \tag{8.18}$$

Da diese Gleichung für alle Zeiten gelten muß, liefert der Vergleich der Exponenten die Frequenzbedingung

$$\omega = \omega_L - \omega_s\,.$$

Die Moleküle werden durch die Wechselwirkung mit den beiden Lichtfeldern zu erzwungenen Schwingungen auf der Differenzfrequenz $\omega = \omega_L - \omega_s$ angeregt. Für die Amplitude q_v dieser Schwingungen, die sich mit den beiden Wellen im Medium fortplanzt, erhalten wir aus (8.18)

$$q_v = \frac{(\partial\alpha/\partial q)_0 E_L E_s}{2m[\omega_v{}^2 - (\omega_L - \omega_s)^2 + i(\omega_L - \omega_s)\gamma]} e^{-i(k_L - k_s)z}\,. \tag{8.19}$$

Die induzierten schwingenden Dipole $\mathbf{p}(\omega, z, t)$ führen zu einer Polarisation $\mathbf{P} = N\mathbf{p}$, deren Anteil P_s auf der Frequenz ω_s, der für die Raman-Streuung verantwortlich ist, nach (8.5) gegeben ist durch

$$\mathbf{P}_s = \frac{1}{2}\left(\frac{\partial\alpha}{\partial q}\right)_o q\mathbf{E} .$$

Setzt man q aus (8.17) und **E** aus (8.13) ein, so ergibt sich eine vom Produkt $E_L{}^2 E_S$ abhängige „nichtlineare" Polarisation

$$P_s^{NL}(\omega_s) = N \frac{(\partial\alpha/\partial q)_0{}^2 E_L{}^2 E_s}{4m[\omega_\nu{}^2 - (\omega_L - \omega_S)^2 + i\gamma(\omega_L - \omega_S)]} e^{-i(\omega_s t - k_s z)} + \text{k.k.} \quad (8.20)$$

Man sieht hieraus, daß sich eine Polarisationswelle durch das Medium ausbreitet, deren Anteil auf der Frequenz ω_s denselben Wellenvektor $\mathbf{k}_S$ hat wie die Stokes-Welle und sie deshalb verstärken kann. Die Verstärkung pro Wegintervall dz kann man aus der Wellengleichung

$$\Delta E_S = \mu_0 \sigma \frac{\partial E_S}{\partial t} + \mu_0 \epsilon \frac{\partial^2 E_S}{\partial t^2} + \mu_0 \frac{\partial^2}{\partial t^2} P_S^{NL} \quad (8.21)$$

in Medien mit der Leitfähigkeit σ erhalten. Wenn wir den eindimensionalen Fall ($\partial/\partial y = \partial/\partial x = 0$) mit der Näherung $d^2E/dz^2 << kdE/dz$ betrachten, erhalten wir für die Stokes-Welle

$$\frac{dE_S}{dz} = \frac{1}{2}\sigma\sqrt{\mu_0/\epsilon}\, E_s^* + \frac{1}{2}N\frac{k_s}{\epsilon}E_L\left(\frac{\partial\alpha}{\partial q}\right)_o q_v . \quad (8.22)$$

Setzt man q_v aus (8.19) ein, so ergibt sich für $\omega_v = \omega_L - \omega_S$

$$\frac{dE_s}{dz} = \left[-\frac{1}{2}\sigma\sqrt{\mu_0 \frac{}{\epsilon}} + \frac{N(\partial\alpha/\partial q)^2 E_L{}^2}{4m\epsilon i\gamma(\omega_L - \omega_S)}\right] E_s = (-f + g)E_s . \quad (8.23)$$

Integration liefert die Amplitude

$$E_s(z) = E_s(0)e^{(g-f)z} \quad (8.24)$$

der induzierten Stokes-Welle, die verstärkt wird, wenn $g > f$ gilt, d.h., wenn die Verstärkung durch die induzierte Polarisation größer ist als die Verluste im Medium. *Der Verstärkungsfaktor g hängt ab vom Quadrat* $E_L{}^2$ *der Pumpwellen-Amplitude und von dem Term* $(\partial\alpha/\partial q)^2$. Man erhält also nur dann induzierte Raman-Streuung, wenn die einfallende Laserintensität einen Schwellwert übersteigt, der von der nichtlinearen Komponente $(\partial\alpha_{ij}/\partial q)_o$ des Polarisierbarkeitstensors α für die Raman-aktive Normalschwingung q abhängt.

Während bei der spontanen Raman-Streuung die Intensität der *Anti-Stokes-Strahlung* wegen der kleinen thermischen Besetzung angeregter Schwingungsniveaus sehr klein ist, kann dies bei der induzierten Raman-Streuung völlig anders aussehen. Durch die intensive einfallende Pumpwelle wird ein beträchtlicher Anteil aller Moleküle wegen des Raman-Effektes in angeregte Schwingungsniveaus gepumpt, und man beobachtet eine starke Anti-Stokes-Strahlung auf der Frequenz $\omega_a = \omega_L + \omega_v$.

Der zur Verstärkung dieser Welle beitragende Term der nichtlinearen Polarisation in (8.5) ist analog zu (8.20):

$$P_{nl}(\omega_a) = \frac{1}{2} N \left(\frac{\partial \alpha}{\partial q} \right)_o [q_v E_L e^{i[(\omega_L + \omega_v)t - k_L z]} + \text{k.k.}] \,. \qquad (8.25)$$

Für genügend kleine Amplituden $E_a << E_L$ der Anti-Stokes-Welle werden die Molekülschwingungen praktisch nicht durch die Anti-Stokes-Welle beeinflußt, und wir können für die Schwingungsamplituden den Ausdruck (8.19) einsetzen. Dies ergibt für die Verstärkung von E_a die Beziehung

$$\begin{aligned} \frac{dE_a}{dz} &= - \frac{1}{2} f E_a e^{i(\omega_a t - k_a z)} \\ &\quad + i \frac{\omega_a \sqrt{\mu_0/\epsilon} N (\partial\alpha/\partial q)_o^2}{8m} E_L^2 E_s^* e^{i(2k_L - k_s - k_a)z} \,, \end{aligned} \qquad (8.26)$$

welche zeigt, daß sich, völlig analog zur Summen- bzw. Differenzfrequenz-Erzeugung, eine makroskopische Welle nur aufbauen kann, wenn die Phasenanpassung

$$k_a = 2k_L - k_s \qquad (8.27a)$$

erfüllt ist.

In Medien mit normaler Dispersion kann diese Bedingung im allgemeinen nicht für kollineare Ausbreitung der drei Wellen erfüllt werden. Eine dreidimensionale Betrachtung liefert statt (8.27a) die Vektorgleichung

$$2\mathbf{k}_L = \mathbf{k}_s + \mathbf{k}_a \,, \qquad (8.27b)$$

die zeigt, daß die Anti-Stokes-Strahlung in einen Raumkegel emittiert wird, dessen Achse durch die Einfallsrichtung des Lasers bestimmt wird (Abb.8.6). Dies wurde auch experimentell beobachtet [8.19].

Zur Verdeutlichung wollen wir am Ende dieses Abschnittes die Unterschiede zwischen der linearen (spontanen) und der nichtlinearen (induzierten) Raman-Streuung kurz zusammenfassen:

1) Die induzierte Raman-Strahlung wird erst oberhalb einer Schwellwert-Pumpintensität beobachtet, die von der Raman-Verstärkung des gepumpten Mediums und der Länge des gepumpten Volumens abhängt.

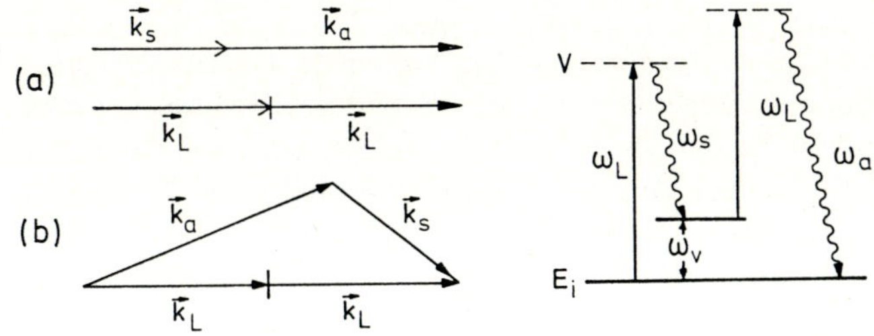

Abb.8.6. Impulserhaltung für den kollinearen (**a**) und nichtkollinearen (**b**) Fall und Termschema für die induzierte Anti-Stokes Strahlung als Vierwellen-Wechselwirkung

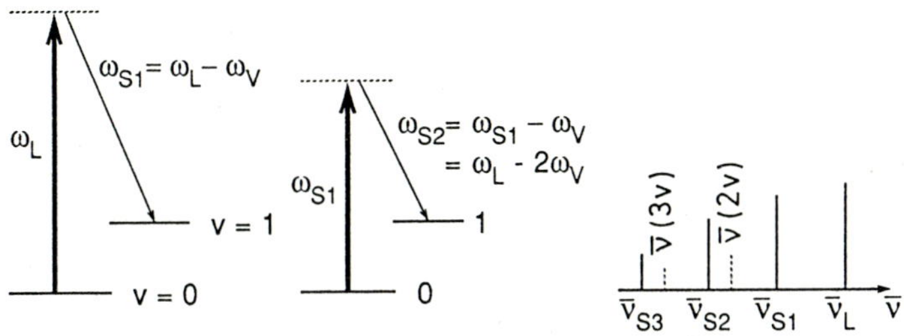

Abb.8.7. Termschema für die Erzeugung von Stokes-Oberwellen

2) Oberhalb der Schwelle kann die Intensität der induzierten Raman-Strahlung die der spontanen um viele Größenordnungen übertreffen und mehr als 30% der einfallenden Pumpleistung erreichen, d.h. in günstigen Fällen wird ein beträchtlicher Anteil der einfallenden Leistung in Stokes- bzw. Anti-Stokes-Strahlung umgewandelt.

3) Die meisten Raman-aktiven Substanzen zeigen nur 1 bis 2 Stokes-Linien bei den Frequenzen $\omega_s = \omega_L - \omega_v$ mit den größten Raman-Streuquerschnitten. Außer diesen direkten Raman-Linien können jedoch Oberwellen mit den Frequenzen $\omega_s = \omega_L - n\omega_v$ ($n = 1,2,3...$) auftreten, wobei $n\omega_v$ wegen der Anharmonizität des molekularen Potentials *nicht* mit den Frequenzen ω_{nv} des Schwingungsüberganges $v=0 \rightarrow v=n$ übereinstimmen. Die Oberwellen entstehen durch Mehrquantenprozesse, bei denen die Stokes-Welle 1. Ordnung mit der Frequenz $\omega_{s1} = \omega_L - \omega_v$ als Pumpwelle zur Erzeugung einer Welle 2. Ordnung mit der Frequenz $\omega_{s2} = \omega_s - \omega_v = \omega_L - 2\omega_v$ dient, usw. (Abb.8.7).

4) Die Breiten der spontanen und der induzierten Raman-Streulinien sind im allgemeinen durch die Linienbreite des Pumplasers bestimmt. Bei Verwendung sehr schmalbandiger Laser wird jedoch die Linienbreite der induzierten Streustrahlung schmaler als die der spontanen, bei der die thermische Bewegung der streuenden Moleküle zu einer zusätzlichen Verbreiterung führt. Ein von einem Molekül mit der Geschwindigkeit **v** unter dem Winkel ϕ gegen die Einfallsrichtung der Pumpstrahlung gestreutes Raman-Photon hat gegenüber der Streuung an ruhenden Molekülen die Doppler-verschobene Frequenz

$$\omega_s = \omega_L - \omega_v - (\mathbf{k}_L - \mathbf{k}_s)\cdot\mathbf{v} = \omega_L - \omega_v - [1-(k_s/k_L)\cos\phi]\mathbf{k}_L\cdot\mathbf{v} \,. \tag{8.28}$$

Da die spontane Raman-Streuung in den gesamten Winkelbereich $0<\phi<2\pi$ erfolgt, sind die spontanen Raman-Linien entsprechend Doppler-verbreitert, wobei diese Doppler-Verbreiterung gemäß (8.20) allerdings geringer als bei Fluoreszenzlinien ist. Bei der induzierten Raman-Streuung ist $\mathbf{k}_s \| \mathbf{k}_L$, d.h. $\cos\phi = 1$ und die Klammer in (8.28) nimmt ihren minimalen Wert an.

5) Der Hauptvorteil der induzierten Raman-Streuung für die Molekül-Spektroskopie liegt in ihrer wesentlich höheren Intensität, so daß man bei gleicher Meßzeit ein viel besseres Signal/Rausch-Verhältnis erreichen kann. Mit durchstimmbaren Pumplasern läßt sich eine um die Frequenz $\pm n\omega_v$ gegenüber der Frequenz des Pumplasers verschobene, intensive, kohärente, durchstimmbare Strahlungsquelle realisieren („Raman-Laser", Abschn. 5.6.7), welche Spektralbereiche im UV bzw. IR überdeckt, für die es noch keine direkte, genügend intensive Laserstrahlung gibt.

Eine weitergehende Darstellung dieses Gebietes der stimulierten Raman-Streuung findet man in [8.20-22].

8.3.2 Kohärente Anti-Stokes Raman-Spektroskopie (CARS)

Die kohärente Anti-Stokes Raman-Spektroskopie (CARS) braucht *zwei* Laser. Die beiden einfallenden Wellen mit den Frequenzen ω_1 und ω_2, deren Differenz $\omega_1-\omega_2 = \omega_v$ so gewählt wird, daß sie einer Raman-aktiven Schwingungsfrequenz ω_v entspricht, erzeugen aufgrund der im vorigen Abschnitt behandelten, nichtlinearen Wechselwirkung Stokes- und Anti-Stokes-Wellen (Abb.8.8).

Sind ω_1 und $\omega_2 < \omega_1$ optische Frequenzen und ω_v eine Schwingungsfrequenz im Infraroten, so gilt $\omega_v << \omega_1,\omega_2$. Bei gasförmigen Medien kann der Einfluß der Dispersion in dem kleinen Spektralbereich zwischen ω_1 und ω_2 im allgemeinen vernachlässigt werden, und man erreicht Phasenanpassung bei kollinearer Einstrahlung beider Wellen (Abb.8.8b). Die Stokes-Welle bei der Frequenz $\omega_S = 2\omega_2-\omega_1$ und die Anti-Stokes-Welle bei $\omega_a = 2\omega_1-\omega_2$ werden dann in derselben Richtung erzeugt wie die einfallenden Wellen, d.h. die Wellenvektoren aller vier Wellen sind parallel.

In Flüssigkeiten bewirkt die größere Dispersion einen nicht mehr zu vernachlässigenden Unterschied in den Phasengeschwindigkeiten der beiden einlaufenden Wellen. Um eine Phasenanpassung über eine längere Wegstrecke zu erreichen, muß man die Einfallsrichtungen $\mathbf{k}_1$ und $\mathbf{k}_2$ der beiden

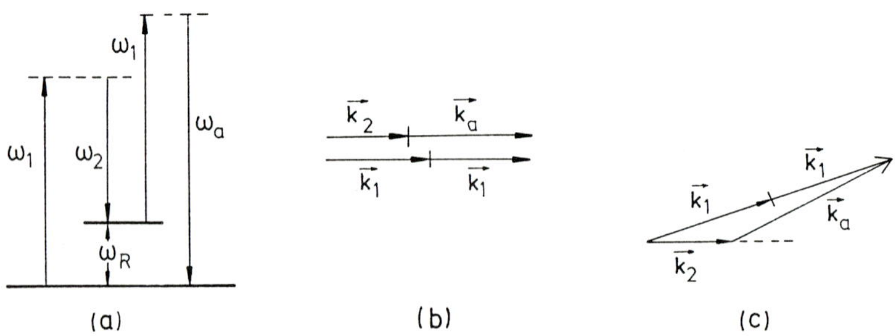

Abb.8.8. Termschema für CARS (a) und Phasenanpassung in gasförmigen Medien mit vernachlässigbarer Disperson (b) und in Flüssigkeiten (c)

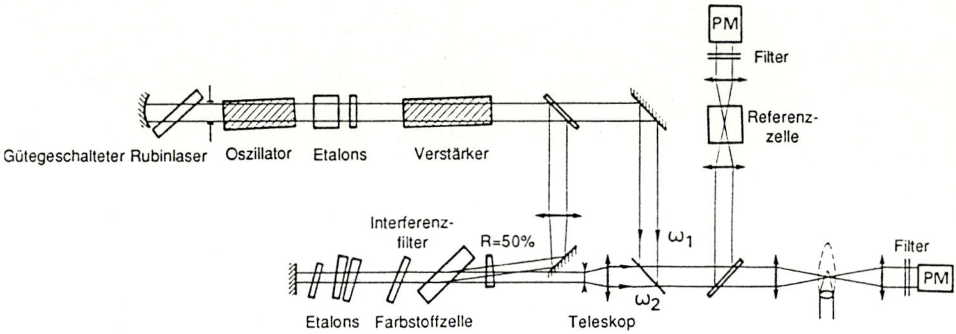

Abb.8.9. Experimentelle Anordung zur CARS-Spektroskopie von Flammengasen mit Hilfe eines Rubinlasers und des von diesem gepumpten Farbstofflasers [8.23]

Wellen so wählen, daß für die Vektorsumme gilt: $2\mathbf{k}_1 - \mathbf{k}_2 = \mathbf{k}_a$ (Abb.8.8c).

Bei der kollinearen Anordnung kann die Anti-Stokes-Welle mit der Frequenz $\omega_a = 2\omega_1 - \omega_2 > \omega_1$ durch Filter von den einfallenden Wellen getrennt werden. Eine mögliche experimentelle Anordnung für die Anwendung von CARS auf die Rotations-Schwingungs-Spektroskopie von Flammengasen zur Messung des Temperaturprofils ist in Abb.8.9 gezeigt [8.22]. Die beiden einfallenden Laserstrahlen werden von einem gütegeschalteten Rubinlaser (Abschn.12.1) und von einem Farbstofflaser erzeugt, der von dem Rubinlaser gepumpt wird. Zur Eichung wird ein Teil der einfallenden Wellen in eine Referenzzelle geschickt, in der sich das zu untersuchende Gas bei der Temperatur T_R unter bekanntem Druck befindet. Die Farbstofflaser-Frequenz ω_2 wird so durchgestimmt, daß die Differenz $\omega_1 - \omega_2$ den verschiedenen Rotations-Schwingungs-Übergängen im Molekül entspricht. Der Quotient der Intensitäten der Anti-Stokes-Welle aus Meßzelle und Referenzzelle ergibt dann die relative Besetzungsverteilung $N(v_i, J_i)$ und damit, bei Annahme einer Boltzmann-Verteilung, die Temperatur an der Stelle des Fokus in der Flamme.

Das am häufigsten benutzte Pumpsystem für CARS besteht aus zwei gepulsten Farbstofflasern, die von einem gemeinsamen Laser (N_2-Laser, Exzimerlaser oder Nd-Laser) gepumpt werden. Da beide Frequenzen ω_1 und ω_2 in weiten Grenzen variiert werden können, ist dieses System flexibel und kann auf die meisten, zu untersuchenden Probleme angewandt werden. Da Frequenzschwankungen und räumliche Fluktuationen der beiden Laserstrahlen zu starken Intensitätsschwankungen des CARS-Signals führen, muß der Frequenz- und Strahl-Stabilität beider Laser besondere Beachtung gegeben werden. Mit kompakt und stabil aufgebauten Systemen lassen sich diese Signalfluktuationen unter 10% reduzieren [8.24].

Da die Leistungsverstärkung der Anti-Stokes-Welle vom Produkt $N^2 I_1 I_2$ aus dem Quadrat der Besetzungsdichte $N(v_i, J_i)$ und den Laserintensitäten I_1, I_2 abhängt (8.26), sind im allgemeinen für CARS in gasförmigen Proben Laserleistungen im Megawatt-Bereich notwendig, während in flüssigen Proben mit viel größeren Dichten CARS auch mit kontinuierlichen Lasern möglich ist. In den letzten Jahren ist es allerdings gelungen, sub-

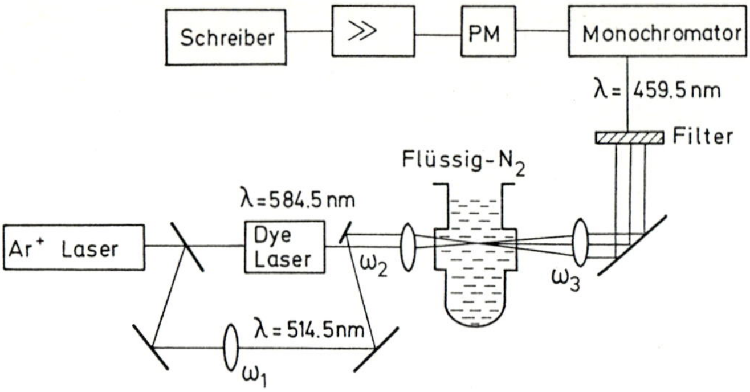

Abb.8.10. CARS-Spektroskopie in Flüssigkeiten mit zwei kontinuierlichen Farbstofflasern [8.26]

Doppler CARS in Überschallstrahlen mit kontinuierlichen „single-mode" Farbstofflasern zu realisieren [8.26].

In Abb.8.10 ist der experimentelle Aufbau für cw CARS in flüssigem Stickstoff gezeigt, wo als Pumplaser ein Argonlaser und der von ihm gepumpte Farbstofflaser verwendet werden [8.26].

Wenn die Frequenzen ω_1 und ω_2 der beiden eingestrahlten Laser so gewählt werden, daß einer der beiden virtuellen Zwischenzustände in Abb.8.8 oder sogar beide mit reellen Niveaus des Moleküls zusammenfallen, dann spricht man von *resonanter CARS*. Analog zur Situation bei der resonanten, linearen Raman-Spektroskopie wird auch hier die Empfindlichkeit um Größenordnungen höher. Allerdings wird auch die Absorption der einfallenden Strahlung entsprechend groß, so daß man entweder kurze Absorptionswege oder kleine Dichten der absobierenden Moleküle wählen muß. Resonante CARS ist von besonderem Vorteil, wenn geringe Konzentrationen einer Molekülsorte nachgewiesen werden sollen in einer Lösung, die auch Raman-aktiv ist. Im nichtresonanten Fall wird oft das gewünschte, aber schwache CARS-Signal dieser Moleküle überlagert von einem nichtresonanten Untergrund Signal, das durch die Suszeptibilität 3. Ordnung der Flüssigkeitsmoleküle erzeugt wird und mit dem eigentlichen CARS-Signal interferiert. Da im Resonanzfall das gewünschte CARS-Signal um mehrere Größenordnungen höher wird, kann man entsprechend kleinere Konzentrationen noch nachweisen. Während im nicht resonanten Fall die molare Nachweiskonzentration typisch bei 0.01-0.05 M liegt, sind mit resonanter CARS schon Konzentrationen von $5 \cdot 10^{-7}$ M nachgewiesen worden [8.27].

Wir wollen zum Schluß dieses Abschnittes die Vorteile und Grenzen der CARS-Technik kurz zusammenfassen:

1) Gegenüber der linearen Raman-Spektroskopie kann man mit CARS Signale erhalten, die um einen Faktor $10^4 - 10^5$ größer sind. Man hat daher im allgemeinen keine Detektionsprobleme.

2) Bei kollinearer Anordnung kann man durch Spektralfilter das CARS Signal von den einfallenden Laserstrahlen und der Probenfluoreszenz trennen. Bei nichtkollinearer Einstrahlung läßt sich durch räumliche Filterung das CARS-Signal isolieren. In beiden Fällen kann der Detektor weit ent-

fernt von der Probe aufgestellt werden, da die kohärente CARS-Welle wie ein Laserstrahl gebündelt ist. Dadurch wird das Fluoreszenzlicht, das besonders bei Flammen oder Gasentladungen sehr intensiv ist, wirksam unterdrückt, weil seine Intensität mit $1/r^2$ abfällt.

3) Der Hauptbeitrag zur Erzeugung der Anti-Stokes-Welle kommt aus einem kleinen Raumvolumen im gemeinsamen Fokus der beiden einfallenden Laserstrahlen. Deshalb bietet CARS eine hohe räumliche Auflösung. Dies ist besonders wichtig, wenn die räumliche Variation der Besetzungsdichte N(v, J) untersucht werden soll, um daraus Temperaturprofile im Flammen oder Dichteprofile in Strömungen zu bestimmen.

4) Wegen der Fokussierbarkeit der einfallenden Laserstrahlen auf ein sehr kleines Volumen lassen sich kleine Substanzmengen im μg-Bereich noch analysieren.

5) CARS erlaubt eine hohe spektrale Auflösung, ohne einen Monochromator zu benutzen. Für die kollineare Anordnung wird die Doppler-Breite $\Delta\omega_D$, die in der linearen Raman-Spektroskopie bei Beobachtung der spontanen Raman-Streuung unter 90° eine prinzipielle Grenze darstellt, reduziert auf den Bruchteil $[(\omega_1 - \omega_2)/\omega_1]\Delta\omega_D$. Mit gepulsten Lasern erreicht man typisch eine spektrale Auflösung von 0.3-0.03 cm^{-1}, während mit kontinuierlichen „single-mode" Lasern sogar Linienbreiten bis hinunter zu 0.001 cm^{-1} (30MHz) erzielt wurden.

Der Hauptnachteil für die allgemeine Anwendung von CARS ist der relativ aufwendige experimentelle Aufbau und die Signalfluktuationen, die durch Frequenz-und Intensitäts-Instabilitäten sowie durch Richtungsfluktuationen der beiden einfallenden Laserstrahlen verursacht werden und welche die Empfindlichkeit der Methode begrenzen. Wenn geringe Konzentrationen von Molekülen der Sorte A in Proben, die hauptsächlich andere Moleküle B enthalten, nachgewiesen werden sollen, kann Interferenz zwischen der Anti-Stokes-Welle von A mit dem nichtresonanten Untergrund von B auftreten und das Signal/Rausch-Verhältnis begrenzen [8.28]. Diese Begrenzung läßt sich allerdings stark reduzieren, wenn man resonante CARS anwenden kann.

8.3.3 Hyper-Raman-Effekt

Der dritte Term $\tilde{\beta}\mathbf{EE}$ in der Entwicklung (8.12) des induzierten Dipolmomentes $\mathbf{p}(\mathbf{E})$ nach der Feldstärke $\mathbf{E}$ der einfallenden Lichtwelle enthält die Hyperpolarisierbarkeit $\tilde{\beta}$, die durch einen Tensor 3. Stufe dargestellt wird. Analog zu (8.3) entwickeln wir die Koeffizienten β_{ijk} dieses Tensors in eine Taylor-Reihe nach den molekularen Normalkoordinaten:

$$\beta = \beta_0 + \sum_n \left(\frac{\partial\beta}{\partial q_n}\right)_0 q_n + \dots \,. \tag{8.29}$$

Da die Koeffizienten $(\partial\beta/\partial q)_0$ sehr klein sind, braucht man große einfallende Intensitäten, um den Hyper-Raman-Effekt zu beobachten. Analog zur optischen Frequenz-Verdopplung (Abschn. 5.7) gibt es für Moleküle mit einem Inversionszentrum keine Hyper-Raman-Streuung. Die Auswahlregeln für den Hyper-Raman-Effekt sind verschieden von denen des linearen Raman-Effektes [8.29]. Man kann deshalb mit Hilfe der Hyper-Raman-Streuung Molekülschwingungen untersuchen, die in der linearen Raman-Streuung und in der Infrarot-Absorption nicht auftreten. So haben z.B. Moleküle mit T_d Symmetrie, wie CH_4 oder CCl_4 kein reines Rotations-Raman-Spektrum, aber ein Hyper-Raman-Spektrum, das zuerst von *Maker* [8.30] gemessen wurde. Ausführlichere Darstellungen der theoretischen Grundlagen des Hyper-Raman-Effektes findet man in [8.31,32].

Beispiel 8.1

Wenn eine in y-Richtung linear polarisierte Welle in z-Richtung einfällt, ist $E_x = E_z = 0$. Wir erhalten dann für die Komponenten des induzierten Dipolmomentes 2. Ordnung, das auf Grund der Hyperpolarisierbarkeit entsteht:

$$p_x^{(2)} = 0\,; \quad p_y^{(2)} = \tfrac{1}{2}\beta_{yyy}E_y^2\,; \quad p_z^{(2)} = \tfrac{1}{2}\beta_{zyy}E_y^2$$

Wenn zwei Laserwellen $E_1 = E_{01}\cos(\omega_1 t - k_1 z)$ und $E_2 = E_{02} \times\cos(\omega_2 t - k_2 z)$ auf die Raman-Probe fallen, ergibt der erste Term β_0 in (8.29) die Beiträge

$$\beta_0 E_{01}^2\cos 2\omega_1 t \quad \text{und} \quad \beta_0 E_{02}^2\cos 2\omega_2 t$$

zum induzierten Dipolmoment 2. Ordnung, die zu einer Hyper-Rayleigh-Streuung führen. Der Term $(\partial\beta/\partial q_n)_0 q_{n0}\cos\omega_n t$ in (8.29) ergibt nach Einsetzen in (8.12) Beiträge

$$\left(\frac{\partial\beta}{\partial q_n}\right)_0 q_{n0}[\cos(2\omega_1 \pm \omega_n)t + \cos(2\omega_2 \pm \omega_n)t] \tag{8.30}$$

die für die Hyper-Raman-Streuung verantwortlich sind.

8.4 Anwendungen der nichtlinearen Raman-Spektroskopie

Während der stimulierte Raman-Effekt hauptsächlich zur Erweiterung des Spektralbereiches abstimmbarer Laser ins Infrarot (Stokes-Raman-Laser) oder ins UV (Antistokes-Raman-Laser) verwendet wird (Abschn.5.7), hat sich für diagnostische und analytische Anwendungen überwiegend die CARS-Technik wegen ihrer größeren Empfindlichkeit und ihrer räumlichen Auflösung durchgesetzt.

Da nach (8.26) die Intensität des CARS-Signals proportional zur Besetzungsdichte des entsprechenden molekularen Zustandes ist, kann mit Hilfe rotationsaufgelöster CARS-Spektren die Besetzungsverteilung (v″,J″) und Temperatur molekularer Proben ermittelt werden. Dies kann z.B. ange-

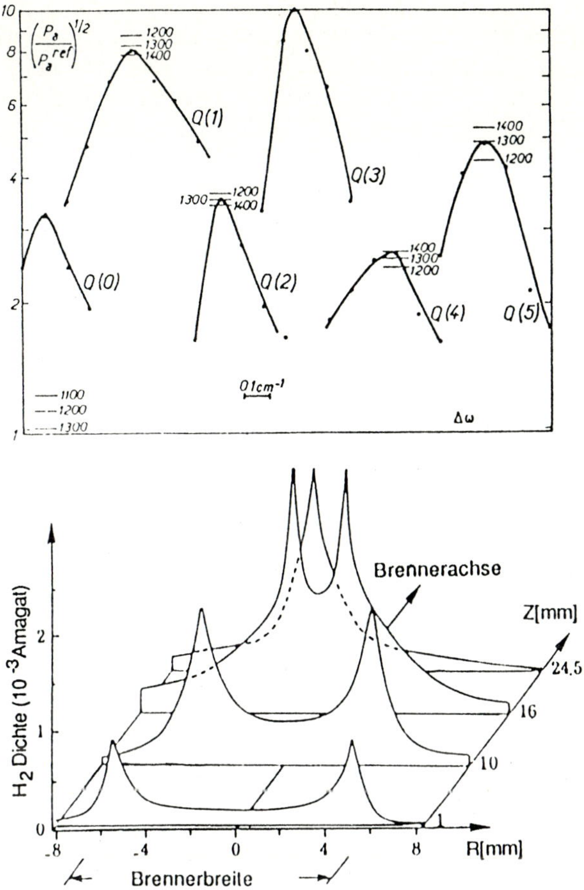

Abb.8.11. Bestimmung der Dichte- und Temperaturverteilung von H_2 in einer horizontalen Gasflamme aus den CARS-Linienprofilen und Intensitäten der Q-Linien [8.23]

wandt werden zur Bestimmung der Besetzungsverteilung von Reaktionsprodukten bei inelastischen oder reaktiven Stößen (Kap.13) oder zur Temperaturmessung in Flammen oder heißen Gasen in Öfen [8.33,34]. Als Beispiel sind in Abb.8.11 die Linienprofile der CARS-Signale von Wasserstoff in einer horizontalen Gasflamme gezeigt, aus denen die räumliche Dichte- und Temperaturverteilung des Wasserstoffs bestimmt werden kann [8.23].

Der in Abb.8.12 gezeigte experimentelle Aufbau zur Bestimmung der Dichte und Temperatur verschiedener Raman-aktiver Gase, die bei der Verbrennung von Kohlenwasserstoffen eine Rolle spielen [8.35], zeigt aber auch, wie groß der experimentelle Aufwand bei diesem Verfahren ist.

Die Nachweisempfindlichkeit der CARS-Technik liegt, je nach Größe des Raman-Streuquerschnittes bei 1-100 ppm und ist damit i.a. kleiner als bei anderen Verfahren (Kap.6). Es gibt aber eine Reihe von Anwendungen, wo CARS die beste oder sogar einzige Wahl ist, weil z.B. die untersuchten

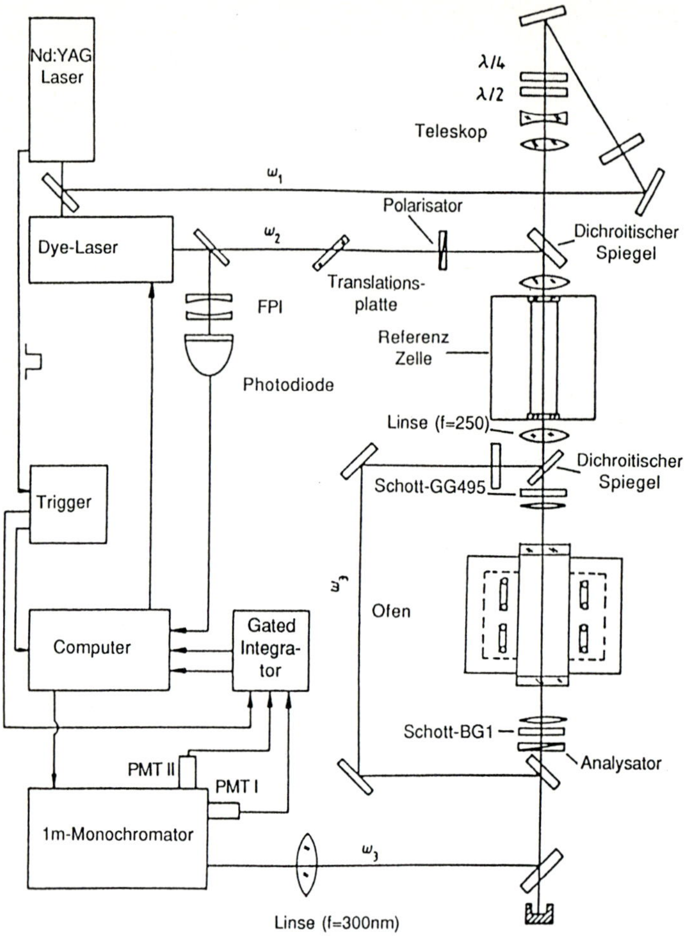

Abb.8.12. Experimenteller Aufbau zur Messung der Konzentrations- und Temperaturverteilung heißer Gase mit Hilfe der CARS-Technik [8.35]

Moleküle kein Infrarotspektrum haben und auch elektronisch nicht im Bereich existierender Laser angeregt werden können. Auch bei sehr hohen Drucken, wo die Fluoreszenz elektronisch angeregter Moleküle praktisch vollständig durch Stoßdeaktivierung unterdrückt wird, ist CARS immer noch anwendbar.

Ausführliche Darstellung der nichtlinearen Raman-Spektroskopie findet man in [8.4, 5, 17, 37].

9. Laserspektroskopie in Molekularstrahlen

Die Kombination von Molekularstrahl-Techniken mit verschiedenen Methoden der Laserspektroskopie hat eine Fülle neuer Möglichkeiten für die Untersuchung von Atomen und Molekülen gebracht.

a) Durch die Verwendung kollimierter Molekularstrahlen läßt sich die Doppler-Breite von Absorptionslinien um Größenordnungen reduzieren.

b) In Molekularstrahlen geringer Dichte lassen sich praktisch stoßfreie Bedingungen realisieren, so daß freie Moleküle - ungestört durch Wechselwirkungen mit anderen Atomen oder Molekülen - untersucht werden können. Dies ist besonders wichtig für die Spektroskopie von Rydberg-Zuständen, bei denen infolge ihrer großen Stoßquerschnitte Stöße bereits bei kleinen Dichten eine Rolle spielen.

c) In Überschallstrahlen können freie Moleküle durch adiabatische Expansion ins Vakuum auf Temperaturen bis unter 1 K abgekühlt werden. Dadurch wird die thermische Besetzungsverteilung auf die tiefsten Energieniveaus komprimiert, so daß die spektrale Dichte der Absorptionslinien drastisch abnimmt und komplexe Spektren wesentlich vereinfacht werden.

d) Bei Verwendung von Lasern zur Untersuchung von Stoßprozessen in gekreuzten Molekularstrahlen lassen sich Anfangszustand und Endzustand der Stoßpartner spektroskopisch bestimmen, so daß bei gleichzeitiger Messung des Streuwinkels eine vollständige Information über den Stoßvorgang erhalten werden kann.

Wir wollen uns in diesem Kapitel mit den physikalischen Grundlagen und den experimentellen Möglichkeiten der Kombination von Laserspektroskopie und Molekularstrahlen näher befassen.

9.1 Reduktion der Doppler-Breite in kollimierten Strahlen

Wir betrachten Moleküle, die aus einem Reservoir R durch ein kleines Loch A mit dem Durchmesser a ins Vakuum strömen (Abb.9.1). Die Dichte der Moleküle kurz hinter A und der Untergrunddruck im Vakuumgefäß seien so klein, daß man Stöße vernachlässigen kann, d.h. die freie Weglänge der Moleküle möge groß sein gegen den Abstand d einer kollimierenden Blende B von A, so daß die Moleküle auf geraden Bahnen von A bis B fliegen.

Die Zahl $N(v,\theta)d\Omega$ der Moleküle, die pro Sekunde mit der Geschwindigkeit $v = |\mathbf{v}|$ in den Raumwinkel $d\Omega$ um den Winkel θ gegen die Molekularstrahlachse $\theta = 0$ fliegen, ist

$$N(v,\theta)d\Omega = n(v)v\cos\theta d\Omega \,, \qquad (9.1)$$

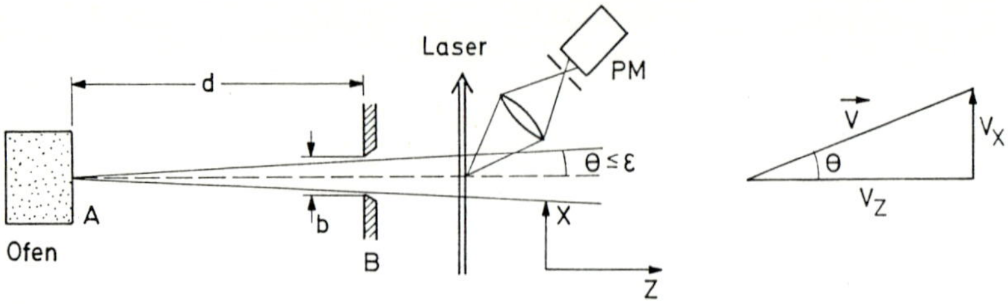

Abb.9.1. Reduktion der Doppler-Breite von Absorptionslinien in einem kollimierten Molekülstrahl mit Nachweis der Absorption über die LIF

wobei n(v)dv die Dichte der Moleküle am Ausgang der Öffnung A im Geschwindigkeitsintervall dv ist. Durch die Blende B mit der Breite b in x-Richtung können nur solche Moleküle passieren, deren Geschwindigkeitskomponente v_x die Bedingung

$$\frac{v_x}{v_z} \leq \frac{b}{2d} = \tan\epsilon \tag{9.2}$$

erfüllt. Für die Dichte n(r, v) im Abstand $r = (z^2+x^2)^{1/2}$ von A erhalten wir in einem effusiven Strahl, bei dem die Geschwindigkeitsverteilung n(v) einer Maxwell-Verteilung mit der wahrscheinlichsten Geschwindigkeit $v_w = \sqrt{2kT/m}$ bei der Temperatur T des Reservoirs folgt:

$$n(r, v, \theta)dv = C\,\frac{\cos\theta}{r^2}\,nv^2 \exp(-v/v_w)^2 dv\ , \tag{9.3}$$

wobei die Konstante $C = (4/\sqrt{\pi})/v_w{}^3$ durch die Normierung $n = \int n(v)dv$ festgelegt ist.

Wenn der kollimierte Molekularstrahl von einem monochromatischen Laserstrahl in x-Richtung senkrecht gekreuzt wird, hängt die Absorptionswahrscheinlichkeit für ein Molekül von seiner Geschwindigkeitskomponente v_x und von der Laserfrequenz ω ab, die im System des bewegten Moleküls Doppler-verschoben ist zu $\omega' = \omega - kv_x$. Nach Durchlaufen der Absorptionsstrecke $\Delta x = x_2 - x_1$ ist die eingestrahlte Leistung P_0 des Lasers abgesunken auf

$$P(\omega) = P_0 \exp\left[-\int_{x_1}^{x_2} \alpha(\omega, x)dx\right]\ . \tag{9.4}$$

Da die Absorption im Molekularstrahl extrem klein ist (typische Werte liegen bei 10^{-6} - 10^{-14}) können wir die Näherung $e^{-x} \simeq 1 - x$ verwenden und erhalten mit

$$\alpha(\omega, x) = \int n(v_x, x)\sigma(\omega, v_x)dv_x$$

für die absorbierte Leistung $\Delta P(\omega) = P_0 - P(\omega)$:

$$\Delta P(\omega) = P_0 \int_{-\infty}^{+\infty} \left[\int_{x_1}^{x_2} n(v_x, x)\sigma(\omega, v_x) dx \right] dv_x . \tag{9.5}$$

Wegen $v_x = vx/r$ folgt $dv_x = (x/r)dv$. Mit $\cos\theta = z/r$ erhalten wir aus (9.3)

$$n(v_x, x) dv_x = Cn \frac{z}{x^3} v_x^2 \exp[-(rv_x/xv_w)^2] dv_x . \tag{9.6}$$

Für den Absorptionsquerschnitt σ eines Moleküls mit der Geschwindigkeitskomponente v_x ergibt sich aus (7.10) das Doppler-verschobene Lorentz-Profil

$$\sigma(\omega, v_x) = \sigma_0 \frac{(\gamma/2)^2}{(\omega-\omega_0-kv_x)^2 + (\gamma/2)^2} = \sigma_0 L(\omega-\omega_0, v_x) . \tag{9.7}$$

Setzt man (9.6,7) in (9.5) ein, so erhält man für die absorbierte Leistung mit $\Delta\omega_0 = \omega_0 - \omega_0' = v_x \omega_0/c$ mit $\omega_0' = \omega_0 + kv_x$

$$\Delta P(\omega) = a_1 \int_{-\infty}^{+\infty} \left(\int_{x_1}^{x_2} \Delta\omega_0{}^2 \frac{\exp[-c^2 \Delta\omega_0{}^2 (1+z^2/x^2)/\omega_0{}^2 v_w{}^2]}{(\omega-\omega_0-kv_x)^2 + (\frac{1}{2}\gamma)^2} dx \right) d\Delta\omega_0 \tag{9.8}$$

mit $a_1 = P_0 n \sigma_0 \gamma c^3 z/(\sqrt{\pi} v_w{}^3 \omega_0{}^3)$. Die Integration über $\Delta\omega_0$ bzw. ω_0' erstreckt sich von $-\infty$ bis $+\infty$, weil die Geschwindigkeiten v von 0 bis ∞ reichen und deshalb $-\infty < v_x \; +\infty$ gilt. Die Integration über x gibt mit $x_1 = r\sin\epsilon$

$$\Delta P(\omega) = a_2 \int_{-\infty}^{+\infty} \frac{\exp\{-[(\omega-\omega_0')c/(\omega_0' v_p \sin\epsilon)]^2\}}{(\omega-\omega_0')^2 + (\frac{1}{2}\gamma)^2} d\omega_0' \tag{9.9}$$

mit $a_2 = a_1(c\gamma/(2z\omega_0))]^2$.

Das Linienprofil (9.9) der absorbierten Leistung stellt ein *Voigt-Profil* dar, d.h. die Faltung eines Lorentz-Profils der homogenen Linienbreite γ mit einem Doppler-Profil (Abschn.3.2). Ein Vergleich mit (3.26) zeigt jedoch, daß die Doppler-Breite um den Faktor $\sin\epsilon$ reduziert ist. Die Kollimation des Molekularstrahls verringert die Doppler-Breite von einem Wert $\Delta\omega_D$ in einer Gaszelle auf den wesentlich kleineren Wert

$$\Delta\omega_D^* = \Delta\omega_D \sin\epsilon , \tag{9.10}$$

wobei $\sin\epsilon = v_x/v \simeq b/(2d)$ das Kollimationsverhältnis des Molekularstrahls ist.

Beispiel 9.1

Typische Werte von b = 1 mm und d = 5 cm ergeben ein Kollimationsverhältnis von 1/100. Dadurch wird die Doppler-Breite mit einem typischen Wert von $\Delta\omega_D$ = 1500 MHz im Sichtbaren auf einen Wert $\Delta\omega_D^*$ = 15 MHz reduziert. Dies liegt in derselben Größenordnung wie die natürliche Linienbreite vieler molekularer Übergänge.

Man beachte: Wenn der Durchmesser a des Loches A nicht mehr vernachlässigt werden kann, bleibt das Dichteprofil n(x) nicht mehr rechteckig, sondern fällt für $\theta \geq \epsilon$ fast trapezförmig ab. Für $\Delta\omega_D^* < \gamma$ wird das spektrale Linienprofil dadurch aber nicht wesentlich beeinflußt [9.1].

Die Idee, die Doppler-Breite durch Kollimation eines Molekularstrahles zu reduzieren, wurde schon vor der Erfindung des Lasers verwendet zur Realisierung von Lichtquellen mit schmaler Linienbreite [9.2]. Dazu wurden Atome in einem kollimierten Strahl durch Elektronenstoß angeregt und die Fluoreszenz senkrecht zum Atomstrahl beobachtet. Die Intensität dieser Atomstrahl-Lichtquelle war jedoch sehr gering und erst die Verwendung von Lasern führte zu einer breiten Anwendung dieser „Sub-Doppler-Spektroskopie" in der Atom- und Molekülphysik.

Die Abbildung 9.2 zeigt eine experimentelle Anordnung für die Sub-Doppler-Spektroskopie in Molekularstrahlen, bei der das Absorptionsspektrum über die Totalfluoreszenz $I_{FL}(\lambda_L)$ durch den Photomultiplier PM1 gemessen wird (Anregungsspektroskopie, Abschn.6.2). Bei fester Anregungswellenlänge λ_L kann das laserinduzierte Fluoreszenzspektrum spektral aufgelöst hinter einem Monochromator aufgenommen werden. Die Thorium-Spektrallampe dient zur Wellenlängeneichung der Fluoreszenzlinien. Zur Illustration der erzielbaren spektralen Auflösung und der damit ver-

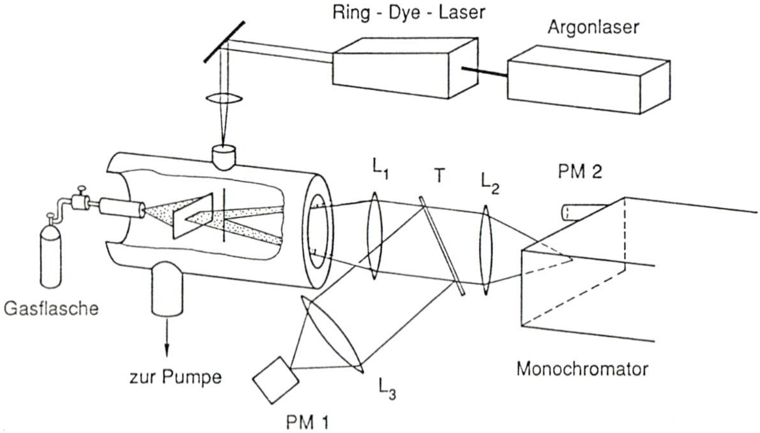

Abb. 9.2. Experimentelle Anordnung zur Sub-Doppler-Spektroskopie im kollimierten Molekülstrahl. Mit PM1 wird die Totalfluoreszenz als Funktion der Laserwellenlänge λ_L gemessen (Anregungsspektrum), mit PM2 das durch einen Monochromator dispergierte Fluoreszenzspektrum bei fester Laserwellenlänge

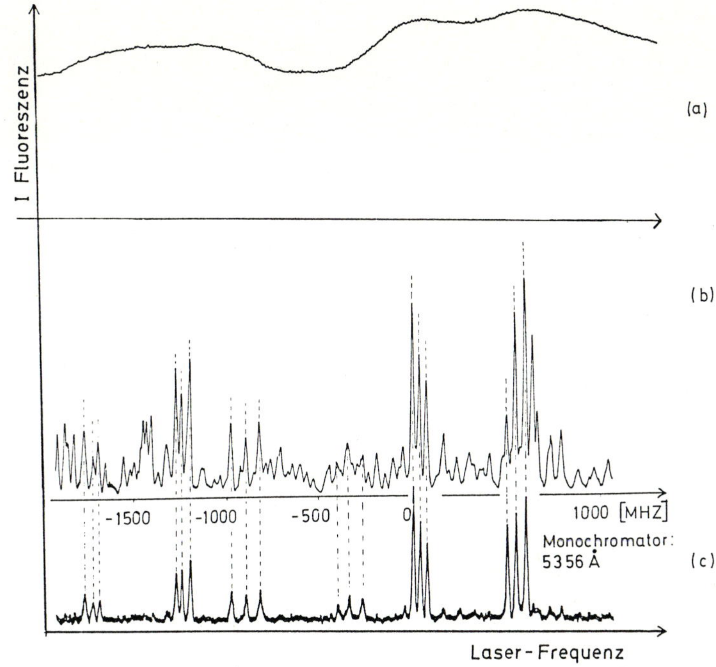

Abb.9.3a-c. Ausschnitt aus dem Anregungsspektrum des NO_2 um $\lambda_{ex} \simeq 488$ nm. (**a**) NO_2-Zelle, p = 0.01 mb, T = 300 K. (**b**) Kollimierter NO_2-Strahl mit Kollimationsverhältnis $\sin\epsilon = 1/80$. (**c**) Gefiltertes Anregungsspektrum. Anstelle der Totalfluoreszenz wie in (**b**) wurde nur die Fluoreszenzbande in das untere Schwingungsniveau (0,1,0) bei $\lambda_{F1} \simeq 535.6$ nm hinter dem Monochromator detektiert [9.3]

bundenen detaillierteren Information über das Molekül zeigt Abb.9.3 einen Ausschnitt aus dem sichtbaren Anregungsspektrum des NO_2-Moleküls bei $\lambda_L = 480$ nm, das mit einem durchstimmbaren „single-mode" Argonlaser in einer NO_2-Zelle (9.3a) und in einem kollimierten NO_2-Strahl (9.3b) aufgenommen wurde. Während in dem Zellen-Spektrum, bei dem die Doppler-Breite die Auflösung begrenzt, noch nicht einmal eine Linienstruktur zu erkennen ist, kann man in dem Strahlspektrum sogar die Hyperfeinstruktur der einzelnen Rotationsübergänge auflösen, während die Feinstrukturkomponenten der Spin-Rotations-Wechselwirkung bei dieser hohen Auflösung weit getrennt sind.

Man kann das Anregungsspektrum noch weiter vereinfachen, wenn nicht die Totalfluoreszenz $I_{Fl}(\lambda_L)$, sondern nur die Fluoreszenz aus einem spektral selektierten Wellenlängenintervall $\Delta\lambda_{Fl}$ (z.B. eine Fluoreszenzbande, die zu einem unteren Schwingungsniveaus bestimmter Symmetrie führt) als Funktion der Laserwellenlänge gemessen wird. Man nennt dies ein „gefiltertes Anregungsspektrum", weil jetzt nur solche Anregungslinien im Spektrum erscheinen, die zu oberen Niveaus führen, welche in die ausgesuchte Fluoreszenzbande emittieren [9.3]. Dies wird durch Abb.9.3c verdeutlicht.

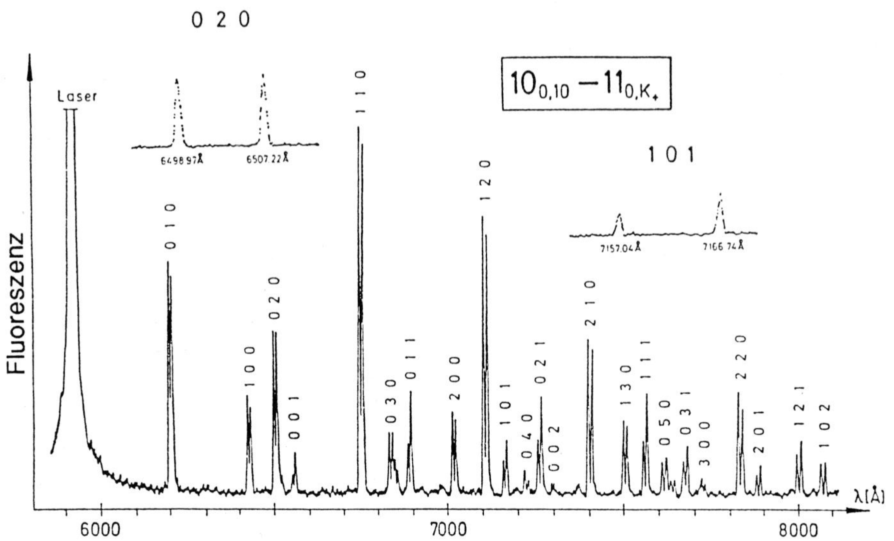

Abb.9.4. Rotationsaufgelöstes Fluoreszenzspektrum des NO_2-Moleküls bei selektiver Anregung eines oberen Niveaus $^2B_2$ $(11_{0,11})$ im Molekülstrahl bei λ = 592.4 nm. Die Zahlen geben die Quantenzahlen der Normalschwingungen des unteren Zustandes an, die beiden Einfügungen zeigen zwei Banden mit höherer spektraler Auflösung [9.3]

Die selektive Anregung eines einzelnen, oberen Niveaus, die bei genügend guter Strahlkollimierung selbst in Spektren mit großer Liniendichte möglich ist, führt auch bei mehratomigen Molekülen oft zu einem erstaunlich einfach aussehenden Fluoreszenzspektrum, wie in Abb.9.4 demonstriert wird. Hier wurde die Fluoreszenzintensität $I_{Fl}(\lambda_{Fl})$ des NO_2 Moleküls bei fester Laserwellenlänge λ_L gemessen. Man erkennt die einzelnen Schwingungsbanden, die jeweils aus drei Rotationslinien (starke P- und R-Linien und eine schwache Q-Linie) bestehen.

Für eine große Zahl von Atomen und Molekülen sind inzwischen hochaufgelöste Spektren in kollimierten Strahlen aufgenommen worden. Dabei wurden Hyperfeinstrukturen, Zeeman-Aufspaltungen oder auch Feinstruktur-Aufspaltungen in hoch angeregten Zuständen gemessen, die bei Doppler-begrenzter Spektroskopie nicht aufgelöst werden können [9.4]. Abbildung 9.5 zeigt als Beispiel die Messung der HFS eines angeregten Zustandes $A^1\Sigma_u^+$ (v′=12, J′=32] des Na_2-Moleküls, der durch Spin-Bahn-Wechselwirkung mit einem Niveau J′=32 des Triplettzustandes $^3\Pi_u$ gekoppelt ist und deshalb Hyperfeinstruktur zeigt [9.5].

Ein eindrucksvolles Beispiel für die Empfindlichkeit der Strahlspektroskopie bietet die Messung von Hyperfein-Strukturen und Isotopie-Verschiebungen künstlich radioaktiver Isotope, die nur in winzigen Mengen erzeugt werden können und über ihre optischen Spektren in Verbindung mit einem Massenspektrographen nachgewiesen wurden [9.6]. Aus den Doppler-freien Spektren konnten die Ladungsverteilung in den Kernen, die Kernmomente und ihre Abhängigkeit von der Neutronenzahl genau bestimmt werden [9.6, 7].

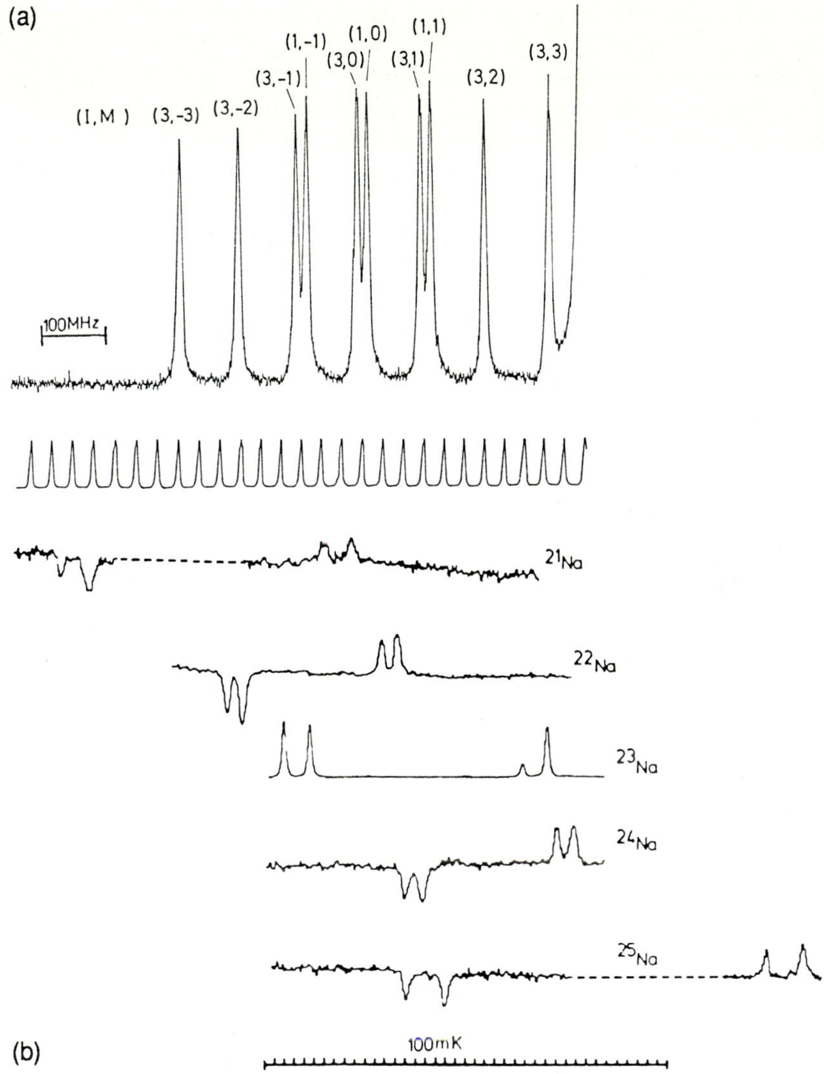

Abb.9.5. (**a**) Hyperfeinstruktur der Rotationslinie R(31) des Na_2-Moleküls, mit Kernspin I = 3/2, verursacht durch die Kopplung des $A^1\,\Sigma_u$- mit dem $^3\Pi_u$-Zustand [9.5]. (**b**) Hyperfeinstruktur und Isotopieverschiebung radioaktiver Na-Isotope [9.8]

Weitere Beispiele findet man in verschiedenen Übersichtsartikeln über dieses Gebiet [9.8-10].

9.2 Abkühlung von Molekülen in Überschallstrahlen

Bei den „effusiven Strahlen", die im vorigen Abschnitt behandelt wurden, war der Druck im Reservoir so niedrig, daß die freie Weglänge der Moleküle groß gegen den Durchmesser d des Loches A war, so daß Stöße während der Expansion vernachlässigt werden konnten. Jetzt wollen wir den Fall betrachten, daß die freie Weglänge klein gegen d ist, so daß die Moleküle während der Expansion durch die Öffnung viele Stöße erleiden. Das expandierende Gas kann dann durch ein Strömungsmodell beschrieben werden. Die Expansion geschieht so schnell, daß praktisch kein Wärmeaustausch mit der Umgebung stattfindet, d.h. sie ist adiabatisch; die Energie pro Mol des expandierenden Gases bleibt erhalten.

Im Reservoir habe das Gas den Druck p_0, die Temperatur T_0 und das Volumen V_0. Die Gesamtenergie eines Mols mit der Molmasse M setzt sich zusammen aus innerer Energie $U = U_{trans}+U_{rot}+U_{vib}$, Kompressionsenergie pV und Strömungsenergie $\frac{1}{2}Mu^2$. Wegen der Energieerhaltung gilt für die Größen vor und nach der Expansion

$$U_0 + p_0V_0 + \tfrac{1}{2}Mu_0^2 = U + pV + \tfrac{1}{2}Mu^2 \,. \tag{9.11}$$

Wenn die durch die Öffnung A abfließende Gasmenge klein gegen die Menge im Reservoir ist, dann herrscht im Reservoir thermisches Gleichgewicht, und es gilt: $u_0 = 0$. Nach der Expansion ins Vakuum ist p sehr klein, und wir können näherungsweise $p = 0$ setzen. Damit wird aus (9.11):

$$U_0 + p_0V_0 = U + \tfrac{1}{2}Mu^2 \,. \tag{9.12}$$

Man sieht hieraus, daß man genau dann einen „kalten" Molekularstrahl erhält, bei dem U sehr klein ist, wenn die kinetische Energie der expandierenden Strömung $\frac{1}{2}Mu^2$ groß wird auf Kosten der inneren Energie U des expandierten Gases, wenn also fast die gesamte Energie $U_0+p_0V_0$ des Gases im Reservoir nach der Expansion in gerichtete Strömungsenergie umgewandelt wird. Im Idealfall sollte man $U = 0$ und damit $T = 0$ erreichen können. Wir werden weiter unten verschiedene Gründe diskutieren, warum dieser Idealfall im Experiment nicht realisiert werden kann.

Im atomaren Modell läßt sich die Verringerung der Relativgeschwindigkeiten durch Stöße während der Expansion verstehen (Abb.9.6): Die schnelleren Atome stoßen die vor ihnen fliegenden langsameren Atome an und übertragen dabei solange Translationsenergie, bis die Relativgeschwindigkeiten so klein geworden sind, daß weitere Stöße wegen der schnell abnehmenden Dichte nicht mehr vorkommen. Bei zentralen Stößen wird die Verteilung der Relativgeschwindigkeiten $v_{\|}$ in Strahlrichtung um die Strömungsgeschwindigkeit u stark eingeengt, und man erhält statt der Maxwell-Verteilung

$$n(v_z) = C\exp[-mv_z^2/(2kT_0)]$$

im Reservoir die eingeengte Verteilung

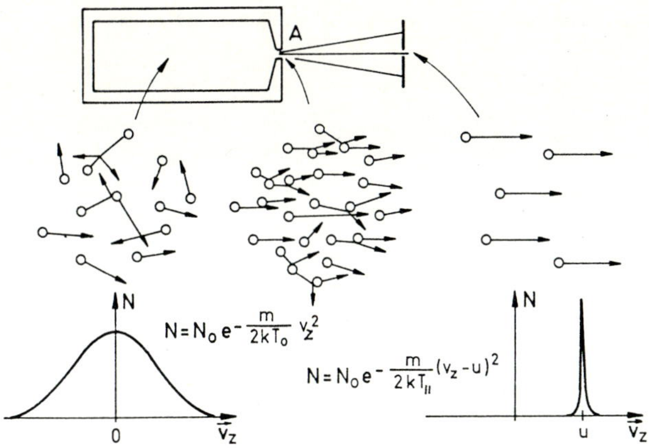

Abb.9.6. Atomares Modell der adiabatischen Abkühlung während der Expansion ins Vakuum und Geschwindigkeitsverteilung vor und nach der Expansion

$$n(v_z) = C_1 \exp[-m(v_z - u)^2/(2kT_{\parallel})] \tag{9.13}$$

für die Parallelkomponente der Geschwindigkeiten, die durch eine „Temperatur" $T_{\parallel}$ charakterisiert werden kann, welche die Einengung der Verteilung $n(v_z)$ beschreibt.

Bei nichtzentralen Stößen werden beide Stoßpartner abgelenkt und können deshalb im allgemeinen nicht mehr die kollimierende Blende passieren. Die Blende bewirkt - genau wie bei effusiven Strahlen - eine Verringerung der transversalen Geschwindigkeitsverteilung. Auf der Strahlachse z nimmt die im Intervall Δx gemessene Breite der Verteilung $n(v_x)$ bzw. $n(v_y)$ proportional zu $\Delta x/z$ bzw. $\Delta y/z$ ab. Man nennt dies oft „geometrische Kühlung", weil die Verringerung der zur Strahlachse senkrechten Geschwindigkeitskomponenten v nicht durch Stöße, sondern durch einen rein geometrischen Effekt bewirkt wird.

Die Einengung der Geschwindigkeitsverteilung $n(v_z)$ läßt sich spektroskopisch auf verschiedene Weise messen. Die erste Methode basiert auf der Messung des Doppler-Profils von Absorptionslinien (Abb.9.7): Der Ausgangsstrahl eines durchstimmbaren, schmalbandigen Lasers wird aufgespalten in einen Teilstrahl, der den kollimierten Molekularstrahl senkrecht kreuzt und daher unverschobene Sub-Doppler-Absorptionsprofile erzeugt, und in einen Teilstrahl, der antikollinear zur Molekularstrahlachse läuft. Das Maximum der verschobenen Absorptionslinie gibt die wahrscheinlichste Geschwindigkeit v_w an, während das Absorptionsprofil das Geschwindigkeitsprofil widerspiegelt.

Eine zweite Methode benutzt die zeitaufgelöste Messung der Geschwindigkeitsverteilung. Der Laserstrahl wird wieder in zwei Teilstrahlen aufgespalten (Abb.9.8), die jetzt aber beide den Molekularstrahl senkrecht an verschiedenen Stellen z_1 und z_2 kreuzen. Wird die Laserfrequenz auf einen molekularen Übergang abgestimmt, so wird das untere Niveau durch optisches Pumpen teilweise entleert. Der zweite Laserstrahl wird dann weniger absorbiert und ergibt daher ein geringeres Fluoreszenzsignal. Bei

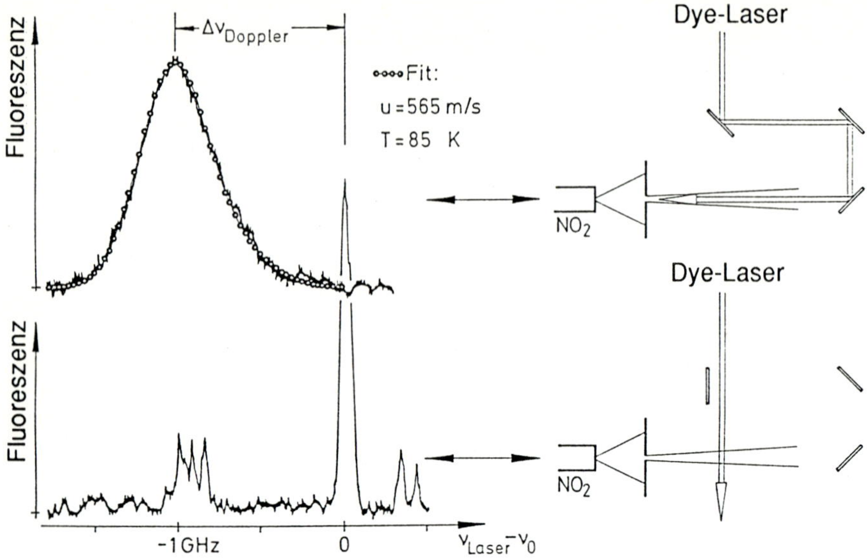

Abb.9.7. Bestimmung der Geschwindigkeitsverteilung $n(v_\perp)$ senkrecht und $n(v_\parallel)$ parallel zur Molekularstrahlachse durch Messung der entsprechenden Doppler-Profile einer Absorptionslinie des NO_2-Moleküls

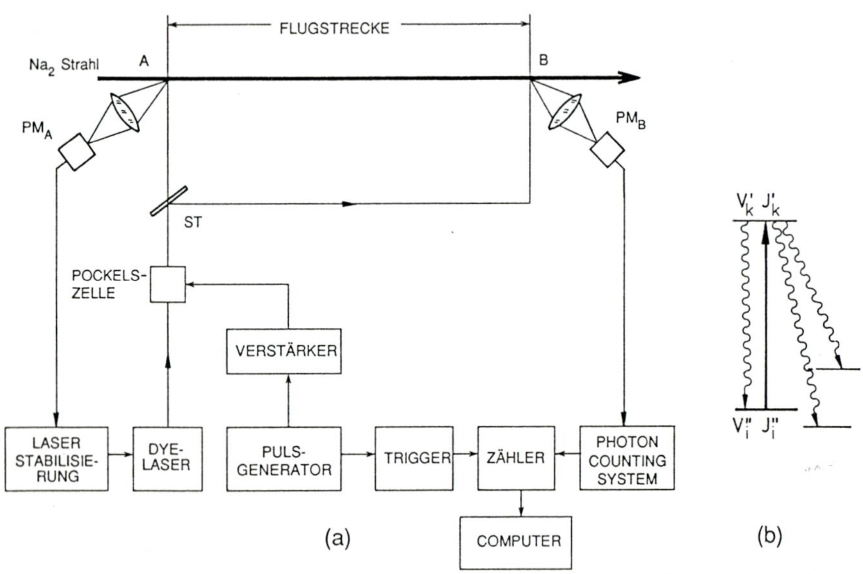

Abb.9.8. Quantenzustandsspezifische Bestimmung der Geschwindigkeitsverteilung $n(v_\parallel)$ durch Flugzeitmessung [9.12]

molekularen Übergängen genügen schon geringe Laserintensitäten, um eine völlige Entleerung zu erreichen (Abschn.7.1). Wird jetzt der erste Laserstrahl für ein Zeitintervall Δt, das kurz ist gegen die Flugzeit $T = (z_2 - z_1)/v$ der Moleküle, unterbrochen (z.B. durch eine Pockels-Zelle oder einen

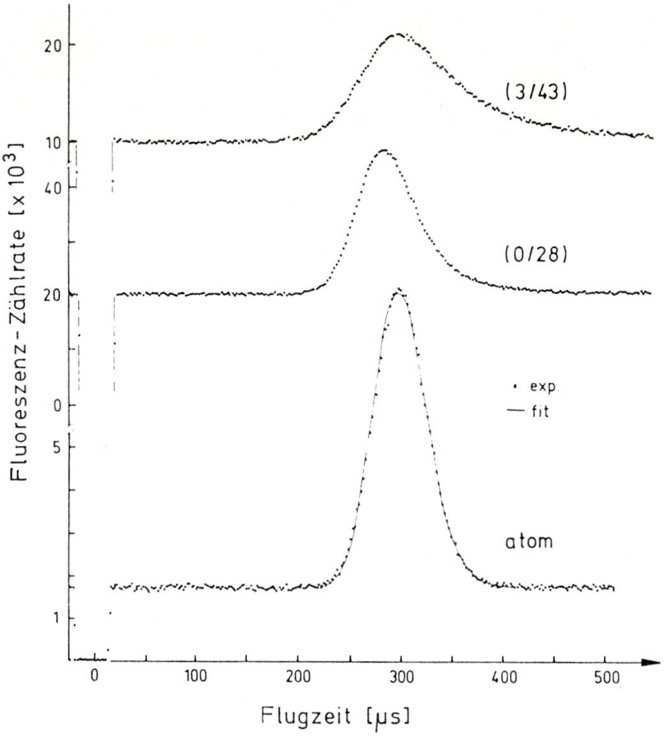

Abb.9.9. Flugzeitverteilung von Na-Atomen und Na_2 Molekülen in zwei verschiedenen Schwingungs-Rotations-Niveaus ($v''=3, J''=43$) bzw. ($v''=0, J''=28$) [9.12]

schnellen mechanischen Chopper), so kann während der Zeit Δt ein Pulk von Molekülen im Zustand $|i\rangle$ den Ort z_1 passieren. Wegen ihrer verschiedenen Geschwindigkeiten v erreichen diese Moleküle jedoch den Ort z_2 zu verschiedenen Zeiten. Die zeitaufgelöste Messung der laserinduzierten Fluoreszenz $I_{Fl}(z_2,t)$ ergibt nach ihrer Fourier-Transformation die Geschwindigkeitsverteilung $n_i(v)$ der Moleküle im Zustand $|i\rangle$ [9.12].

Man beachte, daß diese spektroskopischen Methoden wesentlich detailliertere Informationen liefern als die Messung der Geschwindigkeitsverteilung mit einem mechanischen Geschwindigkeitsselektor, bei der die integrale Verteilung n(v) gemessen wird, integriert über alle Molekülzustände $|i\rangle$. Für die Bestimmung inelastischer Stoßquerschnitte (Abschn.13.5) ist aber die Kenntnis der Verteilung $n_i(v)$ wichtig, die für die verschiedenen Niveaus $|i\rangle$ durchaus verschieden sein kann. Illustriert wird dies in Abb.9.9 durch die unterschiedliche Geschwindigkeitsverteilung von Na-Atomen und Na_2-Molekülen in zwei verschiedenen Schwingungs-Rotations-Niveaus (v, J), die mit der spektroskopischen Laufzeit-Methode gemessen wurden [9.12].

Von besonderer Bedeutung für die Spektroskopie ist die Verringerung der Rotationsenergie U_{rot} und der Schwingungsenergie U_{vib} während der adiabatischen Expansion, die ebenfalls durch Stöße geschieht. Da im allgemeinen die Wirkungsquerschnitte σ für den Energietransfer von Rotationsenergie in Translationsenergie im allgemeinen kleiner sind als die für elastische Stöße, kann die Rotationsenergie während der kurzen Expansionszeit, bei der noch Stöße stattfinden können, nicht völlig abgegeben werden. Dies bedeutet, daß nach erfolgter Expansion mehr Rotationsenergie pro Freiheitsgrad übrigbleibt als Translationsenergie; Rotation und Translation sind nicht mehr miteinander im thermischen Gleichgewicht. Da jedoch, vor allem bei Molekülen mit kleinen Rotationskonstanten, die Wirkungsquerschnitte $\sigma_{rot\text{-}rot}$ für die Energieverteilung innerhalb der Rotationsfreiheitsgrade größer sind als $\sigma_{rot\text{-}trans}$, kann man die abgekühlte Rotations-Besetzungsverteilung oft näherungsweise durch eine Boltzmann-Verteilung

$$n(J) = C_2(2J+1)\exp(-E_{rot}/kT_{rot}) \tag{9.14}$$

beschreiben und ihr eine Rotationstemperatur T_{rot} zuordnen. Die Rotationstemperatur läßt sich messen durch Vergleich der relativen Intensitäten von Absorptions-Übergängen aus verschiedenen Rotationsniveaus im elektronischen Grundzustand. Dazu muß man allerdings die relativen Übergangswahrscheinlichkeiten B_{ik} kennen, da die Intensität einer Absorptionslinie

$$I_{abs} \sim n_i(J) B_{ik} \rho$$

proportional zum Produkt aus Besetzungsdichte n_i im absorbierenden Zustand mal Absorptionswahrscheinlichkeit $B_{ik}\rho$ ist (Abschn.2.3). Für ungestörte Spektren wird das Verhältnis der B_{ik}-Werte für verschiedene Rotationsübergänge durch die entsprechenden Hönl-London-Faktoren gegeben [9.13]. Bei gestörten Spektren gilt dies im allgemeinen nicht mehr. Man kann sich hier jedoch folgendermaßen helfen: Man mißt zuerst die relativen Intensitäten $I_{th}(v,J)$ der Rotationslinien bei genügend kleinem Druck im Reservoir, bei dem der Molekularstrahl noch effusiv ist und die Besetzungsverteilung einer Boltzmann-Verteilung bei der Temperatur des Reservoirs entspricht. Dann untersucht man die Änderung der relativen Intensitäten im Molekülstrahl mit zunehmenden Druck p_0 im Reservoir und erhält dadurch die gesuchte Abhängigkeit $T_{rot}(p_0, T_0)$.

Bezeichnen wir die über die Totalfluoreszenz gemessenen Intensitäten der Absorptionslinien und die Besetzungszahlen im Überschallstrahl mit $I_ü$ bzw. $n_ü(v,J)$ so gilt bei Laserintensitäten, bei denen noch keine Sättigung des Absorptionsüberganges auftritt:

$$\frac{I_ü(v_i,J_i)/I_ü(v_k,J_k)}{I_{th}(v_i,J_i)/I_{th}(v_k,J_k)} = \frac{n_ü(v_i,J_i)/n_ü(v_k,J_k)}{n_{th}(v_i,J_i)/n_{th}(v_k,J_k)} \,. \tag{9.15}$$

Im thermischen Strahl kann eine Boltzmann-Verteilung

$$n_{th}(v_i,J_i)/n_{th}(v_k,J_k) = (g_i/g_k)\exp[-(E_i-E_k)/kT_0] \tag{9.16}$$

bei der Temperatur des Reservoirs angenommen werden, so daß man mit

Hilfe von (9.15 und 16) T_{rot} und T_{vib} aus der Messung entsprechender Linienintensitäten bestimmen kann.

Ist die Laserintensität so groß, daß vollständige Sättigung des Absorptionsüberganges eintritt (Abschn.9.3), so wird jedes durch den Laserstrahl fliegende Molekül ein Laserphoton absorbieren, und man mißt dann statt der Dichte u(v″,J″) die Flußdichte N = u·n [9.14].

Die Wirkungsquerschnitte $\sigma_{vib\text{-}trans}$ oder $\sigma_{vib\text{-}rot}$ sind im allgemeinen wesentlich kleiner als $\sigma_{rot\text{-}trans}$, so daß die Abkühlung der Schwingungsenergie weit weniger effektiv ist als die der Rotationsenergie. Ordnet man der Besetzungsverteilung n_{vib} eine „Schwingungstemperatur" zu (obwohl die Schwingungsbesetzung oft von einer thermischen Besetzung abweicht), dann läßt sich die Temperaturreihenfolge

$$T_{trans} < T_{rot} < T_{vib}$$

aufstellen.

Wegen der kleinen Relativgeschwindigkeiten der Atome A bzw. Moleküle M wird die Wahrscheinlichkeit für die Rekombination zu Systemen A_n bzw. M_n (n = 2,3,4,...) groß, wenn durch einen dritten Stoßpartner (der auch die Wand der Düse sein kann), die kleine Translationsenergie der Relativbewegung abgeführt und damit das System A_n stabilisiert werden kann. Dies läßt sich ausnutzen zur Erzeugung von Clustern und schwach gebundenen van-der-Waals-Molekülen. Durch geeignete Wahl der experimentellen Parameter Druck p_0, Temperatur T_0 und Düsendurchmesser a läßt sich die Bildung solcher Aggregate optimieren [9.15].

Auf der anderen Seite führt die Bildung von gebundenen Systemen wegen der dabei freiwerdenden Bindungsenergie zur Aufheizung des kalten Molekularstrahls und verhindert, daß die Translationstemperatur ihren sonst möglichen tiefsten Wert erreicht. Durch Verdünnung der zu untersuchenden Atome bzw. Moleküle in einem Edelgas läßt sich die Aufheizung

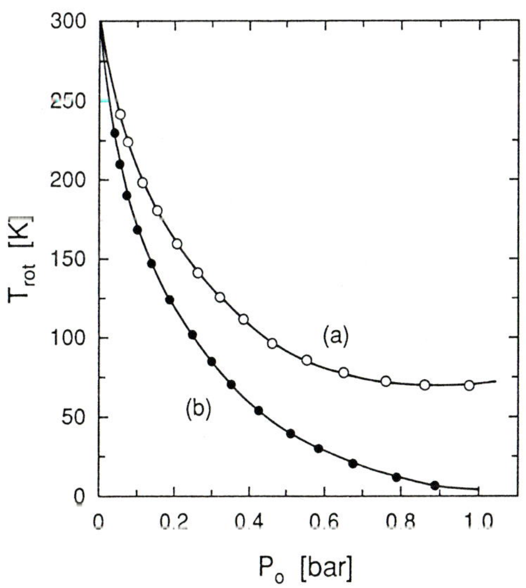

Abb.9.10. Rotationstemperatur T_{rot} in einem reinen NO_2-Strahl (*a*) und in einem Gemisch aus Argon und 5% NO_2 (*b*) als Funktion des Druckes p_0 im Reservoir

weitgehend verhindern. Man mischt das Meßgas mit einem Edelgas (z.B. 3% NO_2 in Argon) und läßt dieses Gemisch durch die Düse expandieren („seeded beam"-Technik). Da jetzt Stöße der Meßgas-Teilchen untereinander wesentlich seltener sind als mit Edelgasatomen, wird die Rekombination seltener als in reinen Meßgasstrahlen bei gleichem Gesamtdruck p_0. Außerdem wird die Bindungswärme bei der Bildung von M_n auf mehr Edelgasatome verteilt, so daß die Temperatur nur wenig ansteigt. Durch die Wahl von p_0, T_0, Düsendurchmesser und Mischverhältnis von Trägergas zu „Seedgas" lassen sich die Temperaturen T_{rot}, T_{vib} und das Verhältnis von monomeren Seedgas-Molekülen B zu multimeren B_n in weiten Grenzen variieren. Solche Überschall-Edelgasstrahlen mit beigemengtem Meßgas stellen eine hervorragende Quelle „kalter" Moleküle dar. Sie werden deshalb in vielen Labors für die Spektroskopie verwendet [9.16].

Beispiel 9.2

Bei einem Argondruck p_0 = 1 Bar, einer Molekülkonzentration von 3% NO_2 und einem Düsendurchmesser von 100 μm erreicht man die folgenden Temperaturwerte:

$$T_{trans} \simeq 1\,K\,; \quad T_{rot} \simeq 5\text{-}10\,K\,; \quad T_{vib} \simeq 50\text{-}100\,K\,.$$

In Abb.9.10 sind T_{trans} und T_{rot} für NO_2 in einem Überschallstrahl aus Argon mit 3% NO_2 aufgetragen als Funktion des Druckes p_0 im Reservoir.

Der große Vorteil kalter Düsenstrahlen für die Molekülspektroskopie liegt in der Kompression der Besetzungsverteilung $N(v'', J'')$ auf die energetisch tiefsten Schwingungsniveaus v'' und Rotationsniveaus J''. Dadurch werden die Absorptionsspektren wesentlich einfacher: Übergänge von tiefen Rotationsniveaus J'' im Schwingungsniveau v'' = 0 werden stärker, während die mit hohen Quantenzahlen J'' „ausfrieren". Auch komplexe Spektren, bei denen sich bei Zimmertemperature mehrere Banden überlappen, reduzieren sich im kalten Molekülstrahl auf wenige Linien pro Bande in der Nähe des Bandenursprungs und werden dadurch einfacher analysierbar [9.17].

Zur Illustration ist in Abb.9.11 ein Ausschnitt aus dem komplexen Anregungspektrum des NO_2 bei verschiedenen Rotationstemperaturen T_{rot} gezeigt, das in Abb.9.11a-c mit einem breitbandigen ($\Delta\lambda$ = 0.5nm), in Abb. 9.11d mit einem „single-mode" Farbstofflaser gemessen wurde.

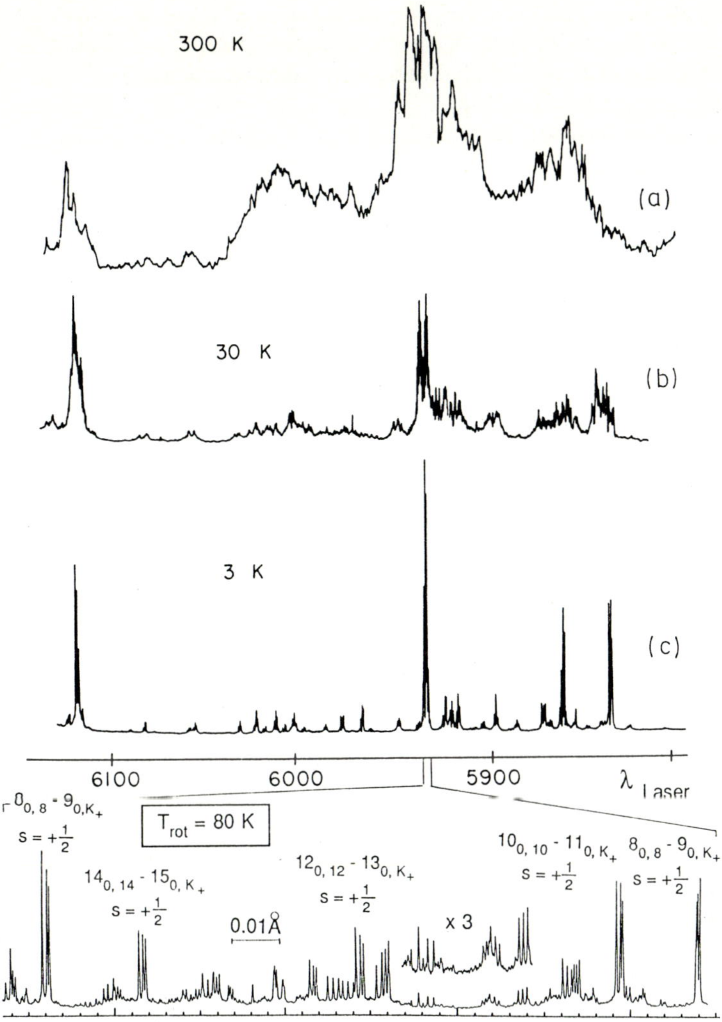

Abb.9.11. Ausschnitt aus dem Anregungsspektrum des NO_2-Moleküls (**a**–**c**) mit einem Farbstofflaser mit 0.5 Å Bandbreite [9.17a] aufgenommen. (**a**) Zellenspektrum bei T = 300 K, $p(NO_2)$ = 0.04 torr, (**b**) reiner NO_2-Strahl, T_{rot} = 30K, (**c**) Überschallstrahl von Ar mit 5% NO_2, T_{rot} = 3 K (**d**) Spektralbereich von 0.1 Å, aufgenommen mit einem Einmodenlaser (1MHz Bandbreite) [9.17b]

9.3 Nichtlineare Spektroskopie in Molekularstrahlen

Die restliche Doppler-Breite, die durch das endliche Kollimationsverhältnis des Molekularstrahles bedingt ist, läßt sich vollständig eliminieren durch Anwendung Doppler-freier Techniken, wie z.B. der Sättigungsspektroskopie. Weil im Molekularstrahl die Relaxation durch Stöße fehlt, kann ein durch Laserstrahl-Absorption entleertes Molekülniveau nur durch Fluoreszenz und durch Diffusion neuer, ungepumpter Moleküle in das Anregungsvolumen wieder aufgefüllt werden. Sättigung ist daher in Molekularstrahlen bereits bei kleineren Intensitäten als in Zellen zu erreichen.

Die Sättigungsintensität (Abschn.7.1) für einen molekularen Übergang $\langle i| \rightarrow \langle k|$ mit der homogenen Breite γ ist gemäß (7.6d) bei einer monochromatischen Laserwelle:

$$I_s = \int_{-\gamma/2}^{+\gamma/2} I_s(\omega) d\omega \simeq I_s(\omega)\gamma = \frac{C\gamma(\gamma_i + \gamma_k)}{2B_{ij}} . \tag{9.17}$$

Wenn die Lebensdauer τ_i des unteren Molekülniveaus genügend groß ist, wird die ungesättigte Linienbreite $\gamma = A_k + 1/T_f$ des Überganges bestimmt durch die spontane Lebensdauer $\tau_k = 1/A_k$ des oberen Niveaus und durch die Flugzeit T_F des Moleküls durch den Laserstrahl. Mit $A_{ik} = fA_k$ (wobei $f \leq 1$ den Bruchteil der gesamten Übergangswahrscheinlichkeit A_k angibt, der auf den Übergang $\langle k| \rightarrow \langle i|$ entfällt) und $B_{ik} = (c^3/8\pi h\nu^3)A_{ik}$ erhalten wir aus (9.17)

$$I_s = \frac{4\pi h\nu^3\gamma}{c^2 A_{ik}} \left(\frac{1}{\tau_k} + \frac{1}{\tau_F}\right) . \tag{9.18}$$

Dies zeigt, daß die Sättigungsintensität I_s durch die zwei Auffüllprozesse spontane Emission mit der Rate fA_k und Moleküldiffusion mit der Rate $1/T_F = \bar{v}/d$ bestimmt wird, wobei $\bar{v}$ die mittlere Geschwindigkeit und d der Durchmesser des Laserstrahls sind.

Beispiel 9.3

Mit $f = 0.1$, $A_k = 6.10^7\ s^{-1}$ ($\tau_k = 16$ns) ergibt die spontane Emission eine Auffüllrate von $6 \cdot 10^6\ s^{-1}$. Bei einem Laserstrahldurchmesser $d = 0.1$ mm und einer mittleren Molekülgeschwindigkeit $\bar{v} = 10^3$ m/s trägt die Diffusion neuer Moleküle mit einer Rate $10^7\ s^{-1}$ bei. Mit diesen Werten ergibt sich eine Linienbreite $\gamma_i = 1.6 \cdot 10^7\ s^{-1}$ und gemäß (9.18) eine Sättigungsintensität $I_s = 1{,}4$ W/cm^2. Wird der Laserstrahl auf einen Durchmesser von 0.1 mm fokussiert, so genügt bereits eine Leistung von weniger als 1 mW, um Sättigung zu erreichen!

Die experimentelle Anordnung für die Sättigungsspektroskopie im Molekularstrahl ist in Abb.9.12 gezeigt. Der Laserstrahl wird durch einen Spiegel in sich reflektiert. Nur wenn die Laserfrequenz ω innerhalb der homogenen Linienbreite γ mit der Absorptionsfrequenz ω_0 übereinstimmt, können einfallender und reflektierter Strahl von denselben Molekülen innerhalb der Geschwindigkeitsklasse $v_x = 0 \pm \gamma/k$ absorbiert werden. Beim Durchstimmen der Laserfrequenz beobachtet man daher schmale Lamb-Dips im Zentrum der aufgrund der Strahlkollimation reduzierten Doppler-Profile (Abb.9.13).

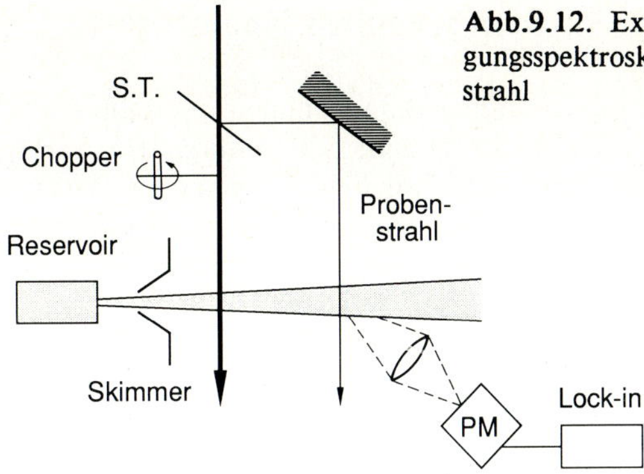

Abb.9.12. Experimentelle Anordnung für Sättigungsspektroskopie im kollimierten Molekularstrahl

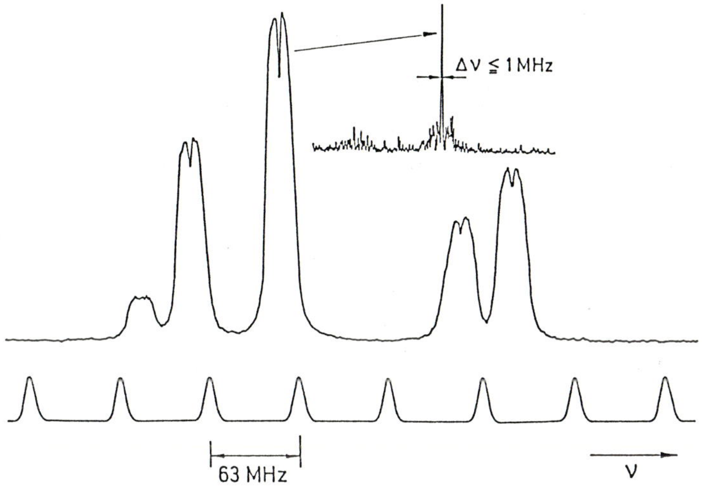

Abb.9.13. „Lamb-Dips" der Hyperfein-Komponenten des Rotationsüberganges $J'=1 \leftarrow J''=0$ in NO_2, dessen lineare Rest-Doppler-Breite auf Grund der Strahlkollimation 15MHz beträgt. Der Einsatz zeigt die Unterdrückung des linearen Untergrundes auf der Summenfrequenz [9.18]

Möchte man den Doppler-Untergrund völlig eliminieren, kann man den einfallenden Laserstrahl in zwei parallele Teilstrahlen aufspalten, die beide den Molekularstrahl senkrecht durchsetzen. Werden beide Teilstrahlen mit verschiedenen Frequenzen f_1 und f_2 unterbrochen, so enthält das Signal auf der Summenfrequenz nur den nichtlinearen Anteil der Absorption (Abschn.7.3) und man erhält Doppler-freie Signale ohne Untergrund, auch wenn die Fluoreszenz von Pump- und Probenstrahl überlagert ist. Die Linienbreite der Lamb-Dips in den Beispielen der Abb.9.11 liegt unter 1 MHz und ist durch Frequenzschwankungen des verwendeten Farbstofflasers begrenzt [9.18].

Es gibt inzwischen mehrere Experimente zur nichtlinearen Spektroskopie von Molekülen und Radikalen in Molekülstrahlen [9.19,20].

9.4 Kollineare Laserspektroskopie in schnellen Ionenstrahlen

In den vorigen Abschnitten haben wir immer Anordnungen betrachtet, bei denen der Laserstrahl den kollimierten Molekularstrahl senkrecht kreuzte, um eine Reduktion der Doppler-Breite zu erreichen. In schnellen Ionenstrahlen wird die Geschwindigkeit **v** der Ionen so groß, daß selbst bei guter Kollimation beträchtliche Querkomponenten v_x, v_y bleiben und daher die Rest-Doppler-Breite immer noch recht groß sein kann.

Beispiel 9.5

Werden Neon-Ionen durch eine Spannung von 10 keV beschleunigt, so wird ihre Geschwindigkeit $v = 3 \cdot 10^5$ m/s. Bei einem Kollimationsverhältnis von 10^{-2} bleiben Querkomponenten $v_x, v_y \leq 3 \cdot 10^3$ m/s, die bei $\lambda = 500$ nm zu einer Rest-Doppler-Breite von $\Delta\nu \simeq 3$ GHz führen.

Es zeigt sich jedoch, daß bei genügender Konstanz der Beschleunigungsspannung U eine Einengung der Geschwindigkeitsverteilung $N(v_z)$ *in Strahlrichtung* erreicht werden kann (Beschleunigungskühlung), so daß bei kollinearer Überlagerung von Laser- und Ionenstrahl eine Reduktion der Doppler-Breite möglich ist [9.21].

In der Ionenquelle mögen die Ionen vor der Beschleunigung eine thermische Geschwindigkeitsverteilung bei der Temperatur T haben. Zwei Ionen mit den Anfangsgeschwindigkeiten v_{10} bzw. v_{20} haben nach Durchlaufen der Beschleunigungsspannung U die kinetischen Energien

$$E_1 = \tfrac{1}{2} m v_1^2 = eU + \tfrac{1}{2} m v_{10}^2 \; ,$$

$$E_2 = \tfrac{1}{2} m v_2^2 = eU + \tfrac{1}{2} m v_{20}^2 \; .$$

Subtraktion der beiden Gleichungen liefert

$$v_1^2 - v_2^2 = v_{10}^2 - v_{20}^2 \rightarrow \Delta v = v_1 - v_2 = \frac{v_0}{v} \Delta v_0$$

mit $v = \frac{1}{2}(v_1 + v_2)$. Wenn $eU \gg (m/2) v_0^2$ ist, ergibt sich wegen $v = \sqrt{2eU/m}$

$$\Delta v = \Delta v_0 \sqrt{E_{th}/eU} \; .$$

Die ursprüngliche Geschwindigkeitsverteilung Δv_0 wird also durch die Beschleunigung um den Faktor $(E_{th}/eU)^{1/2}$ reduziert.

Beispiel 9.6

$$E_{th} = 0.1 \text{ eV} \; ; \quad eU = 10 \text{ KeV} \rightarrow \Delta v = 3 \cdot 10^{-3} \Delta v_0 \; .$$

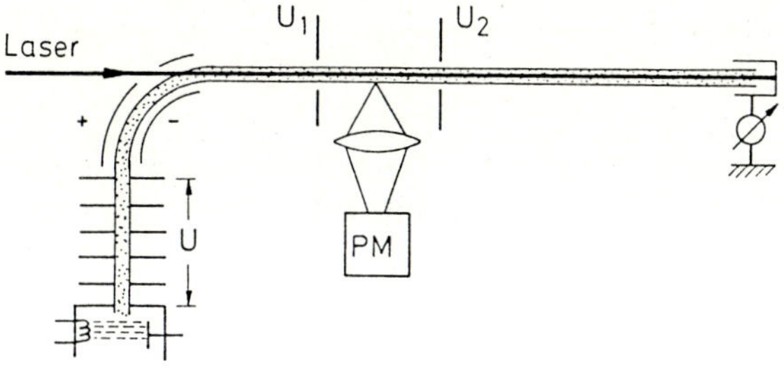

Abb.9.14. Experimentelle Anordnung zur Laserspektroskopie in schnellen Ionenstrahlen

Wenn die Beschleunigungsspannung genügend stabil ist, wird in unserem Beispiel die Geschwindigkeitsverteilung auf 0.3% ihres thermischen Wertes in der Ionenquelle reduziert. Bei kollinearer Überlagerung von Laserstrahl und Ionenstrahl (Abb.9.14) reduziert sich damit auch die Doppler-Breite um diesen Faktor.

Ein weiterer Vorteil der kollinearen Anordnung ist die längere Wechselwirkungszone der Ionen mit dem Laserstrahl. Dadurch wird nicht nur bei entsprechender geometrischer Anpassung der Fluoreszenzoptik die Empfindlichkeit für die Anregungsspektroskopie größer, sondern auch die Flugzeitlinienbreite erheblich kleiner. Bei der senkrechten Anordnung erhält man aus (3.47) bei einem Laserstrahldurchmesser von 1 mm und einer Ionengeschwindigkeit von $3 \cdot 10^5$ m/s eine Flugzeitlinienbreite $\Delta\nu_{Fl} \simeq 200$ MHz, d.h. die homogene Linienbreite aufgrund der kurzen Wechselwirkungszeit wird bereits groß gegen die natürliche Linienbreite der meisten Übergänge. Bei der kollinearen Anordnung hingegen lassen sich Wechselwirkungszonen von vielen cm Länge realisieren, so daß die Flugzeitlinienbreite vernachlässigbar wird.

Für die Sub-Doppler-Spektroskopie kann man entweder schmalbandige, durchstimmbare Laser verwenden bei fester Beschleunigungsspannung U, oder Festfrequenzlaser bei variabler Spannung, wo die Geschwindigkeit der Ionen und damit ihre Doppler-Verschiebung kontinuierlich durchgestimmt werden kann. Wird die Spannung U beim Durchstimmen hochfrequent moduliert, so entspricht dies einer Modulation der Absorptionsfrequenz ν, und man erhält die 1. Ableitung des Absorptionsspektrums (Abschn.6.1), die man mit einem Lock-in bei einer Modulationsfrequenz nachweisen kann, bei der Rauschen vernachlässigbar wird [9.22].

Wenn die Spannung U um ΔU verändert wird, ergibt dies eine relative Doppler-Verschiebung

$$\frac{\Delta\nu}{\nu} = \frac{\Delta v}{c} = \frac{\sqrt{eU}}{2mc^2}\frac{\Delta U}{U} . \tag{9.19}$$

Beispiel 9.8

Bei U = 10 keV und ΔU = 100 V erfahren Neon-Ionen (m = 21 AMU) eine relative Frequenzverschiebung $\Delta\nu/\nu = 5 \cdot 10^{-6}$. Bei einer Absorptionsfrequenz von $\nu = 5\cdot10^{14}$ s^{-1} ergibt dies eine absolute Verschiebung $\Delta\nu = 2.5$ GHz.

Wenn der Ionenstrahl durch eine differentiell gepumpte Gaszelle geschickt wird, in der sich Alkali-Dampf befindet, so können die Ionen durch Ladungsaustauschstöße den Alkaliatomen ihr schwach gebundenes Elektron entreißen. Da diese Ladungsaustauschstöße sehr große Wirkungsquerschnitte haben, geschehen sie überwiegend bei großen Stoßparametern und auf die neutralisierten Ionen wird dabei nur wenig Energie und Impuls übertragen; d.h. man erhält nach dem Ladungsaustausch einen schnellen Neutralstrahl, dessen Geschwindigkeitsverteilung nur wenig von der des Ionenstrahls abweicht.

Wir wollen die Möglichkeiten der Laserspektroskopie in schnellen Ionen- bzw. Neutralteilchenstrahlen an drei Gruppen von Experimenten illustrieren:

Die erste Gruppe umfaßt die hochauflösende Spektroskopie radioaktiver Isotope, deren Zerfallszeit bis hinunter zu Millisekunden reichen kann. Präzisionsmessungen der Hyperfeinstruktur und der Isotopieverschiebungen ergeben Informationen über die Spinmomente, Quadrupolmomente und Deformationen der Kerne der verschiedenen Isotope. Hierdurch lassen sich Modelle über die räumliche Verteilung der Protonen und Neutronen im Kern testen. In Abb.9.5b sind die Hyperfein-Spektren der verschiedenen Na-Isotope gezeigt, die durch die Spallation von Aluminiumkernen gemäß der Reaktion $^{27}\mathrm{Al(p,3p\,xn)}^{25-x}\mathrm{Na}$ erzeugt wurden [9.23]. In mehreren Labors sind solche Präzisionsmessungen an verschiedenen Isotopenreihen durchgeführt worden [9.6, 7, 23, 24].

Die zweite Gruppe umfaßt die Spektroskopie molekularer Ionen mit Sub-Doppler-Auflösung, wo die Absorptionsfrequenz durch die Beschleunigungsspannung durchgestimmt werden kann [9.25]. Außer der normalen Anregungsspektroskopie (Abschn.6.2.2) ist hier insbesondere die Photofragmentspektroskopie zu nennen, wo der Laser prädissoziierende Zustände eines Muttermoleküls anregt, die dann in geladene und ungeladene Fragmente zerfallen. Mit einem nachfolgenden Massenspektrometer lassen sich die geladenen Fragmente ohne weitere Ionisation nachweisen, während man für die neutralen Fragmente eine Nachionisierung braucht, bei der dann allerdings erneute Fragmentierung eintreten kann. Zur Illustration zeigt Abb. 9.15 die Zahl der gebildeten O^+-Ionen als Funktion der Anregungswellenlänge bei der Photofragmentierung von O_2^+ [9.26].

Bei geeigneter Polarisation des Lasers fliegen die Photofragmente senkrecht zum Ionenstrahl auseinander. Dadurch erreichen sie nicht mehr den Ionendetektor und die Fragmentierung läßt sich einfach nachweisen durch die entsprechende Abnahme des gesamten Ionensignals als Funktion der Laserwellenlänge [9.26, 27].

Um bei direkter Photodissoziation den Verlauf der repulsiven Potentialkurven zu bestimmen, muß man die kinetische Energie der Fragmente als Funktion der absorbierten Energie messen. Dies läßt sich mit der in Abb.9.16 gezeigten Anordnung erreichen, bei der mit Hilfe von Energieanalysatoren die Fragmentenergie bestimmt wird [9.28, 29].

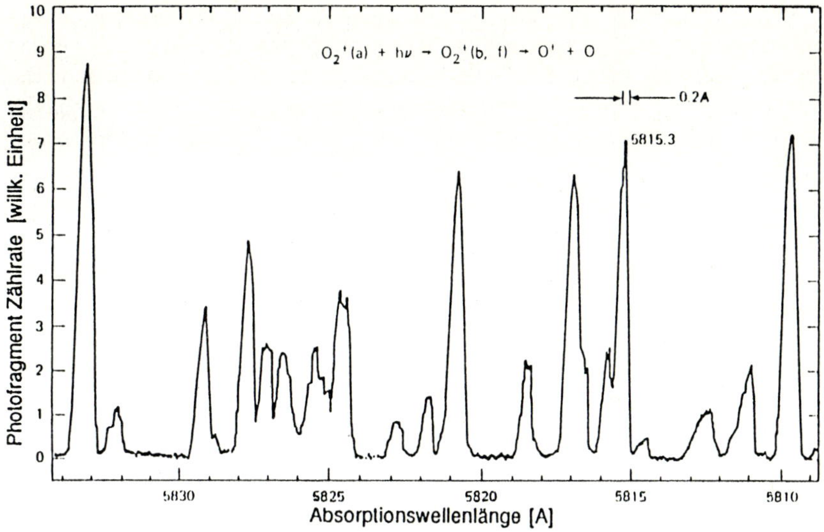

Abb.9.15. Abhängigkeit des 0^+-Ionensignals von der Absorptionswellenlänge des 0_2^+ bei fester Laser-Wellenlänge und Variation der 0_2^+-Geschwindigkeit (Doppler „tuning") [9.25]

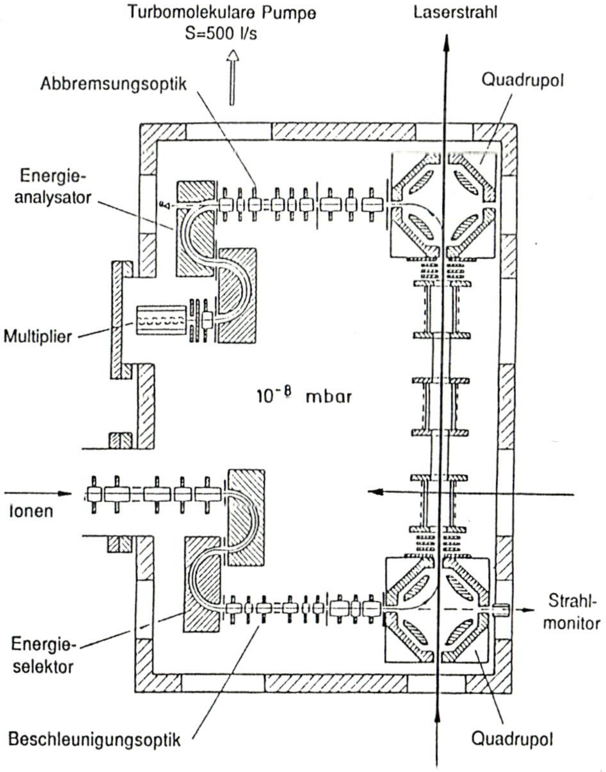

Abb.9.16. Apparatus zur Messung der Fragmentenergien bei der laser induzierten Photodissoziation von Molekülen in einem schnellen Ionenstrahl [9.28]

Von besonderem Interesse ist die Multiphotonen-Dissoziation durch Infrarotlaser, die mit einer solchen Anordnung genau untersucht werden kann. Als Beispiel möge die Fragmentierung von SO_2^+-Ionen dienen, die durch einen cw CO_2 Laser mit niedriger Leistung, dessen Strahl koaxial zum Ionenstrahl läuft, induziert wird. Die relative Ausbeute an SO^+ bzw. S^+ in den beiden Fragmentierungskanälen

$$\begin{aligned} SO_2^+ &\rightarrow SO^+ + O\,, \\ &\rightarrow S^+ + O_2 \end{aligned}$$

hängt von Wellenlänge und Intensität des CO_2-Lasers ab [9.30].

Auch bei der FIBLAS (Fast Ion Beam Laser Spectroscopy) Methode kann man nichtlineare Techniken, wie z.B. Sättigungsspektroskopie oder Zweiphotonenabsorption anwenden, um die restliche Doppler-Breite zu eliminieren. Die Sättigungsspektroskopie bei kollinearer Anordung kann dabei mit nur einem Laserstrahl auskommen, wenn folgender Trick angewendet wird (Abb.9.17):

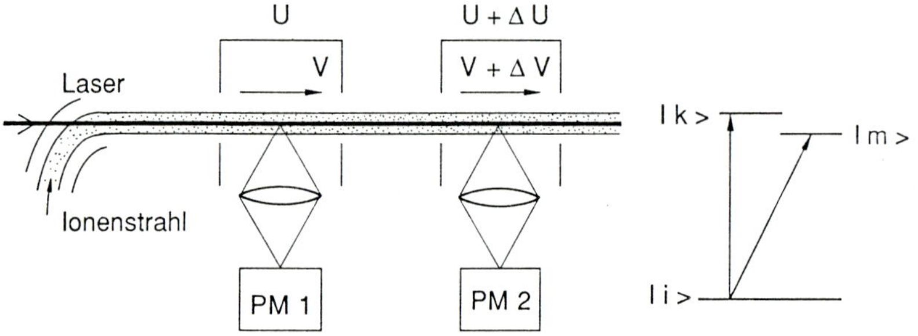

Abb.9.17. Sättigungsspektroskopie bei kollinearer Anordnung von Laser- und Ionenstrahl

Die Ionen werden durch die Spannung U beschleunigt und absorbieren in der ersten Hälfte der Wechselwirkungszone mit dem Laser die Frequenz ω auf dem Übergang $|i\rangle \rightarrow |k\rangle$. Danach wird ihre Geschwindigkeit v durch eine variable Spannung ΔU verändert. Dadurch kann bei fester Laserfrequenz die Absorptionsfrequenz in der zweiten Hälfte der Wechselwirkungszone kontinuierlich verändert werden. Beobachtet man die LIF aus der 2. Zone als Funktion von ΔU, so erhält man einen Lamb-Dip für $\Delta U = 0$. Liegen mehrere Übergänge von in der 1. Zone optisch entleerten Niveaus $|i\rangle$ zu anderen Niveaus $|m\rangle$ innerhalb des Abstimmbereiches

$$\omega'(\Delta U) = \omega_0 - k\sqrt{2e(U + \Delta U)/m}$$

(z.B. Hyperfeinstruktur-Komponenten), so erhält man ein Lamb-Dip-Spektrum bei den entsprechenden Werten von ΔU [9.31].

Besonders geeignet sind die schnellen Ionenstrahlen zur genauen Messung von Lebensdauern neutraler und ionischer Zustände (Abschn. 11.3).

9.5 Spektroskopie in kalten Ionenstrahlen

Obwohl in den schnellen Ionenstrahlen, die im vorigen Abschnitt besprochen wurden, die Geschwindigkeitsverteilung der Ionen durch Beschleunigungskühlung eingeengt wird, bleibt die verhältnismäßig große innere Energie von Molekül-Ionen, die sie bei ihrer Bildung in der Ionenquelle hatten, i.a. erhalten, wenn sie nicht durch Strahlungsemission während der Flugzeit bis zur Wechselwirkung mit den Lasern erniedrigt werden kann.

Deshalb wurden zur Erzeugung „kalter" Ionen andere Techniken entwickelt, von denen zwei in Abb. 9.18 schematisch dargestellt sind: durch adiabatische Expansion von neutralen Molekülen M durch eine Düse im Vakuum werden die Moleküle abgekühlt (Abschn. 9.2). In einer Gasentladung zwischen einem dünnen Wolframdraht als Kathode und einem Anodenring wird ein Teil der Moleküle M ionisiert und fagmentiert (Abb. 9.18a) [9.23]. Da durch Elektronenstoß die Rotationsenergie der Moleküle nicht sehr verändert wird, behalten die Ionen die tiefe Rotationstemperatur der neutralen Moleküle, ihre Schwingungsenergie hängt von den Franck-Condon-Faktoren für die Ionisation ab. Wird der expandierende Strahl dicht hinter der Düse von einem Laserstrahl gekreuzt, so läßt sich wie in neutralen Strahlen Anregungsspektroskopie kalter Molekül-Ionen durchführen. Von *Erman* et al. [9.34] wurde eine einfache Überschall-Hohlkathoden-Anordnung verwendet, mit der Sub-Doppler-Spektroskopie an kalten Molekül-Ionen möglich ist. Statt einer Gasentladung können auch Elektronen aus einer geheizten Kathode verwendet werden, die den Molekülstrahl samt Anode zylinderförmig umschließt (Abb. 9.18b). Moduliert man den Elektronenstrahl, so lassen sich über einen Lock-in Nachweis die Spektren von Ionen und neutralen Molekülen trennen [9.33].

Eine ausführlichere Darstellung vieler Aspekte der Laser-Spektroskopie in Molekül- und Ionen-Strahlen findet sich in [9.34].

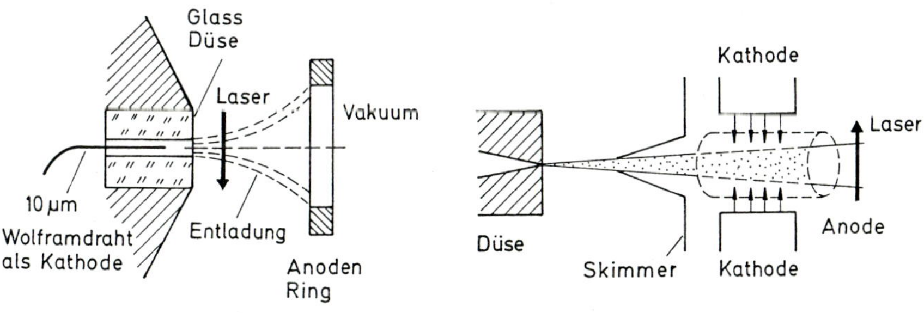

Abb. 9.18. Zwei Anordnungen zur Erzeugung kalter Molekülionen mit thermischen Geschwindigkeiten

10. Optisches Pumpen und Doppelresonanz-Verfahren

Als optisches Pumpen bezeichnet man die selektive Bevölkerung oder Entleerung atomarer oder molekularer Niveaus durch Absorption von Photonen. Die daraus resultierende Änderung ΔN der Besetzungsdichte N_i dieser Niveaus führt zu einer merklichen Abweichung von der thermischen Gleichgewichtsbesetzung N_{i0}.

Schon vor der Erfindung des Lasers wurde optisches Pumpen von Atomen realisiert mit intensiven atomaren Resonanzlinien aus Hohlkathodenlampen oder Mikrowellenentladungen [10.1,2]. In der Molekülphysik war man auf zufällige Koinzidenzen zwischen diesen atomaren Resonanzlinien und molekularen Übergängen angewiesen. Daher gibt es nur ganz wenige Beispiele für optisches Pumpen von Molekülen mit inkohärenten Lichtquellen [10.3].

Die Verwendung von Lasern als intensive, schmalbandige und durchstimmbare Pumpquellen hat jedoch den Anwendungsbereich des optischen Pumpens wesentlich erweitert und insbesondere in der Molekülspektroskopie zu einer Reihe neuer Techniken geführt, die sich als überaus nützlich erwiesen haben für die Analyse komplexer und gestörter Spektren [10.4].

Viele dieser Techniken basieren auf der gleichzeitigen, resonanten Wechselwirkung zweier verschiedener elektromagnetischer Wellen mit Atomen bzw. Molekülen. Bei diesen „Doppelresonanztechniken" dient eine Welle als „Pumpe", welche ein Molekülniveau $|k\rangle$ selektiv besetzt oder ein Niveau $|i\rangle$ entleert. Die zweite Welle wird als „Probe" benutzt, die Übergänge von diesem optisch gepumpten Niveau aus nachweist (Abb.10.1).

Auch die Doppelresonanzspektroskopie wurde an Atomen bereits mit inkohärenten Lichtquellen als Pumpe und Radiofrequenz-Wellen als Probe durchgeführt [10.5]. Wegen der größeren Intensität erreicht man mit Lasern jedoch ein wesentlich besseres Signal/Rauschverhältnis und ist mit durch-

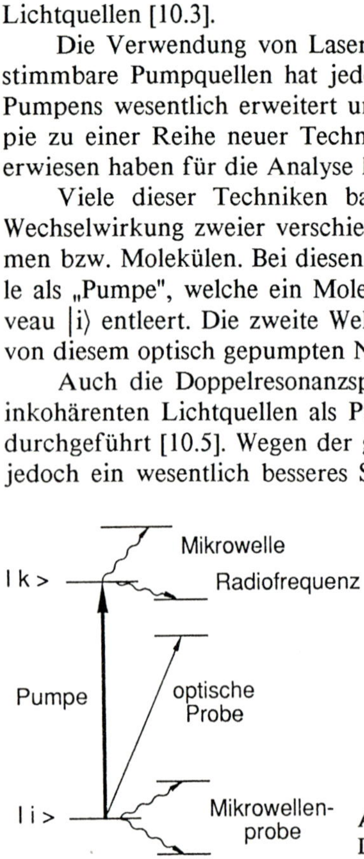

Abb.10.1. Optisches Pumpen und verschiedene Doppelresonanz-Möglichkeiten

stimmbaren Lasern nicht auf wenige besonders günstige Systeme angewiesen [10.6, 7].

Bei den optischen Doppelresonanztechniken, die wir in diesem Kapitel besprechen wollen, ist die Pumpe immer ein Laser, während die Probe ein Radiofrequenzfeld, eine Mikrowelle oder ein anderer Laser sein kann. Dementsprechend unterscheidet man zwischen optischer/Radiofrequenz-, optischer/Mikrowellen- oder optischer/optischer-Doppelresonanz.

10.1 Optisches Pumpen

Der Effekt, den das optische Pumpen auf das molekulare System hat, hängt von den charakteristischen Eigenschaften der Pumplaser-Strahlung (Intensität, spektrale Bandbreite und Polarisation) ab.

Ist die Bandbreite des Pumplasers mindestens so groß wie die Doppler-Breite des absorbierenden Gases, so können Moleküle aller Geschwindigkeitsklassen gepumpt werden. Bei genügender Laserintensität kann man den Übergang sättigen und erreicht große Besetzungsänderungen gegenüber der thermischen Besetzung (Abschn. 7.1). Im Fall von Molekülen, bei denen nur ein kleiner Teil der Fluoreszenz vom oberen Niveau in das Ausgangsniveau zurückgeht, läßt sich das untere Niveau praktisch vollkommen entleeren.

Bei selektiver Besetzung eines angeregten Molekülniveaus ist das von diesem Niveau emittierte Fluoreszenzspektrum einfach gegenüber der thermischen Emission von Flammen oder Gasentladungen und deshalb im allgemeinen relativ leicht zu analysieren (Abschn. 6.5). Eine genügend große Besetzung eines angeregten Zustandes ermöglicht auch die Messung von Absorptionsspektren *angeregter* Moleküle, die Übergängen von diesem optisch gepumpten Niveau in noch höhere Molekülzustände entsprechen.

Eine besonders interessante Anwendung des optischen Pumpens liegt in Untersuchungen stoßinduzierter Übergänge von solchen, optisch gepumpten Niveaus in andere Molekülzustände. Diese Spektroskopie von Stoßprozessen, die im Kapitel 13 behandelt wird, gibt sehr detaillierte Informationen über zustandsspezifische Wirkungsquerschnitte für inelastische und reaktive Stöße.

Die Selektivität des optischen Pumpens hängt außer von der Bandbreite des Pumplasers auch von der Liniendichte des Absorptionsspektrums ab (Abb. 10.2). Wenn mehrere Absorptionslinien innerhalb ihrer Dopplerbreite mit dem Spektralprofil des Pumplasers überlappen, wird unvermeidlich mehr als ein Übergang gepumpt, d.h. mehr als ein Niveau bevölkert. Man kann jedoch die Überlappwahrscheinlichkeit stark reduzieren, wenn man mit einem schmalbandigen Laser die Moleküle in einem kollimierten Molekularstrahl anregt (Kap. 9).

Wird der Ausgangsstrahl eines *schmalbandigen* Lasers, der auf die Frequenz ω abgestimmt ist, in z-Richtung durch eine Absorptionszelle geschickt, so können nur Moleküle aus einer bestimmten Geschwindigkeitsklasse $v_z = [(\omega-\omega_0)/k \pm \gamma/k]$, deren Breite durch die homogene Linienbreite γ des Pumpüberganges bestimmt ist, Photonen auf dem Übergang $|i\rangle \rightarrow |k\rangle$

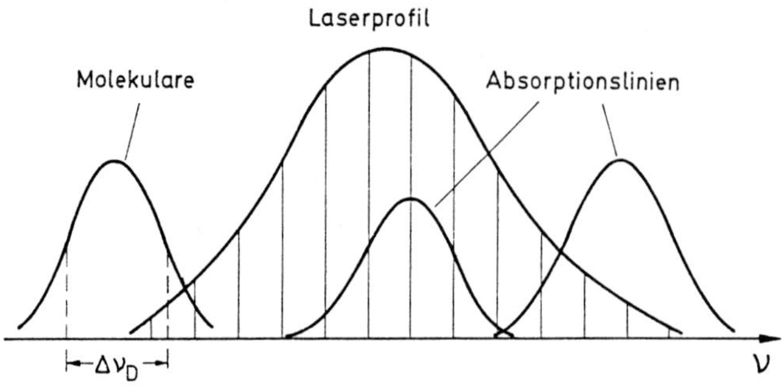

Abb.10.2. Überlappung mehrerer Doppler-verbreiterter Absorptionslinien mit dem Spektralprofil des Pumplasers

mit $E_k - E_i = \hbar\omega_0$ absorbieren. Es werden also nur Moleküle aus dieser Geschwindigkeitsklasse angeregt und die Absorption eines schmalbandigen Probenlasers durch diese angeregten Moleküle gibt ein Doppler-freies Doppelresonanz-Signal.

Ein weiterer wichtiger Aspekt des optischen Pumpens durch polarisierte Laser ist die selektive, nicht-thermische Besetzung von Unterniveaus (J, M) mit der Rotationsquantenzahl J und der magnetischen Quantenzahl M. Diese Unterniveaus sind ohne äußeres Magnetfeld entartet und spalten im Magnetfeld B in die Zeeman-Komponenten auf. Atome oder Moleküle mit einer solchen nicht thermischen M-Besetzung nennt man *„orientiert"*. Den höchsten Orientierungsgrad erreicht man, wenn nur ein M-Niveau besetzt ist. Im klassischen Modell hat der Drehimpuls **J** eines orientierten Moleküls eine Vorzugsrichtung im Raum, während er bei einer thermischen Gleichgewichtsbesetzung statistisch gleichmäßig in alle Raumrichtungen zeigt.

Bei Wahl der geeigneten Pumpbedingungen kann man erreichen, daß die beiden Komponenten ±M gleich besetzt sind, während Zustände mit verschiedenem $|M|$ unterschiedliche Besetzungsdichten haben. Diese Situation nennt man „Alignment".

Man beachte, daß durch optisches Pumpen Orientierung bzw. Alignment sowohl im angeregten Zustand durch selektive *Zunahme*, als auch im unteren Zustand durch eine entsprechende selektive *Abnahme* der M-Besetzung erreicht wird (Abb.10.3).

Als Beispiel betrachten wir optisches Pumpen mit σ^+-Licht. Als Quantisierungsachse wird die Ausbreitungsrichtung **k** der Lichtwelle gewählt. Der Spin der Photonen zeigt in **k**-Richtung, so daß durch die Absorption Übergänge mit $\Delta M = +1$ induziert werden. Schaut man gegen die Lichtrichtung, so beschreibt der **E**-Vektor der Lichtwelle eine Linksschraube. Deshalb wird σ^+-Licht oft auch linkszirkular polarisiert genannt. Auf einem Übergang $J_1=0 \rightarrow J_2=1$ kann bei optischem Pumpen mit σ^+-Licht nur die Komponente $M_2 = +1$ besetzt werden. Man erzeugt damit Orientierung im oberen Zustand $|2\rangle$ (Abb.10.4a).

Pumpt man mit linear polarisiertem Licht (π-Licht), das in z-Richtung läuft, so kann man dies als Überlagerung von σ^+ und σ^- Komponenten auf-

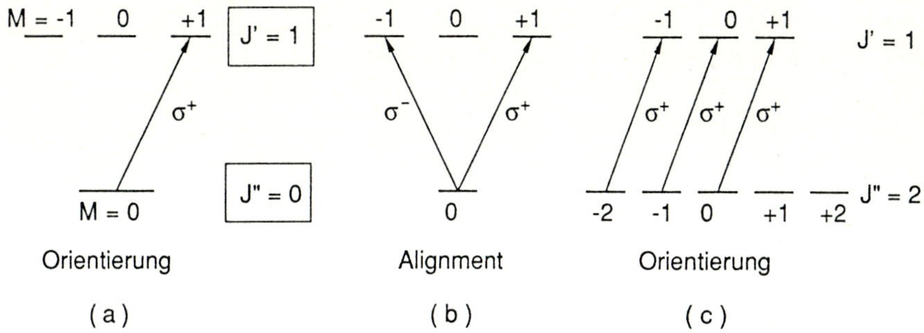

Abb.10.3. Orientierung (**a**) und Alignment (**b**) im oberen Zustand am Beispiel eines R-Überganges J″=0 → J′=1 und im unteren Zustand (**c**) am Beispiel eines P-Überganges J″=2 → J′=1

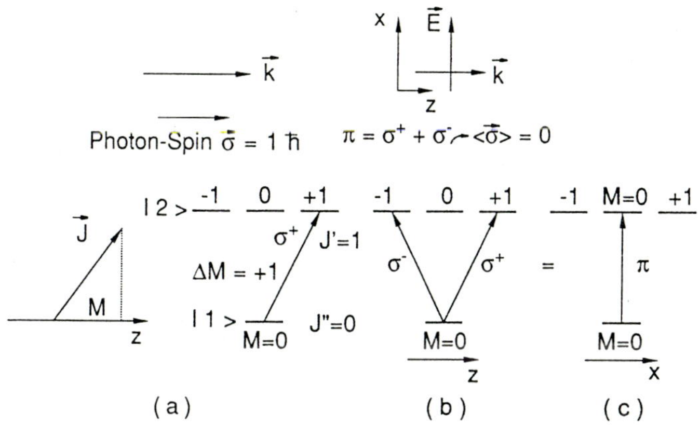

Abb.10.4. (**a**) Orientierung durch optisches Pumpen mit σ^+-Licht. (**b**) und (**c**) Alignment im oberen Zustand bei Pumpen mit π-Licht mit der z-Achse bzw. mit der x-Achse als Quantisierungsachse

fassen (Abschn.7.4), so daß Übergänge mit $\Delta M = \pm 1$ mit gleicher Wahrscheinlichkeit induziert werden. Man erzeugt damit also Alignment, weil beide Komponenten $|M| = 1$ gleich besetzt sind (Abb.10.4b).

Man beachte: Wählt man als Quantisierungsachse statt der Ausbreitungsrichtung die Richtung des **E**-Vektors der linear polarisierten Welle, so wird aus den beiden Niveaus $M = \pm 1$ das Niveau $M = 0$ und man erhält $\Delta M = 0$ Übergänge (Abb.10.4c). Auch hier wird wieder „Alignment" erzeugt. Die Nivaus $M = \pm 1$ bezüglich der z-Richtung sind im Atom natürlich dasselbe wie $M = 0$ bezüglich der x-Achse.

Für eine quantitative Behandlung des optischen Pumpens betrachten wir einen Übergang zwischen den beiden Energieniveaus $E_1(J_1, M_1)$ und $E_2(J_2, M_2)$, auf den der Pumplaser abgestimmt sein soll. Ohne äußeres Magnetfeld haben die $(2J+1)$ entarteten M-Niveaus beider J-Niveaus vor dem optischen Pumpen alle die gleiche thermische Besetzung

$$N^0(J, M) = N^0(J)/(2J+1) , \tag{10.1}$$

wobei N^0 die gesamte Besetzung des Niveaus $|J\rangle$ ist. Die Ratengleichung für die Besetzungsänderung des unteren Niveaus

$$\frac{d}{dt}N_1(J_1,M_1) = \sum_{M_2} P(J_1,M_1,J_2,M_2)\,(N_2-N_1) + \sum_k (R_{k1}N_k - R_{1k}N_1) \tag{10.2}$$

ist bestimmt durch die optische Pumprate $P(N_2-N_1)$, und alle Relaxationsprozesse, die das Niveau $|1\rangle$ entleeren oder aus anderen Niveaus $|k\rangle$ auffüllen. Die Pumpwahrscheinlichkeit

$$P(J_1,M_1,J_2,M_2) \propto |\langle J_1M_1|\boldsymbol{\mu}_{12}\cdot\mathbf{E}|J_2M_2\rangle|^2 \tag{10.3}$$

ist proportional zum Quadrat des Matrixelementes für den Übergang $(J_1,M_1) \rightarrow (J_2,M_2)$ und hängt wegen des Skalarproduktes $\boldsymbol{\mu}_{12}\cdot\mathbf{E}$ von der Polarisation des Pumplasers ab. Moleküle, deren Übergangsdipolmoment $\boldsymbol{\mu}_{12}$ parallel zur elektrischen Feldstärke $\mathbf{E}$ der Pumpwelle ist, haben deshalb die größte Absorptionswahrscheinlichkeit.

Drücken wir die Pumprate

$$P(N_2-N_1) = \sigma_{12}N_{ph}(N_2-N_1) \tag{10.4}$$

durch den Absorptionsquerschnitt σ_{12}, die Pumpphotonenflußdichte N_{ph} und die Differenz der Besetzungsdichten $N_2(J_2,\ M_2)$ - $N_1(J_{1,M_1})$ aus, so erhalten wir aus (10.2) im stationären Betrieb ($dN/dt = 0$)

$$N_1 = \frac{\sum\limits_{M_2} P_{12}N_2 + \sum\limits_k R_kN_k}{\sum\limits_k R_{1k} + \sum\limits_{M_2} \sigma_{12}N_{ph}}\,. \tag{10.5}$$

Wenn wir annehmen, daß sich die Besetzung der anderen Niveaus $k \neq 1,2$ durch das optische Pumpen nicht merklich ändert, können wir (10.5) mit $N_1^0 = \Sigma\, N_kR_{k1}/R_{1k}$ umschreiben als

$$N_1(J_1M_1) = \frac{N_1^0 + \sum\limits_{M_2} N_2\sigma_{12}N_{ph}}{1 + \sum\limits_{M_2} \sigma_{12}N_{ph}/R_{1k}} \simeq N_1^0(1 - aI_p)\,, \tag{10.6}$$

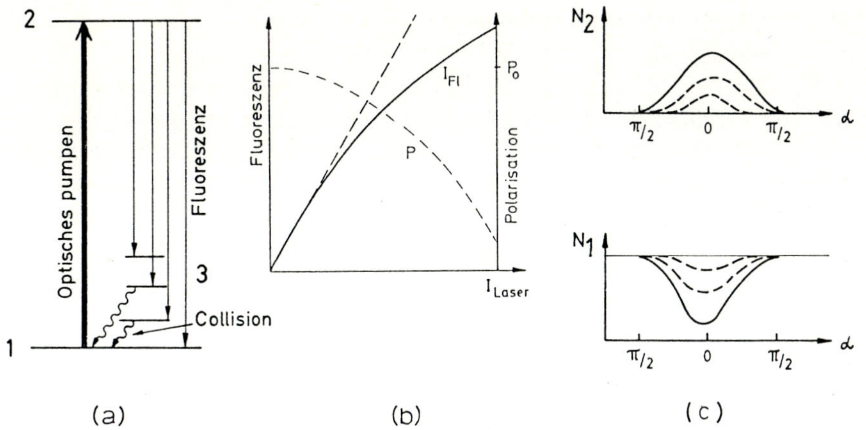

Abb.10.5a-c. Optisches Pumpen: (**a**) Termschema (**b**) Abweichung vom linearen Verhalten $I_{fl}(I_L)$ der LIF und Abnahme der Orientierung durch Sättigung des Pumpüberganges (**c**) Änderung der Molekülorientierung im unteren bzw. oberen Zustand mit zunehmender Laserintensität

wenn $N_2 << N_1$ gilt. Die relative Abnahme $(N_1^0-N_1)/N_1^0 = aI_p$ der Besetzungsdichte des Ausgangsniveaus $|1\rangle$ mit $a = \Sigma\sigma_{12}/(\hbar\omega R_{1k})$ hängt ab von der Pumpintensität I_p, der Relaxationsrate R_{1k}, die das Niveau $|1\rangle$ entleert, und vom Wirkungsquerschnitt $\sigma_{12}(J_1M_1,J_2M_2)$ für den Pumpübergang (Abb.10.5).

Nach (7.37) kann σ_{12} aufgespalten werden in ein Produkt

$$\sigma(J_1M_1,J_2M_2) = \sigma_{J_1J_2}C(J_1M_1,J_2M_2)$$

aus einem orientierungsunabhängigen Faktor $\sigma_{J_1J_2}$, der im wesentlichen gleich dem Produkt aus elektronischem Matrixelement, Franck-Condon-Faktor und Hönl-London-Faktor ist (Abschn.6.5), und dem Clebsch-Gordan-Koeffizienten $C(J_1M_1,J_2M_2)$, der von den Rotationsquantenzahlen der beiden Niveaus und der Orientierung des Moleküls abhängt.

Da die Pumpwahrscheinlichkeit für die Moleküle mit $\boldsymbol{\mu}_{12}\|\mathbf{E}$ (α=0) am größten ist, siehe (10.3), wird deren Besetzungsdichte durch optisches Pumpen mit einem linear polarisierten Laser am stärksten verändert.

Durch die Rotation des Moleküls kann die Orientierung kleiner werden, wenn zum zeitlich konstanten Gesamtdrehimpuls des Moleküls außer dem Rotationsdrehimpuls auch noch Elektronen- und Kern-Spins beitragen. Es zeigt sich [10.8,9], daß die zeitlich gemittelte Orientierung von der Lage des Dipolübergangsvektors $\boldsymbol{\mu}_{12}$ relativ zur Rotationsachse des Moleküls abhängt.

Ein weiterer Anwendungsaspekt des optischen Pumpens betrifft die kohärente Anregung von mehr als einem molekularen Zustand. Dies bedeutet, daß durch den Anregungsprozeß bestimmte Phasenbeziehungen zwischen den Wellenfunktionen dieser Zustände geschaffen werden, welche die räumliche Verteilung und das zeitliche Verhalten der Fluoreszenz bestimmen. Diesen Themenkreis der kohärenten Spektroskopie wollen wir im Kapitel 12 behandeln.

10.2 Optische/Radiofrequenz-Doppelresonanz

Durch die Kombination laser-spektroskopischer Techniken, Molekülstrahlen und Hochfrequenzspektroskopie hat die optische HF-Doppelresonanz ihren Anwendungsbereich stark erweitern können. Sie gehört heute zu den Standardverfahren für Präzisionsmessungen atomarer und molekularer Parameter, wie z.B. magnetische oder elektrische Dipolmomente, Landé-Faktoren oder Fein- und Hyperfein-Aufspaltungen.

10.2.1 Grundlagen

Sind zwei verschiedene elektronische Zustände $|i\rangle$ und $|k\rangle$ in eng benachbarte Unterniveaus $|i_n\rangle$ bzw. $|k_m\rangle$ aufgespalten, so kann durch geeignete Wahl der Frequenz $\omega = \omega_{in,km}$ eines schmalbandigen Lasers ein Übergang $|i_n\rangle \rightarrow |k_m\rangle$ bevorzugt gepumpt werden. Beispiele sind Übergänge zwischen den Hyperfeinstrukturkomponenten molekularer Rotationsniveaus in verschiedenen elektronischen Zuständen oder zwischen Zeeman-Komponenten atomarer Zustände (Abb.10.6). Durch das optische Pumpen wird das Niveau $|i_n\rangle$ teilweise entleert und das Niveau $|k_m\rangle$ entsprechend bevölkert. Wird jetzt ein Hochfrequenzfeld eingestrahlt, dessen Frequenz ω einem Übergang $|i_j\rangle \rightarrow |i_n\rangle$ im unteren Zustand oder $|k_m\rangle \rightarrow |k_j\rangle$ im oberen Zustand entspricht, so werden Hochfrequenzübergänge induziert, die zu einer Zunahme der Besetzungsdichte N_{in} bzw. einer Abnahme von N_{km} führen. Im Falle von HFS- oder Zeeman-Komponenten sind dies magnetische Dipolübergänge.

Die HF-Übergänge im unteren Zustand lasssen sich nachweisen durch die entsprechende Zunahme der Absorption des Lasers auf dem optischen Übergang $|i_n\rangle \rightarrow |k_m\rangle$, welche man z.B. über die laser-induzierte Fluoreszenz messen kann. Jedes absorbierte HF-Photon $\hbar\omega_{HF}$ führt bei Sättigung des optischen Überganges zu einem zusätzlich emittierten optischen Fluoreszenzphoton $\hbar\omega$, so daß die Energieverstärkung $V = \omega/\omega_{HF}$ des molekularen Systems bei $\omega = 3\cdot 10^{15}\ s^{-1}$ und $\omega_{HF} = 10^7\ s^{-1}$ Werte von $3\cdot 10^8$ erreicht! Diese inhärente Verstärkung macht sich experimentell in der wesentlich höheren Nachweiswahrscheinlichkeit für optische Photonen gegenüber der für HF-Quanten bemerkbar.

HF-Übergänge zwischen den Komponenten des elektronisch angeregten Zustandes kann man nachweisen entweder durch eine Änderung der

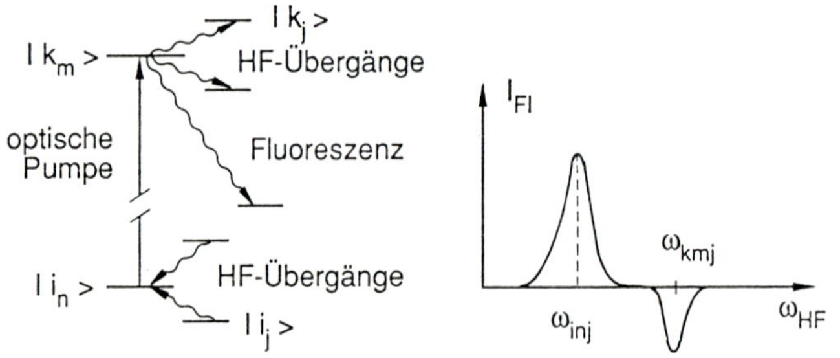

Abb.10.6. Optische HF-Doppelresonanz im unteren bzw. oberen Zustand

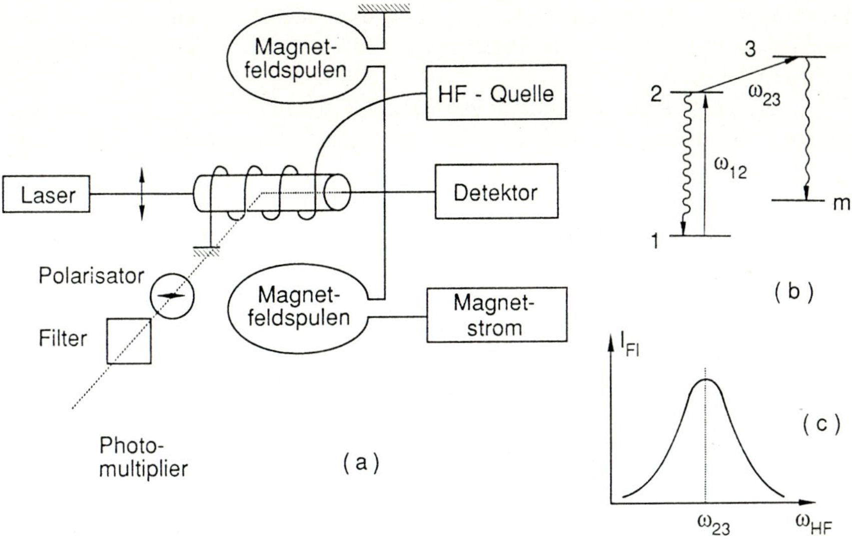

Abb.10.7. Experimentelle Anordnung für die optische HF-Doppelresonanz

Polarisation, der räumlichen Verteilung oder der Frequenz der emittierten Fluoreszenz. Bei kleinen Aufspaltungen $\hbar\omega_{\text{HF}}$ braucht man zur Messung der Frequenzänderung der Fluoreszenz allerdings ein Interferometer.

Ein typischer Aufbau eines HF-Doppel-Resonanz-Experimentes ist in Abb.10.7 gezeigt [10.10]. Die Probe wird in eine Zylinderspule gebracht, durch die ein HF-Strom zur Erzeugung des HF-Feldes fließt. Die Moleküle werden durch einen polarisierten Laser angeregt, und die Fluoreszenzintensität wird hinter einem Polarisator als Funktion der HF-Frequenz gemessen. Für *magnetische* HF-Übergänge sollte das HF-*Magnetfeld* am Ort der optischen Anregung maximal sein, während für elektrische Dipolübergänge (z.B. zwischen Stark-Komponenten) die *elektrische* HF-Amplitude dort ihr Maximum haben soll. Man muß die Geometrie der HF-Anregung deshalb an das jeweilige Problem anpassen.

Anstatt die Hochfrequenz durchzustimmen, kann man oft auch das magnetische bzw. elektrische Feld variieren bei fester HF. Dies hat den Vorteil, daß die Anpassung des HF-Widerstandes der Spule einmal optimiert werden kann und nicht mit der HF nachgestimmt werden muß. Man erhält dann mit wachsendem Feld die verschiedenen Übergänge zwischen den Zeeman- bzw. Stark-Komponenten verschiedener Feinstruktur- oder HFS-Niveaus.

Wenn die HF-Feldstärke genügend klein ist, so daß Sättigungseffekte vernachlässigbar sind, hängt die Halbwertsbreite des Doppelresonanzsignals

$$\Delta\omega_{\text{HF}} = \gamma_{\text{in}} + \gamma_{\text{ij}} \tag{10.7}$$

nur von den homogenen Breiten der beiden Niveaus $|i_n\rangle$ und $|i_j\rangle$ ab, da die Doppler-Breite bei der Frequenz ω_{HF} um den Faktor $\omega_{\text{HF}}/\omega$ kleiner ist als im optischen Bereich. Ist $|i\rangle$ ein Niveau im elektronischen Grundzustand, so ist seine spontane Lebensdauer sehr lang und die homogenen Breiten sind häufig durch die Flugzeit-Linienbreiten oder durch Sättigung bestimmt (Abschn. 3.6).

Der Vorteil der optischen-HF Doppelresonanz liegt in der sehr genauen Bestimmung enger Niveau-Aufspaltungen, die man hier direkt durch Messung der Linienmitte des HF-Doppelresonanz-Signals mißt und nicht als kleine Differenz zweier optischer Frequenzen. Außerdem lassen sich Niveauabstände noch auflösen, die kleiner sein können als die natürliche Linienbreite des optischen Überganges, solange sie nur größer sind als die homogene Breite der Niveaus $|i_n\rangle$ und $|i_j\rangle$. Dies trifft zu bei optischen Übergängen zwischen einem langlebigen und einem kurzlebigen Niveau, wo die HFS-Aufspaltung des langlebigen Niveaus aufgelöst werden kann, selbst wenn sie kleiner ist als die homogene optische Linienbreite (Abschn. 10.2.2).

10.2.2 Laser-Hochfrequenz-Doppelresonanz-Spektroskopie in Molekularstrahlen

Die „Rabi-Technik" der magnetischen oder elektrischen Resonanzspektroskopie in Molekularstrahlen [10.11-13] erlaubt außergewöhnlich präzise Messungen von Fein- und HFS-Aufspaltungen in atomaren und molekularen Grundzuständen, von Coriolis-Aufspaltungen, und von Rotationsstrukturen schwach gebundener Van der Waals-Moleküle [10.14]. Ihr Meßprinzip ist in Abb. 10.8a dargestellt: Ein kollimierter Strahl von Molekülen mit einem permanenten Dipolmoment wird in einem inhomogenen Magnetfeld A abgelenkt und in einem entgegengerichteten zweiten inhomogenen Feld B wieder auf den Dektektor D gelenkt. Zwischen A und B wird ein HF-Feld eingespeist, das Übergänge zwischen den molekularen Unterniveaus $|i_n\rangle$ und $|i_j\rangle$ induziert. Da das magnetische Moment des Moleküls im allgemeinen in den beiden Zuständen verschieden ist, wird sich die Ablenkung in B und damit das Detektorsignal ändern, wenn ein solcher HF-Übergang stattgefunden hat. Man kann im Bereich des HF-Feldes zusätzlich ein homogenes magnetisches oder elektrisches Gleichfeld anlegen, um Übergänge zwischen Zeeman- oder Stark-Komponenten messen zu können.

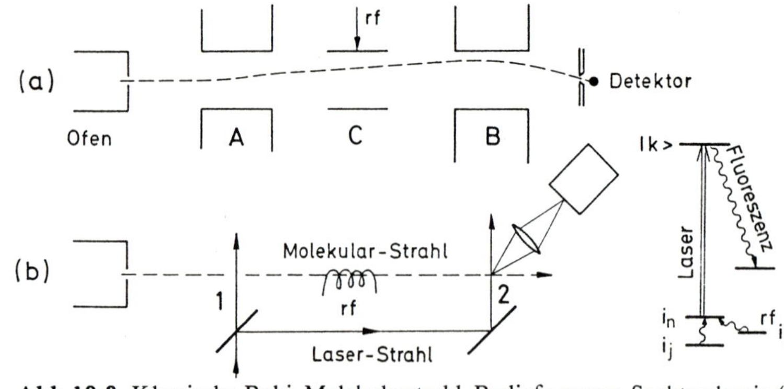

Abb. 10.8. Klassische Rabi-Molekularstrahl-Radiofrequenz-Spektroskopie (**a**) und ihre Laserversion (**b**)

Das Verfahren ist beschränkt auf Atome und Moleküle mit permanenten Dipolmomenten, weil sonst keine Ablenkung im inhomogenen Feld erfolgt. Außerdem ist der Nachweis der neutralen Teilchen, die in einem Universaldetektor ionisiert werden, nicht sehr empfindlich außer für solche Moleküle, die mit einem Langmuir-Taylor Detektor nachgewiesen werden können.

Die Laser-Version überkommt beide Einschränkungen. Die beiden Magnete A und B werden durch zwei Teilstrahlen eines Lasers ersetzt, die den Molekularstrahl senkrecht kreuzen (Abb.10.8b). Wird die Laserfrequenz ω auf einen molekularen Übergang $|i_n\rangle \rightarrow |k\rangle$ abgestimmt, so wird infolge optischen Pumpens im Kreuzungspunkt A das untere Niveau $|i_n\rangle$ entleert und damit sinkt die Absorption des zweiten Laserstrahls im Kreuzungspunkt B, was über die laserinduzierte Fluoreszenz nachgewiesen wird. Die HF-Übergänge $|i_j\rangle \rightarrow |i_n\rangle$ im Gebiet C erhöhen die Besetzungsdichte des entleerten Niveaus wieder und damit das Signal in B.

Diese Laserversion der Rabi-Technik hat die folgenden Vorteile:

1) Die Methode ist nicht auf Moleküle mit permanentem Dipolmoment beschränkt, sondern anwendbar auf alle Moleküle, die von existierenden Lasern angeregt werden können.
2) Durch das optische Pumpen kann das gewünschte Niveau $|i_n\rangle$ praktisch vollkommen entleert werden. Dadurch steigt die Absorption des HF-Feldes auf dem Übergang $|i_j\rangle \rightarrow |i_n\rangle$, die proportional zur Besetzungsdifferenz $N_{ij}-N_{in}$ ist, stark an gegenüber der klassischen Rabi-Methode, wo bei thermischer Besetzung die Differenz sehr klein ist.
3) Der Nachweis durch die laserinduzierte Fluoreszenz ist wesentlich empfindlicher als durch einen Universaldetektor und kann bei Verwendung der resonanten Zwei-Photonen-Ionisation (Abschn.6.3) noch weiter gesteigert werden.
4) Das Signal/Rausch-Verhältnis ist außerdem auch deshalb besser, weil nur Moleküle im selektierten Zustand $|i_n\rangle$ zum Signal beitragen, während bei der Rabi-Methode die Differenz der Ablenkung in den beiden Zuständen $|i_n\rangle$ und $|i_j\rangle$ im allgemeinen sehr klein ist und deshalb auch Moleküle in anderen Zuständen den Detektor noch erreichen können.

Diese Vorteile des Laserverfahrens sollen nun an einigen Beispielen illustriert werden.

Beispiel 10.1

Messungen der Hyperfeinstruktur im Grundzustand des Na_2-Moleküls. Die HFS in einem $^1\Sigma$-Zustand eines homonuklearen, zweiatomigen Moleküls kommt zustande durch die Wechselwirkung der Kernspins mit dem schwachen Magnetfeld, das durch die Rotation des Moleküls erzeugt wird und ist deshalb sehr klein. Im Fall des Na_2-Moleküls konnte mit Hilfe der Laserversion der Rabi-Technik [10.15] durch Anregung des Na_2-Überganges $X^1\Sigma_g(v''=0, J''=28) \rightarrow B^1\Pi_u(v'=3; J'=27)$ mit der Argonlaserlinie $\lambda = 476.5$ nm in einem kollimierten Natriumstrahl die Hyperfein-Wechselwirkungskonstante für das Rotationsniveau J = 28 zu 0.17 ± 0.03 KHz bestimmt werden, während als Quadrupolkopplungskonstante eqQ = 463.7±0.9 kHz gemessen wurde. Mit einem cw Farbstofflaser lassen sich beliebige Rotationsübergänge anregen und damit die Kopplungskonstanten für alle diese Niveaus bestimmen.

Die Aufspaltung der HFS-Niveaus ist sehr klein gegen die natürliche Linienbreite des optischen Überganges $X^1\Sigma_g \rightarrow B^1\Pi_u$, die wegen der kurzen Lebensdauer $\tau = 7$ ns des B-Zustandes etwa 20 MHz beträgt. Bei großer Laserintensität wird in den optisch nicht aufgelösten HFS-Komponenten des Grundzustandes durch optisches Pumpen eine kohärente Zustandsüberlagerung erzeugt [10.16], die zu einer drastischen Veränderung der Form und der Mittenfrequenz der HF-Signale führen kann [10.17]. Man muß also bei verschiedenen Laserintensitäten I_L mesen und dann gegen $I_L \rightarrow 0$ extrapolieren.

Beispiel 10.2

Messung der HFS angeregter Atomzustände. Die Messung kleiner Aufspaltungen läßt sich auch auf angeregte Zustände mit genügend langer Lebensdauer ausdehnen. *Ertmer* und *Hofer* [10.18] untersuchten die HFS metastabiler Atomzustände mit dieser Methode. Eine schematische Darstellung ihrer experimentellen Anordnung ist in Abb.10.9 gezeigt. Die Metallatome werden durch Beschuß mit einem Elektronenstrahl verdampft, und ihre metastabilen Zustände werden durch Elektronenstoß angeregt. Optisches Pumpen mit einem Farbstofflaser in höhere elektronische Zustände bewirkt

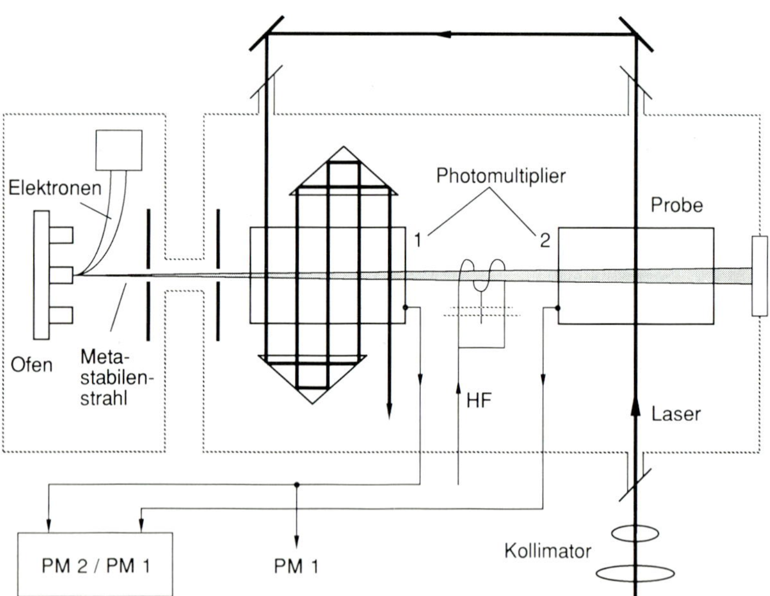

Abb.10.9. Atomstrahlresonanzapparatur mit optischem Pumpen durch Laser und Fluoreszenznachweis [10.17]

eine selektive Entleerung einzelner HFS-Niveaus in den metastabilen Zuständen. Zur Erhöhung der Empfindlichkeit wurde der Pumplaserstrahl über eine Prismenanordnung mehrfach mit dem Atomstrahl senkrecht gekreuzt. Durch ein Differenzverfahren im Nachweis konnten Schwankungen der Atomstrahlintensität und der Laserintensität weitgehend eliminiert werden. Wegen der großen Empfindlichkeit der Methode wird ein gutes Signal/Rausch-Verhältnis erzielt, selbst in Fällen, wo die Besetzung der metastabilen Niveaus nur 1% der Grundzustandsbesetzung beträgt [10.19].

10.3 Optische/Mikrowellen-Doppelresonanz

Die Mikrowellenspektroskopie hat bisher wohl die umfangreichsten und genauesten Daten über Molekülkonstanten in elektronischen Grundzuständen geliefert [10.20]. Sie ist jedoch beschränkt auf Übergänge, die von thermisch besetzten Zuständen ausgehen und umfaßt Rotationsübergänge in tief liegenden Schwingungsniveaus sowie deren Fein- bzw. Hyperfeinstruktur.

Durch optisches Pumpen mit Lasern im infraroten bis ultravioletten Spektralbereich können nun Rotationsniveaus in *angeregten* Zuständen selektiv bevölkert werden, von denen aus Mikrowellenübergänge zu benachbarten, thermisch nicht besetzten Rotationsniveaus induziert werden. Dadurch wird die Leistungsfähigkeit der Mikrowellenspektroskopie wesentlich erweitert und ihre Genauigkeit auf angeregte Zustände übertragen. Diese optische Mikrowellen-Doppelresonanz hat außerdem folgende Vorteile:

1) Da die Besetzungsdifferenz zwischen den Niveaus des Mikrowellenüberganges durch das optische Pumpen wesentlich größer gemacht werden kann, als dies bei thermischer Besetzung möglich wäre, erhält man eine größere Absorption der Mikrowelle, selbst wenn nur ein kleiner Bruchteil der Moleküle optisch gepumpt wurde.

Bei thermischem Gleichgewicht ist das Verhältnis der Besetzungsdichten N_i, N_k zweier Niveaus mit den Energien E_i, E_k:

$$N_k/N_i = (g_k/g_i)e^{-h\nu/kT} \quad \text{mit} \quad h\nu = E_k - E_i \,. \tag{10.8}$$

Für typische Mikrowellenfrequenzen $\nu \simeq 10^{10}\,s^{-1}$ ($0.3\,cm^{-1}$) ist der Exponent in (10.8) bei Zimmertemperatur ($kT \simeq 250\,cm^{-1}$) sehr klein, und wir können die Absorption der Mikrowelle über die Strecke Δx schreiben als

$$\Delta I = - I_0 \sigma_{ik} \Delta x (N_i - N_k) \simeq - I_0 \sigma_{ik} \Delta x N_i h\nu/kT \,, \tag{10.9}$$

wenn $g_i = g_k$ ist. In unserem obigen Zahlenbeispiel ist $h\nu/kT \simeq 10^{-3}$. Dies bedeutet, daß die Absorption der Mikrowelle um den Faktor 10^3 ansteigt, wenn die Besetzungsdichte N_k durch optisches Pumpen so klein gemacht wird, daß sie gegen N_i vernachlässigt werden kann. Das gleiche Argument gilt für Mikrowellenübergänge von optisch gepumpten Niveaus im angeregten Zustand, wenn deren Besetzung durch optisches Pumpen auf einen Wert gebracht werden kann, welcher der thermischen Besetzung im Ausgangsniveau nahekommt, während alle anderen Niveaus im angeregten Zustand thermisch kaum besetzt sind.

2) Kennt man das optisch gepumpte Niveau (z.B. durch spektral aufgelöste Messung der laser-induzierten Fluoreszenz), so ist die Zuordnung der Mikrowellenübergänge wesentlich leichter als bei einem normalen Mikrowellenspektrum, weil die Übergänge vom oder zum optisch gepumpten Niveau wesentlich größere Intensitäten haben und deshalb sofort identifiziert werden können.

3) Bei Mikrowellenübergängen $|J_1\rangle \rightarrow |J_2\rangle$ in elektronisch angeregten Zuständen führt jedes absorbierte MW-Quant zu einem Fluoreszenzphoton, das vom Zustand $|J_2>$ emittiert wird und das durch einen Monochromator von der Fluoreszenz aus $|J_1\rangle$ getrennt werden kann. Die Nachweisempfindlichkeit der Fluoreszenz-Photonen ist wesentlich größer als die der direkten Messung der Mikrowellenabsorption.

Zahlreiche Linien der leistungsstarken Infrarot-Laser (z.B. CO_2, N_2O, CO, HF, DF-Laser) haben zufällige Koinzidenzen mit Schwingungs-Rotations-Übergängen. Selbst Laserlinien, die nur in die Nähe molekularer Absorptionslinien fallen, können durch Zeeman- oder Stark-Verschiebung der molekularen Niveaus in äußeren magnetischen oder elektrischen Feldern in Resonanz gebracht werden (Abschn.6.3). Inzwischen gibt es auch genügend intensive, kontinuierlich durchstimmbare Infrarotlaser (Farbzentren- und Dioden-Laser, Abschn.5.6.2,5), so daß die Infrarot-MW-Doppelresonanz sich zu einer erfolgreichen, oft verwendeten Technik entwickelt hat [10.21].

In Abb.10.10 sind als Beispiel Mikrowellenübergänge zwischen den Inversionsdubletts mehrerer Rotationsniveaus im NH_3-Molekül eingezeichnet, die im Schwingungsgrundzustand bei optischem Pumpen mit einem N_2O-Laser auf der Q-Linie (J=8, K=7) des Schwingungsüberganges $v_2 = 0 \rightarrow 1$ beobachtet werden, wenn die Differenz der Mikrowellenabsorption

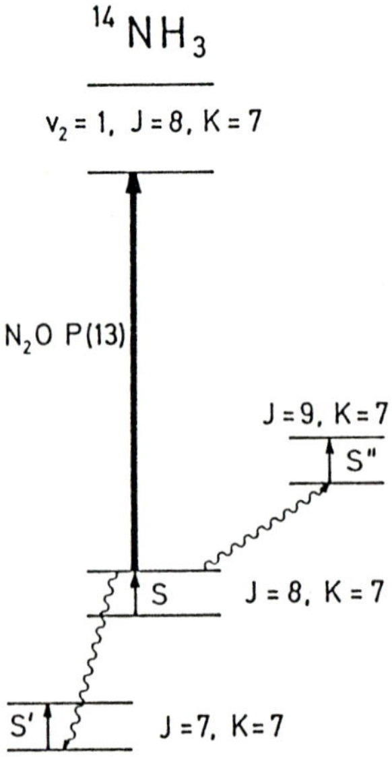

Abb.10.10. Infrarot-Mikrowellen-Doppelresonanz im Schwingungsgrundzustand des NH_3-Moleküls. Die Mikrowellenübergänge S, S', und S" erfolgen zwischen den Inversionskomponenten der Rotationsniveaus. Durch Stöße wird die durch optisches Pumpen erzeugte Abweichung von der thermischen Besetzung auf Nachbarniveaus teilweise übertragen [10.22]

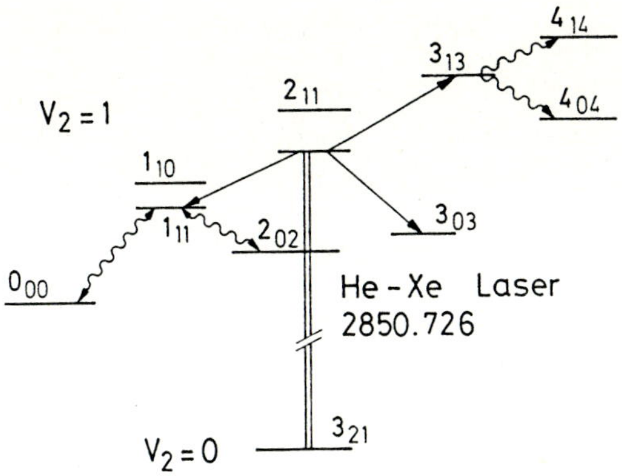

Abb.10.11. Infrarot-MW-Doppelresonanz im angeregten $v_2 = 1$ Schwingungszustand des DCCCHO-Moleküls [10.23]

mit bzw. ohne Pumplaser gemessen wird [10.22]. Außer dem direkten Doppelresonanzsignal S erscheinen auch „stoßinduzierte" Signale S′ und S″ in Nachbarrotationsniveaus, weil die durch optisches Pumpen bewirkte Entleerung des Niveaus (J=8, K=7) durch Stöße (Wellenlinien in Abb.10.10) auf die Nachbarniveaus teilweise übertragen wird. Da diese stoßinduzierten DR-Signale mit dem Druck des Probengases anwachsen, lassen sie sich von den direkten Signalen unterscheiden. Auch in *angeregten* Schwingungszuständen, die durch einen Infrarot-Laser bevölkert wurden, sind Mikrowellen-Übergänge beobachtbar (Abb.10.11). Für weitere Beispiele siehe [10.23,24].

Die elektronisch angeregten Zustände der Moleküle sind im allgemeinen wesentlich schlechter bekannt als ihre Grundzustände, weil die meiste Information über sie aus optischen Absorptionsspektren stammt, deren Analyse bei stark gestörten Zuständen oft sehr schwierig ist und deren Genauigkeit durch die verwendeten Spektrographen begrenzt ist. Die optische Mikrowellen-Doppelresonanz überträgt die Genauigkeit der Mikrowellen-Spektroskopie auf einzelne selektive Übergänge, die von bekannten optisch gepumpten angeregten Zuständen ausgehen. In Kombination mit der Molekularstrahltechnik kann die Laserversion der Rabi-Technik angewendet werden. Damit lassen sich Rotationsübergänge im elektronischen Grundzustand und in angeregten Zuständen sowie ihre Hyperfeinstruktur mit großer Empfindlichkeit und Präzision messen.

Ein Beispiel für diese Methode ist die Bestimmung der Molekülkonstanten für das Molekül BaO, das schwer verdampfbar ist und deshalb durch eine chemische Reaktion hergestellt wird [10.25]. Im Kreuzungsvolumen eines Barium-Atomstrahls und eines Sauerstoffmolekularstrahls werden BaO-Moleküle durch die Reaktion $Ba+O_2 \rightarrow BaO+O$ in verschiedenen Schwingungsrotationsniveaus (v'', J'') im $X^1\Sigma$ Zustand gebildet (Abb.10.12). Mit einem cw Farbstofflaser kann bei Abstimmung auf einen Übergang $A_1\Sigma(v', J') \leftarrow X^1\Sigma(v'', J'')$ das gewünschte Niveau (v', J') selektiv bevölkert werden. Die Quantenzahlen v' und J' lassen sich aus dem LIF-Spektrum bestimmen. Wird die Mikrowellenfrequenz auf einen Rotationsübergang

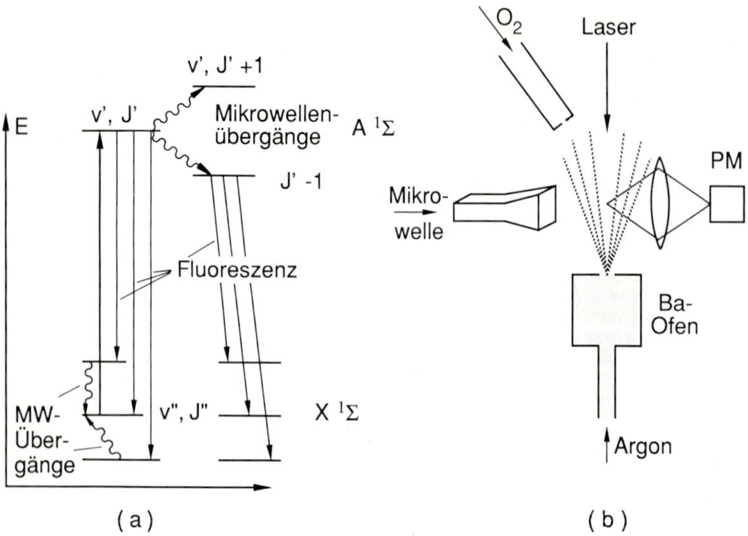

Abb.10.12a,b. Optische Mikrowellendoppelresonanz: (**a**) Termschema für das BaO-Molekül. (**b**) Experimentelle Anordnung

$(v', J') \rightarrow (v', J' \pm 1)$ abgestimmt, so werden Nachbarrotationsniveaus besetzt, und dadurch erscheinen neue Linien im optischen Fluoreszenzspektrum (Abb.10.12a). Ebenso können Übergänge im Grundzustand gemessen werden, die zu einer Erhöhung der Besetzung im Ausgangsniveau (v'', J'') und damit zu einer Zunahme der Fluoreszenz des oberen Niveaus (v', J') führen.

Die Empfindlichkeit der Methode ist so groß, daß auch geringe Konzentrationen von Molekülen oder nichtstabilen Radikalen spektroskopiert werden können, wie dies z.B. an NH_2-Radikalen in einem Gasentladungsdurchflußsystem demonstriert wurde [10.26].

Ein Beispiel für die Mikrowellen-Doppelresonanzversion der Rabi-Methode ist die Messung der Hyperfeinstrukturaufspaltung im elektronischen Grundzustand des CaCl-Moleküls [10.27,28], bei der Linienbreiten der Mikrowellen-Übergänge von 15 kHz erreicht wurden, die nur durch die Flugzeit der Moleküle durch das Mikrowellenfeld begrenzt waren. Erzeugt man in der Mikrowellenzone ein homogenes elektrisches Feld, so kann die Stark-Aufspaltung beobachtet werden, aus der sich das elektrische Dipolmoment bestimmen läßt [10.29].

10.4 Optische/Optische Doppelresonanz

Die optische/optische Doppelresonanz (OODR) beruht auf der Wechselwirkung eines Moleküls mit zwei optischen Wellen, deren Frequenzen auf zwei Übergänge des Moleküls mit einem gemeinsamen Niveau abgestimmt sind. Dieses für „Pumpe" und „Probe" gemeinsame Niveau kann entweder das Ausgangsniveau $|1\rangle$ oder das angeregte Niveau $|2\rangle$ sein (Abb.10.13). Dementsprechend unterscheidet man neben der stufenweisen Anregung (Abb.

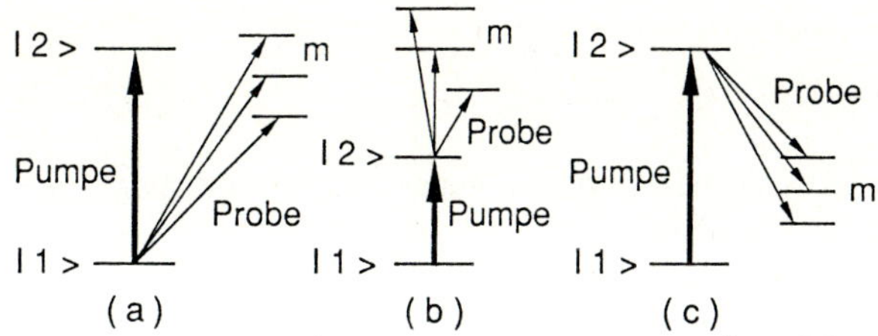

Abb.10.13a-c. Verschiedene Termschemata für OODR: (**a**) V-Typ-OODR. (**b**) Stufenweise Anregung. (**c**) Λ-Typ OODR

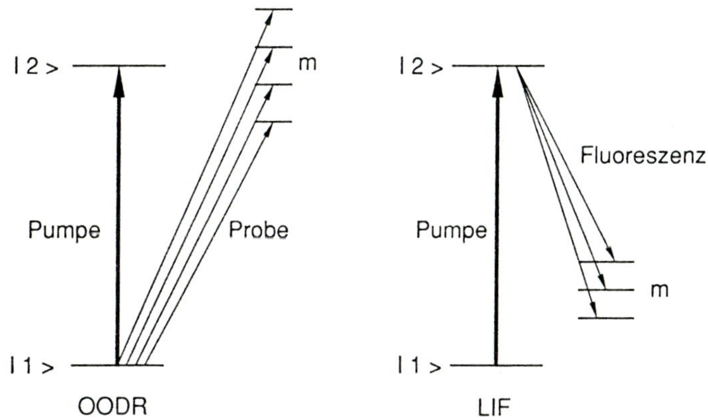

Abb.10.14. V-Typ OODR als Umkehrung der LIF

10.13b) zwei unterschiedliche OODR-Schemata, die man nach der Form ihres Term-Diagramms auch V-Typ (a) und Λ-Typ (c) nennt.

Die V-Typ OODR kann als Umkehrung der LIF angesehen werden (Abb.10.14). Bei der LIF wird ein *angeregtes* Niveau $|2\rangle$ selektiv bevölkert. Das resultierende Fluoreszenzspektrum entspricht Übergängen von $|2\rangle$ zu verschiedenen Niveaus (v″,J″) eines tieferliegenden elektronischen Zustandes. Das Spektrum ist relativ einfach, daher leichter zu analysieren und gibt Information über den Grundzustand (Abschn.6.5). Bei der V-Typ OODR hingegen wird durch die Pumpe ein *unteres* Niveau $|2\rangle$ selektiv *entvölkert*. Die bei der OODR nachgewiesenen Absorptionsübergänge des Probenlasers gehen von dem ausgesuchten Niveau $|1\rangle$ zu allen *angeregten* Niveaus $|m\rangle$, die mit $|1\rangle$ durch erlaubte Übergänge verbunden sind. Da die Zahl dieser Niveaus |m> durch Auswahlregeln eingeschränkt ist [10.30], wird die Zuordnung der Probenübergänge wesentlich einfacher als die Analyse eines üblichen Absorptionsspektrums, bei dem Absorptionslinien von allen thermisch besetzten Zuständen erscheinen. Dies wollen wir uns etwas genauer ansehen.

10.4.1 Vereinfachung komplexer Absorptionsspektren

Wenn der auf den Übergang $|1\rangle \rightarrow |2\rangle$ abgestimmte Pumplaser L1 mit der Frequenz f_1 intensitätsmoduliert wird, sind auch die Besetzungsdichten

$$N_1 = N_1^0[1 - aI_1(1+\cos 2\pi f_1 t)]$$

$$N_2 = N_2^0[1 + bI_1(1+\cos 2\pi f_1 t)] \qquad (10.10)$$

der beiden Niveaus durch optisches Pumpen gegenphasig moduliert. Die Modulationsamplituden a und b hängen von der Intensität des Pumplasers, der Übergangswahrscheinlichkeit und von verschiedenen Relaxationsprozessen (spontane Emission, Stoßprozesse, Moleküldiffusion) ab (Abschn. 7.1). Die vom durchstimmbaren Probenlaser L2 induzierte Fluoreszenzintensität $I(\lambda_2)$, wird immer dann auf der Frequenz f_1 moduliert sein, wenn die Laserwellenlänge λ_2 einem Übergang $|1 \rightarrow |m\rangle$ vom optisch gepumpten unteren Niveau $|1\rangle$ aus bzw. $|2\rangle \rightarrow |n\rangle$ vom oberen Niveau $|2\rangle$ aus entspricht. Weist man daher die Proben-LIF mit einem auf f_1 abgestimmten Lock-in Verstärker nach, so erscheinen als negative Signale nur die OODR-Übergänge $|1\rangle \rightarrow |m\rangle$ und als positive Signale die Übergänge $|2\rangle \rightarrow |q\rangle$ (Abb.10.15). Aus der Phase des Signals kann man also entscheiden, welcher der beiden Fälle vorliegt.

Leider ist die Situation nicht immer so einfach wie dies in Abb.10.15 dargestellt ist. Wenn OODR in einem Zellenexperiment durchgeführt wird, bei dem die Moleküle eine thermische Geschwindigkeitsverteilung haben und außerdem Stoßprozesse eine Rolle spielen, kann auch bei anderen Niveaus als $|1\rangle$ und $|2\rangle$ eine Modulation der Besetzungsdichte auftreten. Dies hat verschiedene Gründe:

a) Wegen der Doppler-Breite können in dichten Spektren selbst bei schmalbandigem Laser L1 mehrere Absorptionslinien mit dem Laserlinienprofil überlappen (Abb.10.2), so daß mehrere Übergänge gleichzeitig gepumpt werden.

b) Durch Stöße kann die Besetzungsmodulation des Niveaus $|1\rangle$ auf Nachbarniveaus übertragen werden (Abb.10.16), so daß sekundäre OODR-Signale entstehen. Diese machen zwar das OODR-Spektrum linienreicher und damit oft auch schwerer interpretierbar, aber können andererseits auch zusätzliche Informationen über diese Nachbarniveaus und über die Größe der Stoßquerschnitte bringen (Abschn.13.3).

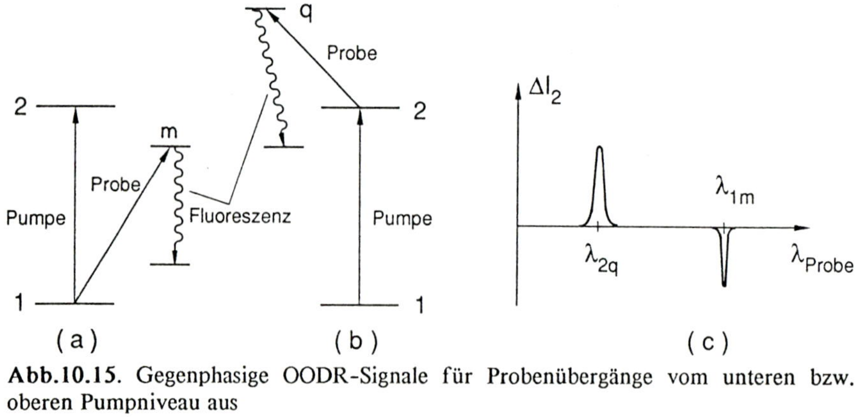

Abb.10.15. Gegenphasige OODR-Signale für Probenübergänge vom unteren bzw. oberen Pumpniveau aus

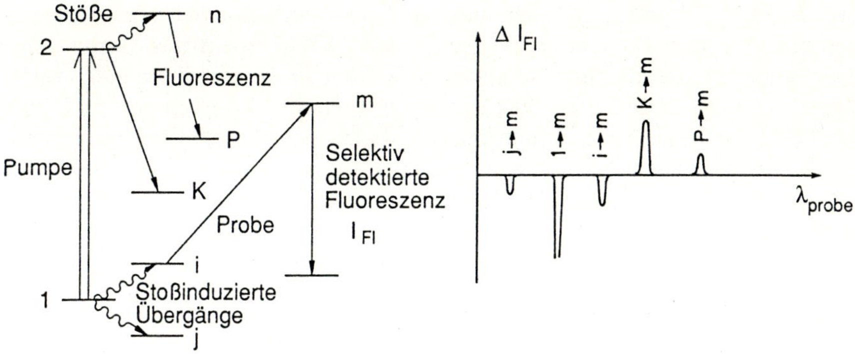

Abb.10.16. Stoßinduzierte OODR-Signale bei Experimenten in Zellen bei genügend hohem Gasdruck

c) Die Fluoreszenz vom optisch angeregten Niveau $|2\rangle$ kann eine Besetzungsmodulation anderer Niveaus im Grundzustand bewirken, die vom Probenlaser detektiert wird.

Will man solche sekundären OODR-Signale vermeiden, so muß man für eine Doppler-freie Anregung unter stoßfreien Bedingungen sorgen. Dies läßt sich in kollimierten Molekularstrahlen realisieren, wenn beide Laser senkrecht mit dem Molekularstrahl gekreuzt werden (Abb.10.17).

Natürlich ist auch die vom Pumplaser induzierte Fluoreszenz mit der Frequenz f_1 moduliert. Wenn die Anregungsorte von Pump- und Probenlaser räumlich getrennt sind, können die beiden Fluoreszenzanteile geome-

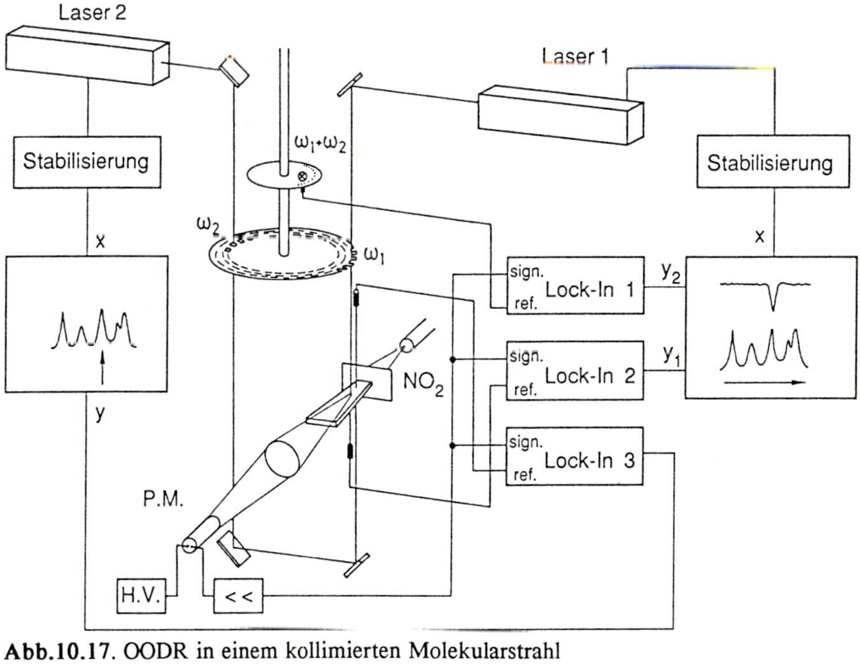

Abb.10.17. OODR in einem kollimierten Molekularstrahl

trisch separiert werden. Ist dies nicht möglich, dann läßt sich der konstante Untergrund der Pumplaserfluoreszenz im OODR-Spektrum durch eine Doppelmodulationstechnik frequenzmäßig vom Probenanteil trennen. Dazu wird die Probenlaser-Intensität mit einer Frequenz f_2 moduliert und das OODR-Signal auf der Summenfrequenz f_1+f_2 oder der Differenzfrequenz f_1-f_2 nachgewiesen. Die vom Probenlaser induzierte Fluoreszenzintensität ist nämlich proportional zum Produkt $N_1 I_2$ aus Besetzungsdichte des absorbierenden Niveaus und Probenlaserintensität und daher gilt nach (10.10):

$$I_{Fl}(\lambda_2) \sim N_1 I_2 = N_1^0[1 - aI_1^0(1+\cos 2\pi f_1 t)] \frac{1}{2} I_2^0(1-\cos 2\pi f_2 t) . \qquad (10.11)$$

Der nichtlineare Term

$$I_1^0 I_2^0 \cos 2\pi f_1 t \cdot \cos 2\pi f_2 t = \frac{1}{2} I_1^0 I_2^0 [\cos 2\pi(f_1+f_2)t + \cos 2\pi(f_1-f_2)t] ,$$

im Doppelresonanzsignal (10.11) enthält Anteile auf der Summen- bzw. Differenzfrequenz $f_1 \pm f_2$, während die linearen Terme mit f_1 und f_2 nur von I_1 bzw. I_2 aber nicht vom Produkt $I_1 I_2$ abhängen (Abschn. 7.3).

Als Beispiel für die Bedeutung der OODR in Molekularstrahlen für die Analyse komplexer Molekülspektren soll der in Abb. 10.18 gezeigte Ausschnitt aus dem NO_2-Spektrum dienen, der mit einem durchstimmbaren Einmoden-Argonlaser in einem kollimierten NO_2-Strahl aufgenommen wurde. Trotz der geringen Sub-Doppler Linienbreite von 15 MHz sind nicht alle Linien aufgelöst und ihre Zuordnung erweist sich als sehr

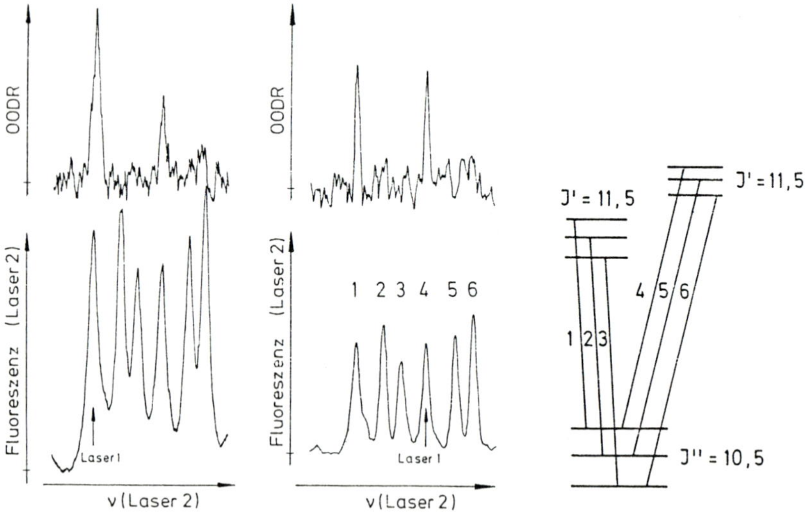

Abb. 10.18. Ausschnitt aus dem linearen Sub-Doppler-Spektrum des NO_2 in einem kollimierten NO_2-Strahl (*unten*) und zwei Doppelresonanzspektren (*oben*), wobei der Pumplaser auf die Linien 1 bzw. 4 stabilisiert war [10.31]

schwierig, weil über den stark gestörten oberen Zustand nicht genug Informationen vorliegen. Wird nun in einem OODR-Experiment der Pumplaser auf eine der Linien stabilisiert und der Probenlaser durch das zu untersuchende Spektrum durchgestimmt, so erhält man das OODR-Spektrum in Abb. 10.18. Man sieht daraus sofort, daß die beiden Linien 1 und 4, bzw. 2 und 5 zu Übergängen gehören, die jeweils vom gleichen unteren Niveau aus starten. Sie gehen zu zwei oberen Rotationsniveaus mit gleicher Rotationsquantenzahl J, die zu zwei dicht benachbarten miteinander gekoppelten Schwingungsniveaus zweier sich gegenseitig störender elektronischer Zustände gehören [10.31,32].

10.4.2 Stufenweise Anregung und Spektroskopie von Rydberg-Zuständen

Wenn ein angeregter Zustand $|k\rangle$ selektiv durch optisches Pumpen besetzt wurde, können durch laserinduzierte Übergänge von $|2\rangle$ aus noch höhere Zustände angeregt werden (Abb.10.13b). Dieser Prozeß kann als spezieller Resonanzfall der allgemeinen Zweiphotonenabsorption mit zwei verschiedenen Photonen $\hbar\omega_1$ und $\hbar\omega_2$ angesehen werden (Abschn.7.5). Da der obere Zustand dieselbe Parität wie der Ausgangszustand haben muß, kann er nicht durch einen erlaubten Einphotonenübergang erreicht werden. Eine Einstufenanregung mit frequenzverdoppeltem Licht der Photonenenergie $2\hbar\omega = \hbar(\omega_1+\omega_2)$ erreicht daher trotz gleicher Anregungsenergie andere Zustände als die Zweistufenanregung mit $\hbar\omega_1+\hbar\omega_2$.

Durch eine solche stufenweise Anregung mit zwei *sichtbaren* Lasern lassen sich bereits Anregungsenergien bis etwa 6 eV erreichen. Durch Frequenzverdopplung beider Laser oder durch Dreistufenanregung steigt die verfügbare Anregungsenergie auf 9-12 eV und damit werden z.B. die Rydberg-Zustände der meisten Moleküle der Laserspektroskopie zugänglich. Die Besetzung dieser Zustände kann entweder über ihre Fluoreszenz nachgewiesen werden, oder durch die Ionen bzw. Elektronen, die durch Photoionisation, Feldionisation oder durch stoßinduzierte Ionisation der Rydberg-Zustände erzeugt werden. Rydberg-Zustände oberhalb der Ionisierungsgrenze können auch durch Autoionisation, d.h. spontan in ein Ion und ein Elektron zerfallen.

Die Laserspektroskopie von Rydberg-Zuständen [10.33-36] hat in den letzten Jahren stark an Interesse gewonnen, weil diese Zustände ungewöhnliche Eigenschaften haben (Tabelle 10.1) und man an ihnen einige Grundlagenprobleme der Quantenoptik und der nichtlinearen Dynamik studieren kann. Dies soll durch einige Beispiele erläutert werden, bei denen die oben erwähnten verschiedenen Nachweistechniken verwendet werden.

Bei der Untersuchung von Rydberg-Zuständen haben die Alkaliatome eine Vorreiterrolle gespielt, einmal weil ihre Spektren relativ einfach sind und zum anderen weil ihre Rydberg-Zustände durch stufenweise Anregung mit zwei Farbstofflasern im sichtbaren Spektralbereich erreichbar sind. In Abb.10.19 sind Termschema und gemessene Rydberg-Serien für die Anregung von nS und nD-Serien des Na-Atoms über den $3p\,^2P$-Zwischenzustand gezeigt, und in Tabelle 10.1 sind die charakteristischen Eigenschaften der Rydberg-Zustände des Na mit denen des H-Atoms verglichen.

Tabelle 10.1 Charakteristische Größen von Rydberg-Atomen

Physikalische Größe	n-Abhängigkeit	Zahlenwerte für H(n=2)	H(n=50)
Bindungsenergie	$-Rn^{-2}$	4eV	0.0054 eV $\hat{=}$ 43,5 cm^{-1}
Abst. E(n+1)-E(n) benachbart. Energieniv.	$\Delta E_n = R\left(\frac{1}{n^2} - \frac{1}{(n+1)^2}\right)$	$\frac{5}{36}R \simeq 2$ eV	0.2 meV $\hat{=}$ 2 cm^{-1}
Mittlerer Bahnradius	$a_0 n^2$	$4a_0$	$2500a_0 = 132$ nm
Geometrischer W.Q.	$\pi a_0^2 n^4$	$16\pi a_0^2$	$6\pi\cdot10^6 a_0^2 = 5\cdot10^{-10}$ cm^2
Dipolmoment $\langle p\|\mathbf{r}\|d\rangle$	$\propto n^2$		
Strahlungs-Lebensdauer	$\propto n^3$	$5\cdot10^{-9}$ [s]	$1.5\cdot10^{-4}$s
Kritische Feldstärke	$E_c = \pi\epsilon_0 R^2 e^{-3} n^{-4}$	$5\cdot10^9$ V/m	$5\cdot10^3$ V/m
Polarisierbarkeit	$\propto n^7$	10^{-6} Hz/(V/m)^2	10^3 Hz/(V/m)^2
Periodendauer für 1 Umlauf	$T_n \propto n^3$	10^{-15} s	$2\cdot10^{-11}$ s

R (Rydberg Konstante) = 13,6 eV a_0 (Bohr'scher Radius) = $5,29\cdot10^{-11}$ m

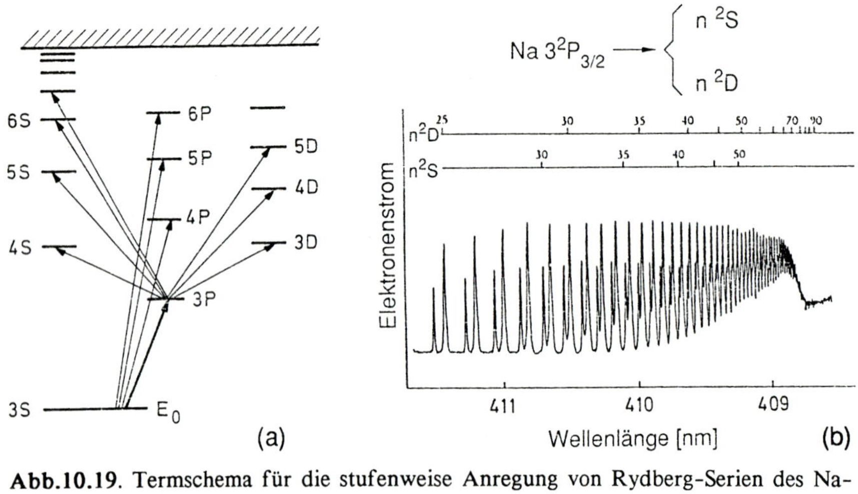

Abb.10.19. Termschema für die stufenweise Anregung von Rydberg-Serien des Na-Atoms (**a**) und gemessene Spektren (**b**) [10.36]

Man sieht daraus, daß z.B. bei einer Hauptquantenzahl n = 40 ein elektrisches Feld von E = 100 V/cm genügt, um den Rydberg-Zustand zu ionisieren. Durch die Wahl der Feldstärke E kann man daher erreichen, daß alle Rydberg-Zustände oberhalb einer kritischen Hauptquantenzahl n_c feldionisiert werden (Abb.10.20). Diese Feldionisation ist sehr selektiv, weil Zustände, die nur 10^{-7}eV ($\hat{=}10^{-3}$$cm^{-1}$) oberhalb der kritischen Energie E_c

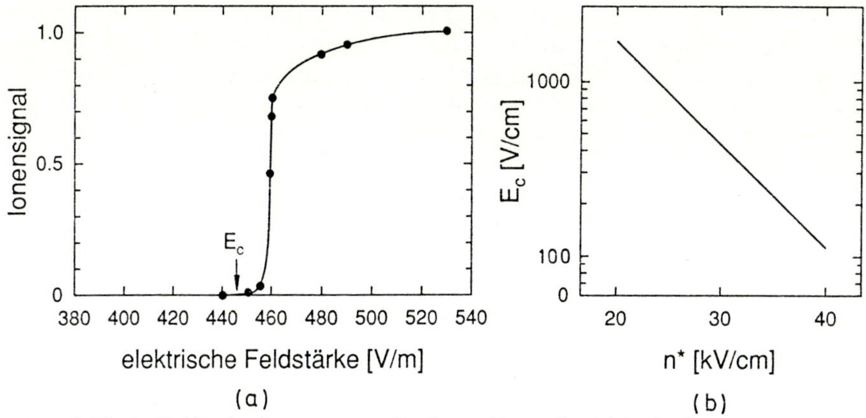

Abb.10.20a,b. Feldionisation atomarer Rydberg-Zustände: (**a**) Ionisationsrate des 31s-Zustands von Natrium. (**b**) Schwellwertfeldstärke E_c als Funktion der effektiven Hauptquantenzahl n^* für $Na(n^*s)$-Zustände [10.37]

liegen, praktisch vollständig ionisiert werden, während für Energien $E < E_c - 10^{-7}$ eV die Feldionisation fast vernachlässigbar wird [10.37].

Bei der Zweistufenanregung geschieht der 1. Anregungsschritt auf einem Resonanzübergang mit großer Übergangswahrscheinlichkeit. Daher genügen für den Laser L1 Intensitäten $I < 0.1$ W/cm² (Leistungen von wenigen mW), um den Übergang zu sättigen und Gleichbesetzung der beiden Zustände zu erreichen, während für den 2. Schritt, abhängig von der Hauptquantenzahl n, Intensitäten von 1-100 W/cm² notwendig werden.

Die spontanen Lebensdauern der Rydberg-Zustände wachsen mit n^3 an und werden daher für große Hauptquantenzahlen sehr lang (μs bis ms) [10.37a]. Um stoßinduzierte Prozesse weitgehend auszuschalten, werden Experimente an Rydberg-Atomen im allgemeinen in Atomstrahlen unter stoßfreien Bedingungen durchgeführt. Im Falle von Barium konnten Rydberg-Zustände mit Hauptquantenzahlen bis n = 500 (!) vermessen werden [10.38]. Bei n = 500 beträgt der Durchmesser der Bohr'schen Bahn $d \simeq 25$ μm, die Bindungsenergie ist nur noch 0.5 cm^{-1} ($\hat{=} 5 \cdot 10^{-5}$ eV) und die spontane Lebensdauer etwa 1s! Man muß deshalb Streufelder sorgfältig abschirmen, um nicht die Messung der Termwerte durch Stark-Verschiebungen, die mit n^7 anwachsen (Tabelle 10.1) vollkommen zu verfälschen.

Stoßdeaktivierung von Rydberg-Zuständen unter feldfreien Bedingungen kann in einer thermionischen „Heatpipe" (Abschn.6.25) untersucht werden. Da die Anregung in einem feldfreien Raum erfolgt, sind Stark-Verschiebungen durch äußere Felder vernachlässigbar und man kann die Effekte von Stoßverbreiterung und Verschiebung getrennt untersuchen bis zu hohen Hauptquantenzahlen [10.39]. Auch der Einfluß der Hyperfeinstruktur des Atomrumpfes auf die Termwerte des Rydberg-Elektrons konnte in einer „Heatpipe" bis n = 300 verfolgt werden [10.40].

Bei solchen Rydberg-Zuständen stellt man selbst bei selektiver Anregung unter stoßfreien Bedingungen fest, daß nach einer Zeit, die kurz gegen die spontane Lebensdauer der Rydberg-Zustände ist, Nachbarzustände des optisch gepumpten Niveaus besetzt werden. Dies hat folgende Ursache: Wegen des großen Dipolmomentes (Tab. 10.1) genügt das schwache thermische Strahlungsfeld der Apparaturwände bei Zimmertemperatur, um Übergänge vom optisch gepumpten Niveau (n, ℓ) in Nachbarniveaus $(n \pm \Delta n, \ell \pm 1)$ zu induzieren [10.41].

Die Wechselwirkung dieser thermischen Strahlung mit den Atomen führt auch zu einer kleinen Verschiebung der Rydberg-Termwerte („Lamb shift"!), die trotz ihres kleinen Wertes $\Delta\nu/\nu \simeq 2 \cdot 10^{-12}$ kürzlich mit entsprechend gut stabilisierten Lasern gemessen werden konnte [10.42]. Um den Einfluß dieser thermischen Strahlung klein zu halten muß man daher die Wechselwirkungszone von Laser und Atomstrahl durch kalte Wände einschließen, die möglichst auf Flüssig-Helium-Temperatur gekühlt werden sollten.

Auf der anderen Seite bietet das große Dipolmoment von Rydberg-Zuständen die Möglichkeit, solche Rydberg-Atome als empfindliche Detektoren für Mikrowellen- und Submillimeterstrahlung zu verwenden [10. 43]. Dazu wird ein Rydberg-Zustand $|n\rangle$ im elektrischen Feld durch optisches Pumpen bevölkert und der zu messenden Strahlung der Frequenz ω ausgesetzt. Wählt man die kritische Feldstärke so, daß die Energie E_n unterhalb, $E_n + \hbar\omega$ aber oberhalb der Feldionisationsgrenze liegt, so kann der Mikrowellenübergang durch das dabei entstehende Ion nachgewiesen werden (Abb. 10.21).

In den bisher angegebenen Beispielen war immer nur *ein* Rydberg-Elektron angeregt. Durch spezielle Techniken kann man erreichen, daß *zwei* Elektronen gleichzeitig in hochliegende Zustände angeregt werden [10.44]. Die Gesamtenergie des doppeltangeregten Atoms liegt oberhalb seiner Ionisierungsgrenze. Die Korrelation zwischen beiden Elektronen

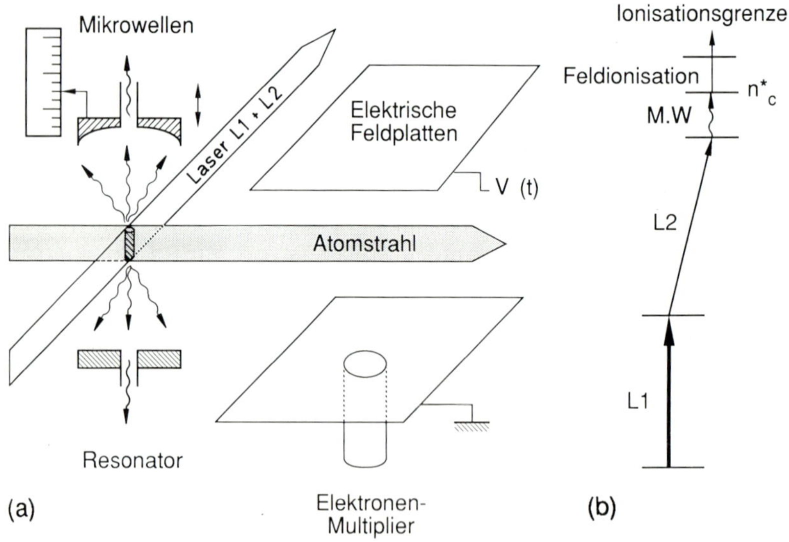

Abb. 10.21. Rydberg-Atome als Mikrowellendetektoren (**a**) Experimentelle Anordnung (**b**) Termschema. Das Rydberg-Niveau n_c^* wird feldionisiert [10.43a]

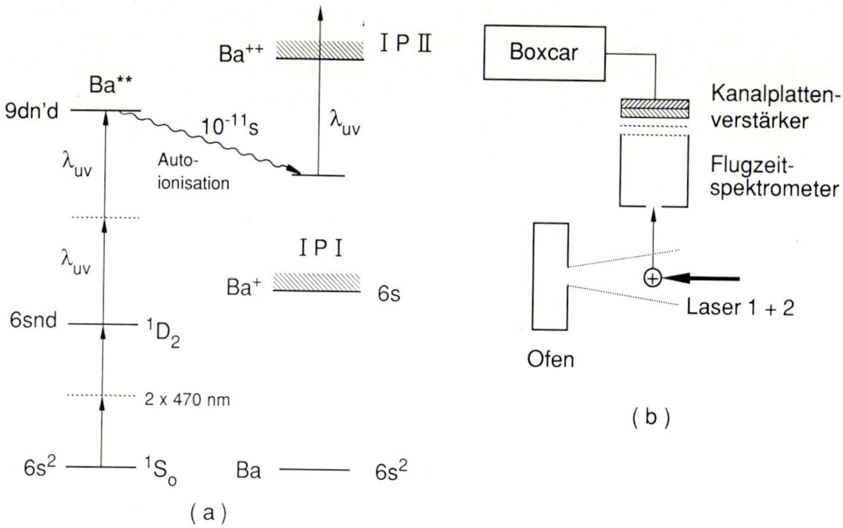

Abb.10.22. Anregung planetarischer Atome (**a**) Termschema für die Zweistufenanregung mit zwei Zweiphotonenübergängen im Ba-Atom mit nachfolgender Autoionisation in Ba^+-Zustände, bzw. Photoionisation ins Ba^{++}-Kontinuum. (**b**) Experimentelle Anordnung [10.44]

führt dazu, daß nach kurzer Zeit die Anregungsenergie des einen Elektrons auf das andere übertragen wird und Autoionisation eintritt (Abb.10.22).

Die Besetzung des doppeltangeregten Zustandes geschieht durch zwei Zweiphotonenübergänge: zuerst wird der Einelektronen-Rydberg-Zustand durch zwei sichtbare Photonen besetzt und durch einen weiteren Zweiphotonenübergang mit UV-Photonen wird ein zweites Elektron aus dem Atomrumpf angeregt. Solche doppelt angeregte Atome, die auch „planetarische Atome" heißen [10.45] bieten gute Möglichkeiten, die Korrelation zwischen zwei Elektronen in definierten Quantenzuständen zu untersuchen, indem z.B. die Autoionisationslebensdauer als Funktion dieser Quantenzahlen $(n_1, l_2, s_1, n_2, l_2, s_2)$ gemessen werden [10.46].

Da die Coulomb-Energie des Rydberg-Elektrons im elektrischen Feld des Ionenrumpfes mit $1/n^2$ absinkt, kann für genügend hohe Quantenzahlen n die Zeeman-Energie in einem äußeren Magnetfeld von 1 Tesla bereits größer werden als die Coulomb-Energie. Durch die Lorentz-Kraft

$$\mathbf{F} = q(\mathbf{v} \times \mathbf{B})$$

wird das Rydberg-Elektron in einem Magnetfeld $\mathbf{B} = \{0, 0, B_z\}$ in der x- und y-Richtung stabilisiert und kann, selbst wenn seine Energie oberhalb der Ionisierungsgrenze liegt, nur in Magnetfeldrichtung entweichen. Dies führt dazu, daß solche autoionisierenden Zustände relativ lange Lebensdauern haben können. Die entsprechenden klassischen Bahnen eines solchen Rydberg-Elektrons können chaotisch sein und zur Zeit werden eine Reihe von Experimenten durchgeführt, die zeigen sollen, wie sich ein chaotisches Verhalten im klassischen Modell auf die Termstruktur der Quantenzustände auswirkt [10.47]. Bisher wurden ausführliche Experimente am H-Atom durchgeführt [10.48], bei denen die Rydberg-Zustände entweder durch direkte Zweiphotonenabsorption oder durch Zweistufenanregung über den 2^2P-Zustand angeregt wurden. Da die Ionisierungsenergie des H-Atoms 13.6 eV beträgt, braucht man Photonenenergien von mindestens 6.7 eV ($\lambda \leq 190$ nm), die durch Frequenzverdopplung in Gasen oder Metalldampfgemischen erzeugt werden [10.49] (Abschn.5.7.2).

Molekulare Rydberg-Serien sind wesentlich komplizierter als atomare. Dies liegt daran, daß es mehr elektronische Zustände als in Atomen gibt, von denen jeder außerdem noch eine Schwingungs-Rotations-Struktur hat. Es kommt häufig vor, daß Schwingungs-Rotations-Niveaus verschiedener elektronischer Zustände durch verschiedene Kopplungsmechanismen miteinander wechselwirken. Dadurch wird ihre Energie verschoben, so daß solche gestörten Rydberg-Serien eine sehr komplexe unregelmäßige Struktur zeigen und nur schwer zu analysieren sind [10.50].

Hier erweist sich die stufenweise Anregung als besonders hilfreich, weil nur solche Rydberg-Zustände angeregt werden, die durch erlaubte Übergänge von einem bekannten durch den Pumplaser besetzten Zwischenzustand aus erreichbar sind. Dies soll am Beispiel des Li_2-Moleküls illustriert werden [10.51]. Wird durch den Pumplaser ein Rotationsschwingungsniveau (v_k', J_k') im $B^1\Pi_u$ Zustand selektiv besetzt, so sind alle Niveaus $(v, J = J_k' \pm 1)$ in den elektronischen Zuständen $ns^1\Sigma$ mit $\ell = 0$ und $nd^1\Delta$, $nd^1\Pi$, $nd^1\Sigma$ mit $\ell = 2$ und $\Lambda \equiv 2$, 1 und 0 durch den zweiten Laser erreichbar (Abb.10.23).

Liegt die Energie des Rydberg-Zustandes (v, J) oberhalb des tiefsten Zustandes (v^+, J^+) im elektronischen Grundzustand des molekularen Ions (Abb.10.24), so kann durch eine interne Umwandlung eines Teils der Schwingungs-Rotations-Energie in elektronische Energie des Rydberg-Elektrons dieses genügend Energie erhalten, um das Molekül zu verlassen. Dieser Prozess der „Autoionisation" erfordert eine Kopplung der kinetischen Energie der Kerne mit der elektronischen Energie. Er bedeutet einen Zu-

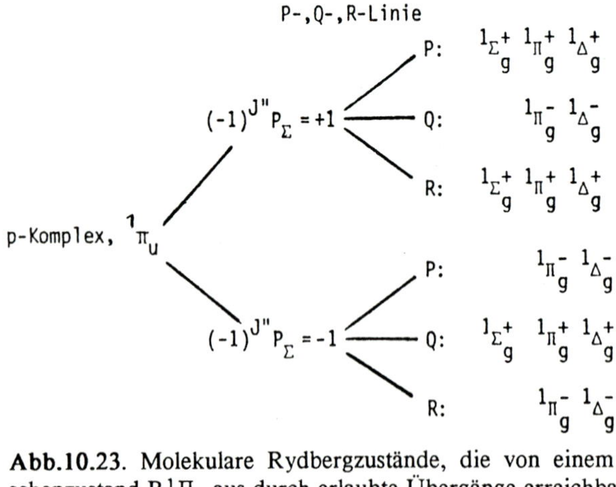

Abb.10.23. Molekulare Rydbergzustände, die von einem selektiv gepumpten Zwischenzustand $B^1\Pi_u$ aus durch erlaubte Übergänge erreichbar sind

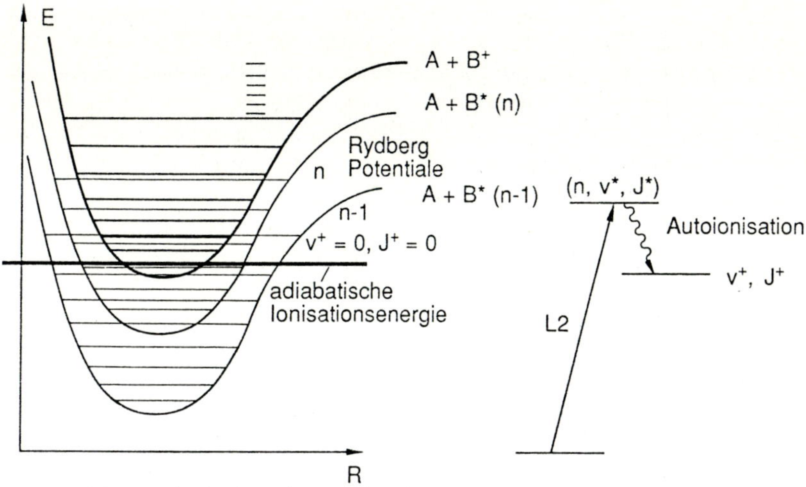

Abb.10.24. Autoionisation eines molekularen Rydberg-Zustandes. Für $E \geq E(v^+, J^+)$ hat man ein Kontinuum, überlagert von scharfen Autoionisations-Resonanzen

sammenbruch der *Born-Oppenheimer*-Näherung und ist deshalb nicht sehr wahrscheinlich. Da jedoch die spontanen Lebensdauern der Rydberg-Zustände proportional zu n^3 anwachsen, kann bei genügend großen Werten der Hauptquantenzahl n der Zerfall des Rydberg-Zustandes durch Autoionisation trotzdem wesentlich schneller als der durch Fluoreszenz werden.

In Abb.10.25 ist eine Molekularstrahlanordnung zur experimentellen Untersuchung von Rydberg-Zuständen gezeigt, bei der die Ausgangsstrahlen zweier vom gleichen Excimerlaser gepumpten Farbstofflaser überlagert werden und senkrecht den Molekularstrahl kreuzen. Durch Detektion der Fluoreszenz des Zwischenzustandes kann der Laser L1 auf den gewünschten Pumpübergang eingestellt werden. Die durch Autoionisation erzeugten Ionen werden durch ein elektrisches Feld abgezogen und auf einen Ionenmultiplier beschleunigt. Dadurch lassen sich einzelne Ionen nachweisen.

Damit die Energie der Rydberg-Zustände nicht durch das elektrische Feld Stark-verschoben werden, wird das Feld erst nach Beendigung des Anregungs-Laserpulses eingeschaltet, so daß feldfreie Anregung gewährleistet ist. Experimentelle Details und mehr Informationen über die Analyse solcher molekularen Rydberg-Spektren findet man in [10.51-54].

Von den optisch angeregten Rydberg-Zuständen können, wie oben bereits diskutiert, durch Mikrowellenabsorption benachbarte Rydberg-Zustände erreicht werden. Dies wird für ein Tripel-Resonanzverfahren (zwei Laser und eine Mikrowelle) ausgenutzt, das sowohl bei atomaren als auch bei molekularen Rydberg-Zuständen die Bestimmung von Quantendefekten, Feinstrukturen und Schwingungsrotationskonstanten in diesen Rydberg-Zuständen mit sehr hoher Genauigkeit erlaubt [10.55]. Weitere Informationen über Laserspektroskopie von Rydberg-Zuständen findet man in [10.34, 56-58].

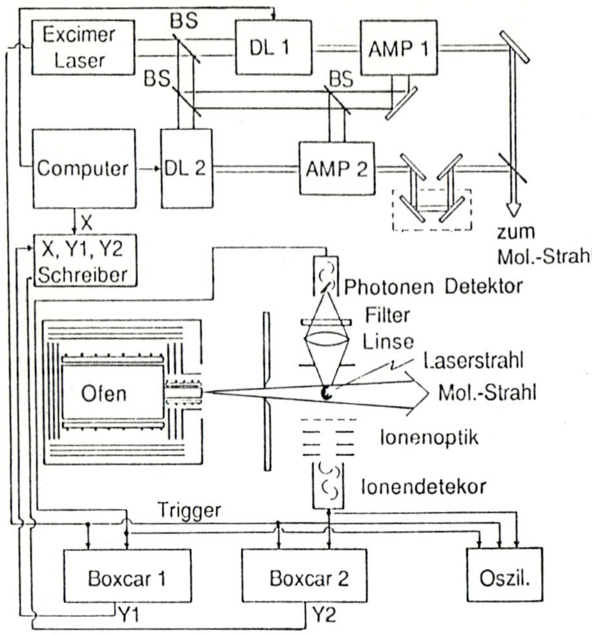

Abb.10.25. Experimentelle Anordnung zur Messung molekularer Rydberg-Zustände in einem Molekularstrahl [10.52]

10.4.3 Resonante induzierte Raman-Streuung

In dem Λ-Typ Doppelresonanzschema der Abb.10.13c induziert der Probenlaser einen Übergang vom durch den Pumplaser besetzten Niveau $|k\rangle$ in tiefere Niveaus $|m\rangle$. Dieser Prozeß kann aufgefaßt werden als eine resonante induzierte Ramanstreuung. Ist die Frequenz des Pumplasers ω_1 und die des Probenlasers ω_2, so erhält man für ein Molekül mit der Geschwindigkeit $\mathbf{v}$ die Resonanzbedingung:

$$\begin{aligned}&\omega_1 - \mathbf{k}_1\mathbf{v} - (\omega_2 - \mathbf{k}_2\mathbf{v}) = (E_m - E_i)/\hbar \pm \Gamma_{mi}\\ &\rightarrow \omega_2 = \omega_1 + (\mathbf{k}_2 - \mathbf{k}_1)\mathbf{v} + \Delta E_{mi}/\hbar \pm \Gamma_{mi}\,,\end{aligned} \qquad (10.12)$$

wobei $\Gamma_{mi} = \gamma_m + \gamma_i$ die Summe der homogenen Niveaubreiten ist. Für $\mathbf{k}_1 = \mathbf{k}_2$ hebt sich bei kollinearer Anordnung von Pump- und Probenstrahl die Doppler-Verschiebung auf und man sieht aus (10.12), daß die Linienbreite des Doppelresonanzsignals nur von den homogenen Breiten der beiden unteren Niveaus $|i\rangle$ und $|m\rangle$ nicht jedoch von der des oberen Niveaus $|k\rangle$ abhängt. Sind $|i\rangle$ und $|m\rangle$ zwei Schwingungs-Rotations-Niveaus des elektronischen Grundzustandes, so sind ihre Strahlungslebensdauern sehr lang (bei homonuklearen zweiatomigen Molekülen sogar unendlich!), und die Linienbreite ist im wesentlichen begrenzt durch die Flugzeit der Moleküle durch den Laserstrahl. In solchen Fällen kann die Linienbreite des DR-Signals sogar kleiner als die natürliche Linienbreite des optischen Überganges $|i\rangle \rightarrow |k\rangle$ werden!

Eine genauere Betrachtung geht aus von dem Absorptionskoeffizienten der Probenwelle

$$\alpha(\omega) = \int_{-\infty}^{+\infty} \sigma(v_z\omega)\Delta N(v_z)dv_z \tag{10.13}$$

mit $\Delta N(v_z) = N_m(v_z) - N_k(v_z)$, siehe (7.13). Die Besetzungsdichte $N_k(v_z)$ im gemeinsamen oberen Niveau $|k\rangle$ wird durch optisches Pumpen mit dem Laser L1 bei einem Sättigungsparameter S verändert vom thermischen Gleichgewichtswert $N_k^0(v)$ zu (Kap.7)

$$N_k(v) = N_k^0(v) + \frac{\frac{1}{2}[N_i^0(v) - N_k^0(v)]\gamma_k S_0}{(\omega - \omega_{ik} - k_1 v_z)^2 + (\Gamma_{ik}/2)^2(1+S)} \tag{10.14}$$

Setzt man (10.14) in (10.13) ein und integriert über alle Geschwindigkeitskomponenten v_z, so ergibt sich [10.59]

$$\alpha(\omega) = \alpha_0(\omega)\left[1 - \frac{N_k^0 - N_i^0}{N_k^0 - N_m^0}\,\frac{\frac{1}{2}k_2 S}{k_1\sqrt{1+S}}\,\frac{\gamma_i \Delta\Gamma}{(\Omega_2 \mp (k_2/k_1)\Omega_1)^2 + (\Delta\Gamma)^2}\right] \tag{10.15}$$

mit $\Omega_1 = \omega_1 - \omega_{ik}$; $\Omega_2 = \omega_2 - \omega_{km}$ und $\Delta\Gamma = \Gamma_{km} + (k_2/k_1)\Gamma_{ik}\sqrt{1+S}$.

Dies ist - ähnlich wie bei der Sättigungsspektroskopie (7.17b) - ein Doppler-Profil mit einer Lorentz-förmigen Einbuchtung bei der Frequenz $\omega_2 - (k_2/k_1)(\omega_1 - \omega_{ik}) + \omega_{km}$. Moduliert man die Intensitäten beider Laser mit den Frequenzen f_1, bzw. f_2 und weist bei festgehaltener Pumplaserfrequenz ω_1 die transmittierte Probenlaserintensität I_2 auf der Summenfrequenz $f_1 + f_2$ mit einem Lock-in nach, so erhält man nur den nichtlinearen Anteil des Doppelresonanzsignals, der proportional ist zu $\Delta\alpha I_2 \propto I_1 I_2$ mit einer Linienbreite

$$\Delta\Gamma = \gamma_m + [(k_2/k_1)\gamma_i + (1 \pm k_2/k_1)\gamma_k]\sqrt{1+S}\,, \tag{10.16}$$

wobei das - Zeichen für kollineare und das + Zeichen für antikollineare Ausbreitung von Pump- und Probenwelle steht. Man sieht aus (10.16), daß für die kollineare Anordnung die homogene Breite γ_n des oberen Niveaus nur mit dem Bruchteil $(1 - k_2/k_1)$ eingeht, der für $k_1 \simeq k_2$ sehr klein wird.

Mit dieser Λ-Typ OODR lassen sich hohe Schwingungsrotationsniveaus des elektronischen Grundzustandes von Molekülen bis zur Dissoziationsgrenze mit großer Präzision messen. Als Beispiel ist in Abb.10.26 eine solche OODR im Termschema des Cs_2-Moleküls gezeigt. Mit einem schmalbandigen cw-Farbstofflaser wird ein ausgesuchter Zustand (v′,J′) im $D^1\Sigma_u$-Zustand angeregt, von dem aus durch einen zweiten cw Farbstofflaser Übergänge in die verschiedenen Zustände (v″,J″) des elektronischen Grundzustandes induziert werden. Die Termwerte T = E/hc [cm^{-1}]

$$T(v'',J'') = (T(v_i,J_i) + (\omega_1 - \omega_2)/2\pi c$$

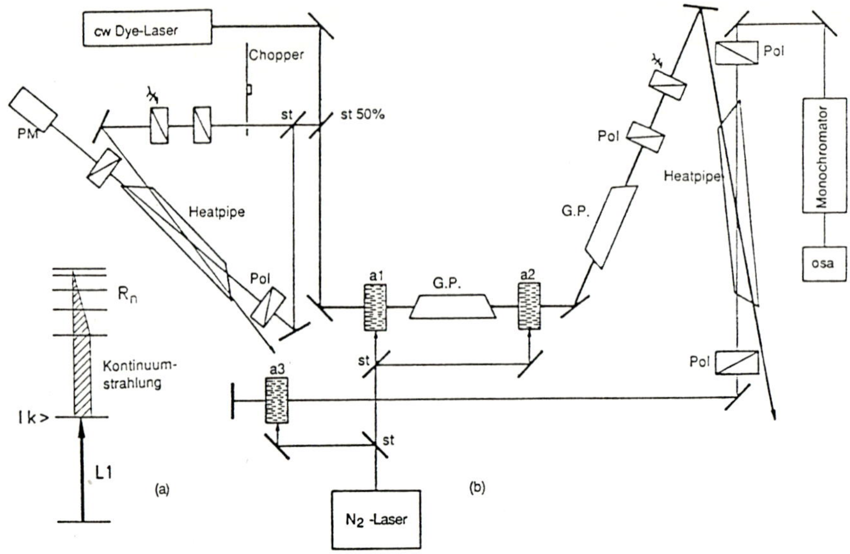

Abb.10.28a,b. „Polarisations-Labelling"-Methode. (**a**) Termschema. (**b**) experimentelle Anordnung

quelle ist eine Farbstoffzelle, die von einem Stickstofflaser gepumpt wird. Dieser Laser dient auch als Pumpe für zwei Verstärkerzellen, welche den Ausgangsstrahl eines zirkular polarisierten cw Farbstofflasers verstärken, bevor er die Absorptionszelle zwischen den zwei gekreuzten Polarisatoren durchläuft, wo er die Moleküle auf dem gewünschten Übergang pumpt. Der Bildverstärker hinter dem Spektrographen wird durch einen „Gate-Puls" nur für die Zeit des Pumppulses empfindlich gemacht.

10.5.2 Mikrowellen/Optische Doppelresonanz-Polarisations-Spektroskopie

Von *Ernst* et. al. [10.65] wurde eine neue sehr empfindliche optische Mikrowellen-Doppelresonanztechnik entwickelt, die als Nachweis für Mikrowellenübergänge in einer Probe zwischen gekreuzten Polarisatoren die Änderung der Polarisation einer optischen Laserwelle ausnutzt, und die deshalb Mikrowellen/optische Polarisations-Spektroskopie (MOPS) genannt wird. Die Empfindlichkeit der Methode wurde demonstriert durch die Messung der Hyperfeinstruktur von Rotationsübergängen im Grundzustand von CaCl-Molekülen, die durch die Reaktionen von Cl_2 mit Ca in einer Argonströmung erzeugt wurden. Trotz des kleinen Partialdrucks der CaCl-Moleküle von etwa 10^{-4}-10^{-5} mb und der kurzen Absorptionslänge in der Reaktionszone konnte ein gutes Signal/Rausch-Verhältnis bei Linienbreite von 1 bis 2 MHz erreicht werden [10.66].

11. Zeitaufgelöste Laserspektroskopie

Zur Untersuchung dynamischer Vorgänge in der Atom- und Molekülphysik (z.B. strahlende oder stoßinduzierte Zerfälle angeregter Niveaus, die zeitliche Entwicklung von Wellenfunktionen, der Verlauf chemischer Reaktionen, die Umordnung von Elektronenhüllen nach der Absorption von Photonen, usw.) braucht man eine zeitauflösende Spektroskopie, deren noch auflösbares Zeitintervall Δt klein ist gegen die Dauer T des zu untersuchenden Vorganges. Hier hat die Entwicklung ultrakurzer Laserpulse in den letzten Jahren die Möglichkeit geschaffen, sehr schnelle Vorgänge mit einer Zeitauflösung im Femtosekundenbereich (1fs = 10^{-15} s) zu studieren.

Wir wollen uns in diesem Kapitel mit der Erzeugung und Messung kurzer Lichtpulse befassen und dann an Hand einiger Beispiele ihre Anwendungen in verschiedenen Gebieten der Physik illustrieren.

11.1 Erzeugung kurzer Lichtpulse

Bei *inkohärenten gepulsten Lichtquellen* (Blitzlampen) ist die Dauer des Lichtpulses im wesentlichen durch die Dauer der elektrischen Entladung bestimmt. Deshalb waren Pulse im Mikrosekundenbereich lange Zeit die untere Grenze für die Zeitauflösung. Erst in den letzten Jahren ist es durch besonders induktionsarmen Aufbau und spezielle Entladungsbedingungen gelungen, in den Nanosekundenbereich vorzustoßen [11.1].

Die Dauer von Laserpulsen ist dagegen nicht mehr unbedingt durch die Dauer des Pumpvorganges gegeben, und wir wollen uns im nächsten Abschnitt kurz die besonderen Bedingungen für den zeitlichen Verlauf von Laserpulsen ansehen.

11.1.1 Zeitverhalten gepulster Laser

Wenn ein Laser durch einen Energiepuls der Dauer T gepumpt wird (z.B. durch Blitzlampen, gepulste Gasentladungen oder durch einen anderen gepulsten Laser), wird die Besetzungsinversion zeitabhängig (Abb.11.1). Die Schwellwertinversion wird nur während eines Zeitintervalls $\Delta t < T$ überschritten, welches von dem Zeitverlauf und der Leistung des Pumppulses abhängt. Das zeitliche Verhalten der Laseremission wird bestimmt durch die Verstärkung G(t) pro Resonatorumlauf (Abschn.5.2) und die Relaxationszeiten τ_i, τ_k der am Laserübergang beteiligten Niveaus. Sind diese Zeiten kurz gegen die Anstiegszeit des Pumppulses, so hat man einen quasistationären Laserbetrieb, d.h. die Inversion $\Delta N(t)$ stellt sich zu jedem Zeit-

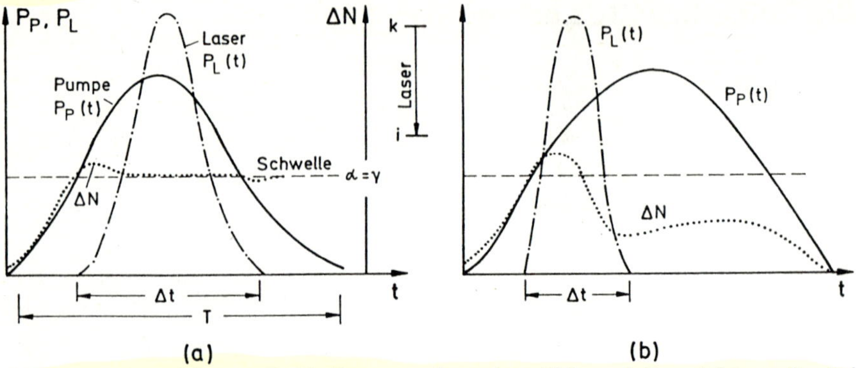

Abb.11.1. Pumpleistung $P_p(t)$ Besetzungsinversion ΔN, und Laserleistung P_L bei einem gepulsten Laser; (**a**) bei genügend kurzer Lebensdauer τ_i des unteren Laserniveaus und (**b**) bei Selbstbegrenzung der Inversion wegen zu langsamer Entleerung von $|i\rangle$

punkt t auf einen Wert ein, der durch die Pumpleistung $P_P(t)$ und die Laserleistung $P_L(t)$ bestimmt wird, weil die Inversion durch $P_P(t)$ aufgebaut und durch $P_L(t)$ abgebaut wird. Ein solches Verhalten, wie es in Abb. 11.1a schematisch dargestellt ist, findet man z.B. bei Exzimerlasern (Abschn.5.6.7).

Es gibt gepulste Laser, wie z.B. der Stickstofflaser, bei denen das untere Niveau des Laserüberganges eine längere effektive Lebensdauer hat als das obere Niveau [11.2]. Durch den Anstieg der Laserleistung $P_L(t)$ wird für solche Laser die anfänglich hohe Inversion ΔN bald abgebaut, weil das untere Niveau nicht schnell genug entleert werden kann. Der Laserpuls begrenzt sich daher selbst und hört auf, bevor der Pumppuls zu Ende ist (Abb.11.1b).

Bei sehr hoher Verstärkung der induzierten Emission, wie sie z.B. bei Blitzlampen-gepumpten Festkörperlasern erreicht wird, kann die anfänglich hohe Inversion ΔN durch den steilen Anstieg der Laserleistung $P_L(t)$ so schnell abgebaut werden, daß die Pumpe „nicht nachkommt", so daß die Inversion unter die Schwelle gedrückt wird und die Laseremission aufhört. Sind die Relaxationszeit τ_k des oberen Laserniveaus $|k\rangle$ und die Dauer T des Pumppulses $P_P(t)$ lang genug, so kann die Inversion während des Pumppulses erneut aufgebaut werden, und ein neuer Laserpuls beginnt. Bei solchen Lasern (z.B. Blitzlampen-gepumpten Rubinlasern oder Neodym-Glaslasern) besteht die induzierte Emission während des Pumpulses (T = 10μs-10 ms) aus einer, je nach Betriebsbedingungen, periodischen oder auch irregulären Folge kurzer Lichtpulse (spikes) (Abb.11.2), deren Dauer $\Delta T \simeq 1\mu s$ wesentlich kürzer ist als die des Pumppulses $P_P(t)$, deren Einhüllende aber durch die Form von $P_P(t)$ bestimmt wird [11.3].

Für die zeitauflösende Laserspektroskopie sind gepulste Farbstofflaser wegen ihrer kontinuierlich veränderbaren Wellenlänge von besonderer Bedeutung. Außer Blitzlampen werden als Pumpquellen am häufigsten Exzimerlaser, Stickstofflaser, Kupferdampf- oder Golddampflaser und frequenzverdoppelte Nd:YAG-Laser verwendet (Abschn.5.6.6). Die Farbstoff-

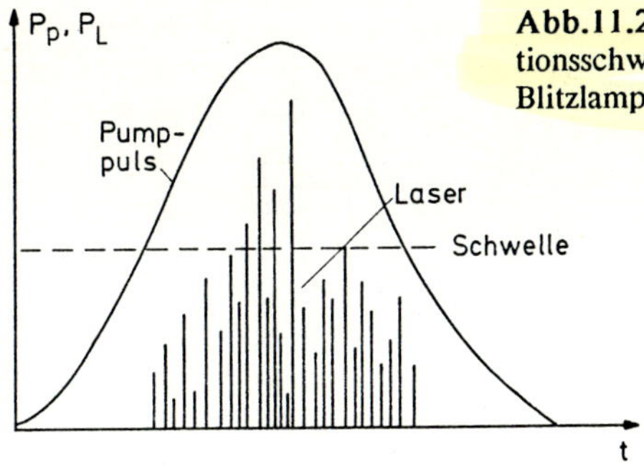

Abb.11.2. Schematische Darstellung von Relaxationsschwingungen („spikes") in der Emission eines Blitzlampen-gepumpten Festkörperlasers

laserpulse haben dann je nach verwendeter Pumpe Pulsdauern von 1 ns bis 500 μs, Spitzenleistungen von 1 kW bis 10 MW und Pulsfolgefrequenzen von 1 Hz bis 15 kHz [11.4].

11.1.2 Güteschaltung von Laserresonatoren

Um bei Festkörperlasern statt der vielen irregulären „spikes" einen einzigen, entsprechend intensiveren Laserpuls zu erhalten, wurde die Technik der „Güteschaltung" des Resonators (Q-switching) entwickelt. Sie beruht auf folgendem Prinzip:

Durch einen „optischen Schalter" im Laserresonator werden die Verluste bis zu einem wählbaren Zeitpunkt t_0 während des Pumppulses so groß gemacht, daß die Oszillationsschwelle nicht erreicht wird. Dadurch kann sich bis zu diesem Zeitpunkt eine große Inversion aufbauen, da sie nicht durch stimulierte Emission abgebaut wird (Abb. 11.3). Öffnet man bei $t = t_0$ den Schalter, so werden plötzlich die Verluste klein (d.h. die Güte des Resonators groß), und es baut sich infolge der großen Nettoverstärkung sehr schnell ein intensiver Laserpuls auf, der die im aktiven Medium gespeicherte „Inversionsenergie" vollständig abbauen und in einen „Riesenpuls" mit kurzer Dauer umwandelt [11.5].

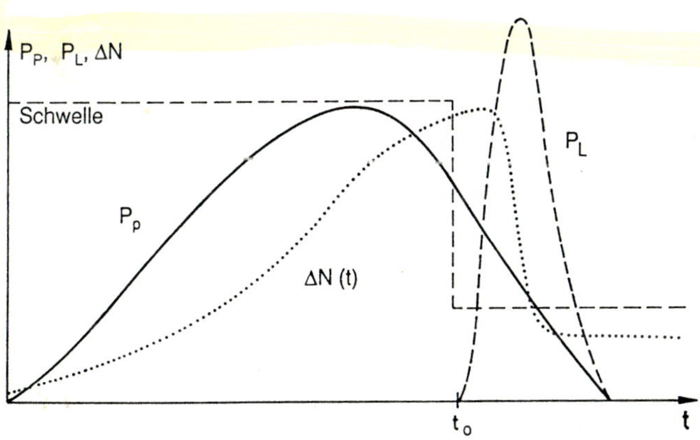

Abb.11.3. Pumpleistung $P_p(t)$, Verluste $\gamma(t)$, Inversion $\Delta N(t)$ und Laserleistung $P_L(t)$ bei einem gütegeschalteten Resonator (Q-switch-Laser)

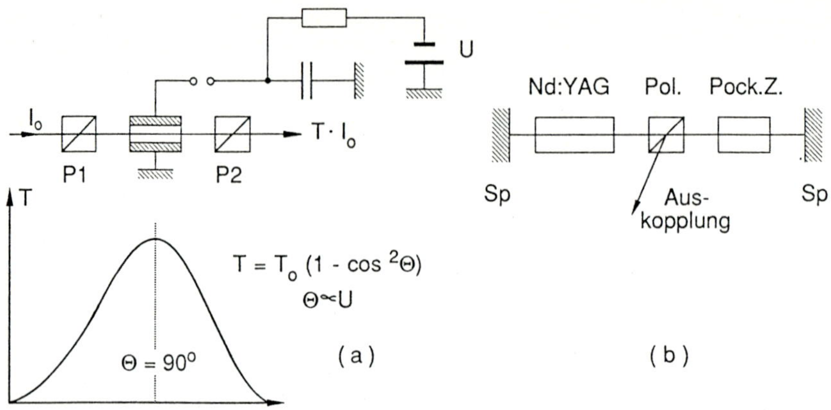

Abb.11.4. Güteschaltung eines Laserresonators: (**a**) Pockelzelle. (**b**) Experimenteller Aufbau

Als optischer Schalter wird oft eine Pockelszelle zwischen zwei gekreuzten Polarisatoren benutzt [11.5,6], die aus einem optisch anisotropen Kristall besteht, der bei Anlegen eines elektrischen Feldes E die Polarisationsebene des transmittierten linear-polarisierten Lichtes um einen Winkel $\Theta \sim |\mathbf{E}|$ dreht (Abb.11.4). Legt man zum Zeitpunkt t_0 an die auf zwei Seitenflächen des Kristalls aufgedampften Elektroden eine solche Spannung U, daß der Drehwinkel $\Theta = 90°$ wird, so kann die linear polarisierte Lichtwelle den optischen Schalter ohne Verluste durchlaufen, während für $t < t_0$ bei $U = 0$ der Drehwinkel $\Theta = 0$ ist und die gekreuzten Polarisatoren die Welle nicht transmittieren.

Die optimale Schaltzeit t_0 hängt ab vom Verlauf des Pumppulses $P_P(t)$ und von der Lebensdauer τ_i des oberen Laserniveaus. Wenn τ_i lang ist gegen die Dauer T des Pumppulses, so geht von der in dieses Niveau gepumpten Energie während der Zeit T nur wenig durch spontane Emission oder durch Relaxationsprozesse verloren. Beim Rubinlaser ($\tau_i \simeq 3$ms) kann man z.B. den Schaltzeitpunkt t_0 praktisch an das Ende des Pumppulses ($T \simeq 0.1$ms) legen. Dadurch läßt sich die gesamte, im oberen Niveau gespeicherte Anregungsenergie ausnutzen, und man erhält einen Riesenimpuls mit einigen ns Dauer und vielen MW Spitzenleistung [11.7].

Das Prinzip der Güteschaltung kann auch auf kontinuierliche Laser angewendet werden. Hier verfährt man gerade umgekehrt: Der Laserresonator besteht aus lauter hochreflektierenden Spiegeln, so daß die Verluste so klein wie möglich gehalten werden. Die Dauerstrichleistung innerhalb des Resonators ist deshalb hoch, weil keine Leistung ausgekoppelt wird. Zum Zeitpunkt t_0 wird durch einen optischen Schalter ein großer Teil der im Resonator gespeicherten Lichtleistung ausgekoppelt. Dies kann z.B. mit Hilfe einer Pockels-Zelle und einem Polarisations-Strahlteiler geschehen (Abb.11.4b). Durch die Drehung der Polarisationsebene der linear polarisierten Welle in der Pockels-Zelle nach Anlegen des Spannungspulses wird an dem unter dem Brewsterwinkel stehenden Polarisationsstrahlteiler ein großer Teil der Resonator-internen Leistung zur Schaltzeit t_0 ausgekoppelt.

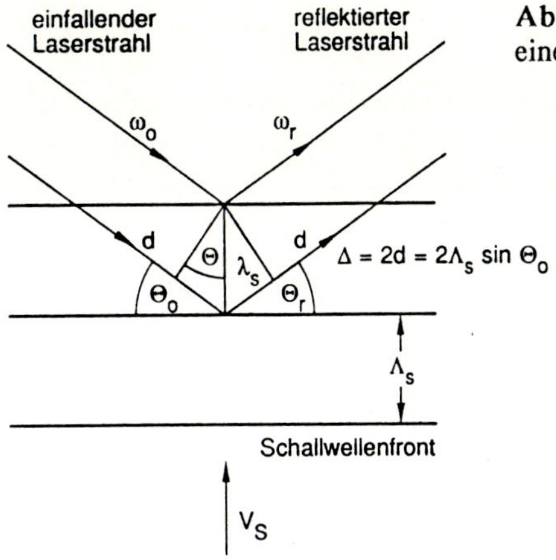

Abb.11.5. Braggreflexion einer Lichtwelle an einer laufenden Ultraschallwelle

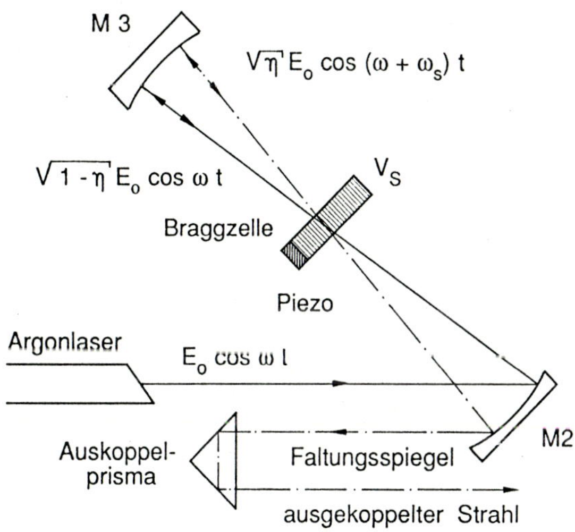

Abb.11.6. Prinzip der Auskopplung beim gütegeschalteten cw-Laser („cavity dumping")

Häufiger wird als optischer Schalter ein akusto-optischer Modulator verwendet, weil man ihn mit geringeren Spannungen betreiben kann. Durch eine unter dem Brewster-Winkel im Resonator angeordnete Quarzplatte wird ein kurzer Ultraschallpuls geschickt. Die Ultraschallwelle bewirkt eine periodische Modulation des Brechungsindex n und damit eine Bragg-Reflexion der Lichtwelle (Abb.11.5), die dadurch abgelenkt und über ein total reflektierendes Prisma aus dem Resonator ausgekoppelt wird (Abb.11.6). Der ausgekoppelte Puls ist allerdings amplituden-moduliert, wie man folgendermaßen sehen kann:

Fällt eine Lichtwelle $E_0\cos(\omega t - kx)$ über den Spiegel M_2 auf die im Kristall mit dem Brechungsindex n laufende Ultraschallwelle mit der Wellenlänge Λ_s, so wird der Bruchteil η der einfallenden Intensität durch Bragg-Reflexion abgelenkt, wenn die Bragg-Bedingung

$$2\Lambda_s \sin\Theta = \lambda/n \tag{11.1}$$

erfüllt ist. Die Größe η hängt ab von der Modulation der Brechzahl n und damit von der Amplitude der Ultraschallwelle. Durch die Reflexion an den mit der Geschwindigkeit v_s durch die Platte laufenden Wellenfronten der Schallwelle mit der Frequenz Ω wird die Frequenz der Lichtwelle um

$$\Delta\omega = 2(nv_s/c)\omega\sin\Theta = 2n\Lambda_s\Omega(\lambda\omega)^{-1}\omega\sin\Theta = \Omega \tag{11.2}$$

Doppler-verschoben. Die Amplitude des reflektierten Anteils ist dann $\sqrt{\eta} \times E_0\cos(\omega+\Omega)t$ und die des transmittierten Anteils $\sqrt{1-\eta}\,E_0\cos\omega t$.

Nach der Reflexion am Spiegel M_3 wird von dem ersten Anteil der Bruchteil $\sqrt{1-\eta}$ durch die Ultraschallwelle transmittiert und von dem zweiten Anteil der in entgegengesetzter Richtung Doppler-verschobene Bruchteil $\sqrt{\eta}E_0\cos(\omega-\Omega)t$ reflektiert. In der Auskoppelrichtung überlagern sich daher die Amplituden

$$\sqrt{\eta}\sqrt{1-\eta}\,E_0[\cos(\omega+\Omega)t + \cos(\omega-\Omega)t] \tag{11.3}$$

und der ausgekoppelte Puls hat wegen $\overline{\cos^2\omega t} = \frac{1}{2}$ die mittlere Leistung

$$P_a(t) = c\epsilon_0\eta(t)[1 - \eta(t)]E_0^2\cos^2\Omega t\ , \tag{11.4}$$

wobei die zeitabhängige Funktion $\eta(t)$ vom Zeitverlauf des Ultraschallpulses abhängt (Abb.11.7)

Während des Ultraschallpulses wird also der Bruchteil $2\eta(1-\eta)$, der im Resonator gespeicherten Lichtleistung in einem mit der Schallfrequenz Ω modulierten Lichtpuls ausgekoppelt („Cavity-Dumping"). Mit $\eta = 0.3$ ergibt dies einen Auskoppelgrad von 42%. Die Folgefrequenz dieser Lichtpulse kann durch die Folgefrequenz f der Ultraschallpulse in weiten Grenzen variiert werden. Oberhalb einer vom Lasertyp abhängigen Grenzfrequenz f_g sinkt die Spitzenleistung der Lichtpulse ab, weil dann die Zeit zwischen

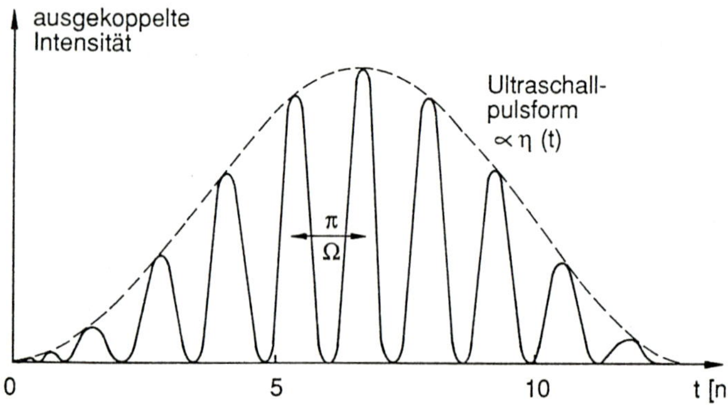

Abb.11.7. Durch Ultraschallgütemodulation ausgekoppelter, amplituden-modulierter Laserpuls

zwei Pulsen nicht mehr ausreicht, um im Resonator die maximale Lichtleistung wieder aufzubauen.

Dieses Verfahren des „Cavity Dumping" [11.8] wird vor allem bei Gaslasern und bei kontinuierlichen Farbstofflasern angewandt. Man erreicht Pulsbreiten $\Delta T \simeq 10-100$ ns, Pulsfolgefrequenzen von 0-4 MHz und Spitzenleistungen, die bei gleicher Pumpleistung 10-100 mal höher sein können als im normalen Dauerstrichbetrieb mit optimalem Auskoppelspiegel. Die zeitlich gemittelte Leistung beträgt bei Folgefrequenzen $f = 10^4-4\cdot10^6$ Hz etwa 0.1%-40% der Leistung des entsprechenden Dauerstrichlasers.

Beispiel 11.1

Bei einem Argonlaser auf der Linie $\lambda = 514.5$ nm, der im Dauerstrichbetrieb 3 W liefert, erreicht man im Güteschaltungsbetrieb Pulse mit einer Dauer $\Delta T = 10$ns. Bei einer Folgefrequenz von $f = 1$ MHz ist die Spitzenleistung $P_{max} = 40$ W, das Puls/Pausen-Verhältnis $f\Delta T = 10^{-2}$ und die mittlere Leistung $\bar{P} \simeq 0.8$ W.

11.1.3 Modenkopplung und Pikosekundenpulse

Durch Phasenkopplung zwischen vielen, gleichzeitig oszillierenden Lasermoden lassen sich Lichtpulse im Pikosekundenbereich erzeugen. Eine solche Kopplung kann durch optische Modulatoren im Laserresonator (aktive Modenkopplung) oder durch Sättigung von absorbierenden Medien innerhalb des Laserresonators (passive Modenkopplung) bewirkt werden [11.9-10]. Wir wollen zuerst das Prinzip der *aktiven Modenkopplung* erläutern.

a) Aktive Modenkopplung

Wird die Intensität einer monochromatischen Lichtwelle $E = A_0\cos(\omega_0 t - kz)$ mit Hilfe eines optischen Modulators [11.6] (Pockels-Zelle, Kerr-Zelle oder stehende Ultraschallwelle) mit der Frequenz f moduliert, so entstehen im Frequenzspektrum der optischen Welle neben der Trägerfrequenz $\nu_0 = \omega_0/2\pi$ Seitenbänder mit den Frequenzen $\nu_0 \pm f$ (Abb.11.8).

Befindet sich der Modulator innerhalb eines Laserresonators mit dem Spiegelabstand d und den Modenfrequenzen $\nu_m = \nu_0 \pm mc/2d$ ($m = 0, 1, 2, \ldots$), so entsprechen die Seitenbänder genau den Resonatormoden, wenn die Modulationsfrequenz f gleich dem Modenabstand wird, wenn also gilt: f

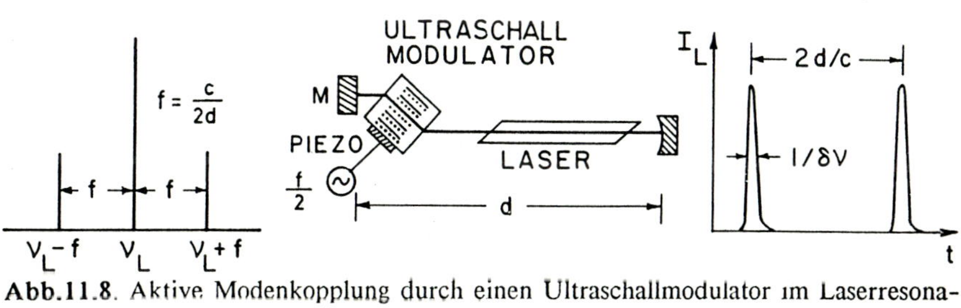

Abb.11.8. Aktive Modenkopplung durch einen Ultraschallmodulator im Laserresonator

$= c/2d$ (Abb.11.8). Die Seitenbänder können dann an der Laseroszillation teilnehmen und werden auch moduliert, wodurch höhere Seitenbänder $\nu = \nu_0 \pm 2f$ entstehen, u.s.w.. Der Laser oszilliert damit gleichzeitig auf allen Moden, die innerhalb des Verstärkungsprofils liegen (Abschn.5.3). Diese Moden schwingen jetzt aber nicht mehr voneinander unabhängig, weil ihre Phasen durch den Modulator miteinander gekoppelt sind. Nach jedem Resonatorumlauf gehen im Modulator die Amplituden aller Moden gleichzeitig durch ihr Maximum. Wir wollen uns diesen Sachverhalt etwas genauer ansehen:

Durch die Modulation der Transmission

$$T = T_0[1 - \delta(1 - \cos\Omega t)] = T_0[1 - 2\delta\sin^2(\Omega/2)] \tag{11.5}$$

mit dem Modulationsgrad $2\delta \leq 1$ und der Modulationsfrequenz $f = \Omega/2\pi$ wird die Amplitude der k-ten Mode hinter dem Modulator

$$A_k(t) = TA_0\cos\omega_k t = T_0 A_0[1 - \delta(1 - \cos\Omega t)]\cos\omega_k t\,, \tag{11.6}$$

wenn wir annehmen, daß alle Lasermoden ohne Modulation die gleiche Amplitude $A_{k0} = A_0$ haben. Mit Hilfe des Additionstheorem läßt sich (11.6) umformen in

$$A_k(t) = A_0 T_0\{(1-\delta)\cos\omega_k t + \tfrac{1}{2}\delta[\cos(\omega_k+\Omega)t + \cos(\omega_k-\Omega)t]\}\,. \tag{11.7}$$

Wenn $\Omega = 2\pi c/2d$ ist, wird auf der Nachbarmode mit der Frequenz $\omega_{k+1} = \omega_k + \Omega$ die Seitenbandamplitude

$$A_{k+1} = (A_0 T_0 \delta/2)\cos(\omega_{k+1} t) \tag{11.8}$$

erzeugt, die durch induzierte Emission weiter verstärkt werden kann, solange die Frequenz ω_{k+1} innerhalb des Verstärkungsprofils für den Laserübergang liegt. Entsprechendes gilt für alle anderen Moden. Da die Amplituden aller drei Frequenzanteile in (11.7) zu den Zeiten $t = q(2d/c)$ $(q = 0, 1, 2, ..)$ gleichzeitig ihr Maximum annehmen, sind ihre Phasen durch die Modulation miteinander gekoppelt.

Bei einer Bandbreite $\delta\nu$ des Verstärkungsprofils oberhalb der Oszillationsschwelle können

$$N = \delta\nu/\Delta\nu = \delta\nu 2d/c\,.$$

Resonatormoden an der modengekoppelten Laseroszillation beteiligt sein. Die Überlagerung dieser N-phasengekoppelten Moden führt zu einer zeitabhängigen Gesamtamplitude

$$A = \sum_{q=-m}^{q=+m} A_k\cos(\omega_0 + q\Omega)t = A_0\sum_q \cos(\omega_0 + q\Omega)t$$

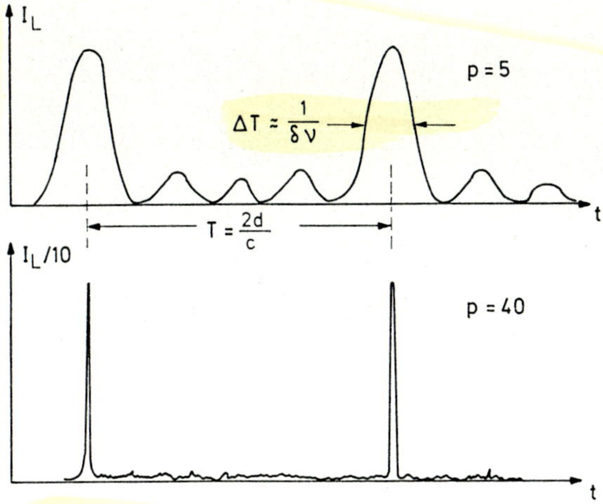

Abb.11.9. Darstellung modengekoppelter Pulse bei der Kopplung von 5 bzw. 40 Moden

mit N = 2m+1. Für die gesamte Laserintensität, die proportional zu A^2 ist, erhält man daher

$$I(t) \sim A_0^2 \frac{\sin^2(\frac{1}{2}N\Omega t)}{\sin^2(\frac{1}{2}\Omega t)} \cos^2\omega_0 t \,. \tag{11.9}$$

Bei zeitlich konstanter Amplitude A_0 (Dauerstrichlaser) beschreibt (11.9) eine zeitlich äquidistante Folge von Pulsen, deren zeitlicher Abstand

$$T = 2d/c = 1/\Delta\nu \tag{11.10}$$

gleich ihrer Umlaufzeit durch den Resonator ist (Abb.11.9). Die Pulsbreite

$$\Delta T = [(2m + 1)\Omega]^{-1} = (N\Omega)^{-1} = 1/\delta\nu \tag{11.11}$$

wird bestimmt durch die Spektralbreite $\delta\nu$ des Verstärkungsprofils oberhalb der Schwelle, die Spitzenleistung der Pulse, die für t = q(2d/c) erreicht wird, ist proportional zu N^2!

Anmerkung

Wir haben bei der obigen Herleitung angenommen, daß alle Amplituden A_q gleich groß sind. Die zeitliche Intensitätsverteilung I(t) in (11.9) entspricht dann genau der räumlichen Intensitätsverteilung bei der Beugung einer ebenen Welle an einem Gitter mit N beleuchteten Furchen (Abschn.4.2), wenn man Ωt durch die Phasendifferenz Φ zwischen benachbarten Lichtbündeln in (4.17) ersetzt. Die wirkliche Amplitudenverteilung und damit auch die Form I(t) der modengekoppelten Laserpulse hängt ab von der Form des Verstärkungsprofils und dem Zeitprofil der Modulation.

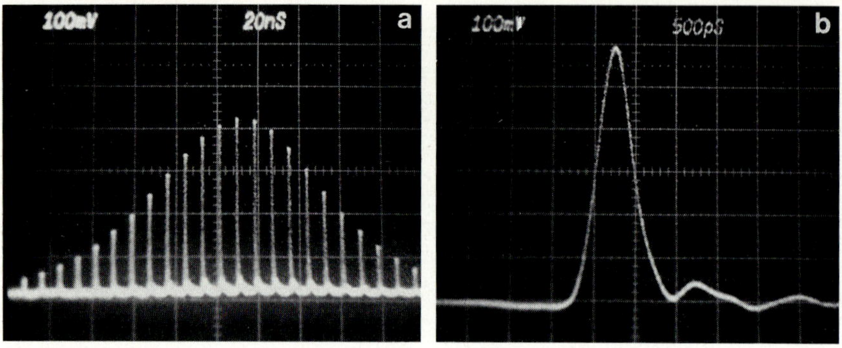

Abb.11.10. Pulszug eines modengekoppelten gepulsten Neodym-Lasers (**a**) und durch eine Pockels-Zelle ausgekoppelter Einzelpuls (**b**) [11.15]

Bei gepulsten modengekoppelten Lasern folgt die Einhüllende der Pulshöhen dem Zeitprofil der Inversion $\Delta N(t)$, das wiederum durch die Pumpleistung $P_P(t)$ bestimmt wird (Abb.11.10).

Durch ein „Pulsschneideverfahren" kann außerhalb des Laserresonators mit Hilfe einer synchron gesteuerten Pockels-Zelle ein einzelner Puls aus diesem Pulszug herausgeschnitten werden. Dazu wird die Pockelszelle, die normalerweise das Licht sperrt, durch einen Puls kurz vor dem Maximum des Pulszuges so verzögert getriggert, daß sie gerade für den nächsten Puls während einer Zeit $\Delta t < T = 2d/c$ geöffnet wird, die kleiner als der zeitliche Abstand zweier Pulse ist [11.11].

Beispiel 11.2

a) Beim HeNe-Laser ist die Bandbreite des Verstärkungsprofils auf dem Übergang $\lambda = 633$ nm $\delta\nu \simeq 1.5$ GHz und man kann daher Pulsbreiten bis etwa 500 ps erreichen.

b) Beim Argonlaser mit $\delta\nu \simeq 5$-7 GHz sollte man theoretisch 150 ps erwarten. Experimentell erreicht man etwa 200 ps. In Abb.11.11 ist die gemessene Pulsbreite durch die Zeitauflösung der Detektoren begrenzt.

c) Der aktiv modengekoppelte Nd-Glaslaser [11.12, 13] liefert Pulsbreiten bis herunter zu 5 ps mit sehr großen Spitzenleistungen ($\geq 10^{10}$ W) bei $\lambda = 1.06$ μm, die mit hoher Effizienz in optisch nichtlinearen Kristallen frequenzverdoppelt bzw. verdreifacht werden können. Man erhält dadurch leistungsstarke kurze Pulse im sichtbaren bzw. ultravioletten Spektralbereich.

d) Wegen der großen Bandbreite $\delta\nu$ ihres Verstärkungsprofils sind Farbstoff- und Farbzentrenlaser die besten Kandidaten, um möglichst kurze Pulse zu erzielen. Mit $\delta\nu \simeq 3 \cdot 10^{13}$ s^{-1} (dies entspricht bei $\lambda = 600$ nm etwa $\delta\nu \simeq 30$ nm) sollten Pulsbreiten bis hinunter zu $\Delta T \simeq 3 \cdot 10^{-14}$ s erreichbar sein. Dies läßt sich in der Tat mit speziellen Techniken realisieren (Abschn.11.1.4). Mit der bisher beschriebenen aktiven Modenkopplung erhält man jedoch nur typische Pulsbreiten von 10-50 ps [11.14]. Dies entspricht etwa der Lichtlaufzeit durch den aktiven Teil des Modulators.

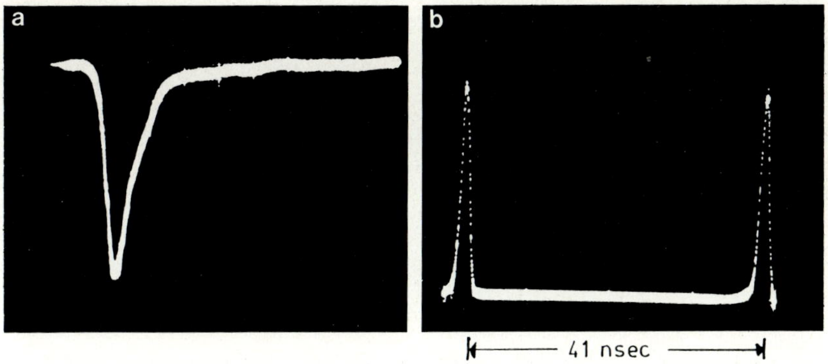

Abb.11.11a,b. Gemessene Pulse eines modengekoppelten Argonlasers bei $\lambda = 488$ nm. (**a**) Mit einer schnellen Photodiode und einem Speicheroszillographen aufgenommen (500ps/Skt.). Die schwachen Oszillationen hinter dem Puls kommen von Kabelreflexionen. (**b**) Das abgeschwächte Streulicht der Pulse wurde mit einem Photomultiplier (Einzelphotonzählung) detektiert und in einem Zeitamplitudenwandler mit Vielkanalspeicher registriert. Die Pulsbreiten sind durch die Zeitauflösung von Photodiode bzw. P.M. begrenzt [11.16]

b) Passive Modenkopplung

Sowohl bei *gepulsten* als auch bei *cw Lasern* ist die passive Modenkopplung eine experimentell besonders einfache Methode, mit der man Pulsbreiten bis unter 1 ps erzielt hat. Man kann sie folgendermaßen anschaulich verstehen:

Statt des aktiven Modulators wird ein sättigbarer Absorber, dessen Absorptionsniveaus eine möglichst kurze Relaxationszeit haben, in den Laserresonator dicht vor einen Endspiegel gestellt (Abb.11.12). Um trotz des Absorbers die Laserschwelle zu erreichen, muß die Verstärkung im Lasermedium entsprechend hoch sein. Kurz bevor die Pumpleistung den Schwellwert erreicht hat, besteht die Emission des aktiven Mediums aus spontan emittierten, induziert verstärkten Photonenlawinen, deren Spitzenleistung mehr oder weniger statistisch schwankt. Infolge der nichtlinearen Sättigung des absorbierenden Mediums (Abschn.7.1) erfährt die intensivste Photonenlawine die geringste Absorption und damit die größte Nettoverstärkung. Sie wächst daher beim nächsten Resonatorumlauf stärker an als ihre schwächeren Konkurrenten, sättigt deshalb den Absorber noch stärker und vergrößert damit ihre Nettoverstärkung weiter. Nach wenigen Resonatorumläufen ist dieser Puls so stark geworden, daß er den überwiegenden Anteil der gesamten Laseremission ausmacht. Nach einem Einschwingstadium besteht diese daher aus einer regelmäßigen Folge von intensiven Pulsen, deren Abstand $T = 2d/c$ ist und die solange andauert, wie die Pumpleistung oberhalb der, nun infolge der Sättigung niedrigeren Schwelle bleibt. Die Fourier-Zerlegung dieser Pulsfolge gibt das Modenspektrum des Lasers.

Man sieht aus dieser anschaulichen Darstellung, daß die Pulsform und Dauer sowohl durch das Relaxationsverhalten des Absorbers als auch durch die des aktiven Mediums bestimmt wird. Damit die passive Modenkopplung die schwächeren Pulse zuverlässig unterdrückt, muß die Relaxationszeit des

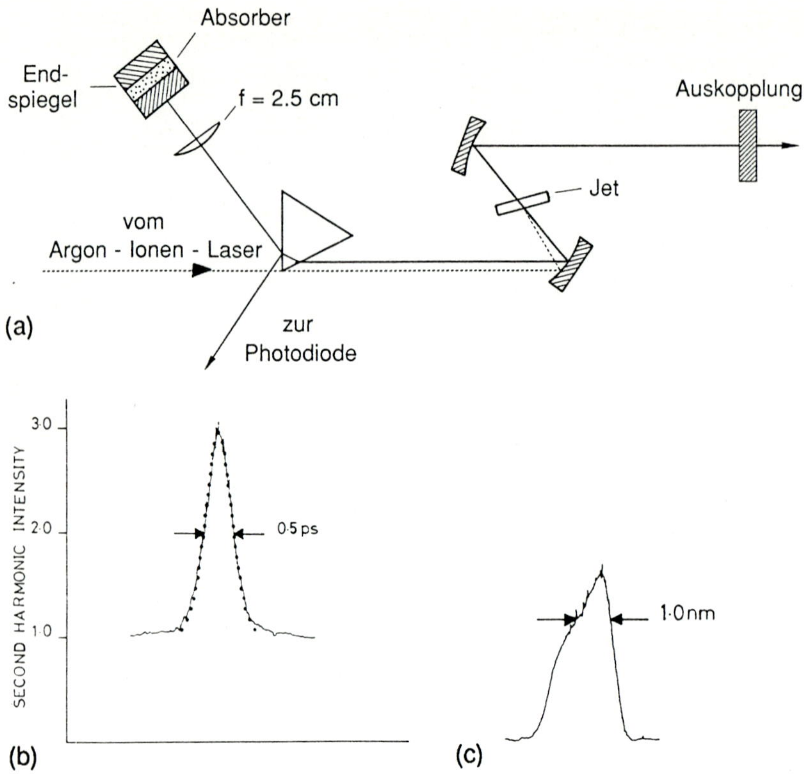

Abb.11.12a-c. Passive Modenkopplung eines kontinuierlichen Farbstofflasers. (**a**) Experimentelle Anordnung, (**b**) gemessener Ausgangspuls, (**c**) Spektralprofil [11.14]

sättigbaren Absorbers kurz sein gegen die Resonatorumlaufzeit, weil sonst schwächere Pulse kurz hinter dem stärkeren Puls noch von der Sättigung profitieren würden und während der Einschwingzeit entsprechend stärker anwachsen könnten [11.17]. Als Absorber werden je nach Wellenlänge verschiedene Farbstoffe, verwendet, wie z.B. Methylenblau, Diäthyloxadicarbocyanin DODCI, oder Polymethin-Pyrylium [11.18], welche Relaxationszeiten im Bereich 10^{-9} - 10^{-12} s haben.

Auch bei kontinuierlichen Lasern kann die passive Modenkopplung verwendet werden, obwohl hier wegen der kleineren Verstärkung das Verhältnis von Absorption und Verstärkung nur in einem engen Bereich zu stabilem modengekoppeltem Betrieb führt [11.19-21]. Man erreicht bei passiv modengekoppelten cw Farbstofflasern Pulsbreiten bis herab zu 0.5 ps [11.21].

c) Synchrones Pumpen

Eine sehr erfolgreiche Technik, um besonders kurze Pulse aus kontinuierlichen Farbstofflasern zu erhalten, ist das synchrone Pumpen [11.22-24]. Hier wird ein modengekoppelter Argonlaser als Pumpe für den Farbstofflaser verwendet (Abb.11.13). Macht man die Umlaufzeit der Farbstofflaserpulse genau gleich dem zeitlichen Abstand $T = 2d/c$ der Pumppulse, so

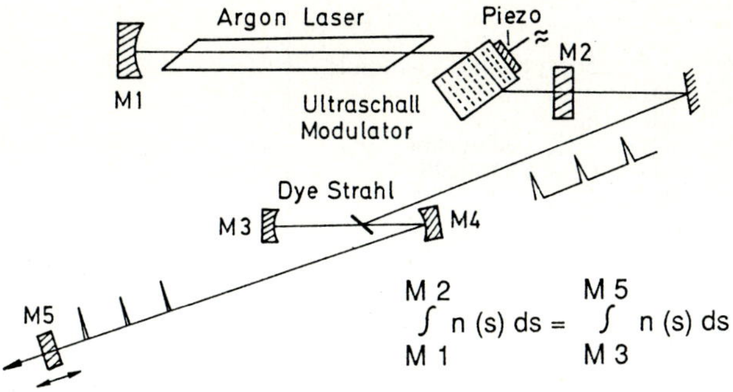

Abb.11.13. Synchron gepumpter cw-Farbstofflaser mit akusto-optisch modengekoppeltem Argonlaser und durchstimmbarem Farbstofflaser, der fast Fourier-limitierte Pulse liefert

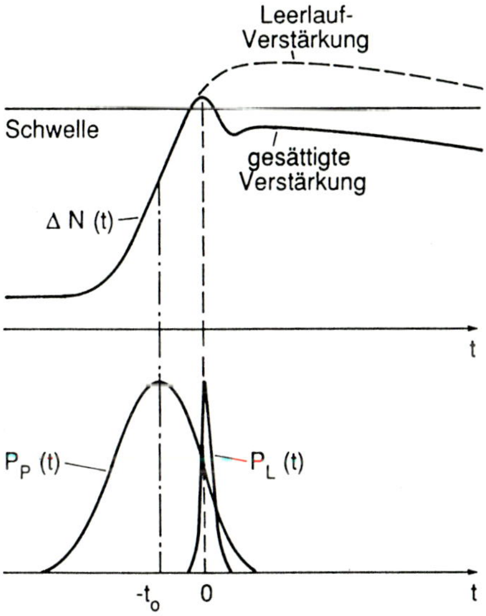

Abb.11.14. Schematische Darstellung von Argonlaserpuls $P_p(t)$, Inversion $\Delta N(t)$ im Farbstoffstrahl und Farbstofflaserpuls $P_L(t)$ beim synchronen Pumpen

trifft der Farbstofflaserpuls immer im optimalen Zeitpunkt mit dem Pumppuls im aktiven Medium des Farbstoffstrahls zusammen und wird daher maximal verstärkt (Abb.11.14). Um die Synchronisation zu erreichen, wird ein Endspiegel des Farbstofflasers auf einen Mikrometerschlitten gesetzt, damit die Resonatorlänge angepaßt werden kann. Man erreicht Pulsbreiten bis unter 1 ps [11.25]. Die Pulsbreite ΔT hängt dabei von der Genauigkeit Δd der Resonatoranpassung ab. Eine Fehlanpassung von $\Delta d = 1\ \mu m$ verdoppelt die Pulsbreite bereits von 0.5 ps auf 1 ps [11.26].

Für manche Anwendungen ist die Pulsfolgefrequenz $f = c/2d$, die für eine Resonatorlänge $d = 1m$ bereits 150 MHz beträgt, zu hoch. Hier hilft das im Abschn.11.1.2 besprochene Verfahren der Güteschaltung („cavity-dumping"), bei dem nur jeder k-te Pulse ($k \geq 20$) über die Bragg-Reflexion

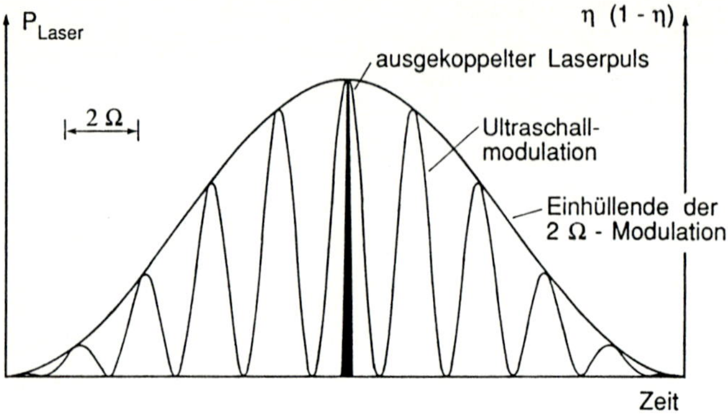

Abb.11.15. Zur Synchronisation von Auskopplung und Ankunftszeit des Laserpulses in der Bragg-Zelle

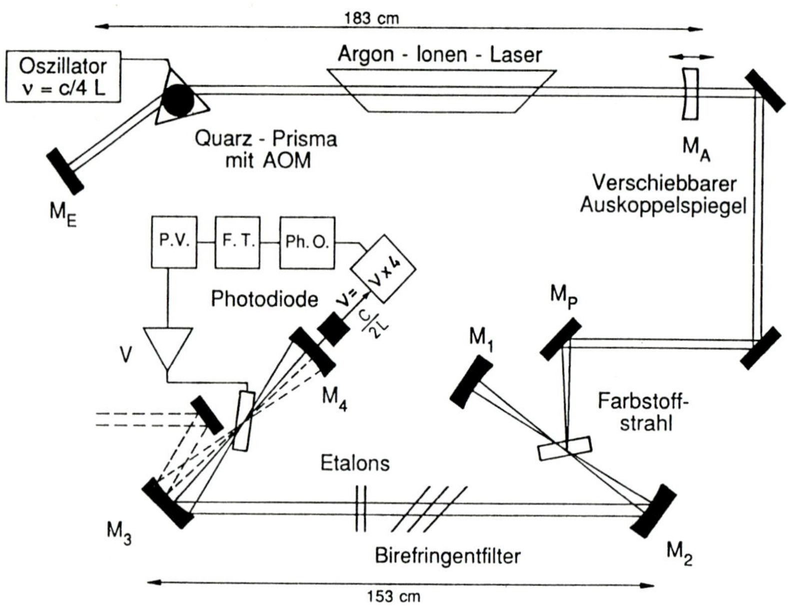

Abb.11.16. Gütegeschaltetes modengekoppletes cw Farbstofflaser-System mit entsprechender Synchronsisationselektronik (V: Verstärker, P.V: Pulsverzögerung, F.T: Frequenzteiler, Ph.O: Phasengekoppelter Oszillator)

an einer Ultraschallwelle ausgekoppelt wird. Der Ultraschallpuls muß jetzt synchronisiert werden mit den modengekoppelten Pulsen. Dies geschieht über eine schnelle Photodiode, welche die modengekoppelten Pulse registriert und das Ansteuersignal für den HF-Generator liefert, der die Ultraschallpulse erzeugt. Die technische Realisierung dieser Synchronisation ist in Abb.11.16 gezeigt: Die Frequenz $\nu_s = \Omega/2\pi$ der Ultraschallwelle ist ein ganzzahliges Vielfaches der Modenkoppelfrequenz c/2d. Die Phase der Ultraschallwelle wird so eingestellt, daß ein modengekoppelter Puls genau mit dem zentralen Maximum der Auskoppelung zusammenfällt, während der nächstfolgende Puls genau in ein Minimum fällt. Man kann so errei-

Table 11.1. Vergleich verschiedener Modenkopplungstechniken [11.28]

Modenkopplungstechnik	Laser-Type	Typische Pulsdauern [ps]	Typische Pulsenergie [nJ]	Vorteile	Nachteile
aktiv	Ionenlaser Nd:YAG	100-200 100 bei 1.06 μm 70 bei 0.53 μm	10 100-200 10-20	Stabiler Betrieb Reproduzierbar	Benötigt stabilen HF-Generator und gute Modulation
passiv	Farbstofflaser Nd:YAG	0.5-10	0.5-5	Einfach & billig kurze Pulse	kleine Pulsenergie Amplituden- und Phasenrauschen
Synchrones Pumpen	Farbstoff-und Farbzentrenlasern	2-20	1-10	Einfache Durchstimmbarkeit; kann mit Güteschaltung kombiniert werden	bei kurzen Pulsen Nachpulse
Synchrones Pumpen und passive Modenkopplung	Farbstofflaser	0.5	1	kürzere Pulse	zwei getrennte Farbstoffstrahlen. Bei Wellenlängenänderungen muß Absorber-Konzentration geändert werden
CPM	Farbstofflaser	<0.1	0.5	kürzeste ohne Pulskompression erreichte Pulse	Sehr kritische Justierung und Resonatoranordnung, geringe Durchstimmbarkeit

chen, daß während des Ultraschallpulses genau ein modengekoppelter Lichtpuls ausgekoppelt wird, während die Pulsfolgefrequenz durch die Folgefrequenz der Ultraschallpulse von 1 Hz bis 4 MHz einstellbar ist [11.27]. In Abb. 11.16 ist der Gesamtaufbau eines solchen gütegeschalteten modengekoppelten Farbstofflasersystems schematisch dargestellt. Tabelle 11.1 gibt eine Zusammenfassung charakteristischer Daten der verschiedenen Modenkopplungstechniken [11.28]. Ausführliche Darstellungen dieses Gebietes findet man in [11.10, 14, 21].

11.1.4 Erzeugung von Femtosekunden-Pulsen

Im vorigen Abschnitt haben wir gesehen, daß mit passiver Modenkopplung von Farbstofflasern oder durch synchrones Pumpen Lichtpulse mit Breiten bis herunter zu 0.5 ps erreicht werden. In den letzten Jahren sind einige Verfahren entwickelt worden, mit denen diese Grenze weit unterschritten werden konnte. Die kürzesten zur Zeit erzeugbaren Lichtpulse im sichtbaren Spektralgebiet sind nur noch 6 fs lang [11.29]. Dies entspricht bei λ = 600 nm etwa 3 Schwingungsperioden der Lichtwelle! Wir wollen einige dieser Verfahren jetzt besprechen.

a) Der CPM-Farbstofflaser

Ein Farbstofflaser mit Ringresonator, dessen aktives Medium durch einen kontinuierlichen Argonlaser gepumpt wird, läßt sich durch einen zweiten absorbierenden Farbstoffstrahl passiv modenkoppeln. Die modengekoppelten Pulse können in beiden Richtungen im Ringresonator umlaufen (Abb.11.17). Wird der Absorber nun so angeordnet, daß die kürzeste Lichtlaufzeit vom aktiven zum passiven Farbstoffstrahl genau $\frac{1}{4}$ der Resonatorumlaufzeit T beträgt, so haben zwei entgegenlaufende Pulse, die sich gerade im Absorber treffen („colliding pulse mode-locking", CPM), die größte Nettoverstärkung, weil:

1) die beiden Pulse den Verstärker im größtmöglichen zeitlichen Abstand $\frac{1}{2}$T durchlaufen, sodaß sich die Inversion nach ihrem Abbau durch den vorhergehenden Puls wieder optimal erholt hat,

2) die Gesamtintensität im Absorber gleich der doppelten Einzelpulsintensität ist, so daß die Sättigung des Absorbers für diesen Fall maximal und die Absorption minimal wird.

Dieser Zustand wird sich deshalb bei passiver Modenkopplung im Ringresonator, d.h. bei geeigneter Wahl von Verstärkung und Absorption von selber einstellen. Warum werden die Pulse bei dieser Konfiguration besonders kurz?

Die Dicke des Absorberfarbstoffstrahls wird so dünn gewählt ($\lesssim$100 μm), daß die Lichtlaufzeit durch den Absorber nur etwa 400 fs beträgt. Während ihrer Überlagerungszeit bilden die beiden entgegenlaufenden Pulse im Absorber eine stehende Lichtwelle, die aufgrund der Sättigung ein räumliches Dichteprofil $N_i(z)$ der Farbstoffmoleküle im absorbierenden Zustand $|i\rangle$ erzeugen und damit ein entsprechendes Absorptionsgitter im Farbstoffstrahl mit der Periode $\lambda/2$ (Abb.11.18). Dieses Gitter bewirkt eine teilweise Reflexion der einfallenden Lichtwellen, wodurch die beiden entgegenlaufenden Pulse miteinander gekoppelt werden.

Die Absorption beider Pulse im sättigbaren Absorber ist minimal, wenn sich die beiden Pulsmaxima gerade überlappen. Dann ist das Gitter

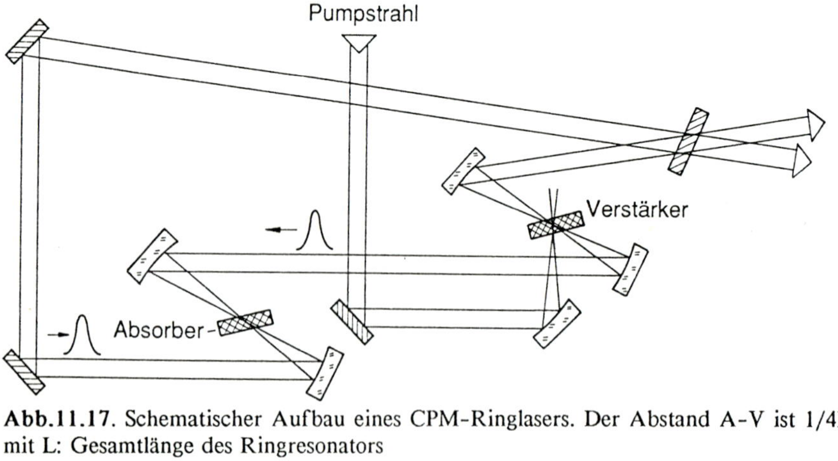

Abb.11.17. Schematischer Aufbau eines CPM-Ringlasers. Der Abstand A-V ist 1/4L mit L: Gesamtlänge des Ringresonators

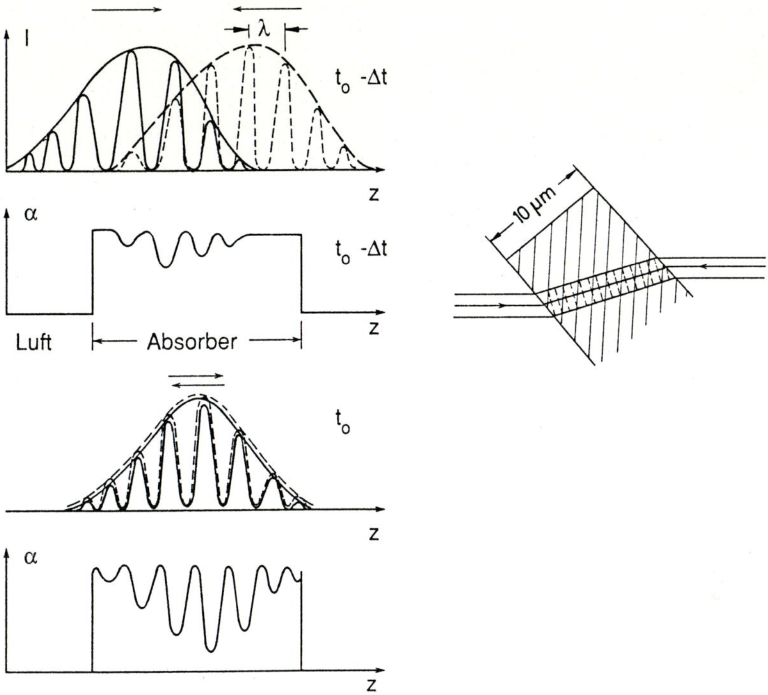

Abb.11.18. Dichtemodulation und Reflexionsgitter im Farbstoffstrahl während der Überlagerung der beiden entgegenlaufenden Pulse

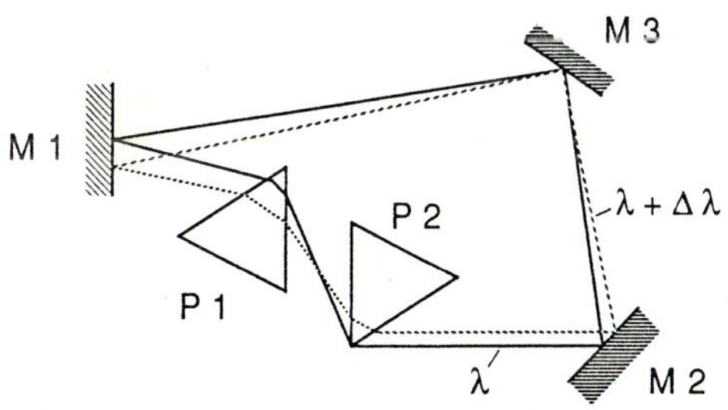

Abb.11.19. Kompensation der Spiegeldispersion durch eine entgegengesetzte Prismendispersion. Die gestrichelte Kurve zeigt den Umlaufweg für eine Wellenlänge $\lambda+\Delta\lambda$

am stärksten ausgeprägt und die Kopplung der beiden Pulse maximal. Die Pulse werden dadurch bei jedem Umlauf etwas kürzer, bis die Verkürzung pro Resonatorumlauf gerade kompensiert wird durch andere Pulsverlängerungseffekte. Hierzu gehört z.B. die Dispersion in den dielektrischen Schichten der Resonatorspiegel, die dazu führt, daß die Resonatorumlaufzeit für die im Lichtpuls enthaltenen verschiedenen Lichtwellenlängen unterschiedlich wird. Je kürzer die Pulse werden, desto breiter wird ihr Spektralprofil $I(\nu)$ und desto stärker machen sich Dispersionseffekte störend bemerkbar.

Die Spiegeldispersion läßt sich kompensieren durch Einfugen disperser Prismen in den Ringresonator (Abb.11.19), die bewirken, daß die

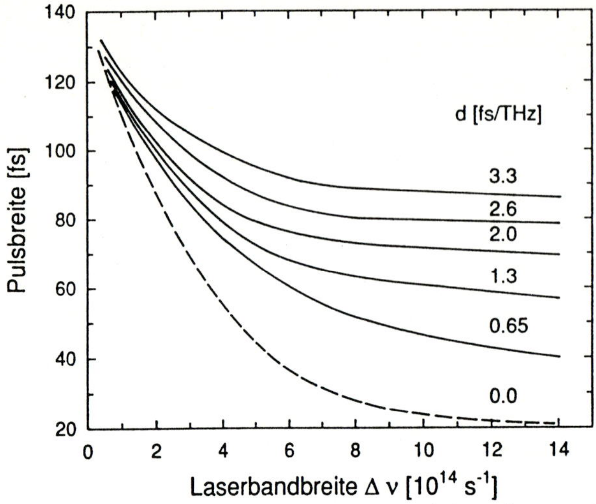

Abb.11.20. Pulsbreiten im stationären Betrieb eines modengekoppelten Lasers ohne Dispersion (*gestrichelte Kurve*) und bei verschiedenen Werten des Dispersionsparameters d [fs/THz] als Funktion der spektralen Bandbreite $\Delta\nu$ [11.30]

wellenabhängigen Phasenverschiebungen bei der Reflexion an den Spiegeln durch entsprechend veränderte geometrische Wege $d \cdot n(\lambda)$ genau kompensiert werden. Man kann diese Kompensation optimieren durch die Wahl der Länge l, die die Laserpulse in einem Prisma durchlaufen, indem man die Prismen senkrecht zum Strahl verschiebt.

Wie wir schon im vorigen Abschnitt gesehen haben, kann die Dauer modengekoppelter Pulse umso kürzer werden, je breiter das spektrale Verstärkungsprofil des Lasermediums ist. Mit zunehmender spektraler Breite der Laserpulse werden jedoch die Dispersionseffekte immer größer und können nicht mehr vollständig kompensiert werden, so daß die weitere Verkürzung der Pulse begrenzt wird. In Abb.11.20 ist die erreichbare minimale Pulsdauer als Funktion der Laserbandbreite für verschiedene Dispersionswerte [fs/cm^{-1}] aufgetragen [11.30].

Mit dieser CPM-Technik (CPM-Laser) lassen sich theoretisch, wie Abb.11.20 zeigt, Pulsbreiten bis herab zu 50 fs erreichen. Experimentell wurden in der Tat Pulse unter 100 fs gemessen [11.31,32]. Pumpt man den CPM-Ring-Farbstofflaser mit zwei in einem eigenen Ringresonator gegensinnig umlaufenden Pumppulsen eines modengekoppelten Argonlasers, so erreicht man einen über Stunden stabilen Betrieb mit Pulsbreiten von 100 fs [11.33].

b) Optische Pulskompression

Die Idee der spektralen Verbreiterung von Pulsen durch „Selbst-Phasen-Modulation" mit anschließender „Pulskompression" brachte einen weiteren Durchbruch zu noch kürzeren Pulsen. Das Verfahren basiert auf folgendem Prinzip:

Wenn ein optischer Puls mit der spektralen Amplitudenverteilung $E(\omega)$, der spektralen Bandbreite $\Delta\omega$ und der zeitabhängigen Intensität

$$I(t) = \epsilon_0 c \int |E(\omega, t)|^2 e^{i(\omega t - kz)} d\omega$$

durch ein Medium mit dem Brechungsindex $n(\omega)$ läuft, so wird sich seine zeitliche Form im allgemeinen ändern, weil die Gruppengeschwindigkeit

$$v_g = d\omega/dk = \frac{d}{dk}(v_{Ph} k) = v_{Ph} + k \frac{d(v_{Ph})}{dk} = \frac{c}{n} \left[1 + \frac{\lambda}{n} \frac{dn}{d\lambda}\right], \qquad (11.12)$$

mit welcher sich das Maximum des Pulses bewegt, die Dispersion

$$\frac{dv_g}{d\omega} = \frac{dv_g}{dk} \bigg/ \frac{d\omega}{dk} = \frac{1}{v_g} \frac{d^2\omega}{dk^2} \qquad (11.13)$$

zeigt [11.34]. Der Brechungsindex

$$n(\omega, I) = n_0(\omega) + n_2 I(t) \qquad (11.14)$$

enthält bei genügend großer Intensität I außer dem Term der linearen Dispersion $n_0(\omega)$ noch einen nicht zu vernachlässigenden nichtlinearen Anteil, der proportional zur Intensität $I(t)$ des Pulses ist. Die Phase

$$\phi = \omega t - kz = \omega t - \omega n z/c = \omega(t - n_0 z/c) - AI(t) \qquad (11.15)$$

des elektrischen Feldes $E(\omega, t)$ hängt also von der Intensität $I(t)$ ab, wobei der Faktor $A = n_2 \omega z/c$ proportional zum nichtlinearen Teil n_2 des Brechungsindexes ist. Da die Frequenz

$$\omega = \frac{d\phi}{dt} = \omega_0 - \frac{A dI}{dt} \qquad (11.16)$$

gleich der zeitlichen Ableitung der Phase ist, sieht man aus (11.16), daß während des Pulsanstieges ($dI/dt > 0$) die Lichtfrequenz ω kleiner, am Ende des Pulses ($dI/dt < 0$) aber größer wird (Selbstphasen-Modulation). *Das spektrale Profil des Pulses wird daher breiter.*

Der lineare Anteil n_0 des Brechungsindexes n bewirkt bei normaler Dispersion ($dn_0/d\lambda < 0$), daß die roten Spektralanteile im Puls eine größere und die blauen eine kleinere Geschwindigkeit haben. Die roten Anteile werden daher voreilen und die blauen verzögert werden (chirp). Dies bedeutet, daß der Puls bei der Ausbreitung durch das Medium wegen des nichtlinearen Anteils n_2 spektral breiter wird und wegen des linearen Anteils n_0 zeitlich auseinanderläuft (Abb.11.21). Die zeitliche Verbreiterung ist proportional zur Länge des Mediums und hängt von der Spektralbreite $\Delta\omega$ und damit auch von der Intensität des Pulses ab. Aus der Wellengleichung

$$\frac{\partial E}{\partial z} + \frac{1}{v_g} \frac{\partial E}{\partial t} = \frac{i}{2v_g^2} \frac{\partial^2 E}{\partial t^2} - \frac{i\pi}{\lambda n} n_2 |E|^2 E, \qquad (11.17)$$

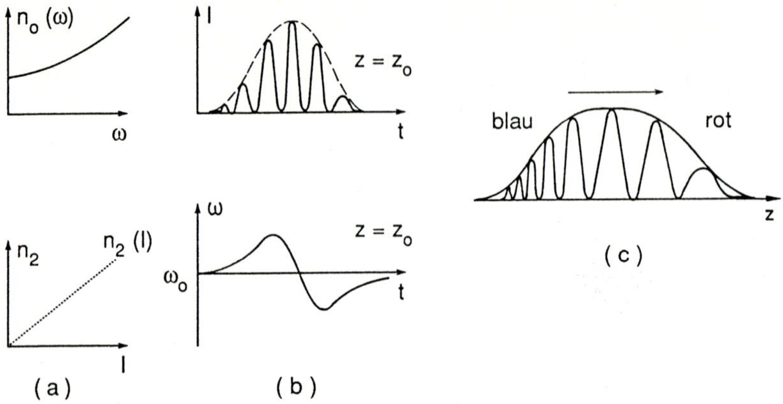

Abb.11.21a-c. Verbreiterung eines Pulses in einem Medium mit normaler linearer plus nichtlinearer Dispersion. (**a**) linearer und nichtlinearer Anteil des Brechungsindex, (**b**) Frquenzchirp, (**c**) räumliche Pulsverbreiterung auf Grund der linearen Dispersion

die unter Berücksichtung von Dispersion und nichtlinearem Brechungsindex in der Näherung gilt, daß sich die Amplitude entlang der Ausbreitungsrichtung nur langsam ändert ($\lambda\partial^2 E/\partial z^2 << \partial E/\partial z$) [11.35] erhält man für einen Puls der Breite τ, der mit der Gruppengeschwindigkeit v_g das Medium mit der Länge L durchläuft, die Pulsbreite [11.36].

$$\tau' = \tau\sqrt{1 + (\tau_c/\tau)^4}\ , \tag{11.18}$$

wobei die kritische Pulsbreite τ_c gegeben ist durch

$$\tau_c = (2)^{5/4}\sqrt{L/(\partial v_g/\partial\omega)}\ . \tag{11.19}$$

Der Puls läuft also umso schneller auseinander, je kürzer er ist. Läßt man jetzt diesen verbreiterten Puls nach Durchlaufen des Mediums auf zwei parallel angeordnete optische Beugungsgitter fallen, so kann durch die unterschiedlichen Laufwege für die verschiedenen Wellenlängen der Chirp des Lichtpulses kompensiert werden, so daß der Puls zeitlich komprimiert wird. Dies läßt sich wie folgt einsehen:

Der optische Weg zwischen zwei Phasenfronten vor und hinter dem Gitterpaar ist bei einem Gitterabstand D nach Abb.11.22

$$S(\lambda) = S_1 + S_2 = \frac{D}{\cos\beta}(1 + \sin\gamma) \quad \text{mit} \quad \gamma = 90° - (\alpha+\beta)\ , \tag{11.20}$$

was wegen $\cos(\alpha+\beta) = \cos\alpha\cos\beta - \sin\alpha\sin\beta$ übergeht in

$$S(\lambda) = D\left(\cos\alpha + \frac{1}{\cos\beta} - \sin\alpha\tan\beta\right)\ .$$

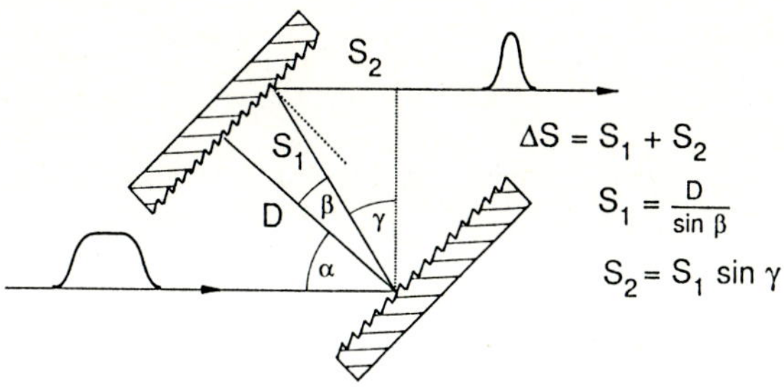

Abb.11.22. Dispersion zweier paralleler Beugungsgitter

Wegen der Dispersion $d\beta/d\lambda = (d\cos\beta)^{-1}$ des Gitters mit einem Gitterfurchenabstand d (Abschn.4.1.3) erhalten wir

$$\frac{dS}{d\lambda} = \frac{dS}{d\beta}\frac{d\beta}{d\lambda} = \frac{D\lambda}{cd^2[1 - (\sin\alpha - \lambda/d)^2]^{3/2}} \,. \tag{11.21}$$

Man sieht also, daß der optische Weg mit steigender Wellenlänge zunimmt!

Wählt man den Gitterabstand D so, daß der Chirp durch das Medium mit nichtlinearem Brechungsindex gerade kompensiert wird, erhält man einen zeitlich komprimierten Puls.

Anmerkung

Bei der Reflexion am Gitter tritt außerdem eine Phasenverschiebung auf, die pro Gitterfurche in der 1. Beugungsordnung 2π beträgt. In [11.37] wird jedoch gezeigt, daß bei dem Gitterpaar die Verzögerungszeit des Pulses genau durch $\Delta\tau = S(\omega)/c$ gegeben ist.

Als Medium mit nichtlinearem Brechungsindex wird eine „single-mode" optische Glasfaser verwendet, in die der Ausgangspuls des Lasers fokussiert wird, und deren Länge so gewählt wird, daß die spektrale Pulsverbreiterung optimal wird, ohne daß infolge der Dispersion die verschiedenen Wellenlängenanteile völlig auseinanderlaufen.

In Abb.11.23 wird eine typische experimentelle Anordnung gezeigt [11.38]. Man kann die Dispersion des Gitterpaares verdoppeln, wenn der Puls hinter dem 2. Gitter in sich reflektiert wird und das Gitterpaar ein zweites Mal durchläuft (Abb.11.23).

Mit einer solchen Anordnung wurden Pulse mit einer Dauer von 16 fs erzeugt [11.39]. Durch eine Kombination von Prismen und Gittern (Abb.11.24) läßt sich nicht nur der quadratische sondern auch der kubische Term der Phasendispersion

$$\phi(\omega) = \phi(\omega_0) + \left[\frac{d\phi}{d\omega}\right]_{\omega_0}(\omega-\omega_0) + \frac{1}{2}\left[\frac{d^2\phi}{d\omega^2}\right]_{\omega_0}(\omega-\omega_0)^2 + \frac{1}{6}\left[\frac{d^3\phi}{d\omega^3}\right]_{\omega_0}(\omega-\omega_0)^3 \tag{11.22}$$

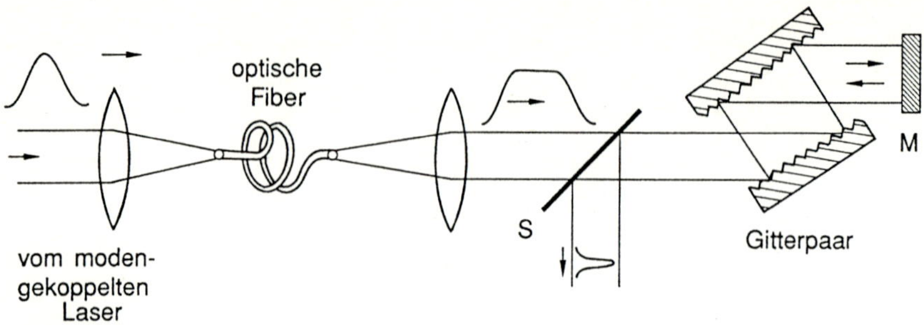

Abb.11.23. Experimentelle Anordnung zur Erzeugung von Femtosekundenpulsen durch Selbstphasenmodulation in einer optischen Fiber mit anschließender Pulskompression in einem Gitterpaar

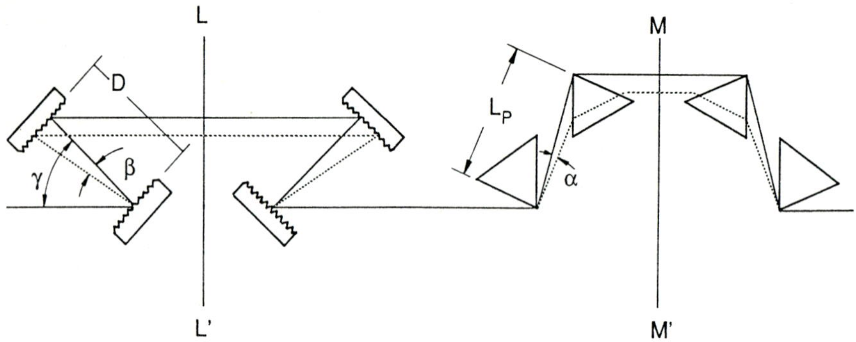

Abb.11.24. Kombinierte Folge von Prismen und Gittern zur Kompensation der quadratischen und kubischen Phasendispersion. Die durchgezogene Linie ist der Referenzweg. Die gestrichelte Linie ist der Weg, den eine ebene Welle läuft, die um den Winkel ß gegen die Gitternormale gebeugt und im 1. Prisma um den Winkel α gegen die Verbindungslinie der beiden Prismenspitzen gebrochen wird. LL′ und MM′ sind Phasenebenen [11.29]

kompensieren [11.29]. Man erreicht dadurch Pulse bis herunter zu 6 fs! In Abb.11.25 ist der Fortschritt bei der Erzeugung ultrakurzer Lichtpulse im Laufe der letzten 20 Jahre illustriert.

11.1.5 Solitonenlaser

Im vorigen Abschnitt hatten wir gesehen, daß beim Durchgang eines optischen Pulses durch eine Glasfaser aufgrund des nichtlinearen Anteils der Brechzahl $n = n_0 + n_2$ eine Selbstphasenmodulation auftritt, so daß die Wellenlängen am Pulsanfang zum Roten und am Pulsende zum Blauen hin verschoben wurden. Während in einem Medium mit *normaler* linearer Dispersion ($dn_0/d\lambda < 0$) dadurch eine zeitliche Verbreiterung des Pulses auftritt, führt dieser Chirp in einem Medium mit *anomaler* linearer Dispersion ($dn_0/d\lambda > 0$) zu einer zeitlichen Kompression des Pulses. Eine solche Situation tritt z.B. auf in Quarzglasfibern oberhalb $\lambda > 1.3\mu m$. Bei geeigneter Wahl der Intensität kann man erreichen, daß sich beide Effekte kompensieren, so daß die Pulsform zeitlich konstant bleibt. Ein solcher Puls,

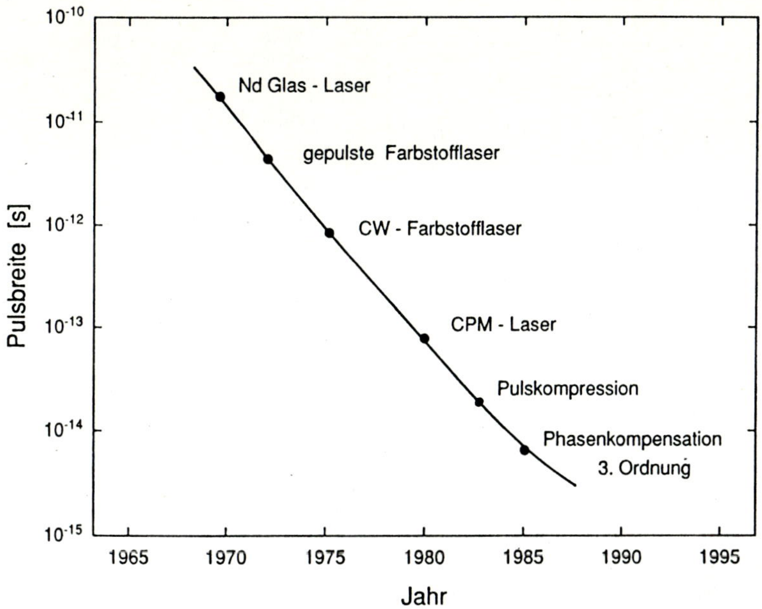

Abb.11.25. Historische Fortschritte bei der Erzeugung kurzer Pulse

dessen Form sich bei gleichzeitiger Einwirkung von linearer Dispersion und nichtlinearer Selbstphasenmodulation zeitlich nicht ändert, heißt fundamentales Soliton [11.40,41].

Allgemein erhält man alle möglichen Solitonen der Ordnung N als stabile Lösungen der nichtlinearen Wellengleichung (11.17).

Während das fundamentale Soliton mit N = 1 seine Form dauernd beibehält, zeigen die höheren Solitonen eine oszillatorische Veränderung ihrer Pulsform. Sie verringert sich zuerst und vergrößert sich dann wieder. Nach der Strecke z_0, die von der Brechzahl n der Faser und von der Intensität des Pulses abhängt, hat der Puls wieder seine ursprüngliche Form.

Mit Hilfe optischer Solitonen in Glasfasern läßt sich ein stabiler Femtosekundenbetrieb von Farbzentrenlasern realisieren. Ein solches System wird Solitonenlaser genannt [11.42-44]. Sein Prinzip ist in Abb.11.26 dargestellt: Die Pulse eines synchron von einem modengekoppelten Nd:YAG-Laser gepumpten Farbzentrenlasers (Abschn.5.6.5) mit der Wellenlänge $\lambda = 1.5$ μm werden über den Strahlteiler S und die Linse L_1 in eine optische Faser fokussiert und hinter der Faser durch den Spiegel M_5 in sich reflektiert, so daß sie wieder in den Laserresonator gelangen. Das System M_0-M_5 bildet einen Hilfsresonator, der über den Auskoppelspiegel M_0 mit dem Laserresonator M_1-M_0 gekoppelt ist und in dem durch die optische Faser, in der sich Solitonen bilden, ein Pulsverkürzungsmedium eingebaut ist. Wählt man die Länge des Hilfsresonators gerade so, daß die Pulsumlaufzeiten in beiden Resonatoren gleich sind, so injiziert der Hilfsresonator jedesmal zum richtigen Zeitpunkt einen kürzeren Puls in den Resonator, als aus diesem herauskommt. Die Pulse werden daher bei jedem Umlauf etwas kürzer, bis die Verkürzung pro Umlauf gerade durch andere Verbreiterungsmechanismen,

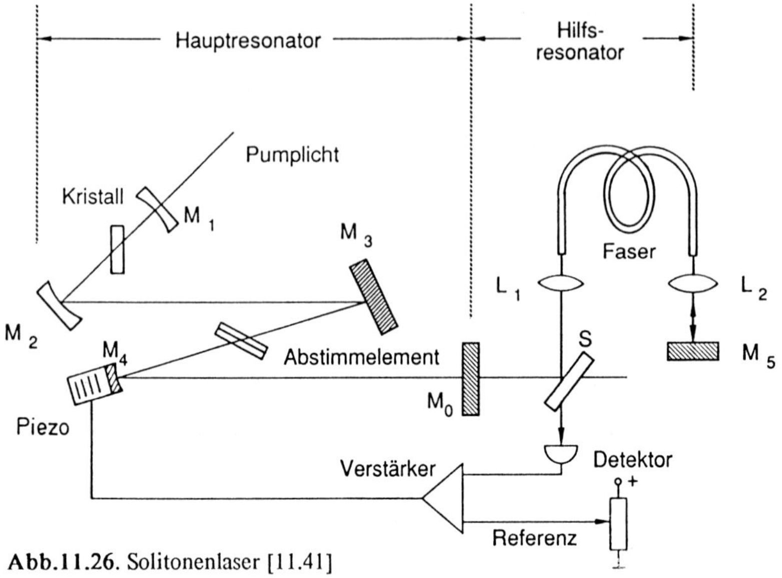

Abb.11.26. Solitonenlaser [11.41]

die mit abnehmender Pulslänge, d.h. zunehmender Spektralbreite anwachsen, kompensiert wird. Damit die Phasen des injizierten Pulses und des aus dem Hauptresonator kommenden und an M_5 reflektierten Pulses immer übereinstimmen, müssen die beiden Resonatorlängen auf Bruchteile einer Wellenlänge genau stabilisiert werden. Die am Strahlteiler S ausgekoppelte Intensität hängt kritisch von der Längenanpassung ab und kann deshalb als Regelsignal zur Längenstabilisierung verwendet werden, das über einen Piezozylinder den Spiegel M_4 nachregelt (Abschn.5.44). Es zeigt sich, daß stabiler Laserbetrieb am besten mit höheren Solitonen $N \geq 2$ möglich ist. Durch die Länge der Faser läßt sich daher die Breite des rückgekoppelten Pulses einstellen [11.41]. Mit einem solchen KCl:Tl^0(1)-Farbzentren-Solitonenlaser wurde stabiler Betrieb mit 19 fs Pulsen erreicht [11.44]. Dies entspricht bei $\lambda = 1.5\ \mu$m nur 4 optischen Perioden! Experimentelle Details und Sonderausführungen der Femtosekundenlaser findet man außer in der jeweils angegebenen Literatur auch in den Konferenzberichten [11.45, 46].

11.1.6 Erzeugung leistungsstarker ultrakurzer Pulse

Durch Verstärkung in Farbstoffzellen, die mit gepulsten Lasern (Exzimerlaser oder Nd:Glaslaser) gepumpt werden (Abb.11.27), läßt sich die Spitzenleistung der mit den oben diskutierten Methoden erzeugten ultrakurzen Lichtpulse wesentlich steigern. Die durch die Verstärkerzellen erzeugte Dispersion, die zu einer Pulsverbreiterung führt, kann durch ein Gitterpaar wieder kompensiert werden. Um eine Verstärkung der Spontanemission zu vermeiden, müssen zwischen den Verstärkerstufen Absorber als optische Isolatoren wirken, die durch die gewünschten, intensiven Pulse gesättigt werden, aber die schwächere Spontanemission unterdrücken [11, 24, 47, 48].

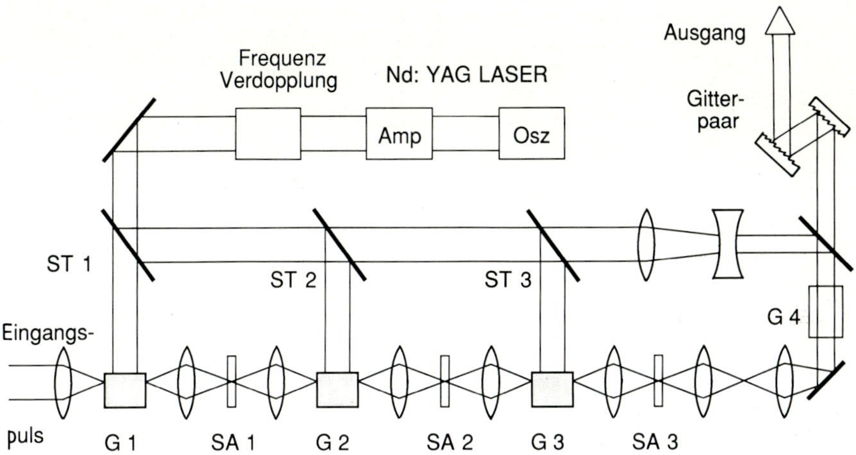

Abb.11.27. Verstärkung kurzer Pulse durch eine Kette von Nd:YAG-Laser-gepumpten Farbstoffzellen. G_i: Verstärkerstufen, SA_i: sättigbare Absorber zur Unterdrükkung der Spontanemission

Eine andere Technik zur Erzeugung leistungsstarker ultrakurzer Pulse geht von Farbstofflasern mit verteilter Rückkopplung aus (distributed feedback dye laser, DFDL) [11.49, 50]. Bei diesen Lasern wird die optische Rückkopplung nicht durch Resonatorspiegel bewirkt, sondern durch eine räumlich periodische Modulation des Brechungsindexes im aktiven Medium selbst. Eine Möglichkeit zur Erzeugung einer solchen Modulation ist in Abb.11.27 gezeigt. Der Ausgangsstrahl eines Pumplasers mit der Wellenlänge λ_p wird durch einen Strahlteiler in zwei Teilstrahlen aufgespalten, die unter dem Winkel $\pm\theta$ in die Farbstoffküvette eintreten und dort durch Interferenz eine räumlich periodische Sättigung der Besetzungsdichte $N_i(z)$ absorbierender Farbstoffmoleküle erzeugen mit der Periodenlänge $\Lambda = \lambda_p/(2\sin\theta)$.

Für die Farbstoffwellenlänge $\lambda_D = 2n\Lambda = n\lambda_p/\sin\theta$ tritt Bragg-Reflexion in der eingezeichneten Richtung auf, so daß die induzierte Emission in dieser Richtung phasenrichtig verstärkt wird. Für kurze Pumppulse wird diese Rückkopplung nur kurzzeitig wirksam und die Farbstofflaser-Emission wird ähnlich wie beim CPM-Laser weiter verkürzt.

Noch kürzere Pulse unter 1ps erreicht man, wenn die Phasenfront des Pumppulses durch Reflexion an einem Gitter geneigt wird (Abb.11.28), so daß in der Farbstoffzelle ein Interferenzmuster entsteht, dessen Intensitätsverteilung als Wanderwelle nach rechts läuft. Dadurch wird in der Farbstoffküvette ebenfalls eine Wanderwelle erzeugt, die bei richtiger Wahl des Einfallswinkels des Pumpstrahls synchron mit der Pumpwanderwelle läuft. Durch Verstärkung solcher kurzen Pulse in Farbstoffzellen lassen sich Spitzenleistungen im Terrawattbereich erzielen. Frequenzverdoppelte Farbstofflaserpulse können bei geeigneter Wellenlänge auch in Exzimerlaserverstärkern nachverstärkt werden [11.49, 50].

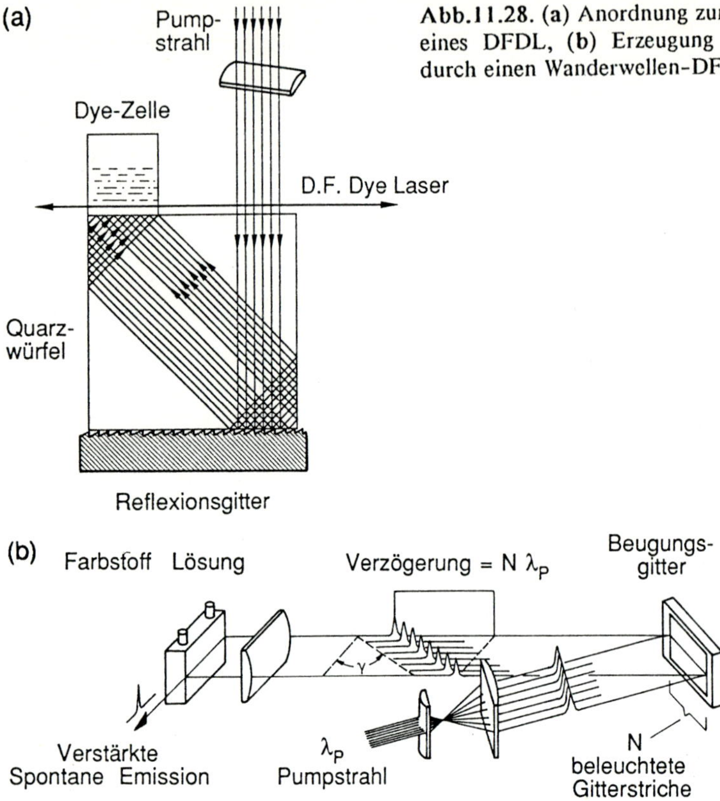

Abb.11.28. (a) Anordnung zur Realisierung eines DFDL, (b) Erzeugung kurzer Pulse durch einen Wanderwellen-DFDL [11.49]

11.2 Messung kurzer Lichtpulse

In den letzten Jahren hat die Entwicklung schneller Photodetektoren große Fortschritte gemacht. Inzwischen gibt es PIN-Photodioden (Abschn.4.5), die eine Zeitauflösung bis zu 20 ps haben [11.51]! Der einzige Detektor, dessen Auflösung den Zeitbereich unter 1 ps erreicht, ist die Streakkamera, die wir im folgenden kurz besprechen wollen.

Mit Hilfe von Korrelationsverfahren lassen sich jedoch Lichtpulse bis in den Femtosekundenbereich vermessen mit Detektoren, die selbst sehr langsam sein dürfen. Da solche Korrelationstechniken inzwischen zu den Standardmethoden bei der Messung ultrakurzer Lichtpulse gehören, wollen wir sie etwas ausführlicher behandeln.

11.2.1 Streakkamera

Das Prinzip einer Streakkamera ist in Abb.11.29 dargestellt. Der zu untersuchende Lichtpuls mit der Intensität $I_L(t)$ wird auf eine Photokathode abgebildet und erzeugt dort einen Photoelektronenpuls $N_{PE}(t) \propto I(t)$. Die Photoelektronen werden durch ein ebenes Netz mit großer Beschleunigungsspannung abgezogen, in z-Richtung beschleunigt, in einem Ablenk-

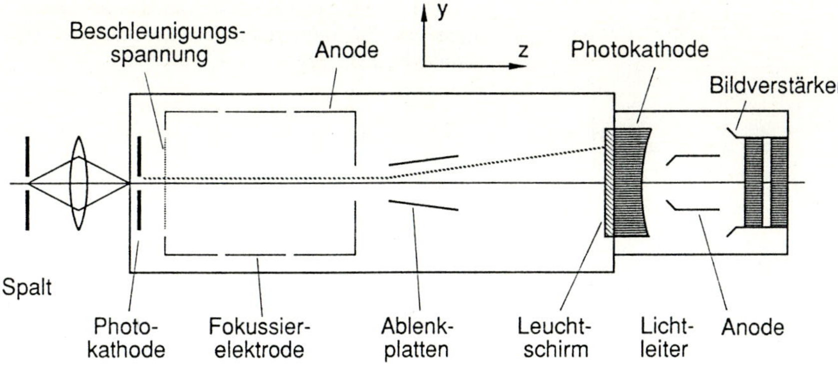

Abb.11.29. Prinzip der Streakkamera

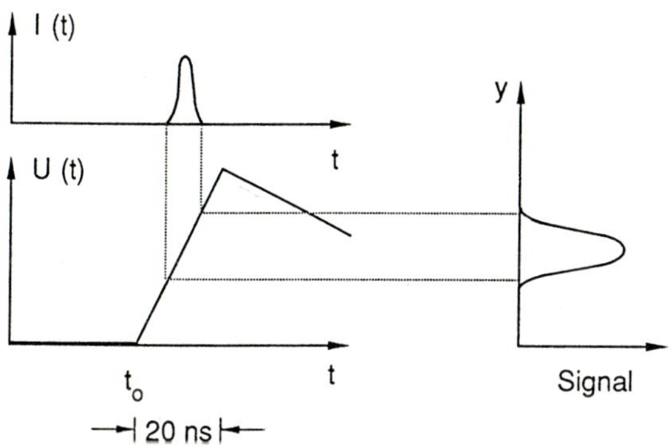

Abb.11.30. Schematische Darstellung der zeitlichen und räumlichen (bzw. spektralen) Auflösung der Streakkamera

kondensator in y-Richtung abgelenkt und treffen dann auf einen Schirm in der Ebene $z = z_s$. Wird an die Kondensatorplatten eine Sägezahnspannung $V_y(t) = V_0 \cdot (t - t_0)$ gelegt, so hängt der Auftreffpunkt $(y_s(t), z_s)$ der Elektronen auf dem Schirm vom Zeitpunkt t ihres Eintretens in den Ablenkkondensator ab. Die räumliche Verteilung $N_{PE}(y_s)$ spiegelt daher die zeitliche Intensitätsverteilung des auffallenden Lichtpulses wider.

Bildet man das einfallende Licht auf einen Spalt in der x-Richtung ab, so wird das optische Bild dieses Spaltes durch die in z-Richtung fliegenden Photoelektronen auf den Schirm S übertragen. Man kann damit den eventuell von x abhängigen Zeitverlauf $I(x,t)$ auf dem Schirm S sichtbar machen. Wird der Lichtpuls z.B. zuerst durch einen Spektrographen geschickt, dessen Wellenlängendispersion $d\lambda/dx$ in der Austrittsebene des Spektrographen zu einer räumlichen Verteilung $I(x,t)$ der einzelnen Spektralkomponenten des Lichtpulses führt, so kann aus der Verteilung $N_{PE}(x_s, y_s)$ der auf den Schirm S der Streakkamera auftreffenden Photoelektronen auf die wellenlängenabhängige Zeitverteilung $I(\lambda, t)$ des einfallenden Lichtpulses geschlossen werden (Abb.11.30).

Als Detektorschirm wird entweder ein Leuchtschirm verwendet, der dann mit einer Videokamera oder einem Bildverstärker abgebildet und auf

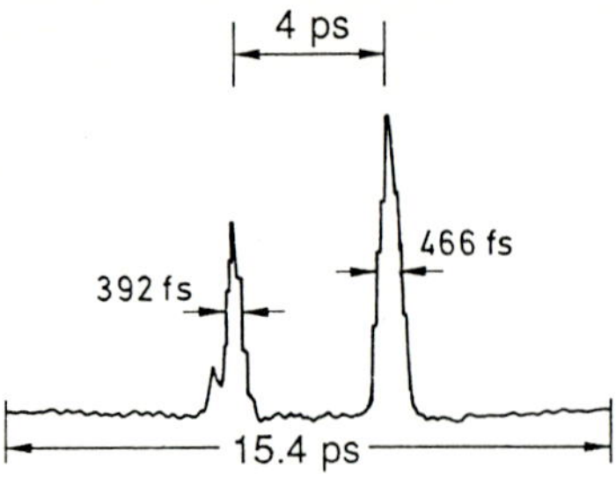

Abb.11.31. Streakbild zweier Subpikosekundenpulse mit der Femtosekunden Streakkamera von Hamamatsu [11.52]

einem Monitor sichtbar gemacht werden kann (Abschn.4.5) oder man benutzt Mikrokanalplatten.

Der Startzeitpunkt t_0 für die Sägezahnspannung $V_{oy}\cdot(t-t_0)$ wird durch den Lichtpuls selbst getriggert. Da der Sägezahngenerator eine endliche Ansprechzeit hat, wird der Lichtpuls durch eine optische Verzögerungsstrecke (z.B. den Spektrographen) um einige ns verzögert, bevor er die Photokathode der Streakkamera erreicht, so daß dann die Photoelektronen den Ablenkkondensator während der linearen Phase der Ablenkspannung durchlaufen.

Die Ablenkgeschwindigkeiten können durch Wahl von V_0 eingestellt werden von 1cm/100ps bis 1cm/10ns. Bei einer räumlichen Auflösung von 0.1 mm erreicht man eine Zeitauflösung von 1 ps. Mehr Details findet man in [11.53, 54].

Neuerdings gibt es sogar eine Femtosekunden Streakkamera von Hamamatsu mit einer zwischen 400 fs und 8 ps einstellbaren Zeitauflösung und einem Spektralbereich von 200-850 nm. Abbildung 11.31 zeigt zur Illustration ein Oszillographenbild zweier Femtosekundenlichtpulse, die einen Zeitabstand von 4 ps haben.

11.2.2 Optischer Korrelator zur Messung kurzer Lichtpulse

Der zu messende Lichtpuls mit der zeitlichen Intensitätsverteilung $I(t) = c\epsilon_0 E^2(t)$ und der Halbwertsbreite ΔT wird durch den Strahlteiler ST in zwei Teilpulse $I_1(t)$ und $I_2(t)$ aufgespalten, die beide unterschiedliche Wege S_1 und S_2 zurücklegen, bis sie wieder durch einen teildurchlässigen Spiegel Sp überlagert werden (Abb.11.32). Bei einem Wegunterschied $\Delta S = S_1 - S_2$ und einem entsprechenden Zeitunterschied $\tau = \Delta S/c$ wird die Gesamtintensität hinter Sp:

$$I(t,\tau) = c\epsilon_0[E_1(t) + E_2(t+\tau)]^2 \ . \qquad (11.23)$$

Mit $E(t) = E_0(t)\cos\omega t$ wird für gleiche Amplituden beider Teilwellen

$$I(t,\tau) = c\epsilon_0[E_0(t)\cos\omega t + E_0(t+\tau)\cos\omega(t+\tau)]^2 \ . \qquad (11.24)$$

Ein linearer Detektor, dessen Signal S(t) proportional zur einfallen Intensität ist, dessen Zeitkonstante T jedoch groß gegen die Pulslänge ΔT ist, gibt ein Ausgangssignal

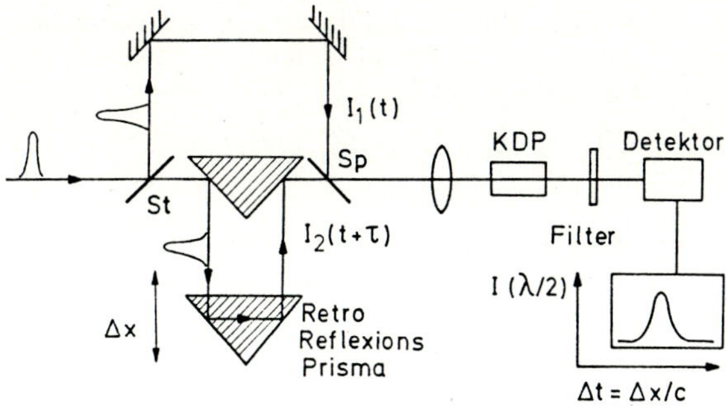

Abb.11.32. Optischer Korrelator mit Translationsreflexionsprisma

$$S^{(1)} = \langle T(t,\tau)\rangle = \frac{1}{2T}\int_{-T}^{+T} I(t,\tau)dt$$

$$= \epsilon_0\left[\langle E_0{}^2\rangle + \frac{1}{T}\int_{-T}^{+T} E_0(t+\tau)\cos\omega t\cdot\cos\omega(t+\tau)dt\right] .$$

Für $T \gg \Delta T$ kann die Integration von $-\infty$ bis $+\infty$ ausgedehnt werden, und das letzte Integral läßt sich durch die Korrelationsfunktion 1. Ordnung (Abschn. 10.4)

$$G^{(1)}(\tau) = \int_{-\infty}^{+\infty} \frac{E(t)E(t+\tau)dt}{e^2(t)dt} = \frac{\langle E(t)E(t+\tau)\rangle}{\langle E^2(t)\rangle} \tag{11.25}$$

ausdrücken, für die gilt: $G^{(1)}(0) = 1$ und $G^{(1)}(\infty) = 0$.

Für streng monochromatisches Licht (d.h. für $E_0(t)$ = const.) mit der Wellenlänge λ würde $G^{(1)}(\tau)$ eine mit der Periode $T = \lambda/2C$ oszillierende Funktion der Verzögerungszeit τ sein (Zweistrahlinterferenz, Abschn. 4.2). Für modengekoppelte Pulse mit der Dauer ΔT und der Frequenzbreite $\Delta\omega \simeq 1/\Delta T$ mitteln sich jedoch die Oszillationen weg und ein Detektor ohne räumliche Auflösung mit der Zeitkonstanten $T \gg \tau$ liefert ein Signal $S^{(1)}$, das unabhängig von der Verzögerung τ und der Pulsform I(t) ist. Man gewinnt dadurch also *keine* Information über die Pulsform I(t)! Dies ist auch anschaulich klar, da S'' proportional zur eingestrahlten Energie (nicht Leistung!) ist, die für $\tau \ll T$ unabhängig von τ ist.

Wird aber der Puls (11.23) nach der Überlagerung der beiden Teilkomponenten in einen nichtlinearen optischen Kristall fokussiert, in dem die Lichtfrequenz ω verdoppelt wird, so ist die Intensität der 1. Harmonischen proportional zum *Quadrat* der einfallenden Intensität:

$$I(2\omega,t,\tau) = A[I_1(t) + I_2(t+\tau)]^2 . \tag{11.26}$$

Wird durch ein Filter F nur die Oberwelle durchgelassen, so wird das Detektorsignal

$$S(2\omega,\tau) = \frac{A}{T}\int I(2\omega,t,\tau)dt = A[\langle I_1^2\rangle + \langle I_2^2\rangle + 4\langle I_1(t)I_2(t+\tau)\rangle] . \qquad (11.27)$$

Die beiden ersten Terme sind unabhängig von τ und ergeben einen konstanten Untergrund, während der 3. Term von τ abhängt und die Information über die Pulsform enthält. Der Faktor 4 (statt 2) kommt daher, daß die beiden Wahrscheinlichkeiten: W_1: Erstes Photon aus Puls 1 und zweites aus Puls 2 und W_2: 1. Photon aus Puls 2 und 2. aus Puls 1 addiert werden müssen (Abschn.7.4).

Mit der Korrelationsfunktion 2. Ordnung

$$G^{(2)}(\tau) = \frac{\int I_1(t)I_2(t+\tau)dt}{\int I^2(t)dt} = \frac{\langle I(t)I(t+\tau)\rangle}{\langle I^2(t)\rangle} . \qquad (11.28)$$

ergibt (11.27) mit $I_1 = I_2 = \frac{1}{2}I$

$$S(2\omega,\tau) = A[G^{(2)}(0) + 2G^{(2)}(\tau)] = A[1 + 2G^{(2)}(\tau)] , \qquad (11.29)$$

weil $G^{(2)}(0) = 1$ gilt. Das Signalmaximum $S(2\omega,\tau{=}0) = 3A$ ergibt sich für $\tau = 0$. Für $\tau >> \Delta T$, also für völlig getrennte Pulse, geht $G^{(2)} \rightarrow 0$. Das Signal S wird jedoch nicht Null sondern hat den konstanten Untergrund A.

Man kann diesen Untergrund unterdrücken, wenn man die Phasenanpassung im Verdopplerkristall (Abschn.5.7) so wählt, daß für zwei Photonen aus demselben Puls kein Signal $S(2\omega)$ entsteht (Abb.11.33). Dies läßt sich z.B. realisieren, wenn die beiden Pulse unter einem Winkel ß gegeneinander in den Kristall geschickt werden und der Kristall so orientiert ist, daß die Oberwelle in Richtung der Winkelhalbierenden erzeugt wird [11. 56]. Bei einer anderen Methode untergrundfreier Korrelationsmessung wird die Polarisationsebene eines der beiden Pulse gedreht und der nichtlineare Kristall so orientiert, daß Phasenanpassung für Frequenzverdopplung nur für den Fall erfüllt ist, daß aus jedem Puls je ein Photon zum Signal $S(2\omega)$ beiträgt [11.57].

Mit einem „Rotations-Korrelator" (Abb.11.34) läßt sich die Pulsform direkt auf einem Oszillographen sichtbar machen. Die beiden, auf einer

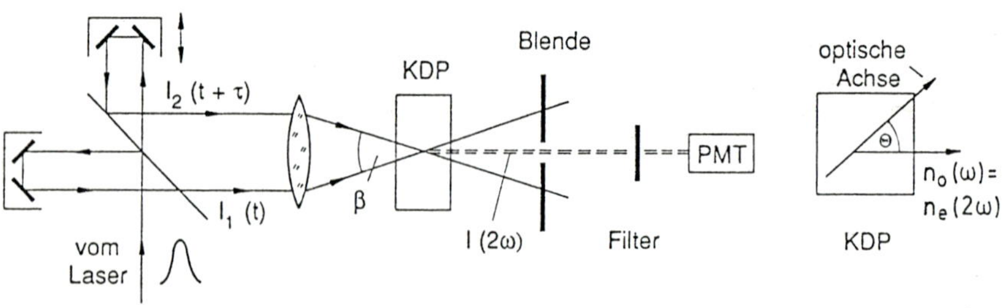

Abb.11.33. Untergrundfreie Messung der Korrelationsfunktion 2.Ordnung. (RF: Raumfilter, SF: Spektralfilter, PM: Photomultiplier)

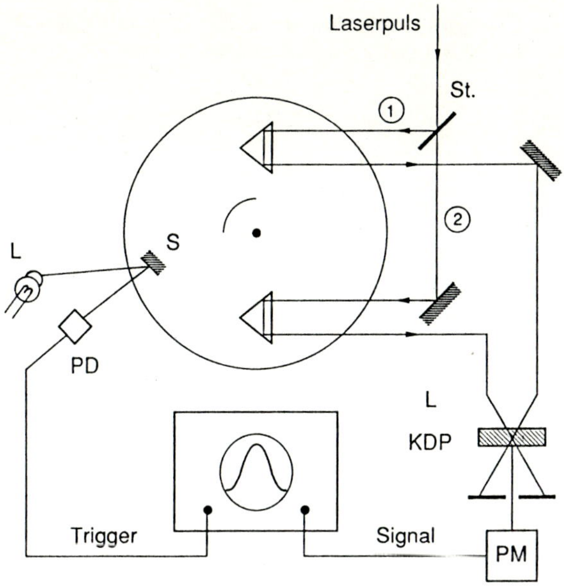

Abb.11.34. Rotierender Autokorrelator für die direkte Beobachtung der Pulsform auf dem Oszillographen. Als Trigger dient das vom Spiegel S auf die Photodiode PD reflektierte Licht einer Lampe L

rotierenden Scheibe montierten Retroreflexionsprismen reflektieren während eines Teils ΔT der Umlaufzeit T die beiden Teilstrahlen *1* und *2* mit der Wegdifferenz $\Delta s(t)$ auf die Linse L, die sie in den Verdopplerkristall fokussiert.

Statt der Frequenzverdopplung kann man auch andere nichtlineare Prozesse zum Nachweis verwenden, wie z.B. die Zwei-Photonen-Absorption in einer Flüssigkeit oder einem Festkörper, die man über die dabei ausgesandte Fluoreszenz messen kann. Teilt man den zu messenden Lichtpuls wieder in zwei Teilpulse auf, die in entgegengesetzten Richtungen durch die nach der Zwei-Photonen-Anregung fluoreszierende Flüssigkeit schickt (Abb.11.35), so kann man das räumliche Intensitätsprofil $I_{Fl}(z) \propto I^2(\omega, t)$ durch eine vergrößernde Optik abbilden und photoelektrisch, z.B. auf einem Bildverstärker sofort sichtbar machen. Da einer Pulslänge von 3 ps eine Weglänge von 1 mm entspricht, ist dieses Verfahren mit räumlicher Auflösung nur auf Pulse anwendbar, die länger als 1 ps sind. Für kürzere Pulse muß man auch hier die Verzögerungszeit τ zwischen den beiden Teilpulsen variieren und die Gesamtfluoreszenz $\int I(z,\tau)dz$ als Funktion der Verzögerungszeit τ messen [11.58, 59].

Man beachte:

1. Da $G^{(2)}$ nach (11.28) symmetrisch in τ ist, kann man aus der Messung von $G^{(2)}(\tau)$ keine Informationen über das Pulsprofil sondern nur über die Pulsdauer bei Annahme eines Modellprofils erhalten (Tabelle 11.2). Zur Messung der Pulsform ist die Kenntnis höherer Korrelationsfunktionen $G^{(n)}(\tau)$, $n > 2$, notwendig.

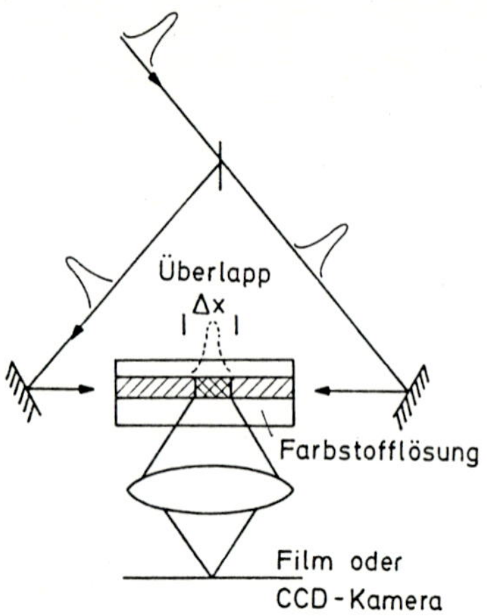

Abb.11.35. Messung kurzer Pulse mit Hilfe der Zweiphotonen-Fluoreszenz

Table 11.2. Verhältnis $\Delta\tau/\Delta T$ der Breiten von Autokorrelationsprofil und Laserpuls

Pulsform	Formel	$\Delta\tau/\Delta T$	$\Delta T \cdot \Delta\nu$
Rechteck	$I(t) = \begin{cases} 1 & \text{für } 0 \le t \le \Delta T \\ 0 & \text{sonst} \end{cases}$	1	0.886
Gauß-Profil	$\exp(-t^2/0.36\Delta T^2)$	$\sqrt{2}$	0.441
Hyperbolisches Sekansprofil	$\mathrm{sech}^2(t/0.57\Delta T)$	1.55	0.315

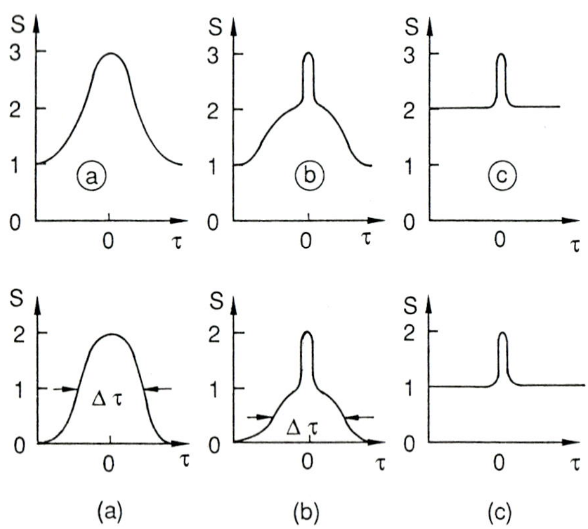

Abb.11.36. Autokorrelationsprofile für Fourier-limitierte Pulse (**a**), für einen Rauschpuls (**b**) und für kontinuerliches Rauschen (**c**), bei Messungen mit (*oben*) und ohne Untergrund (*unten*) [11.46]

2. Ein statistisches Rauschen erzeugt ebenfalls ein Auto-Korrelationsmaximum bei $\tau = 0$ mit einem Kontrastverhältnis $G^{(2)}/G^{(2)}(\infty) = 2$ [11.56]. Man muß daher das Kontrastverhältnis, bzw. die Funktion $1+2G^{(2)}(\tau)$ sorgfältig messen, um einen Einzelimpuls von kontinuierlichem Rauschen bzw. einem verstärkten Rauschpuls zu unterscheiden (Ab.11.36).

11.3 Lebensdauermessungen mit Lasern

Die Kenntnis von Lebensdauern angeregter atomarer und molekularer Zustände ist für viele Bereiche der Atom-, Molekül- und Atomphysik von großem Interesse. Dies soll an drei Beispielen illustriert werden:

a) Aus den gemessenen relativen Intensitäten I_{km} von Fluoreszenzlinien, die Übergängen von einem angeregten Zustand $|k\rangle$ mit der Lebensdauer τ_k zu tieferen Niveaus $|m\rangle$ entsprechen, lassen sich bei Kenntnis der spontanen Lebensdauer $\tau_k = 1/A_k$ mit $A_k = \Sigma A_{km}$ die absoluten Werte der Übergangswahrscheinlichkeiten A_{km} und damit die Matrixelemente $\langle k|\mathbf{r}|m\rangle$ für die Übergänge $k \rightarrow m$ bestimmen (Abschn.2.7). Die Größe dieser Matrixelemente hängt empfindlich von den Wellenfunktionen im oberen und unteren Zustand ab. Lebensdauermessungen stellen deshalb kritische Tests für die Qualität berechneter Wellenfunktionen und damit für Modelle über die Elektronenverteilung in den beteiligten Zuständen dar.

b) Da die meßbare Intensitätsabnahme $I(\omega, z) = I_0 e^{-\alpha(\omega)z}$ von Licht beim Durchgang durch absorbierende Schichten von dem Produkt $\alpha(\omega)z = N_i \sigma_{ik}(\omega)z$ aus Dichte N_i der absorbierenden Spezies und Absorptionsquerschnitt σ_{ik} abhängt, läßt sich bei Kenntnis von σ_{ik}, die man aus der Messung der Übergangswahrscheinlichkeit A_{ik} erhält (2.21, 46b), die Dichte N_i bestimmen. Dies spielt in der Astrophysik zur Prüfung von Modellen für die Sternatmosphären eine wichtige Rolle [11.60]. Ein Beispiel sind Messungen der Fraunhofer-Linien im Sonnenspektrum, aus denen Dichte, Temperatur und Häufigkeitsverteilung der Elemente in der Sonnenatmosphäre (Photosphäre und Chromosphäre) erschlossen werden.

c) Das angeregte Niveau $|k\rangle$ kann auch durch inelastische Stöße entvölkert werden (Abb.11.37). Die Übergangswahrscheinlichkeit

$$R_{kn} = N_B \mathrm{v} \sigma_{kn}^{\text{stoß}} \tag{11.30}$$

für Übergänge $|k\rangle \rightarrow |n\rangle$, die durch Stöße des angeregten Atoms $|k\rangle$ mit anderen Stoßpartnern B induziert werden, hängt ab von deren Dichte N_B, der mittleren Relativgeschwindigkeit v und dem Wirkungsquerschnitt $\sigma_{kn}^{\text{stoß}}$. Für die effektive Lebensdauer τ_{eff} gilt dann

$$\frac{1}{\tau_{\text{eff}}} = \frac{1}{A_k} + \frac{1}{R_k} \quad \text{mit} \quad R_k = \sum_n R_{kn} \,. \tag{11.30a}$$

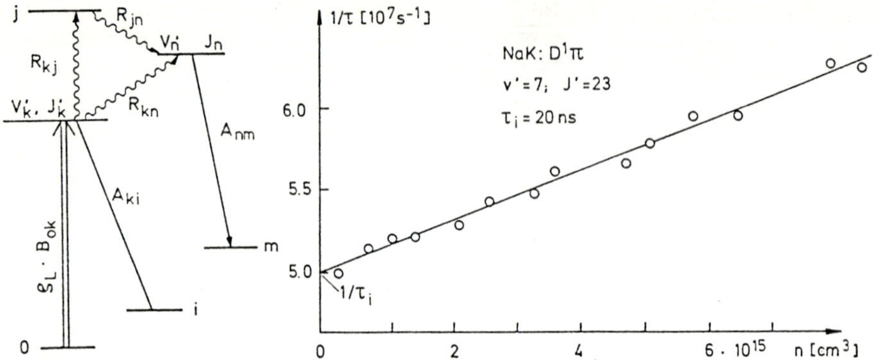

Abb.11.37. Stoßdeaktivierung eines angeregten Niveaus und Stern-Vollmer-Gerade für das optische angeregte Niveau $D^1\Pi$ (v'=7,J'=23) des NaK-Moleküls

Die mittlere Relativgeschwindigkeit

$$\mathrm{v} = \sqrt{8kT/\pi\mu} \quad \text{mit} \quad \mu = m_A m_B/(m_A + m_B) \tag{11.31}$$

ist durch die Temperatur T und die Massen m_A, m_B der Stoßpartner bestimmt. Mit Hilfe der Gasgleichung p = NkT kann man die Teilchendichte N_B in (11.35) durch den Druck ersetzten und erhält die *Stern-Vollmer*-Gleichung

$$\boxed{\frac{1}{\tau_{eff}} = \frac{1}{\tau_0} + b\sigma_k p} \quad \text{mit} \quad b = 1/\sqrt{8kT/\pi\mu}\ . \tag{11.30b}$$

Mißt man daher die effektive Lebensdauer als Funktion des Druckes, so ergibt der Achsenabschnitt bei p = 0 die spontane Lebensdauer τ_0 und aus der Steigung der Geraden kann der totale Deaktivierungsquerschnitt σ_k für Stöße bestimmt werden (Abb.11.37).

Bei Lebensdauermessungen mit Hilfe von Lasern darf die Entvölkerung des oberen Niveaus durch induzierte Emission im allgemeinen nicht vernachlässigt werden, wenn während der Fluoreszenzmessung der anregende Laser nicht abgeschaltet wird. Die gesamte Übergangsrate und damit die effektive Lebensdauer für das angeregte Niveau $|k\rangle$ erhält man dann bei einer Strahlungsdichte ρ des anregenden Lasers, der auf den Übergang $|i\rangle \rightarrow |k\rangle$ abgestimmt ist, aus der Gleichung

$$\frac{dN_k}{dt} = -N_k(A_k + B_{ki}\rho + R_k) + N_i B_{ik}\rho\ . \tag{11.32}$$

Wir wollen im folgenden die wichtigsten Verfahren zur Messung von Lebensdauern mit Hilfe von Lasern behandeln [11.60,61].

11.3.1 Die Phasenmethode

Wird die Frequenz ω eines Lasers auf die Absorptionsfrequenz ω_{ik} eines Überganges abgestimmt, so ist die Fluoreszenzleistung P_{im} auf einem Übergang $|i\rangle \rightarrow |m\rangle$

$$P_{im} \propto N_i P_L A_{im}$$

proportional zur einfallenden Laserleistung P_L, solange Sättigungseffekte vernachlässigt werden können. Wird die Laserintensität periodisch mit der Frequenz $f = \Omega/2\pi$ moduliert (Abb.11.38a), so wird die auf die Probe einfallende Pumpintensität

$$I_L(t) = \tfrac{1}{2} I_0 (1 + a\sin\Omega t)\cos\omega_{ik} t\,. \tag{11.33}$$

Die zeitabhängige Dichte der angeregten Moleküle und damit die Fluoreszenzleistung pro Volumeneinheit $P_{FL}(\omega_{km}) = N_k(t) A_{km}$ auf dem Übergang $|k\rangle \rightarrow |m\rangle$ erhält man als Lösung von (11.32) mit $\rho(\omega_{ik}) = I(t)/c$. Bei gleichen statistischen Gewichten $g_i = g_k$ ergibt sich

$$P_{FL}(t) = b\left[1 + \frac{a}{(1 + \Omega^2 \tau_{eff}{}^2)^{1/2}} \sin(\Omega t + \Phi)\right] \cos\omega_{im}^2 t\,, \tag{11.34}$$

wobei die Konstante $b = N_i I_0 \sigma_{ik}$ von der Dichte der emittierenden Moleküle und der anregenden Intensität I_L abhängt, und

$$\tau_{eff} = \left[\rho(\omega_{ik}) B_{ki} (1 - N_k/N_i) + \sum_m A_{km} + \sum_m R_{km}\right]^{-1} \tag{11.35}$$

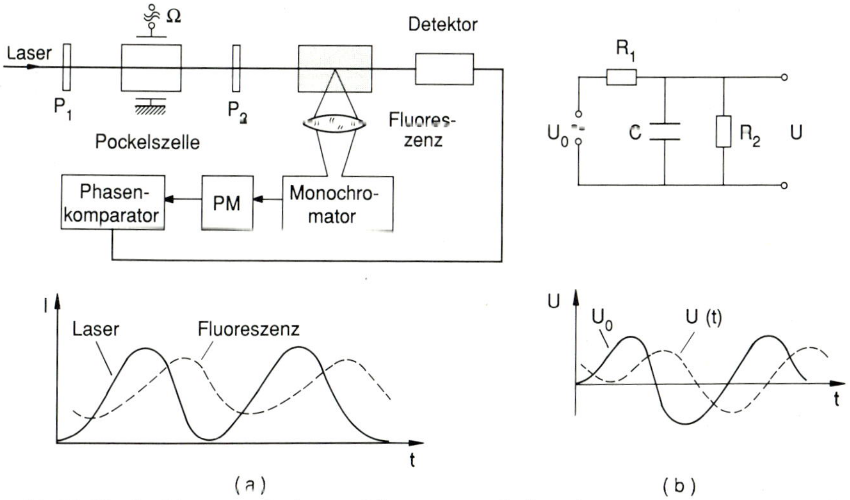

Abb.11.38a,b. Phasenmethode zur Messung von Lebensdauern angeregter Zustände: **(a)** Experimentelle Anordnung. **(b)** Äquivalenter elektrischer Schaltkreis

die effektive Lebensdauer des Niveaus $|k\rangle$ ist, die bestimmt wird durch induzierte und spontane Emission und durch stoßinduzierte Entvölkerung des Niveaus $|k\rangle$ (Abb.11.37). Die Phase Φ hängt von Modulationsfrequenz Ω und Lebensdauer τ_{eff} ab:

$$\tan\Phi = \Omega\tau_{eff} . \tag{11.36}$$

Anmerkung

Dieses Problem der Anregung von Atomen mit moduliertem Licht und der Messung ihrer mittleren Lebensdauer aus der Phasenverschiebung Φ ist mathematisch völlig äquivalent zu dem bekannten Problem der Aufladung eines Kondensators aus einer Wechselspannungsquelle $U_0(t)$ der Frequenz $f = \Omega/2\pi$ über einen Widerstand R_1 bei gleichzeitiger Entladung über R_2 (Abb.11.38b). Die (11.32) entsprechende Gleichung heißt hier

$$C\frac{dU}{dt} = \frac{U_0 - U}{R_1} - \frac{U}{R_2} \tag{11.37}$$

und hat die Lösung

$$U = U_2 \sin(\Omega t - \Phi) \tag{11.38}$$

mit

$$\tan\Phi = \Omega\frac{R_1R_2C}{R_1 + R_2} \quad \text{und} \quad U_2 = U_0\frac{R_2}{[(R_1 + R_2)^2 + (\Omega CR_1R_2)^2]} .$$

Die Lebensdauer τ entspricht der Zeitkonstanten RC ($R = R_1R_2 \times(R_1+R_2)^{-1}$), und die anregende Lichtintensität dem Aufladestrom $I(t) = [U_0(t)-U(t)]/R_1$.

Wenn die anregende Intensität nicht sinusförmig moduliert ist, sondern eine komplizierte aber periodische Zeitstruktur hat, ist auch der Zeitverlauf der Fluoreszenz entsprechend komplizierter. Man kann jedoch für beide zeitabhängigen Intensitäten eine Fourier-Zerlegung machen, und (11.36) gilt dann für die Phasenverschiebung zwischen den Grundwellen [11.61a].

Ein gravierender Nachteil der Phasenmethode ist der Einfluß der induzierten Emission auf die gemessene Lebensdauer, weil während der Messung der anregende Laser nicht abgeschaltet ist. Man muß daher die Messungen bei verschiedenen Laserintensitäten durchführen und die Ergebnisse auf $I_L = 0$ extrapolieren.

11.3.2 Messung der Abklingkurve nach Einzelpuls-Anregung

Die Moleküle werden durch einen kurzen Lichtpuls angeregt, dessen Abklingflanke kurz gegen die zu messende Lebensdauer ist. Der zeitliche Abfall $N_k(t)$ im angeregten Zustand wird nach Ende des Anregungspulses direkt gemessen, entweder über die Fluoreszenz $I_{Fl}(t)$ oder über die zeitlich

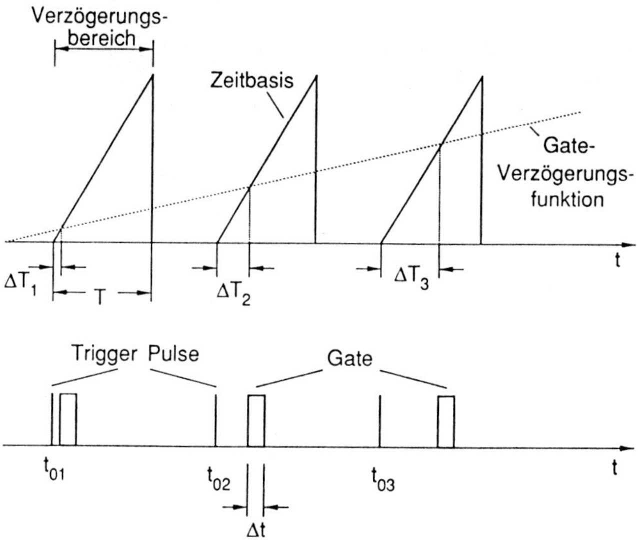

Abb.11.39. Messung der Lebensdauer mit einem Boxcarsystem

abnehmende Absorption von Übergängen, die von $|k\rangle$ aus zu höheren Zuständen starten.

Die zeitabhängige Fluoreszenzintensität kann entweder direkt auf einem Oszillographenschirm beobachtet werden oder mit einem Transientenrekorder aufgezeichnet werden. Ein anderes Verfahren benutzt einen Boxcarintegrator, bei dem durch eine elektronische Torschaltung das Signal nur während eines kurzen Zeitintervalls Δt aufgenommen wird. Nach jedem Anregungspuls wird die Verzögerungszeit ΔT zwischen Anregungspuls und Öffnung des Tores um eine kleine Zeitspanne T/m vergrößert, so daß nach m Anregungszyklen das ganze Beobachtungsintervall T überdeckt wird (Abb.11.39).

Die direkte Beobachtung der abklingenden Fluoreszenz auf einem Oszillographen hat den Vorteil, daß Abweichungen von einem nichtexponentiellen Abfall, wie sie z.B. durch überlagerte Kaskadenübergänge verursacht werden können, direkt sichtbar werden. Man braucht bei genügend hoher Fluoreszenzintensität für die Messung einer Lebensdauer im Prinzip nur einen einzigen Anregungspuls, wenn man nicht die Ergebnisse über viele Anregungszyklen mitteln will. Das Verfahren ist deshalb besonders für kleine Folgefrequenzen des anregenden Pulslasers geeignet [11.61b].

11.3.3 Die Methode der verzögerten Koinzidenzen

Auch bei der Methode der verzögerten Koinzidenzen werden zur Anregung kurze Laserpulse verwendet. Im Gegensatz zum vorigen Abschnitt wird hier jedoch die Anregungsintensität so klein gehalten, daß die Detektionswahrscheinlichkeit für ein Fluoreszenzphoton pro Anregungszyklus klein gegen eins bleibt.

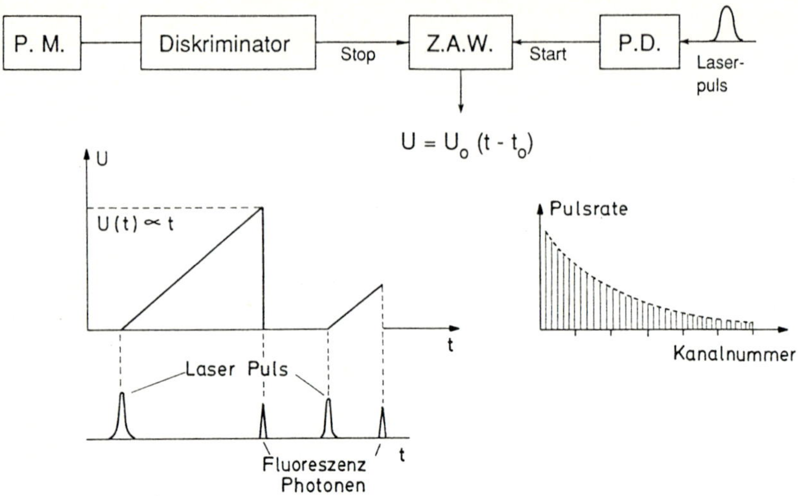

Abb.11.40. Lebensdauermessung mit der Methode der verzögerten Koinzidenzen. Schematische Darstellung der Methode

Gemessen wird die Wahrscheinlichkeitsverteilung für die Verzögerungszeiten zwischen Anregungspuls und der darauffolgenden Detektion eines Fluoreszenzphotons. Dies geschieht folgendermaßen (Abb.11.40): Ein Photomultiplier mit großer Verstärkung erzeugt für jedes detektierte Photon einen Ausgangspuls, der in einem schnellen Diskriminator zu einem Normpuls geformt wird. In einem Zeit-Amplitudenwandler wird durch den Anregungspuls eine schnelle Spannungsrampe $U(t) = at$ gestartet, welche durch den Fluoreszenznormpuls nach der Zeit t gestoppt wird. Die Pulshöhenverteilung der Ausgangspulse U(t) des Zeit-Amplitudenwandlers wird von einem Computer bzw. einem Vielkanaldiskriminator gespeichert und ausgedruckt. Sie gibt genau die Abklingkurve der Fluoreszenz an, da die Zahl der bei N Anregungszyklen gemessenen Pulse mit der Verzögerung t gleich NW(t) ist, wenn W(t) die Wahrscheinlichkeit für die Messung eines Fluoreszenzphotons mit der Verzögerung t gegen den Anregungszeitpunkt $t = 0$ ist.

Die Folgefrequenz f der Anregungspulse wird möglichst hoch gewählt, der Zeitabstand $T = 1/f$ zwischen zwei Pulsen muß aber der Bedingung $T > 3\tau$ genügen, damit die Abklingkurven über etwa drei Lebensdauern τ gemessen werden kann. Das Verfahren ist deshalb ideal für die Anregung mit modengekoppelten oder gütegeschalteten cw Lasern geeignet (Abschn. 11.1.2). Da bei hohen Pulsfolgefrequenzen die Totzeit des Zeit-Amplitudenwandlers zu groß wird, kann man die zeitliche Reihenfolge umdrehen: Die Spannungsrampe wird gestartet von einem Fluoreszenzphoton und gestoppt von dem darauffolgenden Anregungspuls. Dadurch mißt man die Zeit (T-t) anstelle von t, wobei der Abstand T zwischen zwei Anregungspulsen aus der Modenkoppelfrequenz f sehr genau bestimmt und deshalb zur Zeiteichung des Zeitamplitudenwandlers benutzt werden kann [11.62]. In Abb.11.41 ist schematisch die experimentelle Realisierung des Verfahrens dargestellt.

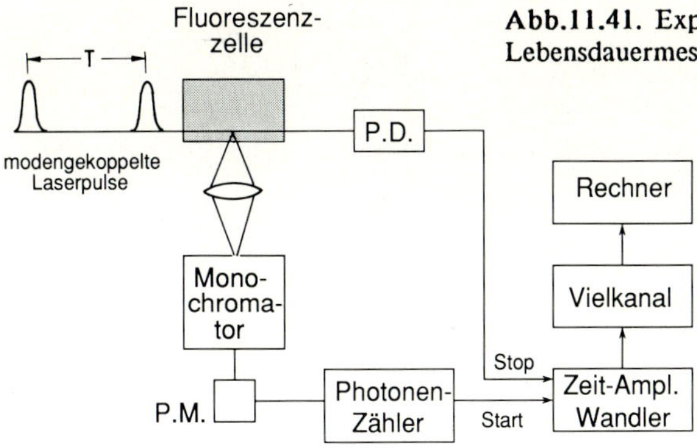

Abb.11.41. Experimentelle Anordnung zur Lebensdauermessung

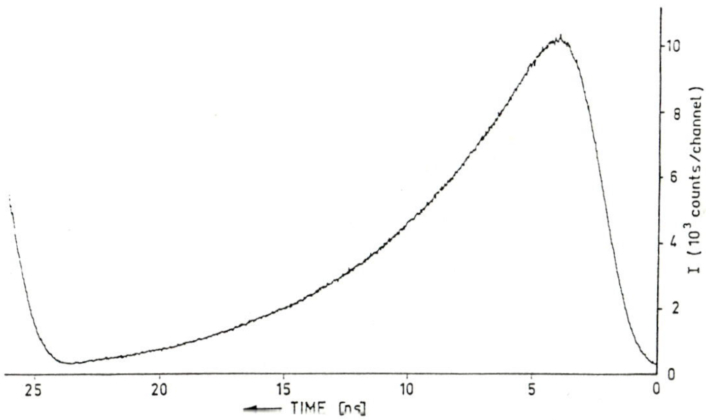

Abb.11.42. Fluoreszenzabklingkurve des Niveaus (v'=6,J'=27) im angeregten $B\,^1\Pi_u$-Zustand des Na_2-Moleküls

Selbst bei Anregung mit einem schmalbandigen Laser, dessen Bandbreite bei einer Pulslänge ΔT mindestens gleich der Fourier-begrenzten Breite $\Delta\nu = 1/(2\pi\Delta T)$ ist, werden im Fall von Molekülen im allgemeinen mehrere Molekülniveaus gleichzeitig angeregt. Um die Lebensdauer dieser Niveaus getrennt messen zu können, muß man die Fluoreszenz dieser Niveaus trennen und richtig zuordnen können. Für die spektrale Trennung genügen in einfachen Fällen Interferenzfilter, meistens braucht man jedoch einen Monochromator mit genügend hoher Dispersion. Die richtige Zuordnung ist nur über eine Analyse des Fluoreszenzspektrums möglich. Abbildung 11.42 zeigt eine experimentelle Abklingkurve eines selektiv angeregten Niveaus des Na_2-Moleküls, die mit der Apparatur der Abbildung 11.41 in etwa 10 Minuten gemessen wurde [11.62].

11.3.4 Lebensdauermessungen in schnellen Atom- und Ionenstrahlen

Die genaueste Methode zur Messung von Lebensdauern im Bereich von 10^{-9} - 10^{-7} s beruht auf einer modernen Version eines alten, von *Wien* [11.63] bereits verwendeten Verfahrens, bei dem die Zeitmessung zurückgeführt wird auf eine Weg- und Geschwindigkeitsmessung. Die in einer

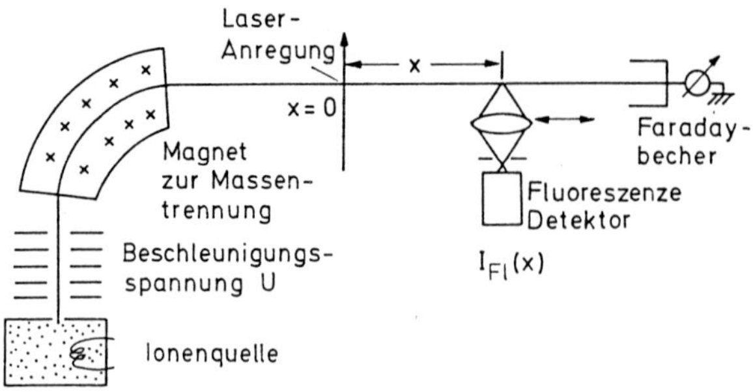

Abb.11.43. Schematische Darstellung der Lebensdauermessung in schnellen Ionenstrahlen durch Messung der Flugstrecke x zwischen Anregung und Fluoreszenzemission

Ionenquelle erzeugten atomaren bzw. molekularen Ionen werden durch eine Spannung U beschleunigt, in einem Magneten nach Massen separiert und an der Stelle x = 0 durch einen Laserstrahl angeregt. Die von den angeregten Spezies emittierte Fluoreszenz wird durch einen auf einer Präzisionsspindel beweglichen Detektor als Funktion des Abstandes x vom Anregungsort gemessen (Abb.11.43). Da die Geschwindigkeit $v = \sqrt{2eU/m}$ durch Messung der Beschleunigungsspannung U bekannt ist, kann die Zeit $t = x/v$ aus den gemessenen Werten von x bestimmt werden.

Um die Anregungsintensität zu erhöhen, wird der Anregungsort häufig in den Resonator eines Farbstofflasers gelegt, dessen Wellenlänge dann auf den gewünschten Übergang abgestimmt werden kann. Vor ihrer Anregung durch den Laser können die Ionen durch Stöße in einer differentiell gepumpten Gaszelle vorangeregt werden, sodaß auch mit sichtbaren Lasern bereits Übergänge von langlebigen Zuständen in höher angeregte Niveaus möglich werden [11.64]. Durch Ladungsaustauschstöße (z.B. in Alkali-Dampfzellen) können die Ionen mit großen Wirkungsquerschnitten neutralisiert werden, so daß dieses Verfahren der Lebensdauermessung auch auf schnelle Atome und Moleküle erweitert werden kann. Da der Ladungsaustausch bei „streifenden Stößen" mit großem Wirkungsquerschnitt geschieht, wird die Geschwindigkeit der Atome nur unwesentlich kleiner als die der Ionen.

Eine Verfälschung der gemessenen Lebensdauern durch Kaskadenübergänge von mehreren durch Stöße bevölkerten Niveaus kann durch einen geeigneten Meßzyklus vermieden werden (Abb.11.44). Man mißt abwechselnd die Fluoreszenz mit und ohne Laseranregung. Die Differenz beider Meßwerte ergibt dann nur die vom Laser bewirkte Fluoreszenz. Um den Einfluß von Schwankungen der Laserintensität oder der Ionenstrahlintensität zu eliminieren, wird ein ortsfester Fluoreszenzdetektor am Ort x_0 installiert, auf dessen Signal $S(x_0)$ die ortsabhängigen Signale S(x) normiert werden [11.65].

Die Zeitauflösung $\Delta t = \Delta x/v$ der Detektoren wird bei diesem Verfahren durch ihre Ortsauflösung Δx und die Geschwindigkeit **v** der Ionen bestimmt. Um eine hohe und von x unabhängige Zeitauflösung zu erzielen, muß man deshalb dafür sorgen, daß der Detektor nur Fluoreszenz aus ei-

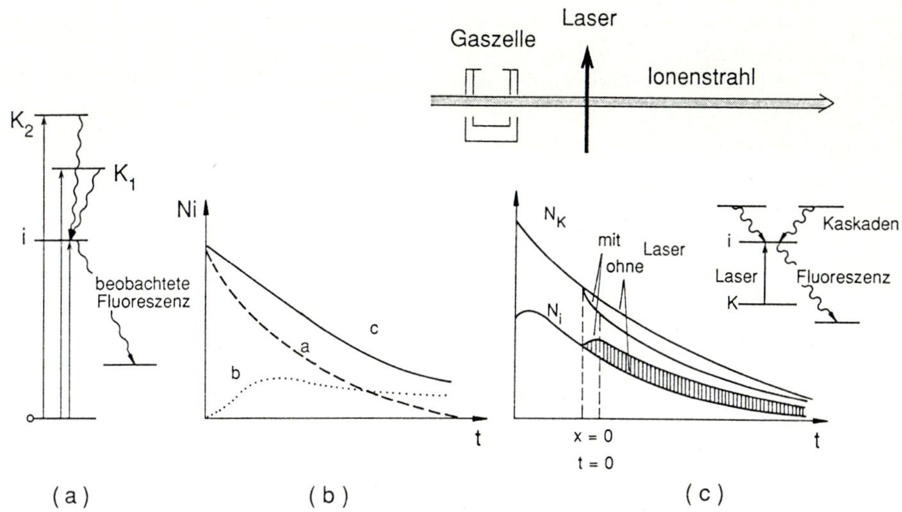

Abb.11.44. Kaskadenfreie Messung trotz Anregung vieler Zustände durch Messung der Differenz von $I_{Fl}(x)$ mit und ohne Laseranregung

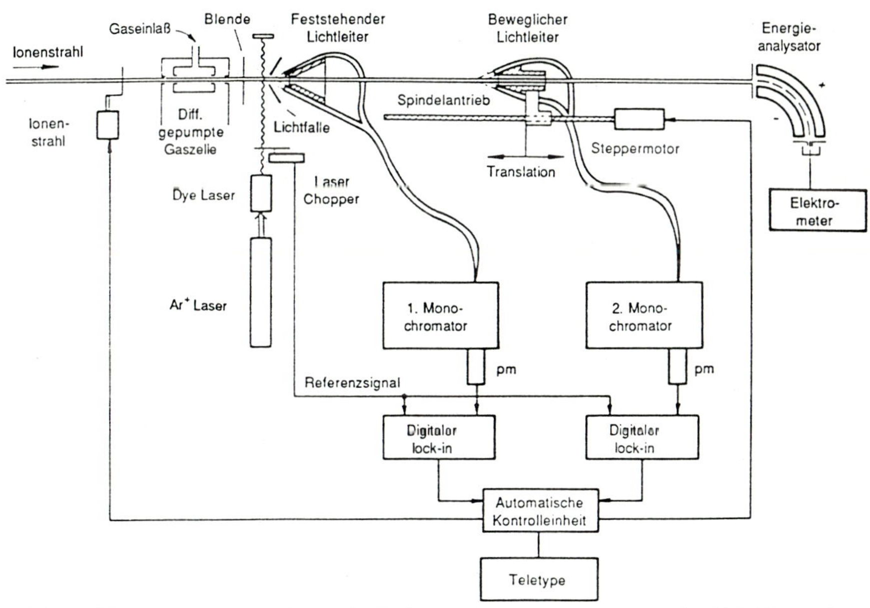

Abb.11.45. Apparatur zur kaskadenfreien Lebensdauermessung mit Abbildung der Fluoreszenz durch konisch angeordnete Fiberbündel auf den Eintrittsspalt eines Monochromators [11.65]

nem kleinem Wegintervall Δx sammelt, wobei Δx nicht von x abhängen darf. Eine experimentelle Lösung benutzt ein Bündel optischer Fibern, deren Einkoppelenden in einem konischen Kranz um die Ionenstrahlachse angeordnet sind (Abb.11.45), während die Auskoppelenden in einer Rechteckfläche angeordnet sind, die auf den Eintrittsspalt eines Monochromators abgebildet wird.

Mit dieser Methode sind genaue Lebensdauern für eine große Zahl von Ionen und Atomen gemessen worden. Für weitere Details wird auf die umfangreiche Literatur verwiesen [11.66, 67].

11.4 Messung schneller Relaxationsprozesse

Will man Relaxationsprozesse mit einer Zeitauflösung unter 10^{-11} s messen, so sind die meisten Detektoren (außer der Streakkamera) nicht schnell genug. Hier ist die „Pump- und Probentechnik" die Methode der Wahl. Sie basiert auf folgendem Prinzip:

Durch einen schnellen Pumppuls werden die zu untersuchenden Moleküle auf dem Übergang $|i\rangle \rightarrow |k\rangle$ angeregt (Abb. 11.46). Durch einen Probenpuls mit variabler Zeitverzögerung τ gegenüber dem Pumppuls wird der zeitliche Verlauf der Besetzungsdichte im Zustand $|0\rangle$ oder $|1\rangle$ abgefragt. Die zeitliche Auflösung ist nur begrenzt durch die Dauer vom Pump- und Probenpuls.

Bei den ersten Experimenten dieser Art kamen beide Pulse vom gleichen Laser, und die zeitliche Verzögerung wurde genau wie in Abb. 11.32 durch Strahlteilung und variable Verzögerungsstrecke realisiert [11.68]. Man kann die Wellenlänge beider Laser durch Raman-Verschiebung in weiten Grenzen variieren, so daß man sie auf das entsprechende Problem anpassen kann [11.69].

Breitere Anwendungsmöglichkeiten hat ein System mit zwei unabhängig voneinander durchstimmbaren Farbstofflasern, die aber aus Synchronisationsgründen beide von demselben Pumplaser gepumpt werden müssen [11.70]. Wir wollen die Anwendungsmöglichkeiten dieser Technik an einigen Beispielen illustrieren.

Mit Femtosekundenpulsen läßt sich untersuchen, wie schnell die Trennung der Fragmente bei der Photodissoziation geschieht, und wie die abstoßende Potentialkurve aussieht, auf der die Dissoziation abläuft [11.71]. In Abb. 11.47 wird die Anregung des Moleküls ICN mit einem frequenzverdoppelten Femtosekunden-Farbstofflaserpuls gezeigt, die in einen repul-

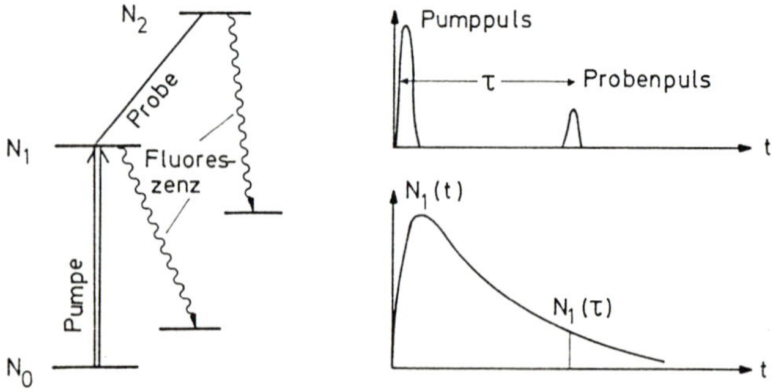

Abb. 11.46. Pump- und Probentechnik zur Messung schneller Relaxationsprozesse

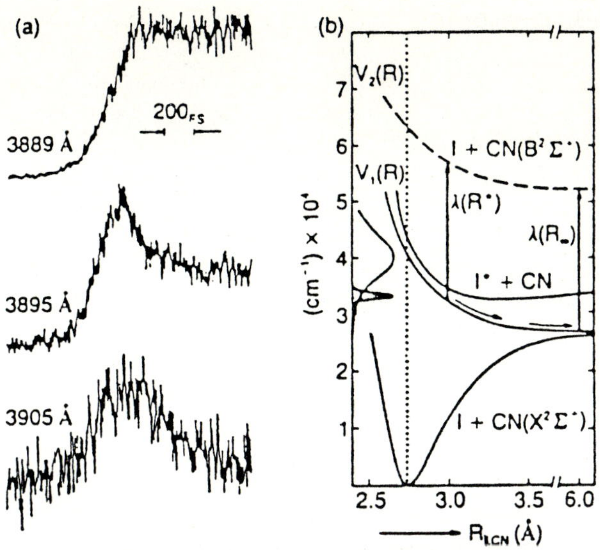

Abb.11.47. Zeitaufgelöste Laser-induzierte Fluoreszenz des CN-Radikals nach Dissoziation des ICN-Moleküls mit einem 100fs Puls bei λ = 306 nn. Die LIF wurde erzeugt durch einen zweiten Puls mit variabler Wellenlänge und als Funktion der Verzögerungszeit Δt gegen den Photolysepuls gemessen [11.71]

siven Zustand führt. Wird jetzt die Fluoreszenzintensität auf dem Übergang $X^2\Sigma^+ \rightarrow B^2\Sigma^+$ als Funktion der Verzögerungszeit ΔT des Probenpulses für verschiedene Wellenlängen des Probenpulses gemessen, so erhält man Zeitaufnahmen des Dissoziationsprozesses, weil die Absorptionswellenlänge des Probenpulses von der Differenz der beiden Potentialkurven und damit vom Abstand I-CN abhängt. Wenn der Dissoziationsprozeß schnell ist gegen eine Rotationsperiode des ICN-Moleküls, muß sich eine anfängliche Orientierung (z.B. durch Anregung mit polarisiertem Licht) in der Winkelverteilung der Dissoziationsprodukte widerspiegeln, ist er aber lang gegen T_{rot}, so erwartet man eine isotrope Verteilung.

Eine gute Übersicht über die Forschungsarbeiten der letzten Jahre auf dem Gebiet der Piko- und Femtosekunden-Spektroskopie findet man in [11.72].

12. Kohärente Spektroskopie

Es gibt eine Reihe hochauflösender Techniken in der Spektroskopie, die zum Teil auf der simultanen, kohärenten Anregung von zwei oder mehr atomaren oder molekularen Niveaus beruhen. Kohärent bedeutet hier, daß bei der optischen Anregung die Wellenfunktionen eine definierte Phase haben, so daß deren Überlagerung zu Interferenzeffekten führt, deren zeitliche Entwicklung während der Lebensdauern dieser Niveaus meßtechnisch verfolgt werden kann. Dadurch gewinnt man gegenüber Verfahren, bei denen nur die Intensität gemessen wird, an zusätzlicher Information, weil jetzt auch die Phasen der Wellenfunktionen bestimmt werden können.

Im Formalismus der Dichtematrix erlauben diese kohärente Methoden die Messung der Nichtdiagonalglieder, die sogenannten "Kohärenzen", während die nicht-kohärenten Verfahren nur Auskunft über die Diagonalglieder der Dichtematrix geben, welche die zeitabhängigen Besetzungsdichten beschreiben. Die Nichtdiagonalglieder beschreiben die durch die Lichtwelle induzierten und mit der Lichtfrequenz ω schwingenden atomaren Dipolmomente, deren Abstrahlung bei kohärenter Anregung eines Atomensembles zu makroskopisch meßbaren Interferenzphänomenen (Photonenecho, freier Induktionszerfall) führt.

Die feste Phasenbeziehung zwischen den einzelnen, schwingenden atomaren Dipolen bleibt nach Abschalten des Lichtfeldes nicht lange bestehen, weil Relaxationsprozesse die atomaren Dipole „stören". Zwei Prozesse sind dabei von besonderer Bedeutung:

1) Der spontane Abbau der Besetzung N_2 des angeregten Zustandes

$$N_2(t) = N_2(0)e^{-t/\tau_{eff}}$$

durch die inkohärente spontane Emission und durch inelastische Stöße (Abschn.11.3). Man nennt die Zeitkonstante $T_1 = \tau_{eff}$ für den Besetzungsabbau auch die *„longitudinale Relaxationszeit"*.

2) Die Phasenrelaxation mit der Zeitkonstanten T_2, die auch „transversale Relaxationszeit" heißt. Sie wird bewirkt durch phasenstörende Stöße (Abschn.3.3) oder auch durch die Doppler-Verstimmung der atomaren Frequenz infolge der Geschwindigkeit thermischer Atome. Im allgemeinen ist $T_2 < T_1$. Während die phasenstörenden Stöße zu einer homogenen Linienverbreiterung $\gamma_2{}^{hom} = 1/T_2{}^{hom}$ führen, gibt die Geschwindigkeitsverteilung einen Beitrag $\gamma_2{}^{inhom} = 1/T_2{}^{inhom}$ zur inhomogenen Linienbreite.

Die spektrale Linienbreite $\Delta\omega \geq 1/T_1 + 1/T_2^{hom}$, die bei der kohärenten Spektroskopie erreichbar ist, wird *nicht* durch den inhomogenen Anteil

γ_2^{inhom} begrenzt. Wir werden nämlich sehen, daß die kohärenten Verfahren eine Doppler-freie Auflösung ermöglichen, obwohl die optische Anregung im allgemeinen breitbandig erfolgt, z.B. wenn zwei Niveaus gleichzeitig vom gleichen unteren Niveau aus angeregt werden.

Ein schnell expandierendes Gebiet der kohärenten Spektroskopie, die Heterodyn- und die Korrelations-Spektroskopie, basiert auf der Interferenz zwischen kohärenten Lichtwellen: Entweder zwischen zwei Lasern oder zwischen dem anregenden Laserlicht und dem von bewegten Teilchen (Atome, Moleküle, Mikroben, usw.) gestreuten Licht. Hier lassen sich spektrale Auflösungen im Hertz-Bereich erzielen (Abschn. 12.6).

Wir wollen in diesem Kapitel die wichtigsten kohärenten Verfahren besprechen, bei denen das oben Gesagte verdeutlicht wird.

12.1 „Level-Crossing"-Spektroskopie

Die „Level-Crossing"-Spektroskopie basiert auf der Änderung der räumlichen Intensitätsverteilung oder der Polarisationseigenschaften der Fluoreszenz, die von kohärent angeregten Zuständen emittiert wird, wenn sich diese Zustände bei Änderung eines äußeren magnetischen oder elektrischen Feldes kreuzen. Beispiele sind Fein- oder Hyperfeinniveaus, deren Zeeman-Verschiebung unterschiedlich ist, und die sich deshalb bei einem bestimmten Wert des Magnetfeldes kreuzen (Abb. 12.1). Ein Spezialfall ist der von *Hanle* bereits 1923 [12.1] entdeckte „Hanle-Effekt", bei dem die Fluoreszenzänderung durch die Kreuzung der Zeeman-Komponenten eines Zustandes mit $J>0$ bei einem Magnetfeld $B = 0$ auftritt und der deshalb auch „Nullfeld Level-Crossing" genannt wird (Abb. 12.1b).

Ein besonderer Vorteil der „Level-Crossing"-Spektroskopie beruht auf der Tatsache, daß sie trotz breitbandiger Anregung eine Doppler-freie Auflösung und damit die Bestimmung der natürlichen Linienbreite des angeregten Niveaus erlaubt. Sie ist deshalb in der Atomphysik schon lange vor der Entdeckung des Lasers eingeführt worden [12.1-4]. Allerdings waren die Untersuchungen ohne Laser beschränkt auf solche atomare Resonanzübergänge, die mit intensiven atomaren Resonanzlampen (Hohlkathoden- oder Mikrowellenentladungslampen) angeregt werden konnten. Nur wenige

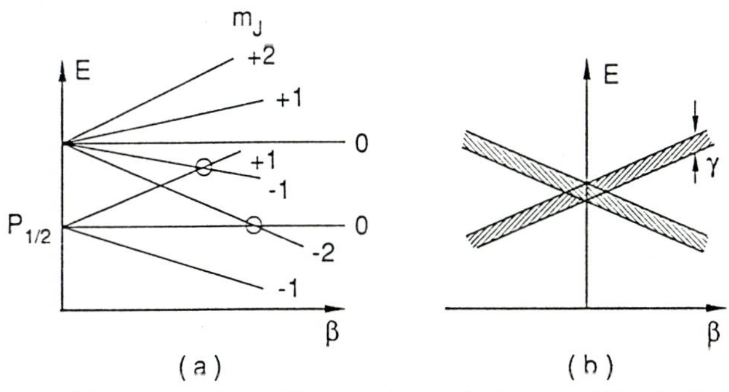

Abb. 12.1. Termschema für „Level-crossing" (**a**) und Hanle-Effekt (**b**)

Moleküle wurden mit dieser Technik untersucht, wobei zufällige Koinzidenzen zwischen atomaren Resonanzlinien und molekularen Übergängen ausgenutzt werden mußten [12.5].

Optisches Pumpen mit durchstimmbaren Lasern oder auch mit einer der zahlreichen Festfrequenzlaserlinien hat die Anwendungsmöglichkeiten der „Level-Crossing"-Spektroskopie besonders in der Molekülphysik und bei der Untersuchung hochliegender atomarer Zustände wesentlich erweitert. Außerdem haben Laser neue Varianten wie z.B. das „stimulierte Level-Crossing"- Verfahren ermöglicht.

In diesem Abschnitt wird das Grundprinzip der „Level-Crossing"-Spektroskopie und ihre Bedeutung für die Bestimmung von Lebensdauern und Drehimpulskopplung angeregter Zustände erläutert. Eine ausführliche Darstellung der Theorie findet man in [12.6], einen Überblick über die Untersuchungen vor Einführung des Lasers in [12.3].

12.1.1 Grundlagen

In Abb. 12.2 ist eine typische experimentelle Anordnung der „Level-Crossing"-Spektroskopie schematisch dargestellt: Atome oder Moleküle werden in einer Gas- bzw. Dampfzelle in ein homogenes Magnetfeld in z-Richtung gebracht und durch eine Lichtwelle $\mathbf{E} = E_y \cos(\omega t - kx)$ auf dem Übergang $|1\rangle \leftarrow |2\rangle$ angeregt. Die von den angeregten Atomen im Zustand $|2\rangle$ in y Richtung auf dem Übergang $|2\rangle \rightarrow |3\rangle$ ausgesandte Fluoreszenz wird hinter einem Polarisator als Funktion der Magnetfeldstärke B gemessen.

In einem anschaulichen, klassischen Modell läßt sich der Hanle Effekt wie folgt verstehen: Das durch linear polarisiertes Licht angeregte Atom wird durch einen klassischen Oszillator beschrieben, der in der y-Richtung schwingt und dessen Emission die in Abb. 12.3a gezeigte Dipolcharakteristik mit ihrem Maximum in x-Richtung hat. Regt man das Atom auf seiner

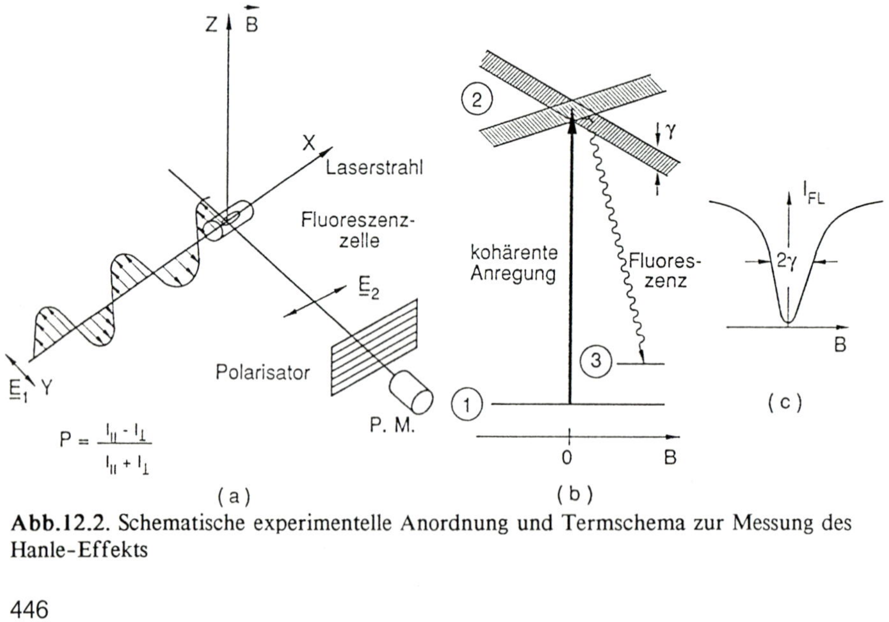

Abb. 12.2. Schematische experimentelle Anordnung und Termschema zur Messung des Hanle-Effekts

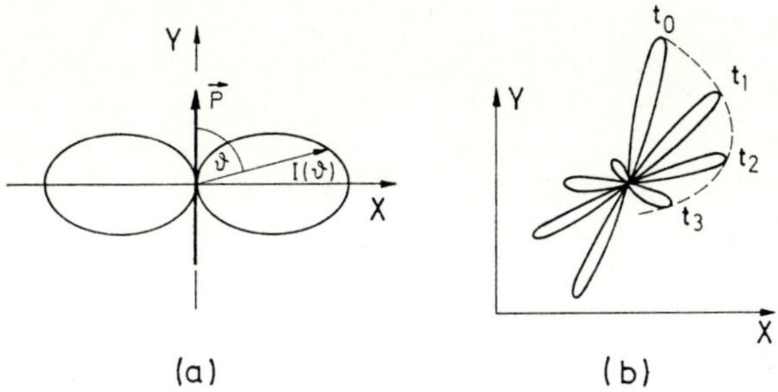

Abb.12.3a,b. Klassisches Modell des Hanle-Effekts: (**a**) Dipol-Ausstrahlungscharakteristik, (**b**) Drehung der Ausstrahlrichtung durch Präzession des Dipols im Magnetfeld

Resonanzfrequenz ω mit einem Laserpuls zur Zeit t_0 an, so wird bei einer Lebensdauer $\tau = 1/\gamma$ des oberen Zustandes die zeitabhängige Emissions-Amplitude für B = 0

$$E(t) = E(0)e^{-(i\omega+\gamma/2)(t-t_0)}\hat{\mathbf{y}} . \tag{12.1}$$

Aufgrund seines magnetischen Dipolmomentes $g_J\mu_0$ (g_J: Landé-Faktor, μ_0: Bohr'sches Magneton) präzediert für $B \neq 0$ der Dipol mit Gesamtdrehimpuls **J** um die magnetische Feldrichtung mit einer Präzessionsfrequenz

$$\Omega_p = g_J\mu_0 B/\hbar . \tag{12.2}$$

Die Achse maximaler Emission in der Emissionscharakteristik (Abb.12.3a) dreht sich deshalb mit derselben Frequenz um die z-Achse, wobei die Amplitude mit $\exp[-(\gamma/2)t]$ abklingt (Abb.12.3b). Beobachtet man die Fluoreszenz hinter einem Polarisator, dessen Durchlaßrichtung den Winkel α gegen die x-Richtung bildet, so wird die gemessene Intensität

$$I(B,\alpha,t) = I(0)e^{-\gamma(t-t_0)}\cos^2[(\Omega_p(t-t_0) - \alpha)] . \tag{12.3}$$

Diese Intensität kann entweder nach gepulster Anregung bei festem Magnetfeld B zeitaufgelöst nachgewiesen werden (Quantenbeats, Abschn.12.2), oder bei kontinuierlicher Anregung zeitlich gemittelt als Funktion von B gemessen werden („level crossing"). Im letzteren Fall ist die zur Zeit t beobachtete Intensität I(t) von der Anregung aller Atome im Anregungszeitraum von $t_0 = -\infty$ bis $t_0 = t$ abhängig. Es gilt daher

$$I(B,\alpha) = CI_0 \int_{t_0=-\infty}^{t} e^{-\gamma(t-t_0)}\cos^2[(\Omega_p(t-t_0) - \alpha]dt_0 . \tag{12.4}$$

Durch eine Variablen Transformation $(t-t_0) \to t'$ sieht man, daß das Integral nicht mehr von t abhängt. Mit Hilfe der Relation $2\cos^2 x = 1 + \cos 2x$ läßt es sich elementar lösen, und man erhält

$$I(B,\alpha) = C\,\frac{I_0}{2}\left[\frac{1}{\gamma} + \frac{\gamma\cos 2\alpha}{\gamma^2 + 4\Omega_p{}^2} + \frac{2\Omega_p \sin 2\alpha}{\gamma^2 + 4\Omega_p{}^2}\right]. \tag{12.5}$$

Die Form des Hanle-Signals (12.5) hängt von der Orientierung α des Polarisators ab. Für $\alpha = \pi/4$ wird der 2. Summand in (12.5) Null, und man erhält ein reines Dispersionssignal, während für $\alpha = 0$ oder $\alpha = \pi/2$ (Polarisator in x- oder in y-Richtung) der letzte Summand Null wird und sich mit (12.2) das Lorentz-Signal

$$I(B,\alpha{=}\pi/2) = C\,\frac{I_0}{2\gamma}\left[1 - \frac{1}{1 + (2g\mu_0 B/\hbar\gamma)^2}\right] \tag{12.6}$$

ergibt mit einer vollen Halbwertsbreite

$$\Delta B_{1/2} = \frac{\hbar\gamma}{g\mu_0} = \frac{\hbar}{g\mu_0 \tau_{eff}} \quad \text{mit} \quad \gamma = 1/\tau_{eff}\,. \tag{12.7}$$

Aus dem gemessenen Wert $\Delta B_{1/2}$ läßt sich daher das Produkt $g\tau_{eff}$ aus Landé-Faktor g und effektiver Lebensdauer τ_{eff} bestimmen. Bei Atomen ist der Landé-Faktor im allgemeinen bekannt, und man erhält dann aus dem Hanle-Signal die effektive Lebensdauer τ_{eff}, aus der durch Messungen bei verschiedenen Drucken und Extrapolation gegen den Druck $p = 0$ die spontane Lebensdauer ermittelt wird (Abschn. 11.3). Bei Molekülen ist das Drehimpuls-Kopplungsschema oft nicht genau bekannt, insbesondere wenn durch die Hyperfeinstruktur und durch Wechselwirkungen zwischen verschiedenen elektronischen Zuständen die Kopplung zum Gesamtdrehimpuls $\mathbf{F} = \mathbf{N}+\mathbf{S}+\mathbf{L}+\mathbf{I}$, die sich aus Molekülrotation $\mathbf{N}$, Elektronenspin $\mathbf{S}$, elektronischem Bahndrehimpuls $\mathbf{L}$ und Kernspin $\mathbf{I}$ zusammensetzt, nicht eindeutig ist. Man kann dann aus dem Hanle-Signal den Landé-Faktor g und damit das Kopplungsschema ermitteln [12.7], wenn man die Lebensdauer mit anderen Methoden gemessen hat (Abschn. 11.3). In Abb. 12.4 ist ein Hanle-Signal gezeigt, daß bei Anregung des Niveaus ($v'=10$, $J'=12$) im $B^1\Pi_u$-Zustand des Na_2-Moleküls nach Anregung mit einem Argonlaser erhalten wurde [12.8]. Für diesen Zustand gilt der Hund'sche Kopplungsfall a_α, bei dem der Landé-Faktor

$$g_F = \frac{F(F+1) + J(J+1) - I(I+1)}{J(J+1)\,2F(F+1)} \tag{12.8}$$

ist [12.5]. Man sieht, daß g mit wachsender Rotationsquantenzahl J kleiner wird, so daß man bei großem J wesentlich stärkere Magnetfelder braucht als für Atome.

12.1.2 Quantenmechanisches Modell

Bei der quantenmechanischen Behandlung der „Level-Crossing"-Spektroskopie ist die Intensität der auf dem Übergang $|2\rangle \rightarrow |3\rangle$ mit dem Polarisationsvektor $\mathbf{E}_2$ emittierten Fluoreszenz nach optischer Anregung auf dem Übergang $|1\rangle \rightarrow |2\rangle$ mit Licht der Polarisation $\mathbf{E}_1$

$$I_{Fl}(2\rightarrow 3) \propto |\langle 1|\boldsymbol{\mu}_{12}\cdot\mathbf{E}_1|2\rangle|^2 |\langle 2|\boldsymbol{\mu}_{23}\cdot\mathbf{E}_2|3\rangle|^2 . \tag{12.9}$$

Die räumliche Verteilung und die Polarisationscharakteristik der Fluoreszenz hängt ab von der Orientierung der Übergangsdipole $\boldsymbol{\mu}_{12}$ und $\boldsymbol{\mu}_{23}$ relativ zur Polarisationsrichtung $\mathbf{E}_1$ von anregendem Laser bzw. $\mathbf{E}_2$ der detektierten Fluoreszenz [12.5, 9]. Ein angeregter Zustand mit dem Gesamtdrehimpuls J hat 2J+1 Zeemann-Niveaus mit der magnetischen Quantenzahl M, die ohne äußeres Magnetfeld energetisch entartet sind. Die Wellenfunktion des oberen Zustandes

$$\Psi_2 = \sum_k c_k \phi_k e^{-i\omega_k t} \tag{12.10}$$

wird deshalb durch eine Linearkombination der Wellenfunktionen ϕ_k aller Zeeman-Niveaus beschrieben. Das Produkt der Matrixelemente in (12.9) enthält dann Interferenzterme

$$c_{M_i} c^*_{M_k} \phi_i \phi^*_k e^{-i(\omega_i - \omega_k)t} .$$

Ohne äußeres Magnetfeld sind alle Frequenzen ω_k gleich. Die Interferenzterme werden zeitunabhängig und beschreiben die räumliche Verteilung der Fluoreszenz. Wenn die Entartung durch ein äußeres Feld aufgehoben wird, spalten die M-Zustände auf und die Phasenfaktoren werden zeitabhängig. Auch wenn alle M-Zustände zur Zeit t = 0 kohärent angeregt wurden, so daß ihre Wellenfunktionen alle die gleiche Phase hatten, entwickeln sich ihre Phasen wegen der unterschiedlichen Frequenzen im Laufe der Zeit verschieden. Die Interferenzterme verändern deshalb ihre Größe und ihre Vorzeichen, und die räumliche Intensitätsverteilung wird für $2g_J\mu_0 B/\hbar \gg \gamma$ bei zeitlich gemittelter Beobachtung isotrop!

Man beachte: Obwohl die räumliche Verteilung und die Polarisationscharakteristik der Fluoreszenz durch das Magnetfeld geändert wird, bleibt die Gesamtintensität konstant! Man kann deshalb zur Normierung und zur Eliminierung von Intensitätsschwankungen des anregenden Lasers die experimentelle Anordnung in Abb. 12.4 verwenden, bei der die Fluoreszenz gleichzeitig in zwei verschiedenen Richtungen beobachtet wird. Der Quotient

$$Q = \frac{I_1(B) - I_2(B)}{I_1(B) + I_2(B)}$$

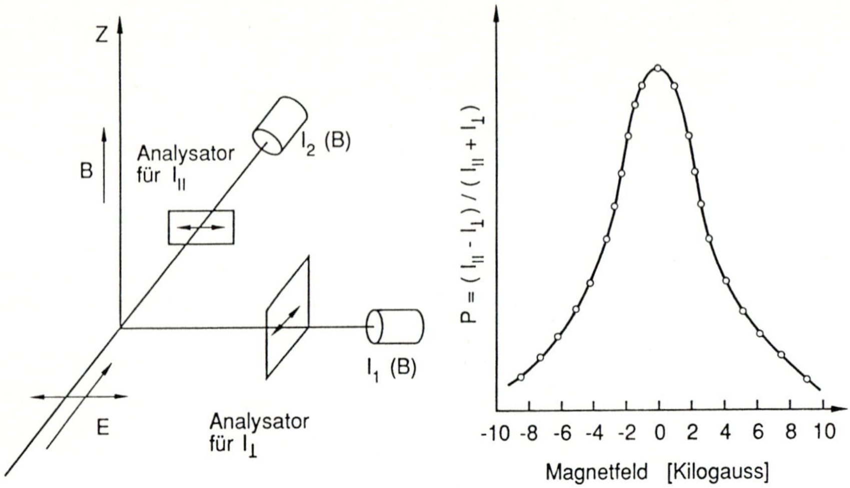

Abb.12.4. Hanle-Signal bei Anregung des Rotationsschwingungsniveaus ($v'=10$, $J'=12$) im $B^1\Pi_u$-Zustand des Na_2-Moleküls [12.8]

ergibt ein solches normiertes „Level-Crossing"-Signal, das gegenüber der Beobachtung in nur einer Richtung außerdem ein besseres Signal/Rausch-Verhältnis hat.

12.2 Quantenbeat-Spektroskopie

Werden zwei eng benachbarte Niveaus $|1\rangle$ und $|2\rangle$ zur Zeit $t = 0$ von einem gemeinsamen Niveau $|0\rangle$ aus mit einem kurzen Laserpuls der Dauer $\Delta t < (E_1 - E_2)/h$ angeregt, so kann die Wellenfunktion dieses „kohärenten Zustandes $|1\rangle+|2\rangle$" zur Zeit $t = 0$

$$\Psi(0) = \sum_k c_k \phi_k(0) \tag{12.11}$$

als Linearkombination der Eigenfunktion ϕ_k ($k = 1,2$) der „ungestörten" Zustände $|k\rangle$ geschrieben werden, wobei $|c_k|^2$ die Wahrscheinlichkeit dafür angibt, daß der Laserpuls das Atom in das Niveau $|k\rangle$ angeregt hat. Zerfällt $|k\rangle$ durch spontane Emission mit der Abklingkonstanten $\gamma_k = 1/\tau_k$ in einen tieferen Zustand $|m\rangle$, so wird die zeitabhängige Wellenfunktion

$$\Psi(t) = \sum_k c_k \phi_k(0) e^{-(i\omega_{km} + \gamma_k/2)t} \quad , \tag{12.12}$$

wobei $\omega_{km} = (E_k - E_m)/\hbar$. Mißt man die Fluoreszenz von beiden Niveaus zusammen, so wird die zeitabhängige Fluoreszenzintensität

$$I(t) = C|\langle\phi_m|\epsilon\cdot\boldsymbol{\mu}|\Psi(t)\rangle|^2 \,. \tag{12.13}$$

C ist ein Proportionalitätsfaktor, der von den experimentellen Parametern abhängt, $\boldsymbol{\mu} = e\mathbf{r}$ ist der Dipoloperator und ϵ die Polarisationsrichtung des emittierten Lichtes. Setzt man (12.12) in (12.13) ein, so ergibt sich mit $\gamma_1 = \gamma_2 = \gamma$

$$I(t) = Ce^{-\gamma t}(A + B\cos\omega_{21}t) \tag{12.14}$$

mit

$$A = c_1{}^2|\langle\phi_m|\epsilon\cdot\boldsymbol{\mu}|\phi_1\rangle|^2 + c_2{}^2|\langle\phi_m|\epsilon\cdot\boldsymbol{\mu}|\phi_2\rangle|^2$$
$$B = 2c_1c_2|\langle\phi_m|\epsilon\cdot\boldsymbol{\mu}|\phi_1\rangle||\langle\phi_m|\epsilon\cdot\boldsymbol{\mu}|\phi_2\rangle| \,.$$

Dies zeigt, daß der exponentiellen Abklingkurve eine Modulation mit der Frequenz $\omega_{21} = (E_2 - E_1)/\hbar$ überlagert ist, die vom Energieabstand ΔE_{12} der beiden kohärent angeregten Niveaus abhängt Abb.12.5). Man nennt diese Schwebung „*Quantenbeats*", weil sie durch die Interferenz der zeitabhängigen Wellenfunktionen beider kohärent angeregten Niveaus entsteht. Aus einer Fourier-Analyse von I(t) in (12.14) erhält man ein Doppler-freies Spektrum $I(\omega)$ und damit sowohl ΔE_{12} als auch die natürliche Linienbreite γ, selbst wenn ΔE_{12} kleiner als die Doppler-Breite der detektierten Fluoreszenz ist [12.10]! Die physikalische Interpretation der Quantenbeats ist völlig analog zu der des Youngschen Doppelspalt-Experimentes (Abschn. 2.8); Wenn das angeregte Molekül ein Fluoreszenzphoton emittiert, läßt sich bei Messung der Totalfluoreszenz nicht entscheiden, ob auf dem Übergang $|1\rangle \to |m\rangle$ oder $|2\rangle \to |m\rangle$ emittiert wurde. Dann ist aber nach den Regeln der Quantenmechanik die Gesamtwahrscheinlichkeit für die Emission eines Photons durch das Quadrat der Summe der beiden Einzelamplituden bestimmt. Wird z.B. durch einen Monochromator einer der beiden Übergänge getrennt nachgewiesen, so wird einer der beiden Koeffizienten in (12.14) Null. Aus c_1=0 oder c_2=0 → B=0 und damit wird der Interferenzterm Null, d.h. die Quantenbeats verschwinden, und man mißt den rein expontentiellen Abfall des einen Niveaus!

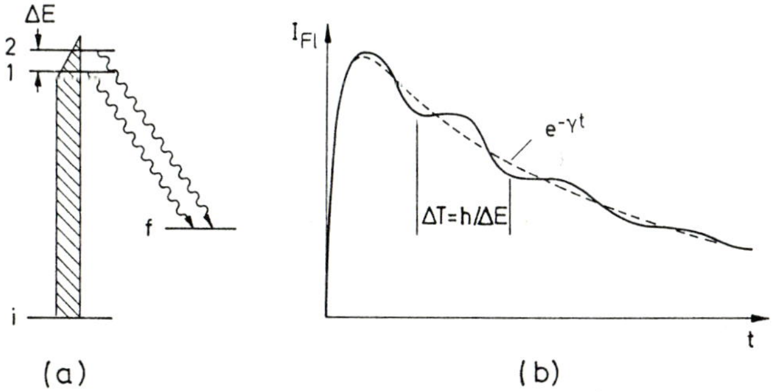

Abb.12.5. Quantenbeats als Intensitätsschwebungen in der Fluoreszenz zweier kohärent angeregter Niveaus.

Für die experimentelle Realisierung der Quantenbeat-Spektroskopie werden gepulste Laser (z.B. Exzimerlaser-gepumpte Farbstofflaser) oder modengekoppelte Laser (Abschn. 11.1.3) verwendet. Die Zeitauflösung des Detektors muß hoch genug sein, um die Periode $\Delta T = h/(E_2 - E_1)$ der Quantenbeats auflösen zu können. Schnelle „Transientendigitizer" oder auch Boxcar-Systeme mit schmalem Zeitfenster (Abschn. 4.5.5) erfüllen diese Forderung.

Bei der Quantenbeat-Spektroskopie in schnellen Ionenstrahlen läßt sich die geforderte Zeitauflösung auch mit langsamen Detektoren erreichen, wenn der Detektor entlang des Ionenstrahls verschoben wird und die Fluoreszenz bei jeder Stellung z nur aus einem kleinen Wegintervall Δz gesammelt wird, das die Ionen mit der Geschwindigkeit v in einer Zeit $\Delta t = \Delta z/v$ durchlaufen (Abschn. 11.3). In diesem Fall können zeitintegrierende Detektoren verwendet werden, welche die zeitlich gemittelte Intensität

$$I(z)\Delta z = \int I(t,z)\,dt\,\Delta z$$

messen, die von allen Ionen im Strahl nach ihrer Anregung am Ort $z = 0$ zur Zeit $t = z/v$ emittiert wird. Die Anregung kann sogar durch einen schmalbandigen, kontinuierlichen Laser erfolgen, solange für die Flugzeit $\Delta t = d/v$ der Ionen durch den Laserstrahl mit dem Durchmesser d die Bedingung $\Delta t < \Delta E/h$ erfüllt ist [12.11].

Als Beispiel ist in Abb. 12.6 das zeitaufgelöste Spektrum I(t) und seine Fourier-Transformation $I(\omega)$ für die Fluoreszenz von $^{137}Ba^+$-Ionen im $6p^2P_{3/2}$ Zustand gezeigt, deren drei HFS-Niveaus durch einen cw Laser im Ionenstrahl angeregt wurden. Man kann zur Anregung entweder einen durchstimmbaren Farbstofflaser verwenden, dessen Strahl den Ionenstrahl senkrecht kreuzt, oder einen Argonlaser, der unter einem Winkel α gegen die Ionenstrahlachse eingestrahlt wird, so daß die Doppler-Verschiebung $\Delta\nu = (v/c)\nu\cos\alpha$ die Laserfrequenz ν in Resonanz mit $(E_k - E_0)/h$ bringt [12.11].

Werden die Zeeman-Niveaus $M = \pm 1$ eines atomaren Zustandes mit $J = 1$ durch einen gepulsten Laser gleichzeitig angeregt, so sind die Amplituden der beiden Fluoreszenzanteile auf dem Übergang $J=1 \rightarrow J=0$ gleich groß und man erhält ein zu 100% durchmoduliertes Schwebungssignal, die „Zeeman-Quantenbeats" (Abb. 12.7).

Quantenbeats lassen sich nicht nur im Fluoreszenzsignal, sondern auch in der Transmission eines Lasers durch eine absorbierende Probe messen, wie von *Lange* et al. [12.13, 14] demonstriert wurde. Die Methode basiert auf der Technik der zeitaufgelösten Polarisationsspektroskopie (Abschn. 7.3): Ein polarisierter Pumppuls orientiert Atome in einer Zelle zwischen zwei gekreuzten Polarisatoren (Abb. 12.8) und erzeugt eine kohärente Überlagerung der am Pumpprozess beteiligten Zustände, die zu einer zeitlichen Oszillation des Übergangsmomentes führt mit einer Periode, die von der Aufspaltung der Unterniveaus abhängt.

Während bei dem V-Pumpschema (Abb. 12.9a) diese kohärente Überlagerung im angeregten Zustand auftritt und deshalb über die Fluoreszenz beobachtet werden kann, wird sie bei dem Λ-Schema (Abb. 12.9b) für die

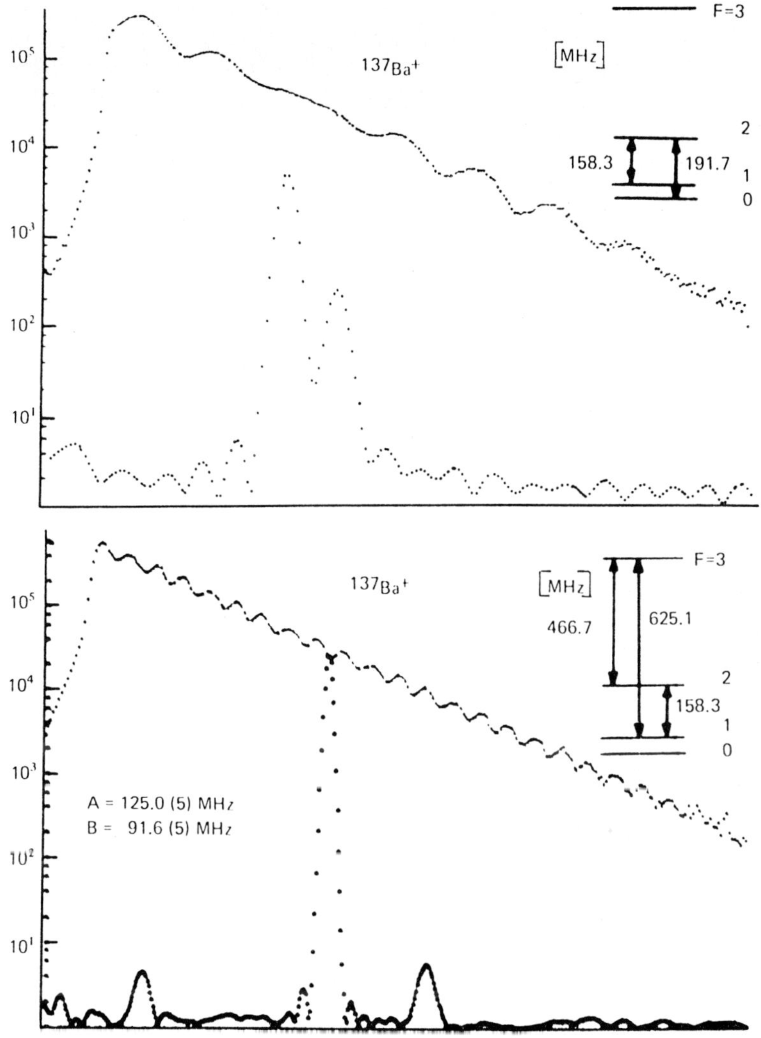

Abb.12.6. Gemessene Quantenbeats in der Fluoreszenz von Ba^+-Ionen, die mit einem Argonlaser bei λ = 455 nm in einem schnellen Ionenstrahl angeregt wurden, mit dem zugehörigen Fourier-Spektrum. Die Termschemata zeigen die HFS des emittierenden $6p\,^2\Pi_{3/2}$-Zustandes mit den beobachteten Aufspaltungsfrequenzen [12.11]

Unterniveaus des Grundzustandes erreicht und ist über die Absorption meßbar [12.14]. Die zeitliche Entwicklung dieser Kohärenz bewirkt eine zeitabhängige Suszeptibilität χ der Probe, die durch die Transmission eines Probenlaserpulses mit variabler Zeitverzögerung ΔT gegen den Pumppuls abgefragt werden kann. Bei Verwendung eines cw Probenlasers und zeitaufgelöstem Nachweis der Transmission (z.B. mit einem Transientenverstärker) läßt sich das Quantenbeat-Signal in günstigen Fällen mit einem einzigen Pumppuls messen (Abb.12.8).

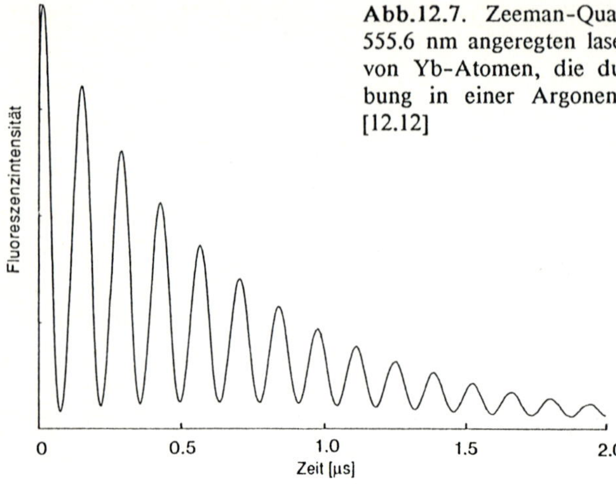

Abb.12.7. Zeeman-Quantenbeats der bei λ = 555.6 nm angeregten laserinduzierten Fluoreszenz von Yb-Atomen, die durch Oberflächenzerstäubung in einer Argonentladung erzeugt wurden [12.12]

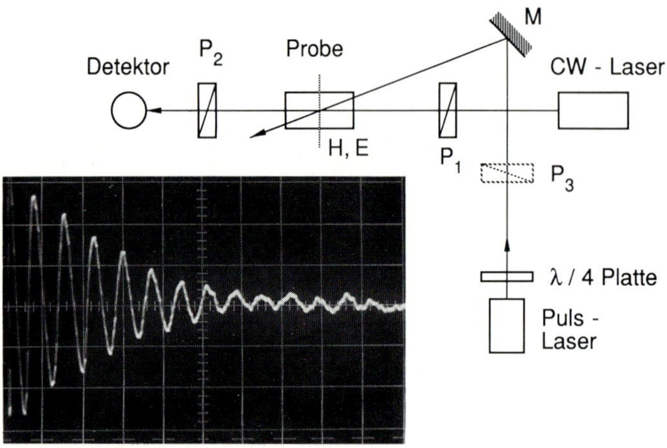

Abb.12.8. Quantenbeatspektroskopie in atomaren und molekularen Grundzuständen durch zeitaufgelöste Polarisationsspektroskopie. Das hier gezeigte Signal, das der HFS des Natrium $3S_{1/2}$-Zustandes entspricht, wurde mit nur einem Pumppuls und einem cw Probenlaser aufgenommen [12.13]

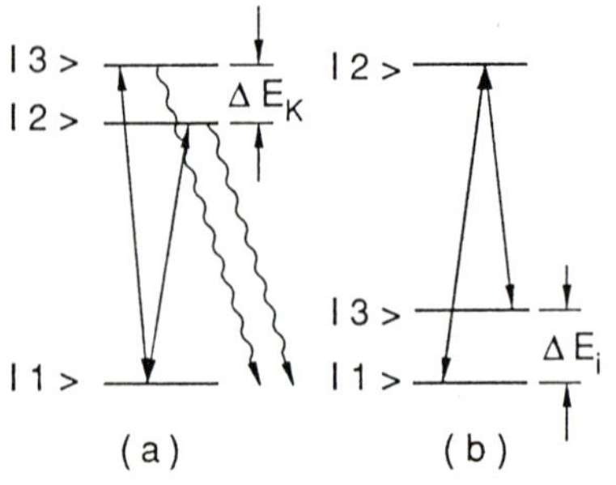

Abb.12.9. Erzeugung von Kohärenzen im angeregten Zustand (**a**) und im Grundzustand (**b**) eines atomaren Systems

Genau wie bei der Fluoreszenzschwebung ist die spektrale Auflösung des Fourier-Spektrums nicht durch die Doppler-Breite oder die Bandbreite des anregenden oder abfragenden Lasers begrenzt, sondern nur durch die homogene Breite der das Quantenbeat-Signal erzeugenden Unterniveaus. Die Amplitude des Quantenbeat-Signals wird durch Stöße und durch Diffusion der Atome aus dem Wechselwirkungsgebiet gedämpft. Solange die Diffusionszeit der limitierende Faktor ist, läßt sich die Dämpfung durch Zumischen eines Edelgases verringern, bis die Stoßdämpfung dominant wird. Man erhält aus der Abklingzeit der Quantenbeatamplitude die Phasenrelaxationszeit T_2 [12.15].

Auch in der Molekülphysik ist die Quantenbeat-Methode erfolgreich eingesetzt worden zur Messung von Hyperfeinstrukturen in angeregten Zuständen [12.16] oder von Paaren sich gegenseitig störender, eng benachbarter Zustände [12.17]. Durch ein äußeres magnetisches oder elektrisches Feld können Zeeman- oder Stark-Aufspaltungen erzeugt und mit der Quantenbeat-Technik gemessen werden. Daraus erhält man Informationen über magnetische bzw. elektrische Dipolmomente und über die Landé-Faktoren, d.h. die Drehimpulskopplungen in angeregen Molekülzuständen [12.18, 19].

Die Aufspaltung kohärent angeregter Unterniveaus (Feinstruktur, Zeeman-Niveaus) hochliegender Rydberg-Zustände kann auch durch das Quantenbeatsignal bei der zeitaufgelösten Photoionisation oder Feldionisation nachgewiesen werden [12.20]. Für eine ausführlichere Darstellung der Quantenbeatmethode und ihrer verschiedenen Anwendungen wird auf die Literatur [12.10, 21-23] verwiesen.

12.3 Photonen-Echo

Angenommen, daß N Atome gleichzeitig durch einen kurzen Laserpuls zur Zeit $t = 0$ aus einem Zustand $|1\rangle$ in einen höheren Zustand $|2\rangle$ angeregt wurden. Die gesamte Fluoreszenzleistung auf dem Übergang $|2\rangle \rightarrow |1\rangle$ mit dem Matrixelement μ_{21} ist dann

$$I_{Fl} = \frac{\omega^4}{3\pi\epsilon_0 c^3} \frac{g_1}{g_2} \left| \sum_{i=1}^{N} \langle \mu_{21_i} \rangle \right|^2 . \qquad (12.15)$$

Bei inkohärenter Anregung bestehen keine definierten Phasenbeziehungen zwischen den Wellenfunktionen der N angeregten Atome. Die Dipolmomente haben statistisch verteilte Phasen, und die Mischterme $\mu_{21}(p)\, \mu_{21}(q)$ $(p, q \in N)$ in dem Quadrat der Summe mitteln sich zu Null, so daß gilt

$$I_{Fl}^{\text{inkohärent}} = \frac{\omega^4 g_1}{3\pi\epsilon_0 c^3 g_2} \sum |\mu_{21}|^2 = N\hbar\omega A_{21} . \qquad (12.16)$$

Bei kohärenter Anregung hingegen sind alle Dipole anfangs in Phase und daher gilt

$$\left| \sum \langle \mu_{21} \rangle \right|^2 = |N\langle \mu_{21} \rangle|^2 = N^2 |\langle \mu_{21} \rangle|^2 \rightarrow I_{FL}^{\text{kohärent}} = N^2 \hbar\omega A_{21} \ . \quad (12.17)$$

Wenn alle N Dipole in Phase sind, strahlen sie wie ein makroskopischer, oszillierender Dipol mit dem Dipolmoment $N\mu_{12}$. Die Fluoreszenzintensität ist daher proportional zu N^2 und damit N mal größer als bei inkohärenter Anregung (Dicke-Superstrahlung [12.24]).

Dieses Phänomen der Superstrahlung wird bei der Technik der Photonen-Echos ausgenutzt zur Messung der Besetzungsrelaxation durch Stöße und Spontanemission (longitudinale Relaxationszeit T_1) und der Phasenrelaxation durch phasenändernde Stöße (transversale Relaxationszeit T_2). Die Methode wurde schon lange in der magnetischen Kernresonanz (NMR) Spektroskopie verwendet (Spin-Echos [12.25]), und man kann ihr Prinzip am besten verstehen mit einem Modell, das aus der NMR-Spektroskopie übertragen ist [12.26].

Analog zum Magnetisierungsvektor $\mathbf{M} = \{M_x, M_y, M_z\}$ in der NMR-Spektroskopie wird der Pseudopolarisationsvektor

$$\mathbf{P} = \{P_x, P_y, P_3\} \quad \text{mit} \quad P_3 = \mu_{12} \Delta N \quad (12.18)$$

eingeführt, der als dritte Komponente eine der Polarisationskomponente P_z entsprechende Pseudopolarisation als Produkt aus Dipolübergangsmoment μ_{12} und Besetzungsdifferenz $\Delta N = N_2 - N_1$ enthält. Statt der Bloch-Gleichung

$$d\mathbf{M}/dt = \mathbf{M} \times \mathbf{\Omega} \ , \quad (12.19a)$$

für die zeitliche Änderung der Magnetisierung unter dem Einfluß eines magnetischen Hochfrequenzfeldes der Frequenz Ω erhält man die „optischen Bloch-Gleichungen" für die zeitliche Änderung der Pseudopolarisation unter dem Einfluß eines optischen Feldes der Frequenz ω, wenn man noch phänomenologisch die Relaxationsterme für die drei Komponenten einführt:

$$d\mathbf{P}/dt = \mathbf{P} \times \mathbf{\Omega} - \{P_x/T_2, P_y/T_2, P_3/T_1\} \ , \quad (12.19b)$$

wobei die Komponenten des Vektor $\mathbf{\Omega}$ der optischen Nutation

$$\mathbf{\Omega} = \{(\mu_{12}/2\hbar) E_{1,0}, \Delta\omega\} \quad (12.20)$$

durch Übergangsmoment μ_{12}, Amplitude E_1 der anregenden Laserwelle und Differenz $\Delta\omega = \omega_{12} - \omega$ von Übergangsfrequenz $\omega_{12} = \Delta E/\hbar$ zwischen den beiden Zuständen und Laserfrequenz ω bestimmt werden. Die Zeitentwicklung von $\mathbf{P}$ beschreibt die zeitabhängige Polarisation des Systems:

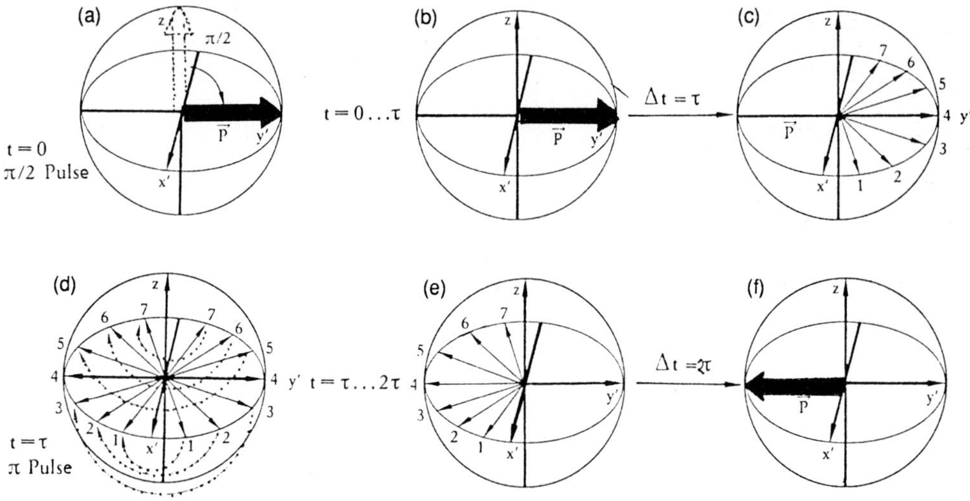

Abb.12.10. Zeitliche Entwicklung des Pseudopolarisationsvektors (a) während des $\pi/2$-Pulses, (b) direkt nach dem $\pi/2$-Puls bei $t = 0$, (c) für $t \simeq T_2$, (d) kurz vor dem π-Puls zur Zeit $t = \tau > T_2$, (e) für $\tau \le t \le 2\tau$, (f) für $t = 2\tau$

Zur Zeit $t = 0$ mögen die Atome, die vorher alle im Zustand $|1\rangle$ waren, durch einen Lichtpuls in den Zustand $|2\rangle$ kohärent angeregt werden. Bei richtig gewählter Intensität und Dauer des Pulses kann man Gleichbesetzung beider Zustände $|1\rangle$ und $|2\rangle$ erreichen, d.h. die Wahrscheinlichkeiten $|a_1|^2$ und $|a_2|^2$, das System im jeweiligen Zustand zu finden, ändern sich von $|a_1|^2 = 1$; $|a_2|^2 = 0$ vor dem Puls in $|a_1|^2 = \frac{1}{2}$ nach dem Puls. Weil solch ein angepaßter Puls die Phase der induzierten Polarisation um $\pi/2$ ändert, wird er $\pi/2$-Puls genannt. Direkt nach dem $\pi/2$-Puls sind alle induzierten atomaren Dipole in Phase, so daß sich ihre Dipolmomente addieren. Da $N_1 = N_2$ ist, wird die dritte Komponente $P_3 = 0$. Dies wird in Abb.12.10 durch den dick gezeichneten Pseudopolarisationsvektor in y-Richtung dargestellt.

Wegen der Doppler-Breite $\Delta\omega_D$ einer gasförmigen Probe sind die Frequenzen ω_{12} der einzelnen atomaren Dipole statistisch innerhalb $\Delta\omega_D$ verteilt. Deshalb entwickeln sich ihre Phasen nach dem $\pi/2$-Pulses im Laufe der Zeit unterschiedlich und sind nach einer Zeit $t = \tau >> T_2$ wieder statistisch verteilt (Abb.12.10c).

Wenn nun zur Zeit $\tau << T_1$ ein zweiter Laserpuls auf die Probe gegeben wird, der die Phase der induzierten Polarisation gerade umkehrt (π-Puls), so bewirkt er eine Umkehr der Phasenentwicklung für jeden atomaren Dipol (Abb.12.10d, e), so daß nach einer Zeit $t = 2\tau$ alle Atome wieder in Phase sind (Abb.12.10f).

Wie oben gezeigt wurde, emittieren diese phasengleichen Dipole einen Lichtpuls, dessen Leistung $N_2(2\tau)$ mal größer ist als die inkohärent emittierte Fluoreszenz, wobei $N_2(2\tau)$ die Zahl der angeregten Atome zur Zeit $t = 2\tau$ ist. Dieses Superstrahlungssignal heißt „*Photonen-Echo*".

Die Besetzungsdichte $N_2(2\tau)$ zur Zeit des π-Pulses ist wegen der Relaxation des angeregten Niveaus durch spontane Emission und Stoßrelaxation auf den Wert

$$N_2(2\tau) = N_2(0)e^{-2\tau/T_1} \tag{12.21}$$

abgeklungen. Ein zweiter, im allgemeinen wesentlich schnellerer Relaxationsprozeß wird durch phasenstörende Stöße bewirkt, welche die Phasenentwicklung der atoamren Dipole ändern und verhindern, daß alle Atome zur Zeit $t = 2\tau$ wieder in Phase sind. Weil solche phasenstörende Stöße zu einer homogenen Linienbreite führen (Abschn.3.3), wird die durch diese Stöße verursachte Phasenrelaxation-Zeit T_2^{hom} genannt im Gegensatz zu T_2^{inhom} der inhomogenen Phasenrelaxation infolge der verschiedenen Doppler-verschobenen Frequenzen der Atome mit thermischer Geschwindigkeitsverteilung.

Beide Prozesse, die Besetzungsabnahme und die homogene Phasenrelaxation, verringern die Intensität des Photonechos um den Faktor

$$I_e(2\tau) = I(0)e^{-2\tau/T} \quad \text{mit} \quad 1/T = (1/T_1 + 1/T_2^{hom})\ . \tag{12.22}$$

Die inhomogene Phasenrelaxation hingegen verhindert nicht die völlige Wiederherstellung der ursprünglichen Phase, solange sich die Geschwindigkeit des Atoms zwischen $\pi/2$-Puls und π-Puls nicht geändert hat. Dies bedeutet, daß auch in Gegenwart einer inhomogenen Linienverbreiterung die homogenen Relaxationsprozesse aus der Abnahme der Photonen-Echo-Amplitude gemessen werden können. Die Photonen-Echo-Methode ist in diesem Sinne eine Doppler-freie Technik.

Die Präparation des kohärenten Zustandes durch den ersten Puls muß natürlich in einer Zeit geschehen, die kurz ist gegen die homogene Relaxationszeit. Dies bedeutet, daß die Laserleistung entsprechend hoch sein muß. Aus der Bedingung, daß die halbe Periode einer Rabi-Oszillation kurz sein muß gegen T, folgt für das Produkt aus Matrixübergangselement R_{12} mal Amplitude E_0 der Laserwelle

$$eR_{12}A_0 >> \hbar(1/T_1 + 1/T_2^{hom})\ . \tag{12.23}$$

Bei typischen Relaxationszeiten von 10^{-6}-10^{-9} s erfordert dies Laserleistungen im kW bis MW-Bereich, die aber mit gepulsten oder modengekoppelten Lasern (Abschn.11.1) leicht realisiert werden können.

Die ersten Photonen-Echos wurden in Rubin bei tiefen Temperaturen beobachtet, wobei $\pi/2$- und π-Puls durch zwei Rubinlaser mit variabler Verzögerung verwendet wurden [12.27]. Die Anwendung dieser Technik auf Gase begann mit der Beobachtung von Photonenechos in einer gasförmigen SF_6-Probe, die mit CO_2-Laserpulsen bestrahlt wurde (Abb. 12.11). Aus der Abnahme der Echoamplitude mit zunehmender Verzögerungszeit τ konnte die homogene Relaxationszeit T^{hom} bestimmt werden [12.28].

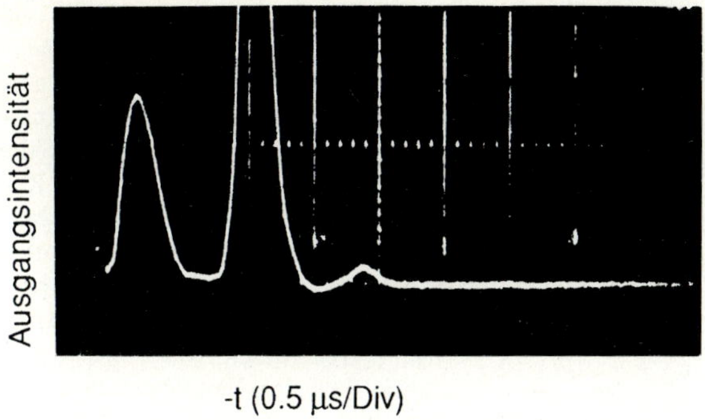

Abb.12.11. Oszillographenaufnahme des Photonen-Echos aus einer SF_6-Zelle. Der 1. Puls ist ein $\pi/2$-Puls eines CO_2-Lasers der 2. der π-Puls und der kleine dritte das Photonen-Echo [12.28]

Bei genügend großen Übergangsmatrixelementen R_{12} können Photonen-Echos auch mit cw Lasern erhalten werden. Dazu wird die Laserfrequenz ω durch einen elektrooptischen Modulator im Laser-Resonator für eine kurze Zeit Δt so verschoben, daß sie in Resonanz mit der Eigenfrequenz ω_0 der Moleküle ist. Statt der Laserfrequenz ω kann man auch die Absorptionsfrequenz ω_0 der Moleküle verschieben, z.B. durch ein für die Zeit Δt eingeschaltetes, äußeres elektrisches Feld. Ist die dadurch bewirkte Stark-Verschiebung $\Delta\omega$ kleiner als die Doppler-Breite der absorbierenden Probe, so sind vor und nach dem Stark-Puls zwei verschiedene Geschwindigkeitsklassen von Molekülen in Resonanz mit dem Laser. Sind die Stark-Pulse genügend kurz, so erhält man bei Anlegen eines $\pi/2$- und eines π-Pulses, die durch verschiedene Längen der Feldpulse eingestellt werden können, ein Photonen-Echo für die Geschwindigkeitsklasse, die während der Pulse in Resonanz mit dem Laser sind (Abb.12.12).

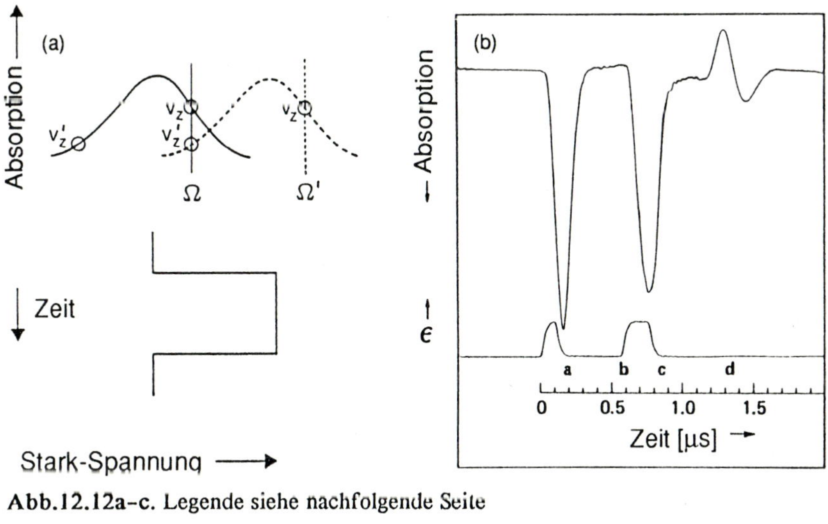

Abb.12.12a–c. Legende siehe nachfolgende Seite

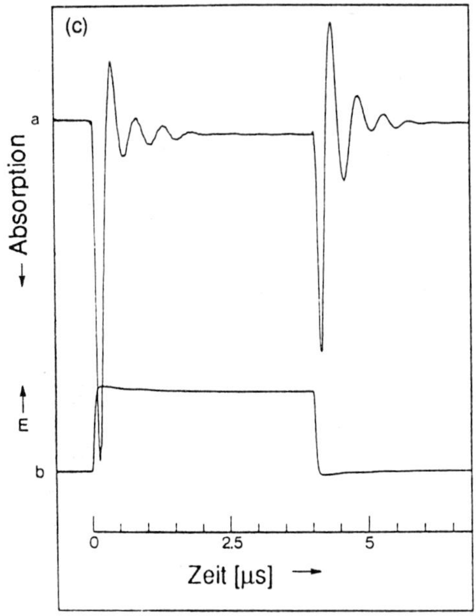

Abb.12.12a-c. Photonen-Echo und optische Nutation von $^{13}CH_3F$-Molekülen, die mit einem cw CO_2-Laser auf einem Schwingungs-Rotations-Übergang angeregt werden, und die durch ein gepulstes Stark-Feld in Resonanz mit dem Laser gebracht werden. (**a**) Schematische Darstellung der Stark-Verschiebung einer Geschwindigkeitsklasse. (**b**) Photonen-Echo erzeugt durch einen $\pi/2$ und einen π-Stark-Puls. (**c**) Bei einem längeren Stark-Puls wird optische Nutation beobachtet [12.29]

12.4 Optische Nutation und freier Induktions-Zerfall

Wenn der Laserpuls, mit dem ein Übergang eines Zweiniveau-Systems gepumpt wird, genügend intensiv und lang ist - d.h. $\Delta T >> \pi\hbar/(eR_{ik}A_0$ - werden die Atome bzw. Moleküle während ihrer Wechselwirkung mit dem Lichtfeld mit der Rabi-Frequenz Ω_R zwischen den beiden Zuständen des Überganges hin- und her oszillieren. Die Frequenz Ω_R der Rabi-Oszillation hängt von der Laserintensität $I = \epsilon_0 c A_0^2$, der Übergangswahrscheinlichkeit R_{ik}^2 und der Frequenzverstimmung $\Delta_\omega = \omega - \omega_0$ des Lasers gegen die Resonanzfrequenz ω_0 ab. Es gilt [5.8]

$$\Omega_R = \sqrt{(\omega_0 - \omega)^2 + (eR_{ik}\,A_0/\hbar)^2}\;. \qquad (12.24)$$

Selbst mit cw Lasern kann man bei genügend großen Übergangsmomenten R_{ik} optische Nutationen im MHz-Gebiet erreichen.

Nach Ende des Laserpulses führt das induzierte Dipolmoment des kohärent präparierten Systems eine freie, gedämpfte Schwingung mit der Frequenz ω_0 aus, wobei die Dämpfung durch die Summe aller Relaxationsprozesse (spontane Emission, Stoßprozesse), welche die Phase des Dipols beeinflussen), bestimmt wird. Man kann diesen *freien, optischen Induktionszerfall* messen mit Hilfe eines Schwebungsverfahrens: Dazu werden die Probenmoleküle mit einer thermischen Geschwindigkeitsverteilung in einer Zelle mit einem schmalbandigen cw Farbstofflaser auf der Resonanzfrequenz ω_0 bestrahlt (Abb.12.13). Zur Zeit t = 0 wird die Frequenz des Lasers durch einen elektrooptischen Kristall (z.B. KDP oder ADP) im Laserreso-

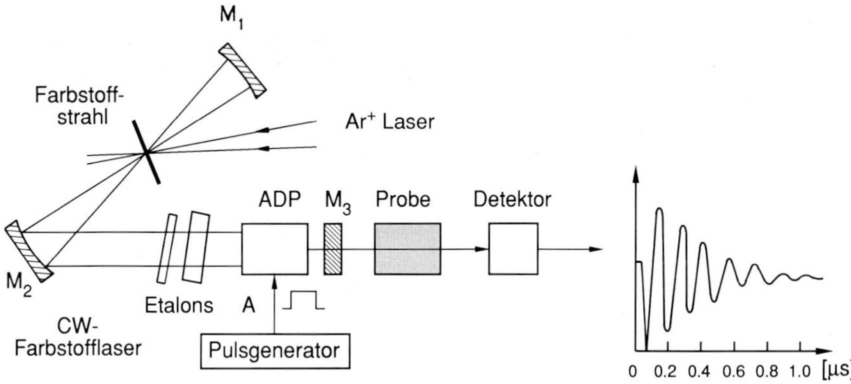

Abb.12.13. Schematischer experimenteller Aufbau zur Messung des optischen freien Induktionszerfalls durch gepulste Frequenzverstimmung eines cw Farbstofflasers

nator vom Wert ω_0 auf den Wert ω geschaltet, so daß jetzt die Moleküle mit der Geschwindigkeitskomponente $v_z = (\omega-\omega_0)/k = 0$, die vorher in Resonanz mit der Laserwelle waren, die Laserwelle nicht mehr absorbieren können. Diese vorher kohärent angeregten Moleküle strahlen aber aufgrund ihres auf der Frequenz ω_0 schwingenden makroskopischen Dipolmomentes eine gedämpfte kohärente Welle ab, die mit der weiter eingestrahlten Laserwelle auf der Frequenz ω interferiert und ein Schwebungssignal auf der Differenzfrequenz $\Delta\omega = \omega_0 - \omega$ erzeugt, das gemessen wird [12,30]. Nach dem Frequenzsprung $\Delta\omega$ des Lasers kommt eine andere Geschwindigkeitsklasse von Molekülen $N(v_z = (\omega-\omega_0)/k)$ in Resonanz mit der Laserfrequenz und erfährt dadurch eine optische Nutation, deren Signal sich dem freien Induktionszerfall überlagert und für die langsam variierende Einhüllende in Abb.12.14 verantwortlich ist.

Statt die Laserfrequenz zu verschieben, kann man natürlich auch die Absorptionsfrequenz der Moleküle verschieben, z.B. durch ein äußeres elektrisches Feld, das kurzfristig angelegt wird, so daß während des Feldpulses infolge des Stark-Effektes die Absorptionsfrequenz um $\Delta\omega$ verschoben ist. Dadurch kommt eine andere Geschwindigkeitsklasse von Molekülen in Resonanz mit der Laserfrequenz ω (Abb.12.12) und ihr makroskopisches Dipolmoment erfährt eine optische Nutation (Abb.12.12b).

Aus solchen Experimenten gewinnt man nicht nur Information über Polarisierbarkeiten angeregter Molekülzustände, sondern aus der Phasenrelaxationszeit T_2 auch über die Wirkungsquerschnitte kohärenzzerstörender Stöße [12.31].

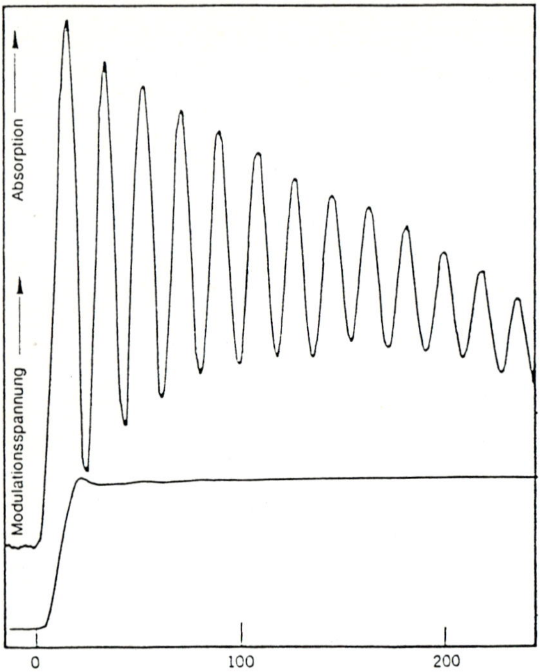

Abb.12.14. Optischer freier Induktionszerfall in J_2-Dampf erzeugt nach resonanter Anregung mit einem cw Farbstofflaser bei $\lambda = 589.6$ nm ein Schwebungssignal mit der Frequenz $\Delta\omega = \omega - \omega_0 = 54$ MHz, wenn der Laser zur Zeit $t = 0$ durch einen Spannungspuls am KDP-Kristall von ω_0 zu ω frequenzverschoben wird. Die langsam veränderliche Einhüllende wird durch das optische Nutationssignal der Geschwindigkeitsklasse $N(v_z)$ mit $v_z = (\omega - \omega_0)/(k)$ verursacht, die nach dem Frequenzschalten in Resonanz mit dem Laser ist [12.32].

12.5 Optische Pulszug-Interferenzspektroskopie

Wir betrachten Atome mit einem optischen Übergang zwischen einem einfachen Niveau $|i\rangle$ und einem in zwei Unterniveaus $|k_1\rangle$ und $|k_2\rangle$ aufgespaltenen Niveau $|k\rangle$ (Abb.12.9). Werden die Atome mit einem kurzen Laserpuls der Lichtfrequenz $\omega = (E_i - E_k)/\hbar$ und der Dauer $\Delta T < \hbar/\Delta E = \hbar/(E_{k_1} - E_{k_2})$ bestrahlt, so wird ein auf der Frequenz ω oszillierendes Dipolmoment induziert, dessen gedämpfte Schwingungsamplitude nach Ende des kurzen Pulses eine Schwebung mit der Schwebungsfrequenz $\Delta\omega = \Delta E/\hbar$ zeigt (Quantenbeats, Abschn.12.2). Wird die Probe jetzt mit einer regelmäßigen Folge kurzer Pulse der einstellbaren Folgefrequenz f bestrahlt, so treffen die einzelnen Pulse genau dann immer die gleiche Phase der Quantenbeats, wenn $\Delta\omega = q2\pi f$ $(q \in N)$ gilt. Dann addieren sich die von den einzelnen Pulsen erzeugten Kohärenzbeiträge phasenrichtig auf, so daß im atomaren System eine mit der Quantenbeat-Frequenz modulierte Schwingung eines makroskopischen Dipolmomentes entsteht, deren Dämpfung durch die

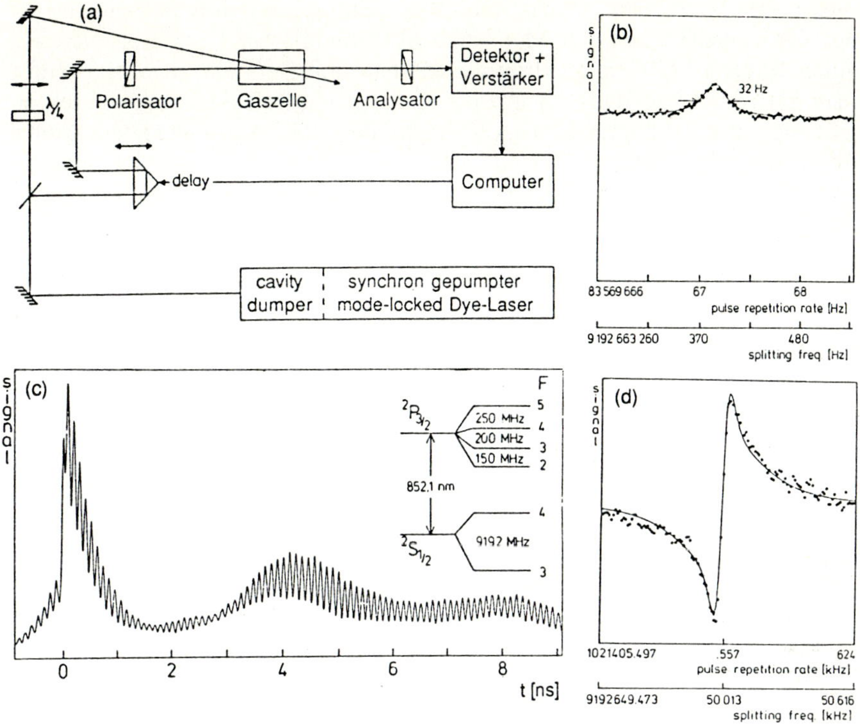

Abb.12.15a-d. Messung der Hyperfeinresonanz im Grundzustand des Cäsiums mit der Pulszug-Interferenzspektroskopie mit $q = 2\pi f/\Delta\omega = 110$, bei Anregung auf der D_2 Linie bei $\lambda = 852{,}1$ nm. (**a**) Experimentelle Anordnung. (**b**)Transmission des Probenpulses als Funktion von f. (**c**) Als Funktion der Verzögerungszeit bei festem f. (**d**) Nachweis der Fluoreszenzintensität I_{Fl} (**f**) bei leicht moduliertem Magnetfeld [12.34]

Pulse immer wieder kompensiert wird. Im Termschema des Dreiniveausystems der Abb.12.9b kann man dies als einen Raman-Prozeß auffassen, bei dem durch kohärentes Pumpen die Besetzung der beiden Unterniveaus periodisch mit der Frequenz $\Delta\omega$ oszilliert.

Dieser Prozeß läßt sich z.B. durch einen Teilstrahl des modengekoppelten Lasers, der die Pumppulse erzeugt, nachweisen, wenn die Probenpulse mit variabler Zeitverzögerung gegen die Pumppulse durch das Medium geschickt werden (Abb.12.15a) und ihre Transmission bzw. die Beeinflussung ihrer Polarisation gemessen wird als Funktion der Pulsfolgefrequenz f [12.33]. Für die Resonanzfrequenz $f = q\Delta\omega/2\pi$ erhält man ein maximales Signal (Abb.12.15b), dessen Breite durch die homogene Breite der beiden aufgespaltenen Unterniveaus bestimmt wird. Sind diese z.B. Hyperfein-Niveaus des elektronischen Grundzustandes, so ist ihre spontane Lebensdauer sehr lang und die Linienbreite wird nur durch Stöße und durch die Aufenthaltsdauer des Atoms im Laserfeld begrenzt. Man ereicht Linienbreiten im Hertz-Bereich, deren Mitte man mit einer Genauigkeit von besser als einem Hertz bestimmen kann, weil man die Pulsfolgefrequenz elektronisch zählen kann [12.34]. Die Genauigkeit wird im Wesentlichen durch das erreichbare Signal/Rausch-Verhältnis und durch Asymmetrien des Linienprofils bedingt. Man kann also mit diesem Verfahren Niveauaufspaltungen über die elektronisch zählbare Pulsfrequenz messen! Variiert man bei fester Pulsfolgefrequenz die Verzögerungszeit des Probenpulses, so läßt sich das oszillierende Dipolmoment des kohärent angeregten Atoms über die zeitabhängige Transmission des Probenpulses sichtbar machen (Abb. 12.15c). Die schnelle Oszillation entspricht der HFS des Grundzustandes, die gedämpfte langsamere der des angeregten Zustandes.

12.6 Kohärente Überlagerungsspektroskopie

Der regelmäßigen Pulsfolge eines modengekoppelten Lasers der optischen Frequenz $\nu = \omega/2\pi$ mit der Pulsfolgefrequenz f aus dem vorigen Abschnitt entspricht im Frequenzbild eine Trägerfrequenz ν mit optischen Seitenbändern $\nu_0 \pm qf$ ($q \in N$). Wenn man also eine molekulare Probe mit einer Niveauaufspaltung $\Delta E = \hbar\Delta\omega$ mit einem solchen Pulszug bestrahlt und $qf = \Delta\omega/2\pi$ wählt, so entspricht das im zeitlichen Mittel einer Absorption zweier optischer Frequenzen $\nu_0 + qf/2$ und $\nu_0 - qf/2$.

In der Überlagerungsspektroskopie werden zwei cw Laser mit den Frequenzen ω_1 und ω_2 ($\Delta\omega = \omega_1 - \omega_2 \ll \omega_1, \omega_2$) auf zwei molekulare Übergänge stabilisiert. Ihre Ausgangsstrahlen werden nach Durchlaufen der absorbierenden Probe überlagert und von einem Detektor gemessen (Abb. 12.16). Das Ausgangssignal S ist proportional zur einfallenden Gesamtintensität, gemittelt über die Zeitkonstante τ des Detektors. Wenn gilt

$$\Delta\omega \ll 2\pi/\tau \ll \omega = \tfrac{1}{2}(\omega_1 + \omega_2)$$

erhalten wir

$$\begin{aligned} \langle S \rangle &\sim \langle (E_1 \cos \omega_1 t + E_2 \cos \omega_2 t)^2 \rangle \\ &= \tfrac{1}{2} E_1^2 + \tfrac{1}{2} E_2^2 + E_1 E_2 \cos(\omega_1 - \omega_2) t \, . \end{aligned} \tag{12.25}$$

Das Signal enthält außer den konstanten Termen $\frac{1}{2}(E_1^2 + E_2^2)$ einen Wechselspannungsanteil, dessen Frequenz $\Delta\nu = \Delta\omega/2\pi$ für $\Delta\nu < 10^9$ Hz entweder

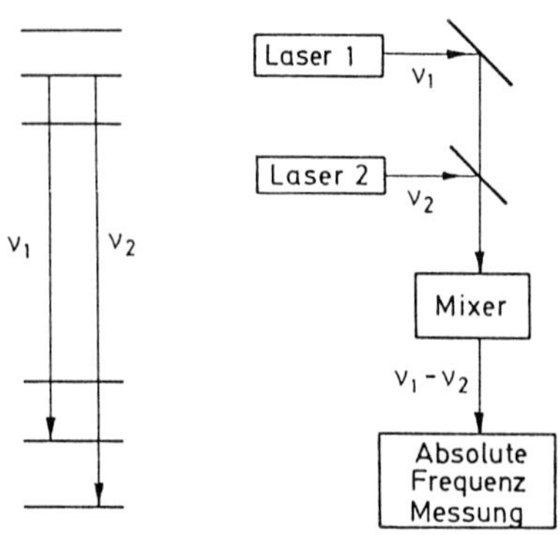

Abb. 12.16. Heterodyne-Spektroskopie mit zwei Lasern, deren optische Frequenzen ν_1 und ν_2 auf zwei molekulare Übergänge stabilisiert sind

direkt mit einem schnellen Zähler gemessen werden kann, oder für $\Delta\nu > 10^9$ Hz durch Überlagerung mit einem Mikrowellensignal geeigneter Frequenz in einem Heterodynverstärker zu tieferen Frequenzen herabgemischt werden kann [12.35].

Wenn die beiden Übergänge ein gemeinsames Niveau haben, gibt die Differenzfrequenz direkt den Energieabstand der beiden anderen Niveaus an. Auch hier mißt man also molekulare Aufspaltungen durch direkte Frequenzzählung. Die Genauigkeit, mit der die Laser auf die molekularen Übergänge stabilisiert werden können, wird umso größer, je schmaler die Linienbreite ist. Deshalb benutzt man entweder die schmalen Doppler-freien Lamb-Dips von Molekülen in einer Gaszelle [12.36], oder die stark reduzierten Doppler-Breiten in einem kollimierten Molekularstrahl.

Die erste Methode wurde zuerst von *Bridges* und *Chang* [12.37] angewandt, die zwei CO_2-Laser auf verschiedene Rotationslinien der Schwingungsübergänge (00° 1)→(10° 0) bei 10.4 μm und (00° 1)→(02° 0) bei 9.4 μm stabilisierten, deren überlagerte Strahlen in einem GaAs-Kristall gemischt wurden, um die Differenzfrequenz zu erzeugen. Die zweite Methode wurde von *Ezekiel* und Mitarbeiter. [12.38] an einem kollimierten Jodstrahl demonstriert, um die Hyperfein-Aufspaltungen im sichtbaren Spektrum des J_2-Moleküls genau zu vermessen. Der Jodstrahl wird dabei von zwei auf verschiedene HFS-Komponenten stabilisierten Einmoden-Argonlasern senkrecht gekreuzt und die laserinduzierte Fluoreszenz mit einem Photomultiplier gemessen, aus dessen Ausgangssignal die Überlagerungsfrequenzen mit einem Spektrumanalysator ausgefiltert wurden.

Statt zweier verschiedener Laser kann ein Laser verwendet werden, dessen Ausgang mit der variablen Frequenz f amplitudenmoduliert wird, so daß neben der Trägerfrequenz ν_0 zwei Seitenbänder $\nu_0 \pm f$ auftreten. Wird der Laser auf einen molekularen Übergang stabilisiert, so können die Seitenbänder durch Variation der Modulationsfrequenz über andere molekulare Übergänge durchgestimmt werden (Seitenbandspektroskopie). Der experimentelle Aufwand ist geringer, weil nur ein Laser stabilisiert zu werden braucht und mit akustooptischen Modulatoren mit geringen HF-Leistungen eine effektive Amplitudenmodulation erreichbar ist [12.39,40].

Da die Ausgangstrahlung auch eines stabilisierten Lasers noch keine streng monochromatische Welle darstellt, sondern durch Frequenz- und Phasenschwankungen eine endliche Linienbreite hat (Abschn.5.5), können die einzelnen Frequenzanteile ν innerhalb der Laserlinienbreite $\Delta\omega$ miteinander interferieren und Schwebungssignale $S(\nu_0 - \nu)$ erzeugen, deren Intensitätsverteilung mit einem Spektrumanalysator gemesen wird und Informationen über das Linienprofil enthält (Homodyn-Spektroskopie) [12.41]. Der Spektrumanalysator mißt das Frequenzspektrum des elektrischen Ausgangssignals eines optischen Detektors, das nicht nur von der Frequenzverteilung der einfallenden Strahlung, sondern auch von der Photoelektronenstatistik abhängt. Man kann mit Hilfe von Korrelationsfunktionen aus der Messung der Photoelektronenstatistik das Linienprofil der einfallenden Strahlung bestimmen. Wir wollen uns diese Zusammenhänge im nächsten Abschnitt näher ansehen [12.43].

12.7 Korrelations-Spektroskopie

In der Korrelations-Spektroskopie wird aus dem gemessenen Frequenzspektrum eines Photodetektors $S(\omega)$ auf das Frequenzspektrum des einfallenden Lichtes geschlossen. Dieses Licht kann entweder an bewegten Mikroteilchen gestreutes Laserlicht sein, dessen Frequenzspektrum Informationen über die räumlichen Fluktuationen der Teilchen gibt (Homodyn-Spektroskopie) oder eine Überlagerung von direkter und gestreuter Laserstrahlung auf dem Detektor (Heterodyn-Spektroskopie). Hat die einfallende Lichtwelle am Ort der Photokathode die räumlich konstante Amplitude E(r), so ist die Wahrscheinlichkeit für die Emission eines Photoelektrons pro Zeitintervall dt

$$W^{(1)}(t)dt = c\epsilon_0 \eta E^*(t)E(t)dt = \eta I(t)dt\ , \tag{12.26}$$

wobei η die Quantenausbeute der Photokathode und $I(t) = c\epsilon_0 E^*(t)E(t)$ die Intensität des einfallenden Lichtes ist. Der gemessene Photostrom ist dann $i_{Ph}(t) = eW^{(1)}(t)$.

Die Wahrscheinlichkeit pro Zeiteinheit, daß zur Zeit t ein Photoelektron und außerdem zur Zeit $t+\tau$ ein weiteres Photoelektron emittiert wird, ist durch das Produkt

$$W^{(2)}(t,t+\tau) = \eta^2 E^*(t)E(t)E^*(t+\tau)E(t+\tau) = \eta^2 I(t)I(t+\tau) \tag{12.27}$$

gegeben. Im Experiment mißt man im allgemeinen die zeitlichen Mittelwerte des Photostromes. Deshalb werden die normierten Größen

$$G^{(1)}(\tau) = \frac{\langle E^*(t)E(t+\tau)\rangle}{\langle E^* E\rangle} = \lim_{T\to\infty} \frac{1}{T\langle I\rangle} \int_0^T E^*(t)E(t+\tau)dt \tag{12.28}$$

$$\begin{aligned} G^{(2)}(\tau) &= \frac{\langle E^*(t)E(t)E^*(t+\tau)E(t+\tau)\rangle}{(\langle E^* E\rangle)^2} = \frac{\langle I(t)\, I(t+\tau)\rangle}{\langle I\rangle^2} \\ &= \lim_{T\to\infty} \frac{1}{\langle I\rangle} \int_0^T I(t)I(t+\tau)dt \end{aligned} \tag{12.29}$$

eingeführt, welche die Korrelation zwischen den Feldamplituden bzw. den Intensitäten zu den Zeiten t und $t+\tau$ angibt. Sie werden Korrelationsfunktion 1. bzw. 2. Ordnung genannt. Für völlig unkorreliertes Licht (z.B. Licht einer thermischen Lichtquelle) ist $G^{(1)}(\tau) = \delta(\tau)$, während für vollständig kohärentes Licht (z.B. streng monochromatisches Licht eines ideal stabilisierten Lasers) $G^{(1)}(\tau) = \cos\tau$, also eine mit der Periode $\Delta t = \lambda/c$ zwischen den Werten -1 und +1 oszillierende Funktion ist, während $G^{(2)}(\tau) = 1$ unabhängig von τ wird.

Bilden wir die Fourier-Transformierte der Korrelationsfunktion 1. Ordnung

$$F(\omega) = \lim_{T' \to \infty} \int_0^{T'} G^{(1)}(\tau) e^{i\omega\tau} d\tau \,, \tag{12.30}$$

so ergibt sich durch Einsetzen von (12.28)

$$F(\omega) = \frac{E^*(\omega)E(\omega)}{\langle E^* E\rangle} = \frac{I(\omega)}{\langle I\rangle}, \tag{12.31}$$

wie zuerst von *Wiener* gezeigt wurde [12.44a].

Die Fourier-Transformierte der Korrelationsfunktion $G^{(1)}(\tau)$ ist also gleich dem normierten Frequenzspektrum der einfallenden Lichtwelle (Wiener-Khintchine-Theorem).

Analog zu (12.30) können wir eine Korrelationsfunktion

$$C(\tau) = \frac{\langle i(t)\, i(t+\tau)\rangle}{\langle i^2\rangle} \tag{12.32}$$

des zeitaufgelöst gemessenen Photostromes definieren. Genau wie in (12.31) ist die Fourier-Transformierte dieser Korrelationsfunktion proportional zum Frequenzspektrum $P(\omega)$ des Photostromes:

$$P(\omega) = \int_0^{\infty} C(\tau) e^{i\omega t} d\tau \,. \tag{12.33}$$

Die Korrelationsfunktion des Photostromes wird durch zwei Anteile beschrieben:

1) Durch den statistischen Prozeß der Auslösung von Photoelektronen, der auch vorhanden ist, wenn eine völlig schwankungsfreie, zeitlich konstante Lichtwelle einfällt.
2) Durch die Amplitudenschwankungen der einfallenden Lichtwelle.

Bei zeitlich konstanter Lichtintensität I, die durch die Wahrscheinlichkeitsverteilung

$$W(I) = \delta(I - \langle I\rangle)$$

beschrieben wird, erhalten wir vom 1. Anteil die mittlere quadratische Schwankung des statistischen Photostromes $i_{ph} = ne$ (n: Zahl der Photoelektronen pro Sekunde)

$$\langle(\Delta n)^2\rangle = \langle n\rangle \,. \tag{12.34}$$

Das von regellos fluktuierenden Teilchen gestreute Licht hat im allgemeinen eine Gauß'sche Intensitätsverteilung, die durch

$$W(I)dI = \frac{1}{\langle I\rangle} e^{-I/\langle I\rangle} dI \tag{12.35}$$

beschrieben wird [12.45]. Fällt eine quasi-monochromatische Lichtwelle $I(\omega)$ mit dieser „Gauß'schen Intensitätsfluktuation" auf die Photokathode, so wird die Wahrscheinlichkeit, daß im Zeitinterval dt n Photoelektronen erzeugt werden, durch die Bose-Einstein-Verteilung

$$W(n)dt = \frac{dt}{(1 + \langle n\rangle)(1 + 1/\langle n\rangle)^n} \tag{12.36}$$

gegeben [12.42].

Die mittlere quadratische Schwankung der Photoelektronen wird dann

$$\langle(\Delta n)^2\rangle = \langle n\rangle + \langle n\rangle^2 , \tag{12.37}$$

woraus man für die Korrelationsfunktion erhält

$$C(\tau) = e\langle n\rangle\delta(\tau) + \langle i\rangle^2 G^{(2)}(\tau) = \langle i\rangle\delta(\tau) + \langle i\rangle^2 G^{(2)} , \tag{12.38}$$

weil für den statistischen Prozeß der Elektronenemission $G^{(1)}(\tau) = \delta(\tau)$ ist. Man sieht hieraus, daß die Autokorrelationsfunktion $C(\tau)$ des Photostromes direkt verknüpft ist mit der Korrelationsfunktion $G^{(2)}(\tau)$ der einfallenden Lichtwelle.

Für optische Felder mit Gauß'scher Intensitätsverteilung gilt die Sigert-Relation

$$G^{(2)}(\tau) = [G^{(1)}(0)]^2 + |G^{(1)}(\tau)|^2 = 1 + |G^{(1)}(\tau)|^2 , \tag{12.39}$$

so daß man aus dem durch (12.38) bestimmten $G^{(2)}(\tau)$ die Korrelationsfunktion $G^{(1)}(\tau)$ berechnen kann und damit wegen (12.30, 31) auch das Frequenzspektrum der Lichtwelle. Bevor im nächsten Abschnitt Methoden zur Messung von $C(\tau)$ besprechen, wollen wir an einem Beispiel die Zusammenhänge zwischen den Korrelationsfunktionen klarmachen.

Beispiel 12.1

Zu einem optischen Feld mit einer Lorentz-förmigen Intensitätsverteilung

$$I(\omega) = \langle I\rangle \frac{\gamma/\pi}{(\omega-\omega_0)^2 + (\gamma/2)^2}$$

gehört die Autokorrelationsfunktion

$$G^{(1)}(\tau) = e^{-i\omega_0\tau} e^{-\gamma|\tau|} , \tag{12.40}$$

wie man durch die Fourier-Transformation

$$I(\omega) = \frac{\langle I \rangle}{2\pi} \int_{-\infty}^{+\infty} e^{i(\omega-\omega_0)\tau-\gamma|\tau|} d\tau = \langle I \rangle \frac{\gamma/\pi}{(\omega-\omega_0)^2 + (\gamma/2)^2}$$

sofort sieht. Setzt man (12.40) in (12.38) ein, so erhält man für das Frequenzspektrum des Photomultipierausganges

$$P_i(\omega>0) = \frac{e}{\pi}\langle i \rangle + 2\langle i \rangle^2 \delta(\omega) + 2\langle i \rangle^2 \frac{\gamma/\pi}{\omega^2 + \gamma^2} .$$

12.7.1 Messung des Homodyn-Spektrums

Wenn man monochromatisches Licht an Teilchen in thermischer Bewegung streut (z.B. bei der Mie-Streuung an kleinen Partikeln in einer Lösung oder bei der Rayleigh-Streuung an Molekülen in der Gasphase, so folgen die Feldamplituden des gestreuten Lichtes einer Gauß-Statistik [12.45], die nach (12.30, 37) durch die Autokorrelationsfunktion 1. Ordnung beschrieben wird.

In Abb.12.17 ist schematisch eine Anordnung zur Messung der Autokorrelationsfunktion von gestreutem Licht gezeigt. Das Frequenzspektrum $P(\omega)$ des Photostromes wird mit einem Spektrumanalysator gemessen, der die Fourier-Transformierte der Autokorrelationsfunktion $\langle i(t)\, i(t+\tau) \rangle$ bestimmt, die wiederum proportional zur Funktion $G^{(2)}(\tau)$ des optischen Feldes ist (12.38).

Man kann die Funktion $\langle i(t) i(t+\tau) \rangle$ direkt bestimmen mit einem digitalen Korrelator, welcher die Photoelektronenstatistik mißt.Eine einfache, von mehreren möglichen Ausführungen arbeitet nach folgendem Prinzip

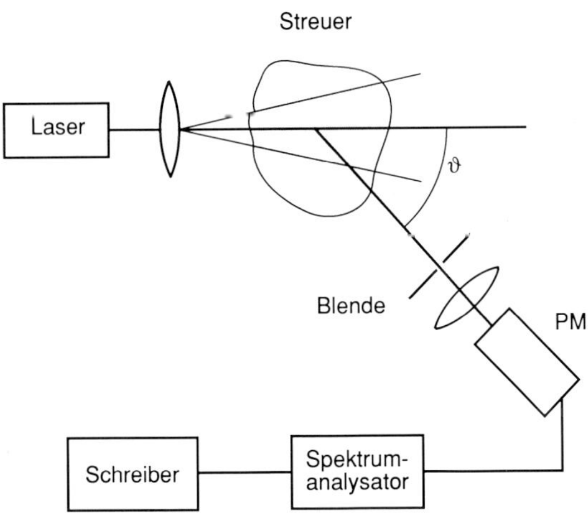

Abb.12.17. Schematischer experimenteller Aufbau zur Messung der Autokorrelation von Streulicht (Homodyn-Spektroskopie)

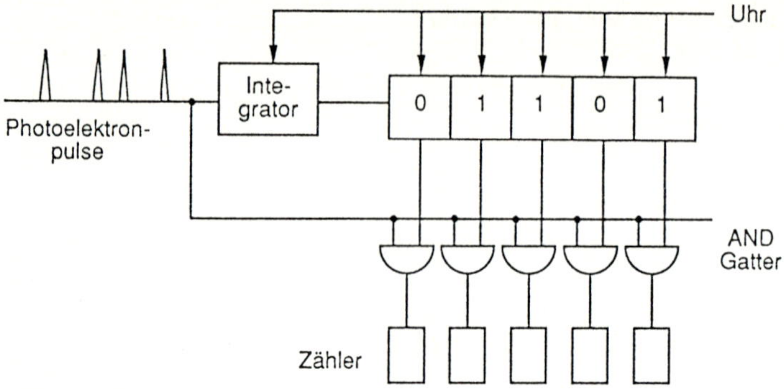

Abb.12.18. Messung der Photoelektronenstatistik mit einem digitalen „Clipping-Korrelator" [12.43]

(1bit Malvern Korrelator, Abb.12.18): Durch eine interne Uhr wird die Zeit in diskrete Abschnitte Δt eingeteilt. Ist die Zahl $N\Delta t_i$ der gemessenen Photoelektronen in einem Zeitintervall Δt_i größer als eine vorgegebene Zahl N_0, so gibt der Ausgang des Korrelators einen Normpuls, der als 1 gezählt wird; für $N\Delta t_i \leq N_0$ gibt der Ausgang eine 0. Die Ausgangssignale werden in ein Schieberegister gegeben und über AND-Gatter, welche bei 1 öffnen und bei 0 schließen, in entsprechenden Zählern gespeichert [12.44b]. Wenn das gestreute Licht einem Gauß-Signal entspricht und N_0 als der Mittelwert $\langle i \rangle / e$ gewählt wird, ist die Autokorrelationsfunktion $g(\tau)$ am Ausgang des Korrelators gegeben durch [12.47] $g(\tau) = 2/\pi \cdot \arcsin G(\tau)$.

Ein Beispiel für die Homodyn-Korrelationsspektroskopie bietet die Messung der Größenverteilung kleiner Teilchen mit Durchmessern im nm-Bereich, die in einem Luftstrom oder in einer Flüssigkeitsströmung durch einen Laserstrahl fliegen. Die Intensität des gestreuten Lichtes ist in nichtlinearer Weise von der Größe der Teilchen abhängig. Für homogene Kügelchen mit einem Durchmesser, der klein ist gegen die Wellenlänge des Lichtes ($d \ll \lambda$), gilt $I \propto d^6$. In Abb.12.19 ist die aus der gemessenen Inten-

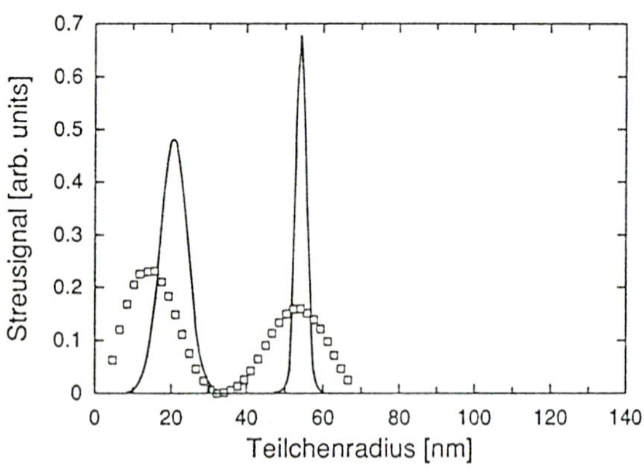

Abb.12.19. Vergleich der durch Photonen-Korrelations-Spektroskopie und Elektronenmikroskopie (*durchgezogene Kurve*) gemessene Größenverteilungen einer Mischung von Latex-Kügelchen mit 22.8 und 5.7 nm Durchmesser [12.48]

sitätsverteilung des Streulichtes ermittelte Größenverteilung von Latex-Teilchen in einer homogenen Lösung gezeigt [12.48]. Ein weiteres Beispiel ist die Streuung von Licht an einer Flüssigkeit in der Umgebung ihrer kritischen Temperatur [12.49].

12.7.2 Heterodyne Korrelations-Spektroskopie

Bei der Heterodyne Korrelations-Spektroskopie wird dem zu analysierenden Streulicht auf der Photokathode ein Teil des direkten Laserlichtes als lokaler Oszillator überlagert. Wenn E_s die Streulichtamplitude und $E_L = E_0 \exp[-i\omega_0 t]$ die zeitlich konstante Amplitude des lokalen Oszillators ist, so werden die gemittelten Photoströme, wenn einer der beiden Anteile abgeblockt wird

$$\langle i_s(t)\rangle = e\eta\langle E_s^*(t)\,E_s(t)\rangle\ ,$$

$$\langle i_L(t)\rangle = e\eta\langle E_L^*(t)\,E_L(t)\rangle = e\eta|E_L|^2\ .$$

Fallen beide Anteile auf die Photokathode, so ist die Gesamtamplitude $E(t) = E_0 \exp(-i\omega_0 t)+E_s(t)$. Ist $E_0 >> E_s$, so können in der Autokorrelationsfunktion des Photostromes

$$C(\tau) = e^2\eta\delta(\tau)\langle E^*(t)\,E(t)\rangle + e^2\eta^2\langle E^*(t)\,E(t)\,E^*(t+\tau)\,E(t+\tau)\rangle i$$

die Terme mit $E_s{}^2$ vernachlässigt werden. Die Mittelwerte über die Produkte $\langle E_L E_S\rangle$ werden Null. Es bleiben dann nur noch die Terme

$$C_i(\tau) = e i_L \delta(\tau) + i_L{}^2 + i_L\langle i_S\rangle\left[e^{i\omega_0\tau} G_S^{(1)}(\tau) + cc\right]\ .$$

Das Frequenzspektrum des Photostromes ist dann

$$P_i(\omega) = \frac{e}{2\pi} i_L + i_L{}^2\delta(\omega) + \frac{i_L\langle i_s\rangle}{2\pi}\int_{-\infty}^{+\infty} e^{i\omega_0\tau}\left[e^{i\omega_0\tau} G_S^{(1)}(\tau) + cc\right]\ . \qquad (12.41)$$

Der erste Term enthält das Schrotrauschen des Photostromes, der zweite den Gleichstromanteil und der dritte das Heterodyn-Signal. Das lokale Oszillatorsignal kann entweder direkt von dem Laser geliefert werden, der auch das Streulicht erzeugt, wenn es über einen Strahlteiler dem Streulicht auf der Photokathode überlagert wird, oder man kann mit Hilfe eines akustischen Modulators die Frequenz des lokalen Oszillators um $\Delta\omega$ verschieben, so daß die Heterodyn-Frequenz zu $\omega_s - \omega_0 - \Delta\omega$ verschoben wird und das Maximum des Frequenzspektrum des Photostromes nicht bei $f = 0$, sondern bei $f = \Delta\omega/2\pi$ liegt [12.50].

13. Laserspektroskopie von Stoßprozessen

Der größte Teil unserer Information über die Struktur von Atomen und Molekülen und über die verschiedenen Wechselwirkungen zwischen Atomen und Molekülen stammt aus spektroskopischen Daten und aus Messungen elastischer, inelastischer oder reaktiver Stoßprozesse. Historisch gesehen haben sich die beiden Gebiete: „Streuphysik" und „Spektroskopie" praktisch unabhängig voneinander entwickelt und lange Zeit gab es keine besonders intensiven Wechselwirkungen zwischen ihnen. Der Hauptbeitrag der klassischen Spektroskopie zur Untersuchung von Stoßprozessen stammt aus Messungen von Stoßverbreiterungen und Verschiebungen von Spektrallinien (Abschn. 3.3).

Diese Situation hat sich erheblich geändert durch die Anwendung der Laserspektroskopie auf die Untersuchung von Stoßprozessen. Die verschiedenen, dabei verwendeten Techniken, die in diesem Kapitel vorgestellt werden, sollen die vielfältigen Möglichkeiten der Laserspektroskopie für das Studium der Physik atomarer und molekularer Stoßprozesse verdeutlichen. Es zeigt sich, daß durch eine solche Kombination häufig viel detailliertere Aussagen über die Wechselwirkung beim Stoß zwischen Atomen und Molekülen in definierten Quantenzuständen gewonnen werden können, als es ohne Verwendung spektroskopischer Methoden möglich wäre:

Die hohe spektrale Auflösung der verschiedenen, in den Kapitel 7-12 behandelten Doppler-freien Techniken hat den Anwendungsbereich von Messungen stoßinduzierter Linienverbreiterungen und Verschiebungen erweitert auf einen Druckbereich, in dem diese Effekte noch klein gegen die Doppler-Breite sind und der deshalb der klassischen durch die Doppler-Breite limitierten Spektroskopie nicht zugänglich war.

Die hohe Zeitauflösung, die mit gepulsten oder modengekoppelten Lasern erreicht werden kann (Kap. 11), ermöglicht detaillierte Untersuchungen der *Dynamik* molekularer Stoßprozesse. Die Frage, wie schnell die durch Absorption eines Photons in ein Molekül gepumpte Energie durch Stoßprozesse relaxiert, kann durch solche Techniken auch für sehr schnelle Stoßrelaxationen inzwischen beantwortet werden (Abschn. 13.3).

Ein besonders interessantes Ziel der Laserspektroskopie reaktiver Stöße ist ein detailliertes Verständnis chemischer Reaktionen. Die Frage, ob und inwieweit eine chemische Reaktion durch selektive Anregung eines Reaktionspartners in eine bestimmte Richtung gelenkt werden kann (Laserinduzierte chemische Reaktionen) ist bisher nur für wenige einfache Reaktionen beantwortet worden. Im Abschn. 15.1 werden einige experimentelle Techniken zur Untersuchung solcher Fragen vorgestellt.

Zum Schluß dieses Kapitels soll das neue Gebiet der „Photon-unterstützten Stöße" kurz gestreift werden, bei denen die Absorption eines Photons durch ein Stoßpaar zur Anregung eines der Stoßpartner führt, auch wenn die Photonenergie nicht resonant ist mit der Anregungsenergie dieses Partners. Für ein weiteres Studium der in diesem Kapitel behandelten Fragen wird auf die Bücher und Übersichtsartikel [13.1-3] hingewiesen.

13.1 Hochauflösende Laserspektroskopie der Stoßverbreiterung und Verschiebung von Spektrallinien

In einem halbklassischen Modell des Stoßes zwischen zwei Partnern A und B durchläuft das Teilchen B in einem Koordinatensystem, dessen Ursprung in A ruht, eine klassische Bahn $\mathbf{r}(t)$, deren Verlauf durch die Anfangsbedingungen $\mathbf{r}(0)$, $(d\mathbf{r}/dt)_0$ und das Wechselwirkungspotential $V(\mathbf{r},E_A,E_B)$, das noch von den inneren Energien E_A, E_B der Stoßpartner abhängen kann, bestimmt wird. In den meisten Modellen wird ein kugelsymmetrisches Potential $V(r)$ angenommen, das bei r_0 ein Minimum haben möge. Entsprechend dem Wert des Stoßparameters b unterscheidet man zwischen „weichen Stößen" mit $b > r_0$ und „harten" Stößen mit $b < r_0$ (Abb.13.1).

Bei weichen Stößen durchläuft B nur den langreichweitigen Teil des Wechselwirkungspotentials und der Streuwinkel ist klein. Die Verschiebung der Energieniveaus von A oder B während des Stoßes ist entsprechend gering. Absorbiert oder emittiert einer der Stoßpartner während des Stoßes Licht, so wird seine Frequenzverteilung durch den weichen Stoß nur wenig geändert. Weiche Stöße tragen deshalb zum *Kern* der stoßverbreiterten Linie bei, d.h. zum Bereich um die Linienmitte. Bei harten Stößen dagegen laufen die Stoßpartner durch den kurzreichweitigen Teil des Potentials und die Termverschiebung während des Stoßes ist entsprechend größer. Harte Stöße tragen deshalb zu den *Linienflügeln* bei (Abb.3.1).

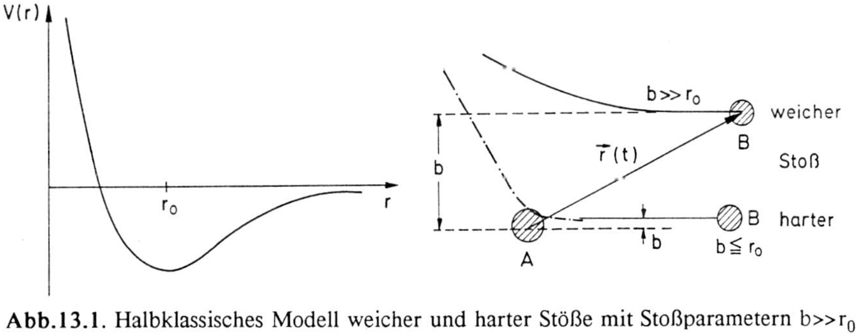

Abb.13.1. Halbklassisches Modell weicher und harter Stöße mit Stoßparametern $b>>r_0$ bzw. $b<<r_0$

13.1.1 Doppler-freie Spektroskopie von Stoßprozessen

In der *Doppler-begrenzten Spektroskopie* wird der Einfluß von Stößen auf den Teil des Linienprofils um die Linienmitte im allgemeinen völlig zugedeckt durch die viel größere Doppler-Verbreiterung. Die Information über den Stoß-Prozeß kann dann nur aus den Linienflügeln des Voigt-Profils (Abschn.3.3) erhalten werden durch eine Entfaltung in das Gauß-Profil der Doppler-Verbreiterung und das Lorentz-Profil der Stoßverbreiterung [13.4]. Da die letztere proportional zum Druck ist, werden zuverlässige Messungen erst bei größeren Drucken möglich, bei denen die Stoßverbreiterung dieselbe Größenordnung wie die Doppler-Breite erreicht. Bei solchen hohen Drucken können jedoch im allgemeinen Mehrteilchenstöße nicht mehr vernachlässigt werden, weil die Wahrscheinlichkeit dafür, daß N Atome sich gleichzeitig in einem Volumen $V \simeq r_0^3$ aufhalten, mit der N-ten Potenz der Dichte ansteigt. Dies bedeutet, daß dann nicht nur Zweierstöße, sondern auch Mehrfachstöße zur Linienverbreiterung bzw. Verschiebung beitragen und man deshalb das Wechselwirkungspotential zwischen zwei Stoßpartnern nicht mehr eindeutig aus dem Linienprofil erschließen kann [13.5].

Mit Hilfe der Doppler-freien Spektroskopie läßt sich die störende Doppler-Breite eliminieren und deshalb können selbst kleine Stoßverbreiterungen bei niedrigen Drücken mit großer Genauigkeit vermessen werden. Ein Beispiel ist die Messung der Druckverbreiterung und Verschiebung des Lamb-Dips atomarer oder molekularer Absorptionslinien, die mit einer Genauigkeit von wenigen KHz möglich ist, wenn stabile Laser verwendet werden.

Die genauesten Messungen wurden bisher mit stabilisierten HeNe-Lasern auf den Übergängen bei 633 nm [13.6] und 3.39 μm [13.7] durchgeführt. Befindet sich die absorbierende Probe im Resonator des Lasers und stimmt man die Laserfrequenz ω über das Absorptionsprofil hinweg, so zeigt die Ausgangsleistung $P(\omega)$ des Lasers einen entsprechenden „Lamb-Peak" (Abschn.7.3), dessen Linienprofil außer durch den Druck in der Absorptionszelle auch noch durch Sättigungsverbreitung und durch Flugzeitverbreiterung (Abschn.3.6) bedingt ist. Mittenfrequenz ω_0, Halbwertsbreite $\Delta\omega$ und Linienprofil $P(\omega)$ werden als Funktion des Druckes in der Absorptionszelle gemessen (Abb.13.2). Aus der Steigung der Geraden $\Delta\omega(p)$ kann die Druckverbreiterung ermittelt werden [13.8].

Eine nähere Betrachtung der Stoßverbreiterung von Lamb-Dips muß auch geschwindigkeitsändernde Stöße berücksichtigen. Wie im Abschn.7.2 diskutiert wurde, tragen zur gleichzeitigen Absorption beider entgegenlaufender Komponenten der stehenden Lichtwelle im Laserresonator nur Moleküle mit Geschwindigkeitskomponenten im Intervall $v_z = 0 \pm \gamma/k$ bei, wobei γ die Linienbreite des Lamb-Dips und k der Betrag des Wellenvektors der Lichtwelle ist. Die Geschwindigkeitsvektoren dieser Moleküle liegen daher in einem engen Winkelbereich $\beta = \pm\epsilon$ um die zur z-Achse senkrechte Ebene $v_z = 0$ (Abb.13.3), wobei gilt: $\sin\epsilon = v_z/|\mathbf{v}| = \gamma/(kv)$.

Während eines Stoßes wird ein Molekül um den Winkel θ abgelenkt. Ist $v\sin\theta < \gamma/k$, so kann das Molekül auch nach dem Stoß noch in Resonanz mit der stehenden Laserwelle sein. Solche „weichen" elastischen Stöße mit

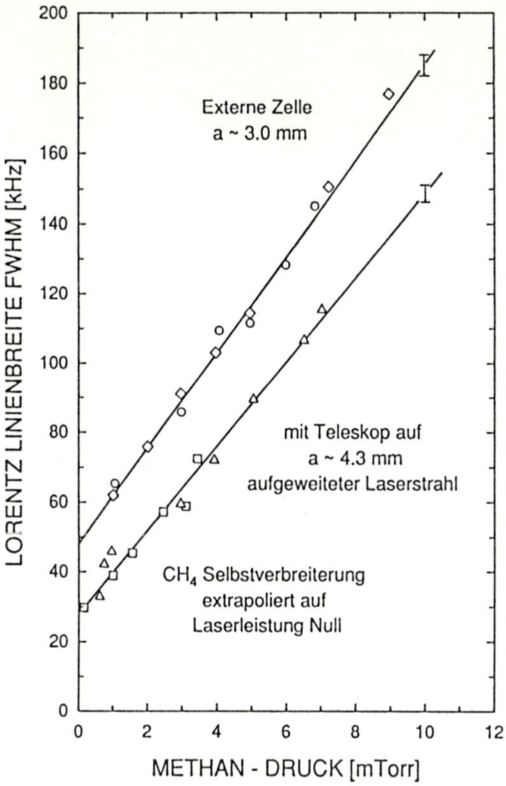

Abb.13.2. Halbwertsbreite des "Lamb-peak" in der Ausgangsleistung eines HeNe-Lasers bei 3.39 μm mit einer Resonantor-internen CH_4-Absorptionszelle (*untere Kurve*) und des Lamb-dips in einer externen Zelle (*obere Kurve*). Die Verschiebung der beiden Kurven ist hauptsächlich auf die verschieden großen Laserstrahldurchmesser d = 2a zurückzuführen [13.7]

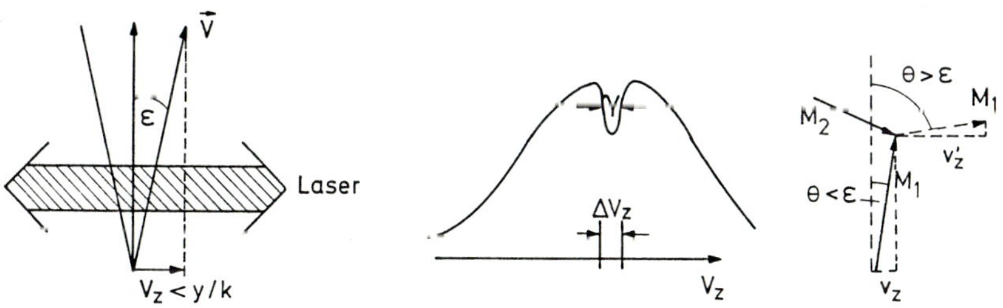

Abb.13.3. Nur Moleküle mit Geschwindigkeiten im Winkelbereich $\beta \le \epsilon$ um die Ebene z = 0 tragen zum Linienprofil des "Lamb-dip" bei. Stöße bei denen dieser Winkel von $\beta < \epsilon$ zu $\beta > \epsilon$ geändert wird, bringen das Molekül aus der Resonanz hinaus

Ablenkwinkeln $\theta < \epsilon$ ändern daher die Wahrscheinlichkeit für ein Molekül, ein Laserphoton zu absorbieren, nur unwesentlich. Wegen ihrer statistischen Phasenänderung tragen sie jedoch zur Linienbreite bei. Das Linienprofil des Lamb-Dips bleibt ein Lorentz-Profil.

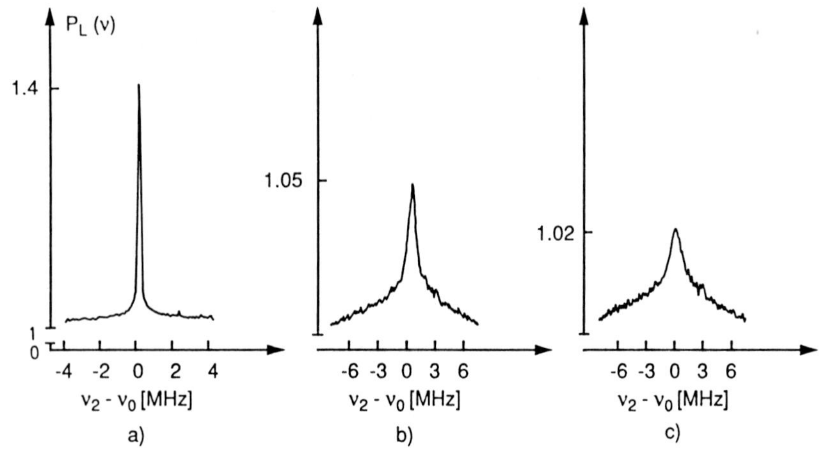

Abb.13.4a-c. Linienprofile des „Lamb-peaks" eines HeNe-Lasers bei 3.39 μm mit resonatorinterner CH_4-Zelle. (**a**) Reines CH_4 bei 1.5 mbar. (**b**) Zusatz von 30 mb He. (**c**) 70 mb He [13.8]

Stöße mit Streuwinkeln $\theta > \epsilon$ (harte Stöße) verschieben die Absorptionsfrequenz des Moleküls aus der Resonanz mit der Laserwelle. Nach einem harten Stoß kann das Molekül daher nur noch zur Absorption in den Linienflügeln des Lamb-Dips beitragen. Insgesamt erhält man deshalb bei der Stoßverbreiterung von Lamb-Dips ein Linienprofil, dessen Kern ein durch die weichen Stöße schwach druckverbreitertes Lorentzprofil ist, dessen Flügel aber einen breiten Untergrund bilden, der durch die harten geschwindigkeitsändernden Stöße verursacht wird. In Abb.13.4 ist ein solches Profil der Laserausgangsleistung $P(\omega)$ mit einer Methanzelle im Laserresonator bei $\lambda = 3.39\ \mu$m gezeigt [13.9].

13.1.2 Kombination verschiedener Techniken

Durch eine Kombination der Informationen aus unterschiedlichen Messungen lassen sich häufig die verschiedenen Ursachen für Linienverbreiterung und Verschiebung unterscheiden. Geschwindigkeitsändernde Stöße z.B. beeinflussen nicht das Doppler-Profil. Mißt man daher gleichzeitig die Veränderung des Doppler-Profils und des Lamb-Dip-Profils, so kann man die phasenändernden elastischen Stöße getrennt bestimmen, wenn man die unelastischen Stöße mit den weiter unten zu besprechenden Methoden untersucht.

Orientierungsändernde Stöße können mit Hilfe der Polarisationsspektroskopie (Abschn.7.4) gemessen werden. Die durch den polarisierten Pumplaser erzeugte Orientierung von Molekülen mit Geschwindigkeitskomponenten im Intervall $\Delta v_z = (\omega - \omega_0 \pm \gamma)/k$ bestimmt die Drehung der Polarisationsebene der linear polarisierten Probenwelle und damit das Detektorsignal. Jeder Stoß, der die Orientierung, die Geschwindigkeitskomponente oder die Besetzungszahl im absorbierenden Zustand ändert, beeinflußt das Linienprofil des Polarisationssignals. Die geschwindigkeitsändernden Stöße haben hier den gleichen Effekt wie beim Lamb-Dip der Sättigungsspektro-

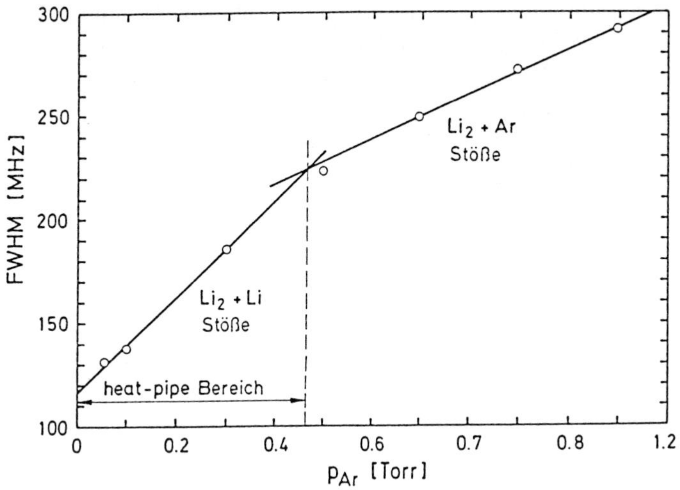

Abb.13.5. Druckverbreiterung einer Rotationslinie des Rydberg-Überganges ($B\,^1\Pi_u \rightarrow 6d\ \delta^1\Delta g$) im Li_2-Molekül in einer Heatpipe bei echtem Heatpipebetrieb ($p < 1$ mb) und in einer Argonumgebung ($p > 1$ mb)

skopie. Die orientierungsändernden Stöße verringern die Größe des Signals und die inelastischen Stöße führen zu Polarisationssignalen auf Nachbarübergängen des Moleküls (Abschn. 13.3). Auch mit der Sättigungsspektroskopie können orientierungsändernde Stöße getrennt nachgewiesen werden, wenn man das Lamb-Dip Profil für verschiedene Winkel α zwischen den Polarisationsebenen von Pump- und Probenlaser als Funktion des Druckes mißt.

Eine oft benutzte Methode zur Untersuchung depolarisierender Stöße beruht auf der Orientierung von Atomen oder Molekülen durch selektive Anregung mit einem polarisierten Laser und der Messung des Polarisationsgrades der vom optisch angeregten und von den durch Stöße bevölkerten Niveaus ausgesandten Fluoreszenz (Abschn. 13.2).

Rydberg-Zustände haben wegen des großen mittleren Radius $\langle r_n \rangle$ des Rydberg-Elektrons (Abschn. 10.4.2) besonders große Stoßquerschnitte und deshalb zeigen Rydberg-Übergänge auch große Druckverbreiterungen. Sie können z.B. durch Doppler-freie Zwei-Photonenspektroskopie oder mit Zweistufenanregung (Abschn. 10.4) untersucht werden. Als ein Beispiel sind in Abb. 13.5 Doppler-freie Messungen der Druckverbreiterung und Verschiebung einer Rotationslinie des Überganges $B\,^1\Pi \rightarrow 6d\,^1\Delta$ im Li_2-Molekül gezeigt, die mit Hilfe der OODR-Polarisationsspektroskopie (Abschn. 10.5) in einer mit Lithiumdampf und Argon betriebenen „Heat-Pipe" [13.10] durchgeführt wurden. Ein zirkular polarisierter Pumplaser orientiert Li_2-Moleküle in einem selektiv angeregten Schwingungs-Rotationsniveau des B-Zustandes. Bei fester Pumpwellenlänge werden dann Druckverbreiterung und Verschiebung des Probenüberganges $B \rightarrow R$ in einen Rydberg-Zustand R gemessen. Bei den eingestellten Heat-Pipe Bedingungen hat man bis zu einem Argondruck von 0.7 mb in der Beobachtungszone einen reinen Lithiumdampf mit 98% atomarem und 2% molekularem Anteil, so daß das angeregte Li_2-Molekül fast nur mit Li-Atomen stößt. In diesem „echten Heat-Pipe Betrieb" ist der Dampfdruck im zentralen Teil genau proportional zum Argondruck im äußeren Teil. Oberhalb 0.7 mb beginnt Argon in den zentralen Teil der Heat-Pipe einzudringen und mit zunehmenden Argondruck bleibt der Li-Dampfdruck konstant. Aus den Steigungen der Kurve $\Delta\omega(p)$ lassen sich für $p < 0.7$ mb die Stoßquerschnitte für Li_2^*-Li Stöße und für $p > 0.7$ mb für Li_2^*-Argon Stöße bestimmen, die für das angegebene Beispiel $\sigma(Li_2^*\text{-Li}) = 6000$ Å^2 bzw. $\sigma(Li_2^*\text{-Ar}) = 4100$ Å^2 betragen [13.11].

13.2 Messung inelastischer Stoßquerschnitte durch LIF

Wie im Abschn. 11.3 gezeigt wurde, kann durch Messung der effektiven Lebensdauer $\tau_k^{eff}(N_B)$ eines durch optische Anregung selektiv bevölkerten Niveaus $|k\rangle$ im Molekül M^* als Funktion der Dichte N_B der Stoßpartner B der totale inelastische Stoßquerschnitte $\sigma_{total} = \Sigma_m \sigma_{km}$ für die Deaktivierung dieses Niveaus $|k\rangle$ bestimmt werden. Er setzt sich zusammen aus den W.Q. für Rotationsübergänge, Schwingungsübergänge, elektronische Übergänge, stoßinduzierte Dissoziationen und eventuell auch reaktive Stösse.

Die einzelnen Deaktivierungskanäle für solche inelastische Stöße angeregter Moleküle lassen sich quantitativ verfolgen durch Messung der stoßinduzierten Änderung des Fluoreszenzspektrums.

13.2.1 Stoß-Satelliten im Fluoreszenzspektrum

Wenn ein Molekül in einem angeregten Schwingungsrotationszustand $|k\rangle = (v_k', J_k')$, der durch optisches Pumpen selektiv besetzt wurde, während seiner Lebensdauer τ_k einen inelastischen Stoß erleidet:

$$M^*(v_k', J_k') + B \rightarrow M^*(v_k'+\Delta v, J_k'+\Delta J) + \Delta E_{kin} \,, \tag{13.1}$$

so geht es in einen anderen Schwingungsrotationszustand $|m\rangle = (v_k'+\Delta v, J_k'+\Delta J)$ des gleichen oder auch eines anderen elektronischen Zustandes über (Abb. 13.6). Die Differenz $\Delta E_i = E_k - E_m$ der inneren Energien vor und nach dem Stoß wird durch eine entsprechende Änderung ΔE_{kin} der Translationsenergie kompensiert.

In diesen, durch Stoß besetzten Zuständen $|m\rangle$ können die Moleküle ihre Anregungsenergie durch Emission eines Fluoreszenzphotons abgeben. Im Fluoreszenzspektrum erscheinen deshalb außer den durch den Laser induzierten „Mutterlinien" neue Linien, die sogenannten Stoßsatelliten (Abb. 13.7). *Diese Satellitenlinien enthalten die vollständige Information über den Stoßprozeß*! Ihre Wellenlänge bestimmt das emittierende Niveau, ihre Intensität den Wirkungsquerschnitt W.Q. für den Übergang $|k\rangle \rightarrow |m\rangle$ und ihre Polarisation bzw. Depolarisation den W.Q. für orientierungsändernde Stöße. Dies wollen wir uns etwas genauer ansehen:

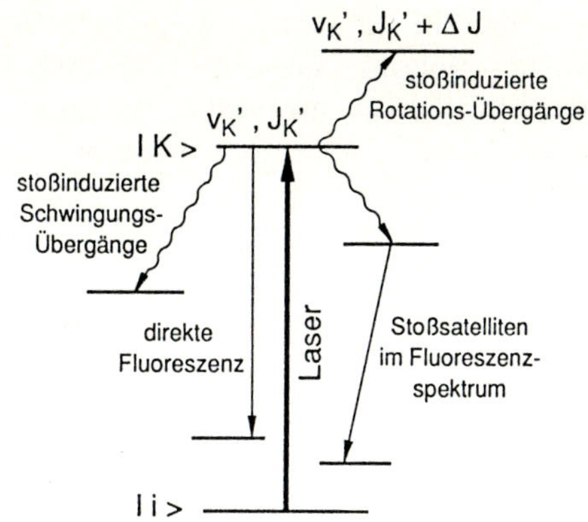

Abb.13.6. Zustandsdiagramm zur Illustration inelastischer Stoßprozesse eines Moleküls M^* in optisch angeregtem Zustand $|k>$

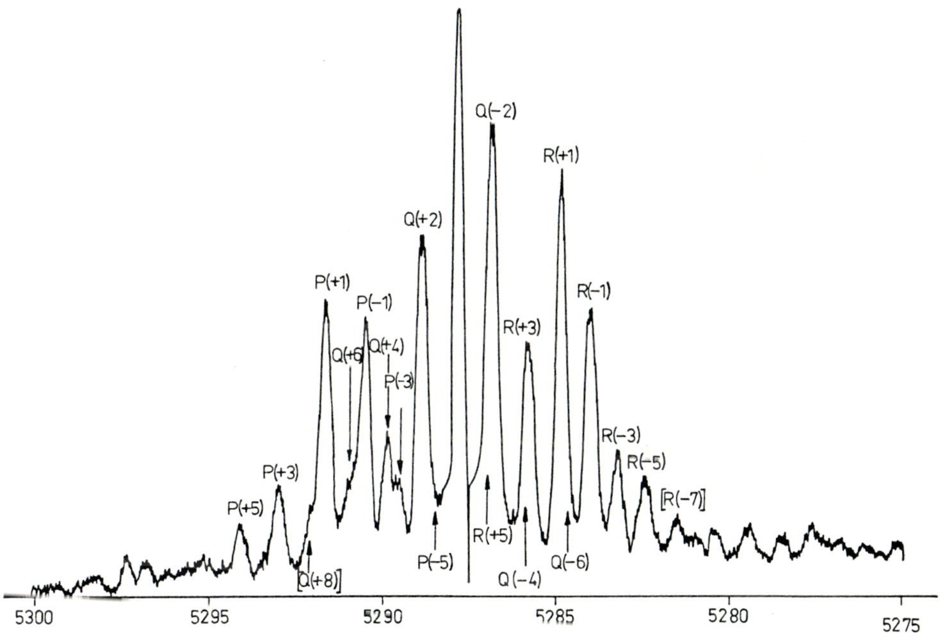

Abb.13.7. Stoßinduzierte Satellitenlinien im laserinduzierten Fluoreszenzspektrum des Na_2-Moleküls nach Anregung des Niveaus (v'=6, J'=46) im $B\,^1\Pi_u$-Zustand. Die Mutterlinie geht um einen Faktor 20 über die Skala hinaus

Wird das optisch gepumpte Niveau $|k\rangle$ durch einen cw Laser mit der spektralen Strahlungsdichte ρ_L auf dem Übergang $|0\rangle \rightarrow |k\rangle$ angeregt, so gilt für die Besetzungsdichten unter stationären Bedingungen

$$dN_k/dt = N_0 \rho_L B_{0k} - N_k(A_k + \Sigma\, R_{kn}) = 0\ , \tag{13.2a}$$

$$dN_m/dt = N_k R_{km} - N_m(A_m + \Sigma R_{mn}) + \Sigma N_n R_{nm} = 0\ , \tag{13.2b}$$

wobei die beiden letzten Term die Stoßentvölkerung $|m\rangle \rightarrow |n\rangle$ bzw. die Stoßbevölkerung $|n\rangle \rightarrow |m\rangle$ beschreiben. Sind die Niveaus $|n\rangle$ nicht thermisch besetzt, so erfordert der letzte Term zwei aufeinanderfolgende Stöße während der Lebensdauer der angeregten Niveaus und kann deshalb bei kleinen Drucken vernachlässigt werden. Man erhält aus (13.2) die stationären Besetzungsdichten

$$N_k = \frac{N_0 \rho_L B_{0k}}{A_k + \sum\limits_n R_{kn}} \, ; \quad N_m = \frac{N_k R_{km} + \sum\limits_n N_n R_{nm}}{A_m + \sum\limits_n R_{mn}} \simeq N_k \frac{R_{km}}{A_m} \, . \tag{13.3}$$

Das Intensitätsverhältnis von Satellitenlinie $|m\rangle \rightarrow |j\rangle$ zu Mutterlinie $|k\rangle \rightarrow |i\rangle$

$$\frac{I_{mj}}{I_{kl}} = \frac{N_m A_{mj} h\nu_{mj}}{N_k A_{kl} h\nu_{kl}} = R_{km} \frac{A_{mj} \nu_{mj}}{A_m A_{kl} \nu_{kl}} \tag{13.4}$$

ergibt damit unmittelbar die Stoßrate R_{km}, wenn die entsprechenden spontanen Übergangswahrscheinlichkeiten A bekannt sind. Durch Messung der spontanen Lebensdauern τ_m und τ_k der Niveaus $|m\rangle$ und $|k\rangle$ lassen sich $A_m = 1/\tau_m$ und $A_k = 1/\tau_k$ bestimmen, während die Werte von A_{mj} und A_{kl} am einfachsten aus Messungen der relativen Intensitäten der entsprechenden Linien im stoßfreien Fluoreszenzspektrum bei optischer Anregung der Niveaus $|k\rangle$ und $|m\rangle$ erhalten werden können.

Die Stoßrate R_{km} ist mit dem Stoßquerschnitt σ_{km} verknüpft durch

$$R_{km} = N_B v_{rel} \sigma_{km} \, , \tag{13.5}$$

wobei N_B die Dichte der Stoßpartner B und v_{rel} die Relativgeschwindigkeit zwischen M und B ist. Werden die Experimente in einer Zelle bei der Temperatur T durchgeführt, so muß über die thermische Geschwindigkeitsverteilung gemittelt werden und man erhält:

$$R_{km} = N_B \int \sigma_{km}(v_{rel}) v_{rel} dv \simeq N_B (8kT/\pi\mu)^2 \overline{\sigma}_{km} \, , \tag{13.6}$$

wobei $\overline{\sigma}_{km}$ der über alle Geschwindigkeiten gemittelte integrale, d.h. über alle Streuwinkel θ integrierte Stoßquerschnitte für den Übergang $|k\rangle \rightarrow |m\rangle$ ist.

Solche Bestimmungen integraler rotations-inelastischer Streuquerschnitte σ_{km} aus Messungen von Stoßsatelliten im Fluoreszenzspektrum wurden für eine Reihe von Molekülen durchgeführt, wie z.B. I_2 [13.12], Li_2 [13.13], Na_2 [13.14] oder NaK [13.15]. Für Na_2-He-Stöße sind die rotations-inelastischen Streuquerschnitte $\sigma(\Delta J = \pm 1, 2, 3,..)$ mit $\Delta v = 0$ in Abb. 13.8 aufgetragen. Sie fallen von einem Wert für $\sigma(\Delta J = \pm 1) \simeq 100$ Å^2 mit zunehmenden ΔJ stark ab. Diese Abnahme ist im wesentlichen energetisch bedingt, da die Differenz $\Delta E_J = E(J+\Delta J) - E(J)$ der Rotationsenergien in kinetische Energie der Stoßpartner umgewandelt werden muß. Die Wahrscheinlichkeit für einen solchen Energietransfer folgt daher dem Boltzmann Faktor $\exp(-\Delta E_J/kT)$ [13.16].

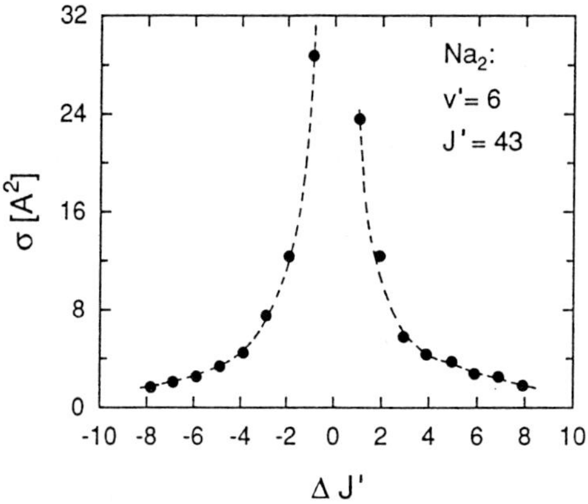

Abb.13.8. Wirkungsquerschnitte für stoßinduzierte Rotationsübergänge $|\Delta J| = n$ beim Stoß von $Na_2 B^1\Pi_u$ ($v'=3$, $J'=43$) mit He-Atomen als Funktion von n [13.14]

13.2.2 Andere Verfahren zur Messung von Stößen im angeregten Zustand

Anstelle der LIF kann als sehr empfindliche Nachweismethode für stoßinduzierte Übergänge auch die resonante Zweistufen-Ionisation (Abschn. 6.24) verwendet werden. Dies ist eine wichtige Alternative für solche Zustände, die nicht fluoreszieren, weil es keine optisch erlaubten Übergänge in tiefe Niveaus gibt. Die Methode wurde am Beispiel des N_2-Moleküls demonstriert [13.17]. Ein Schwingungsrotationsniveau (v', J') im $a^1\Pi_g$ Zustand wurde durch Zweiphotonenabsorption selektiv angeregt (Abb.13.9) und die stoßinduzierte Bevölkerung anderer Niveaus ($v'+\Delta v$, $J'+\Delta J$) durch resonante Zweiphotonenionisation (REMPI) mit einem gepulsten Farbstofflaser nachgewiesen. Zur Illustration des erreichbaren Signalrauschverhältnisses ist in Abb.13.9b ein solches „Stoßsatellitenspektrum" gezeigt, bei dem die „Mutterlinie" auf der P(7)-Linie gepumpt wurde und auf der Skala die Signalhöhe 7,2 hat.

Die absolute Größe des Wirkungsquerschnitts für rotations-inelastische Stöße hängt ab vom nicht-kugelsymmetrischen Anteil des Wechselwirkungspotentials V(M, B) zwischen dem Molekül M und dem Stoßpartner B. Entwickelt man dieses Potential für den Stoß zwischen einem homonuklearen zweiatomigen Molekül $M = A_2$ und einem Atom B nach Legendre-Polynomen,

$$V(R,\Theta,\Phi) = V_0(R) + a_2 P_2(\cos\Theta) + a_4 P_4(\cos\Theta) + \dots ,$$

so kann aus der Messung der Wirkungsquerschnitte σ_{rot} der Koeffizient a_2 bestimmt werden [13.18, 19]. Die W.Q. hängen außerdem von Symmetriebedingungen ab [13.20] und können für die verschiedenen Λ-Komponenten eines Rotationsniveaus verschieden groß sein [13.13, 14].

Die Stoßquerschnitte für Schwingungsübergänge sind im allgemeinen wesentlich kleiner als für Rotationsübergänge. Dies hat sowohl energetische (wenn $\Delta E_{vib} \geq kT$ ist), als auch dynamische Gründe (der Stoß muß genügend nicht-adiabatisch sein) [13.19]. Die spektroskopischen Nachweismethoden sind völlig analog zu denen der Rotationsübergänge.

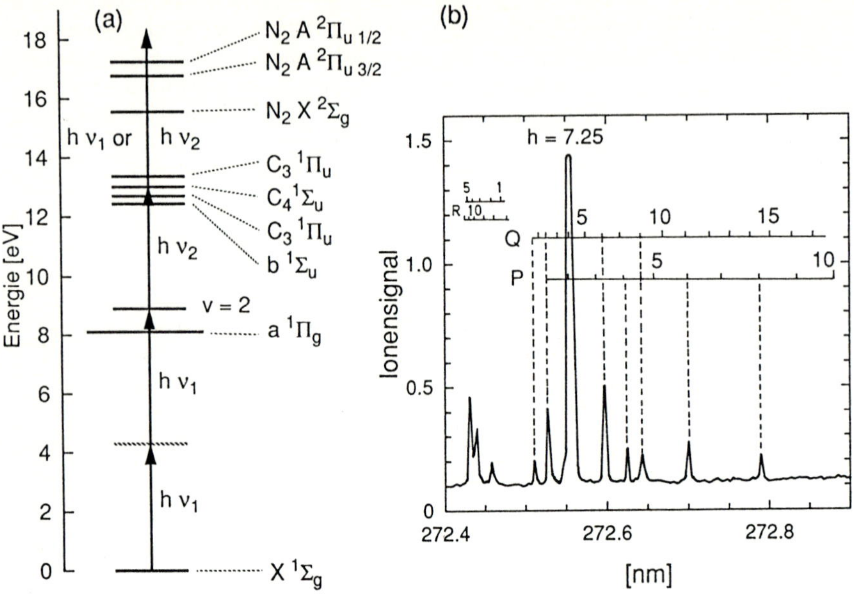

Abb.13.9a,b. Termschema für selektive Zweiphotonenanregung eines Niveaus im N_2-Moleküls und Nachweis stoßinduzierter Übergänge durch REMPI [13.17]

Stöße können auch elektronische Übergänge induzieren, wenn sich die beiden Potentialkurven $V(M_i, B)$ und $V(M_k, B)$ bei einer Energie $E(R_c)$ kreuzen (Abb.13.10), die für die Stoßpartner erreichbar ist [13.3,21].

Die elektronische Energie eines Atoms A^* kann beim Stoß A^*+B mit eiem atomaren Stoßpartner B entweder in Translationsenergie umgewandelt werden, oder mit viel größerer Wahrscheinlichkeit zur elektronischen Anregung des Stoßpartners führen. Die Querschnitte für diesen Prozeß $A^*+B \rightarrow A+B^*+\Delta E_{kin}$ sind besonders groß, wenn Energieresonanz besteht, d.h. wenn die von A abgegebene Energie ΔE_{el} innerhalb von $\pm kT$ mit einem Energieniveau von B übereinstimmt, so daß $\Delta E_{kin} \leq kT$ wird. Ein bekanntes Beispiel für den letzteren Fall ist die Stoßanregung von Ne-Atomen durch metastabile He-Atome, die im He-Ne-Laser den Hauptmechanismus zur Erzeugung der Inversion darstellt. Experimentell kann ein solcher E→E Transfer z.B. nachgewiesen werden, wenn A mit einem Farbstofflaser se-

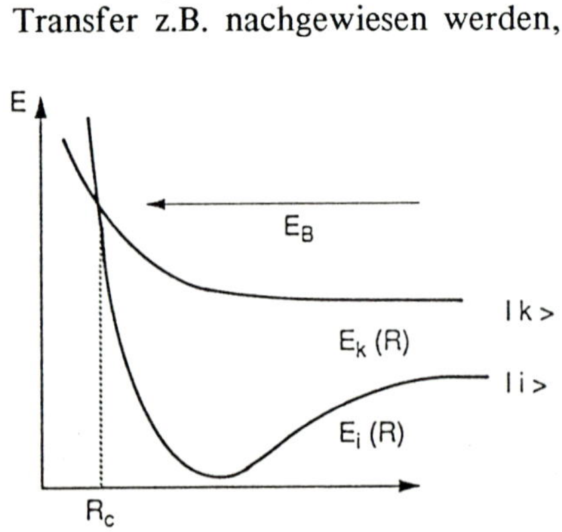

Abb.13.10. Stoßinduzierter Übergang zwischen zwei elektronischen Zuständen $|i\rangle$ und $|k\rangle$ am Kreuzungspunkt der Potentialkurven $M_iB(R)$ und $M_kB(R)$

lektiv angeregt und die Fluoreszenz von B^* spektral aufgelöst nachgewiesen wird [13.22].

Beim Stoß eines Moleküls M mit einem Atom A kann entweder das Molekül oder das Atom elektronisch angeregt sein. Die beiden Prozesse

$$M^* + A \rightarrow M(v'',J'') + A^* \quad \text{und} \quad M(v'',J'') + A^* \rightarrow M^* + A$$

sind zwar Umkehrprozesse, aber ihre W.Q. können doch voneinander verschieden sein. Dies wurde am Beispiel $M = Na_2$, $A = Na$ genauer untersucht. Entweder wird das Na-Atom in den 3P-Zustand mit einem Farbstofflaser angeregt und die Fluoreszenz von Na und Na_2 spektral und zeitaufgelöst verfolgt [13.23], oder Na_2 wird in ein ausgesuchtes Niveau (v',J') angeregt und die Stoßdeaktivierung, bzw. stoßinduzierte Dissoziation wird durch Messung der Lebensdauerverkürzung des molekularen Niveaus (v',J') und durch die zeitaufgelöste Messung der Na-D-Linienintensität beobachtet [13.24].

Die Umwandlung elektronischer Energie in Schwingungsrotations-Energie hat wesentlich größere W.Q. als der E→T-Transfer [13.25]. Sie spielt eine große Rolle in photochemischen Reaktionen und die Untersuchung solcher Prozesse mit spektral- oder zeitaufgelöster Laserspektroskopie hat hier viele neue Erkenntnisse gebracht [13.26-28].

Ein zustandsselektives, experimentelles Verfahren zum Studium von E→V-Transferprozessen basiert auf der CARS-Technik (Abschn.9.4), mit deren Hilfe z.B. die Schwingungsverteilung in H_2 beim Stoß

$$Na^*(3P) + H_2(v=0) \rightarrow Na(3S) + H_2\ (v=1,2,3)$$

nach einer Laseranregung von $Na^*(3P)$ gemessen wurde [13.29].

13.2.3 Stöße zwischen angeregten Atomen

Durch optisches Pumpen mit Lasern läßt sich in einer atomaren Dampfzelle ein beträchtlicher Teil aller Atome in einen angeregten Zustand bringen. Dann werden Stöße zwischen *zwei angeregten* Atomen beobachtbar (Abb. 13.11). Dies wurde demonstriert am Beispiel von Natrium, wo Stoßprozesse

$$Na^*(3P) + Na^*(3P) \xrightarrow{k_{n,L}} Na(nL) + Na(3S)$$

untersucht wurden [13.30], bei denen hochliegende Niveaus $|n,L\rangle$ bevölkert werden. Die Intensität der von den Niveaus Na(nL=4D oder 5S) ausgesandten Fluoreszenzlinien gibt Informationen über die Stoßrate $k_{n,L}$, wenn die Dichte der optisch gepumpten $Na^*(3P)$ Atome bekannt ist. Diese läßt sich nicht ohne Weiteres aus der Na^*-Fluoreszenz bestimmen, da der Strahlungseinfang die Messung verfälscht [13.31]. Man kann aber z.B. direkt die Absorption des anregenden Farbstofflasers messen, da pro absorbiertem Photon ein Na-Atom angeregt wird.

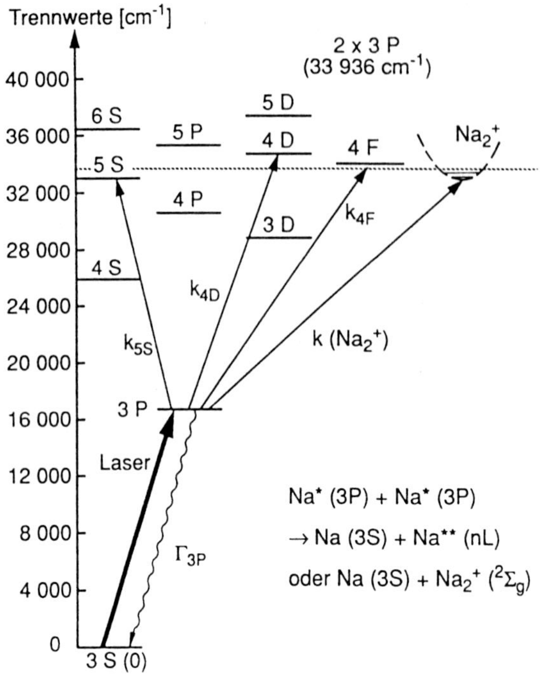

Abb.13.11. Termschema des Na-Atoms und stoßinduzierte Übergänge beim Stoß zweier angeregter $Na^*(3P)$ Atome

Da die Summe der Anregungsenergien der beiden stoßenden $Na^*(3P)$ Atome oberhalb der Ionisierungsgrenze des Na_2-Moleküls liegt, kann assoziative Ionisation

$$Na^*(3P) + Na^*(3P) \xrightarrow{k(Na_2^+)} Na_2^+ + e^-$$

auftreten. Die Messung der dabei gebildeten Ionen Na_2^+ erlaubt die Bestimmung der Bildungsrate $k(Na_2^+)$ [13.32].

Geht man noch einen experimentellen Schritt weiter und regt in einem Dampfgemisch von Natrium und Kalium mit zwei Farbstofflasern $Na^*(3P)$- und $K^*(4P)$-Atome gleichzeitig an, so kann der Transfer elektronischer Energie zu hochangeregten Na- oder K-Zuständen erfolgen, der über die entsprechende Fluoreszenz nachgewiesen werden kann [13.33]. Werden beide Laser bei verschiedenen Frequenzen periodisch unterbrochen, so kann mit Lock-in Nachweis unterschieden werden, durch welche Stoßprozesse die Anregung erfolgte.

Durch Stöße können auch Spinumklapp-Prozesse induziert werden, die das optisch angeregte Molekül vom Singulett- in den Triplett-Zustand bringen und damit seine chemische Reaktivität stark ändern [13.34]. Solche Prozesse spielen auch in Farbstofflasern eine Rolle und sind deshalb sehr intensiv untersucht worden. Wegen der langen Lebensdauern des tiefsten Tripletzustands T_0 kann seine Besetzung N(t) durch Messung der zeitaufgelösten Absorption eines Farbstofflasers auf dem Übergang $T_0 \rightarrow T_1$ gemessen werden [13.35].

Eine laserspektroskopische Technik, mit der Spinaustausch-Prozesse bei Elektronenstoßanregung untersucht werden können, ist in Abb.13.12 am Beispiel des Na(3S→3P) Überganges dargestellt [13.36]. Durch optisches Pumpen in einem schwachen Magnetfeld werden die Na-Atome in das $(m_s=1/2, M_I=3/2)$-Niveau des 3S-Zustandes gebracht. Die durch Elektronenstoß aus diesem Niveau angeregten Zeeman-Komponenten m_J werden durch einen cw Farbstofflaser in den $5S_{1/2}$ Zustand angeregt. Die Laserübergänge werden nachgewiesen durch die Kaskadenfluoreszenz 4P→3S.

In Abb.13.13 sind schematisch alle stoßinduzierten Energietransferprozesse beim Stoß eines angeregten Moleküls mit einem Atom dargestellt.

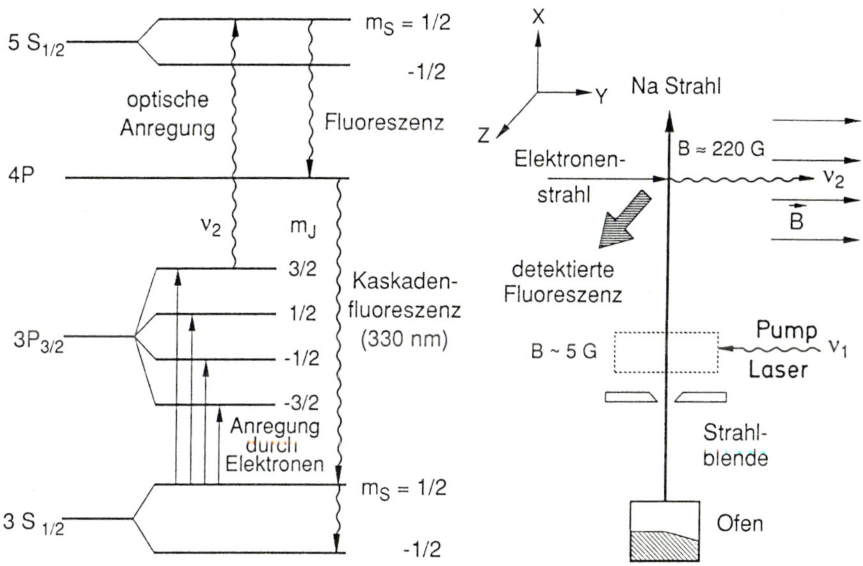

Abb.13.12. Die relative Besetzung der durch Elektronenstoß angeregten Zeeman-Niveaus m_J des $3P_{3/2}$-Zustands werden über die Laseranregung des $5S_{1/2}$-Zustands mit nachfolgender Kaskadenfluoreszenz in den $3S_{1/2}$-Zustand nachgewiesen [13.36]

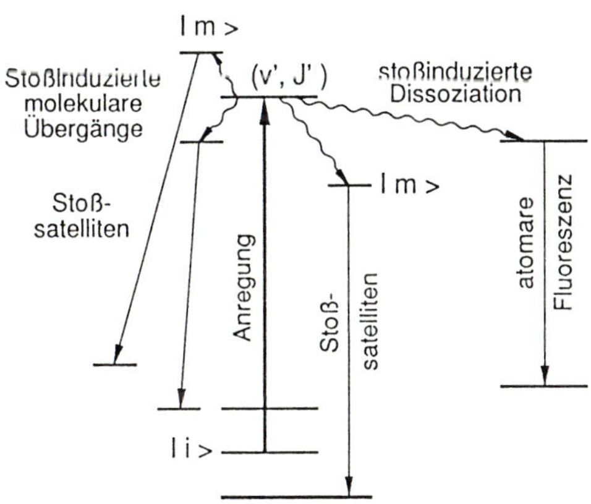

Abb.13.13. Schematische Darstellung aller möglichen inelastischen Stoßprozesse eines angeregten Moleküls

13.3 Spektroskopische Bestimmung inelastischer Stoßprozesse im elektronischen Grundzustand

Bei den meisten Infrarot-Moleküllasern, wie z.B. dem CO_2-Laser, dem CO-Laser oder den „chemischen" HCl- und HF-Laser spielen Energietransfer-Prozesse zwischen Schwingungs-Rotations-Niveaus des Lasermoleküls bei Stößen mit anderen atomaren oder molekularen Stoßpartnern eine wichtige Rolle für die Erzeugung und Aufrechterhaltung der Inversion. Solche Laser werden daher auch „Energietransferlaser" genannt [13.37]. Auch bei sichtbaren Lasern, bei denen der Laserübergang von einem elektronisch angeregten Zustand in den elektronischen Grundzustand geht, sind Stoßprozesse für die genügend schnelle Entleerung des unteren Laserniveaus wichtig. Beispiele sind Farbstofflaser [5.66] oder molekulare Dimerenlaser [13.38].

Die innere Energie $E_{vib}+E_{rot}$ eines Moleküls M^* im elektronischen Grundzustand kann während eines Stoßes mit einem anderen Molekül AB:

$$M^*(E_1) + AB(E_2) \rightarrow M(E_1-\Delta E_1) + AB^*(E_2+\Delta E_2) + \Delta E_{kin} \qquad (13.7)$$

in Schwingungsenergie von AB^* übergehen (V→V-Tansfer), in Rotationsenergie (V→R-Transfer), in elektronische Energie (V→E-Transfer) oder in Translationsenergie (V→T-Transfer). Bei Stößen von M^* mit Atomen sind nur die beiden letzten Prozesse möglich. Es zeigt sich experimentell, daß die Wirkungsquerschnitte für V→V oder V→R-Transfer wesentlich größer sind als für V→T-Transfer, besonders dann, wenn die Schwingungsniveaus der beiden Stoßpartner energetisch nahe beinander liegen.

Ein bekanntes Beispiel eines solchen fast-resonanten V→V-Energietransfers ist die Stoßanregung des CO_2-Moleküls im CO_2-Laser [13.39] durch Stickstoffmoleküle:

$$CO_2(0,0,0) + N_2(v=1) \rightarrow CO_2(0,0,1) + N_2(v=0)\ .$$

Dies ist der Hauptanregungsmechanismus zur Besetzung des oberen Laserniveaus (Abb.13.14).

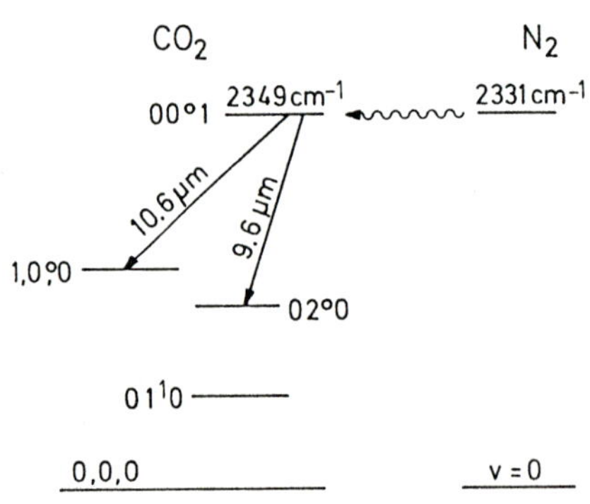

Abb.13.14. Energietransfer vom schwingungsangeregten N_2-Molekül zum oberen Laserniveau des CO_2-Moleküls

13.3.1 Zeitaufgelöster Fuoreszenznachweis

Der Energietransfer (13.7) kann spektroskopisch verfolgt werden, wenn M^* durch einen infraroten Laserpuls angeregt und danach die Fluoreszenz von AB^* zeitaufgelöst gemessen wird. Solche Messungen wurden in mehreren Labors durchgeführt [13.40]. Zur Illustration soll ein Experiment von *Green* [13.41] dienen, bei dem durch einen gepulsten HF-Laser angeregte HF-Moleküle mit anderen Molekülen AB (AB = NO, CO, etc.) nach dem Schema

$$HF + h\nu \rightarrow HF^*(v=1) \;;$$

$$HF^*(v=1) + AB(v=0) \rightarrow HF(v=0) + AB^*(v=1)$$

zusammenstießen (Abb.13.15). Die Fluoreszenz von AB^* wurde durch Spektralfilter von der HF^*-Fluoreszenz getrennt.

Auch für größere Moleküle läßt sich auf diese Weise zumindest die Schwingungsrelaxation zeitaufgelöst verfolgen, wenn schnelle, gekühlte Infrarotdetektoren verwendet werden, wie am Beispiel des Ethylenoxydmoleküls C_2H_4O gezeigt wurde [13.42], das mit einem gepulsten parametrischen Oszillator auf der CH-Streckschwingung bei 3000 cm^{-1} angeregt und die Fluoreszenz aus anderen Schwingungsniveaus selektiv durch Filter gemessen wurde. Weitere Beispiele findet man in [13.43].

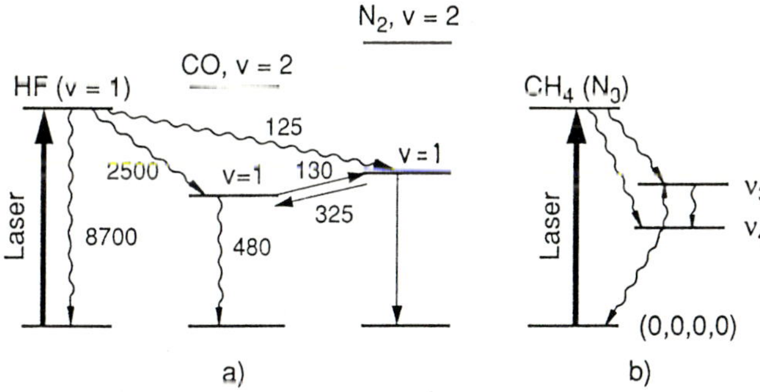

Abb.13.15a,b. Fluoreszenznachweis des Schwingungsenergietransfers von optisch gepumpten schwingungsangeregten Molekülen: (**a**) $HF^* \rightarrow CO, N_2$ und (**b**) $CH_4^*(\nu_3) \rightarrow CH_4^*(\nu_2) + \Delta E_{kin}$

13.3.2 Zeitaufgelöste Absorptions- und Doppelresonanz- Methoden

Während in elektronisch angeregten Zuständen inelastische Stöße durch Messung der Änderung der Intensitäten im *Fluoreszenzspektrum* untersucht werden können, lasssen sich Stoßprozesse im elektronischen Grundzustand auch durch Änderung des *Absorptionsspektrums* verfolgen. Dies hat besonders dann experimentelle Vorteile, wenn die Lebensdauern angeregter Schwingungs-Rotations-Niveaus so lang sind, daß die Beobachtung ihrer Infrarotfluoreszenz aus Intensitätsgründen scheitert. Hier hat sich eine zeitaufgelöste optische Doppelresonanztechnik bewährt [13.44]. Da solche Energietransferprozesse im elektronischen Grundzustand in der Praxis eine große Bedeutung haben, wollen wir die Nachweisverfahren etwas genauer diskutieren:

Im thermischen Gleichgewicht sind die Besetzungszahlen N_i^0 ohne optisches Pumpen zeitlich konstant:

$$\frac{dN_i^0}{dt} = - N_i^0 \sum_m R_{im} + \sum_m N_m^0 R_{mi} = 0 \, . \qquad (13.8)$$

Daraus folgt die Bedingung des „detaillierten Gleichgewichtes"

$$N_i^0 \sum R_{im} = \sum N_m^0 R_{mi} \qquad (13.9)$$

Wird mit einem gepulsten Pumplaser die Besetzungsdichte N_i^0 durch optisches Pumpen auf den Wert $N_i^s < N_i^0$ verringert, so wird $N_i(t)$ nach dem Ende des Pumppulses durch inelastische Stöße wieder gegen den Gleichgewichtswert N_i^0 relaxieren. Bei einer Dichte N_B der Stoßpartner gilt

$$dN_i/dt = [N_i^0 - N_i(t)] N_B K_i \, , \qquad (13.10)$$

wobei die Relaxationskonstante

$$K_i = \frac{1}{N_B} \sum R_{im} = \int \left(v_{rel} \sum_m \sigma_{im} \right) dv = (8kT/\pi\mu)^2 \sigma_{total}$$

durch die Temperatur und den mittleren totalen Stoßquerschnitt bestimmt ist. Die Lösung von (13.10)

$$N_i(t) = N_i^0 + [N_i^s(0) - N_i^0] e^{(-N_B K_i t)} \qquad (13.11)$$

zeigt, daß die Besetzungsdichte von ihrem anfänglichen Wert $N_i^s(0)$ am Ende des Laserpulses zur Zeit $t = 0$ exponentiell mit einer Zeitkonstanten $\tau_{relax} = (N_B K_i)^{-1}$ gegen den Gleichgewichtswert N_i^0 strebt. Mißt man zeitaufgelöst die Absorption eines kontinuierlichen Probenlasers, der auf einen elektronischen Übergang $|i\rangle \rightarrow |j\rangle$ abgestimmt ist, so kann die zeitabhängige Besetzungsdichte $N_i(t)$ und damit der totale inelastische Stoßquerschnitt σ_{total} bestimmt werden. Die Absorption läßt sich z.B. über die Probenlaser-induzierte Fluoreszenz messen (Abb.13.16).

Für sehr schnelle Relaxationsprozesse, wie sie z.B. in Flüssigkeiten auftreten, ist die Zeitauflösung des elektronischen Nachweissystem nicht hoch genug. Hier kann man eine Pump-Probentechnik verwenden (Abschn. 11.2), bei der die Moleküle durch einen kurzen Puls eines Infrarotlasers angeregt werden, und die zeitabhängige Besetzung $N_K(t)$ durch einen schwachen Probenpuls „abgefragt" wird, der mit variabler Verzögerung ΔT gegen

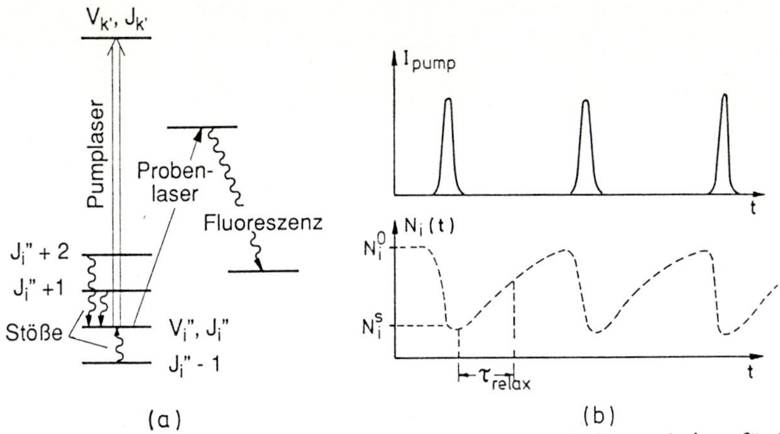

Abb.13.16. Termdiagramm für die Messung des totalen Stoßquerschnittes für Niveaus im elektronischen Grundzustand und Zeitverlauf der Besetzungsdichte $N_i(t)$ bei optischem Pumpen mit einem gepulsten Laser

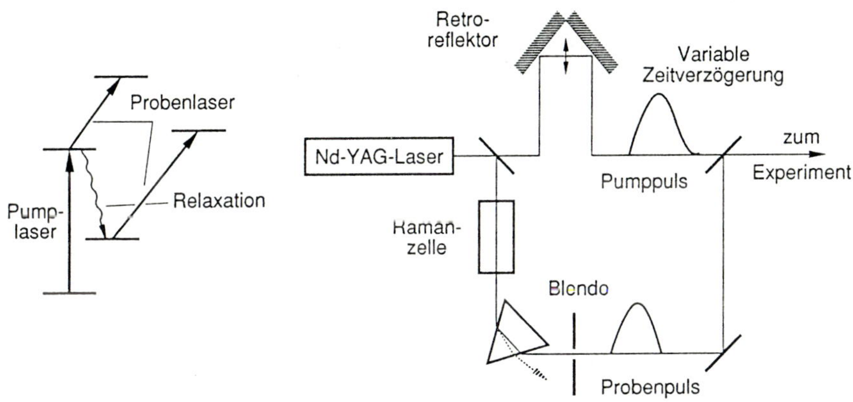

Abb.13.17. Pump- und Probentechnik zur Messung ultraschneller Relaxationsprozesse

den Pumppuls durch die Probe läuft (Abb.13.17). Man mißt die Absorption des Probenpulses, der aus Synchronisationsgründen vom gleichen Laser gepumpt wird, als Funktion von ΔT. Entweder wird als Probenpuls ein zeitverzögerter Teil des Pumppulses verwendet oder ein in einer Raman-Zelle frequenzverschobener „Raman-Laserpuls" (Abschn.5.7.6).

Oft lassen sich auch elektronische Übergänge ausnutzen, um die zeitabhängige Besetzungsdichte $N(v, J, t)$ im Grundzustand zu verfolgen. Dann kann man zwei verschiedene Farbstofflaser im sichtbaren oder UV als Pumpe und Probe verwenden, die vom gleichen Pumplaser gepumpt werden. Da man hier Photomultiplier oder Streakkameras einsetzen kann, gewinnt man an Empfindlichkeit. Mit dieser Technik lassen sich Schwingungsrelaxationen bis in den Femtosekundenbereich untersuchen [13.45, 46].

Natürlich kann diese Methode auch in der Gasphase bei kleineren Drucken angewandt werden, wobei die Verzögerungszeit ΔT wegen der kleineren Relaxationsraten bis in den μs-Bereich ansteigt. Dies wurde am

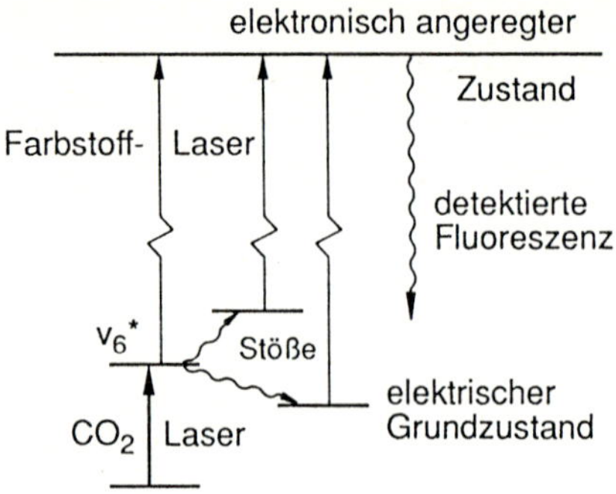

Abb.13.18. Termschema für Infrarot-UV-Doppelresonanz zur Messung stoßinduzierter Schwingungsrotationsübergänge im D_2CO-Molekül [13.47]

Beispiel des deuterierten Formaldehyds HDCO und D_2CO gezeigt, das durch einen CO_2-Laser auf der ν_6-Schwingung angeregt wurde (Abb. 13.18). Der Energietransfer in andere Schwingungsmoden wurde mit einem Farbstofflaser mit variabler Zeitverzögerung abgefragt und über dessen LIF detektiert [13.47].

Aussagen über die Ratenkonstanten inelastischer VT Stoßprozesse im elektronischen Grundzustand lassen sich auch mit Hilfe der optoakustischen Spektroskopie (Abschn.6.2.3) gewinnen, da hier ja der Transfer von Anregungsenergie in Translationsenergie das optoakustische Signal erzeugt [13.48]. Allerdings erhält man nur *totale* W.Q. für den Transfer vom optisch gepumpten in alle anderen Niveaus, deren Energie dann weiter durch V-T-Transfer in Translationsenergie umgewandelt wird.

13.3.3 Stoß-Spektroskopie im Grundzustand mit kontinuierlichen Lasern

Zustandsspezifische Messungen, bei denen der Anteil σ_{im} der einzelnen Übergänge zum totalen Stoßquerschnitt σ_{total} getrennt werden kann, können auch mit cw Lasern durchgeführt werden. Als Pumplaser wird ein kontinuierlicher Farbstofflaser verwendet, der periodisch mit einem mechanischen Chopper unterbrochen wird, wobei die Periodendauer lang ist gegen die Relaxationszeit $\tau_i = 1/(N_B K_i)$. Man hat daher immer quasistationäre Besetzungsdichten N_i^s während der Laserphase und N_i^0 während der Aus-Phase. Die Abweichung der Besetzungsdichte N_i vom thermischen Gleichgewichtswert N_i^0 beeinflußt durch Stöße die Besetzungsdichten N_m der Nachbarniveaus $|m\rangle$. Unter stationären Bedingungen gilt analog zu (13.10)

$$dN_m/dt = 0 = N_B \sum (N_j R_{jm} - N_m R_{mj}) - (N_m - N_m^0)K_m \, , \qquad (13.12)$$

wobei der letzte Term wieder die Relaxation gegen die Gleichgewichtsbesetzung N_m^0 beschreibt. Im thermischen Gleichgewicht gilt wieder: $N_j^0 R_{jm} = N_m^0 R_{mj}$.

Für die Abweichung $\Delta N = N - N^0$ von der Gleichgewichtsbesetzung erhalten wir dann aus (13.12):

$$\frac{d(\Delta N_m)}{dt} = 0 = N_B \sum (\Delta N_j R_{jm} - \Delta N_m R_{mj}) - \Delta N_m K_m \qquad (13.13)$$

$$\rightarrow \Delta N_m = \frac{N_B \Sigma \Delta N_j}{N_B \sum R_{mj} + K_m} . \qquad (13.14)$$

Diese Gleichung verknüpft die Besetzungsänderung ΔN_m mit der Änderung ΔN_j aller anderen Zustände, wobei die Summe auch den optisch gepumpten Zustand $|i\rangle$ einschließt. Die Differenzen ΔN_j sind für $j \neq i$ proportional zur Dichte N_B der Stoßpartner. Bei genügend kleinem Druck kann man in der Summe in (13.13) alle $\Delta N_{j \neq i}$ vernachlässigen, und wir erhalten für den Grenzfall $p \rightarrow 0$ aus (13.13) die Beziehung

$$\frac{\Delta N_m}{\Delta N_i} = N_B \frac{R_{im}}{K_m} . \qquad (13.15)$$

Aus dem Verhältnis der Besetzungsdifferenzen der Niveaus $|m\rangle$ und $|i\rangle$ läßt sich bei Kenntnis der Relaxationsrate K_m, die aus einer zeitaufgelösten Messung erhalten werden kann (siehe oben), die Stoßrate R_{im} bestimmen. Dazu wird ein cw Probenlaser nacheinander auf Übergänge abgestimmt, die von den verschiedenen Niveaus $|i\rangle$ bzw. $|m\rangle$ ausgehen (Abb.13.19). Wegen der periodischen Modulation der Besetzungsdichten erhält man eine mit der Unterbrecherfrequenz modulierte Absorption, die über einen Lock-in nachgewiesen wird. Das Amplitudenverhältnis S_m/S_i der entsprechenden Meßsignale ist proportional zu $\Delta N_m/\Delta N_i$. Werden auch die unmodulierten

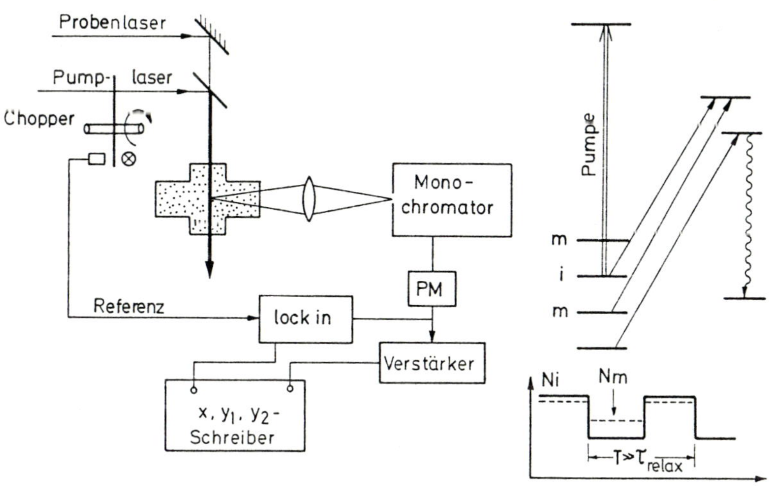

Abb.13.19. Experimentelle Anordnung und Termdiagramm für die Messung individueller stoßinduzierter Schwingungsrotationsübergänge im elektronischen Grundzustand

Anteile des Absorptionssignals gemessen, die bei mäanderförmiger Rechteckmodulation durch

$$S_m^{cw} = C\,\frac{N_m^s + N_m^0}{2}$$

gegeben sind, so lassen sich die relativen Besetzungsänderungen $\Delta N_m/N_m$ bestimmen und wir erhalten

$$\frac{\Delta N_m/N_m^0}{\Delta N_i/N_i^0} = N_B\,\frac{R_{im}}{K_m}\,\frac{N_i^0}{N_i^0} \quad \text{mit} \quad \frac{N_i^0}{N_m^0} = \frac{K_m}{K_i} = \frac{g_i}{g_m}\,e^{-\Delta E/kT}\,. \tag{13.16}$$

Die unimolekulare Ratenkonstante K_i, welche die Relaxtion der durch optisches Pumpen verminderten Besetzungsdichte N_i^s zur Gleichgewichtsbesetzung N_i^0 hin bestimmt, gibt zusammen mit der Dichte N_B der Stoßpartner die Zeitskala des Experimentes an. Während der Zeit $\tau = 1/K_i$ wird durch Stöße eine relative Änderung

$$\Delta N_m/N_m^0 = N_B R_{im}\tau$$

der Besetzungsdichte N_m eines Nachbarniveaus $|m\rangle$ bewirkt. Werden solche relativen Änderungen für die einzelnen Niveaus $|m\rangle = (v,J)$ gemessen, so erhält man die Ratenkonstanten R_{im} für die verschiedenen Schwingungsrotationsübergänge $\Delta v, \Delta J$.

Durch stimulierte Emission von einem optisch gepumpten Niveau im elektronisch angeregten Zustand kann man selektiv ein hochangeregtes Schwingungsrotationsniveau $|m\rangle$ im elektronischen Grundzustand bevölkern, das durch Infrarotlaser aus dem Schwingungsgrundzustand nicht angeregt werden kann. Dazu wird der Pumplaser fest auf einen Übergang $|i\rangle \rightarrow |k\rangle$ eingestellt und der stimulierende Laser wird so abgestimmt, daß er von dem oberen Niveau $|k\rangle$ praktisch die gesamte Besetzung transferiert in das gewünschte Niveau $|m\rangle$. Mit den so präparierten Molekülen läßt sich untersuchen, wie die W.Q. für bestimmte Stoßprozesse von dem Anfangszustand des Moleküls abhängen [13.49, 50].

Da die genaue Kenntnis der Abhängigkeit des inelastischen Stoßquerschnittes von Schwingungsrotationsquantenzahlen und Art des Stoßpartners für ein detailliertes Verständnis von Energietransferprozessen durch Stöße wichtig ist, gibt es eine große Zahl theoretischer und experimenteller Arbeiten auf diesem Gebiet. Für weitere Informationen wird auf einige Übersichtsartikel [13.51-53] und die dort angegebene Literatur verwiesen.

13.4 Spektroskopische Messung differentieller Stoßquerschnitte in gekreuzten Molekularstrahlen

Die in den vorhergehenden Abschnitten besprochenen spektroskopischen Techniken zur Untersuchung von Stoßprozessen ermöglichten die Messung absoluter Ratenkonstanten für ausgesuchte inelastische stoßinduzierte Übergänge, aus denen mittlere *integrale* Wirkungsquerschnitte durch eine Mitteilung über die thermische Geschwindigkeitsverteilung der Stoßpartner bestimmt werden können. Wesentlich detailliertere Informationen über das Wechselwirkungspotential zwischen den Stoßpartnern erhält man aus der Messung *differentieller* W.Q., die heute überwiegend in gekreuzten Molekularstrahlen durchgeführt wird [13.2, 54]. Gemessen wird der Bruchteil aller Atome A bzw. Moleküle M in einem kollimierten Molekularstrahl, die nach dem Stoß mit einem Partner B eines zweiten Molekularstrahls um einen Winkel ϑ abgelenkt wurden (Abb. 13.20). Mit dieser Technik können differentielle W.Q. sowohl für elastische als auch für inelastische oder reaktive Stöße bestimmt werden.

Mit klassischen Methoden wird der Energieverlust eines Stoßpartners nach einem inelastischen Stoß durch die Messung seiner Geschwindigkeit vor und nach dem Stoß bestimmt mit Hilfe von Geschwindigkeitsselektoren oder durch Flugzeitmessungen. Da die Geschwindigkeitsauflösung und damit der minimal noch nachweisbare Energieübertrag ΔE_{kin} begrenzt ist, kann dieses Verfahren nur auf eine beschränkte Zahl von Problemen angewandt werden [13.19].

Für polare Moleküle bieten Rabi-Spektrometer mit elektrostatischen Quadrupol-Ablenkfeldern die Möglichkeit, inelastische Stöße, bei denen sich der Rotationszustand oder die Orientierung des Moleküls ändern, nachzuweisen, weil die Ablenkung des Moleküls im Quadrupolfeld vom Quantenzustand (J, M) abhängt. Allerdings ist das Verfahren auf niedrige J-Werte beschränkt [13.55].

Die Anwendung laserspektroskopischer Methoden kann viele dieser Einschränkungen überwinden. Die Energieauflösung ist hier um Größenordnungen höher als bei Flugzeitmessungen und kann im Prinzip Moleküle in beliebigen (v, J) Zuständen untersuchen, wenn das Molekül Absorptionsübergänge im Abstimmbereich existierender Laser hat. Der wesentliche Fortschritt der Laserspektroskopie liegt jedoch in der Möglichkeit, neben

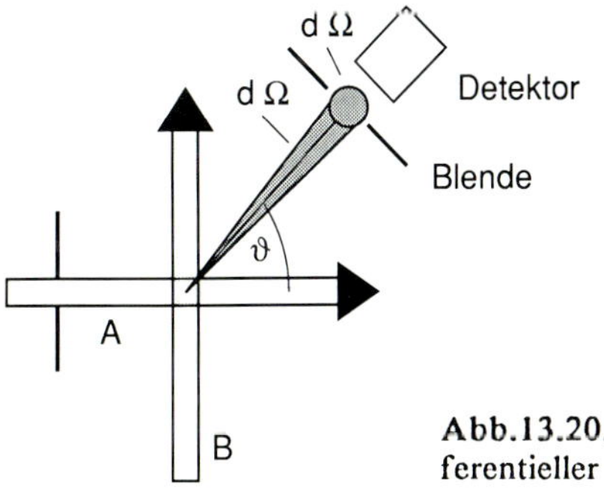

Abb. 13.20. Schematische Darstellung der Messung differentieller W.Q. in gekreuzten Strahlen

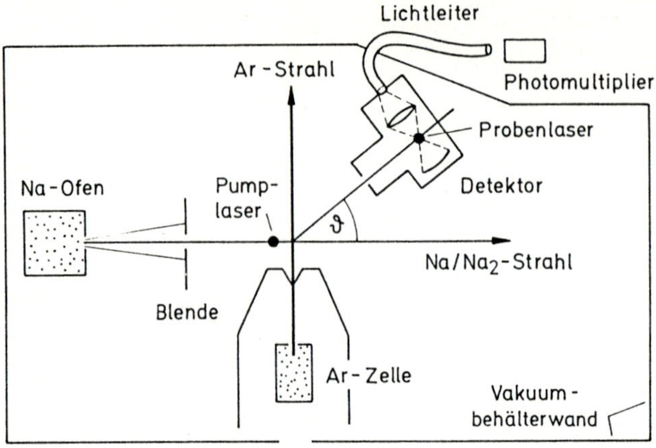

Abb.13.21. Experimentelle Anordnung zur spektroskopischen Messung differentieller zustandsselektiver Streuquerschnitte [13.57]

dem Ablenkwinkel ϑ auch noch Anfangs- und Endzustand des gestreuten Moleküls zu bestimmen.

Das Verfahren wird in Abb.13.21 an einem Beispiel verdeutlicht: Ein kollimierter Überschallstrahl, der Na-Atome und Na_2-Moleküle enthält, wird senkrecht mit einem Edelgasstrahl gekreuzt [13.56]. Als Quantenzustands-spezifischen Detektor für die unter dem Winkel ϑ in den Raumwinkel $d\Omega$ gestreuten Na_2-Moleküle im Zustand (v''_m, J''_m) dient ein cw Farbstofflaser, der auf den elektronischen Übergang $(v''_m, J''_m) \rightarrow (v'_j, J'_j)$ abgestimmt wird und dessen LIF-Intensität ein Maß für die Streurate $N(v''_m, J''_m)d\Omega$ ist. Um die Nachweisempfindlichkeit zu erhöhen, wird die Fluoreszenz über Spiegel und Linsen in eine optische Fiber abgebildet. Der ganze Detektor kann um das Streuzentrum gedreht werden. Die gemessene Streurate hat zwei Beiträge:

a) die elastische gestreuten Moleküle $(v''_m, J''_m) \rightarrow (v''_m, J''_m)$ und
b) die Summe aller inelastisch gestreuten Moleküle

$$\sum_n [v''_n, J''_n) \rightarrow (v''_m, J''_m)] ,$$

die aus einem Anfangszustand $|n\rangle$ in den Endzustand $|m\rangle$ gelangt sind.

Um Moleküle mit definiertem Anfangs- und Endzustand getrennt nachweisen zu können, dient ein OODR-Verfahren (Abschn.10.4): Kurz vor dem Streuzentrum fliegen die Moleküle durch den Strahl eines Pumplasers, der auf einen Übergang $(v''_i, J''_i) \rightarrow (v'_k, J'_k)$ abgestimmt ist und den unteren Zustand durch optisches Pumpen praktisch völlig entleert (Abb. 13.22). Mißt man jetzt abwechselnd die Streurate mit und ohne Pumplaser, so ergibt die Differenz der beiden Signale gerade den Beitrag der vom Anfangszustand (v''_i, J''_i) in den Endzustand (v''_m, J''_m) gestreuten Moleküle als Funktion des Streuwinkels ϑ.Eine solche Messung des Quantenzustands-spezifischen differentiellen W.Q. gibt also die vollständige Information über

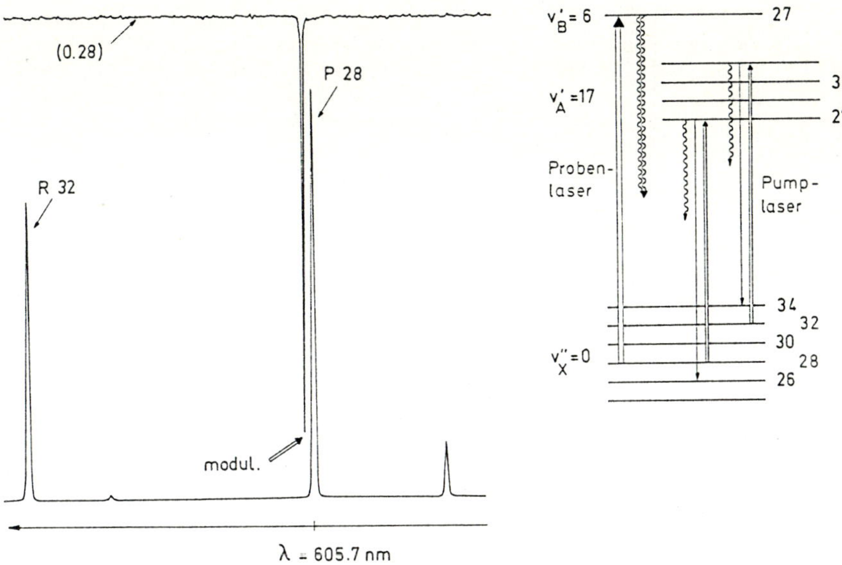

Abb.13.22. Experimentelle Demonstration, daß durch optisches Pumpen im Molekularstrahl ein Niveau praktisch völlig entleert werden kann. Der Probenlaser wird auf den Übergang (v″=0, J″=28)→(v′=6, J′=27) stabilisiert. Der Pumplaser wird durchgestimmt und erzeugt dabei das untere Anregungsspektrum. Wenn auf den Übergang (v″=0, J″=28)→(v′=17, J′=27) abgestimmt wird, sinkt die Probenlaserfluoreszenz praktisch auf Null ab. Das untere Spektrum ist um 2 mm nach rechts versetzt [13.58]

Ausgangs- und Endzustand und Ablenkwinkel. Da der Ablenkwinkel ϑ vom Stoßparameter abhängt, erhält man Auskunft darüber, welche Stoßparameter bevorzugt zur Rotationsanregung bzw. Schwingungsanregung beitragen und wie die Größe des beim Stoß übertragenen Drehimpulses ΔJ vom Anfangszustand, Stoßparameter und Stoßpartner abhängt [13.19,57, 58].

In Abb.13.23 sind die differentiellen W.Q. für verschiedene Werte von ΔJ als Funktion des Streuwinkels ϑ aufgetragen. Die Analyse der Meßergebnisse erlaubt eine genauere Aussage über das Wechselwirkungspotential V(M,B). Ist z.B. M ein homonukleares Molekül in einem Σ-Zustand, so ist seine Elektronenverteilung rotationssymmetrisch um die Molekülachse und $V(M,B) = V(R,\Theta)$ hängt nur vom Polarwinkel Θ gegen die Molekülachse und vom Abstand R des Atoms B vom Schwerpunkt von M ab. In Π-Zuständen jedoch hat die Ladungsverteilung nicht mehr Zylindersymmetrie und $V(R,\Theta,\Phi)$ hängt von drei Koordinaten ab (Abb.13.24) [13.59].

Mit Hilfe eines optisch gepumpten Dimerenlasers, dessen aktives Medium die Moleküle im Primärstrahl bilden (Abb.13.25), kann man für einige zweiatomige Moleküle (wie z.B. Na_2, J_2) selektiv hochangeregte Schwingungs-Rotations-Niveaus im elektronischen Grundzustand bevölkern [13.50]. Dies erlaubt die Messung der Abhängigkeit des differentiellen W.Q. von der inneren Anregung des molekularen Stoßpartners, die besonders für reaktive Stöße sehr betrachtlich sein kann.

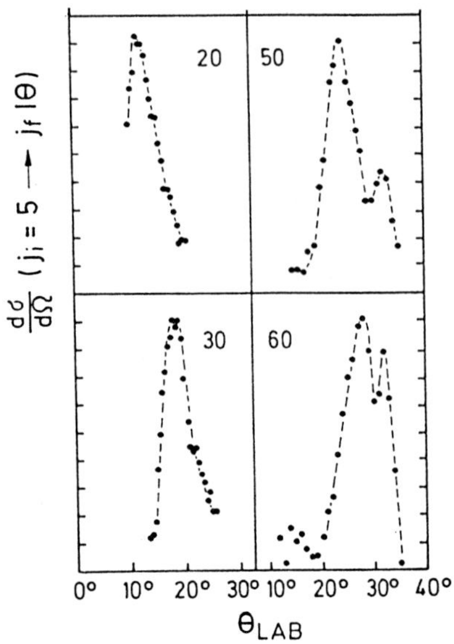

Abb.13.23. Differentielle W.Q. für stoßinduzierte Rotationsübergänge J"→J"+ΔJ für verschiedene Werte von ΔJ in Na_2 + Ne-Stößen als Funktion des Streuwinkels im Schwerpunktsystem [13.58]

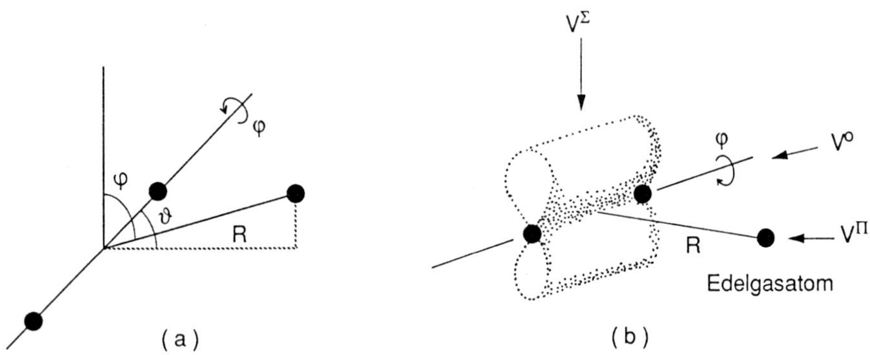

Abb.13.24. Richtungsabhängigkeit für das Wechselwirkungspotential beim Stoß eines Atoms mit einem zweiatomigen homonuklearen Moleküls, dessen Ladungsverteilung (**b**) nicht rotationssymmetrisch um die Kernverbindungsachse zu sein braucht

In experimentell ähnlicher Weise kann das Potential zwischen einem elektronisch angeregten Atom A^* und einem Grundzustandsatom B bestimmt werden: Dies ist bisher vor allem für Edelgas-Alkali-Excimere demonstriert worden [13.60], da hier der Unterschied zwischen dem Grundzustandspotential, das überwiegend abstoßend ist, und dem im angeregten Zustand besonders groß ist. Im Kreuzungspunkt eines Kalium- und eines Argonstrahls werden die K-Atome durch einen Farbstofflaser in den $4P_{3/2}$-Zustand angeregt und die differentielle Streurate $N(\vartheta)$ der Kaliumatome wird jeweils mit und ohne Laseranregung gemessen. Die Differenz der beiden Signale gibt den Beitrag der angeregten K-Atome zum elastischen Streuquerschnitt, wenn der Prozentsatz der angeregten Atome bekannt ist. Man muß mit Laserintensitäten oberhalb der Sättigungsintensität arbeiten und den durch die Hyperfeinstruktur des $^2S_{1/2} \rightarrow {}^2P_{3/2}$ bedingten optischen Pumpprozeß berücksichtigen. Entweder kann ein schmalbandiger

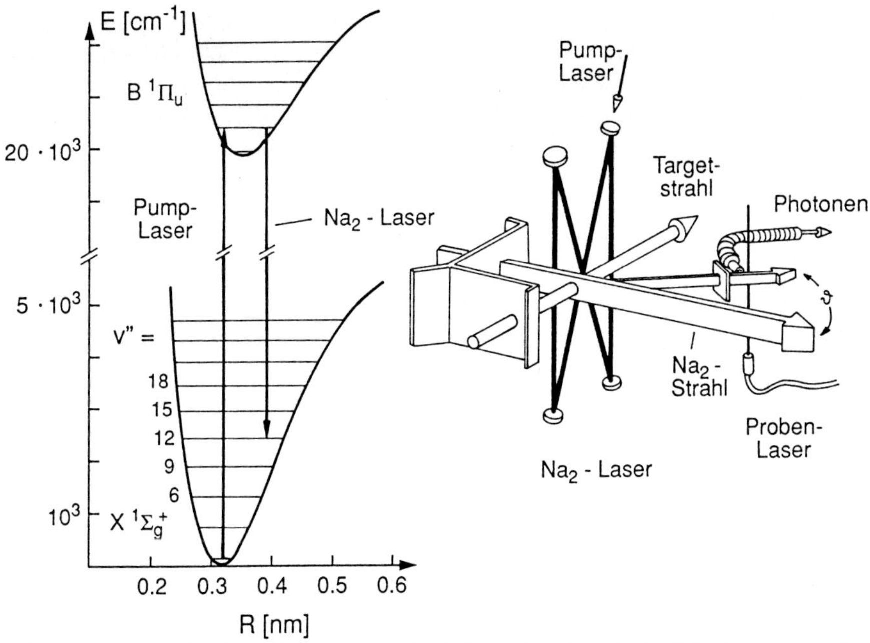

Abb.13.25. Selektive Bevölkerung eines hochliegenden thermisch nicht besetzten Niveaus (v″,J″) im Molekularstrahl durch optisches Pumpen mit einem Dimerenlaser („stimulated emission pumping") [13.50]

zirkular polarisierter Laser verwendet werden, der auf die $F''=2 \rightarrow F'=3$ HFS-Komponente abgestimmt wird, oder ein genügend breitbandiger Laser, der alle HFS-Niveaus des $^2S_{1/2}$-Zustands leerpumpen kann.

Optisches Pumpen mit Lasern ermöglicht auch die Messung *inelastischer* differentieller W.Q. für Stöße mit *elektronisch angeregten* Atomen oder Molekülen in gekreuzten Molekularstrahlen. Ein Beispiel ist der Energietransfer von elektronischer Energie in Schwingungsenergie

$$A^* + M(v_2=0) \rightarrow A + M(v''>0) + \Delta E_{kin} , \qquad (13.17)$$

der in vielen chemischen Reaktionen eine wichtige Rolle spielt. Deshalb sind Experimente zum besseren Verständnis der Reaktionswege und der bevorzugt bevölkerten Schwingungsniveaus notwendig. Ein Beispiel für solche Experimente ist die Untersuchung des Energietransfers bei Stößen laserangeregter Na-Atome im 3P-Zustand mit N_2 und CO-Molekülen, bei denen elektronische Energie in Schwingungs-Rotations-Energie umgewandelt wird [13.61]. Mißt man den Streuwinkel und die Geschwindigkeit der gestreuten Na-Atome, so läßt sich aus der Kinematik bestimmen, welcher Anteil der elektronischen Energie in Schwingungsenergie und welcher in Translationsenergie umgewandelt wurde. Die experimentellen Ergebnisse erlauben eine Prüfung theoretischer Modelle für die $Na^*-N_2(v=n)$ Potentialflächen [13.62].

Die Streuung von Elektronen oder schnellen Atomen an laserangeregten Na-Atomen im 3P-Zustand kann zu elastischen (3P→3P), inelastischen ($3P \rightarrow 3D, 4S$) und superelastischen ($3P \rightarrow 3S$) Stößen führen. Da die Orientierung der angeregten Na-Atome relativ zur Einfallsrichtung der Stoßpartner durch die Polarisationsrichtung des anregenden Lasers gewählt werden kann, lassen sich im gekreuzten Strahlexperimenten Orientierungseffekte und ihre Einfluß auf die W.Q. untersuchen [13.63].

13.5 Spektroskopie reaktiver Stoßprozesse

Ein genaues Verständnis reaktiver Stoßprozesse ist die Voraussetzung für eine gezielte, nicht auf „trial and error" basierende Optimierung chemischer Reaktionen. Die Laserspektroskopie hat auf diesem Gebiet eine Fülle neuer Möglichkeiten eröffnet. Die Anwendung laserspektroskopischer Methoden auf das Studium reaktiver Stöße hat zwei Aspekte:

1. Durch die spektroskopische Identifizierung der Reaktionsprodukte und die Messung ihrer inneren Energien lassen sich die verschiedenen Reaktionswege und ihre relativen Wahrscheinlichkeiten bei vorgegebenen Anfangsbedingungen der Reaktionspartner bestimmen.

2. Durch selektive Anregung eines Reaktionspartners kann die Abhängigkeit der Reaktionswahrscheinlichkeit von der Anfangsenergie viel detaillierter gemessen werden, als dies bei thermischer Anregung durch Erhöhung der Temperatur möglich ist, weil im letzteren Fall sowohl innere Energie als auch Translationsenergie gleichmäßig verteilt sind.

Die experimentellen Bedingungen für die spektroskopische Untersuchung reaktiver Stöße sind ähnlich denen beim Studium inelastischer Stöße. Sie reichen von der Bestimmung mittlerer Reaktionsraten in Zellenexperimenten bei definierter Anregung eines Reaktionspartners bis zur detaillierten Information aus Messungen differentieller Reaktionsquerschnitte in gekreuzten Molekularstrahlen. Einige Beispiele sollen dies illustrieren:

Die ersten Experimente zur Messung zustandsspezifischer reaktiver Stöße wurden mit den experimentell leichter zugänglichen Reaktionen

$$\mathrm{Ba} + \mathrm{HF}(v=0,1) \rightarrow \mathrm{BaF}(v=0\text{-}12) + \mathrm{H}\ ,$$

$$\mathrm{Ba} + \mathrm{HCL} \rightarrow \mathrm{BaCl}(v,J) + \mathrm{H}$$

durchgeführt [6.62, 63], bei denen die Zustandsverteilung (v, J) im Reaktionsprodukt mit Hilfe der mit sichtbaren Lasern induzierten Fluoreszenz in Abhängigkeit von der Schwingungsanregung des Halogenmoleküls gemessen wurde (Abschn. 6.5).

Mit der Entwicklung neuer Infrarotlaser und empfindlicher Infrarotdetektoren wurden neue Reaktionen der Messung zugänglich, bei denen die Produktmoleküle bekannte Infrarotspektren haben, aber im Sichtbaren nicht absorbieren. Eine typische Apparatur ist in Abb. 13.26 gezeigt. In einem Gasdurchflußsystem, in dem die reaktiven Stöße stattfinden, werden (v, J)-Niveaus selektiv mit einem gepulsten Infrarotlaser angeregt und die LIF mit einem schnellen, gekühlten Infrarotdetektor nachgewiesen. Zur spektralen Analyse dienen Filter oder ein Monochromator.

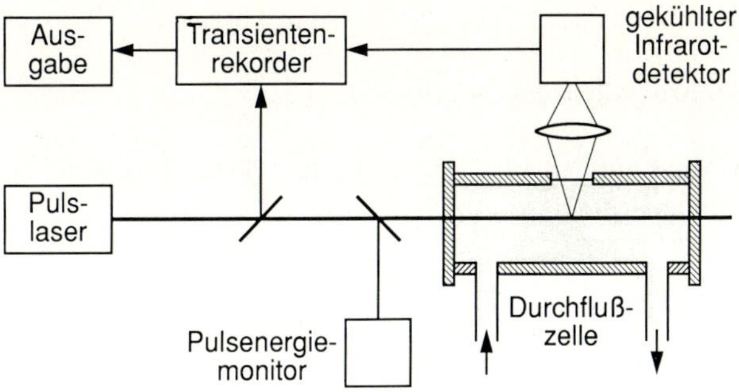

Abb.13.26. Typische experimentelle Anordnung für zeit- und spektralaufgelöste infrarote LIF chemischer Reaktionen

Ein Beispiel für solche Messungen ist die Untersuchung der Reaktion

$$Br + CH_3F(\nu) \rightarrow HBr + CH_2F \qquad (13.18)$$

bei der durch ein Photon des CO_2-Lasers eine CF-Streckschwingung ν_3 im CH_3F angeregt wurde [13.64]. Wird ein großer Teil der CH_3F-Moleküle angeregt, so kann durch fast resonanten V-V-Transfer beim Stoß zwischen zwei angeregten Molekülen der Prozeß

$$CH_3F(\nu_3) + CH_3F(\nu_3) \rightarrow CH_3F^*(2\nu_3) + CH_3F$$

zu einer Erhöhung der Schwingungsenergie in einem Teil der Moleküle führen, die dann ausreicht, um die Reaktion (13.16) möglich zu machen (Abb.13.27). Die Be- und Entvölkerung der verschiedenen Schwingungsniveaus nach gepulster Laseranregung kann zeitaufgelöst über die Infrarot-Fluoreszenz verfolgt werden.

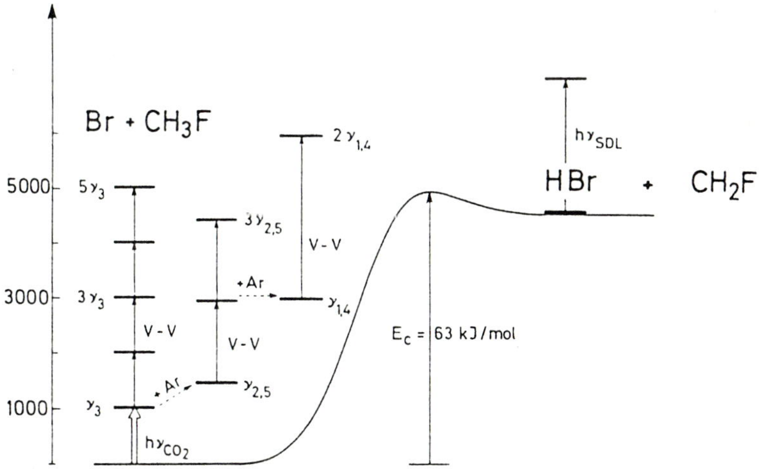

Abb.13.27. Termdiagramm für die endotherme Reaktion: $Br+CH_3F^*(\nu_3) \rightarrow HBr+CH_2F$ [13.65]

Für die theoretisch einfachste bimolekulare Austauschreaktion

$$H + H_2 \rightarrow H_2 + H \quad \text{bzw.} \quad H + D_2 \rightarrow HD + D$$

sind genaue ab-initio Rechnungen der H_3-Potentialfläche durchgeführt worden. Die experimentelle Prüfung dieser Vorhersagen durch spektroskopische Messung der Zustandsverteilung HD(v,J) des Reaktionsproduktes ist jedoch sehr aufwendig, da alle Übergänge im VUV-Spektralbereich liegen. Sie wurde daher erstmals 1983 durchgeführt [13.66,67]. Die H-Atome werden durch Photodissoziation von HJ in einem effusiven Molekularstrahl aus HJ und D_2 mit der 4. Oberwelle (λ = 266nm) eines Nd:YAG-Lasers erzeugt. Da nach der Photodissoziation das Jodatom in zwei Feinstrukturzuständen entsteht, erhält man zwei Gruppen von H-Atomen mit Translationsenergien von 0.55 bzw. 1.3 eV im Schwerpunktsystem von H und D_2. Die langsameren H-Atome können beim Stoß mit D_2 Produktmoleküle HD bilden mit einer Schwingungs-Rotations-Anregung bis zu (v=1, J=3), während die schnelleren Atome Zustände bis zu (v=3, J=8) erreichen können. Die Zustandsverteilung (v, J) der Produktiomoleküle HD kann entweder mit einer CARS-Technik (Abschn.8.5) oder mit einer resonanten Mehrphotonen-Ionisation nachgewiesen werden [13.66].

Von großem Interesse sind Ionen-Molekül-Reaktionen, die u.a. bei der Bildung von Molekülen in interstellaren Gaswolken eine große Rolle spielen. Auch hier kann durch laserinduzierte Fluoreszenz die Zustandsverteilung der Reaktionsprodukte und ihre Änderung bei Laseranregung eines der Reaktionspartner bestimmt werden. Als Beispiel soll die Ladungstransfer-Reaktion

$$N^+ + CO \rightarrow CO^+ + N$$

angeführt werden, bei der die Zustandsverteilung der Rotationsniveaus für verschiedene Schwingungsniveaus des CO^+-Ions durch die Infrarotfluoreszenz (Abb.13.28) gemessen wurde [13.64].

Differentielle W.Q. für reaktive Stöße von laserangeregten Na^*(3P) Atomen mit HF-Molekülen

$$Na^* + HF \rightarrow NaF + H$$

wurden von *Düren* und Mitarbeitern in gekreuzten Strahlen gemessen [13.68]. Bei einer statistischen Unterbrechung des Lasers kann aus der zeitlichen Folge der am Detektor ankommenden Reaktionsprodukte die Flugzeit der NaF-Moleküle bestimmt und dadurch zwischen elastischem und reaktivem Kanal unterschieden werden.

Photochemische Reaktionen werden oft durch direkte Photodissoziation oder stoßinduzierte Dissoziation eines angeregten Moleküls eingeleitet, bei der Radikale als intermediäre Fragmente entstehen, die dann weiter reagieren. Die Photodissoziationsdynamik nach Anregung des Muttermoleküls mit einem UV-Laser ist deshalb sehr intensiv untersucht worden [13.69]. Während anfangs das Interesse hauptsächlich auf die Bestimmung

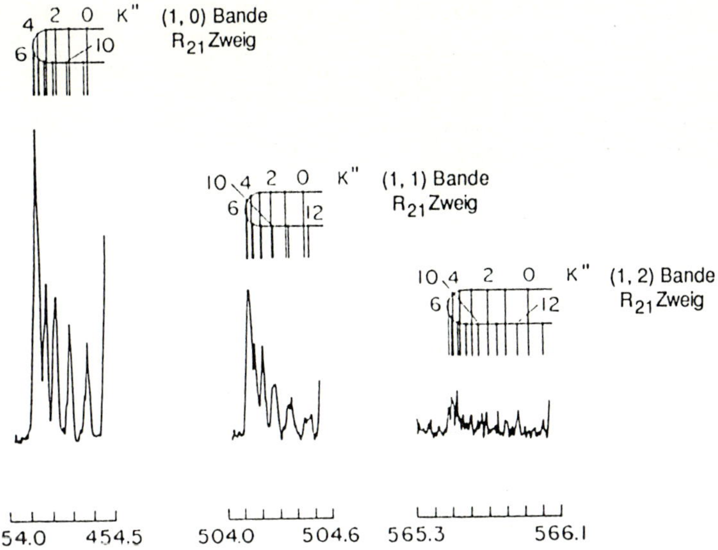

Abb.13.28. LIF-Spektrum der R_{21} Bandenköpfe im CO^* (v = 0,1,2), das in der Ladungsaustauschreaktion $N^+ CO \rightarrow CO^+ + N$ gebildet wurde [13.64]

der Zustandsverteilung der Produkte gerichtet war, sind inzwischen dank verfeinerter spektroskopischer Techniken, auch die Winkelverteilung und Orientierung der Produkte der Messung zugänglich [13.70].

Die Messung der Orientierung soll am Beispiel der Photodissoziation

$$\text{ICN} \underset{248\,\text{nm}}{\overset{h\nu}{\rightarrow}} \text{CN} + \text{I}$$

erläutert werden [13.71]. Die ICN-Moleküle werden mit zirkular polarisierter Strahlung eines KrF-Excimerlasers bei λ = 248 nm photodissoziiert und die Orientierung der CN Fragmentmoleküle wird über die Abhängigkeit der Fluoreszenzintensität von der Polarisation eines Farbstofflasers gemessen, dessen Wellenlänge über das $B^2\Sigma^+ \leftarrow X^2\Sigma^+$-System des CN Moleküls durchgestimmt wird (Abb.13.29). Die Zirkularpolarisation des Probenlasers kann durch Modulation der mechanischen Spannung an einem photoelastischen Modulator periodisch zwischen σ^+ und σ^- verändert werden.

Für weitere Beispiele der Laserspektroskopie chemischer Reaktionen wird auf die Literatur [13.72, 73] verwiesen.

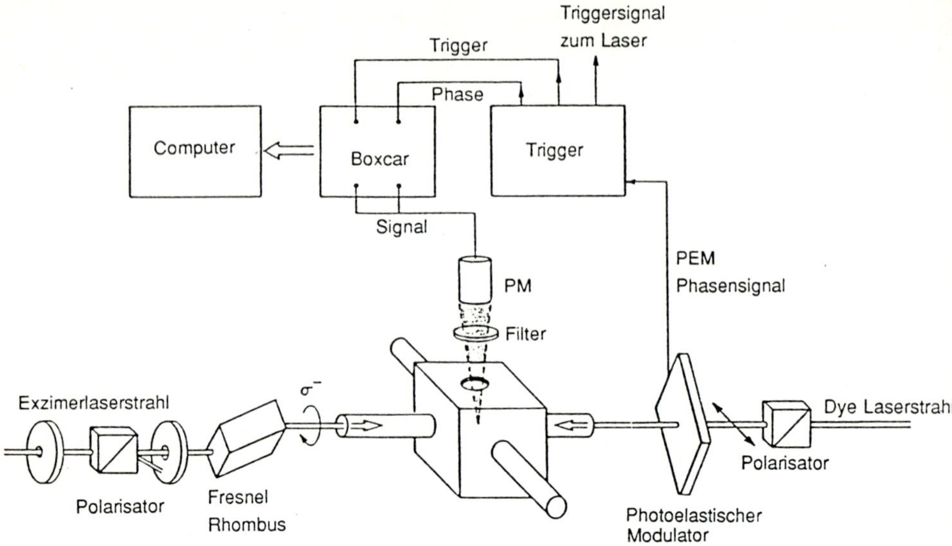

Abb.13.29. Schematischer experimenteller Aufbau zur Messung der Fragmentorientierung bei der Photodissoziation [13.71]

13.6 Stöße im Strahlungsfeld eines Lasers

Bei inelastischen Stößen zwischen angeregten Atomen oder Molekülen A^* und Atomen B im Grundzustand

$$A^* + B \rightarrow B^* + A + \Delta E_{kin} \tag{13.19}$$

müssen Gesamtenergie und Impuls erhalten bleiben. Die Differenz $\Delta E_{in} = E(A^*) - E(B^*)$ zwischen der inneren Energie $E(A^*)$ vor und $E(B^*)$ nach dem Stoß wird in Translationsenergie der Stoßpartner umgewandelt. Für $\Delta E_{kin} >> kT$ wird der W.Q. für die Reaktion (13.18) sehr klein, während für fast resonante Stöße ($\Delta E_{kin} << kT$) der W.Q. für den Energietransfer von A auf B sogar den gaskinetischen Streuquerschnitt weit übertreffen kann.

Läuft ein solcher Prozeß im intensiven Strahlungsfeld eines Lasers ab, so kann durch Absorption oder Emission eines Photons die Energiebilanz oft „fast resonant", d.h. mit kleinen Werten von ΔE_{kin} erfüllt werden. Statt (13.18) lautet der Prozeß dann

$$A^* + B \pm \hbar\omega \rightarrow B^* + A + \Delta E_{kin} \;. \tag{13.20}$$

Man braucht zur experimentellen Realisierung zwei Laser: Der „Anregungslaser" pumpt die Atome A in den angeregten Zustand A^* und der „Transferlaser" vermittelt den Energietransfer $A^* \rightarrow B^*$. Bei geeigneter Wahl der Photonenenergie $\hbar\omega$ des Transferlasers läßt sich der W.Q. für den ohne ein Photon völlig nicht resonanten Prozeß um Größenordnungen erhöhen. Solche „photonenunterstützten" Stoßprozesse sollen in diesem Abschnitt dis-

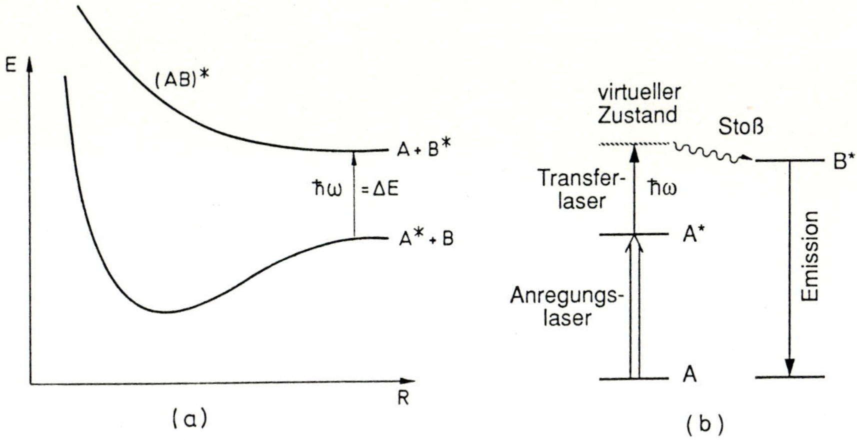

Abb.13.30. Schematische Darstellung eines "photonunterstützten" Energietransfers (**a**) im molekularen Modell des Stoßpaares A^*B und (**b**) im atomaren Termdiagramm des "dressed atom"-Modells mit dem virtuellen Zustand $E(A^*)+\hbar\omega$

kutiert werden. Sie können mit zwei verschiedenen Modellen, die den gleichen Prozeß beschreiben, anschaulich gemacht werden.

Im *molekularen Modell* werden die Potentialkurven V(R) für die Stoßpaare A^*+B und $A+B^*$ betrachtet (Abb.13.30). Die Photonenenergie $\hbar\omega$ möge beim Abstand R des Stoßpaares A^*B gerade dem Potentialabstand ΔE entsprechen. Im molekularen Bild findet dann durch Absorption des Photons ein Übergang in die abstoßende Potentialkurve AB^* statt, die zu den getrennten Partnern $A+B^*$ führt und damit zum Energietransfer von A nach B, der durch das Photon vermittelt wurde.

Im *atomaren Modell* (auch „dressed-atom-model" genannt [13.74]) absorbiert das angeregte Atom A^* ein Photon $\hbar\omega$ des Transferlasers und gelangt dadurch in einen „virtuellen Zustand" $A^*+\hbar\omega$, der fast resonant mit einem reellen angeregten Zustand von B ist, so daß der Energietransfer $A^*+\hbar\omega \rightarrow B^*+\Delta E_{kin}$ mit $\Delta E_{kin} \ll \hbar\omega$ mit großer Wahrscheinlichkeit abläuft.

Die experimentelle Realisierung eines solchen Photonen-unterstützten Energietransfers wurde zuerst von *Harris* und Mitarbeitern [13.75] demonstriert, die den Prozeß

$$\begin{aligned} Sr^*(5^1P) + Ca(4\,^1S) + \hbar\omega &\rightarrow Sr(5^1S) + Ca(5^1D) \\ &\rightarrow Sr(5^1S) + Ca(4p^2\,^1S) \end{aligned}$$

untersuchten. Das entsprechende Termschema ist in Abb.13.31 gezeigt: Strontiumatome werden durch den Anregungslaser bei $\lambda = 460.7$ nm in den $5s5p\,^1P_1^0$-Zustand gebracht. Während des Stoßes mit einem Ca-Atom im Grundzustand absorbiert das Stoßpaar $Sr(5\,^1P_1^0)$-$Ca(4\,^1S)$ ein Photon mit $\lambda = 497.9$ nm. Nach dem Stoß bleibt ein angeregtes $Ca^*(4p^2\,^1S)$ Atom, dessen Fluoreszenz bei $\lambda = 551.3$ nm als Detektor für den erfolgten Energietransfer dient.

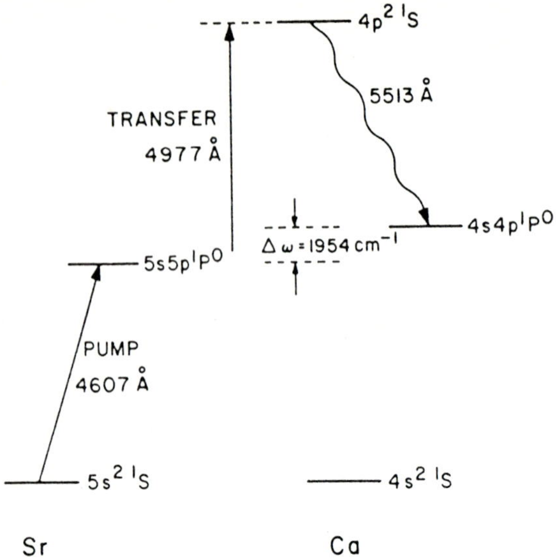

Abb.13.31. Termschema für den photonunterstützten Energietransfer von Strontium $Sr^*(^1P^0)$ nach Calcium $Ca(6\,^1S = 4p^2\,^1S)$) [13.75]

Es ist bemerkenswert, daß der Übergang $4s^2\,^1S \rightarrow 4p^2\,^1S$ bzw. $4p^2\,^1D$ im Ca-Atom kein erlaubter Dipolübergang ist und im isolierten Atom verboten wäre. Man kann deshalb solche Prozesse vom Standpunkt der Photonenabsorption auch als „stoßinduzierte Absorption" eines atomaren elektronischen Überganges ansehen, bei der ein „dipolverbotener" Übergang der getrennten Atome zu einem „dipolerlaubten" Übergang des molekularen Stoßpaares wird. Der molekulare Übergang hat ein Dipolübergangsmoment $\mu(R)$, das vom Kernabstand R der Stoßpartner abhängt und für $R \rightarrow \infty$ gegen Null geht [13.76]. Es wird erzeugt durch die induzierte Dipol-Dipolwechselwirkung aufgrund der atomaren Polarisierbarkeiten der Stoßpartner.

Solche stoßinduzierte Strahlungsabsorption hat nicht nur für die Initiierung chemischer Reaktionen große Bedeutung, sondern sie spielt für die Strahlungsabsorption in Planetenatmosphären und interstellaren Molekülwolken eine große Rolle. Durch die Bildung von Stoßpaaren H_2-H_2 werden z.B. Schwingungsrotationsübergänge im H_2-Molekül möglich, die im isolierten homonuklearen Molekül verboten sind [13.77].

Detaillierte Experimente über die Abhängigkeit des Transferquerschnittes von der Wellenlänge des Transferlasers wurden von *Toschek* und Mitarbeitern [13.78] am Beispiel der Reaktion $Sr(5p)+Li(2S)+\hbar\omega \rightarrow Sr(5s^2)+Li(4d)$ durchgeführt. Der experimentelle Aufbau ist in Abb.13.32 gezeigt: In einer „heat-pipe" [13.10] wird ein Gemisch aus Strontium- und Lithium-Dampf erzeugt, in das zwei vom selben Stickstofflaser gepumpte Farbstofflaser fokussiert werden. Der 1. Laser bei $\lambda = 460.7$ nm regt die Strontiumatome an, die Wellenlänge λ des 2. Lasers, der um ein Zeitintervall ΔT gegen den 1. Laserpuls verzögert werden kann, wird über ein Intervall $\Delta\lambda$ um $\lambda = 700$ nm durchgestimmt. Gemessen wird die Intensität der Lithiumfluo-

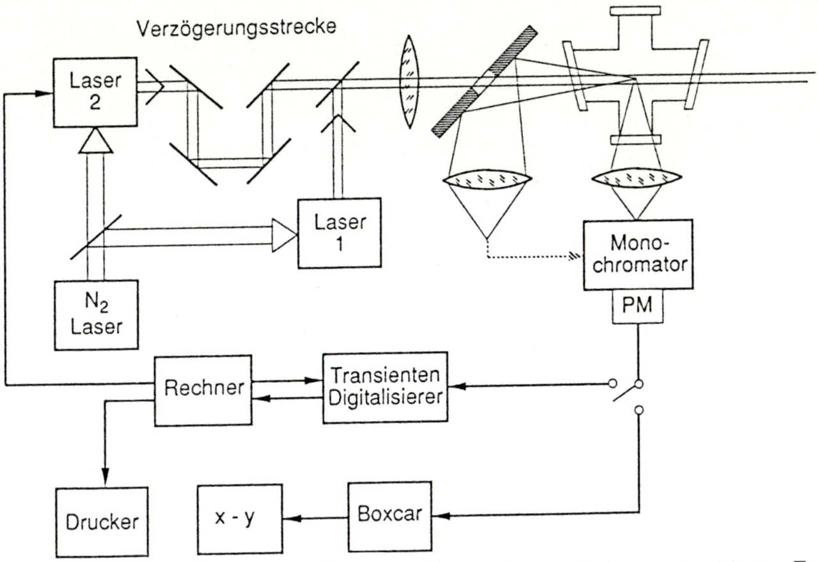

Abb.13.32. Experimenteller Aufbau zur Untersuchung photonenunterstützter Energietransferprozesse [13.78]

reszenz auf dem Übergang Li($3d^2D \rightarrow 2p^2P$) bei λ = 610 nm als Funktion der Wellenlänge λ_2 und der Verzögerungszeit ΔT. Wenn λ_2 in Resonanz ist [ΔE_{Kin}=0 in (13.19)], werden Energietransferraten bis zu $R_T = 2 \cdot 10^{-13}$ $cm^2 \cdot I$[MW/cm^2] gemessen. Bei genügender Intensität I des Transferlasers übersteigen die W.Q. σ_{Trans} die gaskinetischen W.Q. ($\sigma \simeq 10^{-16} cm^2$) um 2-3 Größenordnungen! Dies macht das Verfahren interessant für die Steuerung spezieller chemischer Reaktionen.

Über weitere Aspekte dieses Gebietes findet man Informationen in [13.79, 80]].

14. Neuere Entwicklungen in der Laserspektroskopie

In den letzten Jahren sind neue Ideen und spektroskopische Techniken entwickelt worden, die nicht nur die spektrale Auflösung und die Nachweisempfindlichkeit für die Untersuchung einzelner Atome weiter verbessert haben, sondern auch interessante Experimente zur Prüfung physikalischer Grundlagen ermöglichen. In diesem Kapitel sollen einige dieser neuen Entwicklungen vorgestellt werden.

14.1 Optische Ramsey-Resonanzen

Im Kapitel 3 wurden die verschiedenen Ursachen für die endliche Breite von Spektrallinien behandelt. Wenn man Doppler- und Druckverbreiterung durch Anwendung Doppler-freier Methoden bei tiefen Drucken eliminieren kann, wird für Übergänge mit sehr kleiner natürlicher Linienbreite die Flugzeitlinienbreite oft der begrenzende Faktor, wenn die Aufenthaltsdauer des Atoms im Laserfeld kürzer wird als die spontane Lebensdauer (Abschn. 3.6).

Es gibt zwei Möglichkeiten, die Flugzeit $T = d/v$ durch das Laserfeld zu vergrößern und damit diese Begrenzung zu vermindern: Entweder kann die Geschwindigkeit v der Atome drastisch reduziert oder die Wechselwirkungslänge d vergrößert werden. In diesem Abschnitt wollen wir zuerst experimentelle Realisierungen der zweiten Möglichkeit kennenlernen und das Problem der Geschwindigkeitsreduktion durch optisches Kühlen im nächsten Abschnitt besprechen. Die interessante Frage, ob man auch die natürliche Linienbreite „überlisten" kann, soll dann im Abschn. 14.6 diskutiert werden.

14.1.1 Grundlagen der Ramsey-Interferenzen

Das Problem der Flugzeitverbreiterung tauchte schon vor vielen Jahren in der elektrischen oder magnetischen Resonanzspektroskopie in Molekularstrahlen auf [14.1,2]. In diesen, von *Rabi* [14.3] zuerst durchgeführten Experimenten (Abschn. 10.2) fliegen die Moleküle in selektierten Zuständen durch ein Radiofrequenz- oder Mikrowellenfeld, das Übergänge zwischen Rotations- oder HFS-Niveaus im elektronischen Grundzustand induziert (Abb. 10.8). Da die spontane Übergangswahrscheinlichkeit proportional zu ν^3 ist (Abschn. 2.2), wird die spontane Lebensdauer für Anregungsenergien im RF-Bereich extrem lang, und die Linienbreite wird dann hauptsächlich durch die Flugzeit $T = d/v$ der Moleküle mit der mittleren Geschwindigkeit **v** durch das RF-Feld der Länge d begrenzt.

Mit der genialen Idee von *Ramsey* [14.2], statt des einen RF-Feldes zwei getrennte aber phasengekoppelte RF-Felder mit dem räumlichen Abstand $L \gg d$ zu verwenden (Abb.14.1), konnte die Flugzeitverbreiterung beträchtlich reduziert werden. Das Grundprinzip kann man wie folgt verstehen:

Die Wechselwirkung eines Moleküls mit dem ersten Feld erzeugt ein oszillierendes Dipolmoment, dessen Phase von seiner Wechselwirkungszeit $T = d/v$ mit dem Feld, von der Feldamplitude und von der Verstimmung $\Omega = \omega_0 - \omega$ der Feldfrequenz ω gegen die molekulare Resonanzfrequenz ω_0 abhängt [14.4]. Nach Verlassen des ersten Feldes oszilliert der molekulare Dipol in der feldfreien Flugstrecke mit seiner Eigenfrequenz ω_0 (Abschn. 12.3). Beim Eintritt in das zweite Feld hat sich seine Phase gegenüber dem Austritt aus dem ersten Feld um $\phi = \omega_0 T = \omega_0 L/v$ vergrößert, die Phase des Feldes dagegen um ωT. Die relative Phase zwischen Dipol und Feld $\Delta\phi = (\omega - \omega_0)L/v$ ist gleich dem Produkt aus Flugzeit $T = L/v$ und Frequenzverstimmung $(\omega - \omega_0)$.

Nun hängt die Wechselwirkung zwischen Dipol und RF-Feld von dieser relativen Phase ab. Die vom Dipol im zweiten Feld mit der Feldamplitude E_2 absorbierte Leistung, die als Signalgröße verwendet wird, ist proportional zu

$$P_{abs} \propto - E_2^2 \cos(\Delta\phi) \,. \tag{14.1}$$

Bei N Molekülen mit der gleichen Geschwindigkeit v erhält man dann ein als Funktion der Feldfrequenz oszillierendes Signal

$$S(\omega) = CNE_2^2 \cos[(\omega - \omega_0)L/v] \,, \tag{14.2a}$$

die sogenannten *Ramsey-Interferenzen* (Abb.14.2). Die volle Halbwertsbreite des zentralen Maximums

$$\delta\omega = \frac{2\pi}{3}\frac{v}{L} \rightarrow \delta\nu = \frac{v}{3L} \tag{14.3}$$

nimmt mit wachsendem Abstand L ab und ist für $L \gg d$ viel schmaler als die Flugzeitbreite für die Flugstrecke d durch ein einzelnes Feld!

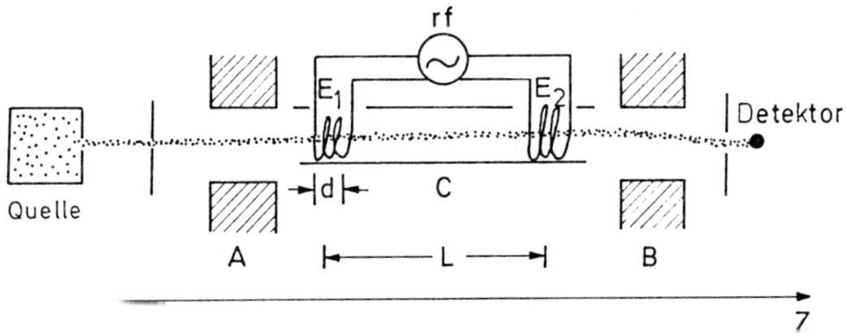

Abb.14.1. Schematische Darstellung der Ramsey-Methode im Radiofrequenzbereich

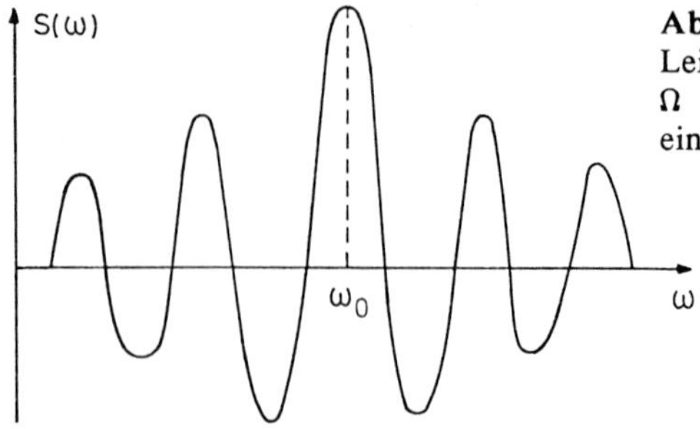

Abb.14.2. Die im 2. Feld absorbierte Leistung als Funktion der Verstimmung $\Omega = \omega - \omega_0$ (Ramsey Interferenzen) für eine schmale Geschwindigkeitsverteilung

Die maximale Länge L ist jedoch beschränkt durch die Geschwindigkeitsverteilung N(v) der Moleküle im Strahl. Moleküle mit verschiedenen Geschwindigkeiten haben nach (14.2a) eine verschiedene Phase beim Eintritt in das zweite Feld, und das wirkliche Signal wird statt (14.2a)

$$S(\omega) = C \int_{v=0}^{\infty} N(v) E_2^{\,2} \cos[(\omega - \omega_0) L/2v] dv \ . \qquad (14.2b)$$

Durch die verschiedenen Phasen $\Delta\phi(v)$ der Moleküle mit unterschiedlicher Geschwindigkeit nimmt die Gesamtamplitude des Ramsey-Signals mit höherer Interferenzordnung (d.h. größeren $\omega - \omega_0$) ab. Die zentrale Interferenzordnung um $\omega = \omega_0$ bleibt aber erhalten, wenn die Bedingung

$$L \le \pi v^2 / (\Delta v \, \omega_0) \qquad (14.4)$$

erfüllt ist, wobei Δv die Halbwertsbreite der Geschwindigkeitsverteilung N(v) ist. Bei größeren Werten von L überlappen die höheren Interferenzordnungen der langsamen Moleküle mit den niedrigeren Ordnungen der schnellen. Meistens wird nur die nulle Ordnung zur spektroskopischen Auswertung verwendet. Überschallstrahlen mit ihrer eingeengten Geschwindigkeitsverteilung (Abschn.9.2) erlauben größere Feldabstände L und bringen daher einen großen Fortschritt in der Auflösung [14.5].

Dieses Interferenzphänomen bei der phasenabhängigen Wechselwirkung zwischen den molekularen Dipolen und dem RF-Feld ist völlig analog zum Young'schen Doppelspalt-Interferenz-Versuch mit partiell kohärentem Licht (Abschn.2.8). In beiden Fällen darf die maximale Breite der Phasenverteilung innerhalb der miteinander interferierenden Teilensembles (Photonen bzw. Moleküle) nicht größer als π werden, damit noch deutliche Interferenzstrukturen auftreten.

Die Idee liegt nahe, diese Ramsey-Methode auf die optische Spektroskopie zu übertragen, wobei die beiden RF-Felder durch zwei Teilstrahlen eines Lasers in x-Richtung ersetzt werden müßten, die beide so in sich reflektiert werden, daß zwei stehende Wellenfelder entstehen, deren Phase miteinander gekoppelt ist. Dies stößt aber auf folgende Schwierigkeit:

Im RF-Bereich ist die Wellenlänge λ groß gegen die Ausdehnung d der RF-Feldregion, so daß die Feldphase praktisch unabhängig von den Koor-

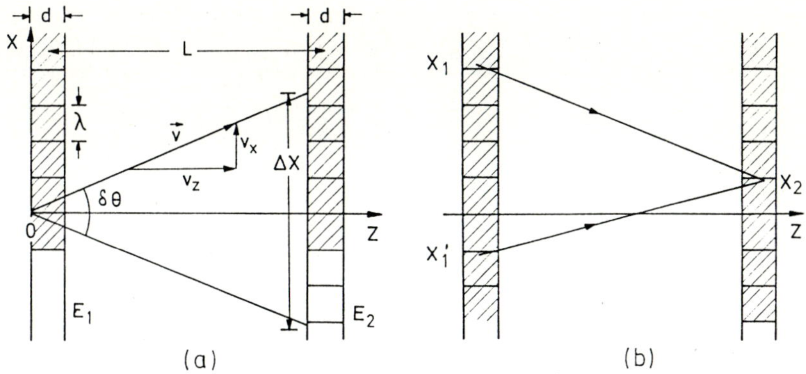

Abb.14.3. (**a**) Moleküle, die von einem Punkt (x = y = z = 0) starten, "sehen" im 2. Feld eine Feldphase, die vom Winkel θ ihrer Flugbahn abhängt. (**b**) Moleküle, die von verschiedenen Punkten (x, y), bei z = 0 starten, haben beim Eintritt in das 2. Feld am gleichen Ort verschiedene Oszillationsphasen

dinaten x,y senkrecht zur Strahlachse z ist. Im optischen Fall gilt dagegen $\lambda << d$. Dies bedeutet, daß sich die Phase einer stehenden Lichtwelle über eine Wegstrecke Δx quer zur z-Achse um $2\pi\Delta x/\lambda$ ändert und Moleküle, deren Flugweg einen Winkel Θ mit der Strahlachse bildet, eine von Θ abhängige Feldphase erfahren. Zur Illustration betrachten wir in Abb.14.3a Moleküle, die von einem Punkt z=0, x=0 starten und im ersten Feld ein induziertes Dipolmoment erhalten. Nur solche Moleküle, deren Geschwindigkeitsrichtungen in einem engen Winkelbereich

$$\delta\Theta \le \lambda/2d \qquad (14.5)$$

liegen, unterscheiden sich am Ende des ersten Feldes in der Phase ihres oszillierenden Dipolmomentes um weniger als π. Diese Moleküle durchlaufen das zweite Feld jedoch bereits in einem Abstandsbereich $\Delta x \le L\delta\Theta \le L\lambda/2d$, in dem die Feldphase sich bis zu $\delta\phi = \pi L/d$ ändert. Will man durch die Methode der getrennten Felder wirklich an Auflösung gewinnen, so muß $L >> d$ sein, was bedeutet, daß $\delta\phi >> \pi$ ist. Obwohl diese Moleküle im ersten Feld alle fast die gleiche Phase erhalten haben, können sie im zweiten Feld keine beobachtbaren Ramsey-Interferenzen erzeugen, weil ihre Phasen relativ zu E_2 über einen Bereich $\Delta\phi >> \pi$ verteilt sind. Das Interferenzsignal, das durch dic Summc übcr allc molekularen Beiträge entsteht, mittelt sich daher zu Null weg.

Als zweiter Effekt kommt noch hinzu, daß die Ausdehnung der Molekularstrahlquelle (Loch oder Düse mit einem Durchmesser $\ge 50\mu$m) groß gegen die Wellenlänge λ ist. Moleküle, die bei z = 0 mit verschiedenen Werten von x,y starten, aber am gleichen Ort in das zweite Feld eintreten (Abb.14.3b), haben dort aufgrund ihrer verschieden langen Laufwege bereits verschiedene Phasen, die um mehr als π streuen. Sie tragen deshalb zusätzlich zur Ausmittelung des Signals zu Null bei.

Zur Verdeutlichung dieser Effekte ist in Abb.14.4 die Differenz $\Delta\phi(v_x)$ der Phase eines molekularen Dipols gegen die Feldphase am Ende

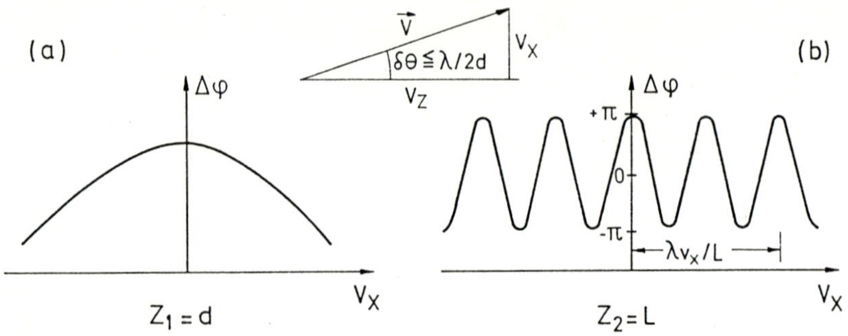

Abb.14.4a,b. Relative Phase $\Delta\phi(v_x)$ zwischen Feld und Dipol ab Funktion der Quergeschwindigkeit v_x. (**a**) im 1. Feld, (**b**) im zweiten Feld

des ersten ($z=z_1=d$) und beim Eintritt in das zweite Laserfeld ($z=z_2=L$) als Funktion der transversalen Geschwindigkeitskomponente v_x aufgetragen. Obwohl $\Delta\phi(v_x,z_1)$ eine flache Verteilung mit $\Delta\phi(z_1)_{max} \le \pi$ hat, zeigt $\Delta\phi(v_x,z_2)$ eine Modulation zwischen $-\pi$ und $+\pi$ mit der periode $\Delta v_x = v_x\lambda/2L$. Diese Phasenmodulation des einzelnen molekularen Dipols ist für alle Moleküle mit verschiedenen Werten von v_x und verschiedenen Startpunkten (x, y, z=0) unterschiedlich, so daß sie für das Gesamtensemble ausgewaschen wird und nicht detektiert werden kann.

Es ist interessant zu bemerken, daß die Forderung $\delta\Theta \le \lambda/2d$ in (14.5) äquivalent ist zu der Bedingung, daß die restliche Doppler-Breite $\delta\omega_D$ für die transversale Geschwindigkeitsverteilung $N(v_x)$ derjenigen Moleküle, deren Geschwindigkeiten im Winkelbereich $\delta\Theta$ um die Strahlachse liegen, nicht die Flugzeitverbreiterung $\Delta\omega_{FZ} = \pi v_z/d$ übersteigt. Dies sieht man sofort aus der Relation

$$\delta\omega_D = \omega\frac{v_x}{c} = \omega\frac{\delta\Theta v_z}{c} = 2\pi\delta\Theta\frac{v_z}{\lambda} \rightarrow \delta\Theta < \frac{\lambda}{2d} \longleftrightarrow \delta\omega_D < \pi\frac{v_z}{d}\,. \qquad (14.6)$$

Ist nun wegen dieser Hindernisse die Ramsey-Methode auf den optischen Spektralbereich nicht anwendbar?

Glücklicherweise sind neue Methoden entwickelt worden, welche diese Schwierigkeiten überwinden und inzwischen experimentell verifiziert wurden. Sie basieren auf der Kombination von Doppler-freier Zweiphotonenspektroskopie bzw. Sättigungsspektroskopie mit dem Ramsey-Prinzip.

14.1.2 Zwei-Photonen Ramsey-Resonanzen

Im Abschn.7.5 wurde gezeigt, daß für einen Zweiphotonenübergang der lineare Doppler-Effekt völlig kompensiert werden kann, wenn die beiden absorbierten Photonen $\hbar\omega_1 = \hbar\omega_2$ entgegengerichtete Wellenvektoren $\mathbf{k}_1 = -\mathbf{k}_2$ haben. Zu einem solchen Übergang tragen daher alle Geschwindigkeitsklassen v_x der Moleküle bei, und die Phase des molekularen Dipols im ersten Feld hängt nicht mehr von seiner transversalen Geschwindigkeit v_x, bzw. v_y ab, weil beide entgegenlaufenden Feldkomponenten der stehenden Lichtwelle die Phasen ϕ_1^+ und ϕ_1^- beitragen, deren Summe unabhängig von

v_x ist. Nach Verlassen der ersten Feldzone präzediert der molekulare Dipol mit einer Frequenz $\omega_{12} = (E_2 - E_1)/\hbar$, *unabhängig von seiner Transversalgeschwindigkeit.* Ist a_1 die Anregungsamplitude im ersten Feld bei einer Frequenzverstimmung $\Delta\omega = (\omega + kv_x + \omega - kv_x) - \omega_{ik} = 2\omega - \omega_{ik}$, so werden die Moleküle im zweiten Feld nach einer Laufzeit $T = L/v$ gemäß ihrer Phasenverschiebung $\Delta\phi = (2\omega - \omega_{ik})T$ mit der Amplitude $a_2 e^{-i\Delta\phi}$ angeregt. Diese Phasenverschiebung $\Delta\phi = \phi_2^+ + \phi_2^- - (\phi_1^+ + \phi_1^-) = \Delta\omega T$ setzt sich aus den vier Anteilen der vier beteiligten Lichtwellen (zwei entgegenlaufende Wellen in jeder der beiden Zonen) zusammen. Obwohl jeder dieser Anteile von v_x abhängt, kompensiert sich diese Abhängigkeit in der Summe, so daß $\Delta\phi$ insgesamt unabhängig von der Transversalgeschwindigkeit wird [14.6]. Die Gesamtamplitude des Dipols im zweiten Feld ist $\propto(a_1 + a_2 e^{-i\Delta\phi})$, so daß wir die gesamte Übergangswahrscheinlichkeit

$$S \propto |a_1|^2 + |a_2|^2 + 2a_1 a_2 \cos\Delta\omega T \quad \text{mit} \quad T = L/v_z \tag{14.7}$$

erhalten. Die beiden ersten Terme beschreiben die Doppler-freien Übergänge im ersten und zweiten Feld, während der dritte Term die von der Phasendifferenz $\Delta\phi$ abhängige Ramsey-Interferenz der absorbierenden Moleküle angibt. Auch hier muß man genau wie in (14.5) über alle *longitudinalen* Geschwindigkeiten v_z integrieren, so daß die höheren Ordnungen mit zunehmender Breite Δv_z der Geschwindigkeitsverteilung ausgemittelt werden. Der wichtige Punkt ist jedoch, daß man genau wie im Mikrowellenbereich ein zentrales Maximum mit der schmalen Spektralbreite

$$\Delta\omega = 2\pi\mathbf{v}/3L \tag{14.8}$$

erhält, so lange $L << \pi\mathbf{v}^2\ (\Delta v\omega_0)$ gilt (Abb. 14.5).

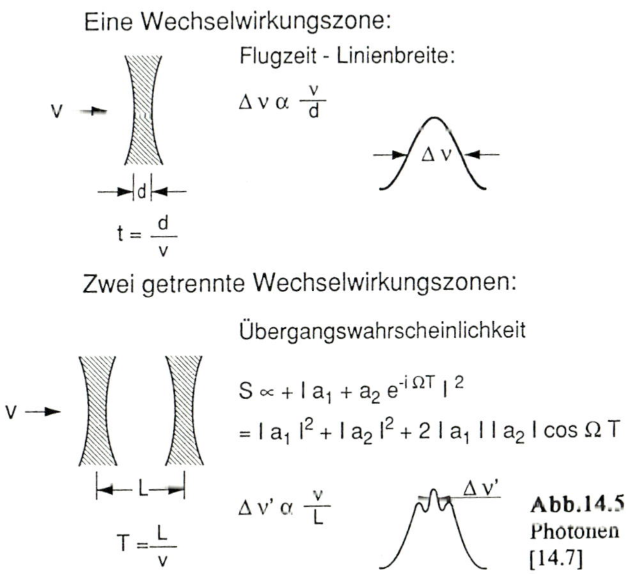

Abb. 14.5 Illustration der Zwei-Photonen Ramsey Resonanzen [14.7]

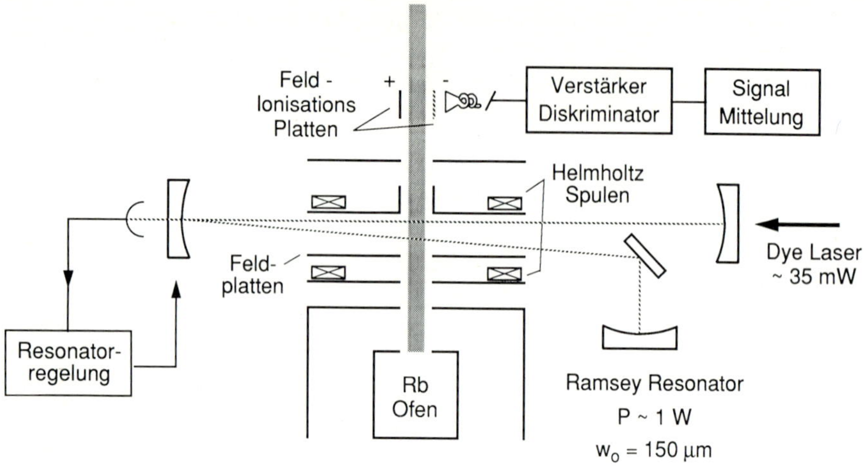

Abb.14.6. Experimentelle Anordnung zur Beobachtung von Zwei-Photonen Ramsey-Resonanzen für Rydbergzustände von Rb [14.8]

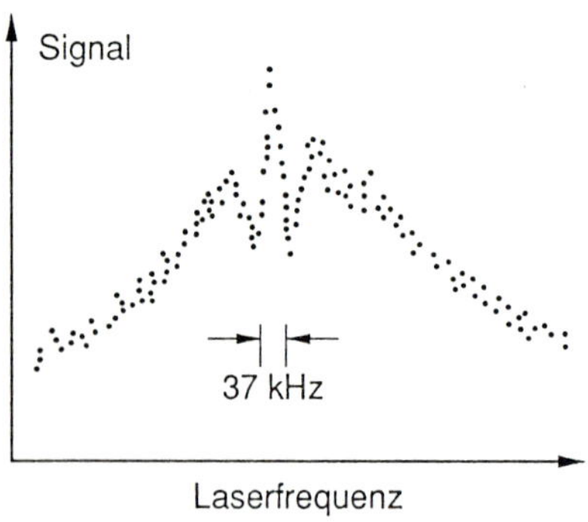

Abb.14.7. Zwei-Photonen Ramsey Resonanz des Überganges $32^2S \leftarrow 5^2S$, F = 3 in ^{86}Rb bei einem Feldabstand von L = 2.5 mm [14.8]

Natürlich muß die spontane Lebensdauer des angeregten Niveaus groß gegen die Flugzeit T = L/v sein, weil sonst die Phaseninformation, die durch die Wechselwirkung mit dem 1. Feld den Molekülen aufgeprägt wird, bei der Ankunft im 2. Feld bereits wieder verloren wäre. Deshalb wird diese Methode auf langlebige Zustände, wie z.B. metastabile Zustände oder hochliegende Rydberg-Zustände angewandt.

Die Methode der Zwei-Photonen Ramsey-Resonanzen wurde am Beispiel von Rydberg-Übergängen im Rb-Atom demonstriert (Abb.14.6). Die beiden Ramsey-Zonen werden durch einen gefalteten Laserresonator realisiert, dessen Ramsey-Frequenz durch einen Regelkreis immer auf der Laserfrequenz gehalten wird. Die angeregten Rydberg-Atome werden in dem elektrischen Feld ionisiert und mit einem Channeltron nachgewiesen (Abb. 4.6). In Abb.14.7 ist ein solches Signal gezeigt, das mit der Anordnung in Abb.14.6 gemessen wurde. Die Halbwertsbreite des zentralen Interferenzmaximums betrug bei einem Zonenabstand L = 2.5 mm etwa 37 kHz [14.8] und konnte bei L = 4.5 mm auf 18 kHz reduziert werden.

14.1.3 Nichtlineare Ramsey-Interferenzen

Eine andere Methode, die das Auswaschen der optischen Ramsey-Interferenzen verhindert, wurde zuerst von *Baklanov* und *Chebotayev* [14.9] vorgeschlagen. Sie basiert auf der Sättigungsspektroskopie und der Verwendung einer dritten Feldzone. Sie funktioniert folgendermaßen:

Bei der Sättigungsspektroskopie (Abschn.7.2) wird die Besetzungsdichte $N_i(v_x)$ von Molekülen mit Geschwindigkeitskomponenten um $v_x = 0$ durch die Wechselwirkung mit einer stehenden Lichtwelle stärker vermindert als die der Moleküle mit $v_x \neq 0$, weil diese Moleküle gleichzeitig mit beiden entgegenlaufenden Komponenten der stehenden Welle wechselwirken können. Es entsteht ein „Lamb-Dip" bei der Mittenfrequenz ω_0 des molekularen Überganges. Man kann dies auch als einen Zweiphotonen-Prozeß auffassen: Das erste Photon aus einer der beiden Feldkomponenten sättigt den Übergang und das zweite Photon aus der entgegenlaufenden Feldkomponente weist diese Sättigung nach.

Bei der Kombination der Sättigungsspektroskopie mit der Ramsey-Methode wird der Molekularstrahl von drei stehenden Laserwellen an den Orten $z = 0$; $z = L$ und $z = 2L$ gekreuzt. Wir betrachten in Abb.14.8 die ohne Stöße geradlinig verlaufende Bahn eines Moleküls, das unter dem Winkel θ zur Strahlachse vom Punkt $(x=x_1;\ z=0)$ in der ersten Zone startet, die zweite Feldzone bei $(x_2 = x_1+v_x L/v_z;\ z_2=L)$ passiert und die dritte Zone bei $(x_3 = x_1+2v_x L/v_z;\ z_3=2L)$ erreicht. Seine Phasendifferenz beim Eintritt in das zweite Feld ist

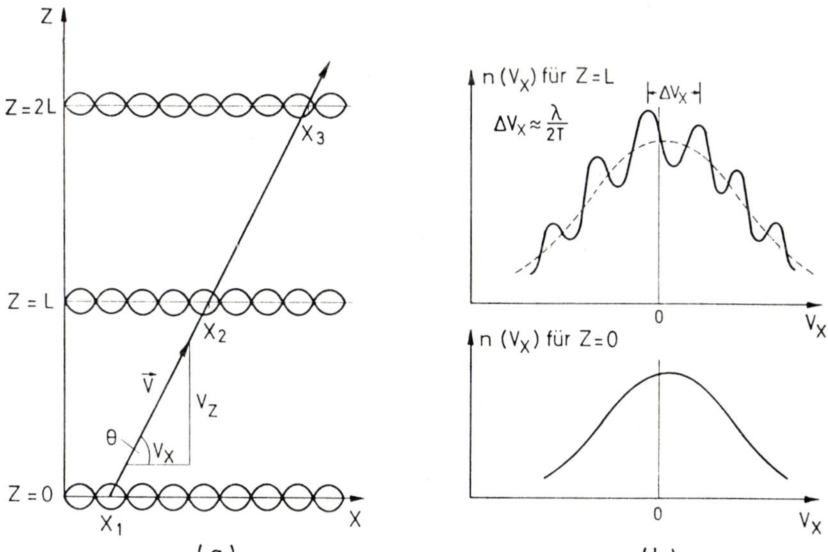

Abb.14.8. (**a**) Geradlinige Bahn eines Moleküls durch drei Zonen stehender Lichtwellen, (**b**) Besetzungsdichte $n_i(v_x)$ in der 1. Zone (*unten*) und der 2. Zone (*oben*)

$$\Delta\phi = \phi_1(x_1) + (\omega_{ik} - \omega)T - \phi_2(x_2) , \qquad (14.9)$$

wobei $\phi_1(x_1)$, $\phi_2(x_2)$ die Feldphasen am Ort (x_1, z_1) bzw. (x_2, z_2) sind.

Die makroskopische Polarisation im Punkte (x_2, z_2) ist Null, weil Moleküle mit verschiedenen Geschwindigkeitskomponenten v_x von verschiedenen Orten (x_1, z_1) im Punkt (x_2, z_2) ankommen, deren Phasen statistisch verteilt sind. Die durch das zweite Feld bewirkte Besetzungsänderung ΔN_1 hängt von der relativen Phase $\Delta\phi$ ab. Wenn jedoch die beiden Feldphasen $\phi(x_1)$ und $\phi(x_2)$ so eingestellt werden, daß $\phi(x_1) = \phi(x_2)$ für $x_1 = x_2$, dann wird die Phasendifferenz $\Delta\phi_F = \phi(x_1) - \phi(x_2) = \phi(x_1 - x_2) = \phi(v_x T)$ unabhängig von x und hängt nur noch von v_x ab! Nach der nichtlinearen Wechselwirkung mit dem zweiten Feld zeigt die Besetzungsverteilung $N(v_x)$ der Moleküle, die beim Start eine Gauß'sche Verteilung hatten, eine periodische Modulation (Abb. 14.8b). Diese kann aber nicht nachgewiesen werden, weil sie keiner *räumlichen* Modulation $N_i(x)$ entspricht, während die Probenwelle, die zum Nachweis dient, eine vom Ort x abhängige Phase hat. Das Sättigungssignal wird deshalb vollständig ausgewaschen. *Dies ist jedoch nicht der Fall in der dritten Feldzone!* Da die Wechselwirkungsorte x_3 durch $x_3 = 2L(v_x/v_z)$ von v_x abhängen, erzeugt die Besetzungsmodulation $N_i(v_x)$ in der zweiten Feldzone eine entsprechende *räumliche* Modulation $N_i(x)$ in der dritten Zone, die zu einer nichtverschwindenden makroskopischen Polarisation $P(x, z{=}z_3, \tau)$ der Moleküle führt.

Die im dritten Feld mit der Amplitude E_3 von den Molekülen absorbierte Leistung

$$P(\omega) = 2\mathrm{Re}\{E_3 \iint [P(x,t)\cos(kx + \phi_3)e^{i\omega t}]dx\,dt\} \qquad (14.10)$$

ergibt das Meßsignal im dritten Feld. Eine genauere quantentheoretische Rechnung mit Hilfe der Störungstheorie 3. Ordnung [14.10] liefert für einen Übergang $|i\rangle \rightarrow |k\rangle$ mit dem Dipolübergangsmoment d_{ik}

$$P(\omega) = \frac{\hbar\omega}{2}|G_1 G_2^2 G_3|\tau^4 \cos(2\phi_2 - \phi_1 - \phi_3)\cos\Delta\omega t , \qquad (14.11)$$

wobei $G_n = i d_{ik} E_n/\hbar$ $(n = 1,2,3)$ ist, und $\phi_n(x)$ sind die ortsabhängigen Phasen der drei Felder mit den Amplituden

$$E_n(x,z,t) = 2E_n(z)\cos(kx_n + \phi_n)\cos\omega t . \qquad (14.12)$$

Werden die drei Feldphasen ϕ_n so eingestellt, daß $2\phi_2 = \phi_1 + \phi_3$ ist, wird das Signal in der dritten Zone maximal. Eine detaillierte Berechnung dieser nichtlinearen Ramsey-Resonanzen mit Hilfe des Dichtematrix-Formalismus findet man in [14.11].

Die Möglichkeiten der erhöhten spektralen Auflösung dieser Methode wurden eindrucksvoll demonstriert von *Bergquist* u.a. [14.12a] am Beispiel der Neonlinie $1s_5 \rightarrow 2p_2$ bei $\lambda = 588.2$ nm (Abb. 14.9). Linienbreiten des zentralen Ramsey-Interferenzmaximums von 4.3 MHz wurden erreicht bei einem Abstand L = 0.5 cm zwischen den Feldzonen. Dies entspricht der

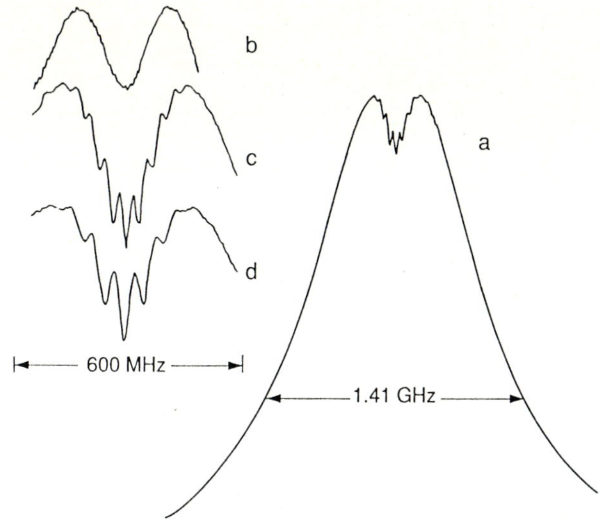

Abb.14.9. Lamb-Dip bei der nichtlinearen Ramsey-Resonanz des Neonüberganges $1S \rightarrow {}^2P_2$ bei $\lambda = 588.2$ nm in einem schnellen Ne Metastabilenstrahl. (*a*) Dopplerprofil im kollinierten Strahl mit zentralem Lamb-Dip, (*b-d*) gespreizter Bereich des Lamb-Dips bei Verwendung von zwei Feldzonen (*b*), drei Zonen (*c*) und vier Zonen (*d*) [14.12a]

natürlichen Linienbreite des Neonüberganges. Mit 4 Feldzonen kann man den Kontrast der Ramsey-Interferenzen steigern [14.13].

Die obige Diskussion hatte gezeigt, daß eine dritte Feldzone nötig ist, wenn die Ramsey-Interferenzen durch die im 3. Feld absorbierte Leistung $P(\omega)$ nachgewiesen werden. Man kann die 3. Zone sparen, wenn statt der Absorption die kollektive kohärente Emission der Moleküle bei $z = 2L$ gemessen wird [14.9]. Das physikalische Prinzip, das diesem Phänomen zugrundeliegt, ist analog zum Photonecho (Abschn.12.4): Die im ersten Feld kohärent präparierten Moleküle erleiden im zweiten Feld aufgrund ihrer nichtlinearen Wechselwirkung einen Phasensprung, der die zeitliche Entwicklung ihrer Phase umkehrt. Ist die Flugzeit $T = L/v$ zwischen Feld 1 und 2 genau so groß wie zwischen Feld 2 und 3, so sind in der dritten Feldzone alle molekularen Dipole wieder in Phase und emittieren kohärent einen makroskopischen Strahlungspuls auf dem Übergang $|k\rangle \rightarrow |i\rangle$.

14.2 Photonenrückstoß

Wenn ein Atom mit der Ruhemasse M_o im Energiezustand E_i, das sich mit der Geschwindigkeit $\mathbf{v}_i$ bewegt und daher den Impuls $\mathbf{p}_i = M\mathbf{v}_i$ hat, ein Photon $\hbar\omega$ mit dem Impuls $\hbar\mathbf{k}$ absorbiert und dadurch in den angeregten Zustand E_k übergeht, so gilt für den Impuls $\mathbf{p}_k$ des Atoms nach der Absorption

$$\mathbf{p}_k = \mathbf{p}_i + \hbar\mathbf{k} . \qquad (14.13)$$

Der relativistische Energiesatz verlangt

$$\hbar\omega = \sqrt{p_k{}^2 c^2 + (M_o c^2 + E_k)^2} - \sqrt{p_i{}^2 c^2 + (M_o c^2 + E_i)^2} \; . \tag{14.14}$$

Entwickelt man (14.14) nach Potenzen von 1/c, so erhält man für die Resonanzabsorptionsfrequenz ω_{ik}

$$\omega_{ik} = \omega_0 + \mathbf{k}\mathbf{v}_i - \omega_0 \frac{v_i{}^2}{2c^2} + \frac{\hbar\omega_0{}^2}{2Mc^2} + \ldots \; . \tag{14.15}$$

Der erste Term entspricht der Eigenfrequenz $\omega_0 = (E_k - E_i)/\hbar$ des ruhenden Atoms, wenn man den Rückstoß vernachlässigt. Der zweite Term stellt den linearen Doppler-Effekt (D-E 1. Ordnung) dar, der durch die Bewegung des Atoms vor der Absorption bewirkt wird. Der dritte Term beschreibt den quadratischen Doppler-Effekt (D-E 2. Ordnung). Man beachte, daß dieser Term unabhängig von der Richtung der Geschwindigkeit ist und durch die in den Kapiteln 7-10 diskutierten „Doppler-freien" Techniken, die den linearen Doppler-Effekt ausschalten, nicht eliminiert wird! Der letzte Term in (14.15) wird durch den Photonenrückstoß bewirkt.

Bei der *Emission* eines Photons durch ein Atom im Zustand E_k mit dem Impuls $\mathbf{p}_k = M\mathbf{v}_k$ erhält man analog zum Absorptionsfall für den Impuls $\mathbf{p}_i$ des Atoms nach der Emission

$$\mathbf{p}_i = \mathbf{p}_k - \hbar\mathbf{k} \tag{14.16}$$

und für die Emissionsfrequenz

$$\omega_{ki} = \omega_0 + \mathbf{k}\mathbf{v}_k - \frac{\omega_0 v_1{}^2}{2c^2} - \frac{\hbar\omega_0{}^2}{2Mc^2} \; . \tag{14.17}$$

Die Frequenzdifferenz

$$\Delta\omega = \omega_{ik}^{abs} - \omega_{ki}^{em} = \frac{\hbar\omega_0{}^2}{Mc^2} \tag{14.18}$$

zwischen Absorptions- bzw. Emissionsfrequenz eines ruhenden Atoms ($\mathbf{v}_i = \mathbf{v}_k = 0$) wird durch den Photonenrückstoß verursacht. Die relative Frequenzänderung

$$\frac{\Delta\omega}{\omega} = \frac{\hbar\omega_0}{Mc^2} \tag{14.19}$$

ist gleich dem Verhältnis von Photonenenergie $\hbar\omega_0$ zu Ruheenergie Mc^2 des Atoms.

Für γ-Quanten kann dieses Verhältnis so groß werden, daß die Frequenzverschiebung durch den Rückstoß größer als die Linienbreite wird, so daß ein γ-Quant, welches von einem ruhenden Kern emittiert wird, nicht mehr von einem anderen ruhenden, gleichen Kern absorbiert wird. Der Rückstoß kann vermieden werden, wenn die Kerne in ein starres Kristallgitter unterhalb der Debey-Temperatur eingebaut werden. Diese rückstoßfreie Emission und Absorption von γ-Quanten heißt *Mößbauer*-Effekt [14.14].

Obwohl im optischen Spektralbereich der Photonenrückstoß extrem klein ist wegen des kleinen Verhältnisses von Photonenenergie zu Ruhemasse, kann er bei sehr hoher spektraler Auflösung trotzdem beobachtet werden. Dies wurde von *Hall* u.a. [14.15] und *Bordé* u.a. [14.16] demonstriert, die im Sättigungsspektrum des CH_4-Moleküls bei $\lambda = 3.39\ \mu$m eine Aufspaltung der Lamb-Dips (Abschn.2.2) in Dublets beobachteten, welche durch den Photonenrückstoß verursacht wurde, wie man folgendermaßen einsehen kann:

Wenn sich die absorbierenden Moleküle mit der Resonanzfrequenz ω_0 innerhalb des Laserresonators befinden, erzeugt die stehende Welle des monochromatischen Laserfeldes mit der Frequenz $\omega \neq \omega_0$, wie im Abschn.7.2 gezeigt wurde, zwei „Sättigungslöcher" in der Besetzungsverteilung $N_i(v_2)$, die gemäß (14.17) bei den Geschwindigkeitskomponenten

$$v_{iz} = \pm\, k^{-1}(\omega' - \hbar\omega^2/2Mc^2) \quad \text{mit} \quad \omega' = \omega - \omega_0(1 + v^2/2c^2) \tag{14.20a}$$

liegen (Abb.14.10b). Die entsprechenden Spitzen in der Besetzungsverteilung $N_k(v_z)$ des oberen Zustandes $|k\rangle$ sind wegen des Photonenrückstoßes in ihrer Frequenz verschoben gegen die Löcher und erscheinen bei den Geschwindigkeitskomponenten

$$v_{kz} = \pm\, k^{-1}(\omega' + \hbar\omega^2/2Mc^2)\,. \tag{14.20b}$$

In dem in Abb.14.10 gezeichneten Beispiel ist $\omega < \omega_0 \rightarrow \omega' < 0$. Die zwei Löcher in der Grundzustandsverteilung fallen zusammen für $v_{iz} = 0$, d.h. für $\omega' = \hbar\omega^2/2Mc^2$. Dies geschieht nach (14.20a) bei einer Laserfrequenz

$$\omega = \omega_1 = \omega_0(1 - v^2/c2) + \hbar\omega_0^2/2Mc^2\,, \tag{14.21a}$$

während die Besetzungsspitzen im oberen Zustand bei einer anderen Laserfrequenz

$$\omega = \omega_2 = \omega_0(1 - v^2/c^2) - \hbar\omega_0^2/2Mc^2 \tag{14.21b}$$

zusammenfallen. Da die Absorption des Lasers durch die Moleküle innerhalb des Laserresonators von der Besetzungsdifferenz $N_i - N_k$ abhängt, zeigt die Laseremission zwei „Lamb-Peaks" bei den Frequenzen ω_1 und ω_2 (Abb. 14.10c), deren Abstand

$$\Delta\omega = \omega_1 - \omega_2 = \hbar\omega^2/Mc^2$$

durch die doppelte Rückstoßenergie gegeben ist.

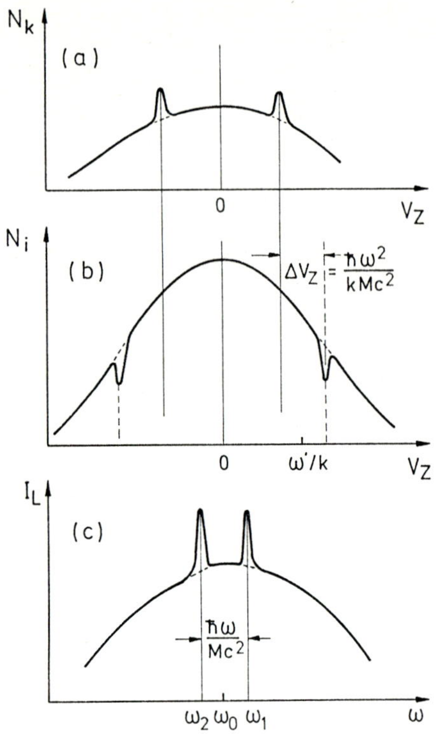

Abb.14.10a-c. Entstehung des Rückstoßdubletts bei der Sättigungsspektroskopie. (**a, b**) Die Sättigungslöcher in der Geschwindigkeitsverteilung des unteren Zustandes und die entsprechenden Spitzen in der des oberen Zustandes für $\omega \neq +\omega_0$ liegen bei etwas unterschiedlichen Geschwindigkeitskomponenten v_x (**c**) Rückstoßaufspaltung des „Lamb-Peaks" in der Ausgangsleistung $P(\omega)$ des Lasers

---

Beispiel 14.1

a) Für den Methanübergang bei $\lambda = 3.39\ \mu m$ beträgt mit M = 16 AME die Rückstoßaufspaltung $\Delta\omega = 2\pi \cdot 2.16$ kHz [14.16].

b) Beim Calzium-Übergang $^1S_0 \rightarrow {}^3P_1$ bei $\lambda = 657$ nm und M = 40 AME ist $\Delta\omega = 2\pi \cdot 23.1$ kHz [14.17].

Da eine solch kleine Aufspaltung nur beobachtet werden kann, wenn die Breite der Lamb-Peaks entsprechend schmal ist, müssen alle möglichen Verbreiterungs-Effekte, wie z.B. Druck- oder Flugzeitverbreiterung minimiert werden. Dies wird erreicht durch Experimente bei sehr niedrigen Drücken und mit aufgeweitetem Laserstrahl.

Noch höhere Auflösung erreicht man, indem man statt der Absorptionszelle einen Molekularstrahl verwendet in Verbindung mit der Ramsey-Methode zur Verringerung der Flugzeitbreite. In Abb.14.11 ist zur Illustration ein mit dieser Methode erhaltenes Rückstoß-Dublett des Ca-Überganges $^1S_0 \rightarrow {}^3P_1$ gezeigt [14.17].

Obwohl die Flugzeitlinienbreite durch die Ramsey-Methode reduziert wird, bleibt der quadratische Doppler-Effekt bestehen, der die vollständige Auflösung beider Rückstoß-Komponenten verhindern kann. Dadurch können asymmetrische Linienprofile entstehen, deren Mittenfrequenz ω_0 nicht mit der wünschenswerten Genauigkeit bestimmt werden kann. Wie von

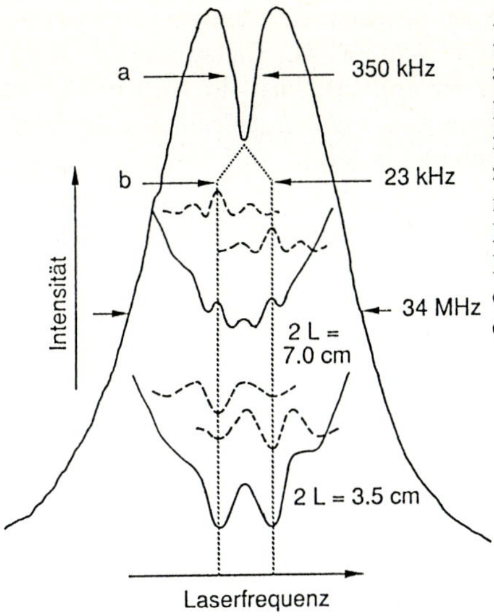

Abb.14.11. Ramsey-Resonanzen der roten Calcium Interkombinationslinie $^1S_0 \rightarrow {}^3P_1$, aufgenommen in einem schwach kollimierten Ca-Atomstrahl. (*a*) Dopplerprofil mit t reduzierter Dopplerbreite und zentralem Lamb-Dip bei Verwendung einer Feldzone (*b*) gespreizter Bereich des Lamb-Dip-Minimums mit den beiden Rückstoßkomponenten bei Verwendung dreier Feldzonen mit Abständen L = 3.5 cm und L = 1.75 cm [14.12b]

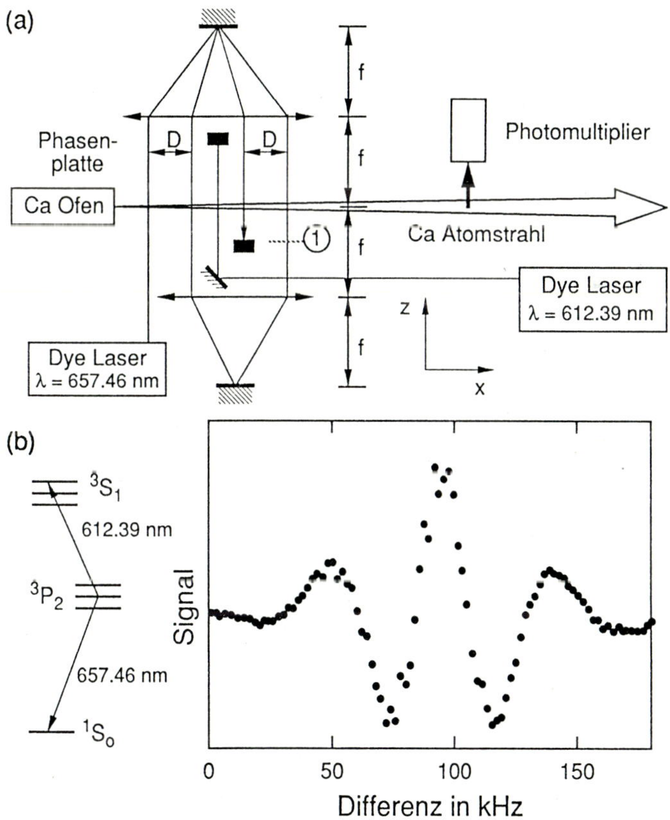

Abb.14.12a,b. Unterdrückung einer Rückstoßkomponente durch optisches Pumpen. (**a**) Experimentelle Anordnung. (**b**) Ramsey Resonanz einer Rückstoßkomponente mit entsprechendem Termschema [14.17]

Helmcke u.a. [14.18] gezeigt wurde, läßt sich eine der beiden Dublettkomponenten eliminieren, wenn das obere Niveau $^3P_1$ des Ca-Atoms durch optisches Pumpen mit einem zweiten Laser entleert wird. In Abb.14.12 sind experimentelle Anordnung, Termschema und das gemessene zentrale Ramsey-Maximum einer Rückstoß-Komponente gezeigt.

Der Photonenrückstoß hat trotz seines nur kleinen Effektes auf die Spektrallinien große Bedeutung erlangt für die optische Kühlung von Atomen, der wir uns jetzt zuwenden wollen.

14.3 Optisches Kühlen und Speichern von Atomen

Experimentelle Fortschritte in der Meßgenauigkeit haben bisher häufig zu neuen Erkenntnissen in fundamentalen physikalischen Fragen geführt [14.19]. Man denke z.B. an die Einführung des Elektronenspins nach der spektroskopischen Entdeckung der Feinstruktur oder an die Prüfung der Quantenelektrodynamik durch Messung des Lamb-Shifts. Um die Meßgenauigkeit bei der Laserspektroskopie atomarer Energiezustände weiter zu erhöhen, müssen alle störende Effekte, die zu Verschiebungen oder Verbreiterungen der Termwerte führen, möglichst weitgehend ausgeschaltet werden.

Einer der größten Störeffekte ist die thermische Bewegung der Atome. Im Kapitel 9 wurde gezeigt, wie durch Verwendung kollimierter Molekularstrahlen die thermische Geschwindigkeit wenigstens in den zwei Dimensionen senkrecht zur Strahlachse durch begrenzende Blenden reduziert (geometrisches Kühlen) und in der Strahlrichtung durch adiabatische Kühlung auf ein enges Geschwindigkeitsintervall um die Flußgeschwindigkeit u eingeengt werden kann. Wenn man diese Reduktion der Geschwindigkeitsverteilung durch eine „Translationstemperatur" ausdrückt, so kann man in kollimierten Überschallstrahlen Temperaturen bis herunter zu 1 K erreichen.

In diesem Abschnitt wollen wir uns mit einer völlig neuen Methode, der *optischen Kühlung* befassen, mit der man mittlerweile „Temperaturen" bis zu wenigen μK erreicht hat und hoffen kann, sogar bis in den nK-Bereich vorstoßen zu können.

14.3.1 Optisches Kühlen durch Photonenrückstoß

Wenn sich ein Atom A während einer Zeitdauer T in einem Laserfeld aufhält, dessen Frequenz ω auf einen Resonanzübergang $|i\rangle \rightarrow |k\rangle$ von A abgestimmt ist, so kann A viele Male ein Photon absorbieren und reemitieren, solange die Fluoreszenz von $|k\rangle$ nur in den Zustand $|i\rangle$ emitiert wird, d.h. wenn A ein echtes Zwei-Niveau-System darstellt. In diesem Fall kann bei genügend hoher Laserintensität die Zahl q der Absorptions-Emissionszyklen während der Aufenthaltsdauer T von A im Laserfeld den Sättigungsgrenzwert $q = T/2\tau$ erreichen, der durch die spontane Lebensdauer τ des oberen Zustandes $|k\rangle$ bestimmt wird.

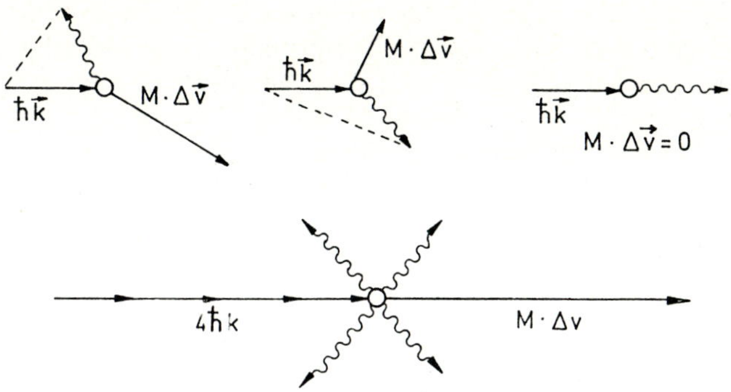

Abb.14.13. Rückstoß eines Atoms bei fester Pumplaserrichtung aber verschiedenen Richtungen des emittierten Fluoreszenzphotons

Da die spontane Emission der Photonen statistisch über alle Raumrichtungen verteilt ist, geht für große Werte von q der gemittelte Rückstoßimpuls der Emission gegen Null. Dagegen addiert sich der Rückstoß durch die absorbierten Laserphotonen, die alle aus derselben Richtung kommen, für q Absorptionszyklen zu einem gesamten Rückstoßimpuls $\mathbf{p} = q\hbar\mathbf{k}$ auf (Abb. 14.13) und ergibt eine gesamte Rückstoßenergie

$$\Delta E_{\text{rückstoß}} = q\hbar^2\omega^2/2Mc^2 \ .$$

Ist die Anfangsgeschwindigkeit $\mathbf{v}_i$ der Atome entgegengerichtet zum Wellenvektor $\mathbf{k}$ der Laserwelle, so nimmt im Mittel pro Absorptionszyklus der Geschwindigkeitsbetrag $|v|$ ab um

$$\Delta v = \hbar\omega/Mc \ . \qquad (14.22)$$

Atome in einem kollimierten Atomstrahl, die einem Laserstrahl entgegenlaufen, können daher abgebremst werden [14.20].

Beispiele 14.2

a) Für Na-Atome mit M = 23 AME, die auf dem Übergang 3S→3P Photonen mit $\hbar\omega$ = 2eV absorbieren, ergibt (14.22) Δv = 3 cm/s pro Absorption. Um die ursprüngliche, mittlere thermische Geschwindigkeit von v = 600 m/s bei T = 500 K auf einen Wert von 20 m/s abzubremsen (dies entspräche bei thermischer Geschwindigkeitsverteilung einer Temperatur von 0.6K), müssen also $2\cdot10^4$ Absorptionszyklen durchlaufen werden. Bei einer spontanen Lebensdauer τ = 16 ns bedeutet dies eine minimale Kühlungszeit von $T = 2\cdot10^4\times3.2\cdot10^{-8}$ s $\simeq$ 600 μs. Dies entspricht einer Abbremsbeschleunigung von $a = -10^6$ m/s^2, also dem 10^5-fachen der Erdbeschleunigung! Während dieser Zeit hat das Atom einen mittleren Weg $\Delta z = 6\cdot10^{-4}\times6\cdot10^4/2 \simeq 18$ cm zurückgelegt, wobei es natürlich das Laserfeld nicht verlassen darf.

b) Für Mg-Atome mit M = 24 AME, die auf der Singulett-Resonanzlinie bei λ = 285.2 nm absorbieren, sind wegen der kürzeren Lebensdauer τ = 2 ns des oberen Zustandes und der höheren Photonenenergie die Verhältnisse etwas günstiger. Man erhält: $\Delta v = 6$ cm/s pro Absorption; $q = 1.3 \cdot 10^4$. Die minimale Kühlungszeit wird $T = 3 \cdot 10^{-5}$ s und die Abbremsstrecke $\Delta z \simeq 1$ cm.

c) In [14.21] findet man eine Auflistung der relevanten Daten für die optische Kühlung anderer Atome, die als aussichtsreiche Kandidaten angesehen werden.

Man beachte:

a) Dieses Kühlverfahren ist ohne zusätzliche Maßnahmen auf echte Zwei-Niveau-Systeme beschränkt. Moleküle können daher mit dieser Methode *nicht* gekühlt werden, weil nach optischer Anregung $(v_i'', J_i'') \to (v', J')$ im elektronisch angeregten Zustand die spontane Emission nur zu einem kleinen Bruchteil in das Ausgangsniveau (v_i'', J_i'') zurückgeht. Der größte Teil führt in andere Schwingungs-Rotations-Niveaus (v_m'', J_m'') des elektronischen Grundzustandes, von wo sie nicht wieder mit demselben Laser gepumpt werden können.

b) Auch der Na-Übergang 3S→3P, das bisher am meisten verwendete Beispiel für optisches Kühlen, stellt wegen der Hyperfeinstruktur eigentlich ein Mehr-Niveau-System dar (Abb.14.14). Pumpt man jedoch mit zirkularpolarisiertem Licht auf der HFS-Komponente $^2S_{1/2}(F''=2) \to {}^2P_{3/2}(F'=3)$, so kann durch Fluoreszenz nur das Niveau $F'' = 2$ erreicht werden, und man würde effektiv ein echtes Zwei-Niveau-System realisieren, wenn jeder Überlapp des Pumpüberganges mit anderen HFS-Komponenten vermieden werden könnte (siehe unten).

c) Eine Erhöhung der Laserintensität über die Sättigungsintensität I_s hinaus würde zwar die Zyklendauer verringern, durch induzierte Emission aber den gesamten Rückstoßimpuls nicht vergrößern, da das induziert emittierte Photon genau in die Richtung des absorbierten Photons ausgesandt wird (Abschn.2.2).

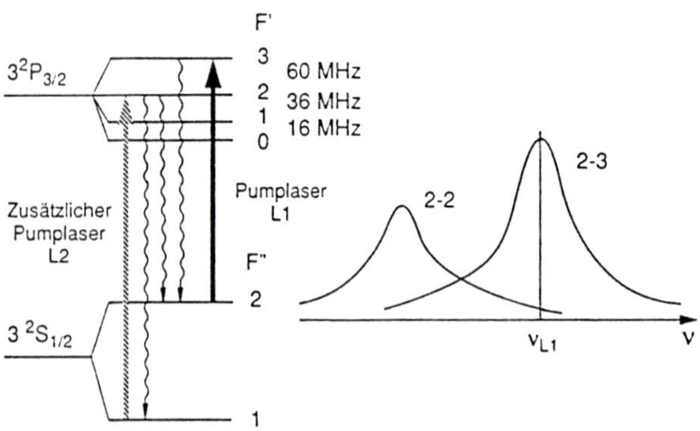

Abb.14.14. Termschema des Na $^2S_{1/2} \to 3^2P_{3/2}$ Überganges mit HFS. Wird auf dem Übergang $F'' = 2 \to F' = 3$ gepumpt, hat man ein echtes Zwei-Niveausystem. Der zusätzliche Pumplaser L2 ist nötig, um die durch Überlappung der Übergänge 2→3 und 2→2 durch Fluoreszenz entstehende Besetzung des Niveaus $F'' = 1$ wieder zu entleeren

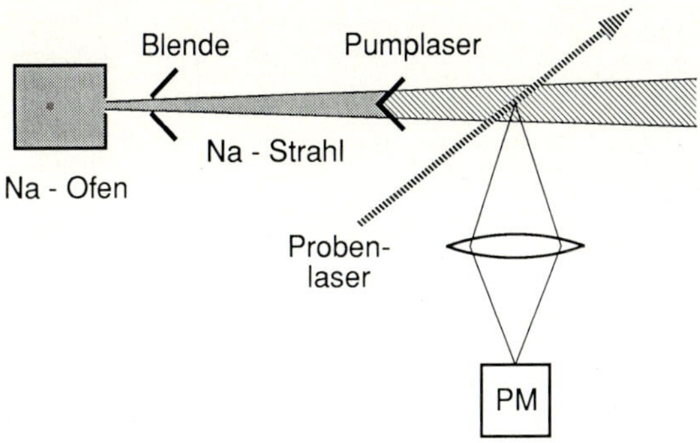

Abb.14.15. Experimentelle Realisierung der Abbremsung von Atomen in einem kollimierten Atomstrahl durch Photonrückstoß

Zur experimentellen Realisierung des optischen Kühlens wird einem kollimierten Atomstrahl ein Laserstrahl entgegengeschickt, der die Atome durch Photonenrückstoß abbremst (Abb.14.15). Dabei treten jedoch folgende Schwierigkeiten auf:

Da während der Abbremsung die Doppler-verschobene Absorptionsfrequenz $\omega = \omega_0 + \mathbf{kv}$ sich mit $\mathbf{v}$ ändert, muß entweder die Laserfrequenz

$$\omega(t) = \omega_0 + \mathbf{kv}(t) \pm \delta\omega_n \tag{14.23}$$

synchron mit der zeitlichen Änderung $\mathbf{v}(t)$ verstimmt werden, um innerhalb der natürlichen Linienbreite $\delta\omega_n$ in Resonanz zu bleiben, oder die Absorptionsfrequenz ω_0 muß während der Abbremsung entsprechend verändert werden. Beide Wege sind experimentell beschritten worden [14.22-25], wobei die Änderung von ω_0 durch Zeeman-Verschiebung in einem geeignet geformten Magnetfeld B realisiert wurde (Abb.14.16).

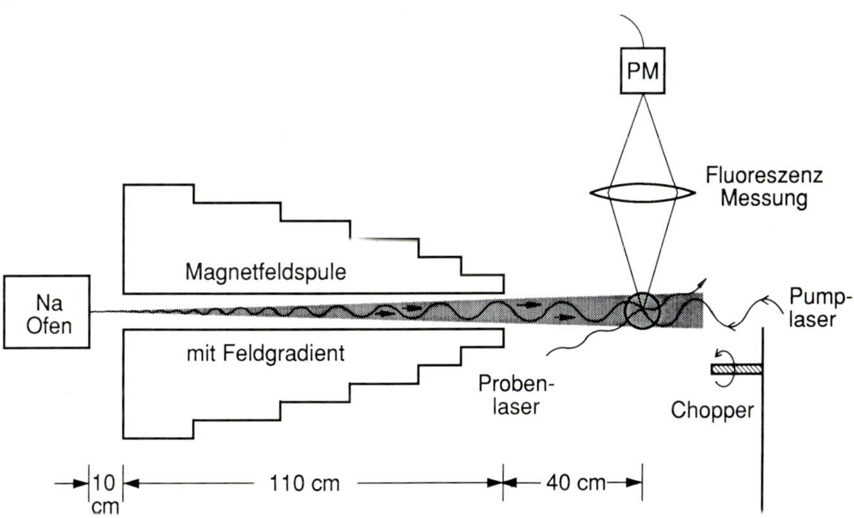

Abb.14.16. Laserkühlung eines Na-Atomstrahles bei fester Laserwellenlänge und Zeeman-Verschiebung der atomaren Resonanz [14.24]

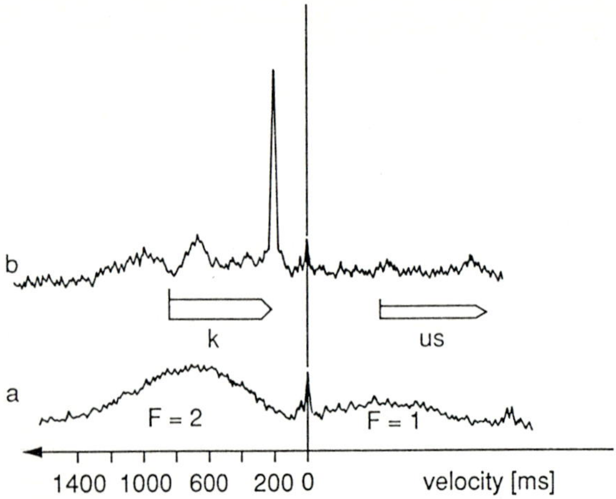

Abb.14.17. Geschwindigkeitsverteilung von Na-Atomen (a) vor und (b) nach der optischen Kühlung. Die scharfe Resonanz bei v = 0 wird vom Probenlaserstrahl senkrecht zum Atomstrahl erzeugt. Der Pfeil k zeigt den Durchstimmbereich des Kühllasers, us den des oberen Seitenbandes [14.22]

Die Abbremsung der Atome wird mit einem durchstimmbaren Probenlaser nachgewiesen, der so schwach ist, daß er die Geschwindigkeitsverteilung nicht wesentlich ändert. Die vom Probenlaser induzierte Fluoreszenz wird dabei als Funktion der Doppler-Verstimmung gemessen. Experimentell wurde gezeigt, daß die Geschwindigkeit der Atome bis auf Null reduziert und sogar umgekehrt werden kann [14.22] (Abb.14.17).

Beispiele 14.3

a) Damit die Laserfrequenz ν immer in Resonanz ist, muß gelten:

$$\nu(t) = \nu_0[1-v(t)/c] \rightarrow \frac{d\nu}{dt} = -\left(\frac{\nu_0}{c}\right)\frac{dv}{dt} .$$

Die Geschwindigkeitsänderung pro Sekunde bei maximal möglicher Abbremsung ist gemäß (14.22):

$$\frac{dv}{dt} \simeq \frac{h\nu(t)}{2Mc\tau} .$$

Setzt man $\nu(t)$ ein, so erhält man für die zeitliche Änderung der Sollfrequenz:

$$\nu_L(t) = \nu(0)e^{\alpha t} \simeq \nu(0)(1+\alpha t) \quad \text{mit} \quad \alpha = \frac{h\nu_0}{2Mc^2\tau} << 1 . \qquad (14.24)$$

Das Einsetzen der Zahlenwerte für Natrium mit v(0) = 1000 m/s ergibt:

$$\frac{d\nu}{dt} \simeq 1.7 \text{ GHz/ms !}$$

Man muß die Laserfrequenz also sehr schnell nachstimmen!

b) Bei fester Laserfrequenz muß die atomare Absorptionsfrequenz sich ändern: Damit die Zeeman-Verschiebung synchron mit der sich ändernden Doppler-Verschiebung bleibt, muß die z-Abhängigkeit des Magnetfeldes B(z) bei einer Eintrittsgeschwindigkeit v_0 und einer Abbremsung a [m/s^2] den Verlauf haben [14.24]:

$$B = B_0 \sqrt{1 - 2az/v_0^2} \ .$$

Bei der Methode der Anpassung der Laserfrequenz an die sich ändernde Doppler-Verschiebung wird die Frequenz des Pumplasers dadurch kontrolliert verstimmt, daß durch Amplitudenmodulation Seitenbänder erzeugt werden, von denen eines als Pumpquelle dient. Durch Veränderung der Modulationsfrequenz kann die Seitenbandfrequenz verschoben werden. Um optisches Pumpen in unerwünschte Niveaus zu vermeiden, wird auch der Übergang $F''=2 \rightarrow F'=3$ gepumpt (Abb.14.14). Dazu kann man den Pumplaser zusätzlich mit einer zweiten Frequenz so modulieren, daß das zweite Seitenband genau auf diesen Übergang paßt [14.23,25].

Während man für Na-Atome einen schmalbandigen Farbstofflaser zum Kühlen braucht, lassen sich Rubidium- oder Cäsiumatome mit einem GaAs-Diodenlaser abbremsen [14.26,27]. Dadurch wird der experimentelle Aufwand wesentlich reduziert, weil der Diodenlaser viel billiger ist und auch die Frequenzmodulation einfacher durchzuführen ist. Auch metastabile He(2^3S)-Atome haben optische Pumpübergänge im Abstimmungsbereich käuflicher GaAs-Laser. Ihre Abbremsung ist für die Untersuchung der Penning-Ionisation bei kleinen Geschwindigkeiten von großem Interesse [14.28].

Der Photonrückstoß kann nicht nur zur *Abbremsung*, sondern auch zur *Ablenkung* kollimierter Atomstrahlen verwendet werden [14.29-31], wenn der Laserstrahl den Atomstrahl senkrecht kreuzt. Zur Vergrößerung der erzielbaren Ablenkung wird meistens eine Anordnung gewählt (Abb.14.18), bei der der Laserstrahl den Atomstrahl mehrmals in der gleichen Richtung durchsetzt. Da die Photonenabsorption isotopen-spezifisch ist, kann die Ablenkung zur Isotopentrennung ausgenutzt werden, wenn keine anderen Methoden anwendbar sind [14.32].

Mit Hilfe eines verlustarmen, externen Resonators, durch den der Atomstrahl in z-Richtung fliegt und in den der Diodenlaser-Strahl in x-Richtung eingekoppelt wird, läßt sich eine große Leistungsüberhöhung erzielen, so daß man im Resonator eine intensive stehende Welle in ±x-Richtung erhält. Wird die Laserfrequenz ω etwas unterhalb der atomaren Resonanzfrequenz ω_0 gehalten ($\gamma > \omega_0 - \omega > 0$), so werden Atome mit der Quergeschwindigkeit v_x durch Photonenrückstoß immer zur Strahlachse zurück-

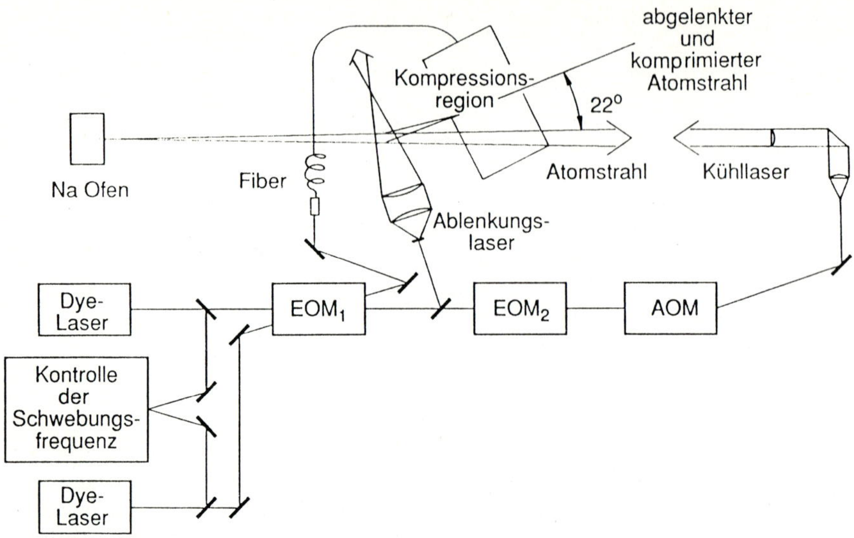

Abb.14.18. Kühlung und Ablenkung eines kollimierten Atomstrahls durch Photonenrückstoß. Die elektrooptischen Modulatoren EOM und der akustooptische Modulator AOM dienen zur Frequenzverstimmung der Dyelaserstrahlen [14.30]

gestoßen, weil die ihnen entgegenlaufende Welle mit größerer Wahrscheinlichkeit absorbiert wird als die mitlaufende Welle. Auf diese Weise kann der Atomstrahl optisch kollimiert werden [14.33]. Bei genügend intensiver Lichtwelle und langsamen Atomen im Strahl kann man die Atombahnen so „kanalisieren", daß sie durch die Knotenebenen der stehenden Welle fliegen [14.34], die so wie Schlitze in einem Transmissionsgitter wirken, während die Maxima den undurchlässigen Stegen entsprechen.

Auch für die Grundlagenforschung ist die Atomstrahlablenkung von Interesse. Da man bei sehr guter Strahlkollimation die Ablenkung durch einzelne Photonen noch nachweisen kann, läßt sich die Statistik bei der Absorption von Photonen aus der Transversalverteilung der abgelenkten Atome ermitteln [14.35]. Solche Experimente wurden inzwischen durchgeführt [14.36].

14.3.2 Kräfte auf einen induzierten Dipol im Lichtfeld

Bringt man ein Atom mit der Polarisierbarkeit α in ein homogenes elektrisches Feld **E**, so wirkt aufgrund des induzierten Dipolmomentes $\mathbf{p} = \alpha\mathbf{E}$ eine Kraft

$$\mathbf{F}_D = -(\mathbf{p}\,\mathrm{grad})\mathbf{E} = -\alpha(\mathbf{E}\nabla)\mathbf{E} = -\alpha[(\nabla\tfrac{1}{2}E^2) - \mathbf{E}\times(\nabla\times\mathbf{E})]\,. \qquad (14.25)$$

Im elektromagnetischen Feld einer Lichtwelle wirkt auf ein neutrales Teilchen die gleiche Kraft. Mittelt man jedoch über eine Periode des optischen Feldes, so verschwindet der letzte Term und wir erhalten für die gemittelte Kraft [14.37]

$$\mathbf{F}_D = -\tfrac{1}{2}\alpha\nabla(E^2)\,. \tag{14.26}$$

Die Polarisierbarkeit α ist mit dem Brechungsindex n eines Gases bei der Teilchendichte N verknüpft durch

$$\alpha = \frac{1}{2\pi N}(n-1)\,. \tag{14.27}$$

Im optischen Bereich um die Absorptionsfrequenz ω_0 hat $[n(\omega)-1]$ ein Dispersionsprofil (Abschn.2.6), und wir erhalten für die Polarisierbarkeit

$$\alpha(\omega) = \frac{c^3(\gamma/2)}{2\omega^3}\,\frac{\Delta\omega}{\Delta\omega^2+(\gamma_s/2)^2}\,, \tag{14.28}$$

wo $\Delta\omega = \omega-(\omega_0-\mathbf{kv})$ die Verstimmung der Feldfrequenz von der Doppler-verschobenen Eigenfrequenz $\omega_0-\mathbf{kv}$ des Atoms und $\gamma_s = \delta\omega_n\sqrt{1+S}$ die bei der Intensität $I = SI_s$ beobachtete Linienbreite (Abschn.3.5) ist. Für genügend große Laserintensität ($S \gg 1 \rightarrow \gamma_s \gg \gamma_n$) gilt in der Nähe der Resonanz: $\Delta\omega \ll \gamma_s$. Dann folgt aus (14.28), daß $\alpha(\omega)$ proportional zur Verstimmung $\Delta\omega$ anwächst.

Für $S \gg 1$ erhält man aus (14.27,28) für die Kraft auf den induzierten atomaren Dipol im Feld einer Lichtwelle mit der Intensität I:

$$\mathbf{F}_D = -\hbar\Delta\omega\nabla I/I\,. \tag{14.29}$$

Für ein homogenes Lichtfeld, z.B. eine ausgedehnte ebene Welle, wird die mittlere Kraft Null. Für einen Gauß-Strahl mit der Strahltaille w, der sich in z-Richtung ausbreitet (5.), ist die Intensitätsverteilung in der xy-Ebene

$$I(r) = I_0 e^{-2r^2/w^2}$$

mit $r^2 = x^2+y^2$. Auf ein Atom im Gauß-Strahl wirkt eine Dipolkraft in radialer Richtung, die bei einer Verstimmung $\Delta\omega < 0$ nach innen zur Strahlachse hin und für $\Delta\omega > 0$ nach außen zeigt. Außerdem wirkt in z-Richtung die im vorigen Abschnitt behandelte Rückstoßkraft (Abb.14.19). Für mehr Details siehe [14.38,39].

Beispiel 14.4

Fokussiert man einen Laserstrahl mit P = 200 mW auf einen Fokus mit 20 μm Durchmesser ($I = 600\,kW/cm^2$), so erhält man für Na-Atome aufgrund

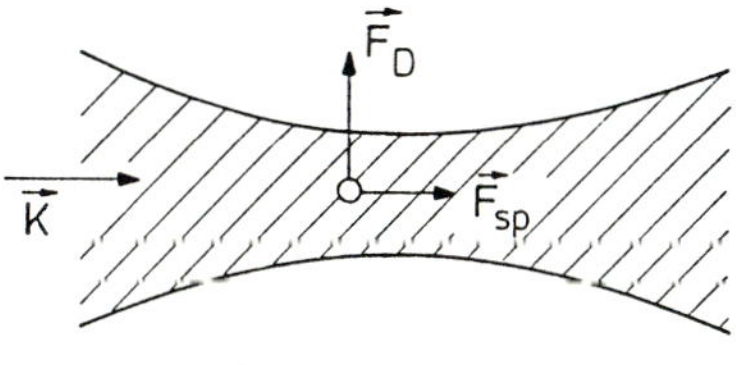

Abb.14.19. Longitudinale und transversale Kräfte, die auf ein Atom im Fokus eines Gauß-Strahles ausgeübt werden

der Dipolkraft ein Potentialminimum mit einer Tiefe von etwa $E_{pot} \simeq 5 \cdot 10^{-7}$ eV. Um Atome in diesem Minimum stabil speichern zu können, muß ihre kinetische Energie $\overline{E}_{kin} = \frac{1}{2}kT$ kleiner sein als E_{pot}, was einer Obergrenze $T \leq 5 \cdot 10^{-3}$ K entspricht. Sie müssen also vorher gekühlt werden.

14.3.3 Speicherung langsamer Atome in dreidimensionalen Lichtfallen

Es gibt eine ganze Reihe verschiedener Vorschläge, optisch vorgekühlte neutrale Atome in dreidimensionalen „Lichtfallen" einzufangen und zu speichern. Z.B. schlug *Letokhov* die Potentialminima in einem dreidimensionalen stehenden Lichtfeld, das aus drei zueinander senkrecht angeordneten stehenden Laserwellen besteht, als Falle für langsame neutrale Atome vor [14.40,41], während *Ashkin* und *Gordon* [14.42] fokussierte Gauß-Strahlen als mögliche Lichtfallen theoretisch berechneten.

Da die Stabililisierungsenergie E_{pot} der Potentialminima in solchen Lichtfallen nur sehr gering ist, müssen die Atome auf tiefe Temperaturen vorgekühlt werden, so daß ihre mittlere Energie $kT < E_{pot}$ wird. Deshalb ist es auch erst in den letzten Jahren gelungen, einige dieser Ideen experimentell zu realisieren [14.43]. Dieses Gebiet wird zur Zeit in mehreren Laboratorien intensiv verfolgt, weil solche gespeicherten Atome interessante Möglichkeit für sehr präzise Messungen zur Prüfung des Geltungsbereiches der Quantenelektrodynamik bieten.

Eine Methode, vorgekühlte Atome zu speichern, bietet die Rückstoßkraft in einer dreidimensionalen Lichtfalle im Überlappungsgebiet von 6 Laserstrahlen, die in alle 6 Raumrichtungen ±x, ±y, ±z laufen und durch Strahlteilung aus demselben Laser erzeugt werden (Abb.14.20). Dies ist *nicht* die von *Letokhov* vorgeschlagene Falle, wo die Dipolkraft im dreidi-

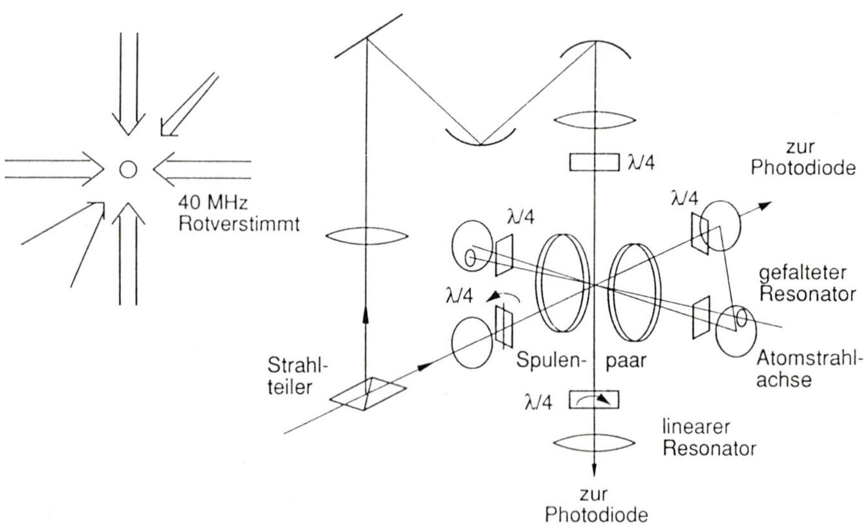

Abb.14.20. Experimentelle Anordnung zur Realisierung der optischen Molasse [14.44b]

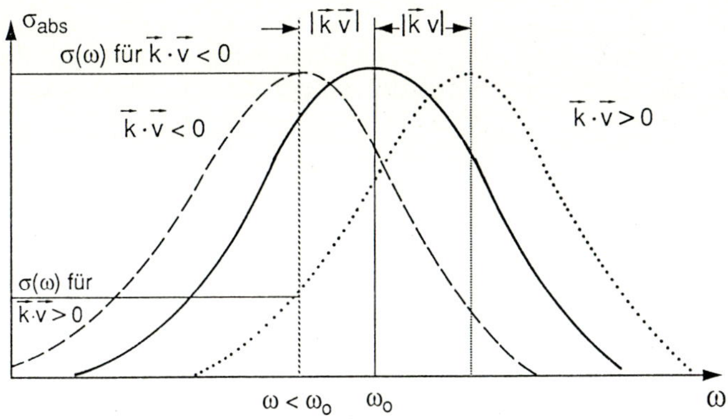

Abb.14.21. Für $\omega < \omega_0$ ist die Wahrscheinlichkeit ein Photon zu aborbieren für kv < 0 größer als für kv > 0

mensionalen *stehenden* Wellenfeld ausgenutzt werden sollte. Wird die Laserfrequenz ω auf die langwellige Seite der atomaren Resonanz bei ω_0 abgestimmt ($\omega<\omega_0$), so wirkt auf ein Atom mit der Geschwindigkeit $\mathbf{v} = \{v_x, v_y, v_z\}$ immer eine rücktreibende Nettokraft, weil die Laserwelle, die dem Atom entgegenläuft - durch Doppler-Effekt zur Resonanz hin - die entgegenlaufende Welle hingegen von der Resonanz weg verschoben wird (Abb.14.21), so daß die erstere mit größerer Wahrscheinlichkeit absorbiert wird.

Auf ein Atom, das sich im Überlappgebiet der 6 laufenden Lichtwellen bewegt, wirkt also eine rücktreibende Kraft, die seine Bewegung hemmt. Nach Beispiel 14.3 ist diese Kraft sehr groß und führt zu typischen Dämpfungszeiten der atomaren Bewegung von 10^{-4} s! Die Atome bewegen sich in diesem Lichtfeld wie in „zähem Sirup" und wegen dieser Analogie hat sich der Name „optical molasses" für eine solche Lichtfalle eingebürgert.

Man beachte, daß durch diese Methode die Geschwindigkeitskomponenten (v_x, v_y, v_t) auf ein kleines Intervall um v = 0 reduziert werden. Es tritt aber (außer durch die Dispersionskraft bei Gauß-Strahlen) *keine* Komprimierung der Atome im Ortsraum auf. Dieses läßt sich jedoch durch ein geeignetes Magnetfeld und die dadurch bewirkte Zeeman-Verschiebung erreichen [14.44].

Die minimale erreichbare Temperatur für die eingefangenen Atome läßt sich abschätzen: Aufgrund des Photonenrückstoßes bei der Absorption und spontanen Emission vollführt jedes Atom eine statistische Bewegung, vergleichbar mit der Brown'schen Molekularbewegung. Würde die Lichtfrequenz ω auf die Mittenfrequenz ω_0 der Atome abgestimmt, so würde die Nettodämpfungskraft Null werden. Obwohl der zeitliche Mittelwert $\langle v \rangle$ der Geschwindigkeit v Null ist, würde $\langle v^2 \rangle$ linear mit der Zahl der gestreuten Photonen ansteigen, genau wie beim „random walk"-Problem [14.45]. Die optische Kühlung bei $\omega-\omega_0 < 0$ muß diese „Aufheizung" durch die statistische Photonenstreuung kompensieren. Wenn die Geschwindigkeit der Atome sehr klein geworden ist, kann die Verstimmung nicht viel größer als die natürliche Linienbreite γ sein. Dies ergibt die untere Grenze

$$kT_{min} = h\gamma/2 \qquad (14.30)$$

für die durch Rückstoß-Kühlung erreichbare Temperatur.

Beispiele 14.5

a) Für Mg^+-Ionen mit $\tau = 2\text{ns} \rightarrow \gamma = 80$ MHz folgt eine Minimaltemperatur $T_{min} = 2$ mK.

b) Für Na-Atome mit $\gamma = 10$ MHz ergibt (14.30): $T_{min} = 240\ \mu$K.

c) Für Ca-Atome auf der Interkombinationslinie mit $\gamma \simeq 20$ kHz wird $T_{min} = 240$ nK!

Inzwischen wurden experimentelle Ergebnisse bekannt, die für Mg^+-Ionen und für Na-Atome diese Grenze bereits unterschritten haben [14.42]. Es muß also einen weiteren Kühlmechanismus geben, den man folgendermaßen verstehen kann:

Wenn sich ein Atom im elektromagnetischen Feld einer stehenden Lichtwelle bewegt, ändert sich die Feldstärke E über eine Strecke $x = \lambda/2$ von Null in einem Knoten der stehenden Welle bis auf ihren maximalen Wert im Maximum.

Auf Grund des „dynamischen Stark-Effektes" ändert sich dann auch die Energie der Atomzustände, die damit ortsabhängig werden. Diese Energieverschiebung ist im allgemeinen unterschiedlich für die verschiedenen Energiezustände und führt dadurch für ein atomares Zweiniveau-System, das sich auf Grund des optischen Pumpens durch das Lichtfeld in einer Überlagerung beider Zustände befindet, zu einer Änderung der inneren Energie des Atoms, die (bei konstanter Gesamtenergie) zu einer entsprechenden, entgegengesetzten Änderung seiner Translationsenergie führt. Wenn Translationsenergie in innere (d.h. potentielle Energie) umgewandelt wird, sinkt die Geschwindigkeit des Atoms.

Dieser Energieaustausch hängt entsprechend von der Größe des Adiabasieparameters

$$\epsilon = v\frac{\tau}{\lambda} = \frac{k}{2\pi}v\tau \qquad (14.30a)$$

ab, der das Verhältnis von Relaxationszeit τ des Atoms zu seiner Flugzeit λ/v über eine Wellenlänge λ des stehenden Lichtfeldes angibt. Wird τ durch die spontane Lebensdauer $\tau_R = 1/\Gamma$ des oberen Zustandes bestimmt, so ist für $\epsilon << 1$ die Lebensdauer τ_R klein gegen die Flugzeit, d.h. die beiden Zustände des Atoms sind stark miteinander gekopelt, während das Atom eine sich ändernde Feldstärke „spürt", und das Atom folgt „adiabatisch" der Feldänderung.

Für $\epsilon >> 1$ bleibt das Atom für Zeiten $\tau >> \lambda/v$ in einem Zustand, dessen Energie sich ändert, ohne daß die anderen Zustände „davon erfahren". Energie kann zwischen Translation und innerer Energie ausgetauscht werden.

Setzt man in (14.30a) $\tau = \tau_R = 1/\Gamma$ ein, so erhält man für die untere Grenzgeschwindigkeit, für die $\epsilon \geq 1$ wird:

$$v \geq \lambda\Gamma .$$

Für Atome mit mehreren Zeeman-Unterniveaus wir die Kopplungszeit zwischen diesen Niveaus durch die optische Umpumpzeit $\tau_p >> \tau_R$ gegeben. Eine Energieumverteilung zwischen den Zeeman-Zuständen im äußeren Magnetfeld bei optischem Pumpen mit zirkularpolarisiertem Licht kann daher zu einer Erhöhung der inneren Energie und einer Verringerung der Geschwindigkeit der Atome in einer stehenden Lichtwelle führen, mit einer viel kleineren unteren Grenze

$$v \geq \lambda/\tau_p$$

und damit zu einer tieferen Translationstemperatur. Experimente haben dies inzwischen bestätigt [14.46].

14.4 Spektroskopie an einzelnen Ionen

Da Ionen eine wesentlich stärkere Wechselwirkung mit elektromagnetischen Feldern haben als neutrale Teilchen, auf die nur aufgrund ihrer Polarisierbarkeit eine schwache Kraft wirkt, lassen sie sich besser in elektrischen Hochfrequenz (HF) Fallen oder in magnetischen Penning-Fallen speichern, wo sie dann optisch gekühlt und spektroskopiert werden können. Deshalb sind Untersuchungen an solchen kalten, gespeicherten Ionen bereits vor der experimentellen Realisierung von Fallen für neutrale Atome durchgeführt worden [14.47-50].

Wir wollen uns in diesem Abschnitt mit der Laserspektroskopie an einzelnen, gespeicherten Ionen und den daraus gewonnenen physikalischen Einsichten befassen.

14.4.1 Ionenfallen

Bisher sind zwei verschiedene Anordnungen entwickelt worden, um Ionen in einem kleinen Volumen zu speichern: Die elektrische HF-Quadrupolfalle [14.51] und die magnetische „Penning-Falle" [14.47].

Die elektrische Quadrupolfalle wird gebildet aus einer Ringelektrode mit hyperbolischer Oberfläche als der eine Pol und zwei hyperbolischen Kappen als der zweite Pol, zwischen denen eine Spannung U angelegt wird (Abb. 14.22). Das ganze System hat Zylindersymmetrie um die z-Achse, und der Abstand $2z_0$ zwischen den beiden Polkappen wird so gewählt, daß der Radius r_0 der Ringelektrode $r_0 = z_0\sqrt{2}$ wird. Das elektrische Potential Φ für Punkte innerhalb der Falle ist dann [14.52]

$$\Phi = \frac{U}{2r_0^2}(r^2 - 2z^2) . \qquad (14.31)$$

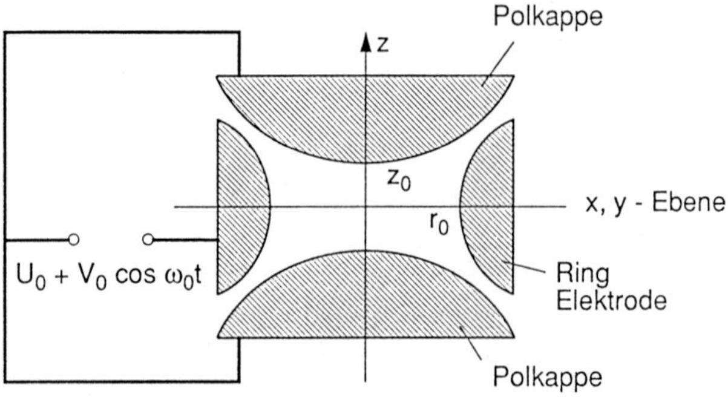

Abb.14.22. Quadrupole-Ionenfalle (Paul-Falle): Schematische Darstellung

Wenn die angelegte Spannung $U = U_0+V_0\cos\omega_0 t$ eine Überlagerung aus Gleichspannung U_0 und Hochfrequenzspannung $V_0\cos\omega_0 t$ ist, kann die Bewegungsgleichung

$$m\ddot{\mathbf{r}} = \mathbf{F} = -\ \mathrm{grad}\ \Phi$$

eines Teilchens mit Masse m und Ladung q im Potential Φ für die Bewegung in der x-Richtung geschrieben werden als

$$\frac{d^2 x}{dt^2} + \frac{\omega_0{}^2}{4}(a - 2b\cos\omega_0 t)\ , \tag{14.32}$$

wobei die Parameter

$$a = \frac{4qU_0}{mr_0{}^2\omega_0{}^2}\ ; \quad b = \frac{2qV_0}{mr_0{}^2\omega_0{}^2}$$

durch die Gleichspannung U_0 sowie die Amplitude V_0 und Frequenz ω_0 der HF bestimmt sind. Wegen der Zylindersymmetrie gilt eine analoge Gleichung für die y-Komponente der Bewegung, während für die z-Richtung $r_0{}^2$ ersetzt wird durch $-z_0{}^2$.

Die Bewegungsgleichung (14.32) ist eine Matthieu'sche Differentialgleichung, die nur für bestimmte Wertebereiche der Parameter a und b und für bestimmte Anfangsbedingungen stabile Lösungen hat [14.53]. Geladene Teilchen, die von außen in die Falle kommen, können nicht eingefangen werden. Die Ionen müssen deshalb innerhalb der Falle erzeugt werden. Die stabilen Lösungen von (14.32) können beschrieben werden als Überlagerung zweier Bewegungen: Eine periodische „Mikrobewegung" der Ionen mit der Frequenz ω_0 um ein „Führungszentrum", das selbst langsamere harmonische Schwingungen mit der Frequenz ω_r in der x-y-Ebene und mit der Frequenz $\omega_z = 2\omega_r$ in der z-Richtung ausführt [14.47]. Die Bewegungskomponente der Ionen in der z-Richtung ist:

$$z(t) = z_0[1 + \sqrt{2}(\omega_z/\omega_0)\cos\omega_0 t]\cos\omega_z t\ . \tag{14.33}$$

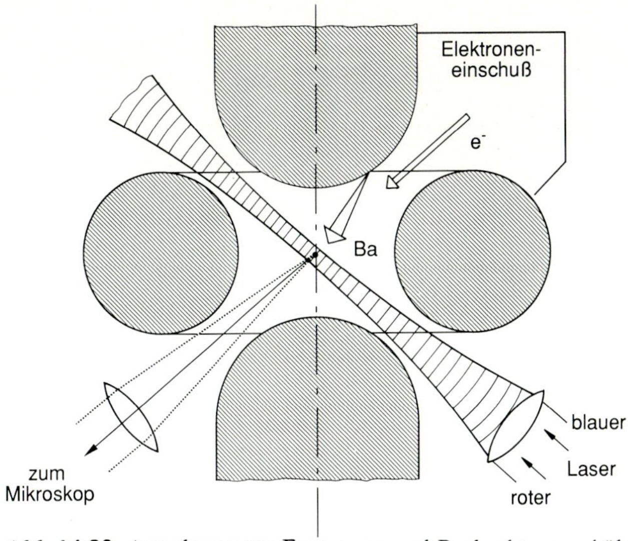

Abb.14.23. Anordnung zur Erzeugung und Beobachtung gekühlter Ba^+-Ionen in einer Paulfalle mit Kühl- und Umpumplaser

Das Frequenzspektrum dieser Bewegung enthält die Grundfrequenz ω_0 und die höheren Harmonischen $n\omega_0$ mit ihren Seitenbändern $n\omega_0 \pm \omega_z$.

Die gespeicherten Ionen können entweder durch Laser-induzierte Fluoreszenz nachgewiesen werden [14.59], oder durch die HF-Spannung, welche durch ihre Bewegung in einem äußeren HF-Kreis induziert wird [14.47]. Die erste Nachweismethode ist sehr empfindlich, wenn sichergestellt wird, daß der Anfangszustand $|i\rangle$ der Ionen nicht durch optisches Pumpen entleert wird. Dann kann nämlich, wie bereits im vorigen Abschnitt bei den neutralen Atomen diskutiert wurde, jedes Ion bei einer spontanen Lebensdauer τ des oberen Zustandes pro Sekunde bis zu $1/2\tau$ Fluoreszenzphotonen aussenden (Abb.14.23). Für $\tau = 10^{-8}$ s bedeutet dies, daß ein Ion bei genügender Pumplaserintensität bis zu 10^8 Photonen pro Sekunde emittiert, so daß man ein einziges, gespeichertes Ion bereits nachweisen kann [14.54, 55]!

14.4.2 Seitenbandkühlung

Ein Ion, das bei der Geschwindigkeit Null die Absorptionsfrequenz ω_0 hat, möge in der Ionenfalle eine harmonische Schwingung in x-Richtung mit der Geschwindigkeit $v_x = v_0 \cos\omega_\nu t$ ausführen und dabei von einer Lichtwelle in x-Richtung bestrahlt werden. Wenn die Linienbreite γ des Absorptionsüberganges kleiner ist als die Schwingungsfrequenz ω_ν, so besteht das Absorptionsspektrum des schwingenden Ions aus diskreten Frequenzen $\omega_m = \omega_0 \pm m\omega_\nu$, wobei die relativen Absorptionswahrscheinlichkeiten auf den verschiedenen Seitenbändern durch die Bessel-Funktionen m-ter Ordnung $J_m(v_0\omega_0/c\omega_\nu)$ gegeben sind [14.52]. Das Frequenzspektrum dieses durch den Doppler-Effekt frequenzmodulierten Oszillators hängt von der Geschwindigkeitsamplitude v_0 seiner Grundschwingung ab (Abb.14.24).

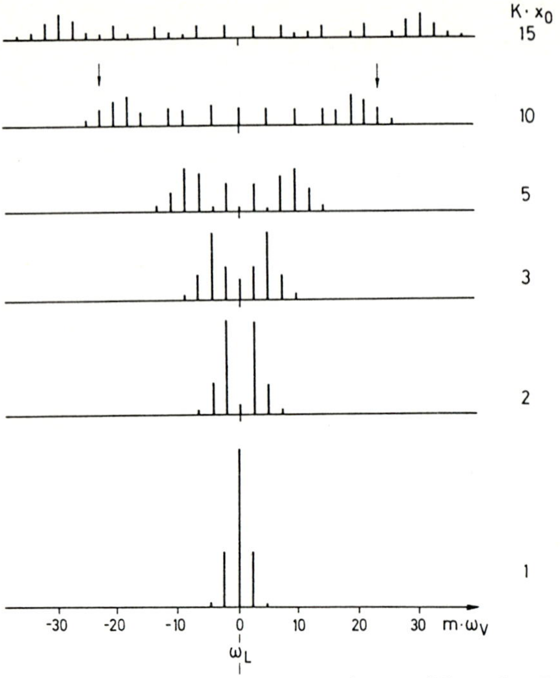

Abb.14.24. Seitenbandspektrum eines oszillierenden Ions als Funktion der Schwingungsamplitude

Hat die Lichtwelle die Frequenz $\omega_L = \omega_0 - m\omega_\nu$, so absorbiert das Atom nur während einer bestimmten Schwingungsphase, bei der es auf die Welle zuläuft. Ist seine spontane Lebensdauer groß gegen die Schwingungsperiode $T_v = 2\pi/\omega_\nu$, so wird die Fluoreszenz jedoch im Mittel gleichmäßig über alle Phasen der Schwingung verteilt, und ihre Frequenz liegt daher symmetrisch zur Mittenfrequenz ω_0. Im Mittel verliert das Atom deshalb mehr Energie durch Fluoreszenz, als es durch Absorption gewinnt. Diese Energiedifferenz nimmt es aus seiner kinetischen Energie, so daß seine Schwingungsenergie pro Absorptions-Emissions-Zyklus um $m\hbar\omega_\nu$ abnimmt und sein Absorptionsspektrum sich - wie in Abb.14.24 gezeigt - zur Frequenz ω_0 hin zusammenzieht.

Diese optische Seitenbandkühlung ist im Prinzip nichts anderes als die bereits im Abschn.14.2 behandelte Kühlung durch Photonenrückstoß. Der einzige Unterschied liegt darin, daß hier durch die räumliche Eingrenzung der Ionenbewegung in der Ionenfalle nur diskrete Absorptionsfrequenzen auftreten, während bei der Abbremsung der Translation eines freien Atoms ein innerhalb der Doppler-Breite kontinuierliches Absorptionsspektrum vorliegt.

Experimentell hat die Seitenbandkühlung den Vorteil, daß man die Laserfrequenz während der Abkühlung nicht nachfahren muß, sondern konstant auf dem Seitenband $\omega_0 - m\omega_v$ lassen kann. Da dieses Seitenband jedoch mit zunehmender Abkühlung an Intensität verliert, wird die Abkühlung immer weniger effektiv.

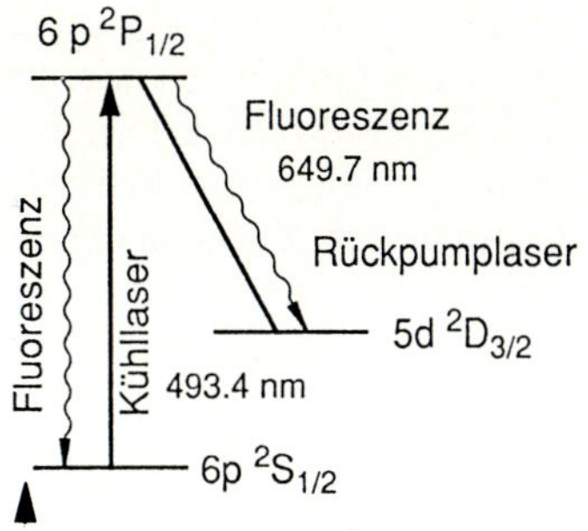

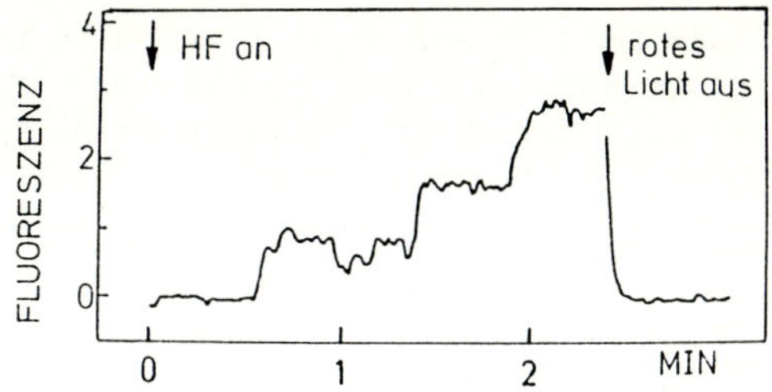

Abb.14.25. Das Ba^+-Ion als Drei-Niveausystem. Der gestrichelte Übergang stellt einen Ramanprozeß dar, der über die Kopplung des $6P_{3/2}$ Niveaus an das mit dem $6P_{1/2}$ Niveau zusammenfallende "virtuelle" Niveau möglich ist

Abb.14.26. Stufen in der Fluoreszenzintensität weniger gespeicherter Ionen, wenn sich ihre Zahl um jeweils ein Ion erhöht. Beim Abschalten des roten Rückpumplasers werden die Ionen in den metastabilen $5D_{3/2}$-Zustand gepumpt und die Fluoreszenz erlöscht [14.54]

Optisches Seitenbandkühlen wurde an Mg^+-Ionen in einer Penning-Falle [14.52] und an Ba^+-Ionen in einer Paul-Falle demonstriert [14.57], die mit Hilfe eines frequenzverdoppelten Farbstofflasers bei $\lambda = 560.2$ nm auf dem Übergang $3s^2S_2 \to 3p^2P_{3/2}$ bis unter 0.5 K abgekühlt wurden. Dabei verringert sich die Schwingungsamplitude der Ionen auf wenige μm, so daß sie mit zunehmender Abkühlung auf ein immer kleiner werdendes Volumen konzentriert werden. Die Abkühlung kann mit einem Probenlaser nachgewiesen werden, dessen Frequenz ω_p über das Absorptionsprofil durchgestimmt wird, und dessen Intensität so klein ist, daß für $\omega_p > \omega_0$ keine merkliche Aufheizung der Ionen auftritt. Inzwischen ist es gelungen, einzelne Ba^+-Ionen in einer kleinen HF-Ionenfalle durch Elektronenstoß zu erzeugen, sie dort zu speichern, zu kühlen und zu beobachten [14.55]. Da Ba^+ ein Drei-Niveau-System darstellt (Abb.14.25), müssen zwei Laser gleichzeitig auf den Übergängen $6^2S_{1/2} \to 6^2P_{1/2}$ und $5^2D_{3/2} \to 6^2P_{1/2}$ eingestrahlt werden, um optisches Pumpen in den metastabilen $5^2D_{3/2}$ Zustand zu verhindern. Eine Änderung der Zahl N der gespeicherten Ionen um 1 (z.B. eine Zunahme durch Elektronenstoßerzeugung oder eine Abnahme durch Restgasstöße) macht sich durch Stufen in der nachgewiesenen Fluoreszenz bemerkbar (Abb.14.26). Mit Hilfe einer Mikroskop-Abbildung in Verbindung mit einem Bildverstärkersystem kann ein einzelnes, gespeichertes Ion über seine Fluoreszenz sichtbar gemacht werden und dadurch seine mittlere räumliche Aufenthaltswahrscheinlichkeit gemessen werden.

14.4.3 Direkte Beobachtung von Quantensprüngen

Die Quantenmechanik beschreibt mit Hilfe zeitabhängiger Wellenfunktionen die Wahrscheinlichkeit P(t) dafür, daß ein atomares System sich zur Zeit t in einem Zustand $|i\rangle$ befindet, und wie sich diese Wahrscheinlichkeit im Laufe der Zeit ändert. Sie macht keine Aussagen darüber, ob und wie man prüfen kann, daß sich ein einzelnes Atom mit Sicherheit ($P \equiv 1$) in einem definierten Zustand befindet, weil dies nur durch eine Messung festgestellt werden kann, die selbst diesen Zustand wieder verändert. Es gab im Laufe der Entwicklung der Quantenmechanik darüber kontroverse Diskussionen; und Schrödinger glaubte z.B., daß es prinzipiell nicht möglich sei, mit nur einem Atom so zu experimentieren, daß man den Zustand dieses Atoms und Übergänge zwischen definierten Zuständen festlegen kann.

Experimente mit einzelnen gespeicherten Ionen haben inzwischen diese Meinung widerlegt. Die grundlegende Idee zu einem solchen Experiment, das zuerst von *Dehmelt* vorgeschlagen [14.58] und inzwischen von mehreren Gruppen realisiert wurde [14.59-61], beruht auf der Kopplung eines intensiven, erlaubten Überganges mit einem schwachen verbotenen Übergang durch ein gemeinsames, unteres Niveau. Im Falle des Ba^+-Ions (Abb. 14.28), existiert außer den bereits in Abb.14.25 gezeigten Zuständen ein weiterer metastabiler Zustand $5^2D_{5/2}$, dessen spontane Lebensdauer τ = (32±5) s beträgt, und der als „Speicherzustand" dienen kann: Wenn keine Übergänge in diesen Zustand stattfinden, wird das Ion durch die beiden Pumplaser bei 493.4 und 649.9 nm gekühlt und in den $6^2P_{1/2}$ Zustand gepumpt, dessen Fluoreszenzleistung bei Sättigung des Pumpüberganges bei einer Lebensdauer $\tau(6^2P_{1/2})$ von 8 ns etwa 10^8 Photonen pro Sekunde beträgt. Wird der metastabile 5^2D-Zustand durch Einstrahlung von Licht mit λ = 1.762 μm direkt oder durch Licht mit λ = 455.4 nm über den $6^2P_{3/2}$ Zustand durch Fluoreszenz bei λ = 614.2 nm besetzt, so ist das Ion im Mittel während einer Zeit $\tau(5^2D_{5/2})$ = 32 s nicht im Grundzustand $6^2S_{1/2}$ und kann deshalb auch nicht die Pumpstrahlung bei λ = 493.4 nm absorbieren. Die Fluoreszenz wird während dieser Zeit Null, springt aber wieder auf ihren Wert von 10^8 Photonen pro Sekunde sobald der $5^2D_{5/2}$-Zustand durch Emisssion eines Photons wieder in den $6^2S_{1/2}$-Zustand übergegangen ist. Der erlaubte Übergang $6^2S_{1/2} \rightarrow 6^2P_{1/2}$ dient also als Verstärker für den Nachweis eines einzelnen Quantensprunges auf dem verbotenen Übergang $5^2D_{5/2} \rightarrow 6^2S_{1/2}$. In Abb.14.27 ist der zeitlich statistisch verlaufende Emissionsvorgang durch die entsprechende „An" und „Aus"-Phasen der erlaubten Fluoreszenz zu sehen [14.61]. Man kann die Lebensdauer des $5^2D_{5/2}$-Zustandes verringern durch Einstrahlen einer dritten Welle bei λ = 614.2 nm, das Übergänge in den $6^2P_{3/2}$ Zustand induziert, der dann sofort in den $6^2S_{1/2}$-Zustand zerfällt (Abb.14.28). Analoge Beobachtungen wurden auch an gespeicherten Hg^+-Ionen gemacht [14.61].

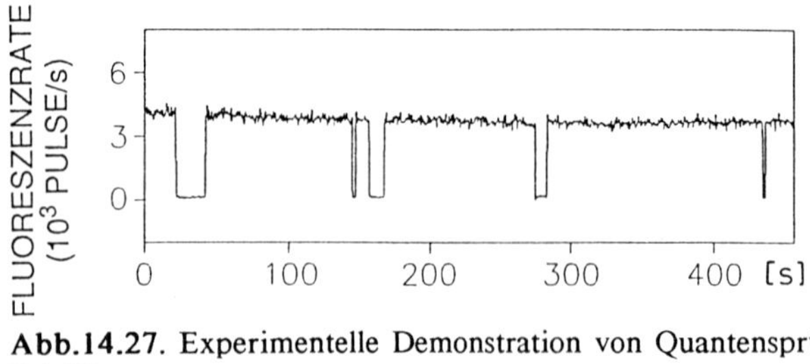

Abb.14.27. Experimentelle Demonstration von Quantensprüngen eines einzelnen Ions [14.60]

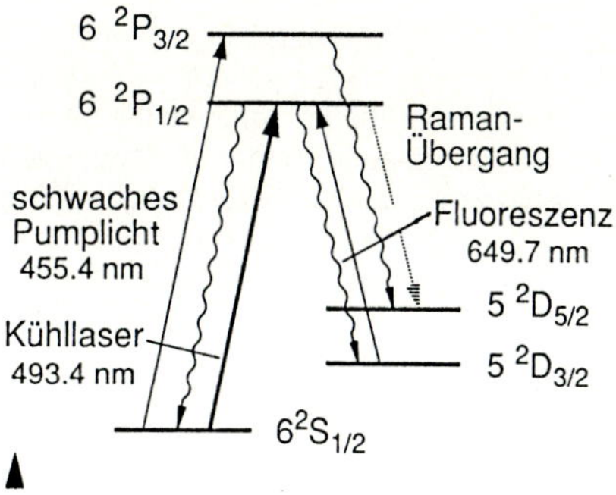

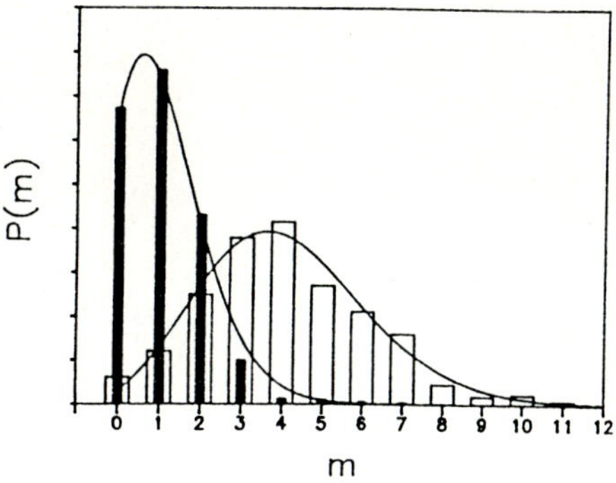

Abb.14.28. Genaueres Termschema des Ba^+-Ions mit der Bevölkerung des "dunklen" Zustandes $5^2D_{5/2}$ durch Ramanübergänge, die vom Kühllaser induziert werden oder durch Fluoreszenz vom $6^2P_{3/2}$-Niveau, die durch Absorption von Licht der Wellenlänge 455.4 nm angeregt wird

Abb.14.29. Verteilung P(m) der Zahl der Quantensprünge in den Zeitintervallen 150s bzw. 600s. Die Kurven geben die mit zwei Parametern angepaßten Poissonverteilungen an [14.60]

Von fundamentalem Interesse ist die Messung der Photonenstatistik in einem Dreiniveau-System, die durch solche Experimente möglich wird. Während die Zeitdauern der „An" und „Aus"-perioden eine exponentielle Verteilung zeigen, erhält man für die Zahl der Quantensprünge pro Zeiteinheit eine Poissonverteilung (Abb.14.29). In einem Zwei-Niveau-System ist dies anders: Hier kann nach Emission eines Fluoreszenzphotons ein weiteres Photon erst wieder emittiert werden, nachdem der obere Zustand durch ein Laserphoton auf demselben Übergang angeregt wurde. Man erhält hier für die Zeitintervalle Δt zwischen zwei detektierten Fluoreszenzphotonen eine „Sub-Poisson-Verteilung", die bei $\Delta t = 0$ Null wird, weil nach der Emission des ersten Photons mindestens eine halbe Rabi-Periode vergeht, bis das zweite Photon emittiert werden kann [14.57].

14.4.4 Wigner-Kristalle in Ionenfallen

Werden mehrere Ionen innerhalb der Ionenfalle durch Elektronenstoß erzeugt und dann durch optische Seitenbandkühlung abgekühlt, so tritt bei bestimmten Fallenbedingungen unterhalb einer Temperatur T_c ein Phasenübergang auf, bei dem die Ionen sich in einer räumlich symmetrischen, stabilen Konfiguration wie in einem Kristall anordnen [14.60-63]. Die Abstände der Ionen in einem solchen „Wigner-Kristall" sind etwa 10^3-10^4 mal so groß wie in einem üblichen Festkörper.

Der Phasenübergang von der ungeordneten Ionenwolke zum geordneten Ionenkristall macht sich experimentell in einer plötzlichen Änderung der Fluoreszenzintensität bemerkbar, wenn die Laserfrequenz des kühlenden Lasers über einen kritischen Wert $\Delta\omega_c$ der negativen Frequenzverstimmung $\Delta\omega = \omega_0 - \omega_L$ hinweggestimmt wird. Man beobachtet ein typisches Hystereseverhalten: Stimmt man die Laserfrequenz in der entgegengesetzten

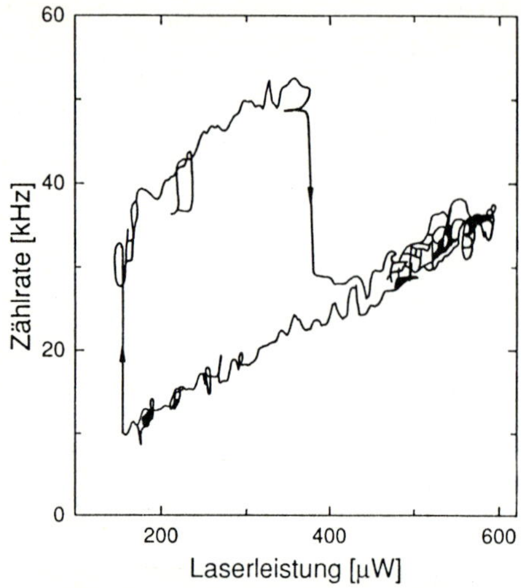

Abb.14.30. Phasenübergang und Hysteresekurve beim Übergang von einer ungeordneten Ionenwolke in einen geordneten Wigner-Kristall. Aufgetragen ist die Fluoreszenzleistung bei fester Laserfrequenzverstimmung. Der Hysteresezyklus wurde in 10 s durchfahren. Bei etwa 400 μw Laserleistung erfolgt der Phasensprung von der ungeordneten in die geordnete Struktur. Der Rücksprung erfolgt bei 170 μw [14.62]

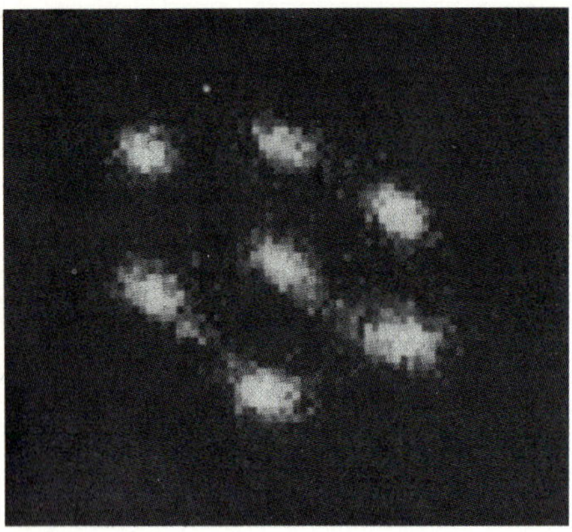

Abb.14.31. Mit einem Mikroskop und Bildverstärker gewonnene Aufnahme eines Wigner-Kristalls aus 7 in einer Ionenfalle gespeicherten Ionen. Der Abstand zwischen den Ionen ist etwa 20 μm [14.63]

Richtung durch, so tritt der Sprung bei einer anderen Frequenz auf (Abb.14.30). Mit Hilfe eines empfindlichen Bildverstärkersystems mit Mikroskop-Abbildung kann man die Lage der Ionen direkt sichtbar machen (Abb.14.31) und so den Übergang von der Ionenwolke zum geordneten Kristall direkt visuell verfolgen [14.64].

Genau wie bei gekoppelten Pendeln können in einem solchen Ionenkristall Normalschwingungen angeregt werden. So hat z.B. der „Zwei-Ionen-Kristall" eine Schwingungsmode, bei der beide Ionen in Phase schwingen, wobei wegen der Rotationssymmetrie des Fallenpotentials um die z-Achse Schwingungen in x- bzw. y-Richtung mit der Frequenz $\omega_x = \omega_y$ entartet sind, in z-Richtung jedoch eine andere Frequenz ω_z haben. Außerdem können die beiden Ionen gegeneinander schwingen, wobei ihr Schwerpunkt in Ruhe bleibt. Die Schwingungsfrequenz hängt jetzt von der Coulomb-Wechselwirkung der Ionen miteinander und vom Fallenpotential ab. Man erhält als Schwingungsfrequenzen $\sqrt{3}\omega_x = \sqrt{3}\omega_y$ und $\sqrt{3}\omega_z$ [14.65]. Diese Schwingungsmoden können angeregt werden, indem man eine zusätzliche Wechselspannung an die Fallenelektroden legt. Die Anregung führt zu einer zusätzlichen Aufheizung und einer Verringerung der Fluoreszenz. Durch geeignete Wahl von Intensität und Frequenz des Lasers kann diese Aufheizung durch die Laserkühlung wieder kompensiert werden.

14.5 Der Ein-Atom-Maser

Wir haben im vorigen Abschnitt Methoden kennengelernt, wie man einzelne Ionen speichern und beobachten kann. Wir wollen jetzt einige, in den letzten Jahren durchgeführte Experimente besprechen, welche die Untersuchung der Wechselwirkung einzelner Atome mit ihrer Umgebung und mit Strahlungsfelder ermöglichen [14.66]. Mit solchen Experimenten können grundlegende Fragen der Physik, insbesondere der Quantenelektrodynamik geprüft werden.

In einem kollimierten Strahl von Alkaliatomen werden durch stufenweise Anregung mit zwei Lasern Rydberg-Zustände hoher Hauptquantenzahl n angeregt (Abschn. 10.4), deren spontane Lebensdauer τ proportional zu n^3 anwächst. Fliegen die angeregten Atome durch einen Hohlraumresonator, der auf eine Übergangsfrequenz $\nu = (E_n - E_{n-1})/h$ der Rydberg-Atome abgestimmt ist, so kann ein Photon, das während der Durchflugzeit durch den Resonator von einem Atom spontan emittiert wurde, eine Resonatormode anregen (Abb. 14.32).

Wenn der Hohlraumresonator auf Temperaturen von wenigen K abgekühlt wird, so daß seine Wände supraleitend werden, sind seine Verluste so klein, daß die Abklingzeit der angefachten Mode länger wird als die

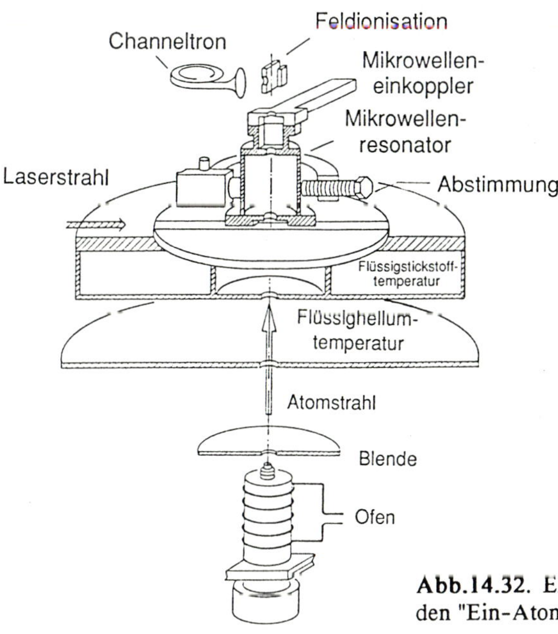

Abb. 14.32. Experimentelle Anordnung für den "Ein-Atom-Maser" [14.68]

Durchflugzeit des Rydberg-Atoms. Man erreicht Resonatorgüten $Q \geq 5 \cdot 10^{10}$, was bei einer Resonatorfrequenz $\nu = 10$ GHz nach (5.14) einer Abklingzeit $T_R \geq 1$ s entspricht!

Wegen seines großen Übergangsdipolmomentes $\mu_{n,n-1}(\mu \sim n^2!)$ kann das Atom während seiner Durchflugzeit wieder ein Photon aus der von ihm selbst angefachten Resonatormode absorbieren und wieder in den oberen Zustand $|n\rangle$ übergehen. Läßt man die Atome hinter dem Resonator durch zwei elektrische Felder fliegen, deren Stärke so eingestellt ist, daß im ersten Feld Atome im Zustand $|n\rangle$ feldionisiert werden, im Zustand $|n-1\rangle$ aber noch nicht, während im zweiten Feld mit etwas größerer Feldstärke auch der Zustand $|n-1\rangle$ ionisiert wird, so hat man einen zustandsspezifischen Detektor, der angibt, in welchem der beiden Zustände das Atom den Resonator verlassen hat.

Macht man die Dichte der Rydberg-Atome im Atomstrahl so klein, daß sich immer nur jeweils ein Atom während der Durchflugzeit $T = d/v \simeq 100\ \mu s$ im Resonator befindet, so läßt sich die Wechselwirkung einzelner Atome mit dem elektromagnetischen Feld des Resonators untersuchen. Durch mechanische Deformation der Resonatorwände kann die Resonatoreigenfrequenz kontinuierlich in engen Grenzen durchgestimmt werden. Es zeigt sich, daß die spontane Lebensdauer τ der Rydberg-Atome gegenüber ihrem „ungestörten" Wert τ_0 verkürzt wird, wenn der Resonator auf die Eigenfrequenz des Atoms abgestimmt wird; hingegen verlängert wird, wenn der Resonator gegen ν_0 verstimmt wird [14.67]. Eine „anschauliche" Erklärung dieses bereits von der Quantenelektrodynamik vorhergesagten Effektes ist die folgende: Im verstimmten Resonator hoher Güte γ kann das angeregte Atom sein Fluoreszenzphoton nicht „loswerden", weil dessen Frequenz nicht in den Resonator paßt, während im resonant abgestimmten Resonator das thermische Strahlungsfeld in der resonanten Mode zur induzierten Emission des Atoms beiträgt und daher seine Lebensdauer verkürzt.

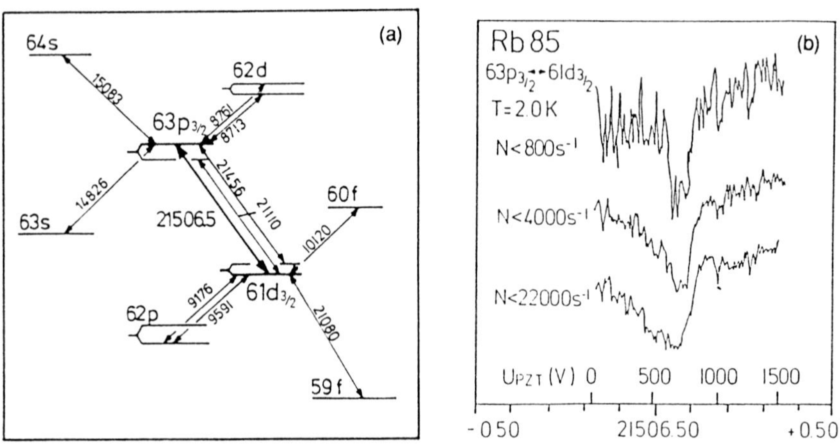

Abb.14.33. (**a**) Termschema des Maserüberganges, (**b**) Gemessenes Ionensignal als Maß für die Zahl der Atome im Zustand |n> als Funktion der Resonatoreigenfrequenz [14.66]

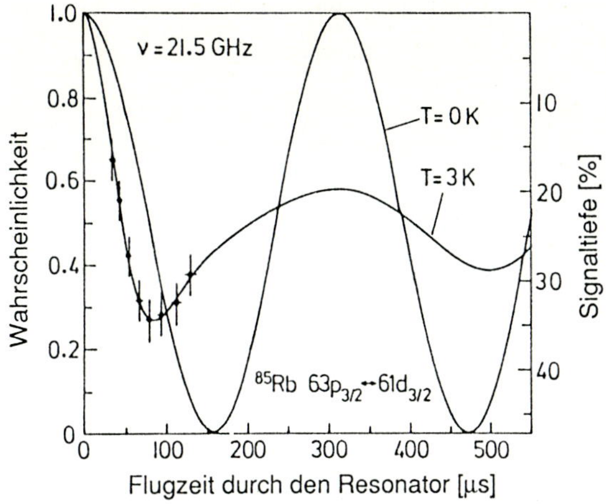

Abb.14.34. Durch das Strahlungsfeld gedämpfte Rabi-Oszillationen eines Atoms im Hohlraumresonator. Die Meßwerte auf der Kurve bei einer Temperatur von 3 K wurden mit einem geschwindigkeitsselektierten Atomstrahl gemessen, so daß Wechselwirkungszeiten der Atome mit dem Resonatorfeld von 30-140 μs eingestellt werden konnten [14.68]

Mißt man die Rate der Atome im Zustand $|n\rangle$ nach Durchlaufen des Resonators als Funktion der Resonatorfrequenz, so ergibt sich bei der Resonanzfrequenz ν_0 ein Minimum (Abb.14.33).

Ohne thermisches Strahlungsfeld im Resonator sollte die Besetzung N(T) in jedem der beiden Zustände als Funktion der Durchflugzeit T periodisch mit der Rabi-Frequenz ungedämpft oszillieren, während diese Oszillation durch die mit statistischer Phase erfolgende Absorption bzw. stimulierte Emission durch das inkohärente thermische Strahlungsfeld gedämpft wird (Abb.14.34). Dieser Effekt läßt sich experimentell prüfen, wenn man vor dem Resonator einen Geschwindigkeitsselektor einbaut, der nur Atome einer vorgegebenen Geschwindigkeit v durchläßt und dann die Rate N(n) bzw. N(n-1) als Funktion von v mißt [14.68]. Man hat hier ein einzelnes Atom, dessen induzierte Absorption und Emission sich experimentell verfolgen läßt. Deshalb wurde für diese Anordnung der Begriff „Ein-Atom-Maser" geprägt [14.69].

14.6 Auflösung innerhalb der natürlichen Linienbreite

Angenommen, alle Linienverbreiterungseffekte seien durch eine der in den vorigen Abschnitten behandelten Methoden soweit reduziert worden, daß sie gegenüber der natürlichen Linienbreite vernachlässigbar sind. Die Frage stellt sich jetzt, ob die natürliche Linienbreite eine unüberwindbare, durch die Heisenberg'sche Unschärfe-Relation festgelegte Grenze für die spektrale Auflösung darstellt (Abschn.3.1), oder ob man nicht doch unter gewissen Bedingungen diese Grenze überwinden kann. Natürlich lassen sich

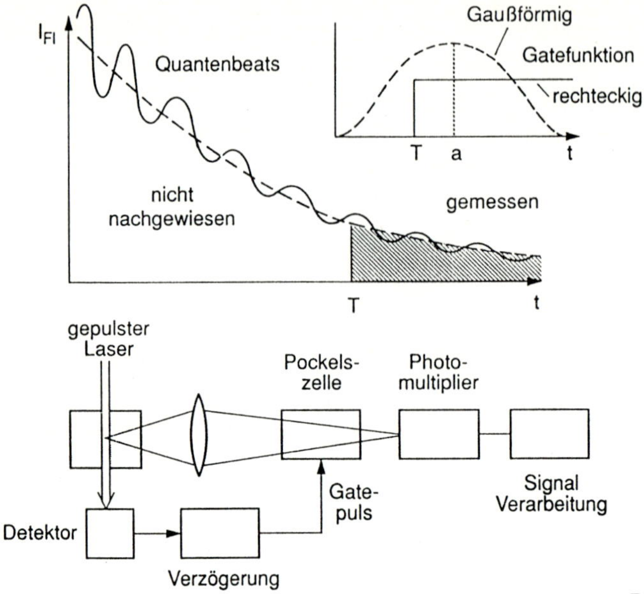

Abb.14.35. Schematische Darstellung eines Experimentes zur Beobachtung von Linienbreiten unterhalb der natürlichen Linienbreite

auf indirekte Weise Termaufspaltungen unterhalb dieser Grenze ermitteln, wenn man bei sehr genau vermessenen Doppler-freien Linienprofilen Abweichungen vom erwarteten Lorentz-Profil $L(\omega-\omega_0)$ feststellt und dann das gemessene Linienprofil mit Hilfe einer Entfaltungsrechnung durch eine Überlagerung $\Sigma c_i L(\omega-\omega_i)$ mehrerer Lorentz-Profile anpaßt [14.70]. Dieses Verfahren setzt jedoch voraus, daß alle sonstigen Einflüsse, die das Linienprofil verändern könnten, ausgeschaltet wurden oder bekannt sind.

Die in diesem Abschnitt vorgestellten Beispiele sollen zeigen, daß man auch auf direktem, experimentellen Wege mit verschiedenen Methoden durchaus Strukturen innerhalb der natürlichen Linienbreite eines optischen Überganges auflösen kann, ohne die Unschärferelation zu verletzen. Allerdings opfert man für die schmalere Linienbreite an Intensität und daher wird das Signal/Rausch-Verhältnis schlechter.

Im ersten Beispiel wird die Einengung der natürlichen Linienbreite dadurch erreicht, daß nach einer gepulsten Anregung eines atomaren Niveaus mit der mittleren Lebensdauer τ die Fluoreszenz nur von solchen Atomen detektiert wird, die eine Mindestzeit $T \gg \tau$ überlebt haben (Abb.14.35).

Das Niveau werde durch einen kurzen Laserpuls angeregt, der zur Zeit $t = 0$ endet. Für $\gamma = 1/\tau \ll \omega_0$ folgt für die Zeitabhängigkeit der Fluoreszenzamplitude

$$A(t) = A(0)e^{-(\gamma/2)t}\cos\omega_0 t\,. \tag{14.34}$$

Aus der gemessenen Fluoreszenzintensität $I(t) \sim A^2(t)$ erhält man durch eine Fourier-Transformation für das Linienprofil der Fluoreszenzlinie bei ruhenden Atomen das Lorentz-Profil (Abschn.3.3):

$$I(\omega) = aL(x) = \frac{a}{1 + x^2} \tag{14.35}$$

mit den Abkürzungen $x = (\omega - \omega_0)/\gamma$ und $a = I_0/\gamma^2 = 2\pi/\gamma \int I(\omega)d\omega$.

Die Halbwertsbreite $\gamma = 1/\tau$ ist durch die natürliche Linienbreite bestimmt. Wird die Fluoreszenz nicht von t = 0 an, sondern nur für $t \geq T$ beobachtet, so ergibt sich [14.71, 72] für den Realteil F(x) und den Imaginärteil G(x) der Fourier-Transformierten von (14.34):

$$F(x) = L(x)e^{-T}[\cos(xT) - x\sin(xT)] ,$$
$$G(x) = L(x)e^{-T}[\sin(xT) + x\cos(xT)] . \tag{14.36}$$

Beobachtet man nur die Fluoreszenzintensität I(t), so geht jede Phaseninformation über die Wellenfunktionen des oberen Zustandes verloren, und man mißt das Intensitätsspektrum

$$I(\omega) \sim |F + iG|^2 = F^2 + G^2 = e^{-2T}L(x) = \frac{e^{-2T}I_0}{(\omega-\omega_0)^2 + (\gamma/2)^2} \tag{14.37}$$

mit der Halbwertsbreite $\gamma = 1/\tau$, die unabhängig davon ist, ob I(t) von t = 0 bis $t = \infty$ oder nur von $t = T > 0$ bis $t = \infty$ integriert wird. Man verliert durch die verzögerte Messung wegen des Faktors exp(-2T) nur an Intensität! *Durch eine einfache (inkohärente) Messung der frequenzabhängigen Intensität I(ω) kann man deshalb keine Einengung der natürlichen Linienbreite erreichen*, auch wenn man nur die Fluoreszenz von ausgesuchten langlebigen Atomen zu Zeiten $t \geq T >> \tau$ detektiert.

Dies wird anders, wenn man die Amplitudenfunktion (14.34) messen kann, die eine zusätzliche Phaseninformation enthält. Das ist möglich mit einer, der in Kapitel 12 beschriebenen kohärenten Methoden, wie z.B. der Quanten-Beat-Technik.

Nach (12.14) ist das Fluoreszenzsignal nach Anregung zweier dicht benachbarter Niveaus mit einem Frequenzabstand $\Delta\omega$ und gleichen Abklingkonstanten $\gamma = 1/\tau$:

$$I(t) = I(0)e^{-\gamma t}(1 + a\cos\Delta\omega t)e^{i\omega t} , \tag{14.38}$$

wobei der Term $\cos\Delta\omega t$ die Information über die Phasendifferenz $\Delta\phi(t) = \Delta\omega t = (E_i - E_k)t/\hbar$ zwischen den Wellenfunktionen der beiden kohärent angeregten Zustände $|i\rangle$ und $|k\rangle$ enthält.

Wird jetzt die Fluoreszenz erst ab einem Zeitpunkt T gemessen, was experimentell durch einen schnellen Verschluß (z.B. eine Pockel-Zelle) vor dem Detektor realisiert werden kann, so ist das Meßsignal mit der Schalterfunktion f(t):

$$S(t) = I(t)f(t) \quad \text{mit} \quad f(t) = \begin{cases} 0 \text{ für } t < -T \\ 1 \text{ für } t \geq T \end{cases} . \tag{14.39}$$

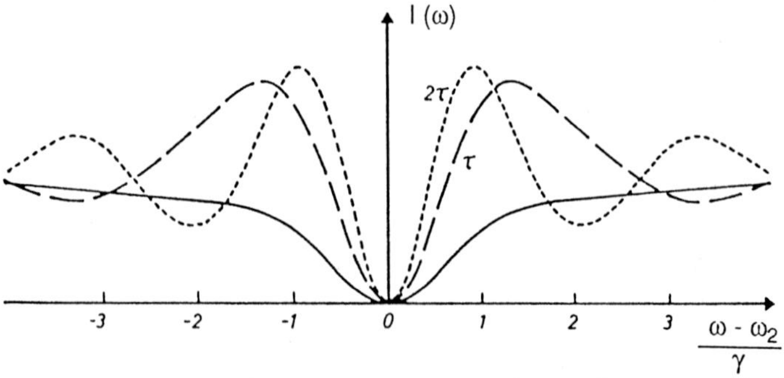

Abb.14.36. Oszillatorische Struktur der Fouriertransformierten mit eingeengtem Zentralmaximum bei Beobachtung von Quantenbeats für Zeiten $t \geq T$

Die Fourier-Transformierte von S(t) ist

$$I(\omega) = \int_T^\infty I(0) e^{-\gamma t}(1 + a\cos\Delta\omega t) e^{-i\omega t}\, dt\,. \tag{14.40}$$

Die Auswertung des Integrals ergibt in der Näherung $\Delta\omega - \omega << \Delta\omega$ für Real- und Imaginärteil (sin- und cos-Fourier-Transformierte)

$$I_c(\omega) = \frac{1}{2}\frac{a e^{-\gamma T}}{(\Delta\omega-\omega)^2 + \gamma^2}[\gamma\cos(\Delta\omega-\omega)T - (\Delta\omega-\omega)\sin(\Delta\omega-\omega)T]$$

$$I_s(\omega) = \frac{1}{2}\frac{a e^{-\gamma T}}{(\Delta\omega-\omega)^2 + \gamma^2}[\gamma\sin(\Delta\omega-\omega)T + (\Delta\omega-\omega)\cos(\Delta\omega-\omega)T]\,. \tag{14.41}$$

Für $T > 0$ zeigt $I_c(\omega)$ eine oszillatorische Struktur mit einem zentralen Maximum, dessen Halbwertsbreite

$$\Delta\omega_{1/2} = \frac{2\gamma}{\sqrt{1+\gamma^2 T^2}} \tag{14.42}$$

mit zunehmenden Werten von T abnimmt (Abb.14.36). Die Mittenintensität $I(\omega_0)$ nimmt nach (14.41) allerdings auch ab, so daß das Signal/Rausch-Verhältnis schlechter wird.

Es soll noch einmal betont werden, daß diese Linienverbreiterung nur auftritt, wenn die zeitliche Entwicklung der Phase der Wellenfunktion des oberen Zustandes gemessen wird. Das ist bei allen Detektionsmethoden der Fall, die auf Interferenzeffekten beruhen. Schickt man z.B. die Fluoreszenz, die von Atomen in einem gut kollimierten Atomstrahl emittiert wird, durch ein Interferometer, dessen spektrale Auflösung größer ist als die natürliche Linienbreite, so mißt man eine Einengung der Linienbreite, wenn der Zeitschalter hinter dem Interferometer steht, aber keine Einengung, wenn er zwischen Quelle und Interferometer gestellt wird [14.71].

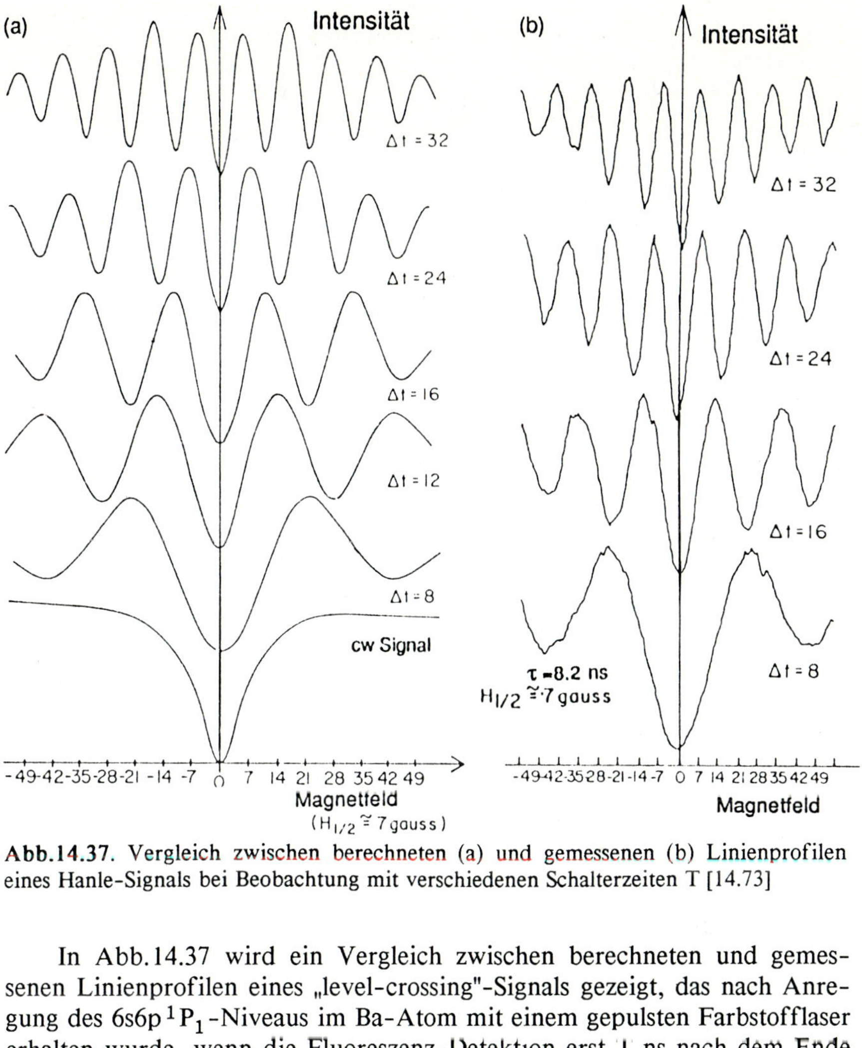

Abb.14.37. Vergleich zwischen berechneten (a) und gemessenen (b) Linienprofilen eines Hanle-Signals bei Beobachtung mit verschiedenen Schalterzeiten T [14.73]

In Abb.14.37 wird ein Vergleich zwischen berechneten und gemessenen Linienprofilen eines „level-crossing"-Signals gezeigt, das nach Anregung des $6s6p\,^1P_1$-Niveaus im Ba-Atom mit einem gepulsten Farbstofflaser erhalten wurde, wenn die Fluoreszenz-Detektion erst T ns nach dem Ende des Laserpulses angeschaltet wurde [14.73]. Man sieht die zunehmende Einengung des zentralen Maximums mit wachsendem Zeitintervall T und das Auftreten der Nebenmaxima. Ähnliche Experimente wurden am Na(3P)-Niveau durchgeführt [14.74].

Statt eines Schalters im Fluoreszenznachweis bei gepulster Anregung kann man auch die Anregung mit einem kontinuierlichen Laser durchführen, dessen Phase periodisch mit Hilfe eines Phasenmodulators um π verschoben wird. Mißt man bei Doppler-freier Anregung in einem kollimierten Atomstrahl die Zahl der Fluroeszenzphotonen in einem bestimmten kurzen Zeitintervall Δt, das um eine Zeit T gegen den Phasensprung des anregenden Lasers verschoben ist, als Funktion der Laserfrequenz, so beobachtet man mit zunehmender Verzögerungszeit T eine Einengung der Linienbreite [14.75].

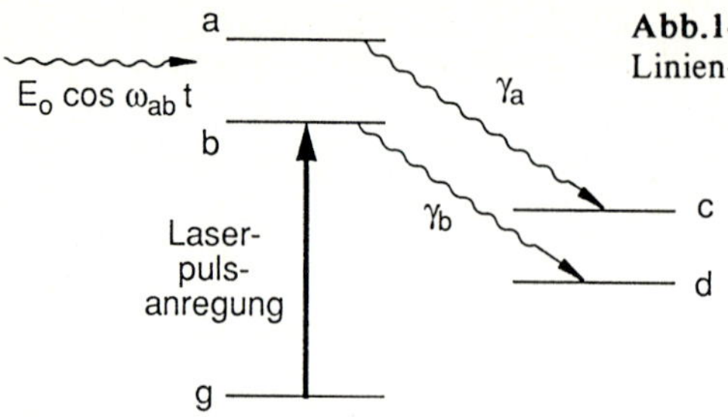

Abb.14.38. Termschema für die transiente Linien-Einengung [14.77]

Eine andere Technik, Linienbreite unterhalb der natürlichen Linienbreite zu erhalten, basiert auf transienten Effekten bei der Wechselwirkung eines Zweiniveau-Systems mit dem monochromatischen elektromagnetischen Feld eines cw Lasers. Zwischen den beiden instabilen Niveaus $|a\rangle$ und $|b\rangle$ mit den Zerfallskonstanten γ_a und γ_b möge eine monochromatische Welle der Frequenz $\omega = (E_a - E_b)/\hbar$, die dauernd eingeschaltet ist, Übergänge induzieren (Abb.14.38). Wird das Niveau $|b\rangle$ zur Zeit t = 0 durch einen Laserpuls besetzt, so erhält man als Ergebnis einer zeitabhängigen Störungsrechnung [14.77,78] für die Wahrscheinlichkeit $P(\Delta, t)$ als Funktion der Verstimmung $\Delta = \omega - \omega_{ab}$, das System zur Zeit b im Zustand $|a\rangle$ zu finden:

$$P(\Delta, t) = \left(\frac{\mu E_0}{\hbar}\right)^2 \frac{1}{(\Delta^2 + \delta_{ab})^2} [e^{-\gamma_a t} + e^{-\gamma_b t} - 2\cos(t \cdot \Delta) e^{-\gamma_{ab} t}] \, , \tag{14.43}$$

bei dem im Lorentz-Faktor statt der Summe $\gamma_{ab} = (\gamma_a + \gamma_b)/2$ der Niveaubreiten γ_a, γ_b ihre Differenz $\delta_{ab} = (\gamma_a - \gamma_b)/2$ auftritt.

Beobachtet man die Fluoreszenz von $|a\rangle$ ohne Zeitauflösung, so integriert man über alle Zeiten und erhält das übliche Lorentz-Profil mit der Linienbreite γ_a. Beobachtet man jedoch nur für Zeiten $t \geq T$, so erhält man analog zu (14.38):

$$I(\Delta, T) \sim \gamma_a \int_T^\infty P(\Delta, t) dt = \frac{\gamma_a (\mu E_0/\hbar)^2}{\Delta^2 + \delta_{ab}^2}$$

$$\times \left[\frac{e^{-\gamma_a T}}{\gamma_a} + \frac{e^{-y_b T}}{\gamma_b} + \frac{2e^{-\gamma_{ab} T}}{\Delta^2 + \gamma_{ab}^2} (\Delta \sin \Delta T - \gamma_{ab} \cos \Delta T) \right] , \tag{14.44a}$$

die für $T \to 0$ wieder in das Lorentz-Profil

$$I(\Delta, 0) = \frac{(\mu E_0/\hbar)^2}{\Delta^2 + \gamma_{ab}^2} \frac{2\gamma_{ab}}{\gamma_b} \tag{14.44b}$$

mit der Halbwertsbreite γ_{ab} übergeht.

Bei einem Übergang zwischen zwei Niveaus $|a\rangle$ und $|b\rangle$ mit sehr verschieden langen Lebensdauern läßt sich durch eine Kombination von

„level-crossing"-Spektroskopie mit Sättigungseffekten eine spektrale Auflösung erreichen, die der Breite $\gamma_b << \gamma_a$ des langlebigen Niveaus $|b\rangle$ entspricht, obwohl die natürliche Linienbreite des optischen Überganges durch $\gamma_{ab} = (\gamma_a+\gamma_b/2)$, also im wesentlichen durch die Breite γ_a des kurzlebigen Niveaus bestimmt wird. Das Verfahren wurde von *Bertucelli* et al. [14.78] am Beispiel des Ca-Überganges $^3P_1 \rightarrow {}^3S_1$ demonstriert. Kalzium-Atome im mestastabilen ^{3}P-Zustand durchfliegen in einem kollimierten Molekularstrahl den aufgeweiteten Laserstrahl im Zentrum eines durchstimmbaren Magnetfeldes B. Der **E**-Vektor des linear polarisierten Lasers steht senkrecht auf **B**, so daß Übergänge mit $\Delta M = \pm 1$ induziert werden. Für $B = 0$ sind alle M-Niveaus entartet und die Sättigung des atomaren Überganges wird bestimmt durch das Quadrat über die Summe der einzelnen Übergangswahrscheinlichkeiten $|\Sigma\mu_{M_a,M_b}|^2$für die verschiedenen Zeeman-Komponenten. Wird die Zeeman-Aufspaltung größer als die natürliche Linienbreite des metastabilen Niveaus, so sättigen die verschiedenen Zeeman-Komponenten einzeln, und die Sättigung ist proportional zu $\Sigma|\mu_{M_a,M_b}|^2$. Mißt man daher die laserinduzierte Fluoreszenzintensität des oberen Niveaus als Funktion der Magnetfeldstärke B, so erhält man ein, in nichtlinearer Weise von der Laserintensität abhängiges Hanle-Signal $I_{Fl}(B)$, dessen Lorentz-Profil eine Halbwertsbreite $\gamma_B(I_L) = \gamma_B(I_L) = \gamma_B\sqrt{1+S}$ hat, wobei $S = I_L/I_S$ der Sättigungsparameter ist (Abschn. 7.2).

Eine weitere Möglichkeit, eine spektrale Auflösung unterhalb der natürlichen Linienbreite eines optischen Überganges zu erhalten, benutzt ebenfalls eine kohärente Methode, nämlich die induzierte resonante Raman-Streuung als Spezialfall der optisch-optischen Doppelresonanz (Abschn. 10.5). Wird der Pumplaser auf einen molekularen Übergang $|1\rangle \rightarrow |2\rangle$ abgestimmt und dort festgehalten (Abb. 14.39), während der Probenlaser durchgestimmt wird, so erhält man genau dann ein Doppelresonanzsignal, wenn die Probenlaser-Frequenz ω_s mit der Frequenz ω_{12} des Überganges $|2\rangle \rightarrow |3\rangle$ übereinstimmt [14.79]. Dieses Signal kann nachgewiesen werden durch die Änderung der Absorption oder der Polarisation des Probenlasers. Werden beide Laserwellen kollinear durch die Absorptionszelle geschickt, so verlangt der Energiesatz bei der Wechselwirkung mit einem Molekül, das sich mit der Geschwindigkeit **v** bewegt,

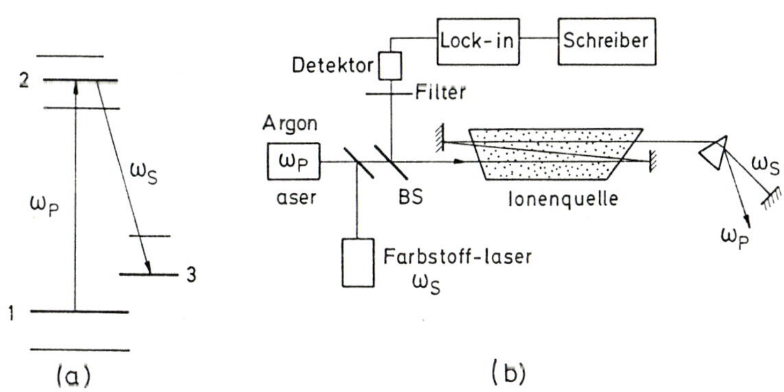

Abb. 14.39. Resonante stimulierte Ramanstreuung

$$(\omega_p - \mathbf{k}_p \cdot \mathbf{v}) - (\omega_s - \mathbf{k}_s \cdot \mathbf{v}) = (\omega_{12} - \omega_{23}) \pm (\gamma_1 + \gamma_3) , \qquad (14.45a)$$

wobei γ_i die homogene Linienbreite des Niveaus $|i\rangle$ ist. Der Doppler-Effekt 2. Ordnung und der Photonenrückstoß sind in (14.45a) vernachlässigt. Sie würden aber an der Argumentation nichts ändern.

Für die Linienbreite γ_s des Doppelresonanzsignals erhält man aus (14.45a) nach Integration über die Geschwindigkeitsverteilung der Moleküle [14.79]

$$\gamma_s = \gamma_3 + \gamma_1 \omega_s/\omega_p + \gamma_2(1 - \omega_s/\omega_p) . \qquad (14.45b)$$

Sind $|1\rangle$ und $|3\rangle$ Schwingungsrotationsniveaus im elektronischen Grundzustand, so sind ihre spontanen Lebensdauern sehr groß gegen die des angeregten Niveaus $|2\rangle$ (bei homonuklearen zweiatomigen Molekülen sind sie unendlich). Für $(\omega_p - \omega_s) << \omega_p$ wird der Beitrag von γ_2 zur Linienbreite des Doppelresonanz-Signals sehr klein, und wir erhalten trotz Anregung des Niveaus $|2\rangle$ eine Linienbreite, die kleiner ist als die natürliche Linienbreite des Überganges $|1\rangle \rightarrow |2\rangle$. Natürlich erfährt man aus diesem Experiment nichts über die Zustandsbreite des oberen Niveaus $|2\rangle$. Bei genügend stabiler Laserfrequenz und vernachlässigbarer Flugzeitlinienbreite ist die Breite des Doppelresonanzsignals vergleichbar mit der eines direkten Überganges $|1\rangle \rightarrow |3\rangle$. Wenn jedoch $|1\rangle \rightarrow |2\rangle$ und $|2\rangle \rightarrow |3\rangle$ erlaubte elektrische Dipolübergänge sind, ist ein direkter Übergang $|1\rangle \rightarrow |3\rangle$ dipolverboten. Die schmale Linienbreite des OODR-Signals ist wesentlich, wenn es sich bei dem Niveaus $|3\rangle$ um ein hochliegende Schwingungsrotations-Niveau

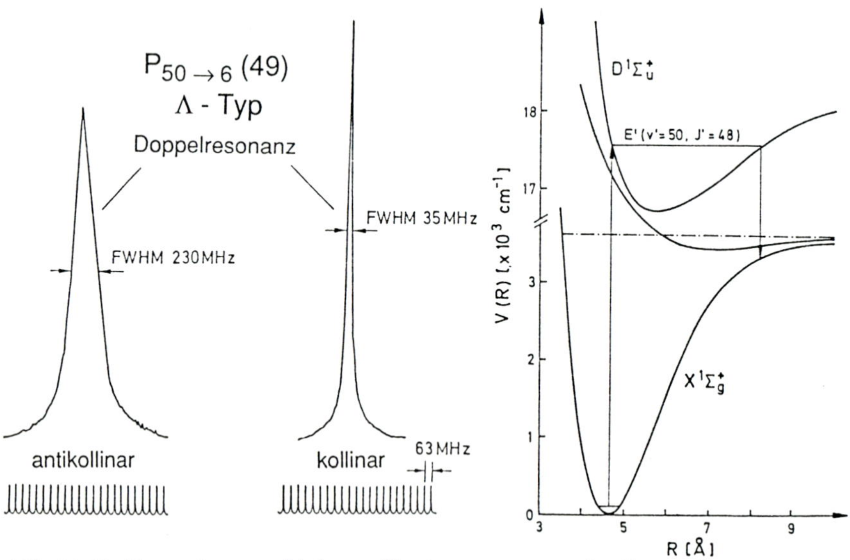

Abb.14.40. Termschema + Linienprofile der resonanten stimulierten Ramanstreuung am Cs_2-Molekül bei kollinearer und antikollinearer Ausbreitung der beiden Laserstrahlen. Die Lebensdauer des oberen prädissoziierenden Niveaus ist nur bei 2 ns. Bei antikollinearer Anordnung wird deshalb die Linienbreite 230 MHz [14.80]

dicht unter der handelt, wo die Niveaudichte sehr groß wird. Als ein Beispiel ist in Abb.14.40 ein OODR-Spektrum eines Rotationsüberganges im Cs_2-Molekül gezeigt, das in 4 Komponenten aufgespalten ist. Diese Aufspaltung wird durch die Kernspin-induzierte Wechselwirkung zwischen den beiden elektronischen Zuständen $X^1\Sigma_g^+$ und $a^3\Sigma_u$ bewirkt, welche bei sehr großen Kernabständen beide Zustände mischt. Dabei muß der Energieabstand zwischen den adiabatischen Potentialkurven beider elektronischen Zustände von der Größenordnung der atomaren HFS-Aufspaltung sein [14.80].

14.7 Absolute optische Frequenzmessung und Frequenzstandard

Im allgemeinen lassen sich Frequenzen wesentlich genauer messen als Längen. Der Grund dafür liegt z.B. im optischen Bereich an der Abweichung der Lichtwellen von idealen ebenen Wellen, die durch Beugung, optische Abbildungsfehler und örtliche Inhomogenitäten des Brechungsindex verursacht wird. Dies führt zu Krümmungen der Phasenflächen und damit zu Unsicherheiten bei der Messung der Wellenlänge, die ja definiert ist als der Abstand zwischen zwei Phasenflächen mit der Phasendifferenz 2π. Um die größtmögliche Genauigkeit bei der Bestimmung physikalischer Größen, die mit der Wellenlänge zusammenhängen, zu erreichen, wäre es daher auch im optischen Bereich wünschenswert, optische Frequenzen direkt zu mesen. Wenn dies mit der gewünschten Genauigkeit gelingt, kann statt der Wellenlänge λ eines atomaren Überganges seine absolute Frequenz ν gemessen werden, aus der dann wegen der Definition der Lichtgeschwindigkeit c [14.81] die Wellenlänge $\lambda = c/\nu$ mit größerer Absolutgenauigkeit bestimmbar ist als bei einer direkten Messung. In diesem Abschnitt wollen wir Verfahren zum Erreichen dieses Zieles kennenlernen.

Mit modernen, schnellen Zählern können Frequenzen bis etwa 10^9 Hz direkt gemessen und mit einem geeichten Frequenzstandard verglichen werden. Bei höheren Frequenzen kann ein Heterodynverfahren angewendet werden, bei dem die unbekannte Frequenz ν_x mit einer bekannten Frequenz ν_R oder einem Vielfachen $m\nu_R$ in einem nichtlinearen Detektor gemischt wird, so daß die Differenzfrequenz $\Delta\nu = \nu_x - m\nu_R$ im Frequenzbereich von 0 bis 1 GHz liegt und damit direkt gezählt werden kann.

Wenn die Ausgangsstrahlung von zwei Infrarotlasern mit den bekannten Frequenzen ν_1 und ν_2 zusammen mit der Strahlung der Frequenz ν_x des zu messenden Lasers auf einen nichtlinearen Detektor fokussiert werden, so sind im Ausgangssignal des Detektors die Mischfrequenzen

$$\nu_b = \pm\nu_x \pm m\nu_1 \pm n\nu_2 \qquad 14.46)$$

enthalten und können mit einem Spektrum-Analysator herausgefiltert und gemessen werden, solange sie in dem von ihm erfaßten Frequenzbereich liegen. Auf diesem Meßverfahren basiert eine Frequenzkette, die im National Bureau of Standards (NBS, jetzt National Institute of Standards and

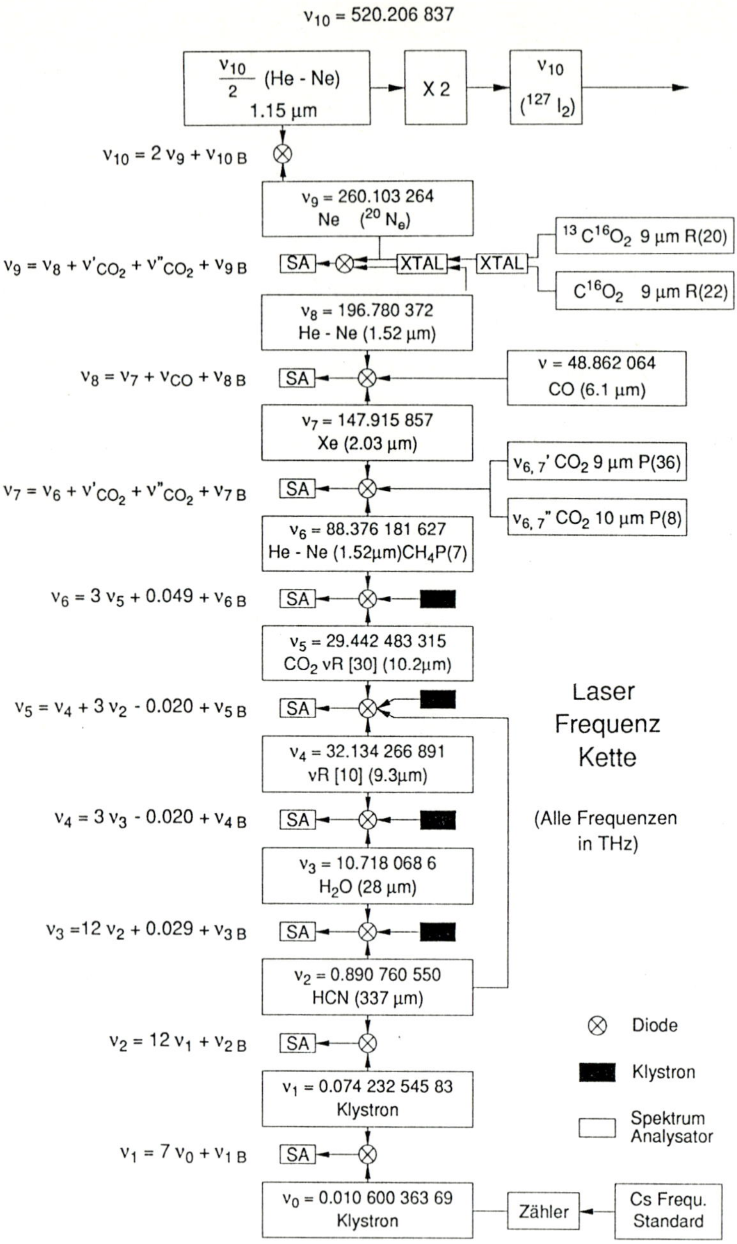

Abb.14.41. Optische Frequenzkette, welche stabilisierte Laser im optischen Bereich an den Cs-Frequenzstandard anschließt [14.82b]

Technology, NIST) aufgebaut wurde (Abb.14.41). Die Kette startet bei dem noch als Frequenzstandard akzeptierten Hyperfeinübergang des Cs-Atoms in der „Cs-Uhr", mit dessen Hilfe ein Klystron bei 10.6 GHz stabilisiert wird. Die 7. Harmonische dieses Klystrons wird mit der Strahlung eines an-

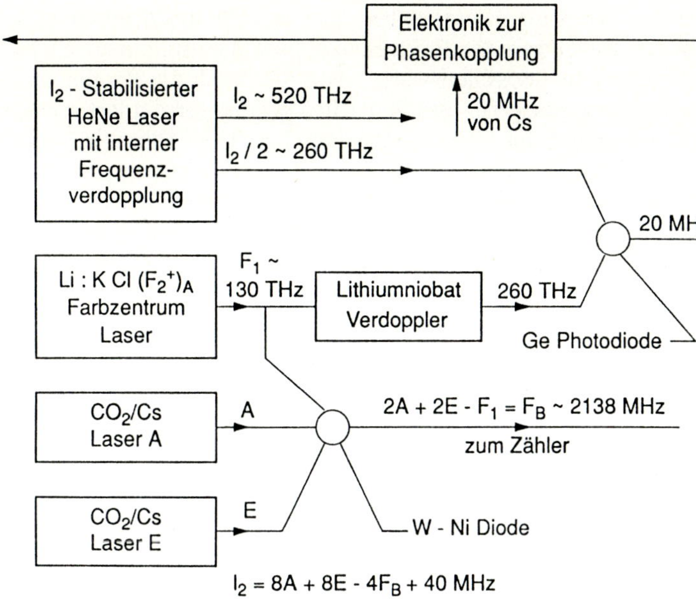

Abb.14.42. Schema einer Frequenzkette zur Messung der Frequenz von 260/520 THz eines HeNe/I_2-Lasers [14.83]

deren Klystrons bei 74 Ghz in einem nichtlinearen Detektor gemischt und die Mischfrequenz gemessen. Dessen 12. Oberwelle wird mit der Strahlung eines HCN-Lasers bei 890 GHz gemischt, deren Frequenz dadurch genau bestimmt werden kann. Die 12. Oberwelle des HCN-Lasers wird mit der Strahlung eines H_2O-Lasers bei 10.7 THz ($\lambda = 8\mu$m) und der eines Klystrons gemischt und dadurch die H_2O-Laserfrequenz festgelegt. Die Kette reicht bis zu der Frequenz sichtbarer Farbstofflaser, die auf Hyperfeinübergänge des J_2-Moleküls stabilisiert werden. Als Mischdioden haben sich Schottky-Dioden aus einem dünnen Wolframdraht mit feiner angeätzter Spitze, die auf eine oxydierte Nickelschicht gepresst wird, bewährt [14.82], mit denen sich Mischfrequenzen bis weit oberhalb 10^{10} Hz realisieren lassen (Abschn.5.7.4). (Eine weitere Möglichkeit, eine Frequenzkette zu realisieren, ist in Abb.14.42 aufgezeigt).

Für weitere Einzelheiten siehe [14.83].

14.8 Kann man das Photonenrauschen überlisten?

Bei kleinen Lichtintensitäten macht sich die Quantenstruktur des Lichtes durch die statistischen Schwankungen der detektierten Photonen bemerkbar, die zu entsprechenden Schwankungen des gemessenen Photoelektronenstromes führen. Dieses „Photonenrauschen", dessen mittlere Schwankung bei N Photonen pro Sekunde proportional zu $\sqrt{N}$ ist, begrenzt bei vielen Experimenten, bei denen nur sehr kleine Signale zu erwarten sind, das Signal/Rausch Verhältnis. Auch bei der Frequenzstabilisierung von Lasern mit Stabilitäten im Millihertz-Bereich begrenzt das Photonenrauschen des Detektors über den Regelkreis der Frequenzregelung die erreichbare Stabilität. Es wäre deshalb sehr wünschenswert, wenn die durch die Photonenstatistik bedingte untere Grenze für das Rauschen weiter vermindert werden könnte. Auf den ersten Blick scheint dies unmöglich zu sein, weil diese Rauschgrenze prinzipieller Natur ist. Es hat sich jedoch gezeigt, daß man unter bestimmten Voraussetzungen ohne Verletzung allgemeiner physikalischer Prinzipien doch das Photonenrauschen „überlisten" kann. Dies wollen wir uns jetzt genauer ansehen; und folgen dabei teilweise der Darstellung in [14.84].

14.8.1 Phasen- und Amplitudenschwankungen des Lichtfeldes

Wie im Abschnitt 2.1 gezeigt wurde, läßt sich das elektromagnetische Strahlungsfeld eines Lasers als eine Überlagerung von Moden in Form ebener Wellen

$$E = \sum_i E_i(t)\cos(\omega_1 t + \mathbf{k}\cdot\mathbf{r} + \phi) \tag{14.47}$$

darstellen. Für einen Einmodenlaser mit der Frequenz ω_L reduziert sich (14.47) auf

$$\begin{aligned} E_L(t) &= E_0\cos[\omega_L t + \mathbf{k}_L\cdot\mathbf{r} + \phi(t)] \\ &= E_1(t)\cos\omega_L t + \mathbf{k}_L\cdot\mathbf{r}) + E_2(t)\sin(\omega_L t + \mathbf{k}\cdot\mathbf{r}) \end{aligned} \tag{14.48}$$

mit $\tan\phi = E_2/E_1$.

Von einem Photodektor wird i.a. der Mittelwert der Intensität

$$\langle I\rangle = \frac{c\epsilon_0}{2}(\langle E_1^2\rangle + \langle E_1^2\rangle) \tag{14.49}$$

gemessen. Mit Interferometern oder Überlagerungsempfängern lassen sich jedoch auch die Mittelwerte $\langle E_1{}^2\rangle$ oder $\langle E_2{}^2\rangle$ getrennt bestimmen.

Eine streng monochromatische Welle mit konstanter Amplitude und Phase entspricht einem „kohärenten Zustand" des elektro-magnetischen Feldes, den wir z.B. durch (14.48) mit $E_1 = E_0$ und $E_2 = 0$, d.h. $\phi = 0$ beschreiben können. Selbst ein gut stabilisierter Einmodenlaser hat jedoch noch kleine Amplitudenschwankungen δE_0 und Phasenschwankungen $\delta\phi$, die wir in einem Diagramm wie in Abb.14.43a,b auf zwei verschiedene Weisen darstellen können, indem entweder E(t) und seine Schwankungsbreite in Amplitude und Phase in einem Zeitdiagramm aufgetragen wird oder die Schwankungen von E_1, E_2 in einem Phasendiagramm. Auf Grund der Unschärferelation können nicht beide Schwankungsbreiten von Amplitude und Phase bzw. von E_1 und E_2 gleichzeitig Null werden. Man kann zeigen [14.85, 86], daß bei geeigneter Normierung

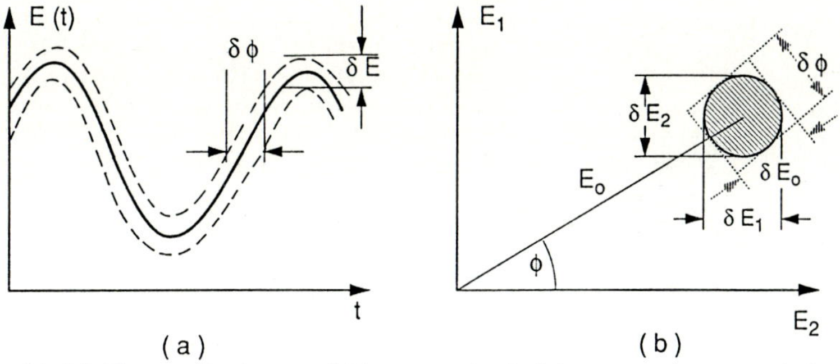

Abb.14.43. Amplituden- und Phasenunschärfe (**a**) im Amplituden-Zeitdiagramm, (**b**) im Phasendiagramm

$$\langle E^2 \rangle = \langle E_1{}^2 \rangle + \langle E_2{}^2 \rangle = \frac{h\omega^2}{\epsilon_0 V}$$

der Feldamplitude E einer Mode des elektro-magnetischen Feldes mit dem Modenvolumen V für das Produkt der Unschärfen δE_1 und δE_2 die Relation

$$\delta E_1 \cdot \delta E_2 \geq 1 \tag{14.50}$$

gilt. Für kohärente Zustände des Strahlungsfeldes (Glauber-Zustände [14. 87,88]) und auch für ein thermisches Strahlungsfeld erhält man

$$\delta E_1 = \delta E_2 = 1 \tag{14.51}$$

und damit den minimalen Wert für die Unschärfe des Produktes. Diese Schwankungen von E_1 und E_2 werden oft auch als „Vakuum-Fluktuationen" des elektro-magnetischen Feldes bezeichnet (Sect. 14.8.2). Im Phasendiagramm der Abb. 14.43b ergibt sich für die Unschärfefläche ein Kreis.

Kohärentes Licht hat phasenunabhängiges Rauschen, wie man mit Hilfe eines Mach-Zehnder-Interferometers (Abb. 14.44) nachweisen kann:

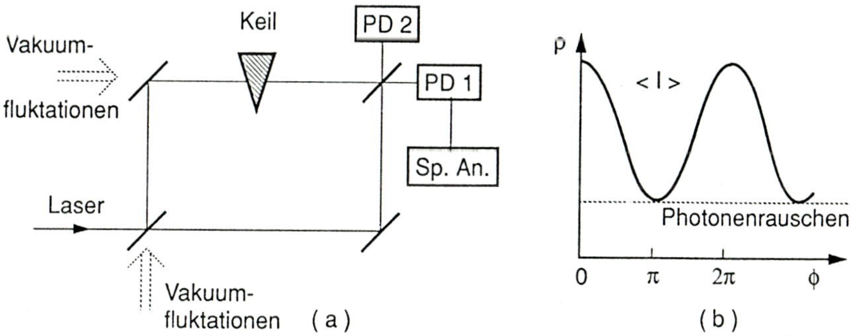

Abb.14.44a,b. Nachweis des phasenunabhängigen Quantenrauschens mit Hilfe eines Machzehnder Interferometers. (**a**) Experimentelle Anordnung, (**b**) Intensität $I(\phi)$ und hochfrequenter Anteil des Rauschens am Ausgang des Interferometers als Funktion der Phasendifferenz ϕ

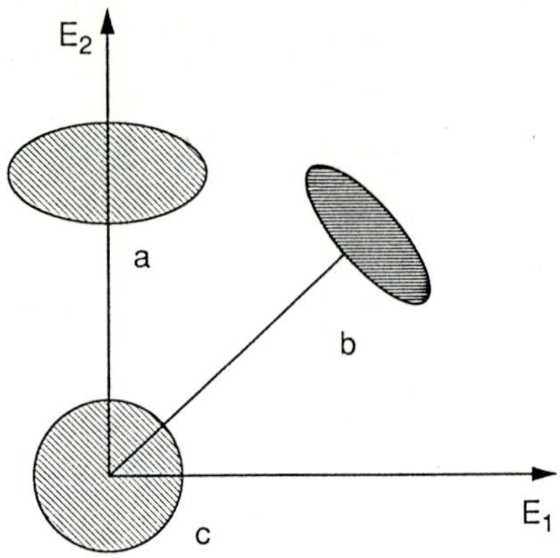

Abb.14.45. Quetschzustände im Phasendiagramm. (*a*) $\langle E_1 \rangle = 0$, $\delta E_1 > \delta E_2$, (*b*) $E\delta\phi > \delta E$; $\delta E_1 = \delta E_2$, (*c*) Unschärfebereich der Nullpunktschwankungen um $\langle E \rangle = 0$

Spaltet man den Laserstrahl auf in zwei Teilstrahlen, von denen einer einen optischen Keil durchläuft, mit dem die optische Länge in diesem Inteferometerarm kontinuierlich verändert werden kann, so erhält man bei der Überlagerung der Teilwellen am Ausgang eine kontinuierliche Phasenverschiebung ϕ und damit eine entsprechende Interferenz-Intensität

$$\langle I \rangle = \langle I_1 \rangle + \langle I_2 \rangle + 2E_1 E_2 \cos\phi \tag{14.52}$$

Analysiert man das Detektorsignal (14.52) mit einem elektronischen Spektrum-Analysator bei genügend hohen Frequenzen f, bei denen technisches Rauschen keine Rolle mehr spielt, so erhält man eine von ϕ unabhängige Rauschleistung $\rho(f)$ (Abb.14.44b). Es ist überraschend, daß selbst für das Interferenzminimum bei $\phi = \pi$, wo die mittlere Intensität $\langle I \rangle$ fast Null ist, die Rauschleistung $\rho(f)$ genau so groß ist wie im Maximum der Intensität bei $\phi = 0$ oder $\phi = 2\pi$.

Eine Variation der Phase ϕ im Interferometer entspricht in Abb.14.43b einer Drehung der Achsen im Phasendiagramm. Die beiden Detektoren PD1 und PD2 im Abb.14.44 messen die beiden senkrechten Projektionen des Vektor **E** auf die Koordinatenachsen E_1 und E_2. Mit der Anordnung in Abb.14.44 kann man daher durch geeignete Wahl von ϕ jeweils die Mittelwerte $\langle \delta E_1 \rangle$ bzw. $\langle \delta E_2 \rangle$ der Schwankungen einzeln bestimmen (Abb.14.45).

Blockt man in Abb.14.44 das einfallende Laserlicht ab, so wird zwar die mittlere Intensität $\langle I \rangle = 0$, aber die gemessene Rauschleistung $\rho(f)$ wird keinesfalls Null, Es bleibt auch außer technischem Rauschen und Verstärker-Rauschen eine von Null verschiedene Restrauschleistung $\rho_0(f)$, die auch bei „leeren" Eingängen des Interferometers im verdunkelten Raum zu beobachten ist. Ein solches Eingangsfeld der Intensität Null nennt man einen Vakuumzustand des elektro-magnetischen Feldes und die beobachtete, von der Frequenz f unabhängige Rauchleisung ρ_0 schreibt man den Nullpunktschwankungen dieses Vakuumfeldes zu. Im Phasendiagramm (Abb. 14.43) entspricht ρ_0 dem Radius des Unschärfekreises um den Nullpunkt $E_1 = E_2 = 0$.

Diese Rauschleistung ρ_0 des Nullpunktfeldes begrenzt interferometrische Messungen [14.89,90].

14.8.2 Quetschzustände

Mit verschiedenen Verfahren der nichtlinearen Optik (siehe unten) lassen sich die Fluktuationseigenschaften eines Strahlungsfeldes so verändern, daß die Unschärfe δE_i einer der beiden Amplituden E_1 kleiner wird als im kohärenten Zustand der Abb.14.43. Allerdings wird dann die Unschärfe der anderen Amplitude größer, so daß aus dem kreisförmigen Unschärfebereich ein elliptischer Bereich wird, dessen Fläche größer oder gleich der des Kreises ist (Abb.4.45).

Man nennt solche Zustände „Quetschzustände" (squeezed states), weil sie im Phasendiagramm der Abb.4.43 durch „Verquetschen" der symmetrischen, minimalen Unschärfefläche kohärenter Zustände entstehen, wodurch die Unschärfe einer der beiden Komponenten unter die Grenze der Vakuumfluktuation gedrückt werden kann.

Die Verringerung der Unschärfe einer Komponente E_i kann in geeigneten optischen Anordnungen ausgenutzt werden, um den Rauschuntergrund des Quantenrauschens, der bei statistischer Photonenemission von N Photonen proportional zu $\sqrt{N}$ ist, zu verringern.

Das Prinzip eines „squeezing"-Experimentes ist schematisch in Abb. 14.46 gezeigt: Der Ausgangsstrahl eines möglichst gut stabilisierten kontinuierlichen Lasers wird am Strahlteiler St1 aufgespalten in einem Pump- und einen Probenstrahl. Der Probenstrahl durchläuft einen der beiden Arme eines Interferometers und kann in seiner Phase durch den optischen Keil K kontinuierlich verändert werden.

Die Pumpwelle mit der Frequenz ω_L erzeugt in einem nichtlinearen Medium auf Grund der nichtlinearen Wechselwirkung (z.B. Vierwellenmischung oder parametrische Erzeugung von Signal- und Idlerwelle im optischen parametrischen Oszillator, Abschn.5.7) neue Wellen auf den Frequenzen $\omega_L \pm f$. Diese werden am Strahlteiler St2 am Ausgang des Interferometers der Probenwelle, die als „lokaler Oszillator" des Heterodynsystems dient, überlagert. Das Rauschspektrum $\rho(f,\phi)$ des Detektorsignals wird dann mit einem elektronischen Spektrumanalysator als Funktion der Phasenverschiebung ϕ bei einer festen Frequenz f gewonnen.

Das Ergebnis ist schematisch in Abb.14.46b dargestllt. Die Rauschleistung $\rho(t,\phi)$ zeigt eine periodische Abhängigkeit von der Phase ϕ. Wenn für bestimmte Werte von ϕ die Rauschleistung $\rho(f,\phi)$ des Strahlungsfeldes im

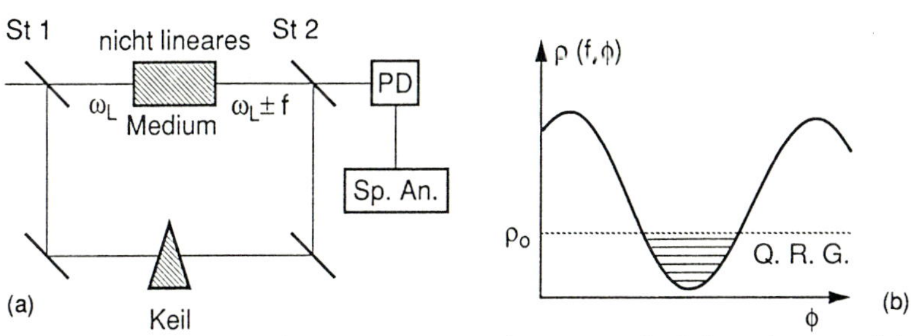

Abb.14.46a,b. Schematische Darstellung eines "squeezing"-Experimentes. (a) Experimenteller Aufbau, (b) Rauschleistung $\rho(\phi)$ am Ausgang des Interferometers und von ϕ unabhängige Quantenrauschgrenze [14.84]

Überlagerungszustand am Ausgang des Interferometers unter dem von ϕ unabhängigen Wert $\rho_0(f)$ des Quantenrauschens für inkohärente Strahlung gleicher Intensität sinkt, hat man einen Quetschzustand erreicht.

Das Verhältnis

$$V_{sq} = \frac{\rho_0(f) - \rho_{min}(f,\psi)}{\rho_0(f)}$$

nennt man den „Verquetschungsgrad" (degree of squeezing). Man hat also einen Verquetschungsgrad von 50% erreicht, wenn $(\rho_0 - \rho)/\rho_0 = 0.5$ wird.

Die Schwierigkeit bei der Messung des Verquetschungsgrades liegt in der genauen Bestimmung der Quantenrauschgrenze $\rho_0(f)$. Zu ihrer Messung verwendet man eine inkohärente Lichtquelle von gleicher Intensität wie die vom Detektor gemessene Überlagerung der kohärenten Wellen am Ausgang des Interferometers.

Man muß außerdem beachten, daß die optischen Komponenten, wie Strahlteiler oder teildurchlässige Spiegel, den Verquetschungsgrad erniedrigen [14.89].

14.8.3 Realisierung von Quetschzuständen

Der erste erfolgreiche Nachweis von Quetschzuständen gelang *Slusher* und Mitarbeitern [14.91] mit Hilfe der Vierwellen-Mischung in einen Natrium-Atomstrahl. Die Na-Atome werden von einem Farbstofflaser bei einer Frequenz $\omega_L = \omega_0 + \delta$ in der Nähe ihrer Resonanz-Frequenz ω_0 gepumpt. Zur Erhöhung der Pumpleistung wird der Atomstrahl in die Mitte eines optischen Resonators gebracht, der auf die Pumpfrequenz ω_L abgestimmt ist (Abb.14.47). Durch parametrische Prozesse bei der nichtlinearen Wechselwirkung der beiden im Resonator gegenläufigen Pumpwellen $(\omega_L, \pm\mathbf{k}_L)$ entstehen neue Wellen auf den Frequenzen $\omega_L \pm +\delta)$, die Signalwelle und Idlerwelle genannt werden (Vierwellenmischung, Abb.14.48).

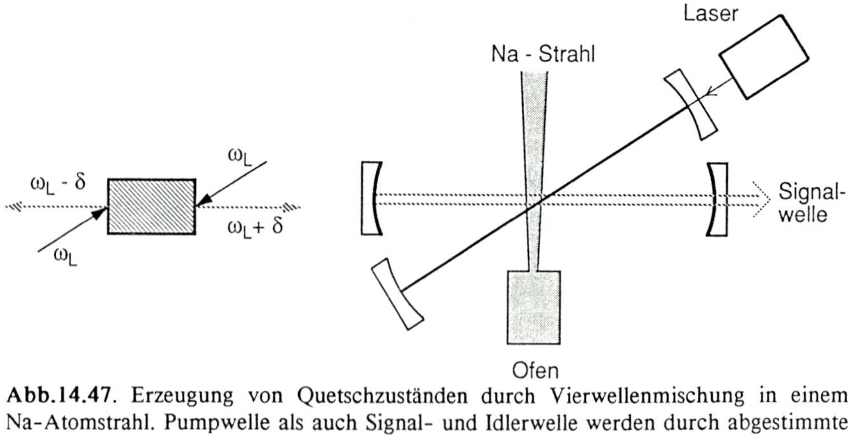

Abb.14.47. Erzeugung von Quetschzuständen durch Vierwellenmischung in einem Na-Atomstrahl. Pumpwelle als auch Signal- und Idlerwelle werden durch abgestimmte optische Resonatoren leistungsüberhöht [14.91]

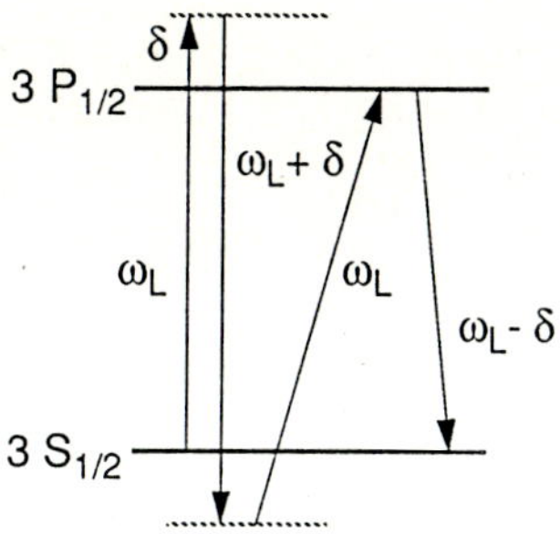

Abb.14.48. Schema der Vierwellenmischung am $3^2S_{1/2} \rightarrow 3^2P_{1/2}$ Übergang des Na-Atoms

Frequenzen und Wellenvektoren dieser Wellen sind durch Energie- und Impulserhaltung beim parametrischen Prozeß

$$2\omega_L \rightarrow \omega_L + \delta + \omega_L - \delta\ ,$$

$$\mathbf{k}_L + \mathbf{k}_i = \mathbf{k}_L + \mathbf{k}_s$$

festgelegt. Durch einen zweiten Resonator, dessen Länge so gewählt wird, daß die Frequenzverstimmung ρ ein ganzzahliges Vielfaches des Resonatormodenabstandes ist, können sowohl die Signalwelle als auch die Idlerwelle resonant überhöht werden.

Der entscheidende Punkt ist, daß eine definierte Phasenbeziehung zwischen Pumpwelle, Signal- und Idlerwelle durch die nichtlineare Wechselwirkung besteht. Die dadurch bewirkte Korrelation von Amplitude und Phase der Signalwelle führt, wie eine genauere Analyse zeigt [14.90, 92], zu einem phasenabhängigen Rauschen, das bei bestimmten Phasen unter das Quantenrauschen ρ_0 sinkt. Bei diesem Experiment wurde ein Verquetschungsgrad von 10% erreicht.

Die besten Ergebnisse mit einer Rauschunterdrückung von 60% (ca. -4db) unter die Quantenrauschgrenze wurde von *Kimbel* und Mitarbeitern [14.93] mit Hilfe eines optischen parametrischen Oszillators erzielt, wo die parametrische Wechselwirkung in einem MgO: $LiNbO_3$-Kristall erfolgt.

14.8.4 Anwendungen der „Squeezing-Technik" auf Gravitationswellen-Detektoren

Der angestrebte, aber noch nicht realisierte Nachweis von Gravitationswellen mit Hilfe optischer Methoden basiert auf der Längenänderung von Interferometern durch die Gravitationswellen [14.89, 94]. Bei einem Michelson-Interferometer mit zwei zueinander senkrechten Armen führt ein Unterschied ΔL in der Länge beider Arme zu einer Phasenänderung

$$\Delta\phi = \frac{4\pi}{\lambda}\Delta\lambda$$

zwischen den sich am Ausgang des Interferometers überlagernden Teilwellen (Abb.14.49). Die kleinste noch nachweisbare Phasenänderung $\Delta\phi$ muß größer als das Phasenrauschen sein. Bei einer Laserleistung von N Photonen pro Sekunde empfängt jeder der Detektoren N/2 Photonen pro Sekunde.

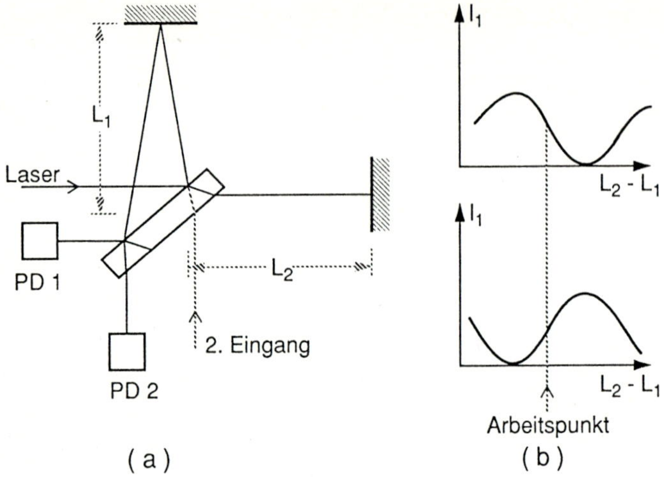

Abb.14.49. Michelson-Interferometer als Gravitationswellen-Detektor

Die beiden gemessenen Intensitäten sind $I_1(\phi) = \frac{1}{2}N(1+\cos\phi)$ und $I_2 = \frac{1}{2}N(1-\cos\phi)$, so daß für das Differenzsignal in der Nähe des Arbeitspunktes bei $\phi = \pi/2$ gilt:

$$\Delta I \sim N\phi \; .$$

Die Rauschleistung beider Detektoren addiert sich quadratisch und ergibt ein gesamtes Rauschsignal von $\sqrt{N}$. Das Signal/Rausch-Verhältnis

$$S/R = N\phi/\sqrt{N}$$

wird größer als 1 für $\phi > N^{-1/2}$. Die durch das Quantenrauschen begrenzte, kleinste meßbare Phase ϕ ist daher $\phi_{min} = N^{-1/2}$.

In [14.89] wurde gezeigt, daß sowohl Amplituden- als auch Phasenschwankungen des eingekoppelten Lasers nicht in das Rauschspektrum des Differenzsignals eingehen. Das Rauschen in $I_1 - I_2$ ist auf Fluktuationen des Nullpunkt-Feldes im zweiten Eingang des Interferometers zurückzuführen. Koppelt man in diesen Eingang ein Strahlungsfeld in einem Quetschzustand ein, wie man es mit den im vorigen Abschnitt diskutierten Methoden erzeugen kann, so sinkt die Rauschgrenze und die Empfindlichkeit des Interferometers bezüglich der Messung kleinster Längenänderung steigt.

Für detaillierte Darstellungen der „squeezing"-Technik, bisher durchgeführte Versuche und mögliche weitere Anwendungen wird auf die Literatur [14.95-100] verwiesen.

15. Anwendungen der Laserspektroskopie

Obwohl die Grundlagenforschung ihre eigentliche Motivation in der Gewinnung neuer Erkenntnisse sieht, wird sie doch immer mehr nach ihrem praktischen Nutzen für die Gesellschaft gefragt. Hier kann die Laserspektroskopie durchaus eine sehr positive Bilanz vorweisen, denn sie hat in den letzten Jahren eine schnell wachsende Bedeutung für zahlreiche Anwendungen in Physik, Chemie, Atmosphären- und Umweltforschung, Technologie, Biologie und Medizin erlangt. Dies wird durch eine große Zahl von Büchern und Übersichtsartikeln über Anwendungen der Laserspektroskopie deutlich. Wir können hier nur einige Beispiele zur Illustration bringen, die dem Leser zeigen sollen, welche faszinierenden Anwendungsmöglichkeiten bereits existieren und wieviel Entwicklungsarbeit hier noch nötig ist. Für umfangreichere Beschreibungen wird auf die in den einzelnen Abschnitten angegebene Literatur und auf einige spezielle Monographien [15.1-5] verwiesen.

15.1 Anwendungen in der Chemie

Laser können in der Chemie in vielfältiger Weise eingesetzt werden. Neben der Bedeutung der Laserspektroskopie in der analytischen Chemie zum empfindlichen Nachweis geringer Konzentrationen von Verunreinigungen, Spurenelementen oder kurzlebigen Zwischenprodukten bei chemischen Reaktionen (Abschn.6.2,5) wird in der Zukunft wohl auch die Möglichkeit der Beeinflussung chemischer Reaktionen durch selektive, optische Anregung der Reaktanden eine Rolle spielen. Ein weiteres, wichtiges Gebiet ist die Analyse der Zustandsverteilung von Reaktionsprodukten mit Hilfe der laserinduzierten Fluoreszenz (Abschn.6.5) und die spektroskopische Untersuchung von stoßinduzierten Energietransferprozessen (Abschn.13.3,4), welche einen wesentlich genaueren Einblick in den Ablauf inelastischer und reaktiver Stöße und deren Abhängigkeit von den Wechselwirkungspotentialen erlauben [15.6-11].

15.1.1 Laserspektroskopie in der analytischen Chemie

Als erstes Beispiel für die Anwendung in der analytischen Chemie soll der empfindliche Nachweis von Spurenelementen dienen, der mit einer der in Kap.6 behandelten spektroskopischen Methoden mit Lasern wesentlich empfindlicher durchgeführt werden kann als mit konventionellen Methoden. Man erreicht bei molekularen Komponenten Empfindlichkeiten im ppb-Bereich (1ppb: 1 part per billion. Das entspricht einer relativen Konzentration von 10^{-9}), während man atomare Komponenten sogar noch bis in den ppt ($=10^{-12}$) Bereich nachweisen kann.

Als Beispiel soll die Bestimmung der Deuteriumhäufigkeit in Wasser dienen, die mit Hilfe der optoakustischen Spektroskopie (Abschn.6.2.3) nach Anregung mit einem Deuterium-Fluorid-Laser durchgeführt wurde [15.10]. Da das Häufigkeitsverhältnis D/H etwa $1.5 \cdot 10^{-4}$ beträgt, ist das Verhältnis HDO/H_2O in natürlichem Wasser $3 \cdot 10^{-4}$. Während H_2O die DF-Laserlinien nicht absorbiert, überlappen einige DF-Linien mit HDO-Schwingungsrotationsübergängen. Die Experimente zeigten, daß bei optimaler Auslegung der Meßapparatur der HDO-Gehalt mit einer Genauigkeit von 1% bestimmt werden kann.

Wenn man zum Nachweis von Atomen Übergänge verwenden kann, die ein echtes Zweiniveausystem darstellen, kann das Atom während seiner Flugzeit T durch den anregenden Laserstrahl bis zu $T/2\tau$ Absorptions-Emissions-Zyklen durchlaufen, wenn τ die Lebensdauer des angeregten Zustandes ist. Mit typischen Werten von $T = 10\ \mu s$ und $\tau = 10$ ns würde ein einzelnes Atom dann bis zu 500 Fluoreszenzphotonen aussenden, so daß man auf diese Weise einzelne Atome durch ihre „Photon-Bursts" nachweisen kann. Sind die Atome z.B. in Luft bei Atmosphärendruck, so wird ein Teil der Fluoreszenz durch Stöße „gequencht", dafür wird aber auch die Diffusionszeit des Atoms durch den Laserstrahl länger.

Ein anderes, sehr empfindliches Nachweisverfahren ist die resonante Zweiphotonenionisation [15.13]. Bringt man z.B. die zu untersuchende Probe auf einen Heizdraht im Vakuum, wo sie verdampft wird, so können die Atome während der gepulsten Heizdauer des Drahtes in der Dampfphase durch die überlagerten Strahlen zweier gepulster Farbstofflaser fliegen, von denen einer auf einen Resonanzübergang $|i\rangle \to |k\rangle$ des gesuchten Atoms abgestimmt ist, während der zweite, auf einen atomaren Übergang $|k\rangle \to |f\rangle$ in ein hochliegendes Niveau $|f\rangle$ abgestimmt wird. Ein 3. Photon aus einem der beiden Laserstrahlung bewirkt dann die Ionisation der angeregten Atome (Abb.15.1). Bei genügend hoher Leistung des zweiten Lasers können einzelne Atome ionisiert und als Ionen mit 100%iger Wahrscheinlichkeit nachgewiesen werden [15.14, 15].

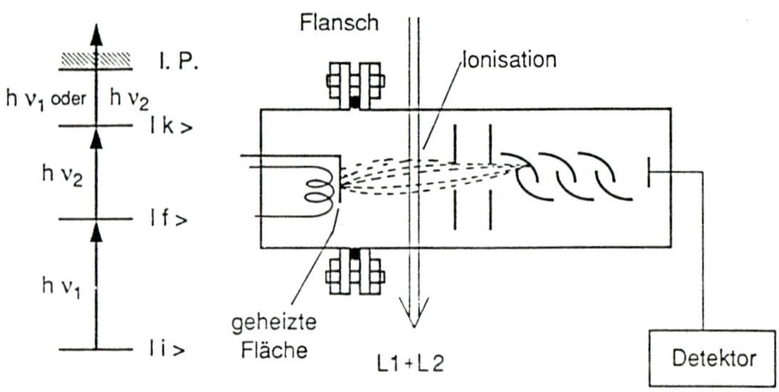

Abb.15.1. Resonante Multiphoton-Ionisation als empfindliches Nachweisverfahren für geringe Substanzmengen

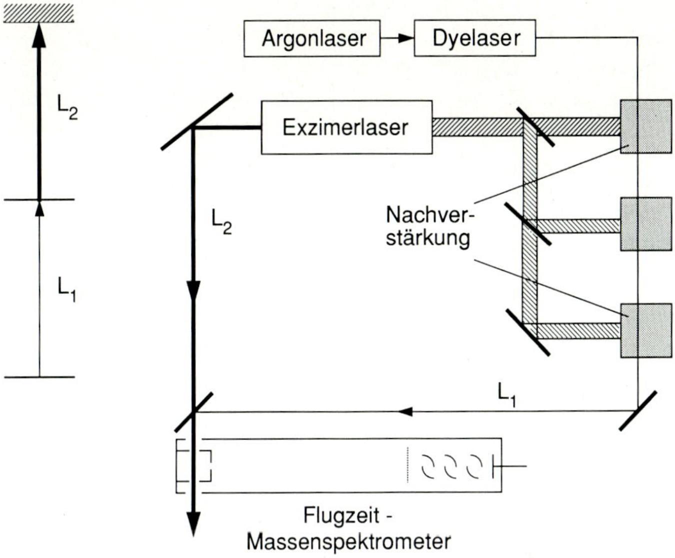

Abb.15.2. Selektive Anregung eines Isotops durch einen gepulsten nachverstärkten "single-mode"-Dye laser und Ionisation des angeregten Atoms bzw. Moleküls durch den Exzimer Laser in der Ionenquelle eines Massenspektrometers

Man kann die Nachweisempfindlichkeit weiter steigern durch eine Kombination von Massenspektrometer und resonanter Zweistufenionisation (Abb.15.2). Wird das zu messende Gas in die Ionenquelle des Massenspektrometers eingelassen, wo die Atome durch einen schmalbandigen Laser angeregt und durch den zweiten Laser ionisiert werden, so kann selbst bei einem Überlapp zwischen Absorptionslinien verschiedener Iostope oder von verschiedenen Atomen die gewünschte Spezies durch die nachfolgenden Massenselektion isoliert werden [15.16].

15.1.2 Laserinduzierte chemische Reaktionen

Als zweiten Anwendungsbereich wollen wir „laserinduzierte chemische Reaktionen" behandeln. Das Grundprinzip ist in Abb.15.3 schematisch dargestellt: Bei Anregung eines oder mehrerer miteinander stoßender Reaktionspartner durch Ein- oder Mehrphotonenabsorption wird die Reaktion initiiert. Die Anregung kann entweder vor dem Stoß (Abb.15.3a) erfolgen oder während des Stoßes (Abb.15.3b, Abschn.13.5).

Für die selektive Beeinflussung eines Reaktionskanals durch die Laseranregung der Reaktanden ist die Zeitspanne Δt zwischen Photonenabsorption und Beendigung der gewünschten Reaktion von zentraler Bedeutung: Die Anregungsenergie, die durch Photonenabsorption in ein bestimmtes Molekülniveau selektiv gepumpt wurde, kann durch verschiedene unerwünschte Relaxationsprozesse umverteilt werden, bevor die eigentlich gewünschte Reaktion eintritt: Sie kann z.B. durch spontane Emission verloren gehen, durch interne Kopplungen auf viele Freiheitsgrade des Moleküls verteilt werden (intramolekulare strahlungslose Übergänge) oder durch

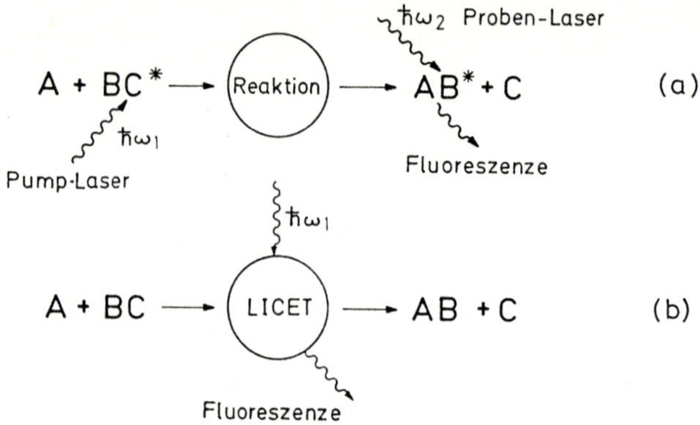

Abb.15.3. Schematische Darstellung der Initiierung und des Nachweises chemischer Reaktionen mit Lasern durch Anregung der Reaktanden A+BC* (**a**) oder des Stoßpaares (ABC) (**b**)

Stöße mit anderen Molekülen (intermolekularer Energietransfer) in Wärme (Translationsenergie) oder Schwingungsrotationsenergie übergehen, ohne daß die erwünschte Reaktion eingetreten ist. Die Zeitskalen solcher Prozesse hängen von den jeweiligen Molekülen ab, von der Anregungsenergie und vom Druck in der Reaktionszelle. Wir unterscheiden dabei drei verschiedene Fälle:

1) Die Anregung durch den Laser und die nachfolgende Reaktion geschieht in einer sehr kurzen Zeit T, die klein ist gegen die Zeiten für die Umverteilung der Anregungsenergie durch Fluoreszenz oder nichtreaktive Stöße. Dann spielen diese Verlustmechanismen noch keine entscheidende Rolle und die gewünschte Selektivität der optischen Steuerung der Reaktion kann erreicht werden. Dazu muß man im allgemeinen mit Pikosekunden- oder sogar Femtosekunden-Laserpulsen anregen.

2) In einem mittleren Zeitbereich (typisch im ns-μs-Bereich, abhängig vom Druck in der Reaktionszelle) kann die Reaktion eintreten, bevor die Anregungsenergie durch nichtreaktive Stöße umverteilt wurde. Ist der angeregte Reaktand ein größeres Molekül, so hat sich jedoch die Anregungsenergie durch Kopplung zwischen den verschiedenen internen Freiheitsgraden auf viele Zustände des Moleküls verteilt. Das angeregte Molekül kann immer noch mit einer größeren Wahrscheinlichkeit als im Grundzustand reagieren, aber die Selektivität der Reaktionssteuerung ist teilweise verloren gegangen.

3) Bei noch längeren Anregungszeiten (μs-Pulse bis zur cw Anregung) wird die Anregungsenergie durch Stöße praktisch gleichmäßig auf alle Moleküle der Probe umverteilt, und geht letztlich in Translationsenergie über. Dadurch steigt die Temperatur, und der Effekt der Laseranregung hinsichtlich der gewünschten Reaktion unterscheidet sich nur wenig von dem einer thermischen Aufheizung der Probe.

Für den ersten Zeitbereich müssen modengekoppelte Laser verwendet werden, während für den zweiten auch gepulste Laser mit ns-Pulsdauern bzw. gütegeschaltete Laser in Betracht kommen. Die meisten Experimente wurden bisher mit CO_2-Lasern oder mit chemischen Lasern durchgeführt, mit denen eine Schwingungsanregung der Reaktanden erfolgt.

Ein spezifisches Beispiel ist die laserinduzierte, bimolekulare Reaktion

$$HCl(v=1,2) + O^3(P) \rightarrow OH + Cl\ , \tag{15.1}$$

die nach einer Schwingungsanregung des HCl mit einem HCl-Laser erfolgt [15.17]. Die OH-Radikale werden durch laserinduzierte Fluoreszenz quantenzustandsspezifisch nachgewiesen, indem ein frequenzverdoppelter Farbstofflaser auf ausgesuchte Rotationslinien der Absorptionsbande ($v'=0 \leftarrow v''=0$) des $^2\Pi \leftarrow {}^2\Sigma$-Systems von OH bei λ = 308 nm oder der Bande ($v'=1 \leftarrow v''=1$) bei λ = 318 nm abgestimmt wird.

Ein zweites Beispiel ist die räumlich und zeitlich aufgelöste Beobachtung der durch einen TEA-CO_2-Laser induzierten Explosion eines Gemisches von O_2/O_3 in einer zylindrischen Zelle [15.18]. Der Reaktionsverlauf wird über die zeitliche Abnahme der O_3-Konzentration durch zeitaufgelöste Messung der UV-Absorption im Hartley-Kontinuum des O_3 untersucht. Spaltet man den UV-Probenstrahl in mehrere, räumlich getrennte Teilstrahlen mit eigenen Detektoren auf (Abb.15.4), so läßt sich die räumlich-zeitliche Ausbreitung des Verbrennungsprozesses verfolgen.

Bei der durch einen XeCl-Exzimerlaser induzierten Photolyse von Vinylchlorid

$$C_2H_3Cl + h\nu \rightarrow C_2H_3 + Cl \tag{15.2a}$$

$$C_2H_3Cl + h\nu \rightarrow C_2H_2 + HCl \tag{15.2b}$$

konnte trotz des kleinen Absorptionsquerschnitts von 10^{-21} cm^2 für die Absorption bei λ = 308 nm das Verhältnis der beiden Reaktionswege (15.2)

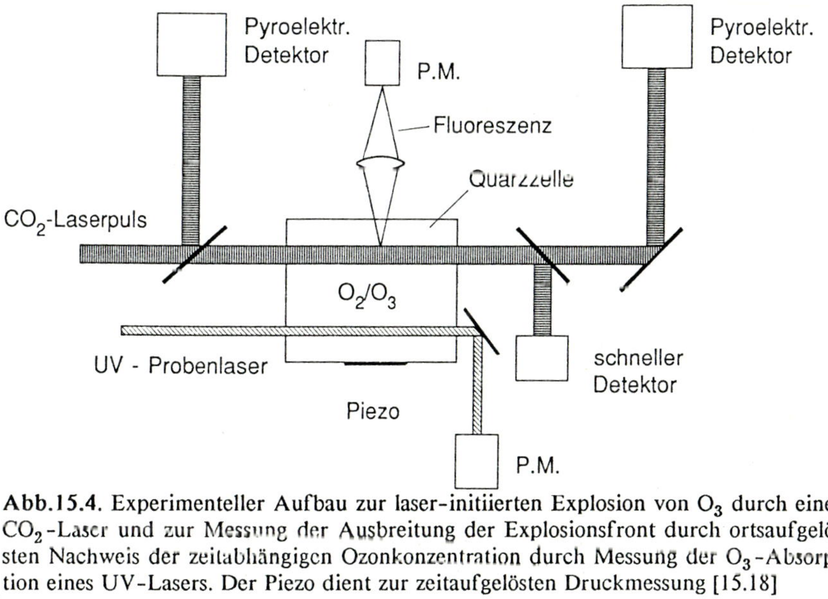

Abb.15.4. Experimenteller Aufbau zur laser-initiierten Explosion von O_3 durch einen CO_2-Laser und zur Messung der Ausbreitung der Explosionsfront durch ortsaufgelösten Nachweis der zeitabhängigen Ozonkonzentration durch Messung der O_3-Absorption eines UV-Lasers. Der Piezo dient zur zeitaufgelösten Druckmessung [15.18]

und seine Abhängigkeit von der Temperatur genau gemessen werden [15.19].

Mit den hohen Leistungen gepulster CO_2-Laser kann man Vielphotonen-Absorption ausnutzen, so daß man trotz der geringen Energie eines einzelnen Photons (~0.1eV) doch hohe Schwingungsniveaus bevölkern und sogar die Dissoziation der Moleküle erreichen kann. Die so angeregten Moleküle können in günstigen Fällen selektiv reagieren. Solche durch Mehrphotonenabsorption induzierten, selektiv gesteuerten chemischen Reaktionen [15.20] sind besonders wünschenswert, weil CO_2-Laserphotonen wegen des hohen Wirkungsgrades des CO_2-Lasers besonders billig sind.

Als Beispiel soll die durch CO_2-Laserpulse von 10^{-7}s Dauer induzierte Synthese von SF_5NF_2 erwähnt werden [15.21], die durch Mehrphotonenabsorption in einem S_2F_{10}/N_2F_4-Gemisch nach dem Schema

$$\begin{aligned} &S_2F_{10} + nh\nu \rightarrow 2\,SF_5\ , \\ &N_2F_4 + nh\nu \rightarrow 2NF_2\ , \\ &SF_5 + NF_2 \rightarrow SF_5NF_2 \end{aligned} \tag{15.3}$$

initiert wird, aber auch durch Einphotonenabsorption eines ArF-Lasers bei $\lambda = 193$ erreicht werden kann. Während die konventionelle Synthese ohne Laser etwa 10-20 Stunden dauert und hohe Drucke des Anfangsproduktes S_2F_{10} und Temperaturen von 425 K erfordert, kann die laserinduzierte Reaktion bereits bei Temperaturen von 350 K wesentlich schneller ablaufen.

Für viele chemischen Reaktionen sind katalytische Effekte an Oberflächen von besonderer Bedeutung. Die Aussicht, katalytische Eigenschaften durch Laserbestrahlung der Oberfläche weiter zu verbessern, hat intensive Forschungsaktivitäten auf diesem Gebiet in Gang gesetzt [15.21-23]. Der Laser kann entweder adsorbierte Moleküle oder Moleküle in der Gasphase dicht über die Oberfläche anregen. In beiden Fällen wird der Desorptions- bzw. Adsorptionsprozeß durch die Laseranregung beeinflußt, weil angeregte Moleküle ein anderes Wechselwirkungspotential mit der Oberfläche haben als solche im Grundzustand. Außerdem kann durch die einfallende Laserstrahlung Oberflächenmaterial verdampfen, was dann mit den Molekülen reagieren kann.

15.2 Isotopentrennung mit Lasern

Obwohl die stärksten Impulse zur Entwicklung leistungsfähiger Methoden für die Isotopentrennung vom Bedarf an angereichertem Uran ^{235}U ausgingen, gibt es doch für medizinische und biologische Anwendungen einen steigenden Bedarf an verschiedenen Isotopen, so daß es sich, unabhängig von der Zukunft der Kernkraftwerke lohnt, über effiziente Isotopentrennverfahren nachzudenken.

Die klassischen Verfahren der Isotopentrennung größerer Mengen in der industriellen Technik - wie z.B. Thermodiffusion oder Gaszentrifugen-

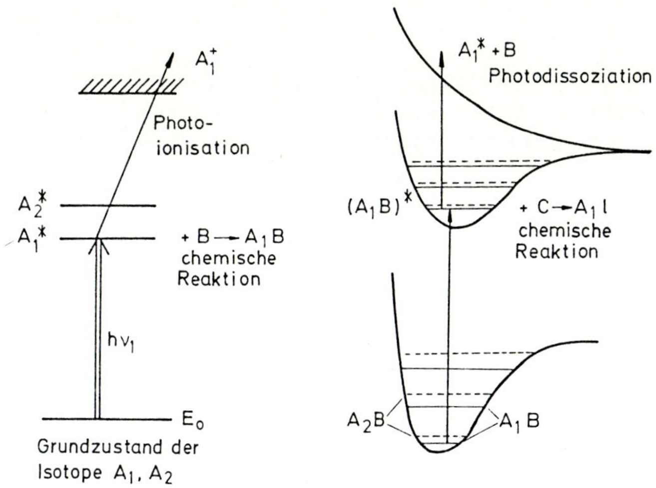

Abb.15.5. Verschiedene mögliche Wege der Isotpentrennung

trennung - sind im allgemeinen teuer, weil sie pro Trennschritt nur eine geringe Anreicherung ergeben, und deshalb eine große Zahl hintereinandergeschalteter Trennschritte erfordern, für die jeweils teure Geräte notwendig sind. Neu entwickelte Techniken, die auf einer Kombination laserspektroskopischer Methoden mit Verfahren der Photochemie beruhen, könnten in vielen Fällen eine kostengünstigere Alternative darstellen. Es gibt deshalb auch eine große Zahl verschiedener Vorschläge, von denen ein Teil bereits unter Laborbedingungen erfolgreich ausprobiert wurde. Für ihren großtechnischen Einsatz müssen allerdings noch eine Reihe technischer Probleme gelöst werden [15.24-29].

Die meisten dieser Methoden basieren auf der selektiven Anregung des gewünschten, atomaren oder molekularen Isotops durch Absorption eines Laserphotons. In Abb.15.5 sind mögliche Reaktionswege eines solchen, angeregten Isotops, die zur eigentlichen Trennung führen, zusammengestellt, wobei A und B Atome oder auch Atomgruppen (z.B. Radikale) darstellen sollen:

Wenn ein durch Absorption eines Photons $h\nu_1$ selektiv angeregtes Isotop A_1^* während der Lebensdauer des angeregten Zustandes ein zweites Photon $h\nu_2$ des gleichen oder eines anderen Lasers absorbiert, kann es ionisiert werden, wenn die Bedingungen

$$E_0 + h\nu_1 + h\nu_2 > E(A^+) \qquad (15.4)$$

erfüllt ist. Die so entstandenen Photoionen können durch ein elektrisches Feld abgezogen und von den nicht angeregten neutralen anderen Isotopen getrennt werden. Dieses Verfahren wird z.B. zur Anreicherung des Uran-Isotops ^{135}U in der Gasphase durch Zweiphotonenionisation mit leistungsstarken Kupferdampfgepumpten Farbstofflasern hoher Repetitionsfrequenz verwendet [15.25]. Da die Liniendichte im Absorptionsspektrum des Urans sehr groß ist, wird das Uran in einem Atomstrahl verdampft, der senkrecht mit den beiden Lasern bestrahlt wird, um genügend spektrale Selektivität zu erreichen.

Wenn das Isotop in einer molekularen Verbindung vorliegt, kann die Absorption des zweiten Photons auch zur Dissoziation des Moleküls Ab führen (Abb. 15.5b). Die dabei entstehenden Fragmente B, die das Isotopenatom enthalten mögen, können im allgemeinen durch Beigabe bestimmter Reaktanden, die mit B aber nicht mit Ab reagieren, chemisch getrennt werden.

In günstigen Fällen braucht man gar kein zweites Photon zur Ionisation oder Dissoziation, wenn man Reaktanden finden kann, die mit den angeregten Isotopen $(AB)^*$ wesentlich wahrscheinlicher reagieren als mit den Grundzustands-Molekülen Ab. Ein Beispiel für diese chemische Trennung laserangeregter Isotope ist die Reaktion

$$\begin{aligned} &I^{37}Cl + h\nu \rightarrow (I^{37}Cl)^* \,, \\ &(I^{37}Cl)^* + C_6H_5Br \rightarrow {}^{37}ClC_6H_5Br + I \,, \\ &{}^{37}ClC_6H_5Br \rightarrow C_6H_5{}^{37}Cl + Br \,. \end{aligned} \tag{15.5}$$

Das Isotop $I^{37}Cl$ kann mit einem cw Farbstofflaser selektiv bei $\lambda = 605\,nm$ angeregt werden. Die angeregten Moleküle reagieren durch Stöße mit Brombenzol und bilden das instabile Radikal ${}^{37}ClC_6H_5Br$, das schnell in $C_6H_5{}^{37}Cl+Br$ dissoziiert. In einem Laborexperiment konnten nach zweistündiger Bestrahlung mehrere Milligramm C_6H_5Cl erzeugt werden, wobei ein Anreicherungsfaktor $K = 6$ für das Isotop ${}^{37}Cl$ erreicht wurde [15.30].

Es hat sich gezeigt, daß auch die Mehrphotonendissoziation größerer Moleküle wie z.B. SF_6, mit CO_2-Lasern isotopenselektiv sein kann. Bei dem schwereren Molekül UF_6 erreicht man allerdings nur in einem gekühlten Gasstrahl die nötige Selektivität der Schwingungsanregung durch Infrarotabsorption bei $\lambda = 16\,\mu m$, um dann mit einem UV-Laser bei $\lambda = 308$ nm isotopen-spezifische Dissoziation zu realisieren [15.31].

Für die medizinische Diagnostik spielen radioaktive Isotope eine wichtige Rolle. So ist z.B. für die Kernspintomographie neben dem H-Atom das Kohlenstoffisotop ${}^{13}C$ wichtig zur Markierung von Stoffwechselvorgängen und Anomalien. Durch Isotopen-selektive Anregung von Formaldehyd ${}^{13}CH_2O$ in prädissoziierende Zustände mit einem UV-Laser [15.32] oder durch Mehrphotonendissoziation von Freon CF_2HCl in CF_2+HCl durch einen CO_2-Laser kann eine Anreicherung von Molekülen mit ${}^{13}C$ erreicht werden [15.33]. Der letzte Prozess ist inzwischen technisch effektiv verbessert worden, indem man die Fragmente miteinander reagieren läßt: ${}^{13}CF_2 + {}^{13}CF_2 \rightarrow {}^{13}C_2F_4$ und das entstandene Produkt mit HCl wieder das Ausgangsprodukt bildet, jetzt aber isotopenangereichert (Abb. 15.6). Dadurch läßt sich der Anreicherungszyklus öfter wiederholen.

Wie man aus dem letzten Beispiel sieht, ist der bisher effektivste Weg zur Isotopentrennung eine Kombination von Lasermethoden mit selektiven chemischen Reaktionen, so daß der Laser hier, wie im vorigen Abschnitt erläutert, die Rolle eines isotopen-selektiven Initiators für chemische Reaktionen spielt.

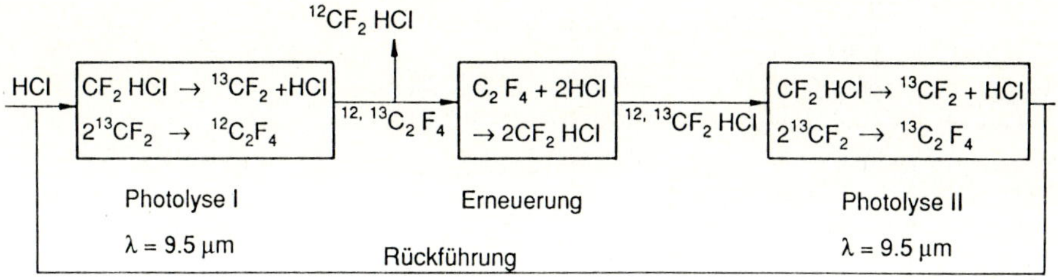

Abb.15.6. Gewinnung von ^{13}C-angereicherten Verbindungen durch Mehrphotonen-Anregung von Freon 22 [15.10]

15.3 Laserspektroskopie in der Umwelt- und Atmosphärenforschung

Das zunehmende Bewußtsein der Gefahr von Umweltbelastungen hat die Entwicklung neuer Methoden zur Untersuchung und Kontrolle von Umweltverunreinigungen stark gefördert. Laserspektroskopische Verfahren spielen dabei eine wichtige Rolle. Wir wollen einige der bisher erfolgreich verwendeten Techniken vorstellen.

15.3.1 Absorptionsmessungen

Um die Konzentration N_i atomarer oder molekularer Verunreinigungen in der Luft zu messen, bietet sich die direkte Absorptionsmessung an, bei der die Abschwächung eines Laserstrahls nach Durchlaufen einer Strecke L gemessen wird. Bei einer Anfangsleistung P_0 empfängt der Detektor in der Entfernung L vom Sender die Leistung

$$P(L) = P_0 e^{-a(\omega)L} \,. \tag{15.6}$$

Der Abschwächungskoeffizient

$$a(\omega) = N_i \sigma_i(\omega, p, T) + \Sigma N_k \sigma_s(k) \tag{15.7}$$

setzt sich zusammen aus dem Absorptionskoeffizienten

$$\alpha(\omega) = N_i \sigma_i(\omega)$$

der zu messenden Spezies, der von der Dichte N_i im absorbierenden Zustand und vom Absorptionsquerschnitt $\sigma(\omega)$ des absorbierenden Überganges abhängt, und einem Streuanteil, der von allen in der Atmosphäre vorhandenen Anteilen herrührt, wobei der überwiegende Beitrag durch die Mie-Streuung an kleinen Partikeln (Staub, Wassertröpfchen) und nur ein kleinerer Teil durch die Rayleigh-Streuung an Atomen und Molekülen verursacht wird.

Während $\alpha(\omega)$ nur im Bereich einer Absorptionslinie (wenige GHz Breite um ω_0) merkliche Werte annimmt, ändert sich der Streukoeffizient σ_s

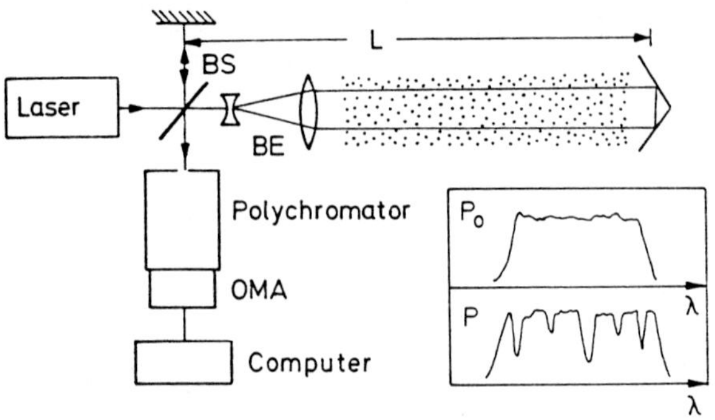

Abb.15.7. Prinzipaufbau zur Messung der über die Absorptionslänge L integrierten Dichte von Schadstoff-Molekülen durch die Abschwächung eines Laserstrahls. Gleichzeitige Messung mehrerer Schadstoffkomponenten ist möglich durch Vergleich der Spektralverteilung eines breitbandigen Lasers vor und nach der Absorption mit einem optischen Vielkanal-System

über diesen Bereich nur sehr wenig. Mißt man daher die Abschwächung des Laserstrahls abwechselnd bei zwei Frequenzen ω_1 innerhalb und ω_2 außerhalb des Absorptionsbereichs der zu messenden Moleküle, so kann aus dem Quotienten

$$\frac{P(\omega_1)}{P(\omega_2)} \simeq e^{-[\alpha(\omega_1)-\alpha(\omega_2)]L} = e^{-N_i[\sigma_i(\omega_1)-\sigma_i(\omega_2)]L} \qquad (15.8)$$

die gesuchte Konzentration erhalten werden, wenn die Absorptionskoeffizienten $\sigma_i(\omega_i)$ und $\sigma_i(\omega_2)$ aus Labormessungen bekannt sind.

Eine mögliche experimentelle Realisierung ist in Abb.15.7 gezeigt. Der aufgeweitete Laserstrahl wird an einem *Retroreflektor* (rechtwinkliges Prisma oder Spiegeltripel, das den Strahl genau antiparallel zurückwirft, unabhängig von seiner Einfallsrichtung) in der Entfernung L/2 vom Sender reflektiert und über einen Strahlteiler auf den Detektor geschickt. Bei grösseren Entfernungen L bilden Strahlablenkungen durch räumlich inhomogene Schwankungen des Brechungsindex der Luft ein ernstes Problem. Man muß dann den Wechsel der Laserfrequenz von ω_1 auf ω_2 entweder statistisch oder so schnell vornehmen, daß sich diese Schwankungen nicht mehr auswirken. Für die Absorptionsmessungen können entweder Infrarot-Laser verwendet werden, die mit Schwingungs-Rotations-Übergängen der zu messenden Moleküle koinzidieren (CO_2-Laser, HF-Laser oder abstimmbare Halbleiter-Laser), oder man nutzt elektronische Übergänge für die Absorption durchstimmbarer Farbstofflaser aus.

Oft ist es vorteilhaft, einen breitbandigen Laser (z.B. einen gepulsten Farbstofflaser oder einen CO_2-Laser, der auf vielen Linien gleichzeitig oszilliert) zu verwenden. Dadurch kann man häufig Absorptionslinien mehrerer Moleküle gleichzeitig erfassen. Man bildet dann über einen Polychromator einen Teil der ausgesandten Leistung P_0 auf die eine Hälfte eines optischen Vielkanalanalysators und das reflektierte Licht auf die andere Hälfte ab (Abb. 15.7b). Durch elektronische Differenz- oder Quotientenbildung lassen sich dann die Konzentrationen mehrerer absorbierenden Spezies simultan bestimmen.

Die Benutzung eines Retroreflektors ist möglich bei Messungen in Fabrikhallen oder in geringen Höhen über Schadstoff emittierenden Anlagen. Beispiele sind die Messung der Fluorkonzentration über einer Aluminiumfabrik [15.34] oder die Bestimmung der verschiedenen Abgaskonentrationen im Kamin eines Kraftwerks, wie z.B. den unerwünschten NO_x- und SO_x-Komponenten oder auch der Restkonzentration von Ammoniak, das zur Reduktion von Stickoxyden dem Rauchgas zugesetzt wird [15.35].

Für Messungen weiter entfernter Bereiche wie z.B. von Konzentrationsprofilen in der oberen Atmosphäre muß ein anderes Verfahren verwendet werden, dem wir uns jetzt zuwenden wollen.

15.3.2 Atmosphärenmessungen mit Hilfe des LIDAR-Verfahrens

Ein detailliertes Verständnis unserer Atmosphäre, insbesondere der verschiedenen, in ihr ablaufenden photochemischen und stoßinduzierten Prozesse, durch welche die molekulare Zusammensetzung und ihre Abhängigkeit von der Höhe und Jahreszeit durch natürliche und industrielle Faktoren beeinflußt wird, ist für das Überleben der Menschheit von fundamentaler Bedeutung. Die Frage, ob die durch menschliche Eingriffe verursachten Veränderungen der Umwelt zu einer dauernden Störung des atmosphärischen Gleichgewichts führen, wird zur Zeit intensiv diskutiert. An solchen Untersuchungen ist die Laserspektroskopie maßgeblich beteiligt. Dabei spielt neben der LIF und Raman-Streuung das LIDAR-Verfahren (LIght Detection And Ranging), eine besondere Rolle.

Das Prinzip ist in Abb.15.8 dargestellt: Ein kurzer Laserpuls mit der Leistung P_0 und der Wellenlänge λ wird über ein Strahlaufweitungsteleskop zur Zeit $t = 0$ in die Atmosphäre geschickt. Durch Mie-Streuung an Staubteilchen oder Wassertropfen und durch Rayleigh-Streuung an den Luftmolekülen gelangt ein kleiner Teil des Laserlichtes wieder zurück ins Teleskop und wird von einem Photomultiplier als Rückstreusignal $S(\lambda, t)$ zeitaufgelöst nachgewiesen, wobei die Zeit $t = 2R/c$ von der Entfernung R der streuenden Teilchen abhängt. Wird der Detektor durch eine Torschaltung nur während des Zeitintervalls von t_1 bis $t_1 + \Delta t$ empfindlich gemacht, so ist das gemessene Signal

$$S(\lambda, t_1) = \int_{t_1 - \Delta t/2}^{t_1 + \Delta t/2} S(\lambda, t)\, dt \tag{15.9}$$

ein Maß für die aus der Entfernung $R \pm \Delta R/2 = (t_1 \pm \Delta t/2)c/2$ rückgestreute Lichtleistung. Die empfangene Leistung hängt ab von der Abschwächung auf dem Hin- und Rückweg, vom Raumwinkel $d\Omega = D^2/R^2$, den das Teleskop mit Durchmesser D erfaßt, und von der Konzentration N und dem Rückstreukoeffizient σ^{str} der streuenden Teilchen

$$S(\omega, t) = P_0(\omega) e^{-2\alpha(\omega) R} N \sigma^{str}(\omega) D^2/R^2 \, . \tag{15.10}$$

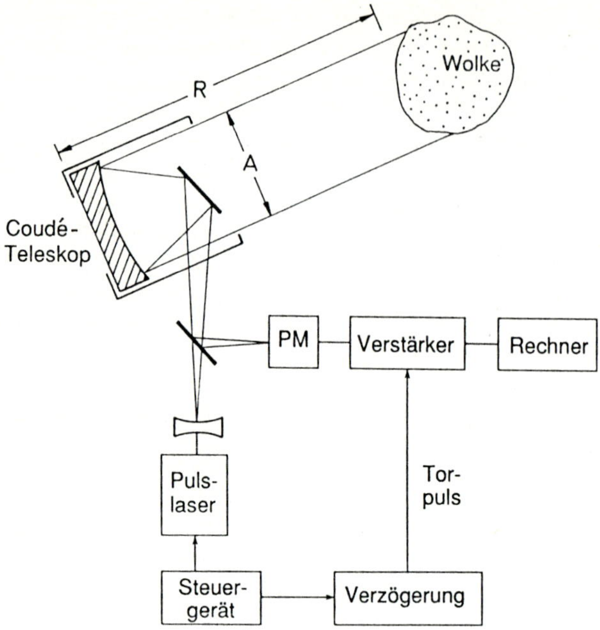

Abb.15.8. Schematische Darstellung eines LIDAR-Systems

Der Faktor $e^{-2\sigma(\omega)R}$ wird nun zur Messung der Konzentration $N_i(R)$ von Atomen oder Molekülen ausgenutzt. Dazu wird die Laserfrequenz ω auf einen Absorptionsübergang bei ω_1 abgestimmt, aber bei jedem zweiten Puls auf einen Wert ω_2 verschoben, bei dem diese Moleküle nicht absorbieren. Für genügend kleine Werte von $\omega_1 - \omega_2$ ändert sich der Mie-Rückstreukoeffizient nicht merklich. Der Quotient

$$Q(t) = \frac{S(\omega_1,t)}{S(\omega_2,t)} = \exp\left\{2\int_0^R [\alpha(\omega_2) - \alpha(\omega_1)]dR\right\} \tag{15.11a}$$

gibt dann wegen $\alpha = N\sigma^{abs}$ das Integral über die Konzentration der absorbierenden Moleküle im Bereich von 0 bis R an. Die gesuchte Entfernungsabhängigkeit $\alpha(R)$ der Absorption und damit die Ortsabhängigkeit der Moleküle erhält man durch ein doppelt- differentielles Meßverfahren: Man mißt abwechselnd $S(\omega_1, t)$, $S(\omega_{2,t})$, $S(\omega_{1,t}+\Delta t)$ und $S(\omega_{2,t}+\Delta t)$. Der doppelte Quotient

$$\frac{Q(t+\Delta t)}{Q(t)} = e^{-[\alpha(\omega_2)-\alpha(\omega_1)]\Delta R} \simeq 1 - [\alpha(\omega_2) - \alpha(\omega_1)]\Delta R \tag{15.11b}$$

gibt die Absorption im Bereich $R+\Delta R-R = \frac{1}{2}c(t+\Delta t-t)$ an. Wenn der Absorptionskoeffizient $\alpha(\omega_1)$ unter den im Meßvolumen herrschenden Bedingungen (Druck, Temperatur) bekannt ist, läßt sich daraus die gesuchte Dichte ortsaufgelöst bestimmen.

Ein Beispiel für dieses Verfahren ist die Messung der Ozon-Konzentration und ihrer täglichen und jahreszeitlichen Schwankungen als Funktion der Höhe und der geographischen Breite [15.36]. Um auch unter widrigen Meßbedingungen (z.B. von einem Flugzeug oder von der vibrierenden Basis eines Forschungsschiffes aus) stabilen Laserbetrieb zu erhalten, wurde für den Umschaltbetrieb von ω_1 auf ω_2 kein Farbstofflaser sondern für ω_1 ein XeCl-Exzimerlaser bei $\lambda = 308$ nm verwendet, wo Ozon noch absorbiert, und für ω_2 die in einer Wasserstoff-Hochdruckzelle durch Raman-Verschiebung erzeugte Stokes-Welle bei $\lambda_2 = 353$ nm, wo Ozon nicht mehr absorbiert [15.37].

Ein zweites Beispiel für die Anwendung des differentiellen LIDAR-Verfahrens ist die spektroskopische Messung der jahres- und tageszeitlichen Schwankungen der Temperaturverteilung T(h) als Funktion der Höhe h über dem Erdboden. Da Natrium als Spurenelement in der Atmosphäre vorkommt, kann als Maß für die Temperatur die Doppler-Breite der Na-D-Linien verwendet werden, die mit einem schmalbandigen gepulsten Farbstofflaser als Funktion der Höhe vermessen wurde [15.38].

In der hohen Atmosphäre nimmt die Aerosol-Konzentration schnell mit zunehmender Höhe ab, so daß die Mie-Streuung nicht mehr als Mechanismus wirksam wird. Deshalb werden hier entweder die durch UV-Laser induzierte Fluoreszenz oder die Raman-Streuung als Nachweis für die Konzentration $N_i(h)$ verwendet [15.39]. Der Fluoreszenznachweis ist nur dann genügend empfindlich, wenn das durch den Laser angeregte Niveau nicht durch Stöße strahlungslos entvölkert wird, wenn also entweder seine spontane Lebensdauer τ oder der atmosphärische Druck p(h) bei genügender Höhe h so klein sind, daß die strahlungslose Deaktivierung keine große Rolle mehr spielt. Sonst müssen für eine quantitative Bestimmung der Konzentration aus der gemessenen Fluoreszenzintensität sowohl Lebensdauer als auch Quenchquerschnitte bekannt sein. Diese Schwierigkeit wird umgangen bei Verwendung der Raman-Streuung, obwohl hier die geringere Streulichtintensität eine Empfindlichkeitsgrenze setzt und man leistungsstarke Laser verwenden muß [15.40].

Bei Messungen während des Tages stört die helle, kontinuierliche Hintergrundstrahlung des in der Atmosphäre gestreuten Sonnenlichtes. Man muß deshalb ein möglichst schmales spektrales Filter verwenden, um nur die rückgestreute Laserstrahlung zu detektieren. Eine elegante Methode verwendet ein Kreuzkorrelationsverfahren (Abb. 15.9), bei dem die rückgestreute Laserstrahlung aufgeteilt wird: Ein Teil wird durch einen Strahlteiler ST auf den Detektor *1* reflektiert, während der transmittierte Teil durch eine Absorptionszelle geschickt wird, welche die in der Atmosphäre nachzuweisende, atomare oder molekulare Komponente unter vergleichbaren Bedingungen (Gesamtdruck, Temperatur) aber größerer Dichte enthält, so daß auf der Mitte der Absorptionslinie die Zelle optisch dicht ist. Die Laserbandbreite wird etwas größer als die Linienbreite des zu untersuchenden Überganges gewählt und die Verstärkung in den beiden Zweigen wird so ausgeglichen, daß bei einer vorgegebenen Konzentration der zu messenden Komponente beide Detektoren das gleiche Signal anzeigen, ihre Differenz also Null ist. Jede Abweichung der Konzentration $N_i(R)$ von

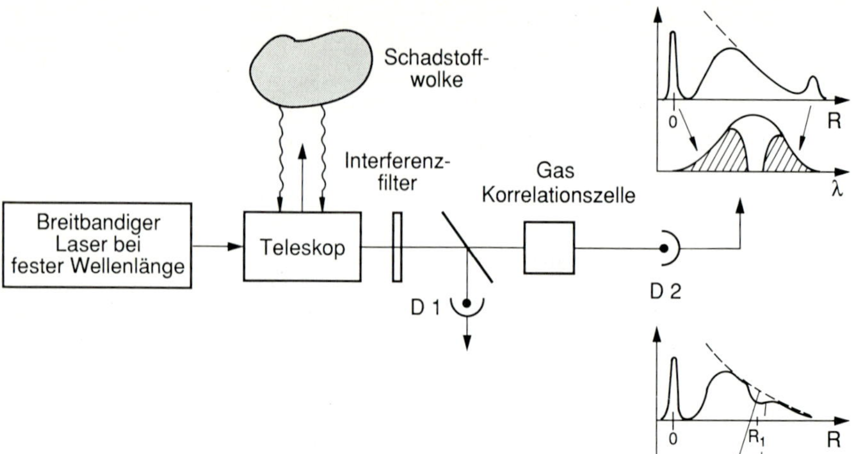

Abb.15.9. Aufbau des Nachweissystems beim Kreuz-Korrelations LIDAR [15.41]

diesem vorgegebenen Wert wird als Signal im Differenzverstärker registriert, dessen Größe weitgehend unabhängig ist von Laserleistungsschwankungen, die ja in beiden Armen auftreten [15.41].

Das Kreuzkorrelationsverfahren ist ein Spezialfall einer allgemein zu verwendenden Methode, bei der die Absorptionslinien atomarer Gase oder Dämpfe als äußerst schmalbandige atomare Filter ausgenutzt werden [15.42]. Dies ist besonders nützlich, wenn das schwache Rückstreusignal auf der Frequenz des zur LIDAR-Messung verwendeten Lasers überlagert ist von einem intensiven breitbandigen Untergrund, der bei Messungen am Tage vom Sonnenlicht oder von der Infrarotstrahlung von Wolken herrührt.

Das Verfahren ist in Abb. 15.10 schematisch erläutert. das vom Teleskop gesammelte rückgestreute Laserlicht der Wellenlänge λ_L wird durch ein schmalbandiges Filter F_1 geschickt, das bei λ_L maximale Transmission hat, und dann in eine Zelle von atomarem Gas oder Dampf, der so ausgewählt wird, daß die Wellenlänge λ_L von den Atomen absorbiert wird. Die durch die Absorption angeregten Atome emittieren Fluoreszenz, die häufig langwelliger ist, als die Absorptionswellenlänge. Diese Fluoreszenz mit der Wellenlänge λ_{Fl} wird durch ein zweites Filter mit maximaler Transmission

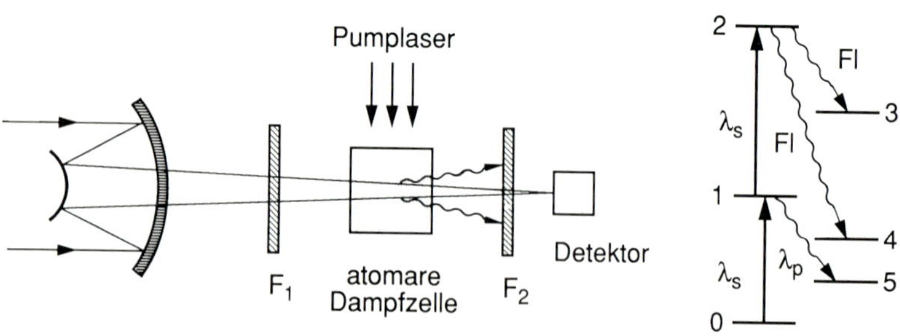

Abb.15.10. Optisch aktive atomare Filter

bei λ_{Fl} auf einen Photomultiplier geschickt. Für $\lambda_{Fl} \neq \lambda_L$ wird das Hintergrundlicht vollständig unterdrückt.

Man spricht von passiven atomaren Filtern, wenn die Wellenlänge λ_L einem Resonanzübergang der Filteratome vom Grundzustand aus entspricht. Dies beschränkt die Methode auf Koinzidenzen zwischen der gewählten Wellenlänge λ_L (die durch die zu messenden Stoffe in der Atmosphäre weitgehend festgelegt ist) und möglichen Resonanzlinien der Filteratome.

Man kann diese möglichen Koinzidenzen jedoch sehr erhöhen, wenn mit Hilfe eines Pumplasers die Atome in angeregte Niveaus gepumpt werden. Dann lassen sich für die Absorption der Signalwelle bei λ_L die zahlreichen atomaren Übergänge zwischen angeregten Niveaus ausnutzen. Außerdem kann die Fluoreszenz dann kurzwelliger sein als λ_L, so daß man auch Infrarotsignale im Sichtbaren nachweisen kann (aktive atomare Filter).

Eine eingehende Darstellung der verschiedenen spektroskopischen Techniken zur Untersuchung der Atmosphäre findet man in [15.43,44], viele Beispiele sind in [15.45,46] aufgeführt. Grundlagen über die Ausbreitung von Laserstrahlen in der Atmosphäre werden in [15.47-49] behandelt.

15.4 Anwendungen auf technische Probleme

Obwohl der überwiegende Anwendungsbereich der Laserspektroskopie Fragen der Grundlagenforschung in den verschiedenen Disziplinen betrifft, gibt es doch eine Reihe interessanter technischer Probleme, bei deren Lösung die Laserspektroskopie von großem Nutzen sein kann. Hierzu zählen vor allem Untersuchungen von Verbrennungsprozessen, die bei der Optimierung von fossilen Kraftwerken und bei der Suche nach schadstoffarmer Verbrennung in Automotoren zur Zeit sehr gefragt sind, spektroskopische Analysen bei der Bearbeitung von Oberflächen oder von flüssigen Schmelzen, aus denen Materialien definierter Zusammensetzung entstehen sollen, sowie Messungen von Strömungsgeschwindigkeiten und Profilen in der Ärodynamik und Hydrodynamik.

15.4.1 Untersuchung von Verbrennungsvorgängen

Ein detailliertes Verständnis der bei einer Verbrennung ablaufenden chemischen und gasdynamischen Prozesse ist für die Optimierung der Verbrennung hinsichtlich des thermodynamischen Wirkungsgrades und des Schadstoffausstoßes absolut notwendig. Mit Hilfe räumlich und zeitlich aufgelöster spektroskopischer Messungen der Konzentration der einzelnen Reaktionsprodukte bei der Verbrennung kann ein solch detailliertes Verständnis erreicht werden. Die technische Realisierung verwendet ein zwei- oder auch dreidimensionales Raster von Laserstrahlen, welche das Verbrennungsgebiet überdecken (Abb.15.11). Wird die Laserfrequenz auf eine Absorptionslinie des zu messenden Moleküls abgestimmt, so kann mit einer Videokamera die räumliche Verteilung der LIF gemessen und über entsprechende Torschaltungen im elektronischen Teil des Nachweises auch zeitauf-

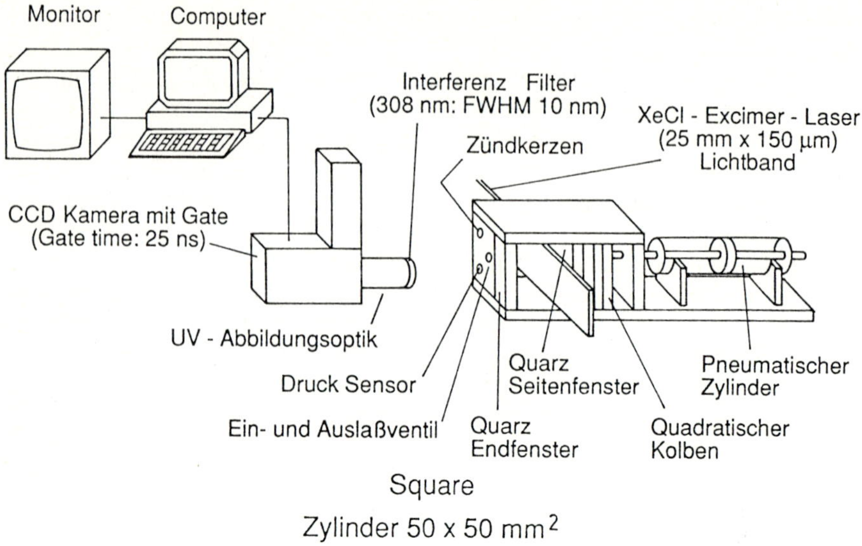

Abb.15.11. Experimenteller Aufbau zur zweidimensionalen Analyse von Flammenfronten in Verbrennungsprozessen über die Messung der laser-induzierten OH-Fluoreszenz [15.50]

gelöst detektiert werden [15.50]. Auf einem Bildschirm läßt sich dann jeweils für ausgesuchte Zeitintervalle die räumliche Verteilung der untersuchten Reaktionsprodukte und damit das Fortschreiten der Flammenfront im Zeitlupentempo beobachten. Ordnet man jedem Reaktionsprodukt eine Farbe zu, so läßt sich der gemessene räumliche Reaktionsablauf mit Hilfe des Computers sehr plastisch und einprägsam darstellen.

Bei vielen Verbrennungsprozessen (z.B. im Ottomotor) entsteht das OH-Radikal als eines der Zwischenprodukte, das mit dem XeCl-Laser bei 308 nm angeregt werden kann. Die dabei entstehende UV-Fluoreszenz läßt sich durch Interferenzfilter gegen den hellen Hintergrund der Flamme diskriminieren.

Um quantitative Messungen von Radikalkonzentrationen bei hohem, äußeren Druck durchführen zu können, ist die direkte Messung der laserinduzierten Fluoreszenz von langlebigen, angeregten Niveaus nicht geeignet, weil diese Niveaus unterschiedlich stark durch Stöße „gequencht" werden, so daß die gemessene Fluoreszenzintensität nicht unbedingt ein Maß für die Konzentration der emittierenden Spezies ist. Regt man mit dem Laser jedoch prädissoziierende Niveaus mit extrem kurzer Lebensdauer an (Abb.15.12), so wird die Fluoreszenz zwar schwächer, weil der größte Teil der Moleküle dissoziiert, bevor ein Fluoreszenzphoton ausgesandt wird, aber dafür ändern Stöße auch bei hohem Druck praktisch nicht mehr die Fluoreszenzausbeute [15.51]. Mit abstimmbaren Exzimerlasern lassen sich solche prädissoziierenden Zustände für fast alle bei Verbrennungen in Motoren relevante Radikale erreichen. Die Verwendung von Exzimerlasern hat den zusätzlichen Vorteil der höheren Intensität, so daß man die Anregungsübergänge sättigen kann und daher die Messung der Konzentration un-

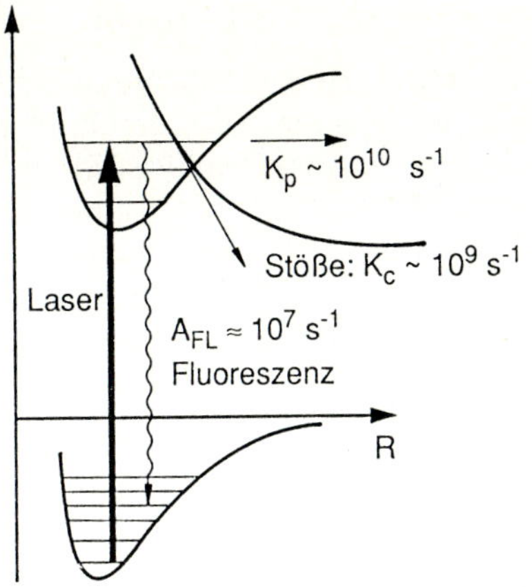

Abb.15.12. Quantitative Messung von Radikalkonzentrationen in Verbrennungsvorgängen bei hohem Druck durch Messung der Fluoreszenz an prädissoziierenden Niveaus [15.51]. A_{FL}: spontane Fluoreszenzrate pro Radikal; K_Q ist Deaktivierungsrate durch „quenchende" Stöße; Kp: Prädissoziationsrate

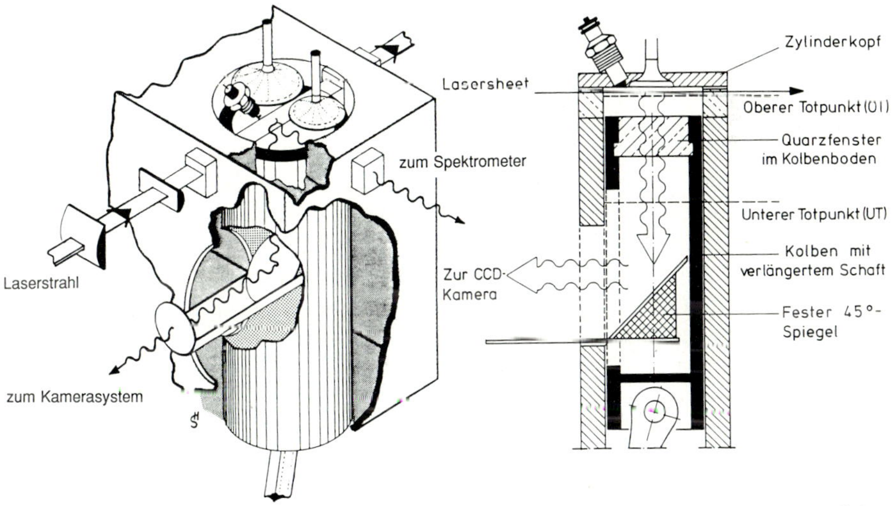

Abb.15.13. Experimentelle Anordnung zur zeitaufgelösten Messung des räumlichen Konzentrationsprofils von Radikalen während der Verbrennung in einem mit Fenstern versehenen Automotor [15.51b]

abhängig wird von der Kenntnis der Absorptionswahrscheinlichkeit [15.52].

In Abb.15.13 ist dir experimentelle Aufbau gezeigt [15.51] mit dem in einem laufenden Ottomotor die Konzentrationsprofile der Radikalen OH, NO, CO, CH u.ä. zeitaufgelöst gemessen und damit die räumliche Ausbreitung der Verbrennungsprozesse sichtbar gemacht werden können.

Man kann auch, z.B. mit Hilfe der CARS-Technik (Abschn.8.4) die räumliche Temperaturverteilung des Verbrennungsvorganges durch Messung der Besetzungsverteilung verschiedener Rotationsschwingungs-Niveaus von Molekülen im Verbrennungsgebiet bestimmen [15.53] und entsprechend im Falschfarbenbild deutlich machen.

15.4.2 Einsatz der Laserspektroskopie in der Materialforschung

Bei der Herstellung von Materialien für elektronische Bauelemente, wie z.B. Bausteine für hochintegrierte Schaltungen, werden die Anforderungen an die Reinheit des Materials und an die Qualität notwendiger Bearbeitungsprozesse [(z.B. Chemical Vapor Deposition (CVD), Ionenimplantation oder Plasmaätzen] immer höher. Mit abnehmender Größe der Bausteine und zunehmender Komplexität der Schaltungen wird die Messung der absoluten Menge von Fremdatomen bei der gezielten Dotierung des Grundmaterials immer wichtiger. Hier kann die Laserspektroskopie erfolgreich eingesetzt werden, wie an zwei Beispielen illustriert werden soll.

Durch Bestrahlung der Oberfläche mit einem Laser kann Material gezielt abgetragen werden (Laserablation), wobei je nach Wellenlänge des verwendeten Lasers thermische Verdampfung (CO_2-Laser) oder photochemische Prozesse durch Dissoziation (Exzimer-Laser) überwiegen. Mit Hilfe der Laserspektroskopie kann man zwischen beiden Prozessen unterscheiden. Dazu wird aus dem Anregungsspektrum der von der Oberfläche emittierten Teilchen die Identität der Atome, Moleküle oder Fragmente bestimmt. Außerdem kann die Geschwindigkeitsverteilung der von der Oberfläche emittierten Atome und Moleküle über das Doppler-Profil ihre Absorptionslinien und die innere Energieverteilung aus dem Intensitätsverhältnis verschiedener Rotationsschwingungs-Übergänge gemessen werden [15.54]. Bei gepulster Bestrahlung der Oberfläche ist eine Flugzeitmessung möglich, wobei die Geschwindigkeit der Teilchen aus dem Zeitintervall zwischen Anregungs- und Nachweislaserpuls bestimmt wird (Abb.15.14).

Während bei Graphit die emittierten Moleküle völlig thermalisiert sind, d.h. die Geschwindigkeitsverteilung und die Rotationsschwingungs-Besetzung folgt einer Maxwell-Boltzman-Verteilung bei gleicher Temperatur T, stellt man bei der Ablation von Isolatoren, wie z.B. AlO, fest, daß die verdampften AlO-Moleküle eine kinetische Energie von 1 eV haben aber eine „Rotationstemperatur" von nur 500 K [15.55].

Zur Erzeugung dünner, amorpher Siliziumschichten wird oft die Abscheidung von Silan (SiH_4) oder von Si_2H_6 in der Dampfphase verwendet, das in Gasentladungen gebildet wird. Dabei spielt das Radikal SiH_2 eine

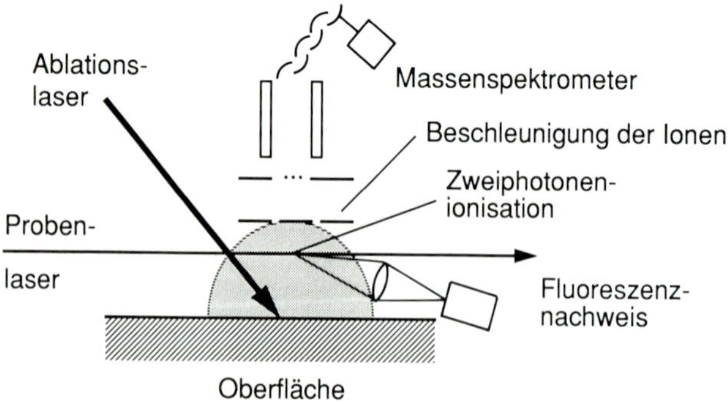

Abb.15.14. Messung der bei Laserablation von einer Oberfläche emittierten Moleküle und Atome, sowie ihrer Energieverteilung

große Rolle, das Absorptionsbanden im Rhodamin 6G-Bereich hat und deshalb mit Hilfe eines Farbstofflasers gut spektrokopiert werden kann. Mit spektral- und zeitaufgelöster Laserspektroskopie kann untersucht werden, wie SiH_2 bei der Photodissoziation durch UV-Laser oder durch Multiphotondissoziation mit Infrarotlasern aus stabilen Siliziumverbindungen gebildet wird, wie schnell es mit stabilen Molekülen wie H_2, SiH_4 oder Si_2H_6 reagiert, und welche Rolle es bei der Bildung nicht abgesättigter H-Bindungen in amorphen Silizium spielt [15.56].

15.4.3 Messung von Strömungsgeschwindigkeiten von Gasen

Die Doppler-Anenometrie (Abschn. 12.5) ist ein Laserverfahren, mit dem Geschwindigkeitsprofile der Strömung von Gasen und Flüssigkeiten mit Hilfe des Doppler-Effektes gemessen werden können. Dazu wird der Strahl eines HeNe- oder Ar-Lasers auf das zu messende Volumen gerichtet, und das gestreute Licht, dessen Frequenz zu $\omega' = \omega_0 - \mathbf{k}\cdot\mathbf{v}$ Doppler-verschoben ist, auf der Photokathode eines Photomultipliers mit einem Teil des direkten Laserlichtes überlagert. Im Ausgang wird das Differenzfrequenzspektrum $\Delta\omega = \mathbf{k}\cdot\mathbf{v}$ mit Hilfe eines Heterodynverfahrens elektronisch gemessen [15.57].

15.5 Anwendungen in der Biologie

Bei der Anwendung der Laserspektroskopie in der Biologie lassen sich drei Aspekte hervorheben: Zuerst einmal hilft die hohe spektrale Auflösung und die große Nachweisempfindlichkeit laserspektroskopischer Verfahren bei der Aufklärung der Struktur biologischer Moleküle. Zeitaufgelöste Spektroskopie wird zur Untersuchung schneller biologischer Prozesse, wie z.B. der Isomerisierung bei der Photosynthese oder der Lichtaktivierung von Bakterien eingesetzt. Bei dem dritten Problemkreis wird ein biologisches System durch die Absorption von Photonen aus seinem Gleichgewichtszustand gebracht und man verfolgt mit Hilfe der Laserspektroskopie die zeitliche „Erholung" des Systems [15.58].

Wir wollen die vielfältigen Anwendungen, welche die Laserspektroskopie inzwischen zur Untersuchung molekularbiologischer Probleme gefunden hat, durch einige Beispiele verdeutlichen. Im ersten Beispiel ist die spektrale Selektivität bei der Absorption schmalbandigen Laserlichtes und die Empfindlichkeit der laserinduzierten Fluoreszenz zum Nachweis von Energietransfer in DNA-Molekülen wichtig. Im zweiten Beispiel werden Raman-Spektroskopie und zeitaufgelöste Spektroskopie mit Femtosekundenlaser verwendet, um die schnellen Primärprozesse beim Sehvorgang aufzulösen und im dritten Beispiel wird die Korrelationsspektroskopie auf die Untersuchung der Bewegung von Mikroben in Nährlösungen sowie der Einfluß von Giften auf das Bewegungsverhalten angewandt.

Auch bei der räumlichen Auflösung haben Laser durch die Möglichkeit, spezifische Teile von Zellen gezielt zu bestrahlen und durch Wahl der geeigneten Wellenlänge das unterschiedliche spektrale Absorptionsverhalten der einzelnen Zellkomponenten auszunutzen, neue Möglichkeiten bei der Genforschung und Technologie eröffnet. Die Entwicklung eines Lasermikroskops, in dem die laserinduzierte Fluoreszenz als Detektor verwendet wird, hat für die Untersuchung biologischer Systeme große Fortschritte gebracht. Diese wird kurz im letzten Abschnitt behandelt.

15.5.1 Energietransfer in DNA-Komplexen

DNA-Moleküle mit ihrer Doppel-Helix-Struktur bilden die Basis der Erbinformationen. Die verschiedenen Basen, aus denen DNA-Moleküle aufgebaut sind, absorbieren Licht bei etwas verschiedenen Wellenlängen im nahen UV, wobei sich die Absorptionsbereiche überlappen. Durch Einbau von Farbstoffmolekülen kann die Absorption in den sichtbaren Spektralbereich verschoben werden. Das Absorptionsspektrum und die Fluoreszenzquanten-Ausbeute eines Farbstoffmoleküls bei Laseranregung hängt davon ab, an welcher Stelle der DNA es eingebaut wurde. Die durch die Absorption eines Photons primär in das Farbstoffmolekül gebrachte Energie kann durch die Kopplung an die DNA auf ihre verschiedenen Basen übertragen werden. Bei Anregung der DNA mit UV-Licht kann auch der umgekehrte Energietransfer von der DNA auf das Farbstoffmolekül über die Farbstoff-Fluoreszenz gemessen werden. Da die Kopplung von der Basensequenz in der DNA abhängt, bieten Untersuchungen solcher Energietransferprozesse durch Messung der laserinduzierten Fluoreszenz die Möglichkeit, Unterschiede des Energieübertrages bei verschiedenen Basensequenzen zu bestimmen [15.59]. So kann z.B. die Base Guanin in einem DNA-Farbstoff-Komplex bei $\lambda = 300$ nm selektiv mit einem frequenzverdoppelten Farbstofflaser angeregt werden, ohne daß die anderen Basen beeinflußt werden (Abb.15.15). Die Energietransfer-Rate wird bestimmt aus dem Verhältnis der Quantenausbeuten der Farbstoffmoleküle bei Anregung mit sichtbarem Licht (Anregung des Farbstoffmoleküls) bzw. mit UV-Licht (direkte Anregung der DNA [15.60]). Da der Einbau von Farbstoffen in Zellen zur Diagnose und Therapie eine wichtige Rolle spielt (Abschn.15.6), ist die genaue Kenntnis des Energietransfers und der Photoaktivität solcher Farbstoffe von großer Bedeutung.

15.5.2 Zeitaufgelöste Messungen biologischer Prozesse

Hemoglobin (Hb) ist ein wichtiges Protein, das im Körper von Säugetieren zum Transport von O_2 und CO_2 im Blut verwendet wird. Obwohl seine Struktur durch Röntgenstrukturanalyse aufgeklärt wurde, weiß man noch wenig über die Strukturänderung, die es erfährt, wenn es O_2 aufnimmt und dadurch zu Oxy-Hemoglobin HbO_2 wird, und wie es nach der Sauerstoffabgabe seine Gestalt wieder ändert. Mit Hilfe der Laser-Raman-Spektroskopie kann seine Schwingungstruktur untersucht werden, die auch Auskunft über Kraftkonstanten und die Dynamik des Moleküls gibt. Aufgrund intensiver Untersuchungen mit Hilfe der cw Laser-Raman-Spektroskopie kann man inzwischen empirische Regeln aufstellen über den Zusammenhang zwischen Schwingungsspektren und Struktur des Moleküls, so daß die

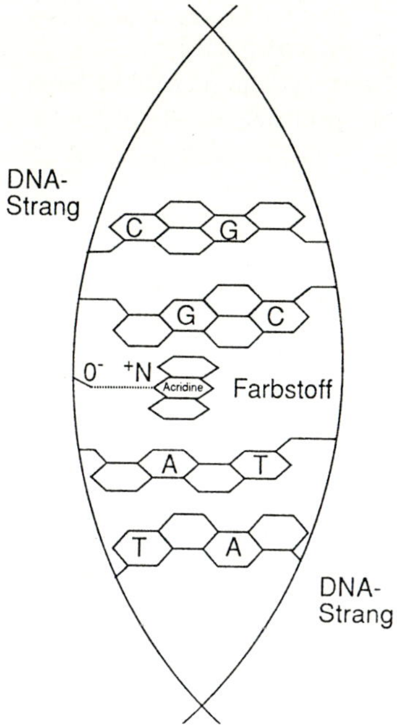

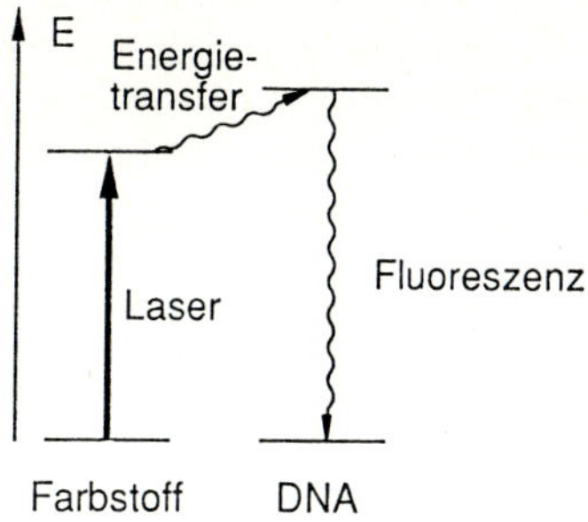

Abb.15.15. Beispiele für einen DNA-Farbstoff-Komplex, bei dem ein Acridine-Molekül zwischen den Basen Adenin und Guanin eingebaut ist [15.60]

Änderung der Raman-Spektren von Hb bei der Anlagerung oder Dissoziation von O_2 auch Auskunft gibt über die entsprechende Strukturänderung. Wird jetzt durch Photodissoziation mit einem kurzen Laserpuls O_2 abgespalten, so bleibt Hb in einem Nichtgleichgewichtszustand zurück, dessen Relaxation in den Grundzustand durch zeitaufgelöste Absorptionsspektroskopie, Raman-Spektroskopie oder LIF verfolgt werden kann [15.61].

Durch Anregung mit polarisiertem Licht läßt sich eine teilweise Orientierung selektiv angeregter Moleküle erreichen. Diese Anisotropie und ihre zeitliche Relaxation kann durch zeitaufgelöste Messung der Absorption des angeregten Zustandes oder der Polarisation der Fluoreszenz verfolgt werden [15.62].

Von besonderem Interesse ist die Untersuchung der Primärprozesse beim Sehvorgang. Die lichtempfindliche Schicht in der Netzhaut des Auges enthält das Protein Rhodopsin mit dem photoaktiven Molekül Retinal. Rhodopsin ist ein Membranprotein, dessen dreidimensionale Struktur noch nicht aufgeklärt ist. Das Polyenmolekül Retinal kann in mehreren isomeren Strukturen existieren, die sich in der Anordnung der Polyenkette unterscheiden. Da sich die Schwingungspektren der verschiedenen Isomere deutlich unterscheiden, gibt die Laser-Raman-Spektroskopie die bisher genaueste Information über ihre Struktur und Dynamik und hat die Zuordnung der verschiedenen Retinalkonfigurationen in den vor der Photoabsorption existenten Isomeren Rhodopsin und Isorhodopsin ermöglicht. Mit Hilfe der Resonanz-Raman-Spektroskopie wurde auch gezeigt, daß nach der Photoanregung innerhalb von 1 ps das Isomer Batho-Rhodopsin gebildet wird, das dann in Zeiten von etwa 50 ns seine Anregungsenergie weitergibt und damit die Enzymkaskade auslöst, die schließlich über mehrere, immer langsamer verlaufende Schritte zur Sehempfindung im Gehirn führt.

Wohl der wichtigste photochemische Prozess ist die Photsynthese in Chlorophyll. Es zeigt sich, daß die Primärprozesse in den Reaktionszentren des Chlorophylls auf einer Zeitskala von 100-33 fs ablaufen und daß die Anregungsenergie zu einem Protontransfer führt, der dann schließlich die Energie liefert für die Phosynthese [15.63]. Diese Beispiele zeigen, daß ohne zeitaufgelöste Laserspektroskopie diese extrem schnellen Primärprozesse nicht untersucht werden könnten. Mehr Informationen über die Spektroskopie ultraschneller biologischer Prozesse findet man in [15.64-66].

15.5.3 Korrelationsspektroskopie von Mikrobenbewegungen

Man kann die Bewegung von Mikroben in einer Nährflüssigkeit unter dem Mikroskop beobachten. Sie machen mehrere Sekunden lang eine gradlinige Bewegung und ändern dann statistisch ihre Bewegungsrichtung. Wenn sie durch eine Chemikalie abgetötet werden, ändert sich ihr Bewegungsverhalten, das nun in guter Näherung durch eine Brown'sche Molekularbewegung beschrieben werden kann, wenn nicht durch äußere Effekte eine Vorzugsrichtung der Bewegung aufgeprägt wird. Mit Hilfe der Korrelationsspektroskopie (Abschn.12.5) lassen sich der Mittelwert $\langle v^2 \rangle$ und die Verteilung f(v) der Geschwindigkeiten bestimmen. Dazu wird die Probe mit einem HeNe-Laser bestrahlt und das gestreute Licht mit einem Teil des einfallenden Lichtes überlagert. Da das an einem bewegten Ojekt gestreute Licht eine Doppler-Verschiebung $\Delta\nu = \nu(v/c)\cos\vartheta$ erfährt (ϑ ist der Winkel zwischen dem Wellenvektor **k** des einfallenden Lichtes und der Geschwindigkeit **v** des Teilchens), ergibt die Überlagerung ein „Homodynspektrum", dessen Frequenzverteilung ein Maß für die Geschwindigkeitsverteilung ist. Mit diesem Verfahren wurde z.B. die Geschwindigkeitsverteilung von E-Colibakterien in einer Nährlösung gemessen. Ihre mittlere Geschwindigkeit ist etwa 15 μm/s, wobei die maximale Geschwindigkeit bis zu 80 μm/s reicht (Abb.15.16b). Da ihre Länge nur etwa 1 μm beträgt, sind dies 80 Körperlängen pro Sekunde, während der Schwimmer Michael Groß mit 2m/s nur eine Körperlänge pro Sekunde schafft. Gibt man der Nährlösung $CuCl_2$ bei, das die Bakterien abtötet, so ändert sich die Geschwindigkeitsverteilung deutlich, sie geht in die Geschwindigkeitsverteilung einer Brown'schen Bewegung über, die ein anderes Korrelationsspektrum $I(k,t) \propto \exp(-Dk^2t)$ zeigt [15.67], aus dem ein Diffusionskoeffizient $D = 5\cdot 10^{-9}$ cm^2/s und ein Stokes-Durchmesser der toten Bakterien von 1.0 μm ermittelt werden kann.

15.5.4 Lasermikroskop

Der Ausgangsstrahl eines Lasers im TEM_{00}-Mode mit Gauß-förmigem Intensitätsprofil wird durch ein entsprechend angepaßtes Linsensystem mit der Brennweite f und der Apertur D auf einen beugungsbegrenzten Fleck mit Durchmesser $d \simeq 2\lambda f/D$ fokussiert. So erreicht man z.B. mit einem korrigierten Mikroskopobjektiv mit $f/D = 1$ bei $\lambda = 500$ nm einen Fokus-

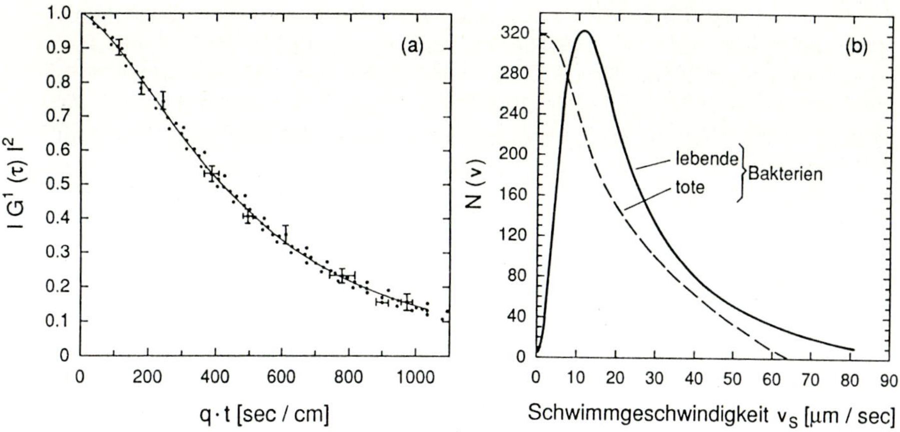

Abb.15.16. (**a**) Korrelationsfunktion $G^1(\tau)$ und daraus berechnete Geschwindigkeitsverteilung (**b**) lebender E-Colibakterien in einer Nährlösung. Zum Vergleich ist die einer Brown'schen Molekularbewegung entsprechende Verteilung toter Bakterien gezeigt

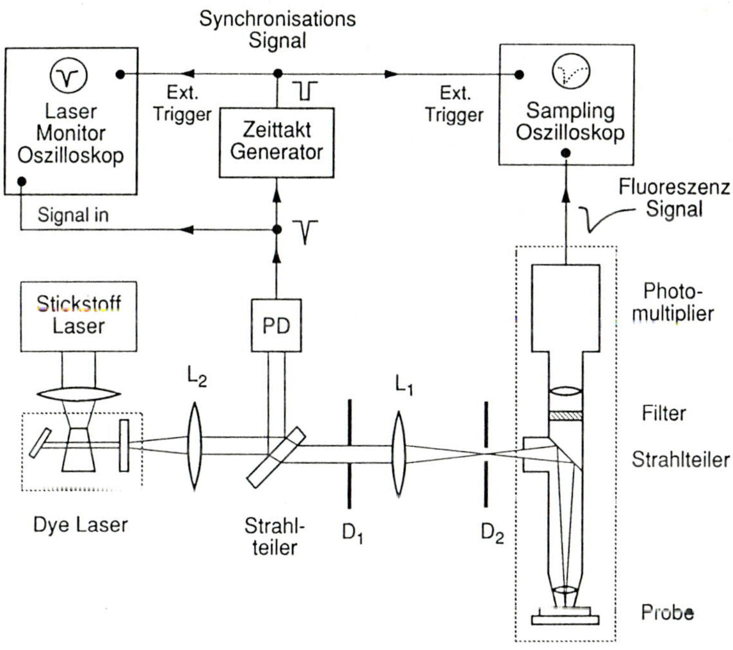

Abb.15.17. Laser-Mikroskop

durchmesser von d = 0.5 μm. Dies erlaubt die räumliche Auflösung und gezielte Anregung einzelner Zellen.

Die von diesen Zellen emittierte laserinduzierte Fluoreszenz kann mit demselben Mikroskop gesammelt und entweder auf eine Videokamera abgebildet und so direkt visuell beobachtet werden, oder für zeitaufgelöste Messungen auf einen Photomultiplier gegeben werden. Eine bereits realisierte Version eines solchen Lasermikroskops ist in Abb.15.17 gezeigt

[15.68]. Für zeitaufgelöste Messungen kann ein von einem Stickstofflaser gepumpter Farbstofflaser verwendet werden, der Pulse von 0.5 ns Dauer liefert bei einer Wellenlänge λ, die jeweils auf das Absorptionsmaximum des untersuchten Biomoleküls abgestimmt wird. Selbst wenn nur pro Puls wenige Fluoreszenzphotonen gesammelt werden, kann durch Signalmittelung über viele Pulse ein ausreichend gutes Signal/Rausch-Verhältnis erzielt werden.

Mit einem solchen Mikroskop sind inzwischen viele, biologisch wichtige Moleküle untersucht worden. Ein Beispiel ist die zeitaufgelöste Messung des Energietransfers in DNA-Molekülen, in die der Farbstoff Akridin eingebaut wurde [15.68]. Hier konnte wegen der guten räumlichen Auflösung bestimmt werden, an welcher Stelle eines Chromosoms der Farbstoff eingebaut war und wie die Quantenausbeute, und damit der Energietransfer von den Basen abhängt, die den Farbstoff umgeben.

Viele der bereits oben diskutierten spektroskopischen Techniken können auch im Lasermikroskop angewandt werden, wobei noch der zusätzliche Vorteil der räumlich genau lokalisierten Anregung und damit der Differenzierung einzelner Zellteile gegeben ist.

Ein Beispiel ist die zeitaufgelöste laserinduzierte Fluoreszenzbeobachtung durch ein Mikroskop, mit dem die Migration von Rezeptormolekülen an der Membrane lebender Zellen beobachtet werden konnte. Diese Technik ist hervorragend geeignet, um Transportvorgänge durch die Zellmembrane orts- und zeitaufgelöst zu verfolgen [15.69].

15.6 Medizinische Anwendungen der Laserspektroskopie

Es gibt inzwischen eine große Zahl von Monographien über Anwendungen von Lasern in der Medizin. Meistens wird bei diesen Anwendungen die hohe Laserleistung benutzt, die auf ein kleines Gewebevolumen fokussiert werden kann und dort durch thermische oder photochemische Effekte zur gewollten Zerstörung spezifischer Gewebeteile führt. Die starke Wellenlängenabhängigkeit des Absorptionskoeffizienten von lebendem Gewebe erlaubt es, durch geeignete Wahl der Laserwellenlänge die Eindringtiefe des Lichtes zu optimieren und damit z.B. bei kleiner Eindringtiefe Feuermale und Hautkarzinome zu behandeln, ohne daß die darunter liegenden Gewebeschichten stark beschädigt werden, oder bei schwacher Absorption der Epidermis darunterliegende Schichten zu bestrahlen [15.70].

Neben diesen Anwendungen, bei denen der Laser als ein spezifisches Skalpell für den Arzt von immer größerer Bedeutung wird, gibt es aber auch eine Reihe von Problemen in der Medizin, bei denen die Spektroskopie die Grundlage zu ihrer Lösung bildet. Dies soll an einigen Beispielen illustriert werden.

15.6.1 Anwendung der Raman-Spektroskopie in der Medizin

Während der unter Narkose verlaufenden Operation eines Patienten ist für die optimale Dosierung der Narkotika die molekulare Zusammensetzung der ausgeatmeten Luft, d.h. das Konzentrationsverhältnis N_2:O_2:CO_2 ein guter Indikator. Dieses Verhältnis kann mit Hilfe der Raman-Spektroskopie überwacht werden. Um die Nachweisempfindlichkeit zu erhöhen, wird eine Anordnung gewählt, bei der ein Argonlaserstrahl zwischen zwei hochreflektierenden Spiegeln oft hin- und herreflektiert wird (Abb.15.18). In einer Ebene senkrecht zur Laserstrahlachse sind eine Reihe von Detektoren angebracht, die durch vorgeschaltete Filter nur jeweils eine charakteristische Raman-Linie eines Moleküls nachweisen. Auf diese Weise kann die Zusammensetzung eines Gasgemisches, das zwischen den Spiegeln eingelassen wird, aus dem Verhältnis der Raman-Intensitäten bestimmt werden.

Die Empfindlichkeit der Methode wird mittels Abb.15.19 demonstriert, welche die zeitliche Variation der Konzentration von CO_2, N_2, und O_2 in der ausgeatmetetn Luft eines Patienten bei verschiedenen Atemfrequenzen zeigt [15.71]. Eine solche Meßapparatur kann routinemäßig in der klinischen Praxis eingesetzt und natürlich auch zum Alkoholtest von Autofahrern verwendet werden.

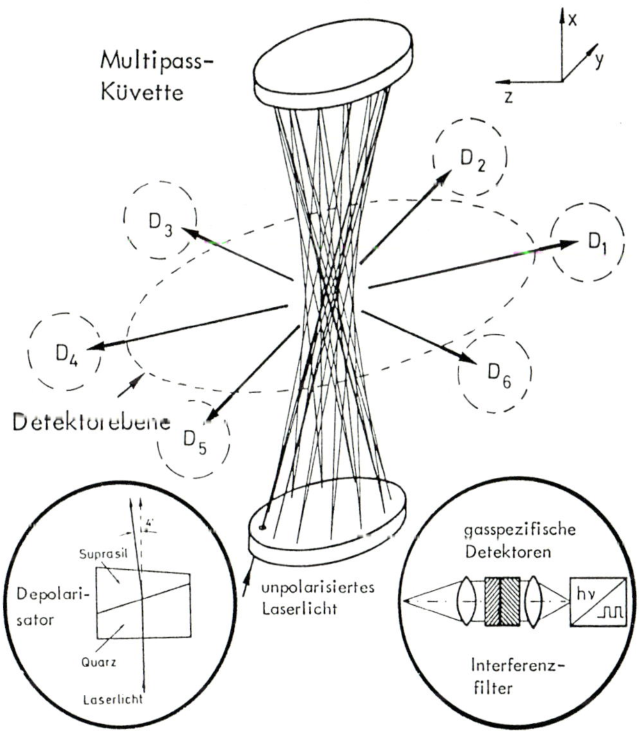

Abb.15.18. Vielfach-Reflexionszelle mit mehreren Detektoren zur empfindlichen Raman-Diagnostik molekularer Gase [15.71]

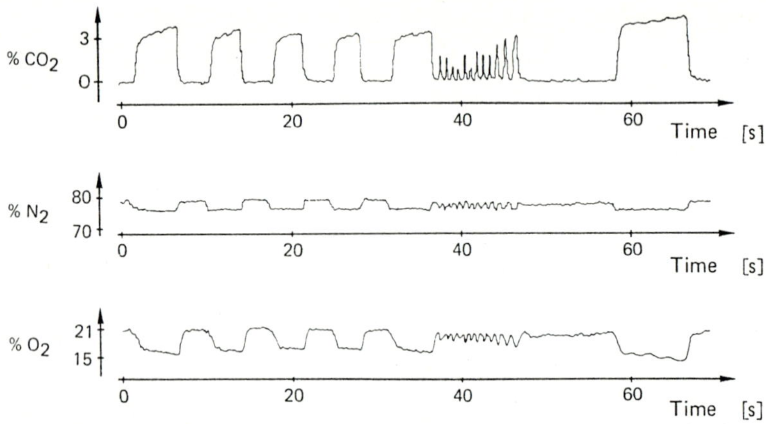

Abb.15.19. CO_2, N_2 und O_2 Konzentrationen der ausgeatmeten Luft eines Patienten bei verschiedenen Atemfrequenzen, gemessen mit der Anordnung der Abb.15.7 [15.71]

15.6.2 Tumordiagnose und Therapie

In den letzten Jahren wurde ein neues Verfahren der Diagnose und Behandlung von Tumoren entwickelt, das auf der Photoaktivierung der fluoreszierenden Substanz „Hematoporphyrin-Derivat" (HPD) beruht [15.72]. Diese Substanz wird in flüssiger Verdünnung intravenös gespritzt und verteilt sich innerhalb kurzer Zeit im ganzen Körper. Während HPD in normalen Zellen nach 2-4 Tagen wieder abgebaut wird, kann es im Tumorzellen länger gespeichert werden [15.73]. Bestrahlt man solches HPD enthaltende Gewebe mit einem UV-Laser, so sendet es eine charakteristische Fluoreszenz aus, die zur Diagnose der Tumorzellen verwendet werden kann.

In Abb.15.20 sind Absorptions- und Emissionsspektrum von HPD in Lösung und in Zellen gezeigt, und Abb.15.21 illustriert die Anwendung der

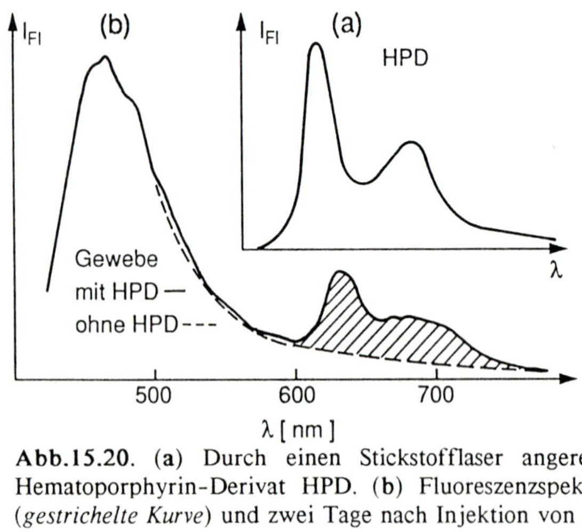

Abb.15.20. (**a**) Durch einen Stickstofflaser angeregtes Emissions-Spektrum von Hematoporphyrin-Derivat HPD. (**b**) Fluoreszenzspektrum von Gewebe ohne HPD (*gestrichelte Kurve*) und zwei Tage nach Injektion von HPD. Die gestrichelte Fläche ist die zusätzliche HPD-Fluoreszenz

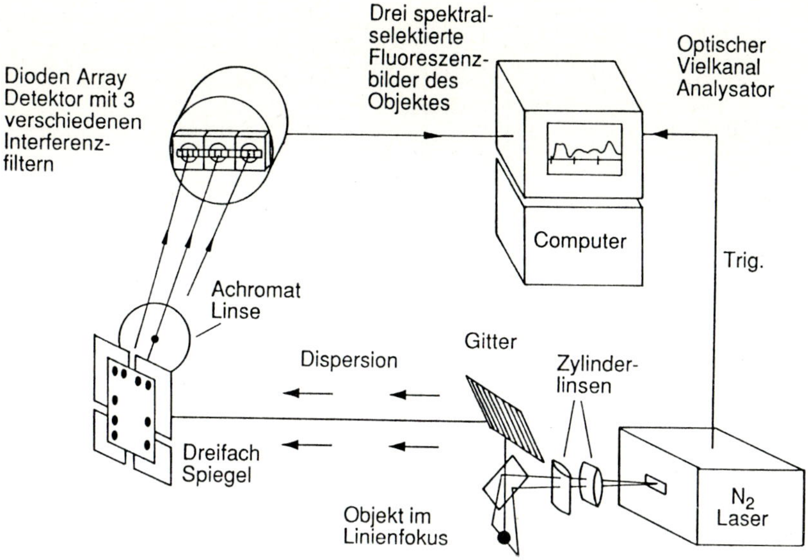

Abb.15.21. Anordnung zur Diagnose von Tumoren in Geweben [15.74]

Methode auf die Diagnose von Krebsgewebe in Ratten, bei der das Gewebe mit einem N_2-Laser bestrahlt und die Fluoreszenz hinter speziellen Filtern, welche die HPD-Fluoreszenz gegen die Fluoreszenz normaler Zellen diskriminieren, nachgewiesen wird [15.74].

Durch Absorption von Licht zwischen 620-640 nm wird HPD in einen angeregten Zustand gebracht, in dem es mit dem normalen Sauerstoff $^3O_2$ im Triplettzustand reagiert und ihn in den für das Gewebe giftigen Singulett-Zustand $^1O_2$ transformiert. Dieser Singulett-Sauerstoff greift das umgebende Gewebe an, so daß mit dieser Methode eine recht selektive Zerstörung der Tumorzellen erreicht werden kann.

Das Verfahren wurde in den USA entwickelt [15.72], intensiv in Japan weiterverfolgt und wird inzwischen auch in Europa an Patienten mit Speiseröhrenkrebs, Hautkrebs und anderen Tumoren, die einer Bestrahlung ohne Operation zugänglich sind, erfolgreich angewandt [15.74].

15.6.3 Laserlithotripsie

Durch die Entwicklung von flexiblen, dünnen Lichtleitfasern mit hoher Zerstörungsschwelle [15.75] können inzwischen auch innere Organe des Menschen, wie Magen, Darm, Gallenblase und Harnblase mit Laser selektiv bestrahlt werden. Ein neues Verfahren zur Zertrümmerung von Nieren- und Gallensteinen durch Laserbestrahlung hat dabei besondere Beachtung gefunden, weil es gegenüber der erst vor wenigen Jahren entwickelten Ultraschallstoßwellenlitotripsie eine Reihe von Vorteilen hat [15.76].

Die optische Quarzfaser wird durch den Harnweg bis kurz vor den zu zertrümmernden Stein eingeführt. Dies kann entweder durch Röntgen-Bestrahlung kontrolliert werden, oder, für den Patienten schonender, durch Endoskopie, wenn ein Faserbündel eingeführt wird, das außer der Licht-

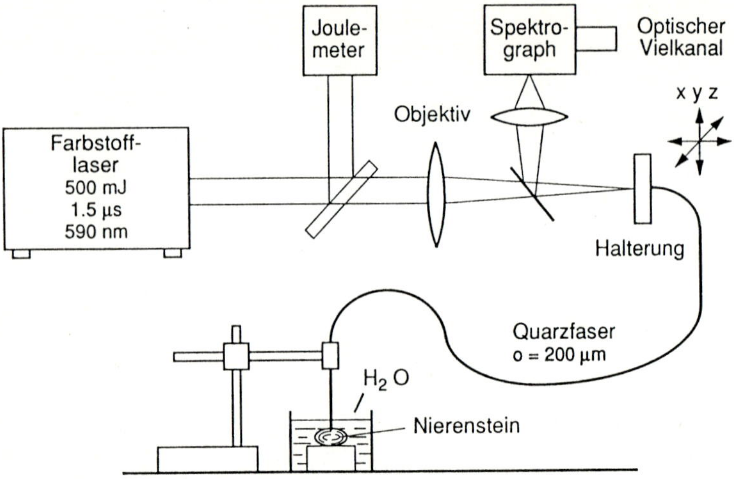

Abb.15.22. Laser-Litotripsie mit Spektralanalyse von Nierensteinen zur Bestimmung der Steinzusammensetzung [15.76]

leitfiber für den Laser auch eine Faser zur Beleuchtung und eine zur Beobachtung enthält.

Wird der durch die Faser transportierte Laserpuls eines blitzlampengepumpten Farbstofflasers auf die Oberfläche des Nierensteins fokussiert, so entstehen durch die schnelle Verdampfung des Oberflächenmaterials eine Stoßwelle in der umgebenden Flüssigkeit, die nach mehreren Schüssen zur Zertrümmerung des Steins führt [15.77,78]. Die zur Zertrümmerung notwendige Laserleistung und die optimale Wahl der Wellenlänge, bei der die Absorption des Steinmaterials maximal ist, hängen von der chemischen Zusammensetzung des Steins ab, die von Fall zu Fall durchaus variieren kann. Deshalb ist es vorteilhaft, vor der Zertrümmerung die chemische Zusammensetzung zu kennen. Dies läßt sich auf spektroskopischem Wege erreichen, wenn bei kleiner Laserenergie das vom bestrahlten Stein emittierte Fluoreszenzlicht über eine eigene Faser gesammelt und auf einen optischen Vielkanalanalysator abgebildet wird. Ein nachgeschalteter Computer kann dann aus der Spektralverteilung der Fluoreszenz sofort die chemische Zusammensetzung bestimmen (Abb.15.22).

Die medizinischen Anwendungen der Laserspektroskopie sind in den letzten Jahren stark angewachsen und die Zusammenarbeit von Physikern und Medizinern wird sicher zu vielen neuen und interessanten Methoden auf dem Gebiet der Diagnose und Therapie führen. Der hieran interessierte Leser findet weitere Hinweise in der Literatur [15.79-81].

Literatur

Kapitel 1

1.1 *Laser Spectroscopy I-IX*, Proc. Int'l Confs. 1973 - 1987
I (Vale 1973) ed. by R.G.Brewer, A. Mooradian (Plenum, New York 1974)
II (Megeve 1975) ed. by S. Haroche, J.C. Pebay-Peyroula, T.W. Hänsch, S.E. Harris, Lecture Notes Phys., Vol.43 (Springer, Berlin, Heidelberg 1975)
III (Jackson Lake Lodge 1977) ed. by J.L. Hall, J. L. Carlsten, Springer Ser. Opt. Sci., Vol.7 (Springer, Berlin, Heidelberg 1977)
IV (Rottach-Egern 1979) ed. by H. Walther, K.W. Rothe, Springer Ser. Opt. Sci., Vol. 21 (Springer Berlin, Heidelberg 1979)
V (Jaspers 1981) ed. by A.R.W. McKellar, T. Oka, B.P. Stoichef, Springer Ser. Opt. Sci., Vol. 30 (Springer, Berlin, Heidelberg 1981)
VI (Interlaken 1983) ed. by H.P. Weber, W. Lüthy, Springer Ser. Opt. Sci., Vol. 40 (Springer, Berlin, Heidelberg 1983)
VII (Maui 1985) ed. by T.W. Hänsch, Y.R. Shen, Springer Ser. Opt. Sci., Vol. 49 (Springer, Berlin, Heidelberg 1985)
VIII(Are 1987) ed. by S. Svanberg, W. Persson, Springer Ser. Opt. Sci., Vol. 55 (Springer, Berlin, Heidelberg 1987)

1.2 *Fundamental and Applied Laser Physics*, Proc. Esfahan Symposium (1971), ed. by M. Feld, A. Javan, N. Kurnit (Wiley, London 1973)

1.3 A. Mooradian, T. Jaeger, P. Stokseth (eds.): *Tunable Lasers and Applications*, Springer Ser. Opt. Sci., Vol 3 (Springer, Berlin, Heidelberg 1976)

1.4 R.A. Smith (ed.): *Very High Resolution Spectroscopy* (Wiley Interscience, New York 1970)

1.5 International Colloquium on Doppler-Free Spectroscopic Methods for Simple Molecular Systems, Aussois (May 1973) (CNRS, Paris 1974)

1.6 S. Martellucci, A. N. Chester (eds.): *Analytical Laser Spectroscopy*, Proc. NATO A.S.I. (Plenum, New York 1985)

1.7 H. Walther (ed.): *Laser Spectroscopy of Atoms and Molecules*, Topics Appl. Phys., Vol. 2 (Springer, Berlin, Heidelberg 1976)

1.8 K. Shimoda (ed.): *High Resolution Laser Spectroscopy*, Topics Appl. Phys., Vol. 13 (Springer, Berlin, Heidelberg 1976)

1.9 A. Corney: *Atomic and Laser Spectroscopy* (Clarendon, Oxford 1977)

1.10 V.S. Letokhov: *Laserspektroskopie* (Vieweg, Braunschweig 1977)

1.11 J.M. Weinberg, T. Hirschfeld (eds.): *Unconventional Spectroscopy*, SPIE 82 (1976)

1.12 St. Jacobs, M. Sargent III, J. Scott, M.O. Scully (eds.): *Laser Applications to Optics and Spectroscopy* (Addison-Wesley, Reading, MA 1975)

1.13 D.C. Hanna, M.A. Yuratich, D. Cotter: *Nonlinear Optics of Free Atoms and Molecules* Springer Ser. Opt. Sci., Vol. 17 (Springer, Berlin, Heidelberg 1979)

1.14 M.S. Feld, V.S. Letokhov (eds.): *Coherent Nonlinear Optics* Topics Current Phys., Vol. 21 (Springer, Berlin, Heidelberg 1980)

1.15 S. Stenholm: *Foundations of Laser Spectroscopy* (Wiley, New York 1984)

1.16 J.I. Steinfeld: *Laser and Coherence Spectroscopy* (Plenum, New York 1978)

1.17 A. Weber (ed.): *Raman Spectroscopy of Gases and Liquids*, Topics Current Phys., Vol. 11 (Springer, Berlin, Heidelberg 1979)
1.18 D.A. Long: *Raman Spectroscopy* (McGraw-Hill, New York 1977)
1.19 R.J.H. Clark, R.E. Hester (eds.): *Advances in Infrared and Raman Spectroscopy*, Vol. 1-10 (Heyden, London 1975ff)
1.20 W. Kiefer: *Einführung in nichtlineare kohärente Raman-Methoden* (Springer, Ber- lin, Heidelberg 1984)
1.21 W.M. Yen, M.D. Levenson (eds.): *Lasers, Spectroscopy and New Ideas*, Springer Ser. Opt. Sci., Vol. 54 (Springer, Berlin, Heidelberg 1987)
1.22 D.S. Kliger (ed.): *Ultrasensitive Laser Spectroscopy* (Academic, New York 1983)
1.23 B.A. Garetz, J.R. Lombardi (eds.): *Advances in Laser Spectroscopy I & II* (Heyden, London 1982/83)
1.24 Y. Prior, A. Ben-Reuven, M. Rosenbluth (eds.): *Methods of Laser Spectroscopy* (Plenum, New York 1986)

Kapitel 2

2.1 E. Hecht, A.Zajac: *Optics*, 2nd edn. (Addison-Wesley, Reading, Mass 1977)
2.2 M. Born: *Optik*, 3.Aufl. (Springer, Berlin, Heidelberg 1972)
2.3 M. Born, E. Wolf: *Principles of Optics* (Pergamon, Oxford 1970)
2.4 R. Loudon: *The Quantum Theory of Light* (Clarendons, Oxford 1973)
2.5 H. Schilling: *Optik und Spektroskopie* (Deutsch, Frankfurt 1980)
2.6 A. Yariv: *Quantum Electronics* (Wiley, New York 1967)
2.7 A. Corney: *Atomic and Laser Spectroscopy* (Clarendon, Oxford 1977)
2.8 M. Sargent III, M.O. Scully, W.E. Lamb, Jr.: *Laser Physics* (Addison-Wesley, London 1974)
2.9 S. Flügge: *Lehrbuch der theoretischen Physik*. Band 1: Einführung (Springer, Berlin, Heidelberg 1967) S.228 ff
2.10 R.W. Pohl: *Einführung in die Optik*, 17.Aufl. (Springer, Berlin, Heidelberg 1975) S.35 ff
2.11 S. Brandt, H.D. Dahmen: *Physik*, Bd.2: *Electrodynamik* (Springer, Berlin, Heidelberg 1980)
2.12 G. Grawert: *Quantenmechanik II* (Akademische Verlagsgesellschaft, Frankfurt 1969)
2.13 J.I. Steinfeld: *Molecules and Radiation* (MIT Press, Cambridge, Mass 1978)
2.14 R.E. Imhof, F.H. Read: Measurements of lifetimes of atoms, molecules and ions. Rep. Prog. Phys. **40**, 1 (1977)
2.15 W.L. Wiese: Bibliography on atomic transition probabilities 1914 through October 1977. NBS Publication 505 (US Department of Commerce, Washington, DC 1978)
2.16 W. Marlow: Haken methode. Appl. Opt. **6**, 1715 (1967)
2.17 I. Meroz (ed.): *Optical Transition Probabilities: A Representative Collection of Russian Articles* (Israel Program for Scientific Translations, Jerusalem 1962)
2.18 L. Mandel, E. Wolf: Coherence properties of optical fields. Rev. Mod. Phys. **37**, 271 (1965)
2.19 A.F. Harvey: *Coherent Light* (Wiley Interscience, London 1970)
2.20 J. Klauder, E.C.G. Sudarshan: *Fundamentals of Quantum Optics* (Benjamin, New York 1968)
2.21 H. Paul: *Photonen*, WTB, Bd.298 (Akademie, Berlin 1985)
2.22 H.M. Nussenzweig: *Introduction to Quantum Optics* (Gordon and Breach, London 1973)

Kapitel 3

3.1 I.I. Sobelmann, L.A. Vainstein, E.A. Yukov: *Excitation of Atoms and Broadening of Spectral Lines*, Springer Ser. Chem. Phys., Vol. 7 (Springer, Berlin, Heidelberg 1981)

3.2 Siehe z.B. A Messiah: *Quantenmechanik* (DeGruyter, Berlin 1974)

3.3 A. Unsöld: *Physik der Sternatmosphären* (Springer, Berlin, Heidelberg 1968)

3.4 G. Traving: *Über die Theorie der Druckverbreiterung von Spektrallinien* (Braun, Karlsruhe 1960)

3.5 W.R. Hindmarsh, J.M. Farr: Collision Broadening of Spectral Lines by Neutral Atoms, in *Progress in Quantum Electronics*, Vol. 2, Pt. 4 (Pergamon, Oxford 1973) p. 143

3.6 R.G. Breen: The Shift of Spectral Lines, in *Handbuch der Physik*, Bd. 27, Hrsg. S. Flügge (Springer, Berlin, Heidelberg 1964) S.1ff

3.7 N. Allard, J. Kielkopf: The effect of neutral nonresonant collisions on atomic spectral lines. Rev. Mod. Phys. **54**, 1103 (1982)

3.8 H. Griem: *Plasma Spectroscopy* (McGraw-Hill, New York 1964)

3.9 C.C. Davis, T.A. King: Gaseous Ion Lasers, in *Advances in Quantum Electronics*, Vol. 3, ed. by D.W. Godwin (Academic, New York 1975)

3.10 R.S. Eng, A.R. Calawa, T.C. Harman, P.L. Kelley: Collisional narrowing of infrared water vapor transitions. Appl. Phys. Lett. **21**, 303 (1972)

3.11 J. Hall: The Line Shape Problem in Laser Saturated Molecular Absorption, in *Lectures in Theoretical Physics*, Vol.12A, ed. by K. Mahanthappa, W. Brittin (Gordon and Breach, New York 1971)

3.12 K. Shimoda: Line Broadening and Narrowing Effects, in *High-Resolution Laser Spectroscopy*, ed. by K. Shimoda, Topics Appl. Phys., Vol.13 (Springer, Berlin, Heidelberg 1976)

3.13 D. McClure: Electronic spectra of molecules and ions in crystals. *Adv. Solid State Phys.* **9**, 400 (Academic, New York 1959)

3.14 R.M. McFarlane, R.M. Shelby: Holeburning and Coherent Transient Spectroscopy of $CaF_2:Pr^{3+}$, in [Lit.1.6, S.113ff]

Kapitel 4

4.1 R. Kingslake, B.J. Thompson (eds): *Applied Optics and Optical Engineering*, Vols.I-X (Academic, New York 1969-1985)
E. Wolf ed.): *Progress in Optics*, Vols.I-XX (North-Holland, Amsterdam 1961-1988)

4.2 K.I. Tarasov: *The Spectroscope* (Adam Hilger, London 1974)

4.3 A.P. Thorne: *Spectrophyics* (Chapman and Hall, London 1974)

4.4 G.L. Clark (ed.): *The Encyclopedia of Spectroscopy* (Reinhold, New York 1960)

4.5 L. Levi: *Applied Optics* (Wiley, London 1980)

4.6 A.B. Schafer, L.R. Megil, L. Dropleman: Optimization of the Czerny-Turner Spectrometer. J. Opt. Soc. Am. **54**, 879 (1964)

4.7 Bergmann-Schäfer: *Lehrbuch der Experimentalphysik, Bd. III: Optik* (De Gruyter, Berlin 1974)

4.8 S.P. Davis: *Diffraction Grating Spectrographs* (Holt, Rinehard and Winston, New York 1970)

4.9 *Handbook of Diffraction Gratings, Ruled and Holographic* (Jobin Yvon Optical Systems, Metuchen, NJ 1970); *Bausch and Lomb Diffraction Grating Handbook* (Bausch and Lomb, Rochester, NY 1970)

4.10 G.W. Stroke: Diffraction gratings, in *Handbuch der Physik*, Bd. 29, Hrsg. S. Flügge (Springer, Berlin, Heidelberg 1967)

4.11 G. Schmahl, D. Rudolph: Holographic diffraction gratings. *Progress in Optics* **XIV**, 195 (North-Holland, Amsterdam 1977)
E. Loewen: Diffraction gratings: Ruled and holographic. *Applied Optics and Optical Engineering* **IX** (Academic, New York 1980)
4.12 V. Klein: *Optics* (Wiley, New York 1970)
4.13 R.S. Longhurst: *Geometrical and Physical Optics* (Longman, London 1973)
4.14 S. Tolansky: *An Introduction to Interferometry* (Longman, London 1973)
4.15 J. Dyson: *Interferometry* (Machinery Publ., Brighton 1970)
G. Hernandez: *Fabry-Perot Interferometer* (Cambridge Univ. Press, Cambridge 1986)
4.16 M.Francon: *Optical Interferometry* (Academic, New York 1966)
4.17 H. Polster, J. Pastor, R.M. Scott, R. Crane, P.H. Langenbeck, R. Pilston, G. Steingerg: New developments in interferometry. Appl. Opt. **8**, 521 (1969)
4.18 K.M. Baird, G.R. Hanes: Interferometers, in [Lit.4.1, Bd.IV, S.309-362]
A.F. Fercher: Neue Interferometer zur Optikprüfung. Laser und Optoelektronik **4**, 301 (1983)
4.19 R.J. Bell: *Introductory Fourier Transform Spectroscopy* (Academic, New York 1972)
4.20 H.A. Gebbie: Fourier transform versus grating spectroscopy. Appl. Opt. **8**, 501 (1969)
4.21 H. Welling, B. Welleghausen: High resolution Michelson interferometer for spectral investigations of lasers. Appl. Opt. **11**, 1986 (1972)
4.22 W. Winkler: Ein Laser-Interferometer als Gravitationswellendetektor. Physik in unserer Zeit **16**, 138 (September 1985)
G. Leuchs: Quantenoptik und Relativitätstheorie. Phys. Blätter **42**, 333 (1986)
4.23 Siehe z.B. W. Weizel: *Lehrbuch der theoretischen Physik, Bd. 1: Physik der Vorgänge*, 3. Aufl. (Springer, Berlin, Heidelberg 1963)
4.24 M. Hercher: Tilted etalons in laser resonators. Appl. Opt. **8**, 1103 (1969)
4.25 W. Demtröder, M. Stock: Molecular constants and potential curves of Na_2 from laser-induced fluourescence. J. Mol. Spectrosc. **55**, 476 (1975)
4.26 H. Anders: *Dünne Schichten für die Optik* (Wissenschaftliche Verlagsgesellschaft, Stuttgart 1965)
4.27 J. McDonald: *Metal-Dielectric Multilayers* (Adam Hilger, London 1971)
A. Thelen: *Design of Optical Interference Coatings* (McGraw-Hill, New York 1988)
4.28 V.R. Costich: Multilayer dielectric coatings, in *Handbook of Lasers*, ed. by R.J. Pressley (Chemical Rubber Company, Cleveland, Ohio 1972)
4.29 F. Abeles: "Optics of Thin Films", in *Advanced Optical Techniques*, ed. by A.C.S van Heel (North-Holland, Amsterdam 1967)
4.30 S. Penselin, A. Steudel: Fabry-Perot Verspiegelungen aus dielektrischen Vielfachschichten. Z. Physik **142**, 21 (1955)
4.31 Siehe z.B. Konferenzband SPIE **691** (1986)
4.32 E. Delano, R.J. Pegis: Methods of synthesis for dielectric multilayer filters. *Progress in Optics* **VII**, 69 (North-Holland, Amsterdam 1969)
4.33 A. Musset, A. Thelen: Multilayer antireflection coatings. *Progress in Optics* **III**, 203 (North-Holland, Amsterdam 1970)
4.34 H.A. McLeod: *Thin Film Optical Filters* (Adam Hilger, London 1969); siehe ferner Informationsschriften optischer Filter-Hersteller
4.35 P. Connes: L'etalon de Fabry-Perot spherique. Phys. Radium **19**, 262 (1958) und in *Quantum Electronics and Coherent Light*, ed. by P.H. Miles (Academic, New York 1964) p. 198 ff
4.36 M. Hercher: The spherical mirror Fabry-Perot interferometer. Appl. Opt **7**, 951 (1968)
H.K.V. Lotsch: The scalar theory for optical resonators and beam waveguides. Optik **26**, 112-130 (1967)

R.C. Smith, Y.A. Abdul-Rahman, G.W. Bresley, F.T. Bell, P.E. Ongley: A prototype confocal Fabry-Perot spherical interferometer. Opt. Laser Technol. 13 (February 1972)
4.37 I.S. Chelidev: *Elektrische Kristalle* (Akademie-Verlag, Berlin 1975)
Ch. Weißmantel, C. Hamann: *Grundlagen der Festkörperphysik* (Springer, Berlin, Heidelberg 1979) S.672 f und 623 ff
4.38 J.R. Johnson: A high resolution scanning confocal interferometer. Appl. Opt. 7, 1061 (1968)
4.39 L.R. Fork, D.R. Herriot, H. Kogelnik: A scanning sperical mirror interferometer for spectral analysis of laser radiation. Appl. Opt. **3**, 1471 (1964)
4.40 J.W. Evans: The birefringent filter. J. Opt. Soc. Am. **39**, 229 (1949)
4.41 M. Francon, S. Mullik: *Polarization Interferometers* (Wiley, Chichester 1971)
4.42 A.L. Bloom: Modes of a laser resonator containing tilted birefringent plates. J. Opt. Soc. Am. **64**, 447 (1974)
4.43 B.H. Billings: The electro-optic effect in uniaxial crystals of the type XH_2PO_4. J. Opt. Soc. Am. **39**, 797 (1949)
4.44 B. Zwicker, P. Scherrer: Elektrooptische Eigenschaften der Seignette-elektrischen Kristalle KH_2PO_4 und KD_2PO_4. Helv. Phys. Acta **17**,346 (1944)
4.45 H. Walther, J.L. Hall: Tunable Dye Laser with Narrow Spectral Output. Appl. Phys. Lett. **17**, 239 (1970)
4.46 J.J. Snyder: Laser Wavelength meters. Laser Focus **18**, 55 (May 1982)
4.47 J.L. Hall, S.A. Lee: Appl. Phys. Lett. **29** 367 (1976)
4.48 F. Kowalski. R. E. Teets, W. Demtröder, A.L. Schawlow: An improved wavemeter for cw lasers. J. Opt. Soc. Am. **68**, 1611 (1978)
4.49 H.P. Layer, R.D. Deslattes, W.G. Schweitzer, Jr.: Laser wavelength comparison with high resolution interferometry. Appl. Opt. **15**, 734 (1976)
4.50 R. Best: *Theorie und Anwendungen des Phase-Locked Loops* (AT-Verlag, Stuttgart 1976)
4.51 K.M. Baird: Frequency measurement of optical radiation. Phys. Today **36**, 1 (January 1983)
4.52 F. Bayer-Helms: Neudefinition der Basiseinheit Meter im Jahre 1983. Phys. Bl. **39**, 307 (1983)
4.53 W.G. Schweizer, Jr., E.G. Kessler, Jr., R.D. Deslattes, H.P. Layer, J.R. Whetstone: Description, performance and wavelengths of iodine stabilized lasers. Appl. Opt. **12**, 2927 (1973)
4.54 B. Edlen: Dispersion of Standard Air. J. Opt. Soc. Am. **43**, 339 (1953)
4.55 J.C. Owens: Optical Refractive Index of Air: Dependence on pressure, temperature and composition. Appl. Opt. **6**, 51 (1967)
4.56 R. Castell, W. Demtröder, A. Fischer, R. Kullmer, K. Wickert: The accuracy of laser wavelength meters. Appl. Phys. B **38**, 1-10 (1985)
4.57 J. Cachenaut, C. Man, P. Cerez, A. Brillet, F. Stoeckel, A. Jourdan, F. Hartmann: Description and accuracy tests of an improved lambdameter. Rev. Phys. Appl. **14**, 685 (1979)
4.58 J. Viqué, B. Girard: A systematic error of Michelson's type lambdameter. Rev.Phys. Appl. **21**, 463 (1986)
4.59 J.J. Snyder: An ultrahigh resolution frequency meter. Proc. 35th Ann. Freq. Control USAERADCOM (May 1981); Appl. Opt. **19**, 1223 (1980)
4.60 P. Juncar, J. Pinard: Instrument to measure wavenumbers of cw and pulsed laser lines: The sigma meter. Rev. Sci. Instrum. **53**, 939 (1982)
4.61 R.L. Byer, J. Paul, M.D. Duncan: A wavelength meter, in [Lit.1.3, S.414]
4.62 A. Fischer, R. Kullmer, W. Demtröder: Computer-controlled Fabry-Perot wavemeter. Opt. Commun. **39**, 277 (1981)
4.63 N Konishi, T. Suzuki, Y. Taira, H. Kato, T. Kasuya: High precision wavelength meter with Fabry-Perot optics. Appl. Phys. **25**, 311 (1981)
4.64 J.J. Snyder: Fizeau wavemeter. SPIE **288**, 258 (1981)

4.65 M.B. Morris, T.J. McIllrath, J. Snyder: Fizeau wavemeter for pulsed laser wavelength measurement. Appl. Opt. 23, 3862 (1984)
4.66 J.L. Gardner: Compact Fizeau wavemeter. Appl. Opt. **24**, 3570 (1985)
4.67 J.L. Gardner: Wavefront curvature in a Fizeau wavemeter. Opt. Lett. **8**, 91 (1983)
4.68 J.J. Keyes (ed): *Optical and Infrared Detectors*, 2nd. ed., Topics Appl. Phys., Vol.19 (Springer, Berlin, Heidelberg 1977)
4.69 P.N. Dennis: *Photodetectors* (Plenum, New York 1986)
M. Bleicher: *Halbleiter-Optoelektronik* (Hüthig, Heidelberg 1976)
R.D. Hudson, J.W. Hudson: *Infrared Detectors* (Halsted, Stroudsburg, PA 1975)
4.70 W. Schmidt, O. Feustel: *Optoelektronik* (Vogel, Würzburg 1975)
J. Wilson, J.F.B. Hawkes: *Optoelectronics* (Prentice Hall, London 1983
4.71 T.E. Gough, R.E. Miller, G. Scoles: Infrared laser spectroscopy of molecular beams. Appl. Phys. Lett. **30**, 338 (1977)
4.72 D. Bassi, A. Boschetti, M. Scotoni, M. Zen: Molecular beam diagnostics by means of fast superconducting bolometer. Appl. Phys. B**26**, 99 (1981)
J. Clarke, P.L. Richards, N.H. Yeh: Composite superconducting transition edge bolometer. Appl. Phys. Lett. B**30**, 664 (1977)
4.73 H. Ibach, H. Lüth: *Festkörperphysik*, 3. Aufl. (Springer, Berlin, Heidelberg 1990)
4.74 E.H. Putly: Thermal detectors, in [Lit.4.68, S.71ff]
4.75 B. Tiffany: Introduction and review of pyroelectric detectors. SPIE **62**, 153 (1975)
E.H. Putly: Pyroelectric detectors, in *Submillimeter Waves*, ed. by J. Fox (Polytechnic Press, New York 1971) p.267
4.76 C.B. Roundy, R.L. Byer: Subnanosecond pyroelectric detector. Appl. Phys. Lett. **21**, 10 (1972)
L.E. Ravich: Pyroelectric detectors and imaging. Laser Focus 22, 104 (1986)
4.77 R. Paul: *Optoelektronische Halbleiterbauelemente* (Teubner, Stuttgart 1985)
4.78 T.S. Moss, G.J. Burell, B. Ellis: *Semiconductor Opto-Electronics* (Butterworth, London 1973)
4.79 F. Capasso: Band-gap engineering via graded-gap structures: Applications to novel photodetectors. J. Vac. Sci. Tech. B12, 457 (1983); and Multilayer avalanche photodiodes and solid state photomultipiers. Laser Focus **20**, 84 (July 1984)
4.80 Ch.H. Lee (ed): *Picosecond Optoelectronic Devices* (Academic, New York 1984)
4.81 E. Sakuma, K.M. Evenson: Characteristics of tungsten nickel point contact diodes used as a laser harmonic generation mixers. IEEE J. QE-**10**. 599 (1974)
4.82 H.U. Daniel, B. Maurer, M. Steiner: A broadband Schottky point contact mixer for visible light and microwave harmonics. Appl. Phys. B**30**, 189 (1983)
4.83 R.B. Billborn, J.V. Sweedler, P.M. Epperson, M.B. Denton: Charge transverse device detectors for optical spectroscopy. Appl. Spectrosc. **41**, 1114 (1987)
4.84 J.D. Rees, M.P. Givens: Variation of time of flight of electrons through a photomultiplier. J. Opt. Soc. Am. **56**, 93 (1966)
4.85 C. Gosh: Photoemissive materials. Proc. SPIE **346**, 62 (1982)
4.86 R.L. Bell: *Negative Electron Affinity Devices* (Clarendon, Oxford 1973)
4.87 A. van der Ziel: *Noise in Measurements* (Wiley, New York 1976)
H. Bittel, L. Storm: *Rauschen* (Springer, Berlin, Heidelberg 1971)
4.88 A.T. Young: Undesirable effects of cooling photomultipliers. Rev. Sci. Instrum. **38**, 1336 (1967)
4.89 Siehe z.B. Informationsblätter über Photomultiplier von RCA, EMI oder Hamamatsu
4.90 Photon Counting: Informationsbroschüre, Princeton Applied Research
R.G. Tull: A comparison of photon counting and current measuring techniques in spectrometry of faint sources. Appl. Opt. 7, 2023 (1968)

B. Saleh: *Photoelectron Statistics*, Springer Ser. Opt. Sci., Vol.6 (Springer, Berlin, Heidelberg 1978)
4.91 P.W. Kruse: The photon detection process, in [Lit.4.68, S.5ff]
4.92 T.P. McLean, P. Schagen (eds): *Electronic Imaging* (Academic, London 1979)
H.K. Pollehn: Image intensities, in [Lit.4.1a, Bd.VI, S.393-438 (1980)]
4.93 A. Tebo: IR detector technology: Arrays. Laser Focus **20**, 68 (July 1984)
4.94 Informationsblätter über OMA-Systeme, Princeton Appl. Res. Corp.
4.95 Informationsblätter über OSA-Systeme, B & B Spektronik, Puchheim
Informationsblätter über PIAS-Systeme, Hamamatsu Photonics, Seefeld

Kapitel 5

5.1 H. Weber, G. Herziger: *Laser* (Physik, Weinheim 1972)
5.2 A.E. Siegman: *Lasers* (University Science Books, San Francisco 1986) Sollte man hier nicht Siegmans neues Buch aufführen???????
5.3 A. Levine (ed.): *Lasers*, Vol.1-4 (Dekker, New York 1966-76)
5.4 A. Yariv: *Quantum Electronics* (Wiley, New York 1975)
5.5 O. Svelto: *Principles of Lasers* (Plenum, New York 1976/77)
5.6 *Laser Handbook* Vols.I-V (North-Holland, Amsterdam 1972-1985)
5.7 W. Brunner, W. Radloff, H. Junge: *Quantenelektronik* (VEB, Berlin 1977)
5.8 M.O. Scully, W.E. Lamb, Jr., M. Sargent III: *Laser Physics* (Addison Wesley, Reading, MA 1974)
P. Meystre, M. Sargent III: *Elements of Quantum Optics* (Springer, Berlin, Heidelberg 1990)
5.9 H. Haken: *Licht und Materie* I+II (BI-Wissenschaftsverlag, Mannheim 1981)
5.10 W. Chang: *Principles of Quantum Electronics* (Addison-Weseley, Reading 1969)
5.11 G. Koppelmann: Multiple beam interference and natural modes in open resonators. *Progress in Optics* 7, 1-66 (North-Holland, Amsterdam 1969)
5.12 M. Born, *Optik* (Springer, Berlin, Heidelberg 1985);
E. Hecht, A. Zajac: *Optics*, 2nd edn. (Addison-Wesley, Reading, MA 1986)
5.13 A.G. Fox, T. Li: Resonant modes in a maser interferometer. *Advances in Quantum Electronics*, ed. by J.R. Singer (Columbia Univ. Press, New York 1961) p.308
5.14 G.D. Boyd, H. Kogelnik: Generalized confocal resonator theory. Bell Syst. Techn. J. **41**, 1347 (1962)
5.15 H.K.V. Lotsch: The Fabry Perot resonator. Optik **28**, 65, 328, 555 (1968), ibid. **29**, 130, 622 (1969)
5.16 G.D. Boyd, J.P. Gordon: Confocal multimode resonator for millimeter through optical wavelength masers. Bell Syst. Techn. J. **40**, 489 (1961)
5.17 H. Kogelnik, T. Li: Laser beams and resonators. Proc. IEEE **54**, 1312 (1966)
5.18 H.K.V. Lotsch: Multimode resonators with a small Fresnel number. Z. Naturf. **20a**, 38 (1965)
5.19 A.E. Siegman: Unstable optical resonators. Appl. Opt. **13**, 353 (1974);
W.H. Steier: Unstable resonators. *Laser Handbook III*, ed. by M.L. Stitch (North-Holland, Amsterdam 1979)
5.20 W.R. Bennet, Jr.: *The Physics of Gas Lasers* (Gordon and Breach, New York 1977)
5.21 I.V. Hertel,, A Stamatovic: Spatial hole burning and oligo-mode distance control in cw dye lasers. IEEE J. QE-**11**, 210 (1975)
5.22 P.W. Smith: Mode selection in lasers. Proc. IEEE **60**, 442 (1972)
5.23 P. Zory: Single frequency operation of argon ion lasers. IEEE J. QE-**3**, 390 (1967)
5.24 V.P. Belayev, V.A. Burmakin, A.N. Evtyunin, F.A. Korolyov, V.V. Lebedeva,

A.I. Odintzov: High power single frequency argon ion laser. IEEE J. QE-5, 589 (1969)
5.25 A.L. Bloom: Modes of a laser resonator containing tilted birefringent plates. J. Opt. Soc. Am. **64**, 447 (1974)
5.26 H.W. Schröder, H. Dux, H. Welling: Single mode operation of cw dye lasers. Appl. Phys. **1**, 347 (1973);
B. Peuse: New developments in cw dye lasers. *Physics of New Laser Sources*, ed. by N.B. Abraham, F.T. Arrecchi, A. Mooradian, A. Suna (Plenum, New York 1985)
5.27 M. Pinard, M. Leduc, G. Trenec, C.G. Aminoff, F. Laloe: Efficient single-mode operation of a standing wave dye laser. Appl. Phys. **19**, 399 (1978)
5.28 I.S. Chelvdew: *Elektrische Kristalle* (Akademie, Berlin 1975)
5.29 K.M. Baird, G.R. Hanes: Stabilization of wavelengths from gas lasers. Rep. Prog. Phys. **37**, 927 (1974)
5.30 J.L. Hall: Saturated absorption spectroscopy. *Atomic Physics 3*, ed. by St. Smith, G.K. Walters (Plenum, New York 1973)
5.31 K.M. Evenson, D.A. Jennings, F.A. Peterson, J.W. Wells: Laser Frequency Measurements: A Review, Limitations Extension to 197 THz (1.5μm). In *Laser Spectroscopy IV*, ed. by H. Walther, K.W. Rothe, Springer Ser. Opt. Sci., Vol.21 (Springer, Berlin, Heidelberg 1979) p.56
5.32 H.H. Klingenberg, H.R. Telle, J. Helmcke: Extension of the PTB frequency synthesis towards the visible. IEEE Trans. IM **34**, 268 (1985)
5.33 K.M. Baird: Frequency measurements of optical radiation. Phys. Today **36**, 1 (Jan. 1983)
5.34 Siehe z.B. [Lit.5.8, S.287] oder [Lit.5.7, S.226]
5.35 H.M. Nussenzweig: *Introduction to Quantum Optics* (Gordon and Breach, New York 1973)
5.36 A.L. Schawlow, C.H. Townes: Infrared and optical masers. Phys. Rev. **112**, 1940 (1958)
5.37 C.H. Bordé, J.L. Hall: Ultrahigh resolution saturated absorption spectroscopy. *Laser Spectroscopy*, ed. by R.G. Brewer, H. Mooradian (Plenum, New York 1974)
5.38 R.W.P. Drever, J.L. Hall, F.V. Kowalski, J. Hough, G.M. Ford, A.J. Munley, H. Ward: Laser phase and frequency stabilization using an optical resonator. Appl. Phys. B **31**, 97 (1983)
J.L. Hall, M. Long-Sheng, G. Kramer: Principles of optical phase locking. IEEE J. QE-**23**, 427 (1987)
5.39 R.G. De Voe, R.G. Brewer: Laser frequency division and stabilisation. Phys. Rev. A **30**, 2827 (1984)
J. Hough, D. Hils, M.D. Rayman, L.S. Ma, L. Holberg, J.L. Hall: Dye-laser frequency stabilization using optical resonators. Appl. Phys. B **33**, 179 (1984)
5.40 V.P. Chebotayev: Superhigh resolution spectrosopy. *Laser Handbook V*, ed. by M. Bass, M.L. Stitch (North-Holland, Amsterdam 1985);
S.N. Bagayev, V.P. Chebotayev: Frequency stabilization and reproductibility of the 3.39 μm He-Ne-Laser stabilized on the methane line. Appl. Phys. **7**, 71 (1975)
Ch. Salomon, D. Hils, J.L. Hall: Laser stabilization at the millihertz level. J. Opt. Soc. Am. B **5**, 1576 (1988)
5.41 L.F. Mollenauer, J.C. White (eds.): *Tunable Lasers*, Topics Appl. Phys., Vol.59 (Springer, Berlin, Heidelberg 1987)
5.42 I. Melngailis, A. Mooradian: Tunable semiconductor diode lasers and applications. In *Laser Applications in Optics and Spectroscopy*, ed. by S. Jacobs, M. Sargent, M. Scully, J. Scott (Addison Wesley, Reading, MA 1975) p.1ff
H.C. Casey, M.B. Panish: *Heterostructure Lasers* (Academic, New York 1978)

5.43 W. Fleming, A. Mooradian: Spectral characteristics of external cavity controlled semiconductor lasers. IEEE J. QE-**17**, 44 (1971)
5.44 W. Fuhrmann, W. Demtröder: A widely tunable single-mode GaAs-diode laser with external cavity. Appl. Phys. B **49**, 29 (1988)
5.45 R.S. McDowell: High resolution infrared spectroscopy with tunable lasers. *Advances in Infrared and Raman Spectra*, Vol.5, ed. by R.J.H. Clark, R.E. Hester (Heyden, London 1978)
5.46 K.W. Nill: Spectroscopy with tunable diode lasers. Laser Focus **13**, 32 (February 1977)
5.47 S.D. Smith, R.B. Dennis, R.G. Harrison: The spin-flip Raman laser. Progr. Quant. Electron. **5**, 205 (1977)
5.48 H.G. Häfele: Spin flip Raman laser: Appl. Phys. **5**, 97 (1974)
5.49 A. Mooradian: High resolution tunable infrared lasers. *Laser Spectroscopy*, ed. by R.G. Brewer, A. Mooradian (Plenum, New York 1974)
5.50 S.R. Brueck. A. Morradian: Frequency stabization and fine tuning characteristics of a cw InSb spin-flip laser. IEEE J. EQ-**10**, 634 (1974)
5.51 J. Häger, W. Hinz, H. Walther: High-resolution spectroscopy of ethylene by means of a spin-flip Raman laser. Appl. Phys. **9**, 35 (1976)
5.52 P.F. Moulton: Tunable paramagnetic-ion lasers. *Laser Handbook V*, ed. by M. Bass, M.L. Stitch (North-Holland, Amsterdam 1985)
5.53 J. Hecht: Vibronic solid state lasers review and update. Lasers and Appl. **9**, 77 (September 1984)
5.54 U. Dürr: Vibronische Festkörperlaser: Der Übergansmetallionen-Laser, Laser Optoelectr. **15**, 31 (February 1983)
5.55 S.T. Lai: Highly efficient emeral laser. J. Opt. Soc. Am. B **4**, 1286 (1987)
5.56 G.T. Forrest: Diode-pumped solid state lasers have become a mainstream technology. Laser Focus **23**, 62 (November 1987)
5.57 W.P. Risk, W. Lenth: Room temperature continuous wave 946 nm Nd:YAG laser pumped by laser diode arrays and intracavity frequency doubling to 473 nm. Opt. Lett. **12**, 993 (1987)
5.58 P. Hammerling, A.B. Budgor, A. Pinto (eds.): *Tunable Solid State Lasers I*, Springer Ser. Opt. Sci., Vol.47 (Springer, Berlin, Heidelberg 1984)
A.B. Budgor, L. Esterowitz, L.G. Deshazer (eds.): *Tunable Solid State Lasers II*, Springer Ser. Opt. Sci., Vol.52 (Springer, Berlin, Heidelberg 1986)
5.59 W. Koechner: *Solid-State Laser Engineering*, 2nd edn., Springer Ser. Opt. Sci., Vol.1 (Springer, Berlin, Heidelberg 1988)
5.60 W.B. Fowler (ed.): *Physics of Color Centers* (Academic, New York 1968)
5.61 G. Litfin, H. Welling: Farbzentrenlaser. Laser Optoelektr. **14**, 17 (1982)
5.62 H.W. Kogelnik. E.P. Ippen, A. Dienes, Ch.V. Shank: Astigmatically compensated cavities for cw dye lasers. IEEE J. QE-**8**, 373 (1972)
5.63 L.F. Mollenauer: Color center lasers. *Laser Handbook IV*, ed by. M. Bass, M.L. Stitch (North-Holland, Amsterdam 1985) p.143
5.64 R. Beigang, G. Litfin, H. Welling: Frequency behaviour and linewidth of a cw single mode color center laser. Opt. Commun. **22**, 269 (1977)
5.65 G. Phillips, P. Hinske, W. Demtröder, K. Möllmann, R. Beigang: NaCl-color center laser with birefringent tuning. Appl. Phys. B **47**, 127 (1988)
5.66 F.P. Schäfer (ed.): *Dye Lasers*, 3rd edn., Topics Appl. Phys., Vol.1 (Springer, Berlin, Heidelberg 1990)
5.67 J. Jethwa, F.P. Schäfer, J. Jasny: A reliable high average power dye laser. IEEE J. EQ-**14**, 119 (1978)
5.68 H. Walther, J.L. Hall: Tunable dye laser with narrow spectral output. Appl. Phys. Lett. **6**, 239 (1970)
5.69 F.J. Duarte, J.A. Piper: Narrow linewidth high prf copper laser-pumped dye-laser oscillator. Appl. Opt. **23**, 1391 (1984)

5.70 T.W. Hänsch: Repetitively pulsed tunable dye laser for high resolution spectroscopy. Appl. Opt. **11**, 895 (1972)

5.71 M.G. Littman: Single mode operation of gracing incidence pulsed dye laser. Opt. Lett. **3**, 138 (1978)

5.72 F.J. Duarte, J.A. Piper: Prism preexpanded gracing-incidence grating cavity for pulsed dye lasers. Appl. Opt. **20**, 2113 (1981)

5.73 F.J. Duarte: Multipass dispersion theory of prismatic pulsed dye lasers. Opt. Acta **31**, 331 (1984)
F.J. Duarte: Narrow-linewidth, multiple-prism, pulsed dye lasers. Lasers & Optronics **7**, 41 (Februar 1988) and Appl. Opt. **24**, 1244 (1985); **26**, 2567 (1987)

5.74 K.L. Hohla: Excimer-pumped dye lasers - The new generation. Laser Focus **18**, 67 (June 1982)

5.75 Lambda-Physik, Göttingen, Dye Laser Modell FL 3001-2

5.76 K. Liu, M.G. Littmann: Novel geometry for single mode scanning of tunable lasers. Opt. Lett. **6**, 117 (1981)

5.77 M. Littmann, J. Montgomery: Gracing incidence designs improve pulsed dye lasers: Laser Focus **24**, 70 (February 1988)

5.78 P. Hinske: Diplomarbeit, Univ. Kaiserslautern (1988)

5.79 H.W. Schröder, L. Stein, D. Fröhlich, F. Fugger, H. Welling: A high power single mode cw dye ring laser. Appl. Phys. **14**, 377 (1978)

5.80 G. Marowsky: A tunable flash lamp pumped dye ring laser of extremely narrow bandwidth. IEEE J. QE-**9**, 245 (1973)

5.81 T.F. Johnston: Design and performance of broadband optical diode to enforce one direction travelling wave operation of a ring laser. IEEE J. QE-**16**, 483 (1980); Focus on Science **3**, No.1 (February 1980) (Coherent, Palo Alto)

5.82 M.L. Bhaumik. R.S. Bradford, Jr., E.R. Ault: High efficiency KrF-excimer laser. Appl. Phys. Lett. **28**, 23 (1976)

5.83 M.D. Diegelmann, H.P. Grieneisen, K. Hohla, X.J. Hu, J. Krasinski, K.L. Kompa: New TEA-lasers based on D′→A′-transitions in halogen monofluoride compounds. Appl. Phys. **23**, 283 (1980)

5.84 D. Basting: Excimer-Laser - neue Perspektiven im UV. Laser Optoelektr. **11**, 24 (April 1979)

5.85 S.S. Merz, M.A. Gundersen: Switch developments could enhance pulsed-laser performance. Laser Focus **24**, 70 (May 1988)

5.86 P. Klopotek, V. Brinkmann, D. Basting, W. Mückenheim: A New Excimer Laser Producing Long Pulses at 308 nm. Lambda-Physik Mitteilung (Göttingen 1987)

5.87 Ch.K. Rhodes (ed.): *Excimer Lasers*, 2nd ed., Topics Appl. Phys., Vol.30 (Sprin- ger, Berlin, Heidelberg 1984)

5.88 H. Pummer, U. Sowada, P. Oesterlin, R. Rebban, D. Basting: Kommerzielle Excimerlaser. Laser Optoelectr. 2, 141 (1985)

5.89 G.C. Baldwin: *An Introduction to Nonlinear Optics* (Plenum, New York 1969)

5.90 P.G. Harper, B.S. Wherret (eds.): *Nonlinear Optics* (Academic, London 1977)

5.91 R.S. Adhav, S.R. Adhav, J.M. Pelaprat: BBO's nonlinear optical phase-matching properties. Laser Focus **23**, (9) 88 (Sept. 1987)

5.92 H. Schmidt, R. Wallenstein: Beta-Bariumbort: Ein neues optisch-nichtlineares Material. Laser Optoelektr. **19**, Nr.3, 302 (1987)

5.93 Ch. Chuangtian, W. Bochang, J. Aidong, Y. Giuming: A new-type ultraviolet SHG crystal: ß-BaB_2O_4. Scientia Sinica B **28**, 235 (1985)
J.T. Lin, C. Chen: Choosing a nonlinear crystal. Laser & Optronics **6**, 59 (November 1987)

5.94 J.C. Baumert, J. Hoffnagle, P. Günter: High efficiency intracavity frequency doubling of a styril-9 dye laser with $KNbO_3$ crstals. Appl. Opt. **24**, 1299 (1985)

5.95 T.J. Johnston, Jr.: Tunable dye lasers. *The Encyclopedia of Physical Science and Technology*, Vol.14 (Academic, San Diego 1987)

5.96 A. Renn, A. Hese, H. Büsener: Externer Ringresonator zur Erzeugung kontinuierlicher UV-Strahlung. Laser Optoelektr. **3**, 11 (1982)
F.B. Dunnings: Tunable ultraviolet generation by sum-frequency mixing. Laser Focus **14**, 72 (May 1978)
5.97 G.A. Massey, J.C. Johnson: Wavelength tunable optical mixing experiments between 208 and 259 nm. IEEE J. QE-**12**, 721 (1976)
5.98 P. Lokai, B. Burghardt, S.D. Basting. W. Mückenheim: Typ-I-Frequenzverdopplung und Frequenzmischung in ß-BaB_2O_4. Laser Optoelektr. **19**, Nr.3, 296 (1987)
5.99 C.R. Vidal: Third harmonic generation of mode-locked Nd:glass laser pulses in phase-matched Rb-Xe-mixtures. Phys. Rev. A **14**, 2240 (1976)
5.100 R. Hilbig, R. Wallenstein: Narrow band tunable VUV-radiation generated by nonresonant sum- and difference-frequency mixing in xenon and krypton. Appl. Opt. **21**, 913 (1982)
5.101 C.R. Vidal: Four-wave frequency mixing in gases. *Tunable Lasers*, ed. by I.F. Mollenauer, J.C. White, Topics Appl. Phys., Vol.59 (Springer, Berlin, Heidelberg 1987)
5.102 G. Hilber, A. Lago, R. Wallenstein: Broadly tunable VUV/XUV-radiation generated by resonant third-order frequency conversion in Kr. J. Opt. Soc. Am. B **4**, 1753 (1987)
5.103 A. Lago, G. Hilber, R. Wallenstein: Optical frequency conversion in gaseous media. Phys. Rev. A **36**, 3827 (1987)
5.104 J.R. Reintjes: Coherent ultraviolet and VUV-sources. *Laser Handbook V*, ed. by M. Bass,, M.L. Stitch (North-Holland, Amsterdam 1985)
5.105 W. Jamroz, B.P. Stoicheff: Generation of tunable coherent vacuum-ultraviolet radiation. *Progress in Optics* **20**, 324 (North-Holland, Amsterdam 1983)
D.L. Matthews, R.R. Freeman (eds.): The generation of coherent XUV and soft X-ray radiation. J. Opt. Soc. Am. B **4**, 533ff (1987)
C. Yamanaka (ed.): *Short-Wavelength Lasers*, Springer Proc. Phys., Vol.30 (Springer, Berlin, Heidelberg 1988)
D.L. Matthews, M.D. Rosen: Laser mit weicher Röntgenstrahlung. Spektr. Wiss. (Februar 1989) S.54
T.J. McIlrath (ed.): *Laser Techniques for Extreme UV Spectroscopy*, AIP Conf. Proc. **90** (1986)
B. Wellegehausen, M. Hube, F. Jim: Investigation on laser plasma soft X-ray sources generated with low-energy laser systems. Appl. Phys. B **49**, 173 (1989)
E. Fill (guest ed.): *X-Ray Lasers*. Appl. Phys. B **50**, Nos.3 and 4 (1990)
5.106 A.S. Pine: IR-spectroscopy via difference-frequency generation. *Laser Spectroscopy III*, ed. by J.L. Hall, J.L. Carlsten, Springer Ser. Opt. Sci., Vol.21 (Springer, Berlin, Heidelberg 1977) p.376
5.107 Y.R. Shen (ed.): *Nonlinear Infrared Generation*, Topics Appl. Phys., Vol.16 (Springer, Berlin, Heidelberg 1977)
5.108 K.M. Evenson, D.A. Jennings, K.R. Leopold, L.R. Zink: In *Laser Spectroscopy VII*, ed. by T.W. Hänsch, Y.R. Shen, Springer Ser. Opt. Sci., Vol.49 (Springer, Berlin, Heidelberg 1985) p.366
5.109 M. Inguscio: Coherent atomic and molecular spectroscopy in the far-infrared. Physica Scripta **37**, 699 (1988)
M. Inguscio, P.R. Zink, K.M. Evanson, D.A. Jennings: Sub-Doppler tunable far-infrared spectroscopy. Opt. Lett. **12**, 867 (1987)
5.110 R.L. Byer: Parametric oscillators and nonlinear materials. *Nonlinear Optics*, ed. by P.G. Harper, B.S. Wherret (Academic, London 1977)
5.111 R.L. Byer, R.L. Herbst, R.N. Fleming: Broadly tunable IR-source. In *Laser Spectroscopy II*, ed. by S. Haroche, J.C. Pebay-Peyroula, T.W. Hänsch, S.E. Harris, Lect. Notes Phys., Vol.43 (Springer, Berlin, Heidelberg (Springer, Berlin, Heidelberg 1974) p.207

6.36 W. Brunner, H. Paul: On the theory of intracavity absorption. Opt. Commun. **12**, 252 (1974)
K. Tohma: Intracavity absorption of dye lasers. A rate equation model. J. Appl. Phys. **47**, 1422 (1976)
6.37 E.N. Antonov, V.G. Koloshnikov. V.R. Mironenko: Quantitiative measurement of small absorption coefficients in intracavity absoption spectroscopy by using a cw dye laser. Opt. Commun. **15**, 99 (1975)
G. Atkinson, T.N. Heimlich, M.W. Schuyler: Quantitiative intracavity laser detection of NO_2 by optical multichannel analysis. J. Chem. Phys. **66**, 5005 (1977)
6.38 H. Atmanspacher, H. Scheingraber, C.R. Vidal: Dynamcis of laser intracavity absorption. Phys. Rev. A **32**, 254 (1985)
H. Atmanspacher: Resonatorinterne Absorption und nichtlineare Dynamic von Multimode-Lasersystemen. Dissertation, Universität München (1986) (Max-Planck-Institut für Extreterrestrische Physik, Garching, Report 197)
6.39 W.J. Childs, M.S. Fred, L.S. Goodman: Ultrasensitive detection of Cs vapor by intracavity laser quenching. Appl. Opt. **13**, 2297 (1974)
6.40 T.W. Hänsch, A.L.Schawlow, P. Toschek: Ultrasensitive response of a cw dye laser to selective extinction. IEEE J. QE-**8**, 802 (1972)
6.41 G.H. Atkinson, A. Laufer, M. Kurylo: Detection of free radicals by an intracavity dye laser technique. J. Chem. Phys. **59**, 350 (1973)
6.42 R.G. Bray, W. Henke, S.K. Liu, R.V. Reddy, M.J. Berry: Measurement of highly forbidden optical transitions by intracavity dye laser spectroscopy. Chem. Phys. Lett. **47**, 213 (1977)
6.43 V.M. Baev, T.P. Belikova, E.A. Sviridenko, A.F. Suchkov: Intracavity laser spectroscopy with continuously and quasi continuously operating lasers. Sov. Phys. JETP **47**, 21 (1978)
6.44 T.D. Harris: Laser intracavity enhanced spectroscopy, in *Ultrasensitive Laser Spectroscopy*, ed. by D.S. Kliger (Academic, New York 1983) pp.398-434
6.45 K.J. Button (ed.): *Infrared and Submillimeter Waves* (Academic, New York 1979)
6.46 K.M. Evenson, R.J. Saykally, D.A. Jennings, R.E. Curl, J.M. Brown: Far Infrared Laser Magnetic Resonance, in *Chemical and Biochemical Applications of Lasers*, ed. by C.B. Moore (Academic, New York 1980) Chap.V
6.47 K.M. Evenson, C.J. Howard: Laser magnetic resonance spectroscopy, in *Laser Spectroscopy*, ed. by R.G. Brewer, A. Mooradian (Plenum, New York 1974) p.535
6.48 J. Pfeiffer, D. Kirsten, P. Kalkert, W. Urban: Sensitive magnetic rotation spectroscopy of the OH free radical fundamental band with a colour center laser. App. Phys. B **26**, 173 (1981)
6.49 P.B. Davis, K.M. Evenson: Laser magnetic resonance spectroscopy of gaseous free radicals, in *Laser Spectroscopy II*, ed. by S. Haroche, J.C. Pebay-Peyroula, T.W. Hänsch, S.E. Harris, Lecture Notes Phys., Vol.43 (Springer, Berlin, Heidelberg 1975) p.132
6.50 A. Hinz, J. Pfeiffer, W. Bohle, W. Urban: Mid-infrared laser magnetic resonance using the Faraday and Voigt effects for sensitive detection. Mol. Phys. **45**, 1131 (1982)
6.51 Y. Ueda, K. Shimoda: Infrared laser Stark spectroscopy, in *Laser Spectroscopy II*, ed. by S. Haroche, J.C. Pebay-Peyroula, T.W. Hänsch, S.E. Harris, Lecture Notes Phys., Vol.43 (Springer, Berlin, Heidelberg 1975) p.186
6.52 L.R. Zink, D.A. Jenning; K.M. Evenson, A. Sasso, M. Inguscio: New techniques in laser Stark spectroscopy. J. Opt. Soc. Am. B **4**, 1173 (1987)
6.53 M. Inguscio: Coherent atomic and molecular spectroscopy in the far infrared. Physics Scripta **37**, 699 (1989)
6.54 W.H. Weber, K. Tanaka, T. Kanaka (feature eds.): Stark and Zeeman techniques in laser spectroscopy. J. Opt. Soc. B **4**, 1141 (1987)

6.55 R.J. Saykally, R.C. Woods: High resolution spectroscopy of molecular ions. Ann. Rev. Phys. Chem. **32**, 403 (1981)

6.56 C.S. Gudeman, R.J. Saykally: Velocity modulation infrared laser spectroscopy of molecular ions. Ann. Rev. Phys. Chem. **35**, 387 (1984)

6.57 C.E. Blom. K. Müller, R.R. Filgueira: Gas discharge modulation using fast electronic swisches. Chem. Phys. Lett. **140**, 489 (1987)

6.58 M. Gruebele, M. Polak, R. Saykally: Velocity modulation laser spectroscopy of negative ions. The infrared spectrum of SH^-. J. Chem. Phys. **86**, 1698 (1987)

6.59 siehe z.B. G. Herzberg: *Molecular Spectra and Molecular Structure*, Vol.I (va Nostrand Reinhold, New York 1950)

6.60 W. Demtröder, M. Stock: Molecular constants and potential curve of Na_2 from laser-induced fluorescence. J. Mol. Spectrosc. **55**, 476 (1975)

6.61 K.L. Kompa: *Chemical Lasers*, Topics Curr. Chem., Vol.37 (Springer, Berlin, Heidelberg 1975)

6.62 P.J. Dagdigian, H.W. Cruse, A. Schultz, R.N. Zare: Product state analysis of BaO from the reactions $Ba+CO_2$ and $Ba+O_2$. J. Chem. Phys. **61**, 4450 (1974)

6.63 J.G. Pruett, R.N. Zare: State-to-state reaction rates: Ba+HF (v=0,1) → BaF (v=0-12) + H". J. Chem. Phys. **64**, 1774 (1976)

6.64 W. Demtröder, H.-J. Foth: Molekülspektroskopie in kalten Düsenstrahlen. Phys. Blätter **43**, 7 (Jan. 1987)

6.65 A.C. Hurley: *Introduction to the Electron Theory of Small Molecules* (Academic, New York 1979)

6.66 M. Raab, H. Weickenmeier, W. Demtröder: The dissociation energy of the cesium dimer. Chem. Phys. Lett. **88**, 377 (1982)

6.67 J.L. Kinsey: Laser-induced fluorescence. Ann. Rev. Phys. Chem. **28**, 349-372 (1977)

6.68 L.J.R. Radziemski, R.W. Solunz, J.A. Paisnen (eds.): *Laser Spectroscopy and its Application* (Dekker, New York 1986)

6.69 S. Martellucci, A.N. Chester (eds.): *Analytical Laser Spectroscopy* (Plenum, New York 1985)

6.70 J.E.M. Goldsmith: Recent advances in flame diagnostics using fluorescence and ionisation techniques, in *Laser Spectroscopy VIII*, ed. by S. Svanberg, W. Persson, Springer Ser. Opt. Sci., Vol. 55 (Springer, Berlin, Heidelberg 1987) p.337

6.71 K.L. Kompa, J. Wanner (eds.): *Laser Applications in Chemistry* (Plenum, New York 1984)

6.72 J. Wolfrum (ed.): Laser diagnostics in combustion. Appl. Phys. B **50** (June 1990)

6.73 T.P. Hughes: *Plasma and Laser Light* (Hilger, Bristol 1975)

Kapitel 7

7.1 K. Shimoda: Line broadening and narrowing effects, in *High-Resolution Laser Spectroscopy*, ed. by K. Shimoda, Topics Appl. Phys., Vol. 13 (Springer, Berlin, Heidelberg 1976) p.26

7.2 W.R. Bennet, Jr.: Hole-burning effects in a He-Ne optical maser. Phys. Rev. **126**, 580 (1962)

7.3 V.S. Letokhov, V.P. Chebotayev: *Nonlinear Laser Spectroscopy*, Springer Ser. Opt. Sci., Vol.4 (Springer Berlin, Heidelberg 1977)

7.4 W.E. Lamb: Theory of an optical maser. Phys. Rev. A **134**, 1428 (1964)

7.5 V.S. Letokhov: Saturation spectroscopy, in *High-Resolution Laser Spectroscopy*, ed. by K. Shimoda, Topics Appl. Phys., Vol. 13 (Springer, Berlin, Heidelberg 1976) p.95

7.6 M.D. Levenson: *Introduction to Nonlinear Laserspectroscopy*, 2nd ed. (Academic, New York 1986)

7.7 M.S. Sorem, A.L. Schawlow: Saturation spectroscopy in molecular iodine by intermodulated fluorescence. Opt. Commun. **5**, 148 (1972)
7.8 H.J. Foth: Sättingungsspektroskopie an Molekülen. Diplomarbeit, Universität Kaiserslautern (1976)
7.9 H. Gerhardt, E. Matthias, F. Schneider, A. Timmerman: Isotope shifts and hyperfine structure of the 6s-7p-transition in the cesium isotopes 133, 135 and 137. Z. Physik A **288**, 327 (1978)
7.10 H.J. Foth, F. Spieweck: Hyperfine structure of the R(98), (58-1)-line of I_2 at λ = 514.5 μm. Chem. Phys. Lett. **65**, 347 (1979)
7.11 R.L. Barger, J.B. West, T.C. English: Frequency stabilization of a cw dye laser. Appl. Phys. Lett. **27**, 31 (1975);
J.C. Bergquist, R.L. Barger, D.J. Glaze: High-resolution spectroscopy of calcium atoms, in *Laser Spectroscopy IV*, ed. by H. Walther, K.W. Rothe, Springer Ser. Opt. Sci., Vol. 21 (Springer Berlin, Heidelberg 1979) p.120
7.12 Ch. Salomon, D. Hils, J.L. Hall: Laser stabilization at the millihertz level. J. Opt. Soc. Am. B **5**, 1576 (1988)
7.13 J.L. Hall: The laser absolute wavelength standard problem. IEEE J. QE-**4**, 638 (1968)
7.14 Ch. Hertzler, H.J. Foth: Sub-Doppler polarization spectra of He, N_2 and Ar^+ recorded in discharges. Chem. Phys. Lett. **166**, 551 (1990)
7.15 R.E. Teets, F.V. Kowalski, W.T. Hill, N. Carlson, T.W. Hänsch. Laser polarization spectroscopy. Proc. SPIE **113**, 80 (1977)
7.16 M.E. Rose: *Elementary Theory of Angular Momentum* (Wiley, New York 1988)
7.17 R.N. Zare: *Angular Momentum. Understanding Spatial Aspects in Chemistry and Physics* (Wiley, New York 1988)
7.18 G. Höning: Laser-induzierte Fluoreszenz und hochauflösende Doppler-freie Polarisations-spektroskopie am Cs_2-Molekül. Dissertation, Universität Kaiserslautern (1980)
7.19 B. Hemmerling, R. Bombach, W. Demtröder: Polarization labelling spectroscopy of Li_2-Rydberg-states. Z. Physik D **5**, 165 (1987)
7.20 W. Ernst: Doppler-free polarization spectroscopy of diatomic molecules in flame reactions. Opt. Commun. **44**, 159 (1983)
7.21 M. Raab, G. Höning, W. Demtröder, C.R. Vidal: High resolution laser spectroscopy of Cs_2. J. Chem. Phys. **76**, 4370 (1982);
7.22 M. Göppert-Mayer: Über Elementarakte mit zwei Quantensprüngen. Ann. Phys. **9**, 273 (1931)
W. Kaiser, C.G. Garret: Two-photon excitation in LLCA F_2: $E_u{}^{2}+$. Phys. Rev. Lett. **7**, 229 (1961)
7.23 P. Bräunlich: Multiphoton spectroscopy, in *Progress in Atomic Spectroscopy*, ed. by W. Hanle, H. Kleinpoppen (Plenum, New York 1978)
7.24 J.M. Worlock: Two photon spectroscopy, in *Laser Handbook*, ed. by F.T. Arrecchi, E.O. Schulz-Dubois (North-Holland, Amsterdam 1972)
7.25 G.S. Hurst,, M.G. Payne, S.P. Kramer, J.P. Young: Resonance ionization spectroscopy and single atom detection. Rev. Mod. Phys. **51**, 767 (1979)
G.S. Hurst, M.P. Payne, S.P. Kramer, C.H. Cheng: Counting the atoms. Physics Today **33**, 24-29 (Sept. 1980)
V.S. Letokhov: *Laser Photoionization Spectroscopy* (Academic, Orlando, FL 1987)
7.26 G. Grynberg, B. Cagnac: Doppler-free multiphoton spectroscopy. Rep. Progr. Phys. **40**, 791-841 (1977)
7.27 B. Dick. G. Hohlneicher: Two-photon spectroscopy of dipole-forbidden transitions. Theor. Chim. Acta **53**, 221 (1979); J. Chem. Phys. **70**, 5427 (1979)
7.28 J.B. Halpern. H. Zacharias, R. Wallenstein: Rotational line strengths in two- and three-photon transitions in diatomic molecules. J. Mol. Spectrosc. **79**, 1 (1980)

7.29 K.D. Bonin, Th. J. McIlrath: Two-photon electric dipole selection rules. J. Opt. Soc. Am. B **1**, 52 (1984)
7.30 T.W. Hänsch, K. Harvey, G. Meisel, A.L. Schawlow: Two-photon spectroscopy of Na 3s-4d without Doppler-broadening using a cw dye laser. Opt. Commun. **11**, 50 (1974)
7.31 S.A. Lee, J. Helmcke, J.L. Hall, P. Stoicheff: Doppler-free two-photon transitions to Rydberg levels. Opt. Lett. **3**, 141 (1978)
7.32 A. Timmermann: High resolution two-photon spectroscopy of the $6p^{2\,3}P_0$-$7p^3P_0$ transition in stable lead isotopes. Z. Physik A **286**, 93 (1980)
7.33 E. Riedle, H.J. Neusser, E.W. Schlag: Electronic spectra of polyatomic molecules with resolved individual rotational transitions: benzene. J. Chem. Phys. **75**, 4231 (1981)
7.34 H.J. Neusser: Zwei-Photonen-Spektroskopie innerhalb der Dopplerbreite: Ein neuer Weg zur Untersuchung von innermolekularen Energieumverteilungsprozessen. Chimica **38**, 379 (1984)
7.35 U. Schubert, E. Riedle, H.J. Neusser: Time evolution of individual rotational states after pulsed doppler-free two-photon excitation. J. Chem. Phys. **84**, 5326 und **84**, 6182 (1986)
7.36 M.V. Fedorov, A.E. Kazakov: Resonances and saturation in multiphoton bound-free transitions. Progr. Quant. Electr. **13**, 1 (1989)
P. Lambropoulos, S.J. Smith (eds.): *Multiphoton Processes*, Springer Ser. Atoms Plasmas, Vol.2 (Springer, Berlin, Heidelberg 1984)
7.37 B. Cagnac: Multiphoton high resolution spectroscopy, in *Atomic Physics 5*, ed. by R. Marrus, M. Prior, H. Shugart (Plenum, New York 1977) p. 147
7.38 F.H.M. Faisal, R. Wallenstein, H. Zacharias: Three-photon excitation of xenon and carbon monoxide. Phys. Rev. Lett. **39**, 1138 (1977)
7.39 G.F. Bassani, M. Inguscio, T.W. Hänsch (eds.): *The Hydrogen Atom* (Springer, Berlin, Heidelberg 1989)
E.A. Hildum, U. Boesl, D.H. McIntyre, R.G. Beausoleil, T.W. Hänsch: Measurement of the 1S-2S frequency in atomic hydrogen. Phys. Rev. Lett. **56**, 576 (1986)
S.A. Lee, R. Wallenstein. T.W. Hänsch: Hydrogen 1S-2S-isoptope shift and 1S Lamb shift measured by laser spectroscopy. Phys. Rev. Lett. **35**, 1262 (1975)
7.40 J.R.M. Barr, J.M. Girkin, J.M. Tolchard, A.I. Ferguson: Interferometric measurement of the $1S_{1/2}$-$2S_{1/2}$ transition frequency in atomic hydrogen. Phys. Rev. Lett. **56**, 580 (1986)
F. Biraben, J.C. Garreau, L. Julien: Determination of the Rydberg constant by Doppler-free two-photon spectroscopy of hydrogen Rydberg states. Europhys. Lett. **2**, 925 (1986)
7.41 K. Danzmann, K. Grützmacher, B. Wende: Doppler-free two-photon polarization spectroscopy measurement of the Stark-broadenend profile of the hydrogen H_α line in a dense plasma. Phys. Rev. Lett. **57**, 2151 (1986)
7.42 M.D. Levenson, G.L. Eesley: Polarization selective optical heterodyne detection for dramatically improved sensitivity in laser spectroscopy. Appl. Phys. **19**, 1 (1979)
7.43 M. Raab. A. Weber: Amplitude-modulated heterodyne polarization spectroscopy. J. Opt. Soc. Am. B **2**, 1476 (1985)
7.44 F.V. Kowalski, W.T. Hill, A.L. Schawlow: Saturated interference spectroscopy. Opt. Lett. **2**, 112 (1978)
7.45 R. Schieder: Interferometric nonlinear spectroscopy. Opt. Commun. **26**, 113 (1978)

Kapitel 8

8.1 G. Placek: Rayleigh-Streuung und Raman-Effekt, in *Handbuch der Radiologie*, Vol.VI., ed. by E. Marx (Akademische Verlagsgesellschaft, Leipzig 1934)
8.2 D.A. Long: *Raman Spectroscopy* (McGraw-Hill, New York 1977)
8.3 M.C. Tobin: *Laser Raman Spectroscopy*(Wiley, New York 1971
8.4 A. Weber (ed.): *Raman Spectroscopy of Gases and Liquids*, Topics Curr. Phys., Vol.11 (Springer, Berlin, Heidelberg 1979)
8.5 W. Kiefer, D.A.Long (eds.): *Non-Linear Raman Spectroscopy and It's Chemical Applications* (Reidel, Dorndrecht 1982)
8.6 G. Herzberg: *Molecular Spectra and Molecular Strucutre II. Infrared and Raman Sepctra* (Van Nostrand Reinhold, New York 1945)
8.7 J.M. Hollas: *High Resolution Spectroscopy* (Butterworth, London 1982)
8.8 A. Wehr: High-resolution rotational Raman spectra of gases, in *Raman Spectroscopy of Gases and Liquids*, ed. by A. Weber, Topics Curr. Phys., Vol.11 (Springer, Berlin, Heidelberg 1979) Kap.3
8.9 J.R. Downey, G.J. Janz: Digital methods in Raman-spectroscopy. *Adv. Infrared and Raman Spectroscopy* **1**, 1-34 (Heyden, London 1975)
8.10 W. Knippers, K. Van Helvoort, S. Stolte: Vibrational overtones of the homonuclear diatomics N_2, O_2, D_2 observed by the spontaneous Raman effect. Chem. Phys. Lett. **121**, 279 (1985)
8.11 K. van Helvoort, R. Fantoni, W.L. Meerts, J. Reuss: Internal rotation in CH_3CD_3: Raman spectroscopy of torsional overtones. Chem. Phys. Lett. **128**, 494 (1986)
8.12 G.J. Rosasco, E.S. Etz, W.A. Cassat: The analysis of discrete fine particles by Raman spectroscopy. Appl. Spectroscopy **29**, 396 (1975)
8.13 W. Kiefer: Recent techniques in Raman-spectroscopy. *Adv. Infrared and Raman Spectroscopy* **3**, 1 (Heyden, London 1977)
8.14 E.G. Rodgers, D.P. Strommer: A multifunctional spinning cell for obtaining Raman spectra of micro samples. Appl. Spectrosc. **35**, 215 (1981)
8.15 L. Beardmore, H.G.M. Edwards, D.A. Long, T.K. Tan: "Raman spectroscopic measurements of temperature in a natural gas/air flame, in *Lasers in Chemistry*, ed. by M.A. West (Elsevier, Amsterdam 1977)
8.16 A. Leipert: Laser Raman-Spektroskopie in der Wärme- und Strömungstechnik. Physik in u. Zeit **12**, 107 (1981)
8.17 Siehe z.B. R.J. Clark, R.E. Hester (eds.): *Advances in Infrared and Raman Spectroscopy*, Vols.1-10 (Heyden, London 1972-1985)
8.18 E.J. Woodbury, W.K. Ny: Proc. IRE **50**, 2367 (1962)
8.19 G. Eckhardt: Selection of Raman laser materials. IEEE J. QE-2, 1 (1966)
8.20 W. Kaiser, M. Maier: Stimulated Rayleigh Brillouin and Raman-spectroscopy, in *Laser Handbook*, ed. by F.T. Arrecchi, E.O. Schulz-Dubois (North-Holland, Amsterdam 1972) p.1077
8.21 N. Bloembergen: *Nonlinear Optics*, 3rd prt. (Benjamin, New York 1977)
8.22 C.S. Wang: The stimulated Raman process, in *Quantum Electronics: A Treatise*, Vol.1, ed. by H. Rabin, C.L. Tang (Academic, New York 1975) Chap.7
8.23 F. Moya, S.A.J. Druet, J.P.E. Taran: Rotation-vibration spectroscopy of gases by CARS, in *Laser Spectroscopy II*, ed. by S. Haroche, J.C. Pebay-Peyroula, T.W. Hänsch, S.E. Harris, Lecture Notes Phys., Vol.43 (Springer, Berlin, Heidelberg 1975) p.66
8.24 J.W. Nibler, G.V. Knighten: Coherent anti-Stokes Raman spectroscopy, in *Raman Spectroscopy of Gases and Liquids*, ed. by A. Weber, Topics Curr. Phys., Vol.11 (Springer, Berlin, Heidelberg 1979) Chap7
J.P. Taran: Coherent Anti-Stokes Raman spectroscopy, in *Laser Spectroscopy III*, ed. by J.L. Hall, J. L. Carlsten, Springer Ser. Opt. Sci., Vol.7 (Springer, Berlin, Heidelberg 1977) p.315

8.25 E.K. Gustavson, R.L. Byer: High-resolution CARS-spectroscopy in supersonic expansion, in *Laser Spectroscopy VI*, ed. by H.P. Weber, W. Lüthy, Springer Ser. Opt. Sci., Vol.40 (Springer, Berlin, Heidelberg 1983) p.326

8.26 S.A. Akhmanov, A.F. Bunkin, S.G. Ivanov, N.I. Koroteev, A.I. Kourigin, I.L. Shumay: Development opf CARS for measurement of molecular parameters, in *Tunable Lasers and Applications* ed. by A. Mooradian, Springer Ser. Opt. Sci., Vol.3 (Springer, Berlin, Heidelberg 1976) p.389

8.27 L.A. Carreira, M.L. Horowitz: CARS in condensed media, in *Non-Linear Raman Spectroscopy and It's Chemical Applications*, ed. by W. Kiefer, D.A.Long (Reidel, Dorndrecht 1982) p.367

8.28 S.A. Druet, J.P.E. Taran: *CARS Spectroscopy*, Prog. Quant. Electr. Vol. 7, 1-72 (Persuman Press, London 1981)

8.29 H.W. Schrötter: Group theory for various Raman scatter-processes, in *Non-Linear Raman Spectroscopy and It's Chemical Applications*, ed. by W. Kiefer, D.A.Long (Reidel, Dorndrecht 1982) p.143

8.30 P.D. Maker: Nonlinear light scattering in methane, in *Physics of Quantum Electronics* ed. by P.L. Kelley, B. Lax, P.E. Tannenwaldt (McGraw-Hill, New York 1960) p.60

8.31 K. Altmann, G. Strey: Enhancement of the scattering intensity for the hyper-Raman effect. Z. Naturforsch. **32a**, 307 (1977)

8.32 S.J. Cyvin, J.E. Rauch, J.C. Decius: Theory of hyper-Raman effects. J. Chem. Phys. **43**, 4083 (1965)

8.33 M. Lapp, C.M. Penney: Raman measurements on flames. *Adv. Infrared and Raman Spectroscopy* **3**, 204 (Heyden, London 1977)

8.34 M. Lapp, C.M. Penney (eds.): *Laser Raman Gas Diagnostics* (Plenum, New York 1974)

8.35 T. Dreier, B. Lange, J. Wolfrum, M. Zahn: Determination of temperature and concentration of molecular nitrogen, oxygen and methane with CARS. Appl. Phys. B **45**, 183 (1988)

8.36 H.W. Schrötter, H. Frunder, H. Berger, J.P. Boquillon, b. Lavorel, G. Millot: High resolution CARS and inverse Raman spectroscopy. *Adv. Nonlinear Spectroscopy* **15**, (Wiley, New York 1987)

8.37 J.W. Nibler, J.J. Young: Nonlinear Raman spectroscopy of gases. Ann. Rev. Phys. Chem. **38**, 349 (1987)

Kapitel 9

9.1 R. Abjean, M. Leriche: On the shapes of absorption lines in a divergent atomic beam. Opt. Commun. **15**, 121 (1975)

9.2 R.W. Stanley: Gaseous atomic beam light source. J. Opt. Soc. Am. **56**, 350 (1966)

9.3 W. Demtröder, F. Paech, R. Schmiedl: Hyperfine-structure in the visible spectrum of NO_2. Chem. Phys. Lett. **26**, 381 (1974);
R. Schmiedl, I.R. Bonilla, F. Paech, W. Demtröder: Laser spectroscopy of NO_2 under very high resolution. J. Mol. Spectrosc. **8**, 236 (1977)

9.4 L.A. Hackel, K.H. Casleton, S.G. Kukolich, S.Ezekiel: Observation of magnetic octopole and scalar spin-spin interaction in I_2 using laser spectroscopy. Phys. Rev. Lett. **35**, 568 (1975); J. Opt. Soc. Am. **64**, 1387 (1974)

9.5 J.B. Atkinson, J. Becker, W. Demtröder: Hyperfine structure of the 625 nm band in the $a^3\Pi_u \leftarrow X^1\Sigma_g$ transitions fo Na_2. Chem. Phys. Lett. **87**, 128 (1982); **87**, 92 (1982)

9.6 C. Duke, H. Fischer, H.J. Kluge, H. Kremling, Th. Kühl, E.W. Otten: Determination of the isotope shift of ^{190}Hg by on line laser spectroscopy. Phys. Lett. A **60**, 303 (1977)

9.7 G. Nowicki, K. Bekk, J. Göring, A. Hansen, H. Rebel, G. Schatz: Nuclear

10.13 J.C. Zorn, T.C. English: Molecular beam electric resonance spectroscopy. *Adv. At. Mol. Phys.* **9**, 243 (Academic, New York 1973)
10.14 D.D. Nelson, G.T. Fraser, K.I. Peterson, K. Zhao, W. Klemperer: The microwave spectrum of K=O states of Ar-NH_3. J. Chem. Phys. **85**, 5512 (1986)
10.15 S.D. Rosner, R.A. Holt, T.D. Gaily: Measurement of the zero-field hyperfine structure of a single vibration-rotation level of Na_2 by a laser-fluorescence molecular-beam-resonance. Phys. Rev. Lett. **35**, 785 (1975)
10.16 A.G. Adam, S.D. Rosner, T.D. Gaily, R.A. Holt: Coherence effects in laser-fluorescence molecular beam magnetic resonance. Phys. Rev. A **26**, 315 (1982)
10.17 A.G. Adam: Laser-fluorescence molecular-beam-resonance studies of Na_2 line-shape due to HFS, PhD. Thesis, Univ. of Western Ontario, London, Ontario (1981)
10.18 W. Ertmer, B. Hofer: Zerofield hyperfine structure measurements of the metastable states 3d ^{2}4s $^4F_{3/2}$9/2 of *Sc using laser-fluorescence-atomic beam magnetic resonance technique. Z. Physik A **276**, 9 (1976)
10.19 J. Pembczynski, W. Ertmer, V. Johann, S. Penselin, P. Stinner: Measurement of the hyperfine structure of metastable atomic states of ^{55}Mm, using the ABMR-LIRF-method. Z. Physik A **291**, 207 (1979); ibid. A **294**, 313 (1980)
10.20 D.J.E. Ingram: *Hochfrequenz- und Mikrowellenspektroskopie* (Franzis, München 1976)
10.21 G.W. Chantry (ed.): *Modern Aspects of Microwave Spectroscopy* (Academic, London 1979)
10.22 K. Shimoda: Double resonance spectroscopy by means of a laser, in *Laser Spectroscopy of Atoms and Molecules*, ed. by H. Walther, Topics Appl. Phys., Vol.2 (Springer, Berlin, Heidelberg 1976) p.197
10.23 K. Shimoda: Infrared-microwave double resonance, in *Laser Spectroscopy III*, ed. by J.L. Hall, J. L. Carlsten, Springer Ser. Opt. Sci., Vol.7 (Springer, Berlin, Heidelberg 1975) p.279
10.24 H. Jones: Laser microwave-double-resonance and two-photon spectroscopy. Comments At. Mol. Phys. **8**, 51 (1978)
F.Tang, A.Olafson, J.O.Henningsen: A study of the methanol laser with a 500 MHz tunable CO_2 laser. Appl.Phys. B **47**, 47 (1988)
10.25 R.W. Field, A.D. English, T. Tanaka, D.O. Harris, P.A. Jennings: Microwave-optical double resonance with a cw dye laser: BaO $X^1\Sigma$ and $A^1\Sigma$. J. Chem. Phys. **59**, 2191 (1973)
R.A. Gottscho, J. Brooke, Koffend, R.W. Field, J.R. Lombardi: J.Chem. Phys. **68**, 4110 (1978)
10.26 J.M.Cook, G.W. Hills, R.F. Curl: Microwave-optical double resonance spectrum of NH_2. J. Chem. Phys. **67**. 1450 (1977)
10.27 W.E. Ernst, S. Kindt: A molecular beam laser-microwave double resonance spectrometer for precise measurements of high temperature molecules. Appl. Phys. B **31**, 79 (1983)
10.28 W.J. Childs: Comments at. Mol. Phys. **13**, 37 (1983)
10.29 W.E. Ernst, S. Kindt, T. Törring: Precise stark-effect measurements in the $^2\Sigma$-ground state of CaCl. Phys. Rev. Lett. **51**, 979 (1983)
10.30 G. Herzberg: *Molecular Spectra and Molecular Structure I* (van Nostrand Reinhold, New York 1956)
10.31 W. Demtröder, D. Eisel, H.J. Foth, G. Höning, M. Raab, H.J. Vedder, D. Zevgolis: Sub-doppler laser spectroscopy of small molecules. J. Mol. Structure **59**, 291 (1980)
10.32 F. Bylicki, G. Persch, E. Mehdizadeh, W. Demtröder: Saturation spectroscopy and OODR of NO_2 in a collimated molecular beam. Chem. Phys. **135**, 255 (1989)
10.33 S.A. Edelstein, T.F. Gallagher: Rydberg atoms. *Adv. At. Mol. Phys.* **14**, 365 (Academic, New York 1978)

10.34 R.F. Stebbings, F.B. Dunnings: *Rydberg States of Atoms and Molecules* (Cambridge Univ. Press, Cambridge 1983)
10.35 J. Fricke: Rydbergatome-Riesenatome. Phys. in uns. Zeit **8**, 56 (1977)
10.36 H. Figger: Experimente an Rydberg-Atomen und Molekülen.Phys. in uns. Zeit **15**, 2 (1984)
10.37 J.A.C. Gallas, H. Walther, E. Werner: Simple formula for the ionization rate of Rydberg states in static electric fields. Phys. Rev. Lett. **49**, 867 (1982)
C.E. Theodosiou: Lifetimes of alkali-metal-atom Rydberg states. Phys. Rev. A **30**, 2881 (1984)
10.38 J. Neukamer, H. Rinneberg, K. Vietzke, A. König, H. Hieronymus, M. Kohl, H.J. Grabka: Spectroscopy of Rydberg atoms at n=500. Phys. Rev. Lett. **59**, 2947 (1987)
10.39 K.H. Weber, K. Niemax: Impact broadening of very high Rb Rydberg/levels by Xe. Z. Physik A **312**, 339 (1983)
10.40 R. Beigang, W. Makat, A. Timmermann, P.J. West: Hyperfine-induced n-mixing in high Rydberg states of ^{87}Sr. Phys. Rev. Lett. **51**, 771 (1983)
10.41 T.F. Gallagher, W.E. Cooke: Interactions of blackbody radiation with atoms. Phys. Rev. Lett. **42**, 835 (1979)
10.42 L. Holberg, J.L. Hall: Measurement of the shift of Rydberg energy levels induced by blackbody radiation. Phys. Rev. Lett. **53**, 230 (1984)
10.43 H. Figger, G. Leuchs, R. Strauchinger, H. Walther: A photon detector for submillimeter wavelengths using Rydberg atoms. Opt. Commun. **33**, 37 (1980)
C.Fahre, S.Haroche: Spectroscopy of one-and two-electron Rydberg atoms, in [Ref.10.34, p.117]
10.44 J. Boulmer, P. Camus, P. Pillet: Double Rydberg spectroscopy of the Barium atom. J. Opt. Soc. Am. **B4**, 805 (1987)
10.45 I.C. Percival: Planetary atoms. Proc. Roy. Soc. London A **353**, 289 (1977)
10.46 J. Boulmer, P. Camus, P. Pillet: *Autoionizing Double Rydberg States in Barium*, ed. by H.B. Gilbody, W.R. Newell, F.H. Read, A.C. Smith, Electronic and Atomic Collisions (Elsevier, Amsterdam 1988)
10.47 D. Wintgen, H. Friedrich: Classical and quantum mechanical transition between regularity and irregularity. Phys. Rev. A **35**, 1464 (1987)
G.Wummer: Gibt es Chaos in der Quantenmechanik?. Phys. Blätter **45**, 139 (Mai 1989)
10.48 A. Holle, G. Wiebusch, J. Main, K.H. Welge, G. Zeller, G. Wunner, T. Ertl, H. Ruder: Hydrogenic Rydberg atoms in strong magnetic fields. Z. Physik D **5**, 271 (1987)
10.49 H. Rottke, K.H. Welge: Photoionization of the hydrogen atom near the ionization limit in strong electric fields. Phys. Rev. A **33**, 301 (1986)
10.50 R.S. Freund: High Rydberg molecules, in [Ref.10.34, p.355]
10.51 D. Eisel, W. Demtröder, W. Müller, P. Botschwina: Autoionization spectra of Li_2 and the $X^2\Sigma_g^+$ ground state of Li_2^+. Chem. Phys. **80**, 329 (1983)
10.52 M. Schwarz, R. Duchowicz, W. Demtröder, Ch. Jungen: Autoionizing Rydberg states of Li_2: analysis of electronic-rotational interactions. J. Chem. Phys. **89**, 5460 (1988)
10.53 Ch.H. Greene, Ch. Jungen: Molecular applications of quantum defect therapy, *Adv. At. Mol. Phys.* **21**, 51 (Academic, New York 1985)
10.54 S. Fredin, D. Gavyacq, M. Horani, Ch. Jungen, G. Lefevre, F. Masnou-Seeuws: S and d Rydberg series of NO probed by double resonance multiphoton ionization. Mol. Phys. **60**, 825 (1987)
10.55 P. Goy, M. Bordas, M. Broyer, P. Labastie, B.Tribellet: Microwave transitions between molecular Rydberg states. Chem. Phys. Lett. **120**, 1 (1985)
10.56 P. Filipovicz, P. Meystere, G. Rempe, H. Walther: Rydberg atoms, a tasting ground for quantum electrodynamics. Opt. Acta **32**, 1105 (1985)

10.57 C.J. Latimer: Recent experiments involving highly excited atoms. Contemp. Phys. **20**, 631 (1979)
10.58 J.C. Gallas. G. Leuchs, H. Walther, H. Figger: Rydberg atoms: high resolution spectroscopy and advances. At. Mol. Phys. **20**, 414 (1985)
10.59 V.S. Letokhov, V.P. Chebotajev: *Nonlinear Laser Spectroscopy*, Springer Ser. Opt. Sci., Vol.4 (Springer, Berlin, Heidelberg 1977) Chap.5
Th. Hänsch, P. Toschek: Z. Phys. **236**, 213 (1970)
10.60 H. Weickenmeier, V. Diemer, M. Wahl, M. Raab, W. Demtröder, W. Müller: Accurate ground state potential of Cs_2 up to the dissociation limit. J. Chem. Phys. **82**, 5354 (1985)
10.61 H. Weickemeier, V. Diemer, W. Demtröder, M. Broyer: Hyperfine interaction between the singlet and triplet ground states of Cs_2. Chem. Phys. Lett. **124**, 470 (1986)
10.62 R. Teets, R. Feinberg, T.W. Hänsch, A.L. Schawlow: Simplification of spectra by polarization labelling. Phys. Rev. Lett. **37**, 683 (1976)
10.63 N.W. Carlson, A.J. Taylor, K.M. Jones, A.L. Schawlow: Two step polarization-labelling spectroscopy of excited states of Na_2. Phys. Rev. **A24**, 822 (1981)
10.64 B. Hemmerling, R. Bumbach, W. Demtröder, N. Spies: Polarization labelling spectroscopy ofmolecular Li_2 Rydberg states. Z. Physik D **5**, 165 (1987)
10.65 W.E. Ernst: Microwaveoptical polarization spectroscopy of the X^2S state of SrF. Appl. Phys. **B30**, 2378 (1983)
10.66 W.E. Ernst, T. Törring: Hyperfine Structure in the X^2S state of CaCl measured with microwave optical polarization spectroscopy. Phys. Rev. A 27, 875 (1983)

Kapitel 11

11.1 F. Früngel: Mikroskopie der Zeit. VDI-Zeitung **109**, 157 (1967)
I.S. Marshak: *Pulsed Light Sources* (Consultants Bureau, New York 1984)
11.2 P. Richter, J.D. Kimel, G.C. Moulton: Pulsed nitrogen laser: Dynamical UV behavior. Appl. Opt. **15**, 756 (1976)
11.3 D. Röss: *Laser-Lichtverstärker und Oszillatoren* (Akad. Verlagsgesellschaft, Frankfurt 1966)
D. Röss: Zum Problem der regelmäßigen Relaxationsimpulse von Kristallasern. Z. Naturforschung **22a**, 822 (1967)
11.4 F.P. Schäfer (ed.): *Dye Lasers*, 3rd edn., Topics Appl. Phys., Vol.1 (Springer, Berlin, Heidelberg 1990)
11.5 W. Kleen R. Müller: *Laser* (Springer, Berlin, Heidelberg 1969)
11.6 E. Hartfield, B.J. Thompson: Optical modulators, in *Handbock of Optics*, ed. by W. Driscal, W. Vaugham (McGraw-Hill, New York 1974)
11.7 F.J. McClung, R.W. Hellwarth: Characteristics of giant optical pulsations from ruby. Proc. IEEE **51**, 46 (1963)
11.8 Spectra-Physics: Instruction Manual on Model 344S Cavity Dumper
11.9 A. Yariv: *Quantum Electronics* (Wiley, New York 1975)
11.10 P.W. Smith, M.A. Duguay, E.P. Ippen: Mode-locking of lasers. *Progr. Quant. Electr.* **3** (Pergamon, Oxford 1974)
11.11 P. Heinz, M. Fickenscher, A. Lauberau: Elektro-optic gain control and cavity dumping of a Nd: glass laser with active-passive mode-locking. Opt. Commun. **62**, 343 (1987)
11.12 M.S. Demokan: *Mode-Locking in Solid State and Semiconductor-Lasers* (Wiley, New York 1982)
11.13 W. Koechner: *Solid-State Laser Engineering*, 2nd edn., Springer Ser. Opt. Sci., Vol.1 (Springer, Berlin, Heidelberg 1988)
11.14 C.V. Shank, E.P. Ippen: Mode-locking of dye lasers, in *Dye Lasers*, 3rd, edn., ed. by F.P. Schäfer (Springer, Berlin, Heidelberg 1990) Chapt.4

11.15 W. Rudolf: Die zeitliche Entwicklung von Mode-Locking-Pulsen aus dem Rauschen. Dissertation, Fachbereich Physik, Universität Kaiserslautern (1980)
11.16 W. Demtröder, W. Stetzenbach, M. Stock, J. Witt: Lifetimes and Franck-Condon-factors for the B→X system of Na_2. J. Mol. Spectrosc. **61**, 382 (1976)
11.17 H.A. Haus: *Waves and Fields in Optoelectronics* (Prentice Hall, New York 1982)
11.18 B. Kopnarsky, W. Kaiser, K.H. Drexhage: New Ultrafast Saturable Absorbers for Nd:lasers. Opt. Commun. 32, 451 (1980)
11.19 E.P. Ippen, C.V. Shank, A. Dienes: Passive mode-locking of the cw dye laser. Appl. Phys. Lett. **21**, 348 (1972)
11.20 G.R. Flemming, G.S. Beddard: cw mode-locked dye lasers for ultrashort spectroscopic studies. Opt. Laser Technol. **10**, 257 (1978)
11.21 D.J. Bradley: Methods of generations, in *Ultrashort Light Pulses*, ed. by S.L. Shapiro, Topics Appl. Phys., Vol.18 (Springer, Berlin, Heidelberg 1977)
11.22 Ch.K. Chan: Synchroneously pumped dye lasers. Laser Technical Bulletin, Vol.8, Spectra Physics (June 1978)
11.23 J. Kühl, H. Klingenberg, D. von der Linde: Picosecond and subpicosecond pulse generation in synchroneously pumped mode-locked cw dye lasers. Appl. Phys. **18**, 279 (1979)
11.24 S.R. Rotman, C. Roxlo, D. Bebelaar, T.K. Yee, M.M. Salour: Generation, stabilization and amplification of subpicosecond pulses. Appl. Phys. B **28**, 319 (1982)
11.25 G.W. Fehrenbach, K.J. Gruntz, R.G. Ulbrich: Subpicosecond light pulses from synchronously pumped mode-locked dye lasers with composite gain and absorber medium. Appl. Phys. Lett. **33**, 159 (1978)
11.26 D. Kühlke, V. Herpers, D. von der Linde: Characteristics of a hybridly mode-locked cw dye laser. Appl. Phys. B **38**, 233 (1985)
11.27 R.H. Johnson: Characteristics of acousto-optic cavity dumping in a mode-locked laser. IEEE J. QE-**9**, 255 (1973)
11.28 B. Couillaud, V. Fossati-Bellani: Modelocked Lasers and Ultrashort Pulses I, II. Laser and Applications, Vol.IV, No.1, 79, No.2, 91 (Jan., Feb. 1985)
11.29 R.L. Fork, C.H. BritoCruz, P.C. Becker, C.V. Shank: Compression of optical pulses to six femtoseconds by using cubic phase compensation. Opt. Lett. **12**, 483 (1987)
11.30 S. DeSilvestri, P. Laporta, V. Magni: Generation and applications of femtosecond laser-pulses. Europhysics News **17**, 105 (Sept.1986)
11.31 D. Kühlke: Calculation of the colliding pulse mode locking in cw dye ring lasers. IEEE J. QE-**19**, 526 (1983)
11.32 R.L. Fork, B.T. Greene, V.C. Shank: Generation of optical pulses shorter than 0.1 ps by colliding pulse mode locking. Appl. Phys. Lett. **38**, 671 (1981)
11.33 M.C. Nuss, R. Leonhardt, W. Zinth: Stable operation of a synchroneously pumped colliding pulse mode-locked ring dye laser. Opt. Lett. **10**, 16 (1985)
11.34 Siehe z.B.: *Berkeley Physik Kurs*, Bd.3: Schwingungen und Wellen (Vieweg, Braunschweig 1973)
11.35 P.L. Kelley: Self-focusing of optical beams. Phys. Rev. Lett. **15**, 1005 (1965)
11.36 D. Marcuse: Pulse distortion in single-mode fibers. Appl. Opt. **19**, 1653 (1980)
11.37 E.B. Treacy: Optical pulse compression with diffraction gratings. IEEE J. QE-**5**, 454 (1969)
11.38 C.V. Shank, R.L. Fork, R. Yen, R.H. Stolen, W.J. Tomlinson: Compression of femtosecond optical pulses. Appl. Phys. Lett. **40**, 761 (1982)
11.39 J.G. Fujiimoto, A.M. Weiners, E.P. Ippen: Generation and measurement of optical pulses as short as 16 fs. Appl. Phys. Lett. **44**, 832 (1984)
11.40 V.E. Zakharov, A.B. Shabat: Exact Theory of Two-Dimensional Self-Focussing and One-Dimensional Self-Modulation of Waves in Nonlinear Media. Sov. Phys. JETP **37**, 823 (1973)
11.41 F.M. Mitschke: Solitonen in Glasfasern. Laser und Optoelektronik **4**, 393 (1987)

11.42 L.F. Mollenauer, R.H. Stolen: The soliton laser. Opt. Lett. **9**, 13 (1984)
11.43 F.M. Mitschke, L.F. Mollenauer: Stabilizing the soliton laser. IEEE J. QE-**22**, 2242 (1986)
11.44 F.M. Mitschke, L.F. Mollenauer: Ultrahort pulses from the soliton laser. Opt. Lett. **12**, 407 (1987)
11.45 W. Kaiser (ed.): *Ultrashort Laser Pulses*. Topics Appl. Phys., Vol.60 (Springer, Berlin, Heidelberg 1988)
11.46 S.L. Shapiro (ed): *Ultrashort Light Pulses*. Topics Appl. Phys. Vol.**18**, (Springer 1977)
11.47 C.V. Shank, E.P. Ippen: Subpicosecond kilowatt pulses from a mode-locked cw dye laser. Sov. Phys. JETP **34**, 62 (1972)
11.48. R.L. Fork, C.V. Shank, R.T. Yen: Amplification of 70-fs optical pulses to Gigawatt powers. Appl.Phys.Lett. **41**, 233 (1982)
11.49. F.P. Schäfer: Neue Methoden zur Erzeugung von ultra-kurzen Laserimpulsen. Laser und Optoelektronik **16**, 95 (1984)
11.50 A. Müller, Z. Bor: Farbstofflaser mit verteilter Rückkopplung zur Erzeugung von Pikosekunden-Impulsen. Laser und Optoelektronik **16**, 187 (1984)
11.51 Photodioden (InGaAs-PIN-Dioden) mit Anstiegszeiten <25ps sind kommerziell erhältlich (z.B. Hamamatsu)
11.52 Hamamatsu: FESCA (Femtosecond Streak Camera (2908). Datenblatt (August 1986)
11.53 F.J. Leonberger, C.H. Lee, F. Capasso, H. Morkoc (eds.): *Picosecond Electronics and Optoelectronics II*, Springer Ser. Electron. Photon., Vol.??? (Springer, Berlin, Heidelberg 1987)
11.54 C.H. Lee: *Picosecond Optoelectronics Devices* (Academic, New York 1984)
11.55 Hamamatsu: Datenblatt
11.56 D.J. Bowley: Measuring ultrafast pulses. Lasers and Optoelectronics **6**, 81 (1987)
H.E. Rowe, T. Li: Theory of two-photon measurement of laser output. IEEE J. QE-**6**, 49 (1970)
11.57 H.P. Weber: Method for pulsewidth measurement of ultrashort light pulses, using nonlinear optics. J.Appl. Phys. **38**, 2231 (1967)
11.58 J.A. Giordmaine, P.M. Rentze, S.L. Shapiro, K.W. Wecht: Two-photon Excitation of fluorescence by picosecond light pulses. Appl.Phys.Lett. **11**, 216 (1967); siehe auch [11.10]
11.59 W.H. Glenn: Theory of the two-photon absorption-fluorescence method of pulsewidth measurement. IEEE. J. QE-**6**, 510 (1970)
11.60 A. Unsöld, B. Baschek: *Der Neue Kosmos*, 4. Aufl. (Springer Berlin, Heidelberg 1988)
11.61 J.R. Lakowicz, B.P. Maliwal: Construction and performance of a variable-frequency phase-modulation fluorometer. Biophys.Chemistry **19**, 13 (1984) und Biophys.J. **46**, 463 (1984)
R.E. Imhof, F.H.Read: Measurements of lifetimes of atoms, molecules
11.62 M.C.E. Huber, R.J. Sandeman: The measurement of oscillator strengths. Rep.Progr.Phys. **49**, 397 (1986)
J. Carlson: Accurate time resolved laser spectroscopy on sodium and bismuth atoms. Z.Phys.D**9**, 147 (1988)
11.63 W. Wien: Über Messungen der Leuchtdauer der Atome und der Dämpfung der Spektrallinien. Ann. der Physik **60**, 597 (1919)
11.64 P. Hartmetz, H.Schmoranzer: Lifetime and absolute transition probabilities of the $^2P_{10}$ ($^3S_1$) level of NeI by beam-gas-dye laser spectroscopy. Z. Physik A **317**, 1 (1984)
11.65 D. Schulze-Hagenest, H. Harde, W. Brandt, W. Demtröder: Fast beam-spectroscopy by combined gas-cell laser excitation for cascade free measurements of highly excited states. Z. Physik A **282**, 149 (1977)

11.66 L. Ward, O. Vogel, A. Arnesen, R. Hallin, A. Wännström: Accurate experimental lifetimes of excited levels in Na II, Sd II. Phys.Scripta **31**, 149 (1985)
11.67 H. Schmoranzer, P. Hartmetz, D. Marger, J. Dudda: Lifetime measurement of the $B^2\Sigma^+{}_u$ (v=0) state of $^{14}N_2{}^+$ by the beam-dye-laser method. J.Phys. B **22**, 1761 (1989)
11.68 A. Lauberau, W. Kaiser: Picosecond investigations of dynamic processes in polyatomic molecules and liquids. in *Chemical and Biochemical Applications of Lasers II*, ed. by C.B.Moore (Academic, New York 1977)
11.69 W. Zinth, M.C. Nuss, W. Kaiser: A picosecond Raman-technique with resolution four times better than obtained by spontaneous Raman spectroscopy. [Ref.11.72c, S.91]
11.70 A. Seilmeier, W. Kaiser: Ultrashort intramolecular and intermolecular vibrational energy transfer of polyatomic molecules in liquids. Ref.[11.72c, S.279]
11.71 M. Dantus, M. Rosker, A.H. Zewail: Real-time-femtosecond probing of "transition states" in chemical reactions. J. Chem. Phys. **87**, 2395 (1987)
11.72 *Picosecond Phenomena* (Springer Ser. Chem. Phys.)
I, ed. by K.V. Shank, E.P. Ippen, S.L. Shapiro. Vol.4 (1978)
II, ed. by R.M. Hochstrasser, W. Kaiser, C.V. Shank. Vol.14 (1980)
III, ed. by K.B. Eisenthal, R.M. Hochstrasser, W. Kaiser, A. Lauberau. Vol.38 (1982)
Ultrashort Phenomena (Springer Ser. Chem. Phys.)
IV, ed. by D.H. Auston, K.B. Eisenthal. Vol.38 (1984)
V, ed. by G.R. Fleming, A.E. Siegman. Vol.46 (1986)
VI, ed. by T. Yajima, K. Yoshihara, C.B. Harris, S. Shionoya. Vol.48 (1988)
VII, ed. by E. Ippen, C.B. Harris, A. Zewail. Vol.53 (1990)

Kapitel 12

12.1 W. Hanle: Über magnetische Beeinflussung der Polarisation der Resonanzfluoreszenz. Z. Physik **30**, 93 (1924)
12.2 P. Franken: Interference effects in the resonance fluorescence of "crossed" excited states. Phys. Rev. **121**, 508 (1961)
12.3 G.W. Series: Coherent effects in the interaction of radiation with atoms. In *Physics of the One- and Two-Electron Atoms* (North-Holland, Amsterdam 1969) S.268
12.4 H.J. Beyer, H. Kleinpoppen: Anticrossing spectroscopy. In *Progress in Atomic Spectroscopy*, ed. by W. Hanle, H. Kleinpoppen (Plenum, New York 1978) S.607
12.5 R.N. Zare: Molecular level crossing spectroscopy. J. Chem. Phys. **45**, 4510 (1966)
12.6 W. Happer: Optical pumping. Rev. Mod. Phys. **44**, 168 (1972)
12.7 F. Bylicki, H.G. Weber, H. Zscheeg, M. Arnold: On NO_2 excited state lifetime and g-factors in the 593 nm band. J. Chem. Phys. **80**, 1791 (1984)
12.8 M. McClintock, W. Demtröder, R.N. Zare: Level crossing studies of Na_2, using laser-induced fluroescence. J. Chem. Phys. **51**, 5509 (1969)
12.9 R.N. Zare: Interference effects in molecular fluorescence. Accounts of Chem. Res. **361** (1971)
12.10 S. Haroche: Quantum beats and time resolved spectroscopy. In *High Resolution Laser Spectroscopy*, ed by K. Shimoda, Topics Appl. Phys., Vol.13 (Springer, Berlin, Heidelberg 1976) p.253
12.11 H.J. Andrä: Quantum beats and laser excitation in fast beam spectroscopy. In *Atomic Physics 4*, ed. by G. zu Putlitz, E.W. Weber, A. Winnacker (Plenum, New York 1975)

12.12 R.M. Lowe, P. Hannaford: Observation of quantum beats in sputtered metal vapours. 19th EGAS Conference, Dublin (1987)
12.13 W. Lange, J. Mlynek: Quantum beats in transmission by time resolved polarization spectroscopy. Phys. Rev. Lett. **40**, 1373 (1978)
12.14 J. Mlynek, W. Lange: A simple method of observing coherent ground-state transients. Opt. Commun. **30**, 337 (1979)
12.15 H. Sixl: Zeitaufgelöste kohärente Spektroskopie. Phys. in uns. Zeit **9**, 114 (1978)
12.16 M. Dubs, J. Mühlbach, H. Bitte, P. Schmidt, J.R. Huber: Hyperfine quantum beats and Zeeman spectroscopy in the polyatomic molecule propynol CH ≡ CCHO. J. Chem. Phys. **83**, 3755 (1985)
12.17 W. Sharfin, M. Ivanco, St. Wallace: Quantum beat phenomena in the fluorescence decay of the $C(^1B_2)$ State of SO_2. J. Chem. Phys. **76**, 2095 (1982)
12.18 P.J. Brucat, R.N. Zare: NO_2 **A** $^2B_2$ state properties from Zeeman quantum beats. J. Chem. Phys. **78**, 100 (1983); **81**, 2562 (1984)
12.19 P. Schmidt, H. Bitto, J.R. Huber: Excited state dipole moments in a polyatomic molecule determined by Stark quantum beat spectroscopy. J. Chem. Phys. **88**, 696 (1988)
12.20 G. Leuchs, J. Smith, H. Walter: High resolution spectroscopy of Rydberg states. In *Laser Spectroscopy IV*, ed. by H. Walther, K.W. Rothe, Springer Ser. Opt. Sci., Vol.7 (Springer, Berlin, Heidelberg 1977)
12.21 J.N. Dodd, G.W. Series: Time-resolved fluorescence spectroscopy. In *Progress in Atomic Spectroscopy*, ed. by W. Hanle, H. Kleinpoppen (Plenum, New York 1978)
12.22 J. Mlynek: Neue optische Methoden der hochauflösenden Kohärenzspektroskopie an Atomen. Phys. Blätter **43**, 196 (1987)
12.23 J.C. Lehmann: *Frontiers in Laser Spectroscopy*, ed. by R. Balin, S. Haroche, S. Liberman (North Holland, Amsterdam 1977)
12.24 R.H. Dicke: Coherence in spontaneous radiation processes. Phys. Rev. **93**, 99 (1954)
12.25 E.L. Hahn: Spin echoes. Phys. Rev. **80**, 580 (1950)
12.26 I.D. Abella: Echoes at optical frequencies. *Progress in Optics* **7**, 140 (North Holland, Amsterdam 1969)
12.27 S.R. Hartmann: Photon echoes. In *Lasers and Light*, Readings from Scientific American (Freeman, San Francisco 1969) S.303
12.28 C.K.N. Paterl, R.E. Slusher: Photon echoes in gases. Phys. Rev. Lett. **20**, 1087 (1968)
12.29 R.G. Brewer: Coherent optical transients. Phys. Today **30**, 50 (May 1977)
12.30 R.G. Brewer, A.Z. Genack: Optical coherent transients by laser frequence switching. Phys. Rev. Lett. **36**, 959 (1976)
12.31 R.G. Brewer: Coherent optical spectroscopy. In *Frontiers in Laser Spectroscopy*, ed. by R. Balian, S. Haroche, S. Lieberman (North Holland, Amsterdam 1977)
12.32 R.G. Brewer: Coherent optical spectroscopy. In *Frontiers in Laser Spectroscopy I*, ed. by R. Balian, S. Haroche, S. Liberman (North Holland, Amsterdam 1977) p.342
12.33 H. Lehmitz, H. Harde: Polarization selective detection of hyperfine quantum beats. In [1.24], S.101
J. Mlyneck, W. Lange, H. Harde, H. Burggrat: High resolution coherence spectroscopy using pulse trains. Phys. Rev. **A24**, 1099 (1989)
12.34 H. Lehmitz, W. Kattav, H. Harde: *Modulated Pumping in Cs with Picosecond Pulse Trains*. In *Methods of Laser Spectroscopy*, ed. by Y. Prior, A. Ben-Reuven, M. Rosenbluth (Plenum, New York 1986) p.97
12.35 C. Freed, D.C. Spears, R.G. O'Donnell: Precision heterodyne calibration. In *Laser Spectroscopy*, ed. by R.G.Brewer, A. Mooradian (Plenum, New York 1974) p.17
12.36 F.R. Petersen, D.G. McDonald, F.D. Cupp, B.L. Danielson: Rotational constants

from $^{12}C\ ^{16}O_2$ from beats between lamb-dip stabilized laser lines. Phys. Rev. Lett. **31**, 573 (1973); also in *Laser Spectroscopy*, ed. by R.G.Brewer, A. Mooradian (Plenum, New York 1974) p.555
12.37 T.J. Bridge, T.K. Chang: Accurate rotational constants of CO_2 from measurements of cw beats in bulk GaAs between CO_2 vibrational-rotational laser lines. Phys. Rev. Lett. **22**, 811 (1969)
12.38 L.A. Hackel, K.H. Casleton, S.G. Kukolich, S. Ezekiel: Observation of magnetic octupede and scalar spin-spin interaction in I_2 using laser spectroscopy. Phys. Rev. Lett. **35**, 568 (1975)
12.39 W.A. Kreiner, G. Magerl, E. Bonek, W. Schupita, L. Weber: Spectroscopy with a tunable sideband laser. Physica Scripta **25**, 360 (1982)
12.40 J.L. Hall, L. Hollberg, T. Baer, H.G. Robinson: Optical heterodyne saturation spectroscopy. Appl. Phys. Lett. **39**, 680 (1981)
12.41 F.T. Arecchi, A. Berné, P. Bulamacchi: High-order fluctuations in a single mode laser field. Phys. Rev. Lett. **88**, 32 (1966)
12.42 H.Z. Cummins, H.L. Swinney: Light beating spectroscopy. *Progress in Optics*, 7, 134 (North Holland, Amsterdam 1970)
12.43 E.O. DuBois (ed.): *Photon Correlation Techniques*, Springer Ser. Opt. Science, Vol.38 (Springer, Berlin, Heidelberg 1983)
12.44 N. Wiener: Acta Math. **55**, 117 (1930)
E.O. Schulz-DuBois: High Resolution Intensity Interferometry by Photon Correlation. In [Ref.12.43, p.6]
12.45 L. Mandel: Fluctuations of light beams. *Progress in Optics* 2, 181 (North Holland, Amsterdam 1963)
12.46 R.H. Glauber: Phys. Rev. **131**, 2966 (1963)
12.47 H.Z. Cummins, E.R. Pike (eds.): *Photon Correlation and Light Spectroscopy* (Plenum, New York 1974)
12.48 E. Stelzer, H. Ruf, E. Grell: Analysis and resolution of polydispersive systems. In [Ref 12.43, p.329]
12.49 N.C. Ford, G.B. Bennedek: Observation of the spectrum of light scattered from a pure fluid near its critical point. Phys. Rev. Lett. **15**, 649 (1965)

Kapitel 13

13.1 P.R. Berman: Studies of collisions by laser spectroscopy. Adv. At. Mol. Phys. **13**, 57 (1977)
13.2 R.B. Bernstein: *Chemical Dynamics via Molecular Beam and Laser Techniques* (Clarendon, Oxford 1982)
13.3 J.T. Yardley: *Molecular Energy Transfer* (Academic, New York 1980)
W.H. Miller (ed.): *Dynamics of Molecular Collisions* (Plenum, New York 1976)
13.4 J. Ward. J. Cooper: Correlation effects in the theory of combined Doppler and pressure broadening. J. Quantum Spectr. Rad. Transf. **14**, 555 (1974)
13.5 J.O. Hirschfelder, Ch. F. Curtiss, R.B. Bird: *Molecular Theory of Gases and Liquids* (Wiley, New York 1954)
13.6 Th.W. Hänsch, P. Toschek: On pressure broadening in a He-Ne-laser. IEEE J. QE-**5**, 61 (1969)
13.7 J.L. Hall: "Saturated Absorption Spectroscopy", in *Atomic Physics*, Vol.3, ed. by S.J. Smith, G.K. Walthers (Plenum, New York 1973) pp.615ff
13.8 J.L. Hall: *The Line Shape Problem in Laser-Saturated Molecular Absorption* (Gordon & Breach, New York 1969)
13.9 S.N. Bagyev: *Spectroscopic Studies into Elastic Scattering of Excited Particles* [Ref.1.1 IV, p.222]
13.10 C.R. Vidal, F.B. Haller: Heat pipe oven applications: production of metal vaporgas mixtures. Rev. Sci. Instrum. **42**, 1779 (1971)

13.11 R. Bombach, B. Hemmerling, W. Demtröder: Measurement of broadening rates, shifts and effective lifetimes of Li_2 Rydberg levels by optical double-resonance spectroscopy. Chem. Phys. **121**, 439 (1988)

13.12 R.B. Kurzel, J.I. Steinfeld, D.A. Hazenbuhler, G.E. LeRoi: Energy transfer processes in monochromatically excited iodine molecules. J. Chem. Phys. **55**, 4822 (1971)
J.I. Steinfeld: "Energy Transfer Processes", in *Chemical Kinetics Phys. Chemistry Series One*, Vol.9, ed. by J.C. Polany (Butterworth, London 1972)

13.13 G. Ennen, Ch. Ottinger: Rotation-vibration-translation energy transfer in laser excited Li_2 ($B\,^1\Pi_u$). Chem. Phys. **3**, 404 (1974)
Ch. Ottinger, M. Schröder: Collision-induced rotational transitions of dye laser excited Li_2 molecules. J. Phys. B **13**, 4163 (1980)
G. Ennen, Ch. Ottinger: Collision-induced dissociation of laser excited Li_2 ($B\,^1\Pi_u$). J. Chem. Phys. **40**, 127 41, 415 (1979)

13.14 K. Bergmann, W. Demtröder: Inelastic cross sections of excited molecules. J. Phys. B. Atom. Mol. Phys. **5**, 1386,2098 (1972)
K. Bergmann, H. Klar, W. Schlecht: Asymmetries in collision-induced rotational transitions. Chem. Phys. Lett. **12**, 522 (1974)

13.15 D. Zevgolis: Dissertation, Kaiserslautern (1980)

13.16 T.A. Brunner, R.D. Driver, N. Smith, D.E. Pritchard: Rotational energy transfer in Na_2-Xe collisions. J. Chem. Phys. **70**, 4155 (1979); Phys. Rev. Lett. **41**, 856 (1978)

13.17 G. Sha, P. Proch, K.L. Kompa: Rotational transitions of N_2 ($a\,^1\Pi_g$) induced by collisions with Ar/He studied by laser REMPI spectroscopy. J. Chem. Phys. **87**, 5251 (1987)

13.18 R. Schinke: *Theory of Rotational Transitions in Molecules*, Int. Conf. Phys. El. At. Collisions XIII (North-Holland, Amsterdam 1984) p.429

13.19 M. Faubel: Vibrational and rotational excitation in molecular collisions. Adv. At. Mol. Phys. **19**, 345 (1983)

13.20 A.J. McCaffery, M.J. Proctor, B.J. Whitaker: Rotational energy transfer: polarization and scaling. Annu. Rev. Phys. Chem. **37**, 223 (1986)

13.21 E. Nikitin, L. Zulicke: *Theorie chemischer Elementarprozesse* (Vieweg, Braunschweig 1985)

13.22 E.K. Kraulinya, E.K. Kopeikana, M.L. Janson: Excitation energy transfer in atom-molecule interactions of sodium and potassium vapors. Chem. Phys. Lett. **39**, 565 (1976); Opt. Spectrosc. **41**, 217 (1976)

13.23 L.K. Lam, T. Fujiimoto, A.C. Gallagher, M. Hessel: Collisional excitation transfer between Na und Na_2. J. Chem. Phys. **68**, 3553 (1978)

13.24 H. Hulsman, P. Willems: Transfer of electronic excitation in sodium vapour. Chem. Phys. **119**, 377 (1988)

13.25 St. Lemont, G.W. Flynn: Vibrational state analysis of electronic-to- vibrational energy transfer processes. Annu. Rev. Phys. Chem. **28**, 261 (1977)

13.26 A. Tramer, A. Nitzan: Collisional effects in electronic relaxation. Adv. Chem. Phys. **47** (2), 337 (1981)

13.27 St.A. Rice: Collision-induced intramolecular energy transfer in electronically excited polyatomic molecules. Adv. Chem. Phys. **47** (2), 237 (1981)

13.28 K.B. Eisenthal: "Ultrafast Chemical Reactions in the Liquid State", in *Ultrashort Laser Pulses*, ed. by W. Kaiser, Topics Appl. Phys., Vol.60 (Springer, Berlin, Heidelberg 1988)

13.29 P. Hering, S.L. Cunba, K.L. Kompa: Coherent anti-Stokes Raman spectroscopy study of the energy partitioning in the Na(3P)-H_2 collision pair with red wing excitation. J. Phys. Chem. **91**, 5459 (1987)

13.30 M. Allegrini, P. Bicchi, L. Moi: Cross-section measurements for the energy transfer collisions Na(3P)+Na(3P) $\rightarrow$ Na(5S,4D)+Na(3S). Phys. Rev. **A28**, 1338 (1983)

13.31 J. Huenneckens, A. Gallagher: Radiation diffusion and saturation in optically thick Na vapor. Phys. Rev. **A28**, 238 (1983)
13.32 J. Huenneckens, A. Gallagher: Associative ionization in collisions between two Na(3P) Atoms. Phys. Rev. **A28**, 1276 (1983)
13.33 S.A. Abdullah, M. Allegrini, S. Gozzini, L. Moi: Three-body collisions between laser-excited Na and K-atoms in the presence of buffer gas. Il Nuov. Cimento **9D**, 1467 (1987)
13.34 K.F. Freed: Collision-induced intersystem crossing. Adv. Chem. Phys. **47** (2), 211 (1981)
13.35 J.P. Webb, W.C. McColgin, O.G. Peterson, D. Stockman, J.H. Eberly: Intersystem crossing rate and triplet state lifetime for a lasing dye. J. Chem. Phys. **53**, 4227 (1970)
13.36 X.L. Han, G. W. Schinn, A. Gallagher: Spin-exchange cross sections for electron excitation of Na 3S-3P determined by a novel spectroscopic technique. Phys. Rev. **A38**, 535 (1988)
13.37 T.A. Cool: "Transfer Chemical Laser", in *Handbook of Chemical Lasers*, ed. by R.W.F. Gross, J.F. Bott (Wiley, New York 1976)
13.38 B. Wellegehausen: Optically pumped cw dimer lasers. IEEE J. QE-**15**, 1108 (1979)
13.39 W.J. Witteman: *The CO_2-Laser*, Springer Ser. Opt. Sci., Vol. 53 (Springer, Berlin, Heidelberg 1987)
13.40 V.E. Bondebey: Relaxation and vibrational energy redistribution processes in polyatomic molecules. Annu. Rev. Phys. Chem. **35**, 591 (1984)
13.41 W.H. Green, J.K. Hancock: Laser excited vibrational energy exchange studies of HF, CO and NO. IEEE J. QE-**9**, 50 (1973)
13.42 W.B. Gao, Y.Q. Shen, J. Häger, W. Krieger: Vibrational relaxation of ethylene oxide and ethylene oxid-rare gas mixture. Chem. Phys. **84**, 369 (1984)
13.43 G.W. Flynn: "Energy Flow in Polyatomic Molecules", in *Chemical and Biochemical Applications of Lasers*, Vol.1, ed. by C.B. Moore (Academic, New York 1974)
Acc. Chem. Res. **14**, 334 (1981)
13.44 R. Feinberg, R.E. Teets, J. Rubbmark, A.L. Schawlow: Groundstate relaxation measurements by laser-induced depopulation. J. Chem. Phys. **66**, 4330 (1977)
13.45 A. Seilmeier, W. Kaiser: Ultrashort vibrational energy transfer in liquids, in *Ultrashort Laser Pulses*, ed. by W. Kaiser, Topics Appl. Phys., Vol.60 (Springer, Berlin, Heidelberg 1988)
13.46 A. Lauberau, W. Kaiser: Vibrational dynamics of liquids and solids investigated by picosecond light pulses. Rev. Mod. Phys. **50**, 607 (1978)
13.47 J.G. Haub, B.J. Orr: Coriolis-assisted vibrational energy transfer in D_2CO/D_2CO and HDCO/HDCO-collisions. J. Chem. Phys. **86**, 3380 (1987)
13.48 T.F. Hunter, P.C. Turtle: Optoacoustic and thermo-optic detection in spectroscopy and in the Study of relaxation processes. In *Adv. Infrared and Raman Spectroscopy*, Vol.7, ed. by R.H.J. Clark, R.E. Hester (Heyden, London 1980) p.283
13.49 Ch.E. Hamilton, J.L. Kinsey, R.W. Field: Stimulated emission pumping: new methods in spectroscopy and molecular dynamics. Annu. Rev. Phys. Chem. 37, 1986
13.50 M. Becker, U. Gaubatz, K. Bergmann, P.L. Jones: Efficient and selective population of high vibrational levels by stimulated near resonance Raman scattering. J. Chem. Phys. **87**, 5064 (1987)
13.51 R.T. Bayley, F.R. Cruicksbank: Spectroscopic investigations of vibrational energy transfer. Adv. Infrared Raman Spectrosc. **8**, 52 (1981)
13.52 E. Hiroto, K. Kawaguchi: High resolution studies of molecular dynamics. Annu. Rev. Phys. Chem. **36**, 53 (1985)

13.53 A. Gonzales Ureña: Influence of translational energy upon reactive scattering cross sections of neutral-neutral collisions. Adv. Chem. Phys. **66**, 213 (1987)
13.54 M.A.D. Fluendy, K.P. Lawley: *Chemical Applications of Molecular Beam Scattering* (Chapman and Hall, London 1973)
13.55 V. Borkenhagen, M. Halthau, J.P. Toennies: Molecular beam measurements of inelastic cross sections for transition between defined rotational states of CsF. J. Chem. Phys. **71**, 1722 (1979)
13.56 K. Bergmann, R. Engelhardt, U. Hefter, J. Witt: State-resolved differential cross sections for rotational transitions in Na_2 + Ne collisions. Phys. Rev. Lett. **40**, 1446 (1978)
13.57 K. Bergmann: State selection via optical methods. In *Atomic and Molecular Beam Methods*, Vol. 12, ed. by G. Coles (Oxford Univ., Oxford 1989)
13.58 K. Bergmann, U. Hefter, J. Witt: State-to-state differential cross sections for rotational transitions in Na_2 + He-collisions. J. Chem. Phys. **71**, 2726 (1979), ibid. **72**, 4777 (1980)
13.59 H. Klar: Theory of collision-induced rotational energy transfer in the Π-state of diatomic molecules. J. Phys. **B6**, 2139 (1973)
13.60 R. Düren, H. Tischer: Experimental determination of the $K(4^2P_{3/3})$-Ar-potential. Chem. Phys. Lett. **79**, 481 (1981)
13.61 I.V. Hertel, H. Hofmann, K.A. Rost: Electronic to vibrational-rotational energy transfer in collisions of $Na(3^2P)$ with simple molecules. Chem. Phys. Lett. **47**, 163 (1977)
I.V. Hertel, W. Reiland: Electronic to vibrational-rotational energy transfer in collisions of Na(3P) with NO- and small organic molecules. J. Chem. Phys. **74**, 6757 (1981)
13.62 P. Botschwina, W. Meyer, I.V. Hertel, W. Reiland: Collisions of excited Na atoms with H_2-molecules: Ab initio potential energy surfaces. J. Chem. Phys. **75**, 5438 (1981)
13.63 E.E.B. Campbell, H. Schmidt, I.V. Hertel: Symmetry and angular momentum in collisions with laser excited polarized atoms. Adv. Chem. Phys. **72**, 37 (1988)
13.64 V.M. Bierbaum, St.R. Leone: Optical studies of product state distribution in thermal energy ion-molecule reactions, in *Structure, Reactivity and Thermochemistry of Ions*, ed. by P. Ausloos, S.G. Lias (Reidel, New York 1987) p.23
13.65 K. Kleinermanns, J. Wolfrum: Laser stimulation and observation of elementary chemical reactions in the gas phase. Laser Chem. **2**, 339 (1983)
13.66 K.D. Rinnen, D.A.V. Kliner, R.N. Zare: The $H+D_2$ reaction: prompt HD distribution at high collision energies. J. Chem. Phys. **91**, 7514 (1989)
13.67 D.P. Gerrity, J.J. Valentini: Experimental determination of product quantum state distributions in the $H+D_2 \rightarrow HD+D$ reaction. J. Chem. Phys. **79**, 5202 (1983)
13.68 R. Düren, V. Lackschewitz, S. Milosevic, H. Panknin, N. Schirawski: Differential cross sections for reactive and nonreactive scattering of electronically excited Na from HF molecules. Chem. Phys. Lett. **143**, 45 (1988)
13.69 M.N.R. Ashfold, J.E. Baggott (eds.): *Molecular Photodissociation Dynamics*, Advances in Gas-Phase Photochemistry (Roy. Soc. Chemistry, London 1987)
13.70 Siehe: Dynamics of molecular photofragmentation. Faraday Discuss. Chem. Soc. **82**, (1986)
13.71 E. Hasselbrink, J.R. Waldeck, R.N. Zare: Orientation of the CN $X^2\Sigma^+$ fragment, following photolysis by circularly polarized light. Chem. Phys. **126**, 191 (1988)
J.F. Black, J.R. Waldeck, R.N. Zare; J. Chem. Phys. **92**, 3519 (1990)
13.72 St. R. Leone: Infrared fluorescence: a versatile probe of state selected chemical dynamics. Acc. Chem. Res. **16**, 88 (1983)
13.73 Siehe z.B. Beiträge in der Zeitschrift: Laser Chemistry, an International Journal (Harwood, Chur)

13.74 C. Cohen-Tannoudji, S. Reynaud: Dressed-atom description of absorption spectra of a multilevel atom in an intense laser beam. J. Phys. **B10**, 345 (1977)
S. Keynaud, C. Cohen-Tannoudji: Collisional effects in resonance fluorescence, in *Laser Spectroscopy V*, ed. by A.R.W. McKellar, T.Oka, B.P. Stoideff, Springer Ser.Opt.Sci., Vol.30 (Springer Berlin Heidelberg 1981) p.166
13.75 S.E. Harris, R.W. Falcone, W.R. Green, P.B. Lidow, J.C. White, J.F. Young: Laser-induced collisions, in *Tunable Lasers and Applications*, ed. by A. Mooradian, T. Jaeger, P. Stockseth, Springer Ser. Opt. Sci., Vol.3 (Springer Berlin Heidelberg 1976) p.193; und in *Laser Spectroscopy IV*, ed. by H. Walther, K.W. Rothe, Springer Ser. Opt. Sci., Vol.21 (Springer Berlin Heidelberg 1979) p.349
13.76 A. Gallagher, T. Holstein: Collision-induced absorption in atomic electronic transitions. Phys. Rev. **A16**, 2413 (1977)
13.77 A. Birnbaum, L. Frommhold, G.C. Tabisz: Collision-induced spectroscopy: Absorption and light scattering, in *Spectral Line Shapes 5*, ed. by J. Szudy (Ossolineum, Wroclaw 1989) p.623
13.78 F. Dorsch, S. Geltman, P.E. Toschek: Laser-induced collisional und energy transfer in thermal collisions of lithium and strontium. Phys. Rev. **A37**, 2441 (1988)
13.79 K. Burnett: Spectroscopy of collision complexes, in *Electronic and Atomic Collisions*, ed. by J. Eichler, I.V. Hertel, N. Stoltenfoth (Elsevier, Amsterdam 1984) p.649
13.80 N.K. Rahman, C. Guidotti (eds.): *Photon-Associated Collisions and Related Topics* (Harwood, Chur 1982)

Kapitel 14

14.1 Th. C. English, J.C. Zorn: Molecular beam spectroscopy, in *Methods of Experimental Physics*, ed. by D. Williams (Academic, New York 1974) Vol.3
14.2 N.F. Ramsey: *Molecular Beams*, 2nd edn. (Clarendon, Oxford 1989)
14.3 I.I. Rabi: Zur Methode der Ablenkung von Molekularstrahlen. Z. Physik **54**, 190 (1929)
14.4 M.O. Scully, W.E. Lamb, Jr., M. Sargent III: *Laser Physics* (Addison Wesley, Reading, MA 1974)
P. Meystre, M. Sargent III: *Elements of Quantum Optics* (Springer, Berlin, Heidelberg 1990)
14.5 L. Zandee, J. Reuss: Chem. Phys. **26**, 327 (1977)
J.F.C. Verberne: The hyperfine spectrum of hydrogen dimers, Dissertation, Universität Nijmegen (1979)
14.6 Ch. Bordé: Sur les franges de Ramsey en spectroscopie sans élargissement Doppler. C.R. Acad. Sc. Paris, **284**, Serie B 101 (1977)
14.7 S.A. Lee, J. Helmcke, J.L. Hall, P. Stoicheff: Doppler-free two-photon transitions to Rydberg levels. Opt. Lett. **3**, 141 (1978)
14.8 S.A. Lee, J. Helmcke, J.L. Hall. High-resolution two-photon spectroscopy of Rb Rydberg levels, in *Laser Spectroscopy IV*, ed. by H. Walther, K.W. Rothe, Springer Ser. Opt. Sci., Vol.21 (Springer Berlin, Heidelberg 1979) p.130
14.9 Y.V. Baklanov, B.Y. Dubetsky, V.P. Chebotayev: Nonlinear Ramsey resonance in the optical region. Appl. Phys. **9**, 171 (1976);
V.P. Chebotayev: The method of separated optical fields for two level atoms. Appl. Phys. **15**, 219 (1978)
14.10 S.N. Bagayev, V.P. Chebotayev, A.S. Dychkov: Continuous coherent radiation in methane at $\lambda = 3.39\,\mu$m in spatially separated fields. Appl. Phys. **15**, 209 (1978)
14.11 Ch.J. Bordé: Density matrix equations and diagrams for high resolution nonlinear laser sepctroscopy: Application to Ramsey fringes in the optical domain, in

Advances in Laser Spectroscopy, ed. by F.T. Arecchi, F. Strumia, H. Walther (Plenum, New York 1983) p.1
14.12 J.C. Bergquist, S.A. Lee, J.L. Hall: Saturated absorption with spatially separated laser fields. Phys. Rev. Lett. **38**, 159 (1977)
J.C. Berquist, R.L. Barger, D.J. Glaze: High resolution spectroscopy of calcium atoms, in *Laser Spectroscopy IV*, ed. by H. Walther, K.W. Rothe, Springer Ser. Opt. Sci., Vol.21 (Springer Berlin, Heidelberg 1979) p.120
14.13 J. Helmcke, D. Zevgolis, B.Ü. Yen: Observation of high contrast ultra narrow optical Ramsey fringes in saturated absorption utilizing four interaction zones of travelling waves. Appl. Phys. B **28**, 83 (1982)
14.14 Siehe z.B. H. Wegener: *Der Mößbauer-Effekt*, BI Taschenbücher 2/2a (B.I., Mannheim 1965)
14.15 J.L. Hall: Sub-Doppler spectroscopy; methane hyperfine spectroscopy and the ultimate resolution limit, in *Laser Spectroscopy II*, ed. by S. Haroche, J.C. Pebay-Peyroula, T.W. Hänsch, S.E. Harris, Lecture Notes Phys., Vol.43 (Springer, Berlin, Heidelberg 1975) p.105
14.16 C.H. Bordé: Progress in understanding sub-Doppler-line shapes, in *Laser Spectroscopy III*, ed. by J.L. Hall, J. L. Carlsten, Springer Ser. Opt. Sci., Vol.7 (Springer, Berlin, Heidelberg 1977) p.121
14.17 J. Helmcke, J. Ishikawa, F. Riehle: High contrast high resolution single recoil component Ramsey fringes in Ca, in *Frequency Standards and Metrology*, ed. by A. DeMarchi (Springer, Berlin, Heidelberg 1989) p.270
14.18 F. Riehle, J. Ishikawa, J. Helmcke: Suppression of a recoil component in nonlinear Doppler-free spectroscopy. Phys. Rev. Lett. **61**, 2092 (1988)
14.19 J.L. Hall: Some remarks on the interaction between precision physical measurements and fundamental physical theories, in *Quantum Optics, Experimental Gravity and Measurement Theory*, ed. by P. Meystre, M.V. Scully (Plenum, New York 1983)
A. DeMarchi (ed.): *Frequency Standards and Metrology* (Springer, Berlin, Heidelberg 1989)
14.20 T.W. Hänsch, A.L. Schawlow: Cooling of gases by laser radiation. Opt. Commun. **13**, 68 (1975)
14.21 W. Ertmer, R. Blatt, J.L. Hall: Some candidate atoms and ions for frequency standards research using laser radiative cooling techniques. Progr. Quant. Electr. **8**, 249 (1984)
14.22 W. Ertmer, R. Blatt, J.L. Hall, M. Zhu: Laser manipulation of atomic beam velocities: demonstration of stopped atoms and velocity reversal. Phys. Rev. Lett. **54**, 996 (1985)
14.23 R. Blatt, W. Ertmer, J.L. Hall: Cooling of an atomic beam with frequency-sweep techniques. Progr. Quant. Electr. **8**, 237 (1984)
W.O. Phillips, J.V. Prodan, H.J. Metcalf: "Neutral Atomic Beam Cooling", Experiments at NBS (NBS Special Publication 653, US Dept. of Commerce, June 1983) and Phys. Rev. Lett. **49**, 1149 (1982)
14.24 H. Metcalf: Laser cooling and magnetic trapping of neutral atoms, in *Methods of Laser Spectroscopy* , ed. by Y. Prior, A. Ben-Reuven, M. Rosenbluth (Plenum, New York 1986)(Plenum, New York 1986) p.33
14.25 J.V. Prodan, W.O. Phillips: Chirping the light-fantastic?, in *Laser Cooled and Trapped Atoms*, NBS Special Publication 653 (US Dept. of Commerce, June 1983)
14.26 D. Sesko, C.G. Fam, C.E. Wieman: Production of a cold atomic vapor using diode-laser cooling. J. Opt. Soc. Am. B **5**, 1225 (1988)
14.27 R.N. Watts, C.E. Wieman: Manipulating atomic velocities using diode lasers. Opt. Lett. **11**, 291 (1986);
B. Sheeby, S.Q. Shang, R. Watts, S. Hatamian, H. Metcalf: Diode laser deceleration and collimation of a rubidium beam. J. Opt. Soc. Am. **B6**, 2165 (1989)

14.28 H. Metcalf: Magneto-optical trapping and its application to helium matastables. J. Opt. Soc. Am. **B6**, 2206 (1989)
14.29 I. Nebenzahl, A. Szöke: Deflection of atomic beams by resonance radiation using stimulated emission. Appl. Phys. Lett. **25**, 327 (1974)
14.30 J. Nellesen, J.M. Müller, K. Sengstock, W. Ertmer: Large-angle beam deflection of a laser cooled sodium beam. J. Opt. Soc. Am. **B6**, 2149 (1989)
14.31 V.I. Balykin, V.S. Lethokhov: Laser optics of neutral atomic beams. Phys. Today (April 1989) p.23
14.32 J. Fricke: Isotopentrennung. Physik in uns. Zeit **6**, 118 (1975)
R. Schieder, H. Walther, L. Wöste: Atomic beam deflection by the light of a tunable dye laser. Opt. Commun. **5**, 337 (1972)
S. Villani (ed.): *Uranium Enrichment*, Topics Appl. Phys., Vol.35 (Springer, Berlin, Heidelberg 1979)
14.33 C.E. Tanner, B.P. Masterson, C.E. Wieman: Atomic beam collimation using a lser diode with a self-locking power buildup-cavity. Opt. Lett. **13**, 357 (1988)
14.34 J. Dalibard, C. Salomon, A. Aspect, H. Metcalf, A. Heidmann, C. Cohen- Tannoudji: Atomic motion in a standing wave, in *Laser Spectroscopy VIII*, ed. by S. Svanberg, W. Persson, Springer Ser. Opt. Sci., Vol. 55 (Springer, Berlin, Heidelberg 1987) p.81
14.35 K. Rubin, M.S. Lubell: A proposed study of photon statistics in fluorescence through high resolution measurements of the transverse deflection of an atomic beam, in *Laser Cooled and Trapped Atoms* (NBS Special Publication 653, June 1983) p.119
14.36 Y.Z. Wang, W.G. Huang, Y.D. Cheng, L. Liu: Test of photon statistics by atomic beam deflection, in *Laser Spectroscopy VII*, ed. by T.W. Hänsch, Y.R. Shen, Springer Ser. Opt. Sci., Vol.49 (Springer, Berlin, Heidelberg 1985) p.238
14.37 J.P. Gordon: Radiation forces and momenta in dielectric media. Phys. Rev. **A8**, 14 (1973)
14.38 M.H Mittelman: *Introduction to the Theory of Laser-Atom Interaction* (Plenum, New York 1982)
14.39 J.E. Bjorkholm, R.R. Freeman, A. Ashkin, D.B. Pearson: Transverse resonance radiation pressure on atomic beams and the influence of fluctuations, in *Laser Spectroscopy IV*, ed. by H. Walther, K.W. Rothe, Springer Ser. Opt. Sci., Vol.21 (Springer Berlin, Heidelberg 1979) p.49
14.40 V.S. Letokhov, V.G. Minogin, B.D. Pavlik: Cooling and capture of atoms and molecules by a resonant light field. Sov. Phys. JETP **45**, 698 (1977) Opt. Commun. **19**, 72 (1976)
14.41 V.S. Letokhov, B.D. Pavlik: Spectral line narrowing in a gas by atoms trapped in a standing light wave. Appl. Phys. **9**, 229 (1976)
14.42 A. Ashkin, J.P. Gordon: Cooling and trapping of atoms by resonance radiation pressure. Opt. Lett. **4**, 161 (1979)
14.43 St. Chu, J.E. Bjorkholm, A. Ashkin, L. Holberg, A. Cable: Cooling and trapping of atoms with laser light, in *Methods of Laser Spectroscopy*, ed. by Y. Prior, A. Ben-Reuven, M. Rosenbluth (Plenum, New York 1986) (Plenum, New York 1986) p.41
14.44 H. Metcalf: Magneto-optical trapping and its application to helium metastables. J. Opt. Soc. Am. B **6**, 2206 (1989)
J. Nellessen, J. Werner, W. Ertmer: Magneto-optical compression of a monoenergetic sodium atomic beam. Opt. Commun. **78**, 300 (1990); und W. Ertmer: Tankum-Seminar, PTB Braunschweig, Bericht (1989)
14.45 Siehe z.B. *Feynman Lectures on Physics* (Addison-Wesley, Reading, MA 1965) Vol.I
S. Stenholm: The semiclassical theory of laser cooling. Rev Mod. Phys. **58**, 699 (1986)

14.46 A. Aspect, E. Arimondo, R. Kaiser, N. Vansteenkiste, C. Cohen-Tannoudji: Laser cooling below the one-photon recoiul energy by velocity-selective coherent population trapping. J. Opt. Soc. Am. **B6**, 2112 (1989)
J. Dalibard, C. Cohen-Tannoudji: Laser cooling below the Doppler limit by polarization gradients: Simple theoretical model. J. Opt. Soc. Am. B **6**, 2023 (1989)
14.47 G.H. Dehmelt: Radiofrequency spectroscopy of stored ions. Adv. At. Mol. Phys. **3**, 53 (1967) und **5**, 109 (1969)
14.48 P.E. Toschek, W. Neuhauser: Spectroscopy on localized and cooled ions, in *Atomic Physics 7*, ed. by D. Kleppner, F.M. Pipkin (Plenum, New York 1981)
14.49 W. Neuhauser, M. Hohenstatt, P.E. Toschek, H.G. Dehmelt: Visual observation and optical cooling of electrodynamically contained ions. Appl. Phys. **17**, 123 (1978)
14.50 R.E. Drullinger, D.J. Wineland: Laser cooling of ions bound to a penning trap. Phys. Rev. Lett. **40**, 1639 (1978)
14.51 W. Paul, M. Raether: Das elektrische Massenfilter. Z. Physik **140**, 262 (1955)
W. Paul: Elektromagnetische Käfige für geladene und neutrale Teilchen. Phys. Blätt. **46**, 227 (1990)
14.52 E. Fischer: Die dreidimensionale Stabilisierung von Ladungsträgern in einem Vierpolfeld. Z. Physik **156**, 1 (1959)
14.53 Siehe z.B. E.T. Whittacker. S.N. Watson: *A Course of Modern Analysis* (Cambridge Univ. Press, Cambridge 1963)
14.54 P.E. Toschek, W. Neuhauser: Einzelne Ionen für die Doppler-freie Spektroskopie. Phys. Blätter **36**, 1798 (1980)
14.55 Th. Sauter, H. Gilhaus, W. Neuhauser, R. Blatt, P.E. Toschek: Kinetics of a single trapped ion. Europhys. Lett. **7**, 317 (1988)
14.56 R.E. Drullinger, D.J. Wineland: Laser cooling of ions bound to a Penning trap, in *Laser Spectroscopy IV*, ed. by H. Walther, K.W. Rothe, Springer Ser. Opt. Sci., Vol.21 (Springer Berlin, Heidelberg 1979) p.66; und Phys. Rev. Lett. **40**, 1639 (1978)
D.J. Wineland, W.M. Itano: Laser cooling of atoms. Phys. Rev. **A20**, 1521 (1979)
14.57 W. Neuhauser, M. Hohenstatt, P.E. Toschek, H. Dehmelt: Optical sideband cooling of visible atom cloud confirmed in a parabolic well. Phys. Rev. Lett. **41**, 233 (1978)
14.58 H.G. Dehmelt: Proposed 10^{14} $\Delta\nu > \nu$ laser fluorescence spectroscopy on a Tl^+ mono-ion oscillator. Bull. Am. Phys. **20**, 60 (1975)
14.59 P.E. Toschek: Absorption by the numbers: Recent experiments with single trapped and cooled ions. Physica Scripta **T23**, 170 (1988)
14.60 Th. Sauter, R. Blatt, W. Neuhausser, P.E. Toschek: Quantum jumps in a single ion. Phys. Scripta **22**, 128 (1988); und Opt. Commun. **60**, 287 (1986)
14.61 W.M. Itano, J.C. Bergquist, R.G. Hulet, D.J. Wineland: The Observation of quantum jumps in Hg^+, in *Laser Spectroscopy VIII*, ed. by S. Svanberg, W. Persson, Springer Ser. Opt. Sci., Vol.55 (Springer, Berlin, Heidelberg 1987) p.117
14.62 R. Blümel, J.M. Chen, E. Peik, W. Quint, W. Schleich, Y.R. Chen, H. Walther: Phase transitions of stored laser-cooled ions. Nature **334**, 309 (1988)
14.63 F. Diedrich, E. Peik, J.M. Chen, W. Quint, H. Walther: Ionenkristalle und Phasenübergänge in einer Ionenfalle. Phys. Blätter **44**, 12 (1988)
14.64 F. Diedrich, E. Peik, J.M. Chen, W. Quint, H. Walther: Observaion of a phase transition of stored laser-cooled ions. Phys. Rev. Lett. **59**, 2931 (1987)
14.65 J. Javamainen: Laser cooling of trapped ion-clusters. J. Opt. Soc. Am. B **5**, 73 (1988)
14.66 F. Diedrich, J. Krause, G. Rempe, M.O. Scully, H. Walther: Laser experiments single atoms and the test of basic physics. Physica B **151**, 247 (1988); IEEE J. QE-**24**, 1314 (1988)
14.67 S. Haroche, J.M. Raimond: Radiative properties of Rydberg states in resonant cavities. Adv. At. Mol. Phys. **20**, 347 (1985)

14.68 G. Rempe, H. Walther: The one-atom maser and cavity quantum electrodynamics, in *Methods of Laser Spectroscopy*, ed. by Y. Prion, A. Ben-Reuven, M. Rosenbluth (Plenum, New York 1986)
14.69 H. Walther: Single-atom oscillators. Europhys. News. **19**, 105 (1988)
14.70 B. Burghard, M. Dubke, W. Jitschin, G. Meisel: Sup-natural linewidths laser spectroscopy of Doppler-free two-photon resonances. Phys. Lett. A **69**, 93 (1978)
14.71 H. Metcalf, W. Phillips: Time resolved subnatural width spectroscopy. Opt. Lett. **5**, 540 (1980)
14.72 J.N. Dodd, G.W. Series: Time-resolved fluorescence spectroscopy, in *Progress in Atomic Spectroscopy A*, ed. by W. Hanle, H. Kleinpoppen (Plenum, New York 1978)
14.73 S. Schenk, R.C. Hilburn, H. Metcalf: Time resolved fluorescence from Ba and Ca, excited by a pulsed tunable dye laser. Phys. Rev. Lett. **31**, 189 (1973)
14.74 H. Figger, H. Walther: Optical resolution beyond the natural linewidth: a level crossing experiment on the $3^2P_{3/2}$ level of sodium using a tunable dye laser. Z. Physik **267**, 1 (1974)
14.75 F. Shimizu, K. Umezu, H. Takuma: Observation of subnatural linewidth in Na D_2-lines. Phys. Rev. Lett. **47**, 825 (1981)
14.76 A. Guzman, P. Meystre, M.O. Scully: Subnatural spectroscopy, in *Advances in Laser Spectroscopy*, ed. by F.T. Arecchi, F. Strumia, H. Walther (Plenum, New York 1983) p.465
14.77 P. Meystre, M.O. Scully, H. Walther: Transient line narrowing: A laser spectroscopic technique yielding resolution beyond the natural linewidth. Opt. Commun. **33**, 153 (1980)
14.78 G. Bertuccelli, N. Beverini, M. Galli, M. Inguscio, F. Strumia: Subnatural coherence effects in saturarion spectroscopy using a single travelling wave. Opt. Lett. **10**, 270 (1985)
14.79 V.S. Letokhov, V.P. Chebotayev: *Nonlinear Laser Spectroscopy*, Springer Ser. Opt. Sci., Vol.4 (Springer, Berlin, Heidelberg 1977)
14.80 H. Weickenmeier, U. Diemer, W. Demtröder, M. Broyer: Hyperfine interaction between the singlet and triplet ground states of Cs_2. Chem. Phys. Lett. **124**, 470 (1986)
14.81 F. Bayer-Helms: Neudefinition der Basiseinheit Meter im Jahr 1983. Phys. Blätter **39**, 307 (1983)
14.82 K.M. Evenson, M. Inguscio, D.A. Jennings: Point contact diode at laser frequencies. J. Appl. Phys. **57**, 956 (1985)
L.R. Zink, M. Prevedelli, K.M. Evenson, M. Inguscio: High resolution far infrared spectroscopy, in *Applied Laser Spectroscopy*, ed. by M. Inguscio, W. Demtröder (Plenum, New York 1991) p.141
14.83 A. De Marchi (ed.): *Frequency Standards and Metrology* (Springer, Berlin, Heidelberg 1989)
14.84 H.A. Bachor: Quantum noise reduction by squeezing. An experimentalist's view, in *Int'l School on Quantum Optics*, ed. by J. Heldt (World Scientific, Singapore 1988)
14.85 R. Loudon: *The Quantum Theory of Light* (Clarendons, Oxford 1973)
14.86 H. Paul: Squeezed states - nichtklassische Zustände des Strahlungsfeldes. Laser und Optoelektronik **19**, 45 (1985)
14.87 R.J. Glauber: Optical coherence and photon statistics, in *Quantum Optics and Electronics*, ed. by C. DeWitt, A. Blandia, C. Cohen-Tannoudji (Gordon & Breach, New York 1965) p.65
14.88 J.D. Cresser: Theory of the spectrum of the quantized light field. Phys. Repts. **94**, 48 (1983)
14.89 G. Wagner, G. Leuchs: Das Photonenrauschen - keine Grenze der Meßempfindlichkeit. Laser und Optoelektronik **19**, 45 (1987)

14.90 C.M. Caves. Quantum-mechanical noise in an interferometer. Phys. Rev. D 23, 1693 (1981)
14.91 R.E. Slusher, L.W. Holberg, B. Yurke, J.C. Mertz, J.F. Valley: Observation of squeezed states generated by four-wave mixing in an optical cavity. Phys. Rev. Lett. **55**, 2409 (1985)
14.92 H.P. Yven: Two-photon coherent states of the radiation field. Phys. Rev. A **13**, 2226 (1976)
14.93 M. Xiao, L.A. Wu, H.J. Kimbel: Precision measurement beyond the shot-noise limit. Phys. Rev. Lett. **59**, 298 (1987)
14.94 R.L. Foreward: Wideband laser-interferometer gravitational-radiation experiment. Phys. Rev. D **17**, 379 (1978)
14.95 P. Tombesi, E.R. Pike (eds.): *Squeezed and Nonclassical Light*, NATO ASI Series B, Vol.190 (Plenum, New York 1989)
14.96 E.R. Pike, H. Walther (eds.): *Photons and Quantum Fluctuations* (Hilger, Bristol 1988)
14.97 H.J. Kimble, D.F. Walls (guest eds.): Feature issue on squeezed states of the electromagnetic field. J. Opt. Soc. Am. B **4**, 1449 (1987)
14.98 J.D. Harvey, D.F. Walls (eds.): *Quantum Optics IV*, Springer Proc. Phys. **12** (1986)
14.99 J.D. Harvey, D.F. Walls (eds.): *Quantum Optics V*, Springer Proc. Phys. **41** (1989)
14.100 P. Meystre, M. Sargent III: *Elements of Quantum Optics* (Springer, Berlin, Heidelberg 1990)

Kapitel 15

15.1 A. Mooradian, T. Jaeger, P. Stokseth (eds.): *Tunable Lasers and Applications*, Springer Ser. Opt. Sci., Vol.3 (Springer, Berlin, Heidelberg 1976)
15.2 C.T. Lin, A. Mooradian (eds): *Lasers and Applications*, Springer Ser. Opt. Sci., Vol.26 (Springer, Berlin, Heidelberg 1981)
15.3 J.F. Ready, R.K. Erf (eds.): *Laser Applications*, Vols.1-5 (Academic, New York 1975-1984)
15.4 C.B. Moore (ed): *Chemical and Biochemical Applications of Lasers*, Vols.1-5 (Academic, New York 1974-1984)
15.5 S. Svanberg: *Atomic and Molecular Spectroscopy*, Springer Ser. Atoms Plasmas, Vol.6 (Springer, Berlin, Heidelberg 1991)
15.6 L.J. Kovalenko, St.L. Leone: Innovative laser techniques in chemical kinetics. J.Chem.Educ. **65**, 681 (1988)
D.L. Andrews: *Lasers in Chemistry* (Springer, Berlin, Heidelberg 1986)
15.7 A.H. Zewail (ed.): *Advances in Laser Chemistry*, Springer Ser. Chem. Phys., Vol.3 (Springer, Berlin, Heidelberg 1978)
A. Ben-Shaul, Y. Haas, K.L. Kompa, R.D. Levine: *Lasers and Chemical Change*, Springer Ser. Chem. Phys., Vol.10 (Springer, Berlin, Heidelberg 1981)
15.8 K.L. Kompa, S.D. Smith (eds.): *Laser-Induced Processes in Molecules*, Springer Ser. Chem. Phys., Vol.6 (Springer, Berlin, Heidelberg 1979)
K.L. Kompa, J. Warner: *Laser Applications in Chemistry* (Plenum, New York 1984)
15.9 R.N. Zare, R.B. Bernstein: State to state reaction dynamics. Phys.Today **3**, 43 (November 1980)
15.10 K. Kleinermanns, J. Wolfrum: Laser in der Chemie - Wo stehen wir heute? Angew. Chemie **99**, 38 (1987)
J.Wolfrum (guest ed.): Laser spectroscopy for studying chemical processes. Appl.Phys. B**46**, 221 (1988)
15.11 V.S. Letokhov: *Nonlinear Laser Chemistry*, Springer Ser. Chem. Phys., Vol.22 (Springer, Berlin, Heidelberg 1983)

15.12 M. Trautmann, K.W. Rothe, J. Wanner, H. Walther: Determination of the deuterium abundance in water using a cw chemical DF-laser. Appl.Phys.**24**, 49 (1981)
15.13 J.J. Snyder, R.A. Keller (eds.): Ultrasensitive laser spectroscopy. J.Opt.Soc.Am. B 2, 1385 (1985); Laser Focus 22, 86 (March 1986)
E.S. Piepmeier (ed.): *Analytical Applications of Lasers* (Wiley, New York 1986)
V.S. Lethokov: *Laser Analytical Spectrochemistry* (Hilger, London 1985)
15.14 G.S. Hurst,, M.G. Payne, S.P. Kramer, J.P. Young: Resonance ionization spectroscopy and single atom detection. Rev. Mod. Phys. **51**, 767 (1979)
G.S. Hurst, M.P. Payne, S.P. Kramer, C.H. Cheng: Counting the atoms. Physics Today **33**, 24-29 (Sept. 1980)
V.S. Letokhov: *Laser Photoionization Spectroscopy* (Academic, Orlando, FL 1987)
15.15 P. Peuser, G. Herrmann, H. Rimke, P. Sattelberger, N. Trautmann: Trace detection of plutonium by three-step photoionization with a laser system pumped by a copper vapor laser. Appl.Phys. B **38**, 249 (1985)
15.16 T. Whitaker: Isotopically selective laser measurements. Lasers Appl. **5**, 67 (August 1986)
15.17 A. Baronarski, J.E. Butler, J.W. Hudgens, M.C. Lin, J.R. McDonald, M.E. Umstead: Chemical Applications of Lasers, in [Ref.15.7a, p.62]
15.18 B. Raffel, J. Wolfrum: Spatial and time resolved observation of CO_2-laser induced explosions of O_2-O_3-mixtures in a cylindrical cell. Z. Phys. Chem. (NF) **161**, 43 (1989)
15.19 M. Schneider, J. Wolfrum: Mechanisms of by-product formation in the dehydro-chlorination of dichlorethane. Ber. Bunsenges. Phys. Chem. **90**, 1058 (1986)
15.20 R.L. Woodin, A. Kaldor: Enhancement of chemical reactions by infrared lasers. Adv. Chem. Phys. **47**, 3 (1981)
15.21 J.H. Clark, K.M. Leary, T.R. Loree, L.B. Harding: Laser Synthesis Chemistry and Laser Photogeneration of Catalysis, in [Ref.15.5, p.74]
15.22 M.S. Djidjoev, R.V. Khokhlov, A.V. Kieselev, V.I. Lygin; V.A. Namiot, A.I. Osipov, V.I. Panchenko, YB.I. Provottorov: Laser Chemistry at Surfaces, in [Ref.15.1, p.100]
15.23 K.K. Kompa: Laser photochemistry at surfaces. Angew. Chem.27, 1314 (1988)
15.24 Laser separation of isotopes. Sci. Am. **236**, 86 (1977)
15.25 A. von Allmen: *Laser-Beam Interaction with Materials*, Springer Ser. Mater. Sci., Vol.2 (Springer, Berlin, Heidelberg 1987)
15.26 J. Wolfrum: Laser studies on the selectivity of elementary chemical reactions: Products, energy, orientation, in *Selectivity in Chemical Reactions*, ed. by J.C. Whitehead (Kluwer, Dordrecht 1988) pp.23-45
15.27 F.S. Becker, K.L. Kompa: Laser isotope separation. Europhys. News **12**, 2 (July 1981)
15.28 J.P. Aldridge, J.H. Birley, C.D. Cantrell, D.C. Cartwright: Experimental and theoretical studies of laser iosotope separation, in *Laser Photochemistry, Tunable Lasers*, ed. by S.E. Jacobs, S.M. Sargent, M.O. Scully, C.T. Walker (Addison-Wesley, Reading, MA 1976)
15.29 J.I. Davies, J.Z. Holtz, M.L. Spaeth: Status and prospects for lasers in isotope separation. Laser Focus **18**, 49 (September 1982)
15.30 M. Stuke: Isotopentrennung mit Laserlicht. Spektrum Wissenschaft. **4**, 76 (1982)
15.31 F.S. Becker, K.L. Kompa: The practical and physical aspects of uranium isotope separation with lasers. Nuc. Technol. **58**, 329 (1982)
L. Mannik, S.K. Brown: Appl. Phys. B **37**, 75 (1985)
15.32 A. Outhouse, P. Lawrence, M. Gauthier, P.A. Hacket: Laboratory scale-up of two stage laser chemistry separation of ^{13}C from CF_2HCL^*. Appl. Phys. B **36**, 63 (1985)

15.33 C.D'Ambrosio, W. Fuss, K.L. Kompa, W.E. Schmid, S. Trusin: ^{13}C separation by a continuous discharge CO_2 laser Q-switched at 10 kHz. Infrared Phys. 29, 479 (1989)
15.34 A. Tönnissen, J. Wanner, K.W. Rothe, H. Walther: Application of a cw chemical laser for remote pollution monitoring and process control. Appl. Phys. **18**, 297 (1979)
15.35 W. Meinburg, H. Neckel, J. Wolfrum: Lasermeßtechnik und mathematische Simulation von Sekundärmaßnahmen zur NO_x-Minderung in Kraftwerken. Appl. Phys. B **51**, 94 (1990)
15.36 J. Werner, K.W. Rothe, H. Walther: Monitoring of the stratospheric ozone layer by laser radar. Appl. Phys. B **32**, 113 (1983)
15.37 W. Steinbrecht, K.W. Rothe, H. Walther: Lidar setup for daytime and nighttime probing of stratospheric ozone and measurements in polar and equitorial regimes. Appl. Opt. **28**, 3616 (1988)
J. Shibuta, T. Fukuda, T. Narikiyo, M. Maeda: Evaluation of the solarblind effect in ultraviolet ozone lidar with Raman lasers. Appl. Opt. **26**, 2604 (1987)
15.38 U.v. Zahn, P. von der Gathen, G. Hansen: Forced release of sodium from upper atmospheric dust particles. Geophys. Res. Lett. **14**, 76 (1987)
15.39 R.M. Measure: *Laser Remote Sensing: Fundamentals and Applications* (Wiley, Toronto 1984)
15.40 J. Looney, K. Petri, A. Salik: Measurments of high resolution atmospheric water vapor profiles by use of a solarblind Raman lidar. Appl. Opt. **24**, 104 (1985)
15.41 H. Edner, S. Svanberg, L. Uneus, W. Wendt: Gas-correlation LIDAR. Opt. Lett. **9**, 493 (1984)
15.42 J.A. Gelbwachs: Atomic resonance filters. IEEE J.QE-**24**, 1266 (1988)
15.43 E.D. Hinkley (ed.): *Laser Monitoring of the Atmosphere*. Topics Appl. Phys., Vol.14 (Springer, Berlin, Heidelberg 1976)
Ph.N. Slater: *Remote Sensing* (Addison-Wesley, London 1980)
15.44 R.M. Measures: *Laser Remote Chemical Analysis* (Wiley, New York 1988)
15.45 D.K. Killinger, A. Mooradian (eds.): *Optical and Laser Remote Sensing*, Springer Ser. Opt. Sci., Vol.39 (Springer, Berlin, Heidelberg 1983)
15.46 R.N. Dubinsky: Lidar moves towards the 21st century. Laser Optron. 7 (4), 93 (April 1988)
H. Walther: Laser investigations in the atmosphere, in *Festkörperprobleme*, Vol.20 (Vieweg, Braunschweig 1980) p.327
15.47 E.J. McCartney: *Optics of the Atmosphere* (Wiley, New York 1976)
15.48 J.W. Strohbehn (ed.): *Laser Beam Propagation in the Atmosphere*, Topics Appl. Phys., Vol.25 (Springer, Berlin, Heidelberg 1978)
15.49 V.E. Zuev, I.E. Naats: *Inverse Problems of Lidar Sensing of the Atmosphere*. Springer Ser. Opt. Sci., Vol.29 (Springer, Berlin, Heidelberg 1983)
15.50 R. Suntz, H. Becker, P. Monkhouse, J. Wolfrum: Two-dimensional visualization of the flame front in an internal combustion engine by laser-induced fluorescence of OH radicals. Appl. Phys. B **47**, 287 (1988)
15.51 A.M. Wodtke, L. Hüwel, H. Schlüter, H. Voges, G. Meijer, P. Andresen: High sensitivity detection of NO in a flame using a tunable Ar-F-laser. Opt. Lett. **13**, 910 (1988)
P. Andresen, G. Meijer, H. Schlüter, H. Voges, A. Koch, W. Hentschel, W. Oppermann: Zweidimensionale Konzentrationsmessungen im Brennraum des Transparentmotors mit Hilfe von Laser-Fluoreszenzverfahren. Bericht 11/1989, MPI für Strömungsforschung Göttingen (1989)
15.52 Combustion Optimization Pushed Forward by Excimer LIF-Methods. Lambda-Physik Highlights No.14 (December 1988)
15.53 M. Alden, K. Fredrikson, S. Wallin: Application of a two colour dye laser in CARS experiments for fast determination of temperatures. Appl. Opt. 23, 2053 (1984)

15.54 R.S. Dreyfus, J.M. Jasinski, R.E. Walkup, G. Selwyn: Laser spectroscopy in electronic materials processing research. Laser Focus 22, 62 (December 1986)
15.55 R.W. Dreyfus, R.W. Walkup, R. Kelly: Laser-induced fluorescence studies of excimer laser ablation of Al_2O_3. Appl. Phys. **49**, 1478 (1986)
15.56 J.M. Jasinski, E.A. Whittaker, G.C. Bjorklund, R.W. Dreyfus, R.D. Estes, R.E. Walkup: Detection of SiH_2 in silane and disilane glow discharge by frequency modulated absorption spectroscopy. Appl. Phys. Lett. **44**, 1155 (1984)
15.57 F. Durst, G. Richter: Laser Doppler measurements of wind velocities using visible radiation, in *Photon Correlation Techniques in Fluid Mechanics* ed. by E.O. Schulz-Dubois, Springer Ser. Opt. Sci., Vol.38 (Springer, Berlin, Heidelberg 1983) p.136
15.58 R.M. Hochstrasser, C.K. Johnson: Lasers in biology. Laser Focus **21**, 100 (May 1985)
15.59 A. Anders: Dye-laser spectroscopy of bio-molecules. Laser Focus **13**, 38 (Febuary 1977); Selective laser excitation of bases in nucleic acids. Appl.Phys. **20**, 257 (1979)
15.60 A. Anders: Models of DNA-dye-complexes: Energy transfer and molecular structure. Appl. Phys. **18**, 373 (1979)
15.61 P. Cornrlius, R.M. Hochstrasser: Picosecond processes involving CO, O_2 and NO derivatives of hemoproteins, in *Picosecond Phenomena III*, ed. by K.B. Eisenthal, R.M. Hochstrasser, W. Kaiser, A. Lauberau, Springer Ser. Chem. Phys., Vol.23 (Springer, Berlin, Heidelberg 1982)
15.62 D.P. Millar, R.J. Robbins, A.H. Zewail: Torsion and bending of nucleic acids, studied by subnanosecond time resolved depolarization of intercalated dyes. J. Chem. Phys. **76**, 2080 (1982)
L. Stryer: Die Sehkaskade. Spektrum Wissenschaft. (September 1987) S.86
15.63 D.C. Youvan, B.L. Marrs: Molekulare Mechanismen der bakteriellen Photosynthese. Spektrum Wissenschaft. (August 1987) S.62
15.64 A.H. Zewail (ed.): *Photochemistry and Photobiology* (Harwood, London 1983)
15.65 R.R. Alfano (ed.): *Biological Events Probed by Ultrafast Laser Spectroscopy* (Academic, New York 1982)
15.66 V.S. Letokhov: *Laser Picosecond Spectroscopy and Photochemistry of Biomolecules* (Hilger, London 1987)
E. Klose, B. Wilhelmi (eds.): *Ultrafast Phenomena in Spectroscopy*, Springer Proc. Phys. **49** (1990)
15.67 R. Nossal, S.H. Chen: Light scattering from motile bacteria. J. Physique, Suppl. 33, C1-169 (1972)
15.68 A. Andreoni, A. Longoni, C.A. Sacchi, O. Svelto: Laser-induced fluorescence of biological molecules, in [Ref.15.1, p.303]
15.69 G.N. McGregor, H.G. Kaputza, K.A. Jacobsen: Laser-based fluorescence microscopy of living cells. Laser Focus **20**, 85 (November 1984)
15.70 H.P. Berlien, G. Müller (eds.): *Angewandte Lasermedizin* (Ecomed, Landsberg, FRG 1989)
15.71 H. Albrecht, G. Müller, M. Schaldach: Entwicklung eines Raman-spektroskopisches Gasanalysesystems. Biomed. Tech. 22, 361 (1977); in Proc. VIIth Int'l Summer School on Quantum Optics, Wiezyca, Poland (1979)
15.72 T.J. Dougherty, J.E. Kaulmann, A. Goldfarb, K.R. Weishaupt, D. Boyle, A. Mittleman: Photoradiation therapy for the treatment of malignant tumors. Cancer Res. **38**, 2628 (1978)
15.73 P.J. Bugelski, C.W. Porter, T.J. Dougherty: Autoradiographic distribution of HPD in normal and tumor tissue in the mouse. Cancer Res. **41**, 4606 (1981)
A. Rück: Photochemische Wirkungen, in [Ref.15.70, VI, Abschn.1.3.2]
15.74 A.S. Svanberg: Laser spectroscopy applied to energy, environmental and medical research. Phys. Scr. 23, 281 (1988)

Y. Hayata, H. Kato, Ch. Konaka, J. Ono, N. Takizawa: Hematoporphyrin derivative and laser photoradiation in the treatment of lung cancer. Chest **81**, 269 (1982)

15.75 L. Prause, P. Hering: Lichtleiter für gepulste Laser: Transmissionsverhalten, Dämpfung und Zerstörungsschwellen. Laser Optoelektron. **19** (1), 25 (1987); *ibid.* **20**, (5), 48 (1988)
A. Katzir: Faseroptiken in der Medizin. Spektrum Wissenschaft. 78 (July 1989); Proc. SPIE **906** (1988)

15.76 W. Simon, P. Hering: Laser-induzierte Stoßwellenlithotripsie an Nieren- und Gallensteinen. Laser Optoelektron. **19** (1) 33 (1987)

15.77 H. Schmidt-Kloiber, E. Reichel: Laser Lithotripsie, in [Ref.15.70, VI, Abschn.2.12.1]

15.78 R. Steiner (ed.): *Laser Lithotripsy* (Springer, Berlin, Heidelberg 1988)

15.79 R. Pratesi, C.A. Sacchi (eds.): *Lasers in Photomedicine and Photobiology*, Springer Ser. Opt. Sci., Vol.31 (Springer, Berlin, Heidelberg 1980)

15.80 G. von Bally, P. Greguss (eds.): *Optics in Biomedical Sciences*, Springer Ser. Opt. Sci., Vol.31 (Springer, Berlin, Heidelberg 1982)

15.81 L. Goldmann (ed.): *The Biomedical Laser* (Springer, Berlin, Heidelberg 1981)

Sachverzeichnis